Chr. Gerthsen · H. O. Kneser



# Physik

Ein Lehrbuch
zum Gebrauch neben Vorlesungen

Elfte, berichtigte Auflage

Mit 642 Abbildungen

Springer-Verlag Berlin Heidelberg GmbH 1971

Dr. Hans O. Kneser

em. o. Professor
an der Technischen Hochschule Stuttgart

ISBN 978-3-662-35576-3 ISBN 978-3-662-36405-5 (eBook)
DOI 10.1007/978-3-662-36405-5



Ursprünglich erschienen bei Springer-Verlag Berlin · Heidelberg · New York 1971

# Vorwort zur elften Auflage

Die vorliegende elfte Auflage weist gegenüber der zehnten nur an einigen Stellen wesentliche Änderungen auf. Eine erhebliche Zahl von Druckfehlern wurde beseitigt, auf die der Unterzeichner zumeist von Lesern dankenswerterweise aufmerksam gemacht wurde.

Stuttgart, im Juni 1971 H. O. KNESER

# Vorwort zur zehnten Auflage

Angesichts der immer weiter anschwellenden Menge physikalischer Phänomene, die auch dem Studiumanfänger dargeboten und von ihm überblickt werden soll, erscheint es nötig, hier wieder einmal darauf hinzuweisen, daß es beim ersten Studium dieses Buches durchaus möglich und sogar ratsam ist, die klein gedruckten Teile auszulassen. Auch ohne sie bleibt der Zusammenhang gewahrt. Sie sind für ein eingehendes Studium, bzw. für späteres Nachschlagen gedacht.

Für fruchtbare Kritik hat der Bearbeiter seinen Kollegen H. FRÄNZ, Braunschweig, und H. C. WOLF, Stuttgart, zu danken, vor allem aber wiederum seinen engsten Mitarbeitern Dr. H.-J. BAUER, Dr. R. HAUSSER, Dr. F. NOACK, Dr. W. PECHHOLD und Dr. G. SIEGLE. Die Genannten haben überdies eigene Neufassungen ganzer Paragraphen freundlich zur Verfügung gestellt. Auch aus Studentenkreisen sind erfreulich viele, von intensivem Studium zeugende kritische Bemerkungen eingegangen.

Stuttgart, Juli 1968 H. O. KNESER

# Aus dem Vorwort zur sechsten Auflage

Fast 4 Jahre nach CHRISTIAN GERTHSENs jähem, tief betrauerten Tod zeigt sein „Lehrbuch zum Gebrauch neben Vorlesungen" sich noch in kaum verminderter Frische. Worin sein besonderer Reiz besteht, ist schwer zu sagen; sicherlich zum Teil darin daß man ihm auf Schritt und Tritt anmerkt, daß es aus der Feder eines leidenschaftlichen Forschers und Experimentators stammt.

Diesen Reiz zu erhalten, mußte das erste Anliegen des Bearbeiters sein. Andererseits mußte der rapiden Entwicklung, die unsere Wissenschaft in den letzten Jahren erfahren hat, Rechnung getragen werden. Insbesondere darf man heute wohl nicht mehr sagen, die Festkörperphysik „paßt nicht in das Buch ...". Dem soll das letzte Kapitel dieser Neufassung abhelfen.

Stuttgart, im Juli 1960 H. O. KNESER

# Vorwort zur ersten Auflage

Dieses Buch ist aus Niederschriften hervorgegangen, die ich im Studienjahr 1946/47 den Hörern meiner Vorlesungen über Experimentalphysik an der Universität Berlin ausgehändigt habe. Sie sollten den drückenden Mangel an Lehrbüchern der Physik überwinden helfen.

Diesem Ursprung verdankt das Buch seinen in mancher Hinsicht vom Üblichen abweichenden Charakter. Es erhebt nicht den Anspruch, ein Lehrbuch zu sein, dessen Studium eine Vorlesung zu ersetzen vermag. Es soll nicht statt, sondern neben einer Vorlesung verwendet werden.

Die Aufgabe, den naturwissenschaftlichen Inhalt der physikalischen Erkenntnis in Worten auszudrücken und ihn der mathematischen Formulierung der Theorie überzuordnen, scheint mir der Vorlesung selbst vorbehalten zu sein, und der Versuch der schriftlichen Formulierung wird gar zu leicht unzulänglich bleiben. Aber die mathematische Formulierung der Theorie darf in der großen Vorlesung über Experimentalphysik nicht zu kurz kommen. Aus vielen Gründen wird sie nicht in dem wünschenswerten Umfang vorgetragen werden können. Sie nimmt daher in dem vorliegenden Buch einen unverhältnismäßig großen Raum ein. Die Berechtigung zu dieser Bevorzugung ergibt sich auch daraus, daß der Studierende die Praktika besucht, bevor er die Kursvorlesungen über theoretische Physik hört. Zur Erarbeitung der theoretischen Grundlagen der Versuche soll dieses Buch die notwendige Hilfe leisten.

Die Kluft, die sich für viele Studierende zwischen der Experimentalphysik und der theoretischen Physik auftut, sollte von seiten der ersteren überwunden werden. Im Unterricht des Anfängers ist es zulässig, die Theorie einer physikalischen Erscheinung unmittelbar aus dem Einzelfall zu entwickeln, die Vorlesung über theoretische Physik wird im allgemeinen die großen Zusammenhänge systematisch behandeln. Die in dem vorliegenden Buch enthaltene Theorie ist um Anschaulichkeit bemüht und daher wenig systematisch. So habe ich z.B. die elektrischen Erscheinungen nicht einheitlich dargestellt. Die klassische Kontinuumstheorie wechselt mit der elektronentheoretischen Deutung je nach dem didaktischen Erfolg, den ich mir von der Darstellung verspreche.

Auch der Umfang, in dem ich die verschiedenen Gebiete behandelt habe, richtet sich nach den Bedürfnissen des Unterrichts. Gegenwärtig wird auf allen deutschen Hochschulen von den Studierenden der Physik die Mechanik schon vor den Kursvorlesungen der theoretischen Physik gehört, sie durfte daher besonders knapp dargestellt werden.

Die Gebiete, die in der einführenden, sich über zwei Semester erstreckenden Vorlesung wegen der knappen Zeit wohl immer etwas zu kurz kommen, sind die Optik und die Atomphysik. Sie nehmen daher in diesem Buch einen verhältnismäßig großen Platz in Anspruch.

Bei dem Bemühen, den häufig sehr gedrängten Text durch möglichst anschauliche und inhaltsreiche Abbildungen zu ergänzen, erfreute ich mich der Hilfe meines Mitarbeiters, Herrn Dr. Max Pollermann, dem ich den zeichnerischen Entwurf mancher Abbildung verdanke.

Für das Lesen der Korrektur und manche Verbesserungsvorschläge habe ich vor allem Herrn Professor Dr. Josef Meixner, Aachen, zu danken. Auch Herrn Dr. Werner Stein und Fräulein Diplomphysiker Käthe Müller danke ich für gute Ratschläge.

Berlin-Charlottenburg, im August 1948 — Christian Gerthsen

# Inhaltsverzeichnis

# Einleitung

Das Gebiet der Physik wird seit langem in die Abschnitte Mechanik, Akustik, Wärme, Elektrizität, Magnetismus und Optik unterteilt, zu denen die heute im Vordergrund der Forschung stehende Lehre vom Wesen und Aufbau der Materie, die Atom- und Kernphysik, hinzugekommen ist. Je weiter die Erkenntnis fortschritt, um so mehr zeigte sich, daß die Grenzen zwischen diesen Gebieten formal, ja sogar willkürlich gezogen sind. Akustik und Wärme fanden in mechanischen Vorstellungen ihre Deutung, Optik und Elektromagnetismus verschmolzen zu einem einheitlichen Gebiet, Wärmestrahlung und Licht wurden als wesensgleich erfaßt. Große Prinzipien, wie das Energieprinzip, dessen Gültigkeit zunächst in einem ganz engen Teilgebiet erkannt wurde, wuchsen mit fortschreitendem Wissen über ihre ursprünglichen Grenzen hinaus und gewannen ihre das ganze Gebiet der Physik, ja die gesamten Naturwissenschaften umfassende und beherrschende Stellung.

Abgesehen von der Biophysik, die sich in stürmischer Entwicklung zu einer eigenständigen Wissenschaft befindet, befaßt sich die Physik nur mit den Erscheinungen der unbelebten Natur. Selbst diese sind so ungeheuer vielfältig, daß ihre Erfassung und Darstellung zunächst als ein hoffnungsloses Unternehmen erscheint. Es stellt sich aber heraus, daß ihre Beschreibung durch eine Reihe von *Begriffen* möglich ist, die bei geeigneter Wahl gar nicht so zahlreich sind, daß man sie nicht zu einem verhältnismäßig einfachen Begriffssystem zusammenfassen könnte. Wir nennen hier schon einige: Länge, Zeit, Masse, Geschwindigkeit, Beschleunigung, elektrische Ladung usw. Häufig sind ihre Namen der Sprache des täglichen Lebens entnommen. Sie können, aber müssen nicht dasselbe bedeuten, was dort unter ihnen verstanden wird; ihr Merkmal ist, daß ihre *Bedeutung eindeutig* festgelegt ist. Ihre eindeutige und unmißverständliche *Definition* ist die notwendige Voraussetzung für den Aufbau der physikalischen Wissenschaft.

Der nächste Schritt über die reine Naturbeschreibung hinaus ist die Aufdeckung *einer Gesetzmäßigkeit.*

Um eine solche genau zu formulieren, müssen die physikalischen Begriffe *quantitativ* erfaßt, d.h. gemessen, also durch Einheiten und Zahlen ausgedrückt werden können. Daher ist für die Formulierung von Naturgesetzen nur eine bestimmte Auswahl von Begriffen geeignet. Meßbare Begriffe werden häufig als „Größen" bezeichnet.

Dieses Endziel der mathematischen Verknüpfung der Zustandsgrößen und Begriffe, d.h. der Formulierung einer mathematischen Funktion, zeigt die große *Bedeutung der Mathematik für die Physik.* Die Kenntnis ihrer Methoden ist unbedingte Voraussetzung für die erfolgreiche Arbeit des Physikers. Erst die mathematische Formulierung eines Naturgesetzes stellt die Lösung des gestellten Problems dar.

Die Aufgabe, das einem in der Natur sich abspielenden Vorgang zugrunde liegende physikalische Gesetz aufzufinden, kann in einzelnen Fällen durch Beobachtung gelöst werden. Ein bemerkenswertes Beispiel hierfür ist die Auffindung der Keplerschen Gesetze aus der Beobachtung der Planetenbewegungen. Im allgemeinen ist aber eine Naturerscheinung zu verwickelt, unterliegt zu vielen und im einzelnen nicht kontrollierbaren Einflüssen, als daß dieser Weg zum Erfolge führen könnte. An Stelle der unmittelbaren Beobachtung der vom Beobachter unbeeinflußten Naturerscheinung tritt das *physikalische Experiment*. Das Wesen des Experimentes besteht darin, daß der Experimentator die Bedingungen *schafft*, unter denen der Vorgang ablaufen soll. Wenn umgekehrt der Experimentator einen Vorgang so auslöst, daß er einen ihm bekannten und erwünschten Verlauf nimmt, so stellt er damit die Naturgesetze in den Dienst menschlicher Ziele. Daher ist die Physik die Grundlage der Technik. Der Physiker erstrebt die Kenntnis von Wesen und Gesetz der Natur und fragt nicht nach dem Nutzen der Forschung. Die Geschichte aber zeigt, daß fast jede wichtige Entdeckung, und liege sie zur Zeit ihrer Entstehung noch so fern jeder nutzbringenden Anwendung, später die Entwicklung der Technik wirksam fördert.

Das Forschungsziel des Physikers ist stets, die *Theorie* der von ihm untersuchten Naturerscheinungen aufzustellen. Sie soll die geistigen Zusammenhänge für das ungeheure Material schaffen, welches ohne sie eine unübersichtliche Anhäufung von Einzelbeobachtungen sein würde. Der Weg zu ihr führt zunächst über die Aufstellung einer Hypothese. Die aus ihr entwickelten Folgerungen sind stets an der Erfahrung zu prüfen. Wenn sie sich in jeder Richtung bewährt, bezeichnen wir die Hypothese als Theorie. In der Physik haftet also dem Begriff „Theorie“ nicht ein Makel der Unsicherheit an wie in der Sprache des täglichen Lebens.

Der Sinn des entdeckten Gesetzes ist aber nicht nur, das Beobachtete in geordneter Weise zusammenzufassen und verwickelte Erscheinungen auf einfachere zurückzuführen. Es soll vor allem auch die Möglichkeit schaffen, das physikalische Geschehen *quantitativ vorauszusagen*.

Theoretische und experimentelle Physik sind so aufs engste miteinander verbunden. Wenn sich im Laufe der Zeit unter den Physikern eine Arbeitsteilung herausgebildet hat, so nur deswegen, weil die experimentellen Anforderungen an den Experimentalphysiker und die mathematischen Anforderungen an den Theoretiker zu groß geworden sind, um von der Arbeitskraft eines einzenen bewältigt zu werden.

# I. Mechanik

## A. Längen- und Zeitmessung

Die Gestalt eines Körpers wird durch Längenmessungen ermittelt. Die Lage eines Körpers im Raum ergibt sich aus der Bestimmung der Länge der Koordinaten in einem Bezugssystem. Aber weit über den Rahmen solcher geometrischen Bestimmungen hinaus sind Längenbestimmungen bei physikalischen Messungen sehr häufig auszuführen. Das Versagen unserer Sinne bei quantitativen Bestimmungen hat zur Entwicklung von Geräten geführt, welche Messungen ermöglichen, die von den subjektiven, d.h. den vom Beobachter abhängigen Fehlern weitgehend frei sind. Fast alle diese Apparate sind so konstruiert, daß die Größe der Ablenkung eines Zeigers oder die Verschiebung einer Marke über einer Skala festzustellen ist. Eine exakte Wägung (Massenbestimmung) beruht auf Messung der Ausschläge eines Zeigers über einer Skala, die Verschiebung der Kuppe eines Quecksilberfadens gibt die Temperaturänderung, die Farbe des Lichtes wird viel schärfer als durch den Sinneseindruck durch die Länge der elektro-magnetischen Lichtwelle ermittelt. Beispiele dieser Art lassen sich aus allen Gebieten der Physik in beliebig großer Zahl anführen.

**1. Natürliche und willkürliche Einheiten.** Um messen zu können, bedarf man einer *Einheit*. Die Maßzahl findet man, indem man feststellt, wie viele Male diese Einheit in der zu messenden Größe enthalten ist.

Die Festlegung der Einheit einer physikalischen Größe kann auf zwei grundsätzlich verschiedene Weisen geschehen.

1. Man wählt als Einheit eine in der Natur gegebene Größe. So könnte man als Einheit der Länge den Abstand zweier benachbarter Atome in einem Kristall, als Einheit der Masse die des Wasserstoffatoms, als Einheit der elektrischen Ladung die eines Elektrons wählen.

2. Man wählt willkürlich nur aus Gründen der Zweckmäßigkeit Einheiten, die dann durch *Normale* festgehalten werden müssen.

Die heute außerordentlich hoch entwickelte Meßtechnik — auch *Metronomie* genannt — ist hinsichtlich der Zeitmessung immer den ersten Weg gegangen, indem sie die Umdrehungszeit der Erde als Zeiteinheit benutzte (vgl. jedoch § 5). Als Längeneinheit diente vor 1799 der 10000000ste Teil eines Erdquadranten und seit 1960 eine bestimmte Lichtwellenlänge (§ 3), also naturgegebene Größen; in der Zwischenzeit ein in Paris deponiertes „Archivmeter". Die Masseneinheit ist seit vielen Jahren durch das ebenfalls in Paris deponierte „Archivkilogramm" als Normal festgelegt (§ 12 und 13).

**2. Die Längeneinheit.** Nachdem das Archivmeter den steigenden Anforderungen an Definiertheit und Konstanz nicht mehr genügte, stellte man möglichst genau fest, wieviele Wellenlängen einer bestimmten, von leuchtendem Krypton-Gas ausgesandten orangeroten Spektrallinie in der bis dahin als 1 m bezeichneten Strecke enthalten sind. Auf Grund dieser Messungen wurde im Jahre 1960 international festgesetzt:

„Das Meter ist das 1650763,73fache der Wellenlänge der von Atomen des Nuklids (d.i. Isotops) Krypton 86 beim Übergang zum Zustand $5d_5$ zum Zustand $2p_{10}$ emittierten und sich im Vakuum ausbreitenden Strahlung“.

Diese Festsetzung bietet wichtige Vorteile:

1. Nach allen bisherigen Erfahrungen ist die Wellenlänge einer bestimmten Spektrallinie im Vakuum eine unveränderliche, von Raum und Zeit unabhängige Größe, wenn die physikalischen Bedingungen, unter denen die Emission stattfindet, die gleichen sind.

2. An jedem Ort kann eine absolute Längenmessung vorgenommen werden, sofern die geeignete Krypton-Lampe und geeignete Meßgeräte vorhanden sind, während früher ein Anschluß an das Archivmeter nur an dessen Aufbewahrungsort möglich war.

3. Ein Endmaß (vgl. § 3) kann mit interferometrischen Methoden leichter in Lichtwellenlängen ausgemessen als mit einem Strichmaß verglichen werden.

4. Bei der Messung größerer Längen spielen die einzelnen Lichtwellenlängen die gleiche Rolle wie die Teilstriche eines Strichmaßes, bilden aber eine viel feinere und gleichmäßigere Unterteilung.

**3. Längen-Maße und -Maßstäbe.** In der Physik werden folgende Unterteilungen des Meters (m) verwandt:

| | |
|---|---|
| 1 Dezimeter (dm) | $= {}^1/_{10}$ m |
| 1 Zentimeter (cm) | $= {}^1/_{100}$ m |
| 1 Millimeter (mm) | $= {}^1/_{1000}$ m |
| 1 Mikron (μ) | $= {}^1/_{1000}$ mm $= 10^{-4}$ cm $= 10^{-6}$ m |
| 1 Nannometer (nm) oder Millimikron (mμ) | $= {}^1/_{1000}\,\mu = 10^{-7}$ cm $= 10^{-9}$ m |
| 1 Angström-Einheit (ÅE) | $= 10^{-8}$ cm |
| 1 Fermi-Einheit (Fe) | $= 10^{-13}$ cm |

Die Durchmesser der Atome betragen einige ÅE, diejenigen der Atomkerne einige Fe.

Strichmaße sind gewöhnlich in mm unterteilt; für mikroskopische Messungen auch in Zehntel oder Hundertstel mm.

Für besonders genaue Messungen nicht zu großer Längen werden vorzugsweise Endmaße benützt. Das sind quaderförmige Metallstücke, an denen zwei gegenüberliegende Flächen sehr genau plan und parallel geschliffen und hochpoliert sind. Der Abstand dieser Flächen ist sehr gut definiert und auf wenige μ genau angegeben. Planflächen von so hoher Qualität haften aneinander, so daß man durch Aneinandersetzen mehrerer Endmaße neue Maße bilden kann, die ebenso gut definiert sind.

**4. Winkelmaße.** Ebene Winkel werden im Gradmaß gemessen.

$$1 \text{ Grad } (1^\circ) \text{ ist } \frac{1}{360} \text{ des „ganzen“ Winkels.}$$

Er wird unterteilt in Minuten (′) und Sekunden (″)

$$1^\circ = 60' = 3600''.$$

Bei astronomischen Messungen werden Genauigkeiten von Bruchteilen von Sekunden erreicht.

Mathematisch sinnvoller ist das Bogenmaß, d.i. das Verhältnis $\frac{\text{Kreisbogenlänge}}{\text{Radius}}$ die Einheit heißt Radiant (rad)

$$1 \text{ rad} \mathrel{\widehat{=}} \frac{360^\circ}{2\pi} = 57{,}295^\circ.$$

Der Raumwinkel ist definiert durch

$$\Omega = \frac{\text{Kugelfläche}}{(\text{Radius})^2}\text{, die Einheit heißt Steradiant (sterad).}$$

Ein Kreiskegel vom Öffnungswinkel 32° umschließt den Raumwinkel 1 sterad.

**5. Zeiteinheit und Zeitmessung.** Mit den in der Natur sich vollziehenden Änderungen verbinden wir den Begriff der Zeit. Änderungen, bei denen sich nach unserem Empfinden in völlig gleicher Weise gleiche Zustände wiederholen, nennen wir periodisch. Beispiele für periodische Vorgänge sind die Bewegung eines Pendels und die Drehung der Erde um ihre Achse. Täglich wandert irgendein bestimmter Fixstern durch den Himmelsmeridian, den wir z.B. durch den Scheitel des Himmelsgewölbes, den „Zenit", legen. Die zeitliche Aufeinanderfolge zweier solcher „Kulminationen" bezeichnet man als einen *Sterntag*, den 86400sten Teil dieser Zeit als *Sternsekunde*. Die Zeit zwischen aufeinanderfolgenden Kulminationen der Sonne, der sogenannte Sonnentag, ist von Tag zu Tag verschieden, der *mittlere Sonnentag* ist etwas länger als der Sterntag. $366^1/_4$ Sterntage sind $365^1/_4$ mittlere Sonnentage, im gleichen Verhältnis stehen Stern- und Sonnensekunden zueinander. Man ist übereingekommen, die mittlere Sonnensekunde als Zeiteinheit zu verwenden, sie wird kurz Sekunde [s] genannt. Apparate zur Zeitmessung bezeichnet man ganz allgemein als *Uhren*.

Auch die Sekunde ist keine zuverlässige natürliche Einheit. Die Umdrehungszeit der Erde hängt von der Massenverteilung der Erde um ihre Achse ab und erfolgt nicht mit exakt konstanter Winkelgeschwindigkeit. Die Schwingungsdauer eines Sekundenpendels ist nicht nur von der Pendellänge, sondern auch von der Fallbeschleunigung abhängig (s. § 18a); diese hängt ebenfalls von der Massenverteilung auf und in der Erde ab und ist daher von Ort zu Ort verschieden.

Ein Quarzstab kann vermöge des piezoelektrischen Effektes (vgl. III 15) zu Schwingungen angeregt werden, deren Periode außer von den Stababmessungen nur von der Dichte und den elastischen Eigenschaften abhängt (§ 80). Diese sind aber durch Masse, Anordnung der Atome im Kristallgitter und Atomkräfte eindeutig bestimmt. Da die Abmessungen jederzeit eindeutig ermittelt bzw. Stäbe vorgeschriebener Länge hergestellt werden können, so lassen sich auf diese Art Uhren bauen, welche in heutigen Sekunden geeicht werden können und in späteren Zeiten die heutige Länge der Sekunde unverändert wiederzugeben vermögen.

Es gibt *Quarzuhren*, deren Gang an Regelmäßigkeit den der besten astronomischen Pendeluhren übertrifft.

Eine bessere Konstanz als die Rotation der Erde zeigen periodische Vorgänge innerhalb des Atoms. Man ist daher bemüht, die Zeitmessung — ähnlich wie die Längenmessung (§ 3) — an atomphysikalische Vorgänge anzuschließen. Zum Bau von höchstkonstanten Uhren verwendet man einen inneratomaren Prozeß eines Isotops des Caesiums ($^{133}$Cs), dessen Frequenz im Bereich technisch erzeugbarer elektromagnetischer Schwingungen liegt ($9 \cdot 10^9$ Hz). Die Absorption dieser Schwingungen durch die $^{133}$Cs-Atome wird benützt, um die Frequenz des sie erzeugenden Senders dauernd genau auf dieser inneratomaren Frequenz zu halten. Die relative Frequenzabweichung kann kleiner als $10^{-11}$ gehalten werden. Im Jahr 1964 wurde durch Anschluß an die alte Sekundendefinition (Sternsekunde) provisorisch festgelegt, die Zeit für 9192631770 Schwingungen dieses $^{133}$Cs-Übergangs als 1 s zu bezeichnen.

**6. Fehler einer physikalischen Messung.** Jede Messung ist mit einem Fehler behaftet; der prinzipiell unbestimmbare „wahre" Wert der zu messenden Größe liegt innerhalb eines Intervalls um den gefundenen Meßwert. Aufgabe des Messenden ist, dieses Intervall *(die Fehlergrenzen)* möglichst klein zu machen. Es hängt von *systematischen* Fehlern (z.B. fehlerhaftem Bau oder falscher Eichung des

Meßgerätes wie etwa ein Maßstab mit falscher Teilung) und *zufälligen* Fehlern ab (z.B. Geschicklichkeit des Beobachters beim Ablesen, schwankende Meßwerte beim Erreichen der Empfindlichkeitsgrenze der Apparatur, etwa infolge endlicher Strichbreite einer Maßstabseinteilung). Systematische Fehler sind oft schwer zu entdecken, aber im Prinzip vermeidbar. Sie bedingen systematische Abweichungen vom wahren Wert, die auch durch häufige Wiederholung der Messung nicht verringert werden können.

Zufällige Fehler sind unvermeidbar. Sie bewirken unterschiedliche Ergebnisse bei Wiederholung der gleichen Messung, doch schwanken sie nach den Gesetzen der Wahrscheinlichkeitslehre um den arithmetischen Mittelwert (Bestwert). Der Einfluß der zufälligen Fehler läßt sich beliebig verringern, da der aus den Meßwertsschwankungen durch eine Fehlerrechnung bestimmbare Fehler des Bestwerts mit wachsender Zahl der Messungen abnimmt.

Es ist wichtig, sich über den grundsätzlichen Unterschied der Zahl klar zu sein, die der Physiker durch seine Messung gewinnt bzw. nach Kenntnis eines Gesetzes aus einzelnen Meßdaten berechnet, von der Zahl, die der Mathematiker definiert. Jeder als Dezimalbruch angegebene Wert der Quadratwurzel aus 2 weicht immer noch vom Werte $\sqrt{2}$ ab. Die Abweichung kann bei ausreichendem Rechenaufwand aber stets kleiner gemacht werden als jede gegebene endliche Größe. Der Fehler einer durch Messung bestimmten physikalischen Größe jedoch läßt sich durch Rechenaufwand nie unter die Grenze herunterdrücken, die durch die Genauigkeit der Meßresultate gegeben ist.

## B. Grundbegriffe der Mechanik des Massenpunktes

Längen- und Zeitmeßmethoden bilden die Grundlage für die *Beschreibung* von Bewegungen. Mechanik ist die Lehre von den Bewegungen der Körper im Raum.

Für unsere ersten Betrachtungen sehen wir von der räumlichen Ausdehnung des Körpers ab, wir betrachten ihn als Punkt, dessen Lage im Raum in einem geeignet gewählten Koordinatensystem beschrieben wird *(Massenpunkt)*. Für die Beschreibung einer Bewegung im Raum kann dieses ein orthogonales System sein, dessen drei Achsen etwa die drei Kanten des Laboratoriums oder Hörsaals sind, die in einer Ecke als dem Nullpunkt des Systems zusammenstoßen. Die jeweilige Lage wird dann durch die drei Koordinaten $x$, $y$ und $z$ beschrieben, die sich durch Projektion der Verbindung von Nullpunkt und Körper (des Radiusvektors) auf die drei Achsen ergeben. Ist die Bewegung auf eine Ebene beschränkt, vollzieht sie sich etwa auf einer rechteckigen Tischplatte, so verwendet man sinnvoll ein zweiachsiges System, das man in die Tischkanten legt.

Für die Beschreibung einer geradlinigen Bewegung genügt eine Koordinate, die von einem im allgemeinen beliebig gewählten Nullpunkt auf der Geraden aus, häufig etwa dem Anfangspunkt der Bewegung, gemessen wird. In besonderen Fällen sind auch andere Koordinatensysteme, etwa Polarkoordinaten, für die Behandlung der Probleme geeigneter.

Wir sprechen von einer Bewegung, wenn im Ablauf der Zeit die Koordinaten des Körpers sich ändern.

**7. Der Begriff der Geschwindigkeit.** Eine Bewegung auf gerader Bahn, bei der der zurückgelegte Weg ($x$) der Zeit ($t$) proportional ist, nennen wir eine geradlinig gleichförmige Bewegung:

$$x = u \cdot t. \tag{7.1}$$

In aufeinanderfolgenden gleichen Zeiten legt der Körper auf gerader Bahn gleich große Wege zurück. Das Verhältnis einer zurückgelegten Wegstrecke $\Delta x = x_2 - x_1$

zu der dazu erforderlichen Zeit $\Delta t = t_2 - t_1$ heißt *Geschwindigkeit* $\boldsymbol{u}$ des Körpers:

$$u = \frac{\Delta x}{\Delta t}; \tag{7.2}$$

es ist bei einer geradlinig gleichförmigen Bewegung unabhängig von der Größe der Wegstrecke.

Im *Meter-Kilogramm-Sekundensystem (MKS-System)* wählen wir als Grundeinheiten die Einheiten der Länge das Meter (m), und der Zeit die Sekunde (s); später nehmen wir als eine dritte Grundeinheit die der Masse, das Kilogramm (kg), hinzu. Die Einheit weiterer physikalischer Größen wird im MKS-System aus den Grundeinheiten durch eine bestimmte Definition abgeleitet. Die Verknüpfung der Grundeinheiten zur abgeleiteten Einheit bezeichnen wir als *Dimension* dieser Größe. Zum Beispiel:

$$\text{Dimension der Geschwindigkeit: } [u] = \frac{[\text{Länge}]}{[\text{Zeit}]}, \quad \text{Einheit: } \frac{\text{m}}{\text{s}}.$$

Die beiden Seiten einer physikalischen Gleichung müssen nicht nur in Zahlenwerten, sondern auch in den Dimensionen übereinstimmen. Dies ist ein Kriterium für die Richtigkeit einer Gleichung zwischen physikalischen Größen.

Die Geschwindigkeit ist ein *Vektor*, d.h. eine Größe, die durch Maßzahl und Richtung definiert ist, im Gegensatz zu einem *Skalar*, der durch die Maßzahl allein bestimmt ist, z.B. die Zeit.

Um den vektoriellen Charakter einer physikalischen Größe zu kennzeichnen, bezeichnet man sie durch einen fettgedruckten Kursivbuchstaben. Dasselbe Symbol in magerem kursivem Druck soll ausdrücken, daß es nur den Zahlenbetrag ohne Rücksicht auf die Richtung angibt. Zeichnerisch stellt man den Vektor durch einen Pfeil dar, dessen Richtung die der physikalischen Größe ist; die Pfeillänge ist ein Maß für den Zahlenwert der Größe.

**8. Überlagerung von Geschwindigkeiten.** Wenn das Bezugssystem, in dem ein Körper die Geschwindigkeit $\boldsymbol{u}_1$ besitzt, sich gegenüber einem zweiten Bezugssystem mit der Geschwindigkeit $\boldsymbol{u}_2$ bewegt, so ist die Geschwindigkeit $u$ des Körpers gegen dieses zweite Bezugssystem die Vektorsumme von $\boldsymbol{u}_1$ und $\boldsymbol{u}_2$; das ist die Diagonale im Parallelogramm, dessen Seiten nach Größe und Richtung $\boldsymbol{u}_1$ und $\boldsymbol{u}_2$ sind (Abb. 2).

Stimmen die Richtungen von $u_1$ und $u_2$ miteinander überein (oder sind sie entgegengesetzt), so wird $\boldsymbol{u} = \boldsymbol{u}_1 \pm \boldsymbol{u}_2$.

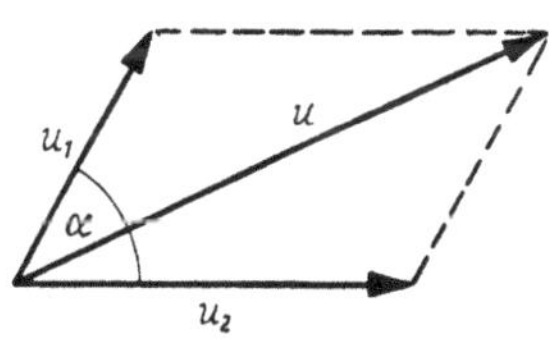

Abb. 1. Addition von Geschwindigkeiten

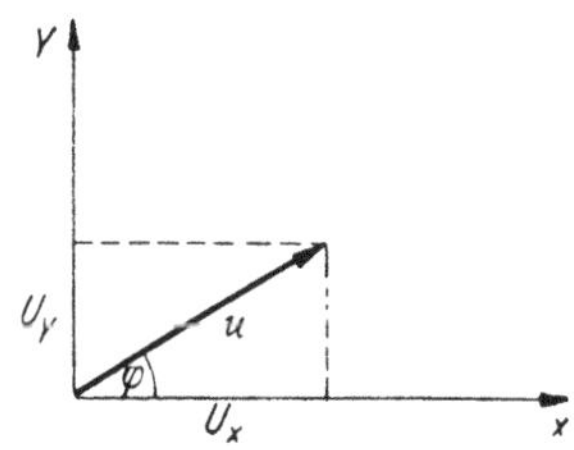

Abb. 2. Komponentenzerlegung

Bilden aber $u_1$ und $u_2$ den Winkel $\alpha$ miteinander, so folgt aus dem Kosinussatz für den Betrag der *resultierenden* Geschwindigkeit:

$$u^2 = u_1^2 + u_2^2 - 2u_1 u_2 \cos(180° - \alpha). \tag{8.1}$$

Jede Bewegung kann als Vektorsumme von Teilbewegungen aufgefaßt werden die voneinander unabhängig sind.

Es ist oft zweckmäßig, die Veränderungen der *Koordinaten* eines Massenpunktes (Projektionen auf die Achsen des Bezugssystems) zu betrachten. Die Geschwindigkeiten der Projektionen des Massenpunktes auf die Koordinatenachsen nennen wir die *Komponenten* der Geschwindigkeit des Massenpunktes. Sie sind die Projektionen des Geschwindigkeitsvektors auf die Koordinatenachsen (Abb. 2).

$$u_x = u \cos\varphi; \qquad u_y = u \sin\varphi.$$

**9. Die beschleunigte Bewegung.** Geradlinig gleichförmige Bewegungen sind in der Natur selten. Im allgemeinen sind die Wege den Zeiten nicht proportional, so daß die Quotienten aus Weg und Zeit je nach Wahl des Zeitintervalls verschiedene Werte bekommen.

Der *Differenzenquotient* $\frac{\Delta x}{\Delta t}$ verliert dann seinen Sinn. Sein Wert strebt für hinreichend kleine $\Delta t$ (d.h. $\Delta t \to 0$) einem Grenzwert entgegen, dem *Differentialquotienten*; er gibt die Geschwindigkeit

$$u = \frac{dx}{dt} \tag{9.1}$$

im Punkt $x$ der Bahn an. Die Geschwindigkeit ist im allgemeinen von Ort zu Ort verschieden.

Das Verhältnis der Geschwindigkeitszunahme $\Delta u = u_2 - u_1$ einer geradlinigen Bewegung zwischen verschiedenen Punkten $x_2$ und $x_1$ der Bahn zu der Zeit $\Delta t = t_2 - t_1$, die der Körper braucht, um von $x_1$ nach $x_2$ zu gelangen, heißt *Beschleunigung.*

$$b = \frac{\Delta u}{\Delta t}; \quad \text{Dimension der Beschleunigung: } [b] = \frac{[\text{Länge}]}{[\text{Zeit}]^2}; \quad \text{Einheit: } \frac{\text{m}}{\text{s}^2}.$$

Wenn $\frac{\Delta u}{\Delta t}$ von der Größe des beobachteten Zeitintervalls und dem Ort des Körpers unabhängig ist, nennen wir die Bewegung *gleichförmig beschleunigt.*

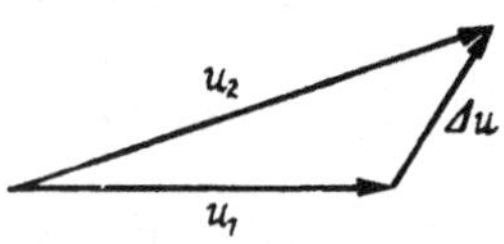

Abb. 3. Zur Definition der Beschleunigung bei nicht geradliniger Bewegung

Eine Orts- bzw. Zeitabhängigkeit des Ausdrucks $\frac{\Delta u}{\Delta t}$ fordert wieder den Grenzübergang zum Differentialquotienten.

$$b = \frac{du}{dt} = \frac{d\left(\frac{dx}{dt}\right)}{dt} = \frac{d^2x}{dt^2}. \tag{9.2}$$

Ist $\frac{d^2x}{dt^2}$ eine Funktion des Ortes (oder der Zeit), so ist die Bewegung *ungleichförmig beschleunigt.*

Verläuft eine Bewegung nicht geradlinig, dann stimmt in jedem Punkte der Bahn die Richtung der Geschwindigkeit mit der *Richtung der Bahntangente,* die sich dauernd verändert, überein. Im allgemeinen ändert sich auch der Betrag der Geschwindigkeit. Im Zeitabschnitt $\Delta t$ ändere sich die Geschwindigkeit von $\boldsymbol{u}_1$ auf $\boldsymbol{u}_2$; die Änderung $\Delta\boldsymbol{u} = \boldsymbol{u}_2 - \boldsymbol{u}_1$ ist der Vektor, der zu $\boldsymbol{u}_1$ addiert werden muß, um $\boldsymbol{u}_2$ zu ergeben (Abb. 3). Der Grenzwert des Verhältnisses $\frac{\Delta\boldsymbol{u}}{\Delta t}$ für sehr kleine Zeiten bezeichnet wieder die Beschleunigung.

$$\boldsymbol{b} = \frac{d\boldsymbol{u}}{dt}. \tag{9.3}$$

Sie ist ein Vektor, dessen Richtung mit der Richtung von $d\boldsymbol{u}$ übereinstimmt und daher im allgemeinen nicht mit der Bahnrichtung zusammenfällt.

**10. Analytische Bestimmung von Geschwindigkeit und Weg aus der konstanten Beschleunigung.** Auf Grund der Definition

$$b = \frac{du}{dt}$$

ergibt sich für die geradlinig gleichförmig beschleunigte Bewegung durch unbestimmte Integration

$$\int du = \int b\,dt$$
$$u = bt + k_1.$$

Damit kennen wir den zeitlichen Verlauf der Geschwindigkeit. Nach (9.1) folgt durch nochmalige unbestimmte Integration

$$x = \int u\,dt = \int (bt + k_1)\,dt$$
$$= \frac{b}{2} t^2 + k_1 t + k_2.$$

Die Werte der Integrationskonstanten ergeben sich aus den physikalischen *Anfangsbedingungen* ($u = u_0$ für $t = 0$ und $x = x_0$ für $t = 0$):

$$u = bt + u_0, \tag{10.1}$$

$$x = \frac{b}{2} t^2 + u_0 t + x_0. \tag{10.2}$$

Wir deuten das Ergebnis folgendermaßen:

Über eine Bewegung von konstanter Geschwindigkeit, eine geradlinig gleichförmige Bewegung, lagert sich eine gleichmäßig beschleunigte Bewegung; beide erfolgen voneinander unabhängig. Das Auftreten von $x_0$ bedeutet, daß der Ort nicht von dem Punkte aus gemessen zu werden braucht, wo sich der Körper zur Zeit $t = 0$ befindet, sondern der Nullpunkt des Koordinatensystems um den Betrag $x_0$ gegen ihn verschoben sein kann.

Wir erhalten hier einen ersten Einblick in die großen Leistungen der Mathematik in der „analytischen" Mechanik: Bei geeigneter Formulierung der Begriffe findet man durch mathematische Deduktionen eine Vielheit von Lösungen. Wenn man die Beschleunigung als Funktion von Raum und Zeit kennt, dann ergibt die Integration alle Möglichkeiten für den zeitlichen Verlauf der Geschwindigkeit und die Abhängigkeit des Ortes von der Zeit. Die physikalische Aufgabe besteht nun darin, die Bedeutung der auftretenden „willkürlichen" Integrationskonstanten so zu bestimmen, daß durch die Gleichungen das wirklich vorliegende, durch die Anfangs- oder Grenzbedingungen festgelegte physikalische Geschehen beschrieben wird.

Die Ökonomie dieses Verfahrens wird offenbar, wenn man sich klarmacht, daß hier eine *Voraussage* die ungeheuer mühsame Methode zu ersetzen vermag, aus Beobachtungen und Messungen die Bahngleichung und den zeitlichen Verlauf der Geschwindigkeit zu ermitteln.

**11. Beispiele für die gleichmäßig beschleunigte Bewegung.**

**a) Der freie Fall.** Ein wichtiges Beispiel für eine gleichmäßig und geradlinig beschleunigte Bewegung bietet der freie Fall. Hier gelten (10.1) und (10.2) mit sehr guter Näherung. Die Beschleunigung $b$ hat für alle Körper in der Nähe der Erdoberfläche den Wert $g = 9{,}81\ \mathrm{m/s^2}$ *(Fallbeschleunigung)*. — Zur Demonstration dient die Fallschnur (Abb. 4): An einer Schnur sind in Abständen, die sich wie $1:2^2:3^2:4^2 \ldots$ verhalten (vom unteren Ende gemessen), kleine, schwere Körper befestigt. Die Schnur wird so aufgehängt, daß ihr Ende gerade den Boden berührt. Löst man sie von ihrer Aufhängung, so erfolgen die Aufschläge der Körper in gleichen Zeitabständen.

**b) Der schiefe Wurf.** Ein Körper werde mit der Geschwindigkeit $u_0$ in einer Richtung geworfen, welche mit der Horizontalen den Winkel $\varphi$ einschließt. Die Bewegung des Körpers kann in zwei voneinander unabhängige Teilbewegungen zerlegt werden: Eine geradlinig gleichförmige mit der Geschwindigkeit $u_0$ und eine gleichmäßig beschleunigte Fallbewegung (Abb. 5).

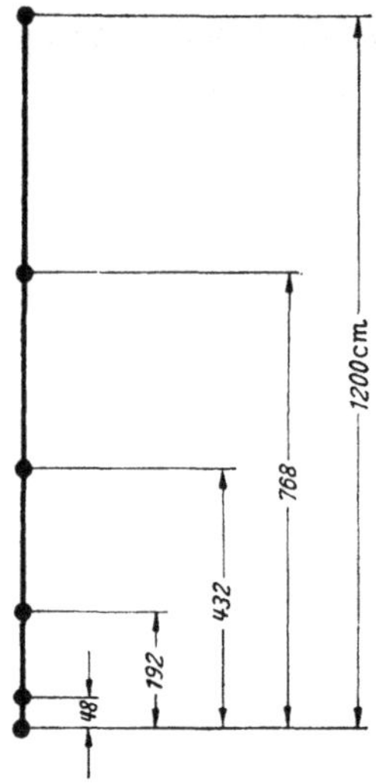


Abb. 4

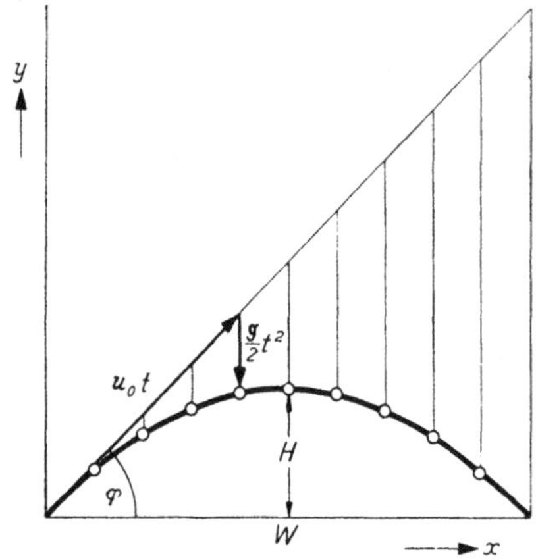


Abb. 5

Abb. 4. Fallschnur

Abb. 5. Entstehung der Wurfbewegung aus der Überlagerung einer gradlinig gleichförmigen Bewegung und der Fallbewegung

Zur Ermittlung der Bahnkurve zerlegt man die Geschwindigkeit und die Beschleunigung zweckmäßig in Komponenten $u_x, u_y$ bzw. $b_x, b_y$ in Richtung der Achsen eines kartesischen Koordinatensystems, dessen negative $y$-Achse in die Richtung von $g$ gelegt wird.

$$b_x = 0; \; b_y = -g.$$

Die Komponenten der Anfangsgeschwindigkeit nennen wir $u_{0x} = u_0 \cos\varphi$ und $u_{0y} = u_0 \sin\varphi$. Die Anfangslage sei $x_0 = 0$, $y_0 = 0$. Dann ist wegen (10.1):

$$u_x = u_{0x} + b_x t = u_0 \cdot \cos\varphi; \qquad u_y = u_{0y} + b_y t = u_0 \sin\varphi - g t.$$

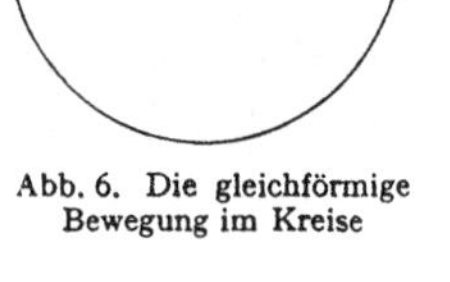


Abb. 6. Die gleichförmige Bewegung im Kreise

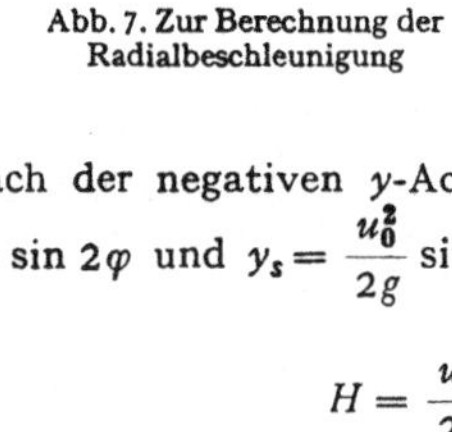


Abb. 7. Zur Berechnung der Radialbeschleunigung

Durch Integration folgt daraus die Parameterdarstellung der Bahnkurve:

$$\left.\begin{aligned} x &= u_0 \cos\varphi \cdot t, \\ y &= u_0 \sin\varphi \cdot t - \frac{g}{2} t^2. \end{aligned}\right\} \qquad (11.1)$$

Die Elimination der Zeit, des Parameters $t$, gibt die Bahngleichung:

$$\left(x - \frac{u_0^2}{2g} \sin 2\varphi\right)^2 = -2 \frac{u_0^2 \cos^2\varphi}{g} \left(y - \frac{u_0^2}{2g} \sin^2\varphi\right).$$

Sie stellt eine nach der negativen $y$-Achse geöffnete Parabel dar, deren Scheitel die Koordinaten $x_s = \frac{u_0^2}{2g} \sin 2\varphi$ und $y_s = \frac{u_0^2}{2g} \sin^2\varphi$ besitzt. $y_s$ ist aber die *Wurfhöhe* $H$:

$$H = \frac{u_0^2}{2g} \sin^2\varphi. \qquad (11.2)$$

Die *Wurfweite* auf der Horizontalen ist gleich der doppelten Abszisse des Scheitels:

$$W = 2x_s = \frac{u_0^2}{g}\sin 2\varphi. \qquad (11.3)$$

Die größte Wurfweite erzielt man demnach mit $\varphi = 45°$:

$$W_{\max} = \frac{u_0^2}{g}.$$

**c) Die gleichförmige Kreisbewegung.** Während bei den Beispielen a) und b) die Beschleunigung nach Betrag und Richtung dauernd konstant bleibt, gilt dies bei der gleichförmigen Kreisbewegung nur für den Betrag der Beschleunigung; ihre Richtung ändert sich dauernd. Beides gilt auch für die Geschwindigkeit $\boldsymbol{u}$ (Abb. 6). Der Geschwindigkeitsvektor hat die Richtung der Tangente an die Bahnkurve. Der konstante Betrag der Geschwindigkeit ist

$$u = \frac{\Delta s}{\Delta t}.$$

Zu einem Wege $\Delta s$ längs der Kreisbahn gehört ein Zentriwinkel $\Delta\alpha$. Dies ist der Winkel, um den sich der Radiusvektor vom Drehungsmittelpunkt zum Bahnpunkt dreht. $\Delta s = r\Delta\alpha$.

$$u = r\frac{\Delta\alpha}{\Delta t} = r\omega. \qquad (11.4)$$

$\omega = \frac{\Delta\alpha}{\Delta t}$ heißt *Winkelgeschwindigkeit*. Sie wird durch eine Maßzahl, die Richtung der Achse, um welche sich die Drehung vollzieht, und ihren Drehsinn beschrieben. Die Winkelgeschwindigkeit ist also ein Vektor und wird symbolisiert durch einen Pfeil, der die gleiche Richtung hat wie die Drehachse. Die übliche — aber keineswegs notwendige — Zuordnung von Drehsinn und Pfeilrichtung kann man sich so merken: Weist der Daumen der rechten Hand in die Pfeilrichtung, so beschreiben die gekrümmten Finger der rechten Hand den Drehsinn. Wenn sich die Drehrichtung umkehrt, muß man auch die Pfeilrichtung umkehren.

In Abb. 7 sind die Geschwindigkeitsvektoren $\boldsymbol{u}_1$ und $\boldsymbol{u}_2$ gezeichnet unter Beibehaltung ihrer Richtungen, die wir der Abb. 6 entnehmen. Sie bilden dann den Winkel $\Delta\alpha$ miteinander. Man erkennt nun, daß man den Vektor $\Delta\boldsymbol{u}$ zu $\boldsymbol{u}_1$ addieren muß, um $\boldsymbol{u}_2$ zu erhalten. Es ist also $\Delta\boldsymbol{u} = \boldsymbol{u}_2 - \boldsymbol{u}_1$. Für hinreichend kleine $\Delta\alpha$ steht $\Delta\boldsymbol{u}$ auf $\boldsymbol{u}_1$ senkrecht und somit auch die Beschleunigung $\left(\frac{\Delta\boldsymbol{u}}{\Delta t}\right)_{\Delta t\to 0}$ senkrecht auf dem Geschwindigkeitsvektor. Bei der gleichförmigen Bewegung im Kreise ist also die Beschleunigung radial auf den Mittelpunkt des Kreises (entgegen $\boldsymbol{r}$) gerichtet *(Radial- oder Zentralbeschleunigung)*.

$$\boldsymbol{b}_r = \frac{d\boldsymbol{u}}{dt}.$$

Nach Abb. 7 ist $\Delta u = u\Delta\alpha$, denn $\Delta u$ fällt für hinreichend kleine $\Delta\alpha$ mit dem Bogen im Kreise mit dem Radius $u = u_1 = u_2$ über dem Zentriwinkel $\Delta\alpha$ zusammen. Also ist $b_r = \frac{u\Delta\alpha}{\Delta t} = u\omega = r\omega^2$.

Da $\omega = \frac{u}{r}$ ist, wird auch

$$b_r = \frac{u^2}{r}. \qquad (11.5)$$

Um die Richtung der Radialbeschleunigung anzugeben, schreiben wir:

$$\boldsymbol{b}_r = -\boldsymbol{r}\,\omega^2 = -\frac{u^2}{r}\boldsymbol{r}_1. \qquad (11.6)$$

Das Minuszeichen besagt, daß $\boldsymbol{b}_r$ dem Radiusvektor $\boldsymbol{r}$ entgegen, also nach innen gerichtet ist. $\boldsymbol{r}_1$ ist ein *Einheitsvektor*, sein Betrag ist 1, seine Richtung die von $\boldsymbol{r}$

Bei der Bewegung eines Körpers längs einer gekrümmten Bahn, deren Krümmung sich von Ort zu Ort ändert, kann die Beschleunigung dargestellt werden als Resultierende aus der *Bahnbeschleunigung* $\frac{du}{dt} = \frac{d^2 s}{dt^2}$ (Komponente in Richtung der Bahn) und der *Normalbeschleunigung* $\frac{u^2}{\varrho} = \left(\frac{ds}{dt}\right)^2 \frac{1}{\varrho}$. Hier bedeutet $\varrho$ den Krümmungshalbmesser der Bahn. Kurze Stücke der Bahn können als Kreisbahnen aufgefaßt werden, der Radius dieser Kreise ist der Krümmungshalbmesser der Bahn an dieser Stelle.

Die gleichförmige Bewegung im Kreise ist ein Sonderfall der allgemeinen Bewegung auf gekrümmter Bahn, bei der die Bahnbeschleunigung gleich Null wird und nur eine konstante Radialbeschleunigung vorhanden ist.

## C. Die Prinzipien der Mechanik (NEWTON)

Im vorangehenden Paragraphen haben wir uns darauf beschränkt, Bewegungen zu beschreiben, vor allem Merkmale aufzusuchen, die diese Beschreibung so einfach wie nur möglich gestalten. Wir haben aber die Frage nach der Ursache der Bewegung ganz außer acht gelassen. Vor allem haben wir uns nicht um die Eigenschaften der sich bewegenden Körper gekümmert. Es genügte uns, an Stelle des Körpers einen Punkt zu setzen, an dem uns allein seine Lage und deren Veränderung im Raum interessierte.

Der nächste Schritt ist nun, festzustellen, auf welche Art und Weise solche Bewegungen zustande kommen. Dies ist die Aufgabe der Mechanik.

**12. Die Kraft.** Die Einwirkung auf einen Körper, die eine Bewegung oder Bewegungsänderung hervorrufen kann, bezeichnet man als Kraft. Dieser Begriff ist von der Vorstellung der Muskelkraft hergeleitet. Die Kraft muß von einem anderen Körper herrühren. Häufig ist die Einwirkung auf eine bestimmte Stelle lokalisiert: Eine Kraft besitzt einen Angriffspunkt. Da eine Bewegungsänderung eine Richtung besitzt, ist auch die Kraft eine gerichtete Größe. Aussagen über ihren Betrag ergeben sich aus Beobachtungen der Bewegung desselben Körpers unter der Einwirkung verschiedener Kräfte.

Man stellt weiterhin fest, daß außer Bewegungsänderungen auch Deformationen durch Kräfte hervorgerufen werden, etwa die Längenänderung $\Delta x$ einer Schraubenfeder (Abb. 8). Bei nicht zu starker Deformation ist $\Delta x$ proportional zur deformierenden Kraft $P$:

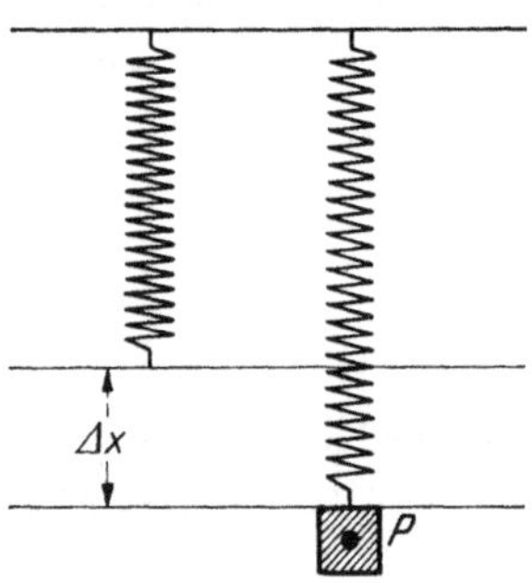


Abb. 8. Messung des Gewichtes mit einer Schraubenfeder

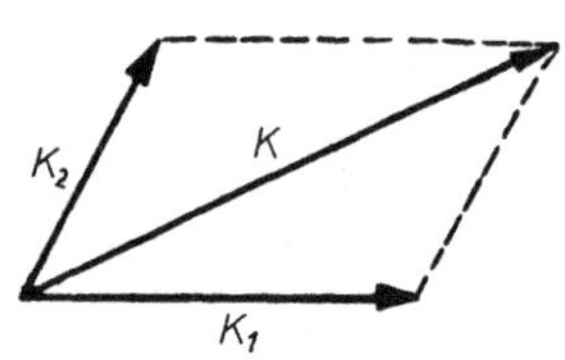


Abb. 9. Parallelogramm der Kräfte

$$P = \text{const}\, \Delta x.$$

Eine solche Feder kann also als Kraftmesser (Dynamometer) benützt werden.

Kräfte sind Vektoren. Für ihre Zusammensetzung und Zerlegung in Komponenten gelten die bei den Geschwindigkeiten besprochenen Regeln (Parallelogramm der Kräfte, Abb. 9)

$$\boldsymbol{K}=\boldsymbol{K}_1+\boldsymbol{K}_2.$$

Man bezeichnet einen Körper auch dann als kräftefrei, wenn die Summe aller an ihm im selben Angriffspunkt angreifenden Kräfte Null ergibt; also bei $n$ Kräften

$$\sum_{i=1}^{n} \boldsymbol{K}_i=0.$$

Als besonders wichtiger Fall einer Krafteinwirkung ist die Schwerkraft anzusehen. Mit einem Dynamometer kann man feststellen, daß derselbe Körper überall an der Erdoberfläche annähernd dieselbe Kraft nach unten erfährt, sein *Gewicht*. Die gleiche Aussage ergibt sich durch Untersuchung der Beschleunigung im Schwerefeld (Fallbeschleunigung), die an der Erdoberfläche nahezu ortsunabhängig ist. Man kann auf diese Art eine Krafteinheit definieren: Im technischen Maßsystem ist die Kraft 1 das Gewicht eines bestimmten Körpers, nämlich des „*Archivkilogrammes*". Dies ist ein Vollzylinder aus einer Platinlegierung, der in Paris unter besonderen Vorsichtsmaßregeln aufbewahrt wird. Die von der Schwere auf diesen Körper an seinem Aufbewahrungsort ausgeübte Kraft gilt im technischen Maßsystem als Krafteinheit; sie heißt 1 Kilopond (kp).

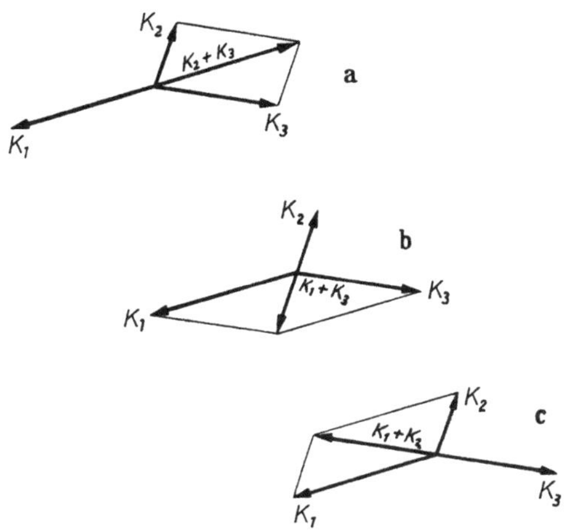


Abb. 10a—c. Beispiele für das Gleichgewicht dreier Kräfte; $\boldsymbol{K}_1+\boldsymbol{K}_2+\boldsymbol{K}_3=0$. (a) bedeutet $\boldsymbol{K}_1=-(\boldsymbol{K}_2+\boldsymbol{K}_3)$, (b) $\boldsymbol{K}_2=-(\boldsymbol{K}_1+\boldsymbol{K}_3)$. (c) $\boldsymbol{K}_2=-(\boldsymbol{K}_1+\boldsymbol{K}_3)$

**13. Trägheit und Masse als Eigenschaft der Körper.** Alle Körper sind *träge*, d. h. sie ändern Größe und Richtung ihrer Geschwindigkeit nie von selbst, sondern nur unter der Einwirkung einer Kraft. Ein Maß für die Trägheit ist die zu seiner Beschleunigung aufzuwendende Kraft, die man messen kann, indem man zwischen den beschleunigten Körper und die beschleunigende Hand eine Schraubenfeder einschaltet. Die Dehnung der Feder ist ein Maß für die Größe der angreifenden Kraft. Die Erfahrung lehrt:

1. Derselbe Körper wird durch gleiche Kräfte stets gleich beschleunigt.

2. Die Kräfte, die einen homogenen Körper gleich beschleunigen, sind seinem Volumen proportional. Die Trägheit hängt also eng mit der Substanzmenge zusammen.

Die Trägheit wird durch die *Masse* eines Körpers gemessen. Sie ist eine Körpereigenschaft und daher unabhängig vom Ort. Man kann sie sich als Substanzmenge vorstellen. Einheit ist die Masse des Archivkilogrammes; sie heißt Kilogramm

1 Kilogramm (kg) = 1000 Gramm (g)
1 Gramm (g) = 1000 Milligramm (mg)
1 Milligramm (mg) = 1000 Gamma ($\gamma$).

Die Masse der Volumeinheit eines homogenen Körpers wird Dichte genannt:

$$\frac{\text{Masse}}{\text{Volumen}} = \text{Dichte.}$$

3. Experimentell stellt man fest, daß am gleichen Ort das Gewicht eines Körpers seiner Masse proportional ist. Trägheit und Schwere sind also auf das engste miteinander verknüpft (Gleichheit von träger und schwerer Masse). Massenvergleiche können daher am selben Ort auch über das Gewicht erfolgen (Hebelwaage). Analog zur Dichte kann der Quotient aus Gewicht und Volumen gebildet werden:

$$\frac{\text{Gewicht}}{\text{Volumen}} = \text{spezifisches Gewicht (Wichte).}$$

Diese Größe ist wegen der Ortsabhängigkeit der Erdanziehung keine Stoffkonstante.

Während das Gewicht eines Körpers zwar an der Erdoberfläche sehr nahezu konstant, aber über und unter ihr kleiner (z.B. im Erdmittelpunkt $=0$) ist, kann die Masse ($m$) als eine echte Körpereigenschaft angesehen werden, solange der Körper ruht. Bewegt er sich dagegen mit der Geschwindigkeit $u$, so gilt (vgl. XVII § 5):

$$m = \frac{m_0}{\sqrt{1-\frac{u^2}{c^2}}}, \tag{13.1}$$

wo $c$ die Lichtgeschwindigkeit und $m_0 = m(u=0)$ seine Ruhemasse bedeutet. $m$ wächst also mit zunehmender Geschwindigkeit. Allerdings ist dieser Zuwachs selbst bei den schnellsten makroskopischen Körpern unmeßbar klein; z.B. beträgt er bei einem Erdsatelliten mit $u = 6$ km/s nur den 10-milliardsten Teil, liegt also noch nicht einmal in der Größenordnung von Milligrammen. Wir werden in den folgenden Kapiteln (I bis III) von dieser „relativistischen Massenveränderlichkeit" absehen dürfen, müssen sie aber bei der Behandlung von schnell bewegten atomaren und subatomaren Teilchen berücksichtigen (vgl. IV § 8).

**14. Das Trägheitsprinzip.** Ob ein Körper kräftefrei ist, erkennt man an seinem Bewegungszustand:

*Jeder Körper beharrt im Zustand der Ruhe oder der gleichförmig geradlinigen Bewegung, wenn er nicht durch Kräfte gezwungen wird, diesen Zustand zu ändern (Newtonsches Trägheitsprinzip).*

Das Sinken einer Kugel in zäher Flüssigkeit erfolgt (nach einer gewissen Anlaufzeit) „kräftefrei", weil dann die Schwerkraft durch eine ihr entgegengesetzt gerichtete, gleich große Reibungskraft kompensiert wird. Daher verläuft die Bewegung gleichförmig und geradlinig.

Die Unterscheidung zwischen Ruhe und geradlinig gleichförmiger Bewegung ist nur von der Wahl des Bezugssystems abhängig. Absolute Ruhe ist nicht feststellbar. *Gegeneinander geradlinig gleichförmig bewegte Koordinatensysteme sind in bezug auf die Darstellung der Gesetze der Mechanik gleichwertig (Mechanisches Relativitätsprinzip).*

**15. Das Aktionsprinzip.** Die Beobachtung der Bewegungsänderung einer Masse durch eine Kraft ergibt:

1. Ein Körper vollführt unter der Wirkung einer konstanten Kraft eine gleichmäßig beschleunigte Bewegung.

2. Die Beschleunigung ist bei konstanter Masse der wirkenden Kraft proportional.

3. Die Kraft, welche zur Erteilung der Beschleunigung $b$ aufgewendet werden muß, ist der Masse $m$ proportional.

Zusammenfassung von 2 und 3 ergibt:

$$\boldsymbol{K} = \text{const} \cdot m\,\boldsymbol{b}. \qquad (15.1)$$

Die Vektoren $\boldsymbol{K}$ und $\boldsymbol{b}$ sind gleichgerichtet.

Durch eine konstante Kraft erfährt ein Körper eine konstante Beschleunigung; aber natürlich nur dann, wenn beim Beschleunigungsprozeß die Masse konstant bleibt; also z.B. nicht bei Raketen und auch nicht bei Körpern, die sich nahezu mit Lichtgeschwindigkeit bewegen (vgl. 13.1), wie die Atomelektronen.

Nun setzt man — nicht notwendiger- aber zweckmäßigerweise — in (15.1) const $=1$ und erhält so:

$$\boldsymbol{K} = m\,\boldsymbol{b}. \qquad (15.2)$$

Damit ist die Dimension der Kraft festgelegt: $[\boldsymbol{K}] = \frac{[\text{Masse}]\,[\text{Länge}]}{[\text{Zeit}]^2}$. Ihre Einheit ist demnach bei Verwendung des (MKS)-Systems (vgl. § 7):

$$1\,\frac{\text{kg m}}{\text{s}^2} = 1\,\text{N}.$$

1 N bedeutet „ein Newton". Dieser Name wird also als Abkürzung für die schwerfällige Bezeichnung „Kilogramm-Meter durch Sekunde zum Quadrat" benützt. 1 N ist demnach die Kraft, die einem Körper mit der Masse 1 kg die Beschleunigung 1 m $\text{s}^{-2}$ erteilt.

Zur Veranschaulichung: Um ein Menschenhaar durchzureißen, bedarf es einer Kraft von der Größenordnung 1 N; um eine Klaviertaste herabzudrücken mindestens etwa 0,5 N.

Die obige Überlegung ermöglicht, die Kraft zu berechnen, die in der Nähe der Erdoberfläche auf die Masse 1 kg wirkt, und die wir als 1 kp bezeichnet haben (§ 12). Ihr allein überlassen würde die Masse die Beschleunigung $9{,}81\,\frac{\text{m}}{\text{s}^2}$ erfahren (§ 11). Also:

$$1\,\text{kp} = 1\,\text{kg} \cdot 9{,}81\,\text{m s}^{-2} = 9{,}81\,\text{N}$$
$$1\,\text{N} = 0{,}102\,\text{kp}.$$

In der Atomphysik ist es üblich, im Zentimeter-Gramm-Sekunden-System (CGS-System) zu rechnen. Für die daraus abgeleitete Krafteinheit gilt:

$$1\,\text{cm g s}^{-2} = 1\,\text{dyn} = 10^{-5}\,\text{N}.$$

Statt $\boldsymbol{K} = m \cdot \boldsymbol{b} = m\,\frac{d\boldsymbol{u}}{dt}$ kann man schreiben:

$$\boldsymbol{K} = \frac{d(m\boldsymbol{u})}{dt}. \qquad (15.3)$$

$m \cdot \boldsymbol{u}$ heißt *Bewegungsgröße* oder *Impuls*. In dieser Form ist der Satz auch für veränderliche Massen gültig.

Newton formuliert sein *Aktionsprinzip:*

*Die auf die Zeiteinheit bezogene Änderung der Bewegungsgröße ist der Einwirkung der bewegenden Kraft proportional und geschieht in der Richtung, in der jene Kraft angreift.* In dieser Form ist der Satz auch bei Berücksichtigung der Geschwindigkeitsabhängigkeit der Masse (vgl. 13.1.) gültig.

Die Kraft ist also die Ursache der Beschleunigung. Die Beschleunigung ist ein Maß für die wirkende Kraft.

$$\boldsymbol{b} = \frac{\boldsymbol{K}}{m} \tag{15.4}$$

Aber die aus der Beschleunigung ermittelte Kraft ist die Resultierende aus allen angreifenden (physikalischen) Kräften. Diese Teilkräfte können nur mit dem Dynamometer gemessen werden.

Wenn wir z. B. beobachten, daß ein Körper mit konstanter Winkelgeschwindigkeit im Kreis läuft, also eine Radialbeschleunigung erfährt (11.6), so schließen wir aus (15.2) auf das Vorhandensein einer der Beschleunigung gleichgerichteten *Radialkraft*

$$\boldsymbol{K} = -m\,\omega^2 \boldsymbol{r}. \tag{15.5}$$

**16. Das Reaktionsprinzip.** Die Kraft, die auf einen Körper ausgeübt wird, hat ihren Ursprung im Vorhandensein von einem oder mehreren anderen Körpern. Die Erfahrung lehrt, daß dann, wenn ein Körper 1 auf einen Körper 2 eine Kraft ausübt, die $\boldsymbol{K}_{12}$ betragen möge, der Körper 2 auf den Körper 1 mit einer Kraft $\boldsymbol{K}_{21}$ wirkt, so daß

$$\boldsymbol{K}_{12} = -\boldsymbol{K}_{21} \tag{16.1}$$

ist. *Die Kräfte, die zwei Körper aufeinander ausüben, sind gleich, aber entgegengesetzt gerichtet.* (*Prinzip der Gleichheit von* actio *und* reactio.)

**17. Die Trägheitskraft (D'ALEMBERT).** Schreibt man statt (15.2)

$$\boldsymbol{K} - m\,\boldsymbol{b} = 0, \tag{17.1}$$

so ist folgende Auslegung möglich:

Man faßt $(-m\boldsymbol{b})$ als gesonderte „Trägheitskraft" auf. Sie ist der Beschleunigung entgegengerichtet und hält nach (17.1) der äußeren Kraft $\boldsymbol{K}$ das Gleichgewicht. Damit wird das Bewegungsproblem auf ein Gleichgewichtsproblem zurückgeführt.

Im „Gleichgewicht" müßte der Körper nun nach dem Trägheitsgesetz in Ruhe verharren, wie dies gegenüber dem beschleunigt mitbewegten Beobachter auch tatsächlich der Fall ist. So kann die Trägheitskraft als Kraft verstanden werden, die in einem beschleunigten Koordinatensystem zusätzlich beobachtet wird. Man nennt sie deswegen auch „Scheinkraft" oder „fiktive Kraft".

Die Nützlichkeit dieses Begriffes zeigen folgende Beispiele:

Beim freien Fall ist die Trägheitskraft $= -m \cdot g$. Die Summe aus Gewicht und Trägheitskraft ergibt 0; ein frei fallender Beobachter fühlt sich „schwerelos" und sieht einen mit ihm fallenden Gegenstand ruhen.

Bei Kreisbewegungen mit konstanter Winkelgeschwindigkeit erfährt ein Körper eine Radialbeschleunigung vom Betrage $\frac{u^2}{r}$ oder $\omega^2 r$ in Richtung auf das Zentrum des Kreises. Ein mitrotierender Beobachter findet die Trägheitskraft $m\omega^2 r$ in entgegengesetzter Richtung als Fliehkraft oder Zentrifugalkraft vor.

Finden im rotierenden System Bewegungen statt, so tritt als weitere Trägheitskraft die Corioliskraft auf (vgl. § 21).

**18. Anwendung der Newtonschen Mechanik auf Schwingungen.**

**a) Das elastische Pendel.** Ein Körper mit der Masse $m$ sei durch eine Schraubenfeder an eine Ruhelage gebunden. Entfernt man ihn um $x$ aus der Ruhelage, so sei die rücktreibende Kraft

$$K = -D \cdot x \quad \text{(elastisches Grundgesetz).} \tag{18.1}$$

$D$ heißt *Richtgröße* oder *Federkonstante*; sie hat die Dimension Kraft/Länge.

Auch wenn der Körper an einer Schraubenfeder *hängt*, so daß diese bereits in der Gleichgewichtslage durch sein Gewicht um $s_0$ gedehnt ist, so ist bei Entfernung aus der Gleichgewichtslage um $\pm x$ die rücktreibende Kraft

$$K = -D x$$

($x$ soll nach unten positiv gewertet werden).

In Abb. 11 entspricht a der Gleichgewichtslage. Gewicht $P = D s_0$ und Federkraft $F = -D s_0$ sind einander entgegengesetzt gleich: $F + P = 0$.

In b ist die Feder um $x$ zusätzlich gedehnt, es ist

$$F = -D \cdot (s_0 + x).$$

Die resultierende Kraft ist

$$K = F + P = -D(s_0 + x) + D s_0 = -D x.$$

Weil $x$ nach unten positiv ist, ist $K$ nach oben gerichtet.

In c ist die Federkraft kleiner als in Fall a.

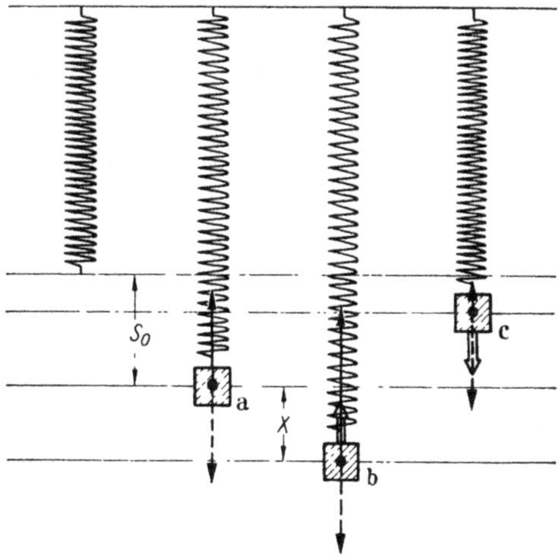


Abb. 11 a—c. Das elastische Pendel

$$F = -D(s_0 + x) \quad \text{(hier ist } x \text{ negativ)},$$

die resultierende Kraft ist wieder

$$K = F + P = -D(s_0 + x) + D s_0 = -D x.$$

Weil hier $x$ negativ ist, ist $K$ nach unten, also wieder zur Gleichgewichtslage hin gerichtet.

Diese rücktreibende Kraft bewirkt eine Beschleunigung des Körpers in Richtung auf die Ruhelage, die sich aus dem Newtonschen Aktionsprinzip ergibt:

$$m \frac{du}{dt} = m \frac{d^2 x}{dt^2} = -D x. \tag{18.2}$$

Infolge der Trägheit bewegt sich der Körper über die Ruhelage hinaus, erleidet nun aber eine Verzögerung (negative Beschleunigung), weil die Kraft der Bewegungsrichtung entgegengerichtet ist. Der Körper schwingt bis zur gleichen Entfernung aus der Ruhelage, kehrt hier um, und der Bewegungsvorgang wiederholt sich in entgegengesetzter Richtung.

Die Bewegung des elastischen Pendels entspricht der Bewegung der Projektion eines mit konstanter Winkelgeschwindigkeit $\omega$ auf einem Kreise mit dem Radius $x_0$ umlaufenden Körpers (Abb. 12).

$$x = x_0 \cos \varphi; \qquad \varphi = \omega \cdot t.$$

Für diese *harmonische* Schwingung wird also die Abhängigkeit des Ortes von der Zeit durch

$$x = x_0 \cos \omega t$$

beschrieben. $x_0$ heißt *Schwingungsweite* oder *Amplitude*.

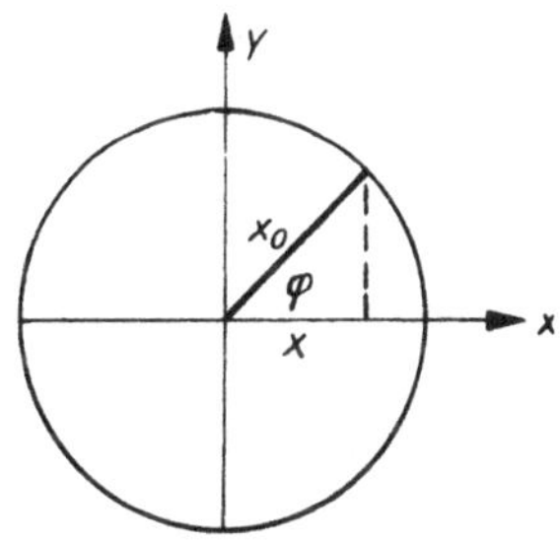


Abb. 12. Harmonische Schwingung als Projektion einer gleichförmigen Bewegung im Kreise

$\omega$, die Winkelgeschwindigkeit der Kreisbewegung, deren Projektion die harmonische Schwingung ergibt, heißt *Kreisfrequenz*. $N$ sei die Zahl der Umläufe oder Schwingungen in der Zeit $t$; dann ist $\nu = \frac{N}{t}$ die *Frequenz*, $T = \frac{t}{N} = \frac{1}{\nu}$ die *Schwingungsdauer*. Es folgt $\frac{2\pi}{T} = \omega = 2\pi\nu$. Die Frequenz $\nu$ hat die Dimension $\frac{1}{[\text{Zeit}]}$, wird also in Einheiten $s^{-1}$ gemessen, wofür im deutschen Sprachgebrauch die Bezeichnung „Hertz" üblich ist; so benannt nach HEINRICH HERTZ (vgl. III § 84).

Die Differentialgleichung (18.2) wird durch die Ansätze

$$x = x_0 \cos \omega t \quad \text{und} \quad x = x_0 \sin \omega t \tag{18.3}$$

befriedigt, aber nur für einen ganz bestimmten Wert („Eigenwert") von $\omega$. Setzt man nämlich (18.3) in (18.2) so ergibt sich:

$$-m\omega^2 x = -D \cdot x$$

$$\omega = \sqrt{\frac{D}{m}} \quad \text{oder} \quad T = 2\pi \sqrt{\frac{m}{D}}. \tag{18.4}$$

Das Experiment bestätigt die Proportionalität zwischen der Schwingungsdauer und der Wurzel aus der Masse, sowie zwischen Schwingungsdauer und der Wurzel aus der reziproken Richtgröße, die ein Maß für die „Härte" der Feder ist.

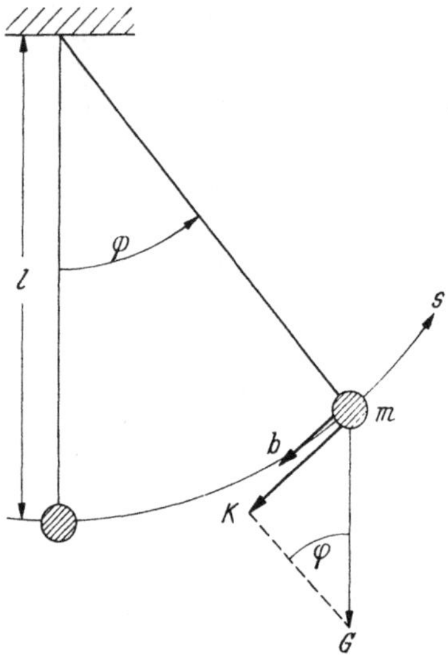


Abb. 13. Zum mathematischen Gravitationspendel

Bei einer elastischen Schwingung ist die Schwingungsdauer von der Amplitude unabhängig, wenn die rücktreibenden Kräfte der ersten Potenz der Entfernung aus der Ruhelage proportional sind, wie das in (18.1) vorausgesetzt wurde.

Entfernt man einen Körper nur wenig aus seiner stabilen Gleichgewichtslage (s. § 32a), so ist diese Voraussetzung unabhängig vom speziellen Kraftgesetz praktisch immer erfüllt. Daher vollführt jeder Körper um seine Gleichgewichtslage bei hinreichend kleinen Amplituden in erster Näherung *quasi-elastische* Schwingungen.

**b) Das mathematische Schwerependel.** An einem (nahezu masselosen) Faden der Länge $l$ hänge ein sehr kleiner („punktförmiger") Körper mit der Masse $m$. Ist seine Bewegung auf eine Ebene beschränkt, so kann sie nur auf einem Kreise erfolgen. Die Bewegung auf der Kreisbahn wird erzwungen durch eine vermittels des Fadens auf den Körper ausgeübte Zwangskraft, für die wir uns im folgenden nicht weiter interessieren. Die Bahnbeschleunigung $b$ ist durch die Komponente der Kraft in Richtung der Bahn durch das Newtonsche Aktionsprinzip (15.2) $K = m \cdot b$ bestimmt. Die Komponente der an der Pendelmasse angreifenden Schwerkraft $G$ in der Richtung der Bahntangente ist $K = m \cdot g \cdot \sin\varphi$ (Abb. 13). Wenn wir für den Weg die krummlinige Koordinate $s$ einführen, die im tiefsten Punkt der Bahn beginnt und kreisförmig längs der Bahn verläuft, erhalten wir für die Bahnbeschleunigung

$$b = -\frac{d^2 s}{dt^2}. \tag{18.5}$$

Da ferner $s = l \cdot \varphi$ ist, ergibt sich bei konstanter Fadenlänge $l$ die Beschleunigung zu

$$b = -\frac{l \cdot d^2\varphi}{dt^2}.$$

Aus $-m \cdot b + K = 0$ folgt

$$\left.\begin{aligned} m \cdot l \cdot \frac{d^2\varphi}{dt^2} + m g \sin\varphi &= 0 \\ \frac{d^2\varphi}{dt^2} + \frac{g}{l} \sin\varphi &= 0. \end{aligned}\right\} \tag{18.6}$$

Diese Gleichung ist elementar nur dann lösbar, wenn man sich auf kleine Pendelausschläge $\varphi$ beschränkt, so daß

$$\sin\varphi \approx \varphi$$

wird. Damit geht (18.6) über in

$$\frac{d^2\varphi}{dt^2} + \frac{g}{l} \cdot \varphi = 0. \tag{18.7}$$

Diese Gleichung wird befriedigt durch den Ansatz

$$\varphi = \varphi_0 \cdot \sin\omega t. \tag{18.8}$$

Durch zweimalige Differentiation nach der Zeit wird daraus $\frac{d^2\varphi}{dt^2} = -\varphi_0\,\omega^2 \sin\omega t$. Durch Einsetzen in (18.7) ergibt sich $-\varphi_0\,\omega^2 \sin\omega t + \frac{g}{l}\cdot\varphi_0 \sin\omega t = 0$

$$\omega = \sqrt{\frac{g}{l}}\,. \tag{18.9}$$

Benützen wir wieder den Zusammenhang zwischen Kreisfrequenz $\omega$, Frequenz $\nu$ und Schwingungsdauer $T$

$$\omega = 2\pi\nu = \frac{2\pi}{T}\,,$$

so ergibt sich

$$T = 2\pi\sqrt{\frac{l}{g}}\,. \tag{18.10}$$

Die Schwingungsdauer des Fadenpendels ist deshalb von der Masse des Körpers unabhängig, weil die rücktreibende Kraft, die beim elastischen Pendel durch die Federeigenschaften gegeben ist, hier durch das Gewicht des Körpers bestimmt wird, dessen träge Masse eine Beschleunigung erfährt; Gewicht und Masse sind aber einander proportional.

Bei diesem Grad der Näherung ist wie beim elastischen Pendel die rücktreibende Kraft proportional der Auslenkung: $K \sim \varphi$, daher ergibt sich auch eine der Gleichung (18.4) analoge Schwingungsdauer (18.10). In höherer Näherung ergibt sich ein Ausdruck für die Schwingungsdauer $T$, der die Amplitude $\varphi_0$ enthält:

$$T = 2\pi\cdot\sqrt{\frac{l}{g}}\left[1 + \left(\frac{1}{2}\right)^2 \sin^2\frac{\varphi_0}{2} + \left(\frac{1\cdot 3}{2\cdot 4}\right)^2 \sin^4\frac{\varphi_0}{2} + \cdots\right].$$

Die Abweichung von (18.10) macht sich um so stärker bemerkbar, je größer die Amplitude $\varphi_0$.

Der Fehler, den man begeht, wenn man statt dieser exakten Gleichung (18.10) benutzt, beträgt für $\varphi_0 = 1°$ nur 0,002%, für $\varphi_0 = 5°$ 0,05%.

**c) Der Begriff der Phase.** Die Schwingungs-Differentialgleichung (18.2 und 18.7) wird nicht nur durch die Ansätze (18.3) bzw. (18.8) befriedigt, sondern allgemein durch jede harmonische Funktion:

$$x = x_0 \begin{matrix}\sin\\ \cos\end{matrix}(\omega t + \alpha) \quad \text{bzw.} \quad \varphi = \varphi_0 \begin{matrix}\sin\\ \cos\end{matrix}(\omega t + \alpha),$$

wobei $\alpha$ — im Gegensatz zu $\omega$ — beliebige Werte annehmen kann. Auch diese Funktionen von $t$ beschreiben also mögliche Abläufe des Schwingungsvorganges. Physikalisch bedeutet $\alpha \neq 0$, daß die Elongation $x$ bzw. $\varphi$ zur Zeit $t = 0$ nicht den Wert 0 (beim sin) und nicht ihren Maximalwert (beim cos) hatte. Der zeitliche Abstand zweier Maxima oder Nullstellen oder auch zweier Punkte gleicher Elongation ($a$ und $b$ in Abb. 14) ist natürlich allein durch $\omega$ bestimmt.

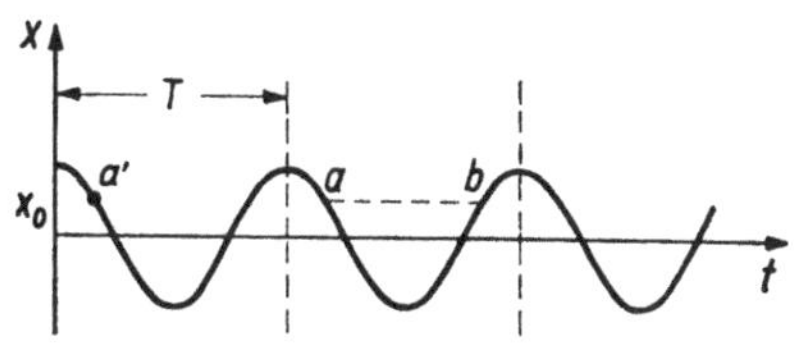

Abb. 14. Zur Definition der Phase einer Schwingung. $a'$ und $a$ stimmen in der Phase überein

Das Argument der sin- oder cos-Funktion, das also den momentanen Wert der Elongation bestimmt, bezeichnet man als Phase. Die beiden Funktionen $x = x_0 \cos\omega t$ und $x = x_0 \cos(\omega t + \alpha)$ stellen Schwingungen gleicher Amplitude und gleicher Frequenz dar. Zu gleichen Zeiten haben sie verschiedene Phasen, $\alpha$ ist ihre *Phasendifferenz*.

**d) Überlagerung von Schwingungen.** Die Überlagerung von zwei zueinander senkrechten harmonischen Schwingungen $x = x_0 \cos\omega t$ und $y = y_0 \cos(\omega t + \alpha)$ ergibt

1. bei der Phasendifferenz $\alpha = 0$ (Abb. 15): eine ebenfalls lineare Schwingung gleicher Frequenz, deren Richtung durch die Diagonale im Rechteck mit den Seiten $2x_0$ und $2y$ gegeben ist und deren Amplitude $\sqrt{x_0^2 + y_0^2}$ ist.

2. bei der Phasendifferenz $\alpha = \frac{\pi}{2}$ (Abb. 16; die Schwingung in der $y$-Richtung eilt der Schwingung in der $x$-Richtung um den 4. Teil einer Schwingungsdauer voraus): eine elliptische Schwingung für $x_0 \neq y_0$, eine zirkulare Schwingung für $x_0 = y_0$.

$$\frac{x}{x_0} = \cos\omega t; \qquad \frac{y}{y_0} = \cos\left(\omega t + \frac{\pi}{2}\right) = -\sin\omega t.$$

$$\left(\frac{x}{x_0}\right)^2 + \left(\frac{y}{y_0}\right)^2 = \cos^2\omega t + \sin^2\omega t = 1$$ (Gleichung einer Ellipse mit den Halbachsen $x_0$ und $y_0$).

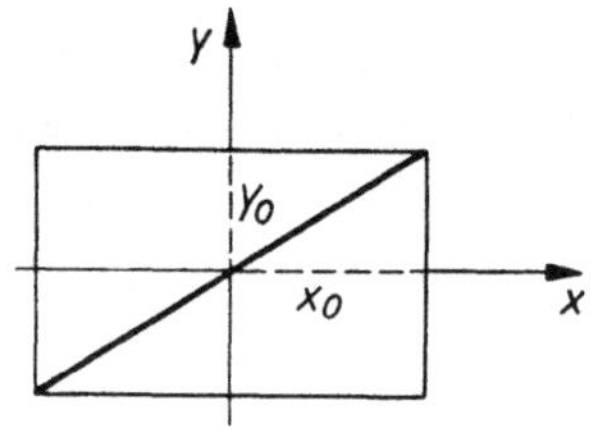


Abb. 15

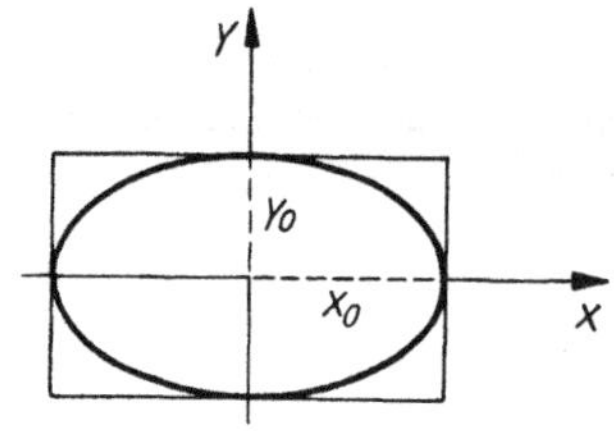


Abb. 16

Abb. 15 u. 16. Überlagerung von zueinander senkrechten harmonischen Schwingungen gleicher Frequenz. Abb. 15 Phasendifferenz 0; Abb. 16 Phasendifferenz $\frac{\pi}{2}$

Die Überlagerung von linearen Schwingungen verschiedener Frequenz führt zu *bedingt periodischen Bewegungen*. Stehen die Frequenzen im Verhältnis ganzer Zahlen, so entstehen wieder periodische Bewegungen (Lissajoussche Figuren).

## D. Anwendung auf die Himmelsmechanik und Gravitationsgesetz

**19. Planetenbewegung.** Aus der Beobachtung der Planetenbewegung schloß KEPLER:

1. Die Planeten bewegen sich auf Ellipsen, in deren einem Brennpunkt sich die Sonne befindet.

2. Der von der Sonne zu einem Planeten gezogene Fahrstrahl (radius vector) überstreicht in gleichen Zeiten gleiche Flächen. (Satz von der Konstanz der Flächengeschwindigkeit.)

3. Die Quadrate der Umlaufzeiten verschiedener Planeten verhalten sich wie die Kuben der halben großen Achsen ihrer Bahnen.

Das 2. Keplersche Gesetz ist ein Sonderfall des folgenden allgemein gültigen Satzes: Jeder Körper, an dem eine Zentralkraft angreift — das ist eine immer auf den gleichen Punkt gerichtete, aber von Ort zu Ort in ihrem Betrag veränderliche Kraft — bewegt sich in einer Ebene durch das Anziehungszentrum $Z$ mit konstanter Flächengeschwindigkeit $\frac{df}{dt}$ (s. Abb. 17 und I § 40)

$$\frac{|df|}{dt} = \frac{\frac{1}{2} r\, u\, dt \cdot \sin\varphi}{dt} = \frac{1}{2} r\, u \sin\varphi$$

Aus den Keplerschen Gesetzen leitete NEWTON das *Gravitationsgesetz* ab: Zwischen den Massen $m$ und $M$, deren Abstand $r$ beträgt, wirkt eine Anziehungskraft vom Betrage

$$K = \gamma \frac{m \cdot M}{r^2}. \tag{19.1}$$

Wir folgern (19.1) aus dem Verhalten einer speziellen Kepler-Bewegung: Zwei Massen $m_1$ und $m_2$ umlaufen eine viel größere Masse $M$ auf Kreisbahnen

(Abb. 18). Die an ihnen angreifenden Anziehungskräfte (Gravitationskräfte) $K_1$ und $K_2$ sind nach (15.5) $m_1\omega_1^2 r_1$ und $m_2\omega_2^2 r_2$, also ist

$$\frac{K_1}{K_2} = \frac{m_1\omega_1^2 r_1}{m_2\omega_2^2 r_2} = \frac{m_1 T_2^2 r_1}{m_2 T_1^2 r_2}.$$

$T =$ Umlaufzeit; $\omega = 2\pi\nu = 2\pi\frac{1}{T}$.

Da die Bewegungen dem 3. Keplerschen Gesetz gehorchen, ist $\frac{T_2^2}{T_1^2} = \frac{r_2^3}{r_1^3}$ also

$$\frac{K_1}{K_2} = \frac{m_1 r_2^3 r_1}{m_2 r_1^3 r_2} = \frac{m_1 r_2^2}{m_2 r_1^2} = \frac{\frac{m_1}{r_1^2}}{\frac{m_2}{r_2^2}} \quad \text{oder} \quad K = \text{const}\cdot\frac{m}{r^2}.$$

$K$ ist also reziprok zum Abstandsquadrat der beiden gravitierenden Massen und proportional zur umlaufenden Masse $m$. Die Proportionalität zu $M$ (vgl. 19.1) ist zwar aus Symmetriegründen zu erwarten, ergibt sich aber erst, wenn auch die Bewegung der großen Masse berücksichtigt wird.

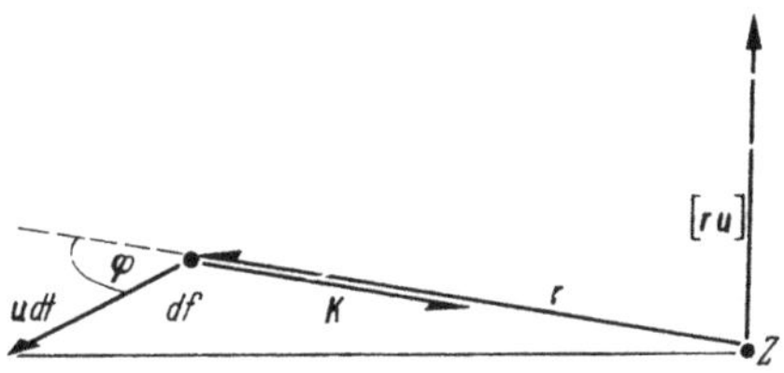


Abb. 17. Zum Flächensatz

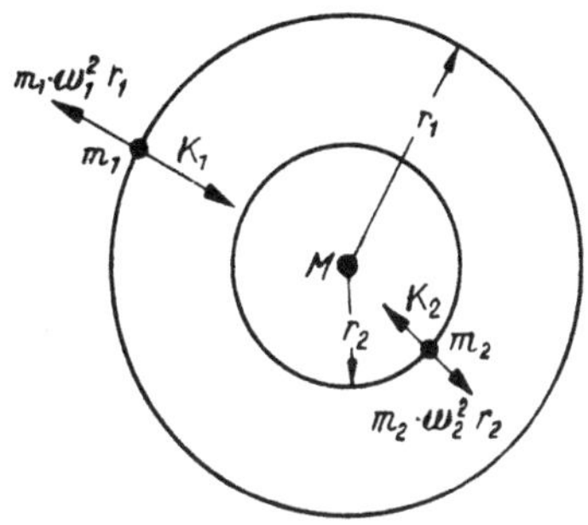


Abb. 18. Zur Ableitung des Gravitationsgesetzes aus den Keplerschen Gesetzen

Die *Gravitationskonstante* $\gamma$ kann nicht aus den Planetenbewegungen erschlossen werden. Man ist vielmehr auf Laboratoriumsversuche angewiesen unter der Voraussetzung, daß auch hier die Massenanziehung dem Gravitationsgesetz (19.1) mit der gleichen Gravitationskonstante gehorcht. Nun sind aber die Gravitationskräfte zwischen Massen, mit denen man experimentieren kann, so gering, daß man sie nur mit höchstempfindlichen Geräten, sogenannte Gravitationswaagen messen kann. Auf Grund solcher Messungen ergibt sich als heute zuverlässigster Zahlenwert von $\gamma$:

$$\gamma = (6{,}670 \pm 0{,}007)\ 10^{-8}\,\text{g}^{-1}\,\text{cm}^3\,\text{s}^{-2}.$$

Die Gravitationswirkung einer Kugel auf einen Körper außerhalb von ihr ist so, als ob ihre gesamte Masse in ihrem Mittelpunkt vereinigt sei. Dieser Satz aus der Potentialtheorie ermöglicht die *Bestimmung der Erdmasse aus der Gravitationskonstanten:* Das Gewicht eines Körpers an der Erdoberfläche ist nach (15.2) $m\cdot g = m\cdot 981\,\text{cm s}^{-2}$ oder nach (19.1) $\gamma\frac{m\cdot M}{R^2}$, wo $M$ die Erdmasse und $R$ den Erdradius $= 6{,}36\cdot 10^8$ cm bedeuten. Es ist also

$$m\cdot 981\,\text{cm s}^{-2} = m\cdot\gamma\cdot\frac{M}{R^2}; \qquad M = \frac{981\,\text{cm s}^{-2}\cdot R^2}{\gamma} = 5{,}95\cdot 10^{27}\,\text{g}.$$

Die mittlere Dichte der Erde berechnet sich daraus zu 5,6 g cm$^{-3}$. Die mittlere Dichte der Gesteine der Erdrinde beträgt nur 2,5 g cm$^{-3}$!

## E. Trägheitskräfte an Massen, die in rotierenden Systemen ruhen oder sich bewegen

**20. Zentrifugalkraft.** Auf einer mit der Winkelgeschwindigkeit $\omega$ rotierenden Drehscheibe konstatiert ein mitbewegter Beobachter an einer für ihn ruhenden Masse $m$ im Abstand $r$ vom Drehpunkt eine radial nach außen wirkende „Zentrifugalkraft" $Z = m r \omega^2$ (vgl. § 17).

**Einfluß der Erddrehung auf die Schwerebeschleunigung.** Infolge der Rotation der Erde um ihre Achse greift nach dem Urteil des mitbewegten Beobachters an allen außerhalb der Achse liegenden Massenteilen eine Zentrifugalkraft $Z$ (Abb. 19) an. Diese beträgt für eine Masse $m$ an der Erdoberfläche unter der geographischen Breite $\varphi$:

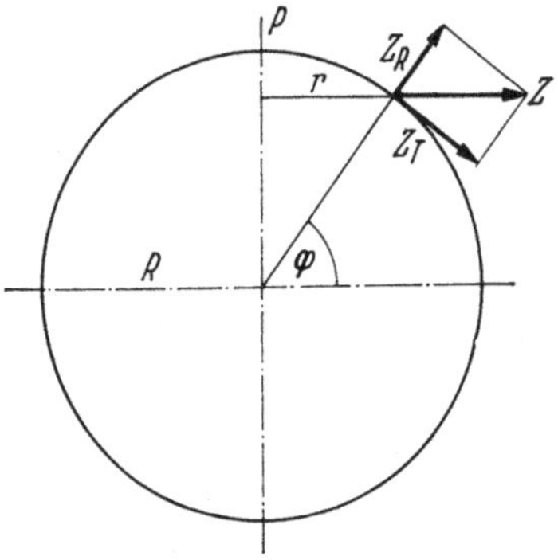


Abb. 19. Einfluß der Erddrehung auf die Fallbeschleunigung

$$Z = m \cdot \omega^2 \cdot r = m \cdot \omega^2 \cdot R \cdot \cos\varphi .$$

Ihre Komponente in radialer Richtung ist

$$Z_R = m \cdot \omega^2 R \cos^2\varphi .$$

Ihre Komponente in tangentialer Richtung

$$Z_T = m \cdot \omega^2 \cdot R \cdot \cos\varphi \cdot \sin\varphi .$$

Beide Einflüsse zusammen bewirken, daß das Gewicht eines jeden Körpers am Pol um 5,2 ‰ größer ist als am Äquator (vgl. § 12).

Die Tangentialkomponente $Z_T$ hat ein Maximum unter 45°. Sie ist die Ursache für die Abplattung der Erde an den Polen. Der Unterschied zwischen dem äquatorialen und polaren Durchmesser beträgt $^1/_{300}$ Erdradius.

**21. Corioliskraft.** Körper, die sich in einem rotierenden System relativ zu ihm bewegen, erfahren Trägheitskräfte, die als *Corioliskräfte* bezeichnet werden. Für folgenden Spezialfall lassen sie sich leicht angeben (Abb. 20):

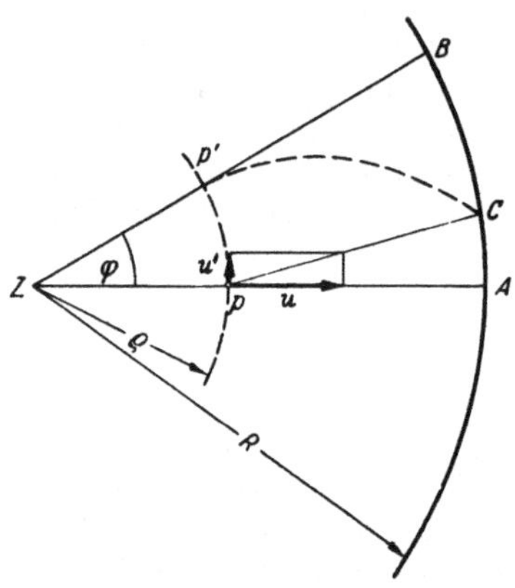


Abb. 20. Zur Berechnung der Corioliskraft

Auf einer Drehscheibe mit dem Radius $R$, die sich mit der konstanten Winkelgeschwindigkeit $\omega$ in Richtung $A \to B$ dreht, befindet sich im Abstand $\varrho$ von der Drehachse in $P$ ein Beobachter; er werfe in radialer Richtung einen Körper $K$ mit der Geschwindigkeit $u$; von der Schwerkraft werde abgesehen. Die Drehscheibe wird durch eine zylindrische Wand berandet, die sich nicht mit ihr dreht. Bei ruhender Scheibe ($\omega = 0$) würde $K$ in $A$ auftreffen. Zum Durchfliegen der Strecke $PA = (R - \varrho)$ benötigt er die Zeit

$$\Delta t = \frac{R - \varrho}{u} . \tag{21.1}$$

Da sich aber die Scheibe dreht, befindet sich der Beobachter nach dieser Zeit im Punkte $P'$, und er erwartet, wenn er von der Drehung nichts weiß, den Aufprall des Körpers in $B$. Nun hatte aber $K$ vor dem Abwurf in der Hand des Beobachters infolge der Drehung um $Z$ die Geschwindigkeit $u' = \omega \cdot \varrho$, die senkrecht zu $ZP$ gerichtet ist. $K$ verläßt also nach dem Abwurf den Ort $P$ mit der aus $\boldsymbol{u}$ und $\boldsymbol{u}'$ resultierenden Geschwindigkeit und erreicht die Wand im Punkte $C$. Sein

Abstand von $A$ ist gleich dem Weg, den $K$ infolge der Geschwindigkeit $u'$ allein während der Zeit $\Delta t$ zurücklegen würde:

$$AC = u' \cdot \Delta t = \omega \cdot \varrho \cdot \frac{R-\varrho}{u} = \omega\,\varrho\,\Delta t$$

$$\begin{aligned} BC &= AB - AC = R \cdot \varphi - AC \\ &= R \cdot \omega \cdot \Delta t - \varrho \cdot \omega \cdot \Delta t = (R-\varrho) \cdot \omega \cdot \Delta t \\ &= \frac{R-\varrho}{u} \cdot u \cdot \omega \cdot \Delta t = u \cdot \omega \cdot \Delta t^2. \end{aligned}$$

Der Beobachter, der $K$ statt am erwarteten Ort $B$ in $C$ auftreffen sieht, urteilt: An $K$ muß senkrecht zu seiner erwarteten Bewegungsrichtung (Richtung der Geschwindigkeit $\boldsymbol{u}$) eine Kraft gewirkt haben, die $K$ um $BC$ aus seiner Bahn getrieben hat.

Nimmt er diese Kraft als konstant an, so muß auch eine konstante Beschleunigung ($b_{\text{Cor}}$) auftreten, welche die scheinbare Abweichung $BC$ aus der radialen Richtung bewirkt. Für diese gilt dann wegen (10.2):

$$BC = \frac{b_{\text{Cor}}}{2} \Delta t^2.$$

Durch Vergleich der beiden letzten Beziehungen folgt

$$b_{\text{Cor}} = 2 \cdot u \cdot \omega.$$

Die Größe der an dem Körper angreifenden Trägheitskraft, der *Corioliskraft*, ist

$$K_{\text{Cor}} = 2 \cdot m \cdot u \cdot \omega. \tag{21.2}$$

An dem Ergebnis ändert sich nichts, wenn die Richtung $\boldsymbol{u}$ einen endlichen Winkel mit dem Radius durch $P$ bildet. Wenn die Achse der Drehung nicht senkrecht zu $\boldsymbol{u}$ steht, sondern mit $\boldsymbol{u}$ den Winkel $\alpha$ bildet, so ist die Coriolisbeschleunigung

$$b_{\text{Cor}} = 2 \cdot u \cdot \omega \cdot \sin\alpha. \tag{21.3}$$

An jedem Körper, der sich in einem rotierenden Bezugssystem bewegt, scheint dem mitrotierenden Beobachter eine solche Corioliskraft anzugreifen. Sie steht senkrecht zur Richtung der Drehachse und senkrecht zur Geschwindigkeit. Auf der rotierenden Erde hat die Corioliskraft im allgemeinen eine Horizontal- und eine Vertikalkomponente. Wenn die Bewegung in der Oberfläche erfolgt, wirkt die Corioliskraft am Pol nur horizontal, am Äquator nur radial; im letzteren Fall ist sie gleichgerichtet mit der Zentrifugalkraft (vgl. § 20). Die Horizontalkomponente bewirkt für alle sich der auf nördlichen Halbkugel bewegenden Körper eine Rechtsabweichung. Dies ist von entscheidender Bedeutung für die Bewegung atmosphärischer Luftmassen.

**Das Foucaultsche Pendel.** Ein überzeugender Beweis für die Erdrotation ist die Drehung der Schwingungsebene eines an einem langen Faden aufgehängten schweren Pendels, die z. B. gegen die Wände des Laboratoriums beobachtet wird, in dem es aufgehängt ist (FOUCAULT verwandte eine Kugel, deren Masse 28 kg betrug, an einem Faden von 67 m Länge). Ein solches Pendel vermag bei guter Aufhängung und vorsichtiger Auslösung der Schwingung mehr als 24 Stunden eben (linear) zu schwingen. Infolge der Trägheit sucht es im Raum seine Schwingungsebene beizubehalten. Um diese Ebene dreht sich das Laboratorium, in dem die Schwingung stattfindet und welches mit der rotierenden Erde starr verbunden ist. Die

Vertikalkomponente der Winkelgeschwindigkeit der rotierenden Erde am Ort mit der geographischen Breite $\varphi$ ist $\omega' = \omega \cdot \sin\varphi$ (Abb. 21), wo $\omega$ die Winkelgeschwindigkeit der Erde um ihre Achse ist:

$$\omega = \frac{2\pi}{24}\ \text{Stunde}^{-1}$$

$$\omega' = \frac{2\pi}{24} \sin\varphi\ \text{Stunde}^{-1}.$$

Mit dieser Winkelgeschwindigkeit, aber im entgegengesetzten Sinne, muß sich also die Pendelebene gegen die Wände des Laboratoriums drehen.

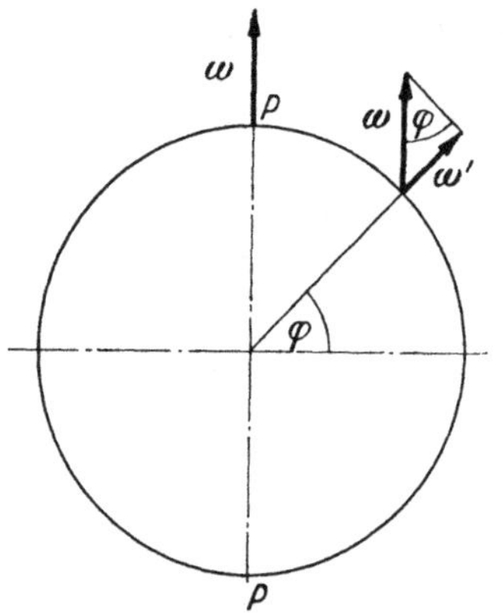


Abb. 21. Winkelgeschwindigkeit $\omega'$ der Erddrehung um eine vertikale Achse am Ort mit der geographischen Breite $\varphi$. Die Zerlegung des Vektors $\omega$ ist der Anschaulichkeit wegen am Ort der Breite $\varphi$ durchgeführt

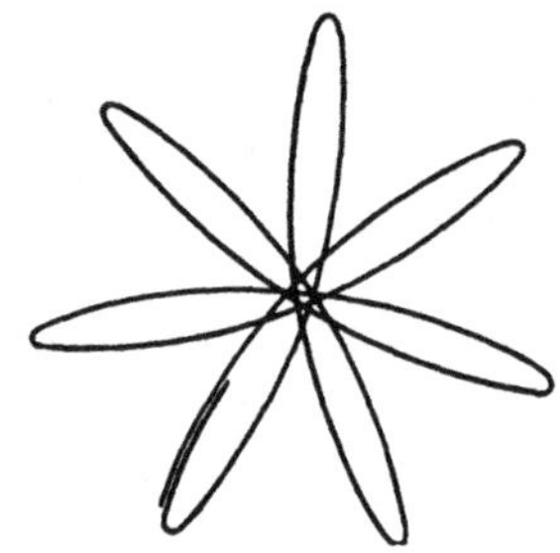

Abb. 22. Rosettenschleife als Spur eines über einer Drehscheibe schwingenden Pendels

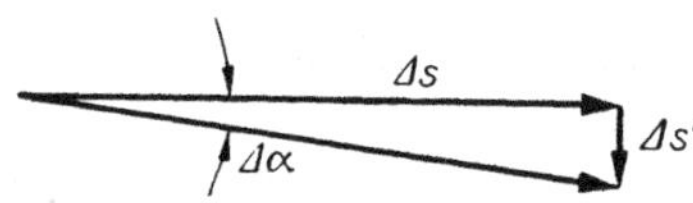


Abb. 23. Zur Berechnung der Drehung der Schwingungsebene des Foucaultschen Pendels unter der Wirkung der am Pendelkörper angreifenden Corioliskraft

Die Drehung der Schwingungsebene um $2\pi$ erfolgt am Orte mit der geographischen Breite $\varphi$ in der Zeit von $T = \frac{24}{\sin\varphi}$ Stunden. (Für $\varphi = 52{,}5°$ [Berlin] wird $T = \frac{24}{0{,}793} =$ 30,26 Stunden, Drehwinkel pro Stunde $\frac{360}{30{,}26} = 11{,}9°$.)

Der mitrotierende Beobachter führt die Drehung der Schwingungsebene auf die Wirkung einer Corioliskraft zurück, unter deren Einwirkung die Bahn der Pendelkugel eine Rosettenschleife wird, wie sie in Abb. 22 dargestellt ist. Man kann eine solche Bahn aufzeichnen, indem man ein Pendel über der Mitte einer Drehscheibe aufhängt, dessen Pendelkörper ein mit Tinte gefülltes Gefäß ist. Aus einer kleinen Öffnung im Boden fließt ein dünner Tintenstrahl und zeichnet auf einem auf der Drehscheibe liegenden Papier die in Abb. 22 gezeichnete Figur als Spur des schwingenden Pendels auf.

Während der kleinen Zeit $\Delta t$ verschiebt sich das Pendel in seiner Schwingungsebene um $\Delta s = u\Delta t$, senkrecht zu ihr wegen der Coriolisbeschleunigung um $\Delta s' = \frac{b_{Cor}}{2}\Delta t^2 = \frac{2u\omega\sin\varphi}{2}\Delta t^2$. Der Drehwinkel der Schwingungsebene ist also nach Abb. 23

$$\Delta\alpha = \frac{\Delta s'}{\Delta s} = \frac{u\omega \cdot \sin\varphi\,\Delta t^2}{u \cdot \Delta t} = \omega\sin\varphi\,\Delta t.$$

Die Winkelgeschwindigkeit mit der sich die Schwingungsebene dreht, ist daher unabhängig von $u$:

$$\frac{\Delta\alpha}{\Delta t} = \omega\sin\varphi.$$

Also läßt sich die beobachtete Drehung der Schwingungsebene des Foucaultschen Pendels auf die Wirkung der an ihm angreifenden Corioliskraft zurückführen.

## F. Impuls

**22. Impuls und Kraft.** Das Produkt aus der Masse $m$ eines Massenpunktes und seiner Geschwindigkeit $\boldsymbol{u}$ ergibt einen Vektor, den man als Impuls oder Bewegungsgröße ($\boldsymbol{p}$) bezeichnet. Nach (15.3) kann man das Aktionsprinzip so formulieren:

$$\boldsymbol{K} = \frac{d\boldsymbol{p}}{dt}. \tag{22.1}$$

In Worten: *Die Kraft ist gleich der zeitlichen Änderung* des Impulses. Daraus folgt unmittelbar:

*Wenn keine Kraft wirkt, bleibt der Impuls zeitlich konstant.*

Die Integration von (22.1) über die Zeit ergibt:

$$\int_0^T \boldsymbol{K}\,dt = \boldsymbol{p}_T - \boldsymbol{p}_0 .$$

In Worten: *Die über die Zeit integrierte Kraft, auch Kraftstoß genannt, ist gleich dem dadurch bewirkten Zuwachs des Impulses.*

Ein wie wichtiger physikalischer Begriff der Impuls ist, wird besonders deutlich, wenn man ihn auf kompliziertere Systeme als einzelne Massenpunkte anwendet. Dies sei am folgenden Versuch demonstriert und erläutert:

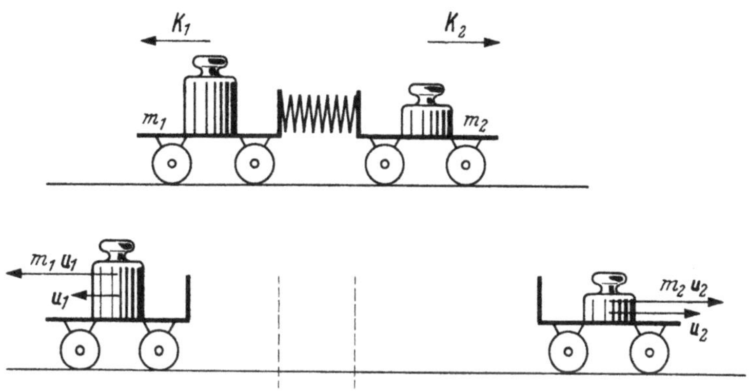


Abb. 24. Zum Impulserhaltungssatz

Zwei Wagen mit den Massen $m_1$ und $m_2$ (vgl. Abb. 24) können sich reibungsfrei auf horizontaler Bahn bewegen. Zwischen ihnen befindet sich eine vorerst gespannte Schraubenfeder. Man läßt sie — etwa durch Abbrennen eines Fadens — sich entspannen, wobei sie Kräfte ($K_1$ und $K_2$) von unbekanntem Betrag und zeitlichem Ablauf auf $m_1$ und $m_2$ ausüben.

Nach dem Prinzip der Gleichheit von actio und reactio gilt, solange die Feder noch auf die beiden Wagen einwirkt, für die Kräfte:

$$\boldsymbol{K}_1 = -\boldsymbol{K}_2 \qquad \text{oder} \qquad m_1\,\boldsymbol{b}_1 = -m_2\,\boldsymbol{b}_2$$

$$m_1\frac{d\boldsymbol{u}_1}{dt} = -m_2\frac{d\boldsymbol{u}_2}{dt} \quad \text{oder} \quad \frac{d(m_1\boldsymbol{u}_1)}{dt} = -\frac{d(m_2\boldsymbol{u}_2)}{dt} \quad \text{oder} \quad \frac{d\boldsymbol{p}_1}{dt} = -\frac{d\boldsymbol{p}_2}{dt}.$$

In Worten: Die zeitlichen Änderungen der Bewegungsgrößen beider Wagen sind einander entgegengesetzt gleich.

Die Änderung der Bewegungsgröße während der Zeit $dt$ ergibt sich durch Multiplikation mit $dt$. Summiert man sie über die Gesamtdauer der Krafteinwirkung (unter der Voraussetzung, daß die Anfangsgeschwindigkeiten gleich Null waren), so ergibt sich:

$$\sum d(m_1 u_1) = -\sum d(m_2 u_2) \quad \text{oder} \quad \int_0^{m_1 u_{1e}} d(m_1 u_1) = -\int_0^{m_2 u_{2e}} d(m_2 u_2),$$

und man erhält für die Endgeschwindigkeiten $u_e$

$$m_1 u_{1e} = -m_2 u_{2e} \quad \text{oder} \quad m_1 u_{1e} + m_2 u_{2e} = 0. \tag{22.2}$$

Vor der Entspannung der Feder waren die Impulse beider Wagen (also auch ihre Summe) gleich Null. Die Einwirkung der Federkräfte hat also den Gesamtimpuls nicht geändert: Das bedeutet keinen Widerspruch gegen (22.1), wenn wir die beiden Wagen als *ein* System auffassen, an dem von außen keine Kräfte angreifen, sondern nur *innere*, d.h. solche die nur zwischen Einzelteilen des Systems wirken.

Allgemein gilt also der *Impulserhaltungssatz:*

*Wenn zwischen zwei oder mehreren Körpern nur innere Kräfte wirken, so bleibt der Gesamtimpuls (Vektorsumme aller Impulse) konstant.*

Mathematisch läßt sich beweisen, daß dieser Satz ganz allgemein für den Schwerpunkt (vgl. § 32) eines beliebig komplizierten Systems gilt. Er lautet dann so:

*Die Bewegung des Schwerpunktes eines mechanischen Systems wird durch innere Kräfte nicht beeinflußt.*

Auf dem fundamentalen Satz von der Erhaltung des Impulses in Abwesenheit äußerer Kräfte beruht der Raketen- oder Strahlantrieb: Wenn ein Körper einen Teil seiner Masse in einer Richtung abstößt, so bewegt sich der andere Teil in entgegengesetzter Richtung. Um mit einem möglichst kleinen Anteil an abgestoßener Masse auszukommen, muß dieser mit möglichst hoher Geschwindigkeit abgestoßen werden. Daher läßt man den Treibstoff verbrennen und die hoch erhitzten Verbrennungsgase durch geeignet geformte Düsen möglichst rasch ausströmen. — Im leeren Raum und allgemein da, wo keine Reibung vorhanden ist, ist dies die einzige Möglichkeit, einen Körper zu beschleunigen.

In der Praxis des Raketenantriebs vollzieht sich das Abstoßen von Masse kontinuierlich von einem anfangs ruhenden, dann aber schnell bewegten Körper. Mit Hilfe von (22.1) kann man die Bewegungsgleichung einer Rakete aufstellen, die je Zeiteinheit die Masse $a$ mit der Geschwindigkeit $v_R$ relativ zur Rakete ausstößt. Ihr Impuls ändert sich also je Zeiteinheit um $a \cdot v_R$; und dieses Produkt stellt daher wegen (22.1) die dauernd wirkende Schubkraft dar. Wenn die Raketenmasse anfangs $M_A$ war, so ist sie zur Zeit $t$ nur mehr $(M_A - at)$, und man erhält für die Beschleunigung:

$$b = \frac{\text{Kraft}}{\text{Masse}} = \frac{a v_R}{M_A - at}$$

Wenn das Ausstoßen von Masse beendet, d.h. die Rakete ausgebrannt ist, habe sie die Masse $M_E$. Das geschieht nach Ablauf der Zeit $T = \frac{M_A - M_E}{a}$. Damit hat die Rakete auch ihre Endgeschwindigkeit ($v_E$) erreicht. Diese berechnet sich wie folgt:

$$v_E = \int_0^T b\, dt = \int_0^T \frac{a v_R}{M_A - at}\, dt = -v_R \left[\ln(M_A - at)\right]_0^T$$

$$= -v_R \ln \frac{M_A - aT}{M_A} = -v_R \ln \frac{M_E}{M_A} = v_R \ln \frac{M_A}{M_E}.$$

Die Endgeschwindigkeit ist also viel weniger stark durch das Verhältnis von Anfangs- zu Endmasse als durch die Ausströmgeschwindigkeit bestimmt.

## G. Arbeit, Energie, Leistung

**23. Definition der Arbeit.** Um einen Körper, an dem eine konstante Kraft angreift, um eine Strecke $s$ zu verschieben, muß eine Arbeit aufgewendet werden. Sie ist das Produkt aus dieser Kraft und der Verschiebung.

$$A = K \cdot s. \tag{23.1}$$

Diese Definition gilt unter folgenden Voraussetzungen:

1. Kraft und Verschiebung (beides sind Vektoren) müssen gleichgerichtet sein.
2. Die Kraft muß längs des ganzen Weges konstant sein.

Schließen Kraft $K$ und Wegrichtung $s$ den Winkel $\alpha$ ein, so ist die Arbeit gleich der Komponente der Kraft $K \cdot \cos\alpha$ in der Richtung von $s$ mal Verschiebung $s$.

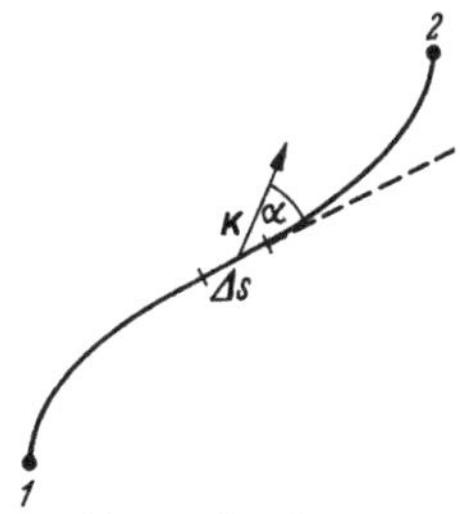

Abb. 25. Zur Berechnung der Arbeit bei der Verschiebung von *1* nach *2*

$$A = K \cdot s \cdot \cos\alpha. \tag{23.2}$$

Ist $K$ an verschiedenen Stellen des Weges verschieden, so denkt man sich diesen in Abschnitte unterteilt, die so klein sind, daß die Kraft auf ihnen als konstant angesehen werden kann. Dann ist die bei der Verschiebung $\Delta s$ verrichtete Arbeit (Abb. 25)

$$\Delta A = K \Delta s \cdot \cos\alpha;$$

die Gesamtarbeit zur Verschiebung von 1 nach 2 ist

$$A = \sum \Delta A = \sum K \cdot \Delta s \cdot \cos\alpha.$$

Je feiner die Unterteilung ist, desto besser nähert sich die Summe einem Grenzwert, der die Arbeit angibt und durch das bestimmte Integral

$$A = \int_1^2 K \cdot \cos\alpha \cdot ds \tag{23.3}$$

gegeben wird.

Bei Verwendung des Kilopond als Krafteinheit (§ 12) ergibt sich als Einheit der Arbeit 1 kpm; bei Verwendung des MKS-Systems $1\ \text{kg}\ \text{m}^2\ \text{s}^{-2} = 1\ \text{N} \cdot \text{m}$, wofür auch — vorwiegend in der Elektrizitätslehre — die Bezeichnungen 1 Wattsekunde (1 Ws) oder auch 1 Joule (J) in Gebrauch sind; bei Verwendung des CGS-Systems

$$1\ \text{dyn} \cdot \text{cm} = 1\ \text{erg} = 10^{-7}\ \text{N} \cdot \text{m} = 1{,}02 \cdot 10^{-8}\ \text{kp}\,\text{m}.$$

*Beispiele:*

a) Hubarbeit beim senkrechten Anheben eines Körpers: Seine Masse sei $m$, sein Gewicht betrage $P = mg$. Um ihn auf die Höhe $h$ anzuheben, muß die Arbeit

$$A = P \cdot h = m g h$$

aufgewendet werden.

b) Hubarbeit auf der schiefen Ebene (Abb. 26): Nach (23.2) ist

$$A = P \cdot s \cdot \cos\alpha$$

$$\alpha = 90° - \varphi$$

$$\cos\alpha = \cos(90° - \varphi) = \sin\varphi$$

$$s \cdot \sin\varphi = h$$

$$A = P \cdot h.$$

Sie ist genau so groß wie beim senkrechten Anheben.

c) Arbeit gegen eine veränderliche Kraft, Dehnung einer Feder: Die durch die Feder auf den Körper wirkende Kraft ist $-D \cdot x$. Bei der Dehnung $x$ muß also die Kraft $K = Dx$ angreifen, sie ist in Abb. 27 als Funktion des Weges graphisch dargestellt.

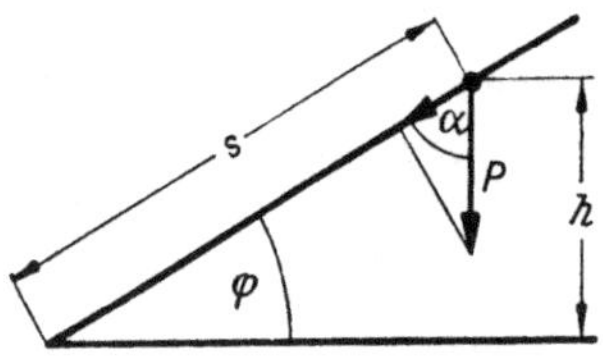


Abb. 26. Hubarbeit auf der schiefen Ebene

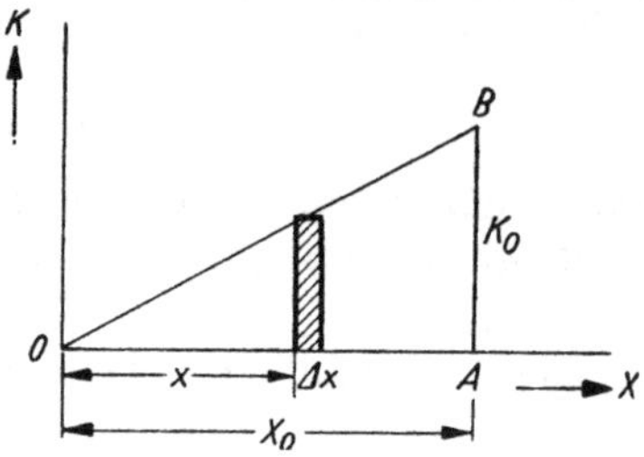


Abb. 27. Zur Berechnung der Dehnungsarbeit einer Feder

Um die Feder von 0 auf $x_0$ zu dehnen, muß also die Arbeit

$$A = \sum_{x=0}^{x=x_0} K \Delta x = \sum_{x=0}^{x=x_0} D x \Delta x$$

aufgewendet werden. Dies ist aber der Flächeninhalt des Dreiecks $OAB$.

$$A = x_0 \cdot \frac{1}{2} K_0 = \frac{1}{2} D \cdot x_0^2. \qquad (23.4)$$

Beim Übergang von endlichen zu unendlich kleinen Verschiebungen wird aus der Summe das Integral, welches ebenfalls für $A$ den Wert (23.4) ergibt:

$$A = \int_0^{x_0} D \cdot x \cdot dx = \frac{1}{2} D [x^2]_0^{x_0} = \frac{1}{2} D \cdot x_0^2.$$

Je nachdem, ob $A$ aufgewendet oder gewonnen wird (Heben oder Senken eines Gewichtes, Spannen oder Entspannen einer Feder), werten wir $A$ positiv oder negativ.

**24. Der Energiebegriff. Potentielle und kinetische Energie.** Wir fassen $A$ als Menge auf, die wir einem System zuführen und die ihm erhalten bleibt oder die wir ihm entziehen können. Wir geben ihr den Namen *Energie*. Eine Arbeitsaufwendung gegen Kräfte, die eine Funktion der Lage sind [sogenannte *konservative* Kräfte], verursacht eine Zunahme der *potentiellen Energie* ($E_{\text{pot}}$) des Systems, soweit die Arbeit nicht zur Änderung der Geschwindigkeit verbraucht wird. Diese Zunahme ist gleichwertig mit der Aufspeicherung eines Vermögens, Arbeit zu tun. Ein gehobenes Gewichtstück kann, während es selbst herabsinkt, ein anderes heben; eine gespannte Feder kann, indem sie sich entspannt, ein Uhrwerk treiben. Durch diese Arbeitsverrichtungen nimmt der Vorrat an potentieller Energie wieder ab. Eine Arbeit zur Überwindung von Reibungskräften, die keine konservativen Kräfte sind, vermehrt nicht den Inhalt an potentieller Energie; die aufgewendete Arbeit wird in Wärme verwandelt.

Wenn die angreifende Kraft eine Beschleunigung bewirkt, ist die auf dem Wege $ds$ verrichtete Arbeit

$$dA = K \cdot ds = m \cdot \frac{du}{dt} \cdot ds = m \cdot \frac{ds}{dt} \cdot du = m \cdot u \cdot du = d\left(\frac{m}{2} u^2\right).$$

Bei einer Verschiebung um $ds$ nimmt $\frac{m}{2} u^2$ um $d\left(\frac{m}{2} u^2\right)$ zu. $\frac{m}{2} u^2$ heißt *kinetische Energie* ($E_{\text{kin}}$). Ihre Dimension $\text{g} \cdot \text{cm}^2 \cdot \text{s}^{-2}$ ist gleich der Dimension von Arbeit und potentieller Energie.

Ist die Beschleunigung gleich Null (wirkt also keine Kraft), so ist $d\left(\frac{m}{2}u^2\right) = 0$, die kinetische Energie ist also dann konstant.

**25. Der Energieerhaltungssatz.** Wenn in einem abgeschlossenen, reibungsfreien mechanischen System Arbeit verrichtet wird, so nimmt die potentielle Energie ab. Nun folgt aber aus der Bewegungsgleichung:

$$-dE_{\text{pot}} = K \cdot ds = m \cdot b \cdot ds = m\frac{du}{dt}ds = d\left(\frac{m}{2}u^2\right) = dE_{\text{kin}}.$$

Einer Abnahme an potentieller Energie entspricht demnach eine gleiche Zunahme an kinetischer Energie.

Also ist

$$dE_{\text{pot}} + dE_{\text{kin}} = 0$$

oder

$$d(E_{\text{pot}} + E_{\text{kin}}) = 0 \tag{25.1}$$

$$E_{\text{pot}} + E_{\text{kin}} = E = \text{const}.$$

Potentielle und kinetische Energie werden unter dem Namen *mechanische Energie* zusammengefaßt. Es ist demnach

$$E_{\text{pot}_1} + E_{\text{kin}_1} = E_{\text{pot}_2} + E_{\text{kin}_2}.$$

Energie im Zustand 1 = Energie im Zustand 2.

*In jedem abgeschlossenen System bleibt die Gesamtenergie, das ist die Summe aus potentieller und kinetischer Energie, konstant (mechanischer Energieerhaltungssatz).*

Soll von einem mechanischen System (nach außen) eine Arbeit geleistet werden, ohne daß sein Energievorrat sich ändert, so kann dies nur durch Energiezufuhr von außen her erreicht werden; andernfalls bewirkt die Arbeitsverrichtung eine Energieabnahme des Systems. Als Erfahrungssatz gilt der Satz von der Unmöglichkeit des *Perpetuum mobile* 1. Art: Es ist unmöglich, eine Maschine zu bauen, die *dauernd* Arbeit verrichtet, ohne daß ihr von außen Energie zugeführt wird.

**a) Anwendung des Energiesatzes auf den freien Fall.** Geschwindigkeit eines anfangs ruhenden Körpers nach Durchfallen der Höhe $h$:

$$-\Delta E_{\text{pot}} = +\Delta E_{\text{kin}}.$$

Die Abnahme der potentiellen Energie ist $m \cdot g \cdot h$, sie ist gleich der Zunahme der kinetischen Energie $\frac{m}{2}u^2$, also

$$\frac{m}{2}u^2 = m \cdot g \cdot h$$

oder

$$u = \sqrt{2g \cdot h}. \tag{25.2}$$

**b) Anwendung des Energiesatzes auf das elastische Pendel.** Geschwindigkeit $u_0$ eines elastischen Pendels mit der Amplitude $x_0$ beim Durchgang durch die Nullage:

für $x = x_0$ $\quad E_{\text{pot}} = \frac{1}{2}D \cdot x_0^2$ s. (23.4) $\quad E_{\text{kin}} = 0$

für $x = 0$ $\quad E_{\text{pot}} = 0$ $\quad E_{\text{kin}} = \frac{m}{2}u_0^2$

$$\frac{m}{2}u_0^2 = \frac{1}{2}D \cdot x_0^2$$

$$u_0 = \sqrt{\frac{D}{m}}\,x_0$$

oder, da $T = 2\pi \sqrt{\frac{m}{D}}$:

$$u_0 = \frac{2\pi}{T} x_0 = \omega x_0 .$$

Für das Fadenpendel, bei dem $T = 2\pi \sqrt{\frac{l}{g}}$ ist, folgt

$$u_0 = \sqrt{\frac{g}{l}}\, x_0 = \omega x_0 . \tag{25.3}$$

c) **Das Gravitationspotential.** Bei Annäherung eines Körpers mit der Masse $m$ an einen Körper mit der Masse $M$, welcher ihn nach dem Gravitationsgesetz (19.1) anzieht, aus sehr großer Entfernung auf den Abstand $r$ wird Arbeit gewonnen.

$$A = \int_{\infty}^{r} \gamma \frac{m \cdot M}{r^2}\, dr = -\left[\gamma \frac{m \cdot M}{r}\right]_{\infty}^{r} = -\gamma \frac{m \cdot M}{r} .$$

Das gilt zunächst für die Verschiebung in einer $r$ entgegengesetzten Richtung. Die Arbeit $A$ ist aber unabhängig vom Wege (Abb. 28). Wäre sie nämlich auf dem Wege 1 größer als auf 2, so könnte man $m$ auf 1 nach $P$ führen, müßte aber nur einen Bruchteil der gewonnenen Arbeit wieder aufwenden, um $m$ längs 2 in den Ausgangsort zurückzuführen. Der alte Zustand wäre unverändert hergestellt, aber Energie gewonnen. Das ist ein Widerspruch zum Satz von der Unmöglichkeit eines Perpetuum mobile! Also ist $A$ außer von $m$ *nur* vom Orte abhängig. Wir schreiben

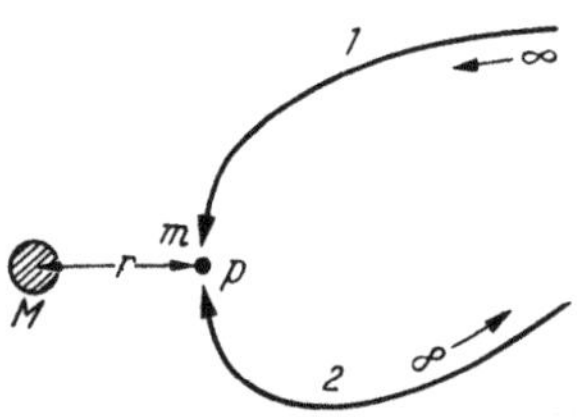

Abb. 28. Zum Begriff des Potentials

$$A = -m \cdot \Phi(r), \tag{25.4}$$

wo

$$\Phi(r) = \gamma \frac{M}{r}$$

das Potential des Punktes $P$ genannt wird. Es wird durch die Arbeit gemessen, die aufgewendet werden muß, um die Masseneinheit aus $P$ ins Unendliche zu bringen *(Gravitationspotential)*.

Dimension: $[\text{Gravitationspotential}] = \frac{[\text{Arbeit}]}{[\text{Masse}]}$; Einheit z. B. $m^2 \cdot s^{-2}$.

Für mehrere anziehende Körper mit den Massen $M_i$ ist $\Phi = \sum_1^r \gamma \frac{M_i}{r_i}$, wo $r_i$ der Abstand zwischen $P$ und $M_i$ ist. Die Potentiale addieren sich: $\Phi = \sum \Phi_i$.

Punkte mit gleichem Potential erfüllen eine *Äquipotentialfläche*. Bei *einem* anziehenden Massenpunkt bilden sie Kugelflächen um diesen.

Verschiebungen von $m$ auf Äquipotentialflächen erfolgen ohne Arbeitsaufwand oder -gewinn.

**26. Leistung und Wirkung.** Das Verhältnis von Arbeit ($A$) zur Zeit ($t$), während der sie verrichtet wird, heißt *Leistung* ($N$).

$$N = \frac{dA}{dt} . \tag{26.1}$$

Ist die Arbeit der zu ihrer Verrichtung aufgewendeten Zeit proportional, so wird $N = \frac{A}{t}$.

Die Dimension der Leistung ist immer $\frac{[\text{Arbeit}]}{[\text{Zeit}]}$; ihre Einheit je nach Verwendung der Arbeitseinheiten kpm, Nm (Ws, Joule) oder erg (vgl. § 23): 1 kpm/s, 1 Nm/s (= 1 Watt = 1 Joule/s), oder 1 erg/s ($= 10^{-7}$ Watt); gelegentlich wird auch noch die Leistungseinheit 1 Pferdestärke (PS) = 75 kpm/s verwendet.

Die Dauerleistung eines Menschen beträgt nur etwa 70 W ≈ 0,1 PS.

Das Produkt aus Arbeit und Zeit heißt *Wirkung*.

Alle Größen von der Dimension einer Wirkung ([Arbeit] · [Zeit]) spielen in der Atomphysik eine besondere Rolle *(Wirkungsquantum!)*.

## H. Der Stoß

**27. Der elastische Stoß.** Ein Stoß zwischen zwei Massen ($m_1$ und $m_2$) heißt elastisch, wenn die während des Stoßes an den Partnern geleistete Deformationsarbeit als potentielle Energie gespeichert und im weiteren Verlauf wieder völlig in kinetische Energie zurückverwandelt wird. Dann gilt außer dem Impuls- auch der Energieerhaltungssatz. Diese ermöglichen es, Aussagen über die Geschwindigkeiten nach dem Stoß zu machen; auch dann, wenn das Kraftgesetz nicht bekannt ist. Es entfällt dann die Aufgabe, den Ablauf der Bewegung während der Krafteinwirkung vollständig zu beschreiben, eine Aufgabe, die natürlich nur

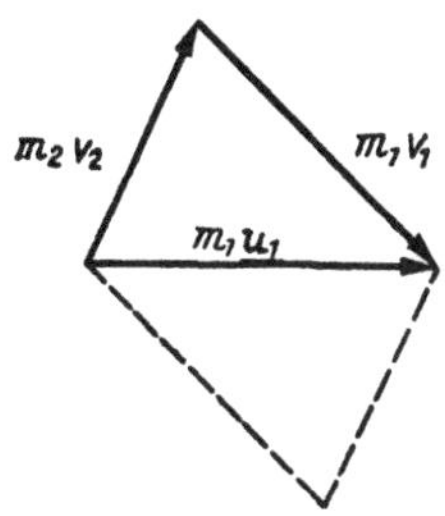


Abb. 29. Impulserhaltung beim elastischen Stoß

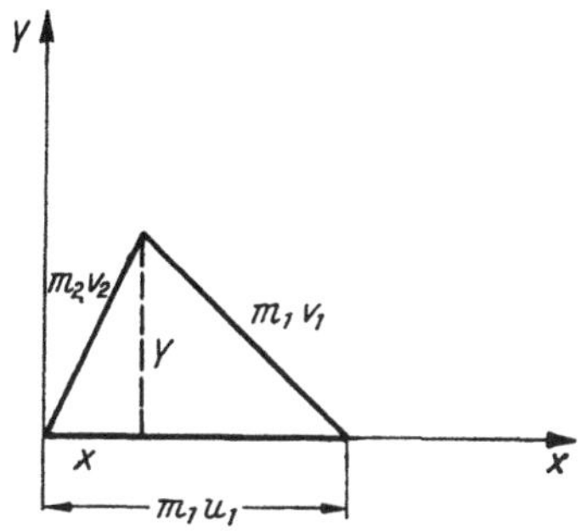


Abb. 30. Zur Berechnung des geometrischen Ortes der Spitze des Impulsvektors des gestoßenen Körpers

lösbar ist, wenn das Kraftgesetz bekannt ist, deren Lösung aber selbst bei Kenntnis dieses Gesetzes häufig auf große mathematische Schwierigkeiten stößt. Drehbewegungen sollen ausgeschlossen sein.

Die Geschwindigkeiten der beiden Körper seien vor dem Stoß $\boldsymbol{u}_1$ ($\neq 0$) und $\boldsymbol{u}_2 = 0$, nach dem Stoß $\boldsymbol{v}_1$ und $\boldsymbol{v}_2$ (Abb. 29). Alle Möglichkeiten für $\boldsymbol{v}_1$ und $\boldsymbol{v}_2$ müssen genügen

1. dem Impulserhaltungssatz:

$$m_1 \boldsymbol{u}_1 = m_1 \boldsymbol{v}_1 + m_2 \boldsymbol{v}_2 \quad \text{(Vektorgleichung s. Abb. 29);} \tag{27.1}$$

2. dem Energieerhaltungssatz:

$$\frac{m_1}{2} u_1^2 = \frac{m_1}{2} v_1^2 + \frac{m_2}{2} v_2^2. \tag{27.2}$$

Für die Koordinaten $x, y$ der Spitze des Impulsvektors $m_2 \boldsymbol{v}_2$ gilt nach Abb. 30

$$x^2 + y^2 = m_2^2 v_2^2 \quad \text{und} \quad (m_1 u_1 - x)^2 + y^2 = m_1^2 v_1^2.$$

Setzt man diese Werte in die Energiegleichung ein, so erhält man

$$m_1 u_1^2 = \frac{1}{m_1} [y^2 + (m_1 u_1 - x)^2] + \frac{1}{m_2} (x^2 + y^2)$$

oder

$$\left(x - \frac{m_1 m_2}{m_1 + m_2} u_1\right)^2 + y^2 = \left(\frac{m_1 m_2}{m_1 + m_2} u_1\right)^2. \tag{27.3}$$

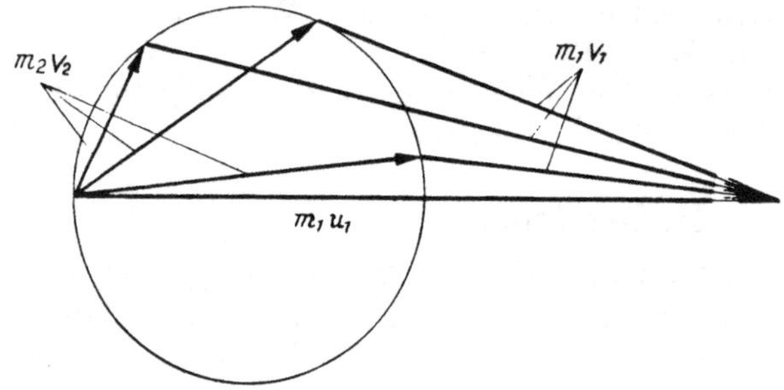


Abb. 31. Der Kreis als geometrischer Ort der Spitzen aller möglichen Impulsvektoren des gestoßenen Körpers

Das ist die Gleichung eines Kreises mit den Mittelpunktskoordinaten

$$x_0 = \frac{m_2}{m_1 + m_2} m_1 u_1$$

und

$$y_0 = 0$$

und dem Radius

$$r = \frac{m_2}{m_1 + m_2} m_1 u_1 ;$$

d.h.: Die Spitzen aller möglichen Impulsvektoren $m_2 \boldsymbol{v}_2$ (Impulse der gestoßenen Kugel nach dem Stoß) liegen auf einem Kreise durch den Anfang des Impulsvektors $m_1 \boldsymbol{u}_1$, dessen Mittelpunkt auf diesem Vektor liegt und dessen Radius der Bruchteil $\frac{m_2}{m_1 + m_2}$ von $m_1 u_1$ ist (Abb. 31).

*Sonderfälle:*

a) $m_1 = m_2 = m$; dann wird $r = \frac{1}{2} m u_1$ (Abb. 32); daraus folgt für den zentralen Stoß ($m_2 v_2$ in Richtung von $m_1 u_1$), daß $m_1 v_1 = 0$. Die stoßende Kugel verliert nach dem Stoß ihren ganzen Impuls und daher ihre Gesamtenergie, die sie ganz an $m_2$ abgibt. Ist der Stoß nicht zentral, so sind die Impulse und daher auch die Geschwindigkeiten $\boldsymbol{v}_1$ und $\boldsymbol{v}_2$ zueinander senkrecht gerichtet.

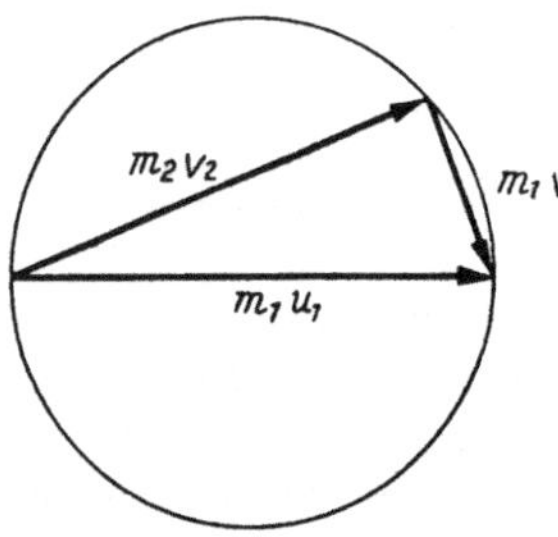


Abb. 32. Elastischer Stoß zwischen Körpern gleicher Masse

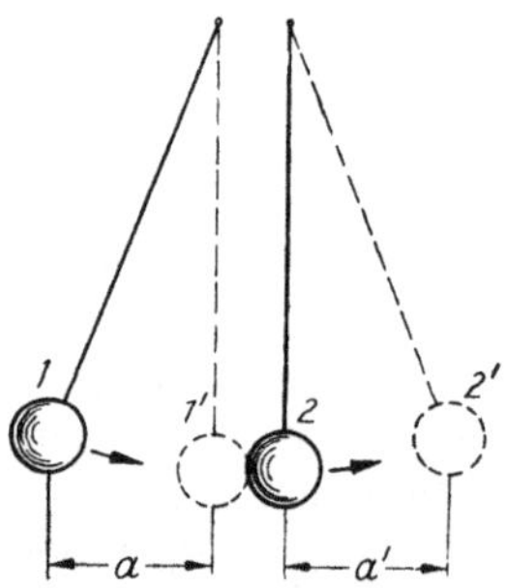


Abb. 33. Elastischer Stoß zwischen zwei Pendelkugeln mit gleicher Masse und gleicher Pendelfadenlänge

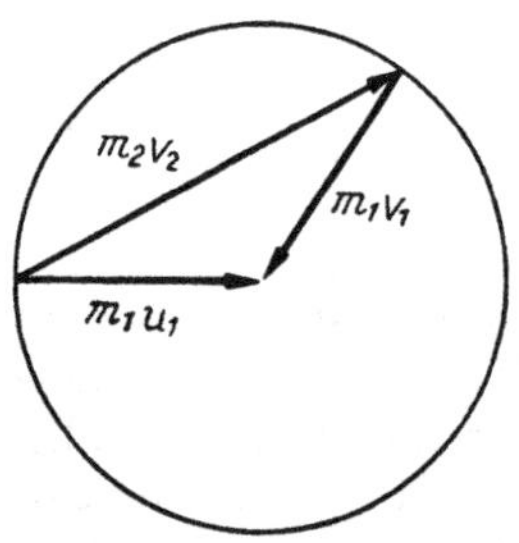


Abb. 34. Elastischer Stoß eines Körpers mit kleiner Masse gegen einen Körper mit großer Masse ($m_1 \ll m_2$)

Für den Sonderfall gleicher Massen folgt aus dem Energiesatz

$$\frac{m}{2} u_1^2 = \frac{m}{2} v_1^2 + \frac{m}{2} v_2^2 ,$$

daß

$$u_1^2 = v_1^2 + v_2^2 .$$

*Beispiele:* Stoß zwischen zwei gleich langen nebeneinander hängenden Pendeln gleicher Masse (Abb. 33). Wird $m_1$ aus 1′ nach 1 um $a$ herausgehoben und dann losgelassen, so stößt sie $m_2$ nach 2′, so daß $a' = a$, und bleibt nach dem Stoß in Ruhe. $a' = a$ bedeutet aber nach (25.3), daß $v_2 = u_1$.

Stoßen zwei gleiche Massen (kleine Kugeln) zusammen, so erfüllen sie die Forderung, sich nach dem Stoß senkrecht zueinander zu bewegen, um so besser, je weniger kinetische Energie nach dem Stoß in Drehbewegung übergeht. Besonders gut erreicht wird dies beim Stoß zwischen zwei gleichen Atomen, z. B. α-Teilchen (rasch bewegten He-Atomkernen) und He-Atomen, der durch Aufnahmen mit der „Nebel-Kammer" beobachtbar ist (XIII § 13 und Abb. 598).

b) $m_1 \ll m_2$; dann wird $r = m_1 u_1$ (Abb. 34). Der Betrag des Impulses von $m_1$ bleibt nach dem Stoß erhalten, aber alle Richtungen sind möglich. Der Impuls der gestoßenen Kugel ist im Höchstfall (bei zentralem Stoß) $2 m_1 u_1$. Die Geschwindigkeit des gestoßenen Körpers ist dann also $v_2 = 2 \frac{m_1}{m_2} u_1$, sie ist um so kleiner, je größer $m_2$ ist, und konvergiert für unendlich schwere Masse $m_2$ gegen Null, d.h. der gestoßene Körper nimmt dann beim Stoß keine Energie auf.

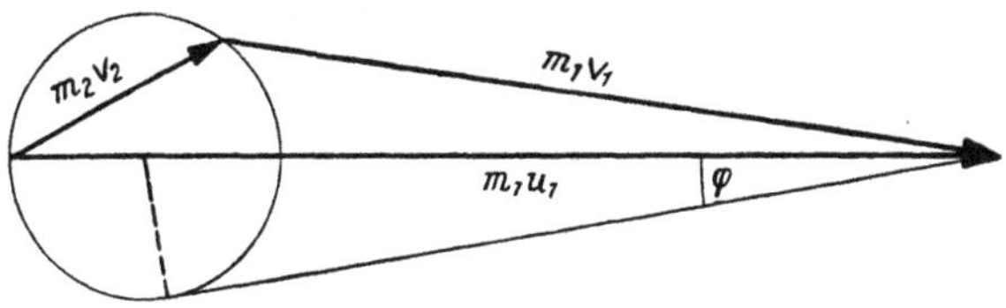

Abb. 35. Elastischer Stoß eines Körpers mit großer Masse gegen einen Körper mit kleiner Masse ($m_1 > m_2$)

Beim Stoß eines Elektrons gegen einen Wasserstoffkern, dessen Masse das 1836fache der Elektronenmasse beträgt, übernimmt der Wasserstoffkern höchstens $\frac{4}{1836}$ der Energie des stoßenden Teilchens [Beweis analog (27.4)].

c) $m_1 \gg m_2$; dann wird $r = m_2 u_1$ (Abb. 35). Bei zentralem Stoß wird $m_2 v_2 = 2r = 2 m_2 u_1$, also $v_2 = 2 u_1$. Die dann übertragene Energie ist:

$$E_{\text{kin},2} = \frac{m_2}{2} v_2^2 = \frac{m_2}{2} \cdot 4 u_1^2 = \frac{4 m_2}{m_1} \cdot \frac{m_1}{2} u_1^2 = 4 \frac{m_2}{m_1} \cdot E_{\text{kin},1}. \qquad (27.4)$$

Beim Stoß von α-Teilchen gegen Elektronen ($m_\alpha : m_{\text{El.}} = 4 \cdot 1836 : 1$) kann also höchstens $\frac{1}{1836}$ der Energie eines α-Teilchens an das Elektron abgegeben werden.

**28. Elastische Reflexion an einer Wand.** Beim Stoß gegen eine starre Wand, d. h. gegen eine Wand, die durch keine noch so große Kraft aus ihrer Lage bewegt werden kann, die sich also wie eine unendlich große Masse verhält, gelten wieder die Erhaltungssätze (27.1) und (27.2), worin jetzt $m_2 = \infty$ zu setzen ist. Daraus folgt: $r = m_1 u_1$. Der Betrag des Impulsvektors der stoßenden Masse und daher auch ihre kinetische Energie bleibt also nach dem Stoß erhalten. Die Wand nimmt demnach zwar keine Energie, wohl aber Impuls auf.

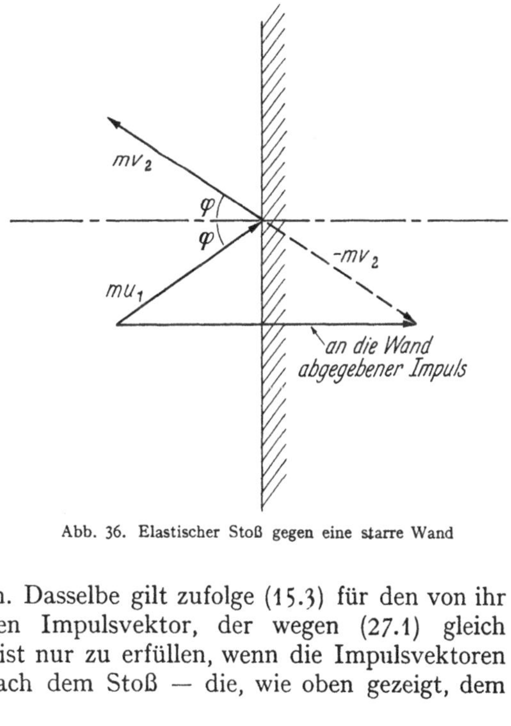

Abb. 36. Elastischer Stoß gegen eine starre Wand

Die Wand sei vollkommen glatt; d.h. auf sie bzw. von ihr können nur Kräfte ausgeübt werden, die senkrecht zu ihr stehen. Dasselbe gilt zufolge (15.3) für den von ihr aufgenommenen bzw. abgegebenen Impulsvektor, der wegen (27.1) gleich $(m_1 \boldsymbol{u} - m_1 \boldsymbol{v})$ ist. Diese Forderung ist nur zu erfüllen, wenn die Impulsvektoren des stoßenden Körpers vor und nach dem Stoß — die, wie oben gezeigt, dem

Betrage nach gleich sind — den gleichen Winkel mit dem Einfallslot bilden. Für den elastischen Stoß an einer glatten Wand gilt also das „Reflexionsgesetz". Der von ihr aufgenommene Impuls beträgt, wenn $\varphi$ den Einfalls- und Reflexionswinkel bezeichnet: $2m_1 u \cos\varphi$ (Abb. 36).

Wird die Wand in Richtung ihrer Normalen bewegt, so gilt das obige Reflexionsgesetz nicht mehr, und es kann Energie an die Wand oder von ihr abgegeben werden.

Alle diese Überlegungen spielen in der kinetischen Gastheorie eine wichtige Rolle.

**29. Der unelastische Stoß.** Eine Wiederholung des Versuchs der zusammenstoßenden Pendel (Abb. 33, S. 32) bei Zwischenfügung einer plastischen Substanz (z.B. Wachs) führt dazu, daß die beiden Kugeln, deren Massen $m_1$ und $m_2$ seien, mit einer gemeinsamen Geschwindigkeit $\mathfrak{v}=\mathfrak{v}_1=\mathfrak{v}_2$ weiterfliegen. Letzteres kann als Definition des (vollkommen) unelastischen Stoßes betrachtet werden. Über die Gültigkeit des Energiesatzes können wir vorläufig nichts aussagen, da wir die Vorgänge in der plastischen Zwischenschicht nicht kennen. Dagegen gilt nach wie vor der Impulssatz:

$$m_1 \mathfrak{u}_1 = (m_1 + m_2) \cdot \mathfrak{v},$$

wenn die Massen $m_1$ bzw. $m_2$ vor dem Stoß die Geschwindigkeit $\mathfrak{u}_1$ bzw. 0 hatten. Die Vektoren können wir durch ihre Beträge ersetzen und erhalten

$$v = u_1 \cdot \frac{m_1}{m_1 + m_2}. \tag{29.1}$$

Die Aufgabe, die Geschwindigkeit nach dem Stoß zu finden, ist also ohne Benützung des Energiesatzes gelöst. Dies ist eben darauf zurückzuführen, daß wir eine Bedingung für die Geschwindigkeiten $v_1$ und $v_2$ nach dem Stoß vorgegeben haben.

Die gesamte kinetische Energie ist vor dem Stoß $E=\frac{1}{2}m_1 u_1^2$, nach dem Stoß $E'=\frac{1}{2}(m_1+m_2)v^2$. Mit (29.1) folgt

$$E' = E\,\frac{m_1}{m_1 + m_2},$$

woraus ersichtlich ist, daß in diesem Fall der Energiesatz nicht mehr gilt; die kinetischen Energien sind vor und nach dem Stoß nicht gleich. Das bedeutet, daß ein Teil der Energie $Q=E-E'$ bei dem Stoßvorgang in Wärme umgewandelt wird. Der relative Energieverlust ist

$$\frac{Q}{E} = \frac{m_2}{m_1 + m_2} = \frac{1}{1 + \frac{m_1}{m_2}}. \tag{29.2}$$

Er ist in Abb. 37 als Funktion des Massenverhältnisses der stoßenden Kugeln aufgetragen. Er liegt zwischen 0 und 1 und wird $\frac{1}{2}$ für gleiche Massen. Für den elastischen Stoß ist $\frac{Q}{E}=0$; dies ist die Abszisse in Abb. 37. Das schraffierte Gebiet zwischen diesen beiden Kurven gibt die möglichen Energieverluste für alle Stoßarten an, die zwischen dem unelastischen und elastischen Stoß liegen

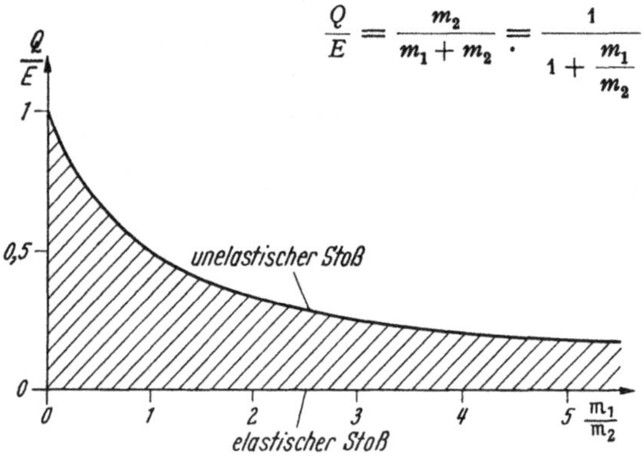


Abb. 37. Relativer Energieverlust bei zentralem unelastischem und elastischem Stoß in Abhängigkeit vom Massenverhältnis $\frac{m_1}{m_2}$ zwischen stoßender und gestoßener Kugel

## J. Mechanik der starren Körper; Statik

**30. Gleichgewichtsbedingungen für den starren Körper. Das Drehmoment.** In den vorangehenden Abschnitten hatten alle Kräfte, die auf die einzelnen Massen einwirkten, denselben Angriffspunkt, da diese Massen als punktförmig angesehen wurden (Massenpunkte). Sie konnten dann zu einer resultierenden Kraft vektoriell zusammengesetzt werden. Bei ausgedehnten Körpern ist dies dagegen zunächst nicht möglich, da die Angriffspunkte im allgemeinen nicht zusammenfallen und die Kräfte Beschleunigungen und Deformationen der einzelnen Teile des ausgedehnten Körpers gegeneinander bewirken. Von den Deformationen sei zunächst abgesehen; dies geschieht durch das Modell des starren, nicht deformierbaren Körpers. In ihm dürfen die Angriffspunkte der Kräfte in Richtung der Kraft verschoben werden, ohne daß sich an den Ergebnissen etwas ändert (Linienflüchtigkeit der Kraftvektoren). Die Kräfte bewirken aber außer beschleunigten Parallelverschiebungen des starren Körpers (Translationen) auch beschleunigte Drehungen (Rotationen). Wenn am starren Körper keine beschleunigten Translationen und Rotationen vorkommen, so sagen wir, er befinde sich im Gleichgewicht; die Wirkung aller an ihm angreifenden Kräfte ist dann Null.

Unter den Ziffern 1 und 2 untersuchen wir für zwei Spezialfälle die Bedingungen, denen Kräfte, die an einem starren Körper angreifen, genügen müssen, damit er sich im Gleichgewicht befindet:

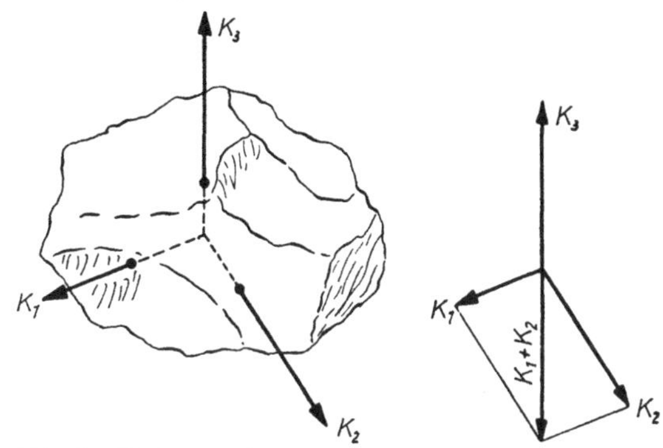

Abb. 38. Gleichgewichtsbedingung für den starren Körper, an dem drei in einer Ebene wirkende Kräfte angreifen

1. Wirken auf einen starren Körper drei in einer Ebene liegende Kräfte, so befindet er sich im Gleichgewicht, wenn sich ihre Verlängerungen in einem Punkte schneiden und ihre Vektorsumme Null ergibt; das bedeutet, daß die Resultierende aus $\boldsymbol{K}_1$ und $\boldsymbol{K}_2$ entgegengesetzt gleich $\boldsymbol{K}_3$ ist (Abb. 38).

2. Sind zwei dieser Kräfte parallel und gleichgerichtet (Abb. 39), so liegt ihr Schnittpunkt im Unendlichen. Dann muß die dritte Kraft $\boldsymbol{K}_3$ die Verbindungslinie der Angriffspunkte der Kräfte $\boldsymbol{K}_1$ und $\boldsymbol{K}_2$ im umgekehrten Verhältnis dieser Kräfte teilen und entgegengerichtet sein.

Den Teilpunkt auf der Verbindungslinie bezeichnet man als *Kräftemittelpunkt O* der parallelen Kräfte. Der Betrag von $\boldsymbol{K}_3$ muß gleich der Summe der Beträge der Einzelkräfte sein.

Begründung (Abb. 40): Durch Addition von zwei Zusatzkräften $-\boldsymbol{Z}$ und $+\boldsymbol{Z}$, die sich in ihrer Wirkung aufheben, zu $\boldsymbol{K}_1$ und $\boldsymbol{K}_2$ führen wir 2. auf 1. zurück.

Aus der Ähnlichkeit der Dreiecke $AOC$ mit $EDA$ und $OBC$ mit $FGB$ folgt, wenn man den Abstand des Angriffspunktes der Kraft $K_3$ von $O$ mit $a$ bezeichnet:

$$\frac{a}{r_1} = \frac{K_1}{Z}; \quad \frac{a}{r_2} = \frac{K_2}{Z}; \quad \text{also} \quad \frac{a}{r_1} : \frac{a}{r_2} = \frac{K_1}{Z} : \frac{K_2}{Z}$$

oder

$$r_1 : r_2 = K_2 : K_1.$$

Für das Gleichgewicht gilt also in diesem Spezialfall:

$$r_1 \cdot K_1 = r_2 \cdot K_2. \tag{30.1}$$

Das Produkt $r \cdot K = D$ bezeichnet man als den Betrag des *Drehmoments* der Kraft in bezug auf eine Achse durch $O$, die senkrecht zur Ebene von $\boldsymbol{r}$ und $\boldsymbol{K}$ steht. Das Drehmoment ist eine Größe, die erst durch Angabe ihres Betrages und einer Richtung (nämlich der Achse) vollständig beschrieben wird, also ein Vektor. Es ist allgemein üblich, den Vektor $\boldsymbol{D}$ in die Richtung des Daumens der rechten Hand,

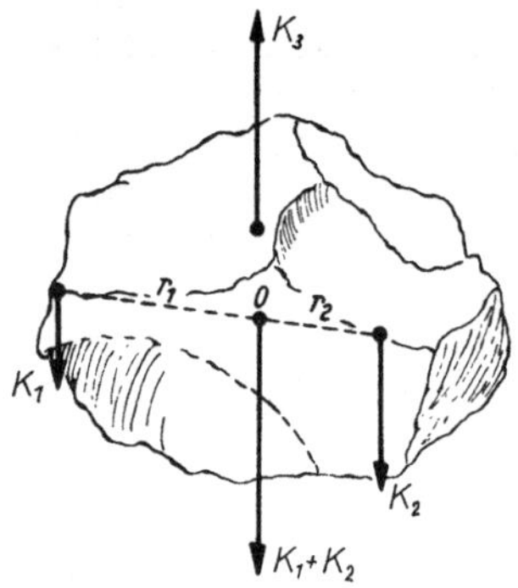


Abb. 39

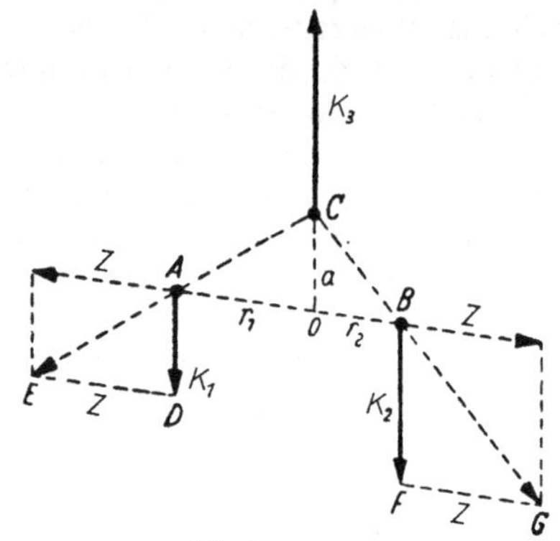


Abb. 40

Abb. 39. Gleichgewichtsbedingung für die Wirkung von drei parallelen Kräften. Der Angriffspunkt von $\boldsymbol{K}_3$ kann wegen der Linienflüchtigkeit ohne Störung des Gleichgewichts in den Punkt $O$ verlegt werden

Abb. 40. Konstruktion zur Auffindung des Kräftemittelpunkts.

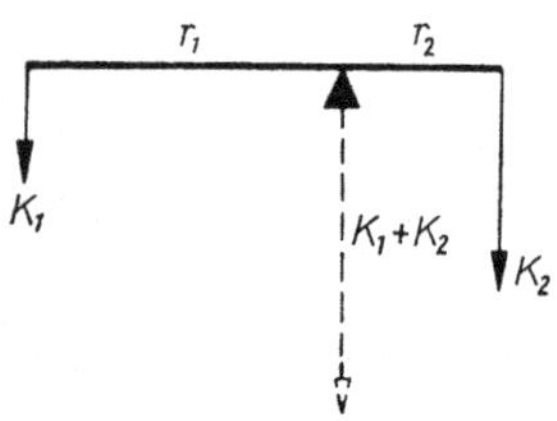


Abb. 41. Das Gleichgewicht am ungleicharmigen Hebel, an dem parallele Kräfte angreifen

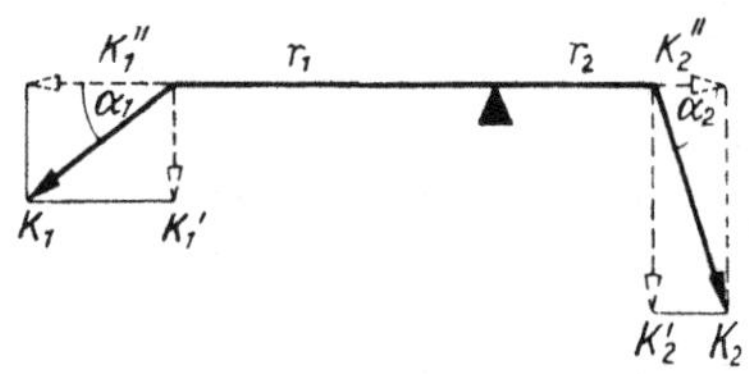


Abb. 42. Gleichheit der Drehmomente bei nichtparallelen Kräften (in Richtung der Hebelstange wirkt die Kraft $K_1'' - K_2'' = K_1 \cdot \cos\alpha_1 - K_2 \cos\alpha_2$)

zeigen zu lassen, wenn die Richtung der gekrümmten Finger den Drehsinn beschreibt. Die Gleichgewichtsbedingung lautet nun:

$$\boldsymbol{D}_1 + \boldsymbol{D}_2 = 0\,.$$

**Anwendung auf den Hebel.** Eine um eine Achse drehbare Stange, an der zwei (oder mehrere) Kräfte angreifen, nennt man einen Hebel. Liegt die Achse zwischen den Angriffspunkten der Kräfte, so heißt der Hebel „zweiarmig", liegt sie außerhalb beider Angriffspunkte, so ist er „einarmig".

a) An den Enden des Hebels greifen die parallelen Kräfte $\boldsymbol{K}_1$ und $\boldsymbol{K}_2$ an (Abb. 41). Es besteht Gleichgewicht, wenn $K_1 \cdot r_1 = K_2 \cdot r_2$ ist. Die an der Achse angreifende Kraft ist dann $\boldsymbol{K}_1 + \boldsymbol{K}_2$.

b) $\boldsymbol{K}_1$ und $\boldsymbol{K}_2$ seien nicht parallel, ihre Richtungen bilden mit dem Hebel die Winkel $\alpha_1$ und $\alpha_2$ (Abb. 42). Damit nun Gleichgewicht besteht, muß für die zur Hebelstange senkrechten Komponenten von $\boldsymbol{K}_1$ und $\boldsymbol{K}_2$ ($K_1'$ und $K_2'$) die Bedingung erfüllt sein:

$$r_1 \cdot K_1' = r_2 \cdot K_2',$$

wo $K_1' = K_1 \cdot \sin\alpha_1$ und $K_2' = K_2 \cdot \sin\alpha_2$, also

$$r_1 \cdot K_1 \cdot \sin\alpha_1 = r_2 \cdot K_2 \cdot \sin\alpha_2\,.$$

$r_1 \cdot K_1 \cdot \sin\alpha_1$ (bzw. $r_2 \cdot K_2 \cdot \sin\alpha_2$) gibt das Drehmoment $D_1$ (bzw. $D_2$) an, das von $K_1$ (bzw. $K_2$) ausgeübt wird, und es gilt auch hier unter Berücksichtigung des Drehsinus

$$\boldsymbol{D}_1 + \boldsymbol{D}_2 = 0\,. \tag{30.2}$$

An die Stelle des Produktes $r \cdot K$ in (30.1) tritt hier im allgemeineren Fall also das dreifache Produkt $r \cdot K \cdot \sin\alpha$ als Drehmoment bezogen auf die vorgegebene Achse.

Ein solches Produkt aus den Beträgen zweier Vektoren (z.B. $\boldsymbol{r}$ und $\boldsymbol{K}$) und dem Sinus des von ihnen eingeschlossenen Winkels ($\alpha$) bezeichnet man als *Vektorprodukt* und schreibt dafür $[\boldsymbol{rK}]$ oder $\boldsymbol{r} \times \boldsymbol{K}$. Das Vektorprodukt ist selbst ein Vektor vom Betrag $r \cdot K \cdot \sin\alpha$. Dieser ist also gleich der Fläche des von den Vektoren $\boldsymbol{r}$ und $\boldsymbol{K}$ gebildeten Parallelogramms (vgl. Abb. 43). Der Vektor steht senkrecht auf der Ebene, in der $r$ und $K$ liegen. Bei Vertauschung der Faktoren eines Vektorprodukts kehrt sich die Richtung des Vektors um.

Die allgemeine Gleichgewichtsbedingung in bezug auf Drehung bei einem beliebig geformten Körper (z.B. bei einem Winkelhebel) lautet:

$$\sum \boldsymbol{D} = 0. \tag{30.3}$$

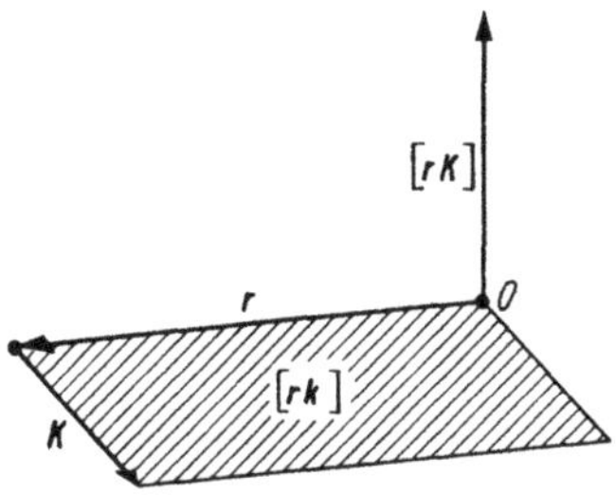


Abb. 43. Vektordarstellung des Drehmomentes

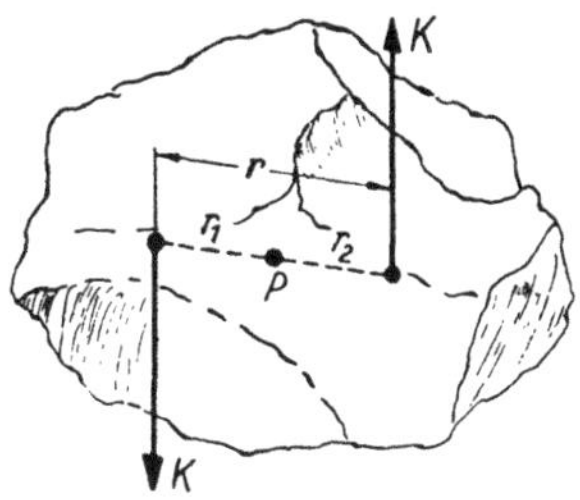


Abb. 44. Kräftepaar mit dem Drehmoment $\boldsymbol{D} = [\boldsymbol{rK}]$

**31. Das Kräftepaar.** Zwei parallele, gleich große, aber entgegengesetzt gerichtete Kräfte, deren Angriffspunkte nicht zusammenfallen, bilden ein *Kräftepaar.*

Steht die Verbindung $r$ der Angriffspunkte senkrecht auf der Kraftrichtung, so ist in bezug auf irgendeinen auf $r$ liegenden Punkt $P$ (Abb. 44) die Summe der Drehmomente

$$|\boldsymbol{D}_1 + \boldsymbol{D}_2| = |\boldsymbol{D}| = r_1 K + r_2 K = (r_1 + r_2) K = r \cdot K$$

(also unabhängig von der Lage von $P$). Aber auch in bezug auf einen nicht auf der Verbindungsgeraden der Angriffspunkte liegenden Punkt $P$ (wie in Abb. 45) ist

$$|\boldsymbol{D}| = r \cdot K,$$

denn es ist

$$|\boldsymbol{D}| = r_1 \cdot K \sin\alpha + r_2 \cdot K \sin\beta$$
$$|\boldsymbol{D}| = r_1' K + r_2' K = (r_1' + r_2') K$$
$$|\boldsymbol{D}| = r \cdot K.$$

Aus der Linienflüchtigkeit der Kräfte ergibt sich dies unmittelbar.

Wenn $r$ mit $K$ nicht den Winkel 90°, sondern $\gamma$ bildet, so gilt

$$|\boldsymbol{D}| = r \cdot K \cdot \sin\gamma$$

Der Vektor $\boldsymbol{D}$ ist also gleich dem Vektorprodukt aus $\boldsymbol{r}$ und $\boldsymbol{K}$:

$$\boldsymbol{D} = [\boldsymbol{rK}]. \tag{31.1}$$

Ein Kräftepaar läßt sich nicht zu einer resultierenden Kraft zusammensetzen, es bewirkt *nur* ein Drehmoment.

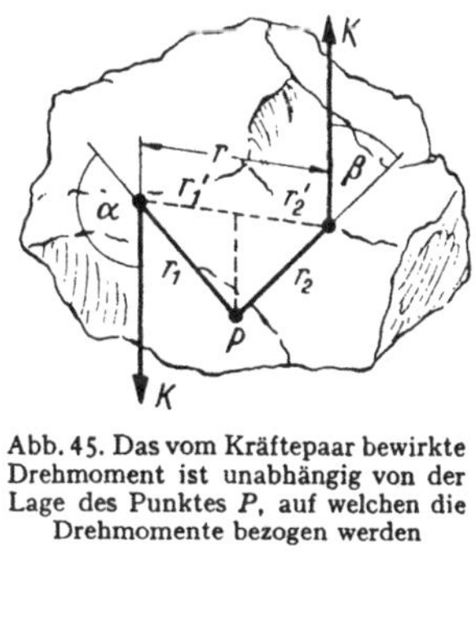


Abb. 45. Das vom Kräftepaar bewirkte Drehmoment ist unabhängig von der Lage des Punktes $P$, auf welchen die Drehmomente bezogen werden

Ein Beispiel für ein Kräftepaar bilden die an einer Magnetnadel im Erdfeld angreifenden Kräfte: Auch wenn die Nadel an einem dünnen Faden aufgehängt ist, bewegt sich ihr Mittelpunkt nicht, sondern sie vollführt ausschließlich eine Drehbewegung.

**32. Der Massenmittelpunkt oder Schwerpunkt.** Damit die (gewichtslose) Stange, an deren Enden $A$ und $B$ Körper mit den Massen $m_1$ und $m_2$ befestigt sind (Abb. 46), sich unter der Wirkung ihrer Gewichte nicht dreht, wenn sie in einem Punkte $S$ zwischen $A$ und $B$ unterstützt wird, muß nach den Sätzen über das Gleichgewicht am Hebel (30.1) der Abstand $AS=r_1$ bzw. $BS=r_2$ so gewählt sein, daß

$$r_1 \cdot m_1 \cdot g = r_2 \cdot m_2 \cdot g \quad \text{oder} \quad r_1 \cdot m_1 = r_2 \cdot m_2 .$$

$S$ wird der *Massenmittelpunkt* oder der *Schwerpunkt* von $m_1$ und $m_2$ genannt. Er teilt $AB$ im umgekehrten Verhältnis der Massen

$$r_1 : r_2 = m_2 : m_1 .$$

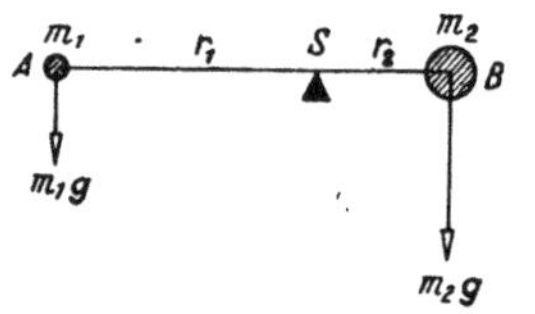


Abb. 46. Die Achse eines im Gleichgewicht befindlichen belasteten Hebels geht durch den Schwerpunkt

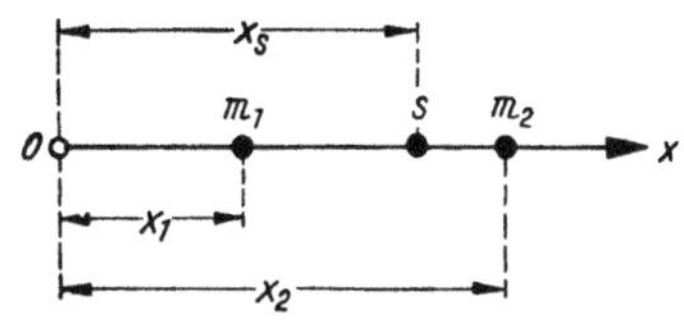


Abb. 47. Die Koordinate des Schwerpunkts aus den Koordinaten der Massen

In Abb. 47 seien $x_1$ und $x_2$ die Koordinaten von $m_1$ bzw. $m_2$; dann gilt für die Schwerpunktskoordinate $x_S$:

$$(x_S - x_1) : (x_2 - x_S) = m_2 : m_1$$

oder

$$x_S = \frac{m_1 x_1 + m_2 x_2}{m_1 + m_2} . \tag{32.1}$$

Für den Schwerpunkt mehrerer Massen $m_1, m_2 \ldots m_i \ldots m_k$, die auf einer Geraden angeordnet sind, gilt:

$$x_S = \frac{m_1 x_1 + m_2 x_2 + \cdots + m_i x_i + \cdots + m_k x_k}{m_1 + m_2 + \cdots + m_i + \cdots + m_k}$$

$$x_S = \frac{\sum_1^k m_i x_i}{\sum_1^k m_i} \tag{32.2}$$

Sind die Massen statt auf einer Geraden irgendwie im Raum verteilt, so behält (32.2) seine Gültigkeit. Die $y$- und $z$-Koordinaten des Schwerpunktes sind dann:

$$y_S = \frac{\sum m_i y_i}{\sum m_i} \quad \text{und} \quad z_S = \frac{\sum m_i z_i}{\sum m_i} . \tag{32.3}$$

Bei einer Drehung aller starr miteinander verbundenen Massen um eine durch $S$ gelegte Achse bleibt die Summe aller durch die Schwerkraft bedingten Drehmomente gleich Null.

Vom starr miteinander verbundenen System von Massenpunkten gelangt man zum homogenen starren Körper (Abb. 48), indem man diesen in Volumenelemente

$\Delta\tau$ aufteilt, deren Masse $\varrho\cdot\Delta\tau$ ist. ($\varrho$ ist die Dichte.) Die Koordinaten seines Schwerpunktes sind:

$$x_S = \frac{\sum \varrho\,\Delta\tau_i\,x_i}{\sum \varrho\,\Delta\tau_i} = \frac{\int \varrho\,x\,d\tau}{\int \varrho\,d\tau}; \quad \text{für} \quad \varrho = \text{const} \quad \text{also} \quad x_S = \frac{\int x\,d\tau}{\int d\tau}. \qquad (32.4)$$

Legt man durch den Schwerpunkt eines Körpers eine Achse, so bewirken die an den einzelnen Massenteilen angreifenden Schwerkräfte in bezug auf diese Achse Drehmomente, deren Vektorsumme Null ergibt. Der Körper befindet sich daher in jeder Lage im Gleichgewicht.

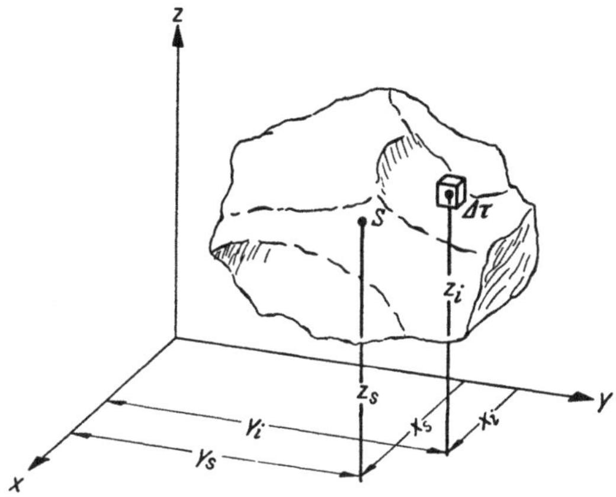


Abb. 48. Zur Definition des Schwerpunktes eines homogenen starren Körpers

Geht die Achse nicht durch den Schwerpunkt $S$, so dreht sich der Körper unter der Wirkung der Schwerkraft, die in $S$ angreift, soweit, daß dieser senkrecht unter der Achse liegt. Erst in dieser Lage ist dann das Drehmoment gleich Null. Daraus folgt ein *experimentelles Verfahren* zur Auffindung von $S$: Man hängt den Körper nacheinander an zwei verschiedenen Punkten auf: die Verlängerung der Aufhängeschnur geht durch den Schwerpunkt, also liegt $S$ im Schnittpunkt beider Verlängerungen.

**a) Verschiedene Arten des Gleichgewichts.** Man unterscheidet 3 Arten des Gleichgewichts:

1. Ein im Schwerpunkt aufgehängter Körper befindet sich in jeder durch Drehung um den Unterstützungspunkt möglichen Lage im Gleichgewicht (*indifferentes* Gleichgewicht).

2. Liegt der Aufhängungspunkt senkrecht über $S$, so ist der Körper im *stabilen* Gleichgewicht; nach dem Herausdrehen um einen kleinen Winkel kehrt er in die Gleichgewichtslage zurück.

3. Liegt der Aufhängepunkt senkrecht unter $S$, so heißt das Gleichgewicht *labil*; nach dem Herausdrehen aus der Gleichgewichtslage treten Drehmomente auf, unter deren Wirkung er sich noch weiter aus ihr entfernt.

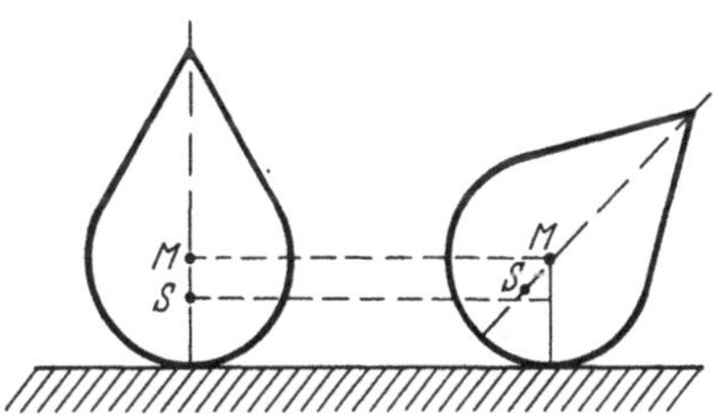


Abb. 49

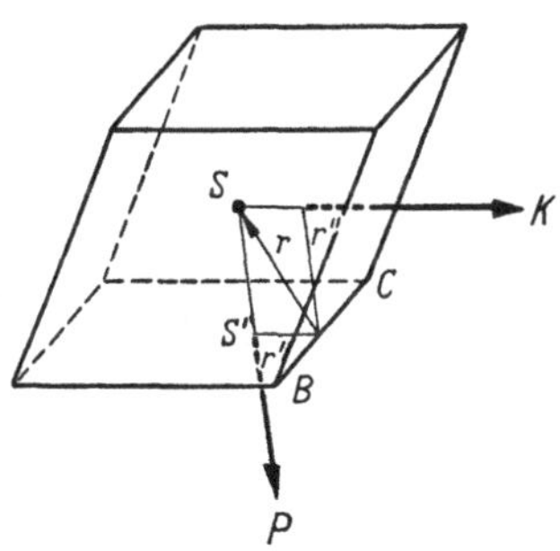


Abb. 50

Abb. 49. Bei Unterstützung durch eine horizontale Ebene wirkt der Mittelpunkt des Krümmungskreises als Aufhängepunkt

Abb. 50. Zur Definition der Standfestigkeit

Im Falle der Unterstützung eines Körpers durch eine horizontale Ebene wirkt als Aufhängepunkt der Krümmungskreismittelpunkt $M$ der Auflagefläche (Abb. 49). Im gezeichneten Fall ist also das Gleichgewicht stabil (Stehaufmännchen).

**b) Standfestigkeit.** Ein Körper steht auf einer (ebenen) Unterstützungsfläche stabil, wenn die lotrechte Projektion $S'$ seines Schwerpunktes auf die Unterstützungsfläche innerhalb seiner Grundfläche liegt (Abb. 50). Zur Kippung um eine Kante $BC$ muß mindestens ein Drehmoment

$$D'' = r\,K \sin(\boldsymbol{r}, \boldsymbol{K}) = r''\,K$$

angreifen, das entgegengesetzt gleich

$$D' = r\,P \sin(\boldsymbol{r}, \boldsymbol{P}) = r' \cdot P$$

ist. Je größer $D'$, desto größer ist seine *Standfestigkeit.* Die zur Kippung erforderliche Kraft ist $K \geqq \frac{r'}{r''} P$.

**33. Die Arbeit bei Drehung eines Körpers, an dem ein Drehmoment angreift.** Dreht man einen Hebel gegen eine stets senkrecht zur Hebelstange gerichtete Kraft $K_1$ um den Winkel $\varphi$ (Abb. 51), so muß man die Arbeit

$$A_1 = K_1 \cdot s_1 = K_1 \cdot r_1 \cdot \varphi = D_1 \cdot \varphi \qquad (33.1)$$

aufwenden.

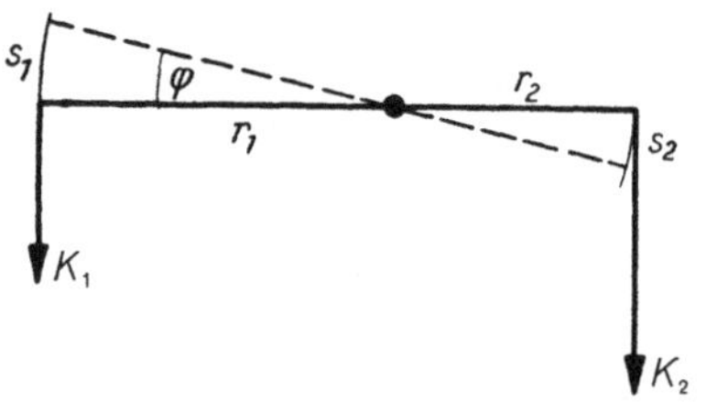

Abb. 51. Arbeit bei Drehung gegen einen Drehmoment

Die Kraft $K_2$ verrichtet dann die Arbeit

$$A_2 = -D_2 \cdot \varphi.$$

Bei einer Drehung gegen ein Drehmoment ist die aufzuwendende Arbeit = Drehmoment × Winkeländerung.

Ist $\boldsymbol{D}_1 + \boldsymbol{D}_2 = 0$, so ist $A_1 + A_2 = 0$, d.h. die Drehung eines sich im Gleichgewicht befindenden Hebels erfolgt ohne Arbeitsaufwand oder -gewinn.

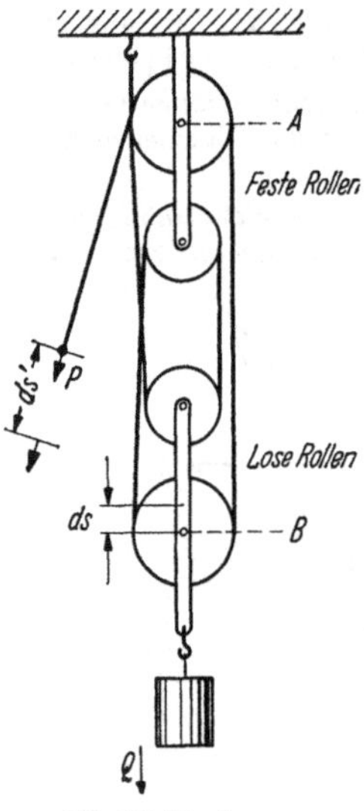

Abb. 52. Flaschenzug

**34. Prinzip der virtuellen Arbeit als allgemeines Gleichgewichtsprinzip der Mechanik.** Die einfachen Maschinen der Mechanik (z.B. schiefe Ebene, Hebel, Rolle und Flaschenzug, Kurbelmechanismus) dienen zur Verrichtung von Arbeit, sie befinden sich auch bei Wirkung von äußeren Kräften im Gleichgewicht. Von Reibungskräften sei abgesehen. Bei der Einwirkung von äußeren Kräften treten infolge von Beschränkungen der inneren Bewegungsmöglichkeiten innerhalb der Maschine „Reaktionskräfte“ auf, z.B. die senkrecht auf die Unterlage bei der schiefen Ebene wirkende Kraft, Kräfte auf Achsen von Rädern, die vom Lager aufgenommen werden usw. Diese Reaktionskräfte leisten aber bei einer mit den Führungsmechanismen vereinbarten Bewegung des Systems, einer *virtuellen Verrückung,* keine Arbeit. *Wenn das System im Gleichgewicht ist, ist auch die Arbeit aller äußeren an ihm bei einer virtuellen Verrückung angreifenden Kräfte Null (Prinzip der „virtuellen Verrückungen“ oder der „virtuellen Arbeit“).* Mit ihm untersuchen wir die Gleichgewichtsbedingungen

1. an einem Flaschenzug, bestehend aus $n$ „festen“ und $n$ „losen“ Rollen (Abb. 52). Bei einer Verrückung der Last $Q$ um $\delta s$ leistet $Q$ die Arbeit $-Q\,\delta s$ am System (da $Q$ und $\delta s$ entgegengesetzt gerichtet sind). Der Angriffspunkt der Kraft $P$ gleitet um $\delta s' = n \cdot 2\delta s$ (die Abnahme der Seillänge pro Rolle zwischen $A$ und $B$ ist $2\delta s$).

Die Arbeit ist also Null, wenn

$$-Q\,\delta s + P\,2n\,\delta s = 0,$$

also

$$P = \frac{Q}{2n}.$$

2. an einem Kurbelmechanismus (Abb. 53):

Die Kraft $P$, die auf den Kolben wirkt, wird durch die Kolbenstange auf den Kreuzkopf $K$ und durch die Pleuelstange auf den Zapfen $Z$ der Kurbel

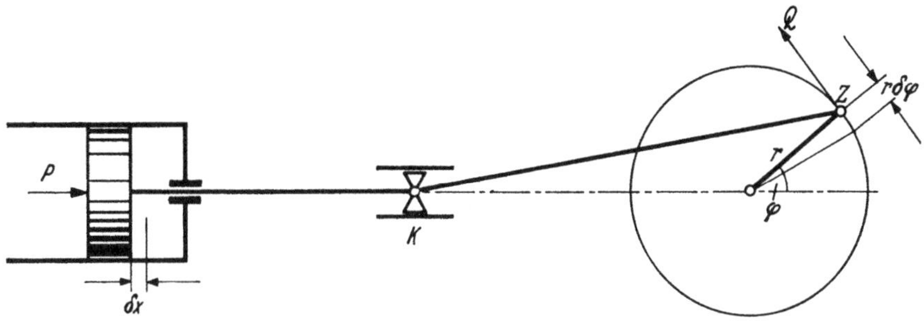


Abb. 53. Kurbelmechanismus

übertragen. $Q$ sei die Kraft, die von außen am Kurbelzapfen angreifen muß, um Gleichgewicht herzustellen. Das Prinzip der virtuellen Verrückung fordert

$$P\,\delta x - Q\,r \cdot \delta\varphi = 0. \tag{34.1}$$

Eine einfache Rechnung gibt für die Abhängigkeit der Winkeländerung $\delta\varphi$ der Kurbel von der Verschiebung $\delta x$ des Kolbens

$$r \sin\varphi\,\delta\varphi \left(1 - \frac{r}{l}\,\frac{\cos\varphi}{\sqrt{1 - \left(\frac{r}{l}\right)^2 \sin^2\varphi}}\right) = \delta x, \tag{34.2}$$

wobei $l$ die Länge der Pleuelstange $K$ bis $Z$ bezeichnet. Aus (34.1) und (34.2) folgt

$$Q = P \cdot \frac{\delta x}{r\,\delta\varphi} = P \sin\varphi \left(1 - \frac{r}{l}\,\frac{\cos\varphi}{\sqrt{1 - \left(\frac{r}{l}\right)^2 \sin^2\varphi}}\right).$$

## K. Die Bewegung eines starren Körpers

**35. Lage, Geschwindigkeit und Beschleunigung eines um eine feste Achse drehbaren Körpers.** Die Lage eines Körpers, der um eine fest mit ihm verbundene Achse drehbar ist, wird durch Angabe des Drehwinkels $\varphi$ gegen eine willkürlich gewählte Anfangslage beschrieben (Abb. 54). Bei der Drehung um die Achse haben alle Punkte des Körpers dieselbe Winkelgeschwindigkeit $\omega = \frac{d\varphi}{dt}$ und dieselbe Winkelbeschleunigung $\dot{\omega} = \frac{d\omega}{dt} = \frac{d^2\varphi}{dt^2}$. Bahnlänge $s$, Geschwindigkeit $u$ und Beschleunigung $b$ eines Körperpunktes sind von dessen Abstand $r$ von der Achse abhängig:

$$s = r \cdot \varphi; \qquad u = r \cdot \omega \quad \text{und} \quad b = r \cdot \dot{\omega}.$$

**36. Wirkung eines Kräftepaares bzw. einer Einzelkraft auf einen freibeweglichen Körper.** Die Drehung eines freien Körpers, an dem ein Kräftepaar angreift, geschieht um den Massenmittelpunkt.

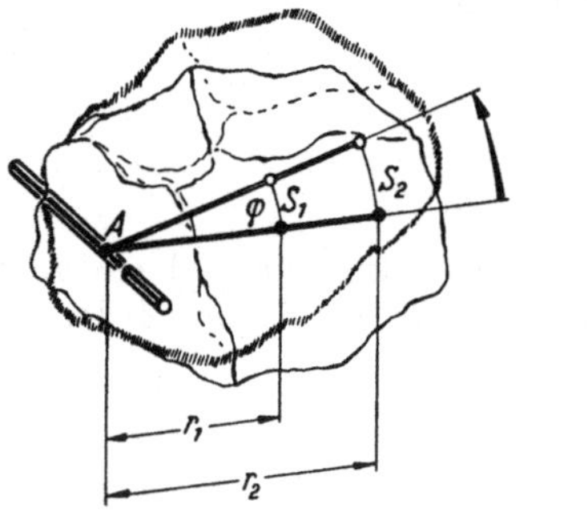


Abb. 54. Beschreibung der Lage und Verschiebung eines um eine Achse drehbaren Körpers

Dies kann für einen Körper, der aus zwei im Abstande $r$ starr miteinander verbundenen

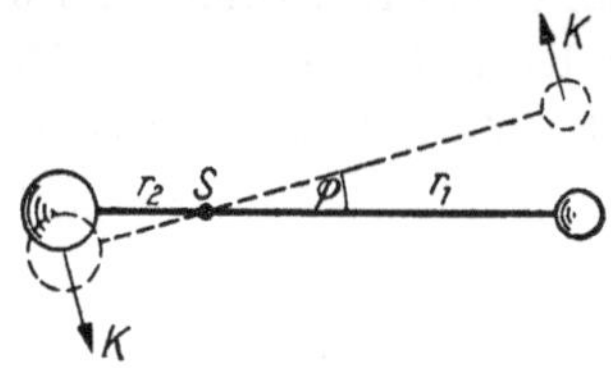


Abb. 55. Die Bewegung eines Körpers unter der Wirkung eines Kräftepaares ist eine Rotation um den Schwerpunkt

Massen $m_1$ und $m_2$ besteht, einfach bewiesen werden, wenn an ihm das Kräftepaar mit dem Drehmoment $\boldsymbol{D} = [\boldsymbol{r}\boldsymbol{K}]$ angreift (Abb. 55): Der Punkt $S$, der $r$ im Verhältnis $r_1 : r_2$ teilt, sei der momentane Mittelpunkt der Drehung. Dann bewirkt $K_1$ eine Beschleunigung von $m_1$, die durch die Winkelbeschleunigung $\frac{d^2\varphi}{dt^2}$ und $r_1$ ausdrückbar ist:

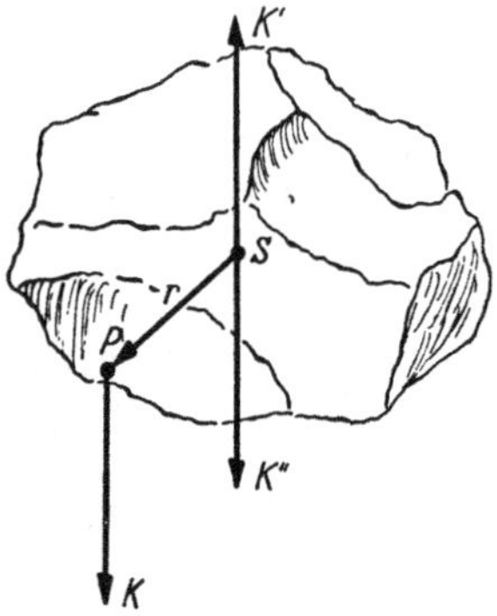


Abb. 56. Die in $P$ angreifende Kraft $K$ ist ersetzbar durch die gleiche Kraft $K''$ im Schwerpunkt und ein Kräftepaar $[\boldsymbol{r}\boldsymbol{K}]$

$$m_1 \cdot r_1 \cdot \frac{d^2\varphi_1}{dt^2} = K_1,$$

ebenso ist

$$m_2 \cdot r_2 \cdot \frac{d^2\varphi_2}{dt^2} = K_2.$$

Da nun $K_1 = K_2$ und wegen der starren Verbindung $\varphi_1 = \varphi_2$ ist, muß

$$m_1 r_1 = m_2 r_2$$

sein. Der Drehpunkt teilt $r$ im Verhältnis der Massen, er fällt also mit dem Schwerpunkt zusammen.

Greift an einem Körper (Abb. 56) irgendeine beliebige Kraft $\boldsymbol{K}$ an, so läßt sie sich durch Addition zweier zu $\boldsymbol{K}$ parallelen, entgegengesetzt gleichen, am Massenmittelpunkt $S$ angreifenden Kräfte $\boldsymbol{K}' = -\boldsymbol{K}'' = -\boldsymbol{K}$ durch ein Kräftepaar $[\boldsymbol{r}\boldsymbol{K}]$, das aus $\boldsymbol{K}$ und $\boldsymbol{K}'$ gebildet wird, und eine an $S$ angreifende Einzelkraft $\boldsymbol{K}''$ ersetzen. Daraus folgt, daß die Bewegung des Körpers durch Überlagerung einer Translation und einer Rotation um den Massenmittelpunkt beschrieben werden kann.

**37. Das Trägheitsmoment.** Die kinetische Energie (vgl. § 24) einer punktförmigen Masse $m$, die sich im Abstande $r$ um eine feste Achse $A$ mit gleichförmiger Winkelgeschwindigkeit $\omega$ dreht, ist

$$E_{\text{kin}} = \frac{m}{2} \cdot u^2 = \frac{m}{2} \cdot r^2 \cdot \omega^2 = \frac{1}{2}(m \cdot r^2)\,\omega^2 \equiv \frac{1}{2}\,\theta \cdot \omega^2.$$

$\theta = m \cdot r^2$ heißt das Trägheitsmoment von $m$ in bezug auf $A$.

Das Trägheitsmoment eines starren Körpers in bezug auf eine Achse $A$ (Abb. 57) wird definiert als die Summe der Trägheitsmomente seiner Massenelemente $\Delta m_i$, deren Abstände von $A$ mit $r_i$ bezeichnet seien:

$$\theta = \sum \Delta m_i \cdot r_i^2 = \int r^2 \cdot dm. \tag{37.1}$$

$\theta$ läßt sich durch einfache mathematische Operationen für einfache Körper nach (37.1) berechnen:

Kreisförmige Scheibe: $\theta_{Sch} = \frac{1}{2} M \cdot R^2$ ($M$ = Masse, $R$ = Radius der Scheibe, Achse durch den Mittelpunkt, senkrecht zur Scheibe). (37.2)

Kugel: $\theta_K = \frac{2}{5} M \cdot R^2$ ($M$ = Masse, $R$ = Radius der Kugel, Achse durch den Mittelpunk). (37.3)

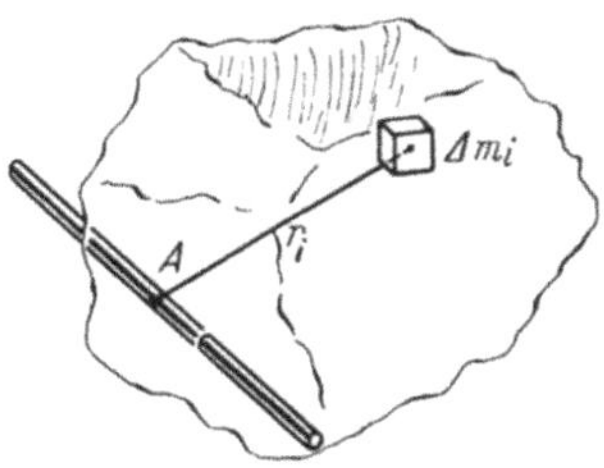


Abb. 57. Zur Definition des Trägheitsmoments eines starren Körpers in bezug auf die Achse $A$

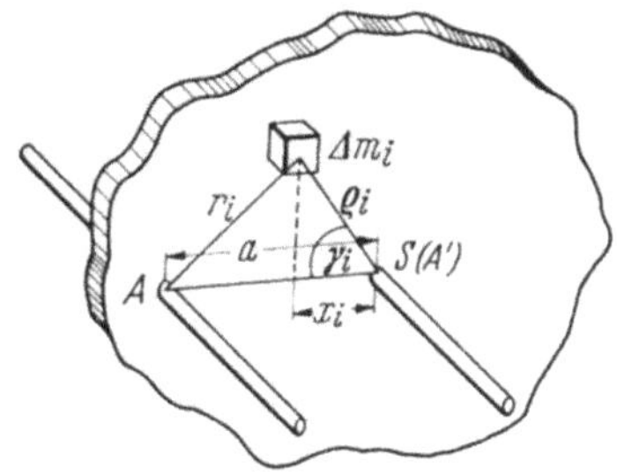


Abb. 58. Zum Steinerschen Satz: $\theta_A = \theta_{A'} + M a^2$

Stab:

a) Achse durch Stabende, senkrecht zum Stab:

$$\theta_{St,E} = \tfrac{1}{3} M \cdot L^2 \quad (M = \text{Masse},\ L = \text{Länge des Stabes}); \tag{37.4}$$

b) Achse durch Stabmitte, senkrecht zum Stab:

$$\theta_{St,M} = \tfrac{1}{12} M \cdot L^2 \quad (M = \text{Masse},\ L = \text{Länge des Stabes}). \tag{37.5}$$

Wenn man das Trägheitsmoment eines Körpers in bezug auf irgendeine durch seinen Schwerpunkt gehende Achse kennt, dann kann man sein Trägheitsmoment in bezug auf eine andere ihr parallele Achse, die nicht durch den Schwerpunkt geht, nach dem *Steinerschen Satz* berechnen. *Das Trägheitsmoment eines Körpers in bezug auf eine Achse A ist gleich dem Trägheitsmoment der ganzen, im Schwerpunkt vereinigten Masse in bezug auf A, vermehrt um das Trägheitsmoment des Körpers in bezug auf eine durch den Schwerpunkt gelegte, zu A parallele Achse A'* (Abb. 58).

Beweis:

$$\begin{aligned} \theta_A &= \sum \Delta m_i r_i^2 \\ &= \sum \Delta m_i (a^2 + \varrho_i^2 - 2a\,\varrho_i \cos\gamma_i) \\ &= \sum \Delta m_i a^2 + \sum \Delta m_i \cdot \varrho_i^2 - 2a \sum \Delta m_i x_i \end{aligned}$$

$$\theta_A = M \cdot a^2 + \theta_{A'} \text{ (Steinerscher Satz)}, \tag{37.6}$$

da für den Schwerpunkt $\sum \Delta m_i x_i = 0$ (vgl. § 32).

Anwendungsbeispiel: Das Trägheitsmoment eines Stabes um eine zu ihm senkrechte Achse durch ein Stabende ist gleich dem Trägheitsmoment um eine parallele Achse durch den Schwerpunkt (37.5) vermehrt um $M \cdot \left(\frac{L}{2}\right)^2$.

$$\theta_{St\,E} = \theta_S + \frac{M}{4} L^2 = \frac{1}{12} M L^2 + \frac{1}{4} M L^2 = \frac{1}{3} M L^2$$

in Übereinstimmung mit (37.4).

Mit dem durch (37.1) definierten Trägheitsmoment gilt allgemein für die kinetische Energie des um die Achse $A$ mit der Geschwindigkeit $\omega$ rotierenden Körpers

$$E_{kin} = \sum \frac{1}{2} \Delta m_i \cdot \omega^2 r_i^2 = \frac{1}{2} \theta \cdot \omega^2. \tag{37.7}$$

**38. Die Bewegungsgleichung des rotierenden Körpers.** An einem Körper möge das Drehmoment $\boldsymbol{D}$ (bei mehreren angreifenden Kräften $\boldsymbol{K}_i$ die Summe ihrer Momente $\boldsymbol{D} = \sum \boldsymbol{D}_i = \sum [\boldsymbol{r}_i \boldsymbol{K}_i]$) angreifen. Es verrichtet bei Drehung um $d\varphi$ die Arbeit $dA = D \cdot d\varphi$ [nach (33.1)]. Ihr entspricht ein Zuwachs an kinetischer Energie

$$D \cdot d\varphi = d\left(\frac{\theta}{2} \cdot \omega^2\right) = \frac{d}{dt}\left(\frac{\theta}{2} \cdot \omega^2\right) \cdot dt$$

oder

$$D \cdot d\varphi = \theta \cdot \omega \cdot \dot{\omega} \cdot dt;$$

durch $dt$ dividiert:

$$D \frac{d\varphi}{dt} = D \cdot \omega = \theta \cdot \omega \cdot \dot{\omega}$$

oder

$$D = \theta \cdot \dot{\omega} = \theta \frac{d^2\varphi}{dt^2}. \qquad (38.1)$$

Wenn die Drehbewegung unter dem Einfluß eines konstanten Drehmomentes erfolgt, so ergibt die Integration der Grundgleichung (38.1) für die Abhängigkeit des Drehwinkels von der Zeit

$$\varphi = \frac{1}{2} \frac{D}{\theta} t^2 + \omega_0 t + \varphi_0, \qquad (38.2)$$

wo $\omega_0$ die Anfangswinkelgeschwindigkeit und $\varphi_0$ die Anfangslage des Körpers bezeichnet.

Für die Beschreibung einer Drehbewegung eines starren Körpers treten also an die Stelle der Begriffe Kraft, Masse, Beschleunigung: Drehmoment, Trägheitsmoment, Winkelbeschleunigung. Die Gesetze der Translation lassen sich daher in die Gesetze der Drehbewegung überführen: Man setzt an die Stelle von Kraft $\boldsymbol{K}$, Masse $m$, Lage $s$, Geschwindigkeit $\boldsymbol{u}$ und Beschleunigung $\boldsymbol{b}$ die Begriffe Drehmoment $\boldsymbol{D}$, Trägheitsmoment $\theta$, Winkel $\varphi$, Winkelgeschwindigkeit $\omega$ und Winkelbeschleunigung $\dot{\omega}$. $\varphi$, $\dot{\omega}$ und $\omega$ beziehen sich auf eine Drehung um eine bestimmte Achse; sie haben daher Vektorcharakter.

| *Translation* | | *Rotation* | |
|---|---|---|---|
| Kraft | $\boldsymbol{K} = m \cdot \boldsymbol{b}$ | Drehmoment | $\boldsymbol{D} = \theta \cdot \dot{\omega}$ |
| kinetische Energie | $E_{\text{kin}} = \frac{m}{2} \cdot u^2$ | kinetische Energie | $E_{\text{kin}} = \frac{\theta}{2} \cdot \omega^2$ |
| Impuls | $\boldsymbol{p} = m \cdot \boldsymbol{u}$ | Drehimpuls (vgl. § 39) | $L = \theta \cdot \omega$ |
| geradlinig gleichförmige Bewegung | $\boldsymbol{s} = \boldsymbol{u} \cdot t$ | gleichförmige Bewegung im Kreise | $\varphi = \omega \cdot t$ |
| aus der Ruhelage geradlinig gleichmäßig beschleunigte Bewegung | $\begin{cases} \boldsymbol{u} = \boldsymbol{b} \cdot t \\ s = \frac{b}{2} \cdot t^2 \end{cases}$ | aus der Ruhelage gleichmäßig beschleunigte Drehbewegung | $\begin{cases} \omega = \dot{\omega} \cdot t \\ \varphi = \frac{\dot{\omega}}{2} \cdot t^2 \end{cases}$ |

**a) Das Drehpendel.** Das Drehpendel (Abb. 59) ist ein um eine festgelagerte Achse drehbarer Körper, der durch eine Spiralfeder an eine Ruhelage gebunden ist (z.B. die Unruhe einer Taschenuhr). Zum Herausdrehen aus der Ruhelage um $\varphi$ wird ein Drehmoment benötigt:

$$D = D_r \cdot \varphi \qquad (38.3)$$

Die Apparatkonstante $D_r$ heißt *Winkelrichtgröße*. In Analogie zu (18.4) berechnet man die Schwingungsdauer zu

$$T = 2\pi \sqrt{\frac{\theta}{D_r}}. \qquad (38.4)$$

Bei bekannter Richtgröße läßt sich das Trägheitsmoment nach (38.4) aus der gemessenen Schwingungsdauer berechnen.

*Das physikalische Pendel* (Abb. 60). Jeder Körper, der um eine nicht durch den Schwerpunkt gelegte Achse drehbar ist, vollführt bei kleinen Amplituden um seine Gleichgewichtslage harmonische Schwingungen. Die Schwingungsdauer ist durch (38.5) gegeben.

Am Pendel, das um den Winkel $\varphi$ aus der Ruhelage herausgedreht ist, greift das Drehmoment

$$D = M \cdot g \cdot s \cdot \sin\varphi$$

an, wo $s$ der Abstand des Schwerpunktes $S$ von der Drehachse $A$ ist. Für kleine Winkel $\varphi$ wird

$$D = M \cdot g \cdot s \cdot \varphi = D_r \cdot \varphi.$$

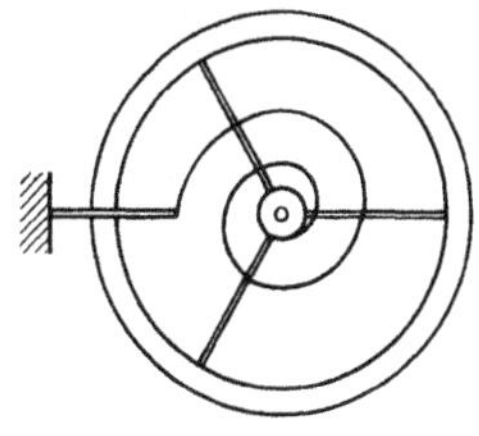

Abb. 59. Das Drehpendel

Also ist die Richtgröße $D_r = M \cdot g \cdot s$. Damit wird

$$T = 2\pi \sqrt{\frac{\theta}{M \cdot g \cdot s}}. \tag{38.5}$$

Ein Fadenpendel hat die gleiche Schwingungsdauer, wenn seine Länge $l_r = \frac{\theta}{M \cdot s}$ ist; $l_r$ heißt ***reduzierte Pendellänge***. Der Punkt $A'$, der auf der verlängerten Verbindungslinie $AS$ im Abstand $l_r$ von $A$ liegt, heißt *Schwingungsmittelpunkt*.

Nach dem Steinerschen Satz (37.6) ist $\theta = \theta_s + M \cdot s^2$, also

$$l_r = \frac{\theta_s + M \cdot s^2}{M \cdot s} = \frac{\theta_s}{M \cdot s} + s. \tag{38.6}$$

Läßt man das Pendel um $A'$ schwingen, so wird

$$l_r' = \frac{\theta_s + M(l_r - s)^2}{M(l_r - s)} = \frac{\theta_s}{M(l_r - s)} + l_r - s,$$

oder, da $l_r = \frac{\theta_s}{M \cdot s} + s$,

$$l_r' = \frac{\theta_s}{M\left(\frac{\theta_s}{M \cdot s} + s - s\right)} + \frac{\theta_s}{M \cdot s} + s - s = s + \frac{\theta_s}{M \cdot s} = l_r.$$

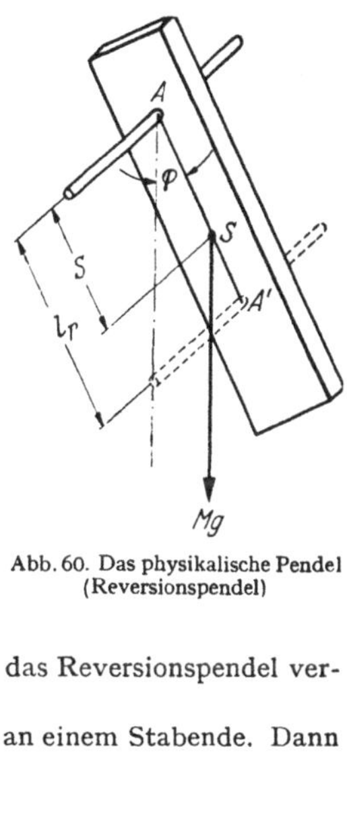


Abb. 60. Das physikalische Pendel (Reversionspendel)

Daraus folgt: Die Schwingungsdauer des physikalischen Pendels bleibt unverändert, wenn man die Achse durch den Schwingungsmittelpunkt legt *(Reversionspendel)*. Statt eines Fadenpendels wird zu sehr genauen Messungen der Fallbeschleunigung $g$ das Reversionspendel verwendet.

Beispiel: Das Pendel sei ein Stab der Länge $L$ mit der Achse $A$ an einem Stabende. Dann wird nach (38.6) und (37.5)

$$l_r = \frac{\frac{1}{12} M \cdot L^2}{M \cdot \frac{L}{2}} + \frac{L}{2} = \frac{1}{6} L + \frac{1}{2} L = \frac{2}{3} L.$$

Also schwingt ein Meterstab um eine Achse, die durch den Anfangspunkt gelegt ist, mit der gleichen Schwingungsdauer wie um eine Achse in 66,6 cm Abstand vom Ende.

**b) Auf schiefer Ebene herabrollender Zylinder.** Die Drehung erfolgt um die Mantellinie, mit der der Zylinder die Ebene berührt. Nach dem Steinerschen Satz (37.6) ist das Trägheitsmoment um diese Achse $\theta = \theta_S + M \cdot r^2$ ($\theta_S$ = Trägheitsmoment um die Achse des Zylinders, Abb. 61).

Das Drehmoment ist $M \cdot g \cdot r \cdot \sin\alpha$, also

$$M \cdot g \cdot r \cdot \sin\alpha = (\theta_S + M \cdot r^2) \cdot \dot{\omega}.$$

Die Beschleunigung am Umfang ist $r \cdot \dot{\omega} = r \cdot \frac{d^2\varphi}{dt^2} = \frac{d^2 s}{dt^2}$; sie ist aber auch die lineare Beschleunigung des Schwerpunktes:

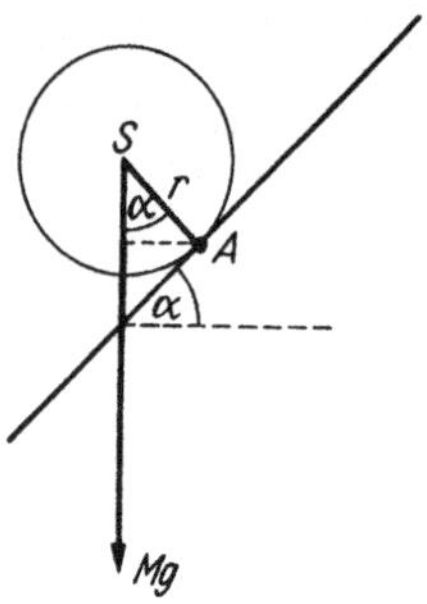


Abb. 61

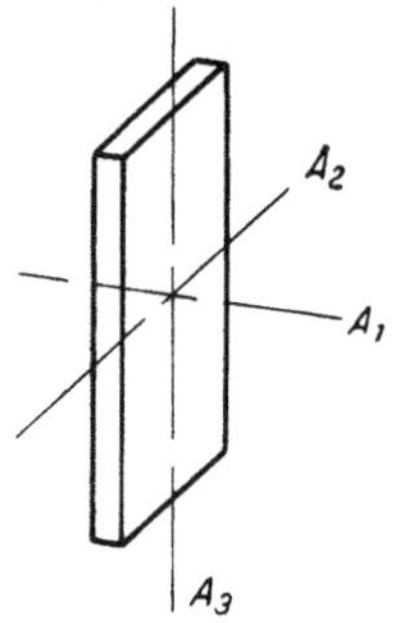


Abb. 62

Abb. 61. Bewegung eines Zylinders, der auf einer schiefen Ebene rollt, ohne zu gleiten

Abb. 62. Freie Achsen eines Quaders

$$\left.\begin{aligned} \frac{d^2 s}{dt^2} &= b = r \cdot \dot{\omega} = r \cdot \frac{M \cdot g \cdot r \cdot \sin\alpha}{\theta_S + M \cdot r^2} \\ &= \frac{1}{1 + \frac{\theta_S}{M r^2}} \cdot g \cdot \sin\alpha . \end{aligned}\right\} \quad (38.6)$$

Die Beschleunigung, mit der ein vollkommen glatter Körper, ohne sich zu drehen, die schiefe Ebene herabgleitet, ist $b = g \cdot \sin\alpha$, denn die angreifende Kraft ist $P \cdot \sin\alpha$. Durch die Rotation beim Herabrollen wird also die Linearbeschleunigung verringert.

Läßt man zwei Zylinder von gleichen äußeren Abmessungen und gleicher Masse, aber verschiedenem Trägheitsmoment (z. B. einen Massiv- und einen Hohlzylinder aus verschiedenem Material) auf der schiefen Ebene herabrollen, so eilt wegen seines kleineren Trägheitsmomentes der Massivzylinder dem Hohlzylinder voraus. Es gilt nämlich

für einen Massivzylinder: $\theta_S = \frac{1}{2} M r^2$ also wegen (38.6) $b = \frac{2}{3} g \cdot \sin\alpha$;

für einen dünnwandigen Hohlzylinder: $\theta_S = M r^2$ also $b = \frac{1}{2} g \cdot \sin\alpha$;

für eine massive Kugel: $\theta_S = \frac{2}{5} M r^2$ also $b = \frac{5}{7} g \cdot \sin\alpha$.

**c) Drehung um freie Achsen.** Durch die bei der Rotation auftretenden Trägheitskräfte (Zentrifugalkräfte) werden im allgemeinen auf eine mit dem Körper fest verbundene Achse Kräfte übertragen, die von den Lagern aufgenommen werden müssen. Sie werden gleich Null, wenn die Achse durch den Schwerpunkt $S$ geht und eine der drei Hauptträgheitsachsen ist. Diese sind folgendermaßen definiert:

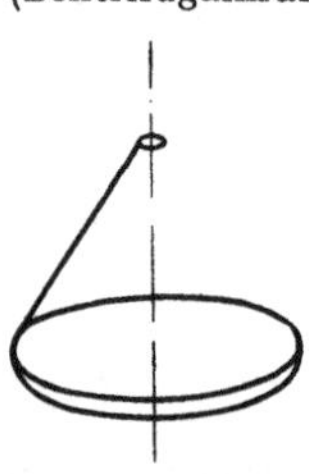

Abb. 63. Rotation einer Kreisscheibe um ihre freie Achse mit dem größten Trägheitsmoment

Trägt man auf von $S$ ausgehenden Strahlen $\frac{1}{\sqrt{\theta}}$ auf, wo $\theta$ das Trägheitsmoment um einen solchen Strahl als Achse ist, so liegen die Endpunkte auf einem Ellipsoid. Dessen Hauptachsen sind die Hauptträgheitsachsen; die kleine Achse ist die Achse des größten, die große Achse die des kleinsten Trägheitsmomentes. Da die Drehung des Körpers um eine Hauptträgheitsachse erfolgen kann, ohne daß an ihr Kräfte angreifen, (so daß sie also auch nicht in Lagern festgehalten werden muß), bezeichnet man diese Achsen als *frei*. Es sind aber nur die Rotationen um die Hauptträgheitsachsen stabil, die zum größten und zum kleinsten Trägheitsmoment gehören. Für den in Abb. 62 gezeichneten Körper ist eine Rotation um $A_2$ labil. Eine am Rande aufgehängte Scheibe rotiert frei und stabil entweder um eine Achse, die ein Durchmesser der Scheibe ist, oder um eine zu ihr senkrechte Achse durch ihren Mittelpunkt (Abb. 63).

Rotierende Maschinenteile müssen „ausgewuchtet“ sein; das bedeutet, daß ihre Achsen „frei“ sein müssen. Bei unvollständiger Auswuchtung übertragen die Achsen auf ihre Lager periodisch wechselnde Kräfte, welche zu gefährlichen erzwungenen Schwingungen von Teilen der Maschinen oder der Gebäude führen können, in denen sie aufgestellt sind, wenn die Drehzahlen mit den Frequenzen der Eigenschwingungen (s. § 77) übereinstimmen (Resonanzkatastrophe).

## L. Der Drehimpuls (Drall oder Impulsmoment)

**39. Definition.** Eine ähnliche fundamentale Bedeutung wie der Impuls oder die Bewegungsgröße für die fortschreitende Bewegung hat der Drehimpuls oder das Impulsmoment für die rotierende Bewegung.

Für einen starren Körper, der um eine feste Achse rotiert, erhält man den Drehimpuls $L$, wenn man den Impuls eines jeden Massenelementes $\Delta m$ mit seinem Abstand $r$ von der Drehachse multipliziert und über den ganzen Körper summiert; also

$$L = \sum \Delta m \cdot u \cdot r = \sum \Delta m \cdot \omega \cdot r^2 \tag{39.1}$$

oder wegen (37.1) und unter Berücksichtigung des Vektorcharakters von $\omega$

$$\boldsymbol{L} = \theta \ \vec{\omega}. \tag{39.2}$$

$\boldsymbol{L}$ ist ein Vektor.

Für einen einzelnen Massenpunkt, der einen festen Punkt in beliebiger ebener, z.B. elliptischer Bahn umrundet (Planetenbahn, Elektronenbahn im Atom) tritt an die Stelle des Produktes $r \cdot u$ das Vektorprodukt (vgl. 30.2) aus dem Radiusvektor $\boldsymbol{r}$, der die Lage des Massenpunktes zum Zentralpunkt bestimmt, und dem Vektor $\boldsymbol{u}$ der jeweiligen Bahngeschwindigkeit:

$$\boldsymbol{L} = m[\boldsymbol{r}\boldsymbol{u}]. \tag{39.3}$$

Die Richtung des Drehimpulsvektors ist senkrecht auf der von $\boldsymbol{r}$ und $\boldsymbol{u}$ gebildeten Ebene, d.h. auf der Bahnebene.

Die Dimension des Drehimpulses [Masse]·[Länge]$^2$ [Zeit]$^{-1}$ ist die gleiche wie die der Wirkung: [Arbeit]·[Zeit]. Atomare Drehimpulse stehen daher immer in engem Zusammenhang mit dem Wirkungsquantum.

**40. Drehimpuls und Drehmoment.** An einem Massenpunkt (Körper mit der Masse $m$) greife die Kraft $\boldsymbol{K}$ an. Seine Lage zu einem festen Punkt $O$ sei durch den Radiusvektor $\boldsymbol{r}$ bestimmt. Dann gibt $[\boldsymbol{r}\boldsymbol{K}]$ das Drehmoment $\boldsymbol{D}$ in bezug auf eine Achse durch $O$ senkrecht zur Ebene durch $O$ und $\boldsymbol{K}$ an (vgl. § 30). Dann ist

$$[\boldsymbol{r}\boldsymbol{K}] = m\left[\boldsymbol{r}\frac{d\boldsymbol{u}}{dt}\right] = \frac{d}{dt} m[\boldsymbol{r}\boldsymbol{u}]. \tag{40.1}$$

Es ist nämlich

$$\frac{d}{dt}[\boldsymbol{r}\boldsymbol{u}] = \underbrace{\left[\frac{d\boldsymbol{r}}{dt}\boldsymbol{u}\right]} + \left[\boldsymbol{r}\frac{d\boldsymbol{u}}{dt}\right] = \left[\boldsymbol{r}\frac{d\boldsymbol{u}}{dt}\right],$$

weil

$$\left[\frac{d\boldsymbol{r}}{dt}\boldsymbol{u}\right] = [\boldsymbol{u}\boldsymbol{u}] = 0.$$

Aus (40.1) und (39.3) folgt also:

$$\boldsymbol{D} = \frac{d\boldsymbol{L}}{dt}. \tag{40.2}$$

Diese Beziehung ist dem Aktionsprinzip in der Newtonschen Formulierung (vgl. 15.3) völlig analog und von großer Bedeutung für die Himmelsmechanik wie für die Kreisel- und Atomtheorie.

Für eine *Zentralkraft*, für die $[\boldsymbol{r}\,\boldsymbol{K}] = 0$ ist, folgt aus (40.1) unmittelbar der Satz von der Konstanz der Flächengeschwindigkeit (s. § 19); denn $[\boldsymbol{r}\,\boldsymbol{u}]$ ist gleich der zweifachen Flächengeschwindigkeit.

Für zwei Massenpunkte, an denen außer den äußeren Kräften $\boldsymbol{K}_1$ und $\boldsymbol{K}_2$ noch innere Kräfte $\boldsymbol{K}_{12} = -\boldsymbol{K}_{21}$ angreifen (z.B. elektrische Anziehungskräfte), gilt dann für die *Summe* der Drehmomente (Abb. 64)

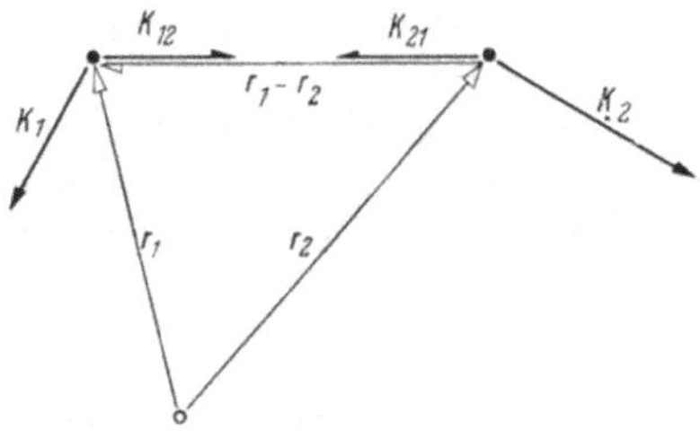

Abb. 64. Innere Kräfte geben keinen Beitrag zur Änderung des gesamten Drehimpulses eines Systems von Massenpunkten

$$[\boldsymbol{r}_1(\boldsymbol{K}_1 + \boldsymbol{K}_{12})] + [\boldsymbol{r}_2(\boldsymbol{K}_2 + \boldsymbol{K}_{21})]$$
$$= [\boldsymbol{r}_1 \boldsymbol{K}_1] + [\boldsymbol{r}_2 \boldsymbol{K}_2] + [(\boldsymbol{r}_1 - \boldsymbol{r}_2)\boldsymbol{K}_{12}]$$
$$= \frac{d}{dt}(m_1[\boldsymbol{r}_1 \boldsymbol{u}_1] + m_2[\boldsymbol{r}_2 \boldsymbol{u}_2]);$$

weil $\boldsymbol{K}_{12}$ und $\boldsymbol{r}_1 - \boldsymbol{r}_2$ den Winkel Null einschließen, ist ihr Vektorprodukt Null.

In allgemeiner Formulierung ergibt sich also der Satz:

*Die zeitliche Änderung des gesamten Drehimpulses ist gleich der Resultierenden aller Drehmomente der äußeren Kräfte.*

Bei fehlenden äußeren Drehmomenten bleibt also der Gesamtdrehimpuls konstant.

**41. Der Satz von der Erhaltung des Drehimpulses.** Der letztgenannte Satz führt unmittelbar zu einem wichtigen „Erhaltungssatz": Wenn *keine* äußeren Drehmomente eingreifen, bleibt der gesamte Drehimpuls zeitlich konstant; und zwar nach Betrag und Richtung.

Beispiele: Ein Diskus, dem beim Abwurf ein kräftiger Drehimpuls erteilt wird, behält seine Richtung im Raum bei; wegen der dadurch bewirkten Tragflächenwirkung wird die Wurfweite größer.

Abb. 65. Zum Nachweis des vektoriellen Charakters des Drehimpulses

Eine Katze, die mit $L = 0$ vom Dach fällt, macht mit dem Schwanz Drehbewegungen. Der Drehimpuls des Schwanzes wird sofort durch eine Drehung des übrigen Körpers um seine Längsachse kompensiert. Dadurch wird bewirkt, daß beim Auftreffen auf den Boden gerade die Füße unten sind und den Stoß auffangen.

Ein Tänzer, der bei einer Pirouette einen konstanten Drehimpuls $(= \theta \cdot \omega)$ hat, kann durch Anziehen der Arme sein Trägheitsmoment verkleinern und damit seine Drehgeschwindigkeit vergrößern. Ähnliches geschieht beim „Salto mortale".

Man demonstriert den Satz von der Erhaltung gern mittels eines um eine vertikale Achse drehbaren Schemels, auf dem eine Versuchsperson sitzt. Damit wird die Konstanz des Drehimpulses dieser Richtung, nämlich der Vertikalen folgendermaßen gezeigt:

Übergibt man einer auf dem Drehschemel sitzenden Person ein rotierendes Rad (Kreisel), dessen Achsenrichtung senkrecht zur Achse des Drehschemels steht, so bleibt der Schemel in Ruhe (Abb. 65). Das Aufrichten des Kreisels (Parallelstellen der Achsen) bewirkt eine Rotation des Schemels mit der Versuchsperson; Umkehr der Kreiselachse um 180° bewirkt Umkehr des Drehsinns des rotierenden Schemels. Erst durch das Aufrichten des Kreisels entsteht eine Drehimpulskomponente in Richtung der Schemelachse. Da aber das Gesamtsystem zuvor keinen Drehimpuls um diese Richtung besaß und daher auch nachher keinen besitzen kann, erhält die Versuchsperson mit dem Rade und dem Schemelsitz einen Drehimpuls von gleichem Betrag in entgegengesetzter Richtung.

Alle Elementarteilchen und die meisten Atomkerne besitzen einen Drehimpuls oder „Spin". Dieser bleibt dauernd konstant, da unter keinen Umständen an den Teilchen ein Drehmoment in Richtung des Spins angreift. Daher ist die Größe des Spins — neben Ladung und Masse — ein wesentliches Charakteristikum z. B. des Elektrons.

## M. Der Kreisel

**42. Kräftefreier Kreisel; Nutation.** Unter einem symmetrischen Kreisel versteht man einen homogenen Körper, der um eine durch seinen Schwerpunkt gehende Achse rotationssysmmetrisch ist; sie heißt *Figurenachse*. In Abb. 66 ist

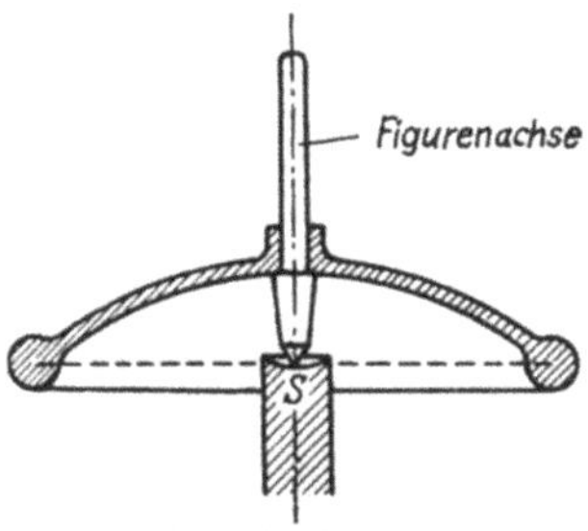


Abb. 66. Der kräftefreie Kreisel

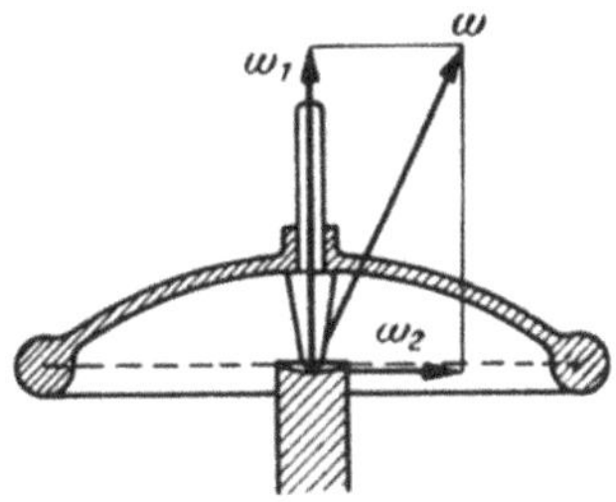


Abb. 67. Rotation eines Kreisels um eine Achse, die nicht mit seiner Figurenachse zusammenfällt

ein Kreisel dargestellt, dessen Unterstützungspunkt (Spitze $S$) in seinem Schwerpunkt liegt, so daß die Drehmomente, die die Kräfte der Schwere auf ihn ausüben, sich völlig aufheben (§ 32). Man nennt ihn (etwas ungenau) *kräftefrei*. Um ihn „aufzuziehen" muß man an ihm während einiger Zeit ein Drehmoment von außen angreifen lassen. Wenn der diesem entsprechende Vektor genau mit der Figurenachse zusammenfällt, indem man z.B. zwei parallele, entgegengesetzte Kräfte tangential an dem Ring des Kreisels der Abb. 66 angreifen läßt, so erfolgt die Drehung genau um die Figurenachse und diese behält — wegen der Konstanz des Impulsmomentes nach Betrag und Richtung — die ihr anfangs erteilte beliebige Richtung dauernd bei.

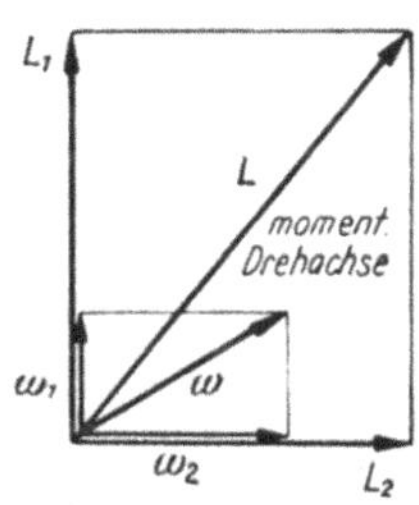


Abb. 68 Die Bestimmung des Drehimpulsvektors $L$ aus dem Momentanwert des Vektors der Winkelgeschwindigkeit und dem Trägheitsmoment um Figurenachse und eine dazu senkrechte Achse durch den Schwerpunkt

Im allgemeinen Fall wird das am anfangs ruhenden Kreisel angewandte Drehmoment und damit das von ihm erzeugte Impulsmoment in seiner Richtung nicht mit der Figurenachse übereinstimmen; entweder weil er nicht in der oben beschriebenen Weise „aufgezogen" wurde, oder weil nachträglich vorübergehend ein weiteres Drehmoment angewandt wurde, z.B. durch einen Schlag auf den Ring des Kreisels. Dann fällt der Vektor der Winkelgeschwindigkeit ($\omega$) nicht mit der Figurenachse zusammen (Abb. 67). Diese liegt dann nicht mehr im Raum fest, sondern beschriebt einen Kegelmantel, dessen Spitze im Unterstützungspunkt liegt. Die jeweilige Richtung des Vektors $\omega$ nennt man die *momentane Drehachse*.

Die Komponenten des Vektors $\omega$ in Richtung der Figurenachse und senkrecht dazu seien $\omega_1$ und $\omega_2$; die zugehörigen Trägheitsmomente (Hauptträgheitsmomente) sind $\theta_1$ und $\theta_2$ und die zugehörigen Drehimpulse $\boldsymbol{L}_1 = \theta_1 \cdot \vec{\omega}_1$ und $\boldsymbol{L}_2 = \theta_2 \cdot \vec{\omega}_2$, die sich, wie in Abb. 68 gezeichnet, zum Gesamtdrehimpuls zusammensetzen. Dieser behält seine Richtung im Raum bei. Um ihn rotieren auf Kegelmänteln die Figurenachse und die momentane Drehachse. Dem Auge sichtbar ist nur die Bewegung der Figurenachse; sie beschreibt den *Nutationskegel. Nutationsfrei* erfolgt die Bewegung nur dann, wenn Drehachse und Figurenachse zusammenfallen; denn dann fällt auch die Richtung des Drehimpulses mit der Kreiselachse zusammen.

**43. Die Präzession des Kreisels.** Von außen möge am Kreisel eine Kraft angreifen, die ein Drehmoment $\boldsymbol{D}$ in bezug auf den Unterstützungspunkt ausübt. Das ist z.B. dann der Fall, wenn der Kreisel nicht im Schwerpunkt unterstützt wird und die Kreiselachse horizontal steht (Abb. 69), weil dann die Schwerkraft (mg) in bezug auf den Auflagerpunkt ein Drehmoment ($\boldsymbol{D}$) ausübt. Unter der

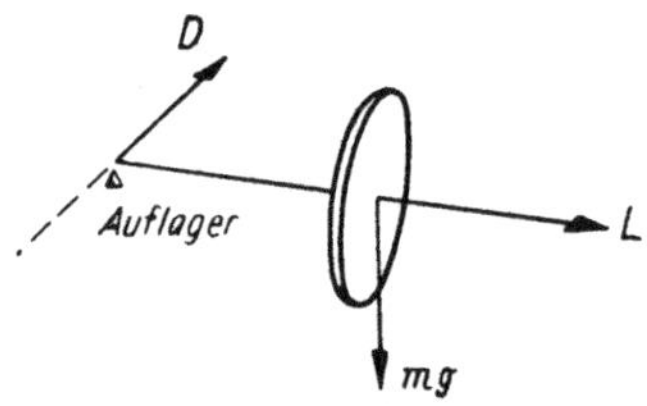


Abb. 69

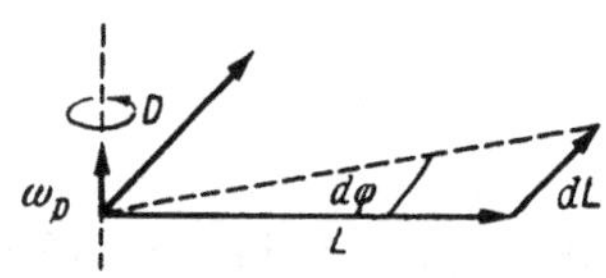


Abb. 70

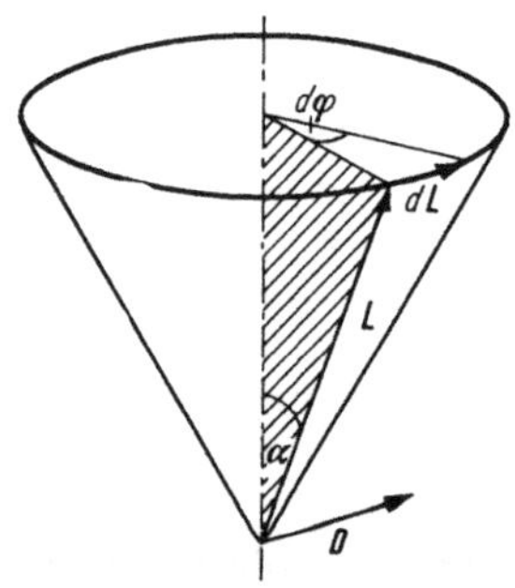


Abb. 71

Abb. 69. Präzession eines Kreisels mit horizontaler Achse, der außerhalb des Schwerpunkts unterstützt wird

Abb. 70. Zur Präzession des Kreisels mit horizontaler Achse

Abb. 71. Unabhängigkeit der Präzessionsgeschwindigkeit von der Neigung der Kreiselachse im Schwerefeld oder bei Einwirkung eines Magnetfeldes auf einen in der Kreiselachse angebrachten magnetischen Dipol

Wirkung von $\boldsymbol{D}$ ändert sich der Drehimpuls $\boldsymbol{L}$ des Kreisels in der Zeit $dt$ um $d\boldsymbol{L}$; die drei Größen sind durch (40.2) miteinander verknüpft: $\boldsymbol{D} = \frac{d\boldsymbol{L}}{dt}$. $d\boldsymbol{L}$ ist parallel zu $\boldsymbol{D}$. Nach der Zeit $dt$ hat sich also $\boldsymbol{L}$ um den Winkel $d\varphi$ in die neue Lage $\boldsymbol{L}'$ gedreht. Dann wird (vgl. Abb. 70):

$$|d\boldsymbol{L}| = |\boldsymbol{L}| \cdot d\varphi, \quad \text{also} \quad |\boldsymbol{D}| = \frac{|d\boldsymbol{L}|}{dt} = |\boldsymbol{L}| \cdot \frac{d\varphi}{dt}.$$

Im allgemeinen wird die Kreiselachse nicht horizontal, d.h. senkrecht zur Schwerkraft [oder ein atomarer Kreisel mit seinem magnetischen Moment (vgl. II § 1) nicht senkrecht zum wirkenden Magnetfeld] gerichtet sein, sondern mit ihr einen Winkel $\alpha \neq 90°$ bilden (Abb. 71). Dann wird:

$$|d\boldsymbol{L}| = |\boldsymbol{L}| \sin\alpha \cdot d\varphi, \quad \text{also} \quad |\boldsymbol{D}| = \frac{|d\boldsymbol{L}|}{dt} = |\boldsymbol{L}| \sin\alpha \cdot \frac{d\varphi}{dt} = |\boldsymbol{L}| \sin\alpha \cdot \omega_P. \qquad (43.1)$$

$\omega_P$ ist die Winkelgeschwindigkeit, mit der sich $\boldsymbol{L}$ – einen Kegel beschreibend – um die Richtung der das Drehmoment erzeugenden Kraft dreht.

Diese Drehung heißt *Präzession*. Der Kreisel kippt also nicht unter der Wirkung von $\boldsymbol{D}$, sondern weicht der Kraft, die das Drehmoment erzeugt, senkrecht aus. Die Präzession erfolgt mit der Winkelgeschwindigkeit $\omega_P$. Da $\boldsymbol{L}$ gleich dem Produkt aus dem Trägheitsmoment $\theta$ des Kreisels um seine Figurenachse und seiner Winkelgeschwindigkeit $\omega$ ist, ergibt sich aus (43.1):

$$\omega_P = \frac{|\boldsymbol{D}|}{|\boldsymbol{L}| \cdot \sin\alpha} = \frac{|\boldsymbol{D}|}{\theta \cdot \omega \cdot \sin\alpha}\,. \tag{43.2}$$

Die Präzessionsgeschwindigkeit ist also um so größer, je größer das angreifende Drehmoment, und um so kleiner, je größer $\theta$, $\alpha$ und $\omega$ sind.

Bei der Ableitung von (43.1) ist vorausgesetzt, daß das von äußeren Kräften ausgeübte Drehmoment $\boldsymbol{D}$ unabhängig sei von der Richtung der Kreiselachse. Das ist aber, wenn das Drehmoment von den Kräften der Schwere herrührt, nicht der Fall. Vielmehr gilt dann $\boldsymbol{D} = \boldsymbol{D}_\perp \cdot \sin\alpha$, wobei $\boldsymbol{D}_\perp = \boldsymbol{D}(\alpha = 90°)$ gleich dem Produkt aus $mg$ (vgl. Abb. 69) und dem Abstand des Schwerpunkts vom Auflager ist. Beim „nicht kräftefreien" Kreisel im Schwerefeld — und ebenso beim magnetischen Kreisel im Magnetfeld (vgl. XII § 3) — wird daher die Präzessionsfrequenz unabhängig von der Orientierung des Kreisels:

$$\omega_P = \frac{|\boldsymbol{D}_\perp|}{\theta \cdot \omega}\,. \tag{43.3}$$

## N. Reibung zwischen festen Körpern

**44. Reibung der Ruhe.** Um einen Körper, der auf einer ebenen Unterlage liegt, zu verschieben, muß die an ihm angreifende Zugkraft $Z$ einen Schwellenwert überschreiten.

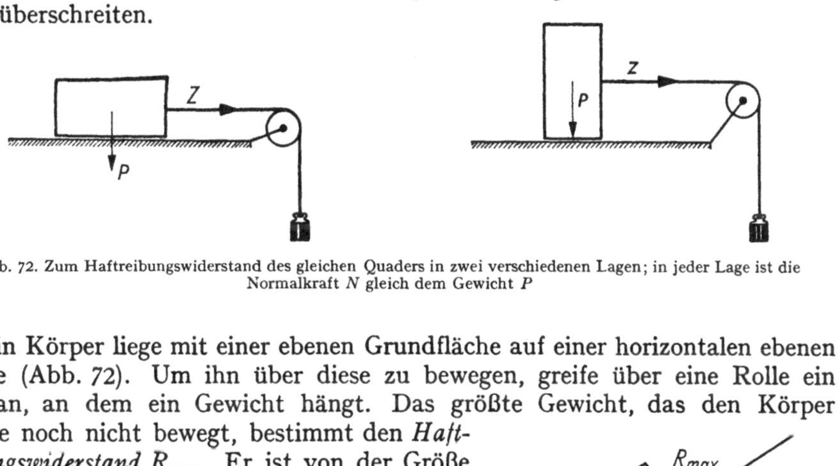


Abb. 72. Zum Haftreibungswiderstand des gleichen Quaders in zwei verschiedenen Lagen; in jeder Lage ist die Normalkraft $N$ gleich dem Gewicht $P$

Ein Körper liege mit einer ebenen Grundfläche auf einer horizontalen ebenen Platte (Abb. 72). Um ihn über diese zu bewegen, greife über eine Rolle ein Seil an, an dem ein Gewicht hängt. Das größte Gewicht, das den Körper gerade noch nicht bewegt, bestimmt den *Haftreibungswiderstand* $R_{max}$. Er ist von der Größe der Berührungsfläche unabhängig, wächst aber proportional zur Normalkraft $N$, mit der die beiden Berührungsflächen gegeneinander gedrückt werden, und ist der möglichen Bewegung entgegen gerichtet:

$$R_{max} = f_0 \cdot N\,. \tag{44.1}$$

$f_0$ heißt *Haftreibungskoeffizient* oder Reibungskoeffizient der Ruhe. $f_0$ ist eine Material-

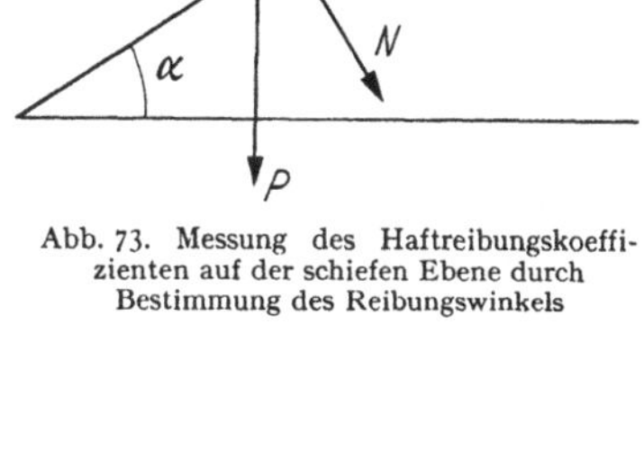


Abb. 73. Messung des Haftreibungskoeffizienten auf der schiefen Ebene durch Bestimmung des Reibungswinkels

konstante, die von der Art und Oberflächenbeschaffenheit beider sich berührenden Materialien abhängt. Zur Bestimmung von $f_0$ werde der Körper auf eine schiefe Ebene (Abb. 73) gelegt und der Neigungswinkel der schiefen Ebene vergrößert, bis bei dem Winkel $\alpha$ der Körper ins Gleiten gerät. Der Betrag der Kraft $R_{max}$ ist dann gleich der Komponente der am Körper angreifenden Schwerkraft in Richtung der schiefen Ebene; die Normalkraft ist die Komponente senkrecht zur schiefen Ebene.

$$R_{max} = P \cdot \sin\alpha$$
$$N = P \cdot \cos\alpha$$
$$f_0 = \frac{R_{max}}{N} = \operatorname{tg}\alpha .$$

$\alpha$ heißt *Reibungswinkel.* Nach Eintreten der Bewegung erfolgt sie beschleunigt.

**45. Reibung der Bewegung oder gleitende Reibung.** Um den Körper mit gleichförmiger Geschwindigkeit über die horizontale Ebene zu bewegen, muß eine konstante Kraft $R$ wirken, die der Reibungskraft $R$ gleich und entgegengesetzt gerichtet ist. $R$ ist im wesentlichen von der Geschwindigkeit unabhängig.

$$R = f N. \tag{45.1}$$

$f$ heißt *Koeffizient der gleitenden Reibung* oder Reibungskoeffizient der Bewegung. Auch er hängt vom Material und der Beschaffenheit der Oberfläche ab; er ist immer kleiner als der Haftreibungskoeffizient $f_0$. $N$ ist wie in (44.1) gleich dem Gewicht. Wenn die Gleitbahn gekrümmt ist, ist $N$ noch durch die Zentrifugalkraft zu ergänzen. Daraus, daß nach Überschreitung des Reibungswinkels $\alpha$ die Bewegung stets beschleunigt erfolgt, geht hervor, daß $f < f_0$ und ebenso $R < R_{max}$ ist.

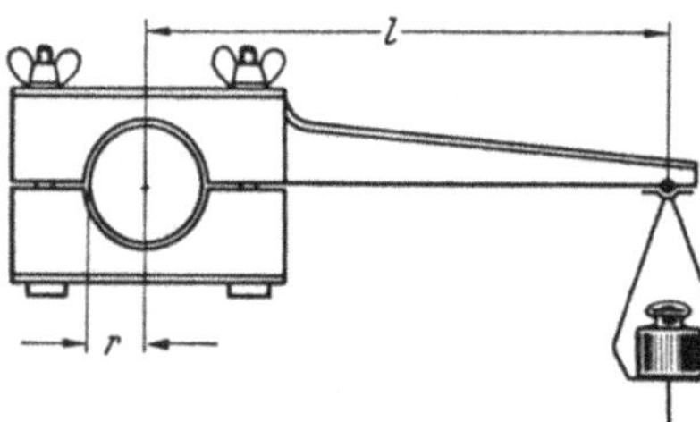

Abb. 74. Pronyscher Zaum

**Leistungsmessung mittels gleitender Reibung.** Die Arbeit gegen Reibungskräfte kann zur Messung der Leistung eines Motors verwendet werden (Pronyscher Zaum). Die Kraft der gleitenden Reibung $R$ zwischen der Welle des Motors und zwei Holzbacken, die durch Schrauben zusammengedrückt werden können, läßt sich durch den Schraubendruck (Normalkraft) in weiten Grenzen ändern (Abb. 74). Das durch sie bewirkte Drehmoment $R \cdot r$ ($r$ ist der Radius der Welle) kann durch das Drehmoment kompensiert werden, welches das Gewicht $P$ am Hebelarm $l$ ausübt:

$$R \cdot r = P \cdot l; \quad R = P \frac{l}{r}.$$

Die Arbeit des Motors gegen die Reibungskraft ist die Länge des Gleitweges $2 r \pi \nu \cdot t$ mal $R$ ($\nu$ ist das Verhältnis der Zahl der Umdrehungen zur Zeit)

$$A = 2\pi r \nu t \cdot R.$$

Die Leistung $N$ (vgl. § 16) ist

$$N = \frac{A}{t} = 2\pi r \cdot \nu \cdot R = 2\pi r \cdot \nu \cdot P \cdot \frac{l}{r}.$$
$$N = 2\pi\nu P \cdot l.$$

## O. Mechanik der ruhenden Flüssigkeiten und Gase (Hydro- und Aerostatik)

**46. Der feste, flüssige und gasförmige Zustand.** *Feste Körper* haben ein bestimmtes *Volumen* (Rauminhalt bzw. Raumerfüllung) und eine bestimmte *Gestalt,* die unter der Einwirkung von Kräften veränderlich sind. Diese Veränderung von Volumen und Gestalt ist unter der Einwirkung nicht zu großer Kräfte reversibel: Die festen Körper besitzen *Formelastizität.*

*Flüssigkeiten* besitzen ein bestimmtes Volumen, aber keine Gestalt. In einem Gefäß erfüllen sie den Inhalt, der gleich ihrem eigenen Volumen ist. Bei Entlastung nach einer Kompression nehmen sie wieder das Anfangsvolumen ein; sie besitzen *Volumenelastizität*.

*Gase* erfüllen jeden ihnen zur Verfügung stehenden Raum, haben also weder Eigenvolumen noch Gestalt. Sie sind kompressibler als feste und flüssige Körper.

Alle Materie ist aus *Molekülen* bzw. *Atomen* aufgebaut. In erster grober Annäherung stellen wir uns diese als undurchdringliche Kugeln vor. Im festen Körper sind sie an Gleichgewichtslagen gebunden, die sich im allgemeinen in geometrisch periodischer Folge wiederholen. In seltenen Fällen können die atomaren Bausteine ungeordnet sein (*amorpher* Aufbau). Sie wirken aufeinander mit Kräften geringer Reichweite (über wenige Atom- bzw. Molekülabstände). Die Entfernung aus den Gleichgewichtslagen erfordert endliche Kräfte. Um die Gleichgewichtslage vollführen die Atome bzw. Moleküle ungeordnete Schwingungen (*Temperaturbewegung*) (vgl. hierzu II § 10).

Die Moleküle einer Flüssigkeit sind nicht an Gleichgewichtslagen gebunden, sondern gegeneinander verschiebbar. Wenn an einem Molekül im Innern einer Flüssigkeit eine Kraft angreift, so bewegt es sich wegen der Reibung mit einer Geschwindigkeit, welche der Größe der Kraft proportional ist. Die Dichte bzw. Zahl der Atome oder Moleküle pro Volumeneinheit ist bei Flüssigkeiten von gleicher Größenordnung wie bei den festen Körpern. Auch zwischen den Molekülen einer Flüssigkeit wirken Molekularkräfte, die den Zusammenhalt bedingen. Ihre Moleküle zeigen nur noch geringe Reste des bei festen Körpern vorhandenen Ordnungszustandes.

In Gasen bewegen sich die Moleküle völlig ungeordnet. Bei nicht zu großer Dichte können die Kräfte, die sie aufeinander ausüben, vernachlässigt werden; ausgenommen natürlich im Moment eines Zusammenstoßes.

Die Dichte der Gase ist bei normalen Drucken und Temperaturen von der Größenordnung $^1/_{1000}$ der Dichte der Flüssigkeiten.

**47. Die Gestalt der Flüssigkeitsoberfläche.** Greifen äußere Kräfte an den Molekülen einer Flüssigkeit an, so können diese sich dank ihrer Verschiebbarkeit (vgl. § 46) bewegen; allerdings nur an der Oberfläche und in deren Richtung, während im Innern stets andere Moleküle verdrängt und entgegen den wirkenden Kräften verlagert werden müßten. Daher kann eine stabile, unbewegliche Oberfläche nur dann existieren, wenn die Kraft senkrecht zu ihr wirkt.

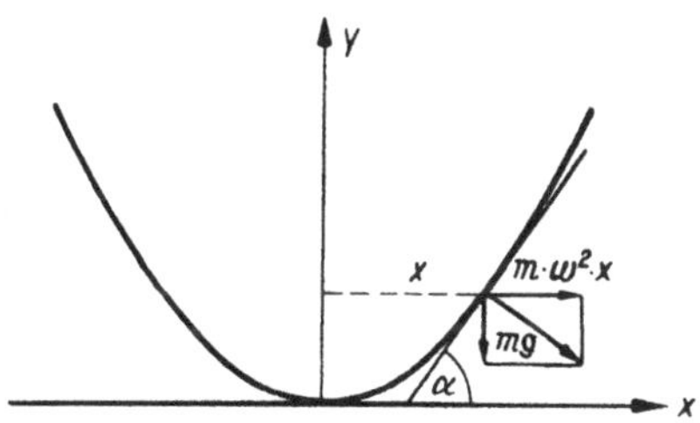

Abb. 75. Rotationsparaboloid als Oberfläche einer rotierenden Flüssigkeit

Allgemeiner: *Die Oberfläche einer Flüssigkeit steht immer senkrecht zu der an den Molekülen angreifenden Kraft.*

Daraus folgt, daß die Oberfläche einer rotierenden Flüssigkeit ein Rotationsparaboloid ist, dessen Achse mit der Drehachse zusammenfällt.

Denn nach Abb. 75 ist:

$$\operatorname{tg}\alpha = \frac{m \cdot \omega^2 \cdot x}{m g} = \frac{\omega^2 \cdot x}{g} = \frac{dy}{dx}$$

$$y = \frac{\omega^2}{g} \int x \cdot dx = \frac{1}{2} \frac{\omega^2}{g} \cdot x^2 + C;$$

für $x = 0$ sei $y = 0$, also $C = 0$:

$$y = \frac{1}{2} \frac{\omega^2}{g} \cdot x^2; \quad x^2 = 2 \frac{g}{\omega^2} \cdot y.$$

Der Halbparameter des Rotationsparaboloids ist umgekehrt proportional $\omega^2$.

**48. Der Begriff des Druckes.** Greift an einer Fläche $F$ senkrecht zu ihr und nach innen gerichtet eine flächenhaft verteilte Kraft $K$ an, so nennen wir das Verhältnis von Kraft zu Fläche den *Druck*:

$$\text{Druck } p = \frac{\text{Kraft } K}{\text{Fläche } F}. \tag{48.1}$$

Einheiten: $1\,\text{dyn/cm}^2$ ($\equiv 0{,}1\,\text{N/m}^2$) $= 1\,\mu\text{bar} = 10^{-6}\,\text{bar}$ oder
$1\,\text{kp/cm}^2 = 1\,\text{at}$ (techn. Atmosphäre) $= 0{,}981$ bar.

Wirkt die Kraft in Richtung der Flächennormale, so heißt $\frac{K}{F}$ *Zug*.

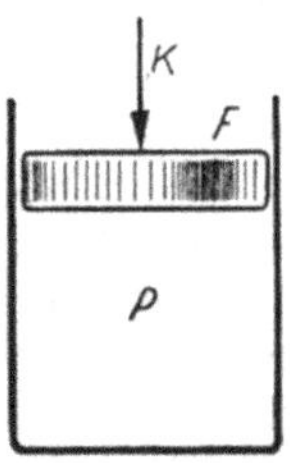

Abb. 76. Der Kolbendruck

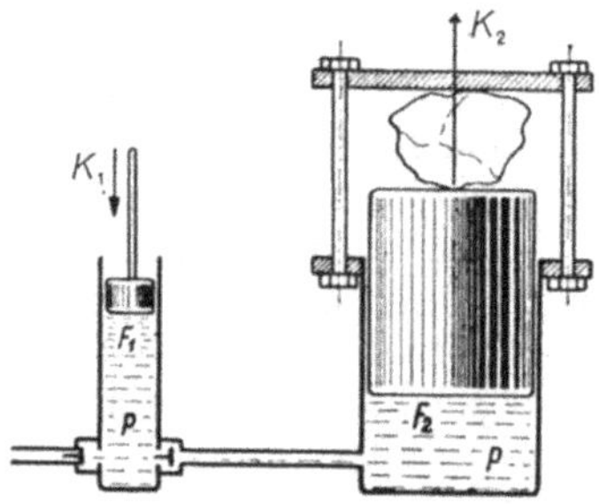

Abb. 77. Die hydraulische Presse

Beispiel: Eine Nadelspitze, deren Berührungsfläche mit der Unterlage etwa $(10^{-2})^2\,\text{cm}^2 = 10^{-4}\,\text{cm}^2$ betragen möge und an der die Kraft von 1 kp angreift, übt auf die Unterlage den Druck $p = \frac{1}{10^{-4}} \frac{\text{kp}}{\text{cm}^2} = 10^4$ at aus.

Apparate zur Druckmessung heißen *Manometer*.

**a) Kolbendruck und hydraulische Presse.** In einem Zylinder, der durch einen Kolben mit der Fläche $F$ abgeschlossen ist, befinde sich eine Flüssigkeit (oder Gas, Abb. 76). Auf den Kolben wirke die Kraft $K$. Dadurch wird die Flüssigkeit in einen homogenen Spannungszustand versetzt; den man daran erkennt, daß auf jedes Flächenelement $dF$ im Innern oder an der Oberfläche senkrecht zu $dF$ die Kraft $dK = p \cdot dF$ ausgeübt wird, wo $p = \frac{K}{F}$ ist. Der Druck ist kein Vektor. Soweit man von der Abhängigkeit des Druckes vom Gewicht der Flüssigkeit absehen kann, gilt der *Satz von der allseitigen Gleichheit des Druckes: An jeder Stelle der Wand und im Innern der Flüssigkeit ist der Druck der gleiche.* Der Druck im Innern wird als äußerer Druck gemessen, indem man ihn auf eine ins Innere gebrachte Wand, z. B. die Membran eines Manometers, wirken läßt. Bei ruhenden Flüssigkeiten ist die Kraft *senkrecht* zur Wand gerichtet.

Hierauf beruht die *Wirkungsweise der hydraulischen Presse* (Abb. 77): Zwei Zylinder mit sehr verschiedenem Querschnitt $F_1$ und $F_2$, die durch ein enges Rohr miteinander verbunden und mit Wasser oder Öl gefüllt sind, werden durch verschiebbare Kolben abgeschlossen. Der Kolben des weiteren Zylinders trägt eine Platte; zwischen diese und ein festes Widerlager wird der Gegenstand gelegt, der mit der Kraft $K_2$ gepreßt werden soll. An dem Kolben des engen Zylinders greift die Kraft $K_1$ an. Dann ist

$$p = \frac{K_1}{F_1}; \quad K_2 = p \cdot F_2 = K_1 \cdot \frac{F_2}{F_1}$$

Die an den beiden Kolben angreifenden Kräfte $K_1$ und $K_2$ verhalten sich wie die Kolbenquerschnitte.

**b) Piezometer zur Messung der Kompressibilität.** Eine Drucksteigerung $\Delta p$ bewirkt eine Volumenabnahme $-\Delta V$ der Flüssigkeit; sie ist proportional zu $\Delta p$ und $V$: $-\Delta V = \varkappa \cdot V \cdot \Delta p$. Die *Kompressibilität* (vgl. 69.4)

$$\varkappa = -\frac{1}{V}\frac{\Delta V}{\Delta p} \tag{48.2}$$

hat also die Dimension eines reziproken Druckes. Da eine Volumenänderung unter Druckeinwirkung eine Temperaturänderung zur Folge hat, muß bei der Messung der „isothermen Kompressibilität" die Temperatur durch Wärmeableitung konstant gehalten werden. $\varkappa$ wird mit dem *Piezometer* gemessen. Die Flüssigkeit ist im Gefäß $G$ (Abb. 78) enthalten und erfüllt einen Teil der angesetzten Kapillare. Das Volumen $V$ von $G$ und der Querschnitt $Q$ der Kapillare sind bekannt. $G$ befindet sich im Druckgefäß $D$, welches mit Wasser oder Luft gefüllt ist, und in welchem der Druck in meßbarer Weise verändert werden kann. Bei einer Drucksteigerung $\Delta p$ im Druckgefäß, die nach dem Satz von der allseitigen Gleichheit des Druckes gleich der Drucksteigerung im Innern des Piezometers ist, verschiebt sich infolge der Volumenabnahme der Flüssigkeit in $G$ der Flüssigkeitsfaden in der Kapillare um $\Delta h$. Es ist dann $\Delta V = q \cdot \Delta h$.

Die Volumenänderung ist bei Festkörpern und Flüssigkeiten so geringfügig, daß sie bei vielen Versuchen vernachlässigt werden kann.

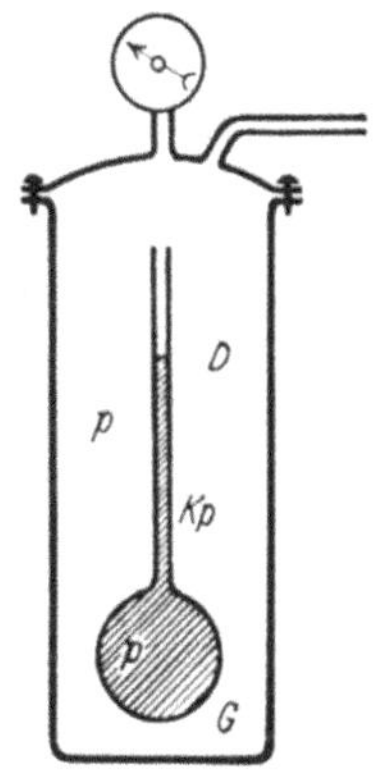

Abb. 78. Piezometer

**49. Der Schweredruck.** Das auf dem Boden eines zylindrischen Gefäßes mit senkrechten Wänden lastende Gewicht der Flüssigkeit mit dem spezifischen Gewicht $s$ ist, wenn die Flüssigkeitshöhe $H$ beträgt

$$P = s \cdot F \cdot H,$$

der Druck am Boden

$$p = \frac{P}{F} = s \cdot H. \tag{49.1}$$

Demnach erzeugt eine Wassersäule $\left(s = 1\ \frac{\mathrm{p}}{\mathrm{cm}^3}\right)$ von 10 m Höhe einen Druck von 1 kp/cm² = 1 at.

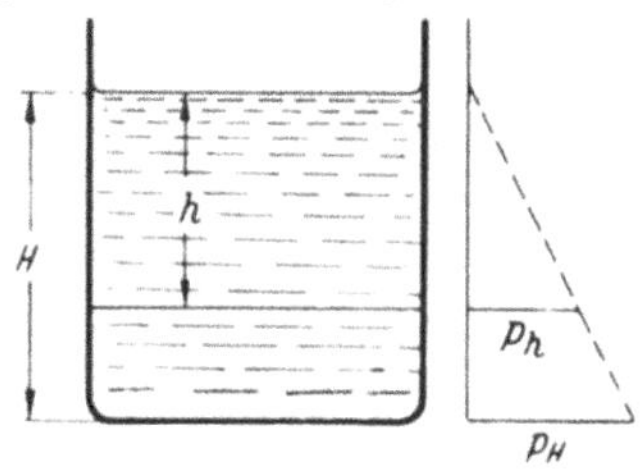

Abb. 79. Der Schweredruck in einer Flüssigkeit

Für den *Schweredruck* in beliebiger Tiefe $h$ unter der Flüssigkeitsoberfläche (Abb. 79) gilt also:

$$p = s \cdot h$$

oder mit der Dichte $\varrho$

$$p = \varrho g h. \tag{49.2}$$

**a) Das hydrostatische Paradoxon.** Der Schweredruck ist von der Gestalt des Gefäßes unabhängig. Daher sind die auf den Boden der in den Abb. 80a, b und c dargestellten Gefäße ausgeübten Kräfte $K_1$ gleich, wenn Bodengröße und Flüssigkeitshöhe übereinstimmen (*hydrostatisches Paradoxon*). Dagegen sind die auf die Seitenwände ausgeübten Kräfte $K_2$ und $K_3$ in a, b und c verschieden.

**b) Kommunizierende Röhren.** Die Höhe der Flüssigkeit in den beiden Schenkeln eines U-förmig gebogenen Rohres (Abb. 81) findet man wie folgt: Man denke sich an die tiefste Stelle des Bogens eine zur Rohrachse senkrechte Fläche $F$ gestellt. Die auf sie übertragenen Kräfte sind $K_1 = p_1 \cdot F = s_1 \cdot h_1\, F \cdot$ und $K_2 = p_2 \cdot F = s_2 \cdot h_2 \cdot F$, wo $h_1$ und $h_2$ die Höhen der Flüssigkeitssäule in beiden Sc keln sind. Im Gleichgewicht muß $K_1 = K_2$ sein:

$$s_1 \cdot h_1 \cdot F = s_2 \cdot h_2 \cdot F$$

oder

$$s_1 \cdot h_1 = s_2 \cdot h_2. \tag{49.3}$$

Sind die spezifischen Gewichte gleich, dann müssen auch die Höhen gleich sein. Eine Flüssigkeit steht also in beiden Schenkeln eines U-Rohres gleich hoch. Befinden sich im U-Rohr zwei Flüssigkeiten mit verschiedener Dichte, die sich nicht vermischen, so tritt die dichtere Flüssigkeit in beide Schenkel. Mißt man nun $h_1$ und $h_2$, so wie in Abb. 82 dargestellt, so gilt wieder (49.3). Für Wasser und Quecksilber erhält man

$$\frac{h_1}{h_2} = \frac{h_{\text{Wasser}}}{h_{\text{Quecksilber}}} = \frac{13{,}6}{1}\,.$$

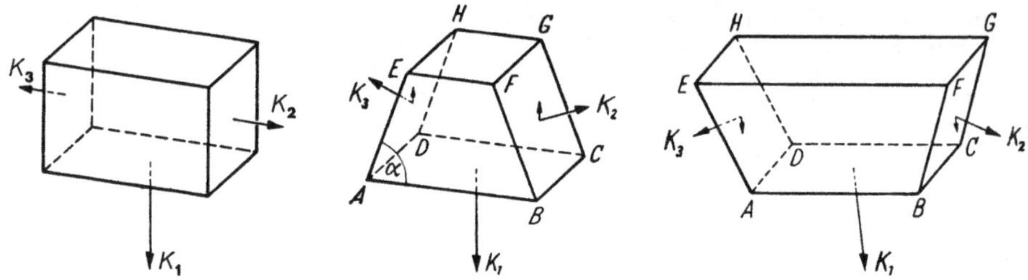


Abb. 80a—c. Zum hydrostatischen Paradoxon

Hieraus ergibt sich eine Meßmethode für das spezifische Gewicht oder — wegen der Proportionalität von $s$ und $\varrho$ — die Dichte von Flüssigkeiten, wenn die Dichte der einen bekannt ist.

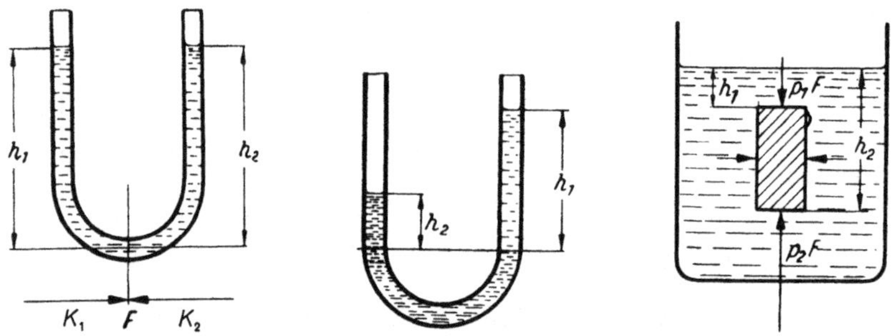


Abb. 81 Abb. 82 Abb. 83

Abb. 81. Homogene Flüssigkeit in kommunizierenden Röhren

Abb. 82. Höhen von nicht mischbaren Flüssigkeiten mit verschiedener Dichte in kommunizierenden Röhren

Abb. 83. Das Zustandekommen des Auftriebs

**c) Auftrieb.** Taucht ein Körper bis zur Tiefe $h$ in eine Flüssigkeit, so wirkt auf seine Grundfläche senkrecht nach oben der Druck $p = s \cdot h$.

Ein zylindrischer Körper (Abb. 83), der ganz in die Flüssigkeit eintaucht, erfährt in ihr insgesamt eine nach oben gerichtete Kraft vom Betrage

$$K = p_2 \cdot F - p_1 \cdot F = (p_2 - p_1) \cdot F = s \cdot (h_2 - h_1) \cdot F = V \cdot s\,.$$

$V$ ist das Volumen des Körpers und daher auch das Volumen der verdrängten Flüssigkeit. Die auf die Seitenflächen ausgeübten Kräfte heben sich auf. $V \cdot s$ ist das *Gewicht der verdrängten Flüssigkeit.* Die entgegengerichtete, gleichgroße Kraft heißt der *Auftrieb* des Körpers in der Flüssigkeit. Durch den Auftrieb erleidet der Körper also einen (scheinbaren) Gewichtsverlust, der gleich dem Gewicht der verdrängten Flüssigkeit ist *(Archimedisches Prinzip).* Auch bei beliebiger Gestalt des Körpers ist der Auftrieb gleich dem Gewicht der verdrängten Flüssigkeit.

Mit der *hydrostatischen Waage* wird der Gewichtsverlust eines Körpers in Wasser und damit sein Volumen $V = \frac{A}{s_w}$ bestimmt. $\frac{\text{Gewicht des Körpers}}{\text{Auftrieb}} = \frac{V \cdot s_k}{V \cdot s_w} = \frac{s_k}{s_w}$ gibt also das Verhältnis des spezifischen Gewichtes $s_k$ des Körpers zu dem des Wassers $s_w$.

Man kann also die an der Oberfläche des Körpers angreifenden Kräfte durch eine Einzelkraft ersetzen, die am Schwerpunkt des „Flüssigkeitskörpers" angreift, der die gleiche Lage und Gestalt hat wie der eingetauchte Körper, man sagt: am „Schwerpunkt der verdrängten Flüssigkeit". Zum Beweis denke man sich einen festen Körper mit homogener Dichte, die gleich der Dichte der Flüssigkeit ist, von gleicher Gestalt; er befindet sich in jeder Lage innerhalb der Flüssigkeit im Gleichgewicht. Die Schwerkraft greift an seinem Schwerpunkt an, daher muß wegen des Fehlens von resultierenden Kräften und Drehmomenten der Auftrieb auch im Schwerpunkt angreifen.

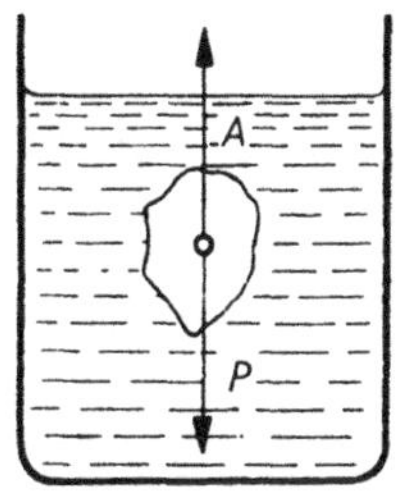

Abb. 84. Bedingung für das Schweben eines Körpers in einer Flüssigkeit

**d) Schwimmen.** Ist der Auftrieb $A$ eines ganz in die Flüssigkeit getauchten Körpers größer als sein Gewicht $P$, so schwimmt er. Er sinkt nur soweit in die Flüssigkeit, bis das Gewicht der von ihm verdrängten Flüssigkeit gleich seinem Gewicht ist. Ist sein Gewicht gleich dem Gewicht der Flüssigkeit, die er bei vollständigem Eintauchen verdrängt, so schwebt er (Abb. 84).

*Stabilitätsbedingung des Schwimmens.* Der Angriffspunkt der Schwerkraft am schwimmenden Körper ist sein Schwerpunkt $S$, der Angriffspunkt des Auftriebes ist der Schwerpunkt $S_F$ der verdrängten Flüssigkeit. In der Gleichgewichtslage liegt $S_F$ senkrecht unter $S$. Die Verbindung beider Punkte liegt in der Richtung der Kräfte, also ist das Drehmoment des Kräftepaares gleich Null. Bei Störung des Gleich-

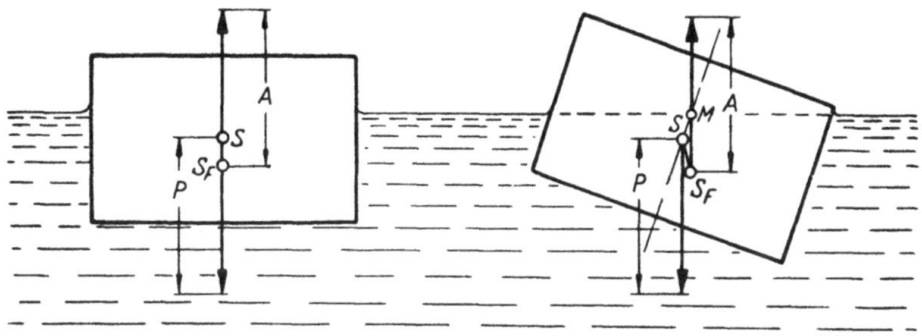

Abb. 85. Stabilität eines schwimmenden Körpers. Das Metazentrum $M$ liegt oberhalb des Schwerpunktes $S$

gewichtes entsteht ein Kräftepaar mit einem Drehmoment $= \boldsymbol{D}[\boldsymbol{r}\boldsymbol{A}]$, das den Körper wieder in die Gleichgewichtslage zurückdreht oder weiter aus ihr entfernt, je nachdem der Vektor $\boldsymbol{A}$ die Mittelebene des Körpers oberhalb oder unterhalb von $S$ schneidet (Abb. 85). Dieser Schnittpunkt heißt *Metazentrum* $M$. Die Schwimmlage ist nur stabil, wenn $M$ oberhalb von $S$ liegt.

**50. Zusammenhang zwischen Druck und Volumen bei Gasen (Boyle-Mariotte).** Eine Volumenänderung des Gefäßes hat also eine Druckänderung des eingeschlossenen Gases zur Folge. Der Zusammenhang zwischen Druck und Volumen $V$ des Gases wird durch das Boyle-Mariottesche Gesetz gegeben. Bei konstanter Temperatur findet man über einen weiten Temperatur- und Druckbereich bei vielen Gasen (z.B. Helium, Wasserstoff, Stickstoff; weniger bei Kohlendioxyd) das Volumen eines Gases dem Druck umgekehrt proportional und daher

$$p \cdot V = \text{const.} \tag{50.1}$$

Ein Gas, das diesem Gesetz genügt, bezeichnet man als *ideales Gas.* Der Wert der Konstante hängt von der Masse, der Temperatur und der Art des Gases ab.

$$V = \frac{\text{const}}{p}; \qquad \frac{dV}{dp} = -\frac{\text{const}}{p^2} = -\frac{V}{p}.$$

Also ist die isotherme Kompressibilität des Gases

$$\varkappa = -\frac{1}{V}\frac{dV}{dp} = \frac{V}{Vp} = \frac{1}{p}, \tag{50.2}$$

sie hängt nur vom Druck ab und ist für alle (idealen) Gase gleichen Druckes gleich.

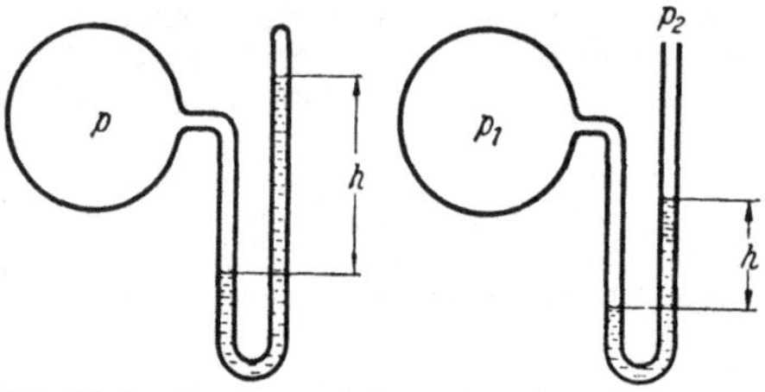

Abb. 86. Geschlossenes und offenes Flüssigkeitsmanometer

Zur Druckmessung verwendet man bei Gasen vorzugsweise *Flüssigkeitsmanometer*, das sind U-förmig gebogene Röhren, die mit Quecksilber (oder Wasser, Petroleum usw.) gefüllt sind (Abb. 86). Der eine Schenkel ist an das Gasgefäß angeschlossen. Ist der andere Schenkel offen, so mißt die Länge $h$ der Quecksilbersäule den Druckunterschied $\Delta p = p_1 - p_2$ des Gasdruckes im Innern des Gefäßes gegen den Gasdruck im Außenraum (fast immer gegen den atmosphärischen Druck). Statt $\Delta p$ in dyn/cm² oder in at umzurechnen, gibt man $\Delta p$ im allgemeinen in Millimetern der Quecksilbersäule $h$ an: $\Delta p = h$ mmHg 760 mm Hg bezeichnet man als 1 atm (physik. Atmosphäre; 1 mm Hg heißt 1 *Torr*).

Außerdem sind folgende Einheiten im Gebrauch:

$$1 \text{ bar} = 10^3 \text{ Millibar (mb)} = 10^5 \text{ N/m}^2 = 0{,}9869 \text{ atm}$$
$$1 \text{ technische Atmosphäre (at)} = 1 \text{ kp/cm}^2 = 0{,}9678 \text{ atm.}$$

Beim geschlossenen Manometer (Abb. 86 links) ist im allgemeinen der Druck über der Hg-Säule im geschlossenen Schenkel gleich 0; dann gibt die Höhe $h$ (in mm) direkt den Druck $p$ (in Torr) an.

**51. Die Dichte der Gase.** Sie ist $\varrho = \frac{M}{V}$. Die Masse $M$ ermittelt man durch Wägung eines Gefäßes (Volumen $V$) mit und ohne das Gas. Für Luft bei $p = 760$ Torr und $t = 0°$ C findet man $\varrho = 0{,}001\,29$ g/cm³.

Aus $p \cdot V = \text{const}$ folgt

$$\frac{p}{\frac{M}{V}} = \frac{\text{const}}{M} = \text{konst.} \qquad \text{oder} \qquad \frac{p}{\varrho} = \text{konst.} \tag{51.1}$$

*Druck und Dichte eines idealen Gases sind bei konstanter Temperatur einander proportional.*

**52. Der Atmosphärendruck.** Wie in Flüssigkeiten so herrscht auch in Gasen, z. B. der Erdatmosphäre, infolge ihres Gewichtes ein Schweredruck. Geräte, die den Druck in der Erdatmosphäre messen, heißen *Barometer* (Quecksilberbarometer, Aneroidbarometer). Der Druck auf Meeresniveau beträgt im Mittel 760 Torr = 1 atm.

Die von der Atmosphäre ausgeübten Kräfte demonstrierte Otto v. Guericke sehr drastisch durch den Versuch mit den „Magdeburger Halbkugeln": Zwei mit Flanschen versehene, durch einen Lederring abgedichtete hohle Halbkugeln aus Kupfer, deren Durchmesser 42 cm betrug, wurden mit der von ihm erfundenen Luftpumpe luftleer gepumpt. Dann wirkt der Luftdruck nur noch von außen und preßt die Halbkugeln mit einer Kraft von rund 1400 kp zusammen. Guericke ließ vor jede Halbkugel 8 Pferde spannen, um sie voneinander zu trennen!

*Die Barometerformel.* Für geringe Höhenunterschiede ist die Druckabnahme der Höhenzunahme proportional. In der Nähe der Erdoberfläche sinkt der Barometerstand bei einer Erhebung um 10,5 m um 1 Torr. Hätte die Luft überall die gleiche Dichte, so würde die Atmosphäre in einer Höhe von $10{,}5 \cdot 760 \approx 8000$ m eine scharfe Grenze aufweisen. In Wirklichkeit nimmt die Dichte aber mit steigender Höhe ab, so daß Schichten gleicher Dicke in großer Höhe einen geringeren Druck auf ihre untere Grenzfläche ausüben als am Boden (im Gegensatz zu den fast inkompressiblen Flüssigkeiten; vgl. § 49). Daher nimmt der Druck in großen Höhen viel schwächer als proportional zur Höhe ab.

Unter der — in der Natur allerdings nie realisierten — Voraussetzung konstanter Temperatur berechnet man die Höhenabhängigkeit des Druckes wie folgt:

$h$ sei die Höhe über dem Erdboden (Abb. 87). Beim Anstieg um $dh$ nimmt $p$ um $dp = -\varrho \cdot g \cdot dh$ zu. $\varrho$ läßt sich nach (51.1) durch die Dichte am Boden und den Druck darstellen:

$$\varrho = \varrho_0 \cdot \frac{p}{p_0}.$$

Damit wird

$$dp = -\frac{\varrho_0}{p_0} \cdot p \cdot g \cdot dh, \qquad \int \frac{dp}{p} = \ln p = -\frac{\varrho_0}{p_0} \cdot g \cdot h + \text{const}.$$

Der Wert der Konstanten folgt aus der Bedingung, daß $p = p_0$ für $h = 0$ ist, also $\ln p_0 = \text{const}$. Daher wird

$$\ln p = -\frac{\varrho_0}{p_0} \cdot g \cdot h + \ln p_0$$

oder

$$\ln \frac{p}{p_0} = -\frac{\varrho_0}{p_0} \cdot g \cdot h.$$

Durch Umkehr folgt:

$$p = p_0 \cdot e^{-\frac{\varrho_0}{p_0} \cdot g \cdot h} = p_0 \cdot e^{-\frac{\varrho_0}{p_0} \frac{V_0}{V_0} g \cdot h} = p_0 e^{-\frac{M g h}{p_0 V_0}}. \qquad (52.1)$$

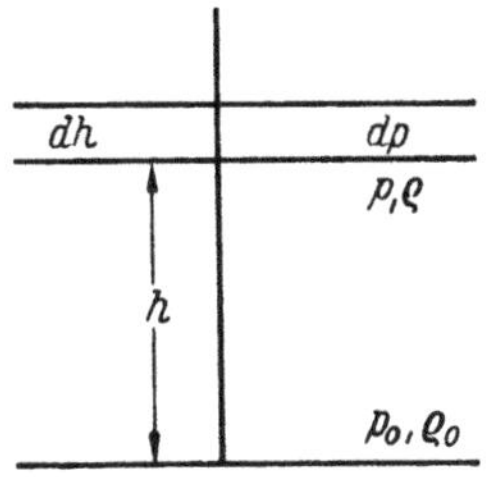


Abb. 87. Zur Ableitung der Barometerformel

$e$ ist die Basis der natürlichen Logarithmen, $M$ die Masse der am Erdboden im Volumen $V_0$ beim Druck $p_0$ enthaltenen Luft ($M \cdot g \cdot h$ ist die potentielle Energie der auf die Höhe $h$ gehobenen Luft mit der Masse $M$). Mit den für Luft von 0° C gültigen Daten ergibt sich

$$p = p_0 \cdot e^{-\frac{h\,[\text{km}]}{7{,}99}}. \qquad (52.2)$$

Für $p = \frac{p_0}{2}$ wird die „Halbwertshöhe“

$$H = 7{,}99\ \text{km} \cdot \ln 2 = 5{,}54\ \text{km}.$$

Beim Anstieg um 5,54 km nimmt der Druck daher jeweils auf die Hälfte ab. Eine scharfe Grenze der Atmosphäre ist also nicht vorhanden (Abb. 88; zum Vergleich gibt Abb. 89 den Druckverlauf in einer Wassersäule vom gleichen Bodendruck an)

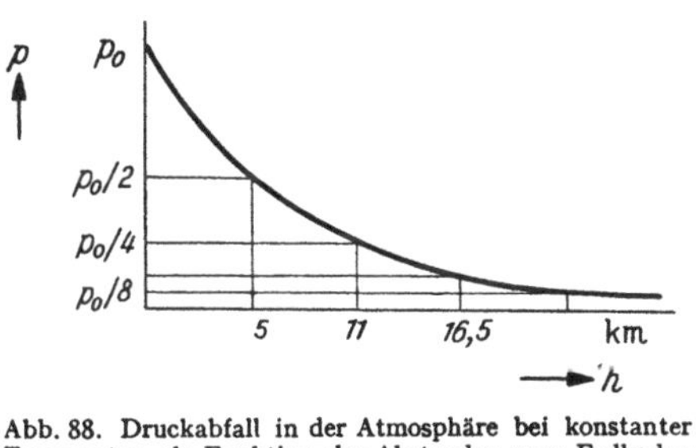


Abb. 88. Druckabfall in der Atmosphäre bei konstanter Temperatur als Funktion des Abstandes vom Erdboden ($p_0 = 1$ atm).

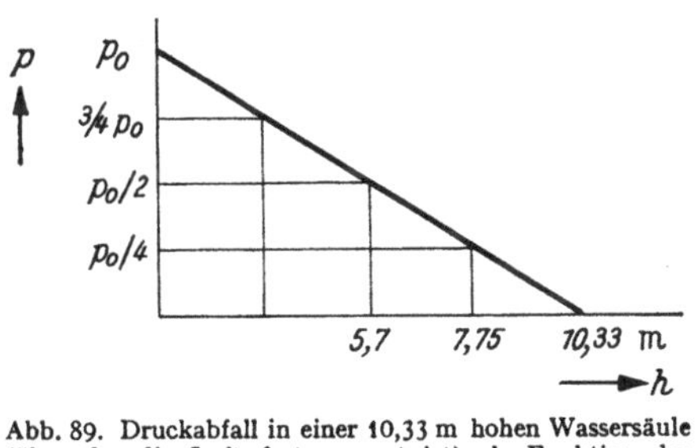


Abb. 89. Druckabfall in einer 10,33 m hohen Wassersäule (über der die Luft fortgepumpt ist) als Funktion des Abstandes vom Boden ($p_0 = 1$ atm)

Nach (52.2) kann man durch gleichzeitige Messung des Druckes am Erdboden und in großen Höhen eine rohe „barometrische Höhenbestimmung“ ausführen. Zur Erreichung größerer Genauigkeit wird die Temperaturverteilung in der Atmosphäre mitgemessen, und die barometrische Höhenformel immer nur für einzelne genügend dünne Schichten (z.B. etwa 500 m) der Atmosphäre mit der zugehörigen Temperatur angewandt.

## P. Grundzüge der kinetischen Gastheorie

Die kinetische Gastheorie leitet die Eigenschaften der Gase aus mechanischen Bewegungsvorgängen der einzelnen Moleküle ab. Dazu schreibt sie ihnen folgende Eigenschaften zu: Ihre Masse sei $m$, sie verhalten sich wie vollkommen elastische Kugeln, die keine Kräfte aufeinander ausüben, solange sie sich nicht berühren. Sie bewegen sich voneinander unabhängig, ohne irgendeine Richtung im Raum zu bevorzugen, mit der Geschwindigkeit $u$. Beim Zusammenstoß, der den Gesetzen des elastischen Stoßes gehorcht, tauschen sie Energie und Impuls aus. Dabei ändern sie im allgemeinen also ihre Geschwindigkeit; wenn wir trotzdem zunächst von *einer* Geschwindigkeit $u$ sprechen, kann sie daher nur die Bedeutung eines Mittelwertes haben. Er hängt von der Masse der Moleküle und der Temperatur des Gases ab [s. § 54].

Die von dem Gase auf die Wand ausgeübte Kraft führen wir auf Stöße der Moleküle gegen die Wand zurück. Dabei wird Impuls auf die Wand übertragen. Nach dem Grundgesetz der Mechanik (vgl. 15.3) ist dann die Kraft auf die Wand gleich dem in der Zeiteinheit durch die Stöße auf die Wand übertragenen Impuls. *Der Druck ist der auf die Flächeneinheit in der Zeiteinheit übertragene Impuls*

$$\text{Druck} = \frac{\text{an die Wand abgegebener Impuls}}{\text{Wandfläche} \times \text{Zeit}}.$$

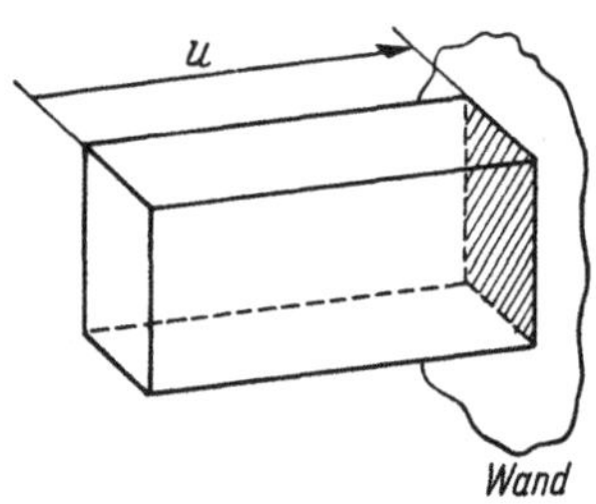


Abb. 90. Zur Ableitung der Grundgleichung der kinetischen Gastheorie

**53. Die Grundgleichung der kinetischen Gastheorie.** Als Molekülzahldichte $n$ bezeichnen wir das Verhältnis der Anzahl $N$ aller Moleküle zum Gasvolumen $V$; d.h. die Anzahl der Moleküle je Volumeneinheit: $n = \frac{N}{V}$.

Die ungeordnete Bewegung denken wir uns so geordnet, daß der dritte Teil der Moleküle eine Flugrichtung senkrecht zur Wand hat. Von ihnen bewegt sich die Hälfte, also $\frac{1}{6}$, in Richtung zur Wand hin. Alle Moleküle mit dieser Flugrichtung, die in einer Säule vom Querschnitt 1 (schraffierte Fläche in Abb. 90) und der Länge $u$ enthalten sind, erreichen in der Zeiteinheit die Wand. Also ist die Stoßzahl pro Flächeneinheit und Zeiteinheit

$$z = \frac{n}{6} \cdot u.$$

Jedes einzelne Molekül überträgt beim Aufprall und nachfolgender Reflexion den Impuls $2 \cdot m \cdot u$ (s. § 28) auf die Wand. Also wird durch alle in der Zeiteinheit auf die Flächeneinheit der Wand erfolgenden Stöße auf diese pro Zeiteinheit der Impuls

$$z \cdot 2 \cdot m \cdot u = \frac{n}{6} \cdot u \cdot 2 \cdot m \cdot u = \frac{1}{3} \cdot n \cdot m \cdot u^2$$

übertragen. Für den Druck ($p$) ergibt sich daher aufgrund der obigen Überlegungen näherungsweise

$$p = \frac{1}{3} \cdot n \cdot m \cdot u^2.$$

Eine genauere Überlegung, die auf die infolge der Zusammenstöße der Gasmoleküle untereinander sich ausbildende Geschwindigkeitsverteilung Rücksicht nimmt, gibt

$$p = \frac{1}{3} \cdot n \cdot m \cdot \overline{u^2} \quad \textit{(Grundgleichung der kinetischen Gastheorie)}, \qquad (53.1)$$

wo $\overline{u^2}$ das Mittel der Quadrate aller vorkommenden Geschwindigkeiten bedeutet.

Eine glänzende Bestätigung findet die Grundgleichung insofern, als aus ihr unmittelbar das experimentell gefundene Boyle-Mariottesche Gesetz (50.1) abgeleitet werden kann: Ersetzt man $n$ durch $\frac{N}{V}$, so ergibt sich:

$$p = \frac{1}{3}\frac{N}{V}\cdot m\overline{u^2} \quad \text{oder} \quad p\cdot V = \frac{1}{3} N m \overline{u^2} = \frac{2}{3} N \cdot \frac{m}{2}\overline{u^2}. \tag{53.2}$$

Alle auf der rechten Seite der Gleichung stehenden Größen hängen bei konstanter Masse nicht vom Volumen ab, und ihr Produkt ist bei konstanter Temperatur konstant, wie vom Boyle-Mariotteschen Gesetz gefordert; oder mit anderen Worten: Das Produkt aus Druck und Volumen ist $\frac{2}{3}$ der Summe der kinetischen Energien aller Moleküle. Diese bleibt bei einer Zustandsänderung unverändert, die bei konstanter Temperatur erfolgt.

Ersetzt man andererseits in (53.1) $n \cdot m$ durch die Dichte $\varrho$, so ergibt sich:

$$\sqrt{\overline{u^2}} = \sqrt{\frac{3p}{\varrho}}. \tag{53.3}$$

Nun ist die Schallgeschwindigkeit ($c$) in einem Gas gegeben durch

$$c = \sqrt{\gamma\frac{p}{\varrho}} \quad \text{(vgl. § 96)},$$

wobei $1 < \gamma < \frac{5}{3}$, so daß $\bar{u} \gtrapprox c$. Die genauere Rechnung ergibt für 0° C

bei Wasserstoff: $\bar{u} = 1694\,\text{ms}^{-1}$ ($c_{\text{gemessen}} = 1261\,\text{ms}^{-1}$)
bei Stickstoff: $\bar{u} = 453\,\text{ms}^{-1}$ ($c_{\text{gemessen}} = 331\,\text{ms}^{-1}$)
bei Chlorgas: $\bar{u} = 302\,\text{ms}^{-1}$ ($c_{\text{gemessen}} = 206\,\text{ms}^{-1}$).

Die Schallmessungen können daher als qualitative Bestätigung der oben wiedergegebenen gaskinetischen Überlegungen gelten.

**54. Die Geschwindigkeitsverteilung (MAXWELL).** Da die Moleküle bei ihrer Bewegung auch untereinander zusammenstoßen und nach dem Stoß mit veränderter Geschwindigkeit und Richtung auseinanderfliegen, muß die zunächst gemachte Annahme einer einheitlichen Geschwindigkeit fallen gelassen werden. Aber obwohl die einzelnen Atome bzw. Moleküle dauernd ihre Geschwindigkeit ändern, wird von allen vorhandenen Molekülen des Gases stets ein bestimmter Bruchteil ($f$) Geschwindigkeiten in einem Intervall zwischen $u$ und $u+du$ besitzen, wo $u$ alle Werte von 0 bis $\infty$ annehmen kann. Abb. 91 zeigt graphisch, wie dieser Bruchteil von $u$ abhängt; und zwar bei niedriger (*1*) und hoher Temperatur (*2*).

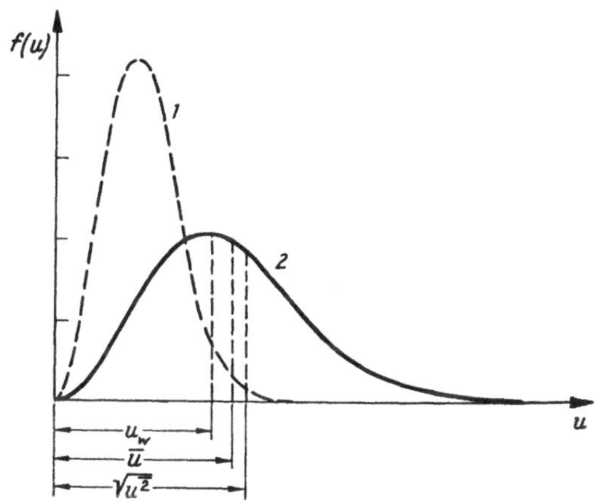


Abb. 91. Geschwindigkeitsverteilung von Molekülen eines Gases bei zwei Temperaturen, die sich wie 1:4 verhalten

**a) Die Verteilungsfunktion.** Dies zunächst hoffnungslos kompliziert erscheinende Problem läßt sich mit den Methoden der mathematischen Statistik lösen. Hier seien nur einige Ergebnisse ohne Ableitung angegeben; zunächst für ein hypothetisches eindimensionales Gas (in dem die Moleküle sich nur in einer Richtung bewegen können):

In diesem Fall erhält man für die Verteilungsfunktion

$$f(u) = \left(\frac{m}{2\pi kT}\right)^{\frac{1}{2}} e^{-\frac{mu^2}{2kT}}. \qquad (54.1)$$

$\frac{dn}{n} = f(u)\,du = w$ ist die *Wahrscheinlichkeit* dafür, daß ein Molekül eine Geschwindigkeit zwischen $u$ und $u + du$ hat.

Für das wirkliche dreidimensionale Gas gehorcht jede Komponente dieser Verteilungsfunktion. Nach der Wahrscheinlichkeitsrechnung ist die Wahrscheinlichkeit für eine Geschwindigkeit mit den Komponenten zwischen $u_x$ und $u_x + du_x$, $u_y$ und $u_y + du_y$, $u_z$ und $u_z + du_z$ gleich dem Produkt der Einzelwahrscheinlichkeiten:

$$f(u_x, u_y, u_z)\, du_x\, du_y\, du_z = f(u_x) \cdot f(u_y) \cdot f(u_z) \cdot du_x\, du_y\, du_z$$

$$= \left(\frac{m}{2\pi kT}\right)^{\frac{3}{2}} \cdot e^{-\frac{m(u_x^2+u_y^2+u_z^2)}{2kT}} \cdot du_x\, du_y\, du_z$$

oder, da $u_x^2 + u_y^2 + u_z^2 = u^2$ ist,

$$f(u_x, u_y, u_z)\, du_x\, du_y\, du_z = \left(\frac{m}{2\pi kT}\right)^{\frac{3}{2}} \cdot e^{-\frac{mu^2}{2kT}} \cdot du_x\, du_y\, du_z.$$

Die Anzahl der Moleküle mit den oben definierten Geschwindigkeiten ist also

$$dn = n\left(\frac{m}{2\pi kT}\right)^{\frac{3}{2}} \cdot e^{-\frac{mu^2}{2kT}} \cdot du_x\, du_y\, du_z. \qquad (54.2)$$

Verwendet man die Komponenten der Geschwindigkeit eines Teilchens als Koordinaten in einem „Geschwindigkeitsraum" (vgl. II § 12), so ist der Bewegungszustand jedes Teilchens durch einen Punkt in diesem Raum charakterisiert. In dem Volumenelement $d\tau = du_x \cdot du_y \cdot du_z$ ist die Teilchenzahl $dn$ enthalten. Die räumliche Dichte der Teilchen $\bar{\varrho} = \frac{dn}{d\tau} = n\left(\frac{m}{2\pi kT}\right)^{\frac{3}{2}} \cdot e^{-\frac{mu^2}{2kT}}$ ist also nur von $u$ abhängig, welches gleich dem Abstand $\sqrt{u_x^2 + u_y^2 + u_z^2}$ dieses Elementes vom Koordinatenanfangspunkt ist. Also ist die Dichte innerhalb einer Kugelschale mit den Radien $u$ und $u + du$ konstant. Die Anzahl der Punkte $dn'$ in ihr ist

$$dn' = \bar{\varrho} \cdot 4\pi u^2 du = 4\pi n \left(\frac{m}{2\pi kT}\right)^{\frac{3}{2}} e^{-\frac{mu^2}{2kT}} u^2 \cdot du. \qquad (54.3)$$

$dn'$ ist gleich der Anzahl der Teilchen innerhalb dieses Geschwindigkeitsintervalls. Dies ist das Maxwellsche *Geschwindigkeitsverteilungsgesetz.*

Zwei Beispiele für Geschwindigkeitsverteilungskurven sind bereits in Abb. 91 wiedergegeben. Sehr kleine und sehr große Geschwindigkeiten sind sehr selten. Das Maximum liegt bei $\frac{m}{2} u_w^2 = kT$. Die mittlere Geschwindigkeit $\bar{u}$ ist etwas größer als die wahrscheinlichste $u_w$, aber etwas kleiner als die Wurzel aus dem mittleren Geschwindigkeitsquadrat $\sqrt{\overline{u^2}}$, sie ist $\bar{u} = \frac{2u_w}{\sqrt{\pi}} = 1{,}128\, u_w$; die Wurzel aus dem mittleren Geschwindigkeitsquadrat:

$$\sqrt{\overline{u^2}} = u_w \cdot \sqrt{\frac{3}{2}} = 1{,}225\, u_w = 1{,}225 \sqrt{\frac{2kT}{m}}. \qquad (54.4)$$

Daraus folgt:

$$\bar{u} = \sqrt{\frac{8}{3\pi}} \cdot \sqrt{\overline{u^2}} = 0{,}921 \sqrt{\overline{u^2}}. \qquad (54.5)$$

**b) Molekularstrahlmethode zur Messung der Geschwindigkeiten von Gasmolekeln.** Ist der Druck eines Gases so niedrig, daß die Moleküle nicht untereinander zusammenstoßen, dann fliegen sie geradlinig von Wand zu Wand. Wenn an einen Raum (1), in dem sich ein Gas unter dem Druck von $10^{-2}$ bis $10^{-3}$ Torr befindet, ein zweiter hochevakuierter Raum (2) anschließt und beide durch eine enge Öffnung verbunden sind, so treten die Moleküle aus (1) in (2) über, wo sie keine Zusammenstöße untereinander erleiden. Durch geeignete Anordnung von Blenden kann man erreichen, daß diese Teilchen den Raum (2) nur noch in einer Richtung ungehindert durchfliegen. Wir nennen das Bündel solcher nahezu parallel fliegender Teilchen einen *Atom-* oder *Molekularstrahl.* In den Weg eines solchen Strahles stellen wir auf gleicher Achse zwei im

Abstand $l$ hintereinander angeordnete Zahnräder, so daß bei ruhenden Rädern der Strahl zwei hintereinanderstehende Lücken durchsetzt (Abb. 92). Rotieren die Räder mit der Winkelgeschwindigkeit $\omega$, so treffen im allgemeinen die durch eine Lücke des ersten Rades hindurchtretenden Atome auf einen Zahn des zweiten, weil die Räder sich während der Zeit $\Delta t = l/u$, die die Atome brauchen, um von $a$ nach $b$ zu kommen, um den Winkel $\omega \cdot \Delta t$ weitergedreht haben. Wenn aber $\omega \cdot \Delta t$ gleich dem Winkel $\alpha$ zwischen zwei benachbarten Zahnlücken ist, vermögen sie auch durch $b$ hindurchzutreten, weil sich dann im Strahlengang auch eine Lücke von $b$ befindet. Hinter $b$ werden sie dann mit einer Meßvorrichtung nachgewiesen. Es gilt

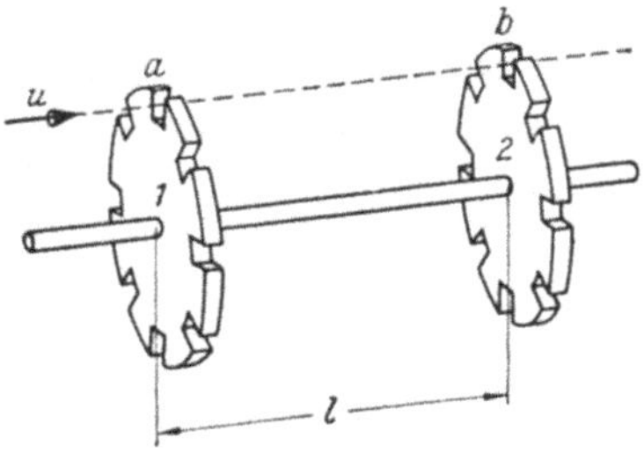


Abb. 92. Messung der Geschwindigkeit von Gasatomen bzw. -molekülen (Monochromator für Molekularstrahlen)

$$\alpha = \omega \cdot \Delta t \quad \text{oder} \quad \Delta t = \frac{\alpha}{\omega},$$

daher

$$\frac{l}{u} = \frac{\alpha}{\omega}; \quad u = \frac{\omega \cdot l}{\alpha}.$$

$u$ ist also aus lauter meßbaren Größen zu berechnen. Die mit dieser Zahnradmethode ermittelten Geschwindigkeiten entsprechen völlig den aus der Theorie erwarteten, diese gibt auch die beobachtete Verteilung der Geschwindigkeiten um den Mittelwert wieder.

**55. Mittlere freie Weglänge und Wirkungsquerschnitt.** Da wir die Moleküle als Kugeln mit einem von Null verschiedenen Radius auffassen müssen, erleiden sie im Gasraum Zusammenstöße, und zwar um so häufiger, je höher der Druck oder die Teilchenzahldichte ist. Den zwischen zwei Stößen zurückgelegten Weg bezeichnet man als *freie Weglänge*, ihren Mittelwert als ***mittlere freie Weglänge.***

*Der Wirkungsquerschnitt.* Ein Molekularstrahl, dessen Moleküle den Radius $r_1$ besitzen, und dessen Bündel einen Querschnitt $F$ hat, treffe auf eine $\Delta x$ dicke Schicht von $z$ gleichartigen Molekülen (Abb. 93). Der Radius der gestoßenen Moleküle sei $r_2$, ihre Teilchenzahldichte sei $n$. Ein Zusammenstoß, der das Ausscheiden aus der Richtung verursacht, findet statt, wenn die Begegnung mit einem Molekül der Schicht innerhalb einer Fläche $q_S = (r_1 + r_2)^2 \pi$ *(Stoßquerschnitt)* erfolgt. Die Wahrscheinlichkeit für ein Zusammentreffen ist

$$w = \frac{\text{Fläche aller Stoßquerschnitte}}{\text{Gesamtfläche } F}.$$

Von $N$ auftreffenden Molekülen scheiden $\Delta N$ aus

$$\Delta N = -wN = -\frac{z \cdot q_S}{F} \cdot N.$$

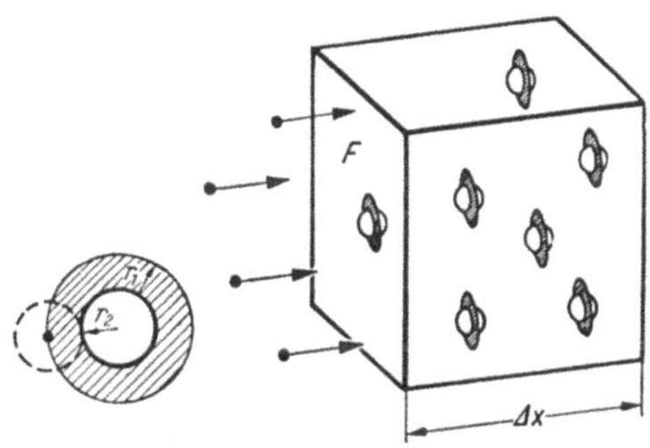


**Abb. 93. Absorption eines Molekularstrahls in einem Gase. Definition des „Wirkungsquerschnittes"**

Da $z = nF \cdot \Delta x$ ist, wird

$$\Delta N = -\frac{n \cdot F \cdot \Delta x}{F} \cdot q_S \cdot N \quad \text{oder} \quad \frac{\Delta N}{N} = -n \cdot q_S \cdot \Delta x.$$

Die Integration gibt die nach Durchsetzen einer Schichtdicke $x$ von den anfangs auftreffenden $N_0$ Molekülen noch vorhandenen $N$:

$$\ln N = -n \cdot q_s \cdot x + \ln N_0 \quad \text{oder} \quad N = N_0 \cdot e^{-n \cdot q_s \cdot x}. \tag{55.1}$$

Versuche, bei denen man schnelle Molekularstrahlen durch ein Gas von geringem Druck schickt, ergeben für die Anzahl der durch eine Schicht von $x$ cm Dicke hindurchtretenden Moleküle

$$N = N_0 \cdot e^{-\alpha x}, \tag{55.2}$$

wo $N_0$ wieder die Zahl der auffallenden Moleküle bedeutet. $\alpha$ heißt *Absorptionskoeffizient.* Dieser Ausdruck beschreibt sehr viele Absorptionsvorgänge, z.B. von Licht, Röntgenstrahlen, Kathodenstrahlen (s. V § 6) usw. Der Vergleich von (55.1 und (55.2) gibt die Deutung des Absorptionskoeffizienten $\alpha = n \cdot q_S$: sein Betrag ist die Summe der in der Volumeneinheit enthaltenen *Wirkungsquerschnitte*, hier also der Stoßquerschnitte, welche eine Ausscheidung aus dem Bündel der einfallenden Strahlen bewirken. Versuche, bei denen Silberatomstrahlen hineingeschossen wurden, ergaben als Summe der Radien von Ag und $N_2$ 2,58 Å$=2{,}58 \cdot 10^{-8}$ cm.

Die Wegstrecke, auf der die Zahl $N$ auf $\frac{N_0}{e} = \frac{N_0}{2{,}718}$ abnimmt, ist $x = \frac{1}{\alpha} = \lambda$; $\lambda$ hat die Bedeutung der *mittleren freien Weglänge.* Denn der mittlere Weg ist die Summe aller vorkommenden Wege, durch die anfängliche Teilchenzahl dividiert: Auf dem Weg zwischen $x$ und $x + dx$ bleiben $\alpha \cdot N \cdot dx = \alpha N_0 e^{-\alpha x} \cdot dx$ der Teilchen stecken. Die ganze von ihnen zurückgelegte Wegstrecke ist daher $dS = x \cdot \alpha N_0 e^{-\alpha x} dx$. Der Weg aller Teilchen ist also

$$S = \int_0^\infty \alpha N_0 x e^{-\alpha x} dx = \frac{N_0}{\alpha} = N_0 \lambda, \qquad \text{denn} \qquad \int_0^\infty x e^{-\alpha x} dx = \frac{1}{\alpha^2}.$$

Der mittlere Weg ist für $r_1 = r_2 = r$:

$$\lambda = \frac{S}{N_0} = \frac{N_0}{N_0 \cdot \alpha} = \frac{1}{\alpha} = \frac{1}{n q_s} = \frac{1}{n \cdot 4\pi \cdot r^2}. \tag{55.3}$$

Wenn die durchquerte Schicht aus einem Gas besteht, in dem sich die Moleküle mit der gleichen mittleren Geschwindigkeit bewegen wie die stoßenden, so gilt statt (53.3)

$$\lambda = \frac{1}{n \cdot 4\pi r^2 \cdot \sqrt{2}}. \tag{55.4}$$

Für $H_2$ ist $2r \approx 1{,}75$ Å, bei Normalbedingungen ist $\lambda_{H_2} = 2{,}7 \cdot 10^{-5}$ cm, beim Druck $10^{-4}$ Torr $= \frac{1}{7{,}6 \cdot 10^6}$ atm ist $\lambda_{H_2} = 2{,}1$ m. Dieser Druck herrscht in etwa 130 km Höhe in der Atmosphäre, die dort auch überwiegend aus $H_2$ besteht.

## Q. Oberflächenspannung und Kapillarität

**56. Spezifische Oberflächenenergie und Oberflächenspannung.** Im Innern einer Flüssigkeit erfährt ein Molekül keine einseitig gerichtete resultierende Anziehungskraft durch die Nachbarn (Abb. 94). Ist aber der Abstand $z$ von der Oberfläche kleiner als der Radius $r_W$ der Wirkungssphäre der Molekularkräfte ($r_W \approx 10^{-7}$ cm), so ist die Resultierende $R$ von Null verschieden und um so größer, je kleiner $z$ ist. Um ein Molekül aus dem Flüssigkeitsinnern durch diese Grenzschicht mit der Dicke $r_W$ in die Oberfläche zu verschieben, muß daher Arbeit aufgewendet werden. Ein Molekül in der Oberfläche hat gegenüber einem Molekül im Innern eine um den Betrag dieser

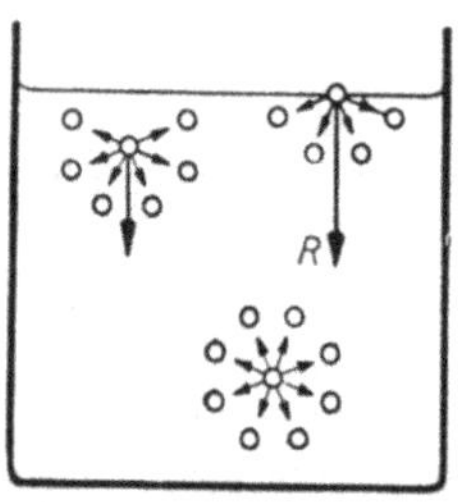


Abb. 94. Modell zur Deutung der Oberflächenenergie

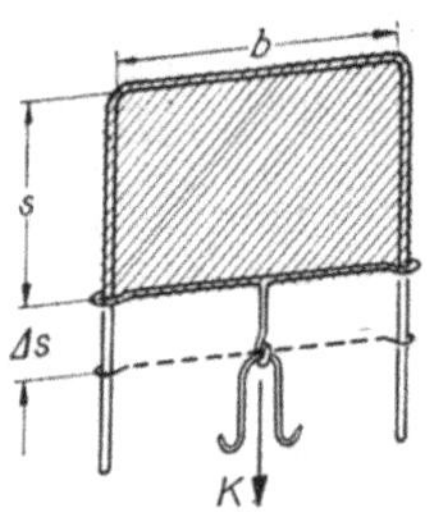


Abb. 95. Modellversuch zur Bestimmung der Oberflächenspannung

Arbeit erhöhte potentielle Energie. Zur Vergrößerung der Flüssigkeitsoberfläche müssen Moleküle aus dem Innern in die Oberfläche gebracht werden. Die dadurch bedingte Energiezunahme sei $\Delta E$. Auf die Flächeneinheit bezogen, heißt sie

$$\textit{spezifische Oberflächenenergie}\ \varepsilon = \frac{\text{Energiezunahme}\ \Delta E}{\text{Oberflächenzunahme}\ \Delta F}.$$

Daß zur Schaffung neuer Oberfläche Arbeit geleistet werden muß, demonstriert man mit Hilfe des in Abb. 95 dargestellten Gerätes. Es besteht aus einem U-förmig gebogenen Draht, an dem ein Querbügel der Länge $b$ geleitet. In dem durch Gabel und Bügel gebildeten Rahmen werde eine Flüssigkeits- (z. B. Seifen-) lamelle gespannt, deren Oberfläche $2 \cdot F = 2 \cdot s \cdot b$ ist. Beim Verschieben von $b$ um $\Delta s$ wird die Oberfläche um $2\Delta F$ vergrößert. Die hierzu aufzuwendende Arbeit ist $A = 2\Delta F \cdot \varepsilon = 2 \cdot b \cdot \Delta s \cdot \varepsilon$. Daraus folgt, daß am Bügel eine Kraft $K$ angreift, gegen die bei der Verschiebung $\Delta s$ die Arbeit $K \cdot \Delta s$ verrichtet wird. Tangential zur Oberfläche der Flüssigkeit wirkt eine Kraft, die die Oberfläche zu verkleinern sucht. Diese Kraft greift auch am Bügel an; auf die Längeneinheit bezogen, nennen wir sie die

$$\textit{Oberflächenspannung}\ \sigma = \frac{\text{am Rande angreifende Kraft}}{\text{Länge des Randes}}.$$

Die gesamte am Bügel angreifende Kraft ist also $K = 2 \cdot b \cdot \sigma$, und daher ist $A = 2 \cdot b \cdot \sigma \cdot \Delta s = 2\Delta F \cdot \varepsilon = 2 \cdot b \cdot \Delta s \cdot \varepsilon$ oder $\varepsilon = \sigma$; Oberflächenspannung und spez. Oberflächenenergie sind also einander gleich; selbstverständlich auch dimensionsmäßig, denn $\frac{[\text{Kraft}]}{[\text{Länge}]}$ ist gleich $\frac{[\text{Energie}]}{[\text{Fläche}]}$.

Eine Flüssigkeitslamelle unterscheidet sich von einer gedehnten elastischen Membran dadurch, daß $K$ von der Verschiebung $\Delta s$ unabhängig ist.

Tabelle 1. *Oberflächenspannung einiger Flüssigkeiten gegen Luft bei 18° C*

| | |
|---|---|
| Quecksilber | 471 dyn/cm |
| Wasser | 72,9 dyn/cm |
| Benzol | 29 dyn/cm |
| Äthyläther | 17 dyn/cm |

Die Oberflächenspannung nimmt durchweg mit wachsender Temperatur ab. Sie ist sehr empfindlich gegen geringfügige Verunreinigungen.

**a) Bügelmethode zur Messung der Oberflächenspannung.** Sie stellt eine meßtechnisch günstigere Abwandlung des in Abb. 95 beschriebenen Versuchs dar. Um den in Abb. 96 dargestellten Bügel mit dem quergespannten Draht $D$ aus der Flüssigkeit herauszuheben, muß eine Kraft aufgewendet werden, die mit einer empfindlichen Federwaage gemessen werden kann. Man zieht eine am Draht $D$ hängende Lamelle hoch. Die Kraft $K$, welche die Lamelle gerade noch nicht zerreißt — das ist die größte von der Waage angezeigte Kraft — ist:

$$K = 2 \cdot l \cdot \sigma \quad \text{oder} \quad \sigma = \frac{K}{2 \cdot l}. \qquad (56.1)$$

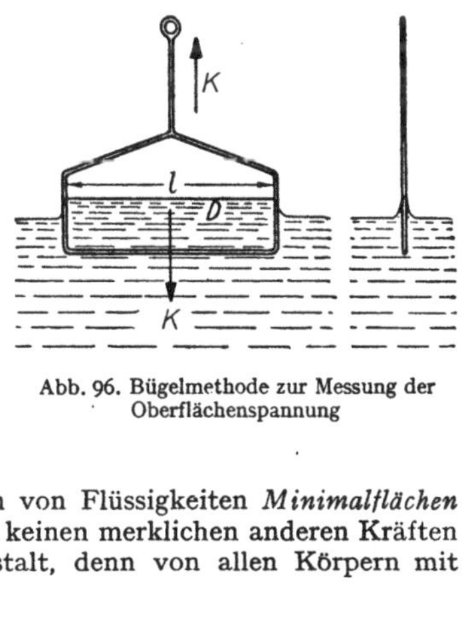

Abb. 96. Bügelmethode zur Messung der Oberflächenspannung

**b) Flüssigkeitsoberflächen als Minimalflächen.** Aus der Gleichgewichtsbedingung, daß die potentielle Energie ein Minimum haben soll, folgt, daß die Oberflächen von Flüssigkeiten *Minimalflächen* sind, wenn die Flüssigkeiten außer den Molekularkräften keinen merklichen anderen Kräften unterworfen sind: Ein kleines Tröpfchen hat Kugelgestalt, denn von allen Körpern mit

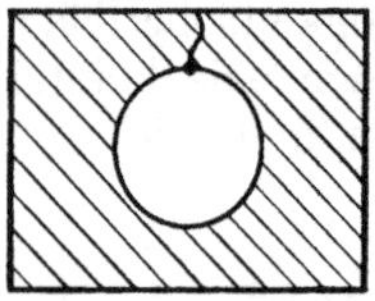

Abb. 97. Das durch einen Faden begrenzte Loch in einer Seifenlamelle hat Kreisform. (Flüssigkeitsoberflächen sind Minimalflächen)

gleichem Volumen hat die Kugel die kleinste Oberfläche. Ein durch eine Fadenschlinge begrenztes Loch in einer ebenen Lamelle hat die Gestalt eines Kreises (Abb. 97). Der Kreis hat unter allen ebenen Figuren bei gegebenem Umfang die größte Fläche; daher hat die Restfläche außerhalb des Fadens den kleinsten Wert.

c) **Überdruck in einer Seifenblase.** Infolge der Oberflächenspannung greift an der Seifenblase mit dem Radius $r$ tangential zur Oberfläche, z.B. am Umfang eines Großkreises, eine Zugkraft $K_0$ an (Abb. 98).

$$K_0 = 2 \cdot 2r\pi \cdot \sigma.$$

Der Faktor 2 tritt auch hier auf, weil die Seifenblase zwei Oberflächen, eine innere und eine äußere, besitzt.

Der Überdruck $\Delta p$ im Innern verursacht eine Kraft auf die Innenfläche einer Halbkugel, deren Komponente senkrecht zur Ebene des Großkreises

$$K_R = r^2 \cdot \pi \cdot \Delta p$$

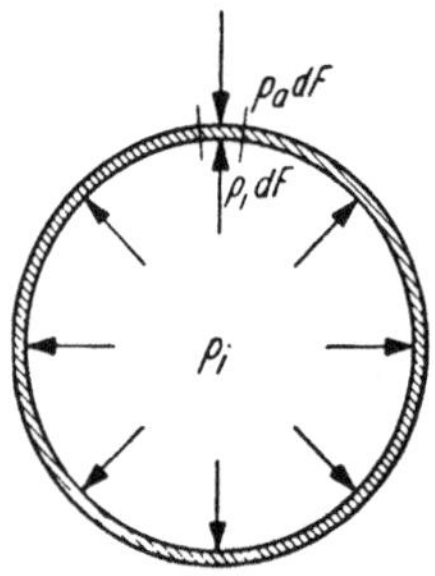


Abb. 98. Zur Abhängigkeit des Überdrucks in einer Seifenblase von der Oberflächenspannung und ihrem Radius

ist. Im Gleichgewicht muß $K_0 = K_R$ sein, oder

$$4 \cdot r \cdot \pi \cdot \sigma = r^2 \cdot \pi \cdot \Delta p \quad \text{oder} \quad \sigma = \frac{r \cdot \Delta p}{4}. \tag{56.2}$$

Dieses Ergebnis läßt sich auch aus dem Prinzip der virtuellen Verrückungen ableiten: Im Gleichgewicht muß bei einer Änderung des Blasenradius um $\Delta r$ die gesamte Energieänderung Null sein (Minimumbedingung). Die zur Ausdehnung der Blase um $\Delta r$ gewonnene Arbeit $\Delta A_1$ ist also gerade gleich der Vermehrung der Oberflächenenergie $\Delta A_2$.

Die gewonnene Arbeit ist:

$$\Delta A_1 = K \cdot \Delta r = \Delta p \cdot 4 \cdot r^2 \cdot \pi \cdot \Delta r.$$

Die aufgewendete Arbeit besteht in der Vermehrung der Oberflächenenergie durch Vergrößerung der Oberfläche:

$$\Delta A_2 = \Delta F \cdot \varepsilon = 2[4\pi(r + \Delta r)^2 - 4\pi \cdot r^2] \cdot \varepsilon = 16\pi \cdot r \cdot \Delta r \cdot \varepsilon.$$

($\Delta r^2 \ll 2r\Delta r$ und kann vernachlässigt werden. $\Delta F$ ist die Zunahme der Oberfläche bei der Zunahme des Radius $r$ um $\Delta r$.)

$$\Delta A_1 = \Delta A_2, \quad \text{also} \quad 4\pi \cdot r^2 \cdot \Delta p \cdot \Delta r = 16\pi \cdot r \cdot \Delta r \cdot \varepsilon$$

$$\varepsilon = \frac{r \cdot \Delta p}{4} = \sigma; \quad \Delta p = \sigma \cdot \frac{4}{r}. \tag{56.3}$$

Zwei miteinander verbundene Seifenblasen mit verschiedenem Durchmesser können nach (56.3) nicht im Gleichgewicht sein, denn in der kleineren ist der Druck größer als in der größeren Blase: die kleinere bläst die größere auf, indem sie selbst verschwindet.

Die Gleichgewichtsbedingung (56.3) kann man auch so deuten: Eine nach außen konvexe (bzw. konkave) Flüssigkeitsoberfläche von Kugelgestalt erfährt einen Normaldruck (Kohäsionsdruck)

$$p = \frac{2}{r} \cdot \sigma, \tag{56.4}$$

der nach innen (bzw. außen) wirkt.

Allgemeiner gilt der Satz: Eine zweifach gekrümmte Fläche mit dem Krümmungsmaß $\frac{1}{r_1} + \frac{1}{r_2}$ erfährt infolge der Oberflächenspannung einen Normaldruck

$$p = \sigma\left(\frac{1}{r_1} + \frac{1}{r_2}\right). \tag{56.5}$$

**57. Grenzflächenarbeit und Grenzflächenspannung.** Als Oberfläche wurde bis jetzt die Grenzfläche einer Flüssigkeit gegen ein Gas verstanden, das oft durch den eigenen Dampf gebildet wird. Es treten jedoch auch Grenzflächen zwischen zwei Flüssigkeiten oder zwischen einem Festkörper und einer Flüssigkeit oder einem Gas auf. Für jede dieser Grenzflächen gibt es eine spezifische Grenzflächenspannung oder Grenzflächenenergie, die auch negativ sein kann.

1. Flüssigkeit–Gas: Diese Grenzflächenenergie, schlechthin Oberflächenenergie genannt, ist stets positiv, denn das Gegenteil würde bedeuten, daß ein aus der Flüssigkeit entferntes Molekül eine kleinere Energie besitzt. Damit würde ein an der Oberfläche sitzendes Molekül abgestoßen und die Flüssigkeit vollständig verdampfen.

2. Flüssigkeit–Flüssigkeit: Zur Ausbildung einer Grenzfläche muß auch hier die Grenzflächenenergie positiv sein, d.h. die wechselseitige Anziehung zwischen den verschiedenartigen Molekülen an der Grenzfläche muß kleiner sein als die Anziehung durch arteigene im Innern der beiden Flüssigkeiten. Andernfalls findet eine Lösung der Flüssigkeiten ineinander statt.

3. Flüssigkeit–Festkörper: Hier kann auch eine negative Grenzflächenenergie auftreten, wenn nämlich die Atome oder Moleküle des Festkörpers die Flüssigkeitsmoleküle stärker anziehen als diese sich selbst.

4. Festkörper–Gas: An diesen Grenzflächen sind die Grenzflächenenergien, die beobachtet werden, meist sehr klein. Dies beruht jedoch darauf, daß die Festkörperoberfläche stets mit einer sehr dünnen Gasschicht bedeckt ist, wenn nicht besondere Vorkehrungen getroffen werden (Glühen im Höchstvakuum). Man mißt daher eigentlich an einer „Grenzfläche" Gas–Gas.

**a) Haftspannung und Randwinkel.** Im allgemeinen grenzt an eine Flüssigkeitsoberfläche ein Gas (Dampf) oder ein fester Körper (z.B. die Gefäßwand). Die Grenzflächenspannungen seien $\sigma_{ik}$. Die Indizes $ik$ bezeichnen die einander berührenden Medien. Im Gleichgewicht möge die Flüssigkeitsoberfläche mit der Wandfläche den *Randwinkel* $\Theta$ bilden (Abb. 99). Da die horizontalen Kraftkomponenten von der starren Wand aufgenommen werden, braucht Gleichgewicht nur für die vertikalen zu bestehen:

$$\sigma_{13} - \sigma_{23} = \sigma_{12} \cdot \cos\Theta \quad \textit{(Kapillaritätsgesetz)}. \qquad (57.1)$$

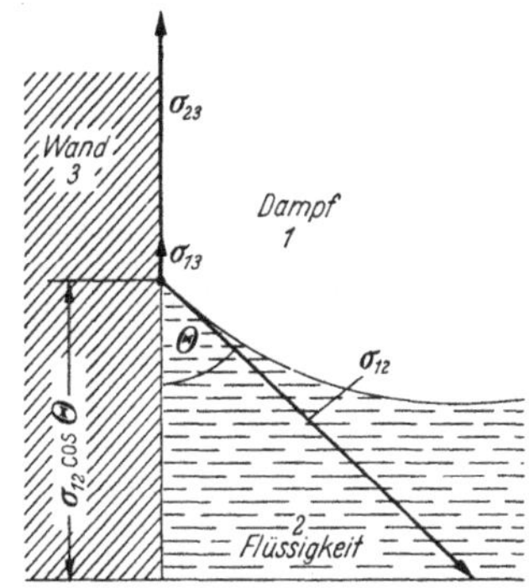


Abb. 99. Zusammenhang zwischen der Haftspannung und dem Randwinkel, $\sigma_{13} - \sigma_{23} = \sigma_{12} \cdot \cos\Theta$

Hierin ist $\sigma_{13}$ klein (s. oben); $\sigma_{23}$ kann auch negativ sein (z.B. in Abb. 99). $\sigma_{13} - \sigma_{23}$ heißt die *Haftspannung*. Ist diese größer als $\sigma_{12}$, so ist ein Gleichgewicht überhaupt nicht möglich; die Flüssigkeit kriecht an der Wand hoch, d.h. die Wand wird vollständig benetzt, der Randwinkel wird 0. Ist $\sigma_{13} - \sigma_{23} < \sigma_{12}$, so wird $\Theta$ ein spitzer Winkel. Ist $\sigma_{23} > \sigma_{13}$, also die Haftspannung negativ, so wird der Randwinkel $> 90°$, bei Quecksilber-Glas ist $\Theta = 138°$. Abb. 102 erläutert nochmals die positive oder negative Grenzflächenspannung $\sigma_{23}$ mit den Adhäsions- und Kohäsionskräften, die auf ein Flüssigkeitsmolekül in der Grenzlinie wirken.

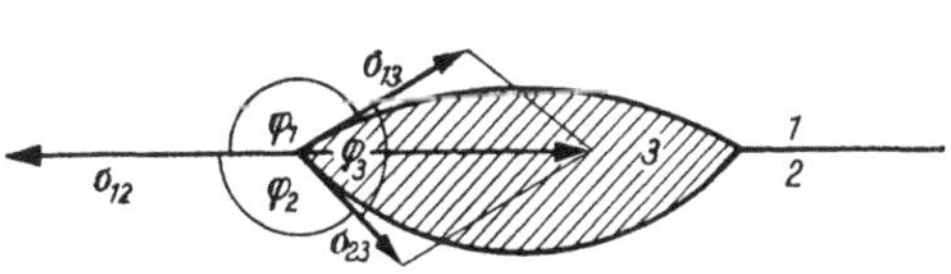


Abb. 100. Gestalt eines Fetttropfens auf Wasser

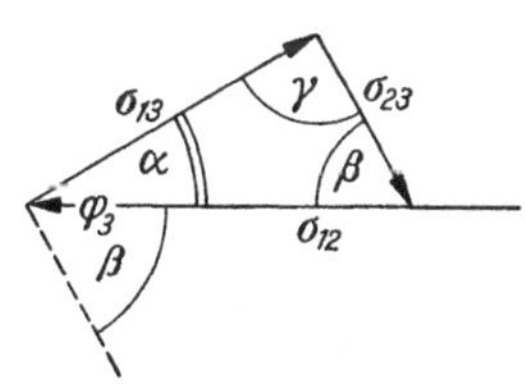


Abb. 101. Zur Berechnung des Randwinkels eines Fetttropfens auf einer Wasseroberfläche

Ein Fetttropfen auf Wasser kann als Gleichgewichtsform die Gestalt einer Linse annehmen (Abb. 100), der Winkel $\varphi_3$ am Linsenrand muß sich dann so einstellen, daß die Resultierende aus $\sigma_{13}$ und $\sigma_{23}$ entgegengesetzt gleich $\sigma_{12}$ wird. Für das Dreieck aus $\sigma_{13}$, $\sigma_{23}$ und $\sigma_{12}$ (Abb. 101) gilt nach dem cos-Satz:

$$\sigma_{12}^2 = \sigma_{13}^2 + \sigma_{23}^2 - 2\sigma_{13}\sigma_{23}\cos\gamma.$$

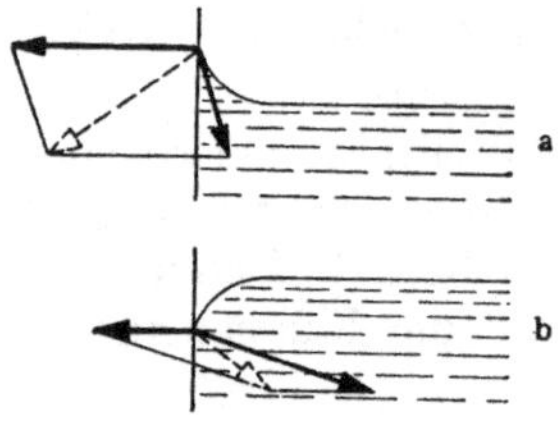


Abb. 102 a u. b. Randwinkel einer an eine Wand angrenzenden Flüssigkeitsoberfläche

Da $\varphi_3 = \beta + \alpha$, ist $\gamma = 180° - \varphi_3$, und daher

$$\sigma_{12}^2 = \sigma_{13}^2 + \sigma_{23}^2 + 2\sigma_{13}\sigma_{23}\cos\varphi_3$$

$$\cos\varphi_3 = \frac{\sigma_{12}^2 - (\sigma_{13}^2 + \sigma_{23}^2)}{2\sigma_{13}\sigma_{23}}. \qquad (57.2)$$

Ein Gleichgewicht ist nur möglich, wenn jede der $\sigma_{ik}$ kleiner als die Summe der beiden anderen ist.

Ist $|\sigma_{12}| > |\sigma_{13}| + |\sigma_{23}|$, so wird das Tröpfchen zu einer die ganze Oberfläche bedeckenden Schicht ausgezogen; reicht hierzu die in ihm enthaltene Menge nicht aus, so erfolgt die Ausbreitung bis zur Ausbildung einer noch zusammenhängenden *monomolekularen Schicht* (Beispiel: Öl auf Wasser).

b) **Kapillarität.** Taucht man ein enges Rohr in eine seine Oberfläche benetzende Flüssigkeit, so steigt sie in der Kapillare hoch (Abb. 103). Die Steighöhe sei $h$. Eine Hebung des *Meniskus* (das ist die gekrümmte Oberfläche der Flüssigkeit) um $dh$ bedingt eine Verringerung der Oberfläche der benetzenden Flüssigkeit, die die ganze Innenfläche des leeren Zylinderteils benetzt, und gibt die Energie

$$\varepsilon \cdot dF = \varepsilon 2r\pi \cdot dh$$

frei. Gleichgewicht ist vorhanden, wenn diese Energie ausreicht, die Flüssigkeitssäule $r^2\pi \cdot dh$ um $h$ zu heben:

$$2r\pi\varepsilon \cdot dh = \varrho r^2 \pi g h \cdot dh,$$

denn die Hubarbeit ist $dA = dK \cdot h = dm \cdot g \cdot h = \varrho r^2 \pi g h\, dh$, wenn $\varrho$ die Dichte der Flüssigkeit ist.

$$\varepsilon = \frac{1}{2} r \varrho h g \quad \text{oder} \quad h = \frac{2\varepsilon}{r\varrho g}. \qquad (57.3)$$

Der Quecksilbermeniskus steht in einer Glaskapillare, die in Quecksilber taucht, niedriger als die Oberfläche des Quecksilbers außerhalb der Kapillare (Abb. 104); das Quecksilber in der Kapillare erfährt eine Depression *(Kapillardepression)*. Sie ergibt sich aus der Forderung, daß der Kohäsionsdruck (56.4) gleich dem statischen Druck (Aufdruck) sein muß.

$$\frac{2\sigma}{r} = \varrho g h \quad \text{oder} \quad h = \frac{2\sigma}{r\varrho g}. \qquad (57.4)$$

Bei nicht vollständiger Benetzung (Abb. 105) ist die Steighöhe in einer Kapillare vom Randwinkel abhängig. $r'$ sei der Krümmungsradius der konkaven Flüssigkeitsoberfläche, dann ist der Kapillardruck nach (56.4)

$$p = \frac{2\sigma}{r'} = \frac{2\sigma}{r}\cos\Theta,$$

da $r' = \frac{r}{\cos\Theta}$. Gleichsetzung des Kapillardrucks und des hydrostatischen Drucks $p_{\text{stat}} = \varrho g h$ gibt

$$\varrho \cdot g \cdot h = \frac{2\sigma\cos\Theta}{r}$$

$$h = \frac{2\sigma\cos\Theta}{\varrho \cdot g \cdot r}. \qquad (57.5)$$

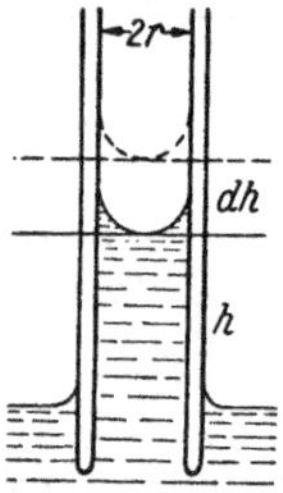


Abb. 103. Steighöhe einer benetzenden Flüssigkeit in einem engen Rohr

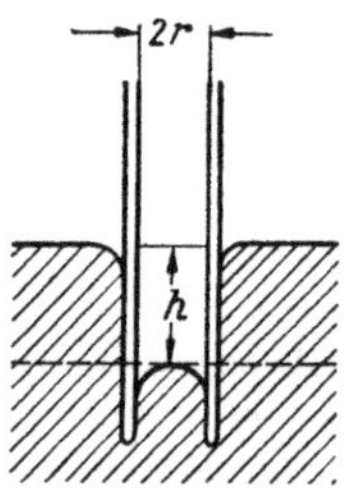


Abb. 104. Kapillardepression

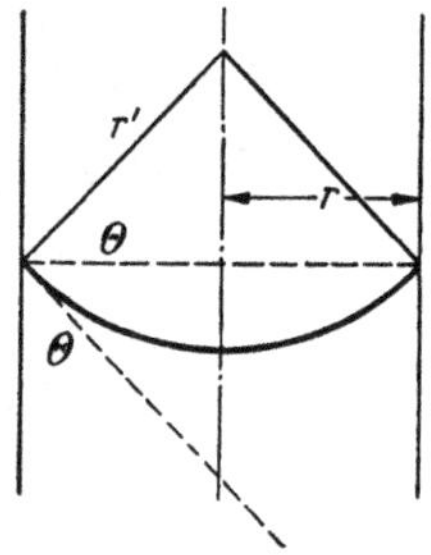


Abb. 105. Steighöhe einer nichtbenetzenden Flüssigkeit in einem Rohr

## R. Innere Reibung von Flüssigkeiten und Gasen

**58. Definition des Reibungskoeffizienten (Viskosität, Zähigkeit).** Zwischen einer festen Wand (Abb. 106 links) und einer beweglichen Platte (rechts) befinde sich eine dünne Flüssigkeitsschicht von der Stärke $z$. Um die Platte (Fläche $F$) mit konstanter Geschwindigkeit $u$ parallel an der Wand entlang zu führen, bedarf es einer Kraft

$$K = \eta \cdot F \cdot \frac{u}{z}. \tag{58.1}$$

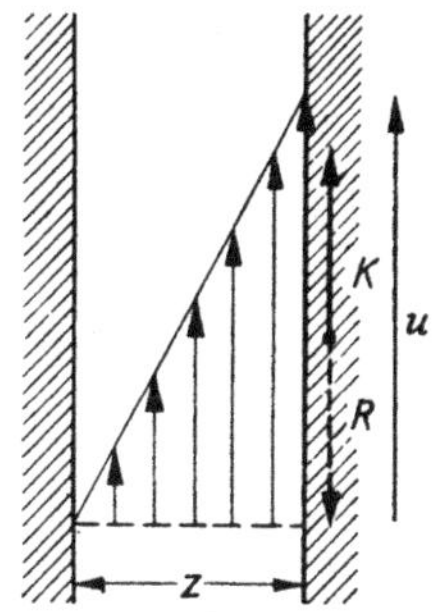

Abb. 106. Zur Definition der Viskosität

Die Konstante $\eta$ bezeichnet eine Eigenschaft der Flüssigkeit und heißt *Koeffizient der inneren Reibung* oder *dynamische Zähigkeit* oder *Viskosität*. Ihre Dimension ist also: $[\eta] = \frac{\text{Masse}}{\text{Länge} \times \text{Zeit}}$. Da die an Wand und Platte angrenzenden Flüssigkeitsschichten an diesen haften, handelt es sich hier nicht um die Reibung zwischen festem und flüssigem Körper, sondern zwischen benachbarten Flüssigkeitsschichten. Deren Dicke sei $dz$; ihre Geschwindigkeitsdifferenz $du$. Damit nimmt (58.1) die allgemein gültige Form an:

$$K = \eta \cdot F \cdot \frac{du}{dz}. \tag{58.2}$$

Die Einheit der Zähigkeit heißt 1 Poise $= 1\ \text{g} \cdot \text{cm}^{-1} \cdot \text{s}^{-1}$ ($= 1$ dyn $\cdot\, \text{s} \cdot \text{cm}^{-2}$). Der Kehrwert der (dynamischen) Zähigkeit heißt *Fluidität*. Der Quotient aus (dynamischer) Zähigkeit $\eta$ und der Dichte $\varrho$ heißt *kinematische Zähigkeit* $\nu = \frac{\eta}{\varrho}$ (Einheit: *Stokes*, $1\ \text{St} = 1\ \text{cm}^2 \cdot \text{s}^{-1}$).

Tabelle 2. *Viskosität einiger Stoffe*

| | Poise | Temperatur |
|---|---|---|
| Wasser | 0,01789 | 0° C |
| | 0,01005 | 20° C |
| | 0,00282 | 100° C |
| Äthylalkohol | 0,01190 | 20° C |
| Äthyläther | 0,00243 | 20° C |
| Glyzerin | 14,99 | 20° C |
| Luft (1 atm) | 0,000171 | 0° C |
| Wasserstoff (1 atm) | 0,000084 | 0° C |

Die Zähigkeit von Flüssigkeiten nimmt mit steigender Temperatur sehr stark ab (vgl. Tabelle 2). Für viele Flüssigkeiten gilt mit guter Annäherung

$$\eta = A\, e^{\frac{b}{T}}. \tag{58.3}$$

$A$ und $b$ sind empirische Konstanten.

Auch Gase besitzen eine — allerdings viel geringere Zähigkeit. Sie nimmt mit steigender Temperatur zu! (Vgl. § 59.)

**a) Grenzschichtdicke.** Die Dicke einer Schicht mit linearem Geschwindigkeitsgefälle kann einen gewissen Grenzwert nicht überschreiten, den man als Grenzschichtdicke ($D$) bezeichnet. Das ergibt sich aus folgender Überlegung: Um eine Platte der endlichen Länge $l$ um ihre eigene Länge $l$ zu verschieben, muß gegen die Reibung eine Arbeit $A_R$ verrichtet werden. Weiterhin ist die kinetische Energie $E_{\text{kin}}$ der Flüssigkeit aufzubringen, die zwischen Wand und Platte bewegt wird. Als vorwiegend von der Reibung kontrollierte Strömung, für die sich ein lineares Geschwindigkeitsgefälle ergeben müßte, wird man dem Vorgang nur auffassen dürfen, wenn $E_{\text{kin}} < A_R$. Dies ergibt eine Grenze für den Abstand $D$.

Es ist

$$A_R = \eta \cdot F \frac{u}{D} \cdot l$$

$$E_{\text{kin}} = \int_0^D \frac{F\, dz\, \varrho}{2} \cdot \left(\frac{z}{D} u\right)^2 = \frac{1}{6} F \varrho D u^2.$$

Hier ist $\varrho$ die Dichte der Flüssigkeit, $F\,dz\,\varrho$ die Masse einer Flüssigkeitsschicht und $\frac{z}{D}\,u$ die Geschwindigkeit der Schicht im Wandabstand $z$. Aus $E_{\text{kin}} < A_R$ folgt

$$\frac{1}{6}\,F\,\varrho\,D\,u^2 < \eta\,F\,\frac{u}{D}\cdot l$$

oder $D < \sqrt{6\,\frac{\eta\,l}{\varrho\,u}}$

Um den Strömungswiderstand eines Schiffs- oder Flugzeugkörpers der Länge $l$ abzuschätzen, darf man annehmen, daß dieser von einer Grenzschicht etwa der Dicke

$$D \approx \sqrt{\frac{\eta\cdot l}{\varrho\cdot u}} \tag{58.4}$$

umgeben ist, in welcher die Strömungsgeschwindigkeit linear auf den Wert 0 abfällt.

Der Begriff der Grenzschichtdicke wurde von L. PRANDTL eingeführt.

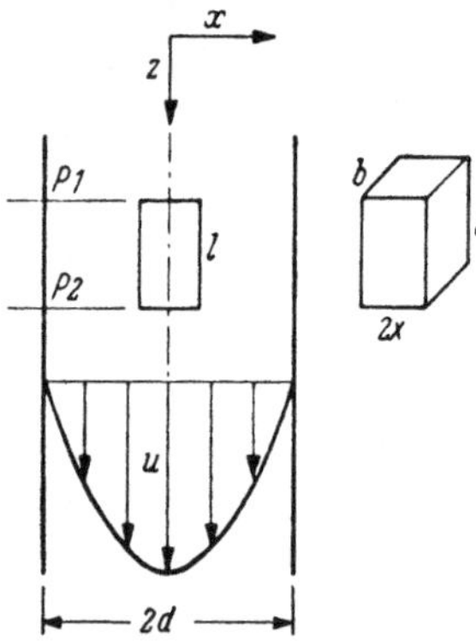

Abb. 107. Schlichte Strömung zwischen ebenen, parallelen Platten

**b) Schlichte Strömungen zwischen parallelen Platten.** Um eine Flüssigkeit zwischen ebenen Platten mit konstanter Geschwindigkeit strömen zu lassen, bedarf es zur Überwindung der Reibung einer Kraft, durch die im Innern der Flüssigkeit ein lineares Druckgefälle entsteht. Infolge der Haftung der Flüssigkeit an der Wand und des durch die innere Reibung bedingten Geschwindigkeitsgefälles steigt die Geschwindigkeit von der Wand bis zur Mittelebene zwischen den Platten an: Man denke sich zunächst eine Flüssigkeitsschicht von der Dicke $2x$, der Breite $b$ und der Länge $l$ durch eine feste Platte ersetzt (Abb. 107, oben), die sich mit der gleichen Geschwindigkeit wie die angrenzende Flüssigkeit bewegt. Dadurch wird wegen des Haftens der Flüssigkeit an der Oberfläche die Strömung nicht verändert. An ihren Stirnflächen greifen die Kräfte $2xbp_1$ und $-2xbp_2$, an ihren Flanken die Reibungskräfte nach (58.2) an. Wegen der Konstanz der Geschwindigkeit muß die Summe aller angreifenden Kräfte Null sein:

$$\eta\,2b\,l\,\frac{du}{dx} + 2x\,b\,(p_1 - p_2) = 0\,.$$

Daraus folgt

$$\frac{du}{dx} = -\frac{x}{\eta}\,\frac{(p_1 - p_2)}{l} \tag{58.5}$$

$$u = -\frac{x^2}{2\eta}\cdot\frac{(p_1 - p_2)}{l} + C\,.$$

Die Integrationskonstante ergibt sich aus der Haftbedingung $u = 0$ für $x = d$:

$$C = \frac{d^2}{2\eta}\,\frac{(p_1 - p_2)}{l}\,.$$

Also ist

$$u = \frac{(p_1 - p_2)}{2\eta\,l}\,(d^2 - x^2)\,.$$

$\frac{p_1 - p_2}{l} = \frac{dp}{dz}$ ist das Druckgefälle (Gradient, grad $p$)

$$\boldsymbol{u} = \frac{1}{2\eta}\,\text{grad}\,p\,(d^2 - x^2)\,. \tag{58.6}$$

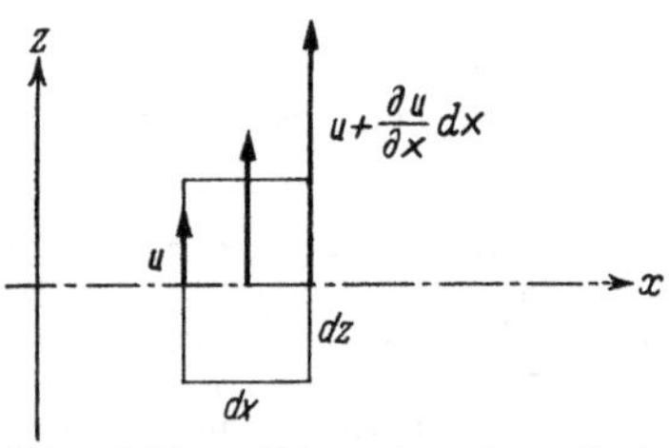

Abb. 108. Die am Volumenelement angreifende Reibungskraft beim eindimensionalen Strömungsproblem

Die Spitzen der Geschwindigkeitsvektoren liegen also auf einer Parabel.

**c) Reibungs- und Druckkräfte am Volumenelement einer strömenden Flüssigkeit.**

*Reibungskraft:* Wir betrachten ein Volumenelement $dx\,dy\,dz = d\tau$ in einer Flüssigkeit, in der die Strömung in $Z$-Richtung erfolgt und ein Geschwindigkeitsgefälle in der $X$-Richtung besteht.

Von der Mitte von $d\tau$ in Abb. 108 betrachtet, ist die Geschwindigkeit dort größer als die der links angrenzenden Flüssigkeit, aber kleiner als die der rechts angrenzenden. Daher wirken die Reibungskräfte links verzögernd, rechts beschleunigend, und ihre Differenz ist die resultierende Reibungskraft $dK_R$.

$$dK_R = -\eta\, dy\, dz\, \frac{\partial u}{\partial x} + \eta\, dy\, dz\, \frac{\partial\left(u + \frac{\partial u}{\partial x} dx\right)}{\partial x} = \eta\, \frac{\partial^2 u}{\partial x^2}\, dx\, dy\, dz = \eta\, \frac{\partial^2 u}{\partial x^2} \cdot d\tau.$$

Zur Kontrolle verwenden wir die oben behandelte Strömung zwischen ebenen Platten, wo $\frac{du}{dx} = -\frac{x}{\eta}\frac{dp}{dz}$:

$$dK_R = -\eta \cdot \frac{1}{\eta} \cdot \frac{dp}{dz} \cdot dx\, dy\, dz = -dp\, dx\, dy.$$

Das heißt: die Reibungskraft ist gerade entgegengesetzt gleich der Druckkraft, was das Merkmal der schlichten Strömungen ist und dem Ansatz in § 58b zugrunde lag.

Für ein nicht homogenes Strömungsfeld einer *inkompressiblen* Flüssigkeit gilt

$$dK_R = \eta \cdot \Delta u \cdot d\tau, \quad \text{wo} \quad \Delta u = \frac{\partial^2 u}{\partial x^2} + \frac{\partial^2 u}{\partial y^2} + \frac{\partial^2 u}{\partial z^2}. \tag{58.7}$$

*Kraft durch Druckunterschiede:* Bei inhomogener Druckverteilung wird auf das Volumenelement eine Kraft $dK_p$ ausgeübt. Deren Komponenten sind nach Abb. 109

$$\left.\begin{aligned} dK_{p,x} &= dy\, dz \cdot p - dy\, dz \left(p + \frac{\partial p}{\partial x} \cdot dx\right) = -\frac{\partial p}{\partial x} \cdot d\tau \\ dK_{p,y} &= dz\, dx \cdot p - dz\, dx \left(p + \frac{\partial p}{\partial y} \cdot dy\right) = -\frac{\partial p}{\partial y} \cdot d\tau \\ dK_{p,z} &= dx\, dy \cdot p - dx\, dy \left(p + \frac{\partial p}{\partial z} \cdot dz\right) = -\frac{\partial p}{\partial z} \cdot d\tau. \end{aligned}\right\} \tag{58.8}$$

Der Vektor, der durch Addition der Komponenten entsteht, heißt $-\operatorname{grad} p$:

$$d\boldsymbol{K}_p = -\operatorname{grad} p \cdot d\tau. \tag{58.9}$$

(58.7), (58.8) und (58.9) sind *nicht* auf schlichte Strömungen beschränkt.

**d) Schlichte Strömungen durch Rohre (Hagen und Poiseuille).** Zur Berechnung der Geschwindigkeitsverteilung in koaxialen Schichten betrachten wir die Kraft, die an einem Zylinder mit dem Radius $r$ und der Länge $l$ angreift (Abb. 110):

$$-\eta\, 2r\pi l \cdot \frac{du}{dr} = r^2\pi(p_1 - p_2).$$

Die Integration über $r$ gibt:

$$-\frac{4\eta l}{(p_1 - p_2)}\, u = r^2 + C.$$

Aus der Haftbedingung $u = 0$ für $r = R$ folgt

$$0 = R^2 + C; \qquad C = -R^2.$$

Also ist

$$R^2 - r^2 = \frac{4 \cdot \eta \cdot l}{(p_1 - p_2)}\, u.$$

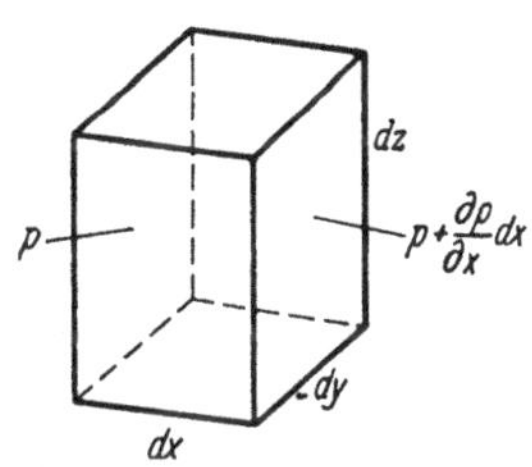


Abb. 109. Zur Berechnung der im inhomogenen Druckfelde am Volumenelement angreifenden Kraft

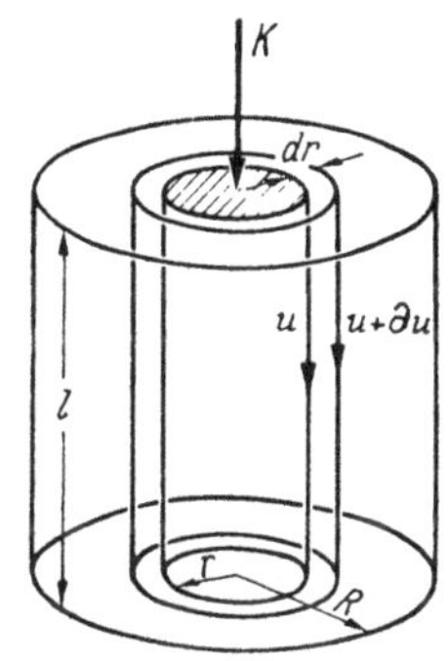


Abb. 110. Zur Ableitung des Hagen-Poiseuilleschen Gesetzes

Die Geschwindigkeit in verschiedenen Abständen $r$ von der Achse ist daher

$$u = \frac{(p_1 - p_2)}{4 \cdot \eta \cdot l} \cdot (R^2 - r^2). \tag{58.10}$$

Die Spitzen der Geschwindigkeitsvektoren liegen also auf einem Paraboloid (Abb. 111).

Die durch das Rohr in der Zeit $t$ strömende Flüssigkeitsmenge: Die durch den Hohlzylinder zwischen $r$ und $r + dr$ in der Zeit $t$ strömende Menge $dV$ ist

$$dV = 2 \cdot r \cdot \pi \cdot dr \cdot u \cdot t = \frac{2r \cdot \pi \cdot dr \cdot (R^2 - r^2)(p_1 - p_2) \cdot t}{4 \cdot \eta \cdot l}.$$

Durch den ganzen Querschnitt strömt

$$V = \int_0^R 2 \cdot r \cdot \pi \cdot dr \cdot u \cdot t = \frac{\pi (p_1 - p_2) \cdot t}{2 \cdot \eta \cdot l} \cdot \int_0^R (R^2 - r^2) \cdot r \cdot dr$$

$$V = \frac{\pi \cdot R^4 \cdot (p_1 - p_2) \cdot t}{8 \cdot \eta \cdot l} \quad \textit{(Hagen-Poiseuillesche Gleichung)}. \tag{58.11}$$

Eine geringfügige Vergrößerung des Rohrradius, wie sie sich in den Blutbahnen gelegentlich vollzieht, bringt also bereits eine erhebliche Verstärkung des durchströmenden Volumens hervor.

Definiert man die mittlere Strömungsgeschwindigkeit $\bar{u}$ durch das je Zeiteinheit durchströmende Volumen ($V/t = R^2 \pi \bar{u}$), so erhält man aus (58.11):

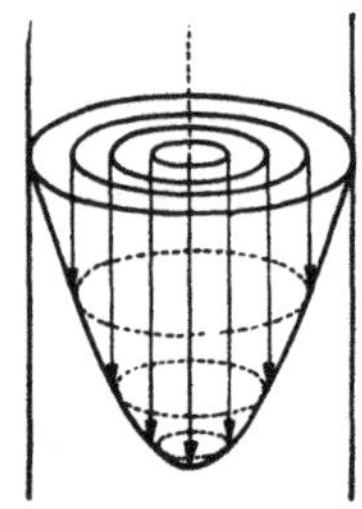

Abb. 111. Verteilung der Geschwindigkeit bei schlichter Strömung in einem Rohr

$$R^2 \cdot \pi \cdot \bar{u} = \frac{\pi}{8} \cdot \frac{R^4}{\eta} \cdot \frac{(p_1 - p_2)}{l}; \tag{58.12}$$

$R^2 \cdot \pi (p_1 - p_2)$ ist die Kraft, die an der Flüssigkeit im Rohr von außen angreift; ihr Betrag ist gleich dem Reibungswiderstand $W$; für diesen gilt daher

$$W = 8 \cdot \pi \cdot \eta \cdot l \cdot \bar{u}. \tag{58.13}$$

e) **Schlichte Strömung um Kugeln.** Eine ziemlich aufwendige mathematische Beweisführung führt zu dem Ergebnis: Um eine Kugel mit dem Radius $r$ durch eine Flüssigkeit (Viskosität $\eta$) mit der konstanten Geschwindigkeit $u$ zu ziehen, muß an ihr die Kraft

$$K = 6 \cdot \pi \cdot \eta \cdot u \cdot r \quad \textit{(Stokessches Gesetz)} \tag{58.14}$$

angreifen. Die gleiche Kraft erfährt eine Kugel, die von einer Flüssigkeit mit der Geschwindigkeit $u$ umströmt wird; ihr Widerstand ist

$$W = 6 \cdot \pi \cdot \eta \cdot u \cdot r. \tag{58.15}$$

Sowohl das Hagen-Poiseuillesche als das Stokessche Gesetz können zur Messung von $\eta$ dienen (*Kapillarviskosimeter, Kugelfallmethode*).

59. **Die Deutung der Zähigkeit von Gasen.** Eine Gasschicht der Dicke $z$ (Abb. 112) sei links von einer festen, ebenen Wand begrenzt; rechts von einer ihr parallelen, die in ihrer eigenen Ebene mit der Geschwindigkeit $u$ bewegt werde. Dazu muß eine Kraft je Flächeneinheit (Schubspannung, vgl. § 71) aufgewandt werden, für die gemäß (58.1) gilt:

$$\tau = \frac{K}{F} = \eta \frac{u}{z}.$$

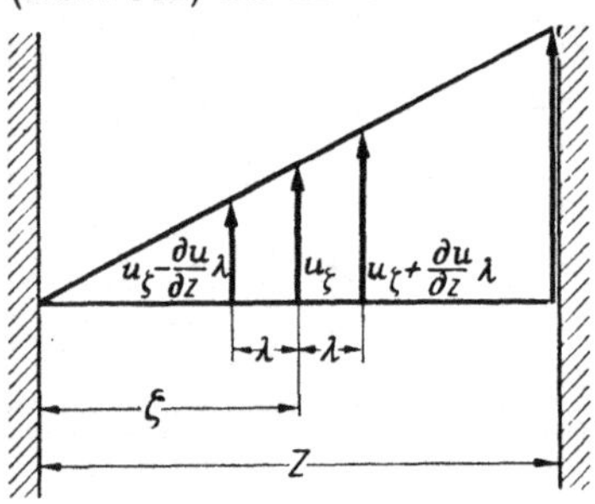


Abb. 112. Die Zähigkeit von Gasen

Nach dem Impulssatz (22.1) bewirkt eine Kraft immer Änderung des Impulses in Richtung der Kraft. Da der Impuls der Wand unverändert bleibt ($u = \text{const}$), kommt die Impulsänderung allein dem Gas zugute: Die an die bewegte Wand prallenden Moleküle verlassen diese nach dem Anprall mit einem parallel zu ihr gerichteten Zusatzimpuls, der in Zusammenstößen mit anderen Molekülen diesen weitergereicht und schließlich an die feste Wand abgegeben wird. Es findet also ein dauernder „Impulsstrom" von der bewegten zur festen Wand in $z$-Richtung statt. Wir berechnen ihn für eine beliebige Ebene im Abstand $\zeta$ parallel zur festen Wand. Dort ist der Impuls eines Moleküls

$$G = m u_\zeta = m u \frac{\zeta}{z}.$$

Moleküle, welche ihren Impuls durch die Ebene $z=\zeta$ hindurchtragen, stammen im Mittel aus Ebenen, die links und rechts im Abstand einer mittleren freien Weglänge liegen. Sie haben die Impulse

$$m\cdot\left(u_\zeta-\frac{u}{z}\lambda\right)\quad\text{bzw.}\quad m\left(u_\zeta+\frac{u}{z}\lambda\right).$$

Da die Moleküle sich mit der mittleren thermischen Geschwindigkeit $c$ bewegen, wird durch die Flächeneinheit der Ebene $z=\zeta$ von links in der Zeiteinheit der Impuls

$$|G_l|=\frac{n}{6}c\cdot m\cdot\left(u_\zeta-\frac{u}{z}\lambda\right),\quad\text{von rechts der Impuls}\quad |G_r|=\frac{n}{6}c\cdot m\cdot\left(u_\zeta+\frac{u}{z}\lambda\right)$$

hindurchgetragen (vgl. § 53), wobei $n$ die Anzahl der Moleküle je Volumeneinheit bezeichnet. Den von links kommenden Impuls rechnen wir negativ. Es wird also in der Zeiteinheit der Impuls

$$\begin{aligned}-|G_l|+|G_r|&=-\frac{n}{6}c\cdot m\cdot u_\zeta+\frac{n}{6}c\cdot m\frac{u}{z}\lambda+\frac{n}{6}c\cdot m\cdot u_\zeta+\frac{n}{6}c\cdot m\frac{u}{z}\lambda\\&=\frac{1}{3}n\cdot c\cdot m\frac{u}{z}\lambda\end{aligned}$$

durch die Flächeneinheit hindurchgeführt. Er ist gleich der Reibungskraft pro Flächeneinheit, also

$$\tau=\eta\frac{u}{z}=\frac{1}{3}n\cdot c\cdot m\frac{u}{z}\lambda. \tag{59.1}$$

Daher ist der Reibungskoeffizient $\eta=\frac{1}{3}n\cdot c\cdot m\cdot\lambda$; da $n\cdot m=\varrho$ (Dichte des Gases),

$$\eta=\frac{1}{3}\varrho\cdot c\cdot\lambda. \tag{59.2}$$

Nach (55.3) $\lambda=\frac{1}{\alpha}=\frac{1}{n\cdot q_s}$, sind mittlere freie Weglänge und Teilchenzahldichte einander umgekehrt proportional, also $n\cdot\lambda=\text{const}$. Daraus folgt: *Die Viskosität der Gase ist unabhängig vom Druck.* Diese überraschende Folgerung aus der Theorie wird durch das Experiment vollkommen bestätigt (Experimentum crucis der kinetischen Gastheorie!). Sie ist erfüllt, solange die mittlere freie Weglänge klein gegen die Abstände der sich im Gas bewegenden Körper ist, oder bei strömenden Gasen klein gegen die Gefäßdimensionen.

Dagegen wächst die Zähigkeit der Gase — im Gegensatz zu derjenigen der Flüssigkeiten — mit steigender Temperatur, weil die mittlere Geschwindigkeit $c$ der Moleküle mit der Temperatur zunimmt (vgl. II 8.2).

Während man aus der Zustandsgleichung (Boyle-Mariotte) mit Hilfe der kinetischen Gastheorie die mittlere kinetische Energie und damit die mittlere thermische Geschwindigkeit gewinnt (vgl. § 53), liefert die Kenntnis der Viskosität der Gase eine Angabe über die freie Weglänge und damit (vgl. § 55) über den Wirkungsquerschnitt, d.h. die Größe der Moleküle.

## S. Strömung von Flüssigkeiten und Gasen

**60. Übersicht über die angreifenden Kräfte.** Die Bewegung von Flüssigkeiten (bzw. Gasen) erfolgt unter der Einwirkung von Kräften, die an ihnen oder ihren Teilen Beschleunigungen bewirken. Man hat zu unterscheiden:

1. Volumenkräfte, d.h. von außen angreifende Kräfte, die dem Volumen bzw. der Masse proportional sind (z.B. Schwerkraft).
2. Flächenkräfte, die auf Druckdifferenzen (Druckgefälle) zurückzuführen sind.
3. Reibungskräfte.

Die Bewegungsgleichung eines Flüssigkeitsteilchens, das so groß sei, daß es viele Moleküle enthält, ergibt sich aus der Forderung, daß die Summe der Kräfte 1 bis 3 gleich dem Produkt aus der Masse des Teilchens und seiner Beschleunigung sein muß.

**61. Beschreibung von Strömungen.** Man beschreibt Strömungen durch das *Strömungsfeld*. Ein in die bewegte Flüssigkeit gebrachtes kleines Schwebeteilchen wird von ihr mitgenommen; seine Bahn ist die der umgebenden Flüssigkeit. Wenn die Strömung *stationär* ist, d.h. wenn in jedem Punkt der Strömung die Geschwindigkeit der sich dort (im zeitlichen Nacheinander) befindenden Flüssigkeitsteilchen dauernd die gleiche ist, nennt man diese Bahnlinien *Stromlinien*. Die Tangente in einem Punkt der Stromlinie gibt die Richtung der Strömungsgeschwindigkeit an.

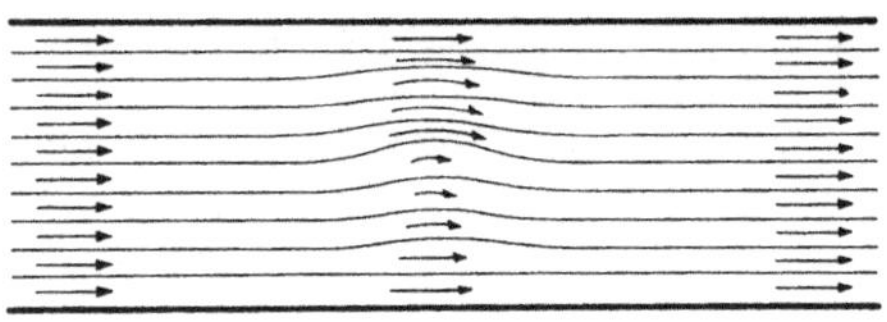

Abb. 113. Beschreibung einer Strömung durch Stromlinien

Zeichnet man durch die senkrecht zur Stromlinienrichtung gestellte Einheitsfläche so viele Stromlinien, wie die Maßzahl der Geschwindigkeit angibt, so gibt diese Stromliniendichte ein anschauliches Bild von der Geschwindigkeitsverteilung in der Flüssigkeit: je enger die Stromlinien sich an einem Ort zusammendrängen, desto größer ist dort die Strömungsgeschwindigkeit. Alle Stromlinien, die durch die Umrandung eines durchströmten Flächenstückes gehen, bilden einen Schlauch, eine sogenannte *Stromröhre*, die einen *Stromfaden* umschließt. Da die Strömungsgeschwindigkeiten keine Komponenten senkrecht zur Wandung der Stromröhre haben, können durch diese keine Flüssigkeitsteilchen hindurchtreten. Das heißt, daß die aus einer *Quelle* in einen Stromfaden eintretende Flüssigkeit in ihm verbleibt, bis sie von einer *Senke* aufgenommen wird.

**62. Strömungswiderstand.** Ein in eine strömende Flüssigkeit (Gas) gestellter Körper erfährt eine Kraft ($K$), die sich in vielen Fällen proportional zur Dichte der Flüssigkeit ($\varrho$), zum Quadrat der Strömungsgeschwindigkeit ($u$) und zur Fläche ($F$) erweist, die der Körper der Strömung darbietet. Man kann also ansetzen:

$$K = w \cdot \frac{\varrho}{2} \cdot u^2 \cdot F \qquad (62.1)$$

Die so definierte dimensionslose Konstante $w$ heißt die *Widerstandszahl* des Körpers. Nach dem Newtonschen Reaktionsprinzip muß die Flüssigkeit von dem Körper, den sie umströmt, eine Kraft erfahren, welche dem Betrage nach gleich $K$, aber ihr entgegengerichtet ist. Man bezeichnet diese Kraft als den *Widerstand* des Körpers.

Die Ursachen für den Widerstand sind je nach Strömungsart verschieden. Man unterscheidet:

a) Schlichte oder laminare Strömungen, die vorwiegend durch die Viskosität der Flüssigkeit beeinflußt werden;

b) Strömungen von realen („wirklichen") Flüssigkeiten, zu deren Verständnis die Reibung nicht vernachlässigt werden darf, aber doch nicht mehr den entscheidenden Einfluß auf den Zusammenhang zwischen Bewegungen und Kräften ausübt;

c) Strömungen von idealen Flüssigkeiten (ohne Viskosität).

Viele Eigenschaften von Flüssigkeitsbewegungen unter dem Einfluß von Kräften lassen einfache Zusammenhänge erkennen, wenn man von der inneren Reibung völlig absieht. Das Studium der Eigenschaften von idealen Flüssigkeiten bedeutet eine wichtige Vorstufe zum Verständnis der Strömungen in den realen Flüssigkeiten.

**63. Das Reynoldssche Kriterium.** In den meisten Fällen läßt sich der Widerstand von Körpern in einer strömenden Flüssigkeit mit Viskosität wegen zu großer mathematischer Schwierigkeiten nicht berechnen; man muß ihn messen. Da aber sehr häufig der Widerstand sehr großer Körper interessiert (Flugzeug, Schiffskörper), an denen die Messungen einen zu großen experimentellen Aufwand erfordern, mißt man am verkleinerten Modell. Die aus der Messung nach (62.1) berechnete Widerstandsziffer ist unabhängig von der Modellgröße, wenn die Messungen unter *ähnlichen* Bedingungen ausgeführt werden, d.h. wenn beim Modellversuch wie bei dem Originalkörper der Quotient: Dichte · Länge · Strömungsgeschwindigkeit/Zähigkeit die gleiche (dimensionslose) Zahl (*Re*) ergibt.

$$Re = \frac{\varrho l u}{\eta} \qquad (63.1)$$

heißt Reynoldssche Zahl.

In Röhren erhöht sich das Druckgefälle und damit der Widerstand beträchtlich, sobald die Strömungsgeschwindigkeit einen bestimmten kritischen Wert überschreitet. Man beobachtet dann statt der laminaren Strömung eine unregelmäßige mit Wirbeln verbundene Bewegung, die als *Turbulenz* bezeichnet wird.

Beim Vergleich von zwei Rohren mit verschiedenen Radien $r$ gilt folgendes: Wenn die Strömung in 1 laminar ist, ist sie bei gleicher Reynoldsscher Zahl *Re* auch in 2 laminar. Mit zunehmender Geschwindigkeit wächst *Re*, und das Umschlagen in turbulente Strömung tritt erfahrungsgemäß in beiden Rohren dann auf, wenn die Reynoldssche Zahl $\left(Re = \frac{\varrho r u}{\eta}\right)$ den Wert 1200 überschreitet.

**Begründung des Reynoldsschen Kriteriums.** Angenommen, die Flüssigkeit durchströme ein Rohr zunächst mit parallelen Stromlinien. Dann trete eine kleine Störung auf, die eine Stromlinie etwas nach oben verbiegt (Abb. 113). Dadurch wird die darüber liegende Stromröhre verengt, und die Flüssigkeit muß dort schneller fließen. Vergrößerung der Strömungsgeschwindigkeit $u$ ist aber wegen des Trägheitsgesetzes stets mit Druckerniedrigung verbunden (vgl. 64.2: $p = \text{const} - \frac{1}{2}\varrho u^2$). Aus dem gleichen Grunde wird der Druck unterhalb der gestörten Stromlinie vergrößert. Unter dem Einfluß der Trägheit allein, der proportional $\varrho u^2$ ist, würde sich also die Störung vergrößern, die Strömung „instabil" und demzufolge turbulent werden.

Dem wirkt aber die Viskosität ($\eta$) entgegen. Ihr Einfluß ist sicher proportional zu $\eta$ und $u$ (vgl. 58.13), nimmt aber mit wachsendem $r$ ab. Es ist daher sinnvoll, ihn proportional $\eta u/r$ zu setzen.

Das Einsetzen der Turbulenz hängt also davon ab, welcher der beiden Einflüsse überwiegt, d.h. von der Größe des Quotienten

$$\frac{\text{Trägheitseinfluß}}{\text{Reibungseinfluß}} \sim \frac{\varrho u^2}{\eta u/r} = \frac{\varrho r u}{\eta} = Re \quad (\text{vgl. } 63.1).$$

Der Zahlenwert von *Re* muß, wie erwähnt, durch Experimente ermittelt werden.

Bei Röhren, die nur dem Transport einer Flüssigkeit dienen („pipe lines"), wird man dafür sorgen, daß *Re* den kritischen Wert 1200 nicht überschreitet. Bei Heizungs- oder Kühlröhren kann Turbulenz ($Re > 1200$) geradezu erwünscht sein.

**64. Strömung idealer Flüssigkeiten (DANIEL BERNOULLI).** Unter der Voraussetzung der Inkompressibilität, die weitgehend auch bei strömenden Gasen angenommen werden darf, sofern die Strömungsgeschwindigkeit kleiner als die Schallgeschwindigkeit bleibt, strömt innerhalb eines Stromfadens durch jeden Querschnitt pro Zeiteinheit die gleiche Menge hindurch (Abb. 114). Das Volumen der durch die Fläche $F$ strömenden Flüssigkeit dividiert durch die Zeit ist $F \cdot u$, die Masse $F \cdot u \cdot \varrho$. Unter der Voraussetzung der Inkompressibilität gilt die *Kontinuitätsgleichung*

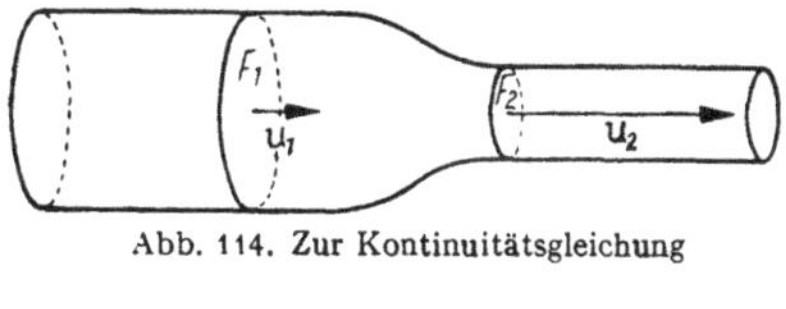

Abb. 114. Zur Kontinuitätsgleichung

$$F_1 u_1 \varrho = F_2 u_2 \varrho \quad \text{oder} \quad F_1 u_1 = F_2 u_2. \qquad (64.1)$$

Bei einer idealen Flüssigkeit (vgl. § 62c), d.h. wenn der Einfluß der Zähigkeit vernachlässigt werden darf, kann man die ganze durch ein Rohr fließende Strömung als einen einzigen Stromfaden auffassen. Wenn im engeren Teil die Flüssigkeit eine größere Geschwindigkeit hat als in einem weiteren Teil, muß sie in dazwischenliegenden Gebieten eine Beschleunigung erfahren haben. Diese wird nach den Grundsätzen der Mechanik durch Kräfte bewirkt, die an der Flüssigkeit angreifen. Wenn aber an einer Flüssigkeit Kräfte angreifen, besteht in ihr ein Druckgefälle. Wo die Geschwindigkeit wächst, muß also der Druck abnehmen.

Wir betrachten die Arbeit, welche beim Hindurchströmen des Flüssigkeitsvolumens $\Delta V$ durch das von $F_1$ und $F_2$ begrenzte Rohrvolumen (Abb. 115) verrichtet wird. Durch $F_1$ tritt die Flüssigkeitsmenge $\Delta V = F_1 \cdot \Delta x_1$ ein; um sie durch $F_1$ hindurchzuschieben, ist die Kraft $K_1 = p_1 \cdot F_1$ aufzuwenden. Die Arbeit ist

$$\Delta A_1 = K_1 \cdot \Delta x_1 = p_1 \cdot F_1 \cdot \Delta x_1 .$$

($\Delta x_1$ ist der von einem Flüssigkeitsteilchen zurückgelegte Weg; $\Delta x_1 = u_1 \cdot \Delta t$.) Durch $F_2$ tritt die gleiche Flüssigkeitsmenge $\Delta V = F_2 \cdot \Delta x_2$. Sie verrichtet gegen die Kraft $K_2 = F_2 \cdot p_2$ auf dem Wege $\Delta x_2$ die Arbeit $\Delta A_2 = p_2 \cdot F_2 \cdot \Delta x_2$. Beide Arbeiten sind voneinander verschieden. Die kinetische Energie $E_{\text{kin}} = \frac{\varrho \Delta V}{2} u_2^2$ im engeren Rohr ist größer als $\frac{\varrho \Delta V}{2} u_1^2$ im weiteren Rohr. Wegen des kleineren Querschnittes $F_2$ ist nämlich $u_2 > u_1$. Das folgt aus der Kontinuitätsgleichung (64.1). Ihr Zuwachs muß nach dem Energiesatz gleich dem Betrag sein, um den $\Delta A_1 > \Delta A_2$ ist:

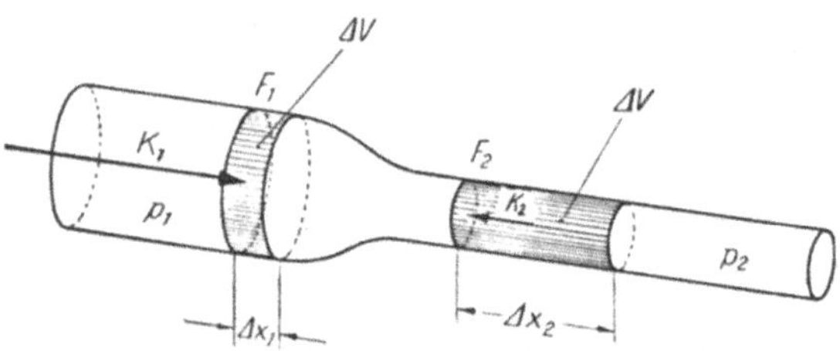


Abb. 115. Zur Herleitung der Bernoullischen Beziehung

$$p_1 \cdot F_1 \cdot \Delta x_1 - p_2 \cdot F_2 \cdot \Delta x_2 = \frac{\varrho \cdot F_2 \cdot \Delta x_2}{2} \cdot u_2^2 - \frac{\varrho \cdot F_1 \cdot \Delta x_1}{2} \cdot u_1^2 .$$

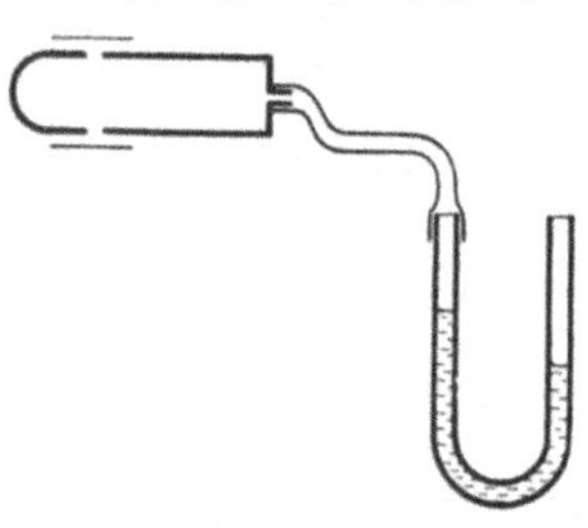

Abb. 116. Manometer zur Messung des statischen Druckes $p$ in einem strömenden Gase

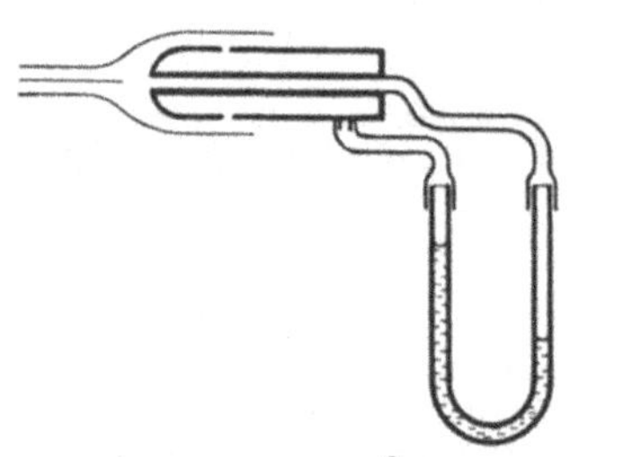

Abb. 117. Prandtlsches Staurohr. $\frac{\varrho}{2} \cdot u^2 = p_0 - p$ ist gleich der Druckdifferenz der Flüssigkeitssäulen im Manometer

Da wegen der Kontinuitätsgleichung (64.1) das Produkt $F \cdot \Delta x$, d.i. das während $\Delta t$ durch einen Querschnitt strömende Volumen überall den gleichen Wert hat, ergibt sich aus der letzten Gleichung:

$$p_1 - p_2 = \frac{\varrho}{2} \cdot u_2^2 - \frac{\varrho}{2} \cdot u_1^2$$

oder

$$p_1 + \frac{\varrho}{2} \cdot u_1^2 = p_2 + \frac{\varrho}{2} \cdot u_2^2 .$$

Innerhalb der strömenden inkompressiblen Flüssigkeit gilt also überall:

$$p + \frac{\varrho}{2} \cdot u^2 = \text{const} = p_0 \quad \textit{(Bernoullische Gleichung)}. \tag{64.2}$$

$p$ ist der Druck, den ein Manometer in der strömenden Flüssigkeit anzeigt. Er ist überall kleiner als der „Gesamtdruck" $p_0$, dessen Wert er nur an Stellen, wo $u=0$ ist, erreicht z.B. an der Spitze eines angeströmten Stromlinienkörpers. Die Differenz dieser beiden Drucke, meßbar z.B. mit dem Prandtlschen Staurohr (Abb. 117), ist gleich $\frac{1}{2}\varrho u^2$, wird *Staudruck genannt* genannt und ist ein direktes Maß für die Strömungsgeschwindigkeit.

**a) Ausströmung unter der Wirkung der Schwerkraft.** Steht eine Flüssigkeit unter der Wirkung von äußeren Kräften, z.B. der Schwerkraft, so folgt aus dem Energiesatz für die Ausströmung aus enger Öffnung (Abb. 118): Die Abnahme der potentiellen Energie $\varrho \cdot \Delta V \cdot g \cdot h$ ist gleich der Zunahme an kinetischer Energie $\frac{\varrho \cdot \Delta V}{2} u^2$.

$$u^2 = 2 \cdot g \cdot h, \qquad u = \sqrt{2 \cdot g \cdot h}. \tag{64.3}$$

Die Ausflußgeschwindigkeit einer Flüssigkeit ist demnach gleich der Geschwindigkeit, die sie erreichen würde, wenn sie um die Fallstrecke $h$ von der Flüssigkeitsoberfläche bis zur Ausströmungsöffnung frei fallen würde (Torricellisches Gesetz).

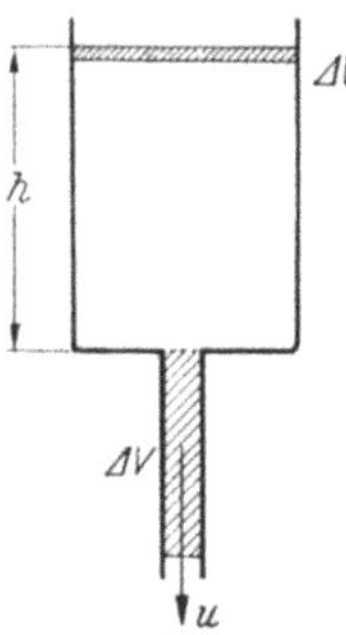


Abb. 118

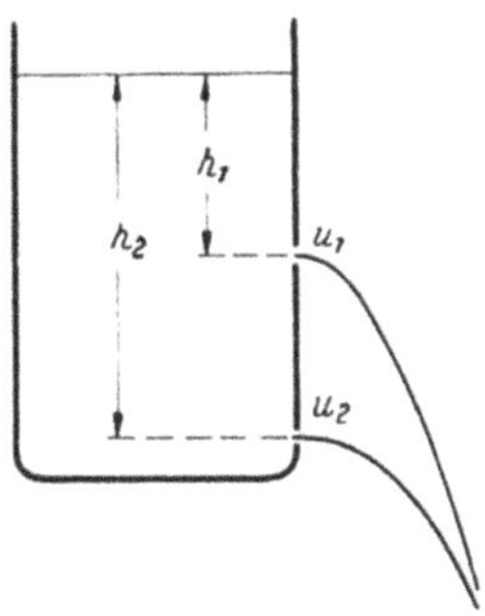


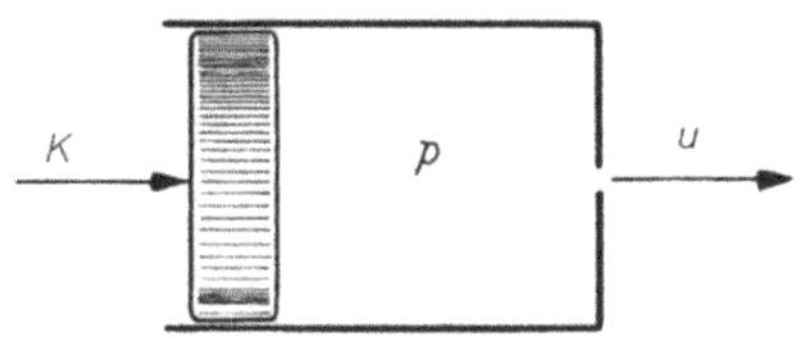


Abb. 120

Abb. 118. Ausströmung aus enger Öffnung unter der Wirkung der Schwerkraft

Abb. 119. Ausströmung einer Flüssigkeit aus der Seitenwand des Gefäßes. Der Halbparameter des parabolischen Strahles ist $\frac{u^2}{g}$

Abb. 120. Ausströmung unter der Wirkung eines Kolbendruckes

Für eine Ausströmungsöffnung, die sich im Abstand $h$ unter dem Flüssigkeitsspiegel in der Seitenwand befindet, ist die Geschwindigkeit ebenfalls $u=\sqrt{2gh}$ (Abb. 119).

**b) Ausströmung unter der Wirkung eines Kolbendruckes** (Abb. 120). Die Arbeit bei der Volumenänderung $\Delta V = F \cdot \Delta x$ ist

$$\Delta A = F \cdot p \cdot \Delta x \qquad [\text{bzw. } F(p_1 - p_2)\,\Delta x] \qquad \Delta A = p \cdot \Delta V.$$

Die kinetische Energie der Flüssigkeit ist

$$\frac{\varrho \cdot \Delta V}{2} \cdot u^2 = \Delta A = p \cdot \Delta V \quad \text{oder} \quad u = \sqrt{\frac{2 \cdot p}{\varrho}}, \quad \text{bzw.} \quad u = \sqrt{\frac{2(p_1 - p_2)}{\varrho}}. \tag{64.4}$$

Die Ausströmungsgeschwindigkeiten $u_1$ und $u_2$ zweier Flüssigkeiten mit den Dichten $\varrho_1$ und $\varrho_2$ verhalten sich bei gleichen Überdrucken umgekehrt wie die Wurzeln aus den Dichten:

$$\frac{u_1}{u_2} = \frac{\sqrt{\frac{2 \cdot \Delta p}{\varrho_1}}}{\sqrt{\frac{2 \cdot \Delta p}{\varrho_2}}} = \sqrt{\frac{\varrho_2}{\varrho_1}}. \tag{64.5}$$

Diese Beziehung wird beim *Effusiometer* zur Bestimmung des Dichteverhältnisses zweier Gase benützt. Bei gleichen Drucken und Temperaturen verhalten sich die Molekulargewichte der Gase wie die Dichten (s. II § 7).

**c) Weitere Beispiele zur Bernoullischen Gleichung.** Die Verteilung der Drucke in einem mit einer Einschnürung (Taille) versehenen flüssigkeitsdurchströmten Rohr kann, wie Abb. 121 und 122 zeigen, mit aufgesetzten Flüssigkeitsmanometern gemessen werden. Der lineare Abfall der Drucke $p_1 \to p_2 \to p_3$ in Abb. 121 rührt von der Reibung her, er ist um so geringer, je kleiner $\eta$, und müßte in idealen Flüssigkeiten Null sein. Daß in Abb. 122 $p_2 < p_3$, folgt daraus, daß in der Einschnürung $u_2 > u_1$ und $u_3$ ist; daher ist dort der Staudruck größer.

Die Saugwirkung eines Bunsenbrenners (Abb. 123) ist darauf zurückzuführen, daß der Druck in dem strömenden Gas kleiner ist als der Druck der angrenzenden ruhenden Luft. Durch den Druckunterschied wird die Luft in den Gasstrom hineingetrieben, so daß das Gas die zur vollständigen Verbrennung erforderliche Durchmischung mit Sauerstoff erhält.

*Hydrodynamisches Paradoxon.* Aus einem Rohr $R$ (Abb. 124 und 125), das an seinem Ende eine kreisförmige Platte $P_1$ (einen Flansch) trägt, strömt eine Flüssigkeit oder ein Gas

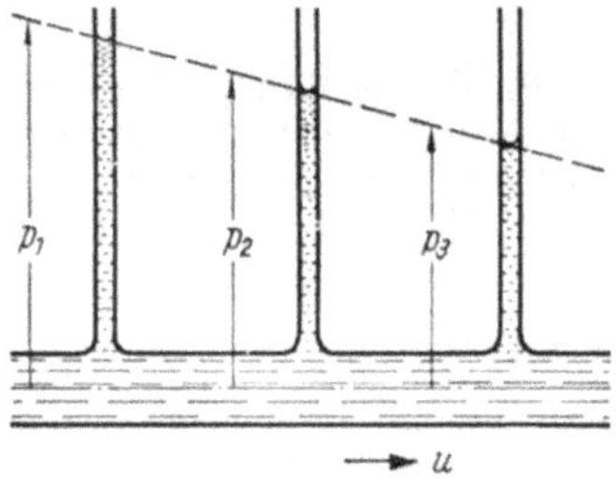


Abb. 121. Druckabfall in einem durchströmten Rohr mit überall gleichem Querschnitt

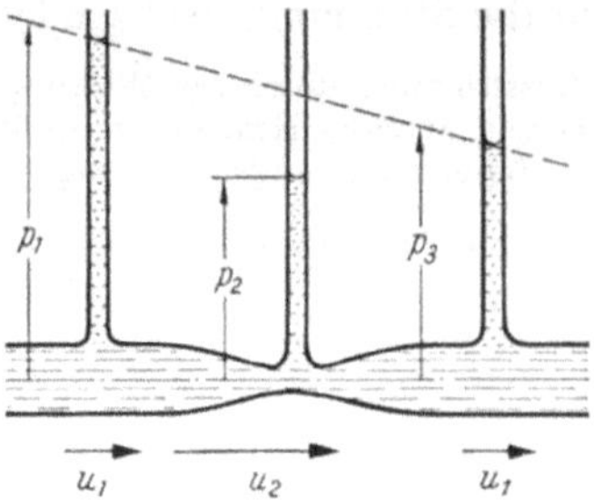


Abb. 122. Druckverteilung in einem durchströmten Rohr mit einer Einschnürung (Taille)

gegen eine vor ihr beweglich angebrachte, parallele Platte $P_2$ und tritt nach Durchfließen des Zwischenraums zwischen $P_1$ und $P_2$ in den Außenraum. $P_2$ wird nicht abgestoßen,

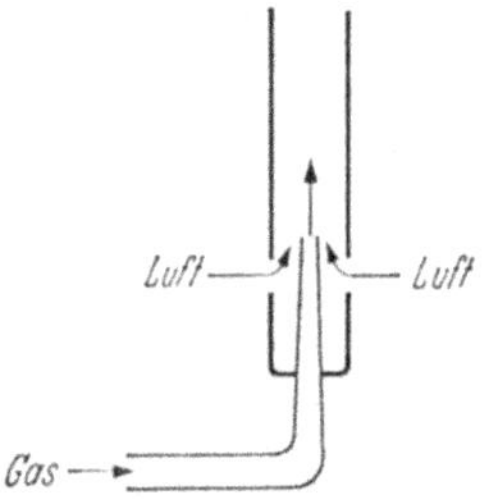


Abb. 123. Prinzip des Bunsenbrenners

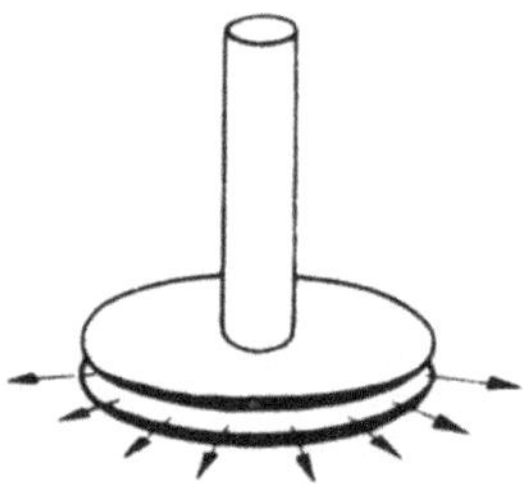

Abb. 124. Hydrodynamisches Paradoxon

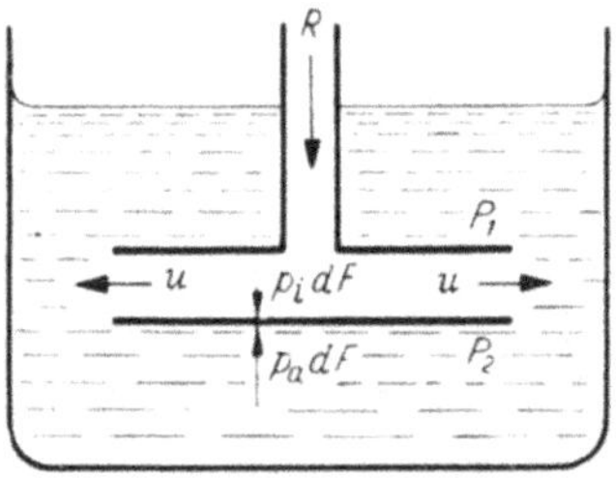


Abb. 125. Zum hydrodynamischen Paradoxon

sondern angezogen. Infolge der radialen Strömung zwischen $P_1$ und $P_2$ ist dort $\frac{\varrho}{2} u^2$ von 0 verschieden; der statische Druck $p_i$ zwischen den Platten ist also kleiner als der von außen wirkende Druck $p_a$, der gleich dem statischen Druck des ruhenden Wassers oder der ruhenden Atmosphäre ist. Die Platte erfährt die nach innen gerichtete Kraft $F \cdot (p_a - p_i)$.

**65. Kräfte auf Körper, die von einer idealen Flüssigkeit umströmt werden.** Die Stromlinien um eine Kugel verlaufen symmetrisch zur Äquatorebene (Abb. 126). An den Polen $P$ und $P'$ befindet sich ein Staugebiet ($u=0$), die größte Geschwindigkeit hat die Flüssigkeit am Äquator. Nach der Bernoullischen Beziehung muß daher der statische Druck vom Pol bis zum Äquator abnehmen. Infolge der Symmetrie der Druckverteilung ist aber die an der Kugel angreifende Kraft gleich Null. Eine Kugel bietet also einer sie umströmenden idealen (d. h. reibungsfreien!) Flüssigkeit keinen Widerstand. Um sie mit endlicher Geschwindigkeit durch eine ruhende Flüssigkeit hindurchzuziehen, bedarf es keiner Kraft. Das gleiche gilt für die Umströmung jedes anderen Körpers durch eine ideale Flüssigkeit. Das steht in krassem Widerspruch zur Erfahrung! Er löst sich folgendermaßen: Nach kurzzeitiger Umströmung ist infolge der unvermeidlichen Reibung in der Grenzschicht die Strömung hinter der Kugel abgeändert, die Stromlinien und damit auch die statischen Drucke sind nicht mehr

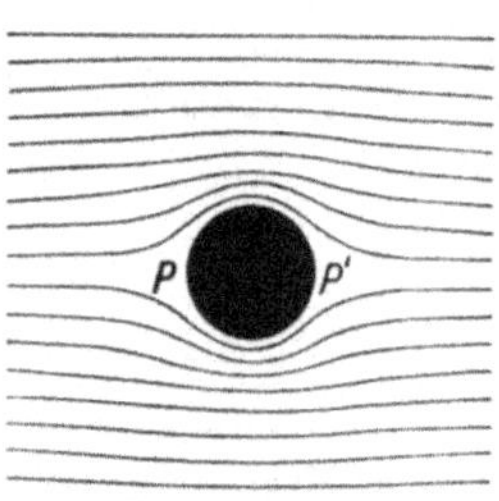


Abb. 126. Stromlinien in einer idealen Flüssigkeit um eine Kugel (oder Zylinder)

symmetrisch in bezug auf die Äquatorebene. Im ersten Anlaufen der Strömung (bzw. der Bewegung der Kugel gegen die ruhende Flüssigkeit) entsteht aber das in Abb. 126 dargestellte Strömungsbild. Das Stromlinienbild einer Parallelströmung um einen Kreiszylinder ist dem der Strömung um eine Kugel sehr ähnlich.

Strömungen einer idealen Flüssigkeit, die rotationsfrei sind (s. § 66), bezeichnet man als *Potentialströmungen.*

Umströmung einer schräg zur Richtung der Parallelströmung gestellten Platte (Abb. 127): Die Staugebiete $P$ und $P'$, in denen die größten statischen Drucke herrschen, liegen sich nicht mehr (wie bei der Kugel) direkt gegenüber. Oberhalb von $P$ ist $u$ größer, unterhalb kleiner; auf der rechten Seite ist die Geschwindigkeitsverteilung umgekehrt. Die aus dieser Asymmetrie folgende Druckverteilung bewirkt ein Drehmoment, welches die Platte senkrecht zur Strömungsrichtung zu stellen sucht. In dieser Lage ist Symmetrie des Stromlinienbildes in bezug auf die Ebene der Platte hergestellt und daher das Drehmoment gleich Null. Eine um eine senkrecht zur Strömung gerichtete Achse drehbare Platte sucht, sich senkrecht zur Strömungsrichtung einzustellen, und zwar unabhängig davon, von welcher Seite sie angeströmt wird. Auf diese Weise kann man die Teilchengeschwindigkeit innerhalb einer Schallwelle (Schallschnelle; vgl. § 97) messen.

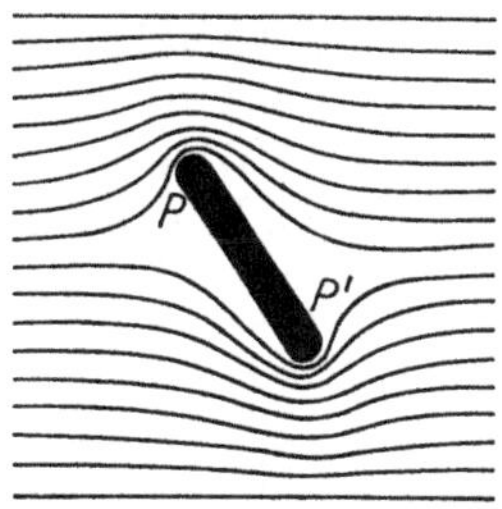


Abb. 127. Umströmung einer schräg zur Parallelströmung gestellten Platte

**66. Rotierende Flüssigkeitsbewegungen; Wirbel.** Rotierende Flüssigkeitsbewegungen, bei denen die Stromlinien in sich geschlossen sind, nennt man *Wirbel.* Sie haben einen *Wirbelkern,* in dem alle Flüssigkeitsteilchen die gleiche Winkelgeschwindigkeit $\omega$ besitzen können. Wirbelachsen enden niemals im Innern der Flüssigkeit, sondern stets an einer Flüssigkeitsoberfläche; es sei denn sie laufen in sich zurück und bilden dadurch *Wirbelringe.*

Der Wirbelkern wird von der *Zirkulationsströmung* umgeben, bei der nach außen hin die Geschwindigkeit abnimmt; am Rande des Kerns stimmt sie mit der des Kerns an dieser Stelle überein (Abb. 128). Die Geschwindigkeit in der Zirkulationsströmung kann der Entfernung von der Achse umgekehrt proportional sein:

$$u = \frac{k}{r} \tag{66.1}$$

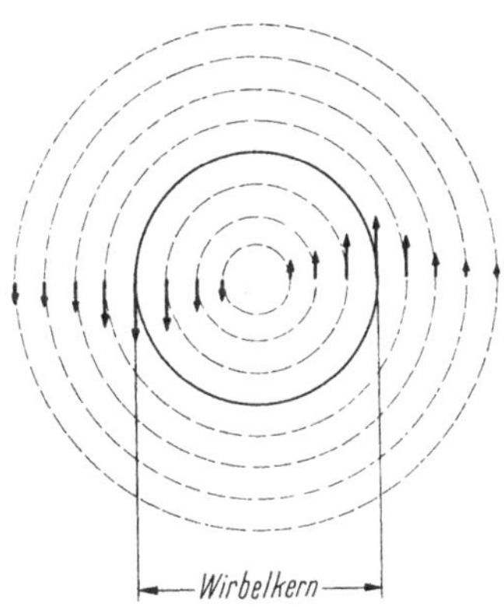


Abb. 128 Geschwindigkeitsverteilung in einem Wirbel

Unter der *Zirkulation* versteht man den Ausdruck $Z = \oint u_S\, ds$ ($u_S$ = Komponente der Geschwindigkeit $u$ in der Richtung von $ds$). $Z$ ist nur dann von 0 verschieden, wenn der geschlossene Integrationsweg einen Wirbelkern umgibt. Ist (66.1) erfüllt, so wird $Z = \oint u \cdot ds = 2 \cdot r \cdot \pi \cdot \frac{k}{r} = 2 \cdot \pi \cdot k$. An der Grenze des Wirbelkerns mit konstanter Winkelgeschwindigkeit $\omega$, dessen Radius gleich $R$ sei, ist $u = \omega \cdot R$. Für den Integrationsweg entlang der Grenze des Wirbelkerns ist also

$$Z = \oint u \cdot ds = u \oint ds = \omega \cdot R \cdot 2 \cdot R \cdot \pi = 2 F \omega,$$

wobei $F$ die Querschnittsfläche des Wirbels angibt. Das Produkt $F \cdot \omega$ charakterisiert die Stärke des Wirbels und wird als Wirbelintensität $J$ bezeichnet. Somit ergibt sich:

$$Z = 2J. \tag{66.2}$$

*Die Zirkulation ist gleich der doppelten Wirbelintensität.*

Für ideale Flüssigkeiten (vgl. § 62c) gelten die folgenden von Helmholtz aufgestellten Sätze:

1. In ihnen können Wirbel nicht erzeugt werden.
2. In ihnen vorhandene Wirbel können nicht zerstört werden.
3. Die Wirbelintensität $J$ ist unveränderlich; nimmt der Querschnitt ab, so nimmt die Winkelgeschwindigkeit des Wirbels zu.

**67. Strömungen in realen Flüssigkeiten.** An der Oberfläche eines Körpers, der von einer Flüssigkeit umströmt wird, bildet sich wegen des Haftens in ihr eine *Grenzschicht* [s. (58.4)]. In ihr besteht senkrecht zur Oberfläche ein Geschwindigkeitsgefälle $\frac{du}{dz}$, welches um so größer ist, je dünner die Grenzschicht ist, also besonders groß in Flüssigkeiten von sehr kleiner Viskosität. In dieser Grenzschicht wirken Reibungskräfte, die wir bei der Untersuchung der Kräfte, welche in idealen Flüssigkeiten wirken, vernachlässigt haben. Sie sind aber von wesentlichem Einfluß auf die Strömungserscheinungen. Ihre Berücksichtigung bedeutet den Übergang von den idealen zu den *realen* Flüssigkeiten. Sie bedingen das Auftreten von Wirbeln bei der Umströmung von Körpern durch reale Flüssigkeiten.

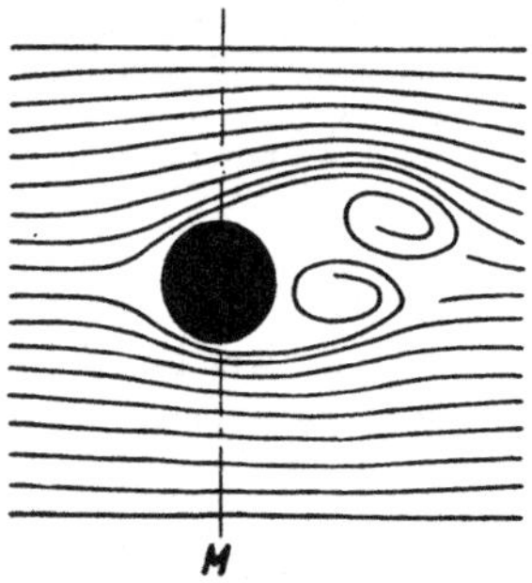


Abb. 129. Bildung von Wirbeln in einer realen Flüssigkeit bei der Umströmung eines Zylinders (von links nach rechts)

Bei der Potentialströmung um einen Zylinder nimmt die Geschwindigkeit bei Annäherung an die Mittelebene $M$ (Abb. 129) zu. Die Flüssigkeitsteilchen werden durch das Druckgefälle beschleunigt; hinter der Mittelebene können sie auf Grund ihrer vermehrten kinetischen Energie gegen das Druckgefälle anlaufen

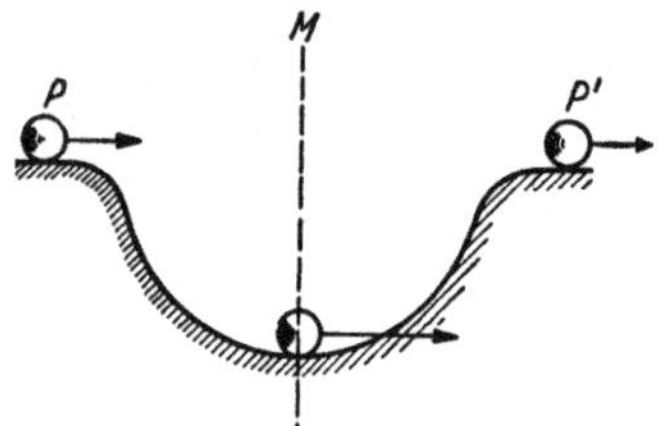


Abb. 130. Modellvorstellung zur Geschwindigkeitsverteilung in einer Potentialströmung um einen Zylinder

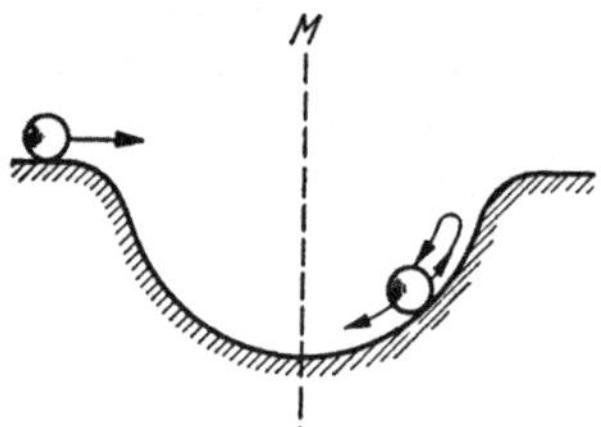


Abb. 131. Modellvorstellung zur Wirbelbildung infolge der Grenzschichtreibung

und verlieren hier infolgedessen wieder an Geschwindigkeit, bis sie (bei fehlender Reibung) weit hinter dem Hindernis die gleiche Geschwindigkeit besitzen wie davor. Es verhalten sich die Teilchen wie eine Kugel, die von einer reibungsfreien, horizontalen Ebene in eine Höhlung rollt, an ihrem Boden eine höhere Geschwindigkeit hat, sie aber nach Hinaufrollen der Böschung wieder einbüßt, um auf die horizontale Ebene mit der Anfangsgeschwindigkeit auszutreten (Abb. 130). Ist aber Reibung zu überwinden, so muß die Kugel beim Hinaufrollen zur Umkehr kommen, wenn die Reibungsarbeit größer ist als die vor dem Hineinrollen vorhandene kinetische Energie (Abb. 131). Ähnlich ist es bei der strömenden realen Flüssigkeit: Die Flüssigkeitsteilchen können infolge der Grenzschichtreibung hinter der Mittelebene $M$ zur Umkehr kommen. Dadurch wird eine Drehung eingeleitet, und es bildet sich hinter dem Zylinder ein *Wirbelpaar* mit entgegengesetztem Drehsinn (Abb. 129). Die an den Wirbeln vorbeiströmende Flüssigkeit nimmt abwechselnd den einen und dann den anderen dieser Wirbel mit. Nach Ablösung der Wirbel bilden sich wieder neue, die auch abgelöst werden, hinter dem Zylinder entsteht eine *Wirbelstraße*.

Die Mittelebene $M$ ist nicht mehr Symmetrieebene; nun wird auf den Zylinder eine Kraft übertragen, auf die bei Kenntnis des Strömungsfeldes aus der Bernoullischen Beziehung geschlossen werden kann. Die Kraftübertragung folgt aber auch daraus, daß in die Wirbel Energie gesteckt wird. Um die Strömung stationär zu halten, muß Arbeit geleistet werden; das bedeutet, daß der Zylinder der Strömung einen Widerstand bietet.

## T. Eigenschaften des deformierbaren festen Körpers

**68. Dehnung und Dehnungsmodul; Hookesches Gesetz.** Die Belastung eines Drahtes der Länge $l$ mit dem Querschnitt $q$ durch die Kraft $K$ verursacht eine Verlängerung $\Delta l$. Diese ist bei nicht zu großer Belastung proportional der angreifenden Kraft $K$ und der Länge $l$ des Drahtes. Dem Querschnitt des Drahtes ist sie umgekehrt proportional. Das unterschiedliche Verhalten verschiedener Materialien wird durch den Proportionalitätsfaktor $\frac{1}{E}$ ausgedrückt.

$$\Delta l = \frac{1}{E} \cdot \frac{l}{q} \cdot K \quad \text{oder} \quad \frac{\Delta l}{l} = \frac{1}{E} \cdot \frac{K}{q}. \tag{68.1}$$

$\frac{\Delta l}{l} = \varepsilon$ ist die *Dehnung* (Verlängerung bzw. Verkürzung pro Längeneinheit), $\frac{K}{q} = \sigma$ die *Spannung* (Zug bzw. Druck). $E$ heißt *Dehnungsmodul* oder (in der technischen Literatur vorwiegend, aber weniger folgerichtig) *Elastizitätsmodul*; $\frac{1}{E}$ wird auch als *Dehnungsgröße* bezeichnet.

$$\varepsilon = \frac{1}{E} \cdot \sigma \quad \text{oder} \quad \sigma = E \cdot \varepsilon \quad (\textit{Hookesches Gesetz}). \tag{68.2}$$

*Dehnung und Spannung sind einander proportional*; das gilt aber nur für kleine Dehnungen.

Ein Würfel (Abb. 132) mit der Kantenlänge 1 cm, an dem an zwei gegenüberliegenden Flächen eine Kraft vom Betrage $\sigma$ angreift, erfährt eine Längenänderung der den Kräften parallelen Kanten um $\varepsilon \cdot 1$ cm. Da $\varepsilon$ dimensionslos ist, hat $E$ die Dimension einer Spannung:

$$[E] = \frac{[\text{Kraft}]}{[\text{Fläche}]}.$$

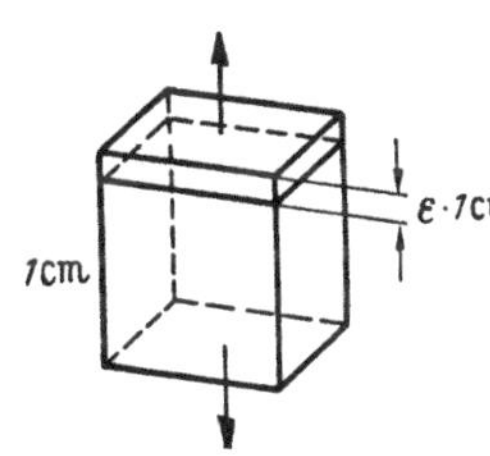

Abb. 132. Die Deformation des Einheitswürfels durch Zug

In der Technik wird $E$ meist in Kilopond pro $mm^2$ angegeben.

**69. Querkontraktion; Poissonsche Zahl.** Die durch die Normalspannungen oder Drucke bewirkte Volumenänderung besteht aber nicht nur in einer Verlängerung bzw. Verkürzung in Richtung des Kraftvektors, sondern auch in einer Verkürzung bzw. Verlängerung $\Delta d$ in dazu senkrechter Richtung (*Querkontraktion*, Abb. 133). $\Delta d = d - d'$; wir definieren als *Poissonsche Zahl*, auch „Querzahl" genannt:

$$\mu = \frac{\Delta d}{d} : \frac{\Delta l}{l}. \tag{69.1}$$

Die Volumenänderung eines Prismas mit quadratischem Querschnitt ist

$$\begin{aligned}\Delta V &= (d - \Delta d)^2 \cdot (l + \Delta l) - d^2 \cdot l \\ &= (d^2 - 2d\,\Delta d + \Delta d^2)(l + \Delta l) - d^2 \cdot \\ &= d^2 \cdot \Delta l - 2 \cdot \Delta d \cdot l \cdot d\end{aligned}$$

(unter Vernachlässigung kleiner Größen höherer Ordnung).

$$\frac{\Delta V}{V} = \frac{\Delta V}{d^2 \cdot l} = \frac{\Delta l}{l} - 2 \cdot \frac{\Delta d}{d} = \frac{\Delta l}{l}\left(1 - 2\frac{\Delta d}{d} : \frac{\Delta l}{l}\right) = \varepsilon(1 - 2\mu).$$

Da unter der Wirkung eines Zuges eine Volumenzunahme erfolgt, $\Delta V$ also größer oder mindestens gleich Null ist, kann $\mu$ nicht größer sein als 0,5. Für $\mu = 0{,}5$ wird $\Delta V = 0$.

Erfahrungsgemäß ist $\mu$ nur vom Material abhängig und liegt zwischen 0,2 und 0,5. Da nach dem Hookeschen Gesetz $\varepsilon = \frac{1}{E} \cdot \sigma$, wird

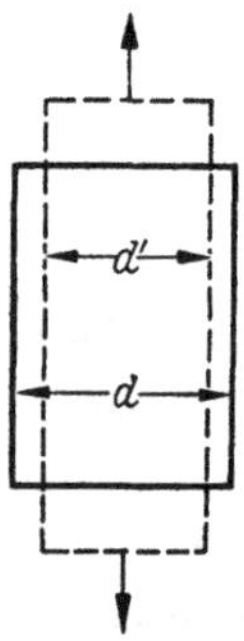

Abb. 133. Querkontraktion bei elastischer Dehnung

$$\frac{\Delta V}{V} = \frac{1}{E} \cdot \sigma \cdot (1 - 2\mu). \tag{69.2}$$

Steht ein Körper allseitig unter dem Druck $\Delta p = -\sigma$, so ist die Volumenänderung 3mal so groß:

$$\frac{\Delta V}{V} = \frac{3}{E} \cdot \sigma \cdot (1 - 2\mu) = -\frac{3}{E} \cdot \Delta p \cdot (1 - 2\mu). \tag{69.3}$$

Also folgt für die *Kompressibilität* $\varkappa$ (Volumenänderung unter allseitig gleichem Druck)

$$\varkappa = -\frac{1}{V} \cdot \frac{\Delta V}{\Delta p} = \frac{3}{E}(1 - 2\mu). \tag{69.4}$$

**70. Allseitige Kompression. Der Kompressionsmodul.** Unter der Wirkung eines allseitigen Druckes $\Delta p$ wird ein fester Körper derart deformiert, daß jede auf oder in ihm konstruierte geometrische Figur sich selbst ähnlich bleibt (winkelerhaltende oder Ähnlichkeitsdeformation). Seine Volumänderung ist bei einer solchen dreidimensionalen Spannung 3mal so groß wie bei der eindimensionalen $-\sigma$, vgl. § 68), also wegen (69.2):

$$\frac{\Delta V}{V} = -\frac{3}{E} \cdot (1 - 2\mu) \cdot \Delta p. \tag{70.1}$$

Schreibt man das Hookesche Gesetz für diese Deformationsart in Analogie zu (68.2):

$$-\Delta p = k \cdot \frac{\Delta V}{V} \tag{70.2}$$

(weil einer Druckzunahme eine Volumabnahme entspricht), und bezeichnet man $k$ als Kompressionsmodul, so ergibt sich folgende Beziehung zwischen den beiden Moduln und der Querzahl $\mu$:

$$k = \frac{E}{3(1 - 2\mu)}. \tag{70.3}$$

$1/k$ ist identisch mit der in § 48b eingeführten Kompressibilität $\varkappa$. Diese Größe wird vorzugsweise bei fluiden Medien (Gasen und Flüssigkeiten) benützt.

**71. Scherung fester Körper. Der Schubmodul.** Bei einer Beanspruchung durch Scherungskräfte (Schubkräfte), die tangential zu der Ebene wirken, an der sie angreifen, werden die zu ihr senkrechten Kanten eines Würfels der Kantenlänge $l$ um den Winkel $\alpha$ gedreht (Abb. 134). Er ist der je Flächeneinheit wirkenden Schubkraft, d.h. der Schubspannung $\tau \,(=K/l^2)$ proportional:

$$\tau = G \cdot \alpha. \tag{71.1}$$

Die Proportionalität besteht nur für kleine $\alpha$. $G$ heißt *Torsions- oder Schubmodul* und ist ein Maß für die Gestalts- oder Formelastizität.

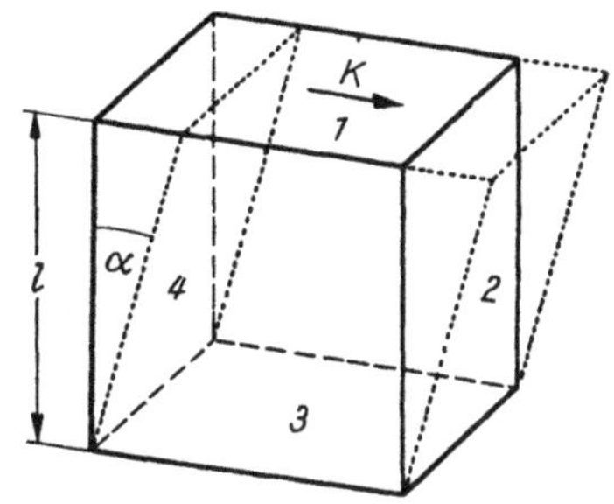


Abb. 134. Deformation eines Würfels durch Scherungskräfte) zur Definition des Torsionsmoduls)

Tabelle 3. *Elastische Konstanten einiger Stoffe*

| Material | Elastizitätsmodul $E$ in $\frac{\text{kp}}{\text{mm}^2}$ | Poissonsche Zahl $\mu$ | Kompressionsmodul $K$ in $\frac{\text{kp}}{\text{mm}^2}$ | Torsionsmodul $G$ in $\frac{\text{kp}}{\text{mm}^2}$ |
|---|---|---|---|---|
| Al | 7400 | 0,34 | 7460 | 2700 |
| Cu | 12500 | 0,35 | 14300 | 4600 |
| Fe | 21800 | 0,28 | 16100 | 8300 |

**Drillung eines Kreiszylinders.** Bei diesem Vorgang sind die einzelnen Volumelemente nur Schubkräften ausgesetzt. Man denke sich den Zylinder durch koaxiale Zylinderschnitte und ebene Radialschnitte durch die Achse in Bündel von prismatischer Form aufgeteilt. Bei Drehung der Endfläche des Zylinders um den Winkel $\varphi$ erfährt der in Abb. 135 gezeichnete prismatische Stab eine Scherung um den Winkel $\alpha = \frac{r \cdot \varphi}{l}$. Für die Schubspannung $\tau$ ergibt sich also wegen (71.1):

$$\tau = G \cdot \frac{r \cdot \varphi}{l}.$$

Die zur Deformation *eines* Prismas erforderliche Kraft ist:

$$dK = \tau \cdot \text{Querschnitt} = \tau \cdot dr \cdot r \cdot d\varphi$$

und daher das zur Drillung des ganzen in Abb. 135 herausgehobenen zylindrischen Rohres erforderliche Drehmoment

$$dD = r \cdot \tau \, dr \cdot r \cdot 2\pi.$$

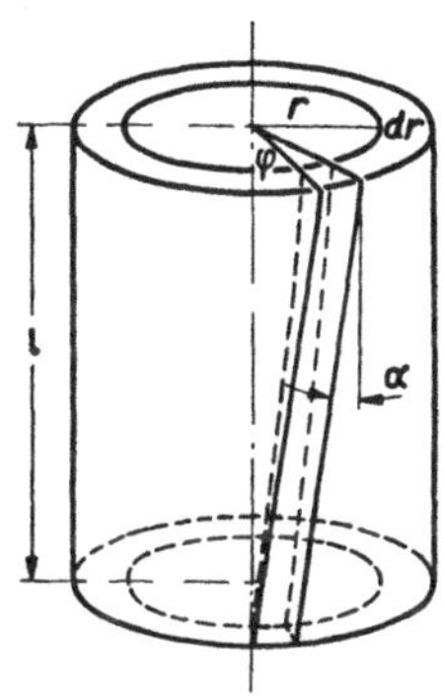


**Abb. 135. Aufteilung eines Zylinders durch koaxiale Zylinderschnitte und ebene Schnitte durch die Achse in prismatische Teile. Zurückführung der Drillung auf angreifende Schubkräfte**

Zur Drillung eines massiven Zylinders vom Radius $R$ wird also ein Drehmoment $D$ benötigt:

$$D = \int_0^R 2\pi \, \tau \, r^2 \, dr = \int_0^R 2\pi \, G \frac{r\varphi}{l} \, r^2 \, dr = \frac{\pi}{2} G \frac{R^4}{l} \varphi$$

oder

$$\varphi = \frac{2}{\pi} \frac{1}{G} \frac{l}{R^4} D. \tag{71.2}$$

Aus dem Vergleich von (71.2) mit (38.3) folgt für die Richtgröße eines tordierten Zylinders oder Drahtes:

$$D_r = \frac{\pi}{2} G \frac{R^4}{l}. \tag{71.3}$$

Hängt man an das Ende eines solchen Drahtes einen Körper, dessen Trägheitsmoment $\theta$ sei in bezug auf eine Achse, die in der Verlängerung des Aufhängedrahtes liegt, so vollführt dieser Körper nach Herausdrehen aus der Ruhelage Drehschwingungen, deren Schwingungsdauer

$$T = 2\pi \sqrt{\frac{\theta}{\frac{\pi}{2} G \frac{R^4}{l}}} \tag{71.4}$$

ist [vgl. (38.4)].

Die Drillung von dünnen Drähten ist ein sehr empfindliches Mittel zur Messung kleiner Drehmomente (Gravitationswaagen, Galvanometer). Die Richtgröße nimmt bei Verringerung des Radius auf 1/10 im Verhältnis 1 : 10000 ab.

**72. Zusammenhang zwischen den elastischen Konstanten.** Zwischen den bisher behandelten vier elastischen Konstanten (Dehnungsmodul $E$, Querzahl $\mu$, Kompressionsmodul $k$ und Schubmodul $G$) bestehen immer zwei Beziehungen. Die eine wurde bereits abgeleitet (vgl. 70.3), die andere ergibt sich auf etwas kompliziertere Weise aus der Elastizitätstheorie. Sie lautet:

$$\frac{E}{2G} = 1 + \mu. \tag{72.1}$$

Es existieren also immer nur zwei unabhängige elastische Konstanten. Durch sie wird das elastische Verhalten, soweit das Hookesche Gesetz als gültig angenommen werden kann, vollständig bestimmt.

Aus den Grenzen für $\mu$ ergeben sich hiernach auch Grenzen für den Torsionsmodul:

$$\text{Aus } \mu < 0{,}5 \quad \text{folgt} \quad \frac{E}{2G} < 1{,}5; \quad \frac{E}{G} < 3; \quad G > \frac{E}{3};$$

$$\text{aus } \mu > 0 \quad \text{folgt} \quad \frac{E}{2G} > 1 \quad \text{oder} \quad G < \frac{E}{2}.$$

Also ist $G$ auf das Intervall zwischen $\frac{E}{2}$ und $\frac{E}{3}$ beschränkt:

$$\frac{E}{2} > G > \frac{E}{3}$$

(vgl. Spalten 2 und 5 in Tabelle 3).

**73. Das Verhalten der festen Körper außerhalb des Gültigkeitsbereiches des Hookeschen Gesetzes.** Abb. 136 zeigt den Zusammenhang von Spannung und Dehnung für einen bis zum Zerreißen gedehnten Stab. Ganz ähnlich hängt die Schubspannung von der Schubverformung ab. Der Gültigkeitsbereich des Hookeschen Gesetzes ist auf kleine Deformationen beschränkt. Nach Überschreiten der *Proportionalitätsgrenze* $P$ wächst die Dehnung stärker als die Spannung. Für viele Stoffe nimmt bei einer langsam vorgenommenen Entlastung der Körper wieder die ursprüngliche Gestalt an; mit abnehmender Spannung durchläuft auch die Dehnung in guter Näherung die gleichen Werte wie bei zunehmender Spannung. Im Bereich $F$ bis $B$ findet ein *Fließen* des Materials statt; innere Umlagerungen und Gefügeänderungen lassen nach der Entspannung dauernde Formänderungen zurück. Nach Überschreiten der *Zerreißspannung* $B$ setzt unter Querschnittsverringerung eine Dehnung ein, die zum Zerreißen führt.

Wenn innerhalb der Elastizitätsgrenze nach der Entlastung die Dehnung nicht sofort zurückgeht, sondern sich die ursprüngliche Gestalt nur langsam zurückbildet, so haben die Stoffe *elastische Nachwirkung*.

*Elastische Hysteresis.* Die Abweichungen vom Hookeschen Gesetz, die sich bei jedem Körper mehr oder minder ausgeprägt bei periodischen Änderungen von Zug und Druck zeigen, auch bevor die Fließgrenze erreicht wird, sind in Abb. 137 stark übertrieben dargestellt.

Solange der Körper noch nicht elastisch deformiert war, wird der Zusammenhang zwischen Spannung und Dehnung durch die vom 0-Punkt nach $A$ verlaufende Kurve beschrieben; sie wird als *Neukurve* oder jungfräuliche Kurve bezeichnet. Wenn nun die Spannung wieder verringert wird, durchläuft die Dehnung eine andere Kurve, der Spannung Null entspricht noch eine endliche Dehnung ($OC$), und es bedarf einer entgegengesetzten Spannung (eines Druckes), um die Dehnung

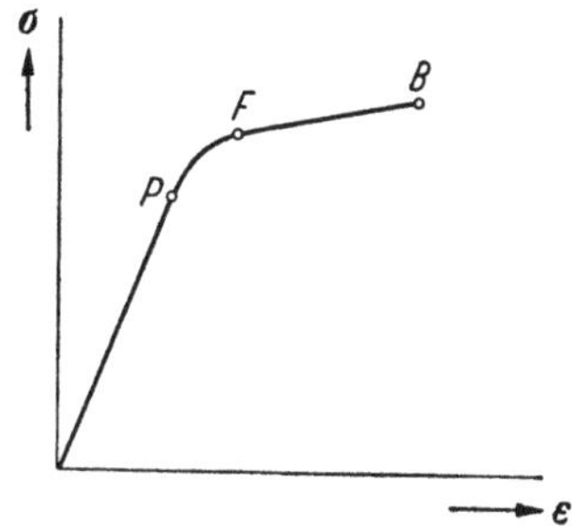


Abb. 136. Beziehung zwischen Dehnung eines Drahtes und der wirkenden Spannung (schematisch)

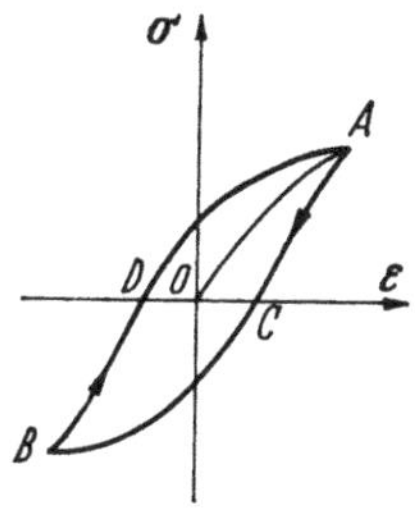


Abb. 137. Elastische Hysteresis

aufzuheben. Steigert man nun diesen Druck, so wird der Körper komprimiert. Wenn nach Erreichung des Zustandes $B$ die Deformation rückgängig gemacht wird, bedarf es wiederum eines Zuges, um die Dehnung Null zu erreichen.

**74. Elastische Energie.** Um ein Prisma vom Querschnitt $q$ und der Länge $l$ um $\Delta l$ zu dehnen, muß eine gewisse Arbeit $\Delta A$ aufgewandt werden:

$$\Delta A = \int_0^{\Delta l} q\,\sigma\,dl. \tag{74.1}$$

Drückt man wie in § 68 $\Delta l$ bzw. $dl$ durch die Dehnung $\varepsilon = \frac{\Delta l}{l}$ aus, so wird:

$$\Delta A = \int_0^{\varepsilon} q\cdot\sigma\cdot l\,d\varepsilon = V\int_0^{\varepsilon}\sigma\,d\varepsilon. \tag{74.2}$$

$\int_0^{\varepsilon}\sigma\,d\varepsilon$ gibt also die je Volumeinheit zu leistende Verformungsarbeit ($a$) oder die elastische Energie je Volumeneinheit an. Diese Beziehung gilt auch für andere Verformungstypen, z.B. die Scherung (vgl. § 71), wobei dann $\sigma$ durch die Schubspannung $\tau$ und $\varepsilon$ durch den Scherungswinkel $\alpha$ zu ersetzen sind.

Sofern das Hookesche Gesetz als gültig angesehen, d.h. $\sigma = E\cdot\varepsilon$ bzw. $\tau = G\cdot\alpha$ gesetzt werden darf, gilt also:

$$a = \tfrac{1}{2}E\,\varepsilon^2 \quad \text{bzw.} \quad = \tfrac{1}{2}G\alpha^2. \tag{74.3}$$

Bei Rückkehr in den spannungsfreien Zustand wird die gesamte aufgewandte Energie wieder freigesetzt. Dies letztere gilt auch noch für eine nichtlineare Beziehung zwischen $\sigma$ und $\varepsilon$, wie z.B. in Abb. 136 oberhalb von $P$, wobei dann $a$ durch den Inhalt der Fläche gegeben ist, die von der $\sigma = f(\varepsilon)$-Kurve und der Abszisse bis zum Endwert der Verformung $\varepsilon$ eingeschlossen wird.

Anders im Fall der „elastischen Hysterese" (Abb. 137): Hier ist die beim Anlegen der Spannung ($O$ bis $A$) aufzuwendende Arbeit größer als die bei Entspannung ($A$ bis $C$) frei werdende. Je Volumeneinheit ist ein dem Flächenstück $OAC$ entsprechender Betrag an elastischer Energie verlorengegangen, d.h. irreversibel in Wärme verwandelt worden. Bei periodischem Durchlaufen der ganzen Kurve $ACBD$ (Wechselbeanspruchung) geht jedesmal ein ihrem Flächeninhalt entsprechender Energieanteil je Volumeneinheit verloren. Dieser läßt sich direkt bestimmen (z.B. aus der Dämpfung elastischer Schwingungen) und gibt wichtige Aufschlüsse über das „anelastische Verhalten".

**75. Härte eines festen Körpers.** Man nennt einen Stoff (1) härter als einen anderen (2), wenn (2) durch (1) leichter geritzt wird als umgekehrt. In der Härteskala nach MOHS unterscheidet man 10 Stufen. Sie werden, nach wachsender Härte geordnet, durch die Härten folgender Mineralien charakterisiert:

| | |
|---|---|
| 1. Talk | 6. Feldspat |
| 2. Gips | 7. Quarz |
| 3. Kalkspat | 8. Topas |
| 4. Flußspat | 9. Korund |
| 5. Apatit | 10. Diamant. |

*Brinellhärte* $H_B$ (in kp/mm²): Eine Stahlkugel (Durchmesser $D = 5$ bis 20 mm) wird mit der Kraft $P$ gegen eine ebene Fläche des Werkstoffes gepreßt, so daß eine Kugelkalotte mit dem Durchmesser $d$ und der Fläche $F$ entsteht. $\frac{P}{F} = H_B$ heißt dann die Brinellhärte des Werkstoffes. Eine einfache geometrische Überlegung gibt:

$$H_B = \frac{2P}{\pi D(D - \sqrt{D^2 - d^2})}.$$

## U. Allgemeine Schwingungslehre

**76. Die gedämpfte und die ungedämpfte Schwingung.** Eine Schwingung, deren Amplitude konstant bleibt, heißt *ungedämpfte Schwingung.* Wenn an einem schwingenden Körper, dem von außen keine Energie zugeführt wird, eine Reibungskraft angreift, dann nimmt die Amplitude beständig ab. Er vollführt eine *gedämpfte Schwingung* (Abb. 138). Die Reibungskraft ist häufig der Geschwindigkeit proportional und ihr immer entgegengerichtet:

$$R = -ku = -k\frac{dx}{dt}. \tag{76.1}$$

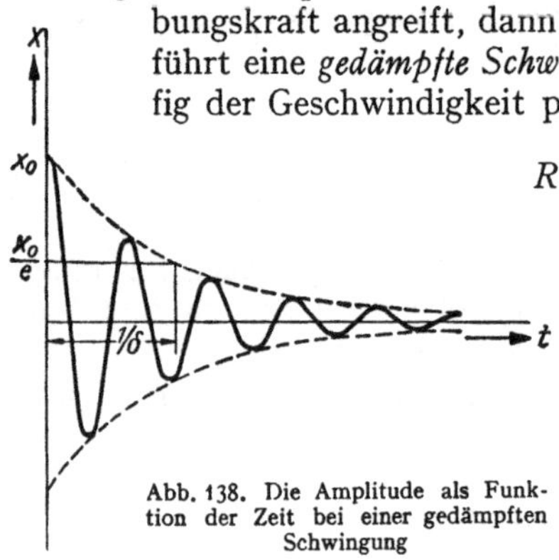


Abb. 138. Die Amplitude als Funktion der Zeit bei einer gedämpften Schwingung

Dann tritt zur rechten Seite der Bewegungsgleichung des elastischen Pendels (18.2) noch diese Kraft hinzu:

$$m \cdot \frac{d^2x}{dt^2} = -k \cdot \frac{dx}{dt} - Dx$$

oder

$$m \cdot \frac{d^2x}{dt^2} + k \cdot \frac{dx}{dt} + Dx = 0. \tag{76.2}$$

Eine Lösung dieser Differentialgleichung lautet

$$x = x_0 e^{-\delta t} \cdot \cos\omega t = x_0 e^{-\delta t} \cdot \cos 2\pi \frac{t}{T}, \tag{76.3}$$

wo $\delta = \frac{k}{2 \cdot m}$ ist.

Nach Ablauf einer Periode wird $x_T = x_0 e^{-\frac{k}{2\cdot m}\cdot T}$; $\frac{x_0}{x_T} = e^{+\frac{k}{2\cdot m}\cdot T}$. Das Verhältnis der Amplitude zur Amplitude nach Ablauf einer Periode ist dauernd konstant. Den natürlichen Logarithmus dieses Verhältnisses nennt man das *logarithmische Dekrement*. Es ist $\delta \cdot T$.

Die Kreisfrequenz $\omega$ der gedämpften Schwingung ist

$$\omega = 2\pi \cdot \nu = \sqrt{\frac{D}{m} - \frac{k^2}{4m^2}} = \sqrt{\omega_0^2 - \frac{k^2}{4m^2}}, \tag{76.4}$$

wo $\omega_0$ die Frequenz ist, mit der das Pendel ohne Dämpfung schwingen würde. Die Reibung verursacht also eine Abnahme der Frequenz.

Die durch die Reibung verursachte Dämpfung kann so groß sein, daß eine Schwingung überhaupt nicht mehr zustande kommt. Das tritt ein, wenn $\frac{k^2}{4m^2} \geqq \frac{D}{m}$ oder $k^2 \geqq 4 \cdot D \cdot m$ ist. Die Bewegung wird *aperiodisch*: Der Körper kehrt allmählich in seine Ruhelage zurück, ohne über sie hinauszuschwingen.

Für freie *Drehschwingungen* lautet die Bewegungsgleichung analog zu (76.2):

$$\theta \frac{d^2\varphi}{dt^2} + k^* \frac{d\varphi}{dt} + D^* \cdot \varphi = 0. \tag{76.5}$$

$D^*$ heißt Richtmoment und hat die Dimension eines Drehmomentes (Kraft mal Weg, vgl. § 30).

Bei vielen Meßinstrumenten übt die zu messende Größe ein konstantes Drehmoment $D_m$ auf ein drehschwingungsfähiges System aus. Für dieses gilt dann:

$$\theta \frac{d^2\varphi}{dt^2} + k^* \frac{d\varphi}{dt} + D^* \cdot \varphi = D_m$$

oder

$$\Theta \frac{d^2\left(\varphi - \frac{D_m}{D^*}\right)}{dt^2} + k^* \frac{d\left(\varphi - \frac{D_m}{D^*}\right)}{dt} + D^*\left(\varphi - \frac{D_m}{D^*}\right) = 0. \tag{76.6}$$

Eine Lösung von (76.6) ist

$$\varphi = \frac{D_m}{D^*}\left(1 - e^{-\delta t} \cdot \cos \omega t\right), \tag{76.7}$$

wo

$$\delta = \frac{k^*}{2\theta} \text{ und } \omega = \sqrt{\frac{D^*}{\theta} - \frac{k^{*2}}{4\theta^2}} = \sqrt{\omega_0^2 - \frac{k^{*2}}{4\theta^2}}$$

ist. Die Grenze zwischen periodischen Schwingungen um die Endlage $\frac{D_m}{D^*}$ (den „Ausschlag") und aperiodische Einstellung liegt bei $k^{*2} = 4D^* \cdot \theta$. Für diesen *aperiodischen Grenzfall*, der bei Meßinstrumenten mit drehbaren Systemen angestrebt wird, gilt

$$\varphi = \frac{D_m}{D^*}\left(1 - e^{-\frac{k^*}{2\theta}t}\right) = \frac{D_m}{D^*}\left(1 - e^{-\frac{2\pi}{\tau}t}\right),$$

wo $\tau$ die Schwingungsdauer des ungedämpft schwingenden Systems ist. Für $t = \tau$ wird $e^{-\frac{2\pi}{\tau}t} = e^{-6,24} \approx \frac{1}{500}$, das heißt nach dieser Zeit ist die Abweichung vom Endausschlag nur noch $2\permil$.

Um eine ungedämpfte Schwingung zu erhalten, muß der schwingenden Masse während einer Periode gerade die Energie wieder zugeführt werden, die sie in einer Periode durch Reibung verliert. Man erreicht das durch *Selbststeuerung* oder *Rückkoppelung*; durch das schwingende System werden in geeigneter Phase Kräfte ausgelöst, die den Energieverlust bei jeder Periode wieder wettmachen. Diese

Energie wird einem anderen Energievorrat entnommen. Das Pendel einer Pendeluhr wird z.B. in der geeigneten Schwingungsphase über den Anker durch die Zähne des Steigrades beschleunigt (Abb. 139); die ihm dadurch zugeführte Energie entstammt dem Energievorrat der gespannten Feder oder des gehobenen Gewichtes der Uhr.

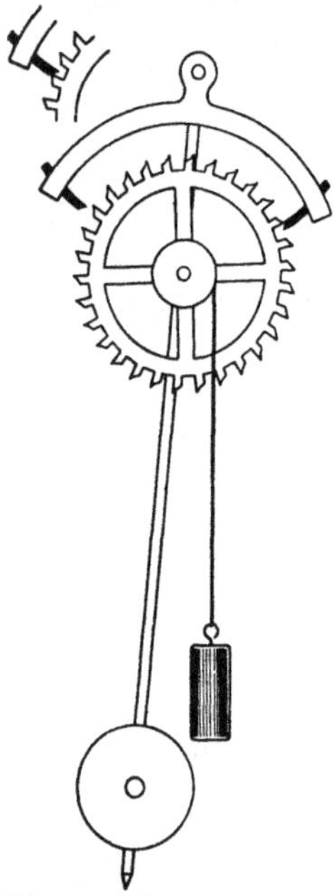

Abb. 139. Selbststeuerung des Pendels einer Pendeluhr über Steigrad und Anker. Das sich im Uhrzeigersinn drehende Steigrad drückt mit seinem Zahn auf die Klaue des Ankers und beschleunigt das Pendel nach rechts. In der entgegengesetzten Phase wird durch den Druck des Steigrades auf die linke Ankerklaue das Pendel nach links beschleunigt

**77. Die erzwungene Schwingung.** Greift an dem schwingenden Körper von außen her eine periodisch veränderliche Kraft an, so vollführt er Schwingungen, die (nach einer Anlaufzeit, Einschwingzeit) mit der Frequenz erfolgen, mit der die äußere periodisch veränderliche Kraft auf ihn wirkt.

Die äußere Kraft sei $K_0 \cos \omega t$. Dann ist die Gleichung der Bewegung:

$$m \cdot \frac{d^2 x}{dt^2} + k \cdot \frac{dx}{dt} + Dx = K_0 \cos \omega t. \tag{77.1}$$

Eine Lösung (s. § 81 c 2) ist

$$x = \frac{K_0}{\sqrt{m^2(\omega_0^2 - \omega^2)^2 + k^2\omega^2}} \cos(\omega t - \alpha), \tag{77.2}$$

wo

$$\operatorname{tg}\alpha = \frac{\frac{k}{m} \cdot \omega}{\omega_0^2 - \omega^2}. \tag{77.3}$$

$\alpha$ ist die *Phasenverschiebung* zwischen der erzwungenen Schwingung und der angreifenden Kraft.

Die Amplitude der Schwingung ist um so größer, je größer die Amplitude der erregenden Kraft ist. Bei gleicher erregender Kraft ist sie um so größer, je geringer der Unterschied zwischen der Frequenz der erregenden Kraft und der *Eigenfrequenz* $\omega_0$ des schwingenden Systems ist (das ist die Frequenz, mit der der Körper ohne äußere Einwirkung und Reibung frei um seine Gleichgewichtslage schwingt). Den größten Wert erreicht die Amplitude für eine Frequenz, die etwas kleiner als die Eigenfrequenz ist, dagegen bei fehlender Dämpfung, wenn die Frequenz der Erregung und die Eigenfrequenz miteinander übereinstimmen (Abb. 140). Man spricht dann von *Resonanz*. Je geringer die Dämpfung ist, desto größer wird die Amplitude; sie wächst theoretisch zu unendlich großen Werten an, wenn die Dämpfung gegen Null geht. Aber es gibt in Natur und Technik kein zu elastischen Schwingungen befähigtes System, welches unendlich große Amplituden zuläßt. Im allgemeinen ist nur für kleine Verschiebungen aus der Nullage $D$ konstant und nur in diesem Gebiet die Eigenfrequenz von der Amplitude unabhängig.

Resonanzerscheinungen spielen in Physik und Technik eine außerordentlich große Rolle.

Die Phase der erregten Schwingung bleibt im Resonanzfall hinter der der erregenden Kraft um $\frac{\pi}{2}$ zurück; d.h. der schwingende Körper geht gerade durch die Gleichgewichtslage, wenn die Kraft den größten Wert besitzt. Während er nun in der Richtung der wirkenden Kraft weiterschwingt, nimmt freilich die Kraft ab, behält aber die Richtung der Bewegung, beschleunigt also den schwingenden Körper, bis die Kraft Null wird; in diesem Augenblick hat er seine maximale Elongation erreicht. Nun kehrt die Richtung um und gleichzeitig auch die Richtung der Bewegung, die wiederum durch die angreifende Kraft eine gleichgerichtete Beschleunigung erfährt. Im Resonanzfall wird also dem schwingenden System in jeder Lage Energie zugeführt; sein Energieinhalt würde über alle Grenzen wachsen, wenn ihm nicht auf anderem Wege Energie entzogen wird; das geschieht durch Dämpfung. Die Schwingung wird stationär, wenn die während einer Periode zugeführte Energie gleich dem Energieverlust durch Reibung wird. Wenn bei geringer Dämpfung diese Bedingung nur für große Amplituden erfüllbar wird, kommt es im Resonanzfall häufig schon vor Erreichen des stationären Zustandes zur mechanischen Zerstörung des Systems *(Resonanzkatastrophe)*.

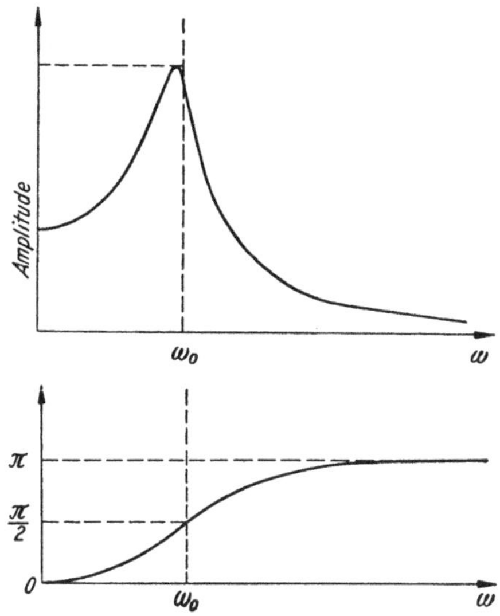


Abb. 140. Amplitude und Phasenverschiebung einer erzwungenen Schwingung als Funktion der Frequenz der erregenden Kraft

Für sehr kleine Werte von $\frac{\omega}{\omega_0}$ ist die Phasenverschiebung praktisch 0, für große $\frac{\omega}{\omega_0}$ gleich $\pi$, d.h. die erregende Kraft und der Körper schwingen gegeneinander.

**78. Die Überlagerung von Schwingungen.** Die additive Überlagerung von zwei harmonischen Schwingungen gleicher Frequenz und gleicher Richtung ergibt wieder eine harmonische Schwingung derselben Frequenz, deren Amplitude und Phase von den Amplituden der beiden Teilschwingungen und ihrer Phasendifferenz abhängen (Abb. 141). Bei der *Phasendifferenz* 0 (Abb. 141b) stimmt die Phase mit der der Teilschwingungen überein, die Amplitude ist gleich der Summe der Amplituden. Bei der *Phasendifferenz* $\pi$ (Abb. 141c) gibt die Superposition bei gleicher Amplitude vollständige Auslöschung.

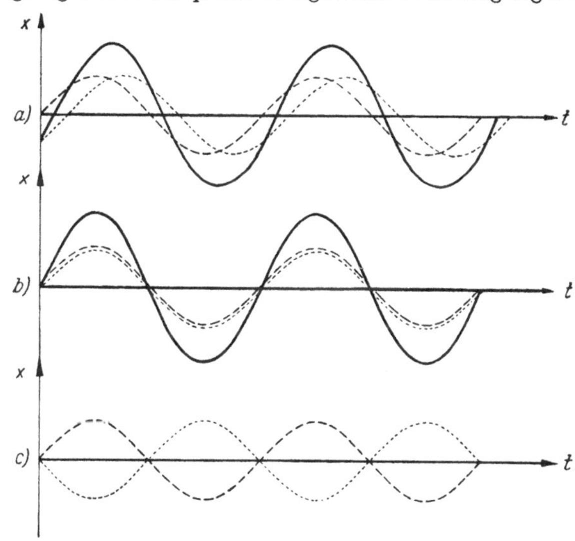


Abb. 141 a—c. Superposition von gleichgerichteten Schwingungen mit gleicher Amplitude und Frequenz bei verschiedenen Phasendifferenzen. a) $\alpha=0{,}4\pi$, b) $\alpha=0$, c) $\alpha=\pi$

Sind die Frequenzen der beiden überlagerten Schwingungen verschieden, so ergibt sich im allgemeinen keine periodische Bewegung mehr, sondern nur dann, wenn $\omega_1$ und $\omega_2$ im Verhältnis ganzer Zahlen stehen. Die resultierende Schwingung ist dann aber nicht mehr harmonisch. Die Amplituden der überlagerten Schwingungen mögen gleich sein:

$$x = x_1 + x_2 = x_0 \cos \omega_1 t + x_0 \cos \omega_2 t = x_0 (\cos \omega_1 t + \cos \omega_2 t).$$

Da $\cos\alpha + \cos\beta = 2 \cdot \cos\frac{\alpha-\beta}{2} \cos\frac{\alpha+\beta}{2}$, wird

$$x = 2 x_0 \cos\left(\frac{\omega_1 - \omega_2}{2} t\right) \cdot \cos\left(\frac{\omega_1 + \omega_2}{2} t\right). \tag{78.1}$$

Wir betrachten den Fall, daß die Frequenzen nur wenig voneinander abweichen (Abb. 142). Wir schreiben:

$$\omega_1 = \omega \quad \text{und} \quad \omega_2 = \omega + \Delta\omega, \quad \text{wo} \quad \Delta\omega \ll \omega;$$

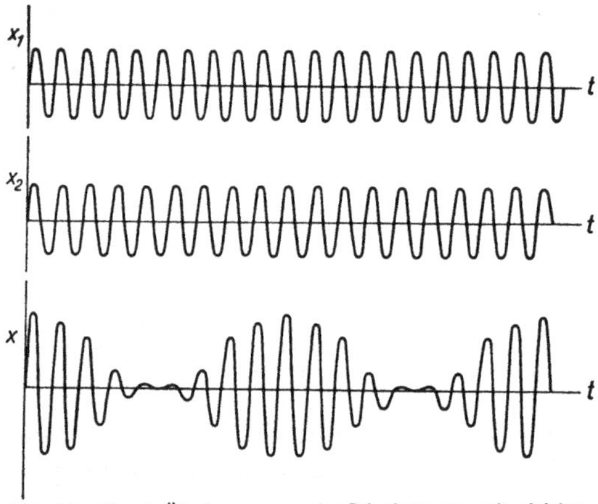


Abb. 142. Durch Überlagerung zweier Schwingungen mit gleicher Amplitude und geringem Frequenzunterschied entstehende Schwebung

dann ist

$$\omega_1 + \omega_2 = 2\omega + \Delta\omega \approx 2\omega$$

und

$$\omega_2 - \omega_1 = \Delta\omega.$$

Aus (78.1) wird

$$x = 2 x_0 \cos\left(-\frac{\Delta\omega}{2} t\right) \cos \omega t$$

oder, da $\cos(-\alpha) = \cos\alpha$,

$$x = 2 x_0 \cos\frac{\Delta\omega}{2} t \cdot \cos\omega t \tag{78.2}$$

oder

$$\left.\begin{aligned} x = 2 x_0 \cos 2\pi \frac{\Delta\nu}{2} t \times \\ \times \cos 2\pi\nu t. \end{aligned}\right\} \tag{78.3}$$

Die resultierende Bewegung ist eine Schwingung, bei der die Frequenz mit der der Einzelschwingungen nahezu übereinstimmt. Aber die Amplitude ändert sich zwischen den Extremalwerten 0 und $2x_0$ periodisch mit der Frequenz $\Delta\nu$. Eine solche Änderung von 0 über $2x_0$ bis 0 bezeichnet man als eine *Schwebung*. Während einer Periode von $2x_0 \cos 2\pi \frac{\Delta\nu}{2} t$ findet diese Änderung zweimal statt. Daher ist die Zahl der Schwebungen pro Sekunde $\Delta\nu_s = \nu_2 - \nu_1$; $\Delta\nu_s$ bezeichnet man als *Schwebungsfrequenz*.

Die Überlagerung der Schwingungen von 2 Stimmgabeln mit nahezu gleicher Frequenz und Amplitude ergibt einen periodisch anschwellenden und abklingenden Ton, also eine Schwebung. Die Frequenz der Schwebungen ist gleich der Zahl, welche angibt, wie oft je Zeiteinheit die größte Lautstärke des Schwebungstones erreicht wird. Sie ist gleich der Differenz der Frequenzen beider Stimmgabeln.

**79. Gekoppelte Pendel.** Gekoppelte Pendel nennt man zwei gleiche Pendel, die miteinander (z.B. durch eine weiche Schraubenfeder) so verbunden sind, daß beim Schwingen des 1. Pendels auf das 2. infolge der sich ändernden Dehnung der Koppelungsfeder eine periodisch wechselnde Kraft ausgeübt wird, die es zu Schwingungen erregt (Abb. 143).

Von dem obigen Fall erzwungener Schwingungen unterscheidet sich dieses System dadurch, daß in der erregenden Schwingung nicht ein beliebig großer

Energievorrat zur Verfügung steht. Die Amplitude von 2 kann daher (bei gleichen Massen $m_1$ und $m_2$) nicht größer werden als die Anfangsamplitude von 1, da sonst mehr Energie in 2 überführt werden würde, als in 1 ursprünglich enthalten war. Die Amplitude von 2 erreicht bei fehlender Reibung auch wirklich die Anfangsamplitude von 1, wobei dann 1 völlig zur Ruhe kommt. Nun übernimmt 2 die

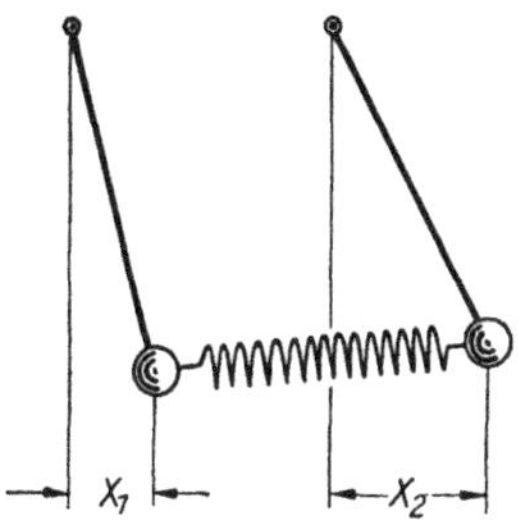


Abb. 143. Gekoppelte Pendel

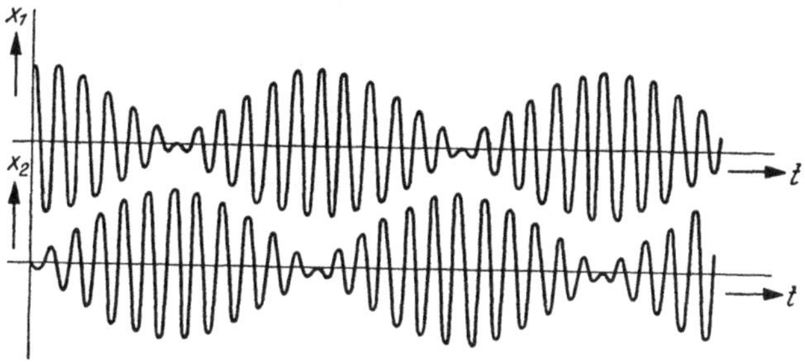


Abb. 144. Die Schwingungen der gekoppelten Pendel (Schwebungen)

Rolle von 1, die Energie flutet nach 1 zurück usf. (Abb. 144). Die Erscheinung des An- und Abschwellens der Amplitude kann man als *Schwebung* auffassen. Sie kommt nach (§ 78) durch Überlagerung zweier harmonischer Schwingungen zustande, deren Frequenzen $\omega_1$ und $\omega_2$ sich nur wenig voneinander unterscheiden.

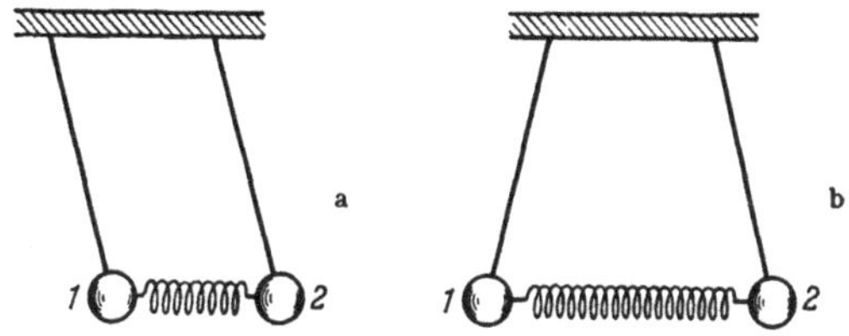


Abb. 145 a u. b. Die Fundamentalschwingungen von gekoppelten Pendeln

Die auf die Pendelmassen wirkenden Kräfte werden — bei Beschränkung auf kleine Ausschläge — durch (79.1) beschrieben: An 1 und 2 greifen die Komponenten der Schwerkräfte $-D_0 x_1$ und $-D_0 x_2$ an. Die durch die Spannung der Koppelungsfeder bedingte an 1 angreifende Kraft ist $-D^*(x_1 - x_2)$, wo $D^*$ die Richtgröße der Koppelungsfeder ist, also die Stärke der Koppelung beschreibt. Nach dem Reaktionsprinzip ist dann die an 2 angreifende Kraft der Koppelungsfeder $-D^*(x_2 - x_1)$. Also sind die an den Pendelmassen angreifenden Kräfte

$$\left.\begin{aligned} K_1 &= m_1 \cdot \frac{d^2 x_1}{dt^2} = -D_0 x_1 - D^*(x_1 - x_2)\,; \\ K_2 &= m_2 \cdot \frac{d^2 x_2}{dt^2} = -D_0 x_2 - D^*(x_2 - x_1)\,. \end{aligned}\right\} \qquad (79.1)$$

Es gibt zwei Schwingungsformen der beiden gekoppelten Pendel, bei denen keine Schwebung stattfindet. Man nennt sie die Fundamentalschwingungen:

a) Beide Pendel schwingen in gleicher Phase mit gleicher Amplitude ($x_1 = x_2$, Abb. 145a).

b) Beide Pendel schwingen mit gleicher Amplitude, aber mit der Phasendifferenz $\pi$ (gleich stark in entgegengesetztem Sinne, $x_1 = -x_2$, Abb. 145b).

Die Frequenz der I. Fundamentalschwingung $\omega_{\mathrm{I}}$ ist die der Einzelschwingung $\omega_0$; die Frequenz der II. Fundamentalschwingung ergibt sich aus der rücktreibenden Kraft:

$$K = -D_0 x_1 - 2D^* x_1 = -D x_1, \quad \text{wo} \quad D = D_0 + 2D^*$$

$$\omega_{\mathrm{II}} = \sqrt{\frac{D}{m}} = \sqrt{\frac{D_0 + 2D^*}{m}} = \sqrt{\frac{D_0}{m}}\sqrt{1 + 2\,\frac{D^*}{D_0}}\,.$$

Wenn $D^* \ll D_0$, wird

$$\omega_{II} \approx \omega_0 \left(1 + \frac{D^*/m}{\omega_0^2}\right) = \omega_0 + \frac{D^*/m}{\omega_0}$$

oder, da $\omega_I = \omega_0$ ist:

$$\omega_{II} - \omega_I = \frac{D^*/m}{\omega_0}.$$

$\omega_I$ und $\omega_{II}$ sind die Frequenzen der beiden Schwingungen, deren Überlagerung die Schwebung der gekoppelten Pendel ergibt. Dies zeigt die Lösung der Gleichungen (79.1), die hier nicht durchgeführt werden soll.

Schwebungen finden auch statt, wenn die beiden Pendel weder in ihrer Masse noch in ihrer Frequenz miteinander übereinstimmen. Dann ist aber die Energieübertragung nicht vollständig.

**80. Eigenschwingungen deformierbarer Körper.** Einen deformierbaren Körper, z.B. einen Stab, denken wir uns durch ein Modell ersetzt, welches aus starren Kugeln besteht, die miteinander durch Schraubenfedern gekoppelt werden. Die

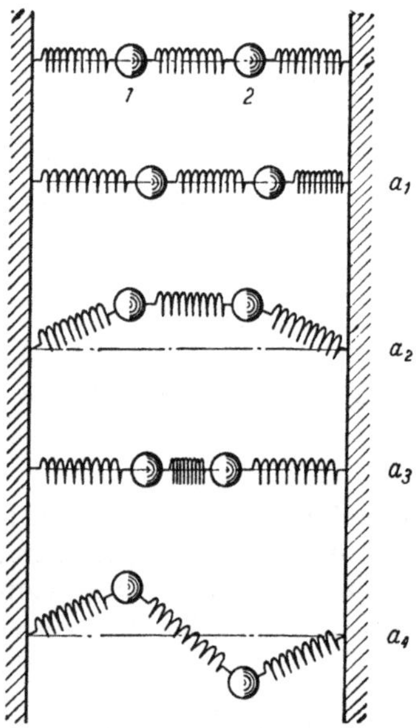


Abb. 146. „Grund- und Oberschwingungen" von zwei elastisch gebundenen Kugeln

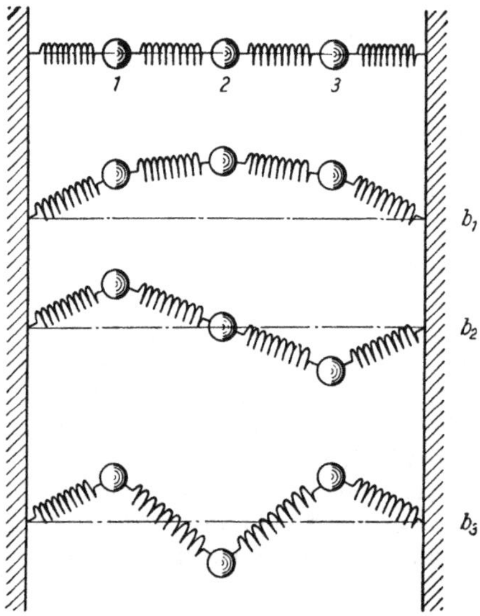


Abb. 147. „Grund- und Oberschwingungen" von drei elastisch gebundenen Kugeln

Kugeln können in der Richtung der Federn sogenannte *Longitudinalschwingungen* oder dazu senkrecht *Transversalschwingungen* ausführen.

Abb. 146 zeigt ein besonders einfaches System aus zwei Kugeln, für welche folgende Schwingungsmöglichkeiten bestehen:

1 und 2 schwingen in gleicher Phase (longitudinal oder transversal). Bild $a_1$ und $a_2$.

1 und 2 schwingen mit einer Phasendifferenz $\pi$ (entgegengesetzt). Bild $a_3$ und $a_4$.

Die Schwingungsform $a_1$ bzw. $a_2$ bezeichnet man als *Grundschwingung* oder *erste Eigenschwingung*, $a_3$ und $a_4$ als *erste Oberschwingung* oder *zweite Eigenschwingung*. Bei einer „Eigenschwingung" schwingen alle Kugeln mit übereinstimmender Frequenz und zeitlich konstanter Amplitude.

Für drei Kugeln sind die drei möglichen Transversalschwingungen in Abb. 147 dargestellt:

$b_1$: 1, 2 und 3 schwingen mit gleicher Phase (Grundschwingung oder erste Eigenschwingung);

$b_2$: 2 ruht, 1 und 3 schwingen mit der Phasendifferenz $\pi$ (erste Oberschwingung oder zweite Eigenschwingung);

$b_3$: 1 und 3 schwingen mit gleicher Phase, 2 gegen 1 und 3 mit der Phasendifferenz $\pi$ (zweite Oberschwingung oder dritte Eigenschwingung). Die Zahl der möglichen Eigenschwingungen stimmt mit der Zahl der Kugeln überein.

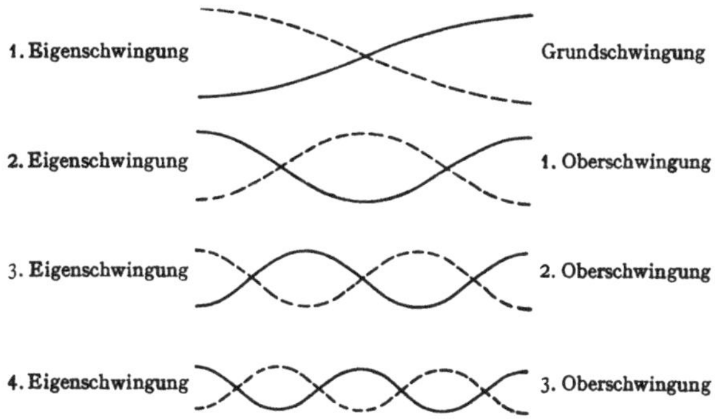


Abb. 148. Grund- und Oberschwingungen eines an beiden Enden freien, longitudinal schwingenden Stabes

Einen Stab kann man sich in sehr viele Teilmassen (Volumenelemente $dV$ mit der Masse $\varrho dV$) zerlegt denken; prinzipiell findet die Unterteilung erst dann eine Grenze, wenn die Teilmassen Molekülgröße erreicht haben. Die Zahl der möglichen Eigenschwingungen ist infolgedessen sehr groß.

1. *Longitudinalschwingungen* eines Stabes:

Die Schwingungsmöglichkeiten hängen von der Halterung ab, diese schreibt die *Grenzbedingungen* vor:

a) Der Stab sei an beiden Enden frei (Abb. 148).

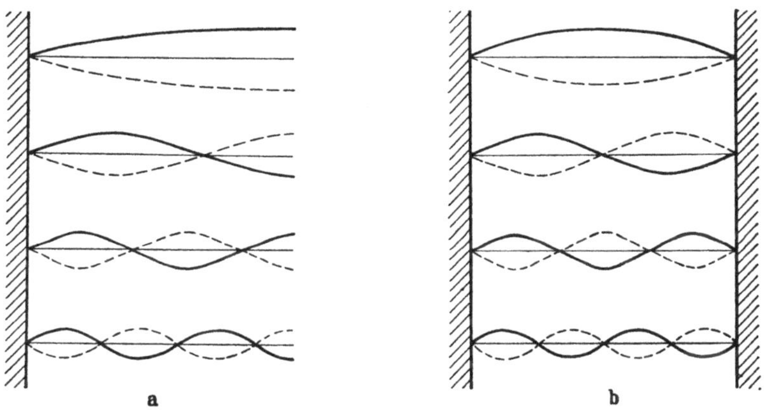


Abb. 149 a u. b. Longitudinalschwingungen eines Stabes. a An einem Ende fest, am anderen frei. b An beiden Enden fest

Die Verschiebungen in Richtung der Stabachse sind senkrecht zum Stab gezeichnet (Verschiebung nach rechts — nach oben, Verschiebung nach links — nach unten).

Analoges gilt für die Schwingungsformen der Luft in einem beiderseits offenen Rohr.

Orte dauernder Ruhe heißen *Schwingungsknoten*, Orte mit maximaler Amplitude *Schwingungsbäuche*. In den Knoten sind die stärksten Druckschwankungen, *Druckbäuche*; in den Schwingungsbäuchen dagegen sind die Druckänderungen Null, dort liegen also *Druckknoten*.

b) Der Stab sei an einem Ende festgeklemmt bzw. das Rohr, in dem die Luftsäule schwingt, an einem Ende geschlossen (Abb. 149a).

c) Der Stab sei an beiden Enden festgeklemmt bzw. das Rohr an beiden Enden geschlossen (Abb. 149b).

Die Frequenz $\nu$ der Grundschwingung ist für die in a) und c) angegebenen Schwingungsformen (Abb. 148 und 149b)

$$\nu = \frac{1}{2l}\sqrt{\frac{E}{\varrho}};$$

die der $n$-ten Eigenschwingung

$$\nu_n = \frac{n}{2l}\sqrt{\frac{E}{\varrho}}; \tag{80.1}$$

für die Schwingungsform Abb. 149a ist die Frequenz der Grundschwingung

$$\nu = \frac{1}{4l}\sqrt{\frac{E}{\varrho}}.$$

(Begründung s. § 87.)

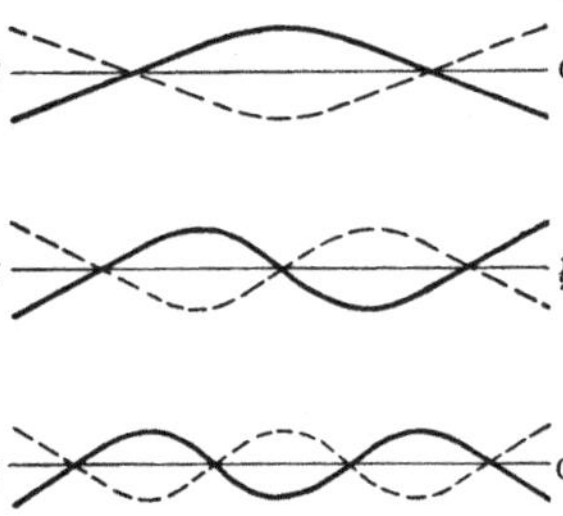


Abb. 150. Biegungsschwingungen eines freien zylindrischen Stabes

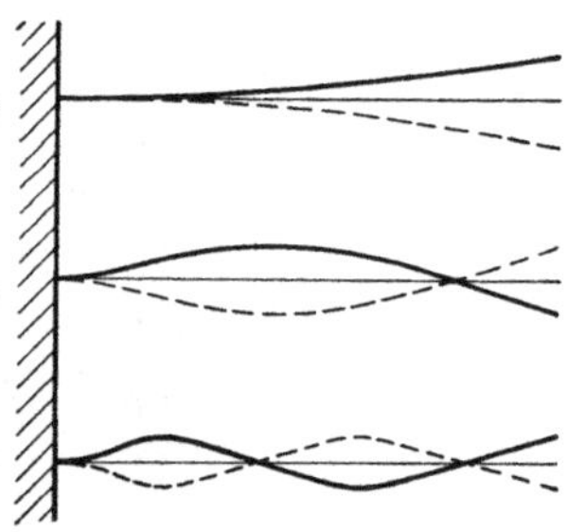


Abb. 151. Biegungsschwingungen eines einseitig eingeklemmten Stabes

Die Frequenzen der verschiedenen Eigenschwingungen für a) und c) verhalten sich wie die ganzen Zahlen:

$$\nu_1 : \nu_2 : \nu_3 : \ldots = 1 : 2 : 3 : \ldots,$$

die Frequenzen der Eigenschwingungen für b):

$$\nu_1 : \nu_2 : \nu_3 : \ldots = 1 : 3 : 5 : \ldots.$$

Wir nennen die Oberschwingungen *harmonisch*, wenn ihre Frequenzen im Verhältnis ganzer Zahlen stehen; ebenso bezeichnen wir das Spektrum aus Grund- und Oberschwingungen als ein *harmonisches Spektrum*.

2. *Transversalschwingungen:*

a) Schwingende Saite: Die Frequenz der $n$-ten Eigenschwingung ist

$$\nu_n = \frac{n}{2l}\sqrt{\frac{P}{q\varrho}} = n \cdot \nu_1. \tag{80.2}$$

$P =$ Saitenspannung, $q =$ Querschnitt, $\varrho =$ Dichte, $\nu_1 =$ Frequenz der Grundschwingung.

b) *Biegeschwingungen* eines zylindrischen Stabes (kreisförmiger Querschnitt, Durchmesser $d$; Abb. 150 und 151):

$$\nu = \frac{1}{4} \frac{d}{l^2} \frac{m^2}{2\pi} \sqrt{\frac{E}{\varrho}}. \tag{80.3}$$

Hier verhalten sich die Frequenzen der Eigenschwingungen nicht wie ganze Zahlen, sie wachsen besonders beim fest eingeklemmten Stab mit der Ordnungszahl rasch an. Beispielsweise ist die Frequenz der 5. Eigenschwingung 57mal größer als die Frequenz der Grundschwingung *(unharmonische Oberschwingungen)*. Die Schwingungen einer Stimmgabel sind Biegeschwingungen. Auch die Stimmgabel hat also unharmonische Oberschwingungen (Abb. 152).

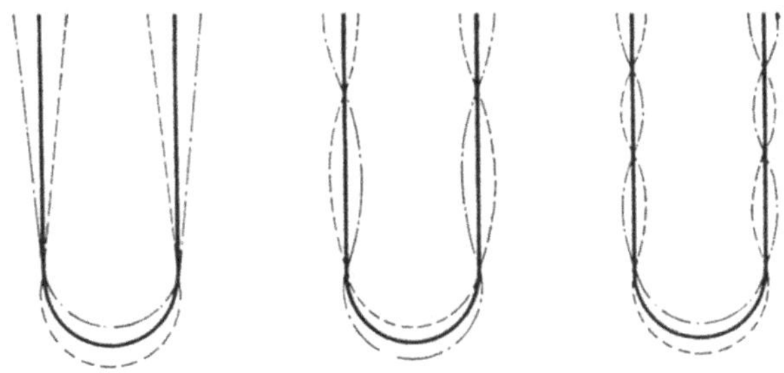

Abb. 152. Grund- und Oberschwingungen einer Stimmgabel

3. *Torsionsschwingungen* von Stäben mit kreisförmigem Querschnitt:

Bei ihnen treten keine Dehnungen in der Längsrichtung, sondern durch den Torsionsmodul $G$ (vgl. § 71) zu beschreibende Verdrillungen in der Querrichtung des Stabes auf; sie sind also eigentlich Transversalschwingungen. Für ihre Frequenz gilt

$$\nu_n = \frac{n}{2l} \sqrt{\frac{G}{\varrho}} \qquad (n = 1, 2, 3 \ldots). \tag{80.4}$$

Aus (80.1) und (80.4) folgt mit (72.1)

$$\frac{\nu_{\text{long}}}{\nu_{\text{tors}}} = \sqrt{\frac{E}{G}} = \sqrt{2(1+\mu)}. \tag{80.5}$$

Hieraus ergibt sich ein Meßverfahren für die Poissonsche Zahl:

$$\mu = \frac{1}{2} \left(\frac{\nu_{\text{long}}}{\nu_{\text{tors}}}\right)^2 - 1. \tag{80.6}$$

Auch Platten und Membranen sind zu Eigenschwingungen befähigt. Wenn man auf eine zu Eigenschwingungen angeregte Platte, z.B. eine Kreisplatte, die

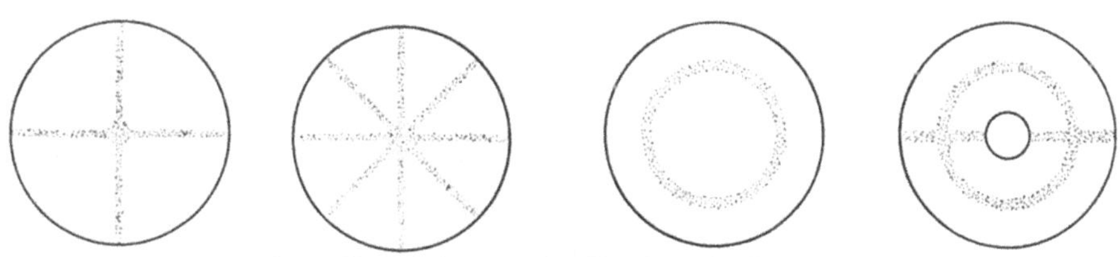

Abb. 153. Einige Eigenschwingungen einer Kreisplatte (Chladnische Klangfiguren)

in der Mitte gehaltert ist, und deren Rand bis auf einige festgelegte Punkte frei schwingen kann, Sand streut, so wird er von den schwingenden Flächen, den Schwingungsbäuchen, fortgewirbelt und sammelt sich an den *Knotenlinien* (*Chladnische Klangfiguren* (Abb. 153)).

Auch die Eigenschwingung einer Platte enthält Grund- und Oberschwingungen. Das Spektrum ist aber nicht harmonisch.

Luft in Hohlräumen, z.B. Würfeln oder Kugeln, ebenso feste Körper von Würfel- oder Kugelgestalt oder anderen Formen lassen sich zu Eigenschwingungen erregen (Helmholtzsche Resonatoren). In ihnen bilden sich dann *Knotenflächen* aus.

## 81. Ergänzungen zur Schwingungslehre.

**a) Zerlegung periodischer Schwingungen in harmonische Teilschwingungen.** Jede periodische Schwingung läßt sich nach einem mathematischen Satz von FOURIER in eine Summe von im allgemeinen unendlich vielen harmonischen Teilschwingungen zerlegen, deren Frequenzen ganzzahlige Vielfache einer Grundfrequenz sind. Die Grundfrequenz ist gleich der Frequenz der nichtharmonischen Schwingung. Ist ihre Periode $T$, so ist $\frac{1}{T} = \nu = \frac{\omega}{2\pi}$.

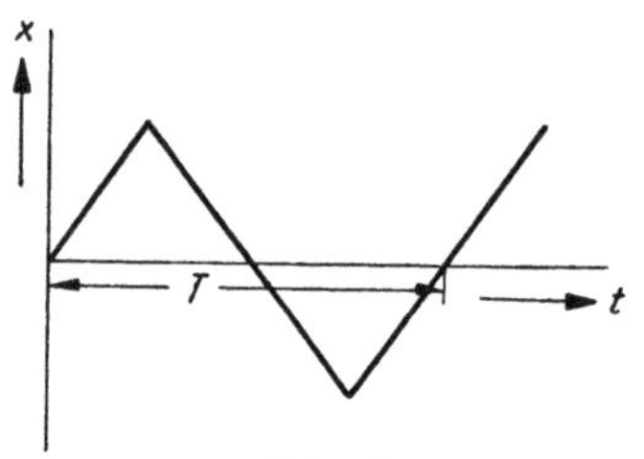


Abb. 154

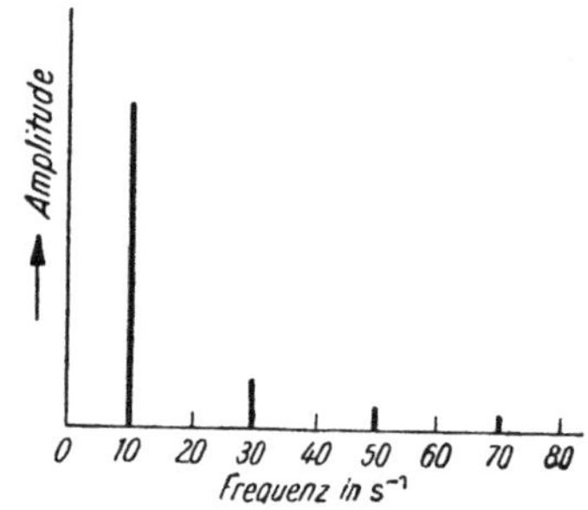


Abb. 155

Abb. 154. Periodische Dreieckskurve

Abb. 155. Spektrum der periodischen Dreieckskurve Abb. 154 mit $\nu = 10\,\mathrm{s}^{-1}$. (Die Amplituden sind auf $^3/_{10}$ zu verkleinern, damit die Zusammensetzung der Teilschwingungen die Amplitude von Abb. 154 ergibt)

Die Auffindung der Koeffizienten $a_i$, $b_i$ in der Reihe

$$x = f(t) = a_0 + a_1 \cos\omega t + a_2 \cos 2\omega t + a_3 \cos 3\omega t + \cdots \\ + b_1 \sin\omega t + b_2 \sin 2\omega t + b_3 \sin 3\omega t + \cdots \tag{81.1}$$

wird als *Fourier-Analyse* bezeichnet. Die Amplituden $a_i$, $b_i$ können zum Teil auch Null sein; häufig erreicht man bereits mit einer kleinen Zahl von Teilschwingungen eine brauchbare Annäherung an die darzustellende Funktion $f(t)$.

Stellt man die Amplitude der Teilschwingungen als Funktion der zugehörigen Frequenzen dar, so erhält man das *Spektrum* der Schwingung. Das Spektrum der periodischen Dreieckskurve (Abb. 154) ist in Abb. 155 aufgezeichnet. Sie wird dargestellt durch die Funktion

$$f(t) = \frac{8A}{\pi^2}\left[\sin\omega t - \frac{1}{3^2}\sin 3\omega t + \frac{1}{5^2}\sin 5\omega t - \frac{1}{7^2}\sin 7\omega t + \cdots\right].$$

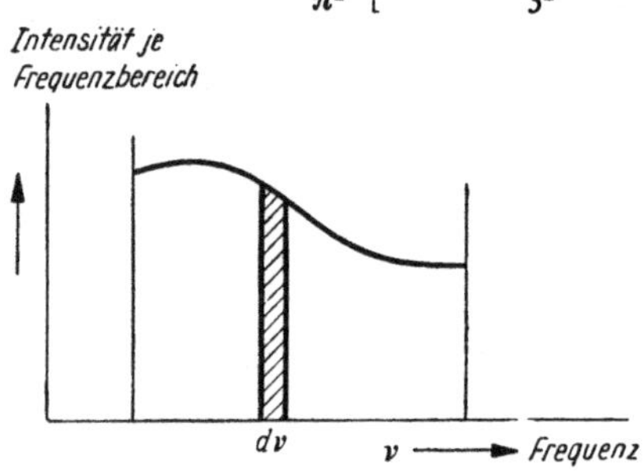


Abb. 156. Darstellung eines kontinuierlichen Spektrums

Die Kenntnis des Spektrums allein genügt nicht, die Schwingung in ihrem zeitlichen Verlauf zu beschreiben, dazu braucht man noch die Kenntnis der Phasen. Häufig gibt aber bereits das Spektrum ausreichende Aufschlüsse über den Schwingungsvorgang (s. z.B. die Deutung der Klangfarbe, § 101). Periodische Schwingungen werden durch *Linienspektren* beschrieben. Zur Darstellung von nicht periodischen Funktionen, auch von gedämpften Schwingungen, braucht man *kontinuierliche* Spektren; das bedeutet, daß im ganzen Frequenzbereich oder wenigstens in einem Intervall endlicher Breite $\Delta\nu$ die Spektrallinien lückenlos dicht liegen (Abb. 156).

**b) Anwendung auf Registriergeräte.** Man kann Schwingungen dadurch untersuchen, daß man die schwingenden Körper (oder Kräfte) auf andere schwingungsfähige Systeme einwirken läßt und deren Schwingungen registriert. Besonders häufig verwendet man geeignete Hebelsysteme, die unmittelbar Schreibvorrichtungen betätigen, oder Kapseln, die durch Membranen abgeschlossen sind. Die Kapseln sind mit Luft oder Flüssigkeit gefüllt, deren Druckschwankungen Schwingungen der Membran verursachen. Sie dreht einen Spiegel, von dem ein Lichtstrahl reflektiert wird, der auf einem Schirm (z. B. lichtempfindlichem Papier) die Schwingungen der Membran aufzeichnet. (So erhält man beispielsweise eine Blutdruckkurve.) Diese Systeme werden durch die angreifenden Kräfte zu erzwungenen Schwingungen veranlaßt. Sie sollen die erregenden Schwingungen möglichst formgetreu und ohne Verzerrung aufzeichnen. Die hierzu notwendigen Eigenschaften der Registriergeräte sind folgende:

1. Sie dürfen keine Eigenfrequenzen besitzen, die in den Frequenzbereich fallen, den das Spektrum der aufzuzeichnenden Schwingung umfaßt; sonst werden die Amplituden von Teilschwingungen, die in den Resonanzbereich fallen, in einem zu großen Maßstab aufgezeichnet. Außerdem sind in der Nähe der Resonanzfrequenz die Phasenverschiebungen sehr von der Frequenz abhängig. Eine so verzerrte Phasenverschiebung zwischen Teilschwingungen gibt bei ihrer Superposition völlig veränderte Kurvenformen.

2. Um zu erreichen, daß die Amplituden von der Frequenz der erregenden Schwingung unabhängig werden, wählt man die Eigenfrequenz des Registriersystems sehr hoch, $\omega_0 \gg \omega$ (s. Abb. 140). Dann vereinfacht sich (77.2)

$$x = \frac{K_0}{\sqrt{m^2(\omega_0^2 - \omega^2)^2 + k^2\omega^2}} \cos(\omega t - \alpha)$$

zu

$$x = \frac{K_0}{m \cdot \omega_0^2} \cos \omega t,$$

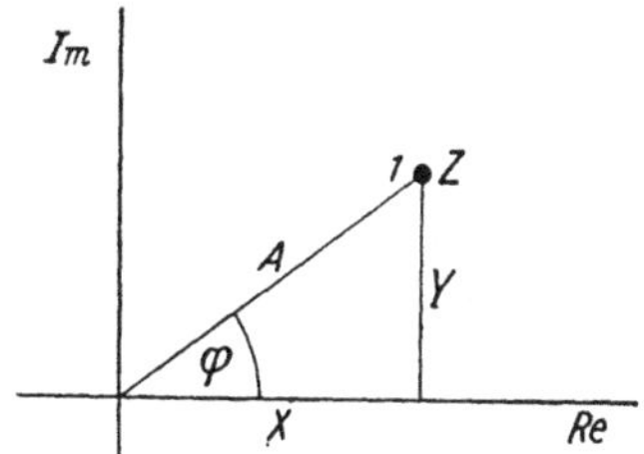


Abb. 157. Gaußsche Zahlenebene

d. h. die Amplitude wird unabhängig von der Frequenz und nur noch der Größe der erregenden Kraft proportional. Gleichzeitig geht auch für die Teilschwingungen die Phasenverschiebung gegenüber der erregenden Kraft gegen Null, denn für $\omega_0 \gg \omega$ konvergiert (77.3)

$$\operatorname{tg} \alpha = \frac{k/m \cdot \omega}{\omega_0^2 - \omega^2}$$

gegen Null.

**c) Mathematisches zur Lösung der Schwingungsgleichungen.** Die Lösungen der Gleichungen (76.2) und (77.1) findet man bequem, wenn man sie als komplexe Zahlen ansetzt. Nach GAUSS wird eine komplexe Zahl $z = x + iy$ in der „komplexen Zahlenebene" als Punkt dargestellt, dessen Abstand von der Achse der reellen Zahlen (Re) $y$ und dessen Abstand von der Achse der imaginären Zahlen (Im) $x$ ist (Abb. 157). Bezeichnet $A$, die sogenannte Amplitude, seinen Abstand vom Nullpunkt und $\varphi$ den Winkel, den die Richtung vom Nullpunkt zum Punkt $z$ mit der positiven Richtung von Re einschließt, so ist

$$x = A \cdot \cos\varphi; \qquad y = A \cdot \sin\varphi$$

und daher

$$z = A \cdot \cos\varphi + i A \cdot \sin\varphi = A(\cos\varphi + i\sin\varphi).$$

Diese Beziehung kann man auch schreiben:

$$z = A(\cos\varphi + i\sin\varphi) = A\, e^{i\varphi} \qquad \text{(Eulersche Formel)},$$

wie aus den Reihenentwicklungen folgt:

$$e^{i\varphi} = \left(1 - \frac{\varphi^2}{2!} + \frac{\varphi^4}{4!} - \frac{\varphi^6}{6!} + \cdots\right) + i\left(\frac{\varphi}{1!} - \frac{\varphi^3}{3!} + \frac{\varphi^5}{5!} - + \cdots\right) = \cos\varphi + i\sin\varphi.$$

Setzt man nun $\varphi = \omega t$, so beschreibt der Punkt $z = A\, e^{i\omega t}$ in der komplexen Zahlenebene einen Kreis; der Punkt $Z$ läuft mit konstanter Winkelgeschwindigkeit $\omega$ um. Seine Projektion auf die Re-Achse $x = A \cos\omega t$ ebenso wie die Projektion auf die Im-Achse $y = A \sin\omega t$ beschreiben $\left(\text{in der Phase um } \frac{\pi}{2} \text{ gegeneinander versetzt}\right)$ harmonische Schwingungen.

*1. Bewegungsgleichung der freien Schwingung.* Man kann diese auf den Zahlenachsen abgebildeten Schwingungen als die Lösung einer Schwingungsgleichung auffassen, z. B. der Differentialgleichung der ungedämpften harmonischen Schwingung (18.2), die wir nun als eine Gleichung zwischen komplexen Zahlen schreiben:

$$m \cdot \frac{d^2 z}{dt^2} = -Dz. \tag{81.2}$$

Man erkennt nun leicht, daß

$$z = A\,e^{i\omega t} \tag{81.3}$$

eine Lösung dieser Gleichung (81.2) ist, wenn die Umlaufsfrequenz $\omega$ der Bedingung $\omega = \sqrt{\frac{D}{m}}$ genügt. Dies ergibt sich, wenn man (81.3) in (81.2) einsetzt:

$$\left.\begin{aligned} \frac{dz}{dt} &= i \cdot \omega \cdot A\,e^{i\omega t}; \\ \frac{d^2 z}{dt^2} &= i^2 \omega^2 A\,e^{i\omega t} = -\,\omega^2 A\,e^{i\omega t} \quad (\text{da } i = +\sqrt{-1}, \quad \text{ist} \quad i^2 = -1). \end{aligned}\right\} \tag{81.4}$$

Damit nun (81.3) eine Lösung von (81.2) ist, muß $\omega$ der Bedingung, die man durch Einsetzen von (81.3) und (81.4) in (81.2) erhält, genügen:

$$-\,m \cdot \omega^2 A \cdot e^{i\omega t} = -\,D \cdot A \cdot e^{i\omega t},$$

$$\omega^2 = \frac{D}{m}. \tag{81.5}$$

Eine Lösung ist also

$$z = A \cdot e^{i\sqrt{\frac{D}{m}}\,t} = A\left(\cos\sqrt{\frac{D}{m}}\,t + i\sin\sqrt{\frac{D}{m}}\,t\right). \tag{81.6}$$

Man sieht also, daß, wenn die komplexe Lösung gefunden ist, sowohl der Realteil $\mathrm{Re}(z)$ als der Imaginärteil $\mathrm{Im}(z)$ unseren früher gefundenen Lösungen entspricht.

Der Vorzug dieser Rechnungsart liegt darin, daß sie sich viel einfacher durchführen läßt als die Rechnung mit den trigonometrischen Funktionen, deren unübersichtliche Additionstheoreme die Rechnung im allgemeinen außerordentlich verwickelt gestalten.

Der Vorzug tritt aber erst in Erscheinung, wenn die Differentialgleichung das Dämpfungsglied enthält:

Wir schreiben zunächst Gleichung (76.2) als Gleichung zwischen komplexen Zahlen:

$$m \cdot \frac{d^2 z}{dt^2} + k \cdot \frac{dz}{dt} + D \cdot z = 0 \tag{81.7}$$

und setzen

$$z = A \cdot e^{i\omega t}, \tag{81.8}$$

$$\frac{dz}{dt} = i\,\omega\,A \cdot e^{i\omega t} = i\,\omega\,z$$

$$\frac{d^2 z}{dt^2} = -\,\omega^2 \cdot A \cdot e^{i\omega t} = -\,\omega^2 \cdot z$$

$$-\,m\,\omega^2 \cdot z + i\,\omega\,k \cdot z + D \cdot z = 0$$

oder nach Division durch $-\,m \cdot z$:

$$\omega^2 - i\,\frac{k}{m}\,\omega - \frac{D}{m} = 0. \tag{81.9}$$

Die Lösung dieser quadratischen Gleichung gibt:

$$\omega = \frac{i}{2}\,\frac{k}{m} \pm \sqrt{\frac{D}{m} - \frac{1}{4}\,\frac{k^2}{m^2}}.$$

Also wird

$$z = A \cdot e^{i\left(\frac{i}{2}\frac{k}{m} \pm \sqrt{\frac{D}{m} - \frac{k^2}{4m^2}}\right)t}.$$

Dies ist schon eine spezielle Lösung von (81.7)

$$z = A \cdot e^{-\frac{1}{2}\frac{k}{m}t}\,e^{\pm i\sqrt{\frac{D}{m} - \frac{k^2}{4m^2}}\,t}. \tag{81.10}$$

Der Punkt $z$ läuft also in der Zahlenebene auf einer logarithmischen Spirale mit der Winkelgeschwindigkeit $\sqrt{\frac{D}{m} - \frac{k^2}{4m^2}}$ von außen nach innen um. Die Projektion auf die Zahlenachsen beschreibt eine gedämpfte Schwingung.

Sie wird durch den Realteil (oder den Imaginärteil) dieser komplexen Zahl dargestellt:

$$x = A \cdot e^{-\frac{1}{2}\frac{k}{m}t} \cdot \cos\sqrt{\frac{D}{m} - \frac{k^2}{4m^2}} \cdot t. \tag{81.11}$$

Dies ist die Lösung (76.3).

*2. Lösung der Bewegungsgleichung der erzwungenen Schwingung.* Zur Lösung von (77.1) schreiben wir sie in komplexer Form und stellen die periodisch veränderliche Kraft durch $K_0 e^{i\omega t}$ dar:

$$m \cdot \frac{d^2 z}{dt^2} + k \cdot \frac{dz}{dt} + D \cdot z = K_0 e^{i\omega t}. \tag{81.12}$$

Wir machen den Ansatz

$$z = A \cdot e^{i(\omega t - \alpha)}, \tag{81.13}$$

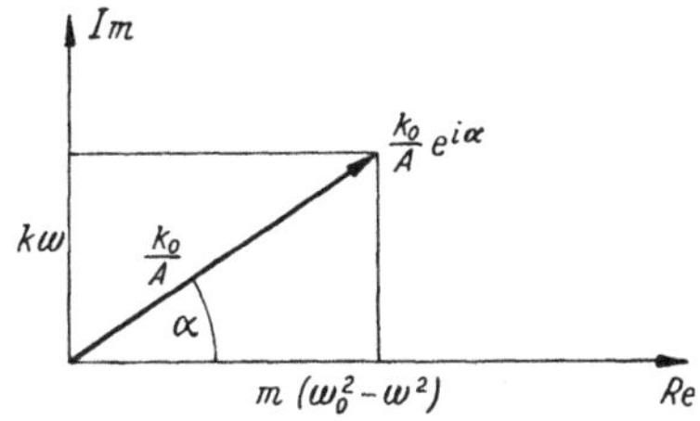


Abb. 158. Zur Berechnung der Amplitude und der Phase einer erzwungenen Schwingung

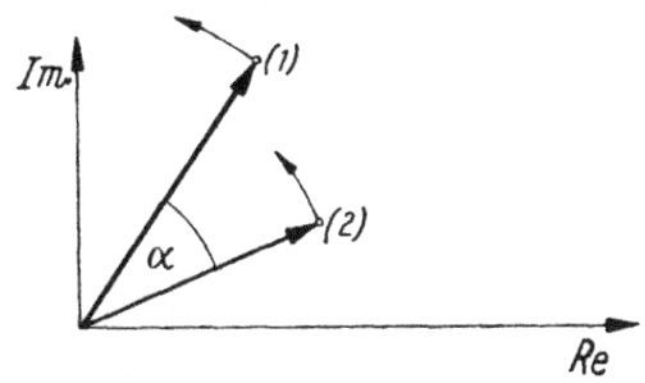


Abb. 159 Beschreibung des zeitlichen Verlaufs von erregender Kraft und Amplitude der erregten Schwingung in der Gaußschen Zahlenebene

indem wir von vornherein zulassen, daß zwischen der erregten Schwingung und der sie erzwingenden Kraft eine Phasendifferenz $\alpha$ besteht:

$$\frac{dz}{dt} = i \cdot \omega A \cdot e^{i(\omega t - \alpha)}, \tag{81.14}$$

$$\frac{d^2 z}{dt^2} = i^2 \omega^2 A \cdot e^{i(\omega t - \alpha)} = -\omega^2 A \cdot e^{i(\omega t - \alpha)}. \tag{81.15}$$

Die letzten drei Ausdrücke in (81.12) eingesetzt:

$$-m\omega^2 A e^{i(\omega t - \alpha)} + k i \omega A e^{i(\omega t - \alpha)} + D A e^{i(\omega t - \alpha)} = K_0 e^{i\omega t}$$

oder nach Division durch $A e^{i(t\omega - \alpha)}$ und Einsetzen von $D = m\omega_0^2$, wo $\omega_0$ die Eigenfrequenz des ungedämpften elastischen Pendels ist:

$$m(\omega_0^2 - \omega^2) + i\omega k = \frac{K_0}{A} e^{i\alpha}. \tag{81.16}$$

$\frac{K_0}{A} e^{i\alpha}$ ist in Abb. 158 in der komplexen Zahlenebene dargestellt. Der Betrag $\frac{K_0}{A}$ selbst errechnet sich aus Realteil und Imaginärteil als Hypotenuse im rechtwinkligen Dreieck mit den Katheten $m(\omega_0^2 - \omega^2)$ und $\omega k$:

$$\frac{K_0}{A} = \sqrt{m^2(\omega_0^2 - \omega^2)^2 + k^2\omega^2}$$

und hieraus:

$$A = \frac{K_0}{\sqrt{m^2(\omega_0^2 - \omega^2)^2 + k^2\omega^2}}. \tag{81.17}$$

Zu irgendeiner Zeit $t$ wird die Kraft in der Gaußschen Zahlenebene (Abb. 159) durch (1), die Schwingung durch (2) beschrieben. Die Amplituden bilden miteinander den Winkel $\alpha$, und unter Beibehaltung dieser „Phasendifferenz" drehen sich im weiteren Ablauf der Zeit beide mit der konstanten Winkelgeschwindigkeit $\omega$, die gleich der Kreisfrequenz der erregenden Kraft ist. Die Projektionen von $K$ und $z$ auf eine der Zahlenachsen beschreiben dann den zeitlichen Verlauf von erregender Kraft und erzwungener Schwingung.

Die Schwingung wird also durch den Real- (oder Imaginär)teil von $z = A \cdot e^{i(\omega t - \alpha)}$ beschrieben (77.2):

$$x = \frac{K_0}{\sqrt{m^2(\omega_0^2 - \omega^2)^2 + k^2\omega^2}} \cos(\omega t - \alpha). \tag{81.18}$$

Die Phasendifferenz $\alpha$, welche durch (77.3) bestimmt ist, lesen wir unmittelbar aus der Abb. 158 ab:

$$\operatorname{tg} \alpha = \frac{\omega k}{m(\omega_0^2 - \omega^2)}. \tag{81.19}$$

(81.18) stellt eine partikuläre Lösung der Gleichung (81.12) dar. Sie beschreibt die Schwingung nach lange andauernder Einwirkung der erregenden Kraft $K_0 \cos \omega t$ und besagt nichts über den *Einschwingvorgang*. Um ihn mit zu beschreiben, benötigen wir die allgemeine Lösung von (81.12). Sie besteht aus der partikulären Lösung (81.18) und dem allgemeinen Integral der zugehörigen homogenen Differentialgleichung (81.7). Das heißt: die Schwingung setzt sich aus zwei Teilschwingungen zusammen, von denen die eine mit der Eigenfrequenz des schwingenden Körpers erfolgt, welche nach (81.11) von seiner Masse, Bindung und Dämpfung abhängt. Sie klingt aber ab, so daß nach hinreichend langer Zeit nur noch die erzwungene, durch (81.18) beschriebene Schwingung besteht, die mit der Frequenz der erregenden Kraft erfolgt.

# V. Eindimensionale (ebene) Wellen

**82. Definition und Beschreibung.** Wenn im Innern eines deformierbaren Mediums eine Verschiebung aus der Ruhelage (Deformation) bewirkt oder „erregt" wird, so bleibt diese nicht auf das Erregungszentrum beschränkt, sondern sie teilt sich den Nachbargebieten mit, die (zeitlich verzögert) ebenfalls deformiert werden. Eine Erregung pflanzt sich nach allen Richtungen mit einer charakteristischen *Ausbreitungsgeschwindigkeit* fort. Diesen zeitlich *und* räumlich veränderlichen Zustand bezeichnet man als *Welle*.

Die im Erregungszentrum bewirkte Deformation bewirkt elastische Spannungen, welche an den Nachbarbereichen angreifen und daher auch an ihnen Verschiebungen verursachen. Infolge der Trägheit der Masse des Mediums schreitet diese Störung mit einer endlichen Geschwindigkeit fort, die um so geringer ist, je größer seine Dichte ist. Die Ausbreitungsgeschwindigkeit ist aber um so größer, je größer die durch eine Deformation hervorgerufene Spannung pro Dehnung ist, je größer also der Elastizitätsmodul des Mediums ist.

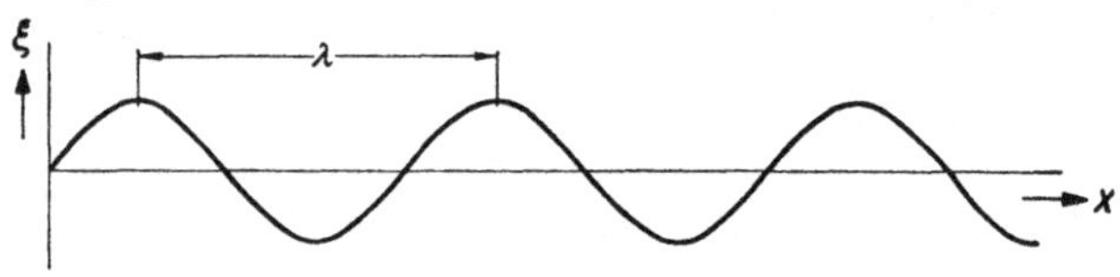

Abb. 160. Harmonische Welle

Flächen im Medium, deren Punkte mit gleicher Phase schwingen, bezeichnet man als *Wellenflächen*. Sie umschließen das Erregungszentrum. Ist dieses punktförmig und ist die Ausbreitungsgeschwindigkeit unabhängig von der Richtung und überall konstant, dann sind die Wellenflächen Kugelflächen *(Kugelwellen)*. Liegt das Erregungszentrum im Unendlichen oder mindestens sehr weit entfernt, oder geht die Welle von einer überall mit gleicher Phase schwingenden Ebene aus, dann sind die Wellenflächen Ebenen *(ebene Wellen)*.

Linien, die, vom Erregungszentrum ausgehend, die Wellenflächen überall senkrecht durchsetzen, bezeichnet man als *Strahlen*.

Wenn die Deformation im Erregungszentrum eine harmonische Schwingung der Teilchen um ihre Ruhelage mit der Schwingungsdauer $T = \frac{1}{\nu}$ ist, so setzt sich diese Schwingung durch den ganzen Körper hindurch fort. Benachbarte Teilchen schwingen in der Phase gegeneinander versetzt (Abb. 160). In regelmäßigen Abständen folgen aber Teilchen, die in der Schwingungsphase miteinander übereinstimmen. Dieser Abstand innerhalb einer Welle ist die *Wellenlänge.*

Während das Erregungszentrum eine volle Schwingung vollführt hat, ist die Erregung bis zu einem Ort vorgedrungen, in dem die Schwingung nun mit der des Zentrums gleichphasig ist. Sein Abstand ist nach obiger Definition die Wellenlänge. Er ist gleich der Geschwindigkeit, genauer der Phasengeschwindigkeit $c$ der Wellenausbreitung multipliziert mit der Schwingungsdauer $T$.

$$\lambda = c \cdot T \quad \text{oder} \quad c = \frac{\lambda}{T} = \nu \lambda. \tag{82.1}$$

(82.1) stellt nichts weiter dar als eine Beziehung zwischen den oben definierten, zur Beschreibung einer Welle geeigneten Größen $c$, $\lambda$ und $T$; sie sagt aber nichts aus über die Abhängigkeit der Phasengeschwindigkeit von der Frequenz $\nu$.

**83. Die eindimensionale Wellengleichung.** Längs eines Stabes von konstantem Querschnitt $F$ herrsche eine von Ort zu Ort verschiedene Spannung $\sigma$.

Wir betrachten ein Volumenelement, das im spannungsfreien Zustand des Stabes im Abstand $x$ vom willkürlich gewählten Anfangspunkt liegt und die Dicke $dx$ besitzt Abb. 161). Infolge des Spannungszustandes ist es um $\xi$ verschoben. Dort herrscht die Spannung

$$\sigma = E \frac{\partial \xi}{\partial x}$$

(Hookesches Gesetz),

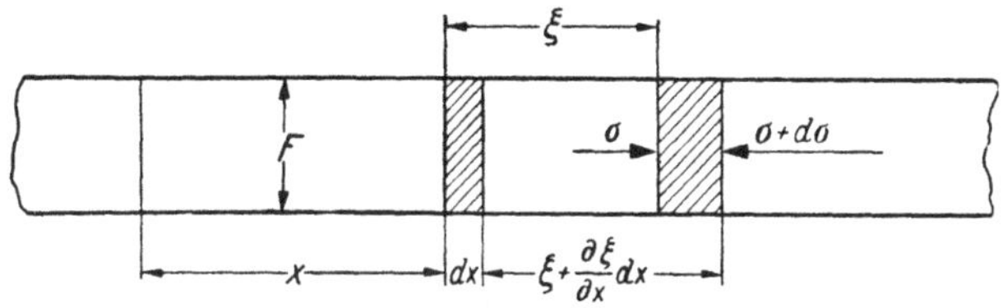


Abb. 161. Zur Herleitung der Differentialgleichung longitudinaler Wellen in einem Stab

denn $d\xi$ ist die Änderung der Dicke $dx$. Am rechtsseitigen Ende des verschobenen Volumenelements herrscht die Spannung

$$\sigma + d\sigma = E \frac{\partial\left(\xi + \frac{\partial \xi}{\partial x} \cdot dx\right)}{\partial x} = E \frac{\partial \xi}{\partial x} + E \frac{\partial^2 \xi}{\partial x^2} \cdot dx.$$

Das Volumenelement, das die Masse $\varrho \cdot F \cdot dx$ enthält, steht also unter der Wirkung der Kraft

$$F[(\sigma + d\sigma) - \sigma] = F E \frac{\partial^2 \xi}{\partial x^2} \cdot dx;$$

sie bewirkt eine Beschleunigung $\frac{\partial^2 \xi}{\partial t^2}$, so daß

$$F \varrho \cdot dx \cdot \frac{\partial^2 \xi}{\partial t^2} = F E \frac{\partial^2 \xi}{\partial x^2} dx$$

oder

$$\frac{\partial^2 \xi}{\partial t^2} = \frac{E}{\varrho} \cdot \frac{\partial^2 \xi}{\partial x^2} \quad \textit{(Wellengleichung)}. \tag{83.1}$$

Betrachten wir nunmehr eine Flüssigkeits- oder Gassäule vom Querschnitt $F$ (vgl. Abb. 161, hier ist die am Querschnitt $F$ angreifende Kraft $pF$ statt $\sigma F$ wie in 1.). Das Volumenelement $dV = F \cdot dx$ wächst bei der Verschiebung um $\xi$ auf

$$F \cdot \left(dx + \xi + \frac{\partial \xi}{\partial x} dx - \xi\right) = F dx + F \frac{\partial \xi}{\partial x} dx = dV + \delta(dV); \qquad \delta(dV) = F \frac{\partial \xi}{\partial x} dx.$$

Diese Zunahme schreiben wir der Druckänderung $\delta p$ zu. Die Zunahme $\frac{\partial \xi}{\partial x} dx$

ist mit der Druckänderung $\delta p$ nach (69.4) durch die Kompressibilität $\varkappa$ verknüpft:

$$\varkappa = -\frac{\delta(dV)}{dV} \cdot \frac{1}{\delta p} \quad \text{oder} \quad \delta p = -\frac{1}{\varkappa}\frac{\partial \xi}{\partial x}.$$

$\delta p$ ist aber von Ort zu Ort verschieden. Beim Fortschreiten um $dx$ ändert sich $\delta p$ um $d(\delta p) = \frac{\partial(\delta p)}{\partial x} dx = -\frac{1}{\varkappa}\frac{\partial^2 \xi}{\partial x^2} \cdot dx$. Das verschobene Volumenelement $F\,dx$ erfährt also eine rücktreibende Kraft $dK = -[F \cdot (\delta p + d(\delta p)) - F \cdot \delta p] = -F\,d(\delta p) = F\frac{1}{\varkappa}\frac{\partial^2 \xi}{\partial x^2} dx$. Sie beschleunigt das Volumenelement, dessen jeweilige Lage durch die Verschiebung $\xi$ beschrieben wird. Seine Beschleunigung ist also $\frac{\partial^2 \xi}{\partial t^2}$.

$$\varrho F\,dx \cdot \frac{\partial^2 \xi}{\partial t^2} = F\frac{1}{\varkappa}\frac{\partial^2 \xi}{\partial x^2} \cdot dx$$

oder

$$\frac{\partial^2 \xi}{\partial t^2} = \frac{1}{\varrho \cdot \varkappa} \cdot \frac{\partial^2 \xi}{\partial x^2}. \tag{83.2}$$

An die Stelle des Elastizitätsmoduls tritt bei Flüssigkeiten und Gasen die reziproke Kompressibilität, d.h. der Kompressionsmodul (vgl. § 70).

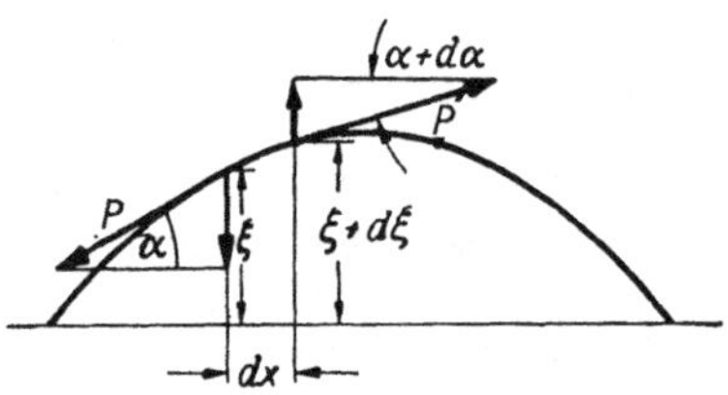


Abb. 162. Zur Herleitung der Differentialgleichung der transversalen Wellen auf einer gespannten Saite

Eine etwas andere Behandlung erfordert eine Saite, die durch eine Kraft $P$ gespannt ist und seitlich *(transversal)* ausgelenkt wird (Abb. 162).

$K_\xi$ sei die Kraft, die das um $\xi$ verschobene Stückchen $dx$ der Saite in die Ruhelage zurücktreibt. Sie ist gleich der Differenz der Komponenten der Kräfte in der $\xi$-Richtung, die tangential zur Saite an den Enden von $dx$ angreifen und die, wenn von einer zusätzlichen elastischen Deformation abgesehen wird, beide $P$ sind:

$$K_\xi = P \sin(\alpha + d\alpha) - P \sin\alpha.$$

$\alpha$ ist der Winkel, den die Tangente mit der Richtung der unverschobenen Saite bildet ($x$-Achse). Für kleine Verschiebungen wird $\alpha$ klein, $\sin\alpha$ kann dann durch $\alpha$ ersetzt werden:

$$K_\xi = P \cdot (\alpha + d\alpha) - P \cdot \alpha.$$

Da $\alpha = \frac{\partial \xi}{\partial x}$, wird $d\alpha = \frac{\partial^2 \xi}{\partial x^2} \cdot dx$. Die Masse des Saitenstückes $dx$ ist $\varrho \cdot q \cdot dx$ ($q$ = Querschnitt der Saite, $\varrho$ = Dichte der Saite). Seine Bewegungsgleichung ist also:

$$\varrho \cdot q \cdot dx \cdot \frac{\partial^2 \xi}{\partial t^2} = P \cdot \frac{\partial^2 \xi}{\partial x^2} dx \quad \text{oder} \quad \frac{\partial^2 \xi}{\partial t^2} = \frac{P}{\varrho \cdot q} \cdot \frac{\partial^2 \xi}{\partial x^2}. \tag{83.3}$$

**84. Lösungen der Wellengleichung.** Alle drei Wellengleichungen (83.1), (83.2) und (83.3) werden durch

$$\xi = f(x \pm ct) \tag{84.1}$$

gelöst, wo $f(x \pm ct)$ eine willkürliche, aber zweimal nach $x$ und $t$ differenzierbare Funktion ist

$$\frac{\partial^2 \xi}{\partial x^2} = f''(x \pm ct); \quad \frac{\partial^2 \xi}{\partial t^2} = c^2 \cdot f''(x \pm ct).$$

Dies in (83.1), (83.2) und (83.3) eingesetzt ergibt für $c$:

für einen longitudinal schwingenden Stab $\quad c^2 = \frac{E}{\varrho}, \quad c = \sqrt{\frac{E}{\varrho}} \quad$ (84.2) für eine Flüssigkeits- oder Gassäule $c^2 = \frac{1}{\varrho \cdot \varkappa}, \quad c = \sqrt{\frac{1}{\varrho \cdot \varkappa}}$ (84.3)

für eine Saite $c^2 = \frac{P}{\varrho \cdot q}, \quad c = \sqrt{\frac{P}{\varrho \cdot q}}.$ (84.4)

Die Lösung der Wellengleichung für $t = t'$

$$\xi = f(x \pm c t') \tag{84.5}$$

beschreibt die elastische Deformation eines Stabes, einer Flüssigkeits- oder Gassäule oder einer Saite zur Zeit $t'$. Das sei die Deformation, die in Abb. 163 dargestellt ist. Darin bedeuten positive Ordinaten Verschiebungen am Orte $x$ nach rechts, negative Ordinaten Verschiebungen nach links bzw. (bei der Saite) nach oben und unten.

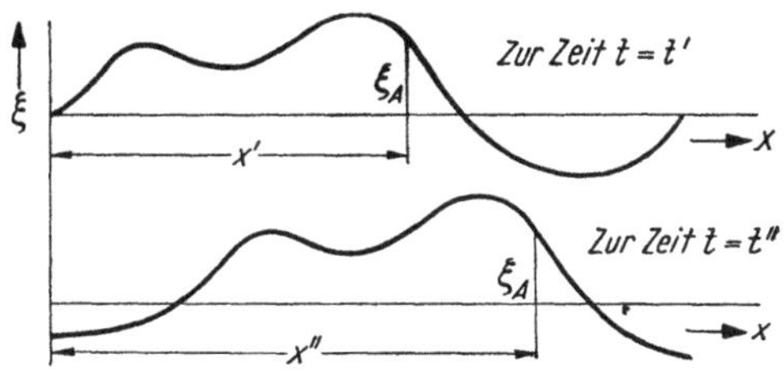


Abb. 163. Die Ausbreitung einer Welle

An einer Stelle, die vom willkürlich gewählten Anfangspunkt um $x'$ entfernt ist, bestehe zur Zeit $t'$ eine Verschiebung $\xi_A$. Da (84.1) eine Lösung der Wellengleichung ist, muß

$$\xi_A = f(x' \pm c t')$$

sein. Wir betrachten die Lösung

$$\xi_A = f(x' - c t'):$$

$(x' - ct')$ ist eine bestimmte Größe, die wir mit $A$ bezeichnen wollen;

$$x' - c t' = A. \tag{84.6}$$

Zu einer späteren Zeit $t''$ gibt es einen Wert $x = x''$, für den $(x - ct)$ den gleichen Wert hat:

$$x'' - c t'' = A. \tag{84.7}$$

Zur Stelle $x''$ gehört also zur Zeit $t''$ die gleiche Auslenkung $\xi_A$. Diese ist demnach während der Zeit $t'' - t'$ um $x'' - x'$ gewandert. Aus (84.6) und (84.7) folgt durch Subtraktion:

$$x'' - x' = c(t'' - t'). \tag{84.8}$$

$$c = \frac{x'' - x'}{t'' - t'} \tag{84.9}$$

bedeutet also die Geschwindigkeit, mit der eine bestimmte Auslenkung (Deformation) sich von der Stelle bewegt.

Was für den Querschnitt bei $x'$ gilt, gilt ebenso für jeden anderen, der einer Auslenkung unterworfen ist. Alle Auslenkungen wandern unabhängig von ihrer Größe mit der gleichen Geschwindigkeit durch den Körper.

Die Lösung $\xi = f(x + ct)$ beschreibt den analogen, aber von rechts nach links zu negativen Werten von $x$ ablaufenden Vorgang.

$c$ ist nicht die Geschwindigkeit eines Körpers, sondern die eines Zustandes; man bezeichnet sie als *Phasengeschwindigkeit.*

**85. Harmonische Wellen.** Bisher war über die Gestalt der Welle, d.h. über die Funktion $f(x \pm ct)$ nichts ausgesagt. In der Tat ist der Ausbreitungsvorgang davon weitgehend unabhängig. Jedoch tritt eine spezielle Wellenform besonders häufig auf, nämlich die harmonische (ebene) Welle, die beschrieben wird durch

$$\xi = \xi_0 \sin 2\pi\nu\left(t - \frac{x}{c}\right) = \xi_0 \sin 2\pi\left(\nu t - \frac{x}{\lambda}\right). \tag{85.1}$$

$\xi$ ist also auch hier eine Funktion von $(x - ct)$. Da hierin nur die *eine* Raumkoordinate $x$ vorkommt, beschreibt (85.1) eine ebene räumliche Welle, deren Wellenflächen — d.h. Flächen mit konstantem $\xi$ — Ebenen senkrecht zur $x$-Achse bilden.

Die Gleichung zeigt, daß am festgehaltenen Ort $(x = x_1)$ die Verschiebung $\xi$ sich periodisch ändert (harmonisch schwingt): $\xi = \xi_0 \sin(2\pi\nu t - \alpha_1)$, wo $\alpha_1 = \frac{2\pi\nu \cdot x_1}{c}$ ein konstanter, nur vom Ort $x_1$ abhängiger Phasenwinkel ist, der nach rechts hin zunimmt. Die der Schwingung in $x_1$ phasengleiche Schwingung findet man am Orte $x_2$, wenn $\alpha_2 - \alpha_1 = 2\pi$ oder

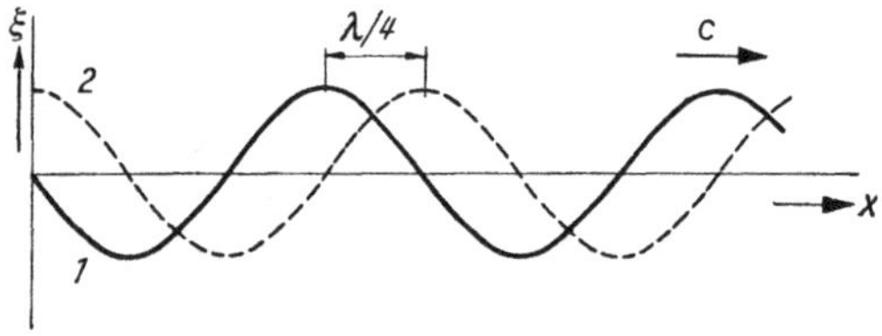

Abb. 164. Verschiebung einer harmonischen Welle um $\lambda/4$ während der Zeit $T/4$

$$\frac{2\pi\nu \cdot x_2}{c} - \frac{2\pi\nu \cdot x_1}{c} = 2\pi,$$

d.h.

$$\nu \cdot (x_2 - x_1) = c.$$

Der Abstand zweier Orte gleicher Phase ist aber nach Definition in § 82 die Wellenlänge der Welle. Es ist also die Phasengeschwindigkeit

$$c = \nu \cdot \lambda.$$

Setzt man in (85.1) $t = 0$, so ergibt sich

$$\xi = \xi_0 \sin\left(-\frac{2\pi\nu \cdot x}{c}\right) = -\xi_0 \sin 2\pi \frac{x}{\lambda} \tag{85.2}$$

$\xi$ ist hier eine Funktion von $x$ allein und wird durch die Kurve 1 der Abb. 164 dargestellt; die Darstellung ist das Momentbild der Welle zur Zeit $t = 0$. Zu einer um $\frac{T}{4} = \frac{1}{4\nu}$ späteren Zeit ist

$$\xi = \xi_0 \sin\left(\frac{\pi}{2} - 2\pi\frac{x}{\lambda}\right) = \xi_0 \cos 2\pi \frac{x}{\lambda},$$

dargestellt in Kurve 2 $\left(\text{Momentbild zu einer um } \frac{T}{4} \text{ späteren Zeit}\right)$. Das Bild zeigt, daß die Welle sich während dieser Zeit um $\frac{\lambda}{4}$ von links nach rechts verschoben hat. Wieder findet man für die Phasengeschwindigkeit

$$c = \frac{\frac{\lambda}{4}}{\frac{T}{4}} = \frac{\lambda}{T} = \nu \cdot \lambda.$$

Wellen, deren Amplitude in der Richtung der Ausbreitung liegt, nennt man *longitudinale* Wellen; bei *transversalen* Wellen erfolgt die Schwingung senkrecht zur Fortpflanzungsrichtung.

**a) Energie einer harmonischen elastischen Welle.** Die Raumdichte der kinetischen Energie $p_{E\,\mathrm{kin}}$, d.i. das Verhältnis der am Orte $x$ in einem Volumen $dV$ enthaltenen kinetischen Energie zur Größe $dV$, ist:

$$p_{E\,\mathrm{kin}} = \frac{1}{2}\varrho \cdot \left(\frac{d\xi}{dt}\right)^2 = \frac{1}{2}\varrho \cdot 4\pi^2\nu^2 \cdot \xi_0^2 \cdot \cos^2 2\pi\left(\frac{t}{T} - \frac{x}{\lambda}\right) \quad (\varrho = \text{Dichte});$$

da $\overline{\cos^2 2\pi\left(\frac{t}{T} - \frac{x}{\lambda}\right)} = \frac{1}{2}$, ist ihr zeitlicher Mittelwert:

$$\overline{P_{E\,\mathrm{kin}}} = \frac{1}{2}\,\varrho\cdot 4\pi^2\nu^2\cdot\xi_0^2\cdot\frac{1}{2} = \varrho\,\pi^2\nu^2\,\xi_0^2.$$

Bei einer elastischen Schwingung ist $\overline{E_{\mathrm{pot}}} = \overline{E_{\mathrm{kin}}}$; denn

und

$$\left.\begin{aligned}\overline{E_{\mathrm{pot}}} &= \frac{1}{2}\cdot D\,\overline{x^2} = \frac{1}{2}\,D\,x_0^2\,\overline{\sin^2\omega t} = \frac{1}{2}\,D\cdot\frac{x_0^2}{2}\\ \overline{E_{\mathrm{kin}}} &= \frac{1}{2}\,m\cdot\overline{\dot{x}^2} = \frac{1}{2}\,m\,\omega^2\cdot x_0^2\cdot\overline{\cos^2\omega t} = \frac{1}{2}\,m\,\omega^2\cdot\frac{x_0^2}{2} = \frac{1}{2}\,D\cdot\frac{x_0^2}{2}.\end{aligned}\right\}\qquad(85.3)$$

Die Energiedichte $\overline{P}$ ist also doppelt so groß wie $\overline{P_{E\,\mathrm{kin}}}$:

$$\overline{P} = 2\varrho\,\pi^2\nu^2\xi_0^2 \quad \textit{(Energiedichte)}, \qquad (85.4)$$

also proportional dem Quadrat von Amplitude und Frequenz.

**b) Kugel- und Zylinderwellen.** Bei punktförmigem Erregungsort in einem allseits beliebig weit ausgedehnten Medium ist die Wellenfläche eine Kugelfläche, wenn die Ausbreitungsgeschwindigkeit nach allen Richtungen die gleiche ist, was im homogenen isotropen Medium erfüllt ist *(Kugelwelle)*. (Bei linienhafter Erregung entstehen *Zylinderwellen.*) Durch jede um eine Erregungsstelle gelegte Kugel muß die gleiche Energie strömen. Die Energiedichte muß also der Kugelfläche umgekehrt proportional sein. Daraus folgt, daß die Amplituden den Entfernungen $r$ vom Erregungsort umgekehrt proportional sind:

$$\xi = \frac{\xi_1}{r}\cdot\sin 2\pi\left(\nu t - \frac{r}{\lambda}\right). \qquad (85.5)$$

$\xi_1$ ist die Amplitude für $r = 1$.

## 86. Interferenz zweier harmonischer Wellen.

**a) Bei gleicher Frequenz.** Bei nicht zu großen Amplituden gilt für die Überlagerung *(Interferenz)* zweier oder mehrerer Wellen im elastischen Medium das Gesetz der ungestörten Superposition. Zwei Wellenzüge gleicher Frequenz, die sich in gleicher Richtung ausbreiten, unterscheiden sich im allgemeinen durch ihre Amplitude und den *Gangunterschied.* Dieser wird häufig in Vielfachen einer halben Wellenlänge $\frac{\lambda}{2}$ ausgedrückt. Gangunterschied $\frac{\lambda}{2}$ zwischen zwei Wellen bedeutet, daß man eine der beiden um $\frac{\lambda}{2}$ verschieben muß, um gleiche Schwingungszustände zur Deckung zu bringen. Bei zwei parallelen ebenen Wellen sind Gangunterschiede $\frac{\lambda}{2}$, $3\,\frac{\lambda}{2}$, $5\,\frac{\lambda}{2}\cdots(2n+1)\,\frac{\lambda}{2}$ nicht zu unterscheiden, ebenso nicht die Gangunterschiede $0, 2\,\frac{\lambda}{2}$, $4\,\frac{\lambda}{2}$, $\ldots\,2n\,\frac{\lambda}{2} = n\lambda$ ($n =$ ganze Zahl).

Wellenzüge mit dem Gangunterschied $0, \lambda, \ldots, n\lambda, \ldots$ verstärken sich durch Interferenz (Abb. 165); bei gleichen Amplituden ist die Amplitude der resultierenden Welle doppelt so groß.

Wellenzüge mit dem Gangunterschied $\frac{\lambda}{2}\cdots(2n+1)\,\frac{\lambda}{2}$ löschen sich durch Interferenz aus (Abb. 166), wenn die Amplituden gleich sind.

Die Amplitudenverdopplung beim Gangunterschied $n\lambda$ (Phasendifferenz 0) und die Auslöschung beim Gangunterschied $(2n+1)\,\frac{\lambda}{2}$ (Phasendifferenz $\pi$) widersprechen nicht dem Energieerhaltungssatz. Wenn beide Wellenzüge nicht gleiche Richtung haben, so sind diese Phasendifferenzen $\Delta\alpha$ immer nur in bestimmten Flächen (Knotenflächen bei $\Delta\alpha = \pi$ und Flächen der Bäuche bei $\Delta\alpha = 0$) möglich. Durch die Knotenflächen tritt keine Energie; die Interferenz veranlaßt nur eine Umlenkung der Energie; die Gesamtenergie bleibt erhalten.

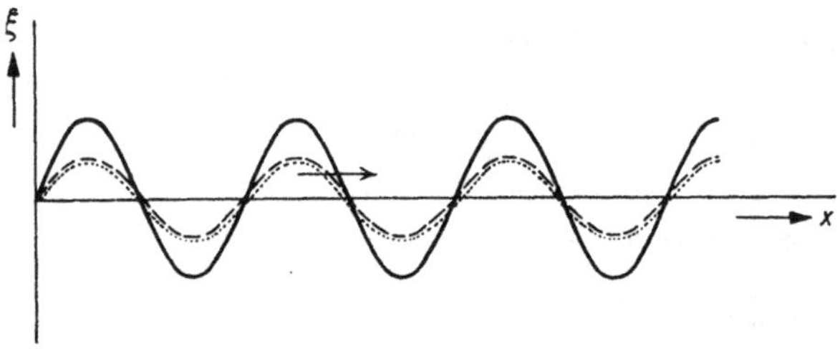


Abb. 165. Überlagerung zweier Wellen, deren Gangunterschied Null oder ein ganzzahliges Vielfaches von $\lambda$ beträgt

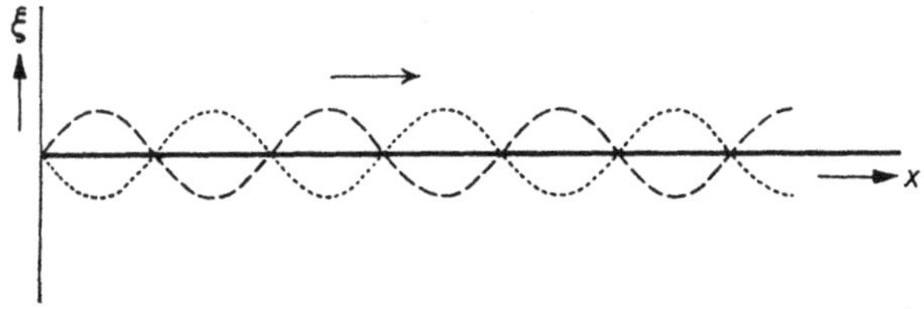


Abb. 166. Überlagerung zweier Wellen, deren Gangunterschied ein ungeradzahliges Vielfaches einer halben Wellenlänge beträgt

Bei Gangunterschieden zwischen 0 und $\lambda$ entsteht durch Interferenz zweier harmonischer Wellen mit gleicher Wellenlänge wieder eine harmonische Welle derselben Wellenlänge, deren Amplitude von den Amplituden der Einzelwellen und ihrem Gangunterschied abhängt, und deren Phase im allgemeinen gegen jede der Einzelwellen verschoben ist. Das ergibt sich folgendermaßen:

Wenn die Welle 2 die gleiche Amplitude, die gleiche Frequenz $\nu$ und die gleiche Wellenlänge $\lambda$ wie die Welle 1 besitzt, aber einen um $\Delta x$ verschiedenen Weg zurückgelegt hat, so werden die Wellen durch die Gleichungen

$$\xi_1 = \xi_0 \sin 2\pi\left(\nu t - \frac{x}{\lambda}\right)$$

$$\xi_2 = \xi_0 \sin 2\pi\left(\nu t - \frac{x + \Delta x}{\lambda}\right)$$

beschrieben. Ihre Überlagerung gibt, da $\sin\alpha + \sin\beta = 2\sin\frac{\alpha+\beta}{2}\cos\frac{\alpha-\beta}{2}$,

$$\left.\begin{aligned}\xi = \xi_1 + \xi_2 &= \xi_0 \sin 2\pi\left(\nu t - \frac{x}{\lambda}\right) + \xi_0 \sin 2\pi\left(\nu t - \frac{x+\Delta x}{\lambda}\right)\\ &= 2\xi_0 \cos\left(\frac{\Delta x}{\lambda}\pi\right)\cdot \sin\left[2\pi\left(\nu t - \frac{x}{\lambda}\right) - \frac{\Delta x}{\lambda}\pi\right].\end{aligned}\right\} \tag{86.1}$$

Also ist im allgemeinen die resultierende Welle eine harmonische Welle gleicher Frequenz, Wellenlänge und daher Phasengeschwindigkeit, aber mit veränderter Amplitude und Phase.

**b) Bei verschiedener Frequenz.** Die beiden interferierenden Wellen sind nunmehr darzustellen durch

$$\xi_1 = \xi_0 \sin 2\pi\left(\nu_1 t - \frac{x}{\lambda_1}\right) \quad \text{und} \quad \xi_2 = \xi_0 \sin 2\pi\left(\nu_2 t - \frac{x}{\lambda_2}\right).$$

Ihre Überlagerung gibt:

$$\begin{aligned}\xi = \xi_1 + \xi_2 &= \xi_0\left[\sin 2\pi\left(\nu_1 t - \frac{x}{\lambda_1}\right) + \sin 2\pi\left(\nu_2 t - \frac{x}{\lambda_2}\right)\right]\\ &= 2\xi_0 \sin 2\pi\left[\frac{\nu_1+\nu_2}{2}t - \frac{1}{2}\left(\frac{1}{\lambda_1} + \frac{1}{\lambda_2}\right)x\right]\cdot\cos 2\pi\left[\frac{\nu_1-\nu_2}{2}t - \frac{1}{2}\left(\frac{1}{\lambda_1} - \frac{1}{\lambda_2}\right)x\right].\end{aligned}$$

Wenn $\nu_1 \approx \nu_2$, so beschreibt das erste Glied eine Welle mit fast der gleichen Frequenz und Wellenlänge wie die der Einzelwellen, das zweite Glied aber eine Welle mit viel größerer Wellenlänge $\Lambda$:

$$\frac{1}{\Lambda} = \frac{1}{2}\left(\frac{1}{\lambda_1} - \frac{1}{\lambda_2}\right) = \frac{1}{2}\,\frac{\lambda_2 - \lambda_1}{\lambda_1 \cdot \lambda_2}\,; \quad \Lambda = \frac{2\lambda_1 \cdot \lambda_2}{\lambda_2 - \lambda_1}. \tag{86.2}$$

Abb. 167 zeigt ein Momentbild des Vorgangs, d.h. $\xi$ über $x$ aufgetragen für einen beliebigen Zeitpunkt $t$: Es bilden sich einzelne Wellengruppen, die durch Nullstellen voneinander getrennt sind. Die Breite einer Wellengruppe, gemessen von einer Nullstelle bis zur nächsten, ist:

$$\Delta x = \frac{\Lambda}{2} = \frac{\lambda_1 \cdot \lambda_2}{\lambda_2 - \lambda_1}. \tag{86.3}$$

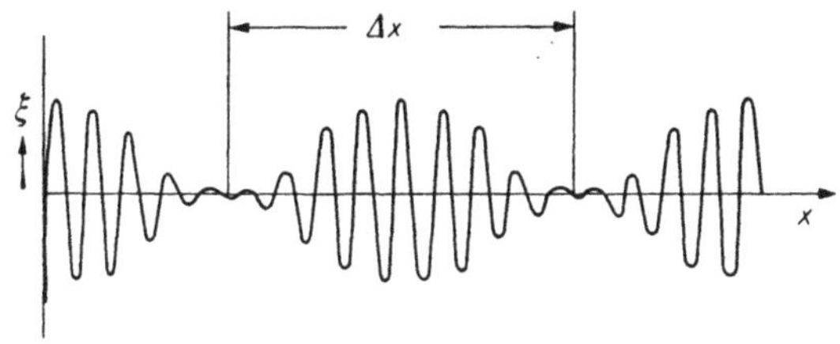


Abb. 167

Die Gruppen breiten sich mit einer Geschwindigkeit, der *Gruppengeschwindigkeit* ($c_{gr}$) aus, die nicht mit derjenigen übereinzustimmen braucht, mit der sich ein Punkt bestimmter Phase (z.B. ein Wellenberg) bewegt:

$$c_{gr} = \frac{\nu_1 - \nu_2}{2} \cdot \Lambda = \frac{\nu_1 - \nu_2}{2} \cdot \frac{2\lambda_1 \cdot \lambda_2}{\lambda_2 - \lambda_1}.$$

Für kleine Unterschiede der Frequenzen $\nu_1 - \nu_2 = -d\nu$ und Wellenlängen $\lambda_2 - \lambda_1 = d\lambda$ erhält man

$$c_{gr} = -\frac{d\nu}{d\lambda} \cdot \lambda^2. \tag{86.4}$$

Hieraus folgt, daß die Gruppengeschwindigkeit nur dann gleich der Phasengeschwindigkeit ist, wenn diese von der Frequenz unabhängig, d.h. keine Dispersion vorhanden ist.

Die Gleichung (86.4) gilt ganz allgemein für Wellengruppen, auch wenn sie durch Zusammensetzung beliebig vieler Wellen verschiedener Frequenz entstanden sind.

**87. Stehende Wellen.** Stehende Wellen entstehen durch Überlagerung zweier Wellenzüge gleicher Amplitude und Wellenlänge, die einander entgegenlaufen, z.B. durch Überlagerung einer auf einen Reflektor zulaufenden Welle mit der von ihm reflektierten Welle. Wie dabei eine stehende Welle zustande kommt, entnimmt man den Abb. 168 und 169, deren Einzelheiten sich auf § 98 (Schluß) beziehen. Durch Interferenz entsteht in regelmäßigen Abständen von $\frac{\lambda}{2}$ dauernde Auslöschung der Schwingung *(Knoten)*; in der Mitte zwischen zwei Knoten befinden sich Orte größter Amplitude *(Schwingungsbäuche)*.

Ein Vergleich mit Abb. 148 und 149 (§ 80) zeigt, daß man die Eigenschwingung eines longitudinal schwingenden Stabes als stehende Welle auffassen kann. Bei der Grundschwingung (Abb. 148 und 149b) ist die Stablänge $l = \frac{\lambda}{2}$ oder $\lambda = 2l$; bei der $n$-ten Eigenschwingung $l = n \cdot \frac{\lambda}{2}$ oder $\lambda_n = \frac{2l}{n}$. Da $c = \sqrt{\frac{E}{\varrho}} = \nu \cdot \lambda$, ist die Frequenz der $n$-ten Eigenschwingung s. (80.1):

$$\nu_n = \frac{1}{\lambda_n} \cdot \sqrt{\frac{E}{\varrho}} = \frac{n}{2l}\sqrt{\frac{E}{\varrho}}. \tag{87.1}$$

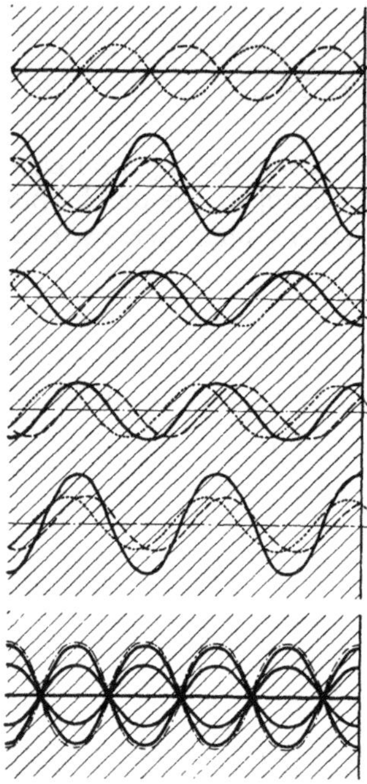

Abb. 168

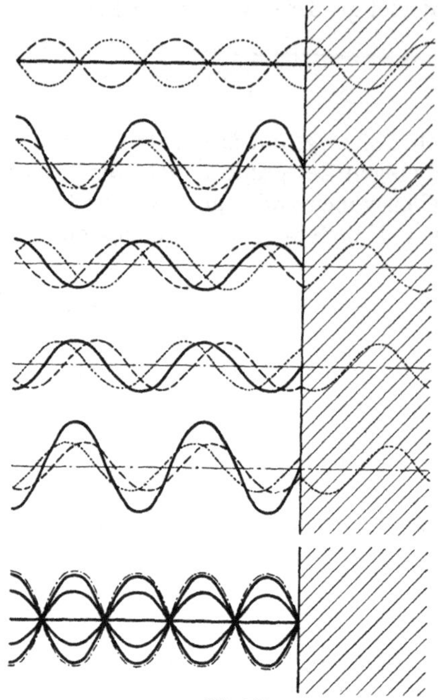

Abb. 169

**Abb. 168. Entstehung einer stehenden Welle durch Überlagerung der an einem „dünneren" Medium reflektierten mit der einfallenden Welle. Die punktierte Welle eilt auf den Spiegel zu, die gestrichelte ist die reflektierte Welle. In jedem Bilde ist die hinlaufende Welle um $\frac{\lambda}{5}$ gegenüber der Welle im darüberstehenden Bilde verschoben. Die Phase der reflektierten Welle schließt sich am Spiegel stetig an die der ankommenden Welle an. Im untersten Teilbild sind die resultierenden Wellen für die 5 dargestellten Phasen aufeinander gezeichnet**

**Abb. 169 Entstehung der stehenden Welle bei der Reflexion am „dichteren" Medium. Es erfolgt ein Phasensprung um $\pi$ (rechts vom Spiegel ist die um $\frac{\lambda}{2}$ verschobene ankommende Welle gezeichnet, deren Umklappung die reflektierte Welle ergibt). Im untersten Teilbild sind die resultierenden Wellen für die 5 dargestellten Phasen aufeinander gezeichnet**

## W. Huygens-Fresnelsches Prinzip

**88. Beschreibung der Wellenausbreitung durch die Elementarwellen.** Die Ausbreitung von Wellen kann man so beschreiben, daß man jeden Punkt einer bestehenden Wellenfläche als Zentrum einer neuen kugelförmigen „Elementarwelle" auffaßt. Deren Umhüllende gibt dann die Welle für einen späteren Zeitpunkt an *(Huygenssches Prinzip)*.

Bestätigt wird das Huygenssche Prinzip vor allem durch die Interferenzerscheinungen. Die Wellenerregung in einem Punkte ergibt sich aus der Überlagerung aller von den verschiedenen Punkten ausgehenden Elementarwellen unter Berücksichtigung ihrer Phase (Huygens-Fresnelsches Prinzip; vgl. Kapitel VI, Wellenoptik.

Das Huygenssche Prinzip gilt nicht nur für Wellen in deformierbaren Körpern, sondern allgemein für jede Wellenausbreitung, z.B. für Oberflächenwellen, Lichtwellen, Materiewellen usw. Schon in der ersten Fassung gibt es die Deutung der Reflexion und Brechung.

**89. Das Reflexionsgesetz** (Abb. 170). Eine ebene Wellenfront $W$ habe den Punkt $A$ des Spiegels erreicht. Von ihm gehe eine Elementarwelle aus, die nach der Zeit $\tau$ den Radius $AE = c \cdot \tau$ hat. In der gleichen Zeit ist die Wellenfront bis zum Punkte $B$ vorgerückt. In der halben Zeit erreichte sie $C$ in der Mitte zwischen $A$ und $B$. Die von $C$ ausgehende Elementarwelle hat dann nach der 2. Halbzeit $\frac{\tau}{2}$ den Radius $c \cdot \frac{\tau}{2}$. Alle von Punkten zwischen $A$ und $B$ ausgehenden Elementarwellen haben nach der Zeit $\tau$ als Umhüllende die Ebene $W'$, die die Zeichenebene in der Geraden $EB$ schneidet. Da $DB = AE$ (dies sind die von der ankommenden ebenen Welle und der von $A$ ausgehenden Elementarwelle in der Zeit $\tau$ zurückgelegten Wege), ist $\triangle AEB \cong \triangle ADB$ und daher $\sphericalangle BAE = \sphericalangle ABD$; d.h. die Wellennormale *(Strahl)* auf der Wellenfläche der einfallenden Welle bildet mit dem Spiegel den gleichen Winkel wie die Wellennormale auf der reflektierten Welle. Dann besteht aber auch Gleichheit zwischen dem *Einfallswinkel*, dem Winkel zwischen dem einfallenden Strahl und dem Einfallslot, und dem *Reflexionswinkel*, dem Winkel zwischen dem reflektierten Strahl und dem Einfallslot. Damit ist das bekannte Reflexionsgesetz aus dem Huygensschen Prinzip gedeutet.

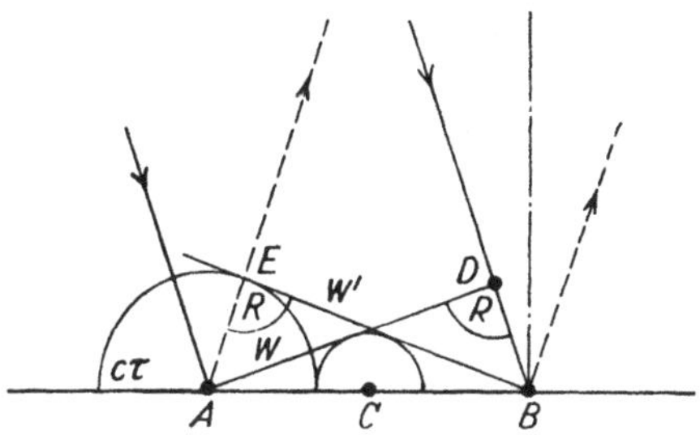


Abb. 170. Zur Deutung des Reflexionsgesetzes mit dem Huygensschen Prinzip

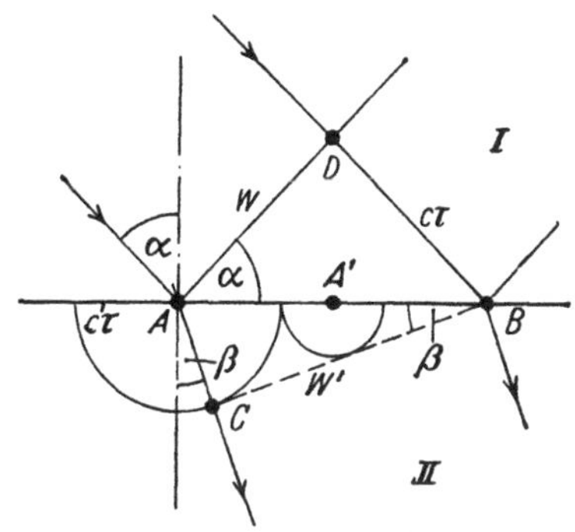


Abb. 171. Zur Deutung des Brechungsgesetzes mit dem Huygensschen Prinzip

**90. Das Brechungsgesetz** (Abb. 171). *Brechung* findet beim Übertritt einer ebenen Welle in ein Medium mit anderer Wellenausbreitungsgeschwindigkeit $c'$ statt: Für die Ausbreitung der Wellenfront $W$ von $D$ nach $B$ benötigt die Welle die Zeit $\tau = \frac{DB}{c}$. Im Medium II hat die von $A$ ausgehende Elementarwelle nach dieser Zeit den Radius $c' \cdot \tau$. Vom Punkte $A'$ in der Mitte zwischen $A$ und $B$, der von $W$ nach der Zeit $\frac{\tau}{2}$ erreicht wird, hat sich nach Ablauf einer weiteren Zeit $\frac{\tau}{2}$ die Elementarwelle um $\frac{1}{2}c' \cdot \tau$ fortgepflanzt. Die Umhüllende $CB$ ist die Wellenfront $W'$ im Medium II. Es gilt:

$$\sin\alpha = \frac{DB}{AB} = \frac{c\tau}{AB}; \qquad \sin\beta = \frac{AC}{AB} = \frac{c'\tau}{AB};$$

also

$$\frac{\sin\alpha}{\sin\beta} = \frac{c\tau}{AB} : \frac{c'\tau}{AB} = \frac{c}{c'}. \tag{90.1}$$

*Das Verhältnis vom Sinus des Einfallswinkels zum Sinus des Brechungswinkels* (Winkel des gebrochenen Strahls gegen das Einfallslot) *ist konstant und gleich dem Verhältnis der Ausbreitungsgeschwindigkeiten in den beiden Medien.*

Dies für alle Wellenarten gültige Gesetz wurde von SNELLIUS (1621) am Beispiel der Lichtstrahlen entdeckt.

**91. Beugung, Beugungsgitter.** Trifft eine ebene Welle auf einen Schirm, in dem sich eine Öffnung befindet, deren Durchmesser klein im Vergleich zur Wellenlänge ist, so breitet sich hinter dem Schirm um die Öffnung als Zentrum eine

Kugelwelle aus; sie rührt von den Elementarwellen her, die von dem Ausschnitt der primären Welle ausgehen, die in die Öffnung eintritt. Diese Abweichung von der geradlinigen Ausbreitung beim Durchtritt durch eine enge Öffnung (oder einen Spalt) bezeichnen wir als *Beugung*. Die Beugung am Spalt wird in VI § 10 eingehend behandelt.

Eine Anordnung, bei der in gleichen Abständen $d$ auf dem Schirm parallele Spalte angebracht sind, ist ein Beispiel für ein *Beugungsgitter* (Abb. 172). $d$ heißt die *Gitterkonstante*. Der Gangunterschied zwischen parallelen Strahlen der Elementarwellen, die von zwei benachbarten Spalten des Gitters kommen und mit der Richtung der senkrecht auf das Gitter einfallenden Strahlen den Winkel $\alpha$ bilden, ist $AC = d \cdot \sin\alpha$. Maximale Erregung findet man in allen Richtungen, für die

$$d \cdot \sin\alpha = z \cdot \lambda, \tag{91.1}$$

denn dort überlagern sich die von den Spalten herkommenden Elementarwellen mit gleicher Phase. Zwischen diesen Richtungen löschen sich bei sehr vielen Spalten die Wellen praktisch vollkommen aus. $z = 0, 1, 2, 3 \ldots$ heißt Ordnungszahl der Interferenz, $AC = z \cdot \lambda$ (vgl. VI § 13).

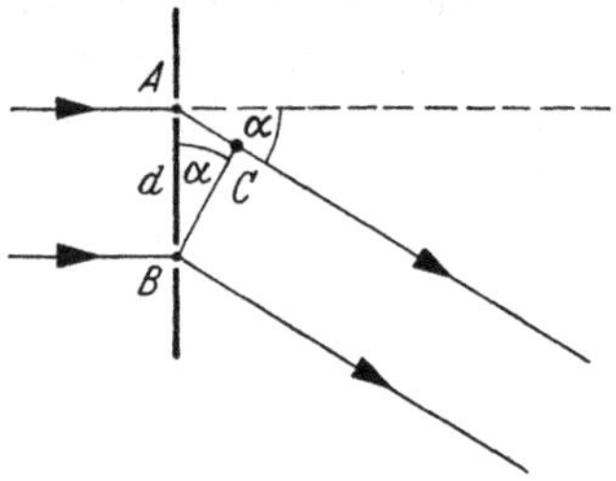

Abb. 172. Beugungsgitter

**92. Doppler-Effekt.** Wenn die Wellen von einer ruhenden Quelle der Frequenz $\nu_0$ einen ebenfalls ruhenden Beobachter erreichen, so nimmt dieser auch $\nu_0$ Schwingungen pro Zeiteinheit wahr. Wenn er sich aber der Schallquelle mit der Geschwindigkeit $u$ nähert, passiert ihn in der Zeit $\Delta t$ zusätzlich ein Wellenzug, der $\Delta n = \frac{u \cdot \Delta t}{\lambda}$ Wellenlängen enthält. $\frac{\Delta n}{\Delta t} = \nu' = \frac{u}{\lambda} = \nu_0 \cdot \frac{u}{\nu_0 \lambda} = \nu_0 \cdot \frac{u}{c}$ ist daher die Zahl der Schwingungen pro Zeiteinheit, die sein Ohr zusätzlich zu $\nu_0$ aufnimmt)

Der gegen die Quelle bewegte Beobachter stellt also die Frequenz fest:

$$\nu = \nu_0 + \nu_0 \frac{u}{c} = \nu_0 \left(1 + \frac{u}{c}\right). \tag{92.1}$$

Führt die Bewegung von der Quelle fort $(-u)$, so bemerkt der Beobachter eine scheinbare Frequenzverringerung:

$$\nu = \nu_0 \left(1 - \frac{u}{c}\right). \tag{92.2}$$

Auch bei einer Bewegung der Quelle gegenüber dem ruhenden Medium, in dem die Welle sich ausbreitet und in dem der Beobachter ruht, stellt dieser eine Frequenzänderung fest. Eine Schwingung dauert $T = \frac{1}{\nu_0}$. Während dieser Zeit schreitet die Welle im Medium um $\lambda$ fort, die Quelle aber in gleicher Richtung um $u \cdot T = \frac{u}{\nu_0}$, also ist die Wellenlänge — nach Definition der Abstand benachbarter Punkte gleicher Phase —

$$\lambda' = \lambda - \frac{u}{\nu_0} = \frac{c}{\nu_0} - \frac{u}{\nu_0} = \frac{c}{\nu_0}\left(1 - \frac{u}{c}\right).$$

Dieser verminderte Abstand $\lambda'$ zweier Verdichtungen (oder Verdünnungen) bleibt beim weiteren Fortschreiten der Welle erhalten und ist für die folgenden gleich groß. Am Ort des Beobachters ist also die Frequenz der Welle

$$\nu = \frac{c}{\lambda'} = \frac{\nu_0}{1 - \frac{u}{c}} \tag{92.3}$$

fest. Bei einer sich mit der Geschwindigkeit $u$ entfernenden Quelle beobachtet er die Frequenz

$$\nu = \frac{\nu_0}{1 + \frac{u}{c}}. \tag{92.4}$$

Die Frequenzänderung ist also nicht genau dieselbe, wenn die Quelle sich mit $u$ gegen den ruhenden Beobachter oder der Beobachter sich mit gleicher Geschwindigkeit gegen die ruhende Quelle bewegt. Denn

$$\nu = \frac{\nu_0}{1 - \frac{u}{c}} = \nu_0 \left(1 - \frac{u}{c}\right)^{-1} = \nu_0 \left(1 + \frac{u}{c} + \left(\frac{u}{c}\right)^2 + \cdots\right)$$

wird nur für kleine Werte von $\frac{u}{c}$ gleich $\nu_0\left(1 + \frac{u}{c}\right)$. Aus Gründen der Relativitätstheorie (vgl. XVII § 1) entfällt die Unterscheidung bei Lichtwellen.

Besonders häufig und eindrucksvoll ist der Doppler-Effekt an Schallwellen in Luft zu beobachten, weil hier verhältnismäßig leicht $\frac{u}{c}$-Werte erreicht werden, die mit dem auf Frequenzänderungen sehr empfindlichen Ohr wahrnehmbar sind.

**93. Kopfwellen; Machsche Zahl.** Abb. 173 zeigt Momentbilder der Wellenberge, die von einer mit der Geschwindigkeit $u$ bewegten Quelle ausgehen, dar-

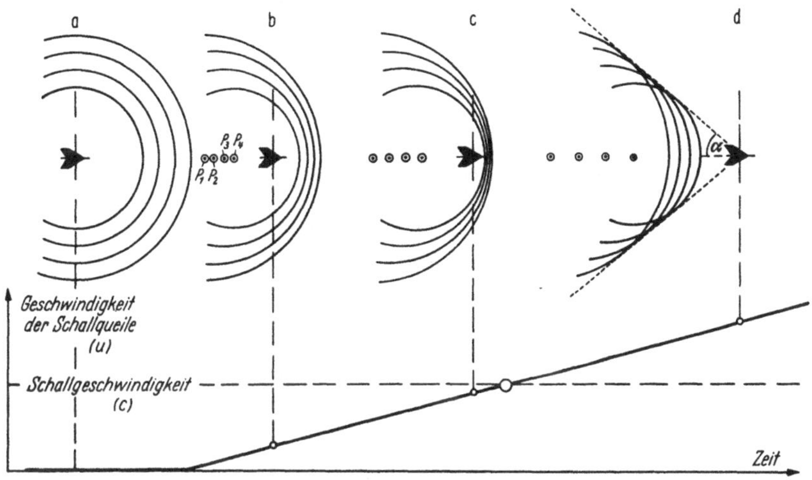


Abb. 173 a—d. Doppler-Effekt und Machscher Kegel

gestellt am Beispiel der von einem startenden Flugzeug ausgesandten Schallwellen. Abb. 173a zeigt vier in gleichen Zeitabständen von der ruhenden Quelle ausgesandte Impulse; Abb. 173b bis d dasselbe für die gleichen Zeitpunkte aber bei bewegter Quelle, die sich bei der Aussendung der Impulse nacheinander in den Punkten $P_1 \ldots P_4$ befand. Jeder Wellenberg schreitet radial von seinem Zentrum mit der Geschwindigkeit $c$ fort. Ein Empfänger, der sich vor der Quelle befindet, wird von Wellenbergen in kürzeren, dahinter in längeren Zeitabständen getroffen als bei ruhender Quelle. Das ergibt den oben quantitativ beschriebenen Doppler-Effekt, vorausgesetzt, daß sich die Wellenberge nicht überschneiden, d. h. daß $u < c$ ist.

Wenn die Quelle sich mit der gleichen Geschwindigkeit fortbewegt wie die Wellen ($u = c$), so berühren sich die Kreise, die die in den Punkten $P_1$, bis $P_4$ entstandenen Wellenberge darstellen, im gleichen Punkt, in dem sich die Quelle momentan befindet. Dort addieren sich also alle früher ausgesandten Wellenberge — natürlich mit abnehmender Amplitude — und bilden die sog. Schallmauer.

Steigt die Geschwindigkeit der Quelle noch weiter ($u > c$), so wird „die Schallmauer durchstoßen" und es ergibt sich das Bild von Abb. 173d. Später entstandene Wellenberge überschneiden die früheren, und es entsteht ein kegelförmiger Raum, in dem sich Wellenberge überkreuzen und großenteils auslöschen, während auf dem Kegelmantel sich eine einheitliche Wellenfront ausbildet. Die Quelle macht sich also in der Vorausrichtung überhaupt nicht bemerkbar; sie schleppt nur eine kegelmantelförmige Verdichtungszone hinter sich her, die sich erst dann von ihr ablöst, wenn die Geschwindigkeit der Quelle wieder kleiner als $c$ wird. Das Phänomen wird als Kopfwelle oder Machscher Kegel bezeichnet. Für den Öffnungswinkel $\alpha$ des Kegels gilt, wie man aus Abb. 173d abliest:

$$\sin\alpha = \frac{c}{u} = \frac{1}{M} \quad (M = \text{„Machsche Zahl"}). \tag{93.1}$$

Diese kegelförmige Kopf- oder Stoßwelle wird nicht nur bei elastischen (Schall-) Wellen beobachtet, z.B. an Geschossen oder Überschallflugzeugen, sondern auch bei Lichtwellen, wenn ihr Ausgangspunkt sich schneller als mit Lichtgeschwindigkeit bewegt, was freilich nur in Medien mit einem Brechungsindex $>1$ vorkommen kann (Cerenkov-Strahlung; XIII § 18).

## X. Schallwellen

Elastische Wellen in deformierbaren Medien werden meist als Schallwellen bezeichnet. In festen Medien treten sie als Longitudinal- und Transversalwellen auf. In Flüssigkeiten und Gasen gibt es nur Longitudinalwellen, weil dort die zur Weiterleitung von Transversalbewegungen erforderlichen elastischen Schubkräfte fehlen (Schubmodul $G = 0$).

Im folgenden werden vorzugsweise Schallwellen in Luft behandelt, weil diese im menschlichen Leben eine so überragende Rolle spielen, und weil im menschlichen Ohr ein besonders empfindliches Nachweismittel zur Verfügung steht. Jedoch gelten die Überlegungen fast ausnahmslos auch für andere Medien.

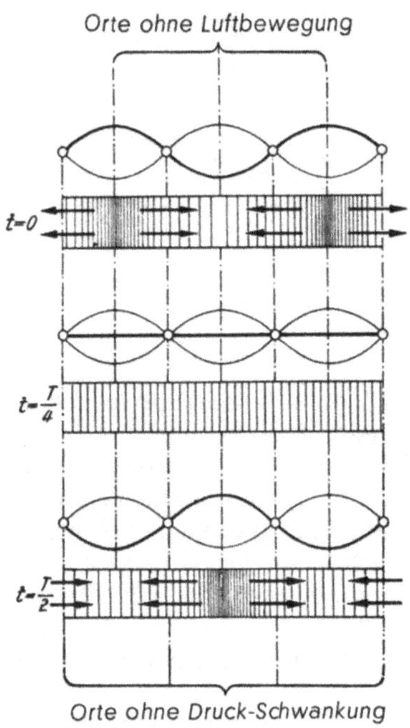

Abb. 174. Zuordnung von Druckknoten und -bäuchen zu den Schwingungsknoten und -bäuchen einer stehenden Welle in einem Gas

**94. Stehende Schallwellen in Gasen und Flüssigkeiten.** Da auf beiden Seiten eines Schwingungsknotens einer stehenden Longitudinalwelle die Gasteilchen mit einer Phasendifferenz von $\pi$, also immer in entgegengesetzter Richtung schwingen, sind die Knoten der Bewegung die Orte größter Druckänderung (Abb. 174). Schwingen die Teilchen aufeinander zu, so wächst der Druck im Knoten über den Druck des ungestörten Mediums, entfernen sie sich, so wird er kleiner. Im Gebiet der Schwingungsbäuche bleibt der Druck konstant: *In den Schwingungsknoten befinden sich also Druckbäuche, in den Schwingungsbäuchen Druckknoten.*

Im folgenden werden verschiedene Anordnungen zum Nachweis und zur Ausmessung stehender Schallwellen behandelt.

**a) Vor einer reflektierenden Wand.** Ein Lautsprecher, der eine sinusförmige Schallwelle abstrahlt, wird vor einer reflektierenden ebenen Wand in so großer Entfernung aufgestellt, daß die Wand von nahezu ebenen Wellen getroffen wird. Ein Mikrophon, das mit einem Oszillographen verbunden ist, wird in der Nähe der Wand und senkrecht zu ihr hin und her bewegt (Abb. 175). Dabei zeigt sich auf dem Schirm des Oszillographen, daß das Mikrophon in gewissen Abständen von der Wand, die sich um die halbe Wellenlänge unterscheiden, keinen Schall empfängt (vgl. Abb. 169). Das Auftreten derartiger stehender Wellen muß in Räumen, von denen eine gute Hörsamkeit verlangt wird, durch geeignete Gestalt und Beschaffenheit der Wände (Absorber) möglichst vermieden werden.

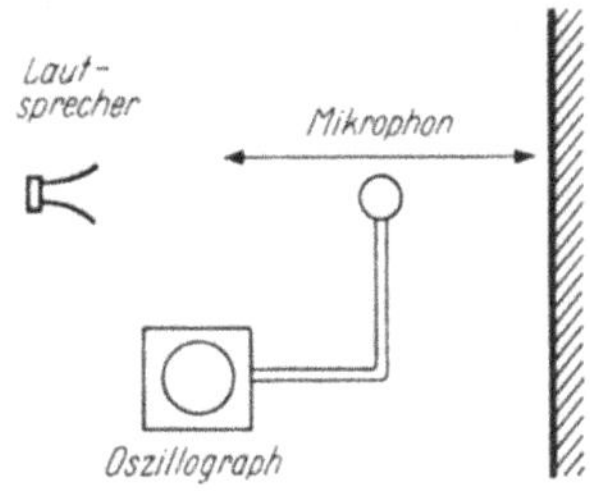


Abb. 175. Nachweis stehender Schallwellen vor einer reflektierenden Wand

**b) Kundtsches Rohr** (Abb. 176). In ein einseitig geschlossenes, gasgefülltes Rohr ragt ein in der Mitte eingespannter Stab (Glas oder Metall), der durch Reiben in Längsschwingungen versetzt wird. Von seinem Ende breiten sich Wellen in dem Rohr aus, die sich mit den am geschlossenen Ende reflektierten zu stehenden Wellen zusammensetzen. Feines Korkmehl oder Lykopodiumsamen werden an den Stellen der Schwingungsbäuche (Abb. 176, lange Schraffur) aufgewirbelt, während sie an den Orten der Schwingungsknoten liegen bleiben. Der Abstand benachbarter Schwingungsknoten ist $\frac{\lambda}{2}$. Da auch die Schwingung eines in der Mitte eingespannten Stabes als stehende Schallwelle aufzufassen ist, deren Wellenlänge

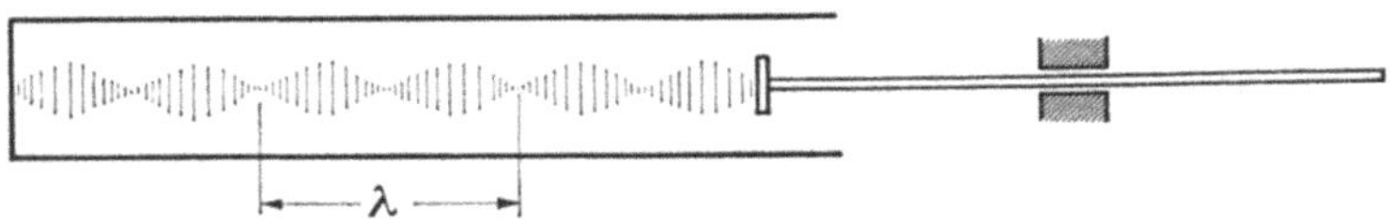


Abb. 176. Das Kundtsche Rohr

($\lambda_{St}$) gleich der doppelten Stablänge ist, ergibt der Versuch unmittelbar das Verhältnis der Schallwellenlängen in Gas und im Stabmaterial bei gleicher Frequenz und damit das Verhältnis der Schallgeschwindigkeiten.

**c) Quinckesches Resonanzrohr** (Abb. 177). Die möglichen Eigenschwingungen einer Luftsäule in einem einseitig geschlossenen Rohr (z.B. einem in Wasser nicht ganz eingetauchten Rohr) ergeben sich aus der Abb. 149a (S. 95). Bei den vorgeschriebenen Grenzbedingungen, nach denen an einem Ende ein Knoten und am anderen ein Bauch sein muß, kann die Schwingung nur so erfolgen, daß die Länge der Luftsäule $\frac{\lambda}{4}$, $\frac{3\lambda}{4}$, $\frac{5\lambda}{4}$ usw. beträgt. Sie wird also durch eine über das offene Ende gehaltene Stimmgabel in Resonanzschwingung versetzt, wenn $L = \frac{\lambda}{4}$, $\frac{3\lambda}{4}$ usw. Die Differenz der Längen, bei denen man bei Heben des Rohres aus dem Wasser ein kräftiges Mitschwingen wahrnimmt, ist $\frac{\lambda}{2}$.

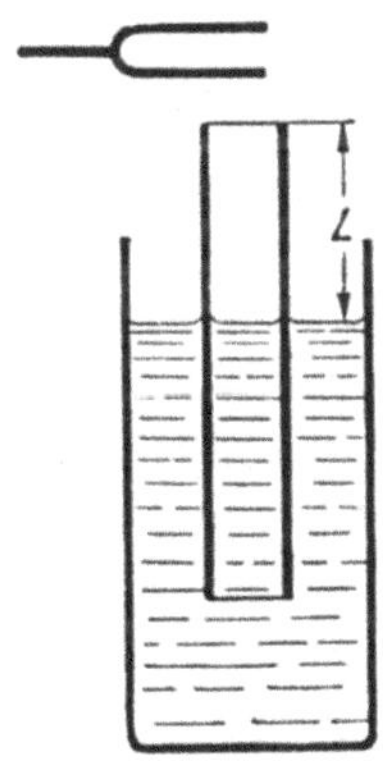


Abb. 177. Das Quinckesche Resonanzrohr

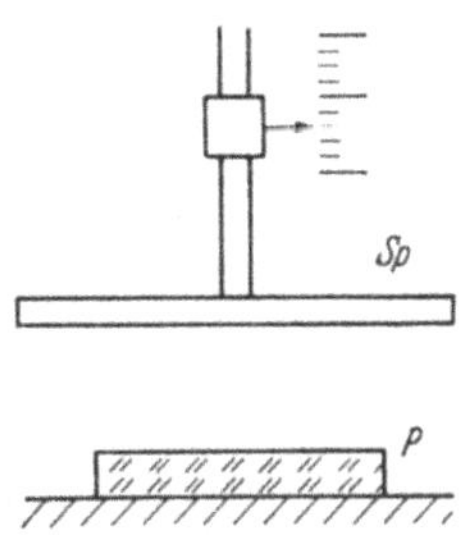


Abb. 178. Das Ultraschall-Interferometer (PIERCE)

**d) Ultraschall-Interferometer** (PIERCE) (Abb. 178). Für Ultraschallwellen, d.h. Schallwellen, deren Frequenz höher als etwa 20 kHz und daher dem Ohr nicht mehr zugänglich ist, kommen als Schallquellen vorzugsweise piezoelektrische Schallgeber in Betracht (vgl. III § 15). Läßt man die von einem solchen ($P$) erzeugte Schallwelle an einem ihm parallel angeordneten Spiegel ($Sp$) reflektieren, so gerät die von $P$ und $Sp$ begrenzte Schicht immer dann in kräftige Schwingungen (Resonanz), wenn ihre Dicke $n\frac{\lambda}{2}$ ist ($n$ = ganze Zahl), genau wie bei einem beiderseits geschlossenen Rohr (vgl. Abb. 149b, S. 95). Man erkennt das Eintreten der Resonanz am vermehrten Energiebedarf des Schallgebers, der sich elektrisch nachweisen läßt. Bewegt man den Reflektor meßbar in Richtung seiner Normalen, so läßt sich das Eintreten der Resonanz über viele Halbwellen hin verfolgen und ihre Länge mit großer Genauigkeit messen. Da sich die Frequenz der Schallquelle auf elektrischem Wege praktisch beliebig genau ermitteln läßt, stellt das Gerät ein Präzisionsinstrument zur Schallgeschwindigkeitsmessung dar.

**e) Optische Wellenlängenmessung von Ultraschallwellen (Debye und Sears)** (Abb. 179). Ein Ultraschallwellenzug wird von parallelem einfarbigem Licht senkrecht zu seiner Ausbreitungsrichtung (parallel zu seinen Wellenflächen) durchstrahlt. In der Schallwelle ändert sich periodisch die Dichte und daher auch der Brechungsindex (s. VI § 24). Sie wirkt dann ähnlich wie ein optisches Beugungsgitter (§ 91 und VI § 13). Aus dem auf einen Schirm aufgefangenen Beugungsspektrum kann man die „Gitterkonstante" berechnen, die gleich der Wellenlänge $\lambda$ der Schallwelle im Medium ist: $\sin\alpha_z = z\,\frac{\Lambda}{\lambda}$; hier ist $\alpha_z$ der Winkel,

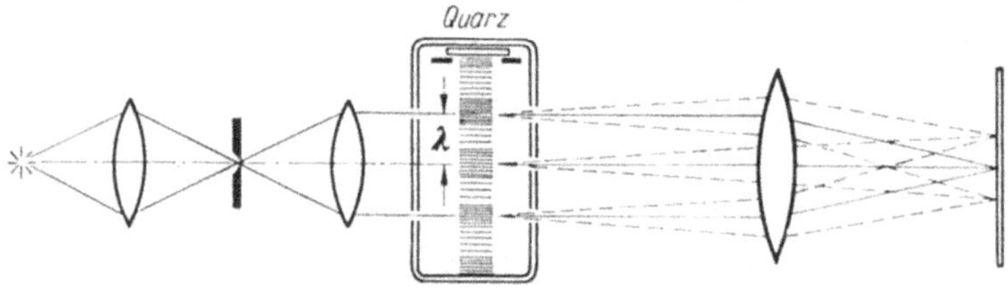

Abb. 179. Wellenlängenmessungen an Ultraschallwellen nach Debye-Sears

unter dem das $z$-te Beugungsbild gegen das 0-te (Zentralbild) abgelenkt wird. $\Lambda$ ist die Wellenlänge des verwendeten Lichtes. Dabei ist es gleichgültig, ob durch Reflexion stehende Schallwellen gebildet werden oder nicht. Die „Gitterkonstante" ist in beiden Fällen die gleiche, und die Beugungserscheinung wird durch eine Verschiebung, selbst wenn diese mit Schallgeschwindigkeit erfolgt, nicht beeinflußt.

**95. Messung der Schallgeschwindigkeit.** Alle unter § 94 beschriebenen Methoden zur Messung der Schallwellenlänge ($\lambda$) ermöglichen nach (82.1) die Bestimmung der Schallgeschwindigkeit, wenn die Frequenz ($\nu$) der Schallwelle bekannt ist.

$$c = \nu \cdot \lambda .$$

Bei Verwendung von kurzen Schallimpulsen, wie sie sich sowohl durch Detonation (Knall), als auch piezoelektrisch erzeugen lassen, kann die Schallgeschwindigkeit auch aus der in einer gemessenen Zeit zurückgelegten Laufstrecke ermittelt werden. Für die Bestimmung der Schallgeschwindigkeit in der Atmosphäre hat das Verfahren erhebliche Bedeutung (Schallmeßverfahren der Artillerie). Es findet aber auch im Laboratorium bei festen, plastischen, flüssigen und gasförmigen Medien Verwendung.

**96. Berechnung der Schallgeschwindigkeit in Gasen (Laplace).** Nach (84.3) ist die Ausbreitungsgeschwindigkeit einer Welle in einem Gase

$$c = \sqrt{\frac{1}{\varrho \cdot \varkappa}} ,$$

wo $\varkappa$ die Kompressibilität ist, welche nach (50.2) bei konstanter Temperatur gleich dem reziproken Druck ist. Nun tritt aber bei jeder Kompression eines Gases eine Erwärmung und bei jeder Ausdehnung eine Abkühlung auf. Erwärmte und abgekühlte Stellen des Gases sind durch eine halbe Wellenlänge getrennt, so daß Wärmetransport und damit Temperaturausgleich in der kurzen Zeit einer halben Schwingungsdauer nicht wirksam werden kann. Daher ist der Zusammenhang zwischen $p$ und $V$ durch die für Zustandsänderungen ohne Wärmeaustausch mit der Umgebung geltende Poissonsche Beziehung (s. II 19.4) gegeben:

$$p \cdot V^{\frac{c_p}{c_v}} = \text{const}, \tag{96.1}$$

wo $c_p$ und $c_v$ die spezifischen Wärmen des Gases bei konstantem Druck bzw. konstantem Volumen sind. Das totale Differential der linken Seite von (96.1) ist also $=0$:

$$V^{\frac{c_p}{c_v}} \cdot dp + p \cdot \frac{c_p}{c_v} \cdot V^{\frac{c_p}{c_v}-1} \cdot dV = 0$$

oder

$$\frac{dV}{dp} = -\frac{V}{\frac{c_p}{c_v} \cdot p}.$$

Die „adiabatische" Kompressibilität wird demnach

$$\varkappa_{\text{ad}} = -\frac{1}{V} \cdot \frac{dV}{dp}\bigg|_{\text{ad}} = \frac{1}{\frac{c_p}{c_v} \cdot p}$$

und daher die Schallgeschwindigkeit $c$ in Gasen

$$c = \sqrt{\frac{c_p}{c_v} \frac{p}{\varrho}} \quad \textit{(Laplacesche Gleichung)}. \tag{96.2}$$

Wenn die Amplituden der Schallwelle und damit die Temperaturschwankungen klein sind, und die mittlere Temperatur konstant bleibt, sind Druck und Dichte eines Gases einander proportional, ihr Verhältnis also konstant. Demnach ist die Schallgeschwindigkeit vom Druck unabhängig; nicht aber von der Temperatur.

Tabelle 4. *Schallgeschwindigkeiten in verschiedenen Stoffen* (20° C)

| Stoff | $c$ in m/s | Stoff | $c$ in m/s |
|---|---|---|---|
| Kohlensäure . . . . | 266 | Wasser . . . . . | 1485 |
| Sauerstoff . . . . . | 326 | Blei . . . . . . . . | 1300 |
| Stickstoff . . . . . | 349 | Kupfer . . . . . | 3900 |
| Helium . . . . . . | 1007 | Aluminium . . . . | 5100 |
| Wasserstoff . . . . . | 1309 | Eisen . . . . . . . | 5100 |
| Azeton . . . . . . | 1190 | Kronglas . . . . | 5300 |
| Benzol . . . . . . . | 1324 | Flintglas . . . . . | 4000 |

Bei 0° C ist für $p = 760$ Torr die Dichte der Luft $\varrho_0 = 0{,}001293$ g/cm³; $\frac{c_p}{c_v}$ ist 1,40, und es ergibt sich daher für die Schallgeschwindigkeit in Luft bei 0° C

$$c_0 = \sqrt{1{,}40 \cdot \frac{76 \cdot 13{,}55 \cdot 981}{0{,}001293}}\ \text{cm/s} = 33130\ \text{cm/s} \tag{96.3}$$

in bester Übereinstimmung mit dem Experiment.

Nun nimmt die Dichte bei konstantem Druck mit wachsender Temperatur ab:

$$\varrho_t = \frac{\varrho_0}{1 + \alpha t}, \quad \text{wo} \quad \alpha = \frac{1}{273{,}2^0} \quad (\text{s. II § 5}),$$

also nimmt die Schallgeschwindigkeit mit wachsender Temperatur nach dem Gesetz zu:

$$c_t = \sqrt{\frac{c_p}{c_v} \frac{p}{\varrho_t}} = \sqrt{\frac{c_p}{c_v} \cdot \frac{p}{\varrho_0}} \cdot \sqrt{1 + \alpha t} = c_0 \sqrt{1 + \alpha t}. \tag{96.4}$$

Unabhängig vom Druck und von der Frequenz ist die Schallgeschwindigkeit jedoch auch in idealen Gasen nur unter der Voraussetzung, daß bei den Zustandsänderungen in der Schallwelle dauernd Gleichgewichtszustände durchlaufen werden. Ist dies — bei hinreichend hohen Frequenzen oder niedrigen Drucken — nicht mehr erfüllt, so wächst $c$ mit dem Quotienten $\nu/p$ zunächst an, um dann wieder konstant zu werden (Dispersionsstufe). Bei mehratomigen Gasen geschieht dies unter Umständen bereits im Bereich hörbarer Frequenzen. Allerdings ändert sich die Schallgeschwindigkeit bei konstanter Temperatur nie um mehr als einige Prozente.

**97. Schallschnelle und Druckamplitude.** In einer harmonischen Welle (85.1)

$$\xi = \xi_0 \sin 2\pi\left(\nu t - \frac{x}{\lambda}\right)$$

ist die Geschwindigkeit der Teilchenbewegung

$$u = \frac{\partial \xi}{\partial t} = 2\pi\nu\xi_0 \cos 2\pi\left(\nu t - \frac{x}{\lambda}\right).$$

Ihr größter Wert

$$u_0 = 2\pi\nu\xi_0 \tag{97.1}$$

heißt Geschwindigkeitsamplitude oder *Schallschnelle.*

Die Bewegung eines Volumenelementes $F \cdot dx$ in einer longitudinalen Schallwelle wird durch das Druckgefälle längs ihrer Ausbreitungsrichtung bewirkt (Abb. 180); die resultierende Kraft ist

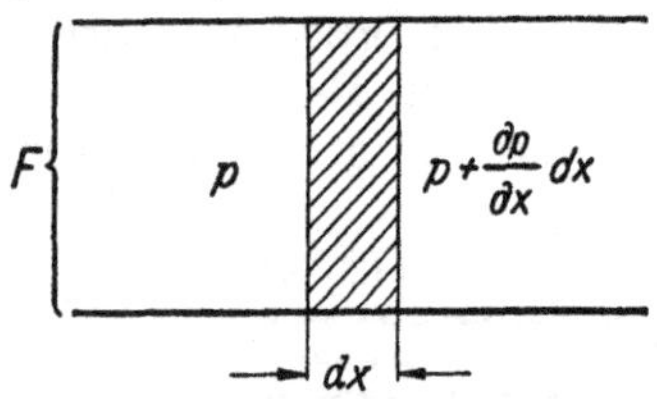

Abb. 180. Zum Zusammenhang von Schallschnelle und Druckamplitude

$$F \cdot p - F \cdot \left(p + \frac{\partial p}{\partial x} dx\right) = -F \cdot \frac{\partial p}{\partial x} dx.$$

Da Kraft gleich Masse mal Beschleunigung $\frac{\partial^2 \xi}{\partial t^2}$, ist

$$dm \cdot \frac{\partial^2 \xi}{\partial t^2} = F \cdot dx \cdot \varrho \cdot \frac{\partial^2 \xi}{\partial t^2} = -F \cdot \frac{\partial p}{\partial x} \cdot dx$$

oder

$$\varrho \cdot \frac{\partial^2 \xi}{\partial t^2} = -\frac{\partial p}{\partial x}.$$

Aus (85.1) erhält man nach zweimaliger Differentiation nach $t$ und Multiplikation mit $\varrho$:

$$\varrho \cdot \frac{\partial^2 \xi}{\partial t^2} = -4\pi^2\nu^2\varrho\,\xi_0 \sin 2\pi\left(\nu t - \frac{x}{\lambda}\right) = -\frac{\partial p}{\partial x}.$$

Hieraus durch Integration:

$$p = \int 4\pi^2\nu^2\varrho\,\xi_0 \sin 2\pi\left(\nu t - \frac{x}{\lambda}\right) dx = 2\pi\nu^2\lambda\,\varrho\,\xi_0 \cos 2\pi\left(\nu t - \frac{x}{\lambda}\right) + \text{const}.$$

Die Konstante gibt den Druck bei fehlender Welle ($\xi_0 = 0$) an:

$$\text{const} = p_0,$$

so daß wegen $\nu\lambda = c$

$$p = p_0 + 2\pi\nu \cdot c \cdot \varrho \cdot \xi_0 \cos 2\pi\left(\nu t - \frac{x}{\lambda}\right).$$

Hierin führen wir die Schallschnelle $u_0 = 2\pi\nu\xi_0$ ein (vgl. 97.1) und erhalten:

$$p = p_0 + c \cdot \varrho \cdot u_0 \cos 2\pi\left(\nu t - \frac{x}{\lambda}\right). \tag{97.2}$$

Demnach ist die *Druckamplitude*

$$\Delta p_0 = c \cdot \varrho \cdot u_0. \tag{97.3}$$

Das Verhältnis von Druckamplitude zu Schallschnelle heißt *akustischer* oder *Schallwellen-Widerstand* ($Z$) pro Flächeneinheit. Für eine ebene Welle in einem homogenen Medium ist nach (97.3)

$$Z = \frac{\Delta p_0}{u_0} = \varrho c. \tag{97.4}$$

Da die *Bewegungsamplitude* $\xi_0$ in einer Schallwelle sehr klein ist, läßt sie sich im allgemeinen nicht direkt messen. Nur bei sehr großen Intensitäten und tiefen Frequenzen gelingt die mikrophotographische Registrierung von kleinen im Gase schwebenden Partikelchen, die von den angrenzenden Luftteilchen mitgenommen werden.

Die *Schallschnelle* $u_0$ kann mit der *Rayleighschen Scheibe* gemessen werden. Eine schräg zur Ausbreitungsrichtung der Welle drehbar aufgehängte Scheibe mit dem Radius $r$ (Abb. 181) ist bestrebt, sich quer zur Schallrichtung zu stellen (vgl. § 65, Abb. 127). Für eine Stellung unter 45° ist nach der Theorie das Drehmoment

$$D = \frac{2}{3}\,\varrho \cdot u_0^2 \cdot r^3$$

oder die Schnelle

$$u_0^2 = \frac{3}{2}\,\frac{D}{\varrho \cdot r^3}\,.$$

$\left(\text{Dies gilt nur, solange } 2r < \frac{\lambda}{2\pi}.\right)$ $D$ wird mit einem Torsionsdraht gemessen, an dem die Scheibe aufgehängt ist.

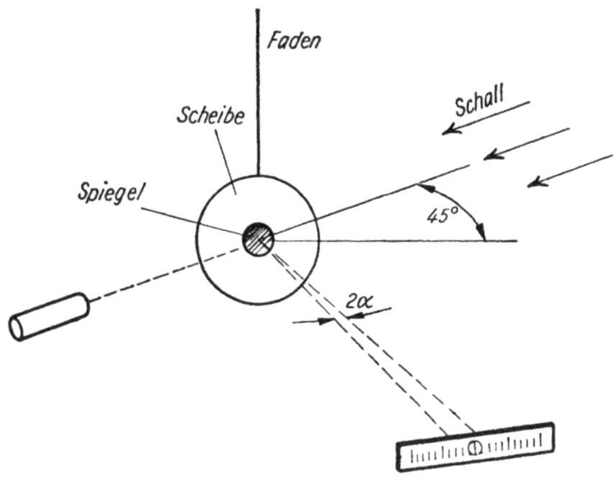


Abb. 181. Rayleighsche Scheibe zur Messung der Schallschnelle

Die *Druckamplitude* $\Delta p_0$ wird durch *Kondensatormikrophone* gemessen. Der Messung zugänglich sind Druckbereiche von $10^{-4}$ bis $10^4\,\frac{\text{dyn}}{\text{cm}^2}$.

**98. Intensität oder Schallstärke.** Die in einer Säule mit dem Querschnitt 1 und der Länge $c$ des Schallwegs in der Zeiteinheit enthaltene Schallenergie ist nach (85.4)

$$c \cdot \overline{P} = 2\varrho\,\pi^2 \nu^2 \xi_0^2 \cdot c;$$

sie tritt in der Zeiteinheit durch die senkrecht zur Ausbreitungsrichtung gestellte Flächeneinheit. Das Verhältnis der auf eine Fläche einfallenden Schallenergie zur Größe der Fläche und der Bestrahlungszeit nennt man die *Intensität* $I$ der Welle (auch *Bestrahlungsstärke* oder *Schallstärke*), gemessen z. B. in erg/cm² · s oder Watt/cm².

$$I = 2\varrho\,\pi^2 \nu^2 \xi_0^2 \cdot c = \frac{1}{2}\,\varrho \cdot 2\pi\nu\xi_0 \cdot 2\pi\nu\xi_0 \cdot c = \frac{1}{2}\,\varrho \cdot c\,u_0^2, \tag{98.1}$$

oder nach (97.3)

$$I = \frac{1}{2}\,\Delta p_0 \cdot u_0 = \frac{1}{2}\,\frac{(\Delta p_0)^2}{\varrho c}\,. \tag{98.2}$$

Die Intensität läßt sich also durch Frequenz, Amplitude und Phasengeschwindigkeit der Welle, aber auch durch Schnelle und Druckamplitude ausdrücken.

Eine von einer Schallwelle getroffene Wand erfährt einen einseitig gerichteten Druck, den sogenannten *Schallstrahlungsdruck*. Er ist gleich der doppelten mittleren Energie pro Volumeneinheit, der *Schalldichte*. Er wird mit dem *Schallradiometer* gemessen. Dieses besteht aus einer leichten runden Metallplatte, die an einem Arm einer Drehwaage befestigt ist, welche an einem Quarzfaden hängt. Der zu messende Schall (im allgemeinen Ultraschall) wird durch einen Hohlspiegel auf die in seinem Brennpunkte befindliche Platte geworfen. Der mit Spiegel und Lichtzeiger gemessene Drehwinkel ist ein Maß für die auffallende Schallintensität.

Die gesamte Leistung ($L$) einer Schallquelle erhält man, indem man die Schallintensität über eine die Quelle umschließende Fläche summiert:

$$L = \oint I \cos(\vec{I}\, d\vec{F})\, dF .$$

Beispiele für Leistungen von Schallquellen:

| | | |
|---|---|---|
| Sprache | $\approx 10^2$ erg/s | $= 10^{-5}$ Watt |
| Geige | bis zu $10^4$ erg/s | $= 10^{-3}$ Watt |
| Großlautsprecher | $10^9$ erg/s | $= 10^2$ Watt. |

Häufig interessiert nur das *Verhältnis* von 2 Schalleistungen $L_1$ und $L_2$. Man gibt es in *Dezibel* (*Db*) an

$$x = 10 \log_{10} \frac{L_1}{L_2} .$$

Da nach (98.2) $I \sim \Delta p_0^2$, ist auch

$$x = 10 \log_{10} \left(\frac{\Delta p_{01}}{\Delta p_{02}}\right)^2 = 20 \log_{10} \frac{\Delta p_{01}}{\Delta p_{02}} .$$

Statt dessen verwendet man zum Vergleich auch den natürlichen Logarithmus des Verhältnisses der Druckamplituden (Einheit: *Neper*)

$$x = \ln \frac{\Delta p_{01}}{\Delta p_{02}} = \frac{1}{2} \ln \frac{L_1}{L_2} .$$

Dezibel und Neper sind gemäß ihrer Definition dimensionslos, also reine Zahlen. Die Einführung von Namen für die Zahlen $x$ entspricht einer Gepflogenheit der Technik.

**Senkrechter Durchtritt und Reflexion einer Welle an einer ebenen Grenzfläche zwischen homogenen Medien.** Im Medium (1) habe die Welle die Amplitude $\xi_1$, in (2) die Amplitude $\xi_2$. Die Welle muß stetig durch die Grenze hindurchtreten, was im allgemeinen nur dadurch möglich ist, daß eine Welle mit der Amplitude $\xi_1'$ reflektiert wird. Dadurch kann die Stetigkeitsbedingung

$$\xi_1 + \xi_1' = \xi_2 \tag{98.3}$$

erfüllt werden. Wegen $u_0 = 2\pi\nu\xi_0$ folgt aus (98.3)

$$u_{01} + u_{01}' = u_{02} . \tag{98.4}$$

Der Energiesatz fordert, daß die auf die Grenzfläche auffallende Intensität gleich der Summe aus der durchtretenden und reflektierten Intensität ist.

Wir benutzen (98.1):

$$\tfrac{1}{2}\varrho_1 c_1 u_{01}^2 = \tfrac{1}{2}\varrho_1 c_1 u_{01}'^2 + \tfrac{1}{2}\varrho_2 c_2 u_{02}^2$$

oder

$$u_{01}^2 - u_{01}'^2 = \frac{\varrho_2 c_2}{\varrho_1 c_1} u_{02}^2 . \tag{98.5}$$

Division von (98.5) durch (98.4) gibt

$$u_{01} - u_{01}' = \frac{\varrho_2 c_2}{\varrho_1 c_1} u_{02} \tag{98.6}$$

und daraus mit (98.4)

$$u_{02} = \frac{2\varrho_1 c_1}{\varrho_1 c_1 + \varrho_2 c_2} u_{01} ; \quad u_{01}' = \frac{\varrho_1 c_1 - \varrho_2 c_2}{\varrho_1 c_1 + \varrho_2 c_2} u_{01} . \tag{98.7}$$

Die gleichen Faktoren geben nach (97.1) auch die Amplituden der durchtretenden und reflektierten Wellen.

Daraus folgt: Ist der Wellenwiderstand [vgl. (97.4)] in (2) kleiner als in (1), so ist die Amplitude der reflektierten Welle an der Grenzfläche mit der der einfallenden gleichgerichtet; ist er in (2) größer, so ist ihre Amplitude entgegengerichtet; das bedeutet, daß die reflektierte Welle an der Grenzfläche einen *Phasensprung* um $\pi$ erfährt. Sind die Wellenwiderstände gleich, so findet überhaupt keine Reflexion statt. Diese Aussagen gelten unabhängig von der Natur des Wellenvorganges. (Vgl. hierzu § 87, Abb. 168 und 169).

**99. Lautstärke.** Im Gebiete der größten Empfindlichkeit des Ohres bei 1000 Hz verhält sich die gerade noch hörbare Schallintensität zu derjenigen, durch welche Schmerz erregt wird, wie $1:10^{13}$. In grober Annäherung gilt für den Zusammenhang der subjektiv im Gehör empfundenen *Lautstärke* (L.St.) und der objektiv gemessenen Schallintensität ($I$), daß die Empfindung dem Logarithmus der Schallstärke, also dem Logarithmus des physikalischen Reizes proportional ist *(Weber-Fechnersches Gesetz)*.

$$\text{L.St.} = \text{const} \cdot \log I. \tag{99.1}$$

Um die Lautstärke eines Klanges oder Geräusches wenigstens angenähert zu bestimmen, läßt man einen „Normalton" von 1000 Hz so stark tönen, daß man ihn ebenso laut wie den zu messenden Klang empfindet. Die Intensität des Normaltones, gemessen am Ort des Ohres, also die Bestrahlungsstärke des Ohres, vergleicht man mit jener Intensität des Normaltones von 1000 Hz, die dort gerade noch wahrgenommen werden kann (*Hörschwelle* $I_0 = 10^{-16}$ Watt/cm²). Man definiert dann als Lautstärke dieses Klanges:

$$\text{L.St.} = 10 \cdot \log_{10} \frac{I}{I_0}. \tag{99.2}$$

Die so definierte Lautstärke ist also eine reine Zahl. Sie trägt trotzdem einen Namen: *Phon*. Das vor allem für die technische Akustik wichtige Gebiet der Lautstärkenmessung heißt *Phonometrie*.

Ein Ton hat z.B. die Lautstärke 20 Phon, wenn

$$10 \cdot \log_{10} \frac{I}{I_0} = 20 \quad \text{oder} \quad \log_{10} \frac{I}{I_0} = 2;$$

$$\frac{I}{I_0} = 10^2 \quad \text{oder} \quad I = 100\, I_0,$$

also $I$ das Hundertfache des Schwellenwertes des Normaltons ist. Die Lautstärke bei der ein 1000 Hz-Ton Schmerz erregt, liegt nach dem oben Gesagten bei

$$10 \cdot \log_{10} 10^{13}\,\text{Phon} = 10 \cdot 13\ \text{Phon} = 130\ \text{Phon},$$

die Lautstärke des an der Hörschwelle liegenden Tones

$$10 \cdot \log_{10} 1\ \text{Phon} = 0\ \text{Phon}.$$

Beispiele für Lautstärken: Flüstern 10 Phon, Umgangssprache 50 Phon, laute Radiomusik in geschlossenen Räumen 80 Phon, Kesselschmiede 130 Phon.

Eine Anschauung von der enormen Empfindlichkeit des menschlichen Ohres gibt das nachstehende Rechenbeispiel:

Ein Schall von der Schallstärke $10^{-15}$ Watt/cm² $= 10^{-8}$ erg/cm²s und 2000 Hz habe die — gut wahrnehmbare — Lautstärke von etwa 12 Phon. Seine Druckamplitude bestimmt man aus (98.2):

$$I = \frac{1}{2} \frac{(\Delta p_0)^2}{\varrho c}; \quad \Delta p_0^2 = 2 \cdot I \cdot \varrho \cdot c = 2 \cdot 10^{-8} \cdot 1{,}29 \cdot 10^{-3} \cdot 3{,}3 \cdot 10^4\,\text{dyn}^2\,\text{cm}^{-4}$$

$$\Delta p_0 = 9{,}3 \cdot 10^{-4}\,\text{dyn/cm}^2 \quad \text{oder} \quad 7 \cdot 10^{-7}\,\text{Torr}.$$

Seine Schallschnelle $u_0$ ergibt sich aus (98.2)

$$\frac{1}{2}\Delta p_0 \cdot u_0 = I; \quad u_0 = \frac{2 \cdot I}{\Delta p_0} = \frac{2 \cdot 10^{-8}}{9{,}3 \cdot 10^{-4}} \text{ cm/s} = 2{,}15 \cdot 10^{-5} \text{cm/s}.$$

Die Amplitude der Bewegung errechnet man aus (97.1)

$$u_0 = 2\pi\nu\xi_0; \quad \xi_0 = \frac{u_0}{2\pi\nu} = \frac{2{,}15 \cdot 10^{-5}}{6{,}28 \cdot 2000} \text{ cm} = 1{,}7 \cdot 10^{-9} \text{ cm}.$$

Sie beträgt also nur etwa $^1/_{10}$ Moleküldurchmesser!

**100. Schallabsorption.** Wenn eine ebene Welle sich in einem homogenen Medium ausbreitet, so nimmt ihre Intensität längs des Weges ab. Sei $I$ die Intensität am Orte $x$, dann ist die Intensitätsabnahme auf dem Wege $dx$ der Länge von $dx$ und der Intensität $I$ proportional:

$$dI = -\beta \cdot I \cdot dx.$$

Daraus folgt durch Integration:

$$I = I_0 \cdot e^{-\beta x}. \tag{100.1}$$

$I_0$ ist die Intensität am Orte $x=0$, etwa beim Eintritt in das Medium; $\beta$ heißt der Absorptionskoeffizient der Welle. Er gibt an, welcher Bruchteil der Intensität der Welle (Energieströmung durch die Flächeneinheit pro Zeiteinheit) auf dem Wege 1 absorbiert wird.

Beschreibt man die Welle durch

$$\xi = A \cdot \sin\left[2\pi\left(\nu t - \frac{x}{\lambda}\right)\right], \tag{100.2}$$

wo $A$ die Amplitude der Welle am Orte $x$ ist, so läßt sich nach (98.1) die Intensität am Orte $x$ darstellen durch

$$I = 2 \cdot \varrho \cdot \pi^2 \cdot \nu^2 \cdot A^2 \cdot c;$$

am Orte $x=0$:

$$I_0 = 2 \cdot \varrho \cdot \pi^2 \cdot \nu^2 \cdot A_0^2 \cdot c.$$

Daraus folgt durch Einsetzen in (100.1):

$$2 \cdot \varrho \cdot \pi^2 \cdot \nu^2 \cdot A^2 \cdot c = 2 \cdot \varrho \cdot \pi^2 \cdot \nu^2 \cdot A_0^2 \cdot c \cdot e^{-\beta x}$$

oder

$$A^2 = A_0^2 \cdot e^{-\beta x}; \quad A = A_0 \cdot e^{-\frac{\beta}{2}x}.$$

Man kann also (100.2) schreiben:

$$\xi = A_0 \cdot e^{-\alpha x} \cdot \sin\left[2\pi\left(\nu t - \frac{x}{\lambda}\right)\right]$$

oder

$$\xi = \xi_0 \cdot e^{-\alpha x} \cdot \sin\left[2\pi\left(\nu t - \frac{x}{\lambda}\right)\right] \tag{100.3}$$

wo $\frac{\beta}{2} = \alpha$ gesetzt ist.

$\alpha$ heißt *Extinktionskoeffizient* oder *Dämpfungsfaktor*. Bei der Ausbreitung im absorbierenden Medium wird also auch die Amplitude nach einem Exponentialgesetz geschwächt.

Ursachen der Absorption von Schallwellen sind die innere Reibung des Mediums und seine Wärmeleitfähigkeit, welche zu einem nicht umkehrbaren Wärmeaustausch benachbarter, durch Kompression bzw. Dehnung erwärmter und abgekühlter Bereiche Veranlassung gibt. In mehratomigen Gasen kommt als — meist überwiegende — Absorptionsursache hinzu die unvollständige Einstellung des thermischen Gleichgewichts (vgl. § 96). Stets aber wächst $\alpha$ mit steigender Frequenz und (in Gasen) mit abnehmendem Druck. — Unter gleichen Versuchsbedingungen ist $\alpha_{\text{Luft}}$ etwa 1000mal so groß wie $\alpha_{\text{Wasser}}$.

**101. Töne und Klänge.** Ein *Ton* wird durch eine harmonische Schwingung bewirkt. Eine Schwingung, die zwar nicht harmonisch, aber doch periodisch ist und sich daher in ein Spektrum von harmonischen Schwingungen zerlegen läßt (Fourier-Analyse), verursacht einen *Klang*. *Geräusche* lassen sich nicht auf periodische Bewegungen zurückführen.

Die Hörgrenzen liegen bei etwa 16 und 20000 Hz. Klänge gleicher *Tonhöhe* (Frequenz) und gleicher Schallstärke können sich durch ihre *Klangfarbe* unterscheiden. Die Verschiedenheit der Klangfarbe ergibt sich aus der Mischung des Grundtons mit den vorhandenen Obertönen, die sich sehr stark in ihrer Intensität unterscheiden können. Eine Änderung der Phasen der Teilschwingungen ist aber ohne Einfluß auf die Klangfarbe.

Zur objektiven Aufzeichnung von Klängen ist die Braunsche Röhre in Verbindung mit einem Kondensatormikrophon und Verstärker geeignet.

**102. Elastische Wellen großer Amplitude; Stoßwellen.** Alle bisherigen Überlegungen über Schallwellen (§ 94 bis 101) gelten für Wellen kleiner Amplitude, d.h. für Wellen, bei denen die Druckamplitude klein ist gegen den mittleren

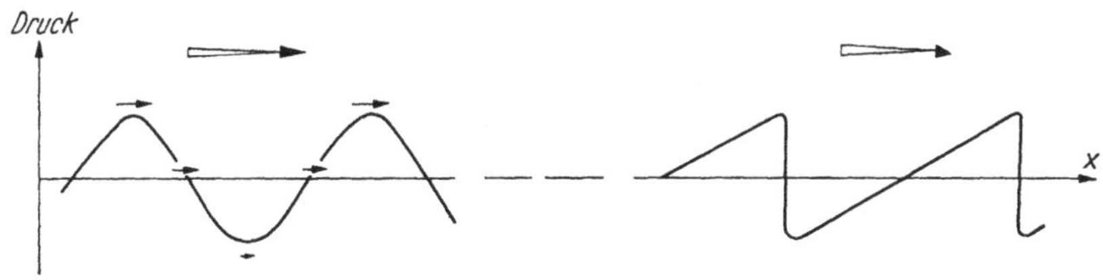


Abb. 182. Aufsteilung von elastischen Wellen großer Amplitude

Druck, die Verdichtung klein gegen die mittlere Dichte, die Temperaturamplitude klein gegen die mittlere (absolute) Temperatur, die Schallschnelle klein gegen die Schall- (Phasen-) Geschwindigkeit und die Verrückung der Teilchen klein gegen die Wellenlänge.

Wenn dies nicht der Fall ist, treten viel kompliziertere, mathematisch nur in Sonderfällen exakt zu beschreibende Verhältnisse ein. Qualitativ übersieht man sie auf Grund folgender Überlegung: Läßt man die Amplitude immer mehr anwachsen, so tritt an den Stellen größten (kleinsten) Druckes eine merkliche Temperaturerhöhung (-erniedrigung) und damit eine größere (kleinere) Ausbreitungsgeschwindigkeit der Störung ein. Das bewirkt (vgl. Abb. 182), daß die Wellenberge schneller, die Wellentäler langsamer fortschreiten als die Stellen unveränderten Druckes. Die Gestalt der Welle bleibt nicht mehr sinusförmig, sondern nähert sich der Sägezahnform. Es treten Fronten auf, in denen sich der Druck und damit auch die Temperatur in der Ausbreitungsrichtung ($x$) abrupt ändert. Solche abnormen Temperaturgradienten veranlassen dann verstärkten Wärmeaustausch und damit erhöhte Absorption. Außerdem sind in der „Sägezahnwelle" höhere Harmonische stark enthalten, für die andere Ausbreitungsgesetze gelten als für die sinusförmige Grundwelle.

Solche aufgesteilte Wellenfronten spielen in der modernen Aerodynamik eine große Rolle, da sie auch bei Kopfwellen, also bei jeder mit mehr als der Ausbreitungsgeschwindigkeit bewegten Quelle auftreten (vgl. § 93).

Einzelne Fronten oder Stoßwellen erzeugt man relativ einfach im Stoßwellenrohr (Abb. 183): Ein zylindrisches Rohr wird durch eine Membran ($M$) senkrecht zur Achse in 2 Kammern geteilt, deren eine (die linke) mit Gas vom Druck $p_2$, deren andere (die rechte) mit Gas vom sehr viel kleineren Druck $p_0$ gefüllt sei. Wird nun die Membran plötzlich durchstoßen, so dringt eine Front verminderten Druckes in die linke, eine solche erhöhten Drucks in die rechte Rohrhälfte ein. Abb. 183 zeigt quali-

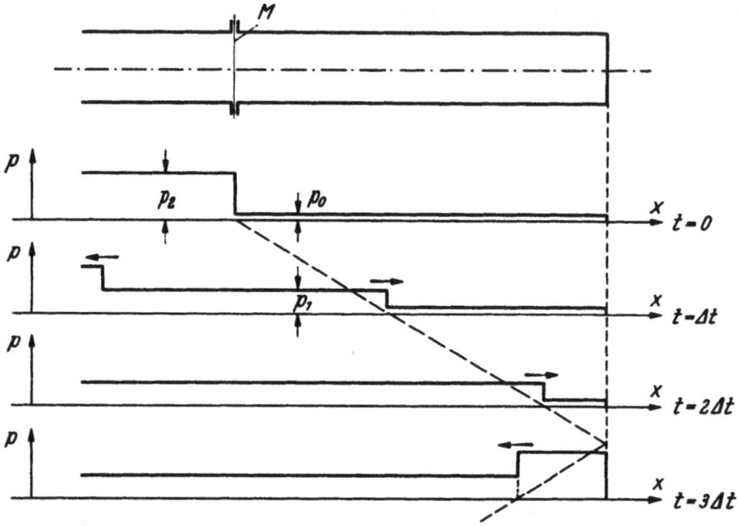


Abb. 183. Erzeugung und Ablauf von Stoßwellen

tativ den Druckverlauf vor dem Zeitpunkt des Durchstoßens ($t=0$) und in drei gleichen Zeitintervallen ($\Delta t$) danach an der Stoßfront. Sei $p_1$ und $T_1$ der Druck und die Temperatur hinter der nach rechts laufenden Stoßfront, $T_0$ die Ausgangstemperatur und $\varkappa = C_p/C_v$ das Verhältnis der Molwärmen, so gilt angenähert (was hier nicht bewiesen werden soll):

$$T_1 = \frac{\varkappa - 1}{\varkappa + 1} \cdot \frac{p_1}{p_0} \cdot T_0,$$

d.h. bei sehr geringem Anfangsdruck in der rechten Rohrhälfte treten riesige Temperaturen hinter der Stoßfront auf (die z.B. ausreichen, um das Gas spontan zum Leuchten zu bringen). Nach der Reflexion läuft die Front in das von der ankommenden bereits vorgeheizte Gas hinein und erwärmt es noch weiter.

Abgesehen von dem technischen Interesse bietet sich hier Gelegenheit, Materie unter extremen Bedingungen, wie sie etwa in Fixsternen vorkommen, zu studieren; allerdings nur für den kurzen Moment des Vorbeistreichens der Front vor einem Beobachtungsfenster. Dieser muß durch geeignete Einrichtungen erfaßt werden (Schlierenmethode; ähnlich wie Abb. 179, § 94e).

# II. Wärmelehre

## A. Temperatur und Wärmemenge

**1. Temperaturbegriff und Temperaturskala.** Mit in der Haut befindlichen Sinnesorganen nehmen wir Wärme und Kälte wahr. Die diesen Empfindungen zugrunde liegenden Reize schreiben wir der *Temperatur* der Körper zu. Jeder Körper hat eine Temperatur. Sie beschreibt einen *Zustand*, der von der Masse und der stofflichen Zusammensetzung der Körper unabhängig ist. Sie heißt daher eine *Zustandsgröße*.

Unsere Empfindung gestattet in einem engen Bereich, mehrere Körper von verschiedener Temperatur in eine Folge einzuordnen, bei der der folgende Körper eine höhere Temperatur als der vorangehende hat. Dieser Bereich setzt sich zu höheren und tieferen Temperaturen fort. Innerhalb und außerhalb des Bereiches bedarf es einer von der Empfindung unabhängigen *Temperaturskala*, in die man die Temperatur der Körper einordnen kann. Diese Temperaturmessung muß durch physikalische Beobachtungen erfolgen, die von der Temperaturempfindung ganz unabhängig sind.

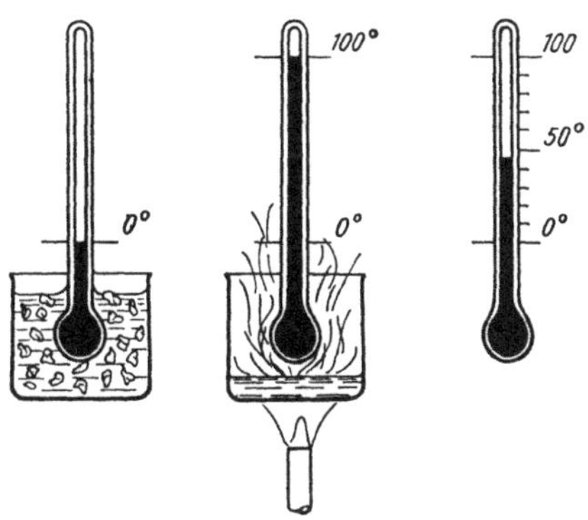

Abb. 184. Fixpunkte 0° und 100° der Celsius-Skala

Die Temperaturskala kann ganz willkürlich festgelegt werden (Abb. 184). Man hat zwei jederzeit bequem herstellbare Temperaturen als *Fixpunkte* gewählt: dies sind die Temperatur des bei 1 Atmosphäre (760 Torr) schmelzenden Eises und die Temperatur des bei dem gleichen Druck siedenden Wassers, die mit 0° und 100° C bezeichnet werden. Um zwischen diesen Fixpunkten die Skala zu gewinnen, verwenden wir zunächst die Eigenschaft von Flüssigkeiten, ihr Volumen mit der Temperatur zu ändern. An eine dünnwandige Glaskugel ist eine enge Kapillare mit überall gleichem Querschnitt angeschmolzen, die Kugel und ein Teil der Kapillare sind mit Quecksilber gefüllt. Die Lage des Meniskus des Quecksilbers in der Kapillare werde auf einer Skala angezeigt, wenn die Kugel mit der Kapillare a) in schmelzendes Eis, b) in siedendes Wasser getaucht ist. Diesen Markierungen entsprechen nach obiger Festsetzung die Temperaturen 0° und 100° *Celsius* (C). Der Abstand der Markierungen werde durch Teilstriche in 100 gleiche Teile geteilt. Der Abstand zweier benachbarter Teilstriche, ein Skalenteil, heißt ein Grad Celsius (1° C).

Befindet sich bei Berührung der Kugel mit einem anderen Körper der Meniskus an dem $x$-ten Teilstrich oberhalb des Teilstriches Null, so bezeichnen wir die Temperatur des Körpers mit $x$° C. Das Gerät kann also zur Messung der Temperatur irgendeines Körpers dienen; es ist ein *Thermometer*. Die Skala wird zu tieferen und höheren Temperaturen mit gleicher Skalenteilung (gleichen Strichabständen) extrapoliert. Durch diese Extrapolation unter 0° werden *negative Temperaturen* eingeführt.

Diese Temperaturskala ist von den thermischen Eigenschaften des Quecksilbers und des verwendeten Glases abhängig. Eine andere Thermometerflüssigkeit würde wegen einer anderen Abhängigkeit der Ausdehnung von der Temperatur bei gleicher Teilung zwischen 0° und 100° eine andere Temperaturskala geben. In § 24 wird eine andere, die *thermodynamische Temperaturskala* eingeführt, die von den thermischen Eigenschaften der zur Messung der Temperatur verwendeten Stoffe unabhängig ist. In dieser Skala ist eine Anzahl von Fixpunkten durch Schmelz- (Sm), Erstarrungs- (E), Sublimations- (Sb) oder Siedepunkte (Sd) verschiedener Substanzen festgelegt, alle auf normalen Luftdruck (760 Torr) bezogen. Diese Fixpunkte legen die Temperaturskala fest, die für Thermometer gesetzlich vorgeschrieben ist. Die Tabelle 5 enthält einige Beispiele:

Tabelle 5. *Fixpunkte der Temperaturskala in Grad Celsius, bezogen auf 760 Torr*

| | | | | | |
|---|---|---|---|---|---|
| He | Sd. | −268,94 | $H_2O$ | Sd. | 100,000 |
| $H_2$ | Sd. | −252,78 | Cd | E. | +321 |
| $O_2$ | Sd. | −182,97 | S | Sd | 444,60 |
| $CO_2$ | Sb. | − 78,52 | Ag | E. | 960,5 |
| Hg | E. | − 38,87 | Au | E. | 1063 |
| $H_2O$ | Sm. | 0,000 | Pt | E. | 1773 |
| | | | W | Sm. | 3380±20 |

Die praktisch verwendeten Quecksilberthermometer sind in dieser Skala geeicht, so daß ihre Angaben, auch wenn sie als Celsiustemperaturen ($t$° C) bezeichnet werden, sich von der thermodynamisch definierten Temperatur, der sogenannten *absoluten* (oder Kelvin-) *Temperatur* ($T$° K), nur durch eine additive Konstante unterscheiden:

$$t^\circ\,\mathrm{C} = T^\circ\,\mathrm{K} - 273{,}2^\circ. \qquad (1.1)$$

**2. Thermometer.** Zwischen einer sehr großen Zahl physikalischer Größen und der Temperatur besteht ein gesetzmäßiger Zusammenhang: So sind z. B. die Länge eines Stabes oder das Volumen einer Flüssigkeit, der Druck eines Gases und eines Dampfes, der elektrische Widerstand eines Metalldrahtes, die von einem Körper ausgesandte Licht- und Wärmestrahlung eindeutig von der Temperatur abhängig. Deshalb kann man aus der Messung dieser Größen auf die Temperatur schließen. Geräte, deren Anzeige direkt die Temperatur abzulesen gestattet, heißen Thermometer. Neben dem Quecksilberthermometer sind vorzugsweise Widerstandsthermometer (s. III § 18b und VII § 4), Thermoelemente (s. III § 28 und VII § 4), Strahlungsthermometer oder Pyrometer (s. VII § 15) und Dampfspannungsthermometer (s. § 28) in Gebrauch. Einige werden dort beschrieben, wo die physikalischen Gesetze behandelt werden, die ihrer Konstruktion zugrunde liegen.

**3. Wärmemenge, spezifische Wärme, Atom- und Molwärme.** Um die Temperatur eines Körpers zu erhöhen oder zu erniedrigen, muß man ihm eine *Wärmemenge* zuführen oder entziehen. Häufig geschieht das dadurch, daß man ihn mit einem anderen Körper von höherer (oder tieferer) Temperatur in Berührung bringt. Es ändern sich dann beide Temperaturen, bis Temperaturgleichheit erreicht worden ist. Der Wärmeübergang erfolgt vom Körper höherer Temperatur zu dem tieferer Temperatur und ist erst dann beendet, wenn sich Temperaturgleichheit eingestellt hat.

Man nennt die Wärmemenge, die 1 g Wasser um 1 °C (genau genommen von 14,5 °C auf 15,5 °C) erwärmt, eine (kleine) *Kalorie* oder Grammkalorie (1 cal). 1000 cal bezeichnet man als eine große Kalorie (Kilogrammkalorie, 1 kcal).

Die Erwärmung von $m$ g Wasser um $\Delta t$ °C $=(t_2-t_1)$ °C erfordert demnach $m(t_2-t_1)$ Kalorien.

Die Erwärmung von $m$ g irgendeines anderen homogenen Stoffes um $\Delta t°$ C $=(t_2-t_1)°$ C erfordert die Wärmemenge

$$Q=c\cdot m(t_2-t_1)=c\cdot m\cdot\Delta t. \qquad (3.1)$$

$c$ heißt die *spezifische Wärme.*

$$c=\frac{\text{Wärmemenge}}{\text{Masse}\cdot\text{Temperaturänderung}}; \qquad [c]=\frac{\text{cal}}{\text{g}\cdot\text{Grad}}.$$

Ihre Maßzahl gibt also die Anzahl Kalorien an, die aufgewendet werden müssen, um 1 g des Stoffes um 1° C zu erwärmen. Demnach ist die spezifische Wärme des Wassers $c=1\,\frac{\text{cal}}{\text{g}\cdot\text{Grad}}$.

Das Produkt aus spezifischer Wärme und Masse bezeichnet man als *Wärmekapazität W*. Dieser Begriff hat auch für Körper, die aus verschiedenen Bestandteilen zusammengesetzt sind, einen Sinn. Er gibt die Anzahl von Kalorien an, die man dem ganzen Körper zuführen muß, um seine Temperatur um 1° zu erhöhen. Die Einheit von $W$ ist: $[W]=\frac{\text{cal}}{\text{Grad}}$.

Die bei der Berührung von einem warmen Körper an einen kälteren abgegebene Wärmemenge $Q_1$ ist gleich der Wärmemenge $Q_2$, die von dem kalten Körper aufgenommen wird. Beim Wärmeaustausch geht also keine Wärme verloren, ebenso wird keine Wärme gewonnen *(Erhaltungssatz).*

Tabelle 6. *Spezifische Wärmen und Atomwärmen einiger Elemente um 20° C*

| Element | $c$ in $\frac{\text{cal}}{\text{g}\cdot\text{Grad}}$ | $A$ | $C$ in $\frac{\text{cal}}{\text{g-Atom}\cdot\text{Grad}}$ |
|---|---|---|---|
| Li | 0,81 | 6,94 | 5,6 |
| Be | 0,42 | 9,02 | 3,8 |
| Diamant C | 0,12 | 12,01 | 1,4 |
| Mg | 0,24 | 24,32 | 5,9 |
| Si | 0,17 | 28,06 | 4,8 |
| K | 0,18 | 39,10 | 6,9 |
| Fe | 0,11 | 55,85 | 6,1 |
| Ag | 0,056 | 107,88 | 6,0 |
| W | 0,032 | 183,92 | 5,9 |
| Pb | 0,031 | 207,21 | 6,4 |

Ein *Grammatom* eines Elementes, dessen Atomgewicht $A$ ist, sind $A$ Gramm; ein *Mol* eines Stoffes mit dem Molekulargewicht $M$ sind $M$ Gramm.

Die Wärmemenge, die man benötigt, um ein Grammatom (bzw. ein Mol) um 1° C zu erwärmen, bezeichnet man als seine Atomwärme (bzw. Molwärme).

$$C=c\cdot A; \qquad [C]=\frac{\text{cal}}{\text{g-Atom}\cdot\text{Grad}}. \qquad (3.2)$$

Tabelle 6 gibt für verschiedene feste Elemente die Werte für $c$, $A$ und $C$.

Aus der 4. Spalte der Tabelle 6 entnimmt man, daß mit wenigen Ausnahmen die Atomwärme nahezu denselben Wert von etwa 6 cal/g-Atom · Grad hat *(Dulong-Petitsches Gesetz).* Aber auch die Ausnahmen, zu denen vorzugsweise die Elemente mit niedrigem Atomgewicht gehören, erreichen bei hinreichend hohen Temperaturen als Grenzwert den Wert $C=6\,\frac{\text{cal}}{\text{g-Atom}\cdot\text{Grad}}$.

$C$ ist die Wärmekapazität eines Grammatoms. Grammatome verschiedener Elemente enthalten gleich viele Atome (nämlich $6{,}02\cdot10^{23}$; vgl. § 8).

Das Dulong-Petitsche Gesetz sagt aus, daß die Wärmemenge, die eine bestimmte Menge eines Elementes im festen Zustand braucht, um seine Temperatur um 1° zu erhöhen, vom chemischen Charakter unabhängig ist und nur von der Zahl der Atome abhängt, die in ihr enthalten sind. Enthalten zwei verschiedene Körper in fester Form die gleiche Anzahl von Atomen, so brauchen sie für die gleiche Temperaturänderung annähernd die gleiche Wärmemenge.

Aus dieser Deutung des Dulong-Petitschen Gesetzes, daß die Wärmekapazität eines festen Körpers nicht von der chemischen Natur, sondern nur von der Anzahl der Atome abhängt, folgt für die Molwärme fester Verbindungen:

Die *Molwärme*, d.h. das Produkt aus Grammol und spezifischer Wärme, ist gleich der Summe der Atomwärmen *(Neumann-Koppsche Regel)*. Auch sie ist recht gut bestätigt.

Die spezifische Wärme fester Körper kann mit dem *Mischungskalorimeter* bestimmt werden (Abb. 185): Es ist ein Gefäß, dessen Wärmekapazität $W$ bekannt ist und das mit $m_1$ g Wasser gefüllt ist; die Temperatur betrage $t_1$°. In das Kalorimeter bringt man ein auf $t_2$° (z.B. $t_2 =$ 100° C) erhitztes Metallstück ($m_2$ g), dessen spezifische Wärme $c$ gemessen werden soll. Es bildet sich eine Mischungstemperatur $t_m$. Die Mischungsregel fordert Gleichheit von abgegebener und aufgenommener Wärmemenge:

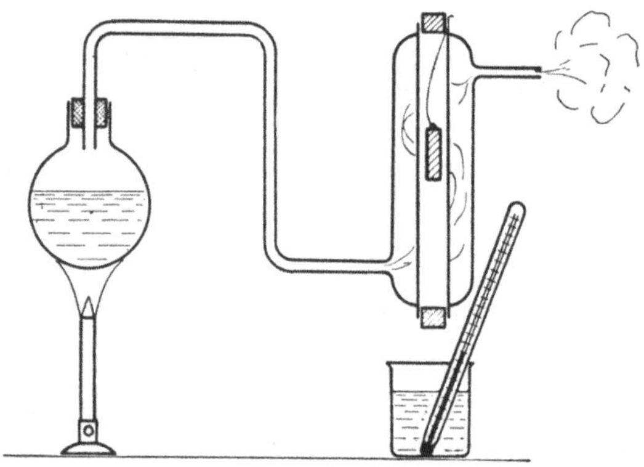

Abb. 185. Mischungskalorimeter (Becherglas mit $m_1$ g Wasser, Temperatur $t_1$; Metallstück im Dampfmantelgefäß hat die Temperatur $t_2 = 100°$ C)

abgegebene Wärmemenge

$$Q_2 = c \cdot m_2 (t_2 - t_m),$$

aufgenommene Wärmemenge

$$Q_1 = c_W\, m_1 (t_m - t_1) + W(t_m - t_1)$$

(die Wärmekapazität $W$ des Kalorimetergefäßes + Rührer + Thermometer bezeichnet man auch als *Wasserwert* des Kalorimeters. Er gibt an, wieviel g Wasser der Wärmekapazität gleichwertig sind). Es ist also:

$$c \cdot m_2 (t_2 - t_m) = c_W\, m_1 (t_m - t_1) + W(t_m - t_1) = (c_W\, m_1 + W)(t_m - t_1)$$

$$c = \frac{c_W\, m_1 + W}{m_2} \cdot \frac{t_m - t_1}{t_2 - t_m}. \tag{3.3}$$

$c_W$ ist für Wasser 1 $\frac{\text{cal}}{\text{g} \cdot \text{Grad}}$.

**4. Thermische Ausdehnung fester und flüssiger Körper.** Die Länge eines Stabes nimmt mit wachsender Temperatur zu. In einem mehr oder minder großen Temperaturbereich läßt sich die Länge $l_t$ bei der Temperatur $t$° C der Länge $l_0$ bei 0° C durch

$$l_t = l_0 (1 + \alpha t) \tag{4.1}$$

zuordnen.

$$\alpha = \frac{l_t - l_0}{l_0 \cdot t} = \frac{\Delta l}{l_0 t} \tag{4.2}$$

bezeichnet man als den *linearen Ausdehnungskoeffizienten*. Tabelle 7 gibt für verschiedene Materialien und für verschiedene Temperaturbereiche die mit $10^6$ multiplizierten Ausdehnungskoeffizienten zwischen 0° und der über der Spalte angegebenen Temperatur.

Die Tabelle 7 zeigt, daß für große Intervalle $\alpha$ temperaturabhängig ist. Wie die thermische Ausdehnung sich aus dem atomaren Aufbau erklären läßt, wird in XVI § 6 behandelt.

Tabelle 7. *Lineare Ausdehnungskoeffizienten α für verschiedene Materialien*

| Stoff | $\alpha \cdot 10^6$ in Grad$^{-1}$ | | | |
|---|---|---|---|---|
| | $-191°$ | $+100°$ | $300°$ | $500°$ |
| Quarzglas . . . . | — | 0,510 | 0,627 | 0,612 |
| Jenaer Glas 16 . . | 5,87 | 8,08 | 8,67 | 9,28 |
| Eisen . . . . . . | — | 12 | — | — |
| Aluminium . . . . | — | 23,8 | 25,6 | 27,4 |
| Mangan . . . . . | 15,95 | 22,8 | 32,23 | — |
| Kupfer . . . . . | — | 16,7 | — | — |

Ein Kupferstab oder -draht erfährt demnach bei Erhöhung der Temperatur um 100° eine relative Verlängerung $\Delta l/l = 16{,}7 \cdot 10^{-6} \cdot 100 = 1{,}67 \cdot 10^{-3}$. Um die gleiche Verlängerung durch mechanischen Zug zu bewirken, benötigt man nach I 68.1 und Tabelle 3 eine Zugspannung $K/q = E \cdot \Delta l/l = 12\,500 \cdot 1{,}67 \cdot 10^{-3} = 21$ kp/mm², d.h. man müßte an einem Draht von 1 mm² eine Last von 21 kg aufhängen.
**Bei den meisten Stoffen führen Temperatursteigerungen von einigen hundert Grad zu Dehnungen, die bei konstanter Temperatur durch Zug nur unter Überschreitung der Fließgrenze erzielt werden können.**

Die Abhängigkeit des Volumens von der Temperatur wird durch

$$V_t = V_0(1 + \beta t) \tag{4.3}$$

beschrieben. Für einen Würfel mit der Kantenlänge $l_t$ gilt:

$$V_t = l_t^3 = l_0^3(1 + \alpha t)^3 = l_0^3[1 + 3\alpha t + 3(\alpha t)^2 + (\alpha t)^3].$$

$\alpha^2 t^2$ und erst recht $\alpha^3 t^3$ sind für die erreichbaren Temperaturen sehr klein gegen $\alpha t$. Daher gilt mit sehr guter Näherung:

$$V_t = l_0^3(1 + 3\alpha t) = V_0(1 + 3\alpha t). \tag{4.4}$$

$\beta$ heißt *kubischer Ausdehnungskoeffizient*, er ist also das Dreifache des linearen Ausdehnungskoeffizienten.

Die thermische Ausdehnung von Flüssigkeiten wird stets durch kubische Ausdehnungskoeffizienten beschrieben. Sie sind im allgemeinen größer als diejenigen von festen Körpern.

Tabelle 8. *Kubische Ausdehnungskoeffizienten β in Grad⁻¹ einiger Flüssigkeiten um 18° C*

| | |
|---|---|
| Azeton . . . . . . . . . . . . . . . . . . . . . . | 0,001 43 |
| Äthylalkohol . . . . . . . . . . . . . . . . . . . | 0,001 43 |
| Äthyläther . . . . . . . . . . . . . . . . . . . . | 0,001 62 |
| Benzol . . . . . . . . . . . . . . . . . . . . . . | 0,001 06 |
| Quecksilber . . . . . . . . . . . . . . . . . . . | 0,000 181 |

Da Dichte $= \frac{\text{Masse}}{\text{Volumen}}$, $\varrho_t = \frac{m}{V_t}$, gilt für die Abhängigkeit der Dichte von der Temperatur:

$$\varrho_t = \frac{m}{V_t} = \frac{m}{V_0(1 + \beta t)} = \frac{\varrho_0}{1 + \beta t}. \tag{4.5}$$

Die Dichte nimmt also, wenn $\beta$ positiv ist, mit steigender Temperatur ab.

Bemerkenswerte Abweichungen von dem durch (4.5) beschriebenen Zusammenhang zwischen Dichte und Temperatur zeigt das Wasser. Die Tabelle 9 gibt die Dichte des Wassers als Funktion der Temperatur. Bei 4° C tritt ein Dichtemaximum auf ($\varrho_{4°} = 0{,}999973$ g/cm³).

Tabelle 9. *Dichte des Wassers im Verhältnis zur Dichte bei 4° C*

| $t$ | $\frac{\varrho}{\varrho_{4°}}$ | $t$ | $\frac{\varrho}{\varrho_{4°}}$ | $t$ | $\frac{\varrho}{\varrho_{4°}}$ |
|---|---|---|---|---|---|
| 0° C | 0,999868 | 5° C | 0,999992 | 15° C | 0,999126 |
| 1° | 0,999927 | 6° | 0,999968 | 20° | 0,998232 |
| 2° | 0,999968 | 8° | 0,999876 | 25° | 0,997074 |
| 3° | 0,999992 | 10° | 0,999728 | 30° | 0,995676 |
| 4° | 1,000000 | | | | |

Infolge dieser Temperaturabhängigkeit der Dichte bildet sich, wenn die Temperatur der Atmosphäre unter 4° C sinkt, in stehenden Gewässern eine Schichtung aus, bei der die Wassertemperatur am Boden 4° C beträgt. Nach oben nimmt dann die Wassertemperatur und damit die Dichte ab, so daß kein weiteres Absinken (Konvektion) kalter Schichten stattfindet. Eine weitere Abkühlung kann dann nur durch Wärmeleitung (vgl. § 14) erfolgen, die wegen des geringen Wärmeleitvermögens wesentlich langsamer vonstatten geht. Andernfalls würden stehende Gewässer im Winter häufig bis zum Boden durchfrieren.

**5. Temperaturabhängigkeit des Volumens der Gase bei konstantem Druck; absoluter Nullpunkt.** Bei der Erwärmung eines Gases ändern sich im allgemeinen sowohl das Volumen als auch der Druck. Wir können aber dafür sorgen, daß bei der Temperaturerhöhung der Druck konstant bleibt, indem wir z.B. das Gas in einem Zylinder erwärmen, der mit einem verschiebbaren Kolben abgeschlossen ist, und nun den Kolben so weit zurückziehen, daß sich wieder der Anfangsdruck einstellt. Das Volumen $V_t$ erweist sich als linear von der Temperatur abhängig und läßt sich daher durch diese und einen Ausdehnungskoeffizienten $\alpha$ darstellen, der die Bedeutung eines *kubischen* Ausdehnungskoeffizienten hat:

$$V_t = V_0(1+\alpha t) \quad \text{(gültig für } p = \text{const, } \textit{Gay-Lussacsches Gesetz}). \tag{5.1}$$

$\alpha$ ist erheblich größer als der kubische Ausdehnungskoeffizient von festen und flüssigen Körpern und hat für alle Gase nahezu den gleichen Wert.

Tabelle 10. *Kubischer Ausdehnungskoeffizient $\alpha$ in Grad⁻¹ einiger Gase (zwischen 0° und 100° C)*

| | $\alpha$ |
|---|---|
| Luft | 0,003675 |
| $H_2$ | 0,003662 |
| He | 0,003660 |
| Ar | 0,003676 |
| $CO_2$ | 0,003726 |

Für $H_2$ und He ist $\alpha \approx 0{,}00366\ \text{Grad}^{-1} = \frac{1}{273{,}2°}$. Mit diesem Zahlenwert lautet (5.1):

$$V_t = V_0\left(1 + \frac{1}{273{,}2°}t\right) = V_0\frac{273{,}2° + t}{273{,}2°} = V_0\frac{T}{273{,}2°}. \tag{5.2}$$

$T = 273{,}2° + t$ heißt die ***absolute Temperatur*** und wird in Grad *Kelvin* (°K) angegeben. Der Nullpunkt der Kelvinskala ist gegen den der Celsiusskala um 273,2° zu tieferen Temperaturen verschoben; 0° K = −273,2° C.

Setzen wir $T = 0$, so wird nach (5.2) $V = 0$. Wenn wir die Gültigkeit des Gay-Lussacschen Gesetzes ohne Einschränkung annehmen, sagt es also, daß das Volumen aller Gase bei 0° K verschwindet, ja daß das Volumen negativ werden müßte, wenn es noch niedrigere Temperaturen als 0° K gäbe (negative absolute Temperaturen!). Da negative Volumina sinnlos sind, zieht man den Schluß, daß 0° K die tiefste Temperatur sein muß, also den absoluten Nullpunkt angibt. Diese Schlußweise ist nicht streng richtig, denn das Gay-Lussacsche Gesetz ist für kein Gas bis zu so tiefen Temperaturen gültig; schon allein deswegen, weil die Moleküle ein Eigenvolumen besitzen, kann das Volumen nicht auf Null abnehmen, aber auch andere Gründe fordern das. Trotzdem ist die Folgerung richtig, daß es keine tiefere Temperatur als $-273{,}2°\,C = 0°\,K$ gibt.

**6. Temperaturabhängigkeit des Druckes der Gase bei konstantem Volumen.** Erwärmt man andererseits ein Gas bei konstantem Volumen, so steigt der Druck linear mit der Temperatur an und läßt sich daher durch einen *Spannungskoeffizienten* ($\gamma$) darstellen:

$$p_t = p_0(1 + \gamma t) \quad \text{(gültig für } V = \text{const)}. \tag{6.1}$$

Auch dieses Gesetz heißt *Gay-Lussacsches Gesetz.*

Ein Gas, das bei 0° C den Druck $p_0$ besitzt, werde unter Konstanthaltung dieses Druckes auf $t$° C erwärmt. Sein Volumen ist dann nach (5.1):

$$V_t = V_0(1 + \alpha t).$$

Nun werde es auf das ursprüngliche Volumen $V_0$ unter Konstanthaltung der Temperatur komprimiert. Dann gilt nach dem Boyle-Mariotteschen Gesetz (I 50.1) für den Druck des Gases $p_t$:

$$p_t \cdot V_0 = p_0 \cdot V_t \quad \text{oder, da} \quad V_t = V_0(1 + \alpha t),$$

$$p_t \cdot V_0 = p_0 \cdot V_0(1 + \alpha t)$$

$$p_t = p_0(1 + \alpha t) \quad \text{(für } V = \text{const)}. \tag{6.2}$$

Bei strenger Gültigkeit der Boyle-Mariotte- und Gay-Lussacschen Gesetze folgt also, daß der Spannungskoeffizient $\gamma$ der Gase gleich ihrem Ausdehnungskoeffizienten $\alpha$ ist. Bei der Temperaturerhöhung um 1° nimmt also der Druck eines Gases um $\frac{1}{273{,}2}$ seines Druckes bei 0° C zu, wenn bei der Erwärmung das Volumen unverändert bleibt.

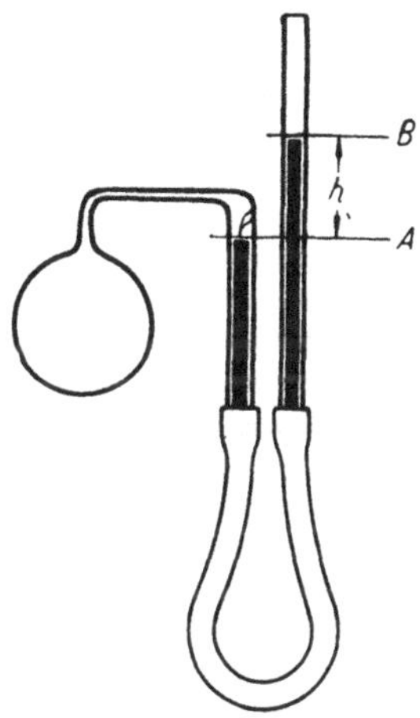


Abb. 186. Das Jollysche Gasthermometer

*Gasthermometer.* Da Ausdehnungs- und Spannungskoeffizient für alle Gase, die dem Verhalten des idealen Gases nahekommen, gleich groß sind, ist es naheliegend, das Gas als Thermometersubstanz zu wählen. Das geschieht im *Gasthermometer* nach JOLLY (Abb. 186). Mit ihm wird die Druckänderung des Gases als Funktion der Temperatur gemessen: Eine mit Wasserstoff oder Helium gefüllte Kugel steht mit einem Quecksilbermanometer in Verbindung, dessen einer Schenkel so gehoben oder gesenkt werden kann, daß bei jeder Temperatur das gleiche Volumen eingestellt wird. Der Druck, unter dem das Gas steht, ist gleich dem äußeren Luftdruck $b$, vermehrt um den Druck der Quecksilbersäule $AB$ mit der Höhe $h$. Es sei der Druck des Gases bei 0° C, wenn die Kugel von schmelzendem Eis umgeben ist, $b + h_0$, dann ist der Druck bei $t$° C ($t > 0$), wenn durch Heben des beweglichen Manometerschenkels das Anfangsvolumen wieder eingestellt ist:

$$b + h_t = (b + h_0)(1 + \alpha t).$$

Daraus folgt für die Temperatur:

$$t = \frac{h_t - h_0}{\alpha(b + h_0)}, \quad \text{wo } \alpha = \frac{1}{273{,}2°}. \tag{6.3}$$

Die mit dem Gasthermometer mit Heliumfüllung gemessene Temperatur entspricht recht genau der thermodynamischen Skala (vgl. § 24).

**7. Die Zustandsgleichung der idealen Gase.** Als Zustandsgleichung bezeichnet man eine Gleichung, die eine Beziehung zwischen den Variablen herstellt, welche den Zustand bestimmen. Als Zustandsvariablen wählen wir den Druck $p$, das Volumen $V$ und die Temperatur $t$ (in °C). Eine Beziehung zwischen ihnen läßt sich aus dem Vorhergehenden wie folgt ableiten:

Gegeben ist der Zustand $p_0$, $V_0$, $t = 0°$ C. Er soll in den Zustand $p$, $V$, $t$ überführt werden.

1. $V_0$ werde auf $V_t$ ausgedehnt durch Erhöhung der Temperatur auf $t°$ unter Beibehaltung des Druckes $p_0$; dann gilt nach (5.1)

$$V_t = V_0(1 + \alpha t); \qquad p = \text{const} = p_0 .$$

2. Multiplikation mit $p_0$:

$$p_0 V_t = p_0 V_0 (1 + \alpha t).$$

3. Sofern man nun die Temperatur konstant auf dem Wert $t$ hält, muß nach dem Boyle-Mariotteschen Gesetz (vgl. I 50.1) das Produkt aus dem zu dieser Temperatur gehörigen Druck und Volumen, die jetzt mit $p$ und $V$ (ohne Indizes) bezeichnet seien, stets das gleiche sein, so daß man die linke Seite der letzten Gleichung durch $p \cdot V$ ersetzen darf.

$$p \cdot V = p_0 V_0 (1 + \alpha t);$$

oder, wenn wir die absolute Temperatur $T = t + 273{,}2$ einführen (vgl. § 5)

$$p \cdot V = \frac{p_0 \cdot V_0}{273{,}2°}(273{,}2° + t) = \frac{p_0 \cdot V_0}{273{,}2°} \cdot T = C \cdot T. \tag{7.1}$$

Diese *Zustandsgleichung* verknüpft für ein bestimmtes Gas (eine bestimmte Menge) die 3 Zustandsgrößen Druck, Volumen und Temperatur. Die Größe $C$ ist der Masse des Gases proportional, denn ein Gas beansprucht bei Verdoppelung seiner Masse ein doppeltes Volumen, wenn Druck und Temperatur unverändert bleiben

$$C = C' \cdot m$$

$$p \cdot V = C' \cdot m \cdot T. \tag{7.2}$$

***Die Erfahrung zeigt, daß Gasmengen, deren Massen sich wie ihre Molekulargewichte M verhalten, die also die gleiche Anzahl von Molekülen enthalten, bei gleichen Drucken und Temperaturen das gleiche Volumen besitzen. (Avogadrosche Regel.)***

Eine Gasmenge, die $M$ Gramm des Gases enthält, bezeichnet man als 1 Mol (vgl. § 3), ihr Volumen, das natürlich von Druck und Temperatur abhängt, als das Molvolumen ($V_{\text{mol}}$; Dimension Volumen/Mol). Bei einem bestimmten Druck $p$ und einer bestimmten absoluten Temperatur $T$ muß sich also — wegen der Avogadroschen Regel — stets der gleiche Wert für das Molvolumen ergeben. Nimmt man eine solche Messung an irgend einem Gas bei $p = 10\ N/\text{cm}^2$ (entsprechend etwa 1 Atmosphäre, vgl. I, § 48) und $T = 273{,}2°$ K (entsprechend dem Eispunkt) vor, so erhält man immer 22414 cm³. Setzt man diese Zahlen in (7.1) ein, so erhält man den für die Messungen an 1 Mol des Gases gültigen Wert der Konstanten $C$, der allgemein (nicht mit $C_{\text{mol}}$ sondern) mit dem Buchstaben $R$ und dem Namen „universelle Gaskonstante" bezeichnet wird. Aus Gl. (7.1) wird dann die für „ideale" Gase allgemein gültige *Zustandsgleichung*:

$$p \cdot V_{\text{mol}} = RT, \quad \text{wobei} \quad R = 8{,}3166 \frac{\text{Ws}}{\text{Mol °K}} \tag{7.3}$$

Wegen der Äquivalenz von Arbeit und Wärme (4,185 Ws entsprechen 1 cal; vgl. § 11) hat $R$ in Wärmeeinheiten ausgedrückt sehr nahezu den Wert 2 cal/Mol° K.

Sind im Versuchsgefäß $\nu$ Mole des Gases enthalten, so ist das Volumen $\nu V_{\text{mol}}$. Durch Multiplikation von (7.2) mit $\nu$ und Einsetzen von $V=\nu V_{\text{mol}}$ erhält man die Zustandsgleichung

$$p \cdot V = \nu \cdot R \cdot T. \tag{7.4}$$

Je kleiner der Druck und je höher die Temperatur, desto genauer gilt diese Zustandsgleichung. Unter diesen Bedingungen spricht man von einem *idealen Gas*; andernfalls vom *realen Gas* (vgl. § 31).

## B. Die kinetische Theorie der Wärme

**8. Energieinhalt der Materie und absolute Temperatur.** Nach (I 53.1) ist der Druck eines idealen Gases $p=\frac{1}{3}nm\overline{u^2}$ ($n$ = Molekülzahldichte, $m$ = Masse eines Moleküls, $u$ = Molekulargeschwindigkeit). Die Multiplikation mit dem Molvolumen $V_{\text{mol}}$ gibt

$$p \cdot V_{\text{mol}} = \frac{1}{3} \cdot n \cdot V_{\text{mol}} \cdot m \cdot \overline{u^2} = \frac{2}{3} \cdot L \cdot \frac{m}{2} \overline{u^2}.$$

$n \cdot V_{\text{mol}} = L$, die Zahl der Moleküle pro Mol ist definitionsgemäß eine universelle Konstante. Sie heißt *Loschmidtsche Zahl* (englisch: Avogadro's number). $\frac{m}{2}\overline{u^2} = \bar{\varepsilon}_{\text{kin}}$ ist der Mittelwert der kinetischen Energie der Translation (fortschreitenden Bewegung) eines Gasmoleküls. $L \cdot \bar{\varepsilon}_{\text{kin}}$ ist also die in einem Mol des Gases enthaltene kinetische Energie der Translation.

$$p \cdot V_{\text{mol}} = \frac{2}{3} L \cdot \bar{\varepsilon}_{\text{kin}}.$$

Hiermit vergleichen wir

$$p \cdot V_{\text{mol}} = R \cdot T$$

und folgern $\frac{2}{3} L \cdot \bar{\varepsilon}_{\text{kin}} = R \cdot T$ oder

$$L \cdot \bar{\varepsilon}_{\text{kin}} = \frac{3}{2} R \cdot T. \tag{8.1}$$

Die kinetische Energie der Translation aller Moleküle in 1 Mol beträgt also $\frac{3}{2} R \cdot T$; sie ist unabhängig von der Natur des Gases.

Für das einzelne Molekül folgt aus (8.1):

$$\bar{\varepsilon}_{\text{kin}} = \overline{\frac{m}{2} u^2} = \frac{3}{2} \cdot \frac{R}{L} \cdot T = \frac{3}{2} \cdot k \cdot T. \tag{8.2}$$

$k = \frac{R}{L} = 1{,}3804 \cdot 10^{-23}$ Ws/Grad heißt *Boltzmann-Konstante*. Sie ist neben dem Planckschen Wirkungsquantum die wichtigste Fundamentalkonstante der Physik (vgl. § 27b und XVI § 7ff.).

Aus (8.2) folgt, daß man die Grundgleichung der kinetischen Gastheorie (I 53.1) auch schreiben kann:

$$p = n \cdot kT. \tag{8.3}$$

**9. Die Differenz der Molwärmen $C_p$ und $C_v$ bei Gasen.** Die spezifische Wärme der Gase (vgl. § 3) hängt von den Bedingungen ab, denen das Gas während der Erwärmung unterworfen ist. Man kann dafür sorgen, daß dabei entweder das Volumen oder der Druck des Gases konstant bleibt. Die Atom- oder Molwärme bei konstantem Volumen $C_v = c_v \cdot A$ (vgl. 3.2) ist kleiner als diejenige bei konstantem Druck $C_p$. Denn bei konstant gehaltenem Druck muß die zugeführte Wärmemenge nicht nur die Temperatur um $\Delta T$ steigen lassen, sondern auch für die dann eintretende Volumenvergrößerung ($\Delta V$) aufkommen. Die dazu notwendige Arbeit pro Mol des Gases ist $p \cdot \Delta V_{\text{mol}}$ (Abb. 187).

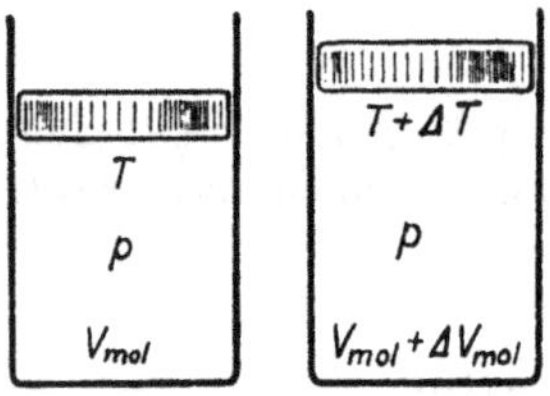


Abb. 187. Zur Berechnung der Arbeitsleistung bei isobarer Ausdehnung von 1 Mol eines idealen Gases bei 1° Temperaturerhöhung. Von außen wirkt auf den Kolben die Kraft $K = p \cdot F$, gegen die bei der Ausdehnung Arbeit verrichtet wird

$$\begin{aligned} p\,(V_{\text{mol}} + \Delta V_{\text{mol}}) &= R\,(T + \Delta T) \\ p \cdot V_{\text{mol}} &= R \cdot T \\ \hline p \cdot \Delta V_{\text{mol}} &= R \cdot \Delta T. \end{aligned} \tag{9.1}$$

Pro Grad muß also zur Erwärmung eines Mols bei konstantem Druck die Arbeit $p \cdot \Delta V_{\text{mol}}/\Delta T = R$ geleistet werden. Es liegt nahe, dieser Arbeit die Differenz der Molwärmen zuzuschreiben. Die Erfahrung lehrt nun tatsächlich, daß für alle Gase, soweit sie der Zustandsgleichung des idealen Gases (7.3) gehorchen, gilt:

$$C_p - C_v = R\,(\approx 2\ \text{cal/Mol} \cdot \text{Grad}). \tag{9.2}$$

Die Beziehung ist unabhängig davon, ob die Moleküle des Gases 1-, 2- oder höheratomig sind. Die Tabelle 11 gibt für einige Gase die gemessenen spezifischen Wärmen an. Die letzte Spalte zeigt $C_p - C_v$.

Tabelle 11. *Spezifische Wärmen in cal $g^{-1}$ Grad$^{-1}$ und Atom-(Mol)wärmen in cal Mol$^{-1}$ Grad$^{-1}$ einiger Gase um 0° C*

| 1 | 2<br>$c_p$ | 3<br>$c_v$ | 4<br>$\frac{c_p}{c_v} = \frac{C_p}{C_v}$ | 5<br>$C_p$ | 6<br>$C_v$ | 7<br>$C_p - C_v$ |
|---|---|---|---|---|---|---|
| He | 1,25 | — | 1,66 | 5,01 | 3,015 | 1,995 |
| Ar | 0,124 | 0,075 | 1,67 | 4,95 | 2,97 | 1,98 |
| Hg | — | — | 1,67 | 4,97 | — | — |
| Luft | 0,240 | 0,171 | 1,40 | 6,95 | 4,96 | 1,99 |
| $O_2$ | 0,219 | 0,157 | 1,40 | 7,01 | 5,02 | 1,99 |
| $N_2$ | 0,248 | 0,177 | 1,40 | 6,94 | 4,95 | 1,99 |
| $H_2$ | 3,40 | 2,411 | 1,41 | 6,81 | 4,83 | 1,98 |
| $CO_2$ | 0,196 | 0,150 | 1,30 | 7,86 | 6,01 | 1,85 |
| $N_2O$ | 0,203 | 0,158 | 1,29 | 8,15 | 6,34 | 1,81 |

ROBERT MAYER leitete im Jahre 1842 aus den Eigenschaften der spezifischen Wärmen der Gase das sogenannte *mechanische Wärmeäquivalent* ab: Aus (9.2) und (7.3) folgt, daß die mechanische Arbeit von 8,317 Ws in die Wärmemenge von rund 2 cal überführt werden kann (vgl. auch § 23).

**10. Der Gleichverteilungssatz (Äquipartitionsgesetz).** Aus (8.1) muß gefolgert werden, daß die Energie, die erforderlich ist, um ein Mol eines Gases um ein Grad zu erwärmen, d.h. die Molwärme eines jeden Gases bei konstantem Volumen, gerade gleich $\frac{3}{2} R$ ist, also nach (7.3) $C_v \approx 3$ cal/Mol Grad sein müßte.

Die Spalte 6 der Tabelle 11 der spezifischen Wärmen zeigt, daß $C_v$ diesen Wert nur für 1-atomige Gase hat. Für 2-atomige Gase liegt er um 2 cal/Grad · Mol höher, für 3-atomige noch höher. Die Deutung dieses Unterschiedes gibt das *Äquipartitionsgesetz* (Gleichverteilungssatz).

Die Folgerung (8.2) $\overline{\frac{m}{2} u^2} = \frac{3}{2} k \cdot T$ gilt nur für den Mittelwert der Energie. Die Geschwindigkeit $u$ kann man nach drei zueinander senkrechten Richtungen $X, Y, Z$ in Komponenten $u_x, u_y$ und $u_z$ zerlegen, so daß $u^2 = u_x^2 + u_y^2 + u_z^2$ (Abb. 188).

Dann ist der Mittelwert von $u^2$ gleich der Summe der Mittelwerte von $u_x^2$, $u_y^2$ und $u_z^2$,

$$\overline{u^2} = \overline{u_x^2} + \overline{u_y^2} + \overline{u_z^2}.$$

Da aber jede Richtung von $u$ gegen das willkürlich gewählte Koordinatensystem gleich wahrscheinlich ist, muß

$$\overline{u_x^2} = \overline{u_y^2} = \overline{u_z^2} = \frac{1}{3}\overline{u^2}$$

sein. Es wird also

$$\frac{m}{2}\overline{u^2} = \frac{m}{2}\overline{u_x^2} + \frac{m}{2}\overline{u_y^2} + \frac{m}{2}\overline{u_z^2} = 3\frac{m}{2}\overline{u_x^2} = 3\frac{m}{2}\overline{u_y^2} = 3\frac{m}{2}\overline{u_z^2};$$

$$\frac{m}{2}\overline{u_x^2} = \frac{m}{2}\overline{u_y^2} = \frac{m}{2}\overline{u_z^2} = \frac{1}{3}\frac{m}{2}\overline{u^2} = \frac{1}{3}\cdot\frac{3}{2}k\cdot T = \frac{1}{2}k\cdot T. \tag{10.1}$$

Den Bewegungsmöglichkeiten in drei zueinander senkrechten Richtungen im Raume entsprechen drei *Freiheitsgrade*. (10.1) sagt aus, daß die Energie der Translation über die drei Freiheitsgrade gleich verteilt ist. Jeder besitzt im Mittel die Energie $\frac{1}{2}k\cdot T$. *Die Energie pro Mol und Freiheitsgrad ist also* $L\cdot\frac{1}{2}k\cdot T = \frac{1}{2}R\cdot T$. Bei Temperatursteigerung um 1° wächst daher der Energieinhalt pro Mol und Freiheitsgrad um $\frac{R}{2}$, d.h. zur Atom- bzw. Molwärme $C_v$ trägt jeder Freiheitsgrad den Betrag $\frac{R}{2}\approx 1$ cal/Grad · Mol bei. Bezeichnet $f$ die Anzahl der Freiheitsgrade eines Atoms oder Moleküls, so ergibt sich

$$C_v = f\cdot\frac{R}{2} \tag{10.2}$$

und wegen (9.2)

$$C_p = (f+2)\cdot\frac{R}{2}, \tag{10.3}$$

also

$$\frac{C_p}{C_v} = \frac{f+2}{f}. \tag{10.4}$$

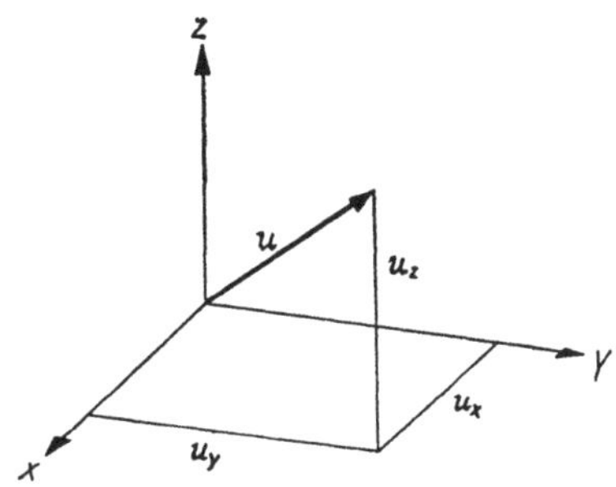

Abb. 188. Zum Äquipartitionsgesetz

Aus dem experimentell gut zugänglichen Quotienten $C_p/C_v$ (vgl. I § 95 und II § 20) läßt sich also $f$ unmittelbar berechnen und ergibt sich für He, Ar und Hg zu $f=3$ (vgl. Tabelle 11, Spalte 4); für Luft, $O_2$, $N_2$ und $H_2$ aber zu $f=5$. Die Ursache hierfür ist die folgende:

Außer den drei Freiheitsgraden der Translation besitzt ein starrer Körper noch drei Freiheitsgrade der Rotation um drei zueinander senkrechte Achsen. Bei Zusammenstößen von glatten Kugeln findet kein Austausch zwischen Translations- und Rotationsenergie statt. Einzelne Atome verhalten sich beim Zusammenstoß wie glatte Kugeln; daher tragen die Rotationsfreiheitsgrade bei 1-atomigen Gasen nicht zur Atomwärme bei. Anders bei mehratomigen Molekülen. Im allgemeinen wird bei einem Zusammenstoß ein Austausch von Translations- und Rotationsenergie zustande kommen. Man kann nachweisen, daß im statistischen Gleichgewicht die mittlere kinetische Energie der Rotation pro Freiheitsgrad $\frac{1}{3}\frac{\Theta}{2}\overline{\omega^2}$ ebenfalls $\frac{1}{2}k\cdot T$ $\left(\text{pro Mol also } \frac{1}{2}R\cdot T\right)$ ist. Wir übernehmen diesen Satz hier als Erfahrungssatz.

Das Äquipartitionsgesetz sagt aus, *daß im statistischen Gleichgewicht die Energie pro Mol für jeden Freiheitsgrad* $\frac{1}{2}R\cdot T$ *ist.* Zur Berechnung der Atom- oder

Molwärme eines Gases bedarf es also nur der Abzählung der Freiheitsgrade. Bei einem 2-atomigen Molekül (starres Hantelmodell; vgl. Abb. 189) tauschen nur die Rotationen um die eingezeichneten Achsen I und II Energie mit der Translation aus. Die Zahl der Freiheitsgrade beträgt also $3+2$. Beim 3-atomigen Molekül, dessen Atome nicht auf einer Achse liegen, tritt immer der 3. Rotationsfreiheitsgrad hinzu. Die Tabelle 12 enthält die nach dieser einfachen Theorie möglichen Werte von $C_v$ bzw. $C_p/C_v$.

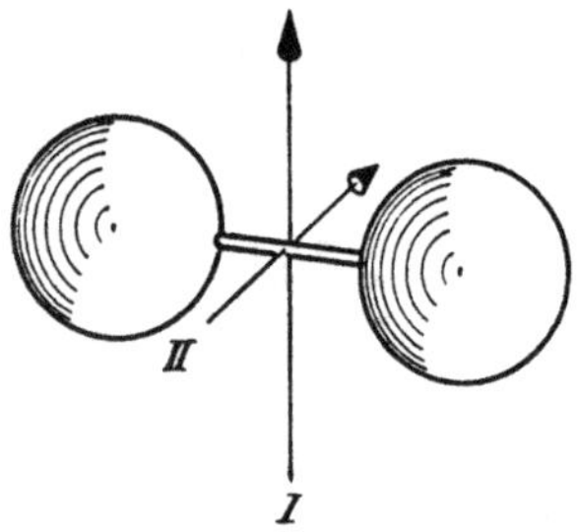

Abb. 189. Hantelmodell eines 2-atomigen Moleküls

Abweichungen sind darauf zurückzuführen, daß neben den Rotationen von 2- oder mehratomigen Molekülen auch Schwingungen der Atome im Molekül gegeneinander vorkommen können, die bei Zusammenstößen der Moleküle mit der Translations- oder Rotationsbewegung Energie austauschen können. Das verursacht höhere Werte von $C_v$ und somit kleinere von $C_p/C_v$.

Tabelle 12. *Molwärmen von Gasen nach der kinetischen Theorie der Wärme*

| Zahl der Atome im Molekül | Zahl der Freiheitsgrade | | | Molwärme in $\frac{\text{cal}}{\text{Mol}\cdot\text{Grad}}$ | | $\frac{C_p}{C_v}=\frac{c_p}{c_v}$ |
|---|---|---|---|---|---|---|
| | transl. | rot. | gesamt ($f$) | $C_v$ | $C_p$ | |
| 1 | 3 | 0 | 3 | 3 | 5 | 1,667 |
| 2 | 3 | 2 | 5 | 5 | 7 | 1,40 |
| 3 | 3 | 3 | 6 | 6 | 8 | 1,33 |
| oder | | | oder | oder | oder | oder |
| >3 | | | >6 | >6 | >8 | <1,33 |

Im festen Körper schwingen die Atome im Kristallgitter um um eine feste Gleichgewichtslage; Bei jeder elastischen Schwingung ist aber neben kinetischer Energie auch potentielle Energie vorhanden, deren Mittelwert gleich dem der kinetischen Energie ist [vgl. (I 85.3)]. Dem einzelnen Atom sind daher $2\cdot 3$ Freiheitsgrade ($f=6$) zuzuschreiben. Die Gesamtenergie pro Mol beträgt also (vgl. 10.2) $3R\cdot T$, die Zunahme pro Grad $3R$, d.h.

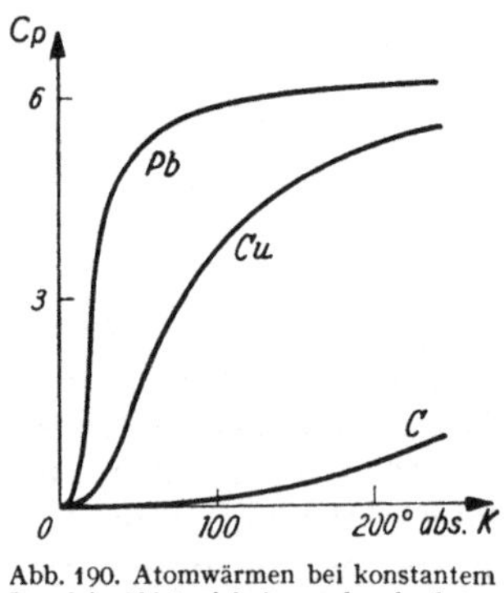

Abb. 190. Atomwärmen bei konstantem Druck in Abhängigkeit von der absoluten Temperatur

$$C_v = 3R = 3\cdot 2\,\text{cal/Grad}\cdot\text{Mol} = 6\,\text{cal/Grad}\cdot\text{Mol},$$

wie es das Dulong-Petitsche Gesetz fordert (vgl. § 3).

Die Atomwärmen aller festen Körper (und auch 2- oder mehratomiger Gase, soweit sie sich hinreichend tief abkühlen lassen) fallen bei tiefen Temperaturen ab und streben in der Nähe des absoluten Nullpunktes asymptotisch dem Werte Null zu. Beim Festkörper ist der Unterschied der spezifischen Wärmen bei konstantem Druck und konstantem Volumen vernachlässigbar klein und nur die erstere direkt meßbar. Dieses in Abb. 190 für die Atomwärmen von Blei, Kupfer und Diamant dargestellte Verhalten läßt sich nicht mit den Gesetzen der klassischen Mechanik deuten, findet aber seine Erklärung durch die *Quantentheorie* (s. auch § 27 und XVI § 7).

**11. Die Brownsche Molekularbewegung.** Die Forderung (8.2)

$$\frac{m}{2}\overline{u^2} = \frac{3}{2}k\cdot T = \frac{3}{2}\frac{R}{L}T$$

ist keine andere als die Beziehung (I 53.3) $\sqrt{\overline{u^2}} = \sqrt{\frac{3\cdot p}{\varrho}}$, denn

$$\sqrt{\overline{u^2}} = \sqrt{\frac{3R\cdot T}{m\cdot L}} = \sqrt{\frac{3p\cdot V_{\text{mol}}}{M}} = \sqrt{\frac{3\cdot p}{M/V_{\text{mol}}}} = \sqrt{\frac{3\cdot p}{\varrho}}, \quad \text{da} \quad \varrho = \frac{M}{V_{\text{mol}}};$$

sie gibt die Temperaturabhängigkeit der mittleren Molekularbewegung an und wird durch Messungen am Atomstrahl bestätigt.

Aber lange bevor Experimente mit Atomstrahlen möglich wurden, gab die Diskussion der *Brownschen Molekularbewegung* eine quantitative Bestätigung der kinetischen Theorie der Wärme. Die mikroskopische Beobachtung eines kleinen, noch gerade sichtbaren Teilchens, das in einem Gase oder einer Flüssigkeit schwebt, zeigt, daß dieses niemals in Ruhe ist, sondern eine nach Geschwindigkeit und Richtung dauernd wechselnde (zitternde oder wimmelnde) Bewegung ausführt. Diese Bewegung ist um so lebhafter, je kleiner das Teilchen ist. Sie besteht aus einer Translation und einer (ebenso wechselnden) Rotation. Das Teilchen kann als ein sehr großes Molekül aufgefaßt werden. Da das Äquipartitionsgesetz keine Einschränkungen hinsichtlich der Molekülgröße enthält, sollte die Energie der Translation des Teilchens $\frac{m}{2}\overline{u^2} = \frac{3}{2}k\cdot T$ sein. Die bei bekannter Masse hieraus errechnete Geschwindigkeit des Teilchens stimmt mit der im Mikroskop wahrgenommenen überein, wenn man den fortwährenden Richtungswechsel der Teilchenbahn berücksichtigt.

Die im Mikroskop beobachtete Bahn wechselt so oft die Richtung, daß man nur eine mittlere Verschiebung wahrnimmt, deren mittleres Verschiebungsquadrat man errechnen kann. Die Theorie (A. Einstein) ergibt für das *mittlere Verschiebungsquadrat* $\overline{x^2}$ während der Beobachtungsdauer $\tau$:

$$\overline{x^2} = \frac{k\cdot T}{3\pi\eta r}\tau \tag{11.1}$$

($\eta$ ist der Koeffizient der inneren Reibung).

Diese Beziehung wird durch die Erfahrung gut bestätigt.

**12. Thermisches Gleichgewicht und Boltzmannscher Verteilungssatz.** Für ein eindimensionales Gas gilt nach I 54.8

$$dn = n f(u)\,du = \frac{1}{2}n\frac{m\bar{u}}{kT}e^{-\frac{\frac{m}{2}u^2}{kT}}du = \frac{1}{2}n\frac{\bar{u}}{kT}e^{-\frac{E_{\text{kin}}}{kT}}d(mu). \tag{12.1}$$

$dn$ gibt an, wieviele Teilchen sich im Geschwindigkeitsbereich zwischen $u$ und $u+du$, also auch im Impulsbereich $mu$ und $mu + d(mu)$ vorfinden. Man kann nun auf einer Koordinatenachse jedem Teilchen einen Punkt zuordnen, dessen Koordinate gleich dem Teilchenimpuls ist. Allen Teilchen des Gases entsprechen also auf dieser Achse ebensoviele Punkte im *eindimensionalen Impulsraum*. Im Intervall zwischen $mu$ und $m(u+du)$ befinden sich $dn$ Punkte; die „Dichte der Teilchen" ist dort $\frac{dn}{d(mu)}$. Mit wachsendem Impuls also nimmt die Teilchenzahldichte im eindimensionalen Impulsraum nach einer Exponentialfunktion ab, bei der im Exponenten die kinetische Energie dividiert durch $kT$ steht.

**Diese Verteilung entspricht genau der Dichteverteilung der Moleküle in einer isothermen Atmosphäre. Die „barometrische Höhenformel" (I 52.1)**

$$p = p_0 e^{-\frac{Mgh}{p_0 V_0}}$$

läßt sich nämlich wie folgt umformen: Da nach (I 51.1) bei konstanter Temperatur $\frac{p}{p_0} = \frac{\varrho}{\varrho_0}$ und $\frac{\varrho}{\varrho_0} = \frac{n m}{n_0 m}$ ($m$ ist die Masse eines Moleküls) und $M = n_0 V_0 m$, gilt

$$\frac{n}{n_0} = e^{-\frac{n_0 V_0 m g h}{p_0 V_0}}.$$

Nun ist

$$p_0 V_0 = \nu R T = \frac{n_0 V_0 m}{L m} R T = n_0 V_0 k T$$

und daher

$$\frac{n}{n_0} = e^{-\frac{m g h}{k T}}.$$

Die Teilchenzahldichte in der Höhe $h$ verhält sich also zur Teilchenzahldichte in der Höhe 0 wie die Zahl $e$ potenziert mit der negativen potentiellen Energie in der Höhe $h$, also der Arbeit, ein Molekül von einem Ort ($h = 0$) in den anderen ($h$) zu heben, dividiert durch $kT$.

Für ein Gas mit 3 Freiheitsgraden erhält man eine anschauliche Darstellung der Impulsverteilung im 3-dimensionalen Impulsraum. In ihm ordnet man jedem Teilchen einen Punkt zu, dessen Koordinaten in den $x$-, $y$- und $z$-Richtungen $p_x = m u_x$, $p_y = m u_y$ und $p_z = m u_z$ sind. In einem „Volumenelement dieses Impulsraumes" $d\tau = dp_x \cdot dp_y \cdot dp_z$ sind dann $dn$ Punkte enthalten, die zu den Teilchen gehören, deren Impulse zwischen $p_x$ und $p_x + dp_x$, $p_y$ und $p_y + dp_y$ und $p_z$ und $p_z + dp_z$ liegen. Wiederum ist die Dichte $\frac{dn}{d\tau}$.

Die vorstehenden speziellen Überlegungen ergeben sich aus einem allgemeinen Gesetz, welches nach Boltzmann für eine Gesamtheit von Teilchen gilt, die im *thermischen Gleichgewicht* stehen. $E$ sei die Gesamtenergie eines Teilchens. Dann ist die Zahl dieser Teilchen im Intervall $x$ und $x + dx$, $y$ und $y + dy$, $z$ und $z + dz$ und dem Impulsbereich zwischen $p_x$ und $p_x + dp_x$, $p_y$ und $p_y + dp_y$ und $p_z$ und $p_z + dp_z$:

$$dn(p_x, p_y, p_z, x, y, z) = D e^{-\frac{E}{kT}} d\tau_p \cdot d\tau_q, \tag{12.2}$$

wo $d\tau_p = dp_x \cdot dp_y \cdot dp_z$ und $d\tau_q = dx \cdot dy \cdot dz$ sind.

Die Integration von $dn$ über den ganzen Bereich der Impulse und Koordinaten muß $n$ ergeben; dadurch ist $D$ bestimmt. $e^{-\frac{E}{kT}}$ trägt den Namen *Boltzmann-Faktor*.

## C. Wärmeleitung und Diffusion

**13. Temperaturunterschiede als Ursache der Wärmeleitung.** Die Ausbreitung von Wärme erfolgt durch Wärmestrahlung und Wärmeleitung.

Wärmestrahlung ermöglicht auch die Abgabe von Wärme in das Vakuum, sie ist nur von der Temperatur des strahlenden Körpers abhängig und unabhängig von der Temperatur der Umgebung. Sie ist wie das Licht eine elektromagnetische Strahlung. Wir behandeln sie in VII § 7.

Die Wärmeleitung erfolgt nur in der Materie und setzt in ihr ein Temperaturgefälle voraus.

Wenn der Materie nicht an einer Stelle dauernd Wärme zugeführt wird, so wird, sofern in ihr Temperaturunterschiede bestehen, durch eine Wärmeströmung von Orten höherer zu solchen tieferer Temperatur der Temperaturunterschied mit der Zeit ausgeglichen.

Eine Wärmeströmung kann stationär gehalten werden, wenn man an einem Orte höherer Temperatur $T_1$ durch eine „Quelle" dauernd Wärme zuführt und an einem Orte tieferer Temperatur $T_2$ in einer „Senke" die zuströmende Wärme abführt, so daß die Temperaturdifferenz $T_1 - T_2$ konstant bleibt.

Man kann das verwirklichen, wenn man zwei sehr große Wärmevorratsgefäße mit den Temperaturen $T_1$ und $T_2$ durch einen wärmeleitenden Stab miteinander verbindet.

**14. Die Gesetze der Wärmeleitung.** Ein prismatischer oder zylindrischer Stab (Abb. 191), dessen Seitenflächen vollständig wärmeundurchlässig (isoliert) sind, habe die Länge $l$ und den Querschnitt $q$, seine Enden befinden sich auf den verschiedenen Temperaturen $T_1$ und $T_2$. Diese werden konstant gehalten, indem sie dauernd mit großen Wärmevorratsgefäßen dieser Temperaturen in Berührung sind. Nach Ablauf einer hinreichend langen Zeit bildet sich ein stationärer Zustand aus. Die durch den Querschnitt $q$ hindurchströmende Wärmemenge $Q$ ist der Zeit $t$ proportional. Weiterhin ist sie proportional dem Querschnitt $q$ und der Temperaturdifferenz $T_1 - T_2$ und umgekehrt proportional der Länge $l$:

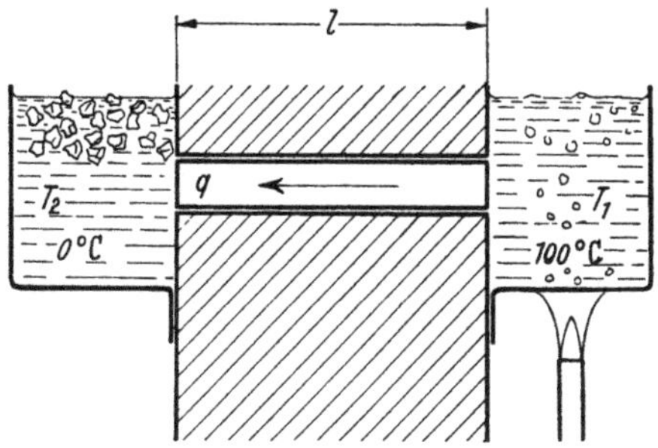

Abb. 191. Zur Definition des Wärmeleitvermögens

$$\frac{Q}{t} = \lambda \cdot q \cdot \frac{T_1 - T_2}{l}. \tag{14.1}$$

$\lambda$ ist die für das Material des Stabes charakteristische *Wärmeleitzahl* oder das *Wärmeleitvermögen* $\left(\text{Einheit z.B.: } \frac{\text{cal} \cdot \text{cm}}{\text{s} \cdot \text{cm}^2 \cdot \text{Grad}} = \text{cal} \cdot \text{cm}^{-1} \cdot \text{s}^{-1} \cdot \text{Grad}^{-1}\right)$. $\lambda$ wird durch die Wärmemenge gemessen, die pro Zeiteinheit durch einen Würfel der Kantenlänge 1 zwischen zwei gegenüberliegenden Seitenflächen fließt, zwischen denen die Temperaturdifferenz von 1° besteht, wenn die übrigen Flächen vollständig wärmeundurchlässig sind.

Tabelle 13 zeigt, daß die Metalle relativ gute Wärmeleiter sind, Gase aber sehr schlechte (unabhängig vom Druck; vgl. § 15).

Tabelle 13. *Wärmeleitzahlen einiger Stoffe*

| Stoff | Temperatur °C | Wärmeleitzahl in cal · cm⁻¹ · s⁻¹ · Grad⁻¹ |
|---|---|---|
| Silber | − 100 bis + 100 | 1,00 |
| Aluminium | 0 bis 200 | 0,55 |
| Platin | − 100 bis + 100 | 0,17 |
| Blei | 0 | 0,085 |
| | 200 | 0,08 |
| Konstantan (40% Ni, 60% Cu) | 0 | 0,053 |
| Quarzglas | 0 bis 100 | 0,0033 |
| Flußspat | 0 | 0,025 |
| | 100 | 0,019 |
| Seide | 0 | 0,0001 |
| Schwefel (rhombisch kristallin) | 0 | 0,00070 |
| Helium | 0 | 0,000343 |
| | 100 | 0,000408 |
| Luft | 0 | 0,0000576 |
| | 100 | 0,000074 |
| Wasser | 0 | 0,0013 |
| | 100 | 0,0016 |
| Äthylalkohol | 0 | 0,00044 |

Bei nichtmetallischen Kristallen ist $\lambda$ nahezu der absoluten Temperatur umgekehrt proportional. Bei amorphen Substanzen wächst $\lambda$ mit zunehmender Temperatur. Kristalle leiten die Wärme besser als die gleichen Substanzen im amorphen Zustand; Quarzkristalle leiten bei 0° C 10mal besser als Quarzglas. Metalle zeigen bei tiefen Temperaturen eine starke Abnahme des Leitvermögens mit steigender Temperatur $\left(\sim \frac{1}{T^2}\right)$. Zwischen Zimmertemperatur und mehreren hundert Grad ändert sich ihr Leitvermögen nur sehr wenig mit der Temperatur. Wie das elektrische Leitvermögen ist ihr Wärmeleitvermögen sehr viel größer als das der nichtmetallischen Körper (vgl. hierzu III § 18b).

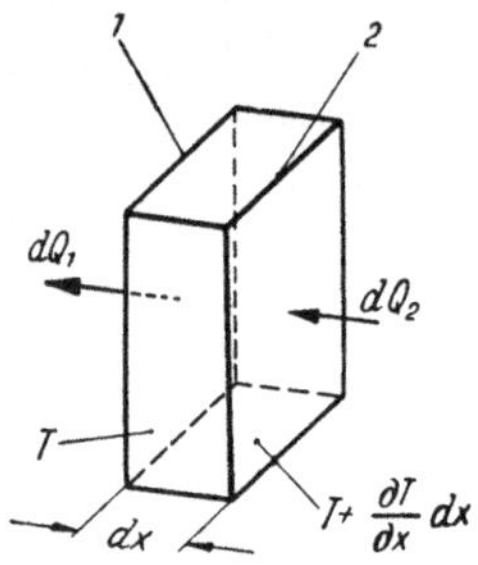


Abb. 192. Wärmeleitung bei nichtstationärer Temperaturverteilung

**Den Wärmeübergang von einem Körper der Temperatur $T_1$ zu seiner Umgebung (Luft, Kühl- oder Heizflüssigkeit) durch die Oberfläche $O$ beschreibt man durch die Gleichung:**

$$Q = \alpha \cdot O \cdot (T_1 - T_2) \cdot t. \tag{14.2}$$

**$\alpha$ heißt *Wärmeübergangszahl*.**

**Den Wärmedurchgang durch eine Platte mit der Fläche $F$ beschreibt man durch**

$$Q = k \cdot F \cdot (T_1 - T_2) \cdot t, \tag{14.3}$$

**wo $k$ als *Wärmedurchgangszahl* bezeichnet wird. $\alpha$ hängt stark von der Oberflächenbeschaffenheit ab, $k$ auch von der Plattendicke.**

Wenn die Wärmeströmung nicht stationär ist, muß das Temperaturgefälle $\frac{dT}{dx}$ auf unendlich kleine Intervalle bezogen werden. Wir betrachten nur den besonderen Fall, bei dem ein Temperaturgefälle nur in einer Richtung vorhanden ist, in den zu ihr senkrechten Ebenen aber $T$ konstant ist („ebenes Problem") (Abb. 192). Durch den Querschnitt bei 1 fließt dann während der Zeit $dt$ die Wärme

$$dQ_1 = \lambda \cdot q \cdot \frac{\partial T}{\partial x}\, dt.$$

Im Punkte 2 ist die Temperatur $T + \frac{\partial T}{\partial x} \cdot dx$, das Temperaturgefälle

$$\frac{\partial}{\partial x}\left(T + \frac{\partial T}{\partial x}\, dx\right);$$

die durchströmende Wärme

$$dQ_2 = \lambda \cdot q \left(\frac{\partial T}{\partial x} + \frac{\partial^2 T}{\partial x^2} \cdot dx\right) dt.$$

Wenn die Temperatur in Richtung von 1 nach 2 zunimmt, verläßt $dQ_1$ während der Zeit $dt$ das Volumen $q \cdot dx$, $dQ_2$ tritt hinein; die Zunahme des Wärmeinhaltes, also die Speicherung während der Zeit $dt$, ist also

$$d^2Q_3 = dQ_2 - dQ_1 = \lambda \cdot q \cdot \frac{\partial^2 T}{\partial x^2} \cdot dx \cdot dt.$$

Sie bewirkt die Temperaturerhöhung $dT$:

$$d^2Q_3 = c \cdot dm \cdot dT.$$

$c$ ist die spezifische Wärme des Materials und $\varrho$ seine Dichte; $dm = q \cdot dx \cdot \varrho$ ist die Masse des Volumenelements $q \cdot dx$:

$$d^2Q_3 = c\varrho q\, dx\, dT,$$

also ist

$$c\,\varrho\, q\, dx\, dT = \lambda q \frac{\partial^2 T}{\partial x^2}\, dx\, dt$$

oder

$$\frac{\partial T}{\partial t} = \frac{\lambda}{c\varrho} \frac{\partial^2 T}{\partial x^2}. \tag{14.4}$$

$\frac{\lambda}{c \cdot \varrho}$ heißt *Temperaturleitzahl*. Ihre Einheit ist z. B. $\frac{\mathrm{cal \cdot cm^{-1} \cdot s^{-1} \cdot Grad^{-1}}}{\mathrm{cal \cdot g^{-1} \cdot Grad^{-1} \cdot g \cdot cm^{-3}}} = \mathrm{cm^2 \cdot s^{-1}}$.

Die Temperaturleitzahl ist entscheidend für die Zeit, welche zum Ausgleich der Temperatur benötigt wird. Während die Wärmeleitfähigkeit der Metalle sehr viel größer als die der Gase ist, ist ihre Temperaturleitzahl etwa die gleiche:

Für Kupfer ist

$$\left(\frac{\lambda}{\varrho\cdot c}\right)_{\mathrm{Cu}} = \frac{0{,}93}{8{,}9\cdot 0{,}094}\,\mathrm{cm^2 s^{-1}} = 1{,}1\ \mathrm{cm^2 s^{-1}},$$

für Wasserstoff

$$\left(\frac{\lambda}{\varrho\cdot c}\right)_{\mathrm{H_2}} = \frac{0{,}0004}{0{,}00009\cdot 3{,}4}\,\mathrm{cm^2 s^{-1}} = 1{,}3\ \mathrm{cm^2 s^{-1}}.$$

Es gleichen sich also die Temperaturen innerhalb von Gasen wegen ihrer geringen Dichte ebenso rasch wie im Inneren von Metallen aus!

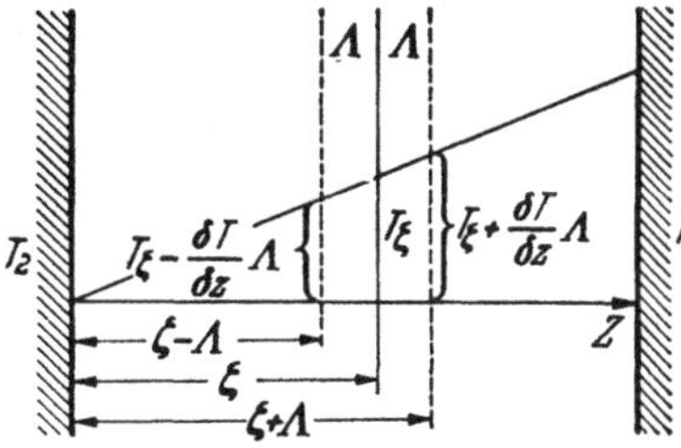

Abb. 193. Wärmeleitung in Gasen

**15. Deutung der Wärmeleitung in Gasen durch die kinetische Gastheorie.** Für Gase läßt sich das Wärmeleitvermögen mit den Vorstellungen der kinetischen Theorie berechnen. Die Wärmeleitung ist, wie die innere Reibung (s. I § 59), ein *Transportphänomen.* Die Größe, die transportiert wird, ist die zur jeweiligen Temperatur gehörende mittlere kinetische Energie der Moleküle, die [nach (8.2)] für einatomige Gase $\frac{3}{2}\,k\cdot T$ ist. Nun trägt jedes Molekül diejenige kinetische Energie durch die Ebene $z=\zeta$ hindurch, die es beim letzten Zusammenstoß erhalten hat, d.h. im Mittel in der Ebene $z=\zeta+\Lambda$ bzw. $z=\zeta-\Lambda$, wobei $\Lambda$ die mittlere freie Weglänge (vgl. I § 55) bedeutet.

Wenn in der Ebene $z=\zeta$ die Temperatur $T_\zeta$ beträgt (s. Abb. 193), so ist sie in den Ebenen $z=\zeta-\Lambda$ und $z=\zeta+\Lambda$ wegen des linearen Temperaturgefälles $T_\zeta-\Lambda\,\frac{dT}{dz}$ und $T_\zeta+\Lambda\cdot\frac{dT}{dz}$.

(Hier ist zur Vermeidung einer Verwechselung mit dem Wärmeleitvermögen die freie Weglänge mit $\Lambda$ bezeichnet; statt $c$ schreiben wir für die thermische Geschwindigkeit wieder $u$, da wir $c$ zur Bezeichnung der spezifischen Wärme verwenden.)

Die Energie pro Zeit- und Flächeneinheit, die von links durch die Ebene $z=\zeta$ hindurchgetragen wird, ist also

$$E_2 = \frac{nu}{6}\cdot\frac{3}{2}\,k\left(T_\zeta - \Lambda\,\frac{dT}{dz}\right).$$

Von rechts wird hindurchgetragen:

$$E_1 = \frac{nu}{6}\cdot\frac{3}{2}\,k\left(T_\zeta + \Lambda\,\frac{dT}{dz}\right).$$

Die Differenz $E_1-E_2$ ist also die je Zeiteinheit durch die Flächeneinheit strömende Wärme; d.h. die Wärmestromdichte

$$Q = E_1 - E_2 = 2\,\frac{nu}{6}\cdot\frac{3}{2}\,k\cdot\Lambda\,\frac{dT}{dz} = \frac{n}{2}\cdot u\cdot\Lambda\cdot k\cdot\frac{dT}{dz}.$$

Der Faktor, mit dem das Temperaturgefälle zu multiplizieren ist, damit man die Wärmestromdichte erhält, ist aber das Wärmeleitvermögen $\lambda$ [vgl. (14.1)]. So ergibt sich:

$$\lambda = \frac{n}{2}\,u\cdot\Lambda\cdot k. \tag{15.1}$$

Nun ist im 1-atomigen Gase $c_v=\frac{3}{2}\,\frac{k}{m}$ oder $k=\frac{2}{3}\,m\cdot c_v$. Da $\varrho=n\cdot m$, wird also

$$\lambda = \frac{n}{2}\,u\Lambda\cdot\frac{2}{3}\,m\cdot c_v = \frac{1}{3}\,\varrho u\Lambda\cdot c_v.$$

Nach (I 59.2) wird also

$$\lambda = \eta\cdot c_v.$$

Eine strengere Behandlung des Problems ergibt:

$$\lambda = f \cdot \eta \cdot c_v, \tag{15.2}$$

wobei die Konstante $f$ ist für 1-atomige Gase den Wert $\approx 2{,}4$, für 2-atomige $\approx 1{,}9$ und für 3-atomige $\approx 1{,}6$ hat.

Wärmeleitfähigkeit und Viskosität eines Gases sind also einander proportional.

Da $c_v$ von Dichte und Druck des Gases unabhängig ist, muß ebenso wie $\eta$ (s. I § 59) auch die Wärmeleitung eines Gases vom Druck unabhängig sein; das wird durch das Experiment bestätigt. Erst wenn $\Lambda$ die Größe der Gefäßdimensionen erreicht, nimmt $\lambda$ dem Druck proportional ab.

In diesem Bereich sehr kleiner Drucke kann die Wärmeleitung zur Druckmessung dienen. Dazu mißt man den Widerstand eines dort ausgespannten, elektrisch beheizten Drahtes. Seine Wärmeabgabe, daher auch seine Temperatur und sein elektrischer Widerstand sind vom Gasdruck abhängig.

Um die Wärmeleitung einer Gasschicht praktisch zu unterdrücken, muß der Druck des Gases $< 10^{-4}$ Torr gemacht werden (hier ist $\Lambda > 1$ m). Hierauf beruht die Bedeutung der Vakuummantelgefäße (Dewargefäße) als Isolatoren für Wärme.

**16. Wärmetransport durch Konvektion.** In Gasen und Flüssigkeiten gibt neben der reinen Wärmeleitung noch die *Konvektion* einen wesentlichen Beitrag zum Transport der Wärme. Wenn man ein mit Flüssigkeit gefülltes Becherglas durch den Boden erwärmt, nimmt dort die Dichte der Flüssigkeit infolge der Temperatursteigerung ab. Infolge des Auftriebes steigt sie nach oben und durchmischt sich mit der darüber geschichteten Flüssigkeit; statt ihrer sinkt kältere Flüssigkeit zu Boden usf. Wärmetransport durch Konvektion findet auch in jeder Dampf- oder Warmwasserheizung statt.

Auch in Gasen findet aus den gleichen Gründen ein Wärmetransport durch Konvektion statt. Die Abkühlung des menschlichen Körpers durch Konvektion der umgebenden Luft wird durch Kleidung verhütet; in ihren Poren hält sie die Luft fest, die nun wegen ihrer sehr geringen Wärmeleitfähigkeit (s. Tabelle 13) die Wärmeisolation des Körpers übernimmt.

**17. Diffusion von Gasen.** Schichtet man ein leichteres Gas (oder eine Flüssigkeit) über ein schwereres, so durchmischen sich beide, sie diffundieren ineinander. Diese *Diffusion* findet auch statt, wenn ein Gas mit einem anderen so durchmischt ist, daß dessen Konzentration (*Partialdruck* oder *Partialdichte*) von Ort zu Ort verschieden ist. Sie ist erst vollendet, wenn sich eine homogene Mischung gebildet hat.

Dies ist dann der Fall, d.h. das Gleichgewicht ist dann erreicht, wenn der Partialdruck jedes Gases an jedem Ort des zur Verfügung stehenden Raumes gleich groß ist. Der Gesamtdruck ist gleich der Summe der Partialdrucke und natürlich gleich dem Druck vor Beginn der Diffusion. Die Zeit, nach der die Diffusion beendet ist, ist jedoch viel größer als die, welche bei Abwesenheit des zweiten Gases die Expansion auf das Gesamtvolumen beanspruchen würde. Die Menge $\Delta m$ eines Gases, das infolge der Diffusion durch eine Fläche hindurchtritt, ist der Größe dieser Fläche $q$, dem Gefälle der Partialdichte $\varrho$ und der Zeit proportional:

$$\Delta m = -D \cdot q \cdot \frac{d\varrho}{dx} \cdot \Delta t \quad \textit{(1. Ficksches Gesetz)}. \tag{17.1}$$

$D$ ist der *Diffusionskoeffizient*, Einheit: $\text{cm}^2 \cdot \text{s}^{-1}$.

Führt man die Konzentration $c=\varrho/M$ (gemessen in Zahl der Mole pro Volumeneinheit) ein, so lautet das 1. Ficksche Gesetz:

$$\Delta \nu = -D \cdot q \cdot \frac{dc}{dx} \cdot \Delta t. \tag{17.2}$$

[$\Delta \nu$ ist die Zahl der durch $q$ während der Zeit $\Delta t$ hindurchtretenden Mole. Vgl. mit der Wärmeleitungsgleichung (14.1).]

Nichtstationäre Diffusion wird ähnlich wie die nichtstationäre Wärmeleitung durch

$$\frac{\partial c}{\partial t} = D \frac{\partial^2 c}{\partial x^2} \quad \textit{(2. Ficksches Gesetz)} \tag{17.3}$$

beschrieben.

Auch die Diffusion in Gasen ist ein Transportphänomen, das wie die innere Reibung und die Wärmeleitung behandelt werden kann. Die Transportgröße ist hier die Masse der diffundierenden Moleküle. Man findet mit Hilfe der kinetischen Theorie der Gase

$$D = \frac{1}{3} u \Lambda. \tag{17.4}$$

Da nach (I 59.2) der Reibungskoeffizient $\eta = \frac{1}{3} \varrho u \Lambda$ und unabhängig vom Druck ist, ergibt sich für den Diffusionskoeffizienten

$$D = \frac{\eta}{\varrho}$$

$D$ ist also der Dichte oder dem Druck umgekehrt proportional.

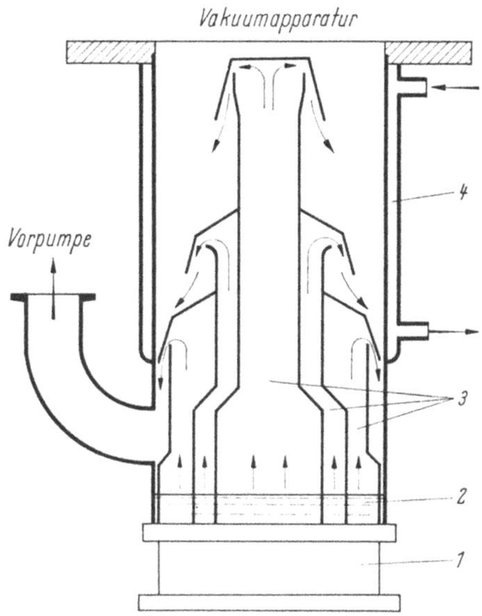

Abb. 194. Schema einer Diffusionspumpe. *1* Heizkörper, *2* Siedegefäß, *3* Steigrohre, *4* Kühlmantel

*Diffusionspumpe.* Eine besonders wichtige Anwendung findet der Diffusionsvorgang in der Vakuumtechnik. Abb. 194 zeigt das Prinzip einer dreistufigen Diffusionspumpe (GAEDE). In einem Siedegefäß wird Öl zum Sieden gebracht. Der Dampf strömt nach oben ab und wird durch geeignet geformte Kappen umgelenkt. Hier mischt er sich mit dem Gas der zu evakuierenden Apparatur und führt es mit sich nach unten. Der Dampf wird an den wassergekühlten Wänden kondensiert und fließt in das Siedegefäß zurück, das geförderte Gas wird durch eine Vorpumpe abgesaugt.

Durch diese genial einfache Vorrichtung (W. GAEDE, 1913) werden extreme Vakua, d.h. Drucke unterhalb $10^{-10}$ Torr erreicht. Die stürmische Entwicklung der Vakuumtechnik wäre ohne die Diffusionspumpen nicht möglich gewesen.

## D. Der 1. Hauptsatz der Wärmelehre

**18. Die Unmöglichkeit eines Perpetuum mobile 1. Art und der Energiesatz.** Der Energiesatz der Mechanik (s. I § 25) versagt, wenn im System Reibungskräfte wirksam sind. Wenn Arbeit gegen die Reibungskräfte geleistet wird, so entsteht Wärme. Der Energiesatz der Mechanik kann zu einem allgemein gültigen Energieerhaltungssatz durch Hineinbeziehung der *Wärmemenge* als einer besonderen Energieform erweitert werden. Arbeit kann in Wärme verwandelt werden, ebenso auch Wärme in Arbeit (Wärmekraftmaschinen). Wärme und Arbeit werden in verschiedenen Einheiten (cal bzw. kpm oder erg) gemessen. Für die Umwandlung mechanischer Energie (kinetischer und potentieller Energie) gilt der Energieerhaltungssatz, ebenso für den Austausch von Wärme der Erhaltungssatz der Wärmemenge (s. § 3). Will man den Erhaltungssatz auch auf den Umsatz von mechanischer Energie (Arbeit) und Wärme ausdehnen, so muß ein quantitativer Zusammenhang folgender Art gelten: Wie auch immer 1 cal in Arbeit verwandelt wird, stets muß ihr eine ganz bestimmte Anzahl von Kilopondmetern oder erg usw. entsprechen (oder umgekehrt).

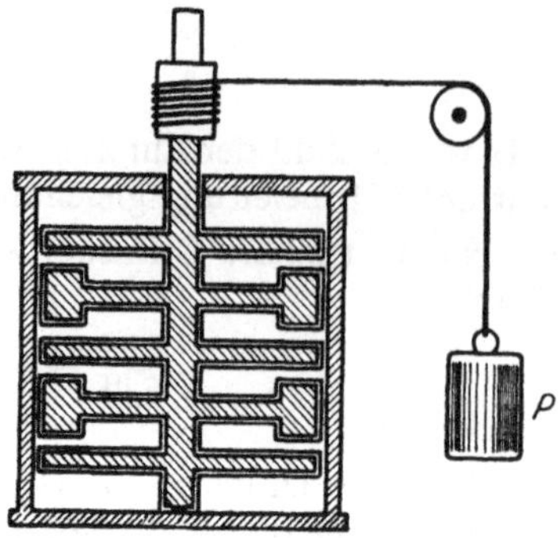

Abb. 195. Joulesche Apparatur zur Messung des mechanischen Wärmeäquivalents

Die erste direkte experimentelle Bestimmung stammt von JOULE (1842—1850): Ein Schaufelrad (Abb. 195) kann sich in einem mit Flüssigkeit gefüllten Kalorimetergefäß mit großer Reibung um eine Achse drehe, an deren Ende sich eine Welle befindet. Um diese Welle ist ein Seil gewunden, das über eine Rolle geleitet wird und an dessen Ende ein Gewicht $P$ hängt. Wenn dieses um die Höhe $h$ so langsam sinkt, daß die kinetische Energie gegenüber der Änderung der potentiellen Energie zu vernachlässigen ist, so dient die ganze verrichtete Arbeit $P \cdot h$ zur Erhöhung der Temperatur des Gefäßes. Aus ihr und der bekannten Wärmekapazität kann die entwickelte Wärmemenge angegeben werden. Man findet: 1 kcal entsteht aus 427 kpm oder

$$1 \text{ cal} = 0{,}427 \text{ kpm} = 4{,}185 \cdot 10^7 \text{ erg} = 4{,}185 \text{ Nm (oder Joule)}.$$

Unabhängig von ROBERT MAYER (vgl. § 9) sprach 1847 HERMANN v. HELMHOLTZ den Energieerhaltungssatz in voller Allgemeinheit aus. Er wandte den Satz auf viele Vorgänge in der Natur an und prüfte ihn an den experimentellen Erfahrungstatsachen. Er formulierte den Satz so, daß es unmöglich sei, eine periodische Maschine zu bauen, die mehr Energie liefere, als ihr zugeführt würde. Im Bereich der Mechanik war dies schon durch den Energieerhaltungssatz, wie er in I § 25 formuliert wurde, begründet. Man hatte erkannt, daß es unmöglich sei, ein mechanisches *Perpetuum mobile* zu bauen. Durch Einbeziehung der Wärme, der chemischen und der elektrischen Energie erhält der Satz von der Unmöglichkeit des *Perpetuum mobile 1. Art* eine umfassendere Bedeutung.

Nunmehr kann der *Energiesatz* wie folgt formuliert werden: Die einem System von außen zugeführte Wärmemenge $\Delta Q$ dient zur Erhöhung seiner inneren Energie $\Delta U$, z. B. seiner Temperatur ($\Delta U = c_v m \Delta t$, wenn es sich um einen homogen en Körper handelt) oder seiner elektrischen oder chemischen Energie und zu einer Arbeitsleistung $\Delta A$, die wir negativ nennen wollen, wenn sie vom System abgegeben wird, so daß

$$\Delta Q = \Delta U - \Delta A \tag{18.1}$$

oder

$$\Delta U = \Delta Q + \Delta A. \tag{18.2}$$

Die Wärmemengen werden mittels des mechanischen Wärmeäquivalents auf das Arbeitsmaß umgerechnet. Diese Gleichung heißt der *1. Hauptsatz der Wärmelehre:*

***Die Summe der einem System von außen zugeführten Wärme und der von außen zugeführten Arbeit ist gleich der Zunahme der inneren Energie.***

**19. Anwendungen des 1. Hauptsatzes auf ideale Gase.** Bei Ausdehnung eines Gases um das Volumen $dV$ wird die Arbeit $p\,dV$ (s. § 9) benötigt; sie wird vom Gase selbst verrichtet (nach außen abgegeben!), daher ist sie in den 1. Hauptsatz negativ einzusetzen. Bei Wärmezufuhr (oder -abgabe) $dQ$ erhöht (vermindert) sich die innere Energie um $dU$; wir schreiben also den 1. Hauptsatz:

$$dU = dQ - p \cdot dV. \tag{19.1}$$

Im allgemeinen ist $U$ durch die Zustandsvariablen $V$ und $T$ bestimmt, so daß $dU = \left.\frac{\partial U}{\partial T}\right|_V dT + \left.\frac{\partial U}{\partial V}\right|_T dV$ ist. Das Experiment (Gay-Lussac; vgl. § 32) zeigt aber, daß „ideale Gase" (d.h. solche, die der Gleichung 7.3 genügen) bei Ausdehnung ohne Arbeitsleistung ihre Temperatur nicht ändern. Ihre innere Energie ist also unabhängig vom Volumen; d.h. $\left.\frac{\partial U}{dV}\right|_T = 0$. Außerdem ist $\left.\frac{\partial U}{\partial T}\right|_V$ nichts anderes als die spezifische bzw. Molwärme bei konstanten Volumen ($c_v$ bzw. $C_v$). Damit nimmt (19.1) — nunmehr auf 1 Mol bezogen — die folgende Form an:

$$C_v \cdot dT = dQ - p\,dV_{\text{mol}}. \tag{19.2}$$

Wir untersuchen nunmehr die Zustandsänderung eines idealen Gases, bei welcher jede Wärmeaufnahme oder -abgabe verhindert wird; solche Änderungen werden als *adiabatische Zustandsänderungen* bezeichnet. Für sie ist

$$dQ = 0.$$

Damit ergibt sich aus (19.2):

$$C_v \cdot dT = -p\,dV_{\text{mol}}$$

und, wenn man mit Hilfe der Zustandsgleichung (7.3) $p$ eliminiert:

$$\frac{dT}{T} = -\frac{R}{C_v}\,\frac{dV_{\text{mol}}}{V_{\text{mol}}}.$$

$\frac{R}{C_v}$ ist wegen (9.2) gleich $\frac{C_p}{C_v} - 1$. Bezeichnet man das Verhältnis $\frac{C_p}{C_v}$ mit $\varkappa$ (nicht zu verwechseln mit der Kompressibilität I 69.4 und I 96.2), so ergibt die Integration der letzten Gleichung:

$$\ln T = -(\varkappa - 1)\ln V_{\text{mol}} + \text{const},$$

woraus folgt:

$$T \cdot V_{\text{mol}}^{\varkappa-1} = \text{const} \tag{19.3}$$

oder nach Eliminierung von $T$ bzw. $V$ mit Hilfe der Zustandsgleichung (7.3)

$$p \cdot V_{\text{mol}}^{\varkappa} = \text{const} \tag{19.4}$$

bzw.

$$\frac{T^{\varkappa}}{p^{\varkappa-1}} = \text{const} \tag{19.5}$$

(Poissonsche Gleichungen).

Im Gegensatz zu der für isotherme Zustandsänderungen gültigen Gleichung (7.2) $p \cdot V_{\text{mol}} = RT$, ist das Produkt $pV_{\text{mol}}$ keine einfache Funktion einer Zustandsgröße. Sie muß zunächst für einen Ausgangszustand berechnet werden, wobei man keineswegs auf das Arbeiten mit 1 Mol des untersuchten Gases beschränkt ist. Der Index „mol" kann daher in Gln. (19.3) und (19.4) entfallen. Kennt man aber $p$ und $V$ für *einen* Ausgangszustand, so läßt sich die Konstante der Gl. (19.4) berechnen und damit die Abhängigkeit des Druckes vom Volumen bei adiabatischer Versuchsführung, d.h. der Verlauf der ganzen „Adiabate" angeben.

In Abb. 197 ist der Verlauf dreier Isothermen ($T_1 < T_2 < T_3$) punktiert eingetragen. Die Kurven sind Hyperbeln, die um so höher liegen, je größer die Temperatur ist. Für einen Ausgangspunkt $P$ auf der mittleren Isotherme ist die zugehörige Adiabate eingezeichnet. Sie verläuft steiler und schneidet daher bei kleinerem Volumen die höheren Isothermen. Bei adiabatischer Kompression (Pfeil 1) tritt also Temperaturerhöhung ein. Sie rührt von der bei der Kompression geleisteten Arbeit her, die in Wärme verwandelt wird und dann nicht — wie bei isothermer Kompression — an ein Wärmebad abgeführt werden kann. Die Temperaturerhöhung ergibt sich aus (19.3) zu:

$$\frac{T'}{T} = \left(\frac{V'}{V}\right)^{1-\varkappa}.$$

Komprimiert man *eine* Luftmenge ($\varkappa = 1{,}4$) von Zimmertemperatur ($T = 293°$ K) adiabatisch auf $^1/_{10}$ ihres Volumens, so steigt ihre Temperatur auf das $10^{\varkappa-1} \approx 2{,}5$fache, d.h. auf 735° K $= 462°$ C („pneumatisches Feuerzeug"). — Die bei adiabatischer Expansion eintretende Abkühlung eines Gases wird bei der Nebelkammer (vgl. XIII § 13) ausgenützt.

Abb. 197 zeigt überdies, daß eine *isochore* (d.h. bei konstantem Volumen verlaufende) Drucksteigerung (Pfeil 2) mit einer Temperatursteigerung verbunden, bzw. durch diese zu erreichen ist. Entsprechendes gilt für *isobar* (d.h. bei konstantem Druck) durchgeführte Volumenvergrößerung (Pfeil 3).

**20. Die Arbeit bei isothermer Ausdehnung eines idealen Gases.** In Abb. 196 ist der Zusammenhang von Druck und Volumen für einen *isothermen* Prozeß, ausgeführt an einer $\nu$ Mole enthaltenden Gasmenge bei einer bestimmten Temperatur $T$ nach der Zustandsgleichung $p \cdot V = \nu \cdot R \cdot T$ (vgl. 7.4) nochmals dargestellt.

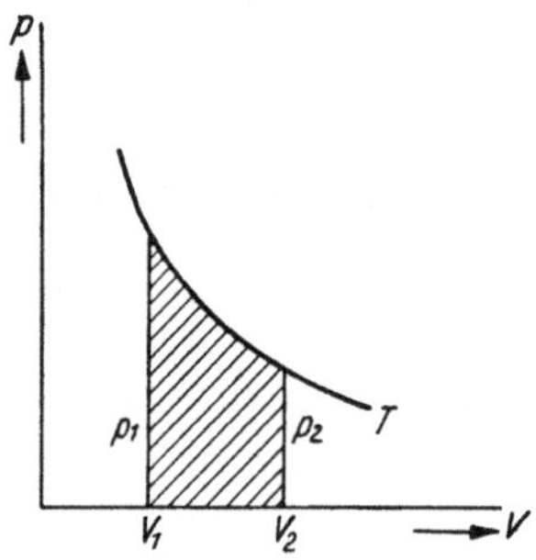


Abb. 196. Das Zustandsdiagramm für die isotherme Ausdehnung eines idealen Gases

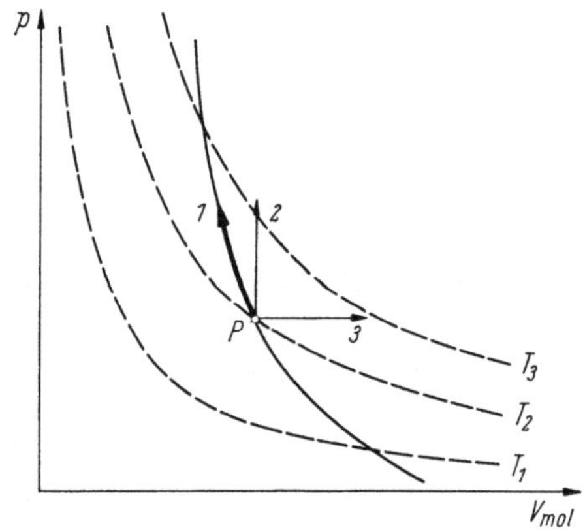


Abb. 197. Isothermen und Adiabaten eines idealen Gases. Die Isothermen sind gestrichelt

Um ein Gas von einem Volumen $V_1$ längs einer Isotherme, d.h. bei konstanter Temperatur, auf $V_2$ auszudehnen, muß die Arbeit

$$A = \int_1^2 p \cdot dV = \int_{V_1}^{V_2} \frac{\nu \cdot R \cdot T}{V} \cdot dV = \nu \cdot R \cdot T \cdot \ln \frac{V_2}{V_1} \tag{20.1}$$

dem Gase zugeführt werden. Das bestimmte Integral gibt den Inhalt der in Abb. 196 schraffierten Fläche an. Sie entspricht also der Arbeit $A$.

**21. Der Carnotsche Kreisprozeß.** Arbeit läßt sich durch Reibung vollständig in Wärme überführen, Wärme aber nicht vollständig in Arbeit. Welcher Bruchteil der zur Verfügung stehenden Wärme in Arbeit umgewandelt werden kann, wird mit dem sog. *Carnotschen Kreisprozeß* bestimmt.

Unter einem Kreisprozeß versteht man eine Zustandsänderung, die in den Anfangszustand zurückführt; jede periodisch arbeitende Maschine vollführt einen Kreisprozeß. Die Zustandsänderung kann (freilich nur in einem nicht völlig realisierbaren Idealfall) *reversibel* (umkehrbar) verlaufen; z. B. dann, wenn sie durch sehr langsame Änderung der Zustandsgrößen bewirkt wird, so daß das System sich dauernd im Gleichgewicht befindet. Dann treten keine merklichen kinetischen Energien auf. Zu jeder Zeit kann deshalb durch Änderung der Zustandsgrößen der Prozeß in die entgegengesetzte Richtung umgelenkt werden

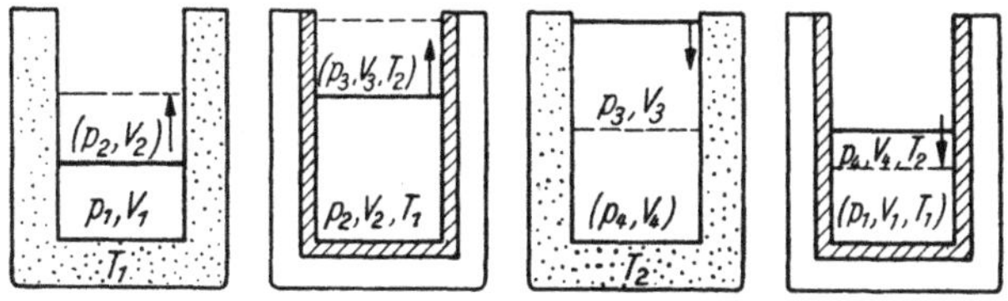

Abb. 198. Phasen der Carnotschen Maschine

Unter einem Carnotschen Kreisprozeß versteht man eine Folge von Zustandsänderungen, welche man sich an einem idealen Gas vollzogen denkt, das sich in in einem Zylinder mit verschiebbarem Kolben befindet (Abb. 198). Der Zylinder kann nacheinander mit zwei auf den konstanten Temperaturen $T_1$ und $T_2$ gehaltenen Wärmebehältern zum Temperaturausgleich in Berührung gebracht werden und zwischendurch mit einer wärmeundurchlässigen Wand am Temperaturausgleich mit der Umgebung gehindert werden. In Abb. 199 sind die auszuführenden Zustandsänderungen im p, v-Diagramm dargestellt. Es sind die folgenden

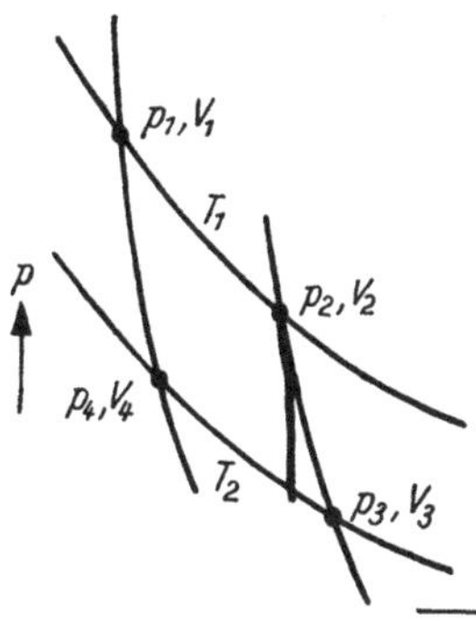

Abb. 199. Diagramm des Carnotschen Kreisprozesses

a) Zunächst dehne sich das Gas *isotherm* von $V_1$ auf $V_2$ aus. Dabei muß es die Arbeit $-\Delta A_1$ verrichten. Wenn seine Temperatur $T_1$ dabei unverändert bleiben soll, muß es einen äquivalenten Betrag von Wärme aus dem Wärmevorratsgefäß ($T_1$) aufnehmen. Die aufgenommene Wärme wird also vollständig in Arbeit verwandelt. Nach (20.1) ist wegen $\Delta U = 0$:

$$-\Delta A_1 = \Delta Q_1 = +\nu \cdot R \cdot T_1 \cdot \ln \frac{V_2}{V_1}. \qquad (21.1)$$

b) Nun dehne sich das Gas unter Wärmeabschluß ($\Delta Q = 0$), also *adiabatisch* weiter auf das Volumen $V_3$ aus. Auch hierbei verrichtet es Arbeit ($\Delta A_1'$), die völlig aus dem Wärmevorrat des Gases bezogen wird und daher eine Abkühlung von $T_1$ auf $T_2$ bewirkt:

$$m \cdot c_v (T_2 - T_1) = +\Delta A_1'. \qquad (21.2)$$

c) Jetzt wird das Gas *isotherm* (durch Ausgleich mit dem Wärmevorratsgefäß $T_2$) auf das Volumen $V_4$ komprimiert. Die hierbei vom Gase verrichtete Arbeit ist

$$-\Delta A_2 = \Delta Q_2 = +\nu \cdot R \cdot T_2 \cdot \ln \frac{V_4}{V_3} \qquad (21.3)$$

($+\Delta A_2$ ist die *von außen* geleistete Arbeit).

$-\Delta A_2$ ist gleich der aufgenommenen Wärme $\Delta Q_2$, die negativ ist, weil $\frac{V_4}{V_3} < 1$ und daher $\ln \frac{V_4}{V_3} < 0$ ist.

d) Durch *adiabatische* Kompression wird das Gas endlich in den Anfangszustand $V_1, p_1, T_1$ zurückgeführt. Die dabei auftretende Erwärmung entspricht der Arbeitsverrichtung

$$-\Delta A_2' = -m \cdot c_v (T_1 - T_2). \tag{21.4}$$

Die insgesamt vom Gase bei diesem Kreisprozeß verrichtete Arbeit ist also

$$\left.\begin{aligned} -\Delta A &= -\Delta A_1 - \Delta A_1' - \Delta A_2 - \Delta A_2' \\ &= +\nu \cdot R \cdot T_1 \cdot \ln \frac{V_2}{V_1} + \\ &\quad + m \cdot c_v (T_1 - T_2) + \nu \cdot R \cdot T_2 \cdot \ln \frac{V_4}{V_3} + m \cdot c_v (T_2 - T_1) \\ -\Delta A &= \nu \cdot R \left( T_1 \cdot \ln \frac{V_2}{V_1} + T_2 \cdot \ln \frac{V_4}{V_3} \right). \end{aligned}\right\} \tag{21.5}$$

Nach (19.3) ist

$$T_1 \cdot V_2^{\varkappa-1} = T_2 \cdot V_3^{\varkappa-1}$$

und

$$T_1 \cdot V_1^{\varkappa-1} = T_2 \cdot V_4^{\varkappa-1}.$$

Durch Division ergibt sich daraus

$$\left(\frac{V_2}{V_1}\right)^{\varkappa-1} = \left(\frac{V_3}{V_4}\right)^{\varkappa-1} \quad \text{oder} \quad \frac{V_2}{V_1} = \frac{V_3}{V_4}; \quad \ln \frac{V_2}{V_1} = \ln \frac{V_3}{V_4} = -\ln \frac{V_4}{V_3}.$$

Die der Maschine insgesamt entnommene Arbeit ist also

$$-\Delta A = \nu \cdot R (T_1 - T_2) \ln \frac{V_2}{V_1}. \tag{21.6}$$

$\Delta Q_1$ ist die von der Carnotschen Maschine aus dem Wärmevorratsgefäß ($T_1$) mit der Temperatur $T_1$ aufgenommenen Wärme; der kleinere Betrag $-\Delta Q_2$ wird von ihr bei der tieferen Temperatur $T_2$ an das Vorratsgefäß ($T_2$) wieder abgegeben. $\Delta Q_1 + \Delta Q_2 = \Delta Q$ ist in die Arbeit $-\Delta A$ verwandelt worden. Der Quotient $\frac{-\Delta A}{\Delta Q_1} = \eta$ ist der *Nutzeffekt* der Maschine:

$$\eta = \frac{-\Delta A}{\Delta Q_1} = \frac{\nu \cdot R(T_1 - T_2) \cdot \ln \frac{V_2}{V_1}}{\nu \cdot R \cdot T_1 \cdot \ln \frac{V_2}{V_1}} = \frac{T_1 - T_2}{T_1} \tag{21.7}$$

$\Delta A$ tritt infolge unserer Definition (s. § 18) mit dem negativen Vorzeichen auf, weil das System (hier also die Maschine) nach außen hin Energie abgibt.

Der Nutzeffekt ist also um so größer, je größer die Differenz der Temperaturen der Wärmespeicher ist, zwischen denen die Maschine arbeitet. Daher rührt die Tendenz, bei Wärmekraftmaschinen große Temperaturdifferenzen zu verwenden (Heißdampfmaschine).

In § 23 wird gezeigt, daß es keine Maschine geben kann, die einen größeren Nutzeffekt hat als die „Carnotsche Maschine".

Aus (21.7) folgt ferner

$$\eta = \frac{-\Delta A}{\Delta Q_1} = \frac{\Delta Q}{\Delta Q_1} = \frac{\Delta Q_1 + \Delta Q_2}{\Delta Q_1} = \frac{T_1 - T_2}{T_1} \quad \text{also} \quad \frac{\Delta Q_1}{T_1} = -\frac{\Delta Q_2}{T_2}. \tag{21.8}$$

$\frac{\Delta Q_1}{T_1}$ bzw. $\frac{\Delta Q_2}{T_2}$ nennt man ***reduzierte Wärmemenge.*** $\frac{\Delta Q_1}{T_1} + \frac{\Delta Q_2}{T_2} = 0$ bedeutet, daß bei dem Carnotschen Kreisprozeß die Summe der reduzierten Wärmemengen gleich Null ist.

## E. Der 2. Hauptsatz der Wärmelehre

**22. Irreversible Prozesse; Unmöglichkeit eines Perpetuum mobile 2. Art.** Nicht alle nach dem Energieerhaltungssatz, dem 1. Hauptsatz der Wärmelehre, möglichen Prozesse kommen in der Natur vor. Mit ihm wäre verträglich, daß ein vom Dach gefallener Ziegel vom Erdboden wieder auf das Dach springt, indem er aus seinem Wärmeinhalt unter Abkühlung die Energie gewinnt, die zur Hubarbeit nötig ist. Ein solcher Vorgang ist niemals beobachtet worden; er ist offenbar unmöglich.

Es gibt zahlreiche Vorgänge in der Natur, die von selbst nur in einer bestimmten Richtung vor sich gehen. Durch Wärmeleitung fließt „von selbst" Wärme vom Körper höherer Temperatur auf einen ihn berührenden kälteren Körper, aber nicht umgekehrt. Wenn ein mit einem Gas gefüllter Raum mit einem gasleeren Raum verbunden wird, dann strömt solange Gas in den letzteren, bis sich Druckgleichheit eingestellt hat; aber niemals wird das Gas einen Teil des ihm zur Verfügung stehenden Raumes von selbst wieder frei geben. Zwei in einem Gefäß unvermischte Gase vermischen sich von selbst vollständig (durch Diffusion), aber eine selbständige Entmischung findet nicht statt. Solche Prozesse bezeichnet man als *irreversibel*; sie können nicht rückgängig gemacht werden, ohne daß in der Natur anderweitige Änderungen zurückbleiben.

Nach dem 1. Hauptsatz wäre es immer möglich, einem Wärmebehälter (z. B. dem Meer) Wärme zu entziehen und in mechanische Arbeit zu verwandeln (z. B. ein Schiff damit anzutreiben). Die Erfahrung zeigt, daß dies nur in begrenztem Umfang möglich ist.

Neben den 1. Hauptsatz der Wärmelehre tritt daher ein zweiter, der den ersteren einschränkt. Er lautet in strenger Formulierung: *Es gibt keine periodisch arbeitende Maschine, die nichts anderes bewirkt als Erzeugung mechanischer Arbeit und Abkühlung eines Wärmebehälters.* — Eine solche Maschine wird als Perpetuum mobile 2. Art bezeichnet.

*Dieser 2. Hauptsatz ist ebenso wie der 1. ein Erfahrungssatz.*

Die angegebene negative Formulierung des 2. Hauptsatzes erlaubt noch nicht, ihn auf praktische Probleme anzuwenden, z. B. auf den Bau von Wärmekraftmaschinen, für die er von entscheidender Bedeutung ist. Im § 23 wird bewiesen daß für die mechanische Energie, die man bei der Temperatur $T_2$ gewinnen kann, indem man einem Wärmebehälter der Temperatur $T_1$ die Wärmemenge $\Delta Q$ entnimmt, der aus (21.7) folgende Wert für $\Delta A$ ein oberer Grenzwert ist:

$$\Delta A \leqq \frac{T_1 - T_2}{T_1} \cdot \Delta Q. \tag{22.1}$$

**23. Unmöglichkeit von Wärmekraftmaschinen mit höherem Nutzeffekt als dem der Carnotschen Maschine.** Zunächst soll gezeigt werden daß es keine Maschine geben kann, die wie die Carnotsche aus einem Wärmevorrat mit der Temperatur $T_1$ Wärme aufnimmt, einen Teil davon in Arbeit verwandelt und den Rest an einen Wärmebehälter mit der Temperatur $T_2$ abgibt und dabei einen größeren Nutzeffekt besitzt als die Carnotsche (vgl. § 21), welche nach Definition eine reversible (umkehrbare) Maschine ist. Wenn sie in umgekehrter Richtung läuft, ist sie eine Kältemaschine, denn sie entzieht dem kälteren Wärmespeicher ($T_2$) Wärme ($\Delta Q_2$), die sie zusammen mit der in die Maschine gesteckten Arbeit ($\Delta A$) als Wärmemenge $\Delta Q_1 = \Delta Q_2 + \Delta A$ an den wärmeren Speicher ($T_1$) abgibt (Abb. 200). Hier geht also Wärme vom kälteren zum wärmeren Körper, aber unter gleichzeitiger Aufwendung von Arbeit. Wir nehmen an, es gäbe eine Maschine $M$ mit größerem Nutzeffekt als dem der Carnotschen $C$. Wir lassen sie als Wärmekraftmaschine arbeiten und dimensionieren sie so, daß sie gerade die Arbeit hergibt, die von der als Kältemaschine arbeitenden $C$ benötigt wird. Infolge ihres größeren Nutzeffektes braucht sie weniger Wärme $\Delta Q_{1M}$ aus dem Vorrat $(T_1)$, als die als Wärmekraftmaschine arbeitende $C$ zur Verrichtung der gleichen Arbeit benötigen würde.

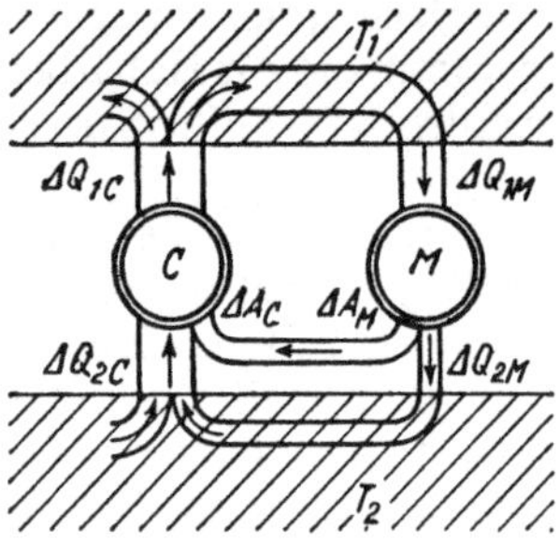


Abb. 200. Zum Beweis der Unmöglichkeit eines Nutzeffektes, der größer ist als der der Carnot-Maschine

Sie gibt also auch eine geringere Wärmemenge $\Delta Q_{2M}$ an das Reservoir $(T_2)$ ab. Läßt man nun $C$ als Kältemaschine laufen und führt ihr die Wärmemenge $\Delta Q_{2M}$ zu, so benötigt sie noch mehr Wärme aus dem Wärmebehälter $T_2$, die aber an das Wärmereservoir $T_1$ abgegeben wird. Alle zurückbleibenden Änderungen bestehen in dem Übergang der Wärmemenge $\Delta Q_{2C} - \Delta Q_{2M}$ vom Körper tieferer Temperatur $T_2$ auf den höherer Temperatur $T_1$, was nach dem 2. Hauptsatz unmöglich ist.

Durch ähnliche Überlegungen kann man zeigen, daß der Nutzeffekt einer reversibel arbeitenden Carnotschen Maschine vom Arbeitsstoff unabhängig ist. Bei einem Carnot-Prozeß, bei dem der Arbeitsstoff ein reales Gas ist, braucht die auf der oberen Isotherme aufgenommene Wärme $\Delta Q_1$ nicht gleich der geleisteten äußeren Arbeit zu sein. Ein Teil von ihr wird zur Änderung der inneren Energie verbraucht (vgl. § 28c).

Eine irreversibel nach der Art der Carnotschen arbeitende Maschine hat einen kleineren Nutzeffekt als die reversible Carnotsche Maschine. Das heißt:

$$\frac{\Delta Q_1 + \Delta Q_2}{\Delta Q_1} < \frac{T_1 - T_2}{T_1} \quad \text{oder} \quad \frac{\Delta Q_1}{T_1} + \frac{\Delta Q_2}{T_2} < 0. \tag{23.1}$$

Wenn zum Beispiel die Irreversibilität dadurch bedingt ist, daß bei der Ausdehnung der Druck des Gases größer ist als der von außen auf dem Kolben lastende Druck, dann wird die vom Gas verrichtete Arbeit kleiner und daher auch die zugeführte Wärmemenge $\Delta Q_1$ kleiner. Ist aber bei der Kompression der äußere Druck größer, so wird die zugeführte Arbeit $\Delta A_2$ größer und daher auch die abgegebene Wärme $\Delta Q_2$ größer.

Für jeden beliebigen reversiblen Kreisprozeß gilt

$$\sum \frac{\Delta Q_i}{T_i} = 0 \quad \text{bzw.} \quad \oint \frac{dQ}{T} = 0. \tag{23.2}$$

Das folgt daraus, daß man durch ein Netz von Isothermen und Adiabaten in der $p, V$-Ebene einen solchen reversiblen Kreisprozeß in eine große Zahl von Carnotschen Prozessen zerlegen kann. Für jeden einzelnen gilt, daß die Summe der reduzierten Wärmen Null ist, daher auch für alle zusammengenommen. Da aber auf den gemeinsamen Isothermen und Adiabaten benachbarter Teilprozesse die Beträge $\frac{\Delta Q}{T}$ sich kompensieren, weil sie gegenläufig durchlaufen werden, verschwindet auch $\sum \frac{\Delta Q}{T}$ für die Randkurve. Je feiner aber die Unterteilung gewählt wird, desto besser approximiert die Zackenkurve die Kurve, welche den Kreisprozeß beschreibt.

Für einen irreversiblen Kreisprozeß ist

$$\oint_{\text{irr.}} \frac{dQ}{T} < 0. \tag{23.3}$$

Es müssen dann mindestens einige der Carnot-Prozesse irreversibel sein, so daß deren Summe der reduzierten Wärmen kleiner als Null wird. Dann muß aber auch die Summe $\frac{\Delta Q}{T}$ aller Prozesse kleiner als Null werden, da für keinen $\sum \frac{\Delta Q}{T} > 0$ ist.

**24. Die thermodynamische Temperaturskala.** Auf der aus dem 2. Hauptsatz folgenden Eigenschaft einer reversibel arbeitenden Carnotschen Maschine, einen vom Arbeitsstoff unabhängigen Nutzeffekt zu besitzen, beruht die von der „Thermometersubstanz" unabhängige thermodynamische Definition der Temperatur. Aus (21.8) folgt: Die Temperaturen der beiden isothermen Zustandsänderungen des Carnotschen Prozesses verhalten sich wie die aufgenommene zur abgegebenen Wärmemenge; denn

$$\frac{\Delta Q_1}{T_1} = -\frac{\Delta Q_2}{T_2} \quad \text{oder} \quad \frac{T_1}{T_2} = -\frac{\Delta Q_1}{\Delta Q_2}. \tag{24.1}$$

Nachdem irgendeine Temperatur willkürlich gewählt ist, z.B. die des schmelzenden Eises gleich 273,16° K gesetzt ist, ist die ganze Skala festgelegt (*Thermodynamische Skala* nach dem Vorschlag von KELVIN). Damit ist also die Temperaturskala auf die Messung von Wärmemengen zurückgeführt. Sie ist mit der Skala identisch, welche bei Verwendung eines idealen Gases das Gasthermometer (s. § 6) besitzt.

Verwendet man in der Carnot-Maschine das ideale Gas als Arbeitssubstanz, so gilt nach (21.7):

$$\eta = \frac{-\Delta A}{\Delta Q_1} = \frac{-\Delta A}{-\Delta A_1} = 1 - \frac{T_2}{T_1} \quad \text{oder} \quad T_2 = T_1\left(1 - \frac{\Delta A}{\Delta A_1}\right).$$

Man kann daher die Temperatur $T_2$ nach willkürlicher Wahl von $T_1$ aus der Messung von Arbeitsbeträgen, also rein mechanischen Messungen herleiten.

**25. Die Entropie und ihre Beziehung zum 2. Hauptsatz.** Da für einen reversiblen Kreisprozeß $\oint \frac{dQ}{T} = 0$ ist [vgl. (23.2)], gilt auch (s. Abb. 201)

$$(a)\int_1^2 \frac{dQ}{T} + (b)\int_2^1 \frac{dQ}{T} = 0 \quad \text{oder} \quad (a)\int_1^2 \frac{dQ}{T} - (b)\int_1^2 \frac{dQ}{T} = 0, \quad \text{also} \quad (a)\int_1^2 \frac{dQ}{T} = (b)\int_1^2 \frac{dQ}{T}.$$

$(a)\int_1^2 \frac{dQ}{T}$ bedeutet, daß die Integration über das Kurvenstück $(a)$ durchgeführt werden soll.

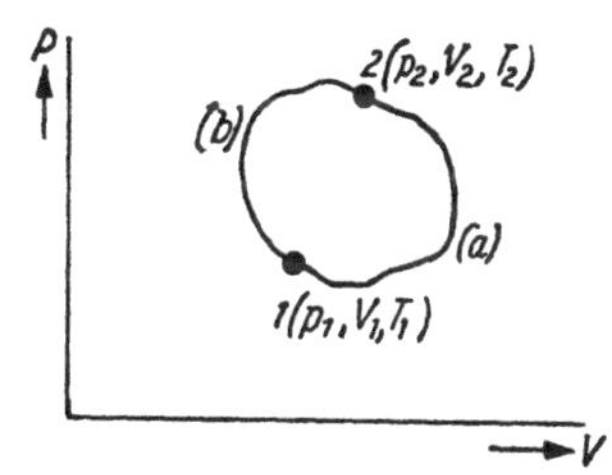


Abb. 201. Bei reversibler Änderung vom Zustand 1 nach 2 ist die Summe der reduzierten Wärmen vom Wege unabhängig

Um den Zustand 1 in den Zustand 2 überzuführen, ist also die Summe der reduzierten Wärmen bei reversibler Änderung vom Wege unabhängig, auf dem diese Änderung vorgenommen wird. Was für den Übergang von 1 nach 2 gilt, gilt auch für den Übergang von 1 zu jedem anderen Zustand $p, v, T$.

Wir ordnen jedem Zustand des Systems eine Funktion $S$ zu, die wir als *Entropie* des Zustandes bezeichnen und deren vollständiges Differential $dS$ bei einer *reversiblen* Änderung $\frac{dQ}{T}$ ist, wobei $dQ$ die aufgenommene Wärmemenge, $T$ die Temperatur ist, bei der die Aufnahme erfolgt.

Wenn man die Änderung von 1 nach 2 irreversibel vornimmt, so kann man durch reversible Rückführung von 2 nach 1 einen Kreisprozeß durchlaufen, für welchen nach (23.3)

$$\oint\limits_{\text{irr.}} \frac{dQ}{T} < 0 \quad \text{ist, also} \quad \int\limits_{\text{irr.}\,1}^{2} \frac{dQ}{T} + \int\limits_{\text{rev.}\,2}^{1} \frac{dQ}{T} < 0.$$

Da

$$\int\limits_{\text{rev.}\,2}^{1} \frac{dQ}{T} = S(1) - S(2), \quad \text{ist} \quad \int\limits_{\text{irr.}\,1}^{2} \frac{dQ}{T} + [S(1) - S(2)] < 0$$

oder

$$S(2) - S(1) > \int\limits_{\text{irr.}\,1}^{2} \frac{dQ}{T}.$$

Bei einem irreversiblen Prozeß ist also die Entropiezunahme stets größer als die Summe der aufgenommenen reduzierten Wärmen.

Ist das System völlig abgeschlossen (man kann das immer durch Erweiterung eines Systems erreichen), so ist

$$\int\limits_{\text{irr.}\,1}^{2} \frac{dQ}{T} = 0 \quad (\text{da } dQ = 0).$$

Es folgt

$$S(2) - S(1) > 0; \qquad S(2) > S(1). \tag{25.1}$$

*In einem abgeschlossenen System nimmt die Entropie bei einem irreversiblen Prozeß stets zu. Von selbst verlaufen also nur Vorgänge, bei denen die Entropie wächst.* Dieses Prinzip legt die Richtung aller Vorgänge fest (Clausius).

**26. Die freie Energie.** Ebenso wie man jedem Zustand eines Systems eine Funktion $S$, die Entropie, zuordnet, kann man ihm auch eine andere Funktion $F$ zuschreiben, welche folgendermaßen definiert ist:

$$F = U - TS. \tag{26.1}$$

$F$ heißt „freie Energie". Das Differential $dF$ ist also

$$dF = dU - d(TS) = dU - T\,dS - S\,dT. \tag{26.2}$$

Die Bedeutung dieses Begriffes erkennt man, wenn man ihn auf den Vorgang der isothermen Kompression (oder Dilatation) eines idealen Gases anwendet. Dabei wird die Arbeit $A_{\text{isoth}}$ dem Gas zugeführt (bzw. von ihm geleistet). Für die freie Energie dieses Vorgangs ergibt sich, wenn wir in (26.2) $dT = 0$ setzen und den 1. Hauptsatz $(dU = dQ + dA$; vgl. (19.1)) beachten:

$$dF = dQ + dA_{\text{isoth}} - T\,dS = dA_{\text{isoth}}$$

$$A_{\text{isoth}} = F_2 - F_1. \tag{26.3}$$

Während die innere Energie $U$ eines idealen Gases sich bei isothermer Kompression nicht ändert, wächst also die freie Energie um einen Betrag an, der gleich der geleisteten Arbeit ist; oder umgekehrt: Der Anteil, um den die freie Energie bei isothermer Expansion eines idealen Gases abnimmt, verwandelt sich völlig in Arbeit.

**27. Die Entropie eines idealen Gases.** Wenn man die Zustandsgleichung eines Stoffes kennt, kann man seine Entropie angeben: Das Differential der Entropie ist

$$d S = \frac{d Q}{T}$$

oder nach dem 1. Hauptsatz (19.1)

$$d S = \frac{d U - d A}{T} = \frac{d U + p \cdot d V}{T},$$

integriert:

$$S = \int \frac{d U + p \cdot d V}{T} + S_0. \tag{27.1}$$

Die Entropie ist also bis auf eine willkürliche Konstante $S_0$, die Integrationskonstante, bestimmt.

Da sowohl die innere Energie als auch das Volumen der Masse $m$ proportional sind, ist auch die Entropie der Masse proportional.

$$\frac{S}{m} = s \tag{27.2}$$

heißt die spezifische Entropie.

Ebenso wie die Energie verhält sich die Entropie additiv. Wie die Energie eines Systems gleich der Summe der Energien der Teile des Systems ist, *ist die Gesamtentropie eines Systems gleich der Summe der Einzelentropien.* Die Entropie hängt vom Zustand des Systems ab, sie ist selbst eine Zustandsgröße des Systems und zur Beschreibung des Zustandes ebenso geeignet wie Druck, Volumen, Temperatur oder Energie. Ebensogut wie durch die Temperatur (gemessen in °C oder °K) kann man ein System charakterisieren durch Angabe seiner Entropie (gemessen in cal/grad). Das gilt vor allem, wenn man über die Konstante $S_0$ verfügt und damit den Nullpunkt der Entropieskala festlegt.

Für ein ideales Gas ist nach § 19:

$$dU = m \cdot c_v \cdot dT,$$

$$p \cdot V = \nu R T = \frac{m}{M} \cdot RT \qquad (m = \text{Masse und } M = \text{Molekulargewicht})$$

$$p \frac{V}{m} = p \cdot v = \frac{1}{M} \cdot RT \qquad (v\text{: spezifisches Volumen})$$

$$s = \frac{S}{m} = \int c_v \cdot \frac{dT}{T} + \int \frac{1}{m} p \cdot \frac{dv}{T} + s_0 \ [\text{wegen } (27.1)]$$

$$s = c_v \cdot \ln T + \frac{R}{M} \cdot \ln v + s_0. \tag{27.3}$$

Für ein ideales Gas der Masse $m$ ist also die Entropie:

$$S = m \cdot s = m\left(c_v \ln T + \frac{R}{M} \ln v\right) + S_0. \tag{27.4}$$

Da bei adiabatischen Zustandsänderungen Wärme weder zu- noch abgeführt wird ($d Q = 0$), verlaufen sie, wenn sie reversibel sind, ohne Entropieänderungen.

Kurven in der $p, V$-Ebene, die solche Zustandsänderungen beschreiben (Adiabaten), bezeichnet man daher auch als *Isentropen.*

**a) Entropieänderung bei irreversibler Ausdehnung eines Gases in einen evakuierten Raum.** In § 22 nannten wir unter den irreversiblen Prozessen die Ausdehnung eines Gases in einen evakuierten Raum, welche nach Gay-Lussac (s. § 19) ohne Temperaturänderung erfolgt.

Da das Gas als abgeschlossenes System zu betrachten ist, muß nach § 25 der Endzustand vor dem Anfangszustand durch eine Zunahme der Entropie ausgezeichnet sein.

Bei oberflächlicher Betrachtung könnte man zum Schluß geführt werden, daß eine Entropieänderung bei der Expansion nicht eintritt, da, wie der Versuch zeigt, keine Wärmezufuhr oder -abgabe mit der Volumenänderung verbunden ist. Die in § 25 gegebene Vorschrift lautet aber, daß die Entropieänderung für eine *reversible Zustandsänderung* zwischen Anfangs- und Endzustand ermittelt werden soll. Nun kann aber die reversible Ausdehnung eines Gases bei Verrichtung der Arbeit, die die Verschiebung der Wände gegen die von außen auf sie wirkenden Kräfte erfordert, nur dann bei konstanter Temperatur erfolgen, wenn dem Gase von außen Wärme zugeführt wird. Diese Wärmezufuhr ist nach (20.1)

$$\Delta Q = \nu R T \cdot \ln \frac{V_2}{V_1}, \quad \text{wo} \quad \nu = \frac{m}{M}.$$

Die Änderung der Entropie des Gases beträgt also

$$\Delta S = \frac{\Delta Q}{T} = \frac{m}{M} \cdot R \ln \frac{V_2}{V_1}. \tag{27.5}$$

Dasselbe ergibt sich wegen $T = \text{const}$ aus (27.4). Da $V_2 > V_1$, wächst die Entropie des Gases. Der Vorgang der Ausdehnung ist also irreversibel, er geht von selbst vor sich.

**b) Entropie und Wahrscheinlichkeit.** Zwei verschiedene Gase, die sich bei gleichen Drucken und Temperaturen in aneinandergrenzenden Räumen befinden, diffundieren nach Entfernung der trennenden Wand ineinander, bis sie homogen durchmischt sind. Die Entropie des Endzustandes ist größer als die des Anfangszustandes. Da keine makroskopischen Kräfte angreifen, um eine Verschiebung der Gase aus den Räumen vorzunehmen, in denen sie sich anfangs befanden, müssen die Ursachen für die Durchmischung anderer Art sein.

Wir können Anfang und Ende durch den Ordnungszustand unterscheiden. Ein Zustand höherer Ordnung geht von selbst in einen Zustand größerer Unordnung über. Man denke sich die Moleküle willkürlich so über die beiden Räume verteilt, daß in jedem die gleiche Anzahl vorhanden sei. Der Zustand, daß die eine Sorte nur im Raume 1, die andere nur im Raume 2 enthalten sei, ist unwahrscheinlich, die größte Wahrscheinlichkeit besitzt der Zustand, bei dem in jedem der Räume das Verhältnis der Zahl beider Sorten das gleiche ist. Wir können sagen, daß der von selbst vor sich gehende, irreversible Prozeß der Diffusion sich so vollzieht, daß ein unwahrscheinlicher Zustand in einen wahrscheinlicheren übergeht. Zunahme der Entropie und Zunahme der Wahrscheinlichkeit stehen demnach miteinander in Zusammenhang. Das zeigt die folgende Überlegung (M. PLANCK).

Wie Anfang von § 27 dargelegt, ist die Gesamtentropie eines Systems, das sich aus zwei unabhängigen Bestandteilen zusammensetzt, gleich der Summe der Einzelentropien. Seien die Entropien der Bestandteile mit den Wahrscheinlichkeiten $W_1$ und $W_2$

$$S_1 = f(W_1), \quad S_2 = f(W_2),$$

dann ist

$$S = S_1 + S_2 = f(W_1) + f(W_2).$$

Die Wahrscheinlichkeit des ganzen Systems ist nach bekannten Sätzen der Wahrscheinlichkeitsrechnung gleich dem Produkt der Einzelwahrscheinlichkeiten

$$W = W_1 W_2,$$

seine Entropie also

$$S = f(W_1 W_2).$$

Also muß die gesuchte Funktion $f$ der Bedingung genügen:

$$f(W_1 W_2) = f(W_1) + f(W_2).$$

Nach $W_1$ und $W_2$ differenziert, erhält man

$$W_2 f'(W_1 W_2) = f'(W_1)$$

$$W_1 W_2 f''(W_1 W_2) + f'(W_1 W_2) = 0$$

oder

$$W \cdot f''(W) + f'(W) = 0$$

Diese Differentialgleichung wird durch den Ansatz

$$S = f(W) = a \cdot \ln W \tag{27.6}$$

gelöst, denn

$$-W\cdot\frac{a}{W^2}+\frac{a}{W}=0.$$

Die Entropie ist also dem Logarithmus der Wahrscheinlichkeit proportional.

Die Konstante $a$ ermitteln wir durch Anwendung von (27.6) auf ein einfaches Beispiel. Wir betrachten die unter a) behandelte isotherme Ausdehnung des Gases vom Volumen $V$ in einen leeren Raum auf das Endvolumen $V_2$ (Abb. 202). Das Gas enthalte die Masse $m$ und daher $\nu L$ Moleküle, wo $\nu=\frac{m}{M}$ ist ($M$ ist das Molekulargewicht). Die Wahrscheinlichkeit $W_2$ dafür, daß sich die Moleküle im Volumen $V_2$ befinden, verhält sich zur Wahrscheinlichkeit $W_1$ des Aufenthalts im Teilvolumen $V_1$ wie $\left(\frac{V_2}{V_1}\right)^{\nu L}$. Denn für ein Molekül ist $\frac{W_2}{W_1}=\frac{V_2}{V_1}$; für $n$ voneinander unabhängige Moleküle ist das Verhältnis der Wahrscheinlichkeiten gleich dem Produkt der Einzelwahrscheinlichkeiten, die alle einander gleich sind.

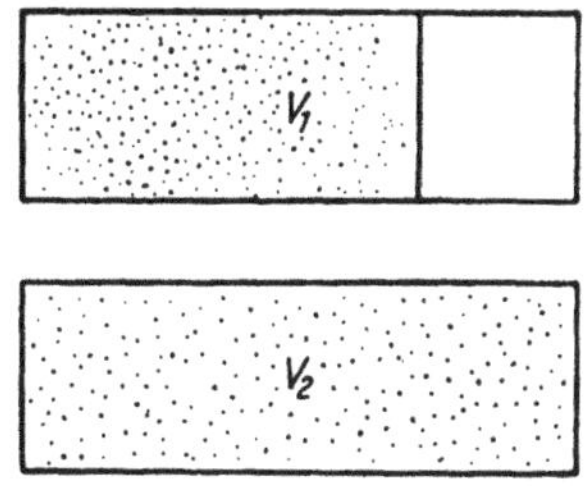

Abb. 202. Zum Zusammenhang von Entropie und Wahrscheinlichkeit

Die Entropieänderung bei der Ausdehnung von $V_1$ auf $V_2$ ist also:

$$\Delta S=S_2-S_1=a\ln W_2-a\ln W_1=a\ln\frac{W_2}{W_1}=a\ln\left(\frac{V_2}{V_1}\right)^{\nu L}$$

$$\Delta S=a\nu L\cdot\ln\frac{V_2}{V_1}.$$

Durch Vergleich mit (27.5) folgern wir:

$$a\cdot\nu L=\frac{m}{M}\cdot R=\nu R$$

oder

$$a=\frac{R}{L}=k\quad\text{[Boltzmannsche Konstante (8.2)]}.$$

Also wird

$$S=k\ln W\quad\textit{(Boltzmannsche Beziehung)}.\tag{27.7}$$

Wir verwendeten (27.6) zur Beschreibung der Änderung der Entropie. Damit diese Gleichung auch die Entropie eines Zustandes richtig darstellt, bedarf es einer allgemeineren Definition des Wahrscheinlichkeitsbegriffes, der *thermodynamischen Wahrscheinlichkeit*. Ihre Besprechung führt über den Rahmen dieses Buches hinaus.

**c) Helmholtzsche Gleichung und 3. Hauptsatz der Wärmelehre.** Für den Carnotschen Kreisprozeß zwischen zwei verschiedenen Temperaturen $T$ und $T+dT$ gilt nach (21.7)

$$-d\Delta A=\Delta Q\cdot\frac{dT}{T}.\tag{27.8}$$

Wir können nach § 23 1. Abs. ganz allgemein sagen: Irgendein reversibler Vorgang, bei dem eine Wärmemenge $\Delta Q$ aus einem Körper mit der Temperatur $T+dT$ auf einen zweiten Körper mit der Temperatur $T$ überführt wird, vermag höchstens die Arbeit $d\Delta A=\Delta Q\,\frac{dT}{T}$ zu verrichten.

Nach dem 1. Hauptsatz ist

$$\Delta Q=\Delta U-\Delta A.$$

In (27.8) eingesetzt, gibt dies

$$\Delta A-\Delta U=T\,\frac{d\Delta A}{dT}\quad\text{(Helmholtzsche Gleichung)}.\tag{27.9}$$

Der Überschuß der maximalen Arbeit $\Delta A$ bei einem isotherm verlaufenden Vorgang über die Änderung der Gesamtenergie ist also gleich dem Produkt aus der absoluten Temperatur und dem Temperaturkoeffizienten der maximalen Arbeit. Dieser Überschuß ist eine zugeführte Wärme, die keine Temperaturänderung bewirkt, man bezeichnet sie als verborgene oder *latente Wärme*. Diese Helmholtzsche Formulierung des 2. Hauptsatzes wird vorzugsweise bei chemischen und elektrochemischen Reaktionen angewendet. Weil $\Delta A$ der

Anteil der Energie ist, der vollständig in Arbeit oder elektrische Energie, natürlich auch in Wärme, umgewandelt werden kann, also frei zur Verfügung steht, bezeichnet man $\Delta A$ als *freie Energie* (vgl. § 26), $\Delta A - \Delta U$ aber als *gebundene Energie*.

Die Abhängigkeit von $\Delta U$ von der Temperatur ist bekannt, wenn man $\Delta U$ für irgendeine Temperatur und außerdem die spezifische Wärme als Funktion der Temperatur kennt. Damit ist aber $\Delta A$ als Funktion von $T$ noch nicht bekannt, denn die Lösung der Differentialgleichung (27.9) enthält eine unbekannte Konstante. NERNST hat nun postuliert, daß am absoluten Nullpunkt gelten soll

$$\frac{d\Delta A}{dT} = 0 \,(\lim T \to 0).$$

Dann gilt

$$\Delta A_{T=0} = \Delta U_{T=0}$$

und daher auch

$$\left(\frac{d\Delta U}{dT}\right)_{T\to 0} = 0. \qquad (27.10)$$

Dieses ist die Nernstsche Fassung *des 3. Hauptsatzes der Wärmelehre.*

Nach diesem Nernstschen Wärmesatz kann der aus dem Gleichverteilungssatz folgende Satz, daß die spezifische Wärme konstant ist, nicht bis in die Nähe des Nullpunktes gültig bleiben. In der Tat streben alle spezifischen Wärmen bei Annäherung an den Nullpunkt der absoluten Temperatur gegen Null, und zwar mit der Neigung Null $\left(\frac{dc}{dT} \to 0\right)$ s. § 10 Abb. 190. Aus dieser Abhängigkeit der spezifischen Wärme von $T$ folgt, daß man dem absoluten Nullpunkt ($T = 0$) wohl beliebig nahe kommen, ihn aber doch nicht erreichen kann. Der 3. Wärmesatz wird auch als Satz von der *Unerreichbarkeit des absoluten Nullpunkts* bezeichnet.

## F. Stoffe in verschiedenen Aggregatzuständen

**28. Koexistenz von Flüssigkeit und Dampf.** Bringt man in ein zuvor völlig evakuiertes Gefäß eine Flüssigkeit ein, die jenes nur zum Teil erfüllt, so verdampft ein Teil der Flüssigkeit, und über ihr stellt sich ein für sie charakteristischer Druck ein, den man als ihren *Dampfdruck* bezeichnet.

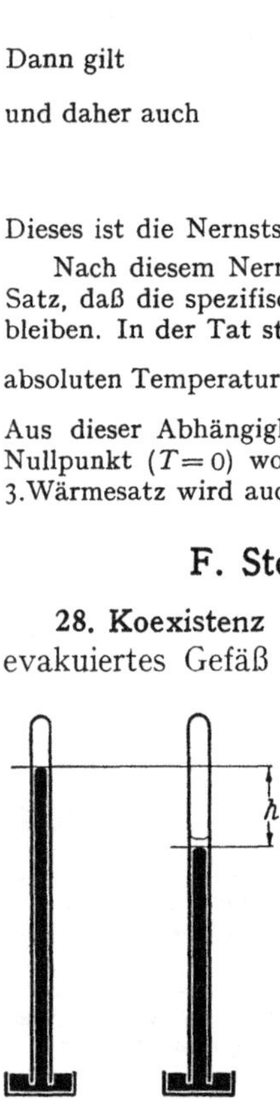


Abb. 203. Demonstration des Dampfdrucks einer Flüssigkeit

Man demonstriert dies am einfachsten, indem in ein „Torricellisches Vakuum" (Abb. 203, links) durch die Quecksilbersäule etwas Flüssigkeit aufsteigen läßt. Diese sammelt sich über der Quecksilbersäule, während gleichzeitig deren Kuppe absinkt (Abb. 203, rechts). Die Flüssigkeit ist also zum Teil verdampft. $h$ gemessen in mm gibt den Dampfdruck der Flüssigkeit in Torr an.

Verringert man bei konstanter Temperatur das Volumen eines Gefäßes, in dem sich Flüssigkeit und Dampf befindet, — etwa indem man das Torricelli-Rohr tiefer einsenkt — so ändert sich der Druck nicht. Es geht also ein Teil des Dampfes in den flüssigen Zustand über. Das Umgekehrte geschieht bei Volumenvergrößerung. Der Druck bleibt also über einen weiten Volumbereich konstant (vgl. Abb. 204). Erst wenn bei Volumenvergrößerung alle Flüssigkeit verdampft ist, nimmt mit wachsendem Volumen der Druck ab, und die Eigenschaften des Dampfes nähern sich immer mehr denen der idealen Gase (vgl. § 7).

Den flüssigen und dampfförmigen Zustand bezeichnen wir als je eine *Phase* des Stoffes. Dieser Begriff wird aber nicht nur auf verschiedene Aggregatzustände, nämlich feste, flüssige und gasförmige, angewendet, sondern er bezeichnet allgemein solche homogenen Gebiete innerhalb eines Systems, die durch Trennungsflächen gegeneinander abgegrenzt sind, z. B. nebeneinander existierende feste Modifikationen des gleichen Stoffes.

Beim Dampfdruck befinden sich Flüssigkeit und Dampf im Gleichgewicht Um ein Flüssigkeitsmolekül aus dem Innern in den Außenraum zu bringen, muß eine Arbeit aufgewendet werden. Moleküle, deren kinetische Energie zur Verrichtung dieser Arbeit ausreicht, können durch die Oberfläche austreten. Moleküle, die aus dem Dampfraum auf die Oberfläche auftreffen, treten wieder ein; ihre Zahl pro Zeiteinheit ist der Anzahl der in der Volumeneinheit enthaltenen Moleküle und daher dem Dampfdruck proportional. Gleichgewicht besteht, wenn die Zahl der eintretenden Moleküle gleich der Zahl der austretenden ist. Eine Temperaturerhöhung hat zur Folge, daß mehr Moleküle zur Leistung der Austrittsarbeit befähigt werden (vgl. Maxwellsche Geschwindigkeitsverteilung I § 54). Daher steigt der Dampfdruck mit wachsender Temperatur stark an. Trägt man als Funktion der Temperatur die zugehörigen Dampfdrucke auf (Abb. 205), so

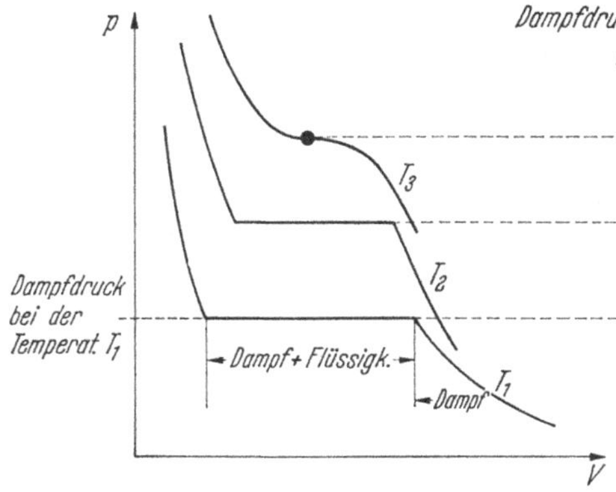


Abb. 204

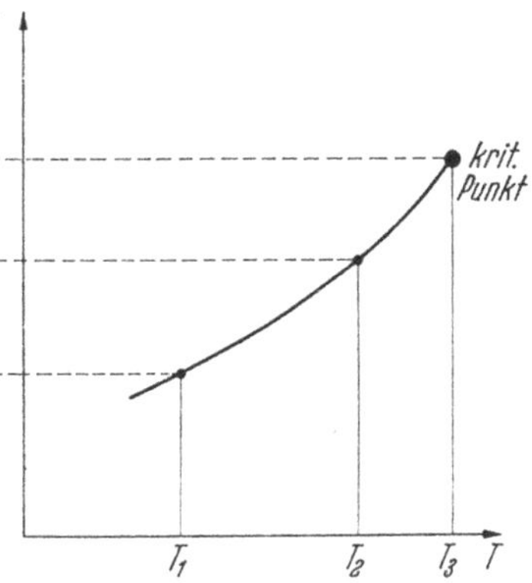


Abb. 205

Abb. 204. Volumabhängigkeit des Druckes bei Koexistenz von Flüssigkeit und Dampf bei 3 Temperaturen ($T_1 < T_2 < T_3$
Abb. 205. Dampfdruckkurve

ergibt sich eine immer steiler ansteigende Kurve, die *Dampfdruckkurve*. Nur bei den ihr entsprechenden $p$, $T$-Werten können die beiden Phasen „koexistieren". Sie teilt also die $p$, $T$- (oder Phasen-)Ebene in zwei Bereiche: Oberhalb existiert die Substanz nur im flüssigen, unterhalb nur im Gas- oder Dampfzustand. Da Koexistenz von Flüssigkeit und Dampf nur bis zu einer gewissen kritischen Temperatur ($\approx T_3$) möglich ist, zeigen die $p(V)$-Kurven höherer Temperatur keinen horizontalen Teil mehr, und die Dampfdruckkurve endet bei dieser Temperatur (vgl. § 31).

Tabelle 14. *Dampfdruck des gesättigten Wasserdampfes in Torr*

| 0° C | 10° | 20° | 30° | 40° | 50° | 60° | 70° | 80° | 90° | 100° |
|---|---|---|---|---|---|---|---|---|---|---|
| 4,6 | 9,2 | 17,5 | 31,8 | 55,3 | 92,5 | 149,4 | 233,7 | 355,1 | 525,8 | 760,0 |

| 110° | 120° | 130° | 150° | 170° | 190° | 300° | 350° |
|---|---|---|---|---|---|---|---|
| 1074,6 | 1489,2 | 2025,7 | 3571 | 5941 | 9415 | 64442 | 124040 |

Tabelle 15. *Dampdruck einiger Flüssigkeiten bei 20° Celsius in Torr*

| | | | |
|---|---|---|---|
| Wasserdampf . . . . . . . . . | 17,5 | Benzol . . . . . . . . . . . . . | 75 |
| Äthylalkohol . . . . . . . . . . | 44,1 | Äthyläther . . . . . . . . . . . | 440 |
| Methylalkohol . . . . . . . . . | 94 | Quecksilber . . . . . . . . . . . | $1{,}2 \cdot 10^{-3}$ |

Für viele Stoffe läßt sich die Dampfdruckkurve befriedigend durch eine Gleichung von der Form

$$\log p_D = -\frac{a}{T} - b \cdot \log T + c \tag{28.1}$$

darstellen.

**a) Sieden.** Wird der Dampfdruck gleich dem auf der Flüssigkeit lastenden Druck eines anderen Gases, so siedet die Flüssigkeit. Dann tritt Dampfentwicklung nicht nur an der Oberfläche der Flüssigkeit, sondern auch im Innern auf; es bilden sich Dampfblasen.

Die Siedetemperatur hängt demnach vom Außendruck ab. Bei dem Druck 760 Torr siedet das Wasser bei 100°, bei vermindertem Druck siedet es unter 100°, bei erhöhtem über 100° C. Der Dampfdruck von Äthylalkohol und Äthyläther ist 760 Torr bei 78,3° bzw. 34,6° C; dieses sind daher die Siedepunkte dieser Stoffe bei 760 Torr.

Infolge der Abnahme des atmosphärischen Druckes siedet in größeren Höhen über dem Meeresspiegel das Wasser (natürlich auch jede andere Flüssigkeit) bei niedrigerer Temperatur. Aus der Dampfdruckkurve kennt man den Dampfdruck bei der beobachteten Siedetemperatur, der gleich dem dort herrschenden Luftdruck ist. Mit Hilfe der barometrischen Höhenformel (I 52.2) läßt sich aus dem Druck die Höhe errechnen, wenn im betrachteten Höhenbereich $T = \text{const}$ ist (*Hypsothermometer*).

**b) Hygrometrie.** Die atmosphärische Luft ist im allgemeinen nicht mit Wasserdampf gesättigt. Wohl bildet sich in einem abgeschlossenen Raum, in dem sich Wasser befindet, auch wenn er mit Luft vom Atmosphärendruck gefüllt ist, der Sättigungsdruck des Wasserdampfes aus, der zu der Temperatur des Gefäßes gehört. Es bedarf aber einer längeren Zeit, bis das Gleichgewicht erreicht ist, weil der Wasserdampf durch die Luft hindurch diffundieren muß. Da in der freien Atmosphäre ein häufiger Temperaturwechsel eintritt, wird im allgemeinen die Sättigung entweder nicht erreicht, oder die Atmosphäre kann übersättigt sein.

Als *absolute Feuchtigkeit* wird die in g gemessene Masse des Wasserdampfes in 1 m³ der Atmosphäre bezeichnet. Die *maximale Feuchtigkeit* entspricht dem Sättigungsdruck bei der Temperatur der Atmosphäre, d.h. sie ist gleich der maximal möglichen absoluten Feuchtigkeit bei dieser Temperatur.

$$\textit{Relative Feuchtigkeit} = \frac{\text{absolute Feuchtigkeit}}{\text{maximale Feuchtigkeit}}\,.$$

Apparate zur Messung der relativen Feuchtigkeit heißen *Hygrometer*. Wenn die Luft nicht mit Wasserdampf gesättigt ist, bleibt bei einer Abkühlung die absolute Feuchtigkeit unverändert. Die Temperatur, bei der die absolute gleich der maximalen Feuchtigkeit wird, heißt der *Taupunkt*. Bei einer Temperatursenkung unter den Taupunkt kondensiert sich der Wasserdampf; eine Spiegeloberfläche, die unter den Taupunkt abgekühlt wird, beschlägt sich. Kennt man die Dampfdruckkurve, so kann man durch Messung des Taupunktes die absolute Feuchtigkeit ermitteln (Taupunkthygrometer).

Zur Abscheidung von Nebeltröpfchen im Luftraum bedarf es einer beträchtlichen Unterkühlung unter den Taupunkt und damit einer erheblichen *Übersättigung*. Außerdem müssen Kondensationskeime, z.B. Staubpartikel oder elektrisch geladene Moleküle (Ionen) in der Luft vorhanden sein. Das hat seinen Grund darin, daß der Dampfdruck über sehr stark gekrümmten Flüssigkeitsoberflächen, wie sie bei kleinen Tröpfchen vorhanden sind, größer ist als über ebenen Flächen.

**c) Thermodynamik des Verdampfungsvorgangs.** Da bei der Verdampfung gegen die molekularen Anziehungskräfte Arbeit verrichtet werden muß, wird Wärme verbraucht. Die Wärmemenge, die der Masse 1 einer Flüssigkeit zugeführt werden muß, um sie bei konstanter Temperatur zu verdampfen, bezeichnet man als *spezifische Verdampfungswärme* $\lambda$.

$$\text{Spezifische Verdampfungswärme} = \frac{\text{zugeführte Wärme}}{\text{Masse der verdampften Flüssigkeit}}\,.$$

Tabelle 16. *Verdampfungswärmen*

| | $\lambda$ cal/g | $\Lambda$ cal/Mol | Gemessen bei der Siedetemperatur $T$ |
|---|---|---|---|
| Wasser . . . . | 539 | 9710 | 373,2° K |
| Äthyläther . . | 86 | 6380 | 307,8° K |
| Äthylalkohol . | 201,8 | 9300 | 351,6° K |
| Quecksilber . . | 67,8 | 14200 | 630,2° K |
| Stickstoff . . . | 48 | 1340 | 77,4° K |
| Wasserstoff . . | 111,6 | 225 | 20,4° K |

Die zur isothermen Verdampfung von 1 Mol benötigte Wärme bezeichnet man als *molare* Verdampfungswärme $\Lambda = M \cdot \lambda$. Bei dem Übergang von der dampfförmigen in die flüssige Phase (Kondensation) wird Wärme frei. Die Kondensationswärme (bezogen auf Dampf der Masse 1) ist (entgegengesetzt) gleich der Verdampfungswärme bei der gleichen Temperatur.

Die Verdampfungswärme hängt von der jeweiligen Verdampfungstemperatur $T$, der Änderung des Dampfdrucks mit der Temperatur und den spezifischen Volumina des Dampfes und der Flüssigkeit $(v_D - v_{Fl})$ ab:

$$\lambda = T \cdot \frac{dp}{dT}\,(v_D - v_{Fl}) \qquad \textit{(Clausius-Clapeyronsche Gleichung)}\,. \tag{28.2}$$

Zum Beweis betrachtet man den in Abb. 206 dargestellten reversiblen Carnotschen Kreisprozeß, der mit der Flüssigkeit und ihrem Dampf ausgeführt werde.

Im Zustand 1 sei praktisch aller Dampf kondensiert, das Volumen der Flüssigkeit beträgt $v_{Fl}$. Nun werde bei der konstanten Temperatur $T+dT$ die Flüssigkeit verdampft, indem der Zylinder, der die Flüssigkeit enthält, in den Wärmebehälter mit der Temperatur $T+dT$ getaucht und durch reversibles Zurückziehen des Kolbens alle Flüssigkeit verdampft wird; man erreicht den Zustand 2. Dabei wird unter Zufuhr der Verdampfungswärme $\lambda$ die Arbeit $(p+dp)(v_D-v_{Fl})$ geleistet. Diese Wärme dient teils zur Loslösung der Flüssigkeitsmoleküle aus der Bindung durch die Kohäsionskräfte, teils zur Arbeitsverrichtung $-\Delta A_1$. Es ist also:

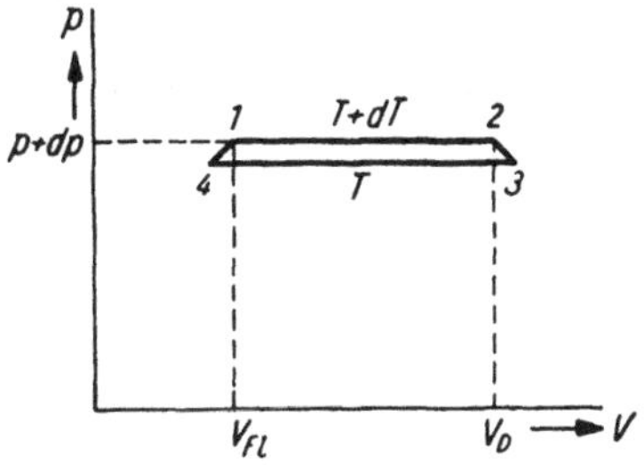


Abb. 206. Carnotscher Kreisprozeß mit einer verdampfenden Flüssigkeit als Arbeitsstoff

$$-\Delta A_1 = (p+dp)(v_D - v_{Fl}).$$

Nun sorgt man (etwa durch adiabatische Expansion) für eine Abkühlung um die sehr kleine Temperaturdifferenz $dT$ und gelangt zum Zustand 3. Von hier aus verkleinert man wieder das Volumen unter Konstanthaltung der Temperatur $T$ (der Zylinder möge dabei in einen Wärmebehälter mit der Temperatur $T$ getaucht werden). Der Dampf kondensiert sich, und im Zustand 4 sei wieder aller Dampf kondensiert. Je kleiner $dT$, um so weniger unterscheidet sich $v_D(3)$ von $v_D(2)$ und $v_{Fl}(4)$ von $v_{Fl}(1)$; die aufzuwendende Arbeit ist

$$\Delta A_2 = p(v_D - v_{Fl})$$

Durch Erwärmung der Flüssigkeit von $T$ auf $T+dT$ wird nun der Kreisprozeß beendet. Die bei den Änderungen von 2 nach 3 und von 4 nach 1 aufgewendeten Arbeitsverrichtungen können neben den Arbeitsverrichtungen $1\to 2$ und $3\to 4$ völlig vernachlässigt werden, wenn die Volumenänderungen durch die Abkühlung bzw. die Erwärmung nur sehr klein gegen $v_D - v_{Fl}$ sind (wenn man $\Delta T = 0{,}01^\circ$ macht, sind beim Wasser die Beiträge zur Arbeit kleiner als 0,3%). Die insgesamt vom Gase bei diesem Kreisprozeß verrichtete Arbeit ist also:

$$-\Delta A = (p+dp)(v_D - v_{Fl}) - p(v_D - v_{Fl}) = dp(v_D - v_{Fl}).$$

Nun ist nach (21.7) der Nutzeffekt bei einem solchen reversiblen Kreisprozeß:

$$\eta = \frac{-\Delta A}{\Delta Q_1} = \frac{dp(v_D - v_{Fl})}{\lambda} = \frac{T+dT-T}{T+dT} = \frac{dT}{T}$$

oder

$$\lambda = T\cdot\frac{dp}{dT}(v_D - v_{Fl}).$$

(28.2) folgt natürlich auch direkt aus der Helmholtzschen Gleichung (s. § 27c).

Bei 0° C beträgt $\lambda$ für Wasser 604 cal/g; von 100° bis 170° nimmt $\lambda$ von 538 auf 482 cal/g ab; bei 264° C beträgt $\lambda$ nur noch 147 cal/g, bei 374° C, der kritischen Temperatur des Wassers (s. § 31), ist sie Null.

Die Verdampfungswärme besteht aus einem inneren und einem äußeren Anteil. Die äußere Wärme wird dazu verbraucht, das ursprüngliche Volumen (bei Wasser von 100°: 1 cm³/g) auf das Volumen von 1 g Dampf (bei Wasserdampf: 1700 cm³/g) auszudehnen. Da der Druck 1 Atm $\approx 10^6$ dyn/cm² ist, wird die Arbeit gegen den äußeren Druck pro Gramm

$$p\cdot\Delta v = 10^6(1700-1) \qquad 1{,}7\cdot 10^9\,\text{erg/g} = \frac{1{,}7\cdot 10^9}{4{,}2\cdot 10^7}\,\text{cal/g} = 40\,\text{cal/g}.$$

Die innere Verdampfungswärme zur Überwindung der Molekularkräfte 540 − 40 = 500 cal/g stellt also bei weitem den größten Anteil an der gesamten Arbeit dar.

**29. Koexistenz von Festkörper und Flüssigkeit.** Alle festen Körper gehen beim Überschreiten einer gewissen Temperatur, der Schmelztemperatur in den flüssigen Zustand über. Nur bei dieser Temperatur können beide Zustände oder Phasen koexistieren. Mit der Zustandsänderung ist stets eine Änderung der Dichte und somit des Molvolumens verbunden. Im allgemeinen ist die Dichte im festen Zustand — dank der regelmäßigen Anordnung der Moleküle oder Atome —

größer als im flüssigen. Daher sammelt sich bei den meisten Stoffen die Schmelze über den noch festen Bestandteilen.

Nur Eis bzw. Wasser und einige wenige andere Stoffe (Ga, Bi, Ge) zeigen beim Schmelzen eine Dichtezunahme. Daher schwimmt Eis in seiner Schmelze (Eisberge).

Auch die Schmelztemperatur ist vom Druck abhängig, und zwar steigt sie mit wachsendem Druck an. Anders ausgedrückt: Der Schmelzdruck wächst mit der Temperatur. In einem $p$, $T$-Diagramm (vgl. Abb. 207) ergibt sich eine Kurve mit positiver Steigung, die man als Koexistenzlinie für den flüssigen und festen Zustand oder als Grenzlinie zwischen beiden deuten kann.

Auch in dieser Beziehung verhält Eis sich abweichend insofern, als die Schmelztemperatur bei Druckerhöhung abnimmt, d.h. die Koexistenzlinie eine negative Steigung aufweist. Das hat zur Folge, daß man Eis bei konstant gehaltener Temperatur durch Drucksteigerung schmelzen kann, eine Tatsache, die das Wandern der Gletscher und das Eislaufen ermöglicht.

In jedem Fall wird beim Übergang von der festen zur flüssigen Phase (oder umgekehrt) Wärme verbraucht (bzw. frei). Auf die Masseneinheit bezogen heißt sie spezifische Schmelz- (bzw. Erstarrungs-)wärme ($\sigma$).

Daß Dichteänderung und Steigung der $p$, $T$-Kurve notwendig miteinander verbunden sind, ersieht man aus der Clausius-Clapeyron-Beziehung (28.2), die auch für den Phasenübergang fest/flüssig gilt:

$$\sigma = T \cdot \frac{dp}{dT} \cdot (v_{\text{fl}} - v_{\text{fest}}), \tag{29.1}$$

da die linke Seite der Gleichung stets postiv ist.

Qualitativ folgt der Zusammenhang auch aus dem Le Chatelier-Braunschen „Prinzip der Flucht vor dem Zwange", welches im 2. Hauptsatz enthalten ist: Eine äußere Einwirkung, die eine Zustandsänderung des Systems zur Folge hat (erzwingt), ruft eine Änderung hervor, die dem Zwange ausweicht. Bei einer Druckerhöhung weicht also z.B. Eis dem Zwange durch Schmelzen aus, weil das spezifische Volumen des flüssigen Wassers kleiner ist als das des Eises.

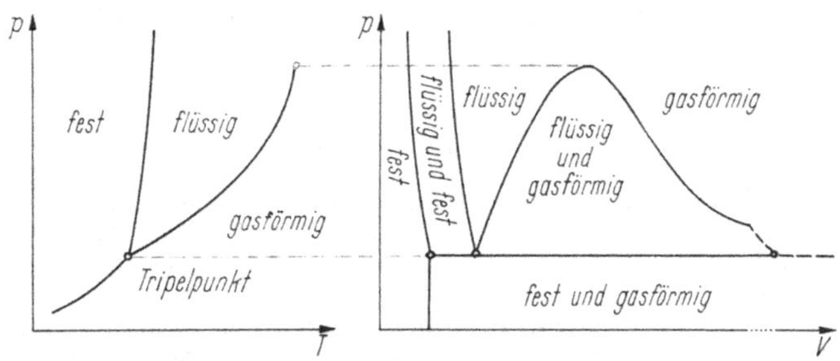


Abb. 207 Zustandsdiagramm für 3 Phasen (qualitativ)

**30. Koexistenz dreier Phasen.** In § 28 wurde die Dampfdruckkurve als Grenz- oder Koexistenzlinie zwischen flüssiger und gasförmiger Phase im $p$, $T$-Diagramm eingeführt; ebenso in § 29 die Schmelzpunkt-Kurve als Grenzlinie zwischen flüssiger und fester Phase. Da aber auch ein unmittelbarer Übergang von der festen in die gasförmige Phase stattfindet (durch *Sublimation*) muß weiterhin eine Grenz- oder Koexistenzlinie zwischen diesen beiden existieren. Die Sublimationskurve hat stets eine positive Steigung und geht durch den Schnittpunkt der beiden anderen Kurven (Abb. 207). Die Koordinaten dieses „Tripelpunktes" geben an, bei welchem Druck und welcher Temperatur alle drei Phasen koexistieren können (für $CO_2$ 5,1 kp/cm² und $-56°$ C; für $H_2O$ 4,6 Torr und 0,0075° C). Die Molvolumina der drei Phasen sind selbstverständlich auch am Tripelpunkt ganz verschieden; daher entsprechen ihm in der $p$, $V$-Ebene (Abb. 208, rechts) drei Zustandspunkte. Außerdem sind in dieser Darstellung die den reinen Phasen entsprechenden Bereiche durch solche getrennt, in denen zwei Phasen koexistieren können.

Die drei Zweige des $p$, $T$- Diagramms trennen drei Gebiete voneinander, in denen nur die feste oder nur die flüssige oder nur die gasförmige Phase existieren können. In diesen Gebieten kann innerhalb gewisser Grenzen $p$ und $T$ beliebig gewählt werden. Man sagt der Zustand habe zwei Freiheitsgrade. Sollen aber zwei Phasen nebeneinander existieren, so ist nur noch eine Zustandsgröße frei wählbar, da der Zustand durch einen Punkt auf einem der drei Zweige beschrieben wird. Hier hat also der Zustand nur noch einen Freiheitsgrad. Wenn alle drei Phasen nebeneinander vorhanden sein sollen, was nur im Tripelpunkt möglich ist, gibt es überhaupt keinen Freiheitsgrad mehr.

Hier liegt ein Spezialfall der *Gibbsschen Phasenregel* vor, deren allgemeine Gültigkeit sich auf Systeme mit mehreren Bestandteilen (Komponenten) erstreckt, bei denen dann auch die Zahl der Phasen größer sein kann als die Zahl der Aggregatzustände. Diese lautet: Die Anzahl der Freiheitsgrade $f$ ist gleich der Zahl der um zwei vermehrten Komponenten $k$ (Bestandteile), vermindert um die Anzahl der Phasen $p$:

$$f = k + 2 - p.$$

Bei reinem Wasser ist $k = 1$, also $f = 3 - p$. Für $p = 3$ ist $f = 0$ (Tripelpunkt); $p = 2$: $f = 1$ (man kann entweder über den Druck *oder* die Temperatur willkürlich verfügen); $p = 1$: $f = 2$ (man kann Druck *und* Temperatur willkürlich wählen).

**31. Die Zustandsgleichung realer Gase (VAN DER WAALS).** Man kann jeden Körper je nach den Bedingungen, denen er unterworfen wird, in die feste, flüssige oder gasförmige Phase bringen, von denen einige auch gleichzeitig auftreten können. Für eine Phase *allein* kann man Zustandsgleichungen aufstellen. Für alle Gase gilt bei hinreichend hoher Temperatur die Zustandsgleichung des „idealen Gases" (vgl. 7.2).

Starke Abweichungen von der Zustandsgleichung des idealen Gases zeigen sich bei hohen Drucken und tiefen Temperaturen. In Abb. 208 zeigt die gestrichelte Kurve die Isotherme für 1 Mol irgendeines idealen Gases bei 0° C: Bei 1 Atm ist das Molvolumen nahezu 22400 cm³/Mol (vgl. § 7), bei 50 Atm demnach 448 cm³/Mol. Das Volumen eines Mols $CO_2$ verhält sich aber bei 0° C ganz anders: Bei 1 Atm nimmt es zwar fast noch 22400 cm³ ein; verringert man nun aber das Volumen auf 300 cm³, so steigt der Druck nur auf 47 Atm (Punkt $A$). Bei weiterer Volumenabnahme bleibt der Druck konstant; in diesem Gebiet hat das Gas den Charakter eines gesättigten Dampfes. Die flüssige Phase beginnt sich auszuscheiden und bei einem Volumen von 75 cm³ ist der Dampf vollständig kondensiert (Punkt $E$). Weitere Volumenverringerung erfordert dann eine starke Drucksteigerung; das entspricht der geringen Kompressibilität von Flüssigkeiten (s. I § 48). Die

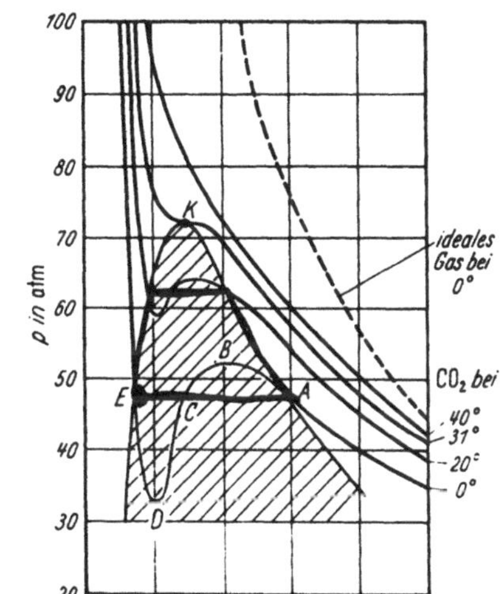


Abb. 208. Die Isothermen für 1 Mol (= 44 g) Kohlendioxid ($CO_2$)

Figur enthält noch einige weitere Isothermen. Bei 20° ist das Verhalten ähnlich, das Volumenintervall, in dem Dampf und Flüssigkeit zusammen existieren, aber nur noch etwa halb so groß, und bei der Temperatur 31,5° verschwindet es vollständig (Punkt $K$); bei dieser Temperatur findet keine Verflüssigung mehr statt. Darüber hinaus nehmen die Isothermen eine Form an, die der des idealen Gases um so ähnlicher wird, je höher die Temperatur ist.

Die Temperatur, bei (bzw. oberhalb) der eine Verflüssigung durch Anwendung noch so hoher Drucke nicht mehr möglich ist, heißt die *kritische Temperatur* des Gases; die zugehörige Isotherme hat einen Wendepunkt ($K$) mit waagerechter Tangente beim *kritischen Druck*. Dort hat die Dampfdruckkurve ein Ende (vgl. Abb. 206).

Dieses Verhalten der realen Gase außerhalb des in Abb. 209 schraffierten Gebietes wird mit guter Näherung durch die *van der Waalssche Zustandsgleichung* beschrieben. Sie hat die Form:

$$\left(p + \frac{a}{V_{\text{mol}}^2}\right)(V_{\text{mol}} - b) = R \cdot T. \tag{31.1}$$

Zu dem äußeren Druck $p$ tritt der sogenannte *Binnendruck* $\frac{a}{V_{\text{mol}}^2}$ hinzu. Abb. 208 läßt erkennen, daß der äußere Druck $p$ des Kohlendioxids bei 0° C und einem Volumen von 300 cm³/Mol nur etwa gleich dem 1,6. Teil des Druckes ist, den ein Mol eines idealen Gases bei gleichem Volumen und gleicher Temperatur ausübt.

Der Binnendruck ist auf die Anziehungskräfte der Moleküle untereinander zurückzuführen (vgl. § 31 b). Vom Volumen ist ein Betrag $b$ abzuziehen, der davon herrührt, daß die Moleküle selbst ein gewisses Volumen beanspruchen, das nun

Tabelle 17. *Kritische Daten einiger Gase*

| | Kritischer Druck | Kritische Temperatur | Siedetemperatur bei 760 Torr | |
|---|---|---|---|---|
| | at | °K | °K | °C |
| Wasser . . . . | 217,5 | 647,4 | 373,2 | 100 |
| Kohlensäure . . | 72,9 | 304,2 | 194,7 | − 78,5 (Sb) |
| Sauerstoff . . . | 50,8 | 154,4 | 90,2 | − 183 |
| Luft . . . . . . | 37,2 | 132,5 | 80,2 | − 193 |
| Stickstoff . . . | 35 | 126,1 | 77,4 | − 195,8 |
| Wasserstoff . . | 13 | 33,3 | 20,4 | − 252,8 |
| Helium . . . . | 2,26 | 5,3 | 4,2 | − 268,9 |

nicht mehr der freien Bewegung der Moleküle zur Verfügung steht. $b$ wird als *Kovolumen*; bezeichnet; es ist etwa das 4fache Eigenvolumen der Moleküle eines Mols (vgl. § 31 a).

Bei großen Volumina (geringer Teilchenzahldichte) ist $\frac{a}{V_{\text{mol}}^2}$ gegen $p$ und $b$ gegen $V_{\text{mol}}$ zu vernachlässigen, und die van der Waalssche Gleichung geht in die Zustandsgleichung der idealen Gase über. Für $CO_2$ haben die van der Waalsschen Konstanten $a$ und $b$ die Werte $a = 3{,}6 \cdot 10^6$ at cm⁶ Mol⁻², und $b = 42{,}75$ cm³ Mol⁻¹.

Die ausgezogene Kurve $A\ B\ C\ D\ E$ der Abb. 208 entspricht dem Kurvenverlauf der van der Waalsschen Funktion für $T = 273°$ K. Der Zustand des Kohlendioxids wird aber zwischen $A$ und $E$ durch das horizontale Stück beschrieben;

dieses ist der Bereich der Koexistenz von Flüssigkeit und gesättigtem Dampf bei dieser Temperatur (vgl. § 28). Nur geringe Teile der $S$-förmigen Schleife zwischen $A$ und $E$ können realisiert werden, d.h. die Kohlensäure kann einen Druck haben, der den Sättigungsdruck übertrifft. Das tritt ein, wenn infolge des Fehlens von Kondensationskeimen keine Flüssigkeitsausscheidung (Tröpfchenbildung) stattfindet. Andererseits kann sich eine Flüssigkeit unter einem geringeren als dem Sättigungsdruck befinden, ohne zu sieden *(Siedeverzug)*.

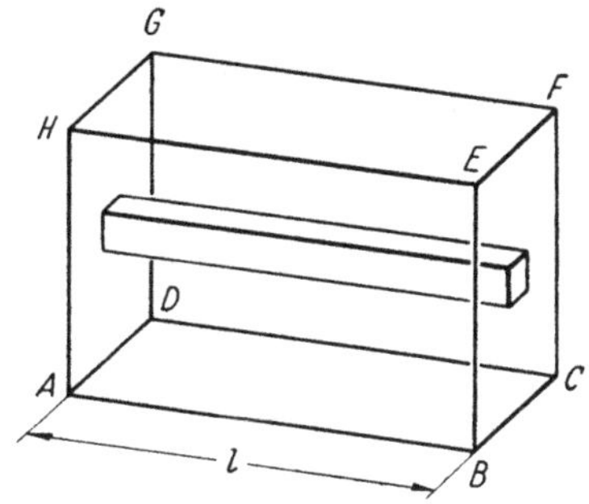

Abb. 209. Zur Ableitung der van der Waalsschen Zustandsgleichung

Der Kurve entnimmt man den Dampfdruck, also die Ordinate des horizontalen Stückes, nach folgender Vorschrift: Die horizontale Gerade muß so gezogen werden, daß der Inhalt der von der Horizontalen und dem oberen Schleifenstück begrenzten Fläche gleich dem des von dem unteren Bogen begrenzten Stückes ist.

**a) Deutung der van der Waalsschen Konstanten $b$.** Die Bedeutung des van der Waalsschen Kovolumens ergibt sich aus der kinetischen Theorie, wenn die Raumerfüllung der Moleküle berücksichtigt wird, welche in I § 53 vernachlässigt wurde.

Die Zustandsgleichung $p = \frac{1}{3} n \cdot m \cdot \overline{u^2}$ (53.1) gewinnt man unter Abänderung der in I § 53 dargestellten Überlegung auch auf folgendem Wege: Das Gas befinde sich in einem quaderförmigen Gefäß (Abb. 209). Die Bewegung der Moleküle denken wir uns in den drei den Kanten parallelen Richtungen geordnet. Die Molekülzahldichte betrage $n$. Wir betrachten eine Säule vom Querschnitt 1, die der Kante $AB$ parallel ist. $^1/_3$ aller in ihr vorhandenen Moleküle bewegen sich zwischen den Endflächen $ADGH$ und $BCFE$. Jedes einzelne legt in der Zeiteinheit den Weg $u$ zurück, stößt also $\frac{u}{2l}$ mal gegen die linke (oder rechte) Wand. Dabei wird also auf diese Wand der Impuls $\left(\frac{n}{3} \cdot l\right) \cdot \frac{u}{2l} \cdot 2m \cdot u = \frac{1}{3}\, n \cdot m \cdot u^2$ pro Zeit- und Flächeneinheit übertragen, es ist also

$$p = \frac{1}{3}\, n \cdot m \cdot u^2.$$

Die Stoßzahl ist aber nur $\frac{u}{2l}$, wenn jedes Molekül den Weg $l$ ungehindert zurücklegen kann, was nur dann richtig ist, wenn die Molekel selbst und alle ihr begegnenden keinen Raum beanspruchen. Ist aber ihr Durchmesser von Null verschieden, so wird die Länge $l'$ des freien Weges gleich dem Wandabstand $l$ sein, vermindert um die Summe der Durchmesser aller Moleküle, denen die Molekel auf ihrem Wege begegnet. Die Zahl $\xi$ dieser Moleküle ist gleich der Anzahl der in einem Zylinder mit der Länge $l$ und dem Querschnitt $(2r)^2 \cdot \pi$ (Stoßquerschnitt, s. I § 55) enthaltenen Moleküle: $\xi = 4r^2 \cdot \pi \cdot l \cdot n$, also $l' = l - \xi \cdot 2r = l - 4 \cdot r^2 \cdot \pi \cdot l \cdot n \cdot 2r$. Also ist die Stoßzahl $z' = \frac{u}{2l'}$ oder

$$z' = \frac{u}{2 \cdot l \cdot (1 - 8 \cdot r^3 \cdot \pi n)}.$$

Der auf die Wand ausgeübte Druck ist also

$$p = \left(\frac{n}{3} l\right) \cdot z' \cdot 2 \cdot m \cdot u = \frac{2}{3}\, \frac{n \cdot m \cdot u^2}{2 \cdot (1 - 8 \cdot r^3 \cdot \pi \cdot n)} = \frac{1}{3}\, n \cdot m \cdot u^2 \, \frac{1}{1 - \frac{6 \cdot 4 \cdot \pi}{3} r^3 \cdot n}$$

$$p\,(1 - 6 \cdot v_m) = \frac{1}{3}\, n \cdot m \cdot u^2,$$

wo $v_m$ das Eigenvolumen der in der Volumeneinheit enthaltenen Moleküle ist. Es hat also die Dimension Volumen/Volumeneinheit (dimensionslos). Multipliziert man diese Gleichung mit dem Volumen eines Mols, so wird

$$p\,(V_{\text{mol}} - 6 \cdot V_{\text{mol}} \cdot v_m) = \frac{1}{3}\, n \cdot V_{\text{mol}} \cdot m \cdot u^2$$

oder

$$p(V_{\text{mol}} - b) = \frac{1}{3} L \cdot m \cdot u^2 = RT. \tag{31.2}$$

Das van der Waalssche Kovolumen $b$ bedeutet hier das 6fache Eigenvolumen der in 1 Mol enthaltenen Moleküle. Eine genauere Rechnung gibt statt des Faktors 6 den Faktor 4.

**b) Deutung der van der Waalsschen Konstanten $a$.** Setzt man zwischen den Molekülen wirkende Anziehungskräfte voraus, so müssen die an die Grenzfläche des Gases (Wand) vordringenden Moleküle gegen die hinter ihnen zurückbleibenden eine Arbeit leisten (vgl. I § 56), die mit $A$ bezeichnet sei.

Dadurch wird die kinetische Energie $\frac{m}{2} u^2$, die sie im Innern besitzen, wo die Resultierende der an ihnen angreifenden Molekularkräfte Null ist, auf den Betrag $\frac{m}{2} u'^2$ verringert:

$$\frac{m}{2} u'^2 = \frac{m}{2} u^2 - A$$

$$u^2 - u'^2 = \frac{2A}{m} = (u + u')(u - u').$$

Setzen wir $u + u' \approx 2u$, so wird

$$u - u' = \frac{2 \cdot A}{m \cdot 2u} \quad \text{oder} \quad u' = u - \frac{A}{mu}.$$

Der übertragene Impuls ist also $2m \cdot u' = 2m\left(u - \frac{A}{m \cdot u}\right)$.

Die Stoßzahl $z'$ aber richtet sich nach der Geschwindigkeit $u$, und daher wird $p$:

$$p = \frac{1}{3} n \cdot m \cdot u \left(u - \frac{A}{m \cdot u}\right)$$

$$= \frac{1}{3} n \cdot m \cdot u^2 - \frac{1}{3} n \cdot A$$

oder

$$\left(p + \frac{1}{3} n \cdot A\right) = \frac{1}{3} n \cdot m \cdot u^2 = \frac{1}{3} \frac{L}{V_{\text{mol}}} m \cdot u^2$$

$$\left(p + \frac{1}{3} \frac{L}{V_{\text{mol}}} \cdot A\right) V_{\text{mol}} = RT.$$

$A$ muß aber der Dichte $\varrho = \frac{M}{V_{\text{mol}}}$ proportional sein. Wir setzen $\frac{1}{3} L \cdot A = \frac{a}{V_{\text{mol}}}$ und erhalten die Gleichung $\left(p + \frac{a}{V_{\text{mol}}^2}\right) V_{\text{mol}} = RT$ oder mit Berücksichtigung des Kovolumens:

$$\left(p + \frac{a}{V_{\text{mol}}^2}\right)(V_{\text{mol}} - b) = RT.$$

**32. Joule-Thomson-Effekt.** Aus der unter stark vereinfachenden Annahmen (vgl. I vor § 53) abgeleiteten kinetischen Gastheorie folgt, daß der Energieinhalt eines Gases nicht vom Volumen abhängt (vgl. § 19). Da diese Annahmen für ein reales Gas offensichtlich (vgl. § 31) nicht erfüllt sind, ist zu erwarten, daß sich der Energieinhalt eines realen Gases mit seinem Volumen ändert, was an einer Temperaturänderung nachweisbar sein sollte.

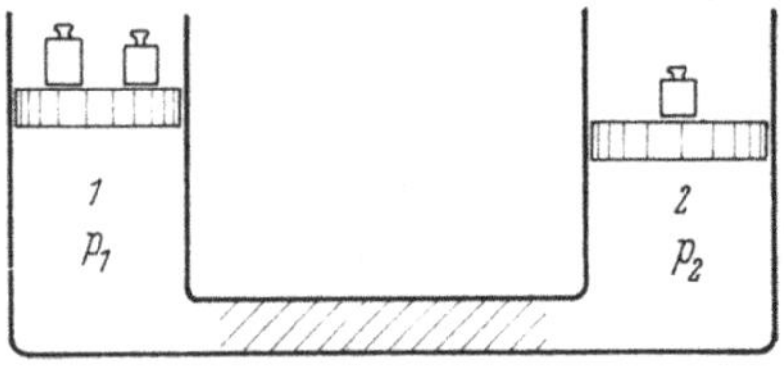


Abb. 210. Nachweis des Joule-Thomson-Effektes

Dieser *Joule-Thomson-Effekt* läßt sich mit der in Abb. 211 schematisch dargestellten Anordnung nachweisen: Das in Raum 1 eingeschlossene Gas steht unter dem konstanten Druck $p_1$ und wird mit Hilfe eines Kolbens durch eine poröse Wand (Wattebausch), die Wirbel- und Strahlbildung verhindert, langsam in den Raum 2, der unter dem konstanten Druck $p_2$ ($< p_1$) steht, hinüber gepreßt.

Bei realen Gasen stellt sich dann ein kleiner Temperaturunterschied zwischen 1 und 2 ein, und zwar bei $CO_2$ und Luft eine Temperatursenkung ($^3/_4{}^\circ$ bzw. $^1/_4{}^\circ$ pro Atm Druckdifferenz), bei Wasserstoff eine Temperatursteigerung. Thermodynamisch bedeutet dies, daß mit einer Änderung des Volumens eine Änderung der inneren Energie verbunden ist, die sich in einer Änderung der Temperatur bemerkbar macht. Berechnet man diese unter Zugrundelegung der van der Waalsschen Zustandsgleichung (31.1), so ergibt sich:

$$\frac{\Delta T}{\Delta V_{\text{mol}}} = \frac{1}{C_v + \dfrac{R V_{\text{mol}}}{V_{\text{mol}} - b}} \left( \frac{R T b}{(V_{\text{mol}} - b)^2} - \frac{2a}{V_{\text{mol}}^2} \right). \tag{32.1}$$

Der Klammerausdruck ist bei hoher Temperatur positiv. Er wechselt aber sein Vorzeichen, wenn

$$T \equiv T_i = \frac{(V_{\text{mol}} - b)^2}{R b} \cdot \frac{2a}{V_{\text{mol}}^2} \approx \frac{2a}{R b}, \tag{32.2}$$

da $b$ meist $\ll V_{\text{mol}}$ ist. Oberhalb der *Inversionstemperatur* $T_i$ erwärmt sich ein Gas also bei Entspannung (Volumvergrößerung), unterhalb $T_i$ kühlt es sich ab. Für $CO_2$ und Luft liegt $T_i$ weit über der Zimmertemperatur; für Wasserstoff aber bei $-80^\circ$ C.

Nach (32.1) bewirkt ein hoher Wert der van der Waalsschen Konstanten $a$, daß die Temperatur bei Entspannung des realen Gases stark absinkt. Das ist verständlich, denn bei Volumvergrößerung entfernen sich die Moleküle voneinander und müssen dabei Arbeit leisten gegen die durch $a$ charakterisierten Anziehungskräfte (vgl. § 31 b). Diese Arbeit vermindert die kinetische Energie der Moleküle und damit die Temperatur des Gases.

Der Joule-Thomson-Effekt wird beim *Linde-Verfahren* zur Abkühlung von Gasen bis zur Verflüssigung benutzt, vor allem in großem Umfang zur Herstellung flüssiger Luft:

In der *Lindeschen Maschine* (Abb. 211) läßt man Luft von 200 Atm aus einem Kompressor sich durch ein Drosselventil ($D$) auf etwa 20 Atm entspannen; hierbei tritt nach dem Joule-Thomson-Effekt eine Abkühlung um $(200-20) \cdot {}^1/_4{}^\circ = 45^\circ$ ein. Die abgekühlte Luft wird zurückgeleitet und dient zur Kühlung weiterer komprimierter Luft vor ihrer Entspannung. Durch diesen „Gegenstrom-Wärmeaustauscher" wird die Luft allmählich so tief gekühlt, daß bei 20 Atm Verflüssigung eintritt.

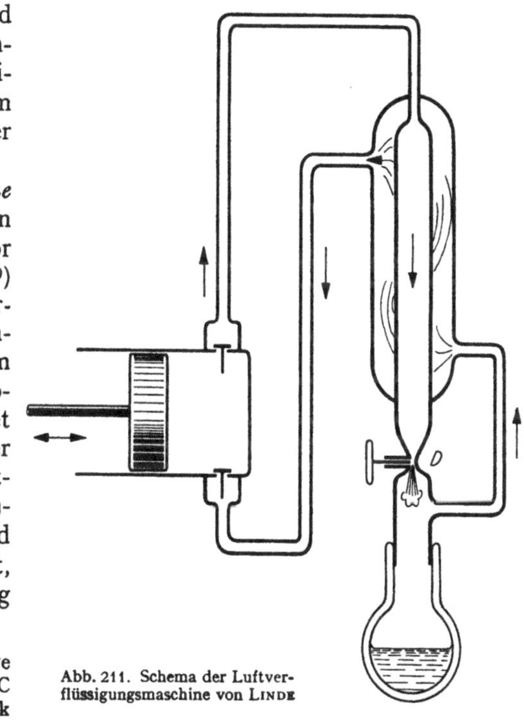


Abb. 211. Schema der Luftverflüssigungsmaschine von LINDE

In einem offenen Gefäß nimmt flüssige Luft eine Temperatur von etwa $-190^\circ$ C an, bei der sie unter Atmosphärendruck siedet. Das Sieden bewirkt die Beibehaltung der Temperatur, denn dadurch wird der flüssigen Luft Verdampfungswärme entzogen. Die Menge der absiedenden Luft regelt sich so ein, daß die (durch Wärmeleitung oder Einstrahlung) zugeführte Wärme gleich der verbrauchten Verdampfungswärme ist.

Um das Linde-Verfahren auf $H_2$- oder He-Verflüssigung anwenden zu können, müssen diese Gase erst mit flüssiger Luft unter die Inversionstemperatur $T_i$ vorgekühlt werden. Flüssiges Helium siedet bei 4,2° K. Durch Abpumpen des He-Gases (-Dampfes) über der siedenden Flüssigkeit erreicht man infolge der Entziehung der Verdampfungswärme eine Temperatursenkung. Da der Dampfdruck mit der Temperatur sehr stark abfällt, erreicht man mit diesem Verfahren keine tiefere Temperatur als 0,84° K; zu ihr gehört der Dampfdruck 0,025 Torr.

**Abkühlung durch adiabatische Entmagnetisierung.** Beim Linde-Verfahren wird die Temperatursenkung dadurch erreicht, daß die Substanz aus einem Zustand kleinerer innerer Energie (bei kleinem Volumen) in einen solchen größerer innerer Energie (bei größerem Volumen) versetzt wird. Dieser Energiebedarf wird der kinetischen Energie der Moleküle entnommen, wodurch infolge von (8.1) die Temperatur sinkt. Den Übergang in einen Zustand erhöhter innerer Energie kann man auch auf folgende Art erzwingen (Debye 1927, Giauque 1928): Man bringt eine paramagnetische Substanz in ein Magnetfeld, wodurch sich die mit den Molekülen verbundenen magnetischen Dipole zum Teil parallel zur Feldrichtung einstellen. Dann stellen sie einen kleineren Energievorrat dar als ungeordnete. Schaltet man nun das Magnetfeld ab, so verteilen sich die Dipole wieder gleichmäßig auf alle möglichen Richtungen. Dazu wird Energie benötigt, die der kinetischen Energie entzogen wird.

In der Praxis verfährt man so, daß man ein paramagnetisches Salz im Magnetfeld möglichst tief kühlt; dann den Wärmekontakt mit der Umgebung löst (z. B. durch Auspumpen des die Substanz umgebenden Vakuummantelgefäßes) und schließlich das Magnetfeld abschaltet, wobei sich das Salz weit unter die Anfangstemperatur abkühlt. Auf diese Art werden Temperaturen von weniger als $10^{-3}$ °K erreicht.

## G. Eigenschaften von Lösungen

**33. Der Begriff „Lösung".** Viele feste, flüssige und gasförmige Körper *lösen* sich in chemisch von ihnen ganz verschiedenen Flüssigkeiten, mit denen sie in Berührung gebracht werden, z.B. Rohrzucker, Kochsalz, Ammoniak usw. in Wasser. Der Zustand der Lösung ist eine vollständige Durchmischung der Moleküle der gelösten Substanz mit denen des *Lösungsmittels.* (Man kennt auch feste Lösungen, feste Lösungsmittel.)

Die *Konzentration* $c$ wird im allgemeinen angegeben in g gelöster Substanz pro 100 g Lösung (oder in $c \cdot 100\%$). In vielen Fällen sind alle Mischungsverhältnisse oder Konzentrationen möglich. Dies gilt vor allem für Lösungen von Flüssigkeiten, z. B. Alkohol in Wasser. Es gibt aber auch Stoffe, deren Löslichkeit begrenzt ist. Lösungen der höchstmöglichen Konzentration heißen *gesättigte Lösungen.* Die nicht in Lösung gegangene feste Substanz bildet den *Bodenkörper.*

In einer gesättigten Lösung besteht ähnlich wie im gesättigten Dampf ein Gleichgewicht. Je Zeiteinheit ist die Zahl der aus dem Bodenkörper in Lösung tretenden Moleküle gleich der Zahl der sich aus der Lösung am Bodenkörper wieder ausscheidenden (kondensierenden bzw. kristallisierenden) Moleküle. Die Sättigungskonzentration hängt (wie die Dichte des gesättigten Dampfes) nur von der Temperatur und nicht vom Volumen ab.

**34. Der osmotische Druck; van't Hoffsches Gesetz.** Eine Wand heißt *semipermeabel,* wenn sie für Lösungsmittelmoleküle durchlässig ist, die gelösten

**Moleküle aber nicht durch sie hindurchtreten (diffundieren) können. Viele tierische und pflanzliche Membrane sind semipermeabel (Zellwände).**

**Füllt man in eine von einer semipermeablen Wand umgebene und mit einem Steigrohr versehene Zelle (*Pfeffersche Zelle*; Abb. 212) eine geeignete Lösung und stellt sie in ein Gefäß mit Wasser, so dringt Wasser durch die halbdurchlässige Membran in die Zelle. Die Flüssigkeit steigt im Steigrohr, bis der hydrostatische Druck der Flüssigkeitssäule im Steigrohr das weitere Eindringen des Wassers verhindert. Man sagt, die Lösung besitzt einen *osmotischen Druck* $\pi$, der gleich dem statischen Druck der Flüssigkeitssäule ist.**

Trennt eine semipermeable Wand zwei Lösungen in gleichem Lösungsmittel voneinander, deren Konzentrationen verschieden sind, so findet infolge der Wanderung des Lösungsmittels durch diese Wand ein Konzentrationsausgleich statt. Lösungen mit gleichem osmotischen Druck bezeichnet man als *isosmotisch* oder *isotonisch*. Wird beispielsweise eine Pflanzenzelle von einer wäßrigen Lösung umspült, deren osmotischer Druck größer *(hypertonisch)* ist als der des Zellsaftes (den wir dann als *hypotonisch* bezeichnen), so wird der Protoplasmaschlauch sich zusammenziehen (schrumpfen); ist aber die umgebende Lösung hypotonisch, so dehnt sich der Protoplasmaschlauch aus. Diese Erscheinung bezeichnet man als *Plasmolyse*.

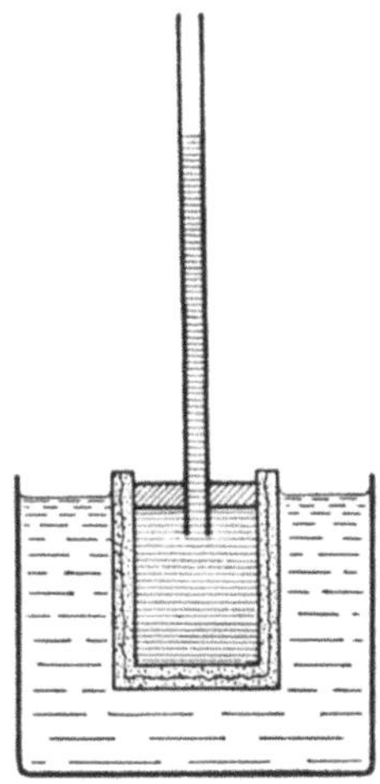

Abb. 212. Pfeffersche Zelle

Die Erfahrung lehrt für die Abhängigkeit des osmotischen Druckes von der Konzentration und der absoluten Temperatur:

1. $\pi$ ist (bei nicht zu hohen Konzentrationen) der Konzentration der Lösung proportional, oder: bei gleicher Menge gelöster Substanz ist $\pi$ dem Volumen $V$ der Lösung umgekehrt proportional; also ist $\pi = \text{const} \cdot c$; oder da $c = \frac{V}{m}$ ($m$ = Masse der gelösten Substanz), gilt

$$\pi V = \text{const.} \tag{34.1}$$

2. $\pi$ ist eine lineare Funktion der Temperatur. Der Spannungskoeffizient ist der gleiche wie bei Gasen $\frac{1}{273{,}2^\circ} = 0{,}00366\ \text{Grad}^{-1}$. Es gilt

$$\pi_t = \pi_0 (1 + 0{,}00366\ \text{Grad}^{-1} \cdot t). \tag{34.2}$$

3. Um einen osmotischen Druck von 1 Atm bei 0° C auszuüben, muß die Konzentration 1 Mol gelöster Substanz in 22,4 *l* Lösung betragen. Äquimolekulare Lösungen (d. h. Lösungen, die im gleichen Volumen gleich viele Mole enthalten), haben den gleichen osmotischen Druck.

4. $\pi$ ist unabhängig von der Natur des Lösungsmittels.

Diese Erfahrungen sind im ***van't Hoffschen Gesetz*** zusammengefaßt:

$$\pi \cdot V = \nu \cdot R \cdot T. \tag{34.3}$$

$\nu$ bedeutet die Anzahl der Mole in der Lösung, $R$ ist die universelle Gaskonstante. Der osmotische Druck ist gleich dem Druck, den die gelöste Substanz als Gas nach Entfernung des Lösungsmittels bei gleichen Werten von $V$ und $T$ auf die Wand ausüben würde.

Als Wanddruck tritt der osmotische Druck aber nur dann in Erscheinung, wenn die Lösung an eine semipermeable Wand angrenzt, die sie vom reinen Lösungsmittel trennt.

**a) Dampfdruckerniedrigung.** Eine mit einer Lösung gefüllte und mit Steigrohr versehene Pfeffersche Zelle tauche in das reine Lösungsmittel (Abb. 213). Sie befinde sich in einem nur mit dem Dampf des Lösungsmittels gefüllten abgeschlossenen Raum. Der Dampfdruck über der Lösung am offenen Ende des Steigrohres $p'$ muß kleiner sein als der Dampfdruck $p$ des reinen Lösungsmittels. Wäre er gleich $p$, so wäre der Druck über dem Lösungsmittel gleich $p$, vermehrt um den statischen Druck $p_h$ der Dampfsäule von der Höhe $h$, also größer als der Sättigungsdruck. Es müßte sich der Dampf daher ständig über dem reinen Lösungsmittel kondensieren. An der Oberfläche der Lösung würde dann dauernd Dampf entstehen und daher auch fortwährend Wasser durch die semipermeable Wand hindurchtreten und zur Höhe $h$ angehoben werden. Natürlich müßte die zur Arbeitsverrichtung nötige Energie als Wärme der Umgebung entzogen werden. Man hätte eine Maschine, die auf Kosten der Wärme der Umgebung äußere Arbeit in unbegrenzter Menge leisten könnte. Eine solche Maschine steht in Widerspruch zum 2. Hauptsatz. Wir folgern:

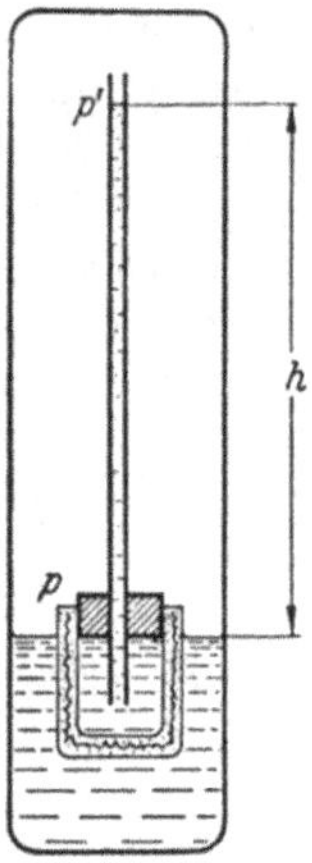


Abb. 213. Zum Zusammenhang der Dampfspannungserniedrigung mit dem osmotischen Druck

$p' = p - p_h$, wenn $p_h$ der statische Druck der Dampfsäule von der Höhe $h$ ist. $h$ ist aus dem osmotischen Druck zu ermitteln:

$$\pi = \varrho_{Fl} \cdot g \cdot h \qquad (\varrho_{Fl} = \text{Dichte der Lösung}).$$

Der Druck der Dampfsäule ist:

$$p_h = \varrho_D \cdot g \cdot h = \varrho_D \cdot \left(\frac{\pi}{\varrho_{Fl}}\right) \qquad (\varrho_D = \text{Dichte des Dampfes}).$$

Es ist also

$$p' = p - \frac{\varrho_D}{\varrho_{Fl}} \cdot \pi, \tag{34.4}$$

oder nach dem van't Hoffschen Gesetz (34.3)

$$p' = p - \frac{\varrho_D \cdot \nu \cdot R \cdot T}{\varrho_{Fl} \cdot V}$$

$$p - p' = \Delta p = \nu \frac{\varrho_D}{\varrho_{Fl}} \cdot \frac{R \cdot T}{V}. \tag{34.5}$$

d.h. eine Lösung erfährt gegenüber dem reinen Lösungsmittel eine Dampfdruckerniedrigung; sie ist bei gegebener Temperatur und gegebenem Volumen der Lösung der Zahl der in diesem Volumen gelösten Mole proportional, aber unabhängig von der chemischen Natur des gelösten Stoffes.

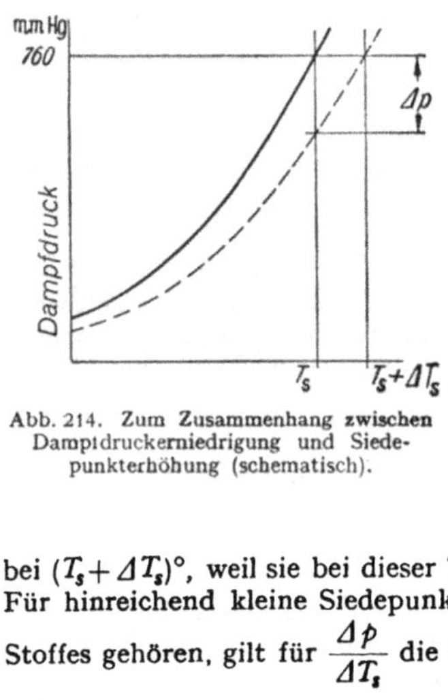


Abb. 214. Zum Zusammenhang zwischen Dampfdruckerniedrigung und Siedepunkterhöhung (schematisch).

Da die Masse einer Lösung gleich $V \cdot \varrho_{Fl}$ und andererseits gleich $n \cdot M_0 + \nu \cdot M_s$ ist ($M_0$, $M_s$ = Molekulargewichte des Lösungsmittels und des gelösten Stoffes, $n$ und $\nu$ = Molzahlen des Lösungsmittels und des gelösten Stoffes), schreiben wir:

$$\Delta p = \frac{\nu \cdot \varrho_D \cdot R \cdot T}{n \cdot M_0 + \nu \cdot M_s} = \frac{\nu \cdot p \cdot M_0}{n \cdot M_0 + \nu \cdot M_s},$$

da nach der Zustandsgleichung $V_D = \frac{R \cdot T}{p}$ und $\varrho_D = \frac{M_0}{V_D} = \frac{M_0 \cdot p}{R \cdot T}$ ist. Die ausgezogene Kurve in Abb. 216 sei die Dampfdruckkurve des reinen Lösungsmittels, die gestrichelte die der Lösung.

**b) Siedepunkterhöhung.** Die Dampfdruckerniedrigung verursacht eine Siedepunkterhöhung. Die Lösung siedet bei $(T_s + \Delta T_s)°$, weil sie bei dieser Temperatur den Dampfdruck 760 Torr besitzt (Abb. 214). Für hinreichend kleine Siedepunkterhöhungen, die zu kleinen Konzentrationen des gelösten Stoffes gehören, gilt für $\frac{\Delta p}{\Delta T_s}$ die Clausius-Clapeyronsche Gleichung (28.2):

$$\lambda = T_s \cdot \frac{\Delta p}{\Delta T_s} (v_D - v_{Fl})$$

$$\frac{\Delta p}{\Delta T_s} = \frac{\lambda}{T_s (v_D - v_{Fl})} \approx \frac{\lambda}{T_s \cdot v_D}, \qquad \text{da} \quad v_{Fl} \ll v_D,$$

wo $v_D$ das spezifische Volumen (Volumen der Masseneinheit) ist: $v_D = \frac{V_{\text{mol}}}{M_0} = \frac{R \cdot T_s}{p \cdot M_0}$.

$$\frac{\Delta p}{\Delta T_s} = \frac{\lambda \cdot p \cdot M_0}{R \cdot T_s^2} = \frac{\Lambda \cdot p}{R T_s^2} \tag{34.6}$$

($\Lambda$ = molare Verdampfungswärme des Lösungsmittels)

$$\frac{1}{\Delta T_s} \cdot \frac{\Delta p}{p} = \frac{\Lambda}{R \cdot T_s^2} \qquad \text{oder} \qquad \Delta T_s = \frac{R \cdot T_s^2}{\Lambda} \cdot \frac{\Delta p}{p}.$$

Wir zeigten oben, daß $\frac{\Delta p}{p} = \frac{\nu \cdot M_0}{n \cdot M_0 + \nu \cdot M_s}$; also wird die Siedepunkterhöhung

$$\Delta T_s = \frac{R \cdot T_s^2}{\Lambda} \frac{\nu \cdot M_0}{n \cdot M_0 + \nu \cdot M_s}.$$

Ist die Konzentration klein, so kann man $\nu \cdot M_s$ gegen $n \cdot M_0$ vernachlässigen. Es wird dann

$$\Delta T_s = \frac{R \cdot T_s^2}{\Lambda} \cdot \frac{\nu}{n} \tag{34.7}$$

($\nu$ = Zahl der Mole des gelösten Stoffes, $n$ = Zahl der Mole des Lösungsmittels). Häufig bezieht man die Konzentration auf 1000 g Lösung. $\nu \cdot M_s$ sind dann enthalten in $n \cdot M_0 =$ 1000 g; $n = \frac{1000\,\mathrm{g}}{M_0}$. Dann wird

$$\Delta T_s = \nu \frac{R \cdot T_s^2}{\Lambda \cdot 1000\,\mathrm{g}} M_0 = \frac{\nu \cdot R \cdot T_s^2}{\lambda \cdot 1000\,\mathrm{g}}. \tag{34.8}$$

Diese Folgerung aus der van't Hoffschen Beziehung stimmt mit dem von RAOULT gefundenen Gesetz überein:

*Die Siedepunkterhöhung einer verdünnten Lösung ist der molaren Konzentration*, d.h. der in 1000 g des Lösungsmittels enthaltenen Anzahl von Molen des gelösten Stoffes, *proportional:*

$$\Delta T_s = S \frac{m}{M_s} = S \cdot \nu. \tag{34.9}$$

Die Größe $S$ (Siedepunkterhöhung einer einmolaren Lösung, $\nu = 1$) ist nur abhängig von dem Lösungsmittel, also für alle äquimolaren Lösungen im gleichen Lösungsmittel gleich.

Für Wasser ist der beobachtete Wert $S = 0{,}515$ Grad/Mol; nach der Theorie erhält man

$$S = \frac{R \cdot T_s^2}{\lambda \cdot 1000\,\mathrm{g}} = \frac{8{,}31 \cdot 10^7 \cdot 373^2}{4{,}18 \cdot 10^7 \cdot 538 \cdot 10^3} \frac{\mathrm{Grad}}{\mathrm{Mol}} = 0{,}512 \frac{\mathrm{Grad}}{\mathrm{Mol}}.$$

c) Gefrierpunkterniedrigung. Eine Lösung zeigt gegenüber dem reinen Lösungsmittel auch eine Gefrierpunkterniedrigung. Eine ähnliche Überlegung wie oben führt zu der Gleichung:

$$\Delta T_f = \nu \frac{R \cdot T_f^2}{s \cdot 1000\,\mathrm{g}} = \nu \cdot G \qquad (s = \text{Schmelzwärme}). \tag{34.10}$$

Für Wasser ist $G_{\mathrm{beob.}} = 1{,}86 \frac{\mathrm{Grad}}{\mathrm{Mol}}$; $G_{\mathrm{berechn.}} = 1{,}859 \frac{\mathrm{Grad}}{\mathrm{Mol}}$.

Das *Raoultsche Gesetz* sagt aus:

*Die Gefrierpunkterniedrigung verdünnter Lösungen ist proportional der Molkonzentration der Lösung*, die wie oben definiert ist als Zahl der in 1000 g Lösungsmittel enthaltenen Mole der gelösten Substanz.

# III. Elektrizität und Magnetismus

## A. Elektrostatik

**1. Elektrische Ladungen.** Eine elektrische Ladung stellt man durch die Kraftwirkung fest, die von ihr auf eine andere ausgeübt wird.

Es gibt zwei verschiedene Arten elektrischer Ladungen; man nennt sie *positive* und *negative* Elektrizität.

*Gleichartige* Ladungen stoßen sich ab; *ungleichartige* ziehen sich an.

Wie man die Masse eines Körpers durch sein Gewicht, d.h. die Kraft messen kann, die die Erde auf ihn ausübt, so mißt man die Menge der Elektrizität *(Elektrizitätsmenge, Ladung)* durch die Kraft, mit der sie von einer anderen angezogen oder abgestoßen wird.

Zwei Ladungen sind einander gleich, wenn die Kräfte, die eine dritte Ladung auf jede einzelne bei gleichem Abstand ausübt, einander gleich sind. Zwei verschieden große Ladungen gleichen Vorzeichens kann man vergleichen, indem man sie auf kleine Kugeln bringt, die elastisch an ihre Ruhelage gebunden sind. Nähert man nun eine dritte Ladung erst der einen, dann der anderen zu messenden Ladung bis zu einem bestimmten Abstand $r$, so werden sie verschieden stark aus der Ruhelage ausgelenkt. Das Verhältnis der Auslenkungen ist gleich dem der zu messenden Ladungen.

Das Experiment ergibt, daß die abstoßende Kraft, die zwischen zwei Ladungen $Q_1$ und $Q_2$ wirkt, dem Produkt aus den Mengen der einzelnen Ladungen direkt proportional und dem Quadrat des Abstandes $r$ der Ladungen umgekehrt proportional ist (Coulombsches Gesetz).

$$K = f^* \frac{Q_1 \cdot Q_2}{r^2}. \tag{1.1}$$

$K$ ist positiv, wenn $Q_1$ und $Q_2$ gleiches Vorzeichen haben, und wird negativ, d.h. entgegengesetzt gerichtet bei ungleichem Vorzeichen, wodurch die Bezeichnungen positive und negative Elektrizität gerechtfertigt wird.

Bei „punktförmig" verteilten Ladungen 1 und 2 wirkt die Kraft in Richtung der Verbindungslinie. Dies kommt zum Ausdruck, wenn man (1.1) vektoriell schreibt:

$$\boldsymbol{K} = f^* \frac{Q_1 Q_2}{r^2} \cdot \frac{\boldsymbol{r}_{12}}{r} = f^* \frac{Q_1 \cdot Q_2}{r^2} \boldsymbol{r}_0, \tag{1.2}$$

wo $\boldsymbol{r}_0$ der „Einheitsvektor" der Richtung $\boldsymbol{r}_{12}$ ist.

Gleichung (1.1) enthält die Größen $Q_1$ und $Q_2$, deren Dimension noch nicht festgelegt ist. Daher ist auch die Dimension von $f^*$ noch unbestimmt. Zur Festlegung der Dimension der elektrischen Ladungen $Q$ kann man verschiedene Wege beschreiten:

a) Man nimmt an, $f^*$ sei dimensionslos; damit erhält die elektrische Ladung die Dimension $\sqrt{\text{Kraft}} \cdot \text{Länge}$ *(elektrostatisches Maßsystem).* Durch diese Vereinbarung über $f^*$ hat man die elektrische Ladung $Q$ zu einer aus den mechanischen

Grundgrößen „abgeleiteten" Größe gemacht. Das bedeutet natürlich nicht, daß die Elektrizität und ihre Erscheinungen zu einem Teilgebiet der Mechanik gemacht oder mit den Begriffen der Mechanik dargestellt werden kann.

Wählt man, wie üblich, als Krafteinheit 1 dyn und als Längeneinheit 1 cm, so erhält man für die Ladungseinheit:

$$1\sqrt{\mathrm{dyn}}\cdot\mathrm{cm} = 1\,\mathrm{g}^{\frac{1}{2}}\cdot\mathrm{cm}^{\frac{3}{2}}\cdot\mathrm{s}^{-1} = 1 \text{ el.stat. CGS-Einheit}. \tag{1.3}$$

Dadurch wird also eine Elektrizitätsmenge bezeichnet, die auf eine ihr gleiche im Abstand 1 cm die Kraft 1 dyn ausübt.

b) Die Unabhängigkeit der elektrischen Größen von den mechanischen wird betont, wenn man das System der Grundeinheiten durch Hinzunahme einer 4. Grundgröße für die Ladung erweitert. Damit erhält auch die Konstante $f^*$ in (1.1) eine Dimension, nämlich: Kraft · Länge² · Ladung⁻². In dem so definierten *praktischen Maßsystem* hat man als Ladungseinheit festgesetzt:

$$1 \text{ Coulomb} \equiv 1 \text{ praktische Ladungseinheit} = 3\cdot 10^9 \text{ el.stat. CGS-Einheiten} \tag{1.4}$$

(vgl. hierzu § 16). An Stelle von $f^*$ schreibt man bei Verwendung des praktischen Maßsystems — aus Gründen, die später dargelegt werden (vgl. § 3, § 10 und § 49) — $1/4\pi\varepsilon_0$. Dann lautet (1.1):

$$K = \frac{1}{4\pi\varepsilon_0}\,\frac{Q_1 Q_2}{r^2}. \tag{1.5}$$

Mit $Q$ in Coulomb, $r$ in Metern und $K$ in Newton ($10^5$ dyn) erhält die Konstante $\varepsilon_0$ den Wert:

$$\varepsilon_0 = 8{,}859\cdot 10^{-12}\,\frac{\mathrm{Coul}^2}{\mathrm{N}\cdot\mathrm{m}^2}\ \left(\text{oder } \frac{\mathrm{Coul}}{\mathrm{V}\cdot\mathrm{m}} \quad (\text{vgl. } 4.3)\right). \tag{1.6}$$

Sie wird als „Influenzkonstante des Vakuums" oder „elektrische Feldkonstante" bezeichnet.

Zur Veranschaulichung: Bei einem Blitz mittlerer Stärke entlädt sich eine Elektrizitätsmenge der Größe 1 bis 10 Coul.

*In allen folgenden Abschnitten werden wir uns fast ausschließlich des in der gesamten Technik üblichen und durch internationale Übereinkunft (DIN) fixierten praktischen Maßsystems bedienen, der Kürze wegen aber gelegentlich die Bezeichnung $f^*$ an Stelle von $1/4\pi\varepsilon_0$ beibehalten.* Den Übergang zum elektrostatischen Maßsystem kann man dann jederzeit vollziehen, indem man $f^*$ gleich 1 setzt.

**2. Die Elementarladung.** Wo auch immer elektrische Ladungen auftreten, da bestehen sie stets aus „Atomen", d.h. aus kleinsten, unteilbaren Einheiten. Deren Ladung, die Elementarladung, beträgt:

$$e_0 = 1{,}602\cdot 10^{-19}\ \text{Coulomb}.$$

Sie ist stets mit Masse verbunden; bei den (positiven und negativen) Elektronen mit der Masse

$$m_0 = 9{,}10814\cdot 10^{-28}\,\mathrm{g};$$

bei den Mesonen mit einer 210 bis 273mal so großen Masse, bei den Protonen mit einer 1836mal so großen. Am Aufbau der Atome ist ferner ein ungeladenes

Elementarteilchen, das *Neutron*, beteiligt, dessen Masse die des Protons nur um 1,4 ‰ übertrifft.

Die Atome bestehen aus einem Kern, in dem neben Protonen noch Neutronen enthalten sind. Dieser Kern, der weniger als den $10^{12}$-ten Teil des Atomraumes erfüllt, ist in relativ großen Abständen von negativen Elektronen umgeben, deren Zahl gleich der der Protonen im Atomkern ist. Bringt man außerhalb des Atoms in einer Entfernung, die gegenüber den Abständen der Einzelladungen im Atom groß ist, eine Ladung an, so sind die Kräfte, die von den Protonen auf diese „Probeladung" ausgeübt werden, gerade entgegengesetzt gleich den von den Elektronen herrührenden. Die resultierende Kraft und somit die Gesamtladung des Atoms ist also gleich Null; es verhält sich „neutral". Auch nachdem Atome sich durch eine chemische Bindung zum Molekül vereinigt haben und diese sich zum gasförmigen, flüssigen oder festen Körper zusammentun, ändert sich unter normalen Bedingungen nichts daran, daß die Summe der positiven und negativen Ladungen Null ist. Daher sind im allgemeinen die Körper neutral oder ungeladen, das bedeutet, daß sie keinen Überschuß an geladenen Elementarteilchen einer Art besitzen. Die Aufladung eines Körpers bedeutet also Vermehrung der Teilchen einer Art. Dies geschieht in den meisten Fällen durch Abtrennen von Elektronen. Der Körper, der Elektronen abgibt, behält dann eine positive Überschußladung, er ist „positiv geladen". Fügt man Elektronen hinzu, so wird er „negativ" aufgeladen.

Die elektrischen Ladungen unterliegen einem Erhaltungssatz: *In einem abgeschlossenen System bleibt die Summe der positiven und negativen Ladungen konstant.*

Durch Absorption sehr durchdringender Strahlung können positive und negative Elektronen paarweise entstehen (Materialisation von Strahlung); positive und negative Elektronen können sich umgekehrt durch Vereinigung ihrer Massen vollständig in Strahlung verwandeln Vernichtungsstrahlung (vgl. XV). Beide Prozesse ändern an der Summe der vorhandenen Ladung nichts und sind daher mit dem Erhaltungssatz vereinbar.

In den meisten Körpern sitzen die Elektronen in mehr oder minder fester Bindung an den Atomen oder Molekülen. In solchen Körpern sind daher ohne Zufuhr von Energie, welche zur Abspaltung von Elektronen aus dem Atomverband aufgewandt werden muß, die Ladungen nicht verschieblich. Aber auch von außen herangebrachte Ladungen haften dort, wo sie zugeführt werden; man nennt solche Körper *Isolatoren* (Quarz, Bernstein, ...). In den Metallen sind ein oder mehrere Elektronen pro Atom nicht mehr an die Atome fest gebunden, sondern zwischen ihnen frei beweglich und unter der Wirkung elektrischer Kräfte verschiebbar. Die Metalle binden Ladungen nicht an dem Ort, an dem man sie zuführt. Sie verteilen sich vielmehr auf der Oberfläche. Daher nennt man die Metalle *Leiter*. Zu den Leitern gehören auch gelöste oder geschmolzene Salze, Basen und Säuren, die im festen Zustand zur Klasse der Isolatoren rechnen. Bei diesen *Elektrolyten* beruht die Leitfähigkeit darauf, daß die Atome (oder Komplexe) geladen sind *(Ionen)* und im Inneren des Körpers beweglich werden.

**3. Das elektrische Feld.** Wenn sich im Raum $n$ punktförmige Ladungen $Q_1 \dots Q_i \dots Q_n$ befinden, dann wirkt auf eine $(n+1)$-te punktförmige (Probe-) Ladung $Q$ zufolge (1.2) jede einzelne mit der Kraft $\boldsymbol{K}_i = f^* \cdot \frac{Q_i Q}{r_i^2} \boldsymbol{r}_{i0}$, wobei $\boldsymbol{r}_{i0}$ den von der $i$-ten zur $(n+1)$-ten Punktladung gerichteten Einheitsvektor bedeutet.

Die resultierende Kraft folgt nach I § 12 durch vektorielle Addition der Einzelkräfte

$$\boldsymbol{K} = Q \cdot f^* \cdot \left( \frac{Q_1}{r_1^2} \boldsymbol{r}_{10} + \frac{Q_2}{r_2^2} \boldsymbol{r}_{20} + \cdots \right) = Q \cdot f^* \cdot \sum_{i=1}^{n} \frac{Q_i}{r_i^2} \boldsymbol{r}_{i0}. \qquad (3.1)$$

Wenn statt der „Punktladungen" flächenhaft oder räumlich verteilte Ladungen wirken, verwendet man den Begriff der Ladungsdichte $\sigma = \frac{dQ}{dF}$ oder $\varrho = \frac{dQ}{d\tau}$. Bei hinreichend kleiner Wahl der Flächenelemente $dF$ und Volumenelemente $d\tau$ gilt dann für den Beitrag eines Elementes zur Kraft $Q \cdot f^* \cdot \frac{\sigma \cdot dF}{r^2} \boldsymbol{r}_0$ bzw. $Q \cdot f^* \cdot \frac{\varrho \cdot d\tau}{r^2} \boldsymbol{r}_0$; an die Stelle der Summe tritt ein Integral.

Wir schreiben nun an Stelle von (3.1)

$$\boldsymbol{K} = Q \cdot \boldsymbol{E}. \tag{3.2}$$

$\boldsymbol{E}$ heißt *elektrische Feldstärke* am Ort der Probeladung. Sie ist an jedem Punkt des Raumes definiert, weil man ja $Q$ überall innerhalb und außerhalb der Ladungen $Q_i$ anbringen kann. Sie ist ferner nur von dem Ort und der Größe der Ladungen abhängig, von $Q$ selbst aber unabhängig.

Die Dimension von $\boldsymbol{E}$ ist Kraft/Ladung; die Einheit demnach Newton/Coulomb, oder, wenn man für N·m/Coul die abkürzende Bezeichnung „*Volt*" einführt (s. § 4): Volt/m.

Nach (3.1) ist die elektrische Feldstärke in der Umgebung *einer* Punktladung $Q_i = Q$

$$\boldsymbol{E} = f^* \frac{Q}{r^2} \cdot \boldsymbol{r}_0. \tag{3.3}$$

(3.1) läßt sich also auch schreiben

$$\boldsymbol{E} = \boldsymbol{E}_1 + \boldsymbol{E}_2 + \cdots + \boldsymbol{E}_i + \cdots + \boldsymbol{E}_n. \tag{3.4}$$

Die Feldstärke in einem Punkt des Raumes ergibt sich also durch vektorielle Addition der Teilfeldstärken, die dort von allen Einzelladungen erzeugt werden.

Nach dem Vorgang von FARADAY und MAXWELL nimmt man an, daß die Feldstärke in jenem Raumpunkt auch dann existiert, wenn sich keine Probeladung, durch die die Feldstärke erst nachweisbar wird, dort befindet, daß sich also der ganze Raum in der Umgebung von elektrischen Ladungen in einem ausgezeichneten Zustand befindet, den man als elektrisches Feld bezeichnet. Mit jeder Ladung ist demnach ein elektrisches Feld untrennbar verbunden und erfüllt den ganzen Raum kontinuierlich, weswegen man die Kräfte zwischen geladenen Körpern als *Nahkräfte* bezeichnet.

Für die Wirkung einer Ladung auf eine andere glaubte man früher, einen Überträger postulieren zu müssen, bei dem ähnlich wie in einem elastischen Medium nicht nur an den Angriffspunkten (dem Sitz der elektrischen Ladungen) die Kräfte vorhanden, sondern diese an den Ladungen wirkenden Kräfte mit einem das ganze Medium erfüllenden Spannungszustand untrennbar verbunden sind. Ein solches übertragendes „Medium" ist, wie weiter unten gezeigt wird, auch Träger der elektrischen Energie. In der modernen Physik ist es üblich, diese Eigenschaft nicht mehr einem „Medium", einem hypothetischen *Äther*, sondern dem „Raum" schlechthin zuzuschreiben.

Das elektrische Feld läßt sich am besten mit Hilfe von *Kraftlinien* beschreiben. Eine Kraftlinie zeichnet den Weg, auf dem man im elektrischen Felde fortschreiten muß, um immer der Richtung der elektrischen Feldstärke zu folgen. Die Richtung der Tangente fällt mit der Richtung der Feldstärke zusammen. Im elektrostatischen Feld, in dem alle vorhandenen Ladungen ruhen, stellen die Kraftlinien immer Verbindungen von positiven und negativen Ladungen dar; sie endigen nie frei im Raum, und auch in sich geschlossene Kraftlinien können in der Elektrostatik nicht auftreten (vgl. aber III § 36). Den Richtungssinn einer Kraftlinie wählt man von der positiven zur negativen Ladung hin. Befindet sich die Ladung in einem Punkt vereint und die entgegengesetzte

Ladung in sehr weiter Entfernung, man sagt „im Unendlichen", so gehen von ihr die Kraftlinien geradlinig (radial) aus (Abb. 215). Die Feldstärke in einem *Aufpunkt* im Abstand $r$ ist nach (3.3)

$$\boldsymbol{E} = f^* \cdot \frac{Q}{r^2} \boldsymbol{r}_0 ,$$

wo der Einheitsvektor $\boldsymbol{r}_0$ die Richtung von der Ladung zum Aufpunkt hat.

Abb. 216 zeigt die Kraftlinien zwischen einer positiven und einer gleich großen negativen Ladung, eines *Dipols*, Abb. 217 zwischen zwei gleichen positiven Ladungen. In Abb. 217 enden sie an den in sehr großer Entfernung anzunehmenden entgegengesetzten negativen Ladungen.

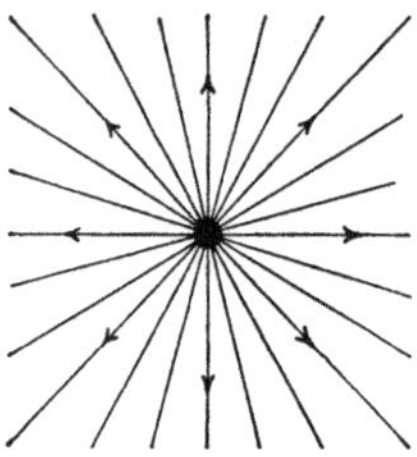

Abb. 215. Kraftlinien einer punktförmigen (positiven) Ladung

In einem homogenen elektrischen Feld, d.h. in einem Felde, in dem an jedem Ort die Feldstärke den gleichen Wert hat, verlaufen die Kraftlinien parallel. Wenn sie divergieren, so nimmt in der Richtung, in der die Kraftlinien auseinanderlaufen, die Feldstärke ab, in entgegengesetzter Richtung zu. Wo sie enger liegen, ist also die Feldstärke größer. Das Kraftlinienbild eines elektrischen Feldes vermittelt demnach ein anschauliches Bild der Verteilung der Feldstärke.

Umgekehrt kann man aus dem Verlauf der Kraftlinien qualitativ auf die Kräfte zwischen den Ladungen schließen, wenn man annimmt (FARADAY), daß die Kraftlinien einen Zug in ihrer Längsrichtung ausüben und sich in der Querrichtung gegenseitig abstoßen. So wird die

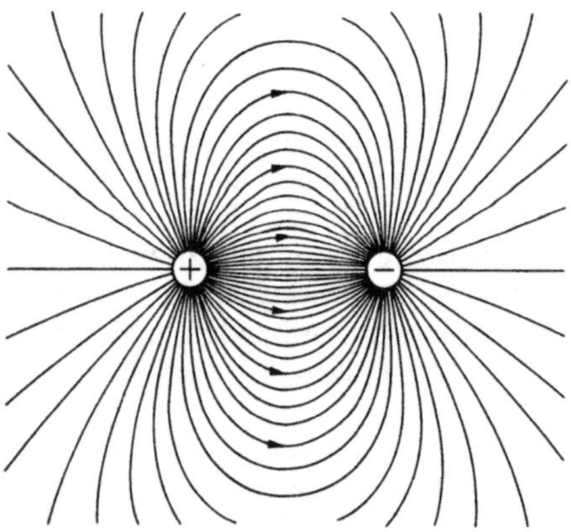

Abb. 216. Kraftlinien eines „Dipols"

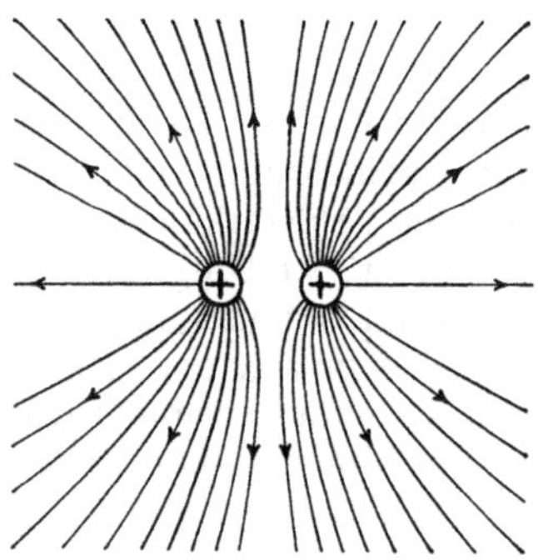

Abb. 217. Kraftlinien zwischen zwei gleichen (positiven) Ladungen

Anziehung im Fall ungleicher (Abb. 218) und die Abstoßung im Fall gleicher Punktladungen (Abb. 219) anschaulich.

Als elektrischen *Kraftfluß* durch die Fläche $F$ bezeichnet man die Größe

$$\Phi = \int_F E_n \cdot dF ,$$

wo $E_n$ die Normalkomponente der Feldstärke auf $dF$ ist. Legt man in ein elektrostatisches Feld eine geschlossene Fläche, so ist der durch sie hindurchtretende Kraftfluß nur dann von Null verschieden, wenn sie Ladungen umschließt. Ist die umhüllende Fläche eine Kugel mit dem Radius $R$, in deren Mittelpunkt sich die Ladung $Q$ befindet (Abb. 218), so wird nach (3.3)

$$\Phi = f^* \cdot \int \frac{Q}{R^2} dF = f^* \cdot \frac{Q}{R^2} \int dF = f^* \cdot \frac{Q}{R^2} \cdot 4\pi R^2 = f^* \cdot 4\pi Q ,$$

**also im praktischen System $\Phi = \frac{1}{\varepsilon_0} Q$. Der Kraftfluß bleibt der gleiche, wenn man die Kugel durch irgendeine andere, die Ladung umschließende Fläche ersetzt. Für mehrere Ladungen $Q_i$ innerhalb der einhüllenden Fläche gilt:**

$$\Phi = \int E_n \cdot dF = f^* \cdot 4\pi \sum Q_i, \qquad (3.5)$$

**wo $\sum Q_i$ die Summe der eingeschlossenen Ladungen ist. Im praktischen Maßsystem nimmt diese fundamentale Beziehung also die besonders einfache Form**

$$\Phi = \frac{1}{\varepsilon_0} \sum Q_i \qquad (3.6)$$

**an (Gaußscher Satz), wodurch die Einführung des Faktors $4\pi$ in (1.5) gerechtfertigt ist.**

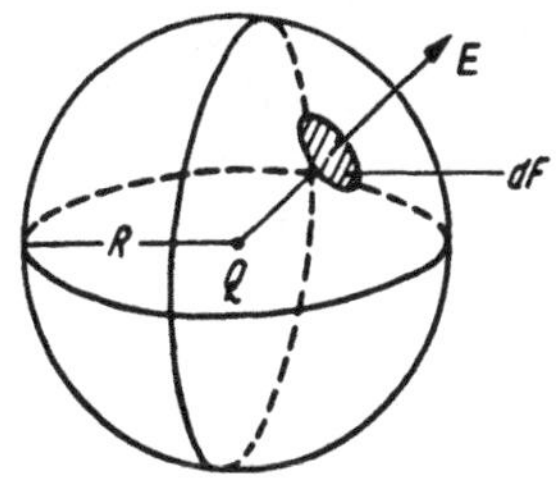


Abb. 218. Zur Berechnung des von der Ladung $Q$ ausgehenden Kraftflusses

**4. Das elektrostatische Potential.** Auf eine Ladung $Q$ wirkt in einem homogenen Kraftfeld $\boldsymbol{E}$ die Kraft $\boldsymbol{K} = Q \cdot \boldsymbol{E}$. Eine Verschiebung der Ladung um eine Strecke $\boldsymbol{s}$ von einem Punkt 1 nach einem Punkt 2 ist daher mit Arbeitsaufwand oder -gewinn ($A_{12}$) verbunden. Nach I 23.2 gilt:

$$A_{12} = -Q \cdot E \cdot s \cdot \cos\alpha,$$

wobei $\alpha$ den Winkel zwischen $\boldsymbol{E}$ und $\boldsymbol{s}$ bedeutet. Ist dieser kleiner als 90°, d.h. bewegt sich die Ladung etwa in Richtung des Feldes, so wird $A_{12}$ negativ, also Energie gewonnen (vgl. I § 23 Schluß).

In der obigen Gleichung tritt das Produkt der Beträge zweier Vektoren ($E$ und $s$) mit dem Cosinus des von ihnen eingeschlossenen Winkels auf. Es wird als ihr skalares Produkt bezeichnet und mit einem Punkt zwischen den beiden Vektoren gekennzeichnet:

$$E \cdot s \cdot \cos\alpha = \boldsymbol{E} \cdot \boldsymbol{s}.$$

Ein skalares Produkt ist das Produkt des Betrages der Projektion eines der beiden Vektoren mit dem Betrag des anderen. Es ist — im Gegensatz zum Vektorprodukt (vgl. I § 30) — selbst ein Skalar.

In dieser Schreibweise lautet diebbige Gleichung:

$$A_{12} = -Q \cdot \boldsymbol{E} \cdot \boldsymbol{s}.$$

In einem inhomogenen Feld ist die Arbeit zur Verschiebung zwischen zwei Punkten 1 und 2 auf einem Wege $a$ (Abb. 219)

$$A_{12} = -Q \cdot (a) \int_1^2 \boldsymbol{E} \cdot d\boldsymbol{s}, \qquad (4.1)$$

wobei ($a$) nicht einen Faktor darstellt, sondern nur andeuten soll, daß die Integration auf dem Weg $a$ zu vollziehen ist.

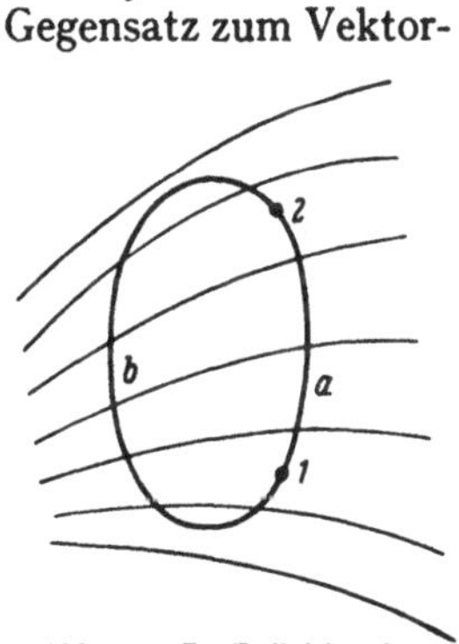


Abb. 219. Zur Definition des Potentials

**Aus dem Satz von der Unmöglichkeit eines Perpetuum mobile 1. Art (I § 25) folgert man — genau wie bei den Gravitationskräften (vgl. I § 25c) —, daß der Wert des Linienintegrals vom Wege unabhängig ist: Wäre z.B.**

$$(a) \int_1^2 \boldsymbol{E} \cdot d\boldsymbol{s} > (b) \int_1^2 \boldsymbol{E} \cdot d\boldsymbol{s},$$

dann wäre auch

$$(a)\int_1^2 \boldsymbol{E}\cdot d\boldsymbol{s} + (b)\int_2^1 \boldsymbol{E}\cdot d\boldsymbol{s} > 0,$$

also der Prozeß, eine Ladung $Q$ auf dem geschlossenen Wege von 1 über 2 nach 1 zurückzuführen, mit Energiegewinn oder -verlust verbunden, ohne daß sonst eine Veränderung zurückbliebe. Dieser Widerspruch zum Energiesatz verschwindet nur dann, wenn

$$(a)\int_1^2 \boldsymbol{E}\cdot d\boldsymbol{s} = (b)\int_1^2 \boldsymbol{E}\cdot d\boldsymbol{s}.$$

Der Wert des Linienintegrals hängt also nicht vom Integrationsweg, sondern nur von der Lage der Punkte 1 und 2 ab. (4.1) kann man daher so schreiben:

$$A_{12} = Q(\varphi_2 - \varphi_1). \tag{4.2}$$

Die Größen $\varphi_1$ und $\varphi_2$ heißen Potential am Ort 1 bzw. 2. Sie sind allein von den Ortskoordinaten der Punkte 1 und 2 und von den Beträgen der dort herrschenden elektrischen Feldstärken abhängig.

Das Potential $\varphi$ ist durch (4.2) nur bis auf eine additive Konstante bestimmt. Sie wird so gewählt, daß das Potential in unendlich großem Abstand von allen Ladungen zu Null wird. Ein Punkt $P$ hat dann das Potential

$$\varphi_P = -\int_\infty^P \boldsymbol{E}\cdot d\boldsymbol{s};$$

das ist die Arbeit, die erforderlich ist, um die Einheitsladung aus dem Unendlichen bis an den Punkt $P$ zu führen. Jeder Punkt des elektrischen Feldes hat also ein eindeutiges Potential $\varphi$. (Für magnetische Felder gilt dies nicht! Vgl. III § 30ff.)

Physikalische Bedeutung hat allein die *Potentialdifferenz* oder *Spannung* zwischen zwei Punkten.

$\varphi$ ist eine skalare Größe der Dimension Arbeit/Ladung. Ihre Einheit ist also $1\,\frac{\text{N}\cdot\text{m}}{\text{Coul}}$. Da das Potential und die Potentialdifferenz oder Spannung in der Elektrizitätslehre sehr häufig auftritt und sich direkt messen läßt, hat man hierfür die abkürzende Bezeichnung 1 Volt eingeführt:

$$1\text{ Volt} \equiv 1\,\frac{\text{N}\cdot\text{m}}{\text{Coul}} \equiv 1\,\frac{\text{Joule}}{\text{Coul}}. \tag{4.3}$$

Kennt man das Potential in jedem Punkt des Feldes, so läßt sich die Feldstärke aus der Potentialverteilung berechnen:

Mit Hilfe der Methoden und Symbole der Vektoranalysis kann der Zusammenhang zwischen Feldstärke und Potential besonders einfach dargestellt werden:

$$\boldsymbol{E} = -\frac{d\varphi}{ds}\cdot \boldsymbol{s}_0 = -\operatorname{grad}\varphi, \tag{4.4}$$

wobei $\boldsymbol{s}_0$ den Einheitsvektor in Richtung der Verschiebung und des Feldes bedeutet.

Feldstärke und Potential sind also in gleicher Weise geeignet, den Zustand des elektrischen Feldes zu beschreiben.

Das Potential eines Punktes $P$ im Abstand $R$ von einer punktförmigen Ladung $Q$ ist nach (3.3)

$$\varphi = -\int_\infty^R f^*\cdot\frac{Q}{r^2}\cdot dr = f^*\frac{Q}{R}. \tag{4.5}$$

Die Spannung $U_{12} = \varphi_2 - \varphi_1$ zwischen zwei Punkten 1 und 2 ist nach (4.1) und (4.2)

$$U_{12} = \int_2^1 \boldsymbol{E}\cdot d\boldsymbol{s} \tag{4.6}$$

In einem elektrostatischen Felde bilden die Punkte gleichen Potentials eine Fläche, die *Äquipotentialfläche*.

Die Äquipotentialflächen im Felde *einer* punktförmigen Ladung $Q$ sind konzentrische Kugelflächen, in deren Mittelpunkt sich die Ladung befindet; denn das Potential $f^* \frac{Q}{r}$ ist konstant für $r = \text{const}$. Abb. 220 enthält die Schnittlinien der Äquipotentialflächen mit der Zeichenebene. Es sind diejenigen Schnittlinien eingetragen für welche die Potentialdifferenz konstant ist. Sie liegen in der Nähe der Ladung dichter zusammen als in größerer Entfernung. Auch dieses Bild der Äquipotentialflächen vermittelt eine anschauliche Darstellung des elektrischen Feldes. Wo die Äquipotentialflächen sich zusammendrängen, ist die elektrische Feldstärke groß.

Aus der Definition der Äquipotentialfläche folgt, daß keine Arbeit aufgewendet werden muß, um eine Ladung auf ihr zu verschieben. Die Komponente der elektrischen Feldstärke in der Tangentialebene der Äquipotentialfläche ist also an jedem Orte Null, d.h. die Feldstärke steht senkrecht zur Äquipotentialfläche Daraus folgt, daß die Kraftlinien die Äquipotentialflächen senkrecht durchdringen.

Da das Potential eine skalare Größe ist, setzt sich bei mehreren ($n$) Punktladungen das Potential in einem Punkte additiv aus den Beiträgen zusammen, welche von den Teilladungen herrühren

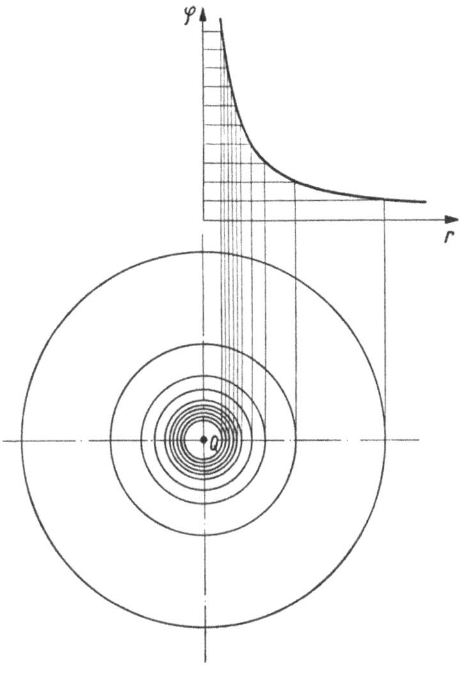


Abb. 220. Äquipotentialflächen einer Punktladung

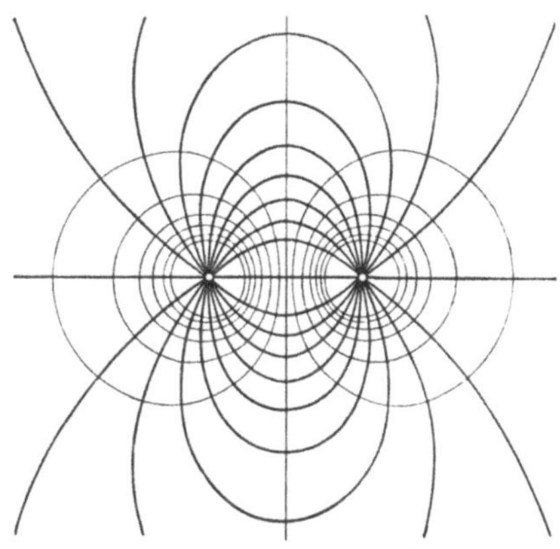

Abb. 221. Die Kraftlinien eines Dipols durchdringen die Äquipotentialflächen senkrecht

$$\varphi = \sum_{i=1}^{n} \varphi_i = \sum_{i=1}^{n} f^* \frac{Q_i}{r_i}. \tag{4.7}$$

Wegen der algebraischen Summation gestaltet sich daher die Potentialberechnung durchweg viel einfacher als die Berechnung der Feldstärke, bei der die Vektorsumme gebildet werden muß (3.4).

Abb. 221 zeigt die Schnittkurven (dünne Striche) der Äquipotentialflächen einer positiven und einer gleich großen negativen Punktladung („Dipol") mit der Zeichenebene und die sie überall rechtwinklig schneidenden Feldlinien (dicke Striche).

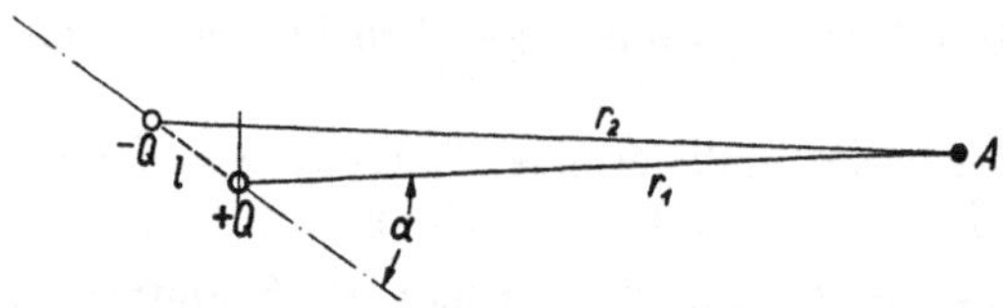


Abb. 222. Zur Berechnung des Potentials eines Dipols

Das Potential eines Dipols im Punkte $A$ (s. Abb. 222), dessen Entfernung $r$ vom Dipol im Vergleich zum Polabstand $l$ groß ist, beträgt

$$\varphi = f^* \frac{Q}{r_1} - f^* \frac{Q}{r_2} = f^* \frac{Q(r_2 - r_1)}{r_1 \cdot r_2}.$$

Für hinreichend große Abstände darf man $r_1 = r_2 = r$ und $r_2 - r_1 = l \cdot \cos\alpha$ setzen ($\alpha$ ist der Winkel zwischen der Dipolachse und der Richtung zum Aufpunkt). Dann wird

$$\varphi = f^* \frac{Q \cdot l}{r^2} \cos\alpha. \tag{4.8}$$

Man kann die Dipoleigenschaften durch eine Vektorgröße, das *elektrische Moment des Dipols* oder das *Dipolmoment* $\boldsymbol{m}$ beschreiben

$$\boldsymbol{m} = Q \cdot \boldsymbol{l}; \tag{4.9}$$

dann lautet (4.8)

$$\varphi = f^* \frac{|\boldsymbol{m}|}{r^2} \cos\alpha. \tag{4.10}$$

Die Dimension des elektrischen Momentes ist $[m] =$ Ladung $\times$ Länge.

**5. Dipole in elektrischen Feldern.** Wir berechnen nun die Kraftwirkungen auf einen Dipol in einem elektrischen Felde:

a) im homogenen Felde ($\boldsymbol{E}$ überall konstant; $\boldsymbol{m}$ parallel zu $E$, s. Abb. 225):

$$\boldsymbol{K} = Q \cdot \boldsymbol{E} - Q \cdot \boldsymbol{E} = 0;$$

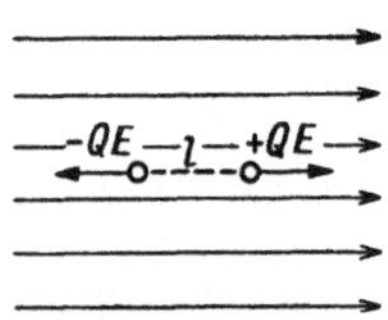


Abb. 223. Die Kraft auf einen Dipol im homogenen elektrischen Feld ist Null

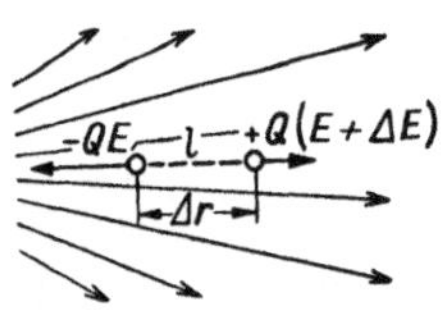


Abb. 224. Die Kraft auf einen Dipol im inhomogenen elektrischen Feld

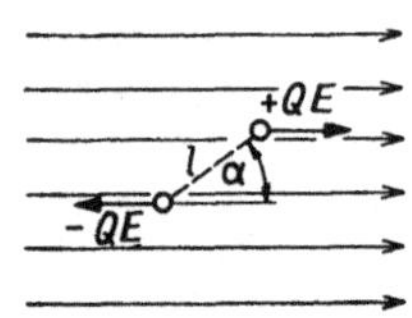


Abb. 225. Das an einem Dipol im homogenen elektrischen Feld angreifende Drehmoment

b) im inhomogenen Feld, Dipol in Richtung einer Feldlinie (s. Abb. 224):

$$\boldsymbol{K} = -Q \cdot \boldsymbol{E} + Q \cdot (\boldsymbol{E} + \Delta \boldsymbol{E}) = Q \cdot \Delta \boldsymbol{E} = \frac{m}{l} \Delta E$$

Der Quotient $\Delta E/l$ ist die Änderung der Feldstärke auf der — sehr kleinen — Wegstrecke, die in der Feldrichtung liegt. Er darf daher durch den Differentialquotienten nach der Koordinate ($r$) in dieser Richtung ersetzt werden:

$$\boldsymbol{K} = \boldsymbol{m} \cdot \frac{d\boldsymbol{E}}{dr}. \tag{5.1}$$

$\frac{d\boldsymbol{E}}{dr}$ ist ein Maß für die Inhomogenität des Feldes (Änderung der Feldstärke pro Längeneinheit).

Bilden die Achsenrichtung des Dipols und die Richtung der Kraftlinien durch seine Mitte den Winkel $\alpha$, so ist die angreifende Kraft

$$\boldsymbol{K} = \boldsymbol{m} \cdot \frac{d\boldsymbol{E}}{dr} \cdot \cos\alpha, \tag{5.2}$$

c) im homogenen Feld; $\boldsymbol{m}$ nicht parallel $\boldsymbol{E}$ (s. Abb. 225). Die an den Ladungen angreifenden Kräfte üben auf den Dipol ein Drehmoment $\boldsymbol{M}$ aus. Dieses ergibt sich nach I § 30 als Vektorprodukt aus dem „Hebelarm" $\frac{1}{2}\boldsymbol{l}$ und der Kraft $Q \cdot \boldsymbol{E}$, also insgesamt:

$$\boldsymbol{M} = 2 \cdot \tfrac{1}{2}\boldsymbol{l} \times Q \cdot \boldsymbol{E} = \boldsymbol{m} \times \boldsymbol{E}. \tag{5.3}$$

Das Drehmoment ist bestrebt, den Dipol in die Feldrichtung zu stellen.

**6. Elektrische Ladungen auf Leitern.** Elektrische Ladungen können auf leitenden Körpern nur dann in Ruhe, d.h. im Gleichgewicht sein, wenn sie keiner Feldstärke und somit [vgl. (4.1)] keinem Potentialgefälle ausgesetzt sind. Das bedeutet: *Überall im Inneren und auf der Oberfläche der Leiter muß das Potential den gleichen Wert besitzen.*

An der Oberfläche muß das elektrische Feld senkrecht zu ihr gerichtet sein, sonst wäre wegen der freien Beweglichkeit der Ladungen ein Gleichgewicht nicht möglich.

Legt man in eine geschlossene Äquipotentialfläche eines elektrischen Feldes, welches von einer oder vielen elektrischen Ladungen herrührt, eine leitende Fläche (Blech) und bringt auf sie die von ihr eingeschlossene Ladung, so verteilt sich die Ladung auf ihr so, daß das äußere Feld unverändert bleibt. Die geladene Metallfläche nimmt dann das Potential an, welches die Äquipotentialfläche besaß, die sie ersetzt.

Befindet sich also z.B. die Ladung $Q$ statt im Mittelpunkt der Äquipotentialfläche $f^* \frac{Q}{R}$, welche eine Kugelfläche mit dem Radius $R$ ist, auf einer Metallkugel mit dem Radius $R$, so hat auch diese Kugel das Potential $\varphi = f^* \frac{Q}{R}$, und die Feldstärke an ihrer Oberfläche ist $f^* \frac{Q}{R^2}$. Da die Ladung sich auf der Kugeloberfläche aus Symmetriegründen gleichmäßig verteilt, ist die Ladungsdichte (Ladung pro Flächeneinheit der Oberfläche) $\sigma = \frac{\text{Ladung}}{\text{Oberfläche der Kugel}} = \frac{Q}{4\pi R^2}$. Nach Erweitern auf $f^*$ erhält man:

$$\sigma = \frac{1}{f^* \cdot 4\pi} \cdot f^* \frac{Q}{R^2} = \frac{1}{4\pi f^*} \cdot |E|. \tag{6.1}$$

Es ist also mit den Einheiten des praktischen Maßsystems (vgl. § 1)

$$|E| = \frac{1}{\varepsilon_0}\sigma. \tag{6.2}$$

Diese Beziehung gilt im Vakuum nicht nur für eine Kugeloberfläche, sondern allgemein für den Zusammenhang zwischen der Feldstärke an der Oberfläche eines geladenen Leiters und seiner Ladungsdichte.

Dieses Ergebnis für das Potential in einem Punkt $P$ der Oberfläche einer aufgeladenen Kugel erhält man natürlich auch mit (4.7), wenn man dort $Q_i$ durch $\sigma \cdot dF$ ($dF$ sei ein Flächenelement) und die Summation durch Integration ersetzt. Nach Abb. 226 wählen wir als Flächenelemente Kugelzonen, deren Flächeninhalt $dF = 2\pi R^2 \sin\alpha \, d\alpha$ ist.

Für $r$ folgt aus dem Sinussatz $\frac{r}{R} = \frac{\sin\alpha}{\sin\left(\frac{\pi}{2} - \frac{\alpha}{2}\right)}$

$$\varphi = f^* \int_{\alpha=0}^{\alpha=\pi} \frac{\sigma\, dF}{r} = 4\pi f^* R\sigma = f^* \frac{4\pi R^2 \sigma}{R} = f^* \frac{Q}{R}. \tag{6.3}$$

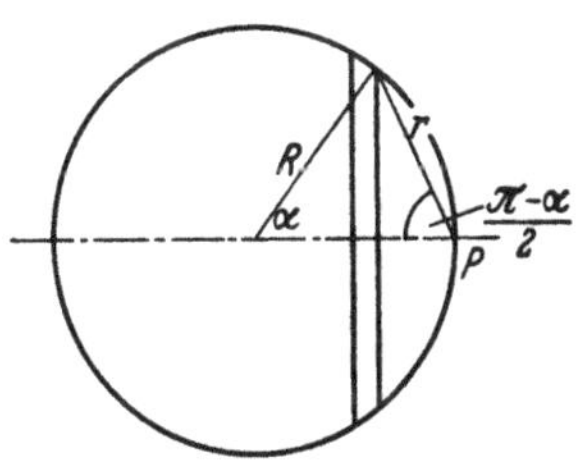

Abb. 226. Zur Berechnung des Potentials der Oberfläche einer geladenen metallischen Kugel

Weil die Ladung, die sich in der unmittelbaren Umgebung von $P$ befindet, mit der Fläche, also mit $r^2$ gegen Null geht, wenn $r$ gegen Null geht, geht auch ihr Beitrag zum Potential gegen Null.

Zwei Kugeln mit verschiedenen Radien $R_1$ und $R_2$ haben das gleiche Potential, wenn ihre Ladungen der Bedingung genügen [vgl. (4.5)]:

$$\frac{Q_1}{R_1} = \frac{Q_2}{R_2} \quad \text{oder} \quad \frac{Q_1}{Q_2} = \frac{R_1}{R_2}; \quad Q_1 \cdot R_2 = Q_2 \cdot R_1 .$$

Ihre Ladungsdichten sind:

$$\sigma_1 = \frac{Q_1}{4\pi R_1^2} \quad \text{und} \quad \sigma_2 = \frac{Q_2}{4\pi R_2^2} . \tag{6.4}$$

Sie verhalten sich also in Übereinstimmung mit (6.1) wie die an ihrer Oberfläche bestehenden elektrischen Feldstärken

$$\sigma_1 : \sigma_2 = \frac{Q_1 \cdot R_2^2}{Q_2 \cdot R_1^2}$$

oder wegen der Gleichheit des Potentials:

$$\sigma_1 : \sigma_2 = R_2 : R_1 . \tag{6.5}$$

Dies läßt sich durch folgendes Experiment belegen: Legt man auf die Oberfläche einer geladenen Kugel ein Stückchen Metallfolie, so geht die Ladung, die vorher auf der nun bedeckten Fläche saß, auf sie über. Sie kann mit ihr abgehoben und an ein Elektrometer abgegeben werden. Bei Kugeln mit verschiedenen Radien, die sich auf gleichem Potential befinden, zeigt das Elektrometer Ausschläge, die den Radien umgekehrt proportional sind.

Verbindet man zwei weit voneinander entfernte, zunächst verschieden geladene Kugeln mit verschiedenen Radien durch einen sehr dünnen Draht zu einem einheitlichen Leiter, so verteilt sich die Ladung derart, daß beide das gleiche Potential haben. Da die gegenseitige Einwirkung ihrer Felder auf die Ladungsverteilung wegen des großen Abstandes vernachlässigbar ist, entspricht die Ladungsverteilung den Angaben des vorangehenden Absatzes. Wir charakterisieren die Ladungsverteilung: Dort wo die Krümmung größer ist (also auf der kleineren Kugel), ist die Ladungsdichte und die an der Oberfläche im Außenraum vorhandene Feldstärke größer als da, wo die Krümmung kleiner ist (vgl. hierzu VI § 3).

Dieser Satz gilt auch für beliebig geformte Leiter. An Spitzen, die sich an einem Körper befinden, kann die Feldstärke wegen der großen Krümmung so groß werden, daß ein elektrischer Durchbruch, eine Gasentladung, die sogenannte *Spitzenentladung*, zustande kommt.

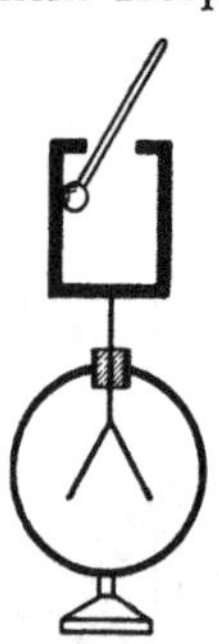

Abb. 227. Vollständige Ladungsabgabe im Faraday-Becher

Da die Feldstärke im Inneren eines Leiters nur von der Verteilung der Ladungen auf der Oberfläche abhängig ist, muß die Feldstärke in einem geladenen leitenden Hohlkörper, der keine Ladungen umschließt, ebenso Null sein, wie im massiven Körper.

Will man eine elektrische Ladung, die sich auf einem Leiter befindet, vollständig abgeben, so berührt man mit ihm die Innenwand eines leitenden Hohlkörpers. Die Ladung fließt dann auf die äußere Oberfläche. Zur vollständigen Abgabe einer Ladung ist also ein metallischer Becher geeignet *(Faraday-Becher)*, den man zur Messung der Ladung mit einem Elektrometer leitend verbindet (Abb. 227).

Ein Raum kann gegen äußere statische elektrische Felder dadurch abgeschirmt werden, daß man ihn mit metallischen Wänden umgibt; häufig genügt dafür auch ein ziemlich enges Drahtnetz, ein *Faraday-Käfig*. Dieser Abschirmungseffekt ist auf die Superposition der Felder zurückzuführen, welche von den auf der Oberfläche des Käfigs influenzierten Ladungen (s. § 9) herrühren.

***Die elektrische Feldstärke auf beiden Seiten einer Flächenladung:***

Man denke sich eine auf der Fläche $dF$ befindliche Ladung $dQ = \sigma dF$ in eine umhüllende Fläche von der Gestalt einer sehr flachen Trommel eingeschlossen (Abb. 228). Dann gilt nach (3.5):

$$E_n \cdot dF = 4\pi f^* \cdot dQ = 4\pi f^* \sigma \cdot dF .$$

Hier setzt sich $\int E_n dF$ zusammen aus den beiden Anteilen des Kraftflusses, die durch die Grundflächen des Zylinders hindurchgreifen: $E_{1n} \cdot dF$ und $-E_{2n} \cdot dF$, und dem Kraftfluß durch die Mantelfläche. (Wir schreiben $E_{2n}$ negativ, weil wir die Richtung der Normalen auf der Seite 2 ebenso wählen, nämlich von 2 nach 1, wie auf der Seite 1.) Der Kraftfluß durch die Mantelfläche kann aber dadurch beliebig klein gemacht werden, daß man die Trommel sehr kurz macht. Es bleibt also

$$(E_{1n} - E_{2n})\, dF = 4\pi f^* \cdot \sigma\, dF$$

oder

$$E_{1n} - E_{2n} = 4\pi f^* \cdot \sigma. \tag{6.6}$$

Die Normalkomponenten der elektrischen Feldstärke erleiden also beim Übergang von der einen zur anderen Seite einer geladenen Fläche einen Sprung um den Betrag $4\pi f^* \cdot \sigma$.

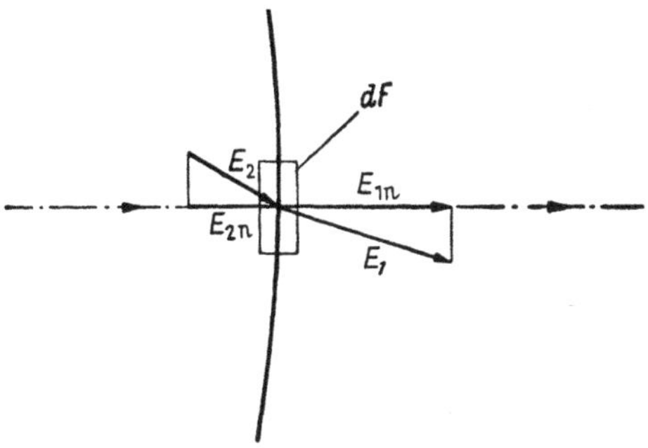


Abb. 228. Der Sprung der Normalkomponente der elektrischen Feldstärke auf den beiden Seiten einer geladenen Fläche

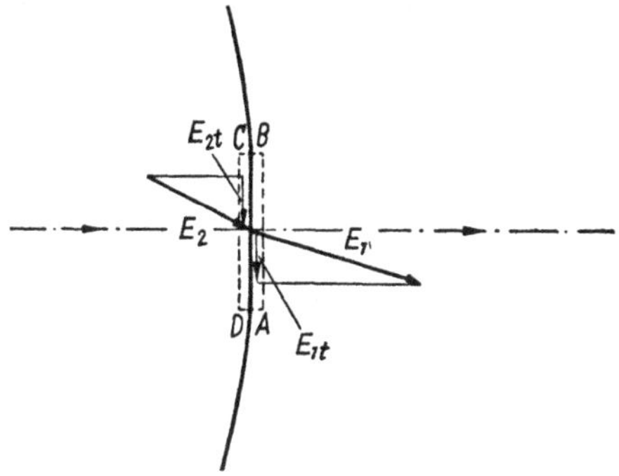


Abb. 229. Die Stetigkeit der Tangentialkomponente der elektrischen Feldstärke auf beiden Seiten einer geladenen Fläche

Handelt es sich um eine Ladung auf der Oberfläche eines Leiters, so stimmen außen Größe und Richtung von $E$ und $E_{1n}$ miteinander überein. $E_{2n}$ ist aber Null, weil die Feldstärke im Inneren immer Null ist. Daher gilt für aufgeladene Leiter unabhängig von ihrer Form:

$$E_n = 4\pi f^* \cdot \sigma. \tag{6.7}$$

Um zu erfahren, wie die Tangentialkomponenten der elektrischen Feldstärke auf beiden Seiten einer flächenhaft verteilten Ladung sich verhalten, überlegen wir folgendermaßen: Man denke sich eine Ladungseinheit längs eines Rechtecks $ABCD$ (wie in Abb. 229) bis zum Ausgangspunkt $A$ zurückgeführt. Für sehr kleine Seiten $BC$ und $DA$ ist die Arbeit

$$AB \cdot E_{1t} + CD \cdot (-E_{2t});$$

denn die Arbeitsbeträge auf den Seiten $BC$ und $DA$ können durch Wahl von hinreichend kleinen Längen dieser Rechteckseiten beliebig klein gemacht werden. Damit kein Widerspruch zum Satz von der Unmöglichkeit eines Perpetuum mobile 1. Art (I § 25) besteht, muß die Arbeit Null sein, und daraus folgt:

$$E_{1t} - E_{2t} = 0 \quad \text{oder} \quad E_{1t} = E_{2t}. \tag{6.8}$$

Die Tangentialkomponenten der elektrischen Feldstärke zu beiden Seiten einer flächenhaften Ladung müssen also einander gleich sein; bei Oberflächen von Leitern sind sie Null.

**7. Kapazität.** Aus (4.7) entnimmt man, daß die Ladung einer geladenen Kugel ihrem Potential oder ihrer Potentialdifferenz gegenüber weit entfernten Wänden, d.h. ihrer Spannung, proportional ist. Diese Proportionalität gilt aber nicht nur für die Kugel, sondern für alle beliebig geformten, isoliert aufgestellten Leiter

$$Q = CU. \tag{7.1}$$

Denn aus (4.7) folgt, daß auch das Potential auf das $n$-fache zunimmt, wenn an jedem Ort die Ladung von $\sigma dF$ auf das $n$-fache wächst.

$C$ heißt die *Kapazität* des Konduktors und hängt nur von seiner Gestalt ab

$$\text{Kapazität} = \frac{\text{Ladung}}{\text{Spannung}}. \tag{7.2}$$

Im praktischen Maßsystem ist die Einheit der Kapazität:

$$1\,\frac{\text{Coul}}{\text{Volt}} = 1\ \text{Farad}. \tag{7.3}$$

*Ein Leiter mit der Kapazität von 1 Farad wird durch die Elektrizitätsmenge 1 Coulomb auf die Spannung 1 Volt aufgeladen.*

*Die Kapazität einer Kugel vom Radius R ist im praktischen Maßsystem gleich* $\varepsilon_0 \cdot 4\pi R$.

Auch jedes Elektrometer (§ 10d) hat eine bestimmte Kapazität. Durch die ihm zugeführte Ladung wird es auf eine bestimmte Spannung geladen. Beide sind miteinander durch (7.1) verknüpft. Einem bestimmten Ausschlag ist also sowohl eine bestimmte Ladung als auch eine bestimmte Spannung zugeordnet. Das Elektrometer kann daher als Ladungmesser und als Spannungsmesser (Voltmeter) verwendet werden.

**8. Energie eines geladenen Leiters.** Die Aufladung eines Leiters mit der Ladung $Q$ denken wir uns in kleinen Schritten jeweils mit $dq$ vorgenommen (Abb. 230). Sei in einem Zwischenstadium die Ladung $q$ auf ihn gebracht, die ihn nach (7.1) auf die Spannung $u = \frac{q}{C}$ geladen hat, dann ist nach (4.2) zur Heranführung von $dq$ die Arbeit

$$dA = u \cdot dq = \frac{q\,dq}{C}$$

zu verrichten. Die Gesamtarbeit ergibt sich durch Integration

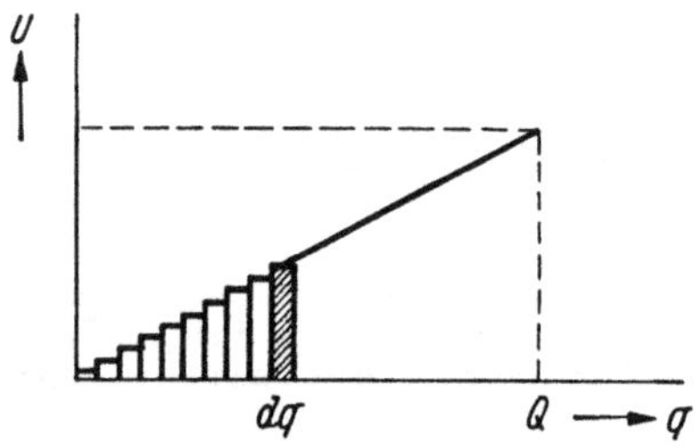

Abb. 230. Zur Berechnung der Energie eines geladenen Leiters (Konduktors), der durch die Ladung $Q$ auf die Spannung $U$ aufgeladen wird

$$A = \int_0^Q \frac{q\,dq}{C} = \frac{1}{2}\,\frac{Q^2}{C} \tag{8.1}$$

oder mit (7.1)

$$A = \frac{1}{2}\,C\,U^2 = \frac{1}{2}\,Q\,U. \tag{8.2}$$

Durch das Aufbringen der Ladung, das eine Arbeitsleistung erforderte, ist also eine (potentielle) Energie gespeichert. Jeder geladene Leiter enthält also einen Energievorrat

$$E_{\text{pot}} = \frac{1}{2}\,\frac{Q^2}{C} = \frac{1}{2}\,C\,U^2. \tag{8.3}$$

Erfüllt die Ladung $Q$ die Kugel mit gleichmäßiger Dichte, so ist ihre potentielle Energie

$$E_{\text{pot}} = \frac{3}{5}\,f^*\,\frac{Q^2}{R}. \tag{8.4}$$

Sie ist also größer als bei gleichmäßiger Verteilung über die Oberfläche $\left(E_{\text{pot}} = \frac{1}{2}\,f^*\,\frac{Q^2}{R}\right)$. Auch aus energetischen Gründen wird also die Ladung sich nicht über das Innere einer leitenden Kugel, sondern auf ihre Oberfläche verteilen

**9. Influenz.** Bringt man eine positive punktförmige Ladung in die Nähe einer ebenen (unendlich großen) Metallplatte, die mit der Erde leitend verbunden (geerdet) ist, so verlaufen die Kraftlinien gekrümmt, wie in Abb. 231 dargestellt.

Bei geradlinigem Verlauf hätte die elektrische Feldstärke $E$ an der Metalloberfläche eine Komponente $E_t$ in der Metallfläche. Durch diese Tangentialkomponente würden infolge ihrer freien Verschieblichkeit die Leitungselektronen (auf Grund ihrer negativen Ladung der Richtung von $E_t$ entgegengesetzt) verschoben, bis durch ihre Anordnung die Feldstärke und dadurch die Kraftlinien an jedem Ort senkrecht zur Oberfläche gerichtet sind. Damit wird die Oberfläche der Metallplatte negativ geladen. Es wird auf ihr eine Ladung entgegengesetzten Vorzeichens durch *Influenz* gebunden, deren Menge gerade gleich der der influenzierenden positiven Ladung ist. Wie ein Vergleich mit Abb. 221, erkennen läßt, ist das elektrische Feld vor der Platte identisch mit dem Felde eines Dipols

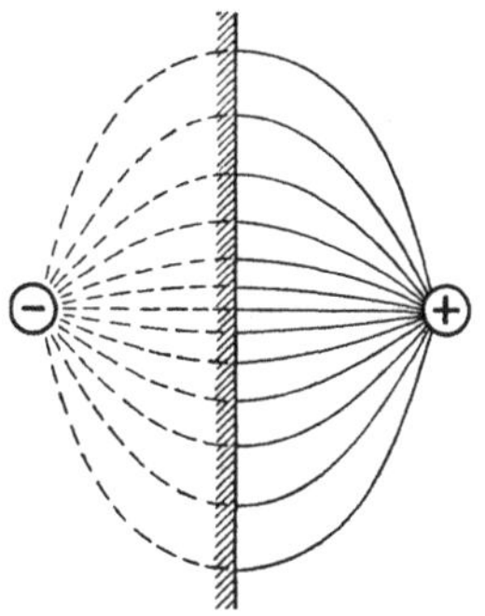

Abb. 231

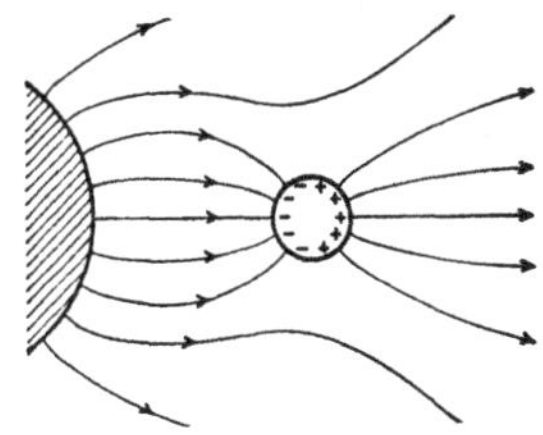

Abb. 232

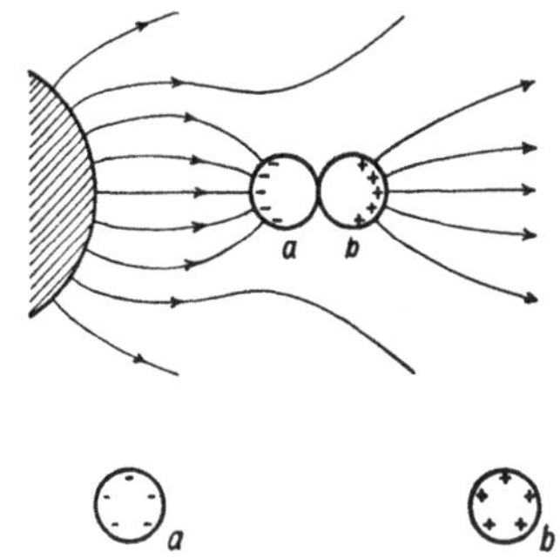


Abb. 233

Abb. 231. Das elektrische Feld einer punktförmigen Ladung vor einer sehr großen geerdeten Metallplatte

Abb. 232. Influenzierte Ladungen auf einer ungeladenen Metallkugel im elektrischen Felde und die durch sie bewirkten Änderungen des Feldes

Abb. 233. Aufladung zweier Kugeln *a* und *b*, auf denen im elektrischen Felde bei Berührung durch Influenz Ladungen verschoben werden, und die nach ihrer Trennung im Felde auch außerhalb des Feldes ihre Ladung beibehalten

vom Moment $Q \cdot 2d$, wenn $d$ der Abstand der Ladung $Q$ von der Platte ist *(Spiegelung)*. Die ebene Äquipotentialfläche (Symmetrieebene) hat das Potential Null, weil für jeden Punkt $r_1 = r_2$ ist. Wenn man in sie eine leitende Fläche legt, so hat diese also überall das Potential der Erde. Aber sie ist der Sitz einer influenzierten Ladung, deren Dichte der Bedingung $\sigma = \frac{1}{4\pi f^*} E$ (vgl. 6.6) genügt. Die gesamte Ladung $\int \sigma \, dF$ ist gleich $-Q$. Daraus läßt sich die Kraft berechnen, mit der die influenzierte Ladung auf $Q$ wirkt:

$$K = f^* \cdot \frac{Q^2}{4d^2} .$$

Man nennt sie die *Bildkraft*.

Daß auf der Oberfläche der Metallplatte eine Ladung auftreten muß, folgt auch aus dem in § 3 mitgeteilten Satz, daß sich an den Enden einer Kraftlinie entgegengesetzt polare Ladungen befinden müssen. Münden alle Kraftlinien auf der Platte, so muß insgesamt die entgegengesetzt gleiche Ladung auf ihr angesammelt sein.

Bringt man einen isolierten, ungeladenen Metallkörper in ein elektrisches Feld (Abb. 232), so wird durch Influenz auf der Seite der eintretenden Kraftlinien negative Ladung gebunden; die dem Betrage nach gleiche positive Ladung befindet sich auf der abgewandten Seite. Von ihr treten dann wieder Kraftlinien aus. An der Gesamtladung des Körpers ändert sich nichts, sie ist, wenn sie vorher Null war, auch im Felde Null. Auch bleibt die Feldstärke im Inneren des Leiters Null und sein Potential konstant. Wenn man statt eines Körpers zwei vorher entladene (neutrale) Metallkörper, z.B. Kugeln, in einem elektrischen Feld zur Berührung bringt (Abb. 233), so entstehen durch Influenz auf der einen Kugel negative, auf der anderen positive Ladungen. Trennt man nun die Kugeln im Felde und führt jede einzeln aus dem Felde heraus, so bleibt die Ladung jeder einzelnen Kugel erhalten, und zwar ist die Menge der auf der einen Kugel vorhandenen positiven Ladung gleich der negativen der zweiten Kugel. Um die durch die Influenz geladenen Kugeln im Felde zu trennen und sie aus dem Felde herauszubewegen, muß eine Arbeit aufgewendet werden. Dieser Arbeit entspricht die potentielle Energie der im feldfreien Raum befindlichen aufgeladenen Kugeln (8.3). (Prinzip der *Influenzmaschine.*)

**10. Kugel- und Plattenkondensator.** Befindet sich eine geladene Metallkugel isoliert ganz im Inneren einer konzentrischen metallischen Hohlkugel (Abb. 234), die mit der Erde leitend verbunden ist, so münden alle von ihr ausgehenden Kraftlinien auf der Innenseite der äußeren Kugel. Daher wird dort gerade die entgegengesetzt gleiche Ladung durch Influenz gebunden. Wir bezeichnen eine solche Anordnung als einen *Kondensator* (im besonderen einen Kugelkondensator). Zwischen den Flächen des geladenen Kondensators besteht ein elektrisches Feld, das nur von der Ladung auf der inneren Kugel herrührt.

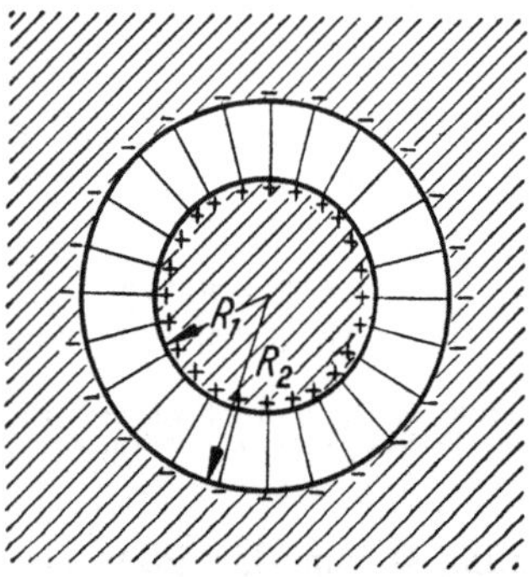

Abb. 234. Kugelkondensator

$$|E| = f^* \cdot \frac{Q}{r^2}$$

Denn das elektrische Feld im Inneren einer mit Ladung belegten Kugel ist nach § 6 gleich Null, daher gibt die äußere Kugelfläche keinen Beitrag zur Feldstärke zwischen den Kugelschalen.

Nach (4.4) ist

$$|E| = -\frac{d\varphi}{ds} = -\frac{d\varphi}{dr}.$$

Hier muß aus Symmetriegründen die Richtung des Feldes in Richtung des Radius liegen.

$$d\varphi = -f^* \frac{Q}{r^2} \cdot dr$$

$$U = \varphi_{1,2} = \varphi_1 - \varphi_2 = -\int_{R_2}^{R_1} f^* \frac{Q}{r^2} dr = f^* \left[\frac{Q}{r}\right]_{R_2}^{R_1} = f^* Q \left(\frac{1}{R_1} - \frac{1}{R_2}\right) = f^* Q \frac{R_2 - R_1}{R_1 \cdot R_2}$$

oder

$$Q = \frac{1}{f^*} \cdot \frac{R_1 \cdot R_2}{R_2 - R_1} U = C \cdot U \quad \text{mit} \quad C = \frac{1}{f^*} \cdot \frac{R_1 \cdot R_2}{R_2 - R_1}. \tag{10.1}$$

Daraus folgt: Die Kapazität eines Kugelkondensators ist um so größer, je größer der Radius der inneren Kugel und je kleiner der Abstand zwischen der äußeren und der inneren Kugelschale ist.

Wenn $R_1 \gg R_2 - R_1 = d$, darf man $R_1$ angenähert gleich $R_2 = R$ setzen. Dann wird

$$f^* \cdot C = \frac{R^2}{d} = \frac{4\pi R^2}{4\pi d} = \frac{F}{4\pi d}, \tag{10.2}$$

wo $F$ die Oberfläche einer Kugelschale ist. An den Überlegungen ändert sich bezüglich der Kapazität nichts, wenn die äußere Hohlkugel nicht das Erdpotential besitzt.

Gebräuchlich sind neben Kugel- und Zylinderkondensatoren vor allem Kondensatoren mit ebenen Platten. Man kann einen solchen als Kugelkondensator mit unendlich großem Radius $R_1$ auffassen und daher (10.2) anwenden; also:

$$C = \frac{1}{4\pi f^*} \cdot \frac{F}{d}, \tag{10.3}$$

wo $F$ den Flächeninhalt einer Platte und $d$ den Abstand der beiden Platten bedeuten.

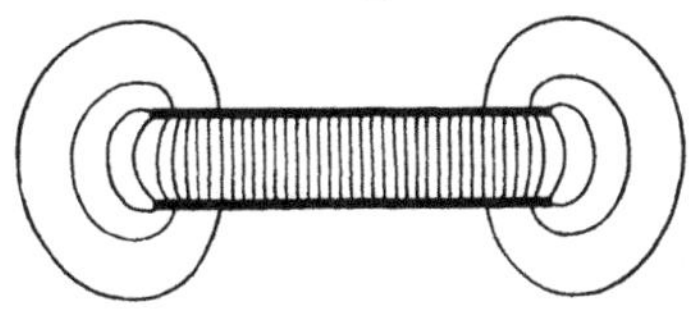

Abb. 235. Das elektrische Feld eines geladenen Plattenkondensators

*In den Einheiten des praktischen Maßsystems* $\left(f^* = \frac{1}{4\pi\varepsilon_0}\text{; vgl. § 1}\right)$ *ist daher die Kapazität des Plattenkondensators*

$$C = \frac{\varepsilon_0 F}{d} \textit{ Farad oder } \frac{\text{Coul}}{\text{Volt}} \tag{10.4}$$

In dieser praktisch außerordentlich wichtigen, viel benützten Formel tritt der Faktor $\frac{1}{4\pi}$ nicht mehr auf!

Das elektrische Feld eines geladenen Plattenkondensators befindet sich zwischen den Platten (Abb. 235); nur am Rande greift es etwas in den umgebenden Raum, der aber in ausreichender Entfernung vor und hinter den Platten und auch seitlich feldfrei ist. Die Kraftlinien verlaufen also im wesentlichen parallel, d.h. die Feldstärke ist an jedem Ort im Inneren die gleiche (homogenes elektrisches Feld). Dann ist aber auch nach (6.7) die Ladungsdichte auf den Platten überall dieselbe. Die Spannung (Potentialdifferenz) zwischen den Platten ist daher nach (4.6)

$$U = |E| \cdot d, \quad \text{also} \quad |E| = \frac{U}{d}. \tag{10.5}$$

Die Ladung ist $Q = F \cdot \sigma$. Da nach (6.7) $|E| = 4\pi f^* \sigma$, folgt

$$f^* \cdot Q = f^* \cdot F \cdot \sigma = F \frac{|E|}{4\pi} = \frac{F}{4\pi d} U,$$

also

$$f^* \cdot C = \frac{F}{4\pi d}$$

in Übereinstimmung mit (10.4).

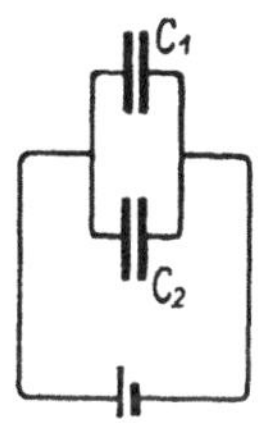


Abb. 236. Parallelgeschaltete Kondensatoren

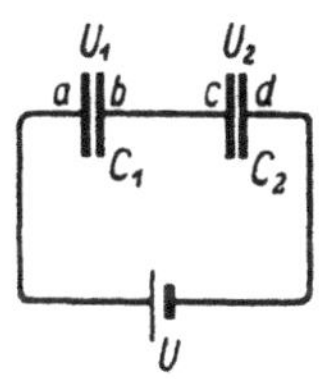


Abb. 237. Hintereinander geschaltete Kondensatoren

Ändert man den Abstand $d$ der Platten, so bleibt die Ladung und damit die Feldstärke konstant. Bei Vergrößerung des Abstandes nimmt daher die zwischen ihnen bestehende Spannung zu, denn nach (10.5) ist sie gleich dem Produkt aus Feldstärke und Plattenabstand. Da bei konstanter Ladung die Spannung der Kapazität umgekehrt proportional ist, folgt aus diesem Versuch, daß die Kapazität eines Kondensators dem Plattenabstand umgekehrt proportional ist.

**a) Parallel- und Serienschaltung von Kondensatoren.** Bei Parallelschaltung (Abb. 238) ist die Kapazität

$$C = C_1 + C_2, \tag{10.6}$$

bei Hintereinander- oder Serienschaltung (Abb. 237)

$$\frac{1}{C} = \frac{1}{C_1} + \frac{1}{C_2}. \tag{10.7}$$

(10.7) läßt sich folgendermaßen begründen:

$$C_1 \text{ werde durch } Q \text{ auf } U_1 \text{ geladen;} \qquad U_1 = \frac{Q}{C_1},$$

$$C_2 \text{ werde durch } Q \text{ auf } U_2 \text{ geladen;} \qquad U_2 = \frac{Q}{C_2}$$

Die Spannung zwischen $a$ und $d$ ist dann $U = U_1 + U_2$. $U$ lädt aber die hintereinandergeschalteten Kondensatoren, deren Gesamtkapazität mit $C$ bezeichnet werde, mit der Ladung $Q$.

$$Q = C \cdot U \quad \text{oder} \quad U = \frac{Q}{C}, \quad \text{also wird} \quad \frac{Q}{C} = \frac{Q}{C_1} + \frac{Q}{C_2} \quad \text{oder} \quad \frac{1}{C} = \frac{1}{C_1} + \frac{1}{C_2}.$$

**b) Influenzwirkung einer Flächenladung zwischen zwei äquipotentialen, parallelen Platten** (Abb. 238). Die Dichten der auf den Platten 1 und 2 influenzierten Ladungen müssen den Bedingungen genügen (vgl. 6.7)

$$\alpha) \qquad \sigma_1 = \frac{|E_1|}{4\pi f^*}; \qquad \sigma_2 = \frac{|E_2|}{4\pi f^*}; \qquad \sigma_1 + \sigma_2 = \sigma;$$

$\beta$) wegen der Gleichheit der Potentialdifferenz zwischen $F$ und 1 und der zwischen $F$ und 2 ist

$$U_{F,1} = |E_1|\, x = U_{F,2} = |E_2|\,(d - x),$$

oder nach $\alpha$)

$$\sigma_1 = \sigma\left(1 - \frac{x}{d}\right) \quad \text{und} \quad \sigma_2 = \sigma\,\frac{x}{d}. \tag{10.8}$$

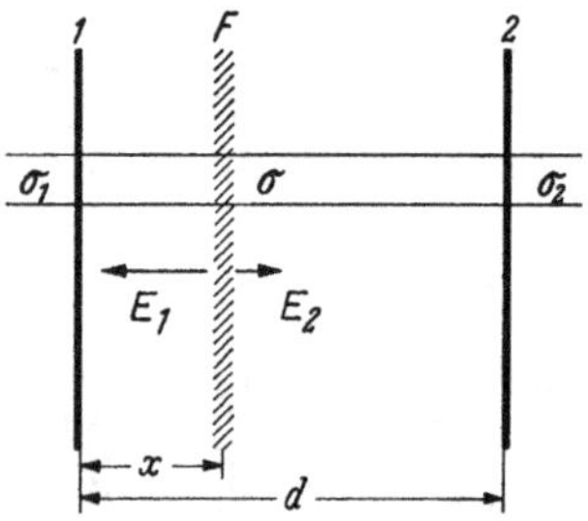


Abb. 238

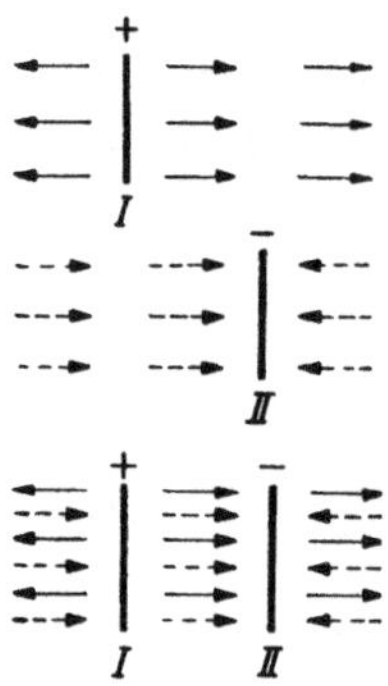


Abb. 239

Abb. 238. Zur Berechnung der Ladungsdichten $\sigma_1$ und $\sigma_2$ der auf den Platten *1* und *2* influenzierten Ladungen, die von der Ladung auf $F$ herrühren

Abb. 239. Die an den Platten eines Kondensators angreifenden Kräfte

Werden die Platten 1 und 2 auf eine Potentialdifferenz aufgeladen, so ändern sich nicht die Dichten der durch die eingebrachte Flächenladung influenzierten Ladungen.

**c) Kraftwirkung zwischen den Platten eines Kondensators (Kirchhoffsche Waage).** Die Feldstärke $E$ zwischen den Platten rührt sowohl von der positiven als auch von der negativen Kondensatorladung her (Abb. 238). In nicht zu großem Abstand von den Platten kann das elektrische Feld als homogen angesehen werden. Die Feldstärke der mit $+\sigma$ geladenen Ebene I sei im rechten Halbraum $+E'$, im linken $-E'$, bei negativer Belegung $-\sigma$ von II rechts $-E'$, links $+E'$. Bei Überlagerung beider Felder ist dann das Feld links von I: $-E' + E' = 0$, zwischen I und II: $+E' + E' = 2E' = E$ und rechts von II: $+E' - E' = 0$.

An der Ladung $+\sigma$ auf der Flächeneinheit von I greift die Kraft an, die von dem Felde der auf II befindlichen Ladung herrührt:

$$\frac{K}{F} = \sigma \cdot E' = \frac{1}{2} \cdot \sigma \cdot E,$$

wo $F$ die Fläche der Kondensatorplatte ist.

Nach (6.7) ist $\sigma = \frac{1}{4\pi \cdot f^*}\,|E|$; also ist die Kraft, die bei einer Feldstärke $E$ des Kondensatorfeldes an einer Kondensatorplatte mit dem Flächeninhalt $F$ angreift:

$$K = \frac{1}{8\pi \cdot f^*}\, E^2 \cdot F \tag{10.9}$$

oder, da $|E| = \frac{U}{d}$:

$$K = \frac{1}{8\pi \cdot f^*}\, U^2 \cdot \frac{F}{d^2}. \tag{10.10}$$

Durch Messung der Kraft, mit der die eine Kondensatorplatte von der anderen angezogen wird, kann man nach (10.10) die Potentialdifferenz ermitteln, welche zwischen den Platten besteht. Diese Messung läßt sich ausführen mit der *Kirchhoffschen Potentialwaage* (Abb. 240). Zwischen den Platten 1 und 2 besteht die zu messende Potentialdifferenz. Der Abstand $d$ wird durch drei gleiche Isolierklötzchen gehalten, gegen die durch die elektrische Anziehung die zuvor austarierte Platte 1 gedrückt wird. Man belastet die rechte Waagschale, bis 1 von seiner Auflage abgehoben wird. Die vom Zusatzgewicht der Masse $m$ ausgeübte Kraft $m \cdot g$ ist dann gerade gleich der elektrostatischen (10.10); also bei Verwendung des praktischen Maßsystems $\left(f^* = \frac{1}{4\pi\varepsilon_0}\right)$:

$$m g = \frac{1}{2} \varepsilon_0 U^2 \frac{F}{d^2}. \qquad (10.11)$$

Durch Messung der rein mechanischen Größen $m$, $F$ und $d$ kann also die Spannung $U$ bestimmt werden (*„absolute Spannungsmessung"*).

**d) Elektrometer.** Der Plattenkondensator dient häufig zur Herstellung eines homogenen elektrischen Feldes, dessen Feldstärke aus Spannung und Plattenabstand gegeben ist: $|E| = \frac{U}{d}$.

Eine im Felde befindliche Ladung $Q$ erfährt eine Kraft $K = Q\frac{U}{d}$; die Messung der Kraft kann also zur Bestimmung der Ladung dienen. Beim *Fadenelektrometer* (Abb. 241)

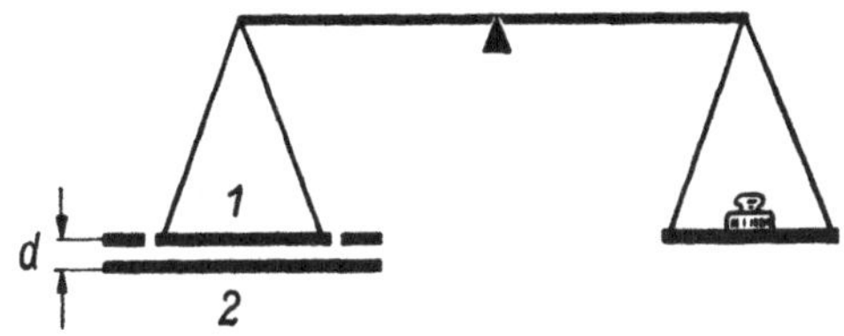

Abb. 240. Kirchhoffsche Potentialwaage

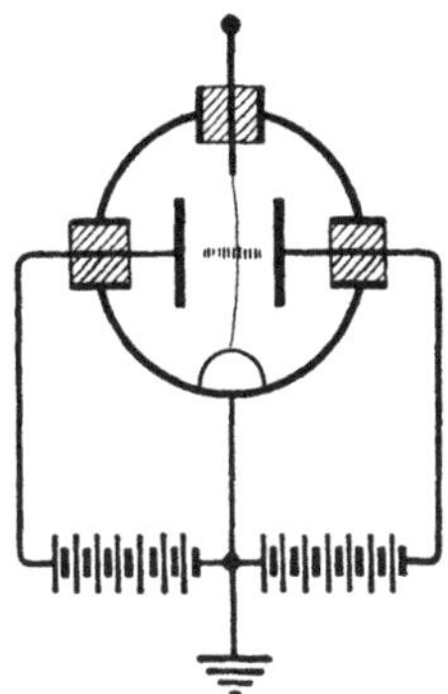
Abb. 241. Einfadenelektrometer

wird die zu messende Ladung auf einen isoliert befestigten, einige μ dicken Metallfaden gebracht. Dieser befindet sich im Felde eines Plattenkondensators. Es greift also an der Ladung eine Kraft an, die dem Produkt aus Ladung und Feldstärke proportional ist und eine Durchbiegung des Fadens bewirkt. Seine Verschiebung wird mikroskopisch beobachtet, sie ist der Ladung proportional. Solche Elektrometer erreichen Empfindlichkeiten von einigen $10^{-14}$ Coulomb pro Skalenteil im Okularmikrometer des Ablesemikroskops. Das entspricht bei der geringen Kapazität des Gerätes einigen $10^{-3}$ Volt.

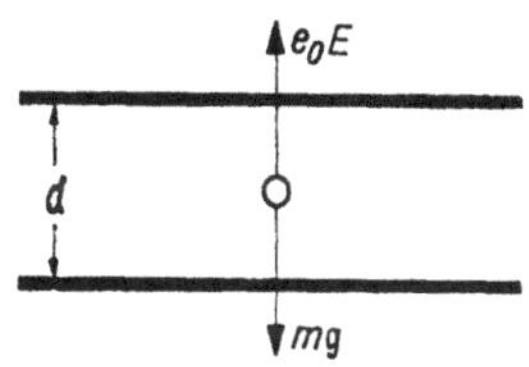

Abb. 242. Die an einem mit einer Elementarladung $e_0$ geladenen Öltröpfchen im Schwebekondensator angreifenden Kräfte

e) Messung kleinster Ladungen im Schwebekondensator (MILLIKAN). Als Ladungsträger wird ein kleines Flüssigkeitströpfchen zwischen die Platten des horizontal gelagerten Kondensators gebracht. Im feldfreien Raum sinkt es unter dem Einfluß der Schwere und dem Reibungswiderstand mit gleichförmiger Geschwindigkeit, aus der nach dem Stokesschen Gesetz (I § 58e) der Radius und damit auch das Gewicht $m \cdot g$ bestimmt werden kann. Legt man eine veränderliche Spannung an den Kondensator, so kann man diese so regulieren, daß das Tröpfchen in der Schwebe gehalten wird. Dann ist seine Ladung $Q$

$$Q = \frac{m \cdot g}{|E|} = \frac{m \cdot g \cdot d}{U}.$$

Mit dieser Methode fand MILLIKAN, daß die Ladung solcher Tröpfchen stets ein niedriges ganzes Vielfaches von $1{,}6 \cdot 10^{-19}$ Coul beträgt, d.h. einige wenige Elementarladungen $e_0$ enthält (vgl. § 2). Er konnte $e_0$ so mit hoher Genauigkeit direkt bestimmen.

**11. Das elektrische Feld als Träger der elektrostatischen Energie ($E_{el}$).** Nach (8.3) und (10.2) ist die Energie eines geladenen Kondensators

$$E_{el} = \frac{1}{2} \frac{F}{4\pi d \cdot f^*} U^2 = \frac{1}{8\pi f^*} \cdot \frac{U^2}{d^2} \cdot F \cdot d = \frac{1}{8\pi f^*} E^2 \cdot V, \qquad (11.1)$$

wo $V = F \cdot d$ das Volumen des Raumes zwischen den Platten, also des Feldes ist. Diese Gleichung läßt folgende Deutung zu: Die Energie befindet sich im elektrischen Feld. Die Energiedichte ($\varrho_{el}$), d.i. die in der Volumeneinheit enthaltene Energie ist also

$$\varrho_{el} = \frac{1}{8\pi f^*} E^2 \tag{11.2}$$

Diese Beziehung gilt auch für ein inhomogenes Feld.

Bei Verwendung des praktischen Maßsystems erhält man für die Energiedichte:

$$\varrho_{el} = \tfrac{1}{2}\varepsilon_0 E^2. \tag{11.3}$$

Es entspricht der Faraday-Maxwellschen Auffassung von der Natur des elektrischen Feldes, daß dieses der Träger der elektrischen Energie ist; in genauer Analogie zu einem elastisch deformierten Medium als Sitz der Deformationsenergie (vgl. I 74.3). Daß es sich hier nicht um eine formale Auslegung von (11.1) handelt, sondern daß sich die Energie wirklich im Felde befindet, werden wir bei der Untersuchung der Ausbreitung elektrischer Felder (elektromagnetischer Wellen) beweisen können.

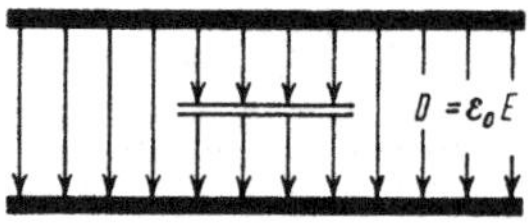

Abb. 243. Zur Messung der Verschiebungsdichte

**12. Verschiebungsdichte.** Bringt man in das Feld eines Kondensators in eine Äquipotentialfläche (also senkrecht zu den Kraftlinien) ein dünnes Blech der Fläche $F$, so werden nach (6.1) auf beiden Seiten Oberflächenladungen vom Betrage

$$\sigma F = \frac{1}{4\pi f^*} |E| \cdot F \tag{12.1}$$

influenziert. Verwendet man an Stelle des einen zwei Bleche (Abb. 243), die aufeinanderliegen, aber dann im Felde getrennt werden, so behält jede Platte ihre Ladung, auch wenn sie aus dem Felde herausgezogen wird. Man kann die Ladung ($\sigma F$) mit einem Elektrometer messen und daraus nach (12.1) die Feldstärke berechnen. Während wir bisher zur Messung des Feldes eine Kraftmessung benötigten, ergibt sich hier die Feldgröße aus einer Ladungsmessung. Im praktischen Maßsystem $\left(f^* = \frac{1}{4\pi\varepsilon_0}\right)$ wird dann:

$$\sigma = \varepsilon_0 |E| = |D_0|. \tag{12.2}$$

Ebenso wie $E$ ist $D$ ein Vektor und trägt den Namen *dielektrische Verschiebung*. Er spielt bei der Deutung der Ausbreitung elektrischer Wellen im Vakuum eine wichtige Rolle. Seine Dimension ist $\frac{\text{Ladung}}{\text{Fläche}}$, seine Einheit 1 Coulomb/m².

Mit dem Verschiebungsvektor $\boldsymbol{D}_0$ wird aus (3.5) und (3.6)

$$\int \boldsymbol{D}_{0n}\, dF = Q. \tag{12.3}$$

(12.3) spricht ein fundamentales Gesetz der Elektrostatik aus.

**13. Die Dielektrizitätskonstante; Polarisation.** Stellt man zwischen eine geriebene Bernsteinstange und ein an einem Faden aufgehängtes Holundermarkstückchen eine Glasplatte oder eine Platte aus irgendeinem anderen Isolator, so findet trotzdem eine Anziehung statt. Während das elektrische Feld durch eine geerdete Metallplatte abgeschirmt wird, greift es durch einen Isolator hindurch. Daher bezeichnet man isolierende Stoffe als *Dielektrika*.

Hinsichtlich ihrer elektrischen Eigenschaften unterscheiden sich die Dielektrika quantitativ sehr erheblich, und zwar durch eine als *Dielektrizitätskonstante* bezeichnete Materialkonstante. Das zeigen folgende Versuche:

a) Bringt man zwischen die Platten eines geladenen und dann von der Stromquelle getrennten Kondensators einen Isolator, z.B. eine Glas- oder Hartgummiplatte, so sinkt seine Spannung. Nach Entfernen der Platte steigt die Spannung auf den ursprünglichen Wert. Dem Kondensator ist also keine Ladung entzogen worden.

b) Entlädt man einen auf die Spannung $U$ geladenen Kondensator, zwischen dessen Platten vor der Aufladung ein Isolator geschoben wurde, über ein ballistisches Galvanometer, so ist die nachgewiesene Ladung größer als bei einer Entladung des auf gleiche Spannung geladenen Kondensators ohne Isolator.

Durch das Dielektrikum wird also die Kapazität des Leiters vermehrt.

Tabelle 19. *Dielektrizitätskonstanten einiger Stoffe*

| Material | Dielektrizitäts-konstante | Material | Dielektrizitäts-konstante | Material | Dielektrizitäts-konstante |
|---|---|---|---|---|---|
| Glas . . . | 5—10 | Nitrobenzol | 37 (15° C) | Luft . . . | 1,000576 (0° C, 760 Torr) |
| Schwefel . | 3,6—4,3 | Äthylalkohol | 25,8 (20° C) | Wasserstoff | 1,000264 (0° C, 760 Torr) |
| Hartgummi | 2,5—3,5 | Wasser . . | 81,1 (18° C) | $SO_2$ . . . . | 1,0099 (0° C, 760 Torr) |
| Quarzglas . | 3,7 | Petroleum . | 2,1 (18° C) | $N_2$ . . . . | 1,000606 (0° C, 760 Torr) |

*Als Dielektrizitätskonstante $\varepsilon$ eines Stoffes bezeichnet man das Verhältnis dieser (durch Einschieben des Stoffes) vermehrten Kapazität eines Kondensators zu seiner Kapazität im Vakuum. Sie ist — im Gegensatz zu $\varepsilon_0$ — also eine dimensionslose Größe:*

$$\varepsilon = \frac{C}{C_{\text{vac}}}. \tag{13.1}$$

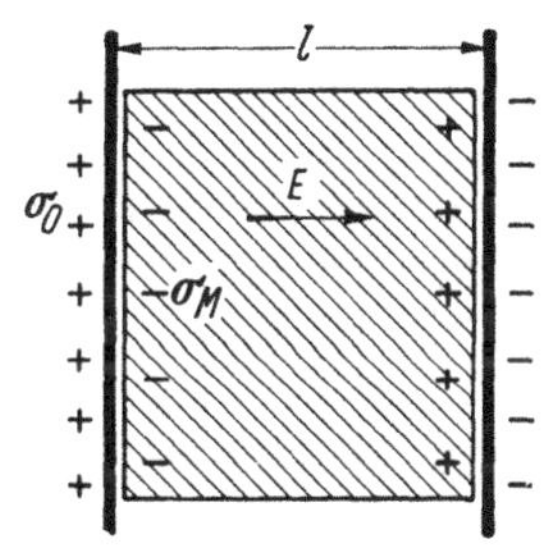

Abb. 244. Freie Oberflächenladung eines Dielektrikums in einem geladenen Plattenkondensator und ihr Einfluß auf seine Kapazität

Da bei dem Versuch a) die Ladung erhalten bleibt, gilt:

$$Q = C_{\text{vac}} \cdot U_{\text{vac}} = C \cdot U = \varepsilon \cdot C_{\text{vac}} \cdot U$$

oder

$$\frac{U_{\text{vac}}}{U} = \varepsilon, \tag{13.2}$$

d.h. die Spannung und, da $U = |E| \cdot d$ ist, auch die Feldstärke im Kondensator werden durch das Dielektrikum auf $\frac{1}{\varepsilon}$ geschwächt. Auch diese Beziehung (13.2) kann zur Messung von $\varepsilon$ verwendet werden.

Nach (6.1) ist die Feldstärke der Ladungsdichte proportional, und daher muß auch die das Feld erzeugende Ladung kleiner geworden sein. Da die Kondensatorladung durch das Dielektrikum nicht geändert wird, müssen auf den Oberflächen des Mediums, die an den Platten anliegen, polar entgegengesetzte Oberflächenladungen mit der Ladungsdichte $\sigma_M$ frei geworden sein (s. Abb. 244), die wegen (6.1) der Bedingung genügen:

$$\left.\begin{aligned} |E| &= \frac{|E_0|}{\varepsilon} = 4\pi f^*(\sigma_0 - \sigma_M) \\ \sigma_M &= \sigma_0 - \frac{1}{4\pi f^*} \cdot \frac{|E_0|}{\varepsilon} = \frac{1}{4\pi f^*} |E_0| \frac{\varepsilon - 1}{\varepsilon}, \end{aligned}\right\} \tag{13.3}$$

wobei $\sigma_0$ die Flächenladungsdichte auf den Kondensatorplatten bedeutet.

Das Dielektrikum erhält auf diese Weise ein elektrisches Moment $m$ der Art, daß jedes Volumenelement $dV = dF \cdot dl$ (Bezeichnungen wie in Abb. 244) ein elektrisches Moment $dm$ trägt. In Gleichung (4.9) hatten wir das elektrische Moment als Produkt aus Abstand und Ladung eingeführt. Wir verfahren jetzt analog und schreiben für das elektrische Moment eines Volumenelements

$$|dm| = Q \cdot dl = \sigma_M \cdot dF \cdot dl = \sigma_M \cdot dV. \qquad (13.4)$$

$m$ ist ein Vektor in Richtung des elektrischen Feldes an der betrachteten Stelle (in isotropen Medien).

Das auf die Volumeneinheit bezogene elektrische Moment heißt die *Polarisation*

$$\boldsymbol{P} = \frac{d\boldsymbol{m}}{dV}; \qquad |P| = \sigma_M. \qquad (13.5)$$

Dann wird mit (13.3):

$$\boldsymbol{P} = \frac{1}{4\pi f^*} \boldsymbol{E}_0 \frac{\varepsilon - 1}{\varepsilon} = \frac{\varepsilon - 1}{4\pi f^*} \boldsymbol{E} = \varepsilon_0 \chi_p \cdot \boldsymbol{E}. \qquad (13.6)$$

Die so definierte Größe

$$\chi_p = \varepsilon - 1 \qquad (13.7)$$

(im praktischen Maßsystem) bezeichnet man als *dielektrische Suszeptibilität*[1].

Damit wird aus (13.6)

$$\boldsymbol{P} = (\varepsilon - 1)\, \varepsilon_0 \boldsymbol{E} \qquad \text{oder} \qquad \varepsilon\, \varepsilon_0 \boldsymbol{E} = \varepsilon_0 \boldsymbol{E} + \boldsymbol{P}. \qquad (13.8)$$

$\varepsilon_0 \boldsymbol{E} = \boldsymbol{D}_0$ bzw. $\varepsilon \varepsilon_0 \boldsymbol{E} = \boldsymbol{D}$ ist die *dielektrische Verschiebung* im Vakuum (vgl. 12.2) bzw. im Dielektrikum. Damit erhält (13.8) die Form

$$\boldsymbol{D} = \boldsymbol{D}_0 + \boldsymbol{P}. \qquad (13.9)$$

Bringt man zwischen die Platten eines geladenen Kondensators eine Platte aus dielektrischem Material, die den Raum nicht vollständig ausfüllt, so bleibt, da weder Ladung noch Ladungsdichte sich ändern, die Feldstärke $\boldsymbol{E}_0$ im leeren Teil unverändert. Die Feldstärke im Dielektrikum nimmt aber auf $\frac{\boldsymbol{E}_0}{\varepsilon}$ ab. Die dielektrische Verschiebung beträgt im leeren Teil $\boldsymbol{D} = \varepsilon_0 \cdot \boldsymbol{E}_0$, im Dielektrikum $\boldsymbol{D} = \varepsilon_0 \cdot \varepsilon \cdot \frac{\boldsymbol{E}_0}{\varepsilon} = \varepsilon_0 \cdot \boldsymbol{E}_0$. Sie hat also innerhalb des ganzen Kondensators den gleichen Wert. Sie geht unverändert durch die Grenzfläche des Dielektrikums. Dies ist der Grund für die Einführung des Verschiebungsvektors.

Allgemein gilt der Satz, daß die Normalkomponente des Verschiebungsvektors $\boldsymbol{D}$ stetig durch die Grenzfläche zweier dielektrischer Medien hindurchtritt. Die Tangentialkomponenten dagegen verhalten sich wie die Dielektrizitätskonstanten der beiden Medien.

**a) Verschiebungspolarisation.** Das Zustandekommen der in Abb. 246 dargestellten Oberflächenladungen des Dielektrikums im elektrischen Felde deuten wir wie folgt: Die elektrischen Ladungen, aus denen die Atome aufgebaut sind (die Kerne und die Elektronen), sind nicht starr miteinander verbunden. Sie können durch ein elektrisches Feld, das an den positiven Kernen und den negativen Elektronen angreift, so verlagert werden, daß die Schwerpunkte der positiven und negativen Ladungen nicht mehr zusammenfallen, das Atom also den Charakter eines Dipols annimmt. Dessen elektrisches Moment ist der Stärke des Feldes proportional:

$$\boldsymbol{m} = \alpha \cdot \boldsymbol{E}. \qquad (13.11)$$

$\alpha$ heißt die *Polarisierbarkeit* des Atoms, sie ist für das Atom charakteristisch.

---

[1] Hier wird in der physikalischen Literatur häufig das elektrostatische CGS-System angewandt und $\boldsymbol{P} = \chi \cdot \boldsymbol{E}$ gesetzt, so daß die Suszeptibilität $\chi = \frac{\varepsilon - 1}{4\pi}$ wird (ebenfalls dimensionslos).

Denken wir uns nun die Atome im Innern des Dielektrikums wie in Abb. 246 zu Ketten geordnet, so müssen sich die Ladungen in den Ketten bei gleicher Polarisierung (im homogenen elektrischen Felde) kompensieren. An den Enden der Kette, also an der Oberfläche des Dielektrikums, wird aber eine Oberflächenladung auftreten, und zwar auf der Seite, die der Feldstärkenrichtung abgewendet ist, eine negative, auf der anderen eine positive. Die Größe dieser Aufladung muß von der Verschieblichkeit der Ladungen in den Atomen und deren Anzahl in der Volumeneinheit abhängig sein.

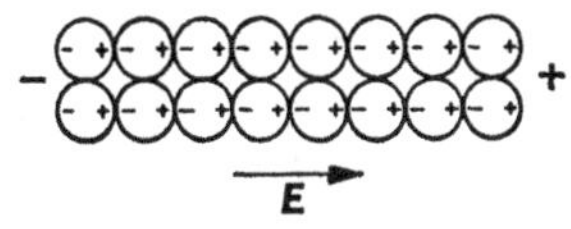


Abb. 245. Die Polarisation der Atome als Ursache der freien Oberflächenladungen

Die Polarisation eines Mediums durch ein elektrisches Feld ist nach (13.8) der in seinem Inneren vorhandenen Feldstärke und dem Überschuß seiner Dielektrizitätskonstanten über 1 proportional. Das Moment des polarisierten Einheitswürfels ist gleich der Summe der Momente der in ihm enthaltenen Atome bzw. Moleküle. Beträgt ihre Anzahl $n$, so wird

$$\boldsymbol{P} = n \cdot \boldsymbol{m} = n \cdot \alpha \cdot \boldsymbol{E} = (\varepsilon - 1)\, \varepsilon_0 \boldsymbol{E} \tag{13.12}$$

und somit

$$\alpha = \frac{1}{n} \cdot (\varepsilon - 1)\, \varepsilon_0 = \frac{\chi_p}{n}\, \varepsilon_0 . \tag{13.13}$$

Da das Molvolumen $\frac{M}{\varrho}$ beträgt und $L$ Moleküle enthält, ist $n = \frac{L}{M/\varrho} = \frac{L \cdot \varrho}{M}$, daher wird

$$(\varepsilon - 1) \frac{M}{\varrho} = \frac{1}{\varepsilon_0} L \alpha . \tag{13.14}$$

Diese einfache Beziehung, die es erlaubt, die Polarisierbarkeit des Atoms ($\alpha$) zu ermitteln, hat sich für Gase gut bewährt. Für Materie höherer Dichte, wo die Wechselwirkung zwischen den atomaren Dipolen nicht vernachlässigt werden darf, tritt an die Stelle von (13.14) die Clausius-Mosottische Beziehung:

$$\frac{\varepsilon - 1}{\varepsilon + 2} \cdot \frac{M}{\varrho} = \frac{1}{3} \frac{1}{\varepsilon_0} L \alpha . \tag{13.15}$$

Wenn $\varepsilon$ nur sehr wenig von 1 verschieden ist, also $\varepsilon + 2 \approx 3$ ist, geht (13.15) in (13.14) über.

**b) Orientierungspolarisation.** Einige Substanzen zeigen neben der Verschiebungspolarisation, die aller Materie in elektrischen Feldern eigentümlich ist, eine *Orientierungspolarisation*. Es sind diejenigen Substanzen, deren Moleküle auch im feldfreien Raum schon ein elektrisches Moment besitzen. Infolge der Wärmebewegung ist aber jede Richtung des Momentes gleich wahrscheinlich, eine größere Zahl (z. B. die in der Volumeneinheit enthaltenen Moleküle) zeigen kein resultierendes Moment. Ein elektrisches Feld zwingt nun die Richtung der Momente etwas in die Vorzugsrichtung des elektrischen Feldes, und zwar um so mehr, je stärker das Feld und je tiefer die Temperatur ist. Die Temperatur stört die Einstellung der Dipole in die Feldrichtung um so stärker, je höher sie ist. Man erkennt diese Stoffe mit Orientierungspolarisation daran, daß nach Abzug des Verschiebungsanteils, den man aus dem Brechungsindex bestimmen kann (s. VI § 24), die Suszeptibilität der absoluten Temperatur $T$ umgekehrt proportional ist. An die Stelle von (13.13) und (13.15) treten

$$\left.\begin{aligned} \chi = \varepsilon - 1 &= \frac{n}{\varepsilon_0}\left(\alpha + \frac{p^2}{3 \cdot k \cdot T}\right) \\ \frac{\varepsilon - 1}{\varepsilon + 2} \cdot \frac{M}{\varrho} &= \frac{1}{3} \cdot \frac{1}{\varepsilon_0} \cdot L\left(\alpha + \frac{p^2}{3 \cdot k \cdot T}\right), \end{aligned}\right\} \tag{13.16}$$

wo $p$ das Dipolmoment des einzelnen Moleküls und $k$ die Boltzmann-Konstante (II 8.2) ist. Aus der Temperaturabhängigkeit von $\chi$ kann man die Größe des Momentes bestimmen. Man findet so z. B., daß das Dipolmoment des Wassermoleküls von der gleichen Größenordnung ist wie dasjenige eines Dipols, dessen Polstärke gleich der Elementarladung ist, und dessen Polabstand die Größenordnung von Atomdurchmessern besitzt, in befriedigender Übereinstimmung mit unseren Vorstellungen über den Bau der einzelnen Moleküle.

So gibt die Messung der Dielektrizitätskonstanten wichtige Beiträge zur Kenntnis der Struktur der Moleküle; sie dient dem Chemiker als Hilfsmittel bei der Konstitutionsforschung.

**14. Energiedichte des elektrischen Feldes im Dielektrikum.** Die Energie eines mit einem Dielektrikum gefüllten Kondensators ist nach (8.3) und (11.1)

$$E_{el} = \frac{1}{2} C \cdot U^2 = \frac{1}{2} \varepsilon \cdot C_0 \cdot U^2 = \frac{1}{2} \frac{\varepsilon \cdot F}{4\pi f^* \cdot d} U^2.$$

Wir schreiben dafür

$$E_{el} = \frac{1}{8\pi f^*} \varepsilon \left(\frac{U}{d}\right)^2 \cdot F \cdot d = \frac{\varepsilon}{8\pi f^*} E^2 \cdot V.$$

Die Energiedichte im Dielektrikum ist also im praktischen Maßsystem

$$\varrho_{el} = \frac{\varepsilon \cdot \varepsilon_0}{2} E^2 = \frac{1}{2} E D, \tag{14.1}$$

worin $E$ die elektrische Feldstärke im Dielektrikum bedeutet.

Modellmäßig versteht man (14.1) folgendermaßen: Die Dipole der polarisierten Materie entstehen im elektrischen Felde durch Verschiebung der quasielastisch gebundenen Elektronen mit der Ladung $e_0$ aus der Lage bei Feldfreiheit, in der ihre Wirkung nach außen durch die gleiche positive Ladung kompensiert wird. Das Feld $E$ bewirkt eine Verschiebung $x_0$, so daß

$$e_0 |E| = D \cdot x_0,$$

wo $D$ die Richtgröße ist (I 18.1). Dadurch entsteht ein Dipol, dessen Moment

$$e_0 \cdot x_0 = \frac{e_0^2}{D} \cdot |E|$$

st. Bei $z$ Elektronen gleicher Bindung im Atom wird das Moment des Atoms

$$|m| = \alpha \cdot |E| = \frac{z \cdot e_0^2}{D} \cdot |E|.$$

Die Arbeit zur Verschiebung der Elektronen, also die im polarisierten Atom gespeicherte potentielle Energie ist nach (I 23.4)

$$E_{at} = z \cdot \frac{1}{2} D x_0^2 = z \cdot \frac{1}{2} D \left(\frac{e_0 |E|}{D}\right)^2 = z \cdot \frac{1}{2} \frac{e_0^2}{D} \cdot |E|^2 = \frac{1}{2} |m| \cdot |E|.$$

In den $n$ Atomen pro Volumeneinheit ist also die Energie

$$n \cdot E_{at} = \frac{1}{2} n |m| \cdot |E| = \frac{1}{2} |P| \cdot |E|$$

gespeichert. Nun ist nach (13.8) $\boldsymbol{P} = (\varepsilon - 1) \varepsilon_0 \boldsymbol{E}$. Demnach beträgt die Energie pro Volumeneinheit der polarisierten Materie, vermehrt um die Energiedichte des Feldes $\frac{1}{2} \varepsilon_0 \boldsymbol{E}^2$ [s. (11.3)], also die gesamte Energiedichte im Dielektrikum

$$\varrho_{el} = \frac{1}{2} \varepsilon_0 (\varepsilon - 1) |E|^2 + \frac{1}{2} \varepsilon_0 |E|^2 = \frac{1}{2} \varepsilon_0 \varepsilon |E|^2 \qquad \text{[vgl. (14.1)].}$$

**a) Kraftwirkung auf ein dielektrisches Stäbchen im homogenen Feld.** In einem homogenen elektrischen Feld im Vakuum oder einem Dielektrikum, dessen $\varepsilon$ kleiner als das des Hartgummis ist, dreht sich ein über dem Schwerpunkt aufgehängtes Hartgummistäbchen in die Richtung der Kraftlinien (Abb. 246). Infolge der Polarisation hat das Stäbchen die Eigenschaften eines Dipols, an dem nach (5.3) ein Drehmoment vom Betrage $m \cdot |E| \cdot \sin \alpha$ angreift.

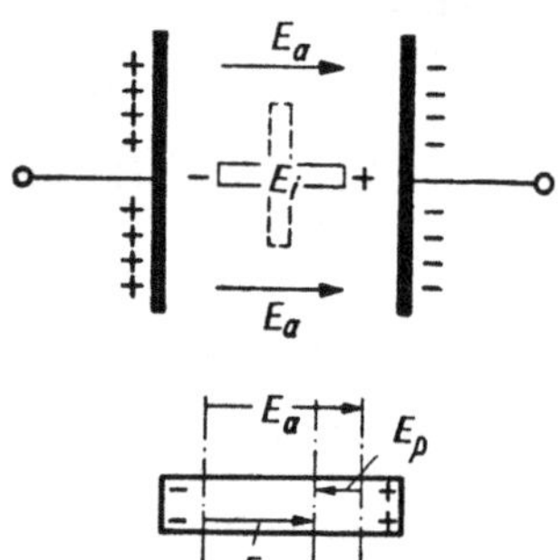


Abb. 246. Drehung eines dielektrischen Stabes in die Richtung der Kraftlinien

Auch in der gestrichelt gezeichneten Stellung senkrecht zum Felde ist das Stäbchen polarisiert; bei gleicher Polarisation $P$ sollte man hier ein Moment gleicher Größe wie in der Längsstellung erwarten, denn nach (13.5) ist bei homogener Polarisierung $m = \mathrm{P} \cdot V$. Daß sich das Stäbchen trotzdem in die Längsrichtung einstellt, beruht darauf, daß es tatsächlich in dieser Stellung stärker polarisiert wird. Die Polarisierung ist nämlich von der Stellung des Stäbchens im Felde abhängig. Zwar hängen die influenzierten Oberflächenladungen nicht vom Abstand der Endflächen ab. Jedoch ist die Gegenfeldstärke (Entelektrisierung), die die Oberflächenladungen bewirken, in der Längsstellung des Stäbchens geringer und daher die Polarisation stärker als in der Querstellung. Das Stäbchen stellt sich in die Längsrichtung ein, in der es das größte von allen möglichen Momenten besitzt; diese Stellung ist energetisch am günstigsten.

Um die Polarisation eines dielektrischen Körpers, der sich in einem ausgedehnten „äußeren" Feld befindet, durch dessen Feldstärke $E_a$ zu beschreiben, geht man folgendermaßen vor: Durch die Polarisation wird im Inneren das Feld geschwächt. Das auf die Polarisation zurückzuführende Gegenfeld $E_p$ setzen wir dieser proportional an:

$$E_i = E_a + E_p = E_a - N \cdot P/\varepsilon_0. \tag{14.2}$$

$N$ heißt *Entpolarisierungsfaktor*. Die Feldstärke $E_i$ bewirkt nach (13.6) die Polarisation:

$$P = \varepsilon_0 \cdot \chi_p \cdot E_i = \varepsilon_0 \cdot \chi_p \cdot (E_a - N\,P/\varepsilon_0)$$

$$P = \frac{\varepsilon_0 \chi_p E_a}{1 + N \chi_p}. \tag{14.3}$$

Für Körper von der Gestalt eines Rotationsellipsoids läßt sich $N$ berechnen. Für ein sehr langgestrecktes Ellipsoid oder einen zylindrischen Stab, der im Vergleich zu seinem Durchmesser sehr lang ist, wird $N$ Null, wenn die Achse in Feldrichtung liegt; $N$ wird gleich $2\pi$, wenn sie senkrecht dazu ist. Im ersten Fall wird also die Polarisation durch das ungeschwächte äußere Feld $E_a$ bewirkt. Für die Kugel wird $N = \frac{4\pi}{3}$.

**b) Kraft auf eine dielektrische Kugel im inhomogenen Feld.** In einer dielektrischen Flüssigkeit aufsteigende Gasblasen (deren Dielektrizitätskonstante kleiner ist als die der Flüssigkeit) werden von einer geladenen (in Abb. 247 positiven) Spitze abgestoßen. Die Kräfte greifen an den freien Ladungen der Grenzfläche von Flüssigkeit und eingeschlossener Gasblase an. Infolge der größeren Polarisierbarkeit der Flüssigkeit überwiegt ihre freie positive Oberflächenladung die negative des Gases. Das System wirkt also wie ein Dipol,

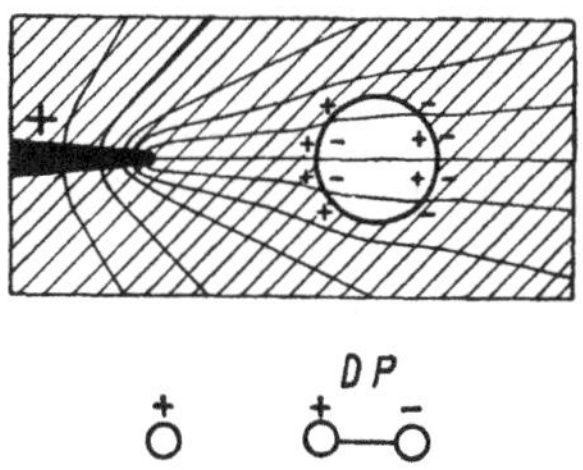


Abb. 247. Kraftwirkung auf eine Gasblase in einer dielektrischen Flüssigkeit im inhomogenen elektrischen Feld. Sie verhält sich wie der Dipol $DP$ im Felde der Punktladung

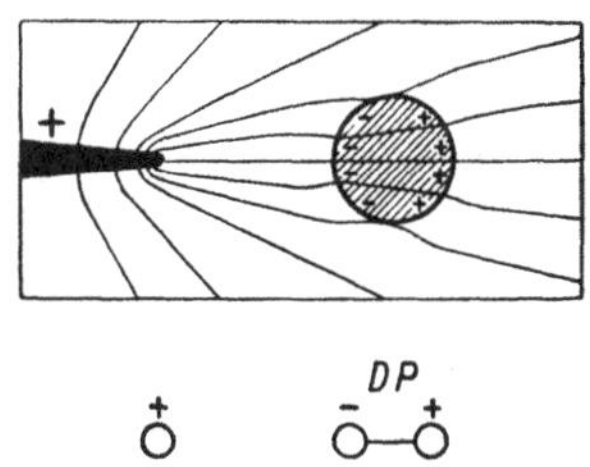


Abb. 248. Kraftwirkung auf eine dielektrische Kugel im inhomogenen elektrischen Feld. Sie verhält sich wie der Dipol $DP$ im Felde der Punktladung

dessen positiver Pol der felderzeugenden positiven Ladung gegenübersteht und deshalb abgestoßen wird, während der negative Pol zwar angezogen wird, aber mit einer geringeren Kraft, weil er sich in einem Gebiet geringerer Feldstärke befindet.

Ganz analog erklärt sich, daß ein ungeladenes Hartgummikügelchen in Luft von einer geladenen Metallspitze angezogen wird (Abb. 248).

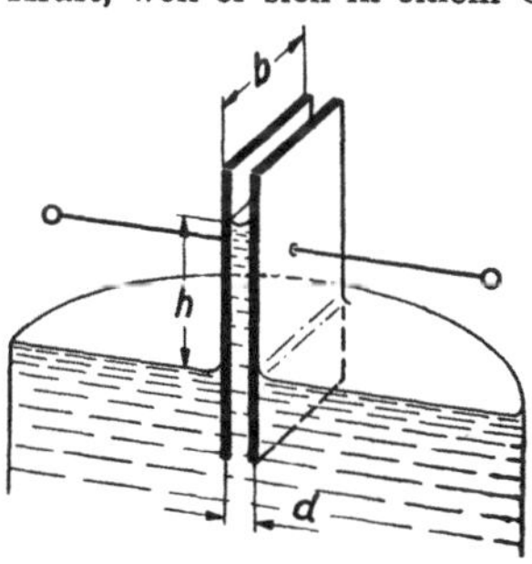


Abb. 249. Eine dielektrische Flüssigkeit wird in das Feld eines Plattenkondensators gehoben

**c) Kräfte auf eine dielektrische Flüssigkeit im homogenen Feld.** Ein Plattenkondensator (Plattenabstand $d$ und -breite $b$) tauche in eine geeignete Flüssigkeit, z.B. Nitrobenzol (Abb. 249). Nach Anlegen einer Spannung $U$ wird sie bis zur Höhe $h$ in das Kondensatorfeld hineingezogen. Gleichgewicht tritt dann ein, wenn die von der Spannungsquelle gelieferte Energie $dA_Q$ gleich ist der Summe der elektrostatischen Energie $dE_e$, die vom Kondensator beim Steigen der Flüssigkeit um $dh$ aufgenommen wird, und der Arbeit $dE_g$, die zur Hebung der Flüssigkeitsmasse $d \cdot b \cdot dh \cdot \varrho$ auf die Höhe $h$ zu leisten ist:

$$dA_Q = dE_e + d \cdot b \cdot dh \cdot \varrho \cdot g \cdot h \tag{14.4}$$

$dA_Q$ ist die Arbeit zum Aufbringen der Ladung $dQ$ auf den Kondensator entgegen der Spannung $V = E \cdot d$; also wegen (12.3):

$$dA_Q = E \cdot d \cdot dQ = E \cdot d \cdot (D_1 - D_0)\, dF = E \cdot d \cdot (\varepsilon - 1)\, \varepsilon_0 \cdot E \cdot b \cdot dh.$$

$dE_e$ berechnet man mittels (14.1) zu:

$$dE_e = d \cdot b \cdot dh(\tfrac{1}{2}\varepsilon\varepsilon_0 E^2 - \tfrac{1}{2}\varepsilon_0 E^2).$$

Man setzt diese Werte für $dA_Q$ und $dE_e$ in (14.4) ein und erhält für die Steighöhe:

$$h = \frac{1}{\varrho \cdot g} \cdot \frac{\varepsilon_0}{2} (\varepsilon - 1) E^2. \qquad (14.5)$$

**d) Elektrostriktion.** Wenn ein Dielektrikum polarisiert wird, so tritt eine Volumenänderung ein. Die in der Feldrichtung hintereinander liegenden Dipole üben aufeinander eine Anziehung aus. Denn hinter dem negativen Pol eines Moleküls liegt ein positiver des Nachbarn. Infolge dieser Kräfte werden sich die Moleküle einander nähern, bis die entstehenden elastischen Gegenkräfte den elektrischen gerade das Gleichgewicht halten. Die verursachte Volumenänderung heißt *Elektrostriktion.*

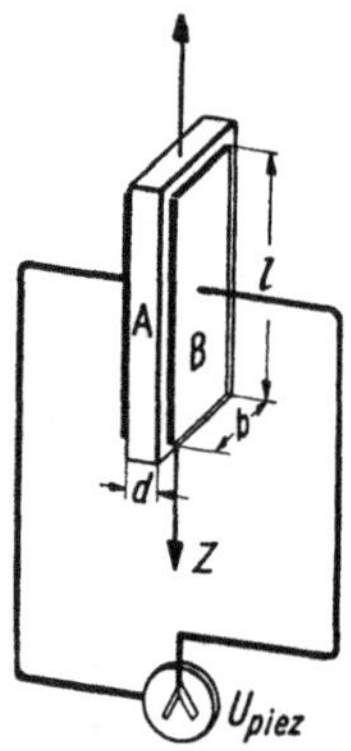


Abb. 250. Orientierung einer piezoelektrischen Quarzplatte zum Kristall, aus dem sie herausgeschnitten ist

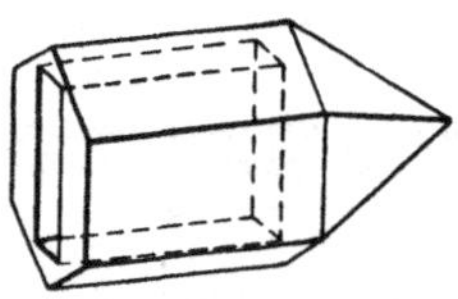

Abb. 251. Nachweis des transversalen piezoelektrischen Effekts

**15. Polarisation ohne äußere elektrische Felder; Piezo- und Pyroelektrizität u. ä.** Deformiert man einen aus Ionen aufgebauten Kristall, der eine sogenannte polare Achse besitzt, so wird er polarisiert. In seinem Innern können Dipolmomente auftreten oder schon vorhandene sich ändern, und das hat zur Folge, daß an seiner Oberfläche Aufladungen beobachtet werden *(Piezoelektrizität).* Dieses Verhalten zeigen besonders stark Turmalin, Quarz, Seignettesalz u. a.

Aus einem Quarzkristall werde eine dünne Platte (wie in Abb. 250) herausgeschnitten und auf der vorderen und hinteren Fläche mit metallischen Belegungen $A$ und $B$ versehen, die mit einem Elektrometer verbunden werden (Abb. 251). Bei einem Zug $Z$ in der Längsrichtung beobachtet man eine Spannung $U_{\text{piez}}$ zwischen $A$ und $B$. Die Ladung der Belegung — sie ist gleich der durch Polarisation hervorgerufenen Oberflächenladung des Quarzes und von ihr durch Influenz gebunden — ist dann

$$Q = k \cdot \frac{l}{d} Z, \qquad (15.1)$$

wo $l$ die Länge der Belegung und $d$ die Plattendicke ist. $k$ ist eine für das Material charakteristische Konstante.

Dieser Effekt wird vielfach zur elektrischen Messung von Zugspannungen oder Drucken benutzt; besonders vorteilhaft bei rasch veränderlichen Drucken (Detonationen). Neben diesem transversalen *piezoelektrischen Effekt,* bei dem die Zugrichtung senkrecht zur elektrischen Achse liegt, existiert auch ein longitudinaler Effekt; bei ihm liegt die Zugrichtung in Richtung der elektrischen Achse.

Die Umkehrung des piezoelektrischen Effektes besteht in einer Verlängerung der Quarzplatte bei Aufladung der Belegungen (bei Umpolung Verkürzung).

Legt man an die Belegungen eine Wechselspannung, deren Frequenz mit der Frequenz der mechanischen Grundschwingung oder einer Oberschwingung der Quarzplatte übereinstimmt (I 80.1), so gerät diese in Resonanzschwingungen. Der schwingende Quarz hat als Ultraschallsender und zur Stabilisierung der Frequenz von Schwingungskreisen große technische Bedeutung erlangt (vgl. I § 94d).

Wenn man an Stelle einer elastischen Deformation an einem piezoelektrischen Kristall mit polarer Achse eine Temperaturänderung vornimmt, die ja auch eine Ausdehnung zur Folge hat, so ändert sich ebenfalls seine Polarisation und damit die Aufladung seiner Oberfläche *(Pyroelektrizität).* Daß beim Turmalin bei jeder Temperatur eine Polarisation vorhanden ist, die im allgemeinen nur durch zusätzliche, fremde, von außen zugeführte Ladungen kompensiert ist, erkennt man daran, daß ein erhitzter Turmalin im Vakuum auch nach Abkühlung in einem dauernd polarisierten Zustande erhalten werden kann.

(Weiteres über das Verhalten von Materie in elektrischen Feldern s. § 61)

Wenn man zwei verschiedene vorher ungeladene Stoffe, z.B. durch Reibung, miteinander in innige Berührung bringt, so tragen die Berührungsflächen nach der Trennung im allgemeinen eine Aufladung *(Berührungs- und Reibungselektrizität)*. Man kann die Stoffe in der sogenannten *Spannungsreihe* anordnen, in der der voranstehende nach der Trennung positiv, der folgende negativ erscheint:

Katzenfell, Elfenbein, Bergkristall, Flintglas, Baumwolle, Seide, Lack, Schwefel usw.

Glas wird positiv beim Reiben mit Amalgam auf Leder, negativ mit Katzenfell. Die *Coehnsche Regel* besagt, daß derjenige Stoff positiv geladen wird, der die größere Dielektrizitätskonstante besitzt. In der Berührungsfläche herrscht ein starkes elektrisches Feld, in dem die Moleküle polarisiert werden (vgl. Oberflächenspannung und Polarisation, § 27). Der höheren Dielektrizitätskonstante entspricht eine stärkere Verschiebung der Ladungen innerhalb der Moleküle. Sie verlieren leichter Elektronen an den anderen Stoff und bleiben daher positiv geladen zurück. Veränderungen der Oberfläche, z.B. adsorbierte Gase, beeinflussen die Erscheinungen entscheidend.

## B. Stationäre Ströme

**16. Begriff der Stromstärke.** Verbindet man die Platten eines auf die Potentialdifferenz $\varphi_2 - \varphi_1 = U$ aufgeladenen Kondensators durch einen Metalldraht, so ist dessen Potential an der Oberfläche und im Inneren nicht überall gleich. Es besteht also in ihm ein elektrisches Feld. Die beweglichen Elektronen werden durch die an ihnen angreifende Kraft zur positiven Platte geführt. Die negative Kondensatorladung muß den Verlust an Leitungselektronen decken, die positive wird durch die zugeführten Elektronen neutralisiert. Ladung und damit Spannung des Kondensators nehmen ab. Deshalb verringert sich das elektrische Feld im Draht, und der Transport von Ladungen hört auf, wenn Spannung und Feld infolge völliger Entladung auf Null gesunken sind. Dieser Ladungstransport im Draht bildet einen *elektrischen Strom*. Wäre die Kapazität des Kondensators unendlich groß, dann würde dieser Strom mit dauernd gleichbleibender Stärke fließen.

Realisierbar ist ein konstanter Strom nur dann, wenn man den Kondensator durch eine Quelle konstanter Spannung ersetzt.

Als *Stromstärke I* bezeichnet man die durch den Querschnitt des Leiters je Zeiteinheit hindurchfließende Elektrizitätsmenge $Q$:

$$I = \frac{Q}{t}. \tag{16.1}$$

Mißt man $Q$ in Coulomb (s. § 1) und $t$ in Sekunden, so gibt $I$ die Stromstärke in *Ampere* (A):

$$1\ \text{Ampere} = \frac{1\ \text{Coulomb}}{1\ \text{Sekunde}}. \tag{16.2}$$

1 Coulomb = 1 Amperesekunde (1 As).

Die Dauer eines mäßigen Blitzes beträgt rund 0,1 ms, wobei etwa die Elektrizitätsmenge 1 Coul übergeht. Demnach treten dort Ströme von der Größenordnung $10^4$ A auf.

In einem geschlossenen Stromkreise, in dem ein konstanter Gleichstrom fließt, muß die Stromstärke an jeder Stelle dieselbe sein. Sonst würde eine dauernd zunehmende Stauung oder Abnahme der transportierten Ladung auftreten, die mit der Stationarität der Strömung unvereinbar wäre [vgl. Kontinuitätsbedingung der Hydrodynamik (I 64.1)].

Ist $\frac{Q}{t}$ von $t$ unabhängig und ist die Richtung des Stromes immer die gleiche, so nennt man den Strom einen konstanten Gleichstrom; andernfalls ist

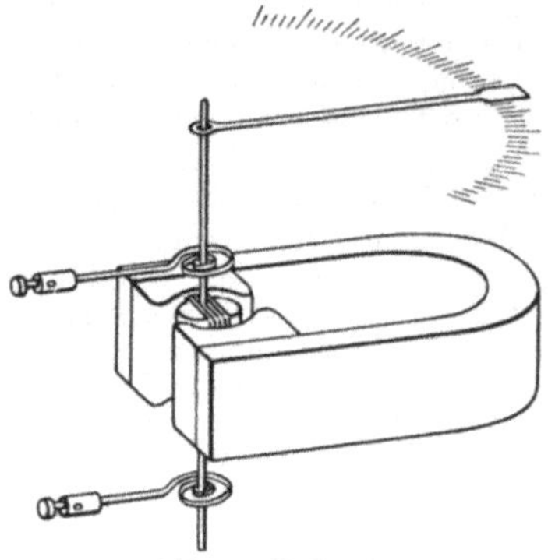

Abb. 252. Drehspulamperemeter

$$I = \frac{dQ}{dt} \tag{16.3}$$

als Stromstärke zu definieren.

**17. Meßinstrumente für elektrische Ströme.** Instrumente zur Messung der Stromstärke heißen *Amperemeter*; solche von großer Empfindlichkeit *Galvanometer*. Die meist benützten Arten sind folgende:

α) Drehspulgalvanometer bzw. Drehspulamperemeter (Abb. 252): Stromdurchflossene Drahtspulen erfahren in den Magnetfeldern permanenter Magnete Drehmomente (s. § 40).

β) Weicheiseninstrumente (Abb. 253 und 254). Eisen wird im Felde einer stromdurchflossenen Spule magnetisiert und in sie hineingezogen (s. § 53).

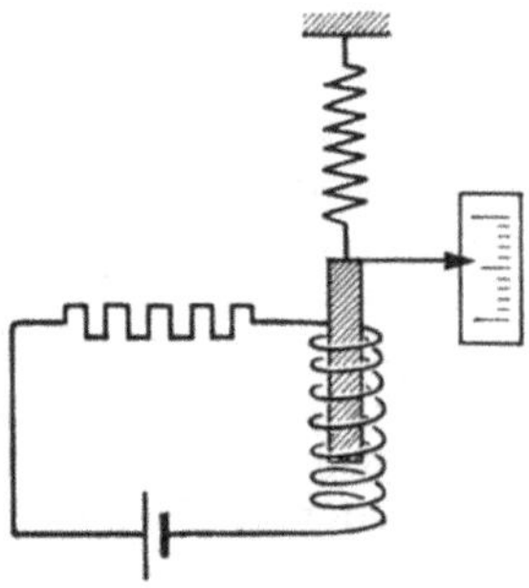

Abb. 253. Weicheiseninstrument. Der an einer Feder aufgehängte Eisenstab wird von dem Feld der vom Strom durchflossenen Spule magnetisiert und daher in die Spule hineingezogen

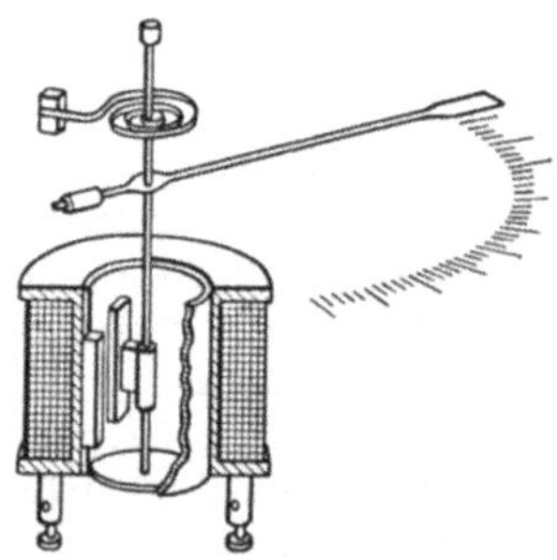

Abb. 254. Gebräuchliche Form eines Weicheiseninstruments. Der mit der Achse verbundene Eisenstreifen wird bei Erregung des Feldes durch den Strom von dem fest mit der Spule verbundenen Eisenstreifen abgestoßen

γ) Hitzdrahtamperemeter (Abb. 255). Vom Strom durchflossene Drähte werden durch ihn erhitzt. Daher dehnen sie sich aus, und ihre Längenänderung kann durch eine Welle, über die ein Spanndraht gewickelt ist, zu einer Zeigerbewegung verwendet werden.

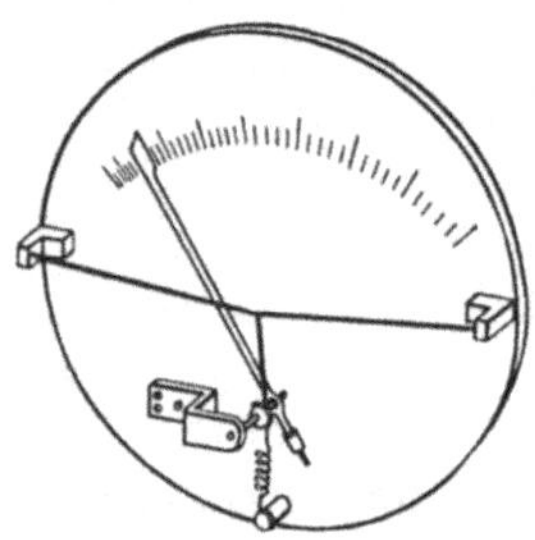

Abb. 255

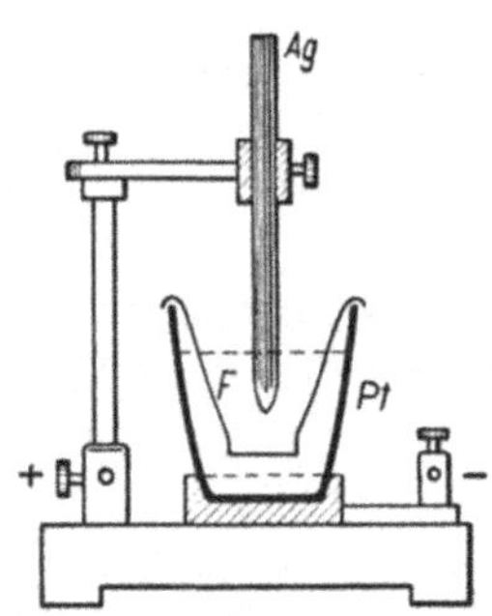


Abb. 256

Abb. 255. Hitzdrahtamperemeter

Abb. 256. Silbervoltameter. Bei Durchgang des Stromes scheidet sich auf der Innenfläche des als Kathode dienenden Platintiegels, der die $AgNO_3$-Lösung enthält, Silber ab. Das eingehängte Glasschälchen F verhindert, daß der sich bei der Elektrolyse bildende „Anodenschlamm" in den Tiegel fällt

$\delta$) Voltameter (Abb. 256). Bei Stromdurchgang wird aus einer wäßrigen Silbernitratlösung Silber abgeschieden. Die abgeschiedene Menge ist dem Produkt aus Stromstärke und Zeit proportional: 1 Ampere scheidet in 1 s 1,118 mg Ag ab (s. § 23).

Die Ausschläge der Weicheisen- und Hitzdrahtamperemeter sind von der Stromrichtung unabhängig, sie sind daher auch zur Messung von Wechselstrom geeignet.

Zur Spannungsmessung verwendet man als *Voltmeter* neben den bei elektrostatischen Messungen gebräuchlichen Elektrometern geeignet geschaltete und geeichte Amperemeter.

**18. Das Ohmsche Gesetz.** An Metalldrähten aus geeignetem Material (z.B. Konstantan oder Manganin), welche die Klemmen einer Stromquelle mit der Spannung $U$ verbinden, mögen folgende Messungen ausgeführt werden:

a) Die Spannung werde unter Konstanthaltung aller übrigen Bedingungen geändert. Dann ist

$$I \sim U. \tag{18.1}$$

b) Unter Konstanthaltung der Spannung werden die Eigenschaften des Drahtes verändert:

$\alpha$) Veränderung der Länge $l$ des Drahtes unter Konstanthaltung des Querschnitts gibt

$$I \sim \frac{1}{l}; \tag{18.2}$$

$\beta$) Veränderung des Querschnitts $q$ bei unveränderter Länge gibt

$$I \sim q; \tag{18.3}$$

$\gamma$) mit einem Elektrometer (s. § 10d) findet man, daß die Spannung $U'$ an einem Stück des Drahtes der Länge $l'$ dieses Stückes proportional ist:

$$U' = \frac{U}{l} \cdot l'; \quad \frac{U'}{l'} = \frac{U}{l} = |E|.$$

Die Feldstärke ist also in jedem Stück des Drahtes konstant. Statt $I \sim U$ können wir daher auch schreiben:

$$I \sim |E|. \tag{18.4}$$

Eine Verdoppelung der Feldstärke kann aber nicht nur durch eine Verdoppelung der Spannung bei gleicher Drahtlänge, sondern auch durch eine Halbierung der Drahtlänge bei konstanter Spannung vorgenommen werden: Aus (18.4) folgt also auch:

$$I \sim \frac{U}{l} \tag{18.5}$$

18.1, 18.2 und 18.3 lassen sich wie folgt zusammenfassen:

$$I = \frac{1}{\varrho} \cdot \frac{q}{l} \cdot U. \tag{18.6}$$

$\varrho \cdot \frac{l}{q} = R$ ist der *Widerstand* des Drahtes. Die Dimension des Widerstandes ist $\frac{\text{Spannung}}{\text{Stromstärke}}$. Einheit des Widerstandes im praktischen Maßsystem ist $\frac{1\ \text{Volt}}{1\ \text{Ampere}}$, wofür stets die abkürzende Bezeichnung 1 *Ohm* (1 $\Omega$) gebraucht wird. *Ein Draht hat den Widerstand 1 $\Omega$, wenn bei einer Spannung von 1 Volt durch ihn ein Strom von 1 Ampere fließt.*

Die meist stark temperaturabhängige Materialkonstante $\varrho$ in (18.6) heißt *spezifischer Widerstand.* Sie gibt den Widerstand eines Würfels von der Kantenlänge 1 an. Ihre Dimension ist Widerstand · Länge; ihre Einheit also $1\,\Omega\cdot$ m oder $1\,\Omega\cdot$ cm. $\frac{1}{\varrho}=\varkappa$ heißt das *Leitvermögen*. Zahlenwerte gibt Tabelle 20.

Tabelle 20. *Spezifische Widerstände einiger Metalle und Isolatoren bei 18° C*

| | | | |
|---|---|---|---|
| Silber | $0{,}016\cdot 10^{-4}\,\Omega\cdot$ cm | Manganin | $0{,}43\cdot 10^{-4}\,\Omega\cdot$ cm |
| Kupfer | $0{,}017\cdot 10^{-4}$ | Quarzglas | $5\cdot 10^{18}$ |
| Aluminium | $0{,}028\cdot 10^{-4}$ | Schwefel | $2\cdot 10^{17}$ |
| Eisen | $0{,}098\cdot 10^{-4}$ | Hartgummi | $2\cdot 10^{15}$ |
| Quecksilber | $0{,}958\cdot 10^{-4}$ | Porzellan | $\approx 10^{14}$ |
| Konstantan | $0{,}50\ \cdot 10^{-4}$ | Bernstein | $> 10^{18}$ |

In der Elektrotechnik hat man häufig mit Stromkreisen zu tun, die nur aus metallischen Leitern von annähernd gleicher und konstanter Temperatur bestehen. Für solche Stromkreise gilt in sehr guter Näherung das „*Ohmsche Gesetz*": *Bei unveränderlichem Widerstand ist die Stromstärke der Spannung direkt proportional.*

$$I=\frac{U}{R}. \tag{18.7}$$

Im allgemeinen ist das Verhältnis der Spannung zur Stromstärke von letzterer, d.h. von der *Belastung* abhängig, weil durch die vom Strom entwickelte Joulesche Wärme (§ 20) die Temperatur des Drahtes und damit bei den meisten Metallen auch sein Widerstand geändert wird (s. § 18b). Dann und erst recht für kompliziertere Schaltelemente, wie z.B. Elektronenröhren (vgl. IV § 11) gilt das Ohmsche Gesetz natürlich nicht.

Wenn man die Spannung nicht zwischen den Enden $A$ und $B$ des Drahtes — dessen Material überall das gleiche und dessen Querschnitt genau konstant sei —, 

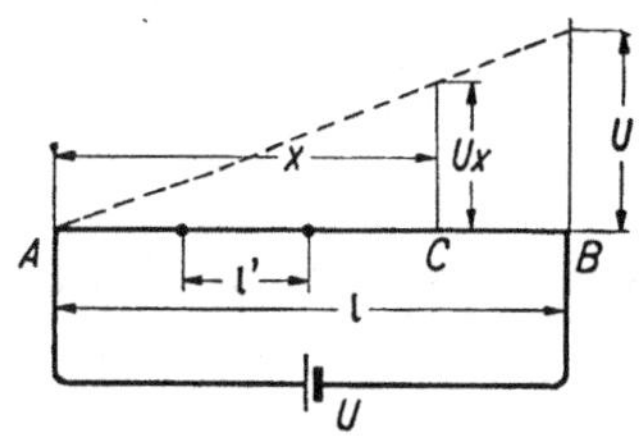


Abb. 257. Spannungsverteilung an einem homogenen Draht

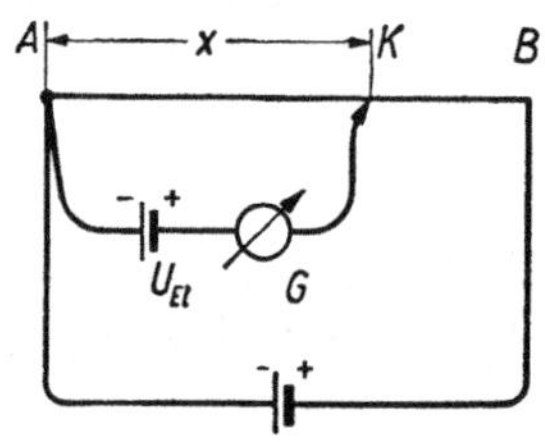


Abb. 258. Spannungsmessung mit der Poggendorffschen Kompensationsmethode

sondern zwischen $A$ und irgendeiner Stelle $C$ auf dem Draht mißt (s. Abb. 257), findet man, daß sie der Länge des abgegriffenen Stückes proportional ist.

$$U_x : U = x : l$$

oder, da $\varrho\cdot\frac{l}{q}=R$,

$$U_x : U = R_x : R, \tag{18.8}$$

d.h. die Spannung an einem Stück des Drahtes mit dem Widerstand $R_x$ verhält sich zur Gesamtspannung wie $R_x$ zum Gesamtwiderstand $R$. $\frac{U_x}{R_x}=\frac{U}{R}=I$ bedeutet also, daß das Ohmsche Gesetz nicht nur für den ganzen geschlossenen Stromkreis, sondern auch für jeden Teil des Kreises gültig ist. Im allgemeinen ist der Stromkreis aus verschiedenen Drahtstücken mit sehr verschiedenen Widerständen zusammengesetzt.

Leider bezeichnet man häufig nicht nur die Eigenschaft, sondern auch die stromdurchflossenen Körper selbst als Widerstände (z.B. Schiebewiderstände, Stöpselwiderstände, Widerstandsgitter usw.). Man sollte sie besser *Rheostaten* nennen. Sie sind aus „Widerstandsdrähten", vorzugsweise Konstantan, Manganin, Nickelin, hergestellt, deren spezifischer Widerstand hoch und nicht wesentlich von der Temperatur und daher auch nicht von der Belastung abhängig ist. Verbindet man solche Geräte untereinander bzw. mit der Stromquelle durch dicke Kupferdrähte, deren Widerstand verglichen mit dem der Geräte sehr klein ist, so macht man mit der Annahme, daß die gesamte Spannung an den Geräten liege, nur einen geringen Fehler.

Aus diesem Grunde darf angenommen werden, daß die Gesamtspannung in Abb. 257 an dem geraden Widerstandsdraht liegt, dagegen die kleine Teilspannung an den Zuleitungsdrähten aus Kupfer vom Akkumulator zu $A$ und $B$ wegen der Geringfügigkeit ihres Widerstandes vernachlässigt werden darf.

Die Spannung, die man am Drahte zwischen $A$ und einem Punkte $C$ abgreifen kann, wächst linear von $A$ nach $B$ an, sie ist

$$U_x = U \frac{x}{l}. \tag{18.9}$$

Man kann also an einem Widerstand jede Spannung zwischen Null und der Spannung abgreifen, die zwischen seinen Enden besteht (*Potentiometer* oder *Spannungsteiler*).

**a) Messung der Spannung eines galvanischen Elements durch Kompensation** (Abb. 258). Man greift an einem Meßdraht von der Länge $l$, etwa 100 cm, eine Spannung ab, die gerade gleich der zu messenden Spannung ist. Die Gleichheit erkennt man folgendermaßen: Die negative Klemme des Elementes und die negative Klemme des Akkumulators verbindet man gemeinsam mit dem Ende $A$ des Meßdrahtes, die positive Klemme des Elementes über ein empfindliches Galvanometer (Nullinstrument) mit einem Schleifkontakt $K$ und verschiebt diesen, bis das Galvanometer stromlos ist. Das tritt ein, wenn die Spannung des Elementes gleich der Spannung zwischen $A$ und $K$ ist. Letztere ist nach (18.9)

$$U_{El} = U_x = U_0 \frac{x}{l}, \tag{18.10}$$

wo $U_0$ die bekannte Spannung des Akkumulators ist.

**b) Temperaturabhängigkeit des spezifischen Widerstandes.** Der spezifische Widerstand von Metallen nimmt mit wachsender Temperatur zu. Das Verhältnis der Widerstandszunahme bei einer Temperaturerhöhung um 1° C zum Widerstand bei 0° C, d.i. der Temperaturkoeffizient, ist bei vielen Metallen angenähert $1/273$ Grad$^{-1}$. Der Temperaturkoeffizient des Widerstandes stimmt also mit dem Ausdehnungskoeffizienten der Gase weitgehend überein.

Durch Messung des Widerstandes eines geeigneten Drahtes kann man dessen Temperatur bestimmen. Die Vorzüge dieser *Widerstandsthermometer* bestehen darin, daß sie sehr geringe Wärmekapazität und daher auch sehr kleine Trägheit besitzen. Sie sind bei sehr hohen und sehr tiefen Temperaturen zu benutzen (s. auch Bolometer, VII § 4).

Die elektrische Leitfähigkeit eines Metalls ist bei nicht zu tiefer Temperatur seiner Wärmeleitfähigkeit (vgl. II § 14) angenähert proportional. Es gilt das *Wiedemann-Franzsche Gesetz:*

$$\frac{\text{Wärmeleitfähigkeit}}{\text{elektr. Leitfähigkeit}} = a \cdot T \quad (T = \text{absolute Temperatur}). \tag{18.11}$$

Die Konstante $a$ ist dabei für alle Metalle annähernd die gleiche und etwa gleich $3\,(k/e_0)^2$, wo $k$ die Boltzmannsche Konstante bedeutet (II § 8). Gute elektrische Leitfähigkeit geht also mit guter Wärmeleitfähigkeit parallel. Daraus geht hervor, daß die hohe Wärmeleitfähigkeit der Metalle und ihre hohe elektrische Leitfähigkeit auf demselben atomaren Mechanismus beruhen, nämlich den freien Leitungselektronen (vgl. § 21).

*Supraleitung.* Bei einer größeren Zahl von Metallen sinkt bei Abkühlung auf Temperaturen unterhalb 10° K der Widerstand sprunghaft auf einen unmeßbar kleinen Wert. Sie werden bei der sogenannten Sprungtemperatur *supraleitend* (vgl. XVI § 18).

**c) Einfluß eines Magnetfeldes auf den spezifischen Widerstand.** Durch ein Magnetfeld wird im allgemeinen der spezifische Widerstand erhöht. Der Effekt ist besonders stark bei Wismut, dessen Widerstandsänderung zur Messung von Magnetfeldern benutzt wird. Auch der Sprungpunkt von Supraleitern wird durch Magnetfelder zu tieferen Temperaturen verschoben (vgl. XVI § 18).

**d) Innere lichtelektrische Wirkung.** Viele Stoffe, die normalerweise gute Isolatoren sind erhalten eine Leitfähigkeit oder erhöhen sie durch Bestrahlung mit Licht geeigneter Wellenlänge. Vor allem sind es Stoffe mit einer hohen Dielektrizitätskonstante: Zinkblende, Diamant, aber auch Steinsalz, Kaliumbromid usw. Der spezifische Widerstand der metallischen Modifikation des Selens kann durch Belichtung auf den hundertsten Teil herabgesetzt werden (Selenzelle).

**19. Ströme in verzweigten Stromkreisen.** In den Verzweigungen eines Stromkreises zwischen $A$ und $B$ mit den Widerständen $R_1$ und $R_2$ fließen die Teilströme $I_1$ und $I_2$ (Abb. 259). Da nirgends Strom verlorengehen kann, muß ihre Summe gleich dem in der unverzweigten Leitung fließenden Strom sein:

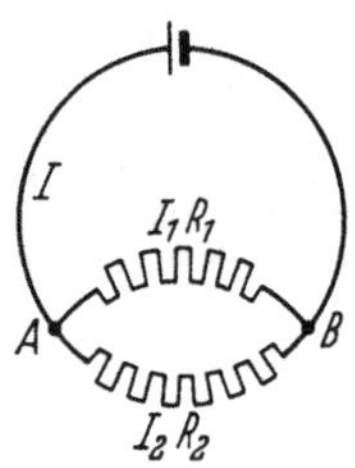

Abb. 259. Zu den Kirchhoffschen Gesetzen der Stromverzweigung

$$I = I_1 + I_2 \quad \textit{(1. Kirchhoffsches Gesetz).} \tag{19.1}$$

Allgemeinere Fassung des 1. Kirchhoffschen Gesetzes: Fließen in einem Verzweigungspunkt mehrere Ströme zu bzw. ab und wertet man die zuströmenden positiv, die abfließenden negativ, so gilt

$$\sum_{k=1}^{k=n} I_k = 0. \tag{19.2}$$

Die Verteilung der Teilströme auf die beiden Zweige folgt aus der Anwendung des Ohmschen Gesetzes auf jeden Zweig, zwischen dessen Enden ($A$ und $B$) die gleiche Spannung $U_{AB}$ besteht:

$$I_1 = \frac{U_{AB}}{R_1} \quad \text{und} \quad I_2 = \frac{U_{AB}}{R_2};$$

also

$$I_1 : I_2 = \frac{U_{AB}}{R_1} : \frac{U_{AB}}{R_2} = R_2 : R_1$$

$$I_1 : I_2 = R_2 : R_1 \quad \textit{(2. Kirchhoffsches Gesetz).} \tag{19.3}$$

Die Ströme verhalten sich umgekehrt wie die Widerstände.

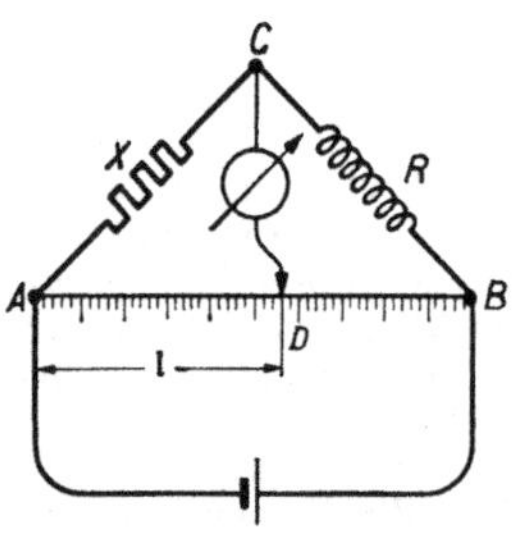

Abb. 260. Die Wheatstonesche Brücke

Der Gesamtstrom wird durch die Widerstände der Zweige bestimmt:

$$I = I_1 + I_2 = \frac{U}{R_1} + \frac{U}{R_2} = U\left(\frac{1}{R_1} + \frac{1}{R_2}\right). \tag{19.4}$$

Bezeichnet man den effektiven Widerstand der Verzweigung mit $R$, so gilt

$$I = \frac{U}{R}. \tag{19.5}$$

Durch Vergleich von (19.4) mit (19.5) erhält man

$$\frac{1}{R} = \frac{1}{R_1} + \frac{1}{R_2}. \tag{19.6}$$

Der reziproke Widerstand einer Kombination von parallel geschalteten Widerständen ist gleich der Summe der reziproken Einzelwiderstände:

$$\frac{1}{R} = \frac{R_1 + R_2}{R_1 \cdot R_2}; \quad R = \frac{R_1 \cdot R_2}{R_1 + R_2}. \tag{19.7}$$

Bei Parallelschaltung addieren sich also die *Leitwerte:*

$$\frac{1}{R} = \sum_{i=1}^{i=n} \frac{1}{R_i}. \tag{19.8}$$

Aus der Anwendbarkeit des Ohmschen Gesetzes für jeden Abschnitt des Stromkreises folgt, daß bei Hintereinanderschaltung von Widerständen (Reihenschaltung) ihr Gesamtwiderstand gleich der Summe der Teilwiderstände ist:

$$R = \sum_{i=1}^{i=n} R_i. \tag{19.9}$$

Die häufigste Anwendung finden die Kirchhoffschen Gesetze in der „*Widerstands-Meßbrücke*" (Wheatstone): An einem z.B. 100 cm langen homogenen Meßdraht von überall gleichem Querschnitt liegt eine Stromquelle (Akkumulator). Die Enden $A$ und $B$ (Abb. 260) sind mit dem zu messenden Widerstand $X$ und dem dahintergeschalteten veränderlichen, aber bekannten Widerstand $R$ (z.B. Stöpselrheostaten) verbunden. Zwischen $A$ und $B$ besteht entlang beider Zweige $ACB$ und $ADB$ die gleiche Spannung (Akkumulatorenspannung). Über den Meßdraht kann ein Schleifkontakt verschoben werden, der mit $C$ verbunden ist. In dieser „Brücke" liegt ein empfindlicher Strommesser (Nullinstrument). Im allgemeinen besteht zwischen $C$ und $D$ eine Spannung, die aber durch Verschieben des Schleifkontaktes zu Null gemacht werden kann; dies erkennt man an der Stromlosigkeit des Nullinstrumentes. $D$ befinde sich dann im Abstand $l$ cm von $A$. Wenn die Spannung zwischen $C$ und $D$ Null ist, so ist die Spannung zwischen $A$ und $D$ gleich der zwischen $A$ und $C$. Wir nennen sie $U_1$. Dann ist auch die Spannung $U_2$ zwischen $C$ und $B$ gleich der zwischen $D$ und $B$. Seien die Zweigströme durch $ACB$ und $ADB$ $I_1$ bzw. $I_2$, so gilt nach dem Ohmschen Gesetz und (18.6):

$$U_1 = I_1 \cdot X = I_2 \cdot \varrho \cdot \frac{l}{q}$$

$$U_2 = I_1 \cdot R = I_2 \cdot \varrho \cdot \frac{(100 - l)}{q}.$$

Durch Division beider Gleichungen erhält man:

$$\frac{X}{R} = \frac{l}{100 - l} \quad \text{oder} \quad X = \frac{l}{100 - l} \cdot R. \tag{19.10}$$

**20. Energie und Leistung elektrischer Ströme.** Wenn eine elektrische Ladung $Q$ von einem Ort, dessen Potential $\varphi_2$ ist, zu einem anderen mit dem Potential $\varphi_1$ geführt wird, so wird die Arbeit $A = Q(\varphi_2 - \varphi_1)$ gewonnen (vgl. 4.2.). $\varphi_2 - \varphi_1 = U$ ist die Spannung zwischen den beiden Orten, z.B. den Anschlüssen an die Stromquelle. Läßt man zwischen ihnen während der Zeitspanne $t$ einen Strom $I$ fließen, so strömt eine Elektrizitätsmenge $Q = I \cdot t$ über, und es wird die Arbeit $A = I \cdot t \cdot U$ freigesetzt.

Die Einheit der Stromarbeit, d.h. die Arbeit, die frei wird, wenn ein Strom von 1 A während 1 s zwischen Elektroden der konstanten Potentialdifferenz 1 Volt fließt, heißt 1 Wattsekunde (Ws) oder 1 Joule

$$1\,\text{Ws} = 1\,\text{Joule} = 1\,\text{VAs}.$$

Da aber Volt nur die abkürzende Bezeichnung für $\frac{\text{N}\cdot\text{m}}{\text{Coul}}$ (vgl. § 3) und Ampere für $\frac{\text{Coul}}{\text{s}}$ (vgl. § 16) ist, ergibt sich:

$$1\,\text{Ws} = 1\,\frac{\text{N}\cdot\text{m}}{\text{Coul}} \cdot \frac{\text{Coul}}{\text{s}} \cdot \text{s} = 1\,\text{N}\cdot\text{m}. \tag{20.1}$$

Wattsekunde, Newtonmeter und Joule sind also nur verschiedene Ausdrücke für die Einheit der Stromarbeit. Die handelsübliche Einheit Kilowattstunde (kWh) ist das $1000 \cdot 60 \cdot 60$fache der Wattsekunde: $1\,\text{kWh} = 3{,}6 \cdot 10^6\,\text{Ws}$.

Wenn der Strom keine mechanische oder chemische Arbeit leistet, erscheint diese von der Stromquelle abgegebene Energie im Leitungsdraht (Widerstand) als Wärme. Die 1 Ws entsprechende Wärmemenge, das *elektrische Wärmeäquivalent*, ist 0,239 cal (vgl. II § 18). Es gilt also für die Entwicklung der Wärmemenge $W$ in einem stromdurchflossenen Widerstand:

$$W = 0{,}239\,\frac{\text{cal}}{\text{Ws}} \cdot I \cdot U \cdot t \quad (\textit{Joulesches Gesetz}). \tag{20.2}$$

Setzt man in (20.2) $U = I \cdot R$, so erhält man

$$W = 0{,}239\,\frac{\text{cal}}{\text{Ws}} \cdot I^2 \cdot R \cdot t. \tag{20.3}$$

Bei konstantem Widerstand ist daher die entwickelte Wärme dem Quadrat der Stromstärke proportional.

Die *elektrische Leistung*, d.h. die je Zeiteinheit freigesetzte oder verzehrte Energie ist

$$\frac{\text{Energie}}{\text{Zeit}} = \frac{I\,U\,t}{t} = I\,U\,.$$

Mißt man $I$ in Ampere und $U$ in Volt, so ergibt sich die Leistung in *Watt* (W). 1000 Watt sind 1 Kilowatt (kW).

Bei Blitzen treten Spannungen von $10^6$ Volt und für die Dauer von $10^{-4}$ s Ströme von $10^4$ A auf (vgl. § 16), d.h. es werden Energiebeträge von $10^6$ Ws ($\approx \frac{1}{3}$ kWatt-Stunde) frei. Die zugehörige Leistung beträgt etwa $10^{10}$ W $= 10000$ MW (Megawatt)!

## C. Mechanismen der Stromleitung

**21. Nachweis der freien Elektronen in Metallen.** Über die Natur der Träger des elektrischen Stromes im Inneren der Metalle entscheidet der Versuch von TOLMAN, dem folgende Überlegung zugrunde liegt: Wenn der Strom durch frei wandernde Teilchen der Ladung $e$ und der Masse $m$, also der spezifischen Ladung $e/m$ getragen wird, so werden diese bei einer Beschleunigung $b$ des Metallkörpers, d.h. des starren Ionengitters, nicht mit beschleunigt. Wird er z.B. gebremst, so bewegen sich die freien Teilchen auf Grund ihrer Trägheit weiter; auf das Metall bezogen, werden sie durch „Trägheitskräfte" in der Richtung beschleunigt, die der Beschleunigung des Metalles entgegengerichtet ist. Es sind die gleichen Kräfte, die an einem Mitfahrer in einem bremsenden Wagen angreifen. Für einen Beobachter im Metall hat es den Anschein, als erführen die Ladungsträger eine Kraft, welche von einem elektrischen Felde $E$ hervorgerufen wird, so daß

$$-e \cdot |E| = -m\,b\,.$$

Es wirkt also eine Beschleunigung des Metalles so, als ob im Inneren ein elektrisches Feld von der Stärke

$$|E| = b \cdot \frac{1}{e/m} \tag{21.1}$$

entstünde.

TOLMAN fand, daß an den Enden eines metallischen Leiters, wenn er die Beschleunigung $b$ erfährt, eine Potentialdifferenz auftritt. Aus ihr kann man die im Inneren herrschende Feldstärke $E$ und daraus mittels (21.1) die spezifische Ladung der Träger des elektrischen Stromes berechnen. Es ergab sich:

$$\frac{e}{m} = 1{,}76 \cdot 10^8\,\text{Coulomb/g}\,.$$

Dies ist gerade die spezifische Ladung von freien Elektronen (s. III § 2).

Das Experiment beweist, daß Metallatome, die ja im Gaszustand elektrisch neutral sind, wenn sie eine Schmelze oder einen Festkörper bilden, einzelne Elektronen abspalten, die dann nicht mehr einem einzelnen Atom zugehören, sondern dem ganzen System. Sie können dies aber nicht verlassen, weil dazu eine hohe Austrittsarbeit erforderlich ist (vgl. IV § 1), und bewegen sich im Inneren nach ganz ähnlichen Gesetzen wie die Atome eines Gases in einem abgeschlossenen Gefäß (Elektronengas; vgl. XVI § 14 und 15). Seine Dichte ist von Metall zu Metall verschieden.

**22. Elektronentheoretische Deutung des Stromes in Metallen.** Der elektrische Strom ist also auf die Bewegung von freien Elektronen im Inneren des Drahtes zurückzuführen, welche unter der Wirkung des dort bestehenden elektrischen Feldes erfolgt. Da an jedem Ort des Drahtes die Stromstärke die gleiche ist, muß die Bewegung der Elektronen wenigstens im Mittel mit konstanter (gleichförmiger) Geschwindigkeit erfolgen, wenn die Anzahldichte $n$ der Elektronen überall dieselbe ist. Unter der alleinigen Wirkung der elektrischen Kraft würden die Elektronen eine gleichmäßig beschleunigte Bewegung ausführen. Zur elektrischen Kraft $K = e_0 \cdot |E|$, die am Elektron angreift, muß daher eine entgegengesetzt gleiche *Reibungskraft* $R$ kommen, so daß die resultierende Kraft Null wird. Ohne auf eine atomare Deutung einzugehen, setzen wir diese Reibungskraft der Geschwindigkeit $u$ proportional. [Eine Proportionalität von $R$ und $u$ ergab sich z.B. bei der durch das Stokessche Gesetz (I § 58e) beschriebenen Bewegung einer Kugel in einer zähen Flüssigkeit.] Da die Reibungskraft der angreifenden elektrischen Kraft entgegengesetzt gleich ist, gilt dann:

$$R = k \cdot u = e_0 \cdot |E|;$$

oder

$$u = \frac{e_0}{k} \cdot |E| = \bar{u} \cdot |E|.$$

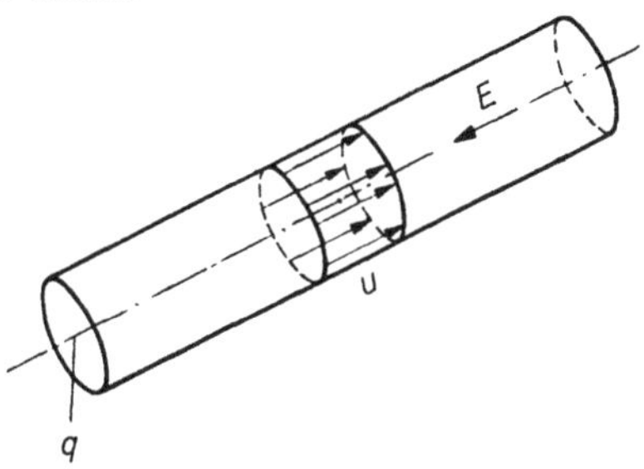

Abb. 261. Elektronenleitung in Metallen

$\bar{u}$ heißt die *Beweglichkeit* des Elektrons; sie ist das Verhältnis der Geschwindigkeit zur Feldstärke.

Die Zahl der pro Zeiteinheit durch den Querschnitt $q$ tretenden Elektronen ist:

$$z = n \cdot q \cdot u = n \cdot q \cdot \bar{u} \cdot |E|.$$

Denn in einer Sekunde schieben sich alle Elektronen durch $q$ hindurch, die in dem Zylinder mit dem Querschnitt $q$ enthalten sind, dessen Höhe gleich dem Weg ist, der von einem Elektron in der Zeiteinheit zurückgelegt wird (Abb. 261), $n$ ist Teilchenzahldichte der freien Elektronen. Da jedes Elektron die Ladung $e_0$ trägt, ist die in der Zeiteinheit durchtretende Elektrizitätsmenge, d.h. die Stromstärke:

$$\left.\begin{aligned} I &= n e_0 q u = n \cdot e_0 \cdot \bar{u} \cdot q \cdot |E|, \\ \text{oder, da } |E| = \frac{U}{l}: \quad I &= n \cdot e_0 \cdot \bar{u} \cdot \frac{q \cdot U}{l}. \end{aligned}\right\} \tag{22.1}$$

Durch Vergleich mit (18.6) erhält man

$$\frac{1}{\varrho} = n \cdot e_0 \cdot \bar{u}$$

oder

$$\bar{u} = \frac{1}{\varrho \cdot n \cdot e_0}. \tag{22.2}$$

Danach läßt sich die Beweglichkeit $\bar{u}$ berechnen, wenn man die plausible Annahme macht, daß in der Volumeneinheit die Zahl der freien Leitungselektronen gleich der Zahl der Atome ist: Für Kupfer ist

$$\varrho = 1{,}7 \cdot 10^{-6}\,\Omega\,\text{cm}, \quad n = \frac{\text{Loschmidtkonstante}}{\text{Molvolumen}} = \frac{6{,}02 \cdot 10^{23}}{63{,}6/8{,}9}\,\text{cm}^{-3} = 8{,}43 \cdot 10^{22}\,\text{cm}^{-3},$$

also da $e_0 = 1{,}6 \cdot 10^{-19}$ As ist:

$$\bar{u} = \frac{1}{1{,}7 \cdot 10^{-6} \cdot 8{,}43 \cdot 10^{22} \cdot 1{,}6 \cdot 10^{-19}} = 43\,\frac{\text{cm}^2}{\Omega \cdot \text{As}} = 43\,\frac{\text{cm/s}}{\text{V/cm}}.$$

Ein Feld von 1 V/cm bewirkt aber im Kupfer-Einheitswürfel einen Strom $I$ von 590000 Ampere. Das bedeutet eine viel zu hohe Belastung, der Würfel würde in kurzer Zeit schmelzen bzw. verdampfen. Um den tausendsten Teil dieses Stromes hindurchzuschicken (also je mm² Querschnitt $\approx 6$ Ampere), muß die Feldstärke 1/1000 Volt/cm betragen. Bei dieser Stromstärke wandern also die Elektronen mit der geringen Geschwindigkeit 0,4 mm/s. Die große Geschwindigkeit einer elektrischen Nachrichtenübertragung beruht also nicht auf der Verschiebung der Elektronen im Draht, sondern, wie später gezeigt wird, auf der Geschwindigkeit der Ausbreitung des elektrischen Feldes in und um den Draht.

**23. Elektrolytische Stromleitung.** Ein Trog sei mit destilliertem Wasser gefüllt und zwei Bleche (Elektroden) aus Platin oder Nickel hineingetaucht, die über eine Glühlampe oder ein Amperemeter mit den Klemmen eines (oder mehrerer hintereinandergeschalteter) Akkumulatoren verbunden sind (Abb. 262). Reines Wasser ist ein sehr schlechter Leiter. Sobald aber ein Tropfen Schwefelsäure ins Wasser geträufelt wird, zeigt das in den Stromkreis geschaltete Amperemeter einen Strom an, und die Glühlampe leuchtet auf. Der Strom fließt durch die Lösung. Sie erwärmt sich, man kann auch die magnetische Wirkung des in ihr fließenden Stromes nachweisen.

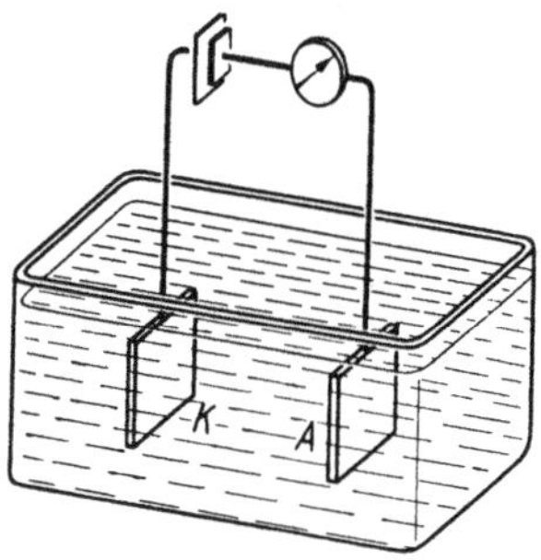

Abb. 262. Stromdurchgang durch eine elektrolytische Lösung

Im Gegensatz zu den Metallen ist aber der Stromdurchgang an den Elektroden mit einer chemischen Zersetzung verbunden. Sowohl an der mit dem positiven Pol der Batterie verbundenen Elektrode $A$, der *Anode*, als an der mit dem negativen Pol verbundenen *Kathode* $K$ findet eine Abscheidung von Gasen statt, deren Analyse Sauerstoff bzw. Wasserstoff ergibt. Verwendet man eine Lösung von $CuSO_4$ in Wasser, so scheidet sich an der Kathode metallisches Kupfer ab.

Stoffe, deren Lösungen (oder Schmelzen) die Fähigkeit zur Leitung des elektrischen Stromes besitzen, heißen *Elektrolyte*; es sind dies Salze, Säuren und Basen. Bei allen Elektrolyten ist der Stromdurchgang mit einer Zersetzung an den Elektroden verbunden. Diese Zersetzung nennt man *Elektrolyse*.

Elektrolyte sind *heteropolare* Verbindungen, sie sind aus elektrisch geladenen Atomen oder Radikalen, *Ionen*, aufgebaut; z.B. besteht $CuSO_4$ auch im festen Kristall aus Cu-Ionen und $SO_4$-Ionen. Die Cu-Ionen tragen zwei positive Elementarladungen; sie entstehen aus den neutralen Cu-Atomen durch Abgabe von zwei Elektronen. Die $SO_4$-Ionen sind durch zwei überschüssige Elektronen negativ geladen. Beim Auflösen werden diese Ionen durch Zwischenschieben von Wassermolekülen voneinander getrennt. Die Ionen umgeben sich mit einer Hülle von Wassermolekülen, sie werden *hydratisiert*. Die bei der Anlagerung der Wasserdipole freiwerdende Energie wird zur Abtrennung der Ionen aus dem Kristallgitter aufgewendet. Jede Ionenart ist in der Lösung frei beweglich. Infolge des elektrischen Feldes zwischen Anode und Kathode greifen an ihnen Kräfte an, welche die positiven Ionen zur Kathode, die negativen zur Anode treiben. Die positiven heißen *Kationen*, die negativen *Anionen*. Kationen sind alle Metallionen (auch $NH_4^+$- und $H^+$-Ionen), Anionen die Säurerest- und $OH^-$-Ionen. An den Elektroden neutralisieren sich die Ionen, nehmen die Kationen Elektronen auf und geben die Anionen Elektronen ab. Damit ändern sie völlig ihren chemischen Charakter. Metalle, soweit ihre Ionen nicht leichter in Lösung bleiben als $H^+$-Ionen, scheiden sich als Niederschlag auf den Elektroden ab; $H^+$-Ionen werden zu H-Atomen, die sich zu $H_2$-Molekülen verbinden und als Gas entweichen.

In vielen Fällen kommt es aber an den Elektroden zu einem anderen Prozeß. In wäßrigen Lösungen ist nämlich immer ein Teil der Wassermoleküle in $H^+$- und $OH^-$-Ionen dissoziiert. Haben nun die $H^+$-Ionen eine größere Tendenz sich zu neutralisieren als die Metallionen, so entsteht an der Kathode gasförmiger Wasserstoff und die Metallionen bleiben in Lösung. Das ist z.B. bei der Kalilauge

(KOH) der Fall: In der wäßrigen Lösung sind folgende Ionen und Moleküle vorhanden: $K^+$, $OH^-$, $H^+$, $OH^-$ und $H_2O$. An der Kathode scheidet sich Wasserstoff ab:

$$4H^+ + 4\,\text{Elektronen} = 2H_2.$$

An der Anode scheidet sich Sauerstoff ab:

$$4OH^- - 4\,\text{Elektronen} = 2H_2O + O_2.$$

Die Kalilauge bleibt also in Lösung, und die Elektrolyse von wäßriger Kalilauge führt zur Zersetzung des Wassers.

Verwendet man statt der unangreifbaren Platinelektroden Kupferelektroden, so scheidet sich bei der Elektrolyse von $CuSO_4$ an der Kathode Cu ab, die Cu-Kathode wird schwerer. Die $SO_4$-Ionen verbinden sich mit dem Kupfer aus der Anode, $CuSO_4$ geht wieder in Lösung. Die Anode wird um ebensoviel leichter wie die Kathode schwerer, die Konzentration der $CuSO_4$-Lösung bleibt unverändert.

Für den quantitativen Zusammenhang zwischen abgeschiedener Stoffmasse und transportierter Ladung gelten die beiden *Faradayschen Gesetze:*

1: Die abgeschiedenen Massen ($m$) sind der Stromstärke $I$ und der Zeit $t$ proportional:

$$m = A \cdot I \cdot t. \tag{23.1}$$

$I \cdot t = Q$ ist die hindurchgegangene Elektrizitätsmenge. Die abgeschiedene Masse ist also der transportierten Elektrizitätsmenge proportional.

$$m = A \cdot Q. \tag{23.2}$$

$A$ heißt das *elektrochemische Äquivalent*; es gibt an, wieviel g der Ionen von 1 Coulomb (As) abgeschieden werden. Es ist:

$$A = 1{,}118\,\frac{\text{mg}}{\text{Coul}}\,\text{Ag}; \quad 0{,}329\,\frac{\text{mg}}{\text{Coul}}\,\text{Cu}.$$

2: Die durch gleiche Elektrizitätsmengen abgeschiedenen Massen verschiedener Elektrolyte verhalten sich wie die Äquivalentgewichte der Stoffe, wobei man unter dem *Äquivalentgewicht* eines Stoffes das Atomgewicht geteilt durch die Wertigkeit versteht.

Ein *Grammäquivalent* ist die Menge in g, die gleich dem Äquivalentgewicht ist.

1 Grammäquivalent Ag = 107,88 g Ag (Atomgewicht 107,88; Wertigkeit 1),

1 Grammäquivalent Cu $\frac{63{,}6}{2}$ = 31,8 g Cu (Atomgewicht 63,6; Wertigkeit 2).

*Zur Abscheidung von 1 Grammäquivalent eines Stoffes benötigt man die Elektrizitätsmenge 96 524 Coulomb.*

$$96\,524\,\frac{\text{As}}{\text{g-Äquivalent}}$$ heißt *Faradaysche Konstante F*.

Sie ist von der chemischen Natur des Stoffes unabhängig.

Die Beziehung zwischen der Elektrizitätsmenge und der durch sie abgeschiedenen Stoffmenge eignet sich vorzüglich zur Messung von Elektrizitätsmengen: Ein Coulomb scheidet (unter genau vorgeschriebenen Versuchsbedingungen) aus einer wäßrigen Lösung von Silbernitrat 1,1180 mg Silber ab (vgl. § 17$\delta$).

Das 2. Faradaysche Gesetz läßt sich durch die Annahme deuten, daß *einwertige* Ionen *eine* Elementarladung, zweiwertige Ionen zwei Elementarladungen tragen. Bezeichnet $L$ die Anzahl der Ionen im *Grammatom* (welches für einwertige

Stoffe gleich dem Grammäquivalent ist), so tragen $L$ einwertige Ionen die Elektrizitätsmenge

$$F = e_0 \cdot L \quad (L = 6{,}0247 \cdot 10^{23} \text{ Atome pro Grammatom}). \tag{23.3}$$

Daraus läßt sich die Elementarladung berechnen:

$$96\,524 \text{ Coulomb} = 6{,}0247 \cdot 10^{23} \cdot e_0$$

$$e_0 = \frac{96\,524}{6{,}0247 \cdot 10^{23}} = 1{,}6021 \cdot 10^{-19} \text{ Coulomb}. \tag{23.4}$$

$L$ zweiwertige Ionen tragen die Ladung

$$2e_0 \cdot L = 2F.$$

Also führt ein Grammäquivalent des zweiwertigen Stoffes, welches $\frac{L}{2}$ Atome enthält, auch die Ladung 96524 Coulomb mit sich.

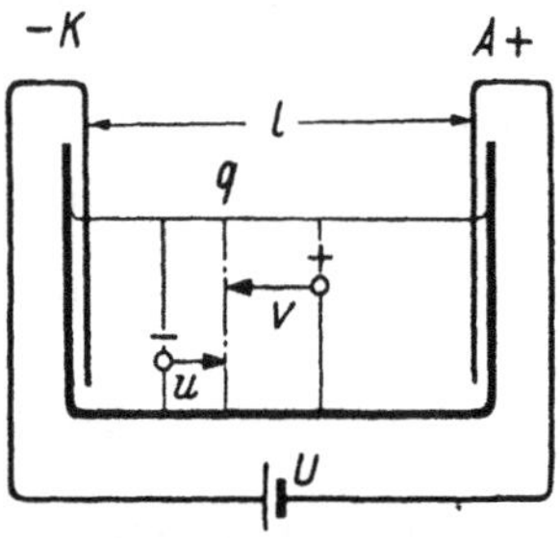


Abb. 263. Zur Berechnung der Stromstärke in einem binären Elektrolyten

**a) Leitfähigkeit der Elektrolyte.** Infolge des elektrischen Feldes $|E| = \frac{U}{l}$ greifen an den Ionen in der elektrolytischen Lösung Kräfte an $\left(K_{\text{An.}} = z e_0 \frac{U}{l} \text{ und } K_{\text{Kat.}} = z' e_0 \frac{U}{l}\right)$. Ihre Bewegung wird durch Reibungskräfte gehemmt (vgl. I 58.14), so daß sie mit konstanten Geschwindigkeiten $u$ bzw. $v$ zu den Elektroden geführt werden ($z$ und $z'$ geben die Wertigkeit der Ionen an). Ihre Wanderungsgeschwindigkeiten sind den elektrischen Kräften proportional.

$$u = \bar{u} \cdot |E|; \quad v = \bar{v} \cdot |E|.$$

$\bar{u}$ heißt die *Beweglichkeit* des Anions, $\bar{v}$ die des Kations (Definition der Beweglichkeit s. § 22).

Die Stromstärke wird durch die Ladung gemessen, die in der Zeiteinheit durch den Querschnitt der Lösung hindurchgeht. Wir betrachten einen *binären Elektrolyten*, dessen Moleküle in gleich viele positive und negative Ionen zerfallen ($z = z'$). Die Teilchenzahldichte der positiven (bzw. negativen) Ionen sei $n$. Durch $q$ schieben sich in der Zeit $t$ alle positiven Ionen, die in dem Prisma mit der Länge $l = v \cdot t$ und dem Querschnitt $q$ enthalten sind (Abb. 263). Ihre Zahl ist $q \cdot v \cdot t \cdot n$; sie transportieren die Ladung

$$Q_+ = z \cdot e_0 \cdot v \cdot n \cdot q \cdot t.$$

In entgegengesetzter Richtung führen die negativen Ionen die Ladung

$$Q_- = z \cdot e_0 \cdot u \cdot n \cdot q \cdot t$$

durch $q$ hindurch.

$$Q = Q_+ + Q_- = z \cdot e_0 \cdot n \cdot q \cdot (u + v) \cdot t = z \cdot e_0 \cdot n \cdot q \cdot (\bar{u} + \bar{v}) \cdot |E| \cdot t$$

ist also der Betrag der während $t$ durch $q$ hindurchtretenden Elektrizitätsmenge. Die Stromstärke $I = \frac{Q}{t}$ ist

$$I = z \cdot e_0 \cdot n \cdot q \cdot (\bar{u} + \bar{v}) \cdot \frac{U}{l}. \tag{23.5}$$

Der spezifische Widerstand eines Elektrolyten ist demnach

$$\varrho = \frac{1}{z \cdot e_0 \cdot n \cdot (\bar{u} + \bar{v})}; \tag{23.6}$$

sein Leitvermögen

$$\varkappa = \frac{1}{\varrho} = z \cdot e_0 \cdot n \cdot (\bar{u} + \bar{v}). \tag{23.7}$$

Die Messung des Widerstandes von Elektrolyten kann nicht mit Gleichstrom durchgeführt werden, weil die Elektroden polarisiert werden (s. § 26). Sie muß mit Wechselstrom erfolgen. Tabelle 21 gibt einige Ergebnisse für NaCl.

Tabelle 21 zeigt, daß in erster Näherung (wenigstens bei niedrigen Konzentrationen) das Leitvermögen der Konzentration und damit auch der Zahl der im $cm^3$ gelösten Ionen proportional ist. Bei der Konzentration $10^{-7}$ Mol/$cm^3$ sind im $cm^3$ $6{,}02 \cdot 10^{23-7} = 6{,}02 \cdot 10^{16}$ Ionen jedes Vorzeichens enthalten. Nach (23.6) wird dann

$$\frac{1}{\bar{u}+\bar{v}} = 9{,}3 \cdot 10^4 \cdot 1{,}602 \cdot 10^{-19} \times$$

$$\times\, 6{,}02 \cdot 10^{16} \frac{\text{Volt/cm}}{\text{cm/s}} = 9 \cdot 10^2 \frac{\text{Volt/cm}}{\text{cm/s}}$$

($z = 1$, da $Na^+$ und $Cl^-$ einwertig sind)

$$\bar{u}+\bar{v} = \frac{1}{9 \cdot 10^2} \frac{\text{cm/s}}{\text{Volt/cm}} = 1{,}11 \cdot 10^{-3} \frac{\text{cm/s}}{\text{Volt/cm}}.$$

Tabelle 21.
*Spezifischer Widerstand von NaCl-Lösungen verschiedener Konzentration bei 18° C*

| Konzentration | $\varrho$ |
|---|---|
| $10^{-7}$ Mol/$cm^3$ | $9{,}3 \cdot 10^4\ \Omega \cdot$ cm |
| $10^{-6}$ | $9{,}4 \cdot 10^3$ |
| $10^{-5}$ | $9{,}8 \cdot 10^2$ |
| $10^{-4}$ | $10{,}9 \cdot 10^1$ |
| $10^{-3}$ | $13{,}5 \cdot 10^0$ |

Man kann aus der Widerstandsmessung an Elektrolyten nur die Summe der Beweglichkeiten von Kationen und Anionen berechnen. Sie beträgt etwa den 10000. Teil der Elektronenbeweglichkeit in Metallen.

Um daraus die Einzelwerte der Beweglichkeiten zu erhalten, muß eine zweite unabhängige Beziehung zwischen ihnen gefunden werden. Sie wird durch die Abnahme der Menge des gelösten Elektrolyten während der Elektrolyse gegeben.

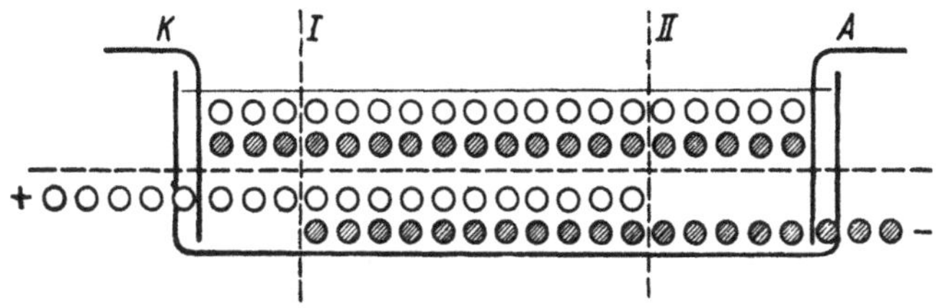


Abb. 264. Schema der bei der Elektrolyse in der Umgebung der Elektroden eintretenden Konzentrationsänderungen in Abhängigkeit von den Wanderungsgeschwindigkeiten der Ionen

Man denke sich statt der großen Unordnung die Kationen ○ und die Anionen ● zu Ketten geordnet (Abb. 264). Der Strom fließe so lange, bis die Kationenkette sich um 5 Ionenabstände nach links, die Anionenkette sich um 3 nach rechts verschoben hat. Die außerhalb der Elektroden gezeichneten Ionen haben sich an den Elektroden abgeschieden; aber auch die außerhalb von I und II befindlichen Ionen ohne Partner geben ihre Ladung an die Elektroden ab. Diese Verschiebungen entsprechen den Beweglichkeiten, also ist $\bar{u}:\bar{v} = 3:5$. Innerhalb des Elektrolyten ist zwischen den Querschnitten I und II keine Konzentrationsänderung eingetreten. Drei Anionen sind aus dem Bereich der Kathode abgewandert, die drei zurückgebliebenen Kationen scheiden sich ab, also verliert die Lösung vor der Kathode drei Moleküle. An der Anode beträgt die Abnahme infolge der Abwanderung von fünf Kationen fünf Moleküle. Es verhält sich also

$$\frac{\text{Abnahme der Zahl der gelösten Moleküle an der Kathode}}{\text{Abnahme der Zahl der gelösten Moleküle an der Anode}} = \frac{\text{Beweglichkeit des Anions}}{\text{Beweglichkeit des Kations}}. \tag{23.8}$$

Erweitern wir die linke Seite mit der Masse der Moleküle, so wird

$$\frac{\Delta M_K}{\Delta M_A} = \frac{u}{v} = \frac{\bar{u}}{\bar{v}}, \tag{23.9}$$

wo $\Delta M_K$ die Masse des aus dem Bereich der Kathode, $\Delta M_A$ die des aus dem Bereich der Anode verschwundenen Elektrolyten ist. Diese Mengen sind meßbar. Die Zahlen

$$\frac{\bar{u}}{\bar{u}+\bar{v}} = n_A \quad \text{und} \quad \frac{\bar{v}}{\bar{u}+\bar{v}} = n_K \tag{23.10}$$

bezeichnet man als *Überführungszahlen* des Anions bzw. des Kations. Zerlegt man den Strom im Elektrolyten in zwei Anteile $I = I_A + I_K$, so ist $n_A = \frac{I_A}{I}$ der Bruchteil des Stromes, der von der Wanderung der Anionen, $n_K = \frac{I_K}{I}$ der Bruchteil, der von der Wanderung der Kationen herrührt.

$$n_A + n_K = 1.$$

Tabelle 22. *Beweglichkeiten von Ionen in wäßriger Lösung bei 18° C und unendlicher Verdünnung*

| Kationen | $\bar{v}$ | Anionen | $\bar{u}$ |
|---|---|---|---|
| H . . . . . | $33 \cdot 10^{-4} \frac{\text{cm/s}}{\text{Volt/cm}}$ | OH . . . | $18{,}2 \cdot 10^{-4} \frac{\text{cm/s}}{\text{Volt/cm}}$ |
| Li . . . . | $3{,}5 \cdot 10^{-4}$ | Cl . . . . | $6{,}85 \cdot 10^{-4}$ |
| Na . . . . | $4{,}6 \cdot 10^{-4}$ | Br . . . . | $7{,}0 \cdot 10^{-4}$ |
| K . . . . . | $6{,}75 \cdot 10^{-4}$ | J . . . . | $6{,}95 \cdot 10^{-4}$ |
| Ag . . . . | $5{,}7 \cdot 10^{-4}$ | $NO_3$ . . . | $6{,}5 \cdot 10^{-4}$ |
| $NH_4$ . . . | $6{,}7 \cdot 10^{-4}$ | $MnO_4$ . . | $5{,}6 \cdot 10^{-4}$ |
| Zn . . . . | $4{,}8 \cdot 10^{-4}$ | $SO_4$ . . . | $7{,}1 \cdot 10^{-4}$ |
| Fe . . . . | $4{,}8 \cdot 10^{-4}$ | $CO_3$ . . . | $6{,}2 \cdot 10^{-4}$ |

Man entnimmt der Abb. 266, daß die Zahl der an der Kathode abgeschiedenen Kationen (also auch der positiven Ladungen) gleich der Zahl der an der Anode abgeschiedenen Anionen (negativen Ladungen) ist (in der Abbildung $5 + 3 = 8$). Sie ist gleich der Zahl der Elektronen, welche aus der Kathode austreten, an der Anode eintreten und während der gleichen Zeit durch jeden Querschnitt durch die Zuleitungsdrähte zu den Elektroden wandern. Die an der Kathode sowohl als die an der Anode abgegebenen Ladungen sind natürlich gerade gleich den in allen aus der Lösung verschwundenen Teilchen enthaltenen positiven bzw. negativen Ladungen, die wegen der dauernd bestehenden Neutralität der Lösung einander gleich sind.

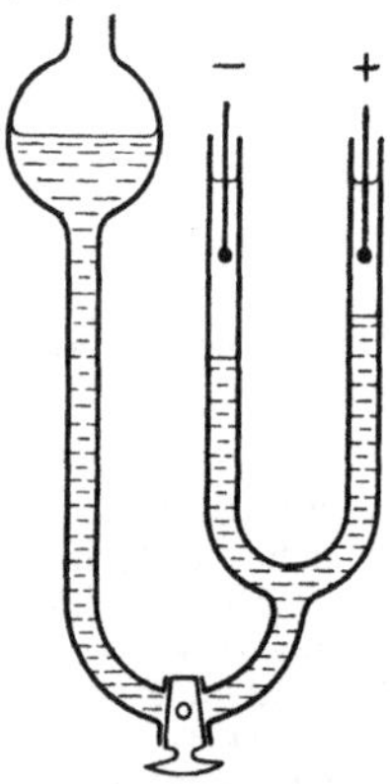

Abb. 265. Messung der Beweglichkeit von $MnO_4$-Ionen

(23.9) gibt die zweite Gleichung zur Bestimmung der Einzelwerte von $\bar{u}$ und $\bar{v}$. Tabelle 22 enthält einige Beweglichkeiten. Für NaCl ist also die Summe der Beweglichkeiten von Anion und Kation

$$\bar{u} + \bar{v} = (4{,}6 + 6{,}85) \cdot 10^{-4} = 11{,}5 \cdot 10^{-4} \frac{\text{cm/s}}{\text{Volt/cm}} \quad \text{(vgl. Tab. 22).}$$

Die Wanderungsgeschwindigkeit von $MnO_4$-Ionen kann man direkt beobachten: In einem U-Rohr (Abb. 265) unterschichtet man eine $KNO_3$-Lösung mit einer (wegen des $MnO_4$-Gehaltes) gefärbten $KMnO_4$-Lösung, so daß die Grenzflächen gut voneinander abgesetzt sind. Die Länge der Flüssigkeitssäule zwischen den Elektroden betrage 30 cm und die angelegte Spannung 110 Volt. Während des Stromdurchganges verschiebt sich die Grenzfläche im rechten Schenkel nach oben, im linken nach unten. Bei einer Versuchsdauer von 15 Minuten bei 18° C hebt sich die rechte Grenzfläche um 1,85 cm (ihre Wanderungsgeschwindigkeit ist also $\frac{1{,}85}{15 \cdot 60} = 2{,}05 \cdot 10^{-3}\ \text{cm} \cdot \text{s}^{-1}$). Da die Feldstärke $\frac{110}{30} = 3{,}67$ V/cm beträgt, ist die Beweglichkeit also $\frac{2{,}05 \cdot 10^{-3}}{3{,}67} = 5{,}6 \cdot 10^{-4}\ \text{cm} \cdot \text{s}^{-1}/\text{V} \cdot \text{cm}^{-1}$ (vgl. Tabelle 22).

**b) Das Äquivalentleitvermögen.** In einem Trog mit rechteckigem Querschnitt befindet sich eine konzentrierte KCl-Lösung (Abb. 266). Die Elektroden sind Platinbleche, die die Seitenwände vollständig bedecken. Bei einer gegebenen Spannung fließt in dem Kreise ein am Amperemeter $A$ ablesbarer Strom. Gießt man destilliertes Wasser hinzu, so wächst die Stromstärke. Dieser Versuch ist folgendermaßen zu deuten:

1. Durch die Verdünnung wird die Menge des zwischen den Elektroden gelösten KCl nicht geändert. Wohl nimmt die Teilchenzahldichte $n$ der gelösten Ionen ab, aber der Querschnitt $q$ des Elektrolyten nimmt zu, und zwar so, daß das Produkt $n \cdot q$ konstant bleibt.

2. Ebenfalls wird die Feldstärke im Elektrolyten durch die Verdünnung mit Wasser nicht verändert. Da also $n \cdot q \cdot \frac{U}{l}$ konstant bleibt, erwartet man nach (23.5), daß auch die Stromstärke unverändert bleibt.

Nach (23.7) ist $\varkappa \sim n$; eine Verdünnung auf die Hälfte hat die Abnahme der Leitfähigkeit auf die Hälfte zur Folge. $\frac{\varkappa}{n}$ sollte konstant bleiben.

Statt die Leitfähigkeit auf die Zahl $n$ der in der Volumeneinheit enthaltenen Ionen zu beziehen, kann man sie in Abhängigkeit von der *Zahl* der in ihr gelösten Grammäquivalente, der sogenannten *Äquivalentkonzentration* $\eta$ betrachten; $\eta$ und $n$ sind einander proportional. Für 1 — 1-wertige Elektrolyte ist

$$\eta = \frac{n}{L} \quad \text{oder} \quad n = \eta \cdot L.$$

Für einen einwertigen binären Elektrolyten ($z = 1$) ist nach (23.7) und (23.3)

$$\frac{\varkappa}{n} = \frac{\varkappa}{\eta \cdot L} = e_0(\bar{u} + \bar{v}); \quad \frac{\varkappa}{\eta} = L\, e_0(\bar{u} + \bar{v}) = F(\bar{u} + \bar{v}).$$

$\frac{\varkappa}{\eta}$ bezeichnet man als *Äquivalentleitfähigkeit* $\Lambda$; sie sollte also ebenso wie $\frac{\varkappa}{n}$ konstant bleiben.

Das Experiment zeigt, daß entgegen der Erwartung die Äquivalentleitfähigkeit nicht konstant ist, sondern mit wachsender Verdünnung zunimmt. Tabelle 23 gibt die Äquivalentleitfähigkeit des Kaliumchlorids als Funktion der Äquivalentkonzentration.

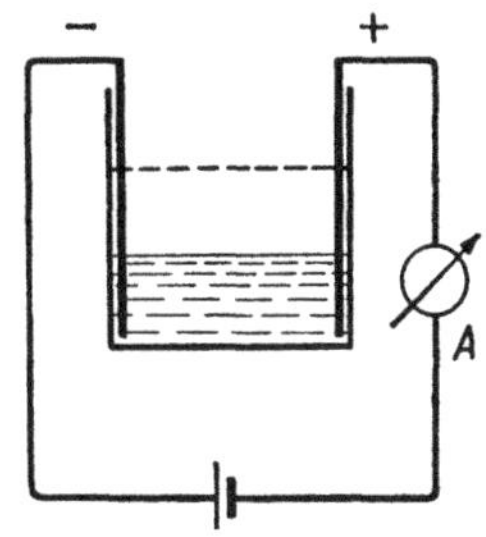

Abb. 266. Zunahme des Stromes bei Verdünnung ohne Änderung der Menge des gelösten Elektrolyten. (Zum Begriff des Äquivalentleitvermögens)

Unter der *Normalität* $1000\,\eta$ eines Elektrolyten versteht man

$$\frac{\text{Anzahl gelöster Grammäquivalente}}{\text{Volumen der Lösung in Litern}},$$

$\eta = 0$ bedeutet unendliche Verdünnung.

Daß $\Lambda$ mit wachsender Verdünnung zunimmt, läßt zweierlei Deutungsmöglichkeiten zu:

1. Bei endlicher Verdünnung sind nicht alle Moleküle in Ionen gespalten.

Wenn der *Dissoziationsgrad* $\alpha = \frac{\text{Zahl der in Ionen gespaltenen Moleküle}}{\text{Zahl der gelösten Moleküle}}$ kleiner als 1 ist, sollte er nach dem *Massenwirkungsgesetz* mit wachsender Verdünnung zunehmen (Ostwaldsches *Verdünnungsgesetz*).

Tabelle 23. *Äquivalentleitfähigkeit des KCl bei 18° C*

| Normalität $= 1000\,\eta$ | 1 | $10^{-1}$ | $10^{-2}$ | $10^{-3}$ | $10^{-4}$ | 0 |
|---|---|---|---|---|---|---|
| $\Lambda_{KCl}$ in $\Omega^{-1}\,cm^2\,Mol^{-1}$ | 98,22 | 111,9 | 122,5 | 127,3 | 129,1 | 130,1 |

2. Die Zahl der Ionen ist bei jeder Verdünnung die gleiche, die Dissoziation ist vollständig ($\alpha = 1$), aber die Beweglichkeit der Ionen nimmt mit wachsender Verdünnung zu.

Die moderne Theorie der starken Elektrolyte hat die Richtigkeit der zweiten Annahme bewiesen. In einem Elektrolyten sind die Ionen nicht völlig willkürlich und ungeordnet verteilt. Wegen ihrer gegenseitigen elektrostatischen Anziehung und der daraus folgenden potentiellen Energie ist die Teilchenzahldichte von negativen Ionen in der Nachbarschaft eines positiven Ions größer als die der gleichgeladenen Ionen. Ihre Verteilung läßt sich aus dem Boltzmannschen Satz (II § 12) berechnen. Bei Wanderung der Ionen unter dem Einfluß eines elektrischen Feldes wird diese Gleichgewichtsverteilung („Ionenwolke" um das Ion) gestört, und da zu ihrer Einstellung eine charakteristische „Relaxationszeit" benötigt wird, hinkt sie nach und gibt zu einem die Bewegung hemmenden, inneren elektrischen Feld Veranlassung, das um so stärker ist, je größer die Konzentration und je höher der Ordnungszustand sind. Mit abnehmender Konzentration läßt dieser hemmende Einfluß also immer mehr nach, was eine Zunahme der Beweglichkeit zur Folge haben muß. Die Ionen stehen bei unendlich großer Verdünnung nur noch unter dem Einfluß des äußeren Feldes und erreichen hier ihre größte Beweglichkeit.

Der Ordnungszustand ist um so geringer, je höher die Temperatur ist. Deshalb nimmt das Leitvermögen der Elektrolyte im Gegensatz zu dem der Metalle mit wachsender Temperatur zu. Ein weiterer Grund für die Zunahme des Leitvermögens mit der Temperatur liegt in der durch sie bedingten Abnahme der Viskosität des Lösungsmittels.

Schwache Elektrolyte sind bei mittleren und hohen Konzentrationen nur zu einem geringen Bruchteil dissoziiert (Dissoziationsgrad $\alpha \ll 1$). Bei ihnen ist die Zunahme der Äquivalentleitfähigkeit mit wachsender Verdünnung auf eine aus dem Massenwirkungsgesetz folgende Zunahme von $\alpha$ zurückzuführen.

**c) Unipolare Ströme in Flüssigkeiten.** Nach § 15 besteht in jeder Grenzfläche eines Körpers, der an das Vakuum oder ein anderes Medium grenzt, ein starkes elektrisches Feld, welches zur Entstehung einer elektrischen Doppelschicht Veranlassung gibt. Handelt es sich um die Berührung von Flüssigkeiten und festen Körpern, so werden bei strömender Flüssigkeit die an die Wand grenzenden Ladungen der Doppelschicht festgehalten (I § 58); die polar entgegengesetzten Ladungen sind dagegen leicht abzustreifen und können mit der strömenden Flüssigkeit in der Strömungsrichtung fortgetragen werden.

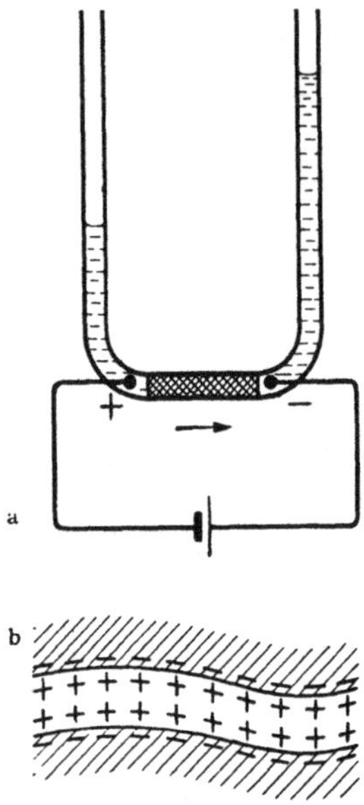


Abb. 267 a u. b. Elektroosmose

In einem U-förmigen Rohr (Abb. 267) befinde sich zwischen den Schenkeln ein aus porösem Material bestehender, von feinen kapillaren Kanälen durchzogener Pfropfen. An den Wänden der Kapillare bilden sich die Doppelschichten. Unter dem Einfluß eines von außen angelegten elektrischen Feldes bewegen sich die geladenen Moleküle oder Ionen, die in dem nichthaftenden Teil der Doppelschicht enthalten sind (in Abb. 267 nach rechts). Sie sind alle gleichsinnig geladen und schleppen durch *Hydratisierung* angelagerte Wassermoleküle mit. Durch innere Reibung kommt das ganze in den Kapillaren enthaltene Wasser in Bewegung, die Flüssigkeit steigt im rechten Schenkel an. Im Gegensatz zur Ionenwanderung haben wir hier nur eine einseitige Wanderung der gesamten Flüssigkeit (Elektroosmose).

Drückt man durch einen porösen Körper, der mit Flüssigkeit getränkt ist, die Flüssigkeit hindurch (s. Abb. 267b), so trägt die Flüssigkeit ihre Ladung durch die kapillaren Kanäle und ein an die Elektroden angeschlossenes Galvanometer zeigt einen Strom an (Strömungsstrom).

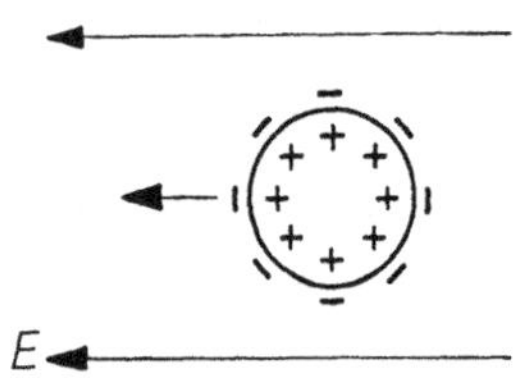


Abb. 268. Elektrophorese. Wanderung von suspendierten geladenen Teilchen unter der Wirkung eines elektrischen Feldes

In einer nichtleitenden Flüssigkeit suspendierte kleine Partikel können in einem elektrischen Feld $E$ zwischen zwei Elektroden wandern (Abb. 268). Sie bewegen sich zur Kathode oder Anode, je nachdem sie positiv oder negativ geladen sind. Der Strom durch eine solche Suspension unterscheidet sich von dem durch einen Elektrolyten dadurch, daß geladene Teilchen nur in einer Richtung fließen (Elektrophorese).

Sind die in einer Flüssigkeit suspendierten Teilchen so klein, daß sie mit ihr scheinbar eine einzige Phase bilden, obgleich sie nicht molekular mit ihr gemischt sind wie in einer echten Lösung, so spricht man von einer ***kolloidalen Lösung*** oder einem *Sol*. Die Flüssigkeit heißt *Dispersionsmittel*, die in ihr enthaltenen Teilchen bilden die *disperse* Phase. Ist das Dispersionsmittel Wasser, so nennt man die kolloidale Lösung ein *Hydrosol*. So lösen sich z. B. Eiweiß, manche Metallsulfide, hochmolekulare organische Verbindungen als *Hydrosole*. Schwer lösliche Stoffe (reduzierte Metalle [Gold], Hydroxyde [$Fe(OH)_3$], Sulfide [$As_2S_3$]) scheiden sich häufig kolloidal aus. Durch hochfrequente mechanische Erschütterung mit Ultraschall läßt sich Quecksilber in Wasser kolloidal verteilen. Viele Metalle lassen sich kolloidal lösen, indem man im Dispersionsmittel zwischen Elektroden aus diesen Metallen einen elektrischen Lichtbogen (IV § 20) „brennen" läßt. Die Durchmesser dieser kolloidalen Partikel liegen in den Grenzen von $10^{-7}$ bis $10^{-5}$ cm, während die Durchmesser der Atome oder kleiner Moleküle einige $10^{-8}$ cm betragen. Diese kolloidalen Teilchen sind entweder positiv oder negativ geladen; die entgegengesetzt gleichen Ladungen befinden sich dann im angrenzenden Wasser (s. Tabelle 24).

Tabelle 24. *Aufladung der Teilchen in Hydrosolen*

| Positiv geladen | Negativ geladen |
|---|---|
| $Fe(OH)_3$ | Au, Ag, Pt |
| $Al(OH)_3$ | S, $As_2O_3$ |
| $Cr(OH)_3$ | Stärke |
| $ZnO_2$ | $SiO_2$, $SnO_2$ |

Schichtet man über solche Hydrosole reines Wasser in einem U-Rohr wie in Abb. 265, S. 210, so verschiebt sich die Grenzschicht bei positiver Aufladung zur Kathode, bei negativer zur Anode.

Die Aufladung der kolloidalen Teilchen kann auf den oben beschriebenen Grenzschichteffekt zurückzuführen sein. Wenn die disperse Phase und das Dispersionsmittel Nichtleiter (Nichtelektrolyte) sind, so lädt sich der Stoff mit der höheren Dielektrizitätskonstanten positiv auf (vgl. Coehnsche Regel, § 15). Sie kann aber auch ihren Grund in der Abgabe von Ionen an das Dispersionsmittel haben.

Wenn das Dispersionsmittel Ionen enthält, so kann die Aufladung durch *Adsorption* von Ionen an der Oberfläche der kolloidalen Partikel zustande kommen.

## D. Galvanische Elemente

**24. Auflösung von Metallen, Lösungstension.** Metalle sind im Gegensatz zu ihren Salzen im Wasser kaum löslich. Wie das kristallisierte Zinksulfat enthält metallisches Zink positive Zinkionen als Bausteine des Kristallgitters; aber statt der $SO_4$-Ionen sind die negativen Bestandteile die freien Leitungselektronen. Beim Lösen des $ZnSO_4$ gehen beide Ionenarten in Lösung; die zur Abtrennung aus dem Gitter benötigte Energie stammt im wesentlichen aus der Energie, die bei der Anlagerung der $H_2O$-Moleküle, der Hydratation, gewonnen wird. Beim Lösen des Metalls kann nur das Zn-Ion in Lösung gehen, es gibt keine gelösten freien Elektronen. Der Auflösungsvorgang des Metalls wird gestoppt, sobald das durch die Trennung von Ionen und Elektronen an der Grenze zwischen Metall und Flüssigkeit hervorgerufene elektrische Feld so stark geworden ist, daß die geladenen Ionen die Energie zur Durchquerung nicht mehr aufbringen können. Es besteht also an der Grenze eine Doppelschicht und zwischen dem Innern des Metalls und der Lösung eine Spannung, die für die Kombination von Metall und Elektrolyt charakteristisch ist (Abb. 269). Das Bestreben der Metallionen, in Lösung zu gehen, ihre *Lösungstension*, ist von Element zu Element verschieden.

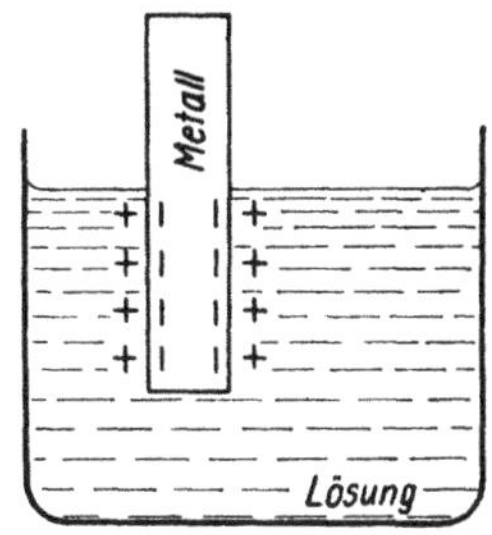


Abb. 269. Die elektrische Doppelschicht an der Grenze von Metall und Lösungsmittel

Wenn man aber z.B. Eisen in eine Cu-Salzlösung bringt, so wird der Vorgang der Auflösung nicht durch den Potentialsprung in der Doppelschicht gehemmt, weil dann für jedes austretende $Fe^{++}$-Ion ein $Cu^{++}$-Ion aus der Lösung sich auf der Elektrode abscheidet. Ein in $CuSO_4$-Lösung eingetauchter Fe-Stab überzieht sich spontan mit metallischem Kupfer. Es ist die Lösungstension des Cu kleiner als die des Eisens.

**25. Galvanische Elemente und Voltasche Spannungsreihe.** Bringt man Zink in verdünnte Schwefelsäure und Kupfer in den gleichen Elektrolyten — besser noch in eine $CuSO_4$-Lösung, die von dem den Zinkstab umgebenden Elektrolyten durch eine poröse Tonwand getrennt ist — und verbindet man beide Metalle durch einen Draht (Abb. 270), so geht Zink dauernd in Lösung. Man beobachtet, daß der Zinkstab immer dünner, der Kupferstab immer dicker wird. Ein in die Drahtleitung eingeschaltetes Amperemeter zeigt einen Strom an. Wir nennen eine solche Kombination zweier verschiedener Metalle in einer elektrolytischen Lösung ein *galvanisches Element*. In dem die Elektroden verbindenden Draht fließen die Elektronen vom Zink zum Kupfer. So wird also der Überschuß der bei der Auflösung von $Zn^{++}$-Ionen zurückbleibenden Elektronen immer gleich zur Kupferelektrode abgeführt und dazu verwendet, die bei der Abscheidung der $Cu^{++}$-Ionen abgegebene positive Überschußladung zu neutralisieren. In welcher Richtung der Prozeß abläuft, hängt von dem Potentialsprung an der Grenze Metall—Elektrolyt ab. Er verläuft immer so, daß das Metall in Lösung geht, welches die höhere Potentialdifferenz gegen die Lösung besitzt. Dieses Metall

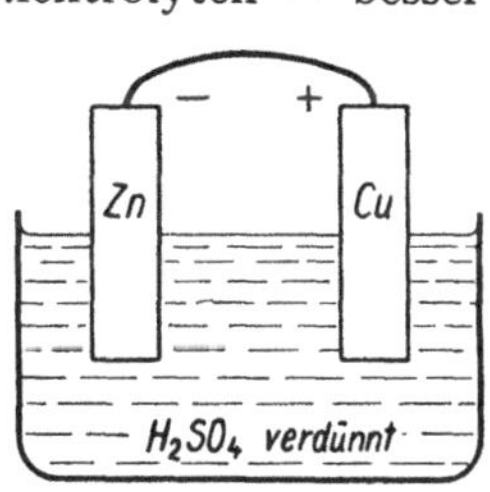


Abb. 270. Galvanisches Element

ist dann auch der negative Pol des galvanischen Elements. Wechselt man z. B. Zink gegen Platin aus, so wird die Kupferelektrode zum negativen Pol. Man kann die Metalle in der *Spannungsreihe* derart anordnen, daß alle nachfolgenden bei einer Kombination mit einem davorstehenden in einem galvanischen Element den positiven Pol bilden.

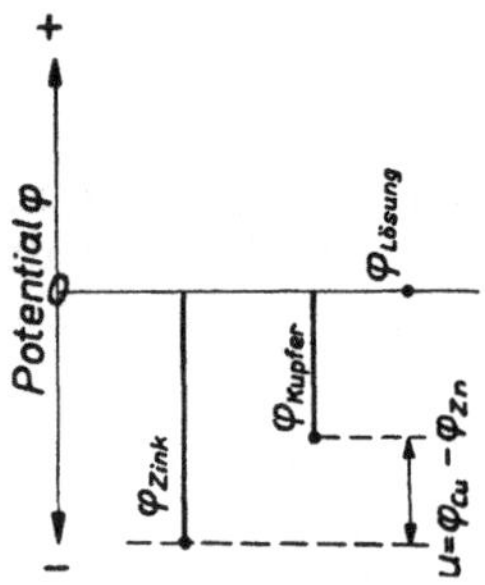

Abb. 271. Die Spannung eines galvanischen Elements ist die Differenz der Einzelspannungen der Elektroden gegen den Elektrolyten

Die Spannung, die ein zwischen den Elektroden (Polen) eingeschaltetes Voltmeter mißt, ist die Differenz aus den Spannungen der einzelnen Elektroden gegen den Elektrolyten. Bei offenem Element, d. h. wenn die Elektroden nicht durch einen Leitungsdraht verbunden sind, ist das Potential im Elektrolyten konstant, in Abb. 271 ist es gleich Null gesetzt. Meßbar ist also nur $\varphi_{Cu} - \varphi_{Zn} = 1{,}1$ Volt. $\varphi_{Cu}$ ist positiver als $\varphi_{Zn}$. Es ist nicht möglich, die Potentialdifferenz zwischen einem Metall und dem Elektrolyten unmittelbar zu messen. Um trotzdem für einzelne Metalle Potentialdifferenzen angeben zu können, setzt man willkürlich die Spannung einer mit Wasserstoff umspülten Platinelektrode, einer Wasserstoffelektrode, gegen eine 1-normale Säurelösung gleich Null. Dann ergeben sich die Spannungen der übrigen Metalle gegen ihre das gleiche Metallion enthaltende 1-normale Elektrolytlösung, wie in Tabelle 25 eingetragen. Natürlich weichen dann die wahren

Tabelle 25. *Spannungsreihe einiger chemischer Elemente und ihre Normalspannungen gegen die Normal-Wasserstoffelektrode (Konzentration der Elektrolytlösungen: 1 g-Ion pro Liter)*

| Elektrode | Li | K | Na | Mg | Zn | Fe | Cd |
|---|---|---|---|---|---|---|---|
| Spannung in Volt | − 3,02 | − 2,92 | − 2,71 | − 2,35 | − 0,762 | − 0,44 | − 0,402 |
| Elektrode | Ni | Pb | $H_2$ | Cu | Ag | Hg | Au |
| Spannung in Volt | − 0,25 | − 0,126 | 0 | + 0,345 | + 0,80 | + 0,86 | + 1,5 |

Differenzen von den in Tabelle 25 genannten um den gleichen Betrag ab, wie die wahre Potentialdifferenz der Wasserstoffelektrode gegen den Elektrolyten vom Werte 0. Verbindet man die beiden Elektroden durch einen Metalldraht, so verringert sich die Spannung am Draht gegenüber der Spannung, die zwischen den Klemmen des stromlosen Elementes besteht. Es liegt dann ein wesentlicher Teil des Potentialabfalls im Elektrolyten, und zwar ist in ihm das Feld vom Zn zum Cu gerichtet. Das bedeutet, daß im Elektrolyten die Metallionen mit der kleineren Lösungstension zur positiven Elektrode des Elements wandern, sich also die Cu-Ionen an der Cu-Elektrode abscheiden.

Die thermodynamische Behandlung des Problems gibt für die Spannung zwischen Elektrode und Elektrolyt

$$U = \frac{RT}{F \cdot z} \ln \frac{c}{C_0}, \tag{25.1}$$

wo $C_0$ eine für das Elektrodenmaterial charakteristische, zunächst unbekannte Konstante von der Dimension einer Konzentration ist und $c$ die Ionenkonzentration bedeutet. $F$ ist die Faradaysche Konstante (vgl. § 23), $z$ die Ionenwertigkeit, $R$ die universelle Gaskonstante und $T$ die absolute Temperatur.

**26. Polarisationserscheinungen bei galvanischen Elementen.** Eine elektrolytische Zelle mit Platinelektroden sei mit angesäuertem Wasser gefüllt. Legt man an sie eine Spannung von 1 Volt, so nimmt die Stromstärke sehr bald bis auf den Wert Null ab, obwohl der Widerstand im äußeren Kreis sowie die Leitfähigkeit des Elektrolyten unverändert bleiben. Der Grund dafür ist eine Spannungsabnahme an den Elektroden. An der Kathode scheidet sich $H_2$, an der Anode $O_2$ ab. Die mit diesen Gasen beladenen Elektroden bilden nunmehr ein galvanisches Element, das der von außen an die Zelle gelegten Stromquelle entgegengeschaltet ist. An dem Elektrolyten liegt also bei Stromdurchgang eine Spannung, welche um die Spannung dieses Wasserstoff-Sauerstoffelementes verringert ist, so daß der durchtretende Strom kleiner ist, als man nach dem Ohmschen Gesetz erwartet. Oberhalb der Spannung, bei der eine sichtbare Zersetzung des Elektrolyten auftritt, der *Zersetzungsspannung* $U_z$, ist die Stromstärke durch

$$I = \frac{U - U_z}{W}$$

gegeben, wenn $W$ der Widerstand der Zelle ist (Abb. 274). Diese Veränderung der Elektroden bezeichnet man als *galvanische* oder *elektrolytische* Polarisation.

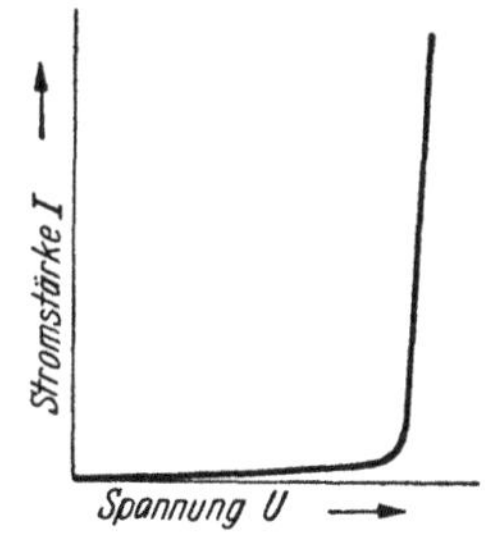


Abb. 272. Einfluß der elektrolytischen Polarisation auf den Zusammenhang zwischen Stromstärke und Spannung. Die lineare Extrapolation des steil ansteigenden Kurventeils zum Werte $I = 0$ gibt die Zersetzungsspannung $U_z$

Eine derartige Spannungserniedrigung infolge *elektrolytischer Polarisation* (nicht zu verwechseln mit der dielektrischen Polarisation! vgl. § 13) tritt bei den *inkonstanten* galvanischen Elementen auf. Entnimmt man solchen Elementen einen Strom, der im Elektrolyten durch Ionen getragen wird, die sich an den Elektroden abscheiden, so werden die Elektroden verändert. Gegen die Spannung des Elementes schaltet sich die Spannung der „neuen Elektroden"; die Spannung des Elementes wird dadurch bei Stromentnahme immer geringer. Da es sich häufig um eine Abscheidung von $H_2$ an der positiven Elektrode handelt, vermeidet man die Polarisation durch Beigabe von oxydierenden Chemikalien zum Elektrolyten oder zur positiven Elektrode, z. B. von Kaliumbichromat oder Braunstein ($MnO_2$), durch welche der entstehende Wasserstoff sofort oxydiert wird. Solche Elemente nennt man *konstant.*

Das *Daniell-Element* ist ein konstantes Element, weil an der Cu-Elektrode bei Stromentnahme nur das Element, aus dem die Elektrode besteht, nämlich Cu, aus der umgebenden $CuSO_4$-Lösung abgeschieden wird.

Der *Bleiakkumulator* ist ein Polarisations- oder *Sekundärelement.* In wäßrige Schwefelsäure tauchen zwei Bleiplatten, die sich mit einer $PbSO_4$-Schicht überziehen. Bei der Elektrolyse, dem „Aufladen", entsteht an der Kathode metallisches Blei, an der Anode Bleidioxyd ($PbO_2$):

$$\text{Kathode:}\quad PbSO_4 + H_2 = Pb + H_2SO_4$$

$$\text{Anode:}\quad PbSO_4 + SO_4 + 2H_2O = PbO_2 + 2H_2SO_4.$$

Nach der Aufladung liefern diese Substanzen einen Strom in entgegengesetzter Richtung, der so lange entnommen werden kann, bis die bei der Aufladung entwickelten Substanzen wieder verbraucht sind. Die Spannung des Akkumulators beträgt 2,02 Volt; positiver Pol ist die mit $PbO_2$ beladene Platte, die bei der Stromentnahme reduziert wird. Beim Entladen eines Bleiakkumulators gewinnt man etwa 70—80% der beim Laden in ihn hineingesteckten elektrischen Energie zurück.

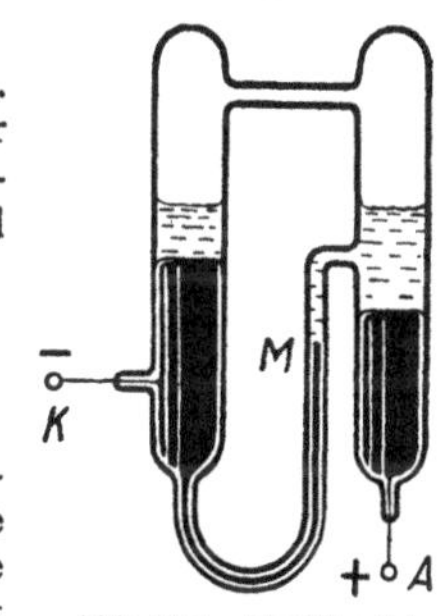


Abb. 273. Kapillarelektrometer (Quecksilber ist mit verdünnter Schwefelsäure überschichtet)

**27. Oberflächenspannung und Polarisation.** Nach I § 56 ist die Oberflächenspannung einer Flüssigkeit eine Folge der einseitig in das Innere der Flüssigkeit gerichteten Molekularkräfte. Überschichtet man Quecksilber mit einer verdünnten Elektrolytlösung, so entsteht an der Grenzfläche die Doppelschicht, die der Träger der Voltaspannung ist. Die an den Atomen der Quecksilberoberfläche angreifenden, nach außen gerichteten elektrischen Kräfte verringern die Oberflächenspannung.

*Kapillarelektrometer* (Abb. 273). Legt man an die Elektroden $A$ und $K$ eine Spannung, so wird die Oberflächenspannung des Quecksilbers um einen Betrag verkleinert, der der von außen angelegten elektrischen Spannung proportional ist, solange diese kleiner als $^1/_{10}$ Volt bleibt. Wegen der Änderung der Oberflächenspannung verschiebt sich der Meniskus $M$, dessen Ansteigen durch ein Mikroskop beobachtet wird. Das Kapillarelektrometer ist zur Messung kleiner Spannungen, vor allem als Nullinstrument geeignet.

## E. Thermoelektrische Erscheinungen

**28. Thermoelektrische Spannung** (**Seebeck 1822**). Wenn zwei verschiedene Metalle einander berühren (Abb. 274), so gehen einige Elektronen von dem einen Metall (2) zu dem anderen (1) über (und zwar vom Metall mit der kleineren Austrittsarbeit der Elektronen (IV § 1) zu dem mit der größeren Austrittsarbeit), so daß das erste gegen das zweite positiv geladen wird. Die in der Berührungsschicht entstehende Spannung heißt *Kontaktspannung*. Biegt man zwei Metallstäbe, die sich einseitig berühren, zum offenen Ring, so besteht infolge der Kontaktspannung zwischen den sich gegenüberstehenden freien Enden ein elektrisches Feld. Bringt man auch diese Enden zur Berührung, so besteht in dieser Berührungsfläche, wenn beide Kontaktstellen dieselbe Temperatur haben, wiederum die gleiche Kontaktspannung. Da beide gegeneinander geschaltet sind, fließt im geschlossenen Ring kein Strom. Erwärmt man aber die eine der beiden Kontaktstellen, so fließt ein *Thermostrom*. Die dafür benötigte Energie wird der Wärmequelle entzogen.

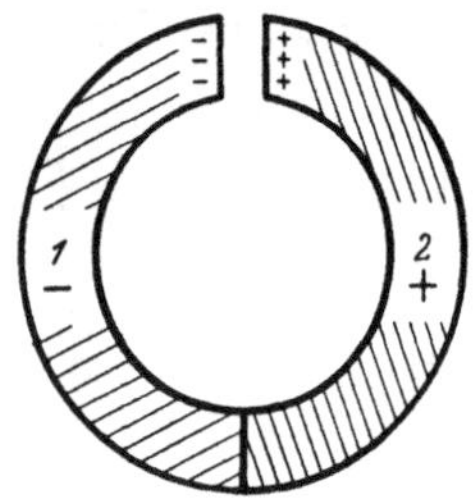


Abb. 274 Kontaktspannung zwischen zwei sich berührenden Metallen

Das Auftreten von Kontaktspannungen erklärt sich aus der Verschiedenheit sowohl der Ablöseenergien wie der Elektronendichten in den beiden Metallen (vgl. § 21). Beide Größen sind zwar von der Temperatur fast unabhängig; jedoch steigt der Druck des Elektronengases bei großer Elektronendichte mit steigender Temperatur stärker an als bei geringer. Dadurch werden einige wenige Elektronen trotz der zu überwindenen Austrittsschwelle vom einen Material in das andere getrieben. Diese bilden den Thermostrom.

Lötet man also zwei Drähte aus verschiedenen Metallen an beiden Enden zusammen (*Thermoelement*) und schaltet in den einen Draht ein Voltmeter, so zeigt dieses, wenn die Lötstellen sich auf verschiedener Temperatur ($T$ und $T_0$) befinden, eine *Thermospannung* $U_{\text{therm}}$ an. Sie hängt nur von den Temperaturen der Lötstellen und der Art der beiden Metalle ab und läßt sich für kleine Temperaturdifferenzen näherungsweise so darstellen:

$$U_{\text{therm}} = a(T - T_0) + b(T - T_0)^2. \tag{28.1}$$

Die Änderung der Thermospannung mit der Temperatur $\frac{d\,U_{\text{therm}}}{dT}$ bezeichnet man als die Empfindlichkeit oder die *Thermokraft* ($\eta$) des Thermoelementes:

$$\eta = \frac{d\,U_{\text{therm}}}{dT} = a + 2 \cdot b(T - T_0). \tag{28.2}$$

Diese die Eigenschaften des Thermoelementes charakterisierende Beziehung ist in vielen Fällen bis zu 300° C ziemlich streng erfüllt. Für manche Elemente (z.B. die besonders gebräuchlichen Kombinationen Cu-Konstantan oder Fe-Konstantan) ist in nicht zu großen Temperaturintervallen $b \approx 0$, also die Thermospannung proportional zur Temperaturdifferenz.

Ordnet man die Metalle nach der Größe ihrer Thermokräfte in eine Reihe, so daß das vorangehende gegen die nachfolgenden thermoelektrisch positiv wird oder das nachfolgende gegen jedes vorangehende negativ ist, so erhält man die thermoelektrische Spannungsreihe (Tabelle 26). Die Thermokraft für irgendein beliebiges Paar ist gleich der Differenz der unter den Symbolen stehenden Zahlen.

Thermoelemente in Gestalt von zwei dünnen, an den Enden verlöteten Drähten aus verschiedenen Metallen, eignen sich vorzüglich zur Temperaturmessung (Abb. 275). Man hält die eine Lötstelle auf konstanter Temperatur (z.B. durch

Tabelle 26. *Stellung einiger Elemente in der thermoelektrischen Spannungsreihe bei der Temperatur 0° C.* (Für Pb ist die thermoelektrische Spannung willkürlich gleich Null gesetzt)

| Sb | Fe | Zn | Cu | Ag | Pb | Al | Pt | Ni | Bi | |
|---|---|---|---|---|---|---|---|---|---|---|
| +35 | +16 | +3 | +2,8 | +2,7 | 0 | −0,5 | −3,1 | −19 | −70 | $\cdot 10^{-6}$ Volt/Grad |

Eintauchen in schmelzendes Eis), die andere Lötstelle wird an den Ort gebracht, dessen Temperatur zu messen ist. Die Vorzüge solcher Thermometer sind ihre große Empfindlichkeit, kleine Wärmekapazität und daher auch sehr geringe Trägheit.

Die Empfindlichkeit, d.i. im wesentlichen die Konstante $a$ der Gl. (28.2), eines Fe-Konstantan-Thermoelementes beträgt bis zu Temperaturen von etwa 300° C

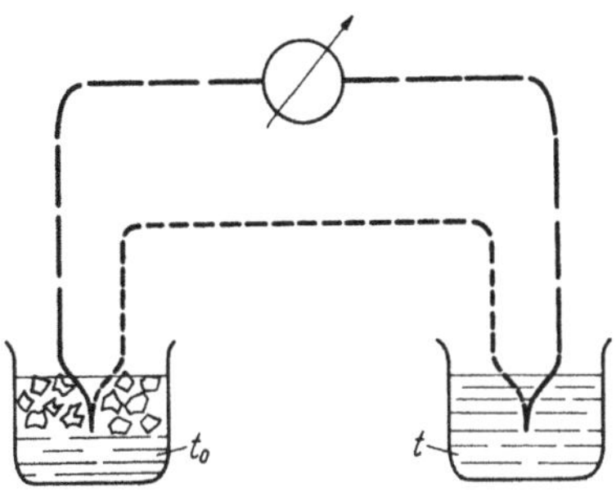


Abb. 275. Temperaturmessung mittels Thermoelement

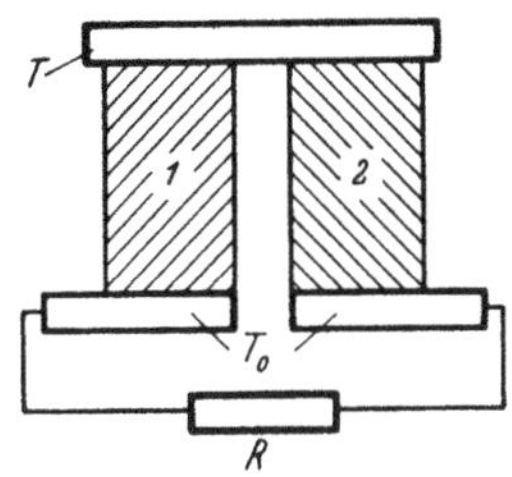


Abb. 276. Thermogenerator, schematisch

unverändert 53 Mikrovolt/Grad. Zur Messung im Temperaturbereich 300 bis 1600° C wird das Platin-Platinrhodiumelement (10% Rhodium) bevorzugt.

Im Thermoelement wird elektrische Energie unmittelbar aus Wärme erzeugt. Wie ein solcher *Thermogenerator* im Prinzip anzuordnen ist, zeigt Abb. 276 Die beiden Schenkel aus den Materialien 1 und 2 sind zur besseren Wärmeaufnahme durch eine Brücke aus elektrisch gut leitendem Material großflächig in Kontakt gebracht. Dort erfolgt die Wärmezufuhr. Die unteren Schenkelenden werden auf der Temperatur $T_0$ gehalten. $R$ ist der Verbraucher der elektrischen Energie. Der Nutzeffekt solcher Thermogeneratoren ist allerdings — aus thermodynamischen Gründen — außerordentlich klein. Immerhin läßt sich bei Verwendung von $p$- bzw. $n$-leitenden Materialien (vgl. XVI § 19) für die beiden Schenkel 1 bzw. 2 ein Wirkungsgrad von etwa 8% erzielen. Solche Generatoren werden in Satelliten verwendet, um deren Energiebedarf aus der Sonnenstrahlung zu decken.

Während heute fast die gesamte elektrische Energie auf dem Umweg über mechanische Energie (z.B. mittels Turbinen) gewonnen wird, bildet der Thermogenerator einen Fall von „*Direktumwandlung*". Dieses technisch eminent wichtige Ziel wird von der Forschung auf verschiedenen Wegen angestrebt; am erfolgreichsten mit der sog. *Brennstoffzelle*, bei der chemische Energie, die in Gestalt eines flüssigen Brennstoffes zugeführt wird, ohne eigentliche Verbrennung direkt in elektrische Energie verwandelt wird. Wirkungsgrade von mehr als 80% wurden im Laboratorium bereits erreicht.

**29. Peltier-Effekt.** An die Enden eines Metallstabes $B$ seien zwei Stäbe $A$ aus einem anderen Metall gelötet und durch $ABA$ ein Strom geleitet (Abb. 277). Man stellt dann an der einen Lötstelle eine Temperaturerniedrigung, an der anderen eine Erwärmung fest. Letztere übertrifft die auf die Joulesche Wärmeentwicklung zurückzuführende Temperaturerhöhung bei weitem. Die an der Kontaktstelle pro Zeiteinheit auftretende Wärmemenge ist der Stromstärke $I$ proportional:

$$\frac{\Delta Q}{\Delta t} = \Pi \cdot I. \tag{29.1}$$

$\Pi$ ist der *Peltier-Koeffizient*, eine zwar noch von der Temperatur, nicht aber von der Gestalt und Kontaktart abhängige Materialkonstante der Materialkombination. Zwischen dem Peltier-Koeffizienten und der Thermokraft (vgl. 28.2) besteht der Zusammenhang

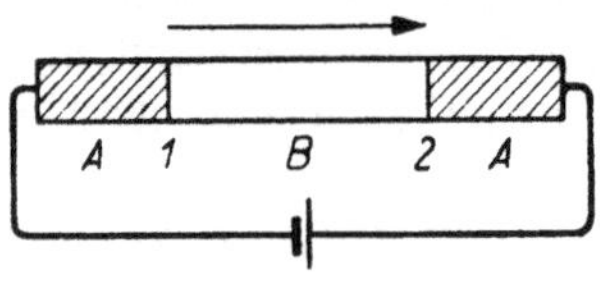

Abb. 277. Peltier-Effekt

$$\Pi = \eta \cdot T_{\text{abs}}. \tag{29.2}$$

Zwischen dem Seebeck- (§ 28) und dem Peltier-Effekt besteht also eine enge Verwandtschaft. Ebenso wie mittels des ersteren Wärme in elektrische Energie verwandelt werden kann, ist es möglich, mittels des letzteren durch elektrische Energie Temperaturdifferenzen zu erzeugen. Eine solche Anordnung, die man *Wärmepumpe* nennt, entsteht, wenn man in Abb. 276 $R$ durch eine Stromquelle ersetzt denkt. Bei richtiger Polung wird dann die Brücke eine tiefere Temperatur annehmen als die — etwa durch Wasserkühlung — auf Zimmertemperatur zu haltenden unteren Schenkelenden.

Thermogeneratoren und Wärmepumpen („Kühlplatten") haben erhebliches Interesse für die Technik gewonnen seit der Entdeckung der wesentlich besseren thermoelektrischen Eigenschaften gewisser Halbleiter (z.B. Wismuttellurid $Bi_2Te_3$). Ungünstig — gegenüber den Metallen — ist bei ihnen allerdings das Verhältnis von elektrischer zu Wärmeleitfähigkeit (vgl. 18.11).

## F. Das magnetische Feld elektrischer Ströme

**30. Das Magnetfeld in der Umgebung einfacher Leiter (Oersted 1820).** In der Umgebung von stromführenden Leitern treten immer Kraftwirkungen auf, die fast in allen Fällen viel größer sind als die elektrostatischen — und erst recht als die Gravitationskräfte — und sich auch in ihrer Richtung deutlich von jenen unterscheiden; z.B. dadurch, daß sie stets Tangenten an in sich geschlossenen Kurven sind. Sie heißen magnetische Kräfte. Qualitativ lassen sie sich am einfachsten durch Eisenfeilspäne nachweisen. Diese schließen sich in Räumen, die von magnetischen Kräften erfüllt sind, m.a.W. in magnetischen Feldern zu Ketten zusammen und zeigen so die Richtung der Kräfte an. Zum quantitativen Nachweis kann im Prinzip eine Kompaßnadel dienen, die torsionselastisch aufgehängt ist, so daß man aus der Richtung, in die sie sich einstellt, die Richtung und aus dem Drehmoment, das auf sie wirkt, auf die Größe der magnetischen Kraft schließen kann.

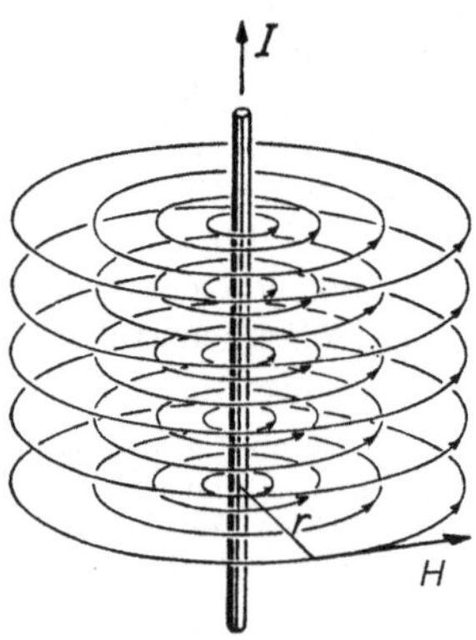

Abb. 278. Magnetische Kraftlinien um einen geraden stromdurchflossenen Leiter

Ein gerader Draht, der von einem Strom durchflossen wird, umgibt sich mit einem Magnetfeld, dessen Kraftlinien den Draht als geschlossene Kreise mit dem Mittelpunkt im Draht umgeben und in Ebenen verlaufen, welche den Draht senkrecht schneiden (Abb. 278).

Die quantitative Untersuchung ergibt, daß die magnetische Kraft, und somit auch die magnetische Feldstärke $\boldsymbol{H}$, die weiter unten genauer definiert wird, proportional der Stromstärke $I$ und umgekehrt dem Abstand vom Draht $r$ ist:

$$|H| = C \cdot \frac{I}{r}. \tag{30.1}$$

Der Zahlenwert der Konstanten $C$ hängt natürlich von den Einheiten ab, in denen $I$, $r$ und $H$ gemessen werden.

Das Kraftlinienbild eines Kreisstromes zeigt Abb. 279; dasjenige einer stromdurchflossenen Spule Abb. 280.

Das Magnetfeld eines Stromes wird immer durch in sich geschlossene Kraftlinien dargestellt. Die elektrostatischen Felder dagegen werden durch Kraftlinien beschrieben, die von positiven Ladungen (Quellen) ausgehen und an negativen Ladungen (Senken) endigen. Wenn wir die Magnetfelder der Ströme durch Kraftlinien darstellen, die nirgends anfangen noch endigen, also weder Quellen noch Senken besitzen, so

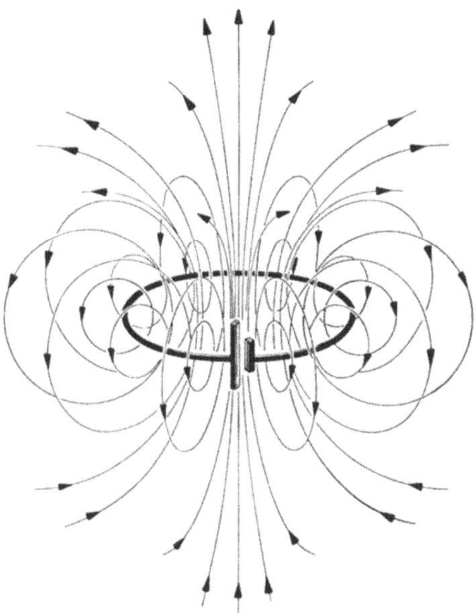

Abb. 279. Magnetische Kraftlinien um einen Kreisstrom

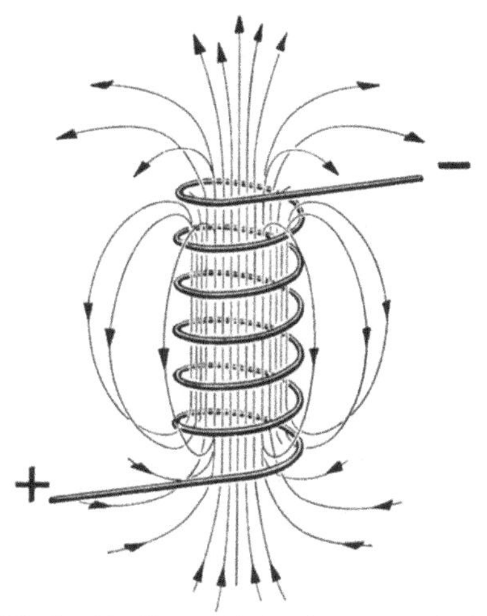


Abb. 280. Das Magnetfeld einer langen stromdurchflossenen Spule

bedeutet das, daß magnetische Mengen an ihrer Erzeugung nicht mitwirken. In III § 57 wird gezeigt, daß auch die magnetostatischen Felder von permanenten Magneten nicht ihren Ursprung in magnetischen Mengen haben, die in den Polen sitzen.

**31. Das Durchflutungsgesetz (1. Maxwellsche Gleichung).** MAXWELL ist es gelungen, den Zusammenhang zwischen Stromstärke und magnetischer Feldstärke allgemein gültig zu formulieren: Durch den Vektor $\mathbf{s}$ sei die Randkurve einer Fläche $F$ beschrieben, deren Normale jener rechtsschraubig zugeordnet sei. Durch beliebige Elemente $dF$ der Fläche $F$ trete elektrischer Leitungsstrom — gleichgültig, ob in einzelnen Drähten oder räumlich verteilt — der Stromdichte $i$ hindurch. Dann gilt:

$$\oint H_s\, ds = C' \cdot \int_F i_n\, dF \quad \text{(1. Maxwellsche Gleichung)}, \tag{31.1}$$

wobei $H_s$ die in die Richtung $\mathbf{s}$ fallende Komponente von $\boldsymbol{H}$ und $i_n$ die senkrecht auf $dF$ stehende Komponente von $i$ bedeutet.

In Worten: Das Linienintegral der magnetischen Feldstärke über eine in sich geschlossene Kurve ist proportional dem Flächenintegral der Stromdichte über die von der Kurve umschlossene Fläche; oder einfacher: proportional der Gesamtheit der vom Integrationsweg umfaßten Ströme.

Wählt man bei einem vom Strom $I$ durchflossenen, geraden Leiter (Abb. 278) als Integrationsweg einen Kreis um den Leiter in einer zu ihm senkrechten Ebene, so daß $H_s$ auf dem ganzen Integrationsweg konstant gleich $H$ ist, dann ergibt (31.1):

$$H \cdot 2\pi r = C' \cdot I, \tag{31.2}$$

d.h. die durch (30.1) ausgedrückte Abhängigkeit der magnetischen Feldstärke von $I$ und $r$.

Wir wenden nun (31.1) auf einen praktisch besonders wichtigen Fall an, nämlich auf eine gerade Spule (Abb. 280). Sie soll so lang sein, daß das Feld im Außenraum, das sich ja mit zunehmender Länge immer mehr auseinander zieht, gegen das Innenfeld völlig zu vernachlässigen ist. In der Nähe ihrer Mitte ist das magnetische Feld, das sich aus der Überlagerung der Felder aller einzelnen Windungen ergibt, nahezu homogen.

Wir wählen nun den Integrationsweg so, wie das Rechteck in Abb. 281 angibt; es möge dabei $N$ Windungen der Spule umfassen. Auf dem Teilweg $1 \rightarrow 2$, d.h. im homogenen Teil des Feldes, hat das Linienintegral den Wert $H \cdot l$, auf den Teilwegen $2 \rightarrow 3$ und $4 \rightarrow 1$ den Wert 0, weil das Feld bei großer Spulenlänge im Inneren keine Radialkomponente besitzt, und im Außenraum laut Voraussetzung zu vernachlässigen ist. Das Letztere gilt auch für den Teilweg $3 \rightarrow 4$. Die Summation der Teilbeträge liefert also nur $H \cdot l$. Dies in (31.1) eingesetzt ergibt:

$$H \cdot l = C' N \cdot I. \tag{31.3}$$

Überraschenderweise hat der Durchmesser der Spule — solange ihre Länge groß gegen diesen ist — keinerlei Einfluß auf die in ihr herrschende Feldstärke.

Um zu einer Maßeinheit der magnetischen Feldstärke zu gelangen, bedarf es einer Festsetzung der Konstanten $C'$. Hierin unterscheiden sich verschiedene Maßsysteme. Wir folgen der in der gesamten Elektrotechnik angenommenen Konvention und setzen $C' = 1$ („Praktisches Maßsystem"). Damit lautet die 1. Maxwellsche Gleichung (31.1) (in der Elektrotechnik meist als Durchflutungsgesetz bezeichnet):

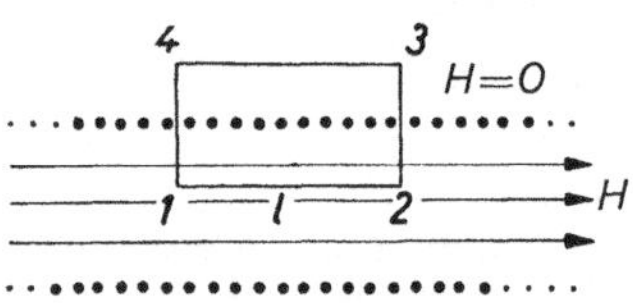


Abb. 281. Zur Berechnung des Feldes einer langen Spule mit dem Durchflutungsgesetz

$$\oint H_s ds = \int_F i_n df \tag{31.4}$$

und für die Feldstärke im Inneren einer langen Spule gilt nach (31.3)

$$H = nI, \tag{31.5}$$

wobei $n$ die Anzahl der Windungen je Längeneinheit und $I$ die Stromstärke bedeutet. Die magnetische Feldstärke hat im praktischen Maßsystem demnach die Dimension Stromstärke × Windungszahl je Längeneinheit und die Einheit $\frac{\text{Amp}}{\text{m}}$, wofür man gewöhnlich sagt: Ampèrewindungen pro Meter.

So beträgt z.B. die magnetische Feldstärke in der Nähe der Erdoberfläche (Erdmagnetismus) ungefähr $15 \frac{\text{Amp}}{\text{m}}$; d.h. sie ist etwa ebenso groß wie diejenige, die in einer Spule mit 10 Windungen je cm herrscht, wenn diese mit $I = 15$ mA beschickt wird.

In einem anderen — dem sogenannten elektromagnetischen — Maßsystem dient als Einheit der magnetischen Feldstärke das „Oersted":

$$1 \text{ Oersted} = \frac{1000}{4\pi} \text{ A/m} = 79{,}59 \text{ A/m}. \tag{31.6}$$

Will man eine magnetische Feldstärke messen, so kann man im Prinzip so vorgehen: Man bringt am Meßort eine — im Vergleich zum Durchmesser — lange Stromspule an und in ihr, torsionselastisch aufgehängt eine Magnetnadel. Dann ändert man die Richtung der Spulenachse und die Stromstärke so lange, bis die Magnetnadel kein Drehmoment mehr erfährt. Die Richtung der Spulenachse gibt dann die Richtung der magnetischen Feldstärke an, das Produkt aus Stromstärke und Windungszahl je Längeneinheit seine Größe.

Für die magnetische Feldstärke im Abstand $r$ von einem vom Strom $I$ durchflossenen Leiter ergibt sich durch Vergleich von (30.1) mit (31.2): $C=\frac{C'}{2\pi}$ und somit wegen $C'=1$:

$$H=\frac{I}{2\pi r}. \tag{31.7}$$

Die magnetische Feldstärke in der Mitte eines Kreis-Stromes $I$ vom Radius $R$ (Abb. 279) ergibt sich auf Grund einer etwas komplizierteren Rechnung zu:

$$H=\frac{I}{2R}. \tag{31.8}$$

Die Formeln (31.5) und (31.8) stellen Grenzfälle der allgemeingültigen Beziehung für die Feldstärke in der Mitte einer beliebigen kreiszylindrischen Spule vom Radius $R$, der Länge $L$ und der Gesamtwindungszahl $N$ dar:

$$H=\frac{NI}{\sqrt{4R^2+L^2}}. \tag{31.9}$$

**32. Die Biot-Savartsche Formulierung des Durchflutungsgesetzes.** Das Magnetfeld eines Stromes rührt von allen Teilen des stromdurchflossenen Leiters her. Die Frage nach dem Beitrage eines einzelnen kleinen Stromstückes läßt sich — natürlich in Übereinstimmung mit dem Durchflutungsgesetz (s. § 31) — folgendermaßen beantworten (Abb. 282): Die magnetische Feldstärke im Punkte $P$ erfährt von dem Stück $dl$ eines vom Strom $I$ durchflossenen Leiters den Beitrag

$$dH=\frac{1}{4\pi}\,\frac{I\cdot dl}{r^2}\sin\varphi; \tag{32.1}$$

$r$ ist der Abstand des Punktes $P$ von $dl$, $\varphi$ ist der Winkel, den die Richtung von $dl$ mit der von $r$ einschließt; $dH$ ist senkrecht zu $dl$ und $r$ gerichtet. Mit Hilfe dieses Elementargesetzes läßt sich das Magnetfeld jedes beliebigen stromdurchflossenen Leiters berechnen. Besonders einfach gestaltet sich mittels (32.1) z. B. die Berechnung der Feldstärke im Mittelpunkt eines kreisförmigen Leiters mit dem Radius $R$. Hier ist für alle Stromelemente $r=R$ und $\sin\varphi=1$, so daß sich ergibt:

$$|H|=\frac{1}{4\pi}\cdot\frac{I\cdot 2\pi R}{R^2}\cdot 1=\frac{1}{2}\,\frac{I}{R}$$

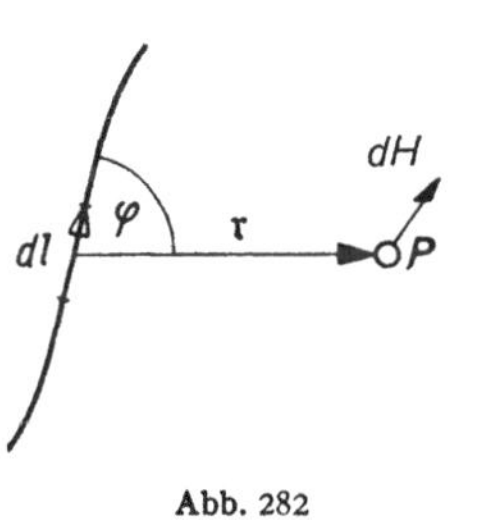

Abb. 282

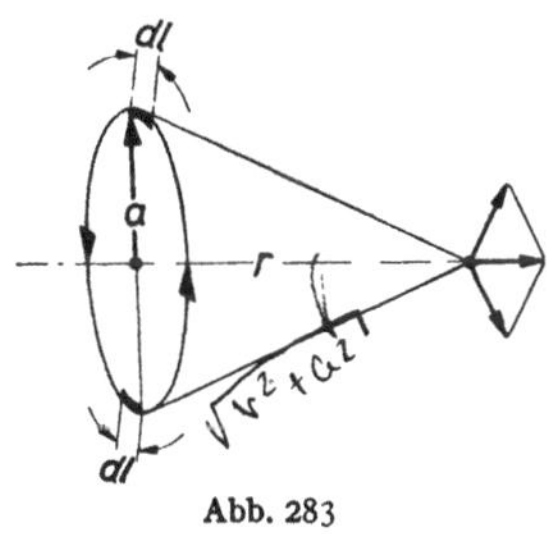

Abb. 283

Abb. 282. Zum Biot-Savartschen Gesetz

Abb. 283. Die magnetische Feldstärke auf der Achse eines Kreisstroms (der linke Teil des Kreises liege vor der Zeichenebene!)

in Übereinstimmung mit (31.8). Für Punkte auf der Achse in hinreichender Entfernung läßt sich mit Hilfe von (32.1) die Feldstärke leicht berechnen. Sie ist — aus Symmetriegründen (s. Abb. 283) — parallel zur Achse gerichtet und vom Betrag:

$$H=\frac{1}{2}\,\frac{I a^2}{(r^2+a^2)^{\frac{3}{2}}}. \tag{32.2}$$

Für $r \gg a$ wird:

$$H = \frac{1}{2}\frac{I a^2}{r^3} = \frac{1}{2\pi}\frac{I \cdot F}{r^3}, \tag{32.3}$$

worin $F = a^2\pi$ die Fläche des Kreisstromes bedeutet.

Der Abfall der Feldstärke mit $r^{-3}$ ist charakteristisch für ein Dipolfeld. Es gibt in der Natur Gebilde — z. B. im Atom kreisende Elektronen —, die sich nach außen hin genau wie magnetische Dipole verhalten. Obwohl keine einzelnen Magnetismusmengen (Monopole) existieren (vgl. § 50), ist es also durchaus zulässig, von magnetischen Dipolen zu sprechen (vgl. § 39).

**33. Magnetische Spannung.** In Analogie zur elektrischen Spannung zwischen zwei Punkten 1 und 2: $U_{12} = \int_1^2 \boldsymbol{E} \cdot d\boldsymbol{s}$ (§ 4) bezeichnet man als magnetische Spannung den Ausdruck:

$$V_{12} = \int_1^2 \boldsymbol{H} \cdot d\boldsymbol{s}.$$

Sie hat die Dimension $\frac{\text{Stromstärke}}{\text{Länge}} \cdot \text{Länge} = \text{Stromstärke}$; ihre Einheit ist also 1 A. Im Gegensatz zu $U_{12}$ ist $V_{12}$ nicht unabhängig von der Wahl des Integrationsweges. Liegen z. B. die Punkte 1 und 2 unmittelbar benachbart, so wird, wenn man auf dem kürzesten Weg integriert, $V_{12}$ nahezu gleich 0; wenn der Integrationsweg irgendeinen Stromleiter ein- oder $z$-mal umschlingt, so wird wegen (31.4) $V_{12} = I$ bzw. $= z \cdot I$. Mit einem magnetischen Spannungsmesser kann man daher Ströme messen, ohne in den Stromkreis einzugreifen.

**34. Kräfte zwischen Strömen.** Abb. 284a und b zeigen die Kraftlinienbilder zweier paralleler Leiter, die von gleich- bzw. entgegengesetzt gerichteten, gleich starken Strömen durchflossen werden. Da die Kraftlinien nach der Faradayschen

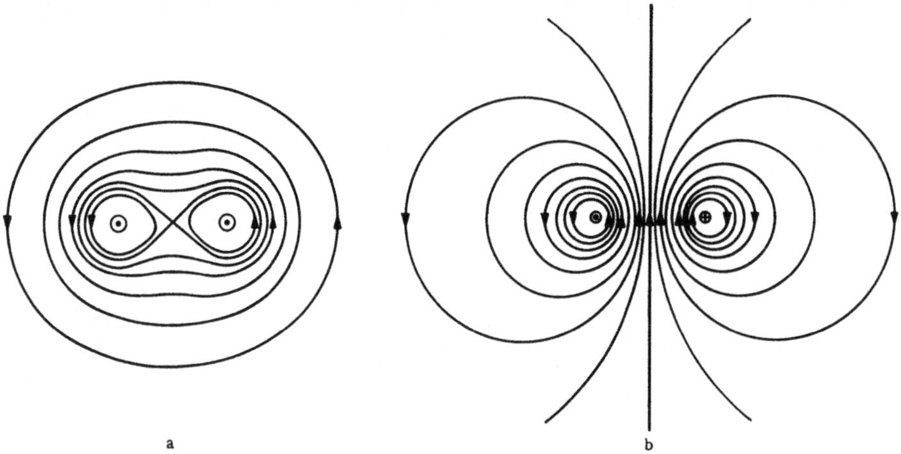


Abb. 284a u. b. Magnetische Kraftlinien um zwei parallele Drähte, die von gleichstarken Strömen durchflossen werden; a gleich-, b entgegengerichtete Ströme

Vorstellung bestrebt sind, sich in ihrer Richtung zusammenzuziehen, in der dazu senkrechten aber sich gegenseitig zu verdrängen (vgl. § 3), liest man aus den Kraftlinienbildern den Satz ab: *Gleichgerichtete Ströme ziehen einander an, entgegengesetzt gerichtete Ströme stoßen einander ab.* Die Windungen einer Spule ziehen sich demnach an, weil sie gleichsinnig, also von parallelen Strömen durchflossen werden.

Quantitative Aussagen über die Kräfte zwischen Strömen werden später zu machen sein (vgl. § 41).

## G. Elektromagnetische Induktion (FARADAY 1831)

Unter elektromagnetischer Induktion versteht man die Erregung von elektrischen Spannungen durch zeitlich veränderliche Magnetfelder. Die zunächst verwirrende Fülle der Erscheinungen hat MICHAEL FARADAY durch eine Reihe von genial-einfachen Versuchen geklärt, die im folgenden Abschnitt beschrieben werden.

**35. Versuche zum Nachweis der Induktion.** Ein Draht sei zu einer Kreisschlinge gebogen und seine Enden mit einem ballistischen Galvanometer verbunden. Vor der Schlinge befinde sich ein Stabmagnet, d.i. ein magnetisch vorbehandelter Stahlstab, der sich bekanntlich in seinen magnetischen Wirkungen

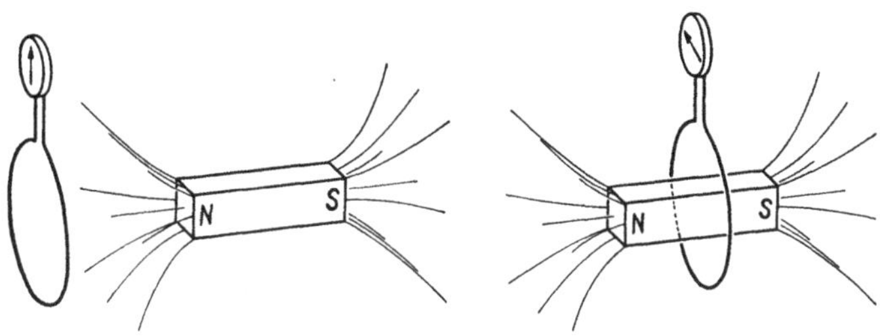


Abb. 285. Erregung eines Induktionsstromes durch Hineinschieben eines Stabmagneten in eine Kreisschlinge. Der Induktionsstoß wird durch den Ausschlag eines ballistischen Galvanometers nachgewiesen

nach außen nicht von einer stromdurchflossenen Spule ähnlicher Gestalt unterscheidet, was man mittels Eisenfeilicht oder Magnetnadel nachweisen kann (vgl. § 30). Sein im frei aufgehängten Zustand nach Norden weisendes Ende ist mit N, das andere mit S bezeichnet. Der Stabmagnet soll so angeordnet sein, daß seine Kraftlinien die Schlinge nahezu senkrecht durchsetzen (Abb. 285).

1. Nähert man den Nordpol des Magneten der Schlinge, so zeigt das ballistische Galvanometer einen Ausschlag. Er ist unabhängig von der Geschwindigkeit, mit der der Magnet verschoben wird, solange die Dauer der Verschiebung klein gegen die Schwingungsdauer des Galvanometers ist. Das bedeutet, daß eine Elektrizitätsmenge durch die Kreisschlinge und das Galvanometer transportiert wird, welche nur von der Anfangs- und der Endlage des Magneten abhängt.

2. Nähert man unter sonst gleichen Bedingungen nicht den Nordpol, sondern den Südpol, so erhält man den gleichen Ausschlag in entgegengesetzter Richtung.

3. Zieht man den Magneten aus der Schlinge in die Ausgangslage zurück, so erfolgt der Galvanometerausschlag in der entgegengesetzten Richtung, ist aber ebensogroß. Die Bewegung der Ladungen erfolgt also in der entgegengesetzten Richtung.

4. Nimmt man an Stelle eines Magneten zwei gleiche Magnete, so ist der Ausschlag des ballistischen Galvanometers doppelt so groß.

5. Verwendet man unter sonst gleichen Bedingungen statt einer einfachen eine doppelte ($n$-fache) Schlinge (Spule mit zwei oder $n$ Windungen), so wird der Ausschlag doppelt (bzw. $n$-mal) so groß (Abb. 286).

6. Ersetzt man den permanenten Magneten durch eine stromdurchflossene Spule, so beobachtet man bei Annäherung bzw. Entfernung die gleichen Erscheinungen (Abb. 287). Bei Verdoppelung der Stromstärke in dieser Spule werden die Galvanometerausschläge doppelt so groß. Die in der Drahtschlinge

transportierten Ladungen sind der Stromstärke in der Spule, also dem in ihr erregten Felde proportional.

7. Schiebt man die Spule ganz in das Innere der Drahtschlinge und schließt oder öffnet man nun den Spulenstromkreis, so zeigt das ballistische Galvanometer die gleichen Ausschläge, als ob die stromführende Spule aus großer Entfernung

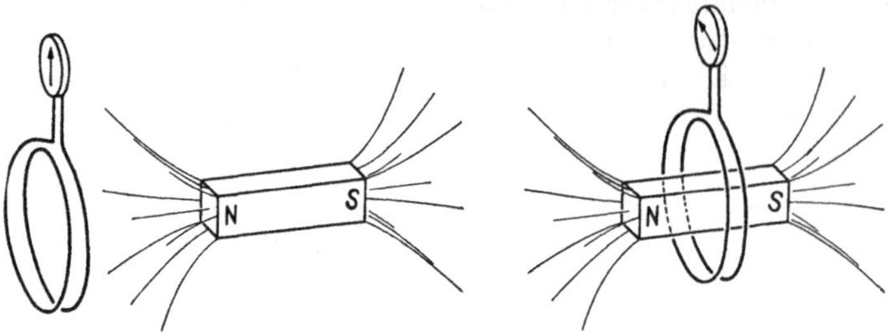


Abb. 286. Zwei Windungen der Kreisschlinge geben unter sonst gleichen Versuchsbedingungen wie in Abb. 291 den doppelten Ausschlag des ballistischen Galvanometers

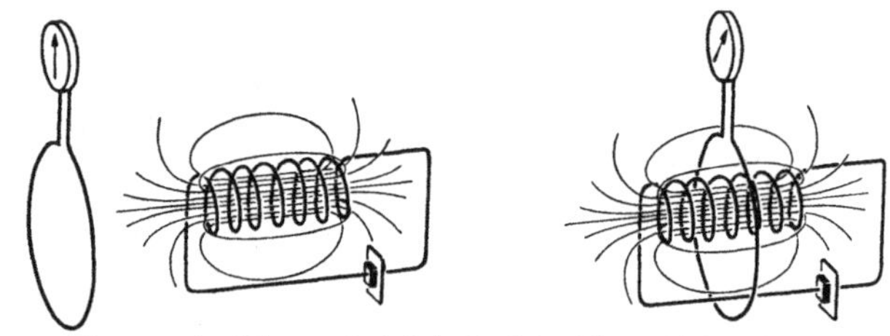

Abb. 287. Eine stromdurchflossene Spule induziert beim Hineinschieben wie ein Stabmagnet

ganz in das Innere der Schlinge hineingeführt oder aus dem Inneren herausgezogen würde (Abb. 288).

8. Die Vermehrung der Windungszahl der Schlinge hat den gleichen Effekt wie in dem Versuch 5.

9. Bringt man die Drahtschlinge aus einem feldfreien Raum in ein Magnetfeld (z.B. zwischen die Polschuhe eines Elektromagneten), so zeigt das ballistische Galvanometer einen Ausschlag. Den gleichen Ausschlag in entgegengesetzter Richtung erhält man, wenn man die Schlinge aus dem Felde herausbringt.

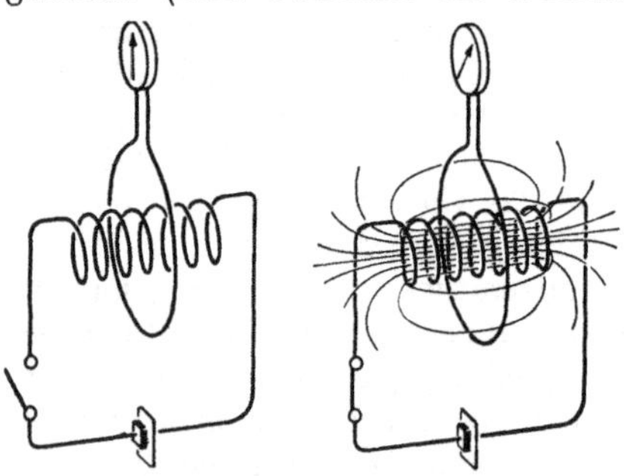

Abb. 288. Wenn die Spule sich im Inneren der Kreisschlinge befindet, erregt Schließen des Stromkreises den gleichen Galvanometerausschlag wie das Hineinschieben der stromdurchflossenen Spule von links nach rechts

10. Dreht man die Schlinge in einem homogenen Magnetfeld (Abb. 289) aus einer Lage, in der die Kraftlinien die Ebene der Schlinge senkrecht durchsetzen, so daß die Kraftlinien in der Schlingenebene verlaufen, so ist der Ausschlag des ballistischen Galvanometers der gleiche wie bei vollständiger Entfernung aus dem Magnetfeld. Dreht man die Schlinge aus der Ausgangslage um 180°, so daß die Kraftlinien die Schlinge von der entgegengesetzten Seite durchdringen, so wird der Galvanometerausschlag doppelt so groß.

11. Wenn man die Fläche der Schlinge in einem konstanten Magnetfeld ändert, indem man sie zusammenzieht oder erweitert, so zeigt das Galvanometer einen Ausschlag (Abb. 290). Zieht man die Schlinge auf den Flächeninhalt Null zu-

sammen, so ist der Galvanometerausschlag der gleiche, als ob die unveränderte Schlinge aus dem Felde in den feldfreien Raum gebracht wird.

12. Schiebt man in das Innere einer Spule bei konstant gehaltenem Spulenstrom (Abb. 288 rechts) einen Eisenkern, so zeigt das Galvanometer wiederum einen Ausschlag, der ein Vielfaches des Ausschlages beim ersten Einschalten des Spulenstromes betragen kann.

13. Bei allen diesen Versuchen kann man im Prinzip das ballistische Galvanometer durch ein elektrostatisches Voltmeter ersetzen (z. B. ein Fadenelektrometer; vgl. § 10d). Es zeigt an Stelle der Stromstöße Spannungsstöße von genau dem gleichen zeitlichen Verlauf an.

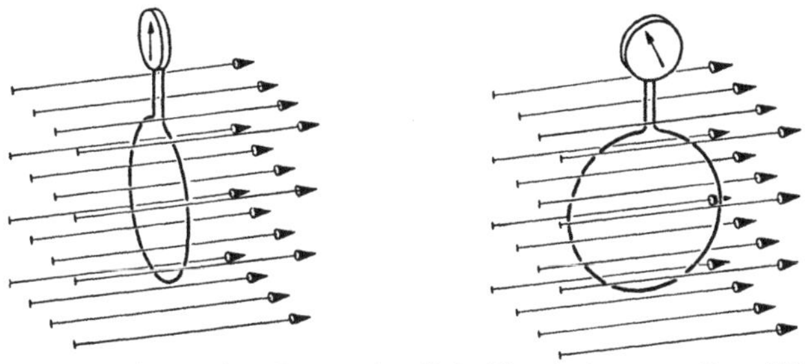

Abb. 289. Induktion durch Drehung einer Kreisschlinge im homogenen Magnetfeld

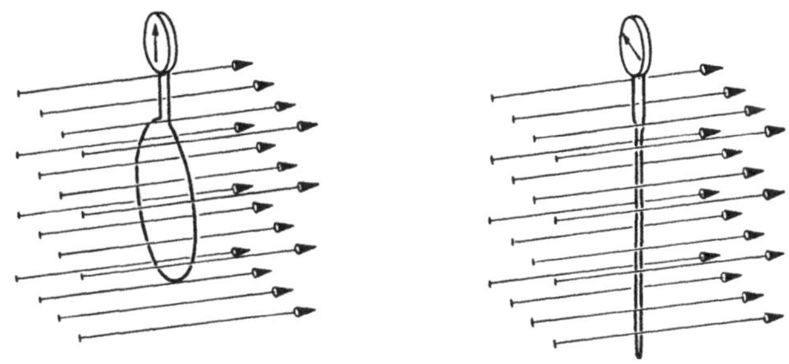

Abb. 290. Induktion durch Änderung der von der Schlinge umschlungenen Fläche

**36. Das Induktionsgesetz (2. Maxwellsche Gleichung).** Die Versuche Nr. 1 bis 11 lassen folgende Beschreibung zu:

Wenn in einer geschlossenen Drahtschlinge eine Änderung des hindurchgreifenden Magnetfeldes stattfindet, so wird in ihr ein Strom erzeugt, der während der Magnetfeldänderung fließt; die durch ihn transportierte Elektrizitätsmenge ist vom Anfangs- und Endzustand des Magnetfeldes und seiner Orientierung zu der Drahtschlinge abhängig.

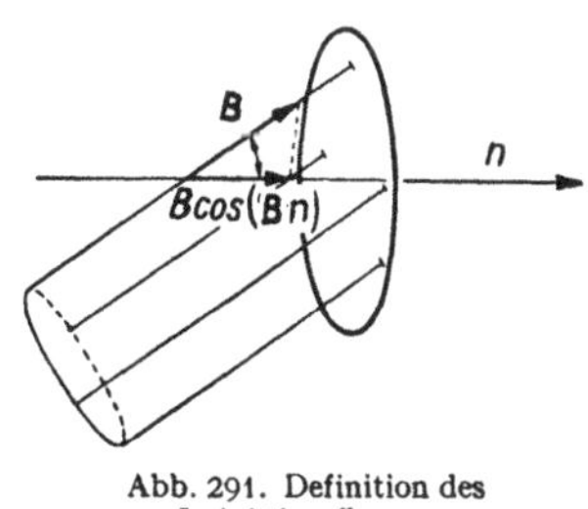


Abb. 291. Definition des Induktionsflusses

Versuch Nr. 13 beweist, daß die Folge der Magnetfeldänderung primär ein Spannungsstoß ist, der nur dann, wenn die Drahtschlinge leitend geschlossen ist (z. B. durch ein ballistisches Galvanometer), einen Stromstoß bewirkt.

Versuch Nr. 12 (Stromstoß bei konstant gehaltenem Spulenstrom) beweist, daß nicht allein die magnetische Feldstärke für die Induktionserscheinungen maßgeblich ist, sondern eine andere mit dieser eng verknüpfte (meist sogar gleichgerichtete) Vektorgröße $\boldsymbol{B}$, die wir als *Induktionsvektor* oder genauer *Induktionsflußdichte* bezeichnen (Begründung s. unten).

Für den induzierten Spannungsstoß ist die Gesamtheit der von der Drahtschlinge umfaßten Induktionslinien verantwortlich. Wie beim elektrischen Feld (§ 3) beschreibt man diese Gesamtheit durch den *Induktionsfluß* ($\Phi$) folgendermaßen:

$$\Phi = \int_F B_n dF, \tag{36.1}$$

wobei die Integration über die von der Schlinge umfaßte Fläche $F$ zu erstrecken ist und $B_n$ die zu $F$ senkrechte Komponente von $B$ bedeutet. Mit den Bezeichnungen der Abb. 291 ist $|B_n| = |B| \cdot \cos(\boldsymbol{B}, \boldsymbol{n})$. Für ein homogenes Feld und senkrecht zur Feldrichtung orientierte Schlinge gilt:

$$\Phi = B \cdot F. \tag{36.2}$$

Die Induktionsversuche zeigen, daß die in einer Drahtschlinge induzierte Spannung ($U_{\text{ind}}$) in jedem Augenblick der zeitlichen Änderung des Induktionsflusses proportional ist. Da wir über Dimension und Einheit von $\Phi$ bzw. $\boldsymbol{B}$ noch nicht verfügt haben, dürfen wir die Proportionalitätskonstante wiederum gleich 1 setzen und erhalten folgende *mathematische Formulierung des Induktionsgesetzes:*

$$U_{\text{ind}} = \oint \boldsymbol{E} \cdot d\boldsymbol{s} = -\frac{d\Phi}{dt} \quad \text{(2. Maxwellsche Gleichung).} \tag{36.3}$$

Das negative Vorzeichen besagt, daß die Richtung des (zunehmenden) Induktionsflusses entgegengesetzt ist derjenigen, die durch das umfassende elektrische Feld festgelegt ist (Rechtsschraube) (vgl. § 44).

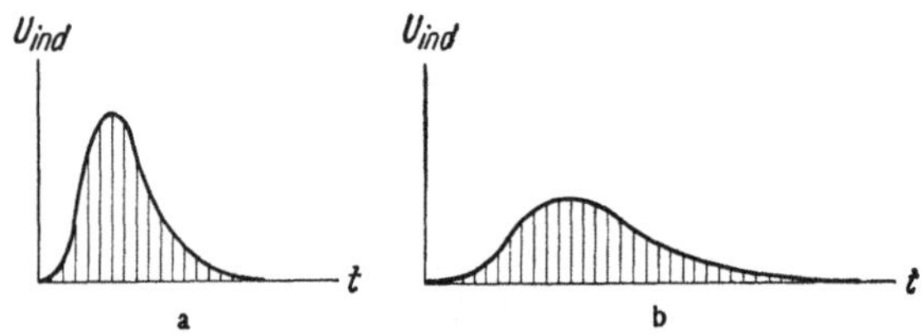

Abb. 292a u. b. Induzierte Spannung als Funktion der Änderungsgeschwindigkeit des Kraftflusses

Abb. 292a zeigt den zeitlichen Verlauf der Spannung für eine rasche Bewegung des Magneten, 292b für eine langsamere.

$\int_{t_1}^{t_2} U_{\text{ind}} dt$ bezeichnet man als den *Spannungsstoß*. In beiden Fällen a) und b) muß der Spannungsstoß, dessen Größe durch die schraffierten Flächen gemessen wird, der gleiche sein, denn

$$\int_{t_1}^{t_2} U_{\text{ind}} dt = \int_1^2 d\Phi = \Phi_2 - \Phi_1. \tag{36.4}$$

Er ist gleich der Differenz der Induktionsflußwerte vor und nach der Änderung.

(36.4) zeigt, daß dem Induktionsfluß $\Phi$ die Dimension Spannung $\times$ Zeit und somit die Einheit Volt · sec zukommt. Demnach (vgl. 36.1 oder 36.2) hat der Vektor der magnetischen Induktion oder die Induktionsflußdichte $\boldsymbol{B}$ die Dimension $\frac{\text{Spannungsstoß}}{\text{Fläche}} = \text{Spannung} \times \frac{\text{Zeit}}{\text{Länge}^2}$ und muß in den Einheiten Voltsekunden pro m² $\left(\frac{\text{Vs}}{\text{m}^2}\right)$ gemessen werden.

Zur Messung der Induktionsflußdichte kann man im Prinzip so verfahren: Man bringe an den Meßort eine möglichst kleine Drahtschleife, die über ein Voltmeter geschlossen ist. Diese orientiere man so, daß bei Ein- oder Abschalten des Induktion erzeugenden Feldes ein möglichst großer Spannungsstoß erzeugt wird. Durch die Lage der Schleife ist dann die Richtung von $\boldsymbol{B}$ bestimmt, durch die Größe des Spannungsstoßes (in Vs) dividiert durch die Fläche der Schleife (in m²) der Betrag von $\boldsymbol{B}$.

Im sogenannten elektromagnetischen CGS-System wird $B$ mittels der Einheit „Gauß" gemessen:

$$1\ \text{Gauß} = 10^{-4}\,\frac{\text{V}\cdot\text{s}}{\text{m}^2}\,. \tag{36.5}$$

**37. Zusammenhang zwischen magnetischer Induktion und magnetischer Feldstärke.** Die in § 35 beschriebenen Versuche zeigen, daß ein enger Zusammenhang bestehen muß zwischen der Induktionsflußdichte ($\boldsymbol{B}$), die, wenn sie sich zeitlich ändert, elektrische Felder induziert, und der magnetischen Feldstärke ($\boldsymbol{H}$), die jeden, auch zeitlich konstanten Strom umgibt. Mißt man am gleichen Ort sowohl $\boldsymbol{B}$ — z.B. mit der im vorigen Paragraphen beschriebenen Drahtschleife —, als auch $\boldsymbol{H}$ — z.B. mit in der § 31 beschriebenen Probespule und Magnetnadel —, so stellt man im materiefreien Raum exakte Proportionalität beider Größen fest:

$$\boldsymbol{B} = \mu_0 \cdot \boldsymbol{H}\,. \tag{37.1}$$

$\mu_0$ ist eine universelle Naturkonstante. Sie heißt *Induktionskonstante* oder *magnetische Feldkonstante*. Ihre Dimension ist zufolge § 36 und § 31 $\frac{\text{Spannung}\cdot\text{Zeit}}{\text{Strom}\cdot\text{Länge}}$; ihr Zahlenwert

$$\mu_0 = 1{,}256\cdot 10^{-6}\,\frac{\text{Volt}\cdot\text{sec}}{\text{Amp}\cdot\text{m}}\left(\text{oder}\ \frac{N}{\text{Amp}^2}\right). \tag{37.2}$$

Auch in Materie — mit Ausnahme der ferromagnetischen (§ 57) — gilt die Proportionalität zwischen $\boldsymbol{B}$ und $\boldsymbol{H}$, jedoch mit einem anderen, materialabhängigen Proportionalitätsfaktor. Man schreibt dann

$$\boldsymbol{B} = \mu\cdot\mu_0\cdot\boldsymbol{H}\,. \tag{37.3}$$

Die dimensionslose Materialkonstante $\mu$ heißt (relative) Permeabilität und ist — außer bei Ferromagnetika — wenig größer oder kleiner als 1 (vgl. § 55 und 56). Demgegenüber ist die Dielektrizitätskonstante, die die elektrischen Feldgrößen $\boldsymbol{D}$ und $\boldsymbol{E}$ in ganz analoger Weise verknüpft wie $\mu$ die magnetischen Feldgrößen $\boldsymbol{H}$ und $\boldsymbol{B}$, immer größer als 1.

**38. Kraftwirkung eines Magnetfeldes auf einen stromführenden Leiter.** Zwei parallele Schienen aus sehr gut leitendem Material mit dem Abstand $l$, deren Ebene von den magnetischen Kraftlinien eines homogenen Feldes senkrecht durchdrungen wird, seien an einem Ende durch einen Strommesser verbunden (Abb. 293). Quer über sie werde ein Stab aus ähnlichem Material gelegt, der in beiden Richtungen auf den Schienen mit konstanter Geschwindigkeit verschoben werden soll. Nach der Zeit $t$ sei er um die Strecke $x$ verschoben. Da die von Schienen und Stab umfaßte Fläche 1, 3, 5; 4, 2 um das Rechteck 1, 2, 4, 3 mit dem Flächeninhalt $l\cdot x$ abgenommen hat, ist auch der umfaßte Induktionsfluß verringert, und zwar um $\Delta\Phi = B\cdot l\cdot x$ (vgl. 36.2). Setzt man dies in (36.3) ein und bezeichnet man die konstante Verschiebungsgeschwindigkeit $\frac{dx}{dt}$ mit $u$, so wird:

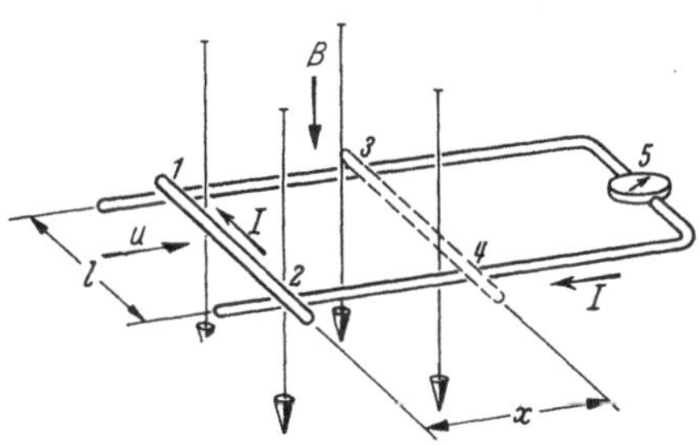


Abb. 293. Zur Berechnung der induzierten Spannung in einem geraden Draht, der senkrecht zu einem Magnetfeld verschoben wird

$$U_{\text{ind}} = B\cdot l\cdot u\,. \tag{38.1}$$

Da die Schienen und der Stab praktisch keinen Widerstand besitzen im Vergleich zum Strommesser, liegt $U_{\text{ind}}$ in vollem Umfang an diesem, erzeugt also einen

Strom $I$. Dadurch wird eine Stromarbeit (vgl. § 20)

$$A_{\mathrm{Str}} = U_{\mathrm{ind}} \cdot I \cdot t = B \cdot l \cdot u \cdot I \cdot t \tag{38.2}$$

im Leiterkreis freigemacht.

Aus dieser Überlegung kann man mittels des Energiesatzes auf die Kraft $K$ schließen, die auf den Stab während des Verschiebens gewirkt haben muß (und zwar in $x$-Richtung): Um die Stromarbeit aufzubringen, muß am Stab eine gleich große mechanische Arbeit geleistet werden. Diese beträgt:

$$A_{\mathrm{mech}} = K \cdot x = K \cdot u \cdot t. \tag{38.3}$$

Gleichsetzen von $A_{\mathrm{Str}}$ und $A_{\mathrm{mech}}$ ergibt:

$$K = B \cdot I \cdot l. \tag{38.4}$$

*In Worten: In einem homogenen Magnetfeld der Induktionsflußdichte $B$ wird auf einen geraden, vom Strom $I$ durchflossenen Leiter der Länge $l$ eine Kraft der Größe $B \cdot I \cdot l$ ausgeübt.*

Sie zeigt in die Richtung des Daumens der linken Hand, wenn der Zeigefinger in die Richtung der Induktionslinien und der Mittelfinger in die Richtung des Stromes weist (Dreifingerregel der linken Hand).

Zur Demonstration verwendet man zweckmäßig einen nach Art einer Schaukel im Feld eines Hufeisenmagneten aufgehängten Stab (Abb. 294).

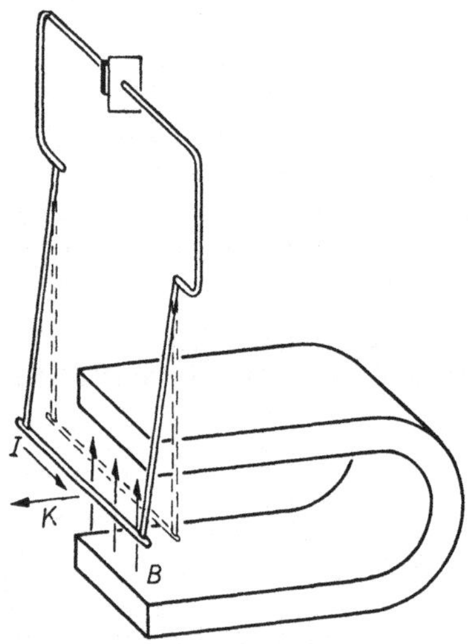


Abb. 294. Kraft auf einen stromdurchflossenen Leiter im Magnetfeld

**39. Das Drehmoment, das auf eine Stromschleife im homogenen Magnetfeld ausgeübt wird.** Eine ebene, rechteckige Stromschleife möge in einem homogenen Magnetfeld so angeordnet sein, daß ihre Ebene und die Rechteckseiten der Länge $b$ der Feldrichtung parallel liegen (Abb. 295).

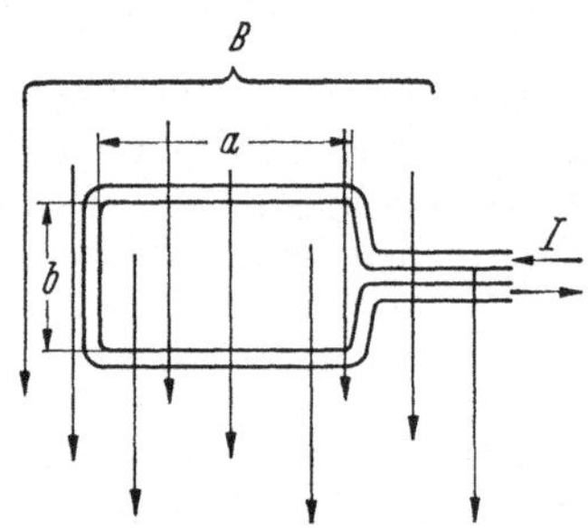


Abb. 295. Stromschleife im homogenen Magnetfeld

Diese erfahren keine Kraftwirkungen. Dagegen wirken auf die Rechteckseiten der Länge $a$ wegen (38.4) entgegengesetzt gleiche Kräfte der Größe $I \cdot B \cdot a$. Die Schleife erfährt also ein Drehmoment $D$ um eine Richtung senkrecht zu $B$ von der Größe:

$$D = 2 \cdot I \cdot B \cdot a \cdot \frac{b}{2} = I \cdot B \cdot F, \tag{39.1}$$

wobei $F$ die von der Schleife umfaßte Fläche angibt. (39.1) gilt allgemein für jede ebene Schleife in der obigen Anordnung.

Da eine Stromschleife hinsichtlich ihrer magnetischen Wirkungen in größerem Abstand nicht von einem „magnetischen Dipol" zu unterscheiden ist, liegt es nahe, ihr ein „magnetisches Dipolmoment" $m_{magn}$ zuzuschreiben und damit – in Analogie zum elektrischen Dipolmoment (§ 5) – dasjenige Drehmoment zu bezeichnen, das die Schleife im Feld der Induktionsflußdichte 1 erfährt:

$$m_{magn} = I \cdot F. \tag{39.2}$$

Die Einheit des magnetischen Moments ist demnach Amp · m². [Vgl. hierzu § 32.]

In der Atom- und Kernphysik wird überwiegend das magnetische Moment als dasjenige Drehmoment definiert, das eine Spule im Feld der Einheit der *Feldstärke* erfährt, und dann mit dem Buchstaben $\mu$ bezeichnet. Also

$$\mu = D/H = \mu_0 I \cdot F. \tag{39.3}$$

Eine Verwechselung mit der relativen Permeabilität (vgl. 37.3) ist dort nicht zu befürchten. Diese Bezeichnungsweise wird im Kapitel XII auch dieses Buches benützt.

**40. Strommesser, die auf der Kraftwirkung von Magnetfeldern auf Ströme beruhen.** 1. In dem *Saitengalvanometer* (Abb. 296) ist zwischen den Polschuhen eines permanenten oder Elektromagneten ein einige µ dicker Platindraht senkrecht zu den Kraftlinien gespannt. Bei Stromdurchgang wird der Faden senkrecht zur Kraftlinienrichtung ausgelenkt und seine Verschiebung mit dem Mikroskop $M$ gemessen. Das Saitengalvanometer ist zur Messung bzw. Registrierung von rasch veränderlichen Strömen geeignet (Elektrokardiographie).

2. Das *Drehspulinstrument* (Abb. 252, S. 191 und Abb. 297) besteht aus einem Hufeisenmagneten, zwischen dessen zylindrisch ausgehöhlten Polschuhen ein zylindrischer Eisenkern sitzt. In dem Luftspalt zwischen beiden verlaufen die Induktionslinien radial. In dem Spalt hängt eine rechteckige Spule, die um eine Achse drehbar ist, welche mit der Zylinderachse zusammenfällt. Die der Achse parallelen Spulendrähte, deren Länge $l$ sei, durchsetzen in jeder Lage die Induktionslinien senkrecht. Fließt der Strom $I$ durch die Spule, so greift an der Spule ein Kräftepaar mit dem Drehmoment $D = IB \cdot F$ an ($F$ = Fläche der Spule). Bei $n$ Windungen wird

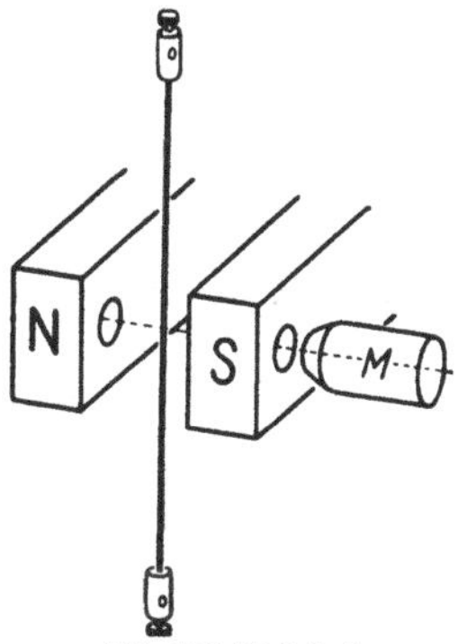

Abb. 296. Modell eines Saitengalvanometers

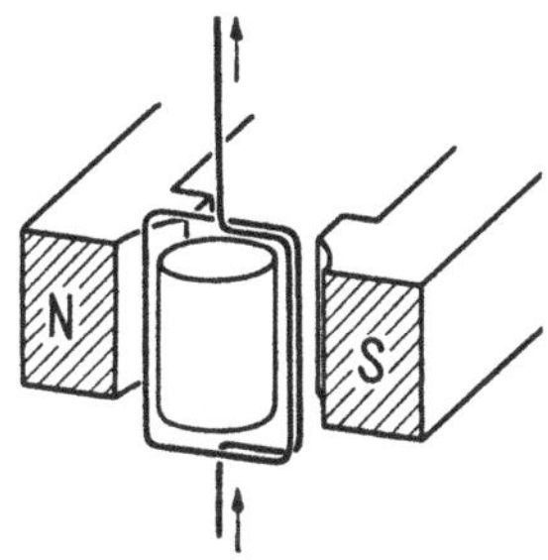

Abb. 297. Drehspulgalvanometer

$$D = n B I F. \tag{40.1}$$

Die Spule ist entweder an einem Torsionsfaden oder Spannband aufgehängt oder (bei Spitzenlagerung) mit einer Spiralfeder an ihre Gleichgewichtslage gebunden. Für beide Aufhängungen gilt, daß die Drehung um den Winkel $\alpha$ aus der Gleichgewichtslage ein Drehmoment erfordert, das der Größe von $\alpha$ proportional ist.

$$D = D^* \cdot \alpha. \tag{40.2}$$

Die Spule wird sich also unter der Wirkung des Kräftepaares drehen, bis

$$D^* \cdot \alpha = n \cdot B \cdot F \cdot I \tag{40.3}$$

ist. Also ist $\alpha \sim I$.

Den Drehwinkel mißt man entweder durch einen mit der Spule fest verbundenen Zeiger, der über eine Skala spielt, oder mit einem Lichtzeiger, indem man einen Lichtstrahl an einem Spiegel reflektiert, der an der Achse der Spule befestigt ist (*Spiegelgalvanometer*). Der Lichtstrahl wird auf eine Skala geworfen. Zeiger- und Spiegelgalvanometer werden empirisch geeicht.

Wenn durch ein Galvanometer ein Strom fließt, dessen Dauer gegen die Schwingungsdauer der Spule klein ist, dann bewirkt der Stromstoß $\int I\,dt = Q$ einen Ausschlag, welcher der hindurchtretenden Elektrizitätsmenge $Q$ proportional ist. Das System erhält eine maximale Winkelgeschwindigkeit bei sehr kleiner Verrückung aus der Ruhelage und bewegt sich dann ohne äußere Krafteinwirkung weiter; mit dieser Anfangsgeschwindigkeit schwingt es zu einer Amplitude aus, die ihr proportional ist. In dieser Verwendung zur Messung von Elektrizitätsmengen bezeichnet man das Instrument als *ballistisches Galvanometer*.

**41. Kräfte zwischen parallelen Leitern.** Während der Verlauf des magnetischen Feldes in der Umgebung zweier unendlich langer paralleler stromführender Leiter bereits aus dem Durchflutungsgesetz erschlossen werden konnte (§ 34), wird die zwischen ihnen wirkende Kraft erst durch Anwendung des Induktionsgesetzes berechenbar, bzw. der aus ihm folgenden Beziehung (38.4) $K = B \cdot I \cdot l$. Wenn beide Leiter den Abstand $r$ haben und von gleichen Strömen durchflossen werden, so herrscht am Ort eines jeden die Feldstärke (vgl. 31.7) $|H| = \frac{I}{2\pi r}$, also die Induktionsflußdichte $|B| = \mu_0 \frac{I}{2\pi r}$ (im Vakuum), und zwar senkrecht zur Ebene der beiden Leiter. Nach (38.4) wirkt also auf ein Stück der Länge $l$ eines jeden die Kraft:

$$K = \mu_0 \frac{I^2 \cdot l}{2\pi r} \tag{41.1}$$

auf den anderen zu oder von ihm weg gerichtet, bei gleicher bzw. entgengengesetzter Stromrichtung.

Gleichung (41.1) enthält außer $I$ und der universellen Konstanten $\mu_0$ nur mechanisch meßbare Größen. Durch Messung der Kraft, die ein unendlich langer gerader Leiter auf ein begrenztes Stück eines ihm parallelen, vom gleichen Strom durchflossenen ausübt, kann man daher einen Strom „absolut" messen (vgl. absolute Spannungsmessung § 10 und elektromagnetische Definition der Stromstärkeeinheit § 49).

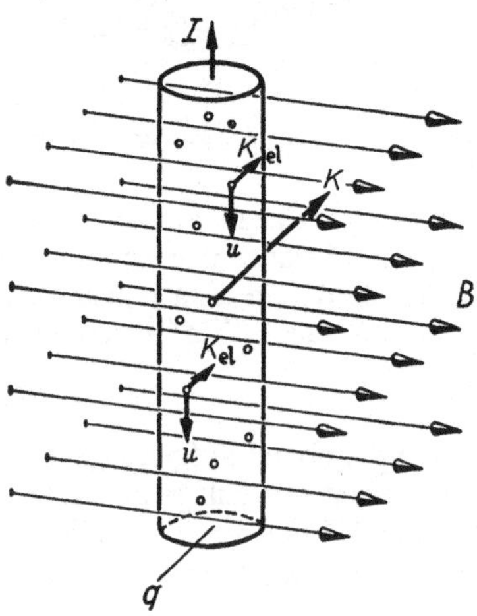


Abb. 298. Die Kraft auf eine in einem Magnetfeld bewegte Ladung

**42. Kraft auf bewegte Ladungen (Lorentz-Kraft)** (Abb. 298). Die auf den stromdurchflossenen Leiter wirkende Kraft greift an den Leitungselektronen an. Nach (22.1) ist die Stromstärke in einem Draht

$$I = n \cdot e_0 \cdot q \cdot u. \tag{42.1}$$

$n$ ist die Anzahl der Elektronen in der Volumeinheit, $e_0$ ihre Ladung, $q$ der Leiterquerschnitt und $u$ die Geschwindigkeit, mit der sich die Elektronen in Richtung des Drahtes verschieben.

An den $n \cdot q \cdot l$ Leitungselektronen, die in dem Drahtstück mit der Länge $l$ enthalten sind, greift nach (38.4) die Kraft

$$K = n\,e_0\,q\,u\,l\,B \tag{42.2}$$

an. Die Kraft pro Elektron ist also

$$k = e_0 u B. \tag{42.3}$$

Bildet die Richtung der Elektronengeschwindigkeit mit der Richtung von $B$ den Winkel $\varphi$, so gilt

$$k = e_0 u B \sin\varphi \tag{42.4}$$

$k$ steht senkrecht auf der Geschwindigkeits- und Feldrichtung. Diese Beziehung gilt für alle Ladungsträger, die sich mit der Geschwindigkeit $u$ durch ein Magnetfeld bewegen. (Vgl. hierzu XVII § 7)

**43. Der Hall-Effekt.** Ein Streifen aus leitendem Material mit der Breite $b$ und der Dicke $d$ werde von einem Strom $I$ durchflossen. Er befinde sich in einem homogenen Magnetfeld $B$, dessen Kraftlinien ihn senkrecht durchsetzen (Abb. 299). Ohne Feld befinden sich gegenüberliegende Punkte $a$ und $a'$ auf gleichem Potential, ein zwischen ihnen angeschlossener Spannungsmesser zeigt keinen Ausschlag ($U_H = 0$). Nach Erregung des Feldes mißt man zwischen $a$ und $a'$ die Hall-Spannung

$$U_H = R \cdot \frac{IB}{d}. \tag{43.1}$$

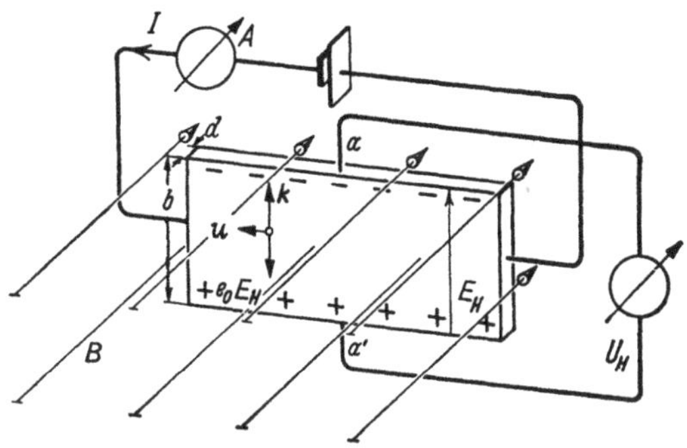


Abb. 299. Hall-Effekt

$R$ heißt Hall-Konstante. Aus ihr läßt sich das Produkt aus Teilchenzahldichten der freien Ladungsträger und ihrer Ladung $e_0$ berechnen.

Im Felde erfahren die wandernden Teilchen eine zu ihrer Geschwindigkeit senkrecht gerichtete Lorentz-Kraft der Größe $k = e_0 u B$ (vgl. 42.3), welche die Elektronen nach oben drängt. Die Ladungstrennung bewirkt aber eine von unten nach oben gerichtete Feldstärke $E_H$, die auf die Elektronen die Feldkraft $e_0 E_H$ nach unten ausübt. Beide müssen, da die Elektronen in Richtung $aa'$ keine Bewegung ausführen, einander gleich sein; also

$$e_0 u B = e_0 \cdot E_H. \tag{43.2}$$

Ersetzt man nun (vgl. 22.1) $u$ durch $\frac{I}{n e_0 q}$ und $E_H$ durch $\frac{U_H}{b}$, so wird

$$U_H = \frac{I}{n e_0 q} \cdot B \cdot b = \frac{1}{n e_0} \frac{IB}{d} \tag{43.3}$$

und für die Hall-Konstante ergibt sich mit (43.1)

$$R = (n e_0)^{-1}. \tag{43.4}$$

Aus der gemessenen Hall-Konstante kann man daher die Teilchenzahldichte der Leitungselektronen berechnen. Während sie bei gut leitenden Metallen in der Größenordnung der Atomzahldichten liegen, findet man z.B. im schlecht leitenden Wismut eine Teilchenzahldichte der Elektronen, welche um mehrere Größenordnungen kleiner als die der Atome ist. Wismut und erst recht gewisse Halbleiter (vgl. XVI § 21) zeigen daher einen besonders starken Hall-Effekt.

**44. Die Richtung der induzierten Ströme (Lenzsche Regel).** Die induzierten Ströme sind immer so gerichtet, daß sie die Bewegung, durch welche sie erzeugt werden, zu hemmen versuchen, oder daß das Magnetfeld des induzierten Stromes die Änderung des bestehenden Feldes zu hindern bestrebt ist.

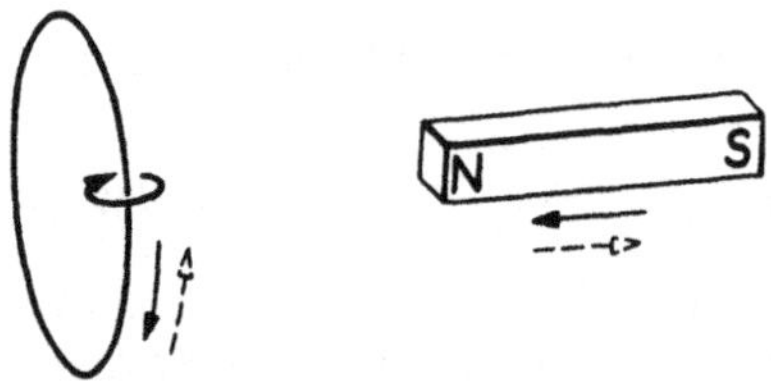


Abb. 300. Richtung des induzierten Stromes in einem Ring. a) Beim Heranführen eines Stabmagneten mit dem Nordpol voran (⟶); b) beim Entfernen des Magneten (⟶)

Beispiel: Bewegt man, wie in den Abb. 285 und 286 (S. 222), einen Stabmagneten mit dem Nordpol voran gegen einen Drahtring, so ist die Richtung des induzierten Stromes so, daß die magnetischen Kraftlinien innerhalb des Ringes von links nach rechts verlaufen. Das Magnetfeld des induzierten Stromes ist also so gerichtet, daß der dem Kreisring äquivalente magnetische Dipol (vgl. § 32) seinen Nordpol rechts hat. Er steht also dem sich nähernden Nordpol gegenüber und stößt den Stabmagneten ab (Abb. 300). Die mechanische Arbeit beim Nähern liefert die Energie für den Induktionsstrom. Beim Entfernen des Magneten fließt der Strom in Richtung des gestrichelten Pfeiles. Nun steht dem Nordpol des Stabmagneten der Südpol des Kreisringes gegenüber, der den Stabmagneten anzieht. Es muß also auch Arbeit aufgewendet werden, um ihn zu entfernen.

**45. Induktion in ausgedehnten Leitern beliebiger Gestalt, Wirbelströme.** Läßt man ein Pendel, welches am Ende eine dicke Kupferscheibe trägt, durch das Feld zwischen den Polschuhen eines Elektromagneten schwingen, so wird es nach Erregung des Magneten beim Eintritt in das Feld angehalten (Waltenhofensches Pendel, Abb. 303); und zieht man es durch die Grenze des homogenen Feldes in dieses hinein, so empfindet man einen Widerstand wie bei der Bewegung in einem zähen Medium. Die induzierten Ströme erregen ein Magnetfeld, das nach der Lenzschen Regel (§ 44) in Wechselwirkung mit dem induzierenden Feld die Bewegung hemmt. Die Energie dieser „Wirbelströme", die sich in Joulesche Wärme umsetzt, entsteht aus der mechanischen Arbeit, die gegen die magnetischen Kräfte zu verrichten ist. Ebenso entstehen Wirbelströme, wenn sich der ruhende leitende Körper in einem sich ändernden Magnetfeld befindet.

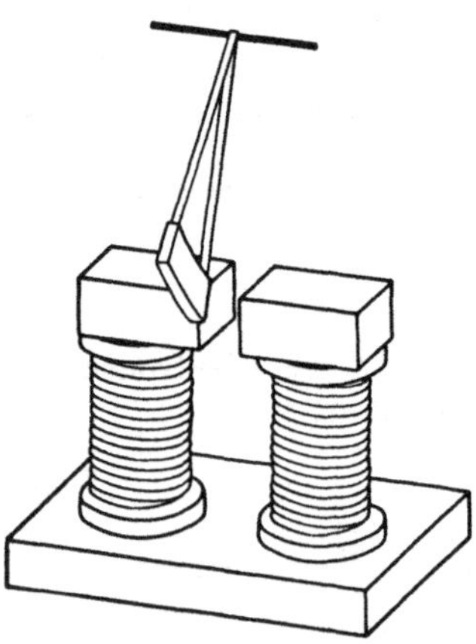

Abb. 301. Waltenhofensches Pendel

Das von den Wirbelströmen erregte Magnetfeld, das sich dem erregenden Feld überlagert, gibt zu einer Feldverdrängung Veranlassung (s. Skin-Effekt § 68).

## H. Selbstinduktion

**46. Definition des Selbstinduktionskoeffizienten.** Durch einen einzelnen Strom-„kreis" von beliebiger Gestalt greift ein Induktionsfluß hindurch, der von seinem eigenen Magnetfeld herrührt (s. z. B. Abb. 279, S. 217). Er ist der jeweiligen Stromstärke proportional. Wir setzen ihn an:

$$\Phi = L \cdot I . \tag{46.1}$$

Mit jeder Änderung der Stromstärke wird dieser Kraftfluß geändert und daher in dem ihn umschließenden Leiter eine Spannung induziert. Ihre Richtung muß bei einer Zunahme des Stromes $I$ ihm entgegengerichtet sein, weil sonst die induzierte Spannung eine dauernde Verstärkung des Stromes veranlassen würde. (Das folgt auch § 44.) Die induzierte Spannung ist nach der 2. Maxwellschen Gleichung (36.3):

$$U_{\text{ind}} = -\frac{d\Phi}{dt} = -L\frac{dI}{dt}. \tag{46.2}$$

$L$ heißt *Selbstinduktionskoeffizient*. Da $\Phi$ durch die Form des stromdurchflossenen Drahtes und der magnetischen Induktion $B$ in seiner Umgebung bestimmt ist, diese aber in jedem Punkt des Feldes der Stromstärke proportional ist, hängt $L$ nur von der Permeabilität $\mu$ des umgebenden Mediums und von der Geometrie (Gestalt) des Leiters ab. Der Selbstinduktionskoeffizient hat die Dimension $\frac{\text{Spannung} \cdot \text{Zeit}}{\text{Stromstärke}}$. Seine Einheit trägt den abkürzenden Namen „Henry" (H oder Hy):

$$1\,\text{Henry} = \frac{1\,\text{Volt}}{1\,\text{Amp/s}} = 1\,\Omega \cdot \text{s} = 1\,\frac{\text{N} \cdot \text{m}}{\text{Amp}^2}. \tag{46.3}$$

*Ein Stromkreis oder ein Teil eines Kreises, z.B. eine Spule, hat die Selbstinduktion 1 Henry, wenn durch die Änderung der Stromstärke um 1 Amp pro s eine Spannung von 1 Volt induziert wird.*

Für den Spezialfall einer zylindrischen Spule von der Länge $l$, der Querschnittsfläche $F \ll l^2$ und der Windungszahl $n$ läßt sich der Selbstinduktionskoeffizient einfach berechnen: Wird sie vom Strom $I$ durchflossen, so entsteht in ihr die Feldstärke $H = I \cdot \frac{n}{l}$ (vgl. 31.5) und der Induktionsfluß $\Phi = \mu \cdot \mu_0 \cdot H \cdot F$ (vgl. 36.2 und 37.3). Dieser durchsetzt alle $n$ Windungen und induziert daher an den Spulenenden eine Spannung:

$$U_{\text{ind}} = -n\frac{d\Phi}{dt} = -n\mu\mu_0\frac{dI}{dt}\frac{n}{l} \cdot F = -\mu\mu_0\frac{n^2}{l}F\frac{dI}{dt}. \tag{46.4}$$

Durch Vergleich mit (46.2) ergibt sich:

$$L = \mu\mu_0\frac{n^2}{l}F. \tag{46.5}$$

**47. Ein- und Ausschalten von Gleichströmen in Stromkreisen mit Selbstinduktion.** Befinden sich im Stromkreis eine Stromquelle mit der Spannung $U$ Volt und ein Widerstand $R$ Ohm und beträgt seine Selbstinduktion $L$ Henry, so ist nach dem Ohmschen Gesetz die momentane Stromstärke gleich dem Quotienten aus der Summe der „aufgeprägten" Spannung $U$ und der induzierten Spannung $U_{\text{ind}}$ geteilt durch den Widerstand $R$:

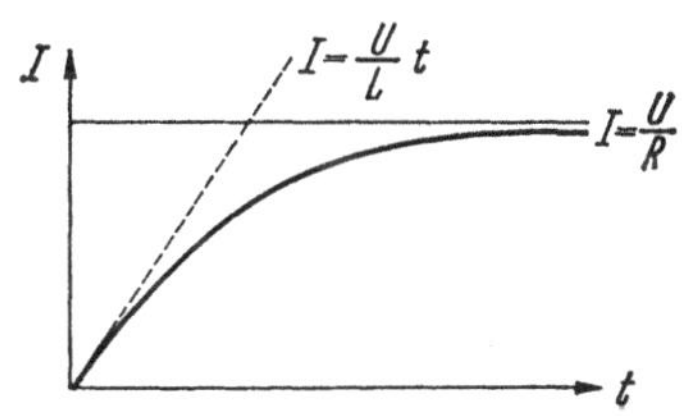

Abb. 302. Anstieg des Stromes nach dem Einschalten bis zum konstanten Endwert, der aus dem Ohmschen Gesetz folgt

$$I = \frac{U + \left(-L\frac{dI}{dt}\right)}{R}$$

oder

$$U - L\frac{dI}{dt} = I \cdot R. \tag{47.1}$$

Die Lösung dieser Differentialgleichung für den Einschaltvorgang eines Gleichstromes, d.h. $U = \text{const}$, lautet:

$$I = \frac{U}{R}\left(1 - e^{-\frac{R}{L}\cdot t}\right). \tag{47.2}$$

In Abb. 302 ist die Zeitabhängigkeit von $I$ graphisch dargestellt.

Die Stromstärke erreicht also nicht sofort den Wert $I = \frac{U}{R}$, sondern steigt von Null mit einer Anstiegsgeschwindigkeit $\frac{dI}{dt}$ an, die für sehr kleine Werte von $t$ den Wert $\frac{U}{L}$ hat, also vom Widerstand unabhängig ist (Abb. 302). Wäre der Widerstand $R$ des Kreises Null, so würde dieser Anstieg, wie durch die gestrichelte Gerade in Abb. 302 dargestellt, unverändert andauern. Der Widerstand bewirkt den Übergang zu einem konstanten Wert, der vom Ohmschen Gesetz $I = \frac{U}{R}$ vorgeschrieben und um so eher erreicht wird, je kleiner die Selbstinduktion des Kreises im Verhältnis zu seinem Widerstand ist. $\frac{L}{R}$ heißt *Zeitkonstante.*

Große Selbstinduktion besitzen z.B. Elektromagnete; bei ihnen kann der Stromanstieg bis zur Erreichung des konstanten Spulenstromes sich über Minuten erstrecken.

Der Selbstinduktionskoeffizient einer kreisförmig gebogenen Drahtschlinge (Drahtdurchmesser $2r = 1$ mm) mit einem Radius $\varrho$ von 10 cm ist $7 \cdot 10^{-7}$ Henry.

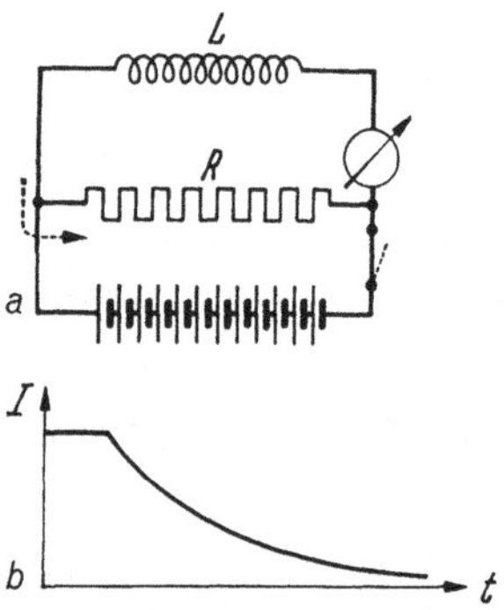


Abb. 303 a u. b. Nach Abschalten der Stromquelle (a) fließt ein nach einer Exponentialfunktion abklingender Strom (b) im Kreise aus $L$ und $R$

Die Abschaltung der Stromquelle in einem Kreise, in dem der Selbstinduktion $L$ ein Widerstand $R$ parallelgeschaltet ist (Abb. 303), führt nicht zu einer sofortigen Unterbrechung des Stromes. Nach ihrer Entfernung erzeugt in dem Kreise aus Selbstinduktion und Widerstand die durch die Stromabnahme induzierte Spannung noch einen Strom, der der Gleichung

$$-L\frac{dI}{dt} = I \cdot R$$

genügen muß. Durch Integration folgt:

$$I = I_0 \cdot e^{-\frac{R}{L}t}, \qquad (47.3)$$

wenn $I_0$ der Spulenstrom vor dem Ausschalten ist. Es fließt also auch nach Abschaltung der Stromquelle ein Strom durch $L$ und $R$, der um so länger andauert, je größer die Selbstinduktion $L$ des Kreises ist.

**48. Energie und Energiedichte im Magnetfeld eines Stromkreises.** Die Energie des durch (47.3) beschriebenen abklingenden Stromes kann nur aus dem Magnetfeld des Kreises aus Selbstinduktion $L$ und Widerstand $R$ stammen. In dem Widerstand $R$ wird nach dem Jouleschen Gesetz bis zum vollständigen Abklingen des Stromes die Energie $E = \int_0^\infty I^2 \cdot R \cdot dt$ entwickelt. Einsetzen von (47.3) ergibt

$$E = \int_0^\infty I_0^2 \cdot e^{-\frac{2 \cdot R}{L}t} \cdot R \cdot dt = R \cdot \frac{L}{2 \cdot R} I_0^2 \left[e^{-\frac{2 \cdot R}{L}t}\right]_\infty^0 = \frac{I_0^2}{2} L.$$

Die Energie muß als magnetische Feldenergie in dem vom konstanten Strom $I$ durchflossenen Kreis mit der Selbstinduktion $L$ enthalten gewesen sein:

$$E_{\text{magn}} = \frac{1}{2} L \cdot I^2. \qquad (48.1)$$

Umgekehrt wird dieser Energiebetrag beim Einschalten aus der Stromquelle in das magnetische Feld hineingebracht. Er ist gleich der vom Strom $I$ gegen die induzierte Spannung verrichtete Arbeit

$$A = -\int_0^\infty I \cdot U_{\text{ind}} \cdot dt = \int_0^\infty I \cdot L \frac{dI}{dt} dt = \frac{1}{2} L \left[I^2\right]_0^{t_1=\infty} = \frac{1}{2} L \cdot I_\infty^2. \quad (48.2)$$

Diese Auffüllung oder Sättigung des Feldes mit Energie, ebenso wie das Zurückfluten der Energie in den Leiter, vollzieht sich verzögert; um so mehr, je größer die Selbstinduktion $L$ ist.

Mit Hilfe von (46.5) kann man (48.1) so schreiben:

$$E_{\text{magn}} = \frac{1}{2} \cdot \mu\mu_0 \frac{n I_\infty}{l} \cdot \frac{n I_\infty}{l} \cdot l F.$$

Der zweite Faktor ist gleich $B$ (vgl. 37.3), der dritte gleich $H$ (vgl. 31.5, wo $n$ eine andere Bedeutung hat!), der letzte gleich dem vom Feld erfüllten Volumen. Für die Energiedichte im magnetischen Feld ergibt sich so:

$$\varrho_{\text{magn}} = \frac{E_{\text{magn}}}{V} = \frac{1}{2} B H \quad (48.3)$$

in völliger Analogie zum elektrischen Feld (vgl. 14.1). (48.3) gilt ganz allgemein für beliebig gestaltete Felder.

**49. Die elektromagnetische Definition der Stromstärkeeinheit.** In § 1 war die — scheinbar recht willkürliche — Festsetzung getroffen: Als Einheit der Elektrizitätsmenge (1 Coulomb) soll das $3 \cdot 10^9$fache derjenigen Elektrizitätsmenge dienen, die auf eine ihr gleiche im Abstand 1 cm die Kraft 1 dyn ausübt. Daraus läßt sich die Einheit der Stromstärke $\left(1\ \text{Amp} = 1\ \frac{\text{Coul}}{\text{s}}\right.$; vgl. § 16$\Big)$, der Spannung $\left(1\ \text{Volt} = 1\ \frac{\text{N}\cdot\text{m}}{\text{Coul}}\right.$; vgl. § 20$\Big)$, der magnetischen Feldstärke (mit Hilfe des Durchflutungsgesetzes: $1\ \frac{\text{Amp}}{\text{m}}$; vgl. § 31) und der Induktionsflußdichte $\left(1\ \frac{\text{Volt}\cdot\text{s}}{\text{m}^2}\right.$; vgl. § 36$\Big)$ ableiten. Zwischen der magnetischen Feldstärke $H$ und der Induktionsflußdichte $B$ besteht im Vakuum immer Proportionalität:

$$\frac{B}{H} = \mu_0 = 1{,}256 \cdot 10^{-6} \frac{\text{Volt s}}{\text{Amp m}} \quad \left(\text{oder } \frac{\text{N}}{\text{Amp}^2} \text{ oder } \frac{\text{Hy}}{\text{m}}\right) \quad (49.1)$$

(vgl. 37.1, 37.2 und 46.3).

Das hier nochmals umrissene „praktische Maßsystem" ist zwar logisch völlig einwandfrei. Es hat aber einen praktischen Nachteil: Um etwa ein Meßgerät für die magnetische Feldstärke genau in $\frac{\text{Amp}}{\text{m}}$ zu eichen, müßte man einen Strom von genau bekannter Ampèrezahl herstellen können. Das geht aber nur, wenn man eine Elektrizitätsmenge sehr genau in Coulomb messen kann. Das in § 1 angedeutete Verfahren, das dafür in Betracht kommt, ist aber mit sehr erheblichen, unvermeidbaren Fehlerquellen behaftet. Auch die Kirchhoffsche Waage (vgl. § 10), mit welcher man mittels Längenmessung und Wägung eine Spannung in Volt $\left(= \frac{\text{Nm}}{\text{Coul}}\right)$ ermitteln kann, ist für solche Zwecke bei weitem nicht genau genug.

Ein internationales Gremium hat daher (1948) folgende Definition des Ampère als der Einheit der Stromstärke für verbindlich erklärt: „Das Ampère ist die Stärke eines zeitlich unveränderlichen elektrischen Stromes durch zwei geradlinige, parallele, unendlich lange Leiter und von vernachlässigbarem Querschnitt, im Vakuum, die einen Abstand von 1 m haben, und zwischen denen die durch den Strom elektrodynamisch hervorgerufene Kraft im leeren Raum je 1 m Länge der Doppelleitung $2 \cdot 10^{-7}$ N beträgt." Setzt man diese Zahlenwerte in (41.1) ein, so erhält man

$$\mu_0 = 4\pi \cdot 10^{-7} \frac{\mathrm{N}}{\mathrm{Amp}^2} \left(\text{oder } \frac{\mathrm{Hy}}{\mathrm{m}}\right) = 4\pi \frac{\mathrm{n\,Hy}}{\mathrm{cm}}. \tag{49.2}$$

Der Zahlenfaktor ist fast der gleiche wie der obengenannte.

Die Kraftmessung zwischen zwei langen, parallelen Stromleitern, die auch mit erheblichen Fehlerquellen behaftet ist, kann ersetzt werden durch die Messung der Kraft, die zwischen zwei gleichen und vom gleichen Strom durchflossenen Spulen wirkt (Stromwaage). Deren Genauigkeit hängt dann im wesentlichen von den Spulenabmessungen ab.

Mit der so definierten Einheit der Stromstärke (A) und der daraus folgenden Einheit der Elektrizitätsmenge (Coul = As) ergibt sich für $\varepsilon_0$ der Wert: $\varepsilon_0 = 8{,}8542 \cdot 10^{-12} \frac{\mathrm{Coul}^2}{\mathrm{N} \cdot \mathrm{m}^2}$, der fast mit dem in § 1 angegebenen übereinstimmt.

## J. Magnetostatik

**50. Das magnetische Moment.** In elektrischen Feldern gibt es Raumelemente, von denen die Kraftwirkungen in der ganzen Umgebung ausschließlich weg-, oder zu denen sie ausschließlich hingerichtet sind. Man bezeichnet sie als Quellen bzw. Senken des elektrischen Feldes. In diesen Raumelementen sitzen die elektrischen Ladungen.

In magnetischen Feldern treten Quellen und Senken immer paarweise auf. Daher gibt es keine isolierten positiven oder negativen magnetischen Ladungen, m.a.W. keine isolierten Nord- oder Süd-Magnetismusmengen; sondern nur Dipole. Darum kann man nicht ohne weiteres die magnetische Feldstärke als Kraft auf die Einheit der Magnetismusmenge definieren, wie das bei elektrischen Feldern geschieht.

Dagegen kann man die Induktionsflußdichte $B$ eines magnetischen Feldes durch das mechanische Drehmoment beschreiben, das auf eine Spule oder einen Stabmagneten der Einheit des magnetischen (Dipol-) Moments (vgl. § 39) ausgeübt wird. Da dieses für jede in einer Ebene verlaufende Strombahn (nicht nur für ein Rechteck) durch das Produkt aus Stromstärke und umschlossener Fläche gegeben ist, so (vgl. 39.2) ist hiermit eine Meßvorschrift für $B$ gegeben.

Umgekehrt kann man durch Messung des Drehmomentes ($D$) in einem Feld von bekanntem $B$ das magnetische Moment eines stromführenden Leiters, eines Stabmagneten usw. ermitteln.

$$m_{\mathrm{magn}} = \frac{D}{B}. \tag{50.1}$$

**51. Magnetismusmenge oder magnetische Polstärke.** In gewissen Fällen liegt es jedoch nahe und ist es durchführbar, an der Vorstellung räumlich konzentrierter oder verteilter Magnetismusmengen festzuhalten. Bei lang gestreckten Spulen oder Stabmagneten (Länge $l$) streben ja alle im Außenraum verlaufenden $B$-Linien scheinbar dem einen Ende zu bzw. vom andern Ende weg (vgl. § 31, Abb. 280, S. 217), und man kann sich deren magnetisches Moment zustande gekommen denken durch angenähert punktförmige Magnetismusmengen ($M$), die an den Enden sitzen:

$$m_{\mathrm{magn}} = M \cdot l, \tag{51.1}$$

also wegen (50.1)

$$D = M \cdot l \cdot B. \tag{51.2}$$

Auf jede der beiden Magnetismusmengen wirkt also eine Kraft

$$K = \frac{D}{l} = M \cdot B. \tag{51.3}$$

Da nun auf einen ebenen Stromring in einem magnetischen Feld mit der Induktionsflußdichte $B$ das Drehmoment

$$D = m_{\text{magn}} \cdot B = I \cdot F \cdot B \tag{51.4}$$

ausgeübt wird, so addieren sich bei einer einlagigen Spule von $N$ Windungen gleichen Querschnitts ($F$) alle einzelnen Drehmomente, und es gilt für eine solche Spule:

$$D_{\text{gesamt}} = N \cdot I \cdot F \cdot B. \tag{51.5}$$

Durch Vergleich mit (51.2) erhält man:

$$M = \frac{N \cdot I \cdot F}{l} = H_i \cdot F \tag{51.6}$$

(vgl. 31.5), wobei $H_i$ die im Inneren der Spule herrschende magnetische Feldstärke bedeutet. $H_i \cdot F$ läßt sich auch durch den gesamten aus der Spule in den Außenraum tretenden Induktionsfluß $\Phi$ ausdrücken (vgl. 36.2): $H_i \cdot F = \frac{\Phi}{\mu_0}$. Damit wird

$$M = \frac{\Phi}{\mu_0}. \tag{51.7}$$

Nun befinde sich im Abstand $r$ vom Spulenende das Ende einer anderen Spule, von dem der Induktionsfluß $\Phi'$ ausgehe. Ist $r$ groß gegen den Spulendurchmesser, so kann man annehmen, daß sich $\Phi'$ gleichmäßig über eine Kugel vom Radius $r$ um das Spulenende verteilt, dann wird dort die Induktionsflußdichte:

$$B(r) = \frac{\Phi'}{4\pi r^2}, \tag{51.8}$$

und auf das Ende der ersten Spule wirkt [wegen (51.3) und (51.7)] die Kraft

$$K = M \cdot \frac{\Phi'}{4\pi r^2} = \frac{\mu_0}{4\pi} \frac{M M'}{r^2}. \tag{51.9}$$

Für die an den Enden von zwei langgestreckten Spulen angenommenen Magnetismusmengen gilt also ein Gesetz, das dem von Coulomb für Elektrizitätsmengen aufgestellten [vgl. (1.5)] völlig analog ist. Dabei ist unter Magnetismusmenge (auch Polstärke genannt) zu verstehen der durch $\mu_0$ dividierte Induktionsfluß $\Phi$, der aus dem Spulenende in den Außenraum tritt; ebenso wie wir unter Elektrizitätsmenge den gesamten von ihr ausgehenden Fluß des dielektrischen Verschiebungsvektors verstehen können [vgl. (12.3)]. $\Phi$ kann gemessen werden mit Hilfe einer Drahtschleife, die man um die Mitte der Spule legt und dann über deren Ende hinweggleiten läßt. Der Spannungsstoß, der dabei an ihren Enden auftritt, gibt genau $\Phi$ an.

Die gleichen Überlegungen und Meßverfahren können auf einen Stabmagneten oder eine Kompaßnadel, d. h. auf jedes vormagnetisierte Eisenstück von länglicher Gestalt angewandt werden.

**52. Magnetische Dipole in homogenen und inhomogenen Magnetfeldern.** Auf jedes Ende einer gestreckten Spule oder eines Stabmagneten der Länge $l$ wirkt zufolge (51.3) in einem äußeren Feld der Feldstärke $H$ die Kraft

$$K = M \cdot \mu_0 \cdot H, \tag{52.1}$$

und zwar an einem Ende in entgegengesetzter Richtung wie am anderen. Hat $H$ an beiden Stellen gleiche Größe und Richtung, so heben sich die Kräfte auf:

Im homogenen Feld wird auf den magnetischen Dipol keine Kraft ausgeübt, wohl aber ein Drehmoment, und zwar von der Größe

$$\left.\begin{aligned} D &= M\cdot\mu_0\cdot H\cdot\sin\alpha\cdot l \\ &= m_{\mathrm{magn}}\cdot\mu_0\cdot H\cdot\sin\alpha \end{aligned}\right\} \qquad (52.2)$$

($\alpha$ = Winkel zwischen der Spulen- oder Stabachse und $H$), in völliger Analogie zu dem Verhalten eines elektrischen Dipols im elektrischen Feld (5.3).

Im inhomogenen Feld dagegen heben sich die beiden Kräfte nicht auf, und auf den Dipol wirkt die resultierende Kraft:

$$K = m_{\mathrm{magn}}\cdot\mu_0\cdot\frac{dH}{dr}\cdot\cos\alpha \qquad (52.3)$$

(vgl. 5.2 und Abb. 223—225).

Die Energie eines magnetischen Dipols im homogenen Feld ist

$$\left.\begin{aligned} E_{\mathrm{Dip}} &= \int_0^\alpha D\cdot d\alpha = m_{\mathrm{magn}}\cdot\mu_0\cdot H\cdot\int_0^\alpha \sin\alpha\, d\alpha \\ &= m_{\mathrm{magn}}\cdot\mu_0\cdot H\cdot(1-\cos\alpha)\,. \end{aligned}\right\} \qquad (52.4)$$

**53. Elektromagnete.** Mit Hilfe von Materialien, die eine hohe (relative) Permeabilität $\mu$ besitzen, kann man sehr starke magnetische Felder erzeugen. Meist benützt man spezielle Eisensorten. Biegt man einen Eisenkern zur Ring- oder Hufeisenform und schiebt man eine Spule über die Schenkel (vgl. Abb. 304), so erhält man bei stromdurchflossener Spule zwischen den Polen dieses Elektromagneten (im „Interferrikum") ein Magnetfeld. Es ist bei kleinem $d$ homogen und senkrecht zu den Polflächen.

Die Feldstärke innerhalb des von der Spule umgebenen Kerns sei $H_i$. Die Feldstärke $H_a$ zwischen den Polen ergibt sich aus der Anwendung des Durchflutungsgesetzes (31.4) auf den gestrichelt gezeichneten Integrationsweg, der alle $N$ vom Strom $I$ durchflossenen Windungen umfaßt:

$$\oint \boldsymbol{H}\cdot d\boldsymbol{s} = H_i\cdot l + H_a\cdot d = N\cdot I\,. \qquad (53.1)$$

Legt man nun um den Kern samt Wicklung eine bewegliche Leiterschleife und führt sie über den ganzen Kern einschließlich der Luftstrecke $d$ hinweg, so ist — wenn $d$ klein genug ist! — kein Induktionsstoß zu beobachten; d.h. der Induktionsfluß ist auf der ganzen Strecke konstant und daher auch

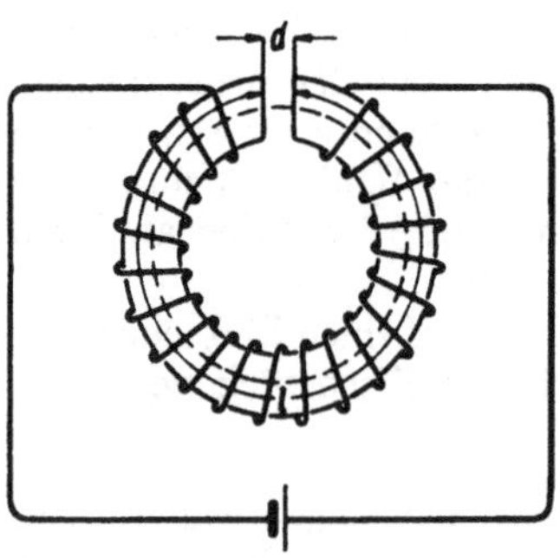

Abb. 304. Zur Berechnung der Feldstärke im Interferrikum eines Elektromagneten

$$B_i = B_a \qquad (53.2)$$

oder

$$\mu\,\mu_0 H_i = \mu_0 H_a\,. \qquad (53.3)$$

Eliminiert man $H_i$ aus (53.1) und (53.3), so ergibt sich

$$H_a = \frac{N\cdot I}{d + l/\mu}\,. \qquad (53.4)$$

Hieraus folgt:

1. Wenn $d \ll \dfrac{l}{\mu}$, so ist die Feldstärke im Interferrikum $\mu$-mal so groß wie in einer geraden, langen Spule, die ebenso dicht gewickelt ist wie die hier verwandte Wicklung (vgl. hierzu § 57 Schluß).

2. Wenn $d \gg \dfrac{l}{\mu}$ (aber immer noch $\ll l$), so ist die Feldstärke im Interferrikum ungefähr so groß, als ob man alle Windungen des Magneten auf eine kernlose

Spule der geringen Länge $d$ aufgebracht hätte. Also ist sie der Dicke $d$ des Luftspaltes umgekehrt proportional.

Die Induktionsflußdichte ($B_i = B_a$) ändert sich also beim Übergang vom Eisen zum Luftspalt nicht; die magnetische Feldstärke ($H$) wächst um etwa den Faktor $\mu$ (der von der Größenordnung 1000 sein kann). Der Induktionsfluß durch den Querschnitt $F$ des Kerns bzw. der Spule

$$\Phi = \mu_0 \cdot H_a \cdot F = \frac{\mu_0 \cdot N \cdot I \cdot F}{d + l/\mu} \tag{53.5}$$

hängt nur wenig von $l$, dagegen sehr stark von $d$ ab. In Transformatoren, bei denen es stets auf einen großen Induktionsfluß ankommt, müssen daher Luftspalte peinlich vermieden werden.

Handelsübliche Elektromagnete mit hochpermeablem Eisenkern ($\mu \approx 2000$) erzeugen bei $d \approx 1$ cm im Interferrikum Induktionsflußdichten der Größenordnung $0{,}5\ \frac{\mathrm{V \cdot s}}{\mathrm{m^2}}$ (= 5000 Gauß; vgl. 36.5). Dem entspricht nach (37.2) eine Feldstärke von $\frac{0{,}5}{1{,}256 \cdot 10^{-6}} \approx 4 \cdot 10^5\ \frac{\mathrm{Amp}}{\mathrm{m}}$ (= 5000 Oerstedt; vgl. 31.6).

Ein Vorzug der elektromagnetischen Einheiten besteht darin, daß bei ein und demselben Feld (im Vakuum) sich der gleiche Zahlenwert ergibt für die Induktionsflußdichte $B$, gemessen in Gauß, und für die magnetische Feldstärke, gemessen in Oerstedt.

## K. Materie im magnetischen Feld

**54. Magnetisierung und magnetische Suszeptibilität.** Ebenso wie jedes Stück eines nichtleitenden Stoffes im elektrischen Feld ein elektrisches Moment erhält [vgl. § 13 und (13.4)], so erhält jedes Materiestück im magnetischen Feld ein magnetisches Moment oder: es wird polarisiert. Genau wie bei der elektrischen Polarisation muß man sich vorstellen, daß jedes Volumenelement gleichmäßig polarisiert ist, daß sich aber im Inneren des Körpers die magnetischen Wirkungen völlig aufheben. Es ist daher sinnvoll, den magnetisierten Zustand zu beschreiben durch das magnetische Moment je Volumeneinheit. Man bezeichnet diese Größe schlechthin als die „*Magnetisierung*“ ($J$). Die Polarisation erfolgt in einer bestimmten Richtung; daher ist $J$ ein Vektor:

$$J = \frac{\text{Magnetisches Moment}}{\text{Volumen}} . \tag{54.1}$$

Da die Dimension des magnetischen Momentes [Strom $\cdot L^2$] ist (vgl. 39.2), ist diejenige von $J$ [Strom $\cdot L^{-1}$], also die gleiche wie die einer magnetischen Feldstärke und wird in A/m [bzw. in Oersted, vgl. (31.6)] gemessen.

Für die meisten Stoffe ist die Magnetisierung der Stärke des sie hervorrufenden Feldes ($H$) proportional:

$$J = \varkappa \cdot H . \tag{54.2}$$

Die dimensionslose Stoffkonstante $\varkappa$ heißt die *magnetische Suszeptibilität.*

Die Magnetisierung, die die Stoffe im magnetischen Feld erfahren, ist es auch, die den Unterschied der elektromagnetischen Induktion im Vakuum und in stofflicher Umgebung bewirkt (§ 35, Versuch Nr. 12). Die Suszeptibilität $\varkappa$ muß also eng mit der ebenfalls dimensionslosen Stoffkonstanten $\mu$ (37.3), der relativen Permeabilität zusammenhängen. Genau wie die elektrische Polarisation den Beitrag der Materie zur dielektrischen Verschiebung [vgl. (13.9)], so stellt $J$ den Beitrag der Materie zur magnetischen Feldstärke im Vakuum ($H_0$) dar:

$$\begin{aligned} H_i &= H_0 + J = H_0(1+\varkappa) \\ B &= \mu_0 H_i = \mu_0 H_0 (1+\varkappa) . \end{aligned} \tag{54.3}$$

Durch Vergleich mit der Definitionsgleichung für die relative Permeabilität $\mu$ (37.3) ergibt sich:

$$\mu = 1 + \varkappa. \tag{54.4}$$

Stoffe, die im magnetischen Feld eine diesem entgegengerichtete Magnetisierung annehmen ($\varkappa < 0$; $\mu < 1$) heißen diamagnetisch. Nehmen sie eine gleichgerichtete Magnetisierung an (analog den Dielektrika im elektrischen Feld), so nennt man sie paramagnetisch ($\varkappa > 0$; $\mu > 1$). Die Ferromagnetika haben eine extrem große und feldabhängige Permeabilität $\mu$. Sie folgen also nicht der Beziehung (54.2).

Die magnetischen Eigenschaften eisenhaltiger Stoffe, also der Ferromagnetismus ist seit Jahrhunderten bekannt. Dia- und Paramagnetismus wurden von FARADAY entdeckt (1845).

**55. Diamagnetismus.** Eine Wismutkugel wird von der Spitze des konischen Polschuhs eines Elektromagneten abgestoßen, d.h. sie erfährt eine Kraft in Richtung abnehmender Feldstärke. Sie verhält sich also wie eine Gasblase vor der elektrisch geladenen Spitze in einer dielektrischen Flüssigkeit (vgl. § 14b), deren Abstoßung darauf zurückzuführen ist, daß die Dielektrizitätskonstante des

Tabelle 27. *Magnetische Suszeptibilität ($\varkappa$) einiger Stoffe*

| Diamagnetika | | Paramagnetika | |
|---|---|---|---|
| Stoff | $\varkappa \cdot 10^6$ | Stoff | $\varkappa \cdot 10^6$ |
| Wismut . . . . | − 14 | Platin . . . . . . . . . . | + 19,3 |
| Wasser . . . . | − 0,72 | Flüssiger Sauerstoff . . . | + 360 |
| Stickstoff* . . | − 0,0003 | Sauerstoff* . . . . . . . . | + 0,14 |

* Unter Normalbedingungen.

Gases kleiner als die ihrer Umgebung ist. Dementsprechend muß die Permeabilität des Wismuts kleiner sein als diejenige des Vakuums (oder der Luft); also $\mu < 1$ und wegen (54.4) $\varkappa < 0$. Solche Substanzen heißen diamagnetisch. Bei ihnen ist $J$ der Feldstärke proportional, aber ihr entgegengesetzt. $\varkappa$ ist sehr klein (vgl. Tabelle 27) und immer *temperaturunabhängig*.

Es hat sich gezeigt, daß der Diamagnetismus eine allgemeine Eigenschaft jeder Materie ist, die aber bei manchen Stoffen durch den sehr viel stärkeren Paramagnetismus verdeckt wird.

Bringt man einen diamagnetischen Körper in ein magnetisches Feld hinein, so muß Arbeit geleistet werden gegen die Kraft, die ihn hinausdrängen will (s. oben). Der Vorgang ähnelt also demjenigen beim Einbringen einer Kupferscheibe in ein Magnetfeld (vgl. § 45). Ebenso wie dieser kann der Diamagnetismus gedeutet werden durch Ringströme, die im Körper induziert werden, und deren magnetisches Moment so gerichtet ist, daß der Körper abgestoßen wird (Lenzsche Regel, vgl. § 44). Während aber bei der Kupferscheibe die Ringströme infolge des Widerstandes erlöschen, sobald die Bewegung aufhört, muß man im diamagnetischen Körper widerstandslose Strombahnen von atomaren Abmessungen annehmen, in denen ein einmal induzierter Strom solange bestehen bleibt, bis irgendeine Feldänderung vorgenommen wird. Entfernt man den diamagnetischen Körper wieder aus dem Magnetfeld oder schaltet man dieses ab, so gehen die Ringströme genau auf den Wert 0 zurück. Ihr magnetisches Moment ist also nur von der Größe der Feldstärke abhängig, die am jeweiligen Ort des Ringes besteht, und dieser entgegengerichtet. So läßt sich die diamagnetische Polarisation qualitativ deuten durch die Induktion von Strömen in widerstandslosen, inneratomaren Strombahnen.

Tatsächlich entstehen diese inneratomaren Ringströme dadurch, daß ganze Elektronenbahnen infolge ihres immer vorhandenen magnetischen Momentes eine Präzessionsbewegung (I § 43) um die Richtung des angelegten Magnetfeldes beschreiben (vgl. hierzu IX § 13).

**56. Paramagnetismus.** Zum Diamagnetismus tritt bei vielen Substanzen eine zusätzliche, oft überwiegende Magnetisierung in der Richtung des Feldes. Solche Stoffe heißen *paramagnetisch*. Ihre Magnetisierung ist der magnetischen Feldstärke proportional, $\varkappa$ also positiv und konstant.

Bei nicht zu tiefen Temperaturen ist $\varkappa$ der absoluten Temperatur umgekehrt proportional.

$$\varkappa = \frac{C}{T} \quad \textit{(Curiesches Gesetz).} \tag{56.1}$$

Ein frei drehbar aufgehängtes Platinstäbchen stellt sich in die Richtung der magnetischen Kraftlinien. Im inhomogenen Felde wird ein Platinkügelchen in die Gebiete höherer Feldstärke hineingezogen. Eine paramagnetische Substanz verhält sich im Magnetfelde wie eine dielektrische im elektrischen Felde. Da $\varkappa > 0$, ist $\mu > 1$.

Zur Messung der Permeabilität paramagnetischer Flüssigkeiten eignet sich folgendes Verfahren: Bringt man einen Schenkel eines mit dieser Flüssigkeit gefüllten U-Rohres, wie in Abb. 305, zwischen die Polschuhe eines Elektromagneten, so steigt die Flüssigkeit in diesem Schenkel an. $h$ sei die Differenz der Menisken in beiden Schenkeln. Für diese gilt in genauer Analogie zu (14.5)

$$h = \frac{1}{\varrho g} \frac{\mu_0}{2} (\mu - 1) H^2. \tag{56.2}$$

Im besonderen ähneln die paramagnetischen Stoffe den Dielektrika mit Orientierungspolarisation (s. § 13b). So wie wir deren Verhalten auf das Vorhandensein von festen in den Molekülen enthaltenen elektrischen Dipolen zurückführen, deuten wir den Paramagnetismus durch die Annahme eines permanenten magnetischen Momentes der Moleküle oder Atome. Dies erhalten sie durch elektrische Ströme, die in ihnen kreisen, die *Ampereschen Ringströme.* Im Gegensatz zu den inneratomaren Ringströmen in diamagnetischen Stoffen sind sie auch in Abwesenheit magnetischer Felder vorhanden. Sie können von den im Bohrschen Atommodell angenommenen Elektronenbahnen herrühren (vgl. X § 3) oder vom Drehimpuls der Elektronen selbst (vgl. XII § 1). Bei den diamagnetischen Stoffen kompensieren sich ohne äußeres Feld die magnetischen Momente aller Elektronen, bei den paramagnetischen bleibt die magnetische Wirkung von mindestens einem Elektron erhalten. Das kann schon bei freien *Atomen* vorkommen, so daß diese dann auch im feldfreien Raum Träger magnetischer Momente sein können (niemals aber Träger permanenter elektrischer Momente). Ohne Magnetfeld gibt es für die durch die Wärmebewegung völlig ungeordneten Elementarmagnete keine Vorzugsrichtung, also auch keine Polarisation. Das magnetische Feld übt eine Richtwirkung aus, der aber die Temperaturbewegung entgegenwirkt. Die Polarisierbarkeit muß also um so größer sein, je tiefer die Temperatur ist, wie es vom Curieschen Gesetz (56.1) gefordert wird.

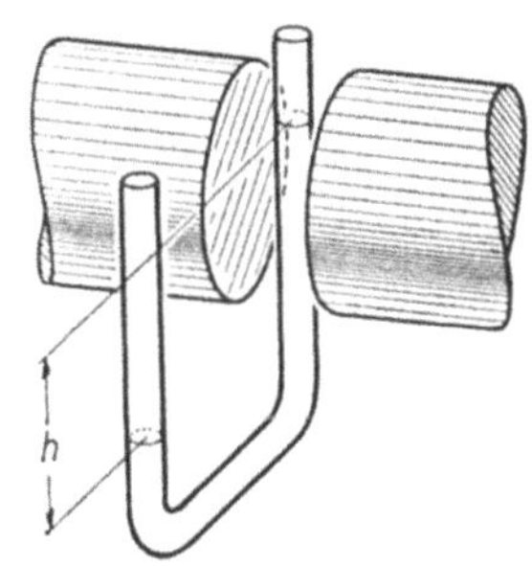

Abb. 305. Messung der Permeabilität paramagnetischer Lösungen mit der Steighöhenmethode

Die theoretische Behandlung gibt ähnlich wie für die dielektrische Suszeptibilität (siehe § 13b) in Übereinstimmung mit dem Curieschen Gesetz:

$$\varkappa = \mu_0 \frac{n \cdot p^2}{3kT},$$

wo $n$ die Teilchenzahldichte der Atome (oder Moleküle), $p$ das magnetische Moment des Atoms (oder Moleküls), $k$ die Boltzmannsche Konstante bedeuten. Die molare Suszeptibilität ist demnach

$$K = \mu_0 \frac{L \cdot p^2}{3kT} = \mu_0 \frac{(Lp)^2}{3 \cdot Lk \cdot T} = \mu_0 \frac{M^2}{3RT}, \tag{56.3}$$

wo $M$ das magnetische Moment ist, welches ein Mol der Substanz bei Parallelrichtung aller in ihm enthaltenen Dipole besitzen würde. Aus der Temperaturabhängigkeit der molaren Suszeptibilität kann man also $M$ bestimmen:

$$M = \sqrt{3RTK/\mu_0}. \tag{56.4}$$

**57. Ferromagnetismus.** Bei ferromagnetischen Stoffen ist die Magnetisierung dem Felde $H$ gleichgerichtet. Abgesehen von hohen Temperaturen ist sie aber bei gleichem $H$ sehr viel größer als in paramagnetischen Stoffen und nicht mehr proportional zu $H$. Daher ist für ferromagnetische Stoffe die Suszeptibilität nicht mehr eine Konstante, sondern eine Funktion von $H$ und von der Vorgeschichte der Magnetisierung.

Ein ringförmiger Eisenkern und ein gleichgroßer Holzkern seien mit gleichviel Windungen eines Drahtes bewickelt (Abb. 306). Beide Ringspulen seien hintereinander in einen Stromkreis mit Stromquelle, regulierbarem Widerstand $R$ und Amperemeter $A$ geschaltet. Um die Spulen seien Sekundärspulen mit gleicher Windungszahl gelegt, die an gleiche ballistische Galvanometer BG I und BG II angeschlossen werden. Wie aus dem Durchflutungsgesetz (§ 31) folgt, werden dann in jeder Spule die gleichen Felder erzeugt. Beim Ein- bzw. Ausschalten sind die Ausschläge der ballistischen Galvanometer I und II verschieden. Da die Ausschläge von I und II den Induktionen $B$ proportional sind, ist ihr Verhältnis gleich dem der Permeabilität des Eisens und der des Holzes; letztere können wir ohne wesentlichen Fehler gleich der des Vakuums ($\mu = 1$) setzen.

Schalten wir aber die Sekundärspulen unter Einschaltung eines ballistischen Galvanometers BG III gegeneinander, so ist dessen Ausschlag proportional zu $(\mu H - H) = J$ [vgl. (54.4) und (54.2)], d.h. proportional zur Magnetisierung des Eisens.

Die Magnetisierung ($J$) des Eisens wächst bei kleinen Feldern zunächst etwas stärker als der Feldstärke proportional an, nimmt dann weniger steil zu und führt schließlich zu einer Sättigung. $J$ in Abhängigkeit von $H$ ist in Abb. 307 durch die gestrichelte Kurve, die sogenannte *Neukurve* oder *jungfräuliche Kurve*, dargestellt. Läßt man nun die Feldstärke wieder abnehmen, so ist die beobachtete Magnetisierung größer als die zu gleicher Feldstärke gehörende Magnetisierung der jungfräulichen Kurve. $J$ nimmt also mit kleinerer Neigung ab, als es zuvor

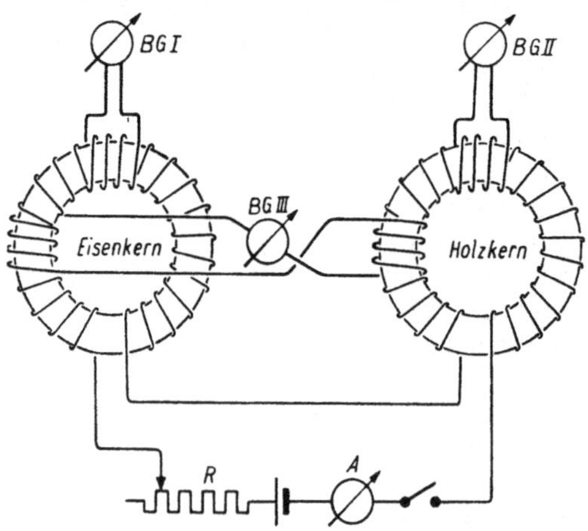


Abb. 306. Messung der Permeabilität bzw. Suszeptibilität des Eisens

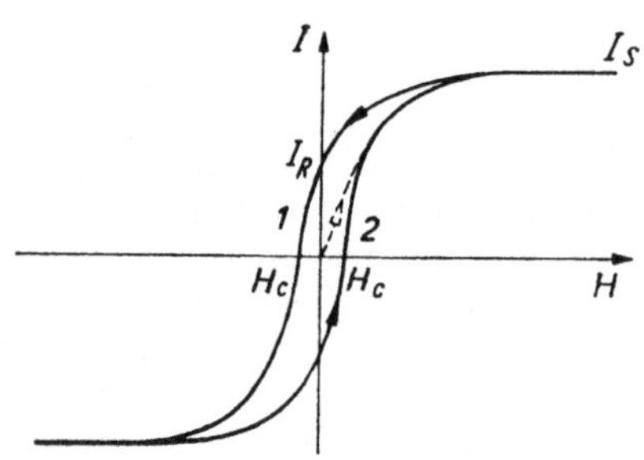


Abb. 307. Hysteresisschleife der Magnetisierung

zugenommen hatte. Beim Felde $H=0$ behält $J$ einen endlichen Wert (*Remanenz* $J_R$). Man muß ein Magnetfeld mit entgegengesetzter Richtung überlagern, um die Magnetisierung auf den Wert Null zu bringen. Die Stärke des dazu benötigten Feldes $H_C$ bezeichnet man als *Koerzitivkraft*. Steigert man nun das Feld weiter in dieser Richtung, so wächst die Magnetisierung, um bei hinreichend hohem negativem Wert von $H$ wieder eine Sättigung zu erreichen, die dem Betrage nach gleich der Sättigung bei großen positiven Werten von $H$ ist. Abnahme des Feldes gibt eine Abnahme der Magnetisierung längs der Kurve 2 über die entgegengesetzt gleiche Remanenz für $H=0$. Die dem Betrage nach gleiche Koerzitivkraft $H_C$ vernichtet die remanente Magnetisierung, und weitere Steigerung von $H$ führt dann wieder entlang der Kurve 2 zur ursprünglichen Sättigung.

Eine solche zyklische Änderung der Magnetisierung wird durch die in Abb. 313 dargestellte *Hysteresisschleife* beschrieben.

Die am Eisen beobachtete, bis zur Sättigung führende Magnetisierbarkeit und ihre verwickelte Abhängigkeit von $H$ zeigen außerdem noch Kobalt und Nickel,

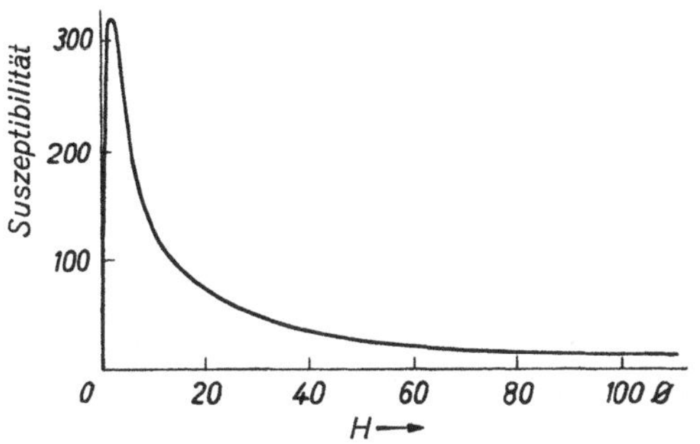


Abb. 308. Suszeptibilität einer Dynamostahlsorte in Abhängigkeit von der Feldstärke

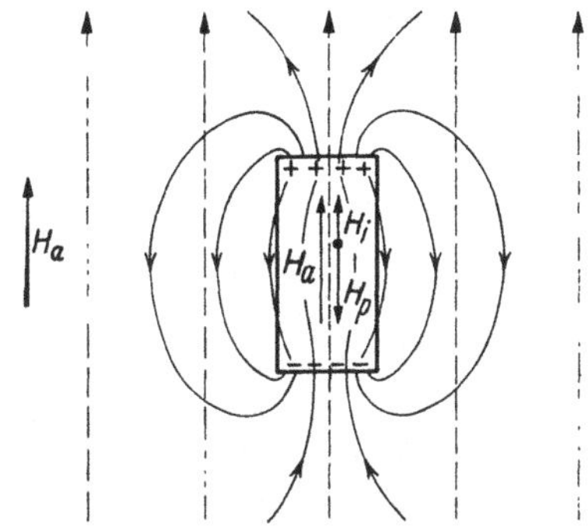


Abb. 309. Entmagnetisierung

die seltenen Erden Gadolinium, Dysprosium und Erbium, daneben noch einige Legierungen, vor allem die nach Heusler benannten Legierungen von Mangan mit Zinn, Aluminium, Arsen, Antimon, Wismut oder Bor mit Zusatz von Kupfer. *Der Ferromagnetismus ist an die kristallisierte Form gebunden. Eisendampf verhält sich wie die meisten Gase paramagnetisch.*

Die Sättigungsmagnetisierung ist für Eisen und Nickel etwa gleich groß, für Kobalt wesentlich kleiner (etwa $^1/_3$).

Die Anfangssuszeptibilitäten bestimmt man aus dem Anstieg der jungfräulichen Kurve, sie sind von Eisensorte und Vorbearbeitung sehr abhängig. In Abb. 308 ist für eine Dynamostahlsorte die Suszeptibilität als Funktion von $H$ dargestellt. Zunächst steigt die Suszeptibilität mit wachsender Feldstärke, dann fällt sie nach Überschreitung eines Maximums wieder ab und erreicht im Gebiet der Sättigung den Wert Null, da zu einem endlichen $\Delta H$ dort $\Delta J=0$ gehört. Deshalb ist dort $\mu=1$.

Je nach der Breite der Hysteresisschleife unterscheidet man „magnetisch weiche" und „magnetisch harte" Substanzen. Je größer die Koerzitivkraft, desto „härter" ist das Material.

*Übergang vom ferromagnetischen zum paramagnetischen Verhalten.* Alle ferromagnetischen Stoffe besitzen diese Eigenschaft nur unterhalb einer definierten Temperatur $T_C$, der *Curie-Temperatur*. Für alle höheren Temperaturen verhalten sie sich wie paramagnetische Stoffe, sowohl in bezug auf die Größenordnung der Suszeptibilität, als auch in bezug auf die Temperaturabhängigkeit, wenn man statt der absoluten Temperatur deren Überschuß über die Curie-Temperatur $T_C$ in das Curiesche Gesetz (56.1) einführt. Sie gehorchen oberhalb der Curie-Temperatur dem *Weißschen Gesetz:*

$$\varkappa = \frac{C}{T - T_C}. \tag{57.1}$$

| | | |
|---|---|---|
| Man findet für | Eisen | $T_C = 774°\,C$ |
| | Kobalt | $T_C = 1131°\,C$ |
| | Nickel | $T_C = 372°\,C$ |
| | einige Heuslersche Legierungen | $T_C < 100°\,C$. |

*Entmagnetisierung.* Wenn man statt eines geschlossenen Ringes ein kurzes zylindrisches Eisenstück in einer stromdurchflossenen Spule magnetisiert, so wird die Sättigung erst bei viel höheren Magnetfeldern erreicht. Offenbar ist also die Feldstärke im Inneren des Eisens $H_i$ kleiner als das Spulenfeld, welches wir als äußeres Feld $H_a$ bezeichnen. Wir können das formal so deuten, daß wir an den „Stirnflächen" des Eisenzylinders den Sitz von Polen annehmen, die Träger des in Abb. 309 gezeichneten Dipolfeldes sind. Im Inneren des Eisenzylinders sind dessen Kraftlinien denen des Spulenfeldes entgegengerichtet, so daß das

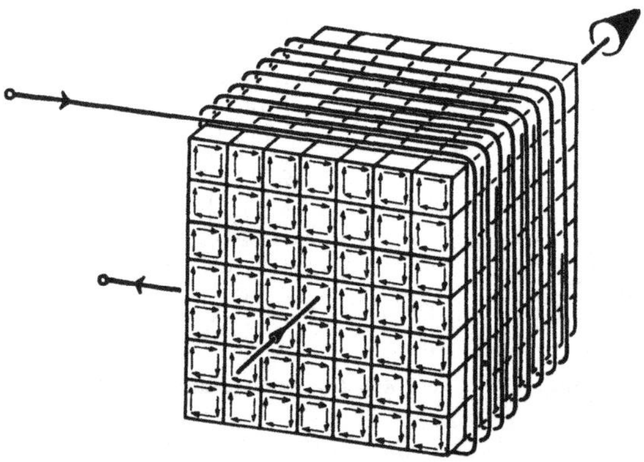

Abb. 310. Das Magnetfeld der Elementarströme eines magnetisierten Eisenkerns ist das Feld eines „Oberflächenstromes"

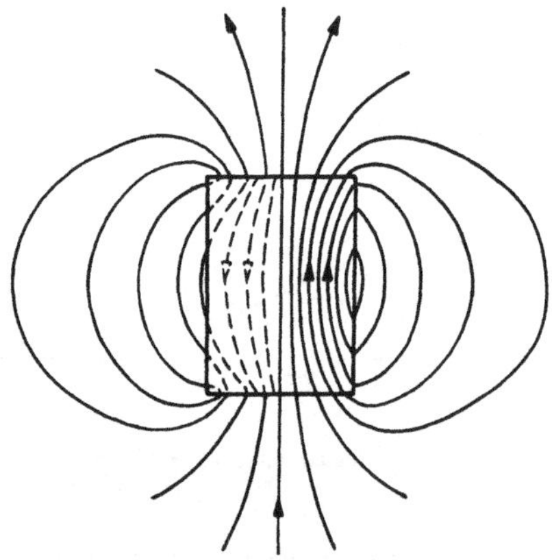

Abb. 311. Das Feld im Inneren eines permanenten Magneten

äußere Feld durch das Gegenfeld geschwächt wird. Es bedarf daher beim nicht ringförmig geschlossenen Eisenkern höherer Spulenfelder, um die gleiche Magnetisierung wie beim Ring zu erhalten. Das Problem ist genau das gleiche wie bei der dielektrischen Polarisation, die mit der elektrischen Feldstärke durch die Beziehung (13.6) verknüpft ist. Dem dort auftretenden Faktor $\varepsilon_0 \chi_p$ entspricht hier $\varkappa$ (vgl. 54.2). Der Einfluß der Probenform auf die Magnetisierung in einem äußeren Feld $H_a$ kann daher in Analogie zu (14.3) durch einen nur von der Gestalt der Probe abhängigen *Entmagnetisierungsfaktor* $N$ dargestellt werden:

$$J = \frac{\varkappa}{1 + N\varkappa} H_a. \tag{57.2}$$

Man erkennt anschaulich, daß für einen Zylinder mit einem gegen die Länge kleinen Durchmesser das innere und äußere Feld nur wenig verschieden sein können. Wir erwarten $J = \varkappa \cdot H_a$. In der Tat ist $N$ für ein langgestrecktes Ellipsoid oder einen im Vergleich zu seinem Durchmesser sehr langen zylindrischen Stab gleich Null. Für eine Kugel ist $N = \frac{4\pi}{3}$.

Nach der zuerst von AMPERE entwickelten Vorstellung wird das magnetische Moment durch Kreisströme im Inneren des Materials verursacht. Sättigung tritt dann ein, wenn deren Ebenen sich so gedreht haben, daß sie mit der Ebene der Windungen der felderzeugenden Spule zusammenfallen und der Umlaufssinn der Elementarströme mit dem des Spulenstromes übereinstimmt. Das in Abb. 311 dargestellte schematische Modell, welches den Elementarströmen und dem Spulenquerschnitt eine quadratische Gestalt gibt, zeigt, daß alle Stromstücke der Elementarströme im Inneren sich in ihrer Wirkung aufheben und daß nur ein flächenhaft ausgebreiteter Strom auf der Oberfläche des magnetisierten Körpers übrig bleibt. Das von ihm erzeugte Feld ist dem äußeren gleichgerichtet und verstärkt es auch im Außenraum. So läßt sich erklären, daß im Spalt einer ringförmigen Spule (vgl. § 53) das Feld so sehr viel stärker wird, wenn man diese mit einem ferromagnetischen Stoff füllt.

In dieser Deutung ist das Feld im Inneren von permanenten Magneten nicht durch Kraftlinien zu beschreiben, die, wie in Abb. 309 und in der linken Hälfte von Abb. 311 gezeichnet, hypothetische magnetische (positive und negative) Mengen verbinden. Auf der Mantelfläche eines permanenten Magneten kreisen Oberflächenströme. Diese bewirken im Inneren ein Feld, welches ohne Umkehr der Richtung gemäß der rechten Hälfte von Abb. 311 in den Außenraum hinaustritt; dort aber den gleichen Verlauf nehmen, wie in der linken Hälfte und in Abb. 309.

Qualitativ lassen sich also die ferromagnetischen Erscheinungen durch atomare Ringströme und deren magnetisches Moment deuten. Eine Theorie des Ferromagnetismus wurde erst möglich auf Grund der Erkenntnis, daß jedes einzelne Elektron bereits ein magnetisches Moment besitzt (vgl. § 58).

**58. Der gyromagnetische Effekt (EINSTEIN und DE HAAS).** Wenn die Ringströme auf kreisende Elektronen zurückzuführen sind, so besitzen sie auch einen Drehimpuls $L = m_0 r^2 \cdot \omega$ (vgl. I 39.1), wobei $m_0$ die Masse der Elektronen, $r$ den Radius der Kreisbahn und $\omega$ ihre Umlaufs-(Kreis-)Frequenz bedeuten. Die Stärke der Ringströme ist also $\frac{e_0 \omega}{2\pi}$, ihr magnetisches Moment $\frac{e_0 \omega}{2\pi} \cdot r^2 \pi$ (vgl. 51.4). Das Verhältnis des magnetischen Momentes zum Drehimpuls ist

$$\frac{m_{\text{magn}}}{L} = \frac{\frac{\omega}{2} e_0 r^2}{m_0 \cdot r^2 \cdot \omega} = \frac{1}{2} \frac{e_0}{m_0}; \qquad m_{\text{magn}} = -\frac{1}{2} \frac{e_0}{m_0} \cdot L. \tag{58.1}$$

Das negative Vorzeichen bedeutet, daß $m_{\text{magn}}$ und $L$ einander entgegengerichtet sind.

Ändert man nun durch Magnetisierung eines Eisenstabes in seiner Achsenrichtung die Richtung der magnetischen Momente der Ringströme, die zuvor ungeordnet waren, so muß hiermit auch eine Änderung ihrer Drehimpulse verbunden sein. Infolge des Satzes von der Erhaltung des Gesamtdrehimpulses muß der ganze Stab hierauf mit einer Änderung seines (makroskopischen) Drehimpulses reagieren, d.h. zu rotieren anfangen (Winkelgeschwindigkeit $\omega'$).

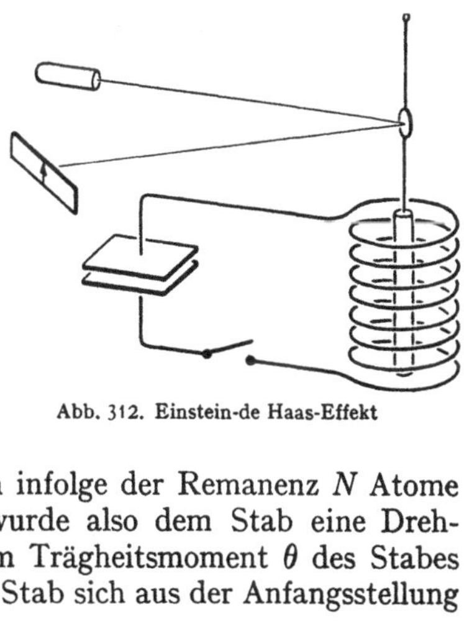
Abb. 312. Einstein-de Haas-Effekt

Der Effekt muß sich zeigen, wenn man einen Eisenstab an einem Quarzfaden in eine senkrecht gestellte Spule hängt, durch welche man den Entladungsstrom eines Kondensators schickt (Abb. 312). Nach der Entladung geht das magnetische Moment des Eisens nicht auf Null zurück, vielmehr bleiben infolge der Remanenz $N$ Atome in der Magnetisierungsrichtung. Durch sie wurde also dem Stab eine Drehimpulsänderung $NL$ erteilt. Sie ist gleich dem Trägheitsmoment $\theta$ des Stabes mal der Winkelgeschwindigkeit $\omega'$, mit der der Stab sich aus der Anfangsstellung herausdreht. Letztere kann aus dem Winkel bestimmt werden, bis zu dem der Stab aus der Anfangslage um seine Längsachse herausschwingt.

$$N L = \theta \omega'.$$

Mißt man nun die remanente Magnetisierung $J = N m_{\text{magn}}$, so sollte wegen (58.1)

$$\frac{J}{\theta\omega'} = \frac{m_{\text{magn}}}{L} = \frac{1}{2}\frac{e_0}{m_0} = 0{,}88 \cdot 10^8 \frac{\text{Coul}}{\text{g}} \quad \text{(vgl. IV § 7)}$$

betragen. Das Experiment ergab aber

$$\frac{J}{\theta\omega'} = \frac{e_0}{m_0} = 1{,}76 \cdot 10^8 \frac{\text{Coul}}{\text{g}},$$

also den vollen Wert der spezifischen Ladung des Elektrons anstatt des halben.

Das Experiment beweist also das Vorhandensein eines an die Elementarmagnete gebundenen Drehimpulses und widerlegt somit die Hypothese von elementaren Magnetstäbchen in den Atomen. Aber es zeigt gleichzeitig, daß im magnetisierten Eisen weder das elementare magnetische Moment noch der Drehimpuls auf umlaufende Bahnelektronen zurückzuführen sind. Wie zuerst aus dem Aufbau der optischen Spektren erschlossen wurde, vollführen die Elektronen auch um eine eigene Achse eine Kreiselbewegung, sie besitzen einen *Spin*, der ihnen sowohl einen bestimmten Drehimpuls als auch ein bestimmtes magnetisches Moment erteilt (vgl. hierzu XII § 1). Der beobachtete Wert $\frac{m_{\text{magn}}}{L}$ ist das Verhältnis beider Größen am einzelnen Elektron; der Wert stimmt mit dem auf anderen Wegen gefundenen gut überein. Der Ferromagnetismus ist also allein den Spins einzelner Elektronen zuzuschreiben.

**59. Die Struktur der Ferromagnetika.** Die Tatsache, daß bei den ferromagnetischen Stoffen — im Gegensatz zu den paramagnetischen — volle Sättigung erreicht werden kann, berechtigt zu der Annahme, daß dann alle zur Magnetisierung beitragenden Elektronenspins in die Feldrichtung eingestellt sind. Die Wärmebewegung, die bei den paramagnetischen Stoffen die Ordnung so sehr stört, daß das äußere Feld nur eine ganz geringfügige Ausrichtung erzwingen kann, vermag also bei den ferromagnetischen Stoffen die vollständige Ordnung nicht zu unterdrücken, solange die Temperatur unter dem Curie-Punkt bleibt. In den sogenannten *Weißschen Bereichen* ist das ferromagnetische Material auch bei Abwesenheit äußerer Felder, ohne eine Richtung zu bevorzugen, bis zur Sättigung magnetisiert. Aus der Quantenmechanik des Atombaus läßt sich eindeutig ableiten, warum gerade Fe-, Ni- und Co-Atome sich gegenseitig so beeinflussen, daß der Spin je eines ihrer Elektronen in die gemeinsame Richtung gezwungen wird (W. Heisenberg).

Wesentlich für die Theorie des Ferromagnetismus ist das Verhalten der Grenzschichten oder Wände zwischen benachbarten Weißschen Bereichen (F. Bloch). An einer freien Oberfläche wirken sie als Quelle oder Senke (Nord- oder Südpol) magnetischer Kraftlinien. Überschichtet man eine Suspension kolloidaler ferromagnetischer Teilchen, so werden diese von der Bloch-Wand angezogen, die sich absetzenden geradlinigen Streifen des Pulvers heißen *Bitter-Streifen* (s. Abb. 313), sie markieren die Grenzen der Weißschen Bereiche. Auch an der Oberfläche von jungfräulichem Eisen lassen sie sich erzeugen, wodurch die spontane Magnetisierung auch des jungfräulichen Materials bewiesen wird.

Die Bereiche gleicher Magnetisierung stimmen im allgemeinen nicht mit der Größe der Kristallite des polykristallinen Materials überein. Die magnetischen Achsen sind aber den kristallographischen Achsen parallel gerichtet; beim Eisen, welches ein kubisches Kristallgitter besitzt, den Würfelkanten. Im feldfreien Zustande kompensieren sich innerhalb eines Kristallits die magnetischen Momente der Weißschen Bereiche (Abb. 314). Die Überlagerung eines äußeren Feldes bewirkt, daß die günstig orientierten, also energetisch bevorzugten Weißschen Bereiche auf Kosten der Nachbarbezirke wachsen. Es tritt eine *Wandverschiebung*

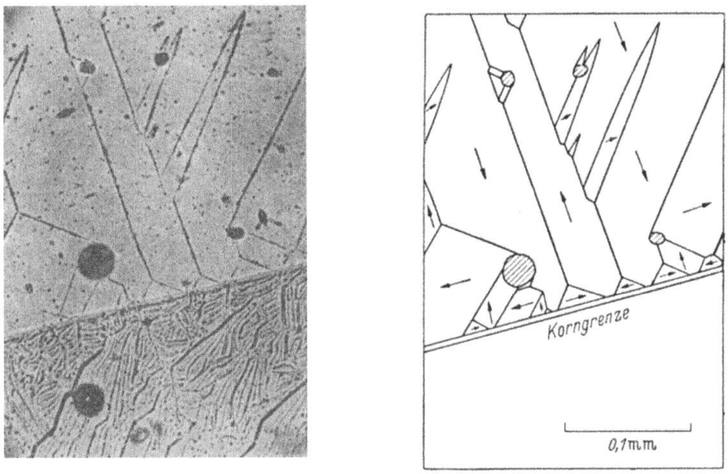


a b

Abb. 313 a u. b. Bitter-Streifen an der Oberfläche von Siliciumeisen. (Nach B. ELSCHNER)

auf. Dieses Wachsen eines Bereichs auf Kosten des Nachbarn besteht aber nicht in einem gleichzeitigen Umklappen aller Elektronenspins des Nachbarbezirks. Vielmehr wechseln die Spins an den Grenzen von einem Bezirk zum anderen ihre Richtung. Diese Wandverschiebungen können reversibel oder irreversibel sein. Noch weitere Feldsteigerung dreht nun allmählich die Richtung der Magnetisierung in die Richtung des Feldes hinein (Abb. 315), bis sie schließlich in allen

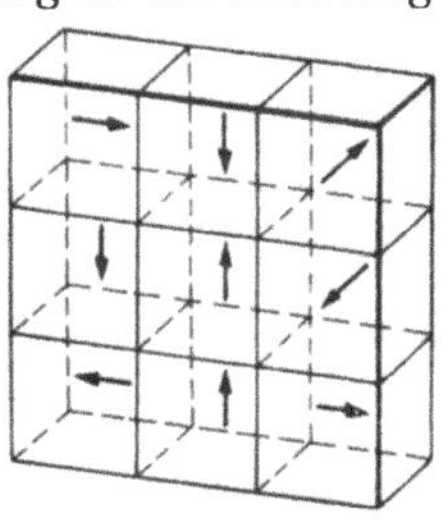

Abb. 314. Weißsche Elementarbereiche im nichtmagnetisierten Eisen (schematisch)

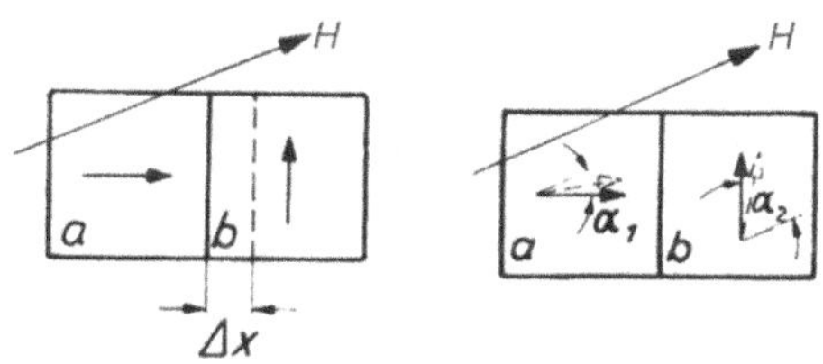


Abb. 315. Wandverschiebungen der Weißschen Bereiche und Drehungen in die Feldrichtung bei der Magnetisierung bis zur Sättigung

Bereichen mit der Richtung von $H$ übereinstimmt und dadurch die Sättigung erreicht wird. Diesen Prozessen wirken innere Spannungen entgegen, welche das unterschiedliche Verhalten verschiedener Eisensorten bedingen.

Die mit den irreversiblen Wandverschiebungen verbundenen Änderungen des Induktionsflusses kann man experimentell nachweisen: Man legt einen Draht aus weichem Eisen in das Innere einer kleinen Spule mit vielen Windungen. Ihre Enden werden mit einem Verstärker verbunden, an dessen Ausgang ein Lautsprecher angeschlossen ist. Nähert man nun einen Magneten, so hört man ein prasselndes Geräusch. Die Ummagnetisierung findet nicht stetig statt; beim Umklappen der Weißschen Bereiche in ihre neue Lage werden in der Spule

Induktionsstöße erzeugt, die nach ihrer Verstärkung infolge der völlig ungeordneten Aufeinanderfolge im Lautsprecher das Geräusch hervorrufen *(Barkhausen-Effekt)*.

Läßt man das Magnetfeld wieder abnehmen, so werden die reversiblen Wandverschiebungen und die Drehungen aus der kristallographischen Achsenrichtung heraus wieder rückgängig gemacht, nicht aber die irreversiblen Wandverschiebungen. Das bedeutet, daß nicht alle Weißschen Bezirke in ihrer ursprünglichen Größe und Orientierung wiederhergestellt werden, und daher bleibt auch nach Fortnahme des Feldes eine remanente Magnetisierung erhalten.

**60. Antiferromagnetismus und Ferrimagnetismus.** Wir unterschieden bisher drei Arten magnetischen Verhaltens an der Abhängigkeit der Suszeptibilität $\varkappa$ (54.2) von der absoluten Temperatur $T$:

Diamagnetisch: $\varkappa < 1$, temperaturunabhängig (§ 55).
Paramagnetisch: $\varkappa = C/T$ (vgl. 56.1).

Ferromagnetisch: Unterhalb $T_C$ $\varkappa$ feldabhängig mit hohem Maximum (vgl. Abb. 308), oberhalb $T_C$ $\varkappa = C/(T - T_C)$ (vgl. 57.1).

Damit sind aber die magnetischen Verhaltensweisen noch nicht erschöpft. Es gibt auch Stoffe — vorzugsweise solche mit paramagnetischen Ionen, z. B. MnO, $MnF_2$ —, bei denen oberhalb einer kritischen Temperatur $T_N$ (nach dem Entdecker als Néel-Temperatur bezeichnet) gilt:

$$\varkappa = \frac{C}{T + \Theta}, \tag{60.1}$$

während unterhalb $T_N$ die Suszeptibilität wieder absinkt (Abb. 316). Man bezeichnet sie als antiferromagnetisch.

Das Abnehmen von $\varkappa$ mit sinkender Temperatur ist so zu deuten: Die zur Magnetisierung beitragenden, im Kristall regelmäßig angeordneten Elektronen-

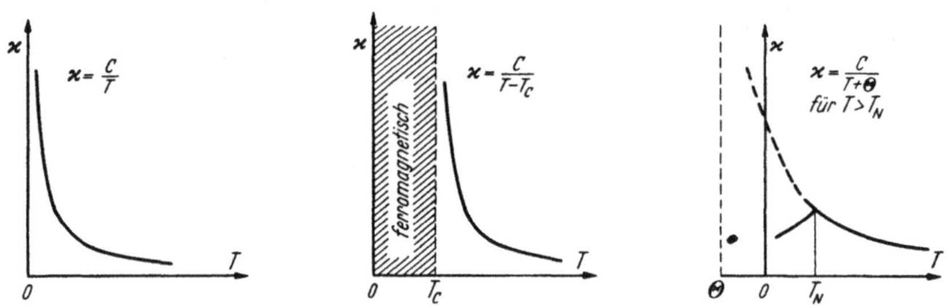


Abb. 316. Temperaturabhängigkeit der magnetischen Suszeptibilität bei para-, ferro- und antiferromagnetischen Stoffen

spins sind bei sehr tiefen Temperaturen sämtlich paarweise antiparallel ausgerichtet und damit nach außen wirkungslos. Diese Ordnung wird mit steigender Temperatur gelockert und bricht bei $T = T_N$ völlig zusammen. Darüber hinaus sind die Spins der Wärmebewegung ausgeliefert wie bei den paramagnetischen Stoffen.

Wenn (bei einigen Gitterstrukturen) die Spins in anderen Konstellationen als paarweise antiparallel ausgerichtet sind und sich in ihren Wirkungen nur zu einem gewissen Bruchteil kompensieren, so tritt wieder ein dem ferromagnetischen ähnliches Verhalten auf (Ferrimagnetismus), aber mit viel kleinerer Sättigungsmagnetisierung als bei den Ferromagnetika. Ein typisches Beispiel ist das Eisenoxyd Magnetit $Fe_3O_4$.

Durch Einbau anderer Atome (Mg, Al) an die Stelle eines Fe-Atoms entstehen hieraus die sogenannten Ferrite, die ganz verschiedenartig gestaltete Magnetisierungskurven haben können. Außerdem sind sie fast nichtleitend und bewirken daher als Transformatorkerne fast keine Wirbelstromverluste. Beide Eigenschaften zusammen haben den Ferriten eine enorme technische Bedeutung verliehen (Welt-Jahresproduktion weit über $10^7$ kg).

**61. Para-, Ferro- und Antiferroelektrizität.** Ganz analog wie die Ferromagnetika im magnetischen Feld verhalten sich eine Reihe von Salzen im elektrischen. Aus diesem Grunde spricht man von Ferro- und Antiferroelektrizität, obwohl keiner dieser Stoffe Eisen enthält.

Die elektrische Verschiebungspolarisation (s. § 13a) entspricht dem diamagnetischen Verhalten der Materie, die Orientierungspolarisation (s. § 13b) dem paramagnetischen, mit dem einzigen Unterschied, daß die elektrischen Polarisationen beide das gleiche Vorzeichen haben.

Gewisse als „Ferroelektrika" bezeichnete Stoffe, deren wichtigste Vertreter Seignettesalz (Kalium-Natriumsalz der Weinsäure, $NaK(C_4H_4O_6) \cdot 4H_2O$) und Bariumtitanat ($BaTiO_3$) sind, verhalten sich insofern abweichend von den normalen (s. § 13 Tabelle 19), als sie extrem hohe Dielektrizitätskonstanten (bis über 1000) besitzen. Ihre Polarisation steigt mit der Feldstärke zunächst sehr stark an, erreicht dann einen Sättigungswert, verschwindet bei Abschalten des Feldes nicht völlig („Elektret") und wird erst durch ein entgegengerichtetes Feld (rund $10^3$ V/cm) beseitigt. Die Polarisation hängt hier von der elektrischen Feldstärke also genauso ab, wie Magnetisierung der Ferromagnetika von der magnetischen (s. Abb. 307). Auch zeigen die Ferroelektrika das Phänomen des Curie-Punktes (s. 57.1). Ihre große technische Bedeutung als Schwingkristalle verdanken sie der Tatsache, daß sie durchweg stark piezoelektrisch sind (s. § 15). Ziemlich sichergestellt ist ferner das Auftreten von „Antiferroelektrizität" (z.B. bei $WO_3$), entsprechend dem Antiferromagnetismus.

## L. Wechselströme und -spannungen

**62. Erzeugung von Wechselströmen.** Zur Erzeugung großer Wechselstromleistungen bei niedrigen Frequenzen (bis etwa 1 kHz) bedient man sich der Dynamomaschine. Diese beruht im Prinzip immer auf Folgendem: Im homogenen Magnetfeld zwischen den Polschuhen eines Magneten befindet sich eine Kreisschlinge mit dem Flächeninhalt $F = r^2\pi$, deren Normale mit den Kraftlinien den Winkel $\alpha$ einschließt (Abb. 317). Durch die Spule greift der Induktionsfluß $\Phi = B \cdot r^2 \cdot \pi \cdot \cos\alpha$. Wenn sich die Schlinge um eine zu $B$ senkrechte Achse mit der konstanten Winkelgeschwindigkeit $\omega = \frac{d\alpha}{dt}$ dreht, also $\alpha = \omega \cdot t$ der Zeit proportional zunimmt, so ändert sich auch der Induktionsfluß $\Phi$ periodisch: Seine Änderungsgeschwindigkeit ist gleich der induzierten Spannung $U_{\text{ind}}$, die mit einem Voltmeter gemessen werden kann.

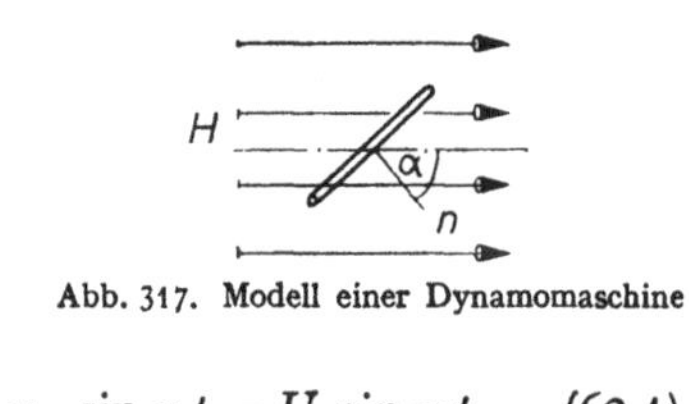

Abb. 317. Modell einer Dynamomaschine

$$U_{\text{ind}} = -\frac{d}{dt}(B \cdot r^2 \cdot \pi \cdot \cos\omega t) = B \cdot r^2 \cdot \pi \cdot \omega \cdot \sin\omega t = U_0 \sin\omega t. \qquad (62.1)$$

Die induzierte Spannung wird durch eine Sinuskurve beschrieben. Sie „schwingt" mit der Periode $T = \frac{1}{\nu} = \frac{2\pi}{\omega}$, ihre Frequenz ist gleich der Zahl der Umdrehungen der Schleife pro Zeiteinheit. Die Spannung schwankt zwischen den Extremwerten $U_0$, den sogenannten *Scheitelspannungen*, die wiederum der Größe der Windungsfläche $r^2\pi$, der magnetischen Induktion $B$ und der Winkelgeschwindigkeit $\omega$ proportional sind, mit der die Kreisschlinge gedreht wird.

In den technischen Dynamomaschinen dient zur Felderzeugung ein Elektromagnet, der nach dem *dynamo-elektrischen* Prinzip von SIEMENS durch den induzierten Strom (Hauptschluß) oder einen abgezweigten Teil (Nebenschluß) erregt wird.

Für geringere Leistungen bedient man sich elektrischer Schwingungserzeuger, die auf dem Prinzip der Rückkopplung (vgl. IV § 13) beruhen und daher keiner mechanisch bewegten Teile bedürfen. Derartige „Generatoren" sind für den ungeheuren Frequenzbereich von 0,1 bis $10^{10}$ Hz im Handel.

Eine Wechselspannung erzeugt in einem geschlossenen Stromkreis, dessen Selbstinduktion gegenüber dem Ohmschen Widerstand sehr klein ist, einen Strom, dessen Stärke nach dem Ohmschen Gesetz

$$I = \frac{U}{R} = \frac{U_0}{R} \sin \omega t = I_0 \sin \omega t \tag{62.2}$$

beträgt. Strom und Spannung zeigen sinusförmigen Verlauf. Sie stimmen in ihrer Phase überein.

Den zeitlichen Verlauf von Wechselspannungen und -strömen kann man mit *Oszillographen* aufzeichnen. Gebräuchlich sind:

1. Das Saitengalvanometer (s. § 40).

2. Der Schleifenoszillograph. Zwischen den Polschuhen eines Magneten (Abb. 318) befindet sich eine haarnadelförmig gebogene Schleife, die über eine Rolle geschlungen ist.

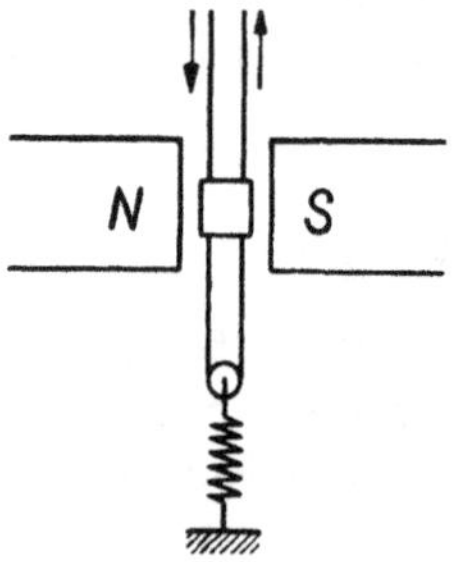


Abb. 318. Schleifenoszillograph

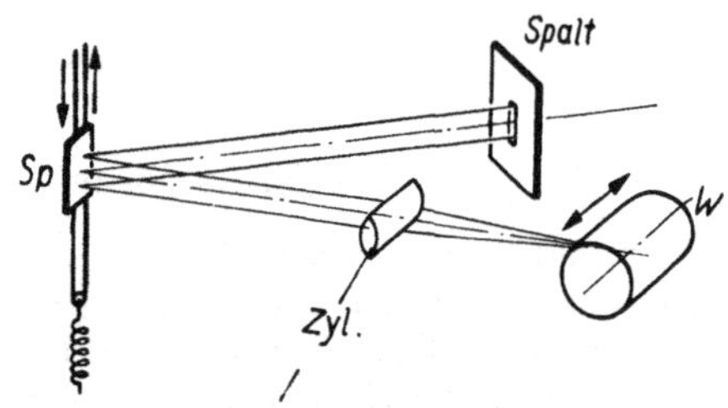


Abb. 319. Registriervorrichtung zur Messung der Ausschläge eines Schleifenoszillographen

An den beiden Drähten ist mit seinen Längskanten ein sehr kleiner Spiegel befestigt. Zur Dämpfung befindet sich das schwingungsfähige System in Öl. Das von einem beleuchteten Spalt (Abb. 319) herkommende Licht wird über den Oszillographenspiegel reflektiert und durch eine Zylinderlinse auf einer mit konstanter Winkelgeschwindigkeit rotierenden Walze $W$, die das photographische Registrierpapier trägt, zu einem Lichtpunkt vereinigt. Fließt ein Strom in der in Abb. 318 und 319 abgebildeten Richtung durch die Schleife, so wird der linke Draht nach vorn, der rechte nach hinten durchgebogen, der Spiegel dreht sich um eine den Drähten parallele Achse, und daher wird der Lichtpunkt auf $W$ in der Pfeilrichtung verschoben. Die Verschiebung ist der Stromstärke proportional. Das gilt auch für Ströme wechselnder Stärke, unter deren Wirkung die Schleife erzwungene Schwingungen ausführt. Die Eigenfrequenz der Schleife muß groß gegen die Frequenz der Wechselströme sein (s. I § 81 b).

3. Der Kathodenstrahloszillograph (s. IV § 10). Hier dient als Zeiger ein Elektronenstrahl der durch elektrische Felder abgelenkt wird. Das Gerät enthält also keine mechanisch bewegten Teile und ist daher auch für praktisch beliebig hohe Frequenzen verwendbar.

**63. Effektivwerte von Strom und Spannung.** Wenn nicht die Phase des Wechselstromes oder der Wechselspannung interessiert, so beschreibt man Strom und Spannung durch Angabe des *Effektivwertes*. Das ist die Wurzel aus dem zeitlichen Mittelwert des Quadrates der Stromstärke oder der Spannung.

In Abb. 320 ist über der Funktion $x = \sin\omega t$ ihr Quadrat eingezeichnet. Der Mittelwert von $\sin^2\omega t$ über die Zeit $nT$ ist $\frac{1}{nT}\int_0^{nT}\sin^2\omega t\,dt$, wo $n$ irgendeine ganze Zahl 1, 2, ... ist; $\int_0^{2T}\sin^2\omega t\,dt$ ist die schraffierte Fläche, die gerade die Hälfte der Rechtecksfläche $ABCD = \tau\cdot 1 = \tau$ ist. Also ist der Mittelwert

$$\overline{\sin^2\omega t} = \frac{1}{2T}\int_0^{2T}\sin^2\omega t\cdot dt = \frac{1}{2} \quad \text{oder} \quad \sqrt{\overline{\sin^2\omega t}} = \frac{1}{\sqrt{2}}.$$

Die Wurzel aus dem mittleren Quadrat der Stromstärke eines harmonischen Wechselstroms ist also

$$I_{\text{eff}} = \sqrt{\overline{I^2}} = I_0\sqrt{\overline{\sin^2\omega t}} = \frac{I_0}{\sqrt{2}}. \tag{63.1}$$

Man bezeichnet $I_{\text{eff}}$ als den *Effektivwert* der Stromstärke des sinusförmigen Wechselstroms. Ebenso ist der Effektivwert der sinusförmigen Wechselspannung

$$U_{\text{eff}} = \frac{U_0}{\sqrt{2}}. \tag{63.2}$$

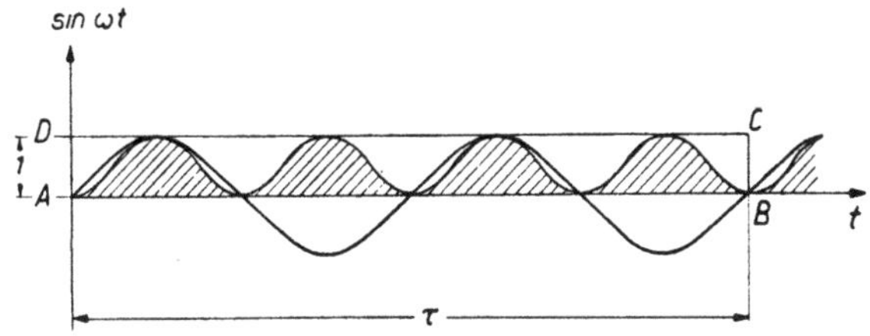

Abb. 320. Der zeitliche Mittelwert von $\sin^2\omega t$

Die Stromarbeit eines Wechselstroms in einem Stromkreis, in dem zwischen Strom und Spannung keine Phasenverschiebung besteht, ist während der Zeit $\tau$

$$\begin{aligned} A &= \int_0^{\tau}\cdot I_0\sin\omega t\cdot U_0\sin\omega t\cdot dt \\ &= I_0\cdot U_0\int_0^{\tau}\sin^2\omega t\cdot dt = I_0\cdot U_0\cdot\tau\cdot\frac{1}{\tau}\int_0^{\tau}\sin^2\omega t\,dt \\ &= \frac{1}{2}I_0\cdot U_0\cdot\tau \end{aligned}$$

oder

$$A = \frac{1}{\sqrt{2}}I_0\frac{1}{\sqrt{2}}U_0\cdot\tau = I_{\text{eff}}\cdot U_{\text{eff}}\cdot\tau. \tag{63.3}$$

Mit den Effektivwerten von Stromstärke und Spannung berechnet man die Arbeit also ebenso wie beim Gleichstrom (vgl. § 20). Die Leistung in Watt beträgt:

$$N = I_{\text{eff}}\cdot U_{\text{eff}}, \tag{63.4}$$

wenn $I$ und $U$ in Ampere bzw. Volt gemessen werden.

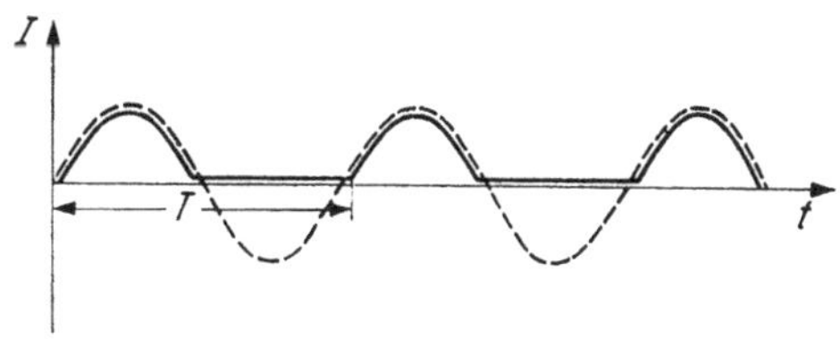

Abb. 321. Gleichgerichteter Wechselstrom (pulsierender Gleichstrom)

*Amperemeter und Voltmeter für Effektivwerte von Wechselströmen und Wechselspannungen* Wechselströme mit den in der Technik üblichen Frequenzen lassen sich nicht mit Drehspulamperemetern messen, deren Ausschläge mit der Stromrichtung wechseln, weil die Trägheit der Spulen zu groß ist, um dem Stromverlauf zu folgen. Diese Instrumente zeigen bei üblichen Frequenzen ($\nu = 50\,\text{s}^{-1}$) den arithmetischen Mittelwert des Stromes an, geben also bei sinusförmigem Wechselstrom *keinen* Ausschlag.

Geeignet sind aber Amperemeter, deren Ausschläge dem Quadrate der Stromstärke proportional sind. Diese geben als zeitlichen Mittelwert gerade den quadratischen Effektivwert des Stromes an. Gebräuchlich sind Hitzdrahtinstrumente (§ 18 Abb. 255) und Weicheiseninstrumente (§ 18 Abb. 254) sowie Dynamometer. Letztere sind Drehspulinstrumente, bei denen das ablenkende Magnetfeld nicht durch einen permanenten Magneten erzeugt wird, sondern durch eine vom gleichen Wechselstrom durchflossene Spule. Häufig wird auch der Wechselstrom durch einen Gleichrichter dem Meßinstrument zugeleitet, so daß durch das Instrument ein pulsierender Gleichstrom fließt (Abb. 321). Zu seiner Messung ist jedes für Gleichströme geeignete Instrument verwendbar. Es bedarf jedoch einer besonderen Eichung.

**64. Wechselströme in Kreisen mit Selbstinduktion.** 1. Der Ohmsche Widerstand sei sehr klein. Sein Einfluß werde vernachlässigt (Abb. 323). Dann ist die an der Selbstinduktion induzierte Spannung stets dem Betrage nach gleich der Spannung der Stromquelle. Das induzierte elektrische Feld muß nach der Lenzschen Regel jedoch dem angelegten Feld entgegengerichtet sein.

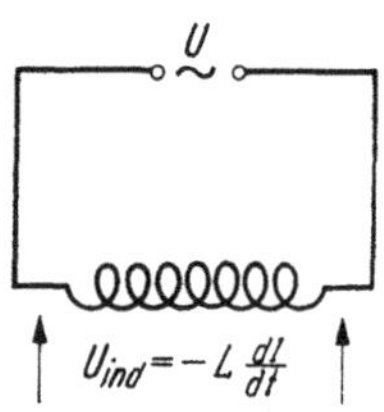


Abb. 322

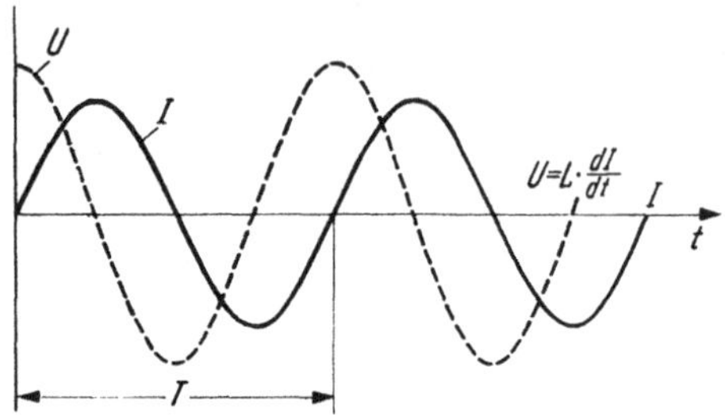


Abb. 323

Abb. 322. Wechselstromkreis mit induktivem Widerstand

Abb. 323. Phasendifferenz $\frac{\pi}{2}$ zwischen Strom und Spannung in einem Wechselstromkreis mit der Selbstinduktion $L$ und dem Ohmschen Widerstand Null. Der Strom bleibt um $\frac{T}{4}$ hinter der Spannung zurück

$$U + \left(-L\frac{dI}{dt}\right) = 0 \qquad U = L\frac{dI}{dt}, \tag{64.1}$$

wo $U = U_0 \cos\omega t$ sei.

In Abb. 323 stellt die ausgezogene Sinuskurve den zeitlichen Verlauf des Stromes dar, die gestrichelte Kurve bedeutet $L\frac{dI}{dt}$; $\left(\frac{dI}{dt}\right.$ hat den größten Wert für $I=0$ und ist 0 für $\left.I=I_0\right)$. Sie stellt also nach (64.1) den Verlauf von $U$ dar. Strom und Spannung sind in der Phase gegeneinander verschoben, der Strom bleibt hinter der Spannung mit der Phasendifferenz $\frac{\pi}{2}$ zurück; er ist also um $\frac{T}{4}$ verzögert.

Das gleiche Resultat gibt natürlich auch die Rechnung: In der Erwartung, daß die Frequenz des Stromes gleich der der Spannung ist, setzen wir $I = I_0 \cos(\omega t - \alpha)$, wo $\omega$ die Frequenz der Spannung $U = U_0 \cos\omega t$ bedeutet und $\alpha$ die erwartete Phasendifferenz zwischen Strom und Spannung ist. Dann wird

$$\frac{dI}{dt} = -I_0 \cdot \omega \cdot \sin(\omega t - \alpha).$$

Setzt man diesen Wert in (64.1) ein, so erhält man

$$U_0 \cos\omega t + L \cdot \omega\, I_0 \sin(\omega t - \alpha) = 0.$$

Nur mit $\cos\omega t = -\sin(\omega t - \alpha)$ ist diese Gleichung für jeden Wert von $t$ erfüllt. Daraus folgt:

$$\alpha = \frac{\pi}{2}; \tag{64.2}$$

denn

$$-\sin\left(\omega t - \frac{\pi}{2}\right) = \sin\left[-\left(\omega t - \frac{\pi}{2}\right)\right] = \sin\left(\frac{\pi}{2} - \omega t\right) = \cos\omega t.$$

Für diesen Wert von $\alpha$ ist dann stets

$$U_0 = L \cdot \omega I_0$$

oder

$$I_0 = \frac{U_0}{\omega L}. \tag{64.3}$$

Ein Vergleich mit dem Ohmschen Gesetz $I = \frac{U}{R}$ legt folgende Aussage nahe: In einem Wechselstromkreis, der nur Selbstinduktion besitzt, wirkt diese wie ein Widerstand vom Betrage

$$R_{\text{ind}} = \omega \cdot L \quad \textit{(induktiver Widerstand)}. \tag{64.4}$$

Die Stromarbeit während einer Periode $T$

$$A = \int_0^T I \cdot U \cdot dt$$

in diesem Kreise beschreibt Abb. 324, die sich durch Multiplikation der Ordinaten unmittelbar aus Abb. 323 herleitet. Die schraffierte Fläche von 0 bis zu irgendeiner Zeit ist die während dieser Zeit geleistete Arbeit, also die von der Stromquelle abgegebene Energie. Diese ist abwechselnd positiv und negativ, wird also wechselweise dem Stromkreise zugeführt und entzogen, und zwar in gleichen Beträgen, so daß die Summe der umgesetzten Energie gleich Null ist. Die Energieumsetzung besteht hier lediglich in einem Aufbau und darauffolgendem Abbau des Magnetfeldes, die Energie des Feldes wird periodisch von der Stromquelle hergegeben und ihr wieder zurückgegeben. Es handelt sich um einen Schwingungsvorgang. Auch die Gesamtleistung ist

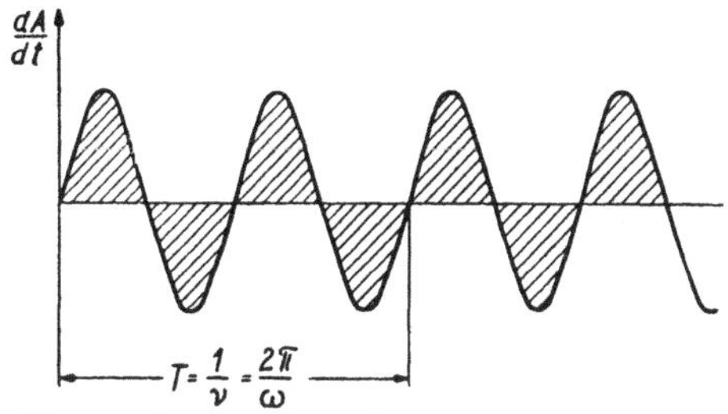


Abb. 324. Leistung eines Wechselstromes in einem Stromkreis mit Selbstinduktion, der keinen Ohmschen Widerstand besitzt

$$N = \frac{A}{T} = \frac{I_0 \cdot U_0}{T} \int_0^T \sin\omega t \cdot \cos\omega t \cdot dt = 0. \tag{64.5}$$

Da der induktive Widerstand im Gegensatz zum „Ohmschen" Widerstand keine Energie verbraucht, nennt man ihn auch *Blindwiderstand.* Der in seiner Phase um $\frac{\pi}{2}$ gegen die der Spannung verschobene Strom heißt *wattloser* oder *Blind*-Strom.

2. Wenn neben dem induktiven der Ohmsche Widerstand nicht zu vernachlässigen ist, so muß der an ihm entstehende Spannungsabfall $I \cdot R$ berücksichtigt werden, und die Maschinenspannung $U$ muß nicht nur die induzierte Spannung, sondern auch diese Spannung kompensieren (Abb. 325):

$$U = L\frac{dI}{dt} + I \cdot R. \tag{64.6}$$

Ist die aufgeprägte Spannung $U = U_0 \cos\omega t$, so setzen wir wieder

$$I = I_0 \cos(\omega t - \alpha)$$

$$U_0 \cos\omega t = -\omega L \cdot I_0 \sin(\omega t - \alpha) + R \cdot I_0 \cos(\omega t - \alpha)$$

oder

$$U_0 \cos\omega t = -\omega L \cdot I_0 (\sin\omega t \cdot \cos\alpha - \cos\omega t \cdot \sin\alpha) + R \cdot I_0 (\cos\omega t \cdot \cos\alpha + \sin\omega t \cdot \sin\alpha);$$

$$\cos\omega t (U_0 - \omega L \cdot I_0 \sin\alpha - R \cdot I_0 \cos\alpha) = \sin\omega t (-\omega L \cdot I_0 \cos\alpha + R \cdot I_0 \sin\alpha).$$

Da diese Gleichung für jede Zeit erfüllt sein muß, müssen die Koeffizienten von $\cos\omega t$ und $\sin\omega t$ einzeln verschwinden:

$$\text{a)} \quad U_0 = I_0 (\omega L \cdot \sin\alpha + R \cdot \cos\alpha), \tag{64.7}$$

$$\text{b)} \quad 0 = -I_0 (\omega L \cdot \cos\alpha - R \cdot \sin\alpha). \tag{64.8}$$

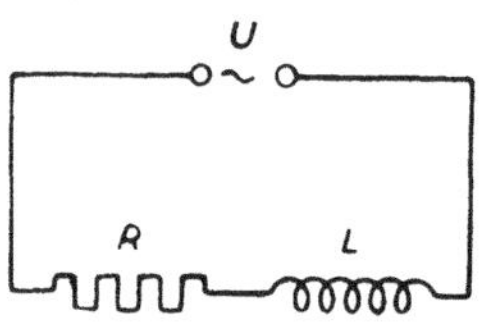


Abb. 325. Wechselstromkreis mit induktivem Widerstand $L$ und Ohmschem Widerstand $R$

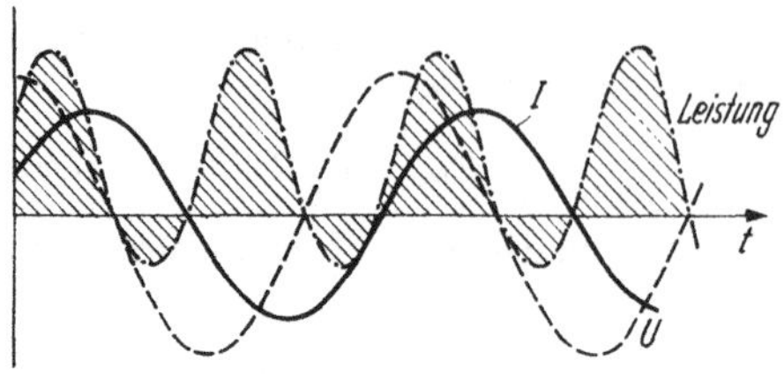


Abb. 326. Die Leistung in einem Wechselstromkreis mit Ohmschem und induktivem Widerstand

Durch Quadrieren und Addieren erhält man

$$U_0^2 = I_0^2 [(\omega L)^2 + R^2].$$

Stromstärke und Spannung sind durch

$$I_0 = \frac{U_0}{\sqrt{R^2 + (\omega L)^2}} \tag{64.9}$$

miteinander verknüpft. An Stelle von $\omega L$ tritt nun nach (64.9) der Widerstand $\sqrt{R^2 + (\omega L)^2}$ *(Wechselstromwiderstand)*. Die Phasenverschiebung $\alpha$ genügt nach (64.8) der Vorschrift

$$\operatorname{tg}\alpha = \frac{\omega L}{R}. \tag{64.10}$$

$\alpha$ wird um so kleiner je größer $R$ gegenüber $\omega L$ ist und wird Null, wenn $\omega L$ neben $R$ ganz zu vernachlässigen ist.

In Abb. 326 stellt die gestrichelte Kurve die Spannung, die ausgezogene Kurve die Stromstärke und die punktierte den zeitlichen Verlauf der Leistung dar. Die von letzterer eingeschlossene Fläche beschreibt wie in Abb. 324 die Stromarbeit. Hier ist also die von der Stromquelle hergegebene Energie größer als die ihr zurückgegebene, im zeitlichen Mittel also die Stromarbeit von Null verschieden. Die während der Zeit $\tau$ verrichtete Arbeit ist

$$A = \int_0^\tau U \cdot I \cdot dt = U_0 \cdot I_0 \int_0^\tau \cos\omega t \cdot \cos(\omega t - \alpha) \cdot dt$$

$$A = I_0 \cdot U_0 \left[ \frac{\cos\alpha}{\omega} \int_0^{\omega\tau} \cos^2\omega t \cdot d(\omega t) + \frac{\sin\alpha}{\omega} \int_0^{\omega\tau} \cos\omega t \cdot \sin\omega t \cdot d(\omega t) \right].$$

Die mittlere Leistung für hinreichend große Werte von $\tau$ ist

$$\overline{N} = \frac{A}{\tau} = \frac{1}{2} I_0 \cdot U_0 \cdot \cos\alpha = I_{\text{eff}} \cdot U_{\text{eff}} \cdot \cos\alpha, \tag{64.11}$$

da das zweite Glied der Summe gegen Null konvergiert. Ist $\alpha = \frac{\pi}{2}$, so wird die Leistung Null; ist $\alpha = 0$, so wird, in Übereinstimmung mit (63.4), die Leistung $N = \frac{1}{2} \cdot I_0 \cdot U_0 = I_{\text{eff}} \cdot U_{\text{eff}}$.

In diesem Falle wird alle Energie im Widerstand verzehrt.

**65. Wechselströme in Kreisen mit Kapazität.** Damit bei einer veränderlichen Spannung der Stromquelle die Spannung am Kondensator ihr immer entgegengesetzt gleich ist, muß ihm fortwährend Ladung zu- oder abgeführt werden (Abb. 327); infolgedessen fließt in der Leitung ein Strom. Da die Spannung des Kondensators $U_C = \frac{Q}{C}$ ist, gilt

$$U - \frac{Q}{C} = 0. \tag{65.1}$$

Nach $t$ differenziert:

$$\frac{dU}{dt} - \frac{1}{C}\frac{dQ}{dt} = 0.$$

Da $\frac{dQ}{dt} = I$ ist, wird

$$\frac{dU}{dt} = \frac{1}{C} \cdot I. \tag{65.2}$$

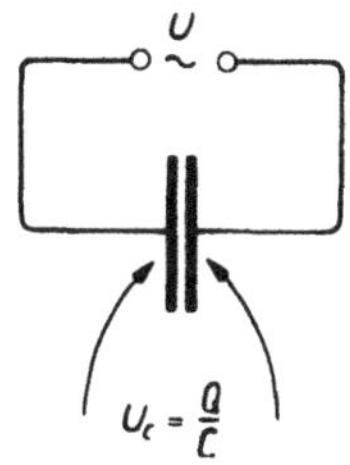


Abb. 327. Wechselstromkreis mit kapazitivem Widerstand

Ist $U = U_0 \cdot \cos\omega t$, so wird für $I = I_0 \cdot \cos(\omega t - \alpha)$

$$-\omega \cdot U_0 \cdot \sin\omega t = \frac{1}{C} I_0 \cdot \cos(\omega t - \alpha).$$

Diese Gleichung gibt für $\alpha = -\frac{\pi}{2}$:

$$-\omega \cdot U_0 \cdot \sin\omega t = -\frac{1}{C} I_0 \cdot \sin\omega t.$$

Zwischen den Scheitelwerten von Strom und Spannung besteht also die Beziehung:

$$I_0 = \omega \cdot C \cdot U_0; \quad I_0 = \frac{U_0}{\frac{1}{\omega C}} \tag{65.3}$$

und, da $\alpha = -\frac{\pi}{2}$, ist

$$I = I_0 \cos\left(\omega t + \frac{\pi}{2}\right).$$

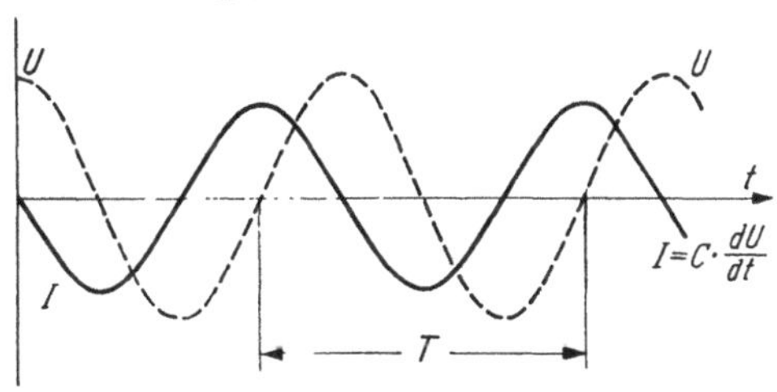


Abb. 328. Phasendifferenz $\frac{\pi}{2}$ zwischen Strom und Spannung in einem Wechselstromkreis mit einer Kapazität. Der Strom eilt der Spannung um $\frac{T}{4}$ voraus

Auch (65.3) hat die Form eines Ohmschen Gesetzes. $\frac{1}{\omega C}$ heißt *kapazitiver Widerstand*. $I$ ist um so größer, je größer die Kapazität und je größer die Frequenz. Es ist anschaulich, daß zur Aufladung bzw. Umladung eines Kondensators je Sekunde eine um so größere Elektrizitätsmenge durch den Leiter transportiert wird, je größer die Kapazität des Kondensators und die Zahl der Ladungswechsel sind, die durch die Frequenz vorgeschrieben werden.

Aus (65.2) folgt: $I = C\frac{dU}{dt}$. Zu der gestrichelten Kurve $U = U_0 \cdot \cos\omega t$ ist in Abb. 328 $\frac{dU}{dt}$ multipliziert mit $C$ (z.B. $C = 1$) eingetragen; das ist die ausgezogene Sinuskurve. Man sieht, daß die Phasendifferenz zwischen Strom und Spannung $\frac{\pi}{2}$ ist, daß aber in dem Kreis mit dem kapazitiven Widerstand der Strom der Spannung vorauseilt (sein Maximum zu einer früheren Zeit erreicht).

Auch in dem Kreis, der nur kapazitiven Widerstand enthält, ist der Strom infolge der Phasendifferenz $\frac{\pi}{2}$ zwischen Strom und Spannung ein wattloser Strom. Hier wird wechselweise die Energie in das elektrische Feld des Kondensators hineingebracht und kehrt aus ihm in die Stromquelle zurück.

Befindet sich neben dem Kondensator ein Ohmscher Widerstand im Wechselstromkreis, so wird $I = I_0 \cdot \cos(\omega t - \alpha)$ mit

$$I_0 = \frac{U_0}{\sqrt{R^2 + \left(\frac{1}{\omega C}\right)^2}} \quad \text{und} \quad \operatorname{tg} \alpha = -\frac{\frac{1}{\omega C}}{R}. \tag{65.4}$$

Die Leistung wird

$$N = \frac{1}{2} I_0 \cdot U_0 \cos\alpha = I_{\text{eff}} \cdot U_{\text{eff}} \cdot \cos\alpha. \tag{65.5}$$

**66. Wechselströme in Kreisen mit Selbstinduktion, Kapazität und Ohmschem Widerstand.** Die Spannung $U$ muß gleich der Summe der am Ohmschen Widerstand $R$ liegenden Spannung $I \cdot R$, der Spannung $L\frac{dI}{dt}$ an der Selbstinduktion und der an der Kapazität liegenden Spannung $\frac{Q}{C}$ sein (Abb. 329):

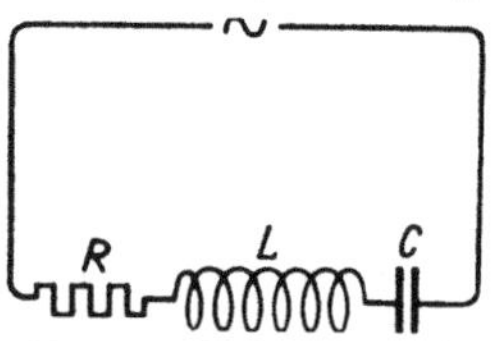

Abb. 329. Wechselstromkreis mit Ohmschem ($R$), induktivem ($\omega L$) und kapazitivem $\left(\frac{1}{\omega C}\right)$ Widerstand

$$U = I \cdot R + L\frac{dI}{dt} + \frac{Q}{C}. \tag{66.1}$$

Durch Differentiation und Einführung von $I = \frac{dQ}{dt}$ erhält man

$$L\frac{d^2 I}{dt^2} + R\frac{dI}{dt} + \frac{I}{C} = \frac{dU}{dt}. \tag{66.2}$$

Für eine Wechselspannung $U = U_0 \cdot \cos\omega t$ wird die Gleichung gelöst durch

$$I = I_0 \cdot \cos(\omega t - \alpha),$$

worin

$$I_0 = \frac{U_0}{\sqrt{R^2 + \left(\omega L - \frac{1}{\omega C}\right)^2}} \tag{66.3}$$

und

$$\operatorname{tg}\alpha = \frac{\omega L - \frac{1}{\omega C}}{R} \tag{66.4}$$

Der Wechselstromwiderstand $\sqrt{R^2 + \left(\omega L - \frac{1}{\omega C}\right)^2}$ wird auch Scheinwiderstand genannt.

Diese Lösung (66.3) enthält als Teillösungen:

(64.3) für $R = 0$ und fehlenden Kondensator,
(64.9) für fehlenden Kondensator,
(65.3) für $R = 0$ und $L = 0$,
(65.4) für $L = 0$.

Die Lösung von (66.2) gestaltet sich nach dem Vorbild von I § 81c besonders einfach, wenn man die Spannung durch den komplexen Ausdruck $U = U_0 e^{j\omega t}$ darstellt und für die Stromstärke den Ansatz macht:

$$I = I_0 e^{j(\omega t - \alpha)}$$

Dann wird

$$\frac{dU}{dt} = j\omega U_0 e^{j\omega t}; \quad \frac{dI}{dt} = j\omega I_0 e^{j(\omega t-\alpha)}; \quad \frac{d^2 I}{dt^2} = -\omega^2 I_0 e^{j(\omega t-\alpha)}$$

und (66.2):

$$-L\omega^2 I_0 e^{j(\omega t-\alpha)} + j\omega R I_0 e^{j(\omega t-\alpha)} + \frac{1}{C} I_0 e^{j(\omega t-\alpha)} = j\omega U_0 e^{j\omega t}.$$

Nach Division durch $j\omega I_0 e^{j(\omega t-\alpha)}$:

$$-\frac{\omega L}{j} + R + \frac{1}{j\omega C} = \frac{U_0}{I_0} e^{j\alpha}$$

oder

$$j\omega L + R - j\cdot\frac{1}{\omega C} = \frac{U_0}{I_0} e^{j\alpha}.$$

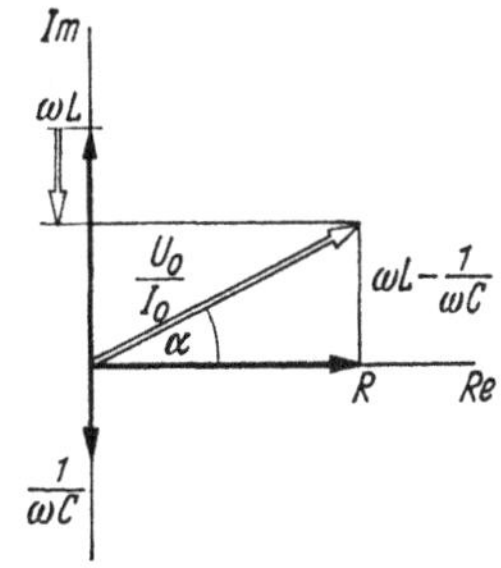

Abb. 330. Komplexe Widerstandsoperatoren

In der komplexen Ebene dargestellt (Abb. 330) hat diese Größe Betrag und Richtung wie ein Vektor. Ihr Betrag ist

$$\left|\frac{U_0}{I_0}\right| = \sqrt{\left(\omega L - \frac{1}{\omega C}\right)^2 + R^2},$$

woraus folgt:

$$|I_0| = \frac{|U_0|}{\sqrt{R^2 + \left(\omega L - \frac{1}{\omega C}\right)^2}}$$

und

$$\operatorname{tg}\alpha = \frac{\omega L - \frac{1}{\omega C}}{R}.$$

**Zur Berechnung der resultierenden Widerstände können die *Widerstandsoperatoren* $R$, $j\omega L$ und $-j\frac{1}{\omega C}$ wie Widerstände in Gleichstromkreisen,** aber unter Berücksichtigung ihrer Richtung, d.h. vektoriell **miteinander verknüpft werden. Bei Hintereinanderschaltung ist**

$$\boldsymbol{R} = \sum_1^n \boldsymbol{R}_i.$$

**Bei Parallelschaltung**

$$\frac{1}{\boldsymbol{R}} = \sum_1^n \frac{1}{\boldsymbol{R}_i},$$

**wo $\boldsymbol{R}_i$ entweder einen Ohmschen, einen induktiven oder einen kapazitiven Widerstand in komplexer Schreibweise bedeutet.**

Der resultierende Widerstand $\boldsymbol{R}$ ist im allgemeinen eine komplexe Größe

$$\boldsymbol{R} = a + jb.$$

Sein Betrag ist

$$R = \sqrt{a^2 + b^2}$$

**und die Phasenverschiebung zwischen Spannung und Strom**

$$\operatorname{tg}\alpha = \frac{b}{a}.$$

## 67. Resonanz im Wechselstromkreis. Elektrische Schwingungen.

**Ist in dem Kreis $R = 0$, so wird (66.3) zu**

$$I_0 = \frac{U_0}{\omega L - \frac{1}{\omega C}}. \tag{67.1}$$

**Es gibt** also **eine Frequenz $\omega_0$, für die die Stromstärke unendlich groß wird:**

$$L\cdot\omega_0 = \frac{1}{\omega_0 C}$$

oder

$$\omega_0 = \sqrt{\frac{1}{LC}}; \qquad T_0 = 2\pi\sqrt{LC}. \tag{67.2}$$

Auch wenn $R \neq 0$ ist, hat der Strom für diese Frequenz einen Höchstwert.

Die Deutung liegt nahe, daß der Stromkreis, der eine Kapazität und eine Selbstinduktion besitzt, zu elektrischen Eigenschwingungen befähigt ist, die in einer periodischen Aufladung und Entladung des Kondensators über den Stromkreis bestehen und die Eigenfrequenz $\omega_0$ (67.2) besitzen.

Ein solches schwingungsfähiges System vollführt unter der Wirkung einer darauf wirkenden Kraft (hier der Stromquelle mit der periodischen Spannung $U = U_0 \cdot \cos \omega t$) eine erzwungene Schwingung, deren Frequenz nach einer Einschwingzeit mit der Frequenz der erregenden Kraft übereinstimmt (vgl. I § 77). Wird nun $\omega = \omega_0$, so tritt Resonanz ein; bei fehlender Dämpfung, d.h. bei verschwindendem Ohmschen Widerstand, muß die Amplitude unendlich groß werden, wächst also die Stromstärke auf unendlich große Werte an (s. § 72).

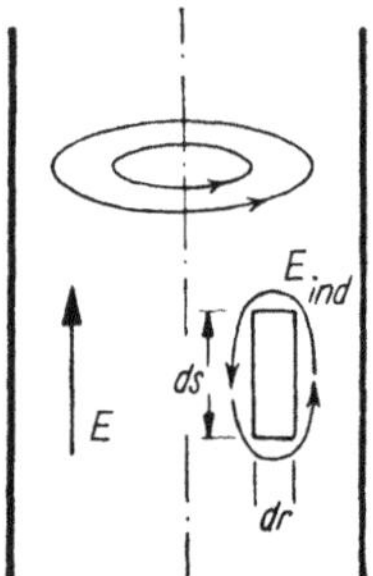


Abb. 331. Skineffekt. Die konzentrisch um die Leiterachse gezeichneten Feldlinien deuten den Verlauf des Induktionsflusses $B$ des Magnetfeldes an

**68. Skineffekt.** Bei hoher Frequenz verteilt sich der Strom nicht über den ganzen Querschnitt eines zylindrischen Leiters mit gleicher Dichte, sondern drängt sich an die Oberfläche. Die Veranlassung zu diesem *Skin- oder Hauteffekt* ist die innere Selbstinduktion.

Durch das Flächenelement $dr \cdot ds$ im Drahtinneren (s. Abb. 331) greift ein Magnetfeld hindurch, das ein elektrisches Wirbelfeld $E_{\text{ind}}$ induziert, welches auf der der Achse zugewandten Seite der außen angelegten Feldstärke $E$ entgegengerichtet, auf der anderen Seite aber gleichgerichtet ist. Qualitativ erkennt man, daß das Feld $E$, welches den Strom hervorruft, von der Achse nach außen zunehmen muß. Für hohe Frequenzen ergibt sich eine vollständige Verdrängung des Stromes aus der Achse an die Oberfläche, von der die Stromamplitude ins Drahtinnere exponentiell abklingt. Sie ist in der Tiefe $d = \frac{1}{\sqrt{\pi}}\sqrt{\frac{\varrho}{\mu\omega}}$ unter der Oberfläche auf $\frac{1}{e}$ abgefallen. $\varrho$ ist der spezifische Widerstand, $\omega$ die (Kreis-) Frequenz und $\mu$ die Permeabilität des Drahtmaterials. Infolge der inneren Selbstinduktion besteht zwischen dem Strom und der Spannung eine Phasenverschiebung.

Infolge dieses Skineffektes ist der Ohmsche Widerstand für Gleichstrom kleiner als für einen hochfrequenten Wechselstrom; für letzteren ist er nicht dem Querschnitt, sondern dem Umfang umgekehrt proportional. Daher verwendet man als Leiter dünne Rohre oder Litzen.

## M. Umwandlung von Wechselströmen und -spannungen

**69. Der Induktor.** Ersetzt man bei der durch Abb. 287 (§ 35) skizzierten Anordnung die Drahtschlinge durch eine weitere Spule II (Abb. 332) mit vielen Windungen (bis etwa 20000), so entsteht ein „Induktor". Abb. 333 zeigt den durch die Selbstinduktion bedingten Anstieg des Stromes in Spule I nach dem Schließen und seine Abnahme beim Öffnen des Stromkreises. Solange die Stromstärke sich ändert, ändert sich auch der Induktionsfluß in I. Der gleiche Induktionsfluß oder ein konstanter Bruchteil greift auch durch die Spule II hindurch, in der eine Spannung induziert wird, die seiner Änderungsgeschwindigkeit proportional ist. Da die Änderungsgeschwindigkeit der Stromstärke beim Öffnen größer ist als beim Schließen, ist auch die induzierte Spannung beim Öffnen größer als beim Schließen.

Mit einer automatischen Vorrichtung zum Schließen und Öffnen des Stromkreises ausgerüstet wurden Induktoren früher gern zur Erzeugung sehr hoher (nichtsinusförmiger) Wechselspannungen benützt.

**70. Der Transformator.** Der *Transformator* besteht ebenfalls aus zwei Spulen, die auf einen gemein-

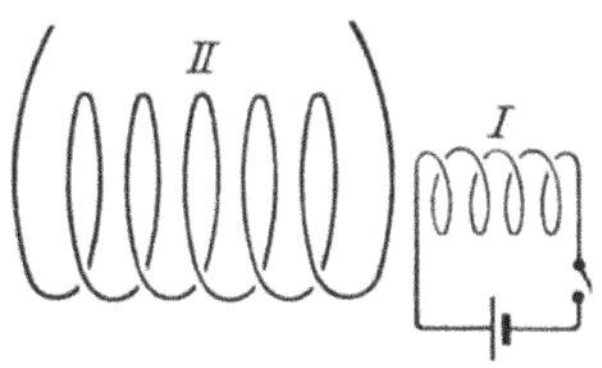


Abb. 332. Induktorium

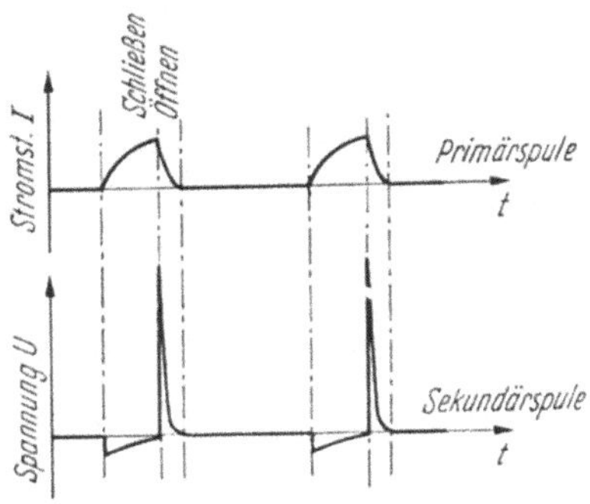


Abb. 333. Spannung in der Sekundärspule eines Induktors beim Schließen und Öffnen des Stromes in der Primärspule

samen Kern gewickelt sind. Dieser soll eine hohe Permeabilität (vgl. 37.3), aber geringe elektrische Leitfähigkeit besitzen; letzteres um Wirbelstromverluste zu vermeiden. Für kleine Leistungen benützt man Ferrite (vgl. § 60), für große lamellierte Eisenrahmen (Abb. 334).

Die Primärspule (I) sei an eine Wechselstromquelle mit der Spannung $U$ angeschlossen. Solange die Sekundärspule (II) offen bleibt, verhält sich I wie eine Induktionsspule, deren Selbstinduktion wegen des geschlossenen Eisenkerns beträchtlich ist. Der Induktionsfluß, der beim Strom $I$ durch eine Windung der Spule I hindurchgreift, sei $\Phi$. Durch die ganze Spule mit $N_1$ Windungen greift also der Fluß $N_1 \cdot \Phi$; die durch seine zeitliche Änderung induzierte Spannung muß der aufgeprägten Spannung $U$ entgegengesetzt gleich sein:

$$N_1 \frac{d\Phi}{dt} = U. \tag{70.1}$$

Wenn der Induktionsfluß durch eine Windung der Spule II der gleiche ist wie durch eine Windung der Spule I (idealer Transformator, feste Kopplung), so ist die in der Spule II mit der Windungszahl $N_2$ induzierte Spannung:

$$U_{\mathrm{II}} = -N_2 \frac{d\Phi}{dt} \tag{70.2}$$

Aus (70.1) folgt:

$$U_{\mathrm{II}} = -\frac{N_2}{N_1} U. \tag{70.3}$$

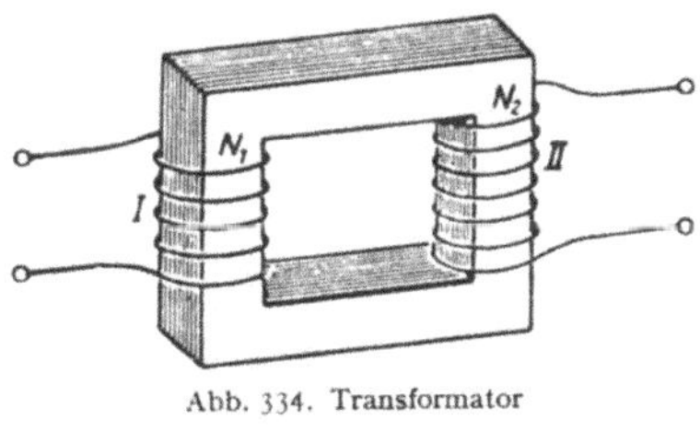


Abb. 334. Transformator

Die induzierte Spannung in der Sekundärspule verhält sich zur Primärspannung (der Stromquelle) wie die Windungszahlen der Spulen. Ihre Phase ist gegen die der Primärspannung um $\pi$ verschoben. Der Transformator gestattet also, durch geeignete Wahl des Windungszahlenverhältnisses *(Übersetzungsverhältnisses)* jede gewünschte Spannung aus einer primären Wechselspannung zu „transformieren".

Die Zusammenhänge werden komplizierter, wenn sekundärseitig Strom ($I_2$) durch Einschalten eines Ohmschen Widerstandes ($R$) entnommen wird. $I_2$ ist natürlich proportional zu $U_{II}$ und somit gegen den vom Primärstrom $I_1$ erzeugten Induktionsfluß ($\varphi_1$) um 90° phasenverschoben. $I_2$ erzeugt seinerseits einen Induktionsfluß ($\varphi_2$), der gegenüber $\varphi_1$ um 90° nacheilt. Dieser wird aber durch die infolge der Belastung auftretende Wirkkomponente von $I_1$ kompensiert, so daß der ursprünglich bestehende, vom primären Blindstrom (vgl. § 64, 1) allein und ungeändert bestehen bleibt. Daraus folgt, daß $I_2$ gegen $I_1$ um so stärker phasenverschoben ist, je stärker $I_2$, d.h. je kleiner $R$ ist. Das bedeutet: Beim Kurzschließen der Sekundärspule erreicht die Phasenverschiebung den Wert $\pi$, d.h. fließen die Ströme in den Spulen I und II immer in entgegengesetzter Richtung.

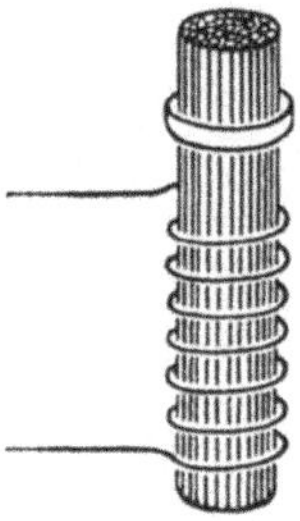
Abb. 335. Versuch von Elihu Thomson

Dies zeigt der Versuch von Elihu Thomson: In eine Spule (Abb. 335) ist ein gebündelter Eisenkern gesteckt und über diesen ein Aluminiumring geschoben; er ist als Sekundärspule eines Transformators aufzufassen. Schickt man durch die Spule einen Wechselstrom, so wird der Aluminiumring mit großer Gewalt fortgeschleudert. Der in ihm induzierte sehr starke Strom — er ist ein Kurzschlußstrom, weil der Widerstand des Aluminiumringes sehr klein ist — ist dem Primärstrom in jedem Augenblick entgegengerichtet und wird daher von ihm abgestoßen (vgl. § 34).

## 71. Die Elektronenschleuder (Betatron).

Das Gerät dient dazu, Elektronen auf sehr hohe Energien zu bringen und arbeitet nach dem Prinzip des Transformators. Um den Kern $M$ (Abb. 336) ist an Stelle der Sekundärwicklung ein evakuiertes Kreisrohr $K$ gelegt, in welches mittels einer Glühkathode $G$ freie Elektronen tangential eingeschossen werden. Durch die Primärspule $Psp$ wird ein Wechselstrom geschickt (z.B. 50 Hz). Mit ansteigendem Strom wächst der Induktionsfluß $\Phi = \int_0^R B_z \cdot 2\pi r\, dr = \bar{B}_z R^2 \cdot \pi$, wo $R$ der Radius des axialen Kreises des Ringrohres ist und $\bar{B}_z$ den Mittelwert der Induktion bedeutet. Daher wird längs dieses Kreises eine Spannung erregt, die nach (36.3)

$$U_{\text{ind}} = -\frac{d\Phi}{dt} = -R^2 \cdot \pi \frac{d\bar{B}_z}{dt} \tag{71.1}$$

beträgt. Die Energie, welche ein Elektron aufnimmt, das um $ds = u\, dt$ in Feldrichtung fortschreitet, während die Induktion um $d\bar{B}_z$ anwächst, ist dann

$$dE = e_0\, dU = e_0 \frac{R}{2} \frac{ds}{dt} \cdot d\bar{B}_z = e_0 \frac{R}{2} u\, d\bar{B}_z. \tag{71.2}$$

Wird es gezwungen auf dem *Sollkreis* (So in Abb. 342 unten) zu bleiben, während die Induktion von 0 auf $\bar{B}_z$ ansteigt, so gewinnt es die Energie

$$E = e_0 \frac{R}{2} \int_0^{\bar{B}_z} u \cdot d\bar{B}_z. \tag{71.3}$$

Um das Elektron auf dem Sollkreis zu halten, bedarf es der Kompensation der Zentrifugalkraft ($k = mu^2/R$; vgl. I § 17) durch die Lorentz-Kraft. Sie wird von einem Steuerfelde $B_{St}$ ausgeübt, das ebenso wie das den Induktionsfluß erzeugende vom Transformatorkern geliefert wird und wegen (42.3) der Bedingung

$$B_{St} = \frac{u}{R} : \frac{e_0}{m} \tag{71.4}$$

genügen und daher mit $u$ anwachsen muß.

Nun ist die zeitliche Änderung des Bahnimpulses des Elektrons gleich der tangential wirkenden Kraft und daher wegen (71.2)

$$\frac{d}{dt}(m\,u) = \frac{e_0 R}{2} \frac{d\bar{B}_z}{dt}$$

oder

$$m u = \frac{e_0 R}{2} \bar{B}_z. \tag{71.5}$$

Aus (71.4) und (71.5) folgt

$$B_{St} = \frac{\bar{B}_z}{2} \quad \textit{(Wideroesche Bedingung)}. \tag{71.6}$$

Diese Bedingung ist durch eine geeignete Formgebung der Steuerpole zu erfüllen, solange die Magnetisierung des Magneten nicht in den Sättigungsbereich führt.

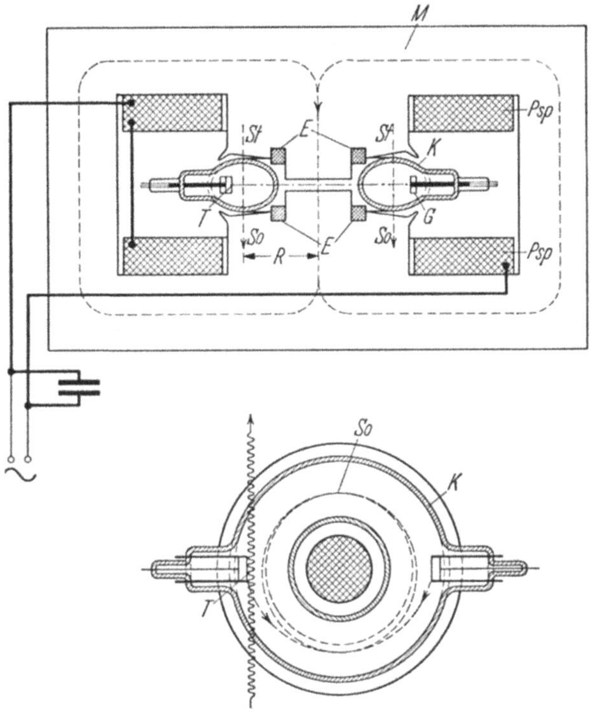


Abb. 336. Das Betatron

Da die kinetische Energie des Elektrons $e_0 U$ ist, folgt aus XVII § 5

$$m_0 \left( \frac{1}{\sqrt{1 - \left(\frac{u}{c}\right)^2}} - 1 \right) \cdot c^2 = e_0 U,$$

nach $u$ aufgelöst:

$$u = c \frac{\sqrt{U^2 + 2U \frac{m_0 c^2}{e_0}}}{U + \frac{m_0 c^2}{e_0}}.$$

Hiermit wird aus (71.2)

$$dU = \frac{R}{2} c \frac{\sqrt{U^2 + 2U \frac{m_0 c^2}{e_0}}}{U + \frac{m_0 c^2}{e_0}} d\bar{B}_z$$

$$U = \sqrt{\left(\frac{m_0 c^2}{e_0}\right)^2 + \left(\frac{cR}{2} \bar{B}_z\right)^2} - \frac{m_0 c^2}{e_0}. \tag{71.7}$$

Für große Werte von $\overline{B}_z$ kann man dafür näherungsweise schreiben:

$$U = \frac{cR}{2}\,\overline{B}_z.$$

Zum Beispiel erhält man für $\overline{B}_z = 1\,\frac{\mathrm{Vs}}{\mathrm{m}^2} = 10000$ Gauß und $R = 0{,}2$ m: $U = 3\cdot 10^7$ Volt!

Kurz nach dem Durchgang des Magnetfeldes durch den Wert Null werden während eines kleinen Bruchteils einer Periode nun tangential zum Sollkreis aus $G$ Elektronen mit einer Geschwindigkeit eingeschossen, welche die Bedingung (71.5) erfüllt. Wenn das Magnetfeld denjenigen Wert erreicht, der die Elektronen auf die gewünschte Energie bringt, so wird durch die Expansionsspulen $E$ ein Stromstoß geschickt, der das Steuerfeld schwächt. Die Elektronen winden sich nun spiralig nach außen, um endlich auf eine „Antikathode" $T$ aufzutreffen, aus der sie harte Röntgenstrahlung auslösen.

Eine einfache Abschätzung zeigt, daß die Elektronen in unserem obigen Beispiel Wege von 1500 km Länge zurücklegen. Die obere Energiegrenze des Betatrons liegt bei 200 MeV; dann wird die elektromagnetische Ausstrahlung je Umlaufsperiode gleich der aus dem elektrischen Wirbelfelde aufgenommenen Energie und kommt nicht mehr der Beschleunigung der Elektronen zugute.

## N. Freie Schwingungen in elektrischen Stromkreisen

**72. Ungedämpfte elektrische Schwingungen.** 1859 entdeckte FEDDERSEN, daß das Bild des Entladungsfunkens einer Leidener Flasche, im rotierenden Spiegel betrachtet, aus einer größeren Zahl von Teilfunken besteht, die in zeitlich gleichen Abständen einander folgen. Das Funkenbild zeigt außerdem, daß vor jeder neuen Entladung ein Polwechsel vor sich geht. Die Entladung des Kondensators verläuft also nicht monoton, sondern in Gestalt einer Ent- und Wiederaufladung des Kondensators, eines Hin- und Zurückflutens der elektrischen Ladung, m.a.W. in Gestalt einer Schwingung.

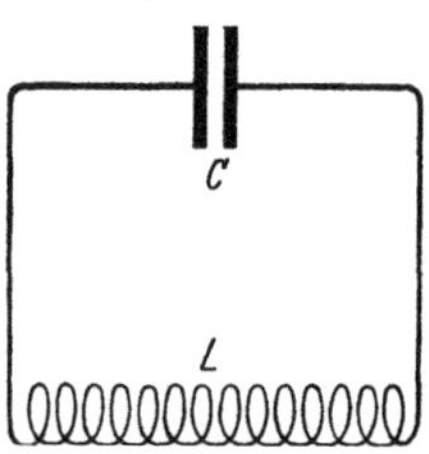


Abb. 337. Schwingkreis

Eine derartige Schwingung tritt bei der Entladung jedes Kondensators über eine Leitung mit Selbstinduktion auf, wenn der Ohmsche Widerstand der Leitung einen durch Kapazität und Selbstinduktion gegebenen Grenzwert nicht überschreitet.

Wir betrachten zunächst einen Schwingungskreis (Abb. 337), der aus einem Kondensator und einer Spule besteht, deren Ohmscher Widerstand so gering sei, daß die Entwicklung von Joulescher Wärme im Schwingungskreis vernachlässigt werden kann. Dann fordert der Energieerhaltungssatz: Die Summe aus der elektrischen Energie des Kondensators, $E_{\mathrm{el}} = \frac{1}{2}\frac{Q^2}{C}$ (vgl. 7.1 und 8.1), und der magnetischen Energie der Selbstinduktion, $E_{\mathrm{magn}} = \frac{1}{2} L \cdot I^2$ (vgl. 48.1) muß im Wechselspiel der Entladungen immer konstant bleiben:

$$\frac{1}{2}\frac{Q^2}{C} + \frac{1}{2} L \cdot I^2 = \mathrm{const}. \tag{72.1}$$

Zweimalige Differentiation nach der Zeit gibt unter Berücksichtigung, daß $\frac{dQ}{dt}$ gleich der durch die Spule fließenden Stromstärke $I$ ist:

$$\left.\begin{aligned} 1)\quad & \frac{1}{C} Q \frac{dQ}{dt} + L \cdot I \frac{dI}{dt} = 0 \\ & \frac{1}{C} Q + L \frac{dI}{dt} = 0: \end{aligned}\right\} \tag{72.2}$$

$$2)\qquad \left.\begin{aligned} \frac{1}{C}\frac{dQ}{dt} + L\frac{d^2I}{dt^2} &= 0 \\ \frac{d^2I}{dt^2} &= -\frac{1}{L\cdot C} I. \end{aligned}\right\} \qquad (72.3)$$

Diese Gleichung hat die Form der Bewegungsgleichung des ungedämpften elastischen Pendels (I 18.2). Eine Lösung ist

$$I = I_0 \cos\omega t$$

mit $\omega = 2\pi\nu = \frac{2\pi}{T} = \frac{1}{\sqrt{L\cdot C}}$. Im Kreis kann also ein konstanter Wechselstrom (Schwingstrom) fließen mit der Schwingungsdauer

$$T = 2\pi\sqrt{L\cdot C} \quad \textit{(Thomsonsche Gleichung)}, \qquad (72.4)$$

wie in Analogie zu (67.2) zu erwarten.

Anschaulich versteht man das Zustandekommen der Schwingung und die Phasenbeziehung zwischen Schwingstrom und Spannung am Kondensator wie folgt: Die beiden Platten des Kondensators sind über die Spule $L$ miteinander verbunden. Durch den Schwingstrom wird in der Spule eine Spannung induziert, welche der Kondensatorspannung gleich, aber entgegengerichtet ist; diese induzierte Spannung $-L\frac{dI}{dt}$ muß also zu jeder Zeit entgegengesetzt gleich der Kondensatorspannung sein:

$$-L\cdot\frac{dI}{dt} = -U_K.$$

Ist die Kondensatorspannung am größten, so muß auch die Änderungsgeschwindigkeit der Stromstärke $\frac{dI}{dt}$ am größten sein; diese größte Änderung hat sie beim Durchgang durch Null. Ist die Kondensatorspannung Null, so muß die Änderungsgeschwindigkeit der Stromstärke auch Null sein, d.h. die Stromstärke hat dann ihren Maximalwert erreicht. Stromstärke und Spannung sind also bei der ungedämpften Schwingung um eine Viertelschwingungsdauer gegeneinander versetzt (die Phasenverschiebung ist $\alpha = \frac{\pi}{2}$).

Zur Erzeugung *ungedämpfter Schwingungen* muß man die Energie, die dem Kreise während einer Periode durch die Entwicklung Joulescher Wärme in dem nie ganz zu vermeidenden Widerstand verlorengeht, wieder zuführen. Man erreicht dies z.B. mit Hilfe von Elektronenröhren (vgl. IV § 13).

**73. Gedämpfte elektrische Schwingungen.** In dem Ohmschen Widerstand des Kreises wird durch den Schwingstrom Joulesche Wärme entwickelt, die der elektrischen und magnetischen Energie entzogen wird. Dann gilt für deren Änderung

$$-\left(\frac{d(E_{\text{el}})}{dt} + \frac{d(E_{\text{magn}})}{dt}\right) = I^2\cdot R,$$

also nach (72.2)

$$-\frac{1}{C}Q\cdot I - L\cdot I\frac{dI}{dt} = I^2\cdot R$$

$$-\frac{1}{C}Q - L\frac{dI}{dt} = I\cdot R.$$

Noch einmal nach der Zeit differenziert:

$$L\frac{d^2I}{dt^2}+R\frac{dI}{dt}+\frac{1}{C}I=0. \tag{73.1}$$

Diese Gleichung, die die Form der Bewegungsgleichung der gedämpften elastischen Schwingung (I 76.2) besitzt, wird gelöst durch

$$I=I_0\cdot e^{-\delta t}\cos\omega t, \tag{73.2}$$

wo $\delta=\frac{R}{2L}$ und

$$\omega=\sqrt{\frac{1}{L\cdot C}-\frac{R^2}{4\cdot L^2}} \tag{73.3}$$

(73.2) und (73.3) gehen aus (I 76.3) und (I 76.4) hervor, wenn $m$ durch $L$, $D$ durch $\frac{1}{C}$ und $k$ durch $R$ ersetzt werden. Die Amplitude nimmt also nach einer Exponentialfunktion ab:

$$I_0'=I_0\cdot e^{-\frac{R}{2\cdot L}t}.$$

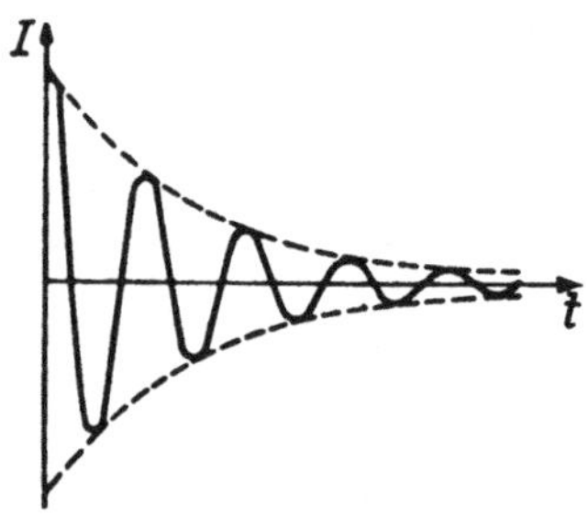


Abb. 338. Abnahme der Stromstärke bei einer gedämpften elektrischen Schwingung

In Abb. 338 ist der zeitliche Verlauf des Stromes einer *gedämpften* Schwingung dargestellt.

Das Verhältnis zweier aufeinanderfolgender maximaler Stromwerte, die um die Schwingungsdauer $T$ aufeinanderfolgen, ist

$$\frac{I_0'}{I_0''}=e^{-\frac{R}{2\cdot L}(t-(t+T))}=e^{+\frac{R}{2\cdot L}T}.$$

Der natürliche Logarithmus dieses Verhältnisses heißt *logarithmisches Dekrement* $\Lambda$ (vgl. I § 76):

$$\Lambda=\frac{R}{2\cdot L}T.$$

Ist der Widerstand $R$ klein und daher nach (73.3) die Schwingungsdauer nur unwesentlich von der des ungedämpften Kreises $T=2\pi\sqrt{L\cdot C}$ verschieden, dann wird

$$\Lambda\approx\frac{2\pi R}{2L}\sqrt{L\cdot C}=\pi R\cdot\sqrt{\frac{C}{L}}. \tag{73.4}$$

(73.3) hat überhaupt keine reelle Wurzel, wenn

$$\frac{R^2}{4\cdot L^2}>\frac{1}{L\cdot C}$$

oder

$$\frac{R}{2\cdot L}>\sqrt{\frac{1}{L\cdot C}}=\omega_0$$

ist. Dann findet keine oszillatorische Entladung des Kreises mehr statt.

## 74. Der Tesla-Transformator.

Wird eine Leidener Flasche (Kapazität z.B. $C=10^{-9}$ Farad) durch eine kreisförmige Kupferschlinge von 40 cm Durchmesser und 2 mm Drahtradius ($L=1{,}25\cdot10^{-6}$ Hy) entladen, so klingen die Amplituden des mit der Frequenz $\nu=\frac{1}{2\pi}\sqrt{\frac{1}{L\cdot C}}=4{,}5\cdot10^6\,\mathrm{s}^{-1}$ schwingenden Entladungsstromes nach (73.2) in der Zeit $\tau=\frac{2L}{R}=\frac{2{,}5\cdot10^{-6}}{R}=1{,}5\cdot10^{-4}$ s auf $\frac{1}{e}$ ab [$R$ ist für diese Frequenz infolge der Stromverdrängung, des Skineffektes (s. § 68) etwa 10mal größer als der Gleichstromwiderstand]. Nach der 4,6fachen Zeit, das sind $7\cdot10^{-4}$ s, beträgt daher die Amplitude nur noch 1% des Anfangswertes, ist also die Schwingung praktisch abgeklungen. Macht man die Drahtschlinge eines solchen Schwingungskreises zur Primärspule eines Transformators, in den man als Sekundärspule eine Spule mit vielen Windungen stellt, so wird infolge der hohen Frequenz und der dadurch bedingten großen Änderungsgeschwindigkeit des Induktionsflusses in ihr eine sehr hohe Spannung induziert. Besonders hohe Spannungen, die zu meterlangen Büschelentladungen in der freien Atmosphäre Veranlassung geben, erzielt man, wenn die Eigenfrequenz der Spule mit der Frequenz des Primärkreises übereinstimmt (Resonanz). Abb. 339 gibt das Schaltschema eines Tesla-Transformators. Der gestrichelt eingerahmte Teil stellt den eigentlichen Tesla-Transformator dar. Der Niederfrequenztransformator *Nfr.Tr.* lädt den Kondensator des Schwingungskreises auf, der sich über die Windung *P.Sp.* und die Funkenstrecke *F* oszillatorisch entlädt.

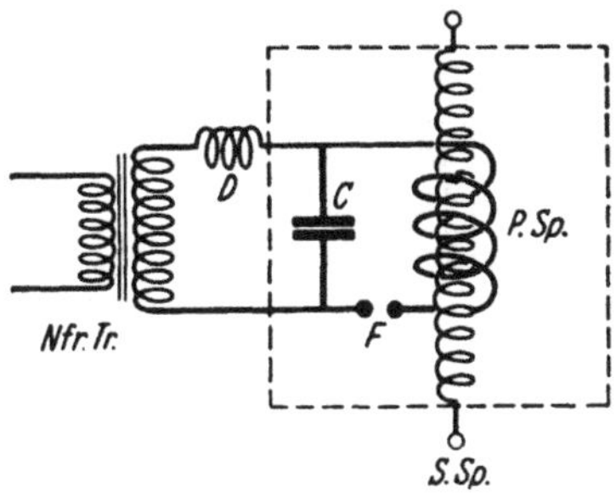

Abb. 339. Der Tesla-Transformator

Ersetzt man die Sekundärspule *S.Sp* durch eine Spule mit wenigen Windungen aus dickem Draht, so werden in ihr starke Ströme niedriger Spannung induziert, in die man z.B. den menschlichen Körper einschalten kann. Diese Hochfrequenzströme finden in der medizinischen Therapie als *Diathermieströme* eine wichtige Anwendung. Während Gleichströme oder niederfrequente Wechselströme von $^1/_{10}$ bis $^1/_{100}$ Ampere, die durch den menschlichen Körper gehen, tödlich wirken, können Hochfrequenzströme bis über 10 Ampere ohne Schädigung durch ihn hindurchfließen; die untere Grenze der nicht schädlichen Frequenzen liegt etwa bei $10^5$ Hertz. Während man durch von außen zugeführte Wärme die Temperatur nur einige Millimeter unter der Hautoberfläche erhöhen kann, vermag die von den Hochfrequenzströmen entwickelte Joulesche Wärme tief im Innern des Körpers liegende Organe zu erwärmen.

## O. Der Verschiebungsstrom und die Maxwellschen Gleichungen

**75. Der Verschiebungsstrom.** Wenn sich zwischen den Platten des Kondensators eines Schwingungskreises ein Dielektrikum befindet, so werden infolge der Polarisation die in den Atomen befindlichen Ladungen durch die vom elektrischen Feld herrührenden Kräfte verschoben (vgl. § 13). Ähnlich wie die Elektronen im Leitungsdraht vollführen sie Schwingungen um eine Gleichgewichtslage. Da wegen (10.4) und (13.1) die Kapazität ($C$) des Plattenkondensators gleich $\varepsilon\varepsilon_0 \frac{F}{d}$ ist, befindet sich auf ihm die Ladung

$$Q = C \cdot U = \varepsilon\varepsilon_0 \frac{F}{d} U = \varepsilon\varepsilon_0 E \cdot F = (\varepsilon_0 E + P) \cdot F \tag{75.1}$$

(vgl. 13.8).

Ihre Änderung pro Zeiteinheit $\frac{dQ}{dt}$ ergibt einen Strom:

$$I = \left(\varepsilon_0 \frac{dE}{dt} + \frac{dP}{dt}\right) \cdot F. \tag{75.2}$$

Denken wir uns den im Leitungsdraht fließenden Strom im Dielektrikum fortgesetzt, so daß wir es nun mit einem geschlossenen Stromkreis zu tun haben, so können wir seine Stromstärke durch die Eigenschaften des Feldes und des Dielektrikums ausdrücken: Die Stärke des durch die Flächeneinheit fließenden Stromes, die Stromdichte $i$, ist

$$i = \frac{I}{F} = \varepsilon_0 \frac{dE}{dt} + \frac{dP}{dt}. \tag{75.3}$$

Der zweite Summand ist die infolge der Polarisation der Materie je Zeiteinheit durch die Flächeneinheit hindurchtretende (sich *hindurchschiebende*) Ladung. Hinzu kommt aber noch $\varepsilon_0 \frac{dE}{dt}$. Dieser Anteil des Stromes bleibt auch bestehen, wenn sich zwischen den Platten des Kondensators keine Materie, sondern ein

Vakuum, befindet. Allgemein bezeichnet man

$$i = \frac{dD}{dt} \tag{75.4}$$

als die *Dichte des Verschiebungsstromes*, wo $D = \varepsilon_0 E + P$ [vgl. 13.9] die dielektrische Verschiebung ist.

MAXWELL verallgemeinerte diese Überlegung: Überall, wo im Raume, sei er leer oder mit Materie erfüllt, sich ein elektrisches Feld zeitlich ändert, fließt ein Verschiebungsstrom. Besitzt die Materie eine endliche elektrische Leitfähigkeit, so überlagert sich dem Leitungsstrom dieser Verschiebungsstrom. Er macht sich natürlich vor allem bei hochfrequenten Wechselfeldern bemerkbar.

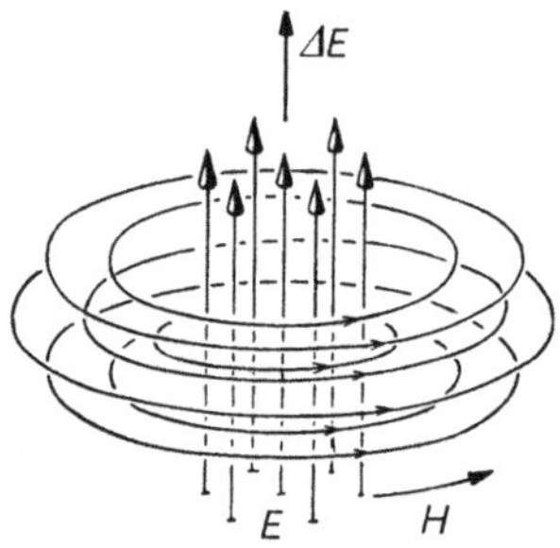

Abb. 340. Zur 1. Maxwellschen Gleichung

**76. Der physikalische Inhalt der 1. Maxwellschen Gleichung.** Nach MAXWELL ist diesem Verschiebungsstrom ebenso wie dem Leitungsstrom ein Magnetfeld zuzuschreiben, dessen Kraftlinien in sich geschlossen sind (magnetisches Wirbelfeld):

*Ein sich zeitlich änderndes elektrisches Feld erzeugt stets ein magnetisches Wirbelfeld.*

Die Richtung der magnetischen Kraftlinien, welche durch das veränderliche elektrische Feld erzeugt werden, hängt von der Richtung seiner Änderung, also der Richtung von $\Delta E$, ab (Abb. 340), die bei abnehmendem Feld $E$ diesem entgegen gerichtet ist.

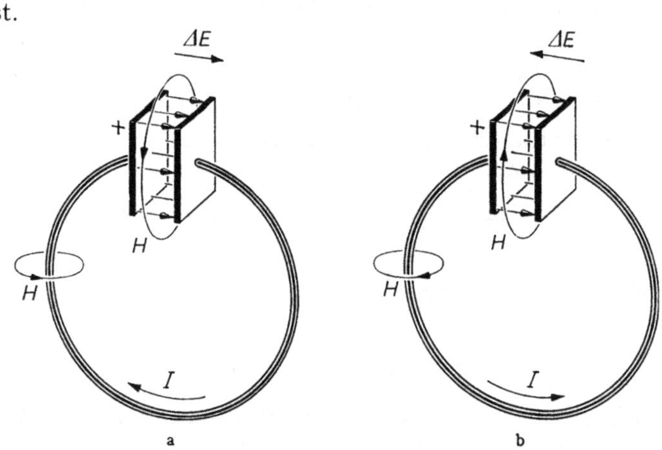

Abb. 341 a u. b. Magnetische Kraftlinien im veränderlichen elektrischen Feld kurz vor bzw. nach Erreichen des Maximums

Abb. 341 a und b beschreiben den Verlauf des Magnetfeldes im veränderlichen elektrischen Feld des Kondensators eines Schwingungskreises.

MAXWELL nahm an, daß das Durchflutungsgesetz (31.4)

$$\oint H_s ds = \int i_n df, \tag{76.1}$$

welches experimentell nur für stationäre Ströme bewiesen war, nicht nur in dieser Integralform, sondern auch in der Differentialform

$$\text{rot}\, H = i \tag{76.2}$$

allgemein gültig sei. Diese Form ist ohne Einführung neuer physikalischer Annahmen aus (76.1) durch mathematische Operationen ableitbar, auf welche wir hier nicht eingehen. rot $H$ ist ein Vektor, dessen Komponenten folgende Bedeutung haben:

$$\mathrm{rot}_x H = \frac{\partial H_z}{\partial y} - \frac{\partial H_y}{\partial z}, \quad \mathrm{rot}_y H = \frac{\partial H_x}{\partial z} - \frac{\partial H_z}{\partial x}, \quad \mathrm{rot}_z H = \frac{\partial H_y}{\partial x} - \frac{\partial H_x}{\partial y}.$$

Da die Stromdichte $i$ sich aus den Beiträgen des Leitungsstromes $\varkappa E$ und des Verschiebungsstromes (75.4) zusammensetzt, so ergibt sich aus (76.2):

$$\mathrm{rot}\, H = \varkappa E + \varepsilon \varepsilon_0 \frac{\partial E}{\partial t} \quad \textit{(1. Maxwellsche Gleichung).} \tag{76.3}$$

Für Isolatoren (oder das Vakuum) ist die Leitfähigkeit $\varkappa = 0$. Dann wird

$$\mathrm{rot}\, H = \varepsilon \varepsilon_0 \frac{\partial E}{\partial t} = \frac{\partial D}{\partial t}. \tag{76.4}$$

**77. Der physikalische Inhalt der 2. Maxwellschen Gleichung.** Nach dem Induktionsgesetz (36.3) wird durch Änderung eines Magnetfeldes an den Enden eines Leiters, der jenes umfaßt, eine Spannung induziert. Wird der Leiter zum Ring geschlossen, so fließt in ihm ein Strom, der seinerseits ein (sekundäres) Magnetfeld erzeugt. In Abb. 342 soll $\Delta H$ die Änderung des primären Feldes andeuten; in diesem Fall also eine Zunahme. Das sekundäre Feld ist dann stets $\Delta H$ entgegengerichtet (Lenzsche Regel). Der Strom fließt also im umgekehrten Uhrzeigersinn, wenn man in der Richtung des Magnetfeldes blickt. Bei entgegengesetzter Richtung von $\Delta H$, also Schwächung des induzierenden Magnetfeldes, fließt der Strom im Uhrzeigersinn.

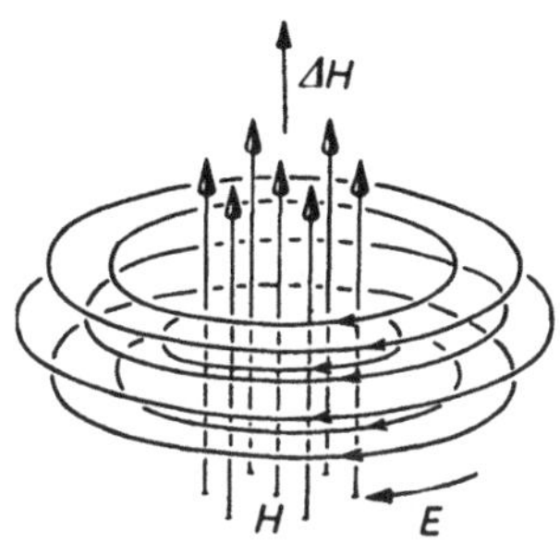

Abb. 342. Das von einem sich ändernden Magnetfeld erzeugte elektrische Wirbelfeld

Zum direkten Nachweis der induzierten Spannung bedarf es stets eines Leiters, der das veränderliche Magnetfeld umfaßt. MAXWELL aber nahm an, daß ein elektrisches Wirbelfeld auch in Abwesenheit eines Leiters vorhanden ist. Daraus folgt: *Jedes sich ändernde Magnetfeld erzeugt ein elektrisches Wirbelfeld, dessen Richtung aus dem Induktionsgesetz folgt.*

Abb. 340, 342 und 343 sollen veranschaulichen, wie die zeitlichen Änderungen eines Magnetfeldes bzw. elektrischen Feldes zu elektrischen bzw. magnetischen Wirbelfeldern Veranlassung geben. Dies ist der physikalische Inhalt der Grundgleichungen des elektromagnetischen Feldes, der sogenannten Maxwellschen Gleichungen.

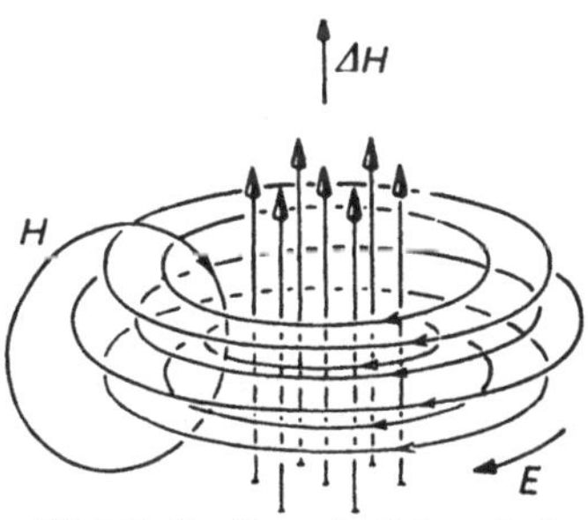

Abb. 343. Zur Veranschaulichung des Inhaltes der Maxwellschen Gleichungen

Das Faradaysche Induktionsgesetz (36.3) und (36.1)

$$U_{\mathrm{ind}} = -\int \frac{\partial B_n}{\partial t}\, dF, \tag{77.1}$$

welches als experimenteller Erfahrungssatz die in einem geschlossenen Draht induzierte Spannung (bzw. elektrische Feldstärke $E$) ergibt, behält nach MAXWELL seine Gültigkeit für Spannung und Feldstärke entlang eines beliebig gewählten geschlossenen Integrationsweges überall im Raum, in dem ein Magnetfeld sich ändert.

Durch Umschreiben in die Differentialform erhält man:

$$\mathrm{rot}\, E = -\frac{\partial B}{\partial t} \quad \textit{(2. Maxwellsche Gleichung).} \tag{77.2}$$

**78. Energieströmung im elektromagnetischen Feld.** Aus den Grundgleichungen (76.3) und (77.2) folgt, daß in einem elektromagnetischen Felde, in dem die Feldstärken sich zeitlich ändern, eine Energieströmung stattfindet. Grenzt man ein Gebiet des Feldes durch eine geschlossene Fläche ein, so ergibt sich aus dem Energieprinzip, wie wir hier ohne mathematische Begründung anführen wollen, für die Energie, die je Zeiteinheit durch die Flächeneinheit hindurchströmt, d.h. für die *Intensität*

$$\boldsymbol{S} = [\boldsymbol{E}\boldsymbol{H}]. \tag{78.1}$$

$\boldsymbol{S}$ bezeichnet man als den *Poyntingschen Vektor*. Ebenfalls mit Hilfe der Grundgleichungen läßt sich $\boldsymbol{H}$ aus (78.1) eliminieren. Dann wird

$$S = \sqrt{\frac{\varepsilon\varepsilon_0}{\mu\mu_0}}\, E^2. \tag{78.2}$$

## P. Hohlraum- und lineare Oszillatoren

Während beim Schwingkreis (Abb. 337) für Frequenzen bis zu einigen MHz das elektrische Feld praktisch auf den Kondensator und das magnetische auf die Selbstinduktionspule beschränkt bleibt, spielen bei sehr hohen Frequenzen (sehr viel kleineren $L$ und $C$) die Felder in der Umgebung der Zuleitungen eine steigende Rolle. Elektrische und magnetische Felder sind nun räumlich nicht mehr getrennt. Aus dem Schwingkreis entwickelt sich dann entweder der Hohlraum-Oszillator, bei dem sowohl das elektrische, wie das magnetische Feld einen leitend umschlossenen Hohlraum erfüllen, oder der lineare Oszillator, bei dem beide sich in der Umgebung eines linearen Leiters abspielen.

**79. Der Hohlraumoszillator.** Die Entwicklung zum Hohlraumoszillator macht man sich an Hand von Abb. 344 klar: Aus dem in (a) skizzierten Schwingkreis entsteht durch Rotation um die Mittelachse des Plattenkondensators um diesen

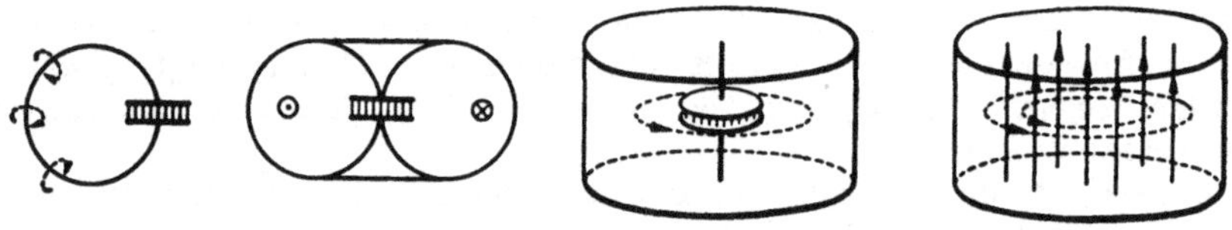

a b c d

Abb. 344 a—d. Übergang vom Schwingungskreis zum Hohlraumresonator

ein toroidförmiger Hohlraum (b), in dem die magnetischen Feldlinien das elektrische Kondensatorfeld umrundend verlaufen. Das Toroid denke man sich zur zylindrischen Schachtel erweitert (c) und endlich die Platten des Kondensators bis zu den Zylinderdeckeln zurückverlegt (d). Am Verlauf der magnetischen (punktiert) und elektrischen (durchgezogenen) Kraftlinien ändert sich nichts wesentliches mehr. Sie erfüllen zeitlich abwechselnd den gleichen Hohlraum, was auch auf zahllose andere Arten als die in (d) skizzierte geschehen kann. Ganz analog zu den mechanischen Eigenschwingungen materiegefüllter Räume (vgl. I § 80, S. 98) besitzt ein leerer, von elektrisch leitenden Wänden umgebener Hohlraum elektromagnetische Eigenschwingungen. Stets enden die elektrischen Feldlinien senkrecht auf den Wänden (vgl. § 6), und in jedem Raumpunkt verlaufen elektrische und magnetische Feldlinien zueinander senkrecht.

Die erste dieser beiden Aussagen ist nur dann streng erfüllt, wenn der spezifische Widerstand der Hohlraumwände vernachlässigt werden kann und die Eindringtiefe der elektrischen Welle daher zu 0 wird (vgl. § 68). Dann geht die Schwingung ohne jeden Energieverlust, also völlig dämpfungsfrei vor sich.

**80. Der lineare Oszillator (Heinrich Hertz).** Abb. 345 zeigt, wie sich aus dem Schwingkreis (a) der lineare Oszillator entwickelt: Durch Verkleinerung des Kondensators (b und c) und Streckung der „Selbstinduktionsspule" (d).

Die Erregung des Kreises Abb. 351 a kann durch induktive Kopplung mit einem Röhrensender erfolgen. (vgl. IV § 13). Um die Schwingungen nachzuweisen, kann man in den Drahtbügel eine Gühlampe einschalten (Abb. 346). Die Lampe leuchtet hell, wenn

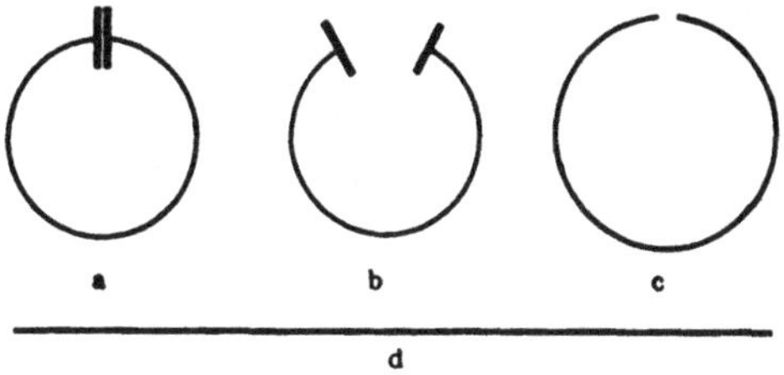


Abb. 345 a—d. Übergang vom geschlossenen zum offenen Schwingungskreis und zum Hertzschen Oszillator

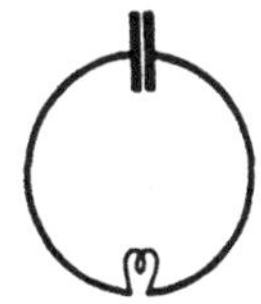

Abb. 346. Nachweis der Schwingungen durch eine in den Kreis geschaltete Glühlampe

die Eigenfrequenz mit der des „Sendekreises" übereinstimmt. Die notwendige Abstimmung erfolgt durch Abstandsänderung der Platten des Kondensators, wodurch dessen Kapazität verändert wird. Diese Resonanz ist recht scharf, was nach I § 77 auf geringe Dämpfung des Schwingungskreises schließen läßt.

Der Nachweis der Schwingungen im linearen Oszillator (Abb. 345 d) geschieht ebenfalls durch eine in seiner Mitte eingeschaltete Glühlampe. Seine Eigenfrequenz wird durch Längenänderung (etwa durch Ausziehen von über seine Enden geschobenen Röhren) der Frequenz des „Senders" angepaßt. Man findet, daß „Resonanz" innerhalb eines recht großen Intervalls eintritt. Daraus muß geschlossen werden, daß die Dämpfung dieser Schwingung beträchtlich ist. Da der Ohmsche Widerstand des geraden Drahtes nicht größer ist als der Widerstand des zum Kreise gebogenen Drahtes der Anordnung Abb. 345 a, können die größeren Energieverluste nicht durch erhöhte Entwicklung von Joulescher Wärme erklärt werden. Beim Hertzschen Oszillator kommen zusätzlich zu den Wärmeverlusten noch die *Energieverluste durch Ausstrahlung* hinzu *(Strahlungsdämpfung)*.

Bringt man den Hertzschen Oszillator mit der Länge $l_0$, der in Luft Resonanz zeigt, in ein Dielektrikum, z.B. Wasser mit der Dielektrizitätskonstanten $\varepsilon = 81$, dann muß er, um bei derselben Frequenz Resonanz zu zeigen, auf $\frac{l_0}{\sqrt{\varepsilon}} = \frac{l_0}{9}$ verkürzt werden.

Wenn wir annehmen, daß auch für sehr hohe Frequenzen ($\nu \approx 10^8$ Hz) das Produkt aus Selbstinduktion und Kapazität noch maßgeblich ist, obwohl die Thomsonsche Gleichung (72.4) hier nicht mehr streng gilt, so kann man den Einfluß des Dielektrikums auf die Frequenz abschätzen: Die Kapazität wird durch das umgebende Dielektrikum auf das $\varepsilon$-fache erhöht und damit die Frequenz um das $\sqrt{\varepsilon}$-fache verringert. Um die Frequenz unverändert zu halten, muß die Länge des Dipols auf $\frac{l_0}{\sqrt{\varepsilon}}$ verringert werden. Denn dadurch nimmt sowohl die Kapazität als auch die Selbstinduktion auf den Bruchteil $\frac{1}{\sqrt{\varepsilon}}$ ab, so daß dadurch der Einfluß der Kapazitätserhöhung durch das Dielektrikum auf die Frequenz aufgehoben wird. Das Produkt aus Selbstinduktion und Kapazität ist das gleiche wie bei dem im Vakuum (Luft) abgestimmten Dipol:

$$\frac{L_0}{\sqrt{\varepsilon}} \cdot \varepsilon \cdot \frac{C_0}{\sqrt{\varepsilon}} = L_0 \cdot C_0 .$$

Bringt man in dem Oszillator noch weitere Glühlampen an (Abb. 347a), so leuchten diese nicht so hell wie die mittlere, und zwar um so geringer, je weiter sie aus der Mitte entfernt sind. Das bedeutet, daß längs eines linearen Oszillators die effektive Stromstärke nicht konstant ist: sie hat in der Mitte ein Maximum und ist an den Enden Null. Abb. 347b zeigt die Verteilung der Stromstärke in den Schwingungsphasen, bei denen sie ihre Maximalwerte erreicht; sie folgen einander im Abstand einer halben Schwingungsdauer.

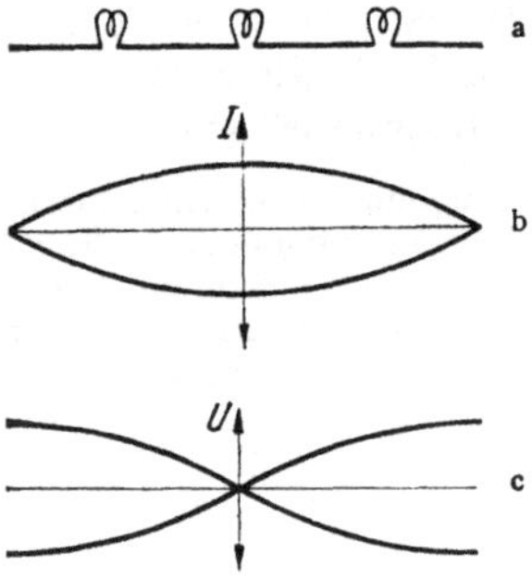

Abb. 347a—c. Die Verteilung der Stromstärke und Spannung in einem Hertzschen Oszillator. Die zur Spannungsverteilung c gehörige Feldstärke zeigt die gleiche Form wie b

Abb. 347c beschreibt die Spannungsverteilung längs des Drahtes ebenfalls für zwei Schwingungszustände mit der Phasendifferenz $\pi$. Strom und Spannung sind gegeneinander um $\frac{\pi}{2}$ verschoben.

Abb. 347b stimmt mit der Abb. 149b überein, die die Verschiebung der Teilchen eines in der Grundschwingung longitudinal schwingenden elastischen Stabes darstellt, der an beiden Enden fest eingespannt ist. Nach I § 80 kann die Eigenschwingung eines longitudinal schwingenden Stabes als stehende Welle aufgefaßt werden. Ihre Wellenlänge ist gleich der doppelten Stablänge. Es liegt nahe, auch die Feldstärkenänderung am Hertzschen Oszillator als stehende Welle aufzufassen, welche durch Interferenz einer am Stab hin- und rücklaufenden elektrischen Welle zustande kommt, und deren Wellenlänge gleich der doppelten Oszillatorlänge ist. Wenn man als Phasengeschwindigkeit der elektrischen Welle die Lichtgeschwindigkeit $c = 3 \cdot 10^{10}$ cm/s annimmt, so folgt für die Frequenz der Schwingung eines linearen Oszillators:

$$\nu = \frac{c}{\lambda} = \frac{c}{2l}. \tag{80.1}$$

Für $l = 150$ cm folgt: $\nu = \frac{3 \cdot 10^{10}}{3 \cdot 10^{2}}\,\mathrm{s}^{-1} = 10^{8}\,\mathrm{s}^{-1} = 100\,\mathrm{MHz}$; $T = 10^{-8}$ s.

**81. Die Ausstrahlung des linearen Oszillators.** In der Phase, in der die Stromstärke überall Null ist, haben die Enden des Oszillators ihre größte positive bzw. negative Ladung. Der Oszillator ist also ein *Dipol,* dessen elektrisches Moment aber nicht konstant ist, sondern sich mit der Periode der Schwingung ändert. Infolgedessen ist das elektrische Feld des Dipols nicht konstant. Die elektrischen Kraftlinien eines konstanten Dipols sind in Abb. 216 dargestellt; sie erfüllen den unendlichen Raum. Wenn aber wie bei unserem Beispiel in $5 \cdot 10^{-9}$ s der Dipol entsteht, wieder vergeht und mit umgekehrtem Vorzeichen neu entsteht, so müßten die Kraftlinien innerhalb dieser Zeit bis in unendlich weite Entfernungen vordringen, wieder verschwinden und mit umgekehrter Feldrichtung wieder entstehen. Breitet sich aber das veränderliche Feld mit einer endlichen Geschwindigkeit aus, so kann die Feldänderung mit der Änderung des Momentes nicht Schritt halten; die Kraftlinien kehren nicht wieder zum Dipol zurück, sondern schnüren sich ab, und die in sich geschlossenen Kraftlinien (elektrischen Wirbelfelder) entfernen sich mit der für die Ausbreitung einer Feldstörung charakteristischen Geschwindigkeit $c$ vom Oszillator.

Heinrich Hertz hat aus den Maxwellschen Gleichungen die Gestalt der Kraftlinien berechnet; für einige Schwingungsphasen sind sie in Abb. 348 gezeichnet. Auch im ersten Stadium weicht ihr Verlauf von demjenigen des aus zwei Punktladungen bestehenden Dipols ab, weil hier die Ladungen über den ganzen Oszillator verteilt sind, ebenso wie die Spannung (Abb. 347c). Nach jeder halben Schwingung löst sich ein Kraftlinienbündel vom Oszillator ab und eilt in größerer Entfernung vom Sender mit der Geschwindigkeit $c = 3 \cdot 10^{10}$ cm/s in den Raum. Ähnliches gilt für die magnetischen Kraftlinien, welche vom Schwingstrom erzeugt, den Oszillator mit wechselnder Richtung als Kreise, wie in Abb. 347b, umschließen, deren Radien der Zeit proportional wachsen. Wir haben also im Raum ein elektrisches und ein magnetisches Wechselfeld, deren Kraftlinien in hinreichend großer Entfernung vom Dipol die von ihm aus gezogenen Radien senkrecht durchschneiden und sich gegenseitig senkrecht durchdringen. Das Feld hat die Eigenschaften einer *transversalen Welle.* Außerhalb des unmittelbar um den

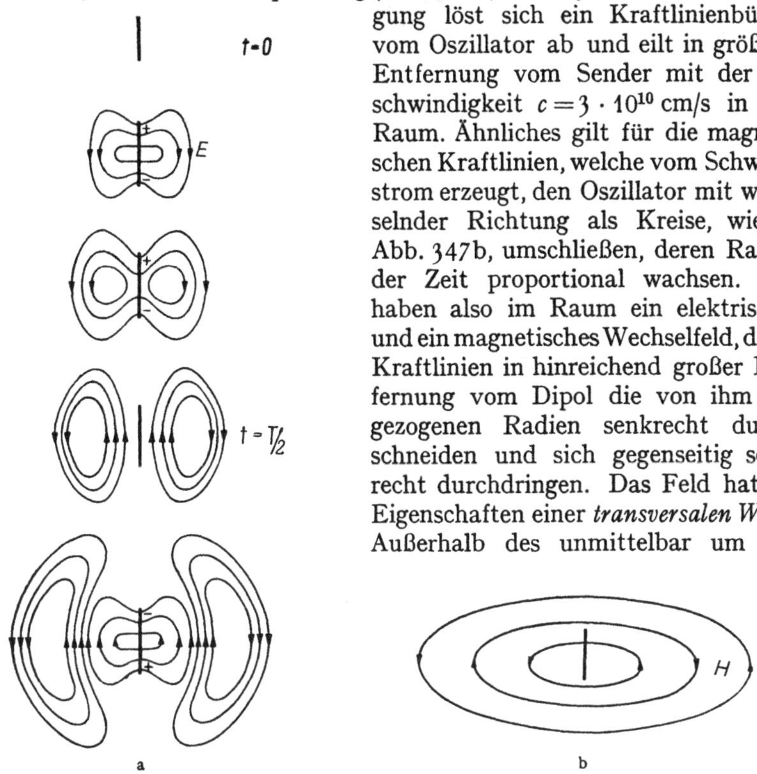


Abb. 348 a u. b. Das elektrische und magnetische Feld in der Umgebung eines Hertzschen Oszillators. Die elektrischen Kraftlinien, welche mit wachsendem Moment des schwingenden Dipols sich in den umgebenden Raum hinein ausbreiten, kehren während der Abnahme des Moments nicht zurück. Nach der Zeit $\frac{T}{2}$ haben sie sich von den Ladungen des Dipols gelöst. Das entstandene elektrische Wirbelfeld mit den charakteristischen nierenförmigen Kraftlinien entfernt sich mit Lichtgeschwindigkeit vom Sender. Nach $\frac{T}{2}$ quellen wieder, nun aber mit umgekehrter Richtung, Kraftlinien aus dem Dipol. So löst sich nach jeder halben Periode ein Bündel elektrischer Kraftlinien ab. Von dem Strom im Oszillator wird ein Magnetfeld erzeugt. Die magnetischen Kraftlinien sind Kreise um die Dipolachse wie in b dargestellt. Auch ihre Richtung ändert sich nach jeder halben Periode. Gemäß den Maxwellschen Gleichungen miteinander gekoppelt, pflanzen sich die elektrischen und magnetischen Felder gemeinsam fort.

Sender bestehenden *Nahfeldes* ist die Phasendifferenz zwischen der elektrischen und der auf ihr senkrechten magnetischen Welle Null. Deswegen ist auch der Poyntingsche Vektor (vgl. 78.1) von Null verschieden und immer gleich gerichtet (und zwar vom Sender fort). Im Felde findet also eine Energieströmung statt. Sie ist bei gleichen Abständen vom Dipol dort am größten, wo die elektrische und magnetische Feldstärke am größten sind. Das ist in der Mittelebene senkrecht zum Oszillator der Fall. In der Richtung des Oszillators selbst sind in jedem Abstand sowohl die elektrische als auch die magnetische Feldstärke gleich Null. In dieser Richtung strahlt also der Oszillator überhaupt keine Energie aus. Abb. 349 gibt ein Polardiagramm der von einem Oszillator ausgestrahlten Energie. Die Theorie gibt für die Winkelabhängigkeit der Strahlungsintensität

$$S = \text{Const}\,\frac{\sin^2\vartheta}{r^2}\,, \tag{81.1}$$

wenn $\vartheta$ den Winkel zwischen der Strahlrichtung und der Richtung des Oszillators darstellt.

Von jeder mit $b$ beschleunigten Ladung $e_0$ (Abb. 350) breitet sich sowohl ein elektrisches als auch ein magnetisches Feld mit Lichtgeschwindigkeit aus. Sie strahlt also Energie aus. Die elektrischen Feldlinien liegen in der Ebene von $b$ und $r$, die magnetischen stehen zu ihr senkrecht. Die je Flächen- und Zeiteinheit abströmende Energie (vgl. 78.1) ist:

$$S = [E H] \tag{81.2}$$

Die Theorie der Elektrodynamik beweist, daß sowohl $E$ wie $H$ proportional zu $e_0$ und zu $b$ sind. Dadurch wird $E$ proportional zu $e_0^2 b^2$ und ebenso die gesamte Ausstrahlung pro Zeiteinheit ($S$):

$$S = \text{Const} \cdot e_0^2 \cdot b^2 \tag{81.3}$$

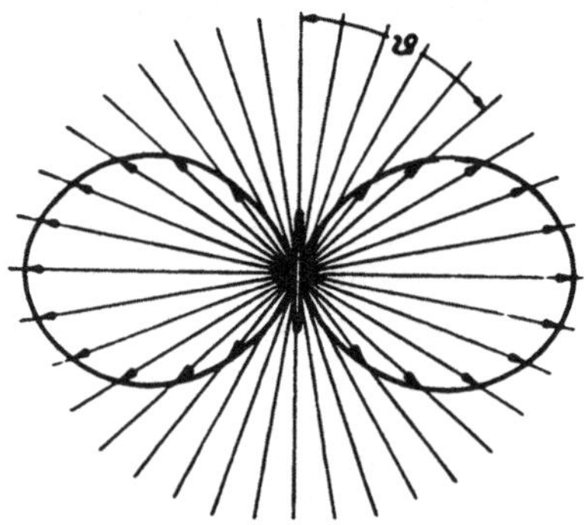


Abb. 349. Das Strahlungsdiagramm eines Hertzschen Oszillators. Es besteht Rotatiossymmetrie um die Diapolachse

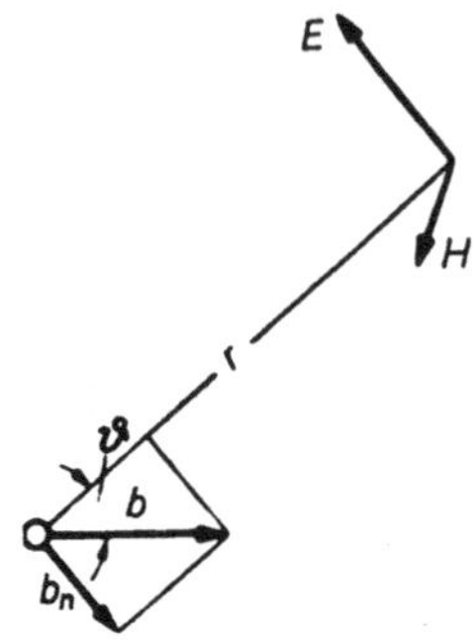


Abb. 350. Die Ausstrahlung einer beschleunigten Ladung als Funktion der Richtung

Ein Elektron, an dem ein elektrisches Feld mit der Feldstärke $E$ angreift, erfährt eine Beschleunigung $b = \frac{e_0 \cdot E}{m_0}$, seine Ausstrahlung ist also

$$S = \text{Const} \frac{e_0^4}{m_0^2} \cdot E^2. \tag{81.4}$$

Wenn das Elektron um seine Ruhelage eine harmonische Schwingung $x = x_0 \sin \omega t$ vollführt, so ist

$$b = \ddot{x} = -x_0 \cdot \omega^2 \cdot \sin \omega t,$$

und daher nach (81.3)

$$S = \text{Const} \cdot e_0^2 \cdot x_0^2 \cdot \omega^4 \cdot \sin^2 \omega t. \tag{81.5}$$

Denkt man sich im Schwingungsmittelpunkt eine entgegengesetzt gleiche Ladung angebracht, so ist $e_0 \cdot x$ das jeweilige elektrische Moment und $e_0 \cdot x_0 = p_0$ das maximale Moment des schwingenden Dipols. Dann wird, weil $\overline{\sin^2 \omega t} = \frac{1}{2}$, der zeitliche Mittelwert der Gesamtenergie $S$, die pro Zeiteinheit vom schwingenden Elektron ausgeht:

$$S = \text{Const} \frac{1}{2} \omega^4 p_0^2. \tag{81.6}$$

Ganz analog dem schwingenden elektrischen Dipol verhält sich ein magnetischer, der z. B. durch einen mit hochfrequentem Wechselstrom beschickten Stromring (vgl. III § 39) realisiert werden kann. Das von ihm erzeugte Feld entspricht genau dem des elektrischen Dipols, nur daß, wo dort die elektrischen Feldlinien verlaufen (vgl. Abb. 354a), sich jetzt magnetische befinden und umgekehrt. Das Strahlungsdiagramm (Abb. 355) ist in beiden Fällen das gleiche.

## Q. Ausbreitung elektrischer Wellen

**82. Elektrische Wellen auf Drähten.** Bringt man in das Strahlungsfeld eines Hochfrequenzsenders zwei parallele Drähte (Lecher-Drähte), so werden sie zu elektrischen Schwingungen erregt. An einem der Lecher-Drähte werde eine kleine Spule (wie in Abb. 357a) entlang geschoben, deren Enden über einen

Gleichrichter verbunden und an ein Galvanometer angeschlossen sind. Dessen Ausschlag ist ein Maß für die Stromstärke des im Lecher-Draht fließenden hochfrequenten Stromes. Das Galvanometer zeigt in regelmäßig wiederkehrenden Abständen Maximalausschläge, die auf Null zurückgehen, wenn die Spule sich in der Mitte zwischen diesen ausgezeichneten Lagen befindet. Die Stromverteilung wechselt also periodisch, vergleichbar mit der Luftbewegung in stehenden Schallwellen im Kundtschen Rohr (s. I § 94b), auf den Drähten bilden sich *stehende elektrische Wellen* aus. Die Abstände der „Strombäuche" sind gleich der Länge eines Hertzschen Oszillators, der auf den Sender abgestimmt ist, also gleich $\frac{\lambda}{2}$. In der Mitte zwischen diesen „Strombäuchen" sind Orte, in denen die Spannung zwischen den beiden Drähten ein Maximum erreicht. Man weist diese „Spannungsbäuche" durch Glimmlampen nach (Abb. 351 b), die erst aufleuchten, wenn die Spannung einen bestimmten Schwellenwert übersteigt. Wie Abb. 351 c zeigt, kann man sich den Schwingungszustand entstanden denken durch Aneinanderreihen von Hertzschen Oszillatoren, deren Phase sich von Nachbar zu Nachbar um $\pi$ unterscheidet. Die gegenüberliegenden Mitten der Oszillatoren behalten ihr Potential unverändert bei; die Spannung ist also dort zwischen den Drähten dauernd Null, dort befinden sich Spannungsknoten. Zwischen den Enden und der Mitte der Oszillatoren sind die Spannungsschwankungen am größten. Da in den Enden von gegenüberliegenden Oszillatoren die Schwingungsphasen sich um $\pi$ unterscheiden, besteht dort zwischen den Drähten die größte Spannung und daher auch die größte Feldstärke. An diesen Stellen befinden sich also die Spannungsbäuche, die mit der Glimmlampe nachgewiesen werden können.

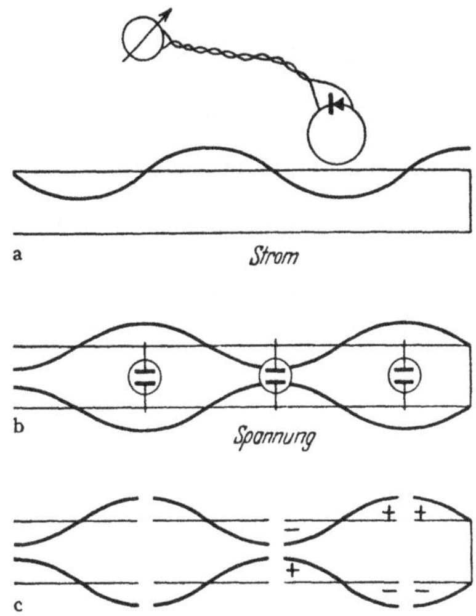


Abb. 351 a—c. Stehende Wellen auf Lecher-Drähten. Die Induktionsspule in a ist im Verhältnis zu $\lambda$ viel zu groß dargestellt

Das Produkt aus der Frequenz des Senders und der Wellenlänge $\lambda$ gibt den Wert $3 \cdot 10^{10}$ cm/s, also die Lichtgeschwindigkeit (vgl. § 84).

Bringt man die parallelen Drähte aus dem leeren Raum in ein Dielektrikum mit der Dielektrizitätskonstante $\varepsilon$, so wird die Wellenlänge bei gleicher Frequenz im Verhältnis $1:\sqrt{\varepsilon}$ herabgesetzt. Daraus folgt, daß die Ausbreitungsgeschwindigkeit $v$ im Dielektrikum um den Faktor $\frac{1}{\sqrt{\varepsilon}}$ gegenüber der des leeren Raumes verkleinert ist, also $v = \frac{c}{\sqrt{\varepsilon}}$.

Von links bei (1) tritt in das Stück $dx$ eines Drahtes einer Doppelleitung (Abb. 352) in der Zeit $dt$ die Ladung $dQ_1 = I\,dt$ ein, nach rechts bei (2) strömt die Ladung $dQ_2 = \left(I + \frac{\partial I}{\partial x} \cdot dx\right) dt$ ab.

Die Ladung im Leiterstück $dx$ ändert sich also um

$$dQ_1 - dQ_2 = d^2Q = -\frac{\partial I}{\partial x} \cdot dx \cdot dt.$$

Bezeichnen wir die Kapazität der Doppelleitung je Längeneinheit mit $C^*$, so ist $d^2Q = C^*\,dx\,dU$, also auch

$$C^*\,dx \frac{\partial U}{\partial t} = -\frac{\partial I}{\partial x} \cdot dx$$

oder

$$\frac{\partial U}{\partial t} = -\frac{1}{C^*} \cdot \frac{\partial I}{\partial x}. \tag{82.1}$$

Die Ströme in den Drähten erzeugen ein Magnetfeld (s. Abb. 353). Durch die von dem Linienzug 1, 2, 3, 4 umrandete Fläche greift ein Induktionsfluß $d\Phi$, der sowohl $I$ als $dx$ proportional ist. Wenn $L^*$ die Selbstinduktion der Doppelleitung je Längeneinheit ist, ist

$$d\Phi = L^* I\, dx$$

(vgl. 46.1) und die induzierte Spannung

$$d U_{\text{ind}} = -L^* \frac{\partial I}{\partial t} \cdot dx. \tag{82.2}$$

Nun ist, wenn der Widerstand der Leitungen Null ist, die Randspannung von 1 über 2, 3, 4 bis 1: $\oint E\, ds = U + dU - U = dU$ und daher

$$dU = -L^* \frac{\partial I}{\partial t} \cdot dx$$

oder

$$\frac{\partial U}{\partial x} = -L^* \frac{\partial I}{\partial t}. \tag{82.3}$$

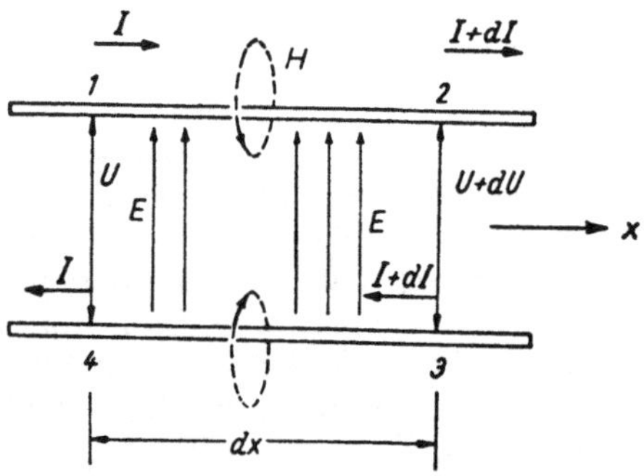


Abb. 352. Zur Aufstellung der Wellengleichung einer elektromagnetischen Welle, die sich entlang einer Doppelleitung ausbreitet

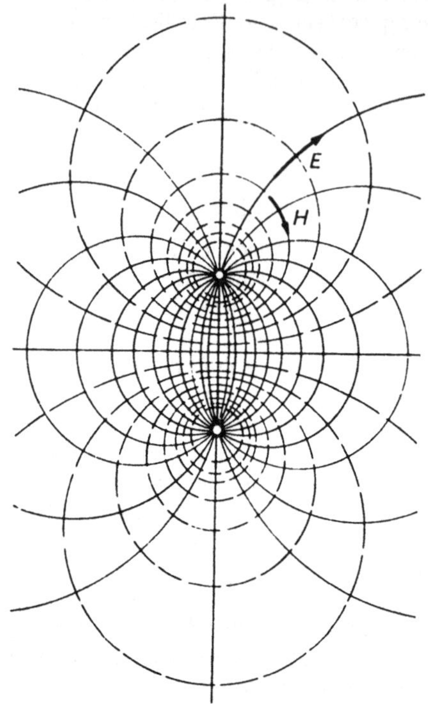


Abb. 353. Momentanbild des elektrischen und magnetischen Feldes in einer Ebene senkrecht zur Doppelleitung

Wir differenzieren (82.1) partiell nach $x$ und (82.3) nach $t$ und setzen die linken Seiten der Gleichungen gleich:

$$L^* \frac{\partial^2 I}{\partial t^2} = \frac{1}{C^*} \frac{\partial^2 I}{\partial x^2}$$

oder

$$\frac{\partial^2 I}{\partial t^2} = \frac{1}{C^* L^*} \cdot \frac{\partial^2 I}{\partial x^2}. \tag{82.4}$$

Differentiation von (82.1) nach $t$ und (82.3) nach $x$ gibt

$$\frac{\partial^2 U}{\partial t^2} = \frac{1}{C^* L^*} \cdot \frac{\partial^2 U}{\partial x^2}. \tag{82.5}$$

Strom und Spannung genügen also einer Wellengleichung wie (I 83.1). $\frac{1}{C^* L^*}$ ist wie dort gleich dem Quadrat der Wellenausbreitungsgeschwindigkeit $v$. Nun ist, wie die Theorie beweist, für eine Doppelleitung $C^* L^* = \frac{\mu \varepsilon}{c^2}$ und daher die Ausbreitungsgeschwindigkeit

$$v^2 = \frac{c^2}{\mu \varepsilon},$$

wo $c$ die Lichtgeschwindigkeit im Vakuum, $\mu$ die Permeabilität und $\varepsilon$ die Dielektrizitätskonstante im umgebenden Medium ist. Eine Lösung ist die harmonische Welle mit

$$U = U_0 \sin 2\pi\left(\nu t - \frac{x}{\lambda}\right) \quad \text{und} \quad I = I_0 \sin\left[2\pi\left(\nu t - \frac{x}{\lambda}\right) - \alpha\right].$$

Durch Einsetzen in (82.1) folgt

$$\left.\begin{aligned} &1.\ \alpha = 0; \\ &2.\ U_0 = \frac{1}{C^*}\cdot\frac{1}{\nu\lambda}\cdot I_0 = \frac{1}{C^*}\cdot\frac{1}{v}\, I_0 = I_0\sqrt{\frac{L^*}{C^*}}. \end{aligned}\right\} \tag{82.6}$$

Wegen formaler Analogie zu (18.7) nennt man $Z = \sqrt{\frac{L^*}{C^*}}$ den *Wellenwiderstand* der Leitung.

Aus (82.6) folgt, daß Strom und Spannung ohne Phasenverschiebung sich über die Doppelleitung ausbreiten. Das elektrische Feld $\mathfrak{E}$ und magnetische Feld $\mathfrak{H}$ sind nur in der Nähe der Drähte wesentlich von Null verschieden, die Energie strömt an den Drähten entlang.

Sind die Drähte nicht unendlich lang, dann muß an den Enden immer $I = 0$ sein. Das wird dadurch erreicht, daß eine reflektierte Stromwelle entsteht, die gegenüber der hinlaufenden Welle eine Phasenverschiebung $\pi$ besitzt. Beide überlagern sich zu einer stehenden Welle mit Knoten in Abständen $n\frac{\lambda}{2}$ $(n = 0, 1, 2, \ldots)$ vom Ende. Die elektrische Welle hat aber am Ende einen Bauch, sie erleidet bei der Reflexion keinen Phasensprung, ihre Knoten liegen in Abständen $\frac{\lambda}{4} + n\frac{\lambda}{2} = (2n+1)\frac{\lambda}{4}$ vom Ende.

Ist das Ende der Doppelleitung mit einem Draht überbrückt, so muß dort immer $U = 0$ $E = 0$) sein. Durch Überlagerung von hin- und rücklaufender Welle entstehen daher Spannungsknoten in Abständen $n\frac{\lambda}{2}$ und Knoten des Stromes in Abständen $(2n+1)\frac{\lambda}{4}$. Da in den Knoten dauernd $H$ bzw. $E$ Null sind, findet durch die Knotenebene nach (78.1) keine Energieströmung statt, zwischen ihnen, die in Abständen von $\frac{\lambda}{4}$ aufeinander folgen, wechselt die Energie mit der doppelten Frequenz der Welle zwischen elektrischer und magnetischer Energie.

**83. Koaxial- und Hohlleiter.** Eine viel angewandte Form der Doppelleitung ist die *konzentrische Leitung* (Abb. 354). Sie besteht aus einem zylindrischen Innenleiter, der mit einem koaxialen Zylinder umgeben ist. Wenn der Innenleiter nur aus einem Draht besteht, spricht man von einem Koaxial-Kabel. Der Zwischenraum kann mit einem Dielektrikum ausgefüllt sein. Hier bleibt das elektromagnetische Feld ganz im Zwischenraum, die elektrischen Kraftlinien verlaufen wie die Radien, die magnetischen sind konzentrische Kreise.

Haben die Leitungen einen merklichen Widerstand, so daß die in den Drähten entwickelte Joulesche Wärme nicht vernachlässigt werden darf, und fällt auch die Ableitung im Dielektrikum zwischen den Drähten bzw. Zylindern ins Gewicht, so entstehen gedämpfte Wellen, deren Wellengeschwindigkeit auch von der Frequenz abhängt.

Läßt man aus einer konzentrischen Leitung die innere Leitung fort, so entsteht ein *Hohlleiter*. Auch in ihm ist eine Wellenausbreitung möglich. Bei unendlich großer Leitfähigkeit der Innenwand gibt es zwei Arten von Wellen: Die $H$-Welle, bei der die $x$-Komponente des $E$-Vektors verschwindet (Zylinderachse in $x$-Richtung), und die $E$-Welle, bei der die $x$-Komponente des $H$-Vektors verschwindet. Bei beiden Arten gibt es durch 2 Laufzahlen charakterisierbare Schwingungsformen. Die Phasengeschwindigkeit der Hohlraumwellen ist immer größer als die Lichtgeschwindigkeit, steigt mit fallender Frequenz und wird unendlich bei einer für die Schwingungsform charakteristischen Frequenz, unterhalb welcher keine Ausbreitung mehr möglich ist. Für die in Abb. 361 dargestellte $E_{01}$-Welle eines zylindrischen Hohlleiters vom Durchmesser $D$ [cm] ist diese Grenzfrequenz $f_g = 0{,}96 \cdot 10^{10} \cdot \frac{1}{D}$ [Hz], also für $D = 1\,\text{cm}$: $f_g = 9{,}6$ GHz, woraus hervorgeht, daß solche Leitungen nur in der Höchstfrequenztechnik Anwendung finden können, dort aber besonders erfolgreich, da keine Energie durch Ausstrahlung verlorengeht.

Während sich also in einem unendlich langen Hohlleiter Wellen aller Frequenzen (oberhalb einer gewissen Grenze) ausbreiten können, kommt es in allseitig leitend abgeschlossenen

Hohlraumresonatoren (vgl. § 79) nur für ganz bestimmte, diskrete Eigenfrequenzen zu elektromagnetischen Schwingungen; wiederum in Analogie zu den fortlaufenden elastischen Wellen in unbegrenzten Stäben, Flüssigkeits- oder Gassäulen und Saiten (vgl. I § 84) einerseits, und den stehenden Wellen diskreter Frequenzen (Eigenschwingungen, vgl. I § 80) in begrenzten Stäben usw. andererseits.

**84. Freie elektromagnetische Wellen.** Elektromagnetische Wellen benötigen für ihre Ausbreitung und

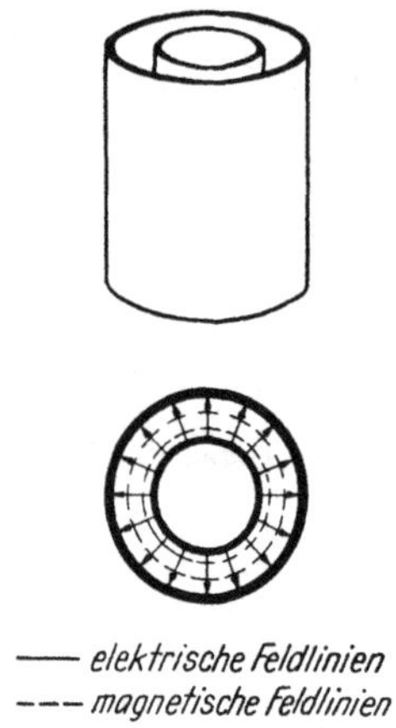


Abb. 354. Konzentrische Leitung

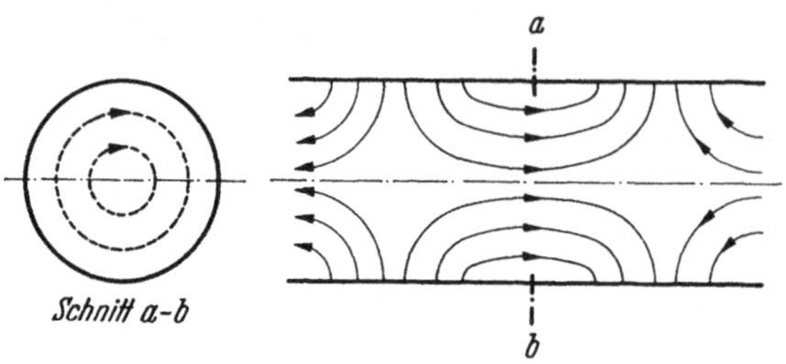


Abb. 355. $E_{01}$-Welle im zylindrischen Hohlleiter. — — — magnetische, ——— elektrische Feldlinien

Führung nicht notwendig metallische Leiter, sondern breiten sich nach § 81 auch im leeren oder mit einem Dielektrikum erfüllten Raum aus. Heinrich Hertz wies diese elektromagnetischen Wellen im Jahr 1888 experimentell nach, nachdem Maxwell sie bereits 1865 theoretisch vorausgesagt hatte.

Läßt man die von einem linearen Oszillator ausgestrahlten Wellen auf einen hinreichend weit entfernten ebenen Metallspiegel auffallen, dessen Ebene dem Oszillator parallel ist, so entstehen vor dem Spiegel stehende Wellen (Abb. 356). Die Spiegelebene selbst ist für die elektrische Feldstärke eine Knotenebene. Weitere liegen vor dem Spiegel in Abständen einer halben Wellenlänge; in der Mitte zwischen ihnen liegen Schwingungsbäuche, das sind Orte größter elektrischer Feldstärke. Man weist die periodische Verteilung des elektrischen Wechselfeldes nach, indem man in das Feld einen in der Mitte unterbrochenen, aber durch einen Detektor (Gleichrichter) überbrückten Draht (Antenne) bringt, dessen Hälften an ein Galvanometer angeschlossen sind. Führt man diesen mit zur Spiegelebene parallel gestellten Drähten durch das Feld, so beobachtet man Galvanometerausschläge, wie in Abb. 356 dargestellt.

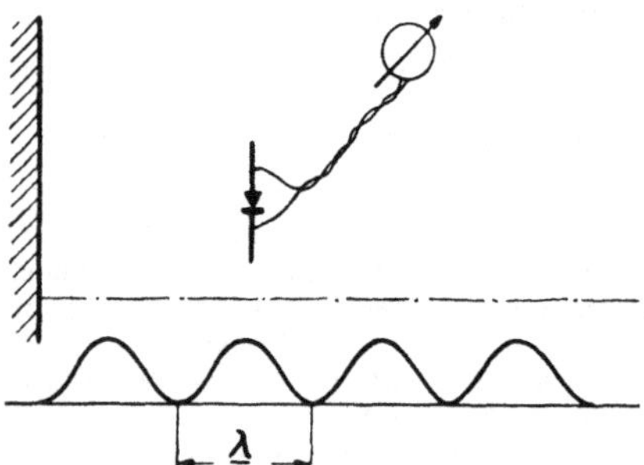


Abb. 356. Zum Nachweis freier stehender elektromagnetischer Wellen

Die elektromagnetischen Wellen sind transversale Wellen. Ihre Ausbreitungsgeschwindigkeit ist im Vakuum $c = 3 \cdot 10^{10}$ cm/s, in einem Medium mit der Dielektrizitätskonstante $\varepsilon$ und der Permeabilität $\mu$:

$$v = \frac{c}{\sqrt{\varepsilon \mu}} \tag{84.1}$$

oder, da für die meisten Dielektrika $\mu$ sehr nahe gleich 1 ist:

$$v = \frac{c}{\sqrt{\varepsilon}}. \tag{84.2}$$

Das Verhältnis der Lichtgeschwindigkeit im Vakuum zur Lichtgeschwindigkeit im Medium heißt *Brechungsindex n* dieses Mediums. Also ist

$$n = \frac{c}{v} = \sqrt{\varepsilon} \qquad \textit{(Maxwellsche Relation)}. \tag{84.3}$$

Daß diese Beziehung zwischen einer rein optisch zu ermittelnden Größe ($n$) und einer rein elektrisch zu messenden ($\varepsilon$) tatsächlich in vielen Fällen zutrifft, gilt als eine starke Stütze der elektromagnetischen Lichttheorie, nach welcher auch Lichtwellen elektromagnetische Wellen sind. Allerdings stellen sie nur einen kleinen Ausschnitt ($0{,}4\,\mu < \lambda < 0{,}8\,\mu$) aus dem Spektrum der elektromagnetischen Wellen dar, das von den kilometerlangen Wellen der drahtlosen Telegraphie bis zu der $\gamma$-Strahlung radioaktiver Elemente und den in der kosmischen Strahlung vorkommenden Wellen ($\lambda < 10^{-8}$ cm) reicht.

Aus den Maxwellschen Gleichungen (76.4) und (77.2) folgen für den Zusammenhang zwischen den örtlichen und zeitlichen Änderungen der elektrischen und magnetischen Feldstärke Wellengleichungen, wie wir sie in § 82 kennengelernt haben. Eine spezielle Lösung lautet:

$$\left.\begin{aligned} E_y &= E_{y0}\, f\left(x - \frac{1}{\sqrt{\varepsilon\varepsilon_0\mu\mu_0}}\, t\right) \\ H_z &= H_{z0}\, f\left(x - \frac{1}{\sqrt{\varepsilon\varepsilon_0\mu\mu_0}}\, t\right). \end{aligned}\right\} \tag{84.4}$$

Diese Lösung stellt ebene Wellen dar, die sich in der $x$-Richtung ausbreiten und folgende Eigenschaften haben:

1. Sie sind transversal, $E_x = H_x = 0$.

2. Ihre Ausbreitungsgeschwindigkeit ist $\frac{1}{\sqrt{\varepsilon\varepsilon_0\mu\mu_0}}$, also im Vakuum, wo $\varepsilon = \mu = 1$ ist, gleich $\frac{1}{\sqrt{\varepsilon_0\mu_0}}$; das ist mit den Zahlenwerten von (1.6) und (37.2) gleich $3 \cdot 10^{10}\,\frac{\text{cm}}{\text{s}}$. Die elektromagnetischen Wellen breiten sich also im Vakuum mit der gleichen Geschwindigkeit ($c$) aus wie das Licht, in Materie ($\varepsilon \neq 1$; $\mu = 1$) mit der Geschwindigkeit $v = \frac{c}{\sqrt{\varepsilon}}$ (vgl. 84.3).

3. Wenn das Koordinatensystem so orientiert ist, daß die $Y$-Achse in die Richtung der elektrischen Feldstärke zeigt, also $E = E_y$ und $E_z = 0$ ist, wird $H = H_z$ und $H_y = 0$, die magnetische Feldstärke schwingt senkrecht zum elektrischen Felde.

# IV. Freie Elektronen und Ionen

Elektronen, die an ein Atom oder Molekül gebunden oder in einem kompakten Metall als Leitungselektronen enthalten sind, können durch experimentelle Maßnahmen in ihrer Bewegung nur wenig beeinflußt werden. Dasselbe gilt für Ionen in flüssigen und festen Körpern, z.B. in Ionenkristallen (vgl. XVI § 10). An *freien* Elektronen und Ionen jedoch kann man mittels elektrischer oder magnetischer Felder Kräfte von praktisch beliebiger Größe und Richtung angreifen lassen und die daraus resultierenden Beschleunigungen nach den Gesetzen der Mechanik und Elektrodynamik berechnen. Dabei braucht man — im Gegensatz zur Mechanik makroskopischer Körper — die Gravitationskräfte nicht zu berücksichtigen. Sie sind im Vergleich zu den elektrischen und magnetischen immer so gering, daß sie sich an freien Elektronen und Ionen noch nicht haben nachweisen lassen.

In zwei Richtungen allerdings werden bei freien Elektronen und Ionen die Grenzen der *klassischen* Mechanik und Elektrodynamik, wie wir sie bisher behandelt haben, erreicht.

1. Man kann Elektronen und Ionen mit verhältnismäßig einfachen Mitteln so stark beschleunigen, daß ihre Geschwindigkeit sich der Lichtgeschwindigkeit nähert; dann gelten die Gesetze der relativistischen Mechanik (vgl. § 8 und XVII § 5).

2. Ein Strahl freier Teilchen (Korpuskeln), die sich mit der Geschwindigkeit $u$ bewegen, erweist sich bei gewissen Experimenten als ebene Welle (Materiewelle) der Wellenlänge $\lambda = h/mu$, wobei $h$ das Plancksche Wirkungsquantum, eine fundamentale Naturkonstante bedeutet (vgl. § 2), und gehorcht dann den Gesetzen der Wellen- oder Quantenmechanik. Da $\lambda$ im allgemeinen sehr klein ist (vgl. XVIII § 1, Tabelle 49), macht sich dies vornehmlich bei der Wechselwirkung solcher Strahlen mit einzelnen Atomen oder mit Atomgittern bemerkbar. Ein „makroskopisches" Experiment, in dem sich Elektronenstrahlen als Wellenstrahlung erweisen, wird am Ende dieses Kapitels behandelt.

Die Energie einzelner Teilchen wird meist in „Elektronenvolt" (eV) angegeben. 1 Elektronenvolt ist die Energie, die ein mit der Elementarladung $1{,}602 \cdot 10^{-19}$ Coul behaftetes Teilchen gewinnt bzw. verliert auf dem Wege zwischen zwei Orten eines elektrischen Feldes, zwischen denen die Potentialdifferenz 1 Volt besteht:

$$1\ \text{eV} = 1{,}602 \cdot 10^{-19}\ \text{Coul} \cdot 1\ \text{Volt} = 1{,}602 \cdot 10^{-19}\ \text{Ws} = 1{,}602 \cdot 10^{-12}\ \text{erg (vgl. I § 23)}.$$

## A. Erzeugung von freien Ladungsträgern

**1. Der glühelektrische Effekt.** Die Leitungselektronen sind wohl im Inneren der Metalle frei verschiebbar, aber in der Nähe der Oberfläche wirken Kräfte auf sie, so daß eine Arbeit aufgewendet werden muß, um sie ganz aus dem Metall zu entfernen. Diese Arbeit bezeichnet man als die *Ablösearbeit* $A$ der Elektronen. Bei Metallen ist $A$ von der Größenordnung 1 bis 5 eV. Die thermische Energie von Atomen bei Zimmertemperatur ist nach (II 8.2) $\frac{m}{2}\overline{u^2} = \frac{3}{2} k \cdot T = \frac{3}{2} \cdot 1{,}381 \cdot 10^{-16} \cdot 293\ \text{erg} \approx 6 \cdot 10^{-14}\ \text{erg} = 3{,}75 \cdot 10^{-2}\ \text{eV}$. Schreibt man den Leitungselektronen im Mittel dieselbe thermische Energie zu, so erkennt man, daß die

Elektronen die Austrittsarbeit nicht aus ihrem thermischen Energievorrat leisten können; man muß ihnen also Energie zuführen, um sie aus dem Metall herauszuholen.

Nimmt man ferner an, daß die Leitungselektronen im Metall die Maxwellsche Geschwindigkeitsverteilung besitzen wie die Atome eines idealen Gases (diese Annahme ist nur für die höheren Geschwindigkeiten erfüllt, auf die es hier ankommt; vgl. XVI § 15), so müssen bei hinreichend hoher Temperatur unter ihnen solche sein, die beim Auftreffen auf die Oberfläche die Austrittsarbeit $e_0 U_A$ zu leisten vermögen, also aus dem Metall heraus „verdampfen". Die Zahl der pro Zeit- und Flächeneinheit austretenden Elektronen ergibt sich aus einer thermodynamischen Überlegung zu

$$n = C \cdot T^2 \cdot e^{-\frac{e_0 U_A}{k \cdot T}}, \tag{1.1}$$

und die Dichte des in den Außenraum getragenen Stromes ist

$$i = e_0 \cdot n = e_0 C \cdot T^2 \cdot e^{-\frac{e_0 U_A}{k \cdot T}} = A \cdot T^2 \cdot e^{-\frac{B}{T}} \quad \textit{(Richardson-Gleichung)}. \tag{1.2}$$

Diese Beziehung wird durch das Experiment bestätigt.

Erhitzt man einen Metalldraht im Vakuum, z.B. durch einen Heizstrom, so verdampfen Elektronen. Stellt man dieser Glühkathode $K$ eine zweite Elektrode $A$ (Anode) gegenüber (Abb. 357), die durch eine Anodenbatterie gegen die Kathode eine hinreichend hohe Spannung erhält, so fließt auch im Vakuum ein nur von diesen freien Elektronen getragener Strom *(Emissionsstrom)*. Seine Stärke zeigt die in (1.2) geforderte Abhängigkeit von der Temperatur der Kathode. Aus der Charakteristik ermittelt man $B$ und, da $B = \frac{e_0 \cdot U_A}{k}$ ist, auch die Ablösearbeit $e_0 U_A$.

Tabelle 28 enthält die Ablösespannungen $U_A$ für einige Kathodenmetalle. Für reine Metalle mit gleichmäßig emittierender Oberfläche hat $A$ angenähert den gleichen Wert 60 Amp/cm² · Grad².

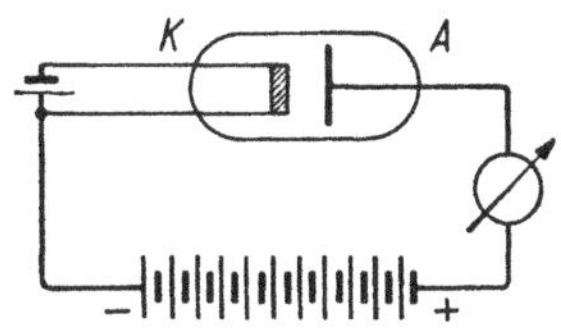

Abb. 357. Glühkathodenrohr mit Anodenbatterie

Tabelle 28. *Ablösespannung verschiedener Metalle*

| | $B$ | $U_A$ |
|---|---|---|
| W | 52560° K | 4,54 V |
| Mo | 48200° K | 4,16 V |
| Ag | 47000° K | 4,05 V |
| Cu | 51000° K | 4,39 V |
| BaO-Paste | 11500° K | 0,99 V |
| Cs-Film auf W | 15800° K | 1,36 V |

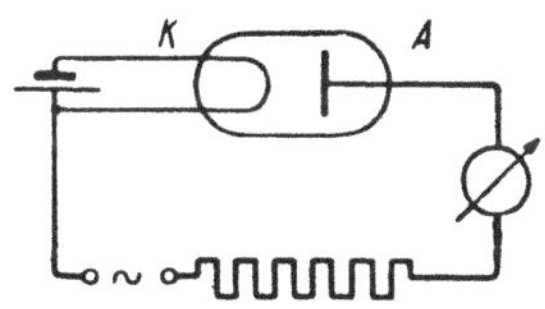

Abb. 358. Diode als Gleichrichter (Ventilrohre)

In der Praxis finden als Glühkathoden häufig direkt oder indirekt geheizte Metallbleche (aus Nickel oder Platin) Verwendung, welche mit einer Paste aus BaO unter Beigabe anderer Erdalkalioxyde belegt sind. Nach vorangegangener „Formierung" geben diese Oxydkathoden (sogenannte *Wehnelt-Kathoden*) schon bei schwacher Rotglut eine erhebliche Emission.

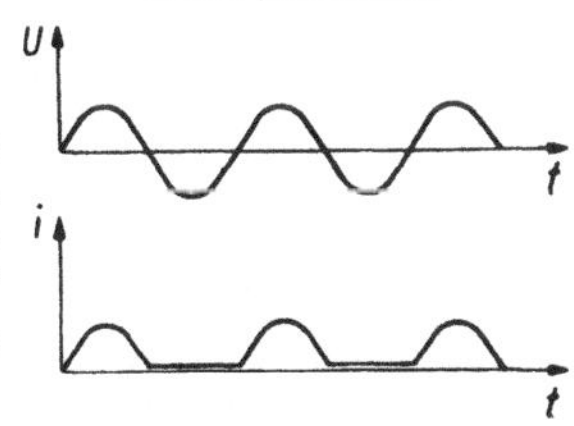

Abb. 359. Zeitlicher Verlauf des gleichgerichteten Stromes $i$ bei Anodenwechselspannung $U$

Vakuumröhren der oben beschriebenen Art bezeichnet man als Dioden. In ihnen fließt nur dann ein Strom (Abb. 358), wenn $K$ negativ und $A$ positiv ist; sie sperren den Stromdurchgang aber bei Umpolung, weil die aus der heißen „Kathode" verdampfenden Elektronen nicht gegen die negative Gegenelektrode anlaufen können (Abb. 359). Deshalb finden sie als *Gleichrichter* oder „Ventile" eine wichtige technische Anwendung (vgl. § 12 und 13).

**2. Der lichtelektrische Effekt.** Bestrahlt man eine mit einem Elektrometer verbundene negativ aufgeladene Metallplatte, z.B. eine Zinkplatte, mit ultraviolettem Licht, so verliert sie ihre Ladung. Ist aber die Aufladung positiv, so bleibt die Ladung bei der Bestrahlung erhalten. Durch das Licht werden also negative (nicht aber positive) Ladungen aus der Platte ausgelöst (HALLWACHS). Allgemein gilt: Hinreichend kurzwelliges Licht vermag aus einer Metallplatte Elektronen auszulösen. Die kinetische Energie der Elektronen nach dem Austritt aus dem Metall genügt der *Einsteinschen Gleichung*

$$\frac{m_0}{2} u^2 = h\nu - A . \tag{2.1}$$

$\nu$ ist die Schwingungszahl der Lichtwellen, $h$ die *Plancksche Konstante des elementaren Wirkungsquantums*, $A$ die Ablösearbeit.

$$h = 6{,}625 \cdot 10^{-27}\,\text{erg} \cdot \text{s}.$$

In VIII § 1 wird gezeigt, daß die Absorption des Lichtes in Energiequanten vom Betrage $h\nu$ erfolgt. Sobald die Energie dieses Quantes, das als *Photon* bezeichnet wird, größer oder gleich der Ablösearbeit der Elektronen ist, vermag das Photon ein Elektron abzulösen. Eine Erhöhung der Intensität des auslösenden Lichtes unter Konstanthaltung der Farbe (der Frequenz $\nu$) läßt die Energie der einzelnen Elektronen unverändert, vermehrt nur ihre Anzahl, die der Intensität des Lichts proportional ist.

Um mit freien Elektronen im Hochvakuum zu experimentieren, löst man sie häufig photoelektrisch aus.

Zur Messung von Lichtintensitäten werden *Photozellen* (Abb. 360) benutzt Eine hochevakuierte Röhre aus Glas oder Quarzglas ist innen zur Hälfte mit einem Metallüberzug aus Kalium oder Cäsium, eventuell auch aus Kadmium verspiegelt. Diese *Photokathode* besitzt von außen eine metallische Zuleitung $K$, die mit dem negativen Pol einer Batterie verbunden ist. Dem Metallspiegel gegenüber befindet sich eine ringförmige Elektrode $A$, die über ein Galvanometer $G$ an den positiven Pol der Batterie angeschlossen ist. Fällt nun Licht auf die Metallschicht, so werden aus ihr Elektronen ausgelöst, und an der positiven Elektrode $A$ gesammelt; es fließt der mit $G$ meßbare *Photostrom*, der der Intensität des Lichtes proportional und oberhalb einer *Sättigungsspannung* von der an die Zelle gelegten Spannung unabhängig ist.

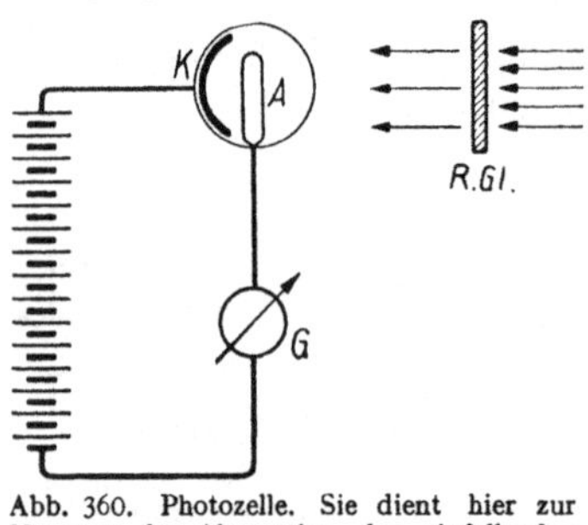

Abb. 360. Photozelle. Sie dient hier zur Messung der Absorption des einfallenden Lichtes durch ein Rauchglas *R.Gl.* Das Verhältnis der durchtretenden zur auffallenden Intensität ist gleich dem Verhältnis der Galvanometerausschläge mit und ohne Rauchglas

Bei gasgefüllten Photozellen werden die durch das Licht ausgelösten Elektronenströme durch Stoßionisation verstärkt (s. § 15).

**3. Feldemission.** Außer durch Erhitzung und Bestrahlung kann man die Ablösearbeit der Elektronen auch dadurch aufbringen, daß man von außen mit hohen elektrischen Feldern an den sich in der Oberfläche befindenden Elektronen angreift. Man braucht dazu Felder von der Größenordnung $10^7$ Volt/cm. Diese erreicht man an einer sehr feinen Metallspitze (Krümmungsradius 0,1 bis 1 $\mu$) im Hochvakuum schon mit mäßigen Spannungen. Dann fließt aus ihr dauernd ein Elektronenstrom in das Vakuum *(Feldemission)*.

**4. Sekundärelektronen.** Auch die kinetische Energie von Elektronen oder Ionen, die auf eine Metalloberfläche auftreffen, kann Elektronen auslösen. Das Sekundärstrahlungsvermögen $= \frac{\text{Zahl der ausgelösten Elektronen}}{\text{Zahl der auffallenden Teilchen}}$ ist vor allem bei positiven Ionen sehr stark von der Geschwindigkeit der stoßenden Teilchen abhängig. In diesem Fall kann die Ablösearbeit auch von der Energie verrichtet werden, welche bei der Aufnahme eines Elektrons durch das Ion frei wird, wenn es sich beim Aufprall auf die Metalloberfläche neutralisiert.

Die Tatsache, daß ein auffallendes Elektron mehrere neue freisetzt, die nach genügender Beschleunigung an einer weiteren Metallfläche wiederum Sekundärelektronen auslösen usw., wird beim *Sekundär-Elektronen-Vervielfacher* (kurz

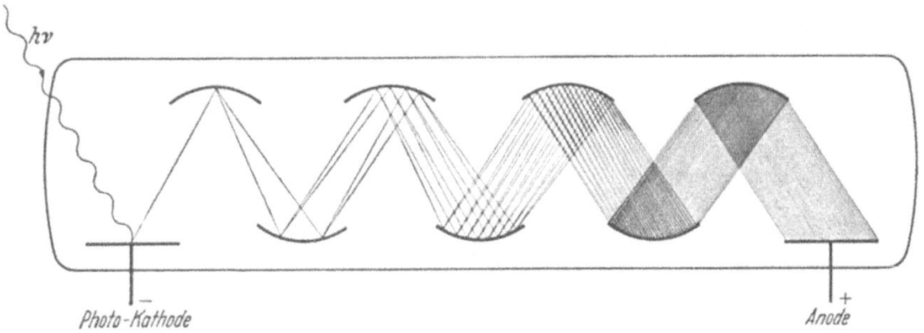


**Abb. 361. Photo-Sekundärelektronenverstärker (schematisch; die Spannungszuleitungen zu den Reflektorelektroden sind nicht mitgezeichnet)**

Multiplier) benützt, um einzelne Elektronen nachzuweisen. Man erreicht bis zu $10^{10}$fache Verstärkung. In Verbindung mit einer Photokathode gelingt es auch, durch einzelne Photonen gut meßbare Stromstöße auszulösen (Abb. 361).

**5. Entstehung von freien Ionen.** Ionen entstehen in Gasen infolge Auslösung von Elektronen aus den neutralen Atomen oder Molekülen durch Stoß von Elektronen oder Ionen mit hinreichend hoher Energie (Kathoden- oder Kanalstrahlen, s. § 21). Die Gesetze dieser Ionisierung durch Zusammenstöße werden weiter unten ausführlich behandelt. Die Zahl der vom stoßenden Teilchen pro cm Weg im Gasraum erzeugten Ionen, bezogen auf den Druck von 1 Torr des durchquerten Gases, bezeichnet man als *(differentielles) Ionisierungsvermögen.* Die bei dem Ionisierungsprozeß freiwerdenden (abgespaltenen) Elektronen lagern sich im allgemeinen an neutrale Teilchen an; so entstehen neben den durch Stoß erzeugten positiven Ionen auch negative Ionen.

In einem Gas mit hinreichend hoher Temperatur sind wegen der Maxwellschen Geschwindigkeitsverteilung stets eine Anzahl von Teilchen vorhanden, deren Energie bei einem Stoß zur Ionisation ausreicht. Ist die Temperatur so hoch, daß die derart je Zeiteinheit gebildete Anzahl von Ionenpaaren die durch sonstige Vorgänge verursachte Ionisierung stark überwiegt, spricht man von „thermischer Ionisierung". Außer von der Temperatur hängt die Zahl der je Zeiteinheit gebildeten Ionen von der Ionisierungsenergie ab. Bei einem Gas, welches bei der Ionisation in positive Ionen und Elektronen aufspaltet, erfolgt die thermische Ionisation fast ausschließlich durch die Elektronen.

Ein elektrisch geladenes Metallstück (eine *Sonde*), das mit einem Elektrometer verbunden ist, wird in einer Flamme entladen. Die Entladung ist davon unabhängig, ob die Sonde positiv oder negativ geladen ist. Die Entladung findet durch Anlagerung von aus der Flamme stammenden, entgegengesetzt geladenen Ionen statt. Der Versuch zeigt, daß die Flamme sowohl positive als auch negative *Flammenionen* enthält.

Die Ionendichte kann durch das Einbringen von geeigneten, leicht flüchtigen Salzen, z.B. Alkalihalogeniden oder $Na_2CO_3$, in die Flamme um Größenordnungen gesteigert werden.

Positive Ionen entstehen auch, wenn neutrale Atome niedriger Ionisierungsenergie auf die Oberfläche eines Metalls mit hoher Elektronenablösearbeit auftreffen. Die Elektronenablösearbeit des Wolframs beträgt nach Tabelle 28 4,5 eV; die gleiche Energie wird frei, wenn von außen ein Elektron eintritt. Wenn z.B. ein Cäsiumatom, dessen Ionisierungsarbeit 3,9 eV beträgt, auf eine Wolframplatte auftrifft, dann kann ihm ein Elektron entrissen werden, denn die zur Ablösung aufzuwendende Arbeit kann in diesem Fall von der bei der Einlagerung des Elektrons in das Wolfram frei werdenden Energie geleistet werden. Lädt man in einem Cäsiumdampf enthaltenden Gefäß die Wolframplatte positiv gegen eine zweite Elektrode, so fließt ohne ein sonstiges Ionisierungsmittel ein Strom positiver Cäsiumionen von dieser Wolframanode zur Gegenelektrode (Kathode). Man muß freilich die Temperatur des Wolframs so hoch halten, daß sich auf seiner Oberfläche nicht eine Schicht metallisches Cs niederschlagen kann, wodurch die Austrittsarbeit der Elektronen so stark erniedrigt werden würde, daß die oben aufgestellte Forderung nicht mehr erfüllt wäre. Dieser Effekt ist für die Messung der Intensität von Cäsiumatomstrahlen von Wichtigkeit, indem man den positiven Ionenstrom mißt.

## B. Bewegung freier Ladungsträger

**6. Bewegung von Elektronen in homogenen elektrischen Feldern.** Zwischen zwei parallelen Platten im Vakuum, z.B. einer ebenen Glühkathode (Wehnelt-Kathode) und einer ebenen Anode (Abb. 362) im Abstand $d$ bestehe die Spannung $U$ und daher ein homogenes elektrisches Feld $E$. An einem Elektron, das die Kathode verläßt, greift daher die Kraft $e_0 \cdot E$ an. Es erfährt also eine konstante Beschleunigung:

$$m_0 \cdot b = e_0 \cdot |E| = e_0 \frac{U}{d}$$

Das Elektron vollführt auf dem Wege zur Anode eine gleichmäßig beschleunigte Fallbewegung. Der Fallweg ist nach (I 10.2), wenn die Bewegung an der Kathode mit der Geschwindigkeit Null beginnt:

$$d = \frac{b}{2} t^2 = \frac{e_0 \cdot U}{2 m_0 \cdot d} t^2. \tag{6.1}$$

Die Flugzeit auf dem Weg $d$ beträgt also $t = \sqrt{\frac{2 m_0 \cdot d^2}{e_0 U}}$, die Geschwindigkeit nach Durchfliegen von $d$, wenn die Austrittsgeschwindigkeit aus der Kathode Null ist:

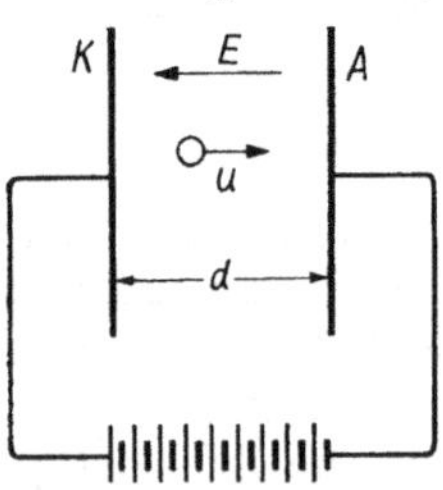


Abb. 362. Das Verhalten eines Elektrons im homogenen elektrischen Feld

$$u = b \cdot t = \frac{e_0 U}{m_0 \cdot d} \cdot \sqrt{2 \frac{m_0}{e_0} \frac{d^2}{U}} = \sqrt{2 \frac{e_0}{m_0} U}.$$

Das folgt einfacher aus dem Energiesatz: Die kinetische Energie $\frac{m_0}{2} u^2$ ist gleich der verrichteten Arbeit $e_0 \cdot U$:

$$\frac{m_0}{2} u^2 = e_0 \cdot U \quad \text{oder} \quad u = \sqrt{2 \frac{e_0}{m_0} U}. \tag{6.2}$$

Die Geschwindigkeit hängt also nicht von der Länge des Fallweges $d$, sondern nur von der durchfallenen Spannung ab. Man spricht von der *Voltgeschwindigkeit U* der Elektronen und meint damit die Geschwindigkeit, die sie erreichen, nachdem sie in einem elektrischen Felde die Spannung $U$ Volt durchfallen haben.

Aus der energetischen Überlegung entnimmt man, daß die Geschwindigkeit auch von der Verteilung der Feldstärke über den Flugweg unabhängig ist; die Gültigkeit von (6.2) ist also nicht an die Bedingung der Homogenität des Feldes gebunden.

**7. Bewegung von Elektronen in homogenen Magnetfeldern. Messung der spezifischen Ladung.** Die Geschwindigkeit $u$ läßt sich nur dann angeben, wenn $\frac{e_0}{m_0}$ bekannt ist. Man bezeichnet diesen Wert als *spezifische Ladung* der Elektronen.

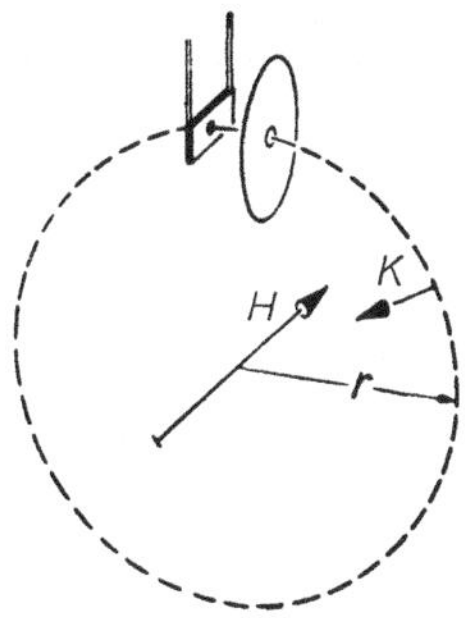

Abb. 363. Kreisbahn von Elektronen im homogenen Magnetfeld

Zur Messung der spezifischen Ladung kann folgender Versuch dienen: In der dicht vor der Kathode angebrachten Anode ist ein Loch, durch welches die Elektronen als gebündelten Strahl hindurchtreten (Abb. 363). Hinter der Anode ist kein elektrisches Feld, daher auch die Beschleunigung Null und die Geschwindigkeit konstant. Nun sei aber ein homogenes Magnetfeld überlagert, dessen Kraftlinien senkrecht zur Bewegungsrichtung der Elektronen und senkrecht zur Zeichenebene verlaufen. Nach (III, 42.3) greift dann an den Elektronen eine Kraft $K_{El} = e_0 \cdot u \cdot B$ an, die zwar keine Bahnbeschleunigung bewirkt, aber da sie stets senkrecht zur Bewegungsrichtung (und dem Magnetfeld, also in der Zeichenebene) wirkt, als Radialkraft das Elektron im Kreise herumführt. Sie ist entgegengesetzt gleich der Zentrifugalkraft:

$$\frac{m_0 \cdot u^2}{r} = e_0 \cdot u \cdot B$$

oder

$$u = \frac{e_0}{m_0} \cdot r \cdot B. \tag{7.1}$$

Die Elektronenbahn kann man sichtbar machen, indem man den Versuch in Quecksilberdampf (Dampfdruck bei Zimmertemperatur $^1/_{1000}$ Torr) mit einer Glühkathode und einer an einem beliebigen Ort in der Röhre angebrachten Anode ausführt; in ihm hinterlassen die Elektronen eine leuchtende Spur, weil vereinzelt getroffene Hg-Atome zur Lichtemission angeregt werden.

Aus (6.2) und (7.1) folgt:

$$\frac{e_0}{m_0} = \frac{2 \cdot U}{r^2 \cdot B^2}. \tag{7.2}$$

Die rechte Seite von (7.2) enthält nur meßbare Größen.

Auf ähnliche Art sind viele Messungen mit höchster Präzision ausgeführt worden. Zur Zeit gilt als genauester Wert für die spezifische Ladung des Elektrons:

$$\frac{e_0}{m_0} = (1{,}75\,888 \pm 0{,}00005) \cdot 10^8 \,\text{Coul./g}. \tag{7.3}$$

Daraus ergibt sich für die Elektronengeschwindigkeit $u$ nach (6.2):

$$u = \sqrt{2 \cdot 1{,}76 \cdot 10^8 \cdot U_{\text{Volt}} \cdot 10^7} = 5{,}93 \cdot 10^7 \sqrt{U_{\text{Volt}}}\ \text{cm/s}. \tag{7.4}$$

Durch Spannungen von 1, 100, 10000 Volt beschleunigte Elektronen haben also die Geschwindigkeiten

$$u \approx 6 \cdot 10^7, \quad 6 \cdot 10^8, \quad 6 \cdot 10^9 \,\text{cm/s};$$

bei 30000 Volt erreichen sie etwa den dritten Teil der Lichtgeschwindigkeit:

Aus $e_0 = 1{,}602 \cdot 10^{-19}$ Coul. und dem Wert für $\frac{e_0}{m_0}$ aus (7.3) ergibt sich als genauester Wert für die Elektronenmasse

$$m_{El} = \frac{e_0}{\frac{e_0}{m_0}} = \frac{1{,}602 \cdot 10^{-19}}{1{,}759 \cdot 10^8} = 9{,}108 \cdot 10^{-28}\,\text{g}. \tag{7.5}$$

Die spezifische Ladung der einfach positiv geladenen Wasserstoffatomionen, der Protonen, ist, da das Atom-(Äquivalent-)gewicht des Protons 1,008 ist, nach III § 23 $\frac{e_0}{m_P} = 96520$ Coul./1,008 g. Da die Ladung des einwertigen positiven Ions gleich der Ladung des Elektrons ist (positives Proton und negatives Elektron bilden das neutrale H-Atom), gibt das Verhältnis der spezifischen Ladungen von Elektronen und Protonen das reziproke Verhältnis ihrer Massen:

$$\frac{\frac{e_0}{m_{El}}}{\frac{e_0}{m_P}} = \frac{m_P}{m_{El}} = \frac{1{,}759 \cdot 1{,}008 \cdot 10^8}{0{,}9649 \cdot 10^5} = 1836. \tag{7.6}$$

Die Masse des leichtesten aller Atomkerne, des Protons, ist demnach fast 2000mal größer als die des Elektrons, nämlich $(1{,}67243 \pm 0{,}00010) \cdot 10^{-24}$ g.

**8. Geschwindigkeitsabhängigkeit der Elektronenmasse.** Der oben angegebene Wert für die spezifische Ladung der Elektronen wurde durch viele verschiedenartige Ablenkungsversuche übereinstimmend bestätigt; jedoch nur, wenn die Elektronenenergie einige eV nicht überschreitet. Bei höheren Energien ergaben sich kleinere Werte; bei 500000 eV = 0,5 MeV sogar nur noch etwa der halbe Wert!

Dies entspricht genau einem Postulat der Relativitätstheorie, nach welchem die Masse eines Körpers mit steigender Geschwindigkeit ($u$) zunimmt (vgl. XVII § 5):

$$m = \frac{m_0}{\sqrt{1 - \left(\frac{u}{c}\right)^2}}. \tag{8.1}$$

$c$ bedeutet die Lichtgeschwindigkeit im Vakuum, $m_0$ die *Ruhmasse* des Elektrons, d.h. seine Masse bei der Geschwindigkeit Null. Die Masse von Elektronen der Energie $10^4$ eV ist von ihr noch nicht wesentlich verschieden: $u \approx 10^9$ cm/s; $m : m_0 \approx 1{,}005$. Für 30000 eV ist die Masse aber bereits um fast 5% größer und für 500000 eV gegenüber der Ruhmasse nahezu verdoppelt.

**9. Ablenkung von Elektronenstrahlen im transversalen elektrischen Feld.** Elektronenstrahlen, die senkrecht zur Richtung eines homogenen elektrischen Feldes in dieses eintreten (Abb. 364), beschreiben eine Parabelbahn, ebenso wie ein horizontal geworfener Körper im Schwerefeld der Erde. Zum Durchqueren der ganzen Länge $l$ eines Kondensators brauchen sie die Zeit $t = \frac{l}{u}$. In Richtung des elektrischen Feldes haben sie nach dem Austritt aus dem Kondensatorfeld auf Grund ihrer Fallbewegung eine Geschwindigkeit

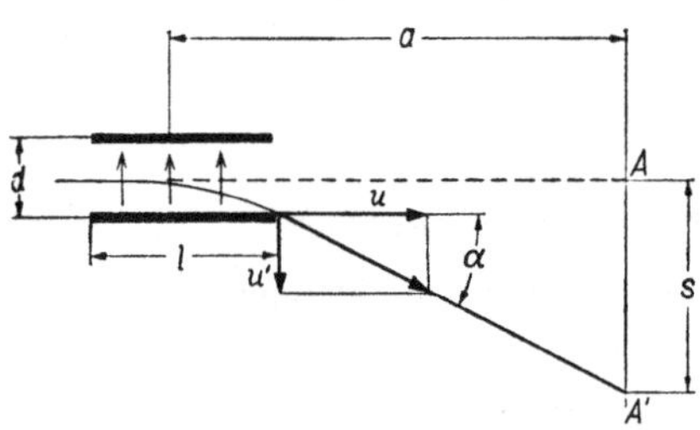

Abb. 364. Ablenkung von Elektronenstrahlen im homogenen elektrischen Querfeld

$$u' = b \cdot t = \frac{e_0}{m_0} \cdot E \cdot \frac{l}{u}.$$

Ihre neue Geschwindigkeitsrichtung nach Verlassen des Feldes ist gegenüber der Eintrittsrichtung um $\alpha$ gedreht, wobei (wenn man die meist geringfügige Strahlbrechung beim Verlassen des felderfüllten Raumes vernachlässigt)

$$\operatorname{tg} \alpha = \frac{u'}{u} = \frac{e_0}{m_0} \cdot E \, \frac{l}{u^2} \tag{9.1}$$

ist. Einen im Abstand $a \gg l$ hinter der Mitte des Ablenkkondensators (Abb. 369) aufgestellten Schirm treffen sie daher nicht in $A$, sondern im Punkte $A'$, der gegen $A$ um $s$ verschoben ist.

$$s = a \cdot \operatorname{tg} \alpha = \frac{e_0}{m_0} \cdot E \frac{l}{u^2} a = \frac{e_0 \cdot U \cdot}{2d \cdot \frac{m_0}{2} u^2} a. \tag{9.2}$$

Die auf dem Schirm gemessene Ablenkung eines Elektronenstrahls ist also der Spannung am Ablenkkondensator direkt, der kinetischen Energie der Strahlteilchen umgekehrt proportional. Protonen und Elektronen von gleicher, beim Durchgang durch das Feld aufgenommener kinetischer Energie erfahren also durch die gleiche Spannung entgegengesetzt gleiche Ablenkungen!

**10. Der Elektronenstrahloszillograph.** Die Ablenkung von Elektronenstrahlen in einem Querfeld wurde zuerst von FERDINAND BRAUN (Nobelpreis 1909) zur Messung von schnell veränderlichen Spannungen ausgenutzt. Die von ihm geschaffene „Braunsche Röhre", auch Kathoden- oder Elektronenstrahloszillograph genannt, ist heute sehr verfeinert und ein unentbehrliches Meßgerät geworden. Seine Wirkungsweise ist die folgende:

Die aus der Glühkathode $K$ (Abb. 365) austretenden Elektronen werden durch die zwischen $K$ und der durchbohrten Anode $A$ liegende Anodenspannung $U_A$ (einige 1000 Volt) beschleunigt. Sie treten dann durch den Ablenkkondensator $C$ und treffen auf den Leuchtschirm $S$. Die zu analysierende Spannung $U$ wird an den Ablenkkondensator $C$ gelegt. Ist diese Spannung eine periodische Wechselspannung, so wird der Leuchtfleck zu einem vertikalen Strich auseinandergezogen (Abb. 366a). Will man den zeitlichen Verlauf beobachten, dann legt man an den hinter $C$ angeordneten, um 90° gedrehten Kondensator $C_K$ eine „Kippspannung" $U_K$, deren zeitlicher Verlauf in Abb. 366 dargestellt wird. Sie allein bewirkt auf dem Schirm die horizontale Ablenkung (Abb. 366b). Durch Überlagerung beider Ablenkungen entsteht dann das in Abb. 366c dargestellte Bild. Durch passende Wahl der Kippfrequenz erreicht man, daß die zu analysierende periodische Spannung immer die gleiche Phase besitzt, wenn die Kippspannung (zu den Zeiten $t', t'' \ldots$) zusammenbricht und der Strahl nach $A$ „zurückspringt". Dann überdecken sich alle Ablenkungsbilder auf dem Leuchtschirm, es ergibt sich ein stehendes Bild.

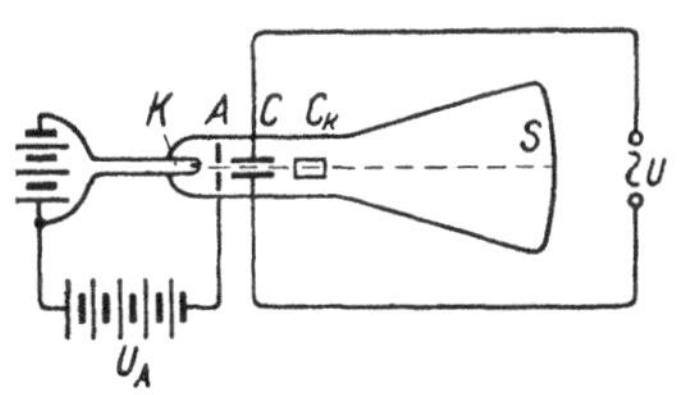


Abb. 365. Elektronenstrahloszillograph, schematisch

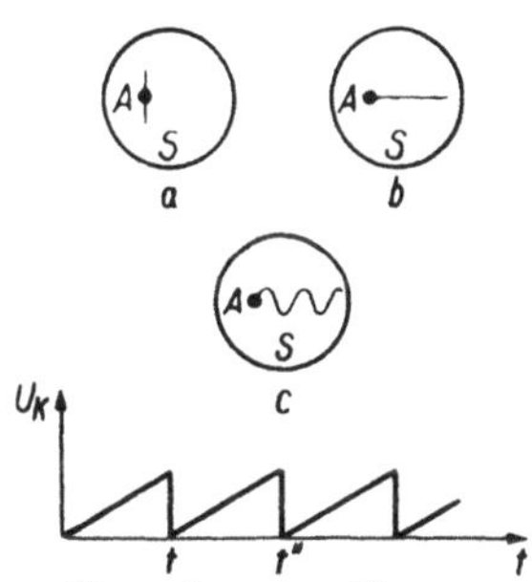


Abb. 366a—c. Verwendung einer Kippspannung zur Aufzeichnung des zeitlichen Verlaufs einer periodischen Wechselspannung auf dem Schirm eines Oszillographen

**11. Einfluß von Raumladungen auf die Bewegung von Ladungsträgern im Vakuum.** Der Elektronenstrom im Vakuum, wie er sich z.B. in der „Elektronenröhre" (vgl. § 12 und 13) ausbildet, unterscheidet sich von dem Strom in einem metallischen Leiter dadurch, daß die Geschwindigkeit $u$ der Ladungsträger (Elektronen) von Ort zu Ort verschieden ist. Bei stationären Strömen müssen aber Stromstärke $I$ und bei konstantem Querschnitt $q$ im homogenen Feld auch die Stromdichte $i = \frac{I}{q}$ an jeder Stelle gleich groß sein (Kontinuitätsbedingung). Gibt $n$ die Teilchendichte an dem Ort an, wo der Strom gemessen wird, so ist

$$i = e_0 \cdot n \cdot u. \tag{11.1}$$

Die Teilchendichte nimmt also mit wachsender Geschwindigkeit von der Kathode zur Anode hin ab. $n \cdot e_0 = \varrho$ ist die in der Volumeneinheit enthaltende Ladung *(Raumladungsdichte)*. Diese Raumladung beeinflußt auch die Verteilung der elektrischen Feldstärke; sie schirmt das Feld vor der Kathode ab: Die von der Anode ausgehenden Kraftlinien reichen nicht mehr alle bis zur Kathode (wo sie bei Abwesenheit einer negativen Raumladung an den negativen Oberflächenladungen enden müßten), sondern werden von den Raumladungselektronen abgefangen (Abb. 367). Bei hinreichender Größe der Raumladung wird die Feldstärke vor der Kathode daher Null. Die von der Kathode austretenden Elektronen werden dann gar nicht mehr direkt vom Felde erfaßt. Sie tragen zum Strom zwischen $K$ und $A$ nur insofern bei, als sie die Elektronen ersetzen, die dort, wo die Feldstärke von Null verschieden ist, zur Anode geführt werden. Wird die Spannung zwischen $K$ und $A$ erhöht, so greifen die Kraftlinien tiefer in den Raum vor $K$ ein, der Strom nimmt zu. Dieses Anwachsen des Stromes mit der Spannung erfolgt so lange, bis die Raumladung vor der Kathode abgebaut ist und alle aus $K$ austretenden Elektronen unmittelbar erfaßt werden und zur Anode abfließen. Dann ist der Sättigungswert erreicht. Die Stromdichte $i$ des Emissionsstromes (Anodenstroms) und die Anodenspannung sind unterhalb der Sättigung durch die Schottky-Langmuirsche Raumladungsgleichung miteinander verknüpft:

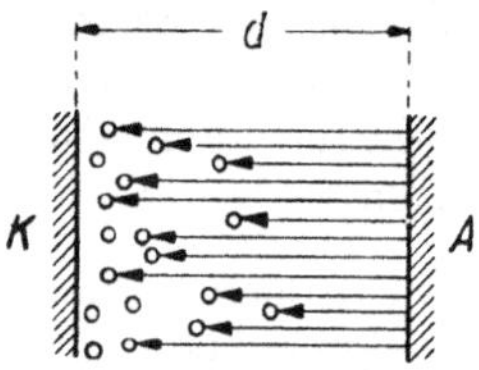


Abb. 367. Einfluß der Raumladung auf das Feld zwischen Anode und Kathode

$$i = \frac{4}{9}\,\varepsilon_0 \sqrt{\frac{2 e_0}{m_0}}\,\frac{U^{\frac{3}{2}}}{d^2}. \qquad (11.2)$$

Der Übergang zur Sättigungsstromdichte $i_s$ erfolgt bei um so geringeren Spannungen, je niedriger die Emission der Kathode ist (Abb. 368).

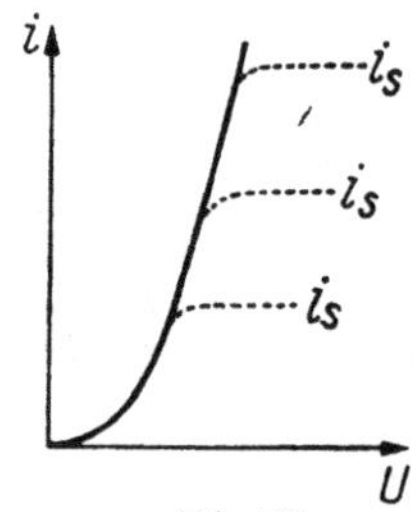


Abb. 368

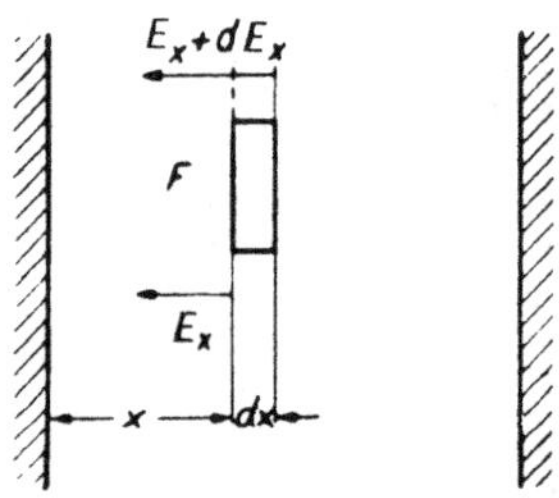


Abb. 369

**Abb. 368. Abhängigkeit des Emissionsstromes von der Anodenspannung in einer Elektronenröhre bei verschiedener Emission der Kathode**

**Abb. 369. Zur Herleitung der Potentialgleichung**

Bei ebenen Elektroden, deren Abstand gegen ihre Ausdehnung klein ist, ist die Feldstärke $E$ überall senkrecht zu den Elektroden und die Dichte $\varrho_x$ am Orte $x$ in Ebenen parallel zu den Elektroden konstant. Dann folgt aus (III 3.5 und 3.6) für den Kraftfluß durch eine flache Trommel, die die Ladung $F \cdot dx \cdot \varrho_x$ enthält (Abb. 369), in praktischen Einheiten $\left(f^* = \frac{1}{4\pi\varepsilon_0}\right)$:

$$-F \cdot E_x + F\left(E_x + \frac{dE_x}{dx} \cdot dx\right) = \frac{1}{\varepsilon_0} F \cdot dx \cdot \varrho_x$$

oder

$$\frac{dE_x}{dx} = \frac{1}{\varepsilon_0}\varrho_x.$$

Da nach (III 4.4) $E_x = -\frac{d\varphi}{dx}$ ist, gilt auch:

$$\frac{d^2\varphi}{dx^2} = -\frac{1}{\varepsilon_0}\varrho_x. \qquad (11.3)$$

Dies ist ein Spezialfall der allgemeingültigen *Potentialgleichung*

$$\frac{\partial^2\varphi}{\partial x^2} + \frac{\partial^2\varphi}{\partial y^2} + \frac{\partial^2\varphi}{\partial z^2} = -\frac{1}{\varepsilon_0}\varrho, \qquad (11.4)$$

aus der (11.3) hervorgeht, weil hier $\frac{\partial E_y}{\partial y}$ und $\frac{\partial E_z}{\partial z}$ gleich Null sind.

Da $\varphi = \varphi_K + U$ ist, wo $\varphi_K$ das konstante Potential der Kathode und $U$ die Spannung zwischen dem Ort $x$ und der Kathode ist, kann man statt (11.3) auch schreiben:

$$\frac{d^2U}{dx^2} = \frac{1}{\varepsilon_0}\varrho_x, \tag{11.5}$$

wo wir die rechte Seite positiv setzen, weil die Raumladung negativ ist.

Aus (11.5), (6.2) und (11.1) folgt:

$$\frac{d^2U}{dx^2} = \frac{i}{\varepsilon_0 \cdot u} = \frac{i}{\varepsilon_0 \sqrt{2\frac{e_0}{m_0}\cdot U}} \tag{11.6}$$

Durch Multiplikation mit $\frac{dU}{dx}$ und Integration folgt:

$$\left(\frac{dU}{dx}\right)^2 - \left(\frac{dU}{dx}\right)^2_{x=0} = \frac{4i}{\varepsilon_0}\sqrt{\frac{m_0}{2e_0}}\cdot\sqrt{U}.$$

Wenn wir annehmen, daß die Feldstärke $-\frac{dU}{dx}$ unmittelbar an der Kathode Null ist.

$$\frac{dU}{dx} = \sqrt{\frac{4i}{\varepsilon_0}}\cdot\sqrt[4]{\frac{m_0}{2e_0}}\cdot U^{\frac{1}{4}}.$$

Die Gleichung läßt sich integrieren:

$$\int_0^U \frac{dU}{U^{\frac{1}{4}}} = \frac{4}{3}U^{\frac{3}{4}} = \sqrt{\frac{4i}{\varepsilon_0}}\cdot\sqrt[4]{\frac{m_0}{2e_0}}\cdot x. \tag{11.7}$$

Hieraus erhält man durch einfache Umrechnung für $x = d$ die Gleichung (11.2).

Bei einer experimentellen Nachprüfung von (11.2) findet man auch für $U = 0$ eine meßbare Stromdichte. Man muß sogar $A$ bis zu 1 Volt negativ gegen $K$ schalten, bevor der gegen das Feld anlaufende Strom Null wird. Die Spannung, bei der der *Anlaufstrom* den Wert Null erreicht, nimmt mit zunehmender Temperatur der Kathode zu. Dieser Effekt rührt von der thermischen Energie der Elektronen her, welche nach Austritt aus der Kathode eine Maxwellsche Geschwindigkeitsverteilung besitzen. Die Verteilungsfunktion für die Teilchen mit der $x$-Komponente zwischen $u_x$ und $u_x + du_x$, wird durch (I, 54.10) gegeben. Ihr Beitrag zur Stromdichte ist

$$di_A = e_0 \cdot n \cdot f(u_x) \cdot du_x \cdot u_x.$$

Zur Überwindung der Spannung $U_A$ muß $u_x$ der Bedingung genügen

$$\frac{m}{2}u_x^2 \geqq e_0 U_A.$$

Die Summation über alle Geschwindigkeiten von $u_x$ bis $\infty$ gibt

$$i_{U=U_A} = i_{U=0}\cdot e^{-\frac{e_0 U_A}{kT}}$$

Mit Hilfe dieser Beziehung kann man die Kathodentemperatur messen. Die von Null verschiedene Austrittsgeschwindigkeit hat zur Folge, daß das Minimum der Potentialkurve sich nicht, wie oben angenommen an der Kathodenoberfläche, sondern vor ihr befindet, das elektrische Feld also zunächst von der Kathode fortgerichtet ist, wodurch die Elektronen abgebremst werden.

Der Emissionsstrom einer Röhre mit drahtförmiger Kathode, die von einer zylindrischen Anode mit dem Radius $r$ umgeben ist, ist ebenfalls $U^{\frac{3}{2}}$ proportional:

$$I = k\cdot\frac{U^{\frac{3}{2}}}{r}.$$

Aus (11.7) folgt für die Spannung zwischen der Kathode und einem um $x$ von ihr entfernten Ort statt des bei fehlender Raumladung linearen Anstiegs der

Spannung ($U = c \cdot x$):

$$U^{\frac{3}{2}} = \frac{9}{4\varepsilon_0} \cdot \frac{i}{\sqrt{\frac{2e_0}{m_0}}} x^2$$

oder

$$U = \left( \frac{9i}{4\varepsilon_0 \sqrt{\frac{2e_0}{m_0}}} \right)^{\frac{2}{3}} \cdot x^{\frac{4}{3}}. \tag{11.8}$$

**12. Elektronenröhre als Verstärker.** Verschwindende Feldstärke an der Kathode bedeutet, daß die Raumladung gleich der von der Anode influenzierten Flächenladung auf der Kathode ist (vgl. Abb. 367). Diese ist bei der Diode $Q = C_{ak} \cdot U_a$, $C_{ak}$ bezeichne die Kapazität zwischen Anode und Kathode. Bringt

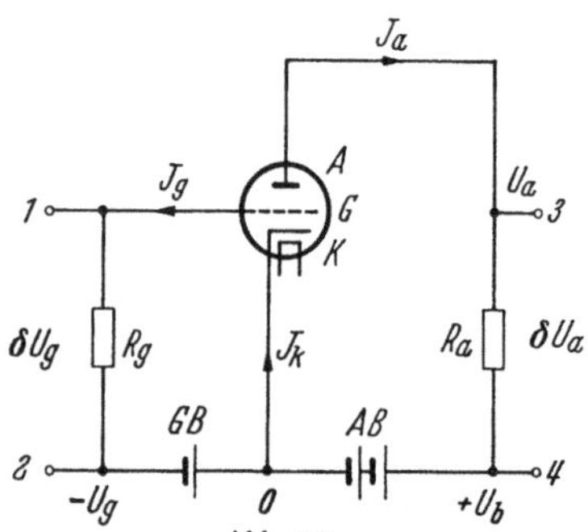


Abb. 370

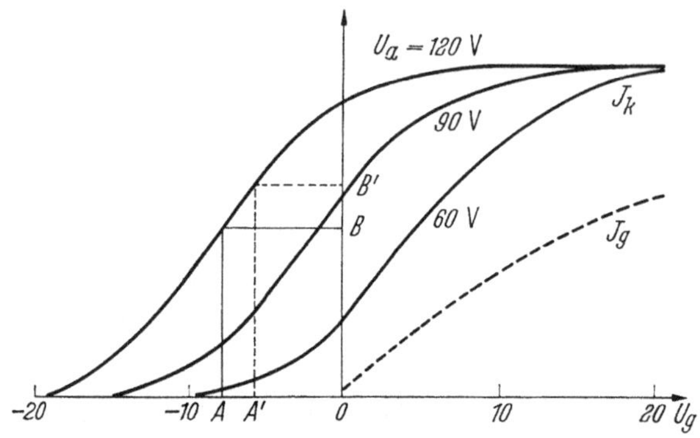


Abb. 371

Abb. 370. Triode mit „indirekt" geheizter Kathode in Verstärkerschaltung

Abb. 371. Kennlinien der Triode. Abhängigkeit des Kathodenstroms von Gitter- und Anodenstrom. Für positive Gitterspannungen tritt auch Gitterstrom $I_g$ auf

man nun zwischen Anode $A$ und Kathode $K$ ein Gitter $G$ an — seine Kapazität gegen die Kathode sei $C_{gk}$ —, so gilt für die so entstandene Triode (Dreielektrodenröhre)

$$Q = C_{ak} U_a + C_{gk} U_g = C_{gk}(U_g + DU_a) \quad \text{mit} \quad D = C_{ak}/C_{gk}.$$

$D$ heißt „Durchgriff" (der von der Anode ausgehenden Feldlinien in den Raum zwischen Gitter und Kathode). Für die „Steuerspannung" $U_g + DU_a$ bleibt dann Gleichung (11.2) gültig, der Kathodenstrom wird also

$$I_k = C(U_g + DU_a)^{\frac{3}{2}} = I_a + I_g, \tag{12.1}$$

wobei $C$ eine Apparatkonstante ist.

Mit $U_g$ läßt sich also der Kathodenstrom bei konstanter Anodenspannung steuern. Darauf beruht die Anwendung der Triode als Verstärker. Abb. 370 zeigt eine hierzu geeignete Anordnung, Abb. 371 die Abhängigkeit des Kathoden- und Gitterstroms von der Gitter- und Anodenspannung, die sog. Kennliniendarstellung der Röhre. Bei hinreichend hoher Anodenspannung $U_a$ fließt demnach auch dann schon ein Anodenstrom $I_a$, wenn das Gitter durch die Gitterbatterie $GB$ eine negative Spannung erhält. Dann fließt aber kein Gitterstrom $I_g$ — die Elektronen können auf dem negativen Gitter nicht landen —, $I_K$ wird gleich $I_A$, und die Gitterbatterie wird nicht belastet. Der sehr große Gitterwiderstand $R_g$ überträgt das Potential der Gitterbatterie auf das Gitter. Am Anodenwiderstand $R_a$ entsteht durch den Anodenstrom $I_a$ ein Spannungsabfall $R_a I_a$, um den die Betriebsspannung $U_b$ der Anodenbatterie $AB$ höher gewählt werden muß als die vorgesehene Anodenspannung $U_a$.

Man verlegt nun durch geeignete Einstellung der Gitterspannung den „Arbeitspunkt“ $A$ der Röhre so, daß das Kennlinienstück in seiner Umgebung möglichst geradlinig ist, etwa nach $A'$. Für kleine Änderungen $\delta U_g$ der Gitterspannung entsteht dann eine proportionale Änderung $\delta I_a$ des Anodenstroms von $B$ nach $B'$, der auch durch eine entsprechende Änderung $\delta U_a$ der Anodenspannung hervorgerufen werden könnte. Man findet durch Reihenentwicklung von Gleichung (12.1) dann

$$\delta I_a = S(\delta U_g + D\,\delta U_a) \quad \text{mit} \quad S = \left(\frac{\partial I_a}{\partial U_g}\right)_{U_a}; \quad D = +\left(\frac{\partial U_g}{\partial U_a}\right)_{I_a}. \tag{12.2}$$

$S$ heißt „Steilheit“ der ($I_a(U_g)$-Kennlinie). Mit dem „inneren Widerstand“ $R_i = \left(\frac{\partial U_a}{\partial I_a}\right)_{U_g}$ gilt dann die Barkhausensche Röhrengleichung

$$S D R_i = 1. \tag{12.3}$$

Eine Vergrößerung $\delta I_a$ des Anodenstroms bewirkt durch den vergrößerten Spannungsabfall am Anodenwiderstand eine Verkleinerung $-\delta U_a$ der Anodenspannung. Es ist also

$$\delta U_a = -R_a\,\delta I_a = -S R_a(\delta U_g + D\,\delta U_a) \tag{12.4}$$

und die „Spannungsverstärkung“ $V = \frac{\delta U_a}{\delta U_g}$ wird

$$V = -\frac{S R_a}{1 + S D R_a} = -\frac{1}{D}\,\frac{R_a}{R_i + R_a}. \tag{12.5}$$

Das negative Vorzeichen bedeutet, daß Eingangssignal und Ausgangssignal entgegengesetzte Richtung haben. Der Betrag der Verstärkung einer solchen Röhre kann also nie den Wert $\frac{1}{D}$ überschreiten. Um hohe Verstärkung zu erreichen, verwendet man Röhren mit sehr kleinem Durchgriff, was durch Anordnung weiterer Gitter zwischen Anode und Kathode bewirkt wird (Pentode). Man kann auch mehrere „Verstärkerstufen“ in Reihe schalten.

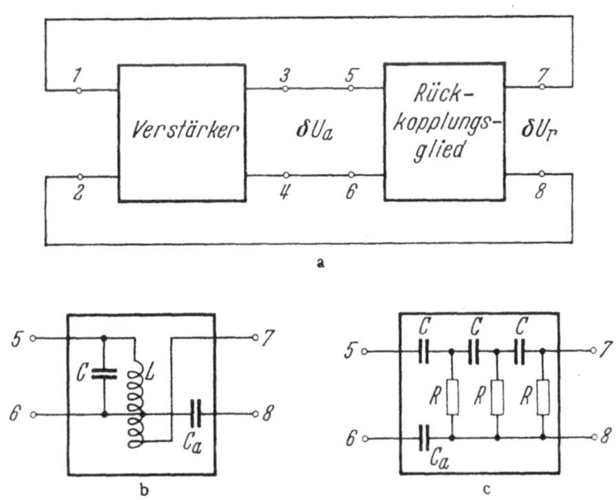


Abb. 372a—c. a Allgemeine Rückkopplungsschaltung. b u. c Rückkopplungsglieder, welche die Selbsterregungsbedingung erfüllen können. $C_a$ dient nur dazu, den Kurzschluß der Batterien zu verhindern

**13. Erzeugung ungedämpfter elektrischer Schwingungen mittels Elektronenröhren. Rückkopplung (A. MEISSNER).** Mit Hilfe der Triode lassen sich die in III § 72 behandelten ungedämpften Schwingungen erzeugen. Hierzu führt man einen Teil der Ausgangsspannung $\delta U_a$ der Verstärkerschaltung (Abb. 370) zu deren Eingang zurück über eine geeignete Schaltung (s. unten), das „Rückkopplungsglied“, wie dies Abb. 372a zeigt. Bei aufgetrennter Verbindung 7—1 werde durch dieses die

Ausgangsspannung $U_a$ auf den Wert $U_r$ abgeschwächt. $\frac{\delta U_r}{\delta U_a} = K$ heißt „Rückkopplungsfaktor". Ist dieser so gewählt, daß die „Selbsterregungsgleichung"

$$K \cdot V = 1 \tag{13.1}$$

erfüllt ist, so bleibt eine einmal existierende Schwingung weiterhin bestehen, weil die Ausgangsspannung des Verstärkers zu einer Eingangsspannung führt die gerade wieder die gleiche Ausgangsspannung herstellt. Ist $K \cdot V < 1$, so erlischt die Schwingung, ist $K \cdot V > 1$, so wächst sie an, bis Mechanismen, die hier nicht besprochen werden sollen, sie begrenzen.

Aus (13.1) und (12.5) folgt, daß auch $K$ negativ sein muß, also Gegenphase zwischen $U_a$ und $U_r$ bestehen muß. Abb. 372b u. c zeigen zwei Beispiele für geeignete Rückkopplungsglieder, b) die Meißnersche Rückkopplungsschaltung, c) den „Phasenschieberoszillator" (*RC*-Generator). Letzterer wird heute für einen weiten Frequenzbereich (0,1 Hz bis 10 MHz) bevorzugt und kommerziell hergestellt. Beide erfüllen die Rückkopplungsbedingung nur für eine Frequenz, und erzeugen daher sinusförmige Schwingungen dieser Frequenz.

**14. Verstärkung und Erzeugung höchstfrequenter Schwingungen.** Im Bereich höchster Frequenz (GHz-Bereich) beschränken hauptsächlich zwei störende Effekte die Anwendung von Elektronenröhren: a) die Kapazitäten und Induktivitäten der Elektroden und ihrer Zuleitungen können nicht mehr vernachlässigt

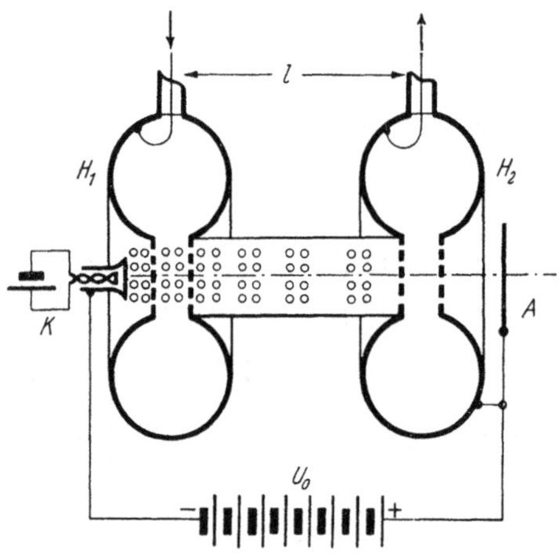


Abb. 373

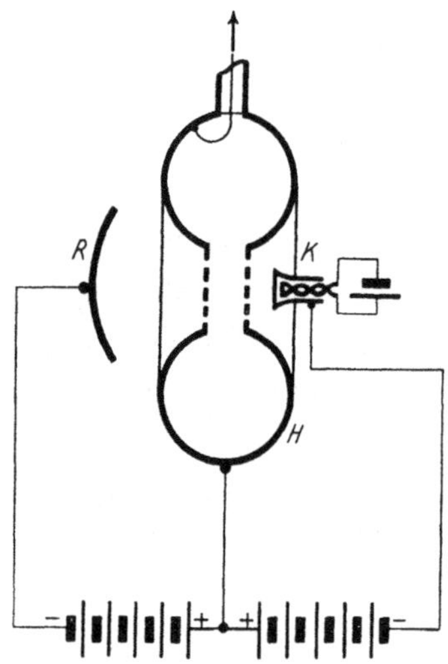


Abb. 374

werden; b) die Laufzeit der Elektronen zwischen Kathode und Anode ist von der gleichen Größenordnung wie die Periodendauer der zu verstärkenden Wechselspannung; dies hat eine Phasenverschiebung zwischen Anodenspannung und Anodenstrom zur Folge, die mit steigender Frequenz anwächst.

Die unter b) genannte Erscheinung wird beim Klystron (Abb. 373) gerade zur Höchstfrequenz*verstärkung* benützt. Die aus der Kathode $K$ austretenden Elektronen werden durch eine Gleichspannung $U_0$ beschleunigt. Auf der Strecke zwischen den Gittern des toroidförmigen Hohlraumresonators $H_1$ (vgl. III 79), dem die zu verstärkende höchstfrequente Wechselspannung zugeleitet wird, sind die Elektronen einem longitudinalen Wechselfeld ausgesetzt. Der Elektronenstrom wird dadurch geschwindigkeitsmoduliert. Denn je nach ihrem Momentanwert wirkt die Spannung bremsend oder zusätzlich beschleunigend auf den Elektronenstrom. Im Laufraum $l$ verwandelt sich der geschwindigkeitsmodulierte Elektronenstrom in einen dichtemodulierten: Schnelle Elektronen holen hier langsamere ein, wodurch eine periodische Schwankung der Elektronendichte zustande kommt. Die durch die Gitter des Hohlraumresonators $H_2$ hindurchtretenden Elektronenpakete fachen dort durch Influenz eine Schwingung an. Die in $H_1$ zugeführte Wechselspannung kann somit verstärkt aus $H_2$ entnommen werden. Der Auffänger $A$ ist hochfrequenzmäßig belanglos.

Zur *Erzeugung* höchstfrequenter Schwingungen dient das Reflexklystron (Abb. 374), das auf dem gleichen Prinzip beruht: Der geschwindigkeitsmodulierte Elektronenstrom läuft gegen einen auf negativem Potential gehaltenen Reflektor $R$ an und kehrt seine Richtung um. Bei richtiger Dimensionierung facht er die Eigenschwingung von $H$ an (Selbsterregung). Der Resonator ist evakuiert; seine Abmessungen können nicht wesentlich geändert werden. Daher ist der Frequenzbereich eines Reflexklystrons sehr beschränkt ($\pm 5\%$).

Dieser Nachteil entfällt bei der *Wanderfeldröhre*, die ebenfalls der Verstärkung von Wechselströmen bis zu Frequenzen von 10 GHz dient (Abb. 375). Der zu verstärkende Wechselstrom wird bei $E$ einer langen Spule zugeführt, in welcher er ein Wanderfeld erzeugt, dessen Laufgeschwindigkeit von den Spulenabmessungen abhängt. Im Inneren der Spule verläuft ein gebündelter Strahl von Elektronen, deren Geschwindigkeit immer etwas größer sein muß als diejenige der Wanderwelle. Durch die Wechselwirkung zwischen Feld und Elektronen wird die Wanderwelle auf Kosten der kinetischen Energie der Elektronen verstärkt. Bei $A$ können bis in den Kilowattbereich hinein verstärkte Leistungen entnommen werden.

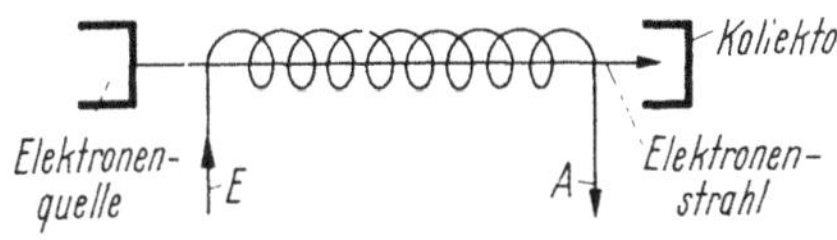

Abb. 375. Wanderfeld-Verstärker

**15. Die Leitfähigkeit ionisierter Gase.** Gase sind vollständige Isolatoren, wenn sie nicht Ionen enthalten. Die geringfügige Leitfähigkeit, welche alle Gase zeigen, ist auf das Vorhandensein von Ionen zurückzuführen. Sie kann durch ionisierende Strahlen, z.B. Röntgenstrahlen oder die Strahlung radioaktiver Stoffe, um viele Größenordnungen gesteigert werden. Im Gegensatz zu den Ionen in elektrolytischen Lösungen sind Ionen in Gasen nicht beständig. In der Zeit $dt$ verringert sich ihre Zahl um $dn$ infolge der Wiedervereinigung *(Rekombination)* von positiven und negativen Ionen oder durch Anlagerung eventuell vorhandener freier Elektronen an positive Ionen.

**a) Die Lebensdauer von Ionen in Gasen.** Für die Ionenabnahme durch Rekombination gilt die Gleichung

$$dn = -\beta \cdot n^+ \cdot n^- \cdot dt. \tag{15.1}$$

$n^+$ (bzw. $n^-$) ist die Teilchenzahldichte der positiven (bzw. negativen) Ionen. $\beta$ heißt *Rekombinationskoeffizient*. Seine Abhängigkeit von Druck und Temperatur ist recht verwickelt. Ist $n^+ = n^- = n$, so wird aus (15.1) durch Integration

$$\frac{1}{n} = \frac{1}{n_0} + \beta t \quad \text{oder} \quad n = \frac{1}{\frac{1}{n_0} + \beta t}. \tag{15.2}$$

Ist die Ionendichte dennoch konstant (stationärer Zustand), so kann dies nur auf ein dauerndes Neuentstehen von Ionen (durch Einwirkung einer Ionisierungsquelle, s. oben) zurückgeführt werden. Die pro Zeit- und Volumeneinheit neu entstehende Ionenmenge sei $\frac{dN}{dt}$. Im *stationären* Zustand ist die Zahl der je Volumen- und Zeiteinheit entstehenden gleich der Zahl der verschwindenden Ionen, also nach (15.1)

$$\frac{dN}{dt} = \beta N_0^2.$$

Also ist die Ionenzahldichte $N_0$ im stationären Gleichgewicht

$$N_0 = \sqrt{\frac{1}{\beta}\frac{dN}{dt}}. \tag{15.3}$$

Die Zeit, die verstreicht, bis gerade $N_0$, also soviel Ionen neu entstanden sind, wie im stationären Zustand in der Volumeneinheit enthalten sind, bezeichnet man als ***mittlere Lebensdauer*** $\tau$ der Ionen. In der Zeiteinheit entstehen $\frac{dN}{dt}$ Ionen, in der Zeit $\tau$ entstehen $\frac{dN}{dt}\tau = N_0 = \sqrt{\frac{1}{\beta}\frac{dN}{dt}}$ oder

$$\tau^2 = \frac{1}{\beta}\frac{1}{\frac{dN}{dt}} = \frac{1}{\beta^2 \cdot N_0^2}; \quad \tau = \frac{1}{\beta \cdot N_0}. \tag{15.4}$$

Die mittlere Lebensdauer ist also von der Konzentration der Ionen abhängig.

In der atmosphärischen Luft ist in Bodennähe im stationären Zustand $N_0 \approx 10^3\ \mathrm{cm^{-3}}$, der Rekombinationskoeffizient $\beta \approx 1{,}7 \cdot 10^{-6}\ \mathrm{cm^3\,s^{-1}}$, also

$$\tau = \frac{1}{1{,}7 \cdot 10^{-6} \cdot 10^3} \approx 5 \cdot 10^2\ \mathrm{s}.$$

Die Zahl der je Sekunde neu entstehenden Ionen ist also $\frac{dN}{dt} = \frac{N_0}{\tau} = \frac{10^3}{5 \cdot 10^2}\ \mathrm{cm^{-3} \cdot s^{-1}} = 2\ \mathrm{cm^{-3} \cdot s^{-1}}$. Direkte Messungen ergeben Werte in dieser Größenordnung.

**b) Durchgang von Strömen durch ionisierte Gase.** In einer gasgefüllten *Ionisationskammer* bewegen sich unter der Wirkung eines elektrischen Feldes zwischen zwei parallelen Platten (Anordnung und Schaltung wie in Abb. 362) die Gasionen mit einer konstanten, der Feldstärke $E$ proportionalen Geschwindigkeit $u = \bar{u} \cdot |E|$ bzw. $v = \bar{v} \cdot |E|$, wo $\bar{u}$ und $\bar{v}$ die *Beweglichkeiten* der negativen bzw. positiven Ionen sind (vgl. III § 23).

Nach jedem Zusammenstoß beginnen Ionen unter der Wirkung des elektrischen Feldes eine Fallbewegung, die sich ihrer thermischen Bewegung überlagert. Beim folgenden Stoß wird die im Felde aufgenommene Energie im Mittel wieder in ungeordnete thermische Bewegung überführt, so daß die gerichtete Fallbewegung wieder mit der Geschwindigkeit Null beginnen muß.

Die Zeit $\tau$ zwischen zwei Stößen ist der Quotient mittlere freie Weglänge $\lambda$ durch mittlere thermische Geschwindigkeit $c$. In dieser Zeit vollführt das Ion eine gleichmäßig beschleunigte Bewegung mit der Endgeschwindigkeit $u = b\tau$, also der mittleren Geschwindigkeit $u_m = \frac{1}{2}b\tau$. Die Beschleunigung ist Kraft durch Masse: $b = \frac{e_0 E}{m}$, also wird

$$u_m = \frac{1}{2}\frac{e_0}{m}\frac{\lambda}{c} \cdot E = \bar{u} E$$

Der thermischen Bewegung überlagert sich also eine *Drift* in der Feldrichtung, deren Geschwindigkeit bei den in Ionisationskammern üblichen Drucken und Feldstärken ($\approx 100$ Volt/cm) klein gegen die thermische Geschwindigkeit bleibt.

Solange der Ionenverlust durch Abwanderung zu den Elektroden infolge des Stromes in einem ionisierten Gase gegenüber dem Verluste durch Rekombination zu vernachlässigen ist, gilt für die Stromstärke:

$$I = e_0 \cdot N_0 \cdot q(\bar{u} + \bar{v}) \cdot E,$$

wenn $q$ die Größe der Elektroden und $e_0$ die Ladung der Ionen ist.

Die Stromdichte ist $\frac{I}{q} = i$:

$$i = e_0 \cdot N_0(\bar{u} + \bar{v}) \cdot E$$

oder nach (15.3)

$$\left.\begin{aligned} i &= e_0 \cdot \sqrt{\frac{1}{\beta}\frac{dN}{dt}}(\bar{u} + \bar{v}) \cdot E \\ &= e_0 \cdot \sqrt{\frac{1}{\beta}\frac{dN}{dt}}(\bar{u} + \bar{v})\frac{U}{l}. \end{aligned}\right\} \tag{15.5}$$

Unter obiger Bedingung gilt also das Ohmsche Gesetz auch für den Stromdurchgang durch ionisierte Gase.

$e_0 \sqrt{\frac{1}{\beta}\frac{dN}{dt}}(\bar{u} + \bar{v})$ bezeichnet man als die ***Anfangsleitfähigkeit***.

Durch Bestrahlung mit Röntgenstrahlen können bequem $\frac{dN}{dt} = 10^7$ Ionenpaare je s und cm³ in atmosphärischer Luft erzeugt werden. Die Beweglichkeit der negativen Ionen bei 760 Torr beträgt 2,1 cm²/s·Volt und die der positiven Ionen 1,3 cm²/s·Volt. Aus diesen Zahlen folgt für die Anfangsleitfähigkeit der so ionisierten Luft:

$$1{,}6 \cdot 10^{-19} \cdot (2{,}1 + 1{,}3) \cdot \sqrt{\frac{1}{1{,}7 \cdot 10^{-6}} 10^7} \frac{1}{\Omega \cdot \mathrm{cm}} = 1{,}3 \cdot 10^{-12} \frac{1}{\Omega \cdot \mathrm{cm}},$$

d.h. ein Würfel mit 1 cm³ Luft hat einen Widerstand von etwa $10^{12}\,\Omega$.

Bei hoher Feldstärke werden die Ionen mit so großer Geschwindigkeit auseinandergeführt, daß eine Rekombination nicht mehr möglich ist. Dann werden aber auch alle erzeugten Ionen an den Elektroden abgegeben. Die Stromdichte wird

$$i_s = e_0 \cdot l \cdot \frac{dN}{dt}. \qquad (15.6)$$

$l \frac{dN}{dt}$ ist die Anzahl aller je Zeiteinheit entstehenden Ionen, die in einer prismatischen Säule mit dem Querschnitt 1 enthalten sind, welche die beiden Elektrodenplatten verbindet. $i_s$ bezeichnet man als Dichte des *Sättigungsstromes*. Für obiges Beispiel wird bei einem Plattenabstand von 4 cm

$$i_s = 1{,}6 \cdot 10^{-19} \cdot 4 \cdot 10^7 \,\mathrm{A\,cm^{-2}} = 6{,}4 \cdot 10^{-12} \,\mathrm{A\,cm^{-2}}.$$

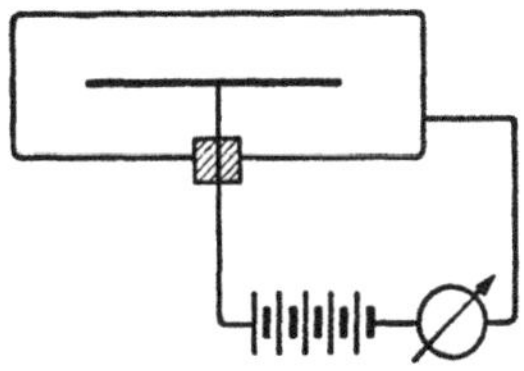

Abb. 376. Ionisationskammer

Als Ionisationskammer verwendet man im allgemeinen nicht Plattenkondensatoren, sondern Zylinderkondensatoren (Abb. 376). An Stelle des Galvanometers dient bei kleineren Intensitäten zweckmäßig ein Elektrometer zur Messung der Ladung der insgesamt an die Elektroden geführten Ionen bei Sättigung. Man mißt die Zeit, während der die Aufladung des Elektrometers erfolgt. Aus Ladung und Zeit läßt sich die Anzahl der pro cm³ und s erzeugten Ionen berechnen.

## C. Gasentladungen

**16. Die Townsendsche Theorie.** Ein Entladungsgefäß mit zwei plattenförmigen Elektroden sei mit einem Gas (z.B. Argon) gefüllt, dessen Druck einige Torr betragen möge. Erzeugt man durch eine ionisierende Strahlung im Gase Ionen, so fließt bei angelegter Spannung ein Strom, der zunächst, wie in Abb. 377 dargestellt, proportional der angelegten Spannung anwächst, bis die Sättigungsstromstärke erreicht wird.

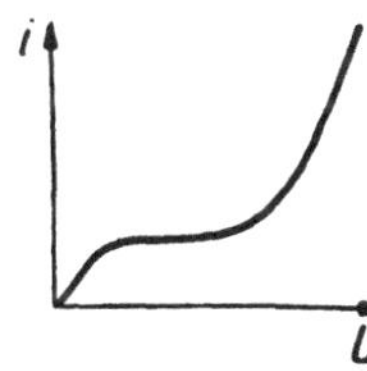


Abb. 377. Charakteristik einer unselbständigen Gasentladung

Bei weiterer Steigerung der Spannung nimmt der Strom aber wieder zu und steigt zu hohen Werten an. Diese Zunahme setzt ein, wenn die von der ionisierenden Strahlung erzeugten Ionen (Elektronen) im elektrischen Felde eine so hohe Geschwindigkeit erreichen, daß sie neutrale Gasatome durch Stoß zu ionisieren vermögen. Auch diese „sekundär" erzeugten Ionen, deren Anzahl um so größer ist, je größer die Feldstärke ist, beteiligen sich am Ladungstransport. Sie verursachen die Zunahme des Stromes (vgl. § 5).

Das Ionisierungsvermögen $\alpha$ (§ 5) ist eine Funktion sowohl des Druckes $p$ als auch der Feldstärke $E$. Es gilt eine Abhängigkeit der Form:

$$\frac{\alpha}{p} = f\left(\frac{E}{p}\right). \qquad (16.1)$$

Abb. 378 enthält $\frac{\alpha}{p}$ als Funktion der Feldstärke reduziert auf den Druck 1 Torr für Luft und Neon.

Die Zahl $dn$ der auf dem Wege $dx$ erzeugten Ionen ist der Zahl $n$ der ionisierenden Ionen (Elektronen) und dem Ionisierungsvermögen proportional:

$$dn = \alpha \cdot n \cdot dx. \qquad (16.2)$$

Jedes der durch die Ionisierung ausgelösten Elektronen vermag ebenfalls zu ionisieren; so entstehen neben dem ersten ionisierenden Elektron (Mutterelektron) Töchter, Enkel, Urenkel usw. und schließlich kommt an der Anode eine ganze Generationenfolge an (Abb. 379). Die Gesamtzahl der durch die Ionisation entstandenen Elektronen ergibt sich durch Integration über den ganzen Laufweg $d$ zwischen den Elektroden:

$$\int_1^n \frac{dn}{n} = \alpha \int_0^d dx$$

oder

$$\ln n = \alpha \cdot d; \qquad n = e^{\alpha d}.$$

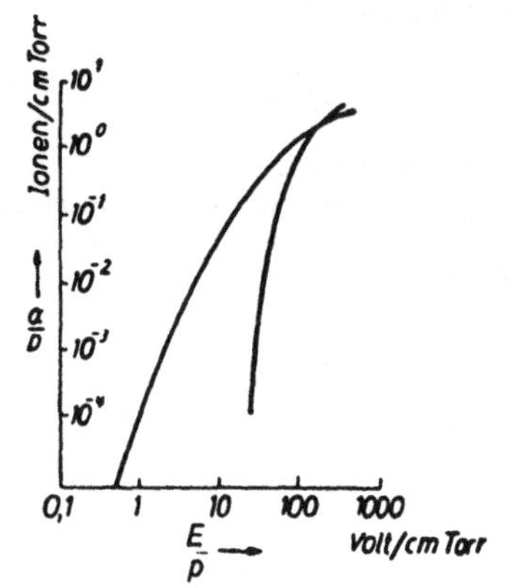


Abb. 378. Das auf den Druck 1 Torr bezogene Ionisierungsvermögen von Elektronen in Luft (steil ansteigende Kurve) und Neon als Funktion von Feldstärke durch Druck

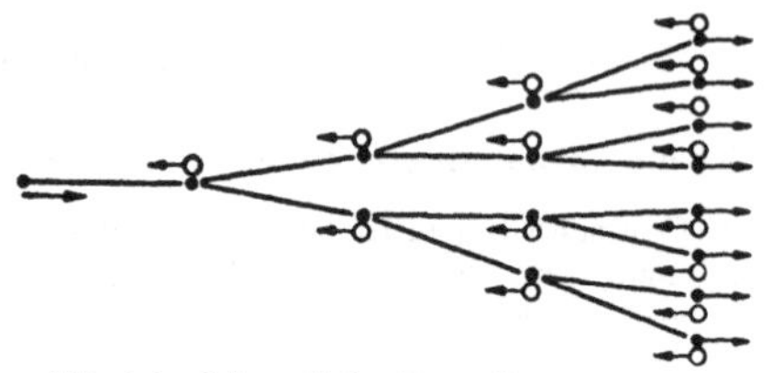

Abb. 379. Schematische Darstellung einer Ionenlawine bei der Stoßionisation

Treten aus der Kathode $N_0$ Elektronen pro Zeiteinheit aus, so gelangen zur Anode in der gleichen Zeit

$$N_1 = N_0 e^{\alpha d} \tag{16.3}$$

Elektronen.

Wir betrachten eine Entladung, bei der die primären Ionen Elektronen sind, die aus der Kathode lichtelektrisch ausgelöst werden.

Damit ist aber noch nicht die gesamte Elektronenzahl erfaßt. Neben den Elektronen entstehen positive Ionen, die zur Kathode wandern. Je Mutterelektron bilden sich $(e^{\alpha d} - 1)$ positive Ionen (1 wird abgezogen, weil in der Zahl $e^{\alpha d}$ das Mutterelektron enthalten ist, zu dem kein positives Ion gehört). Diese können aber aus der Kathode Sekundärelektronen auslösen (vgl. § 4). Wenn die Anzahl der Sekundärelektronen je auffallendes Ion gleich $\gamma$ ist, so ist die Zahl der Sekundärelektronen

$$N_0 \gamma \; (e^{\alpha d} - 1).$$

Sie bilden nach (16.3) beim Durchgang durch das Gas

$$N_0 \gamma \cdot (e^{\alpha d} - 1) \cdot e^{\alpha d}$$

Elektronen usw.

Die Gesamtzahl der Elektronen ist daher

$$\begin{aligned} N &= N_0 e^{\alpha d} + N_0 \gamma (e^{\alpha d} - 1) \cdot e^{\alpha d} + N_0 \gamma^2 \cdot (e^{\alpha d} - 1)(e^{\alpha d} - 1) \cdot e^{\alpha d} + \cdots \\ &= N_0 e^{\alpha d} [1 + \gamma (e^{\alpha d} - 1) + \gamma^2 (e^{\alpha d} - 1)^2 + \gamma^3 (e^{\alpha d} - 1)^3 + \cdots]. \end{aligned}$$

Die Summe dieser geometrischen Reihe mit dem Quotienten $\gamma (e^{\alpha d} - 1)$ ist, wenn $\gamma (e^{\alpha d} - 1) < 1$:

$$N = N_0 \frac{e^{\alpha d}}{1 - \gamma (e^{\alpha d} - 1)}. \tag{16.4}$$

Die Stromstärke der primär ausgelösten Elektronen ist

$$i_0 = N_0 \cdot e_0.$$

Die Stärke des Stromes, der sich aus den aufeinanderfolgenden Lawinen zusammensetzt:

$$i = i_0 \frac{e^{\alpha d}}{1 - \gamma (e^{\alpha d} - 1)}. \tag{16.5}$$

Aus (16.5) folgern wir in Übereinstimmung mit der Erfahrung, daß die Stromstärke mit wachsender Spannung anwächst, weil $\alpha$ nach Abb. 378 mit $E$ steil anwächst. Die Entladung erlischt aber, wenn die Elektronenauslösung aus der Kathode eingestellt wird, deswegen nennt man sie *unselbständig*.

Gleichung (16.5) verliert ihren physikalischen Sinn, wenn

oder

$$\left.\begin{aligned} \gamma\,(e^{\alpha d}-1) &\geqq 1 \\ \alpha &\geqq \frac{1}{d}\ln\left(1+\frac{1}{\gamma}\right). \end{aligned}\right\} \qquad (16.6)$$

Dies tritt bei hinreichend hoher Feldstärke (die von Gasart und Elektrodenmaterial abhängt) immer ein. Bei dieser Feldstärke bleibt der Stromdurchgang auch nach Unterbrechung der primären Elektronenauslösung bestehen. Die Entladung heißt dann *selbständig*. Gleichung (16.6) besagt, daß ein aus der Kathode ausgelöstes Elektron auf seinem Wege zur Anode so viele Ionen erzeugt, daß diese bei ihrem Auftreffen auf die Kathode gerade wieder ein Elektron auslösen können. Dann wiederholt sich unabhängig von der Auslösung durch das Licht immer wieder der gleiche Prozeß.

Nun sind in einem Gas auf Grund der Einwirkung kosmischer oder radioaktiver Strahlung stets einige Ionen bzw. Elektronen vorhanden, die bei ausreichendem Ionisierungsvermögen den Entladungsvorgang einleiten können. Das bedeutet, daß oberhalb einer Spannung, die nach (16.1) einen hinreichend hohen Wert von $\alpha$ gibt, unabhängig von einer künstlichen Ionenerzeugung stets eine selbständige Entladung möglich ist. Sowohl *Zündspannung* wie *Brennspannung* sind von Kathodenmaterial, Gasart und Druck abhängig.

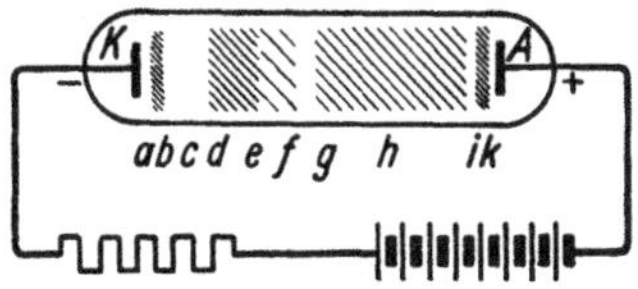


Abb. 380. Leuchterscheinungen in einer Glimmentladung. Die Darstellung der Leuchterscheinungen entspricht einem photographischen Negativ, die leuchtenden Bezirke der Röhre sind dunkel schraffiert, die hellen, nicht schraffierten Bereiche sind die Dunkelräume. *a* Astonscher Dunkelraum; *b* Kathodenschicht; *c* Hittorfscher Dunkelraum; *d* Glimmsaum; *e* negatives Glimmlicht; *f* Faradayscher Dunkelraum; *h* positive Säule; *g* Scheitel der positiven Säule; *i* anodisches Glimmlicht; *k* Anodendunkelraum

Die *Stationaritätsbedingung* einer Gasentladung lautet also: Jeder Ladungsträger muß für seinen eigenen Ersatz sorgen.

**17. Einteilung der Gasentladungen.** Die in § 16 beschriebene selbständige Entladung tritt als *Dunkelentladung* nur bei sehr kleinen Stromdichten auf und geht ohne nennenswerte Lichtausstrahlung vor sich. Entladungen mit größerer Stromdichte bezeichnet man als *Glimmentladungen*, sie können mit sehr intensiver Lichterzeugung erfolgen. Diese läßt sich durch den Übergang zur stromstarken *Bogenentladung* (vgl. § 20) bei höheren Gasdrucken noch erheblich steigern.

In der Glimm- und Bogenentladung ist der Potentialanstieg von der Kathode zur Anode nicht mehr so, wie die Gesetze der Elektrostatik ihn für den stromlosen Fall vorschreiben; vielmehr führt die unterschiedliche Beweglichkeit der positiven und negativen Ladungsträger zum Aufbau von *Raumladungen* (vgl. § 11), die die örtliche Spannungsverteilung in sehr charakteristischer Weise abändern.

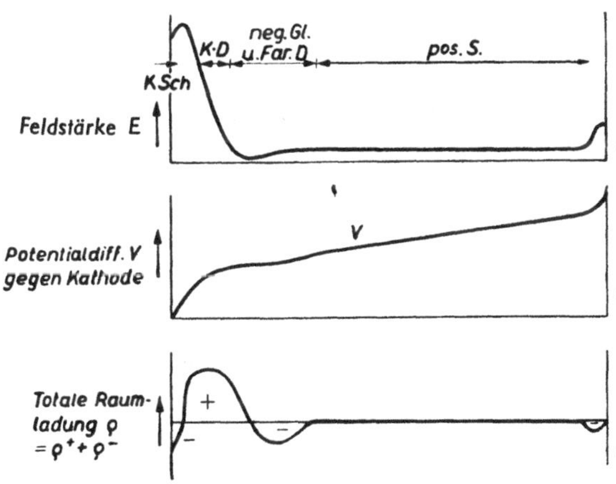


Abb. 381 a—c. Feldstärke, Potentialanstieg und Raumladung zwischen Kathode und Anode in einer Glimmentladung

**18. Aufbau der Glimmentladung.** Abb. 381 zeigt die Feldverteilung einer Glimmentladung in einem zylindrischen Rohr. Unmittelbar vor der Kathode in einem Bereich von der Größenordnung einiger freier Weglängen ist die Feldstärke sehr groß. Man nennt diesen Bereich *Fallraum* und die an ihm liegende Spannung den *Kathodenfall*. Die von den auf die Kathode auffallenden Ionen (vgl. § 4) ausgelösten Elektronen haben in der Kathodenschicht aus dem Felde die Energie aufgenommen, die sie zur optimalen Lichtanregung befähigt. In dem daran anschließenden Gebiet des Hittorfschen Dunkelraums nimmt mit der zunehmenden Geschwindigkeit die Fähigkeit zur Lichtanregung ab, dafür aber erreicht die Ionisierungsfähigkeit ihr Optimum. Die hier in großer Zahl erzeugten, zur Kathode abwandernden positiven Ionen geben Anlaß zu einer starken positiven Raumladung, die durch die gleichzeitig bei der Ionisation entstandenen Elektronen nur unwesentlich geschwächt wird. Denn diese werden wegen ihrer geringen Masse vom Felde sehr viel schneller fortgeführt, und ihre im Felde des abklingenden Kathodenfalls aufgenommene Energie wird im Gebiete des angrenzenden negativen Glimmlichtes durch Lichtanregung verzehrt. Dort und im anschließenden Faradayschen Dunkelraum ist die Feldstärke sehr klein, sie kann auf Null abnehmen oder sogar negativ werden, d.h. ihre Richtung umkehren. Der Stromtransport erfolgt dann weitgehend durch Diffusion der Träger. In der an den Faradayschen Dunkelraum angrenzenden *positiven Säule* ist die Feldstärke konstant. Positive Ionen und Elektronen sind in gleicher Anzahl vorhanden, ein solches Gebiet bezeichnet man als quasineutrales *Plasma* (vgl. § 21). Die positive Säule überbrückt den Strom aus dem Fallgebiet bis zur Anode, er wird wegen ihrer größeren Beweglichkeit fast ausschließlich von den Elektronen getragen. Da Ionen und Elektronen aus dem Plasma an die Wand diffundieren und dort rekombinieren, müssen in der positiven Säule dauernd neue Ionen erzeugt werden. Die dazu benötigte Energie wird aus dem in ihr bestehenden Felde entnommen. Den Potentialanstieg unmittelbar vor der Anode bezeichnet man als *Anodenfall*, er liegt im allgemeinen etwas oberhalb der Ionisierungsspannung.

Für die „Zündspannung" $U$, bei der eine Entladung zwischen zwei ebenen, ausgedehnten Elektroden einsetzt, gilt eine einfache Beziehung: $U$ hängt nur von dem Produkt aus Druck und Elektrodenabstand ab (Paschen).

**19. Bogen- und Funkenentladung.** Wird bei großen Entladungsströmen die Elektronenbildung durch Glühelektronenauslösung infolge Erhitzung der Kathode vermehrt, so geht die Glimmentladung in eine Bogenentladung *(Lichtbogen)* über. Die Folge der zusätzlichen Elektronenauslösung aus der Kathode ist eine beträchtliche Verminderung der Brennspannung. Bei sehr großen Entladungsströmen besteht auf Grund der sehr beträchtlichen positiven Raumladung der auf die Kathode fließenden Ionen an der Kathode ein hohes elektrisches Feld. Auch dadurch kann Elektronenauslösung an der Kathode erfolgen (*Feldbogen*, wie er im Gleichrichter mit einer flüssigen Quecksilberkathode brennt). Wir kennen Vakuumbögen und Bögen bei sehr hohen Drucken, z.B. moderne Hochdruckquecksilber- und Xenonlampen. Von großer praktischer Bedeutung sind der Kohlebogen (Abb. 382), der in atmosphärischer Luft „brennt", und die Quecksilberdampflampe.

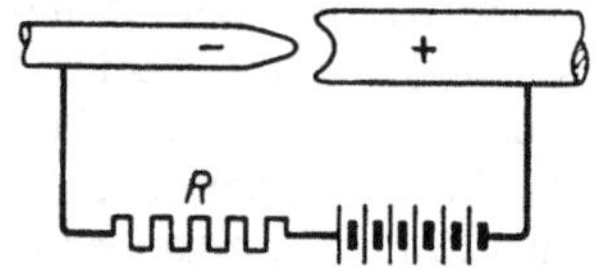

Abb. 382. Lichtbogenentladung mit Schaltbild des Bogens

Zwei Kohlestäbe werden über einen Widerstand $R$ mit den Polen einer Batterie (110 bzw. 220 Volt) verbunden. Nach Stromschluß durch Berührung der Kohlestäbe werden diese auseinandergezogen. Es bildet sich zwischen den Kohlespitzen der Lichtbogen, der bläulich violett „brennt". Die Kohlespitzen werden weißglühend. Die positive Kohle, die erheblich heißer wird (Temperatur $t > 4000°$), brennt zu einem tiefen Krater aus, die negative Kohle ($t > 3500°$) nimmt die Form eines Kegels an. Brennt der Bogen unter erhöhtem Druck, so kann die positive Kohle Temperaturen von der Größe der Sonnentemperatur ($t > 6000°$) annehmen. Der Krater der positiven Kohle wird als Lichtquelle in Projektionsgeräten verwendet. Unter normalen Betriebsbedingungen liegt die Brennspannung zwischen 30 und 40 Volt. Sie nimmt mit wachsender Stromstärke ab (fallende Charakteristik). Zum stationären Betrieb muß daher in den Stromkreis ein Widerstand $R$ eingeschaltet werden.

*Funken* sind ihrem Wesen nach rasch erlöschende Bogenentladungen. Bei gegebener Elektrodenform und gegebenem Gasdruck ist die Spannung, die zur Zündung eines Funkens erforderlich ist, sehr genau definiert. Man verwendet daher *Funkenstrecken* (Kugelelektroden), deren Abstand sich mit einer Mikrometerschraube einstellen läßt, zur Spannungsmessung. Tabelle 29 enthält die Funkenschlagweite $s$ (Funkenstrecke) zwischen Kugeln von 1 cm Radius in Luft von 760 Torr und 18° C.

Tabelle 29. *Funkenschlagweiten*

| | | | | | | | | |
|---|---|---|---|---|---|---|---|---|
| $s$ in cm . . . . . . . . . . . | 0,1 | 0,2 | 0,3 | 0,4 | 0,5 | 0,6 | 0,7 | 0,8 |
| Entladungsspannung in kV . . . | 4,8 | 8,1 | 11,4 | 14,5 | 17,5 | 20,4 | 23,2 | 26 |
| $s$ in cm . . . . . . . . . . . | 0,9 | 1,0 | 1,5 | 2,0 | 3,0 | 4,0 | 5 | |
| Entladungsspannung in kV . . . | 28,6 | 30,8 | 39,3 | 47 | 57 | 64 | 69 | |

**20. Kathodenstrahl- und Kanalstrahl-Entladung.** Verringert man in der in Abb. 380 dargestellten Entladungsröhre den Druck, so verschieben sich die Grenzen aller Leuchterscheinungen von der Kathode fort. Die Dunkelräume wachsen; zugleich wird das Leuchten blasser. Statt der dicht vor der Kathode liegenden Kathodenschicht bildet sich eine in der Achse liegende, nun ganz an die Kathode heranreichende, pinselförmige Leuchterscheinung aus, die aus dem Hittorfschen Dunkelraum kommt. Nacheinander verschwinden positive Säule und der Faradaysche Dunkelraum. Je schwächer das Gasleuchten wird, um so stärker fluoresziert die Glaswand in einem bläulichen oder grünlichen Licht. Zugleich wächst mit abnehmendem Druck die Spannung an der Röhre zu beträchtlichen Werten an. Diese von Gestalt und Anordnung der Anode unabhängige Erscheinung ist folgendermaßen zu erklären: Die Ionen lösen bei dem Aufprall auf die Kathode Elektronen aus, die bis auf selten von ihnen bewirkte Ionisation das Kathodenfallgebiet ungestört durchfallen. Sie haben daher alle die gleiche Energie, ihre Geschwindigkeit ist nach (6.2)

$$u = \sqrt{2 \frac{e_0}{m_0} U}.$$

Da das Plasma feldfrei ist, bewegen sie sich geradlinig und erregen in der Wand eines Entladungsgefäßes aus Glas ein grünes oder blaues Fluoreszenzleuchten. Man bezeichnet sie als *Kathodenstrahlen*.

Diese Art von Entladung gab die erste Möglichkeit zu Experimenten mit Kathodenstrahlen (LENARD, 1899): Stellt man, wie in Abb. 383, der Kathode ein schattenwerfendes Hindernis gegenüber, so entsteht auf der Wand ein Schatten, wie er von einer punktförmigen, in der Kathodenmitte befindlichen Lichtquelle erzeugt werden würde. Nähert man von der Seite einen Stabmagneten, so wird dieser Schatten nach oben oder unten abgelenkt, je nachdem der Magnet mit dem Südpol oder dem Nordpol herangeführt wird. Aus dem Ablenkungssinn folgert man, daß die schattenwerfenden Strahlen bewegte negative Ladungen sind. Eine $\frac{e}{m}$-Messung durch Ablenkung in elektrischen und magnetischen Feldern ergibt den für Elektronen bekannten Wert.

*Kanalstrahlen* (GOLDSTEIN 1886). Bringt man als Kathode eine durchlochte Platte (wie in Abb. 384) in die Entladungsröhre, so setzt sich die Leuchterschei-

**nung durch das Loch, den „Kanal", hindurch fort. Hinter der Kathode entsteht ein seitlich begrenzter, ausgeblendeter Strahl, der sogenannte *Kanalstrahl.* Auf Grund ihrer Trägheit fliegen die Teilchen durch die Kathodenöffnung und behalten ihre Geschwindigkeit nunmehr im feldfreien Raum hinter der Kathode bei, der bei engem Kanal und starker Pumpe auch weitgehend gasfrei gemacht werden kann. Einige Eigenschaften der für die Atomphysik sehr wichtigen Kanalstrahlen werden an anderem Ort behandelt (z.B. VIII § 11).**

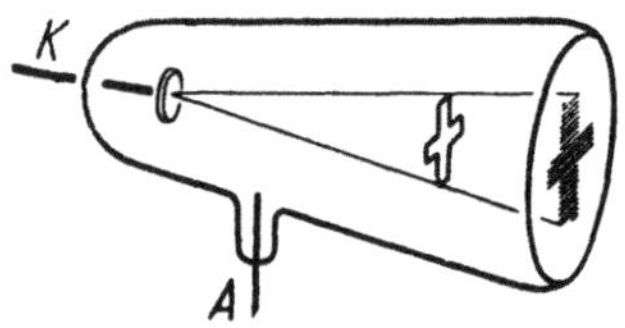


Abb. 383. Nachweis der geradlinigen Ausbreitung der Kathodenstrahlen

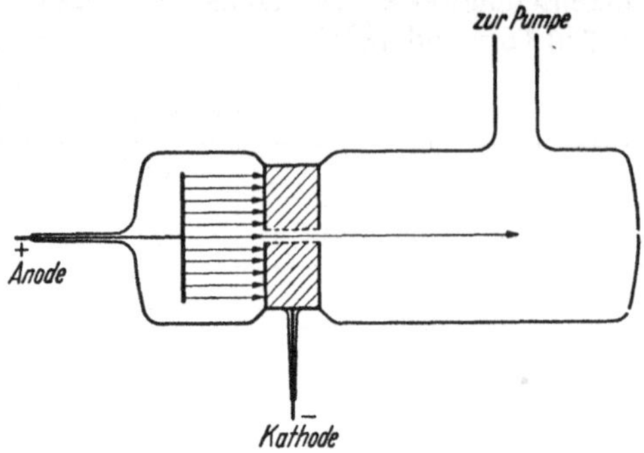


Abb. 384. Kanalstrahlrohr (schematisch)

**21. Plasma.** Aus Abb. 381c ist zu ersehen, daß sich in der positiven Säule einer Glimmentladung die positiven und negativen Raumladungen völlig kompensieren, d.h. daß die Dichte der Ionen gleich derjenigen der Elektronen ist. In einem solchen „Plasma" kann man die Bewegung der Ionen wegen ihrer relativ großen Masse vernachlässigen. Die Elektronen bewegen sich also praktisch frei in einem ungeordneten Ionen„gitter".

Ein solches Plasma ist nun einer Eigenschwingung fähig, deren Entstehen man sich vereinfacht so vorstellen kann:

Angenommen eine — quer zur positiven Säule gelegene — Schicht von Elektronen bewege sich in Richtung der Säule aus ihrer Gleichgewichtslage; dann hinterläßt sie hinter sich eine Schicht mit nur positiven Ladungen und bildet selbst eine Schicht mit verdoppelter negativer Raumladung. Dazwischen herrscht ein elektrisches Feld, das den Gleichgewichtszustand wieder herzustellen bestrebt ist, das also die ausgelenkten Elektronen in ihre Ausgangslage zurück und wegen derer träger Masse darüber hinaus treibt. Dieses Pendeln der Elektronen erfolgt (nach LANGMUIR, 1925) mit der „Plasma-Frequenz"

$$f_p = \frac{1}{2\pi} \sqrt{\frac{n\, e_0^2}{\varepsilon_0\, m_0}}, \tag{21.1}$$

wobei $n$ die Anzahl der freien Elektronen je Volumeneinheit und $m_0$ ihre Masse bedeutet. Mit den Zahlenwerten von (1.6) und § 2 und $n$ in $cm^{-3}$ ergibt sich

$$f_p = 8980 \sqrt{n}\ \mathrm{Hz}, \tag{21.2}$$

$n$ ist für ein hochionisiertes Plasma bei $^1/_{100}$ Torr von der Größenordnung $3 \cdot 10^{10}\ cm^{-3}$, $f_p$ also mehrere hundert GHz.

In diesem Frequenzbereich wurden tatsächlich Plasmaschwingungen beobachtet, die allerdings von so starkem „Rauschen" begleitet sind, daß ein Plasma als Höchstfrequenzgenerator praktisch vorerst nicht in Betracht kommt.

Dagegen spielen Plasmaschwingungen für die Erforschung der Ionosphäre und die Ausbreitung elektrischer Wellen in ihr eine erhebliche Rolle: In derjenigen Höhe, wo die Plasmafrequenz gleich der Frequenz der Radiowelle ist, tritt gewissermaßen Resonanz zwischen dieser und den freien Elektronen ein. Das bewirkt starke Absorption und Reflexion der Welle. Nur dank der letzteren gelingt überhaupt eine Nachrichtenübertragung über Entfernungen von der Größenordnung des Erdumfanges.

Auch die Erzeugung extrem hoher Temperaturen (XIII § 7) kann nur im Plasma gelingen, da man die Plasmateilchen durch elektrische Felder sehr stark beschleunigen kann, was einer Temperatursteigerung entspricht. In solchen Plasmen, die überdies durch stärkste Magnetfelder auf über 1000 atm komprimiert wurden, hat man Temperaturen von $10^{16}$ °K erreicht.

## D. Elektronenoptik

**22. Das Brechungsgesetz für Elektronenstrahlen.** Läßt man einen Elektronenstrahl durch eine von zwei parallelen Ebenen begrenzte Zone hindurchtreten, die von einem homogenen elektrischen Feld erfüllt ist, so wird er — wie wir gleich beweisen werden — nach einem „Brechungsgesetz" abgelenkt, das dem der geometrischen Optik ganz analog ist. Durch geeignet geformte inhomogene Felder kann man Elektronen, die aus einem Punkt kommen, wieder in einem Punkt sammeln, also eine „Linsenwirkung" ausüben. Aus diesem Grunde hat sich für die Lehre von der Ausbreitung von Elektronenstrahlen in elektrischen und magnetischen Feldern die Bezeichnung Elektronenoptik eingebürgert; oder genauer (da von der Wellennatur der Elektronen vorerst abgesehen werden kann): geometrische Elektronenoptik. Als erster hat H. Busch 1926 erkannt, daß man mit Elektronenstrahlen ganz ähnlich wie mit Lichtstrahlen, und in vielen Fällen weit besser eine „Abbildung" erzielen kann. Seither hat die Elektronenoptik außerordentliche Bedeutung gewonnen.

Ein Elektron mit der Geschwindigkeit $u_1$ möge unter dem Neigungswinkel $\alpha_1$ gegen das Lot auf ein feinmaschiges Drahtnetz $N_1$ fallen. Zwischen $N_1$ und dem parallelen Netz $N_2$ bestehe die Spannung $U$, außerhalb sei sowohl im Raume 1 als auch 2 das Feld Null (Abb. 385). Dann wird das Elektron im Kondensatorfeld zwischen $N_1$ und $N_2$ beschleunigt. Die Geschwindigkeitskomponente $u_x$ bleibt konstant. $u_{y_2}$ ist aber größer als $u_{y_1}$. $u_2$ berechnet man aus $u_1$ und der Spannung zwischen $N_1$ und $N_2$ nach dem Energiesatz:

$$\frac{m}{2}u_2^2 = \frac{m}{2}u_1^2 + e_0 \cdot U. \qquad (22.1)$$

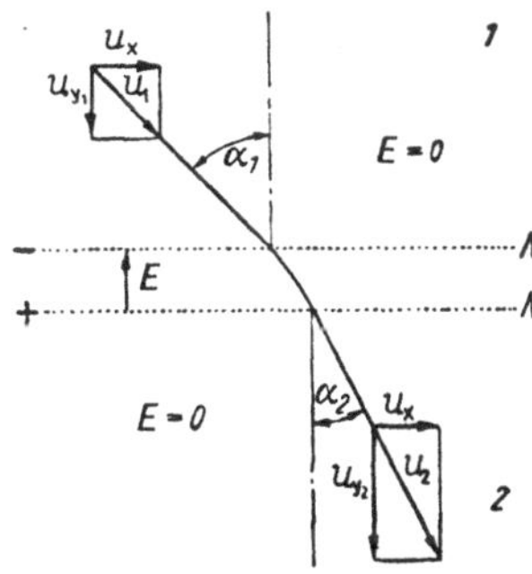


Abb. 385. Zum Brechungsgesetz der Elektronenoptik

Man entnimmt Abb. 389:

$$\sin\alpha_1 = \frac{u_x}{u_1} \quad \text{und} \quad \sin\alpha_2 = \frac{u_x}{u_2}.$$

Also ist

$$\frac{\sin\alpha_1}{\sin\alpha_2} = \frac{u_2}{u_1}. \qquad (22.2)$$

$u_1$ und $u_2$ hängen nicht vom Einfallswinkel $\alpha_1$ ab, bei gegebener Anfangsgeschwindigkeit $u_1$ und Spannung $U$ ist die rechte Seite von (22.2) konstant. Die Elektronen gehorchen also beim Durchgang durch ein begrenztes homogenes Feld einem *Brechungsgesetz*, dessen Form mit der des Snelliusschen Brechungsgesetzes (vgl. V § 3) der geometrischen Optik übereinstimmt. Dementsprechend kann man die linke Seite von (22.2) als Quotienten der

Brechungsindizes der Räume 1 und 2 auffassen:

$$\frac{n_2}{n_1} = \frac{u_2}{u_1}. \tag{22.3}$$

Wenn die Energie der einfallenden Elektronen $\frac{m}{2} u_1^2 = e_0 \cdot U_0$ ist, wird nach (22.1)

$$\frac{n_2}{n_1} = \frac{u_2}{u_1} = \sqrt{\frac{U_0 + U}{U_0}} = \sqrt{1 + \frac{U}{U_0}}. \tag{22.4}$$

In homogenen Medien verlaufen Lichtstrahlen geradlinig und erfahren nur an deren Grenzen, wo ein Sprung des Brechungsindex eintritt, eine Brechung. Lichtstrahlen verlaufen mit stetiger Krümmung, wenn innerhalb des Mediums, in dem sie sich ausbreiten, der Brechungsindex sich stetig ändert. Ihren Verlauf kann man folgendermaßen berechnen:

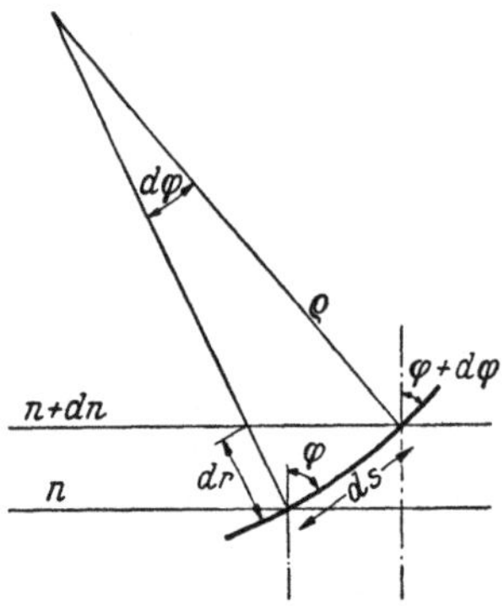


Abb. 386. Krümmung von Lichtstrahlen oder Elektronenbahnen in einem Medium (Feld) mit stetig veränderlichem Brechungsindex

Für benachbarte Schichten mit den Brechungsindizes $n$ und $n + dn$ (Abb. 386) ist nach (V 3.2):

$$n \cdot \sin\varphi = (n + dn)\sin(\varphi + d\varphi),$$

unter Vernachlässigung kleiner Größen höherer Ordnung

$$\begin{aligned} n \sin\varphi &= (n + dn)(\sin\varphi + \cos\varphi \cdot d\varphi) \\ &= n \sin\varphi + n\cos\varphi \cdot d\varphi + \sin\varphi\, dn. \end{aligned}$$

Also ist

$$n\cos\varphi\, d\varphi + \sin\varphi \cdot dn = 0$$

und daher

$$d\varphi = -\operatorname{tg}\varphi \cdot \frac{dn}{n}. \tag{22.5}$$

Aus Abb. 386 folgt $d\varphi = \frac{ds}{\varrho} = \operatorname{tg}\varphi \cdot \frac{dr}{\varrho}$; in (22.5) eingesetzt:

$$\operatorname{tg}\varphi \cdot \frac{dr}{\varrho} = -\operatorname{tg}\varphi \cdot \frac{dn}{n}$$

und daher

$$\frac{1}{\varrho} = -\frac{1}{n} \cdot \frac{dn}{dr}. \tag{22.6}$$

Mit dieser Gleichung läßt sich der Krümmungsradius von Lichtstrahlen berechnen, wenn der Brechungsindex als Funktion des Ortes bekannt ist.

(22.5) gestattet aber auch, die Bahnkrümmung von Elektronenbahnen zu berechnen, wenn (22.3) gültig ist. Dann gilt für kleine Änderungen

$$\frac{n + dn}{n} = \frac{u + du}{u} \quad \text{oder} \quad \frac{dn}{n} = \frac{du}{u},$$

und weiter:

$$\frac{dn}{n} = \frac{du}{u} = \frac{u \cdot du}{u^2} = \frac{1}{2}\,\frac{m u\, du}{\frac{m}{2} u^2} = \frac{1}{2}\,\frac{d\left(\frac{m}{2} u^2\right)}{\frac{m}{2} u^2} = \frac{1}{2}\,\frac{e_0 \cdot dU}{\frac{m}{2} u^2}.$$

In (22.6) eingesetzt:

$$\frac{1}{\varrho} = -\frac{1}{m u^2} \cdot e_0 \cdot \frac{dU}{dr}$$

oder

$$\frac{m u^2}{\varrho} = -e_0 \frac{dU}{dr}.$$

$\frac{m u^2}{\varrho}$ ist nach I § 17 die Zentrifugalkraft, die am Elektron auf seiner gekrümmten Bahn angreift; $-e_0 \cdot \frac{dU}{dr} = e_0 E_r$ ist die in Richtung des Krümmungsradius angreifende Radialkraft, nämlich die Komponente der elektrischen Kraft in Richtung des Krümmungsradius. Die Gleichheit beider Größen, die aus (22.5) folgt, besagt, daß die Elektronenbahn durch diese Gleichung richtig beschrieben wird.

**23. Elektrische Elektronenlinsen.** Nach § 22 erfahren „Elektronenstrahlen" beim Übergang zwischen feldfreien Räumen mit verschiedenem Potential eine Brechung, welche durch das Brechungsgesetz (22.2) beschrieben wird. Der Brechungsexponent hängt nur von der Elektronengeschwindigkeit $u_1$ im Raume 1 und der Potentialdifferenz $U$ zwischen 2 und 1 ab. Wählt man als Abgrenzung der beiden Räume zwei parallele feinmaschige Drahtnetze, denen man, wie in Abb. 387, die Gestalt von Kugelflächen gibt, so muß durch diese „Elektronenlinse" ein Bündel von Elektronenstrahlen ebenso hindurchtreten wie ein Bündel von Lichtstrahlen durch eine gleichgeformte Glaslinse mit gleichem Brechungsindex.

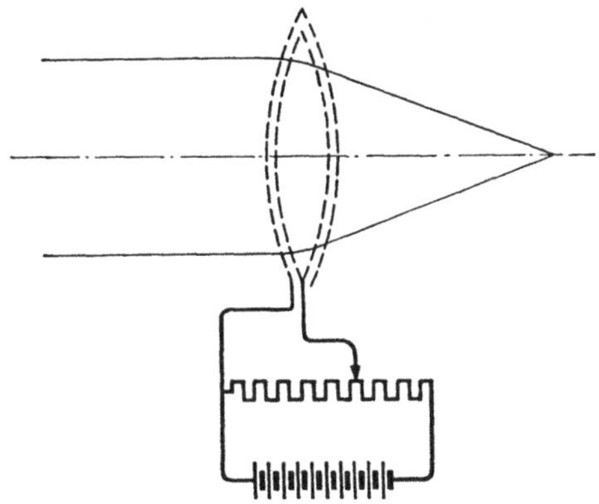

Abb. 387. Elektronendoppelschichtlinse

Die Brechkraft dieser „Doppelschichtlinse" ist nach (V 8.2)

$$\frac{1}{f} = (n-1)\left(\frac{1}{r_1} + \frac{1}{r_2}\right)$$

oder nach (22.4) mit $e_0 \cdot U_0 = \frac{m}{2} u_1^2$

$$\frac{1}{f} = \left(\sqrt{1+\frac{U}{U_0}} - 1\right)\left(\frac{1}{r_1} + \frac{1}{r_2}\right), \tag{23.1}$$

wo $U_0$ die Voltgeschwindigkeit der Elektronen außerhalb der Linse bedeutet.

Die Elektronenlinse hat gegenüber einer Glaslinse den Vorteil, daß man ihre Brennweite durch Änderung der Spannung zwischen den Netzen in weiten Grenzen ändern kann. Aber die Herstellung solcher Drahtnetze, welche das Feld hinreichend genau und sauber — d.h. unter Vermeidung von Feldstörungen durch die einzelnen Drähte — begrenzen, stößt auf so große technische Schwierigkeiten, daß solche Linsen keine praktische Bedeutung besitzen. Vielmehr verwendet man statt einer sphärisch gekrümmten Netzelektrode, die ja stets eine Äquipotentialfläche darstellt, rotationssymmetrische Elektroden, die auch Felder mit sphärisch gekrümmten Äquipotentialflächen erzeugen, z.B. Lochblenden, wie sie in Abb. 388 dargestellt sind. Es gibt sehr verschiedene Möglichkeiten, gewölbte Äquipotentialflächen herzustellen, die eine sammelnde Wirkung ausüben. Einfache mathematische Beziehungen lassen sich im allgemeinen für sie nicht herleiten, sondern müssen experimentell, z.B. durch Sondenmessungen ermittelt werden.

Während aber eine Elektronendoppelschichtlinse (Abb. 387) genau einer optischen Linse aus homogenem Material entspricht, stellt eine Lochblende für Elektronen eine Linse aus rotationssymmetrischen Schichten von verschiedenem

Brechungsindex dar, wie sie für Licht z.B. in der Linse des menschlichen Auges realisiert ist (Abb. 389).

Die Abhängigkeit der Brennweite einer solchen geschichteten Linse von dem Brechungsindex ergibt sich folgendermaßen:

Wir denken uns zunächst die Linse aus einzelnen homogenen Schalen zusammengesetzt, deren Brechungsindex unstetig von außen nach innen zunimmt. Die Brechung der Lichtstrahlen erfolgt dann in den Grenzflächen unstetig. Eine Grenzfläche trägt zur Brechkraft der ganzen Linse bei gemäß (V 9.2):

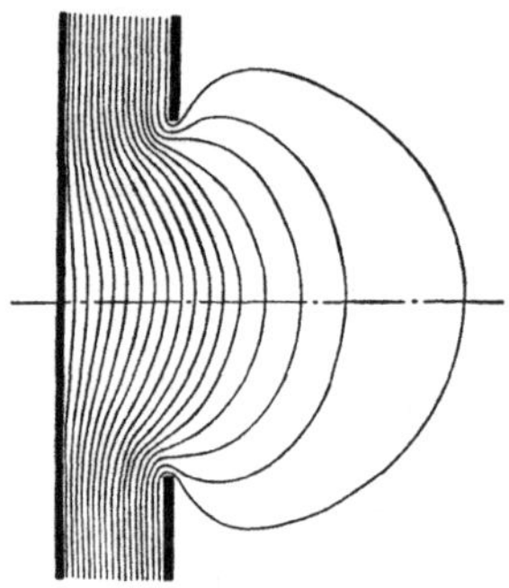

Abb. 388. Äquipotentialflächen zwischen einer Platte und einer kreisförmigen Lochblende, zwischen denen eine Spannung besteht

Abb. 389. Schichten mit gleichem Brechungsindex in der Augenlinse

$$\frac{1}{f_i} = \frac{n_{i+1} - n_i}{n_i} \cdot \frac{1}{r_i} = \frac{\Delta n_i}{n_i} \cdot \frac{1}{r_i},$$

wo $n_i$ den Brechungsindex an der Schichtgrenze bezeichnen möge und $\Delta n_i$ klein gegen $n_i$ sei. Wenden wir diese Beziehung wiederholt auf die aufeinanderfolgenden sphärischen Flächen an und vernachlässigen dabei jedesmal die Abstände $d$ der aufeinanderfolgenden brechenden Flächen, so erhalten wir:

$$\frac{1}{f} = \frac{1}{n_r} \sum \frac{\Delta n_i}{r_i}. \qquad (23.2)$$

Hier bedeutet $n_r$ den Brechungsindex an der Rückseite der Linse. Wegen der Vernachlässigung von $d$ stellt die Gleichung nur eine Näherung dar. $n$ sei nun eine stetige Funktion des Ortes $x$ innerhalb der Linse. Der vordere und hintere Scheitel gehören zu $x_1$ und $x_2$, die Brechungsindizes an Vorder- und Rückfläche seien $n_1$ und $n_2$. Beim Übergang zu dem stetigen Verlauf von $n$ wird aus (23.2)

$$\frac{1}{f} = \frac{1}{n_2} \int_{n_1}^{n_2} \frac{dn}{r} = \frac{1}{n_2} \int_{x_1}^{x_2} \frac{1}{r} \cdot \frac{dn}{dx} \cdot dx. \qquad (23.3)$$

$r$ ist der Krümmungsradius der Fläche mit konstantem Brechungsindex, welche die Linsenachse im Punkte $x$ schneidet.

In Abb. 388 sind die Schnittlinien einer Ebene durch die Symmetrieachse mit den Äquipotentialflächen im Felde einer kreisförmigen Lochblende, die einer Platte gegenübersteht, dargestellt. Die Lochblende sei geerdet und die Platte gegen sie positiv geladen. In der nahen Umgebung der strichpunktierten Achse sind die Potentialflächen sphärische Flächen. Im Sinne der Elektronenoptik stellen sie die brechenden Flächen für die Elektronenbahnen dar. Ein von rechts einfallendes paralleles Elektronenbündel wird konvergent gemacht, der Punkt, in dem sie sich schneiden, ist der Brennpunkt dieser *Lochblendenlinse*.

Nach (22.3) ist der Brechungsindex

$$n = \frac{u_x}{u_1} = \frac{\text{const}}{u_1} \sqrt{U(x)},$$

wo $U(x)$ die Spannung auf der Achse am Orte $x$ ist.

Dann wird nach (23.3) die Brechkraft dieser Elektronenlinse:

$$\frac{1}{f} = \frac{u_1}{\text{const} \cdot \sqrt{U_2}} \int_{x_1}^{x_2} \frac{1}{r} \, \frac{\frac{1}{2} \cdot \frac{\text{const}}{u_1} \cdot \frac{dU(x)}{dx}}{\sqrt{U}} \cdot dx = \frac{1}{2\sqrt{U_2}} \int_{x_1}^{x_2} \frac{1}{r} \cdot \frac{U'(x)}{\sqrt{U(x)}} \, dx. \qquad (23.4)$$

Polt man die Spannung zwischen Platte und Lochblende um, so werden von der Platte ausgehende Elektronen beschleunigt, aber sie laufen auseinander. Diese Divergenz des Bündels wird verhindert, wenn man wie in Abb. 390 eine zweite Lochblende anbringt, die positiver ist als die erste.

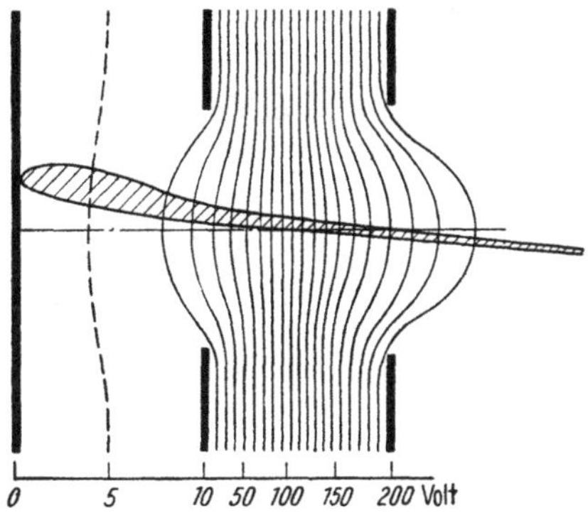

Abb. 390. Eine gebräuchliche Immersionslinse zur Abbildung einer Elektronen emittierenden Kathode

Linsen, wie sie in Abb. 388 und 390 dargestellt sind, die aus (einer oder) mehreren koaxial angeordneten Lochblenden bestehen, die gegenüber dem Außenraum (also auch gegenüber dem Elektronen emittierenden Objekt oder dem Bildschirm) sich auf verschiedenem Potential befinden, bezeichnet man als *Immersionslinsen*. Statt der Lochblenden kommen häufig auch Zylinder in Kombination mit Lochblenden oder mehrere auf verschiedenem Potential befindliche koaxiale Zylinder zur Verwendung (Abb. 393). Wenn man mehrere Lochblenden so miteinander kombiniert, daß auf beiden Seiten des Systems in größerer Entfernung ein feldfreier Raum besteht, dann bezeichnet man das System als *Einzellinse*.

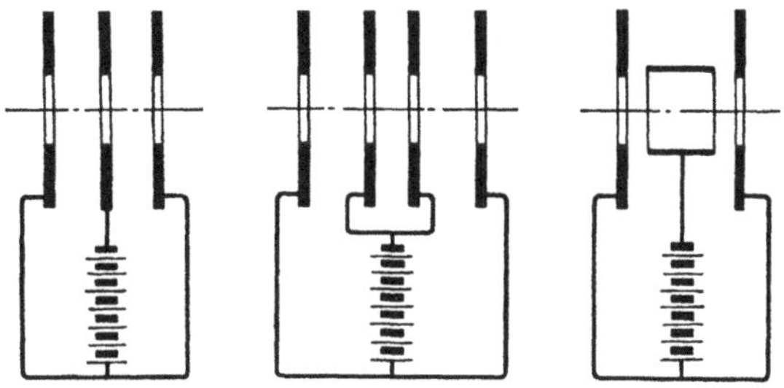

Abb. 391 a—c. Einzellinsen aus Lochblenden (a u. b) und Zylindern (c)

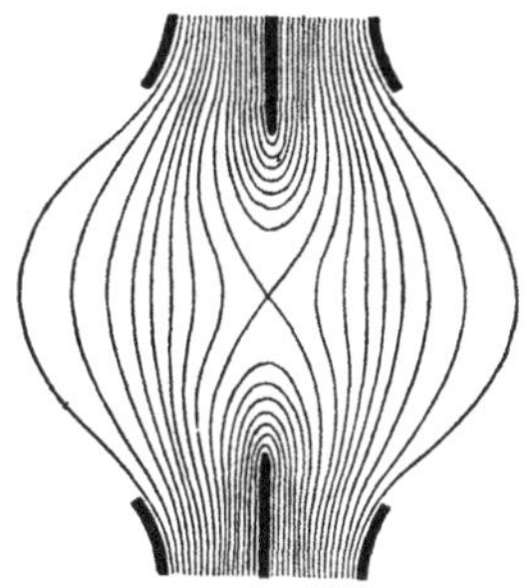
Abb. 392. Äquipotentialflächen im Felde einer Einzellinse vom Typus der Abb. 391a

Im allgemeinen befinden sich dann die beiden äußeren Blenden auf gleichem Potential. Abb. 391 zeigt gebräuchliche Systeme. Man kann sie als hintereinandergeschaltete Immersionslinsen auffassen. Abb. 392 zeigt den Potentialverlauf einer einfachen Einzellinse.

Beim Durchgang durch die in Abb. 393a dargestellte Rohrlinse wirkt das Feld in dem Gebiet sammelnd, in dem die Äquipotentialflächen nach rechts konkav sind, im Gebiet der nach rechts konvexen Äquipotentialflächen aber zerstreuend. Da jedoch die Geschwindigkeit der Elektronen nach rechts beständig zunimmt, ist die zerstreuende Wirkung kleiner als die sammelnde, so daß das System trotzdem als Sammellinse wirkt. Unter der Rohrlinse in Abb. 393a ist eine Kombination von Glaslinsen dargestellt, die den Strahlengang des Lichtes ähnlich beeinflussen.

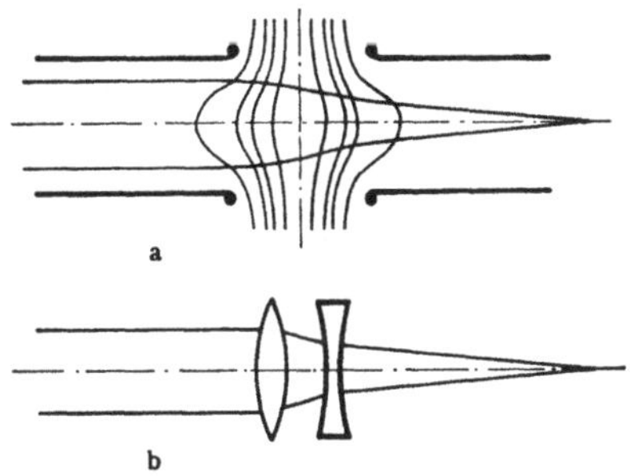

Abb. 393a u. b. Rohrlinse (a) und ihr optisches Analogon (b)

Auch die Elektronenlinsen besitzen Linsenfehler, Aberrationen, ähnlicher Art wie die Glaslinsen, die man durch besondere Formgebung mit gutem Erfolg bekämpfen kann.

Aus (23.1) und (23.4) entnimmt man, daß bei Änderung aller Spannungen im gleichen Verhältnis, nämlich der Beschleunigungsspannung der Elektronen, die in die Linsenfelder eintreten, und der Spannungen zwischen den Elektroden der Linse, die Brechkraft $\frac{1}{f}$ nicht geändert wird. Es ändert sich nämlich nicht die Form der Äquipotentialflächen, also auch nicht der Krümmungsradius $r$. Das bedeutet aber, daß die Bahn der Elektronen unverändert bleibt.

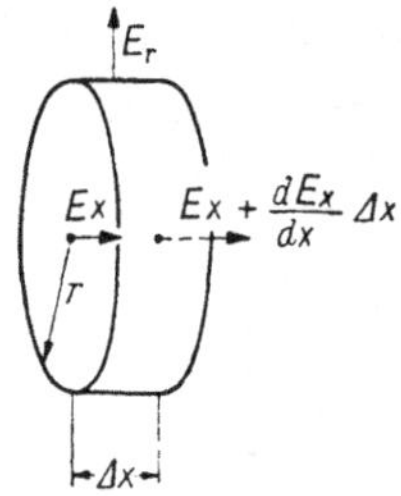


Abb. 394. Darstellung der radialen Feldstärke im rotationssymmetrischen elektrischen Felde durch die Änderung der Feldstärke längs der Symmetrieachse

Zum Beweis stellen wir die Bewegungsgleichung für die Radialkomponente auf:

$$m\,\frac{d^2 r}{dt^2} = -\,e_0 \cdot E_r. \tag{23.5}$$

Wenn Raumladungen vernachlässigt werden dürfen, so gilt für achsennahe Strahlen zwischen der Radialkomponente des elektrischen Feldes $E_r$ und der Änderung von $E$ längs der Achse $\frac{dE_x}{dx}$ der Zusammenhang:

$$E_r = -\,\frac{r}{2}\,\frac{dE_x}{dx}.$$

$r$ ist die Polarkoordinate der Teilchenbahn. Zum Beweis denken wir uns einen Zylinder mit dem Radius $r$ und der Achse $\Delta x$, die mit der Achse des Feldes zusammenfällt (Abb. 394). Dann gilt nach (III 3.5)

$$\int E_n \cdot df = 2r\pi \cdot \Delta x \cdot E_r + r^2 \cdot \pi \left(E_x + \frac{dE_x}{dx} \cdot \Delta x\right) - r^2 \pi E_x = 0$$

oder

$$E_r = -\,\frac{r}{2} \cdot \frac{dE_x}{dx}.$$

Da

$$E_x = -\,\frac{dU(x)}{dx},$$

ist

$$\frac{dE_x}{dx} = -\,\frac{d^2U(x)}{dx^2}.$$

Also wird

$$m \cdot \frac{d^2 r}{dt^2} = -\,e_0 \cdot \frac{r}{2} \cdot \frac{d^2U}{dx^2}. \tag{23.6}$$

Die Differentiation nach $t$ ersetzen wir durch eine solche nach $x$:

$$\frac{dr}{dt} = \frac{dr}{dx} \cdot \frac{dx}{dt} = u \cdot \frac{dr}{dx}; \quad \frac{d^2r}{dt^2} = \frac{d}{dt}\,\frac{dr}{dt} = \frac{d}{dt}\left(u \cdot \frac{dr}{dx}\right) = \frac{d}{dx}\left(u \cdot \frac{dr}{dx}\right)\frac{dx}{dt} = u \cdot \frac{d}{dx}\left(u \cdot \frac{dr}{dx}\right).$$

Außerdem ist $u = \sqrt{2\,\frac{e_0}{m} \cdot U(x)}$, also wird

$$m \cdot \sqrt{2\,\frac{e_0}{m}} \cdot \sqrt{U(x)}\,\frac{d}{dx}\left(\sqrt{2\,\frac{e_0}{m}} \cdot \sqrt{U(x)}\,\frac{dr}{dx}\right) = -\,e_0 \cdot \frac{r}{2} \cdot \frac{d^2U(x)}{dx^2}$$

oder

$$\sqrt{U(x)} \cdot \frac{d}{dx}\left(\sqrt{U(x)}\,\frac{dr}{dx}\right) = -\,\frac{r}{4} \cdot \frac{d^2U(x)}{dx^2}. \tag{23.7}$$

Wenn man in dieser Gleichung $U$ durch $U' = a \cdot U$ ($a = \text{const}$) ersetzt — das bedeutet, daß man die Spannung zwischen *allen* Elektroden im gleichen Verhältnis ändert —, dann fällt $a$ wieder heraus, $r$ als Funktion von $x$ bleibt also unverändert.

Daß (23.7) die spezifische Ladung nicht mehr erhält, bedeutet, daß bei gleicher Spannungsverteilung die Bahn der durch die Linse hindurchtretenden Teilchen von ihrer Ladung und Masse unabhängig ist. Eine Linse mit gegebenen Elektrodenspannungen hat also z. B. für Protonen oder Deuteronen die gleiche Brennweite wie für Elektronen, wenn die Energien der eintretenden Teilchen die gleichen sind.

Aus (23.7) folgt nach Ausführung der Differentiation

$$\frac{d^2 r}{d x^2} + \frac{\frac{dU}{dx}}{2U} \cdot \frac{dr}{dx} + \frac{\frac{d^2U}{dx^2}}{4U} r = 0 \quad \textit{(Buschsche Gleichung).} \tag{23.8}$$

Diese homogene lineare Differentialgleichung zweiter Ordnung ist die Bewegungsgleichung von achsennahen Elektronen. Ihre Lösung setzt die Kenntnis des Potentialverlaufs nur längs der Achse des Linsensystems voraus.

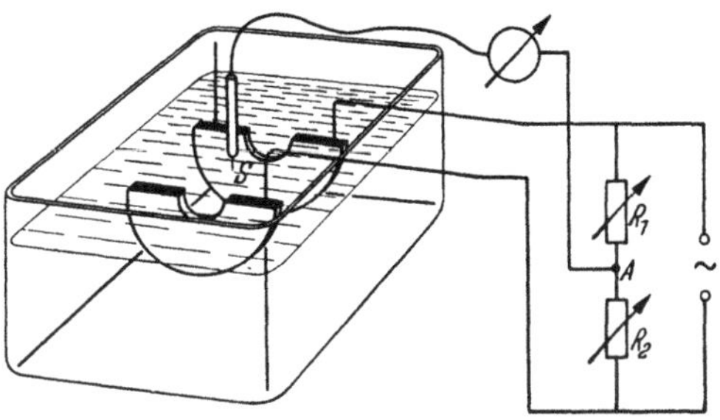


Abb. 395. Elektrolytischer Trog zur experimentellen Auffindung der Potentialverteilung

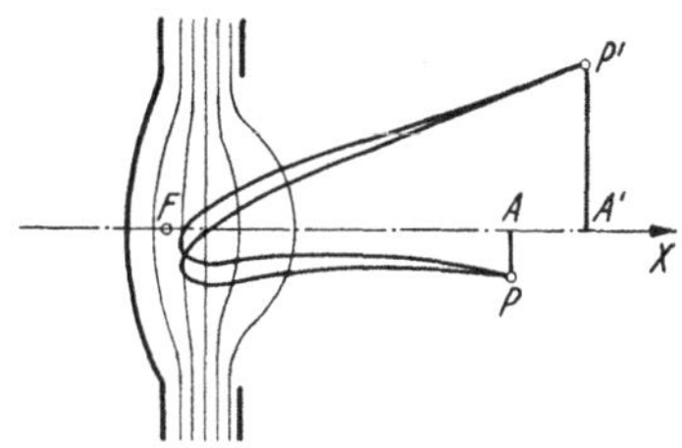


Abb. 396. Elektronenspiegel

Das Potential in der Umgebung rotationssymmetrischer Elektroden kann experimentell mit Hilfe des *elektrolytischen Troges* bestimmt werden. Die Feldverteilung oder die Form der Äquipotentialflächen in der Umgebung von zwei (oder mehreren) auf definierte Spannungen geladenen Elektroden ändert sich nicht, wenn das Elektrodensystem in eine elektrolytisch leitende Lösung (z. B. Leitungswasser) getaucht wird. Dies folgt aus der Proportionalität von Stromdichte und Feldstärke. (Zur Vermeidung von Polarisation [s. III § 26] muß freilich eine Wechselstromquelle verwendet werden.) Weil aber in einem rotationssymmetrischen Feld durch eine Meridianebene kein Strom hindurchtritt, bleibt die Feldverteilung erhalten, wenn man nur die eine Hälfte des Elektrodensystems oder ein ähnlich vergrößertes Modell von ihm so in die Flüssigkeit taucht, daß die Meridianebene mit der Flüssigkeitsoberfläche zusammenfällt (Abb. 395). Der Trog muß erheblich größer als das Modell sein. Bei einem mehr als zweiteiligen System müssen sich die Spannungen an den Teilen des Modells verhalten wie die an das Originalsystem gelegten Spannungen.

Das Potential in der Oberfläche mißt man mit der Spitze einer Sonde. Ist das Potential gleich dem der Oberfläche, dann ist das Nullinstrument stromlos. Wenn man die Sondenspitze in der Oberfläche so verschiebt, daß das Instrument dauernd stromlos bleibt, dann beschreibt ihre Spur eine Äquipotentiallinie.

*Elektronenspiegel.* Abb. 396 stellt einen Elektronenspiegel dar. Eine Äquipotentialfläche ist als Elektrode ausgebildet, die gegen die Lochblende negativ geladen ist.

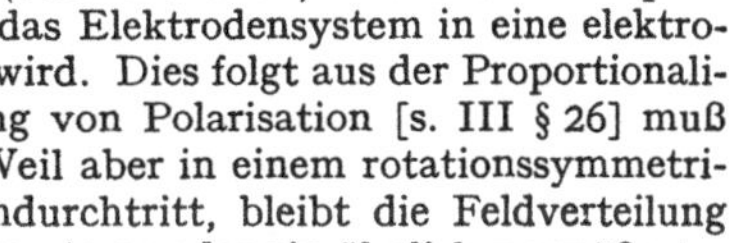


Abb. 397. Die stromdurchflossene lange Spule als magnetische Linse. Die Spule ist nicht gezeichnet, sondern nur die Elektronenbahn im homogenen Spulenfeld

## 24. Lange magnetische Linsen.

In einem homogenen Magnetfeld, z. B. im Innern einer langen stromdurchflossenen Spule, beschreibt ein Elektron, dessen Geschwindigkeit $u$ mit den Kraftlinien den Winkel $\varphi$ bildet, eine Schraubenlinie (Abb. 397). Die Komponente von $u$ in der Richtung des Feldes ist $u_{\parallel} = u \cos \varphi$, in der zum Felde senkrechten Ebene $u_{\perp} = u \cdot \sin \varphi$. Die Bahnkurve entsteht durch Superposition aus einer Kreisbewegung in der Ebene senkrecht zur Kraftlinienrichtung mit der Winkelgeschwindigkeit $\omega$ einerseits und einer geradlinig gleichförmigen Bewegung in der Richtung der Kraftlinien andrerseits, in der auf die bewegte Ladung keine Kraft ausgeübt wird. Nun hängt $\omega\,(=u/r)$ nach 7.1 nicht von $u$ ab:

$$\omega = \frac{2\pi}{\tau} = \frac{e_0}{m}\cdot B.$$

Das heißt aber, daß die Zeit $\tau$, in der das Elektron wieder die gleiche Kraftlinie schneidet, von der Neigung $\varphi$ unabhängig ist:

$$\tau = \frac{2\pi}{\frac{e_0}{m}\cdot B}.$$

Daraus folgt, daß alle Elektronen eines Bündels, welche vom Punkte $A$ unter verschiedenen Winkeln gegen die Kraftlinien ausgehen, die Kraftlinie zur gleichen Zeit wieder schneiden. Der Abstand dieses Schnittpunktes $C$ von $A$ ist der während der Zeit $\tau$ mit der Geschwindigkeit $u\cos\varphi$ zurückgelegte Weg

$$A\,C = \frac{u\cdot\cos\varphi\cdot 2\pi}{\frac{e_0}{m}\cdot B}.$$

Für kleine $\varphi$ ist $\cos\varphi\approx 1$. Daher treffen sich alle von $A$ unter kleinem Winkel gegen die Kraftlinienrichtung austretenden Elektronen wieder in einem Punkte $C$, dessen Abstand von $A$

$$A\,C = \frac{2\pi u}{\frac{e_0}{m}\cdot B} \tag{24.1}$$

ist. $C$ ist das „Bild" von $A$. Man kann die lange Spule also als eine Elektronenlinse auffassen.

**25. Kurze magnetische Linsen.** Auch kurze magnetische Felder eignen sich als magnetische Linsen, wenn sie rotationssymmetrisch sind. Man erzeugt sie durch eine kurze stromdurchflossene Spule (Abb. 398).

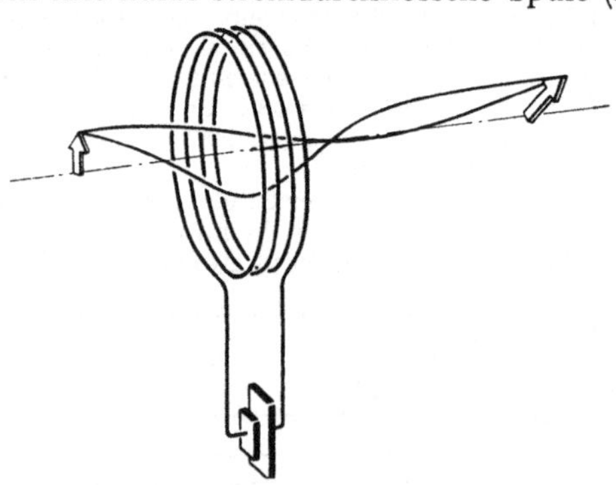

Abb. 398. Die kurze magnetische Linse

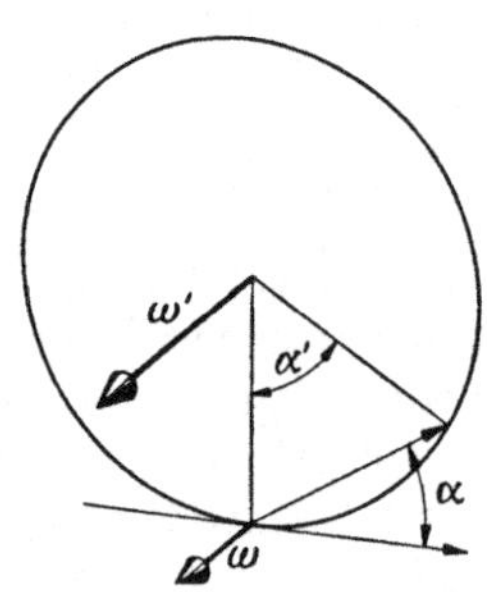


Abb. 399. Die Winkelgeschwindigkeit der Rotation der Elektronen im Felde der magnetischen Linse

Elektronen bewegen sich in Magnetfeldern immer mit konstanter Bahngeschwindigkeit. Also ändert sich die Geschwindigkeit der Elektronen nicht beim Durchgang durch eine magnetische Linse. Hierdurch unterscheidet sich die magnetische Linse grundsätzlich von der elektrischen Linse. Während aber das reelle Bild, das mit einer elektrostatischen Linse erzeugt wird, ein umgekehrtes Bild ist (wie in der Optik), das Bild eines Pfeiles also in der vom abgebildeten Pfeil und der optischen Achse gebildeten Ebene liegt, aber in die entgegengesetzte Richtung zeigt, ist das mit einer kurzen magnetischen Linse erzeugte Bild verdreht, weil die Elektronen durch das Magnetfeld auf schraubenlinienähnlichen Bahnkurven verlaufen. Im Gegensatz zu den Bahnen in der langen Spule beträgt der Drehwinkel im allgemeinen nicht 360°, weil die Bahnkurve nicht überall die gleiche Krümmung besitzt und der Abstand Gegenstand—Bild nicht wie dort gleich der „Ganghöhe" der Schraubenlinie ist.

Die Brechkraft einer kurzen magnetischen Linse für achsennahe Strahlen läßt sich mit guter Näherung durch folgende einfache Überlegung aus der Feldstärke längs der Spulenachse finden: Im Abstand $r$ von der Achse greift am Elektron in radialer Richtung durch das Magnetfeld eine Kraft an, welche entgegengesetzt gleich der Zentrifugalkraft $m\omega^2 \cdot r$ ist:

$$m\frac{d^2r}{dt^2} = -m\omega^2 \cdot r. \tag{25.1}$$

Die Winkelgeschwindigkeit $\omega'$, mit der das Elektron um die Kraftlinien rotiert, ist nach § 24 $\omega' = \frac{e_0}{m} \cdot B$. Der Radiusvektor $r$ dreht sich aber mit der halben Winkelgeschwindigkeit. Denn nach dem Sehnentangentensatz (s. Abb. 399) ist

$$\alpha = \frac{\alpha'}{2} \quad \text{und daher} \quad \omega = \frac{d\alpha}{dt} = \frac{1}{2}\frac{d\alpha'}{dt} = \frac{1}{2}\omega' = \frac{1}{2}\frac{e_0}{m}B.$$

Statt (25.1) erhalten wir also

$$\frac{d^2r}{dt^2} = -\frac{1}{4}\cdot\left(\frac{e_0}{m}\right)^2 \cdot B^2 \cdot r. \tag{25.2}$$

Wir nehmen nun folgende Transformation vor:

$$\frac{dr}{dt} = \frac{dr}{dx}\cdot\frac{dx}{dt} = u_x \cdot \frac{dr}{dx}$$

$$\frac{d^2r}{dt^2} = \frac{d}{dt}\left(u_x \cdot \frac{dr}{dx}\right) = u_x \cdot \frac{d}{dt}\left(\frac{dr}{dx}\right) = u \cdot \frac{d}{dt}\left(\frac{dr}{dx}\right),$$

da für kleine Winkel der Elektronenbahnen $u_x \approx u = \text{const.}$

$$u \cdot \frac{d}{dt}\left(\frac{dr}{dx}\right) = u \cdot \frac{d}{dx}\left(\frac{dr}{dx}\right)\cdot\frac{dx}{dt} = u^2 \cdot \frac{d^2r}{dx^2}.$$

(25.2) wird also

$$u^2 \cdot \frac{d^2r}{dx^2} = -\frac{1}{4}\left(\frac{e_0}{m}\right)^2 \cdot B^2 \cdot r. \tag{25.3}$$

Nach (IV 6.2) ist $u^2 = 2 \cdot \frac{e_0}{m} \cdot U$, wo $U$ die Spannung ist, mit der die Elektronen auf die Geschwindigkeit $u$ beschleunigt wurden. Beim Durchgang durch das Feld bleibt $U$ konstant. Also wird

$$\frac{d^2r}{dx^2} = -\frac{1}{8U}\cdot\frac{e_0}{m}B^2 \cdot r.$$

Daraus folgt für die Neigung der Elektronen gegen die Achse nach Durchgang durch das Feld, wenn sie parallel zur Achse eintreten:

$$\frac{dr}{dx} = -\frac{1}{8U}\cdot\frac{e_0}{m}\int_{-\infty}^{+\infty} r \cdot B^2 \cdot dx.$$

Ist aber das Feld nur kurz, so bleibt $r$ nahezu konstant, und man erhält für die Neigung der Bahn gegen die Achse nach Austritt aus dem Feld:

$$\left(\frac{dr}{dx}\right)_a = \operatorname{tg}\psi = -\frac{1}{8U}\cdot\frac{e_0}{m}\cdot r_e \int_{-\infty}^{+\infty} B^2 \cdot dx, \tag{25.4}$$

wo $r_e$ den Abstand des Elektrons beim Eintritt in das Feld bedeutet.

Wenn die Elektronen parallel zur Achse im Abstand $r_e$ eintreten, so ist der Abstand ihres Schnittpunktes mit der Achse im feldfreien Raum hinter der Spule von der Feldmitte gleich der Brennweite der Linse. Daß die Elektronen in radialer Richtung abgelenkt werden, folgt daraus, daß am Eintritt in das Feld die Elektronen wegen der Streuung der Kraftlinien gegen diese einen von Null verschiedenen Winkel einschließen.

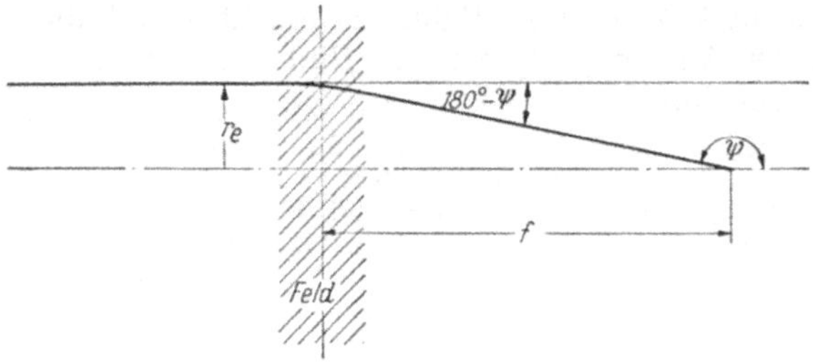


Abb. 400. Zur Berechnung der Brennweite einer kurzen magnetischen Linse

Da tg $\psi$ negativ ist, ist die Elektronenbahn hinter dem Feld auf die Achse hin gerichtet. Die Brennweite ergibt sich nach Abb. 400 aus der Forderung

$$\operatorname{tg}(180^\circ - \psi) = -\operatorname{tg}\psi = \frac{r_e}{f}$$

oder nach (25.4)

$$\frac{1}{f} = \frac{1}{8U} \cdot \frac{e_0}{m} \int_{-\infty}^{+\infty} B^2 \cdot dx. \quad (25.5)$$

Dies ist also die Brechkraft der kurzen magnetischen Linse.

Die praktischen Anwendungen im Elektronenmikroskop erfordern magnetische Linsen mit sehr kurzer Brennweite. Da deswegen die Länge des Feldes nur klein sein darf, muß die Feldstärke sehr groß sein. Man verwendet dazu eisengepanzerte, mit einem schmalen Schlitz versehene Spulen, deren Feld in Abb. 401 dargestellt ist.

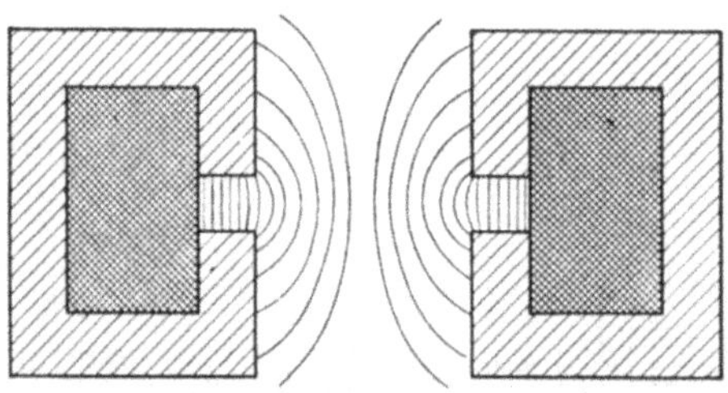

Abb. 401. Eisengepanzerte Spule mit Schlitz als kurzbrennweitige Linse

## 26. Elektronenoptische Geräte.

Die Zahl der Geräte, in denen die Elektronenoptik angewendet wird, ist heute bereits außerordentlich groß. Vor allem war es der Elektronenstrahloszillograph (vgl. § 10), bei dessen fortschreitender Verbesserung die Methoden der Elektronenoptik immer weitergehend entwickelt wurden. Hier handelte es sich darum, die Kathode oder vielmehr eine vor ihr angebrachte Lochblende, durch deren Mitte ein sehr schmales Bündel intensiver Kathodenstrahlen hindurchtritt, möglichst scharf auf den Leuchtschirm abzubilden (zu *fokussieren*), um z. B. den extremen Anforderungen bei der Bildübertragung (Fernsehen) gerecht zu werden.

Ihre größten Erfolge erzielte die Elektronenoptik bei der Entwicklung des *Elektronenmikroskops.* Je nachdem das abzubildende Objekt selbst die zur Abbildung verwendeten Elektronen emittiert oder von Elektronen, die aus einer Glühkathode stammen, durchstrahlt wird, unterscheidet man zwischen *Emissionsmikroskopen* und *Durchstrahlungsmikroskopen.*

Die Elektronenmikroskope ähneln in ihrem optischen Aufbau den Lichtmikroskopen für Mikrophotographie, bei denen statt des Okulars eine Projektionslinse verwendet wird. Abb. 402 zeigt das Schema des Aufbaus eines Elektronenmikroskops. Das Objekt, z.B. Bakterien oder Kristallite usw., wird von einer dünnen Zelluloidfolie getragen und von schnellen Elektronen (bis über 100 keV) durchstrahlt. Das Bild wird auf einem Fluoreszenzschirm oder einer photographischen Platte aufgefangen. Bei amorphen Objekten kommt das Bild dadurch zustande, daß die Elektronen durch die verschieden dicken oder dichten Stellen des Objektes etwa der durchstrahlten Masse proportional mehr oder minder aus dem von der Quelle einfallenden Bündel herausgestreut werden. Daher ist die Deutung des elektronenoptischen Bildes häufig eine ganz andere als die eines mit dem Lichtmikroskop entworfenen Bildes; denn das Absorptionsvermögen des durchstrahlten Objektes für Licht unterscheidet sich fast immer völlig von dem für Elektronen.

Der Vergrößerung ist beim Elektronenmikroskop praktisch keine Grenze gesetzt. Sie übertrifft diejenige des Lichtmikroskops um viele Zehnerpotenzen. Damit wurde der Naturforschung eine bislang unzugängliche Welt der kleinen Dimensionen erschlossen.

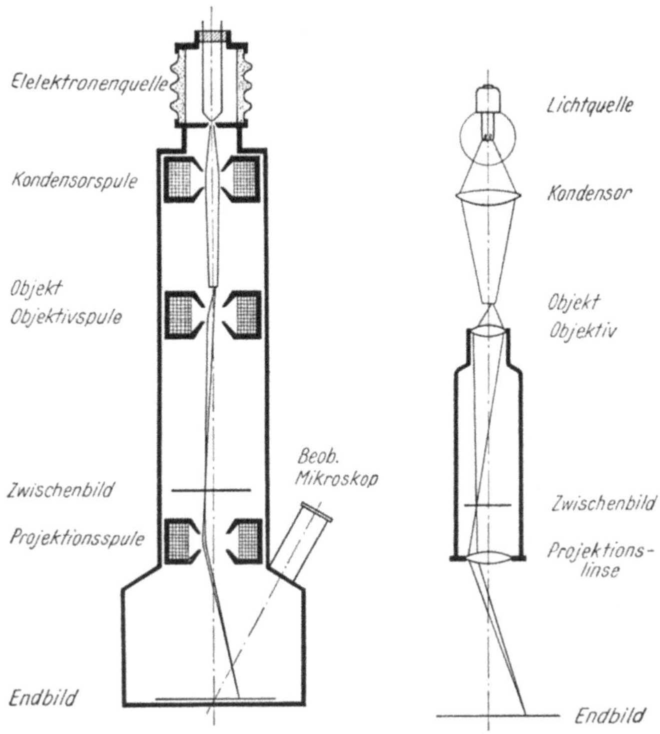


Abb. 402. Elektronenmikroskop mit magnetischen Linsen, daneben Strahlengang im optischen Projektionsmikroskop

Trotzdem gelingt es nicht, einzelne Moleküle wahrnehmbar zu machen; denn Elektronenobjektive sind prinzipiell mit einem „Linsenfehler", nämlich mit sphärischer Aberration behaftet, die sich nicht beliebig herabmindern läßt.

## E. Welleneigenschaften von freien Elektronen und Ionen

Völlig andersartige Erscheinungen, die sich mit den bisher angewandten Methoden der Mechanik und Elektrodynamik nicht mehr deuten lassen, treten auf, wenn man zwei Strahlen freier Elektronen, die aus der gleichen Quelle kommen, fast parallel durcheinander laufen läßt. Man erreicht das durch die in Abb. 403 skizzierte Anordnung Als Quelle der Strahlen dient das elektronenoptisch auf 50 mμ verkleinerte Bild einer üblichen Elektronenquelle; die Strahlen passieren dann einen positiv aufgeladenen Metallfaden und werden von ihm zur Mitte hin abgelenkt, so daß sie sich im Raum vor der Photoplatte unter sehr kleinem Winkel durchkreuzen. Auf dieser entsteht dann — und nur wenn der Faden aufgeladen ist — das in Abb. 404 wiedergegebene Bild, das typische Interferenzstreifen zeigt; d.h. es gibt Orte, an denen sich die auf verschiedenen

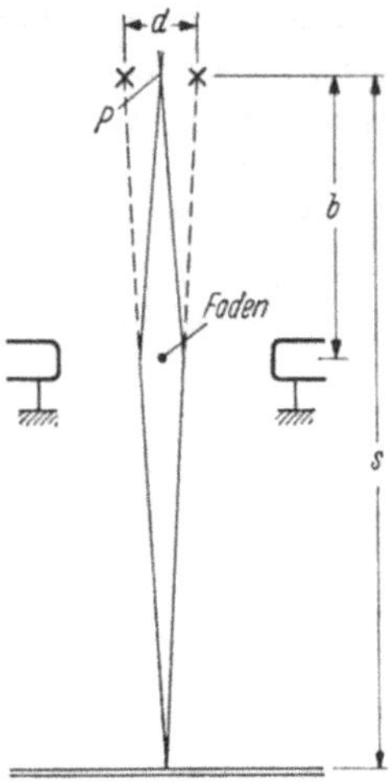


Abb. 403. Biprisma zur Erzeugung von Elektroneninterferenzen nach MÖLLENSTEDT und DÜKER

Wegen eintreffenden Elektronen in ihrer Wirkung verstärken, aber auch solche, wo sie sich auslöschen. Derartige Interferenzerscheinungen (vgl. I 86) sind aber nur bei Wellen möglich.

Dieser Versuch ist völlig analog zu einem Experiment, das FRESNEL an sichtbarem Licht mit Hilfe eines Biprismas ausgeführt hat und mit dem er die Wellenlänge des Lichts bestimmt hat (vgl. VI § 2). Auf dem dort beschriebenen Wege kann auch hier die „Wellenlänge der Elektronen" bestimmt werden. Sie ergibt sich bei Elektronen der Energie 30 keV zu $7 \cdot 10^{-10}$ cm. Dieser Wert entspricht genau demjenigen, den man aus der fundamental wichtigen und universell gültigen de Broglie-Beziehung (vgl. XVIII 1.1) berechnet:

$$\lambda = \frac{h}{mu},$$

wobei $h$ das Plancksche Wirkungsquantum, $m$ die Masse des Teilchens und $u$ seine Geschwindigkeit bedeutet.

Nach der de Broglie-Beziehung wird die Wellenlänge für höhere Geschwindigkeiten und größere Massen noch kleiner. Die Wellennatur solcher Teilchen ist dann mit makroskopischen Methoden kaum mehr nachweisbar. Innerhalb der auf kleinstem Raum konzentrierten Felder im Inneren einzelner Atome oder an den „Gittern", die von den Atomen eines Kristalls gebildet werden, kann man aber auch mit Ionen und anderen schweren Teilchen Beugungserscheinungen beobachten.

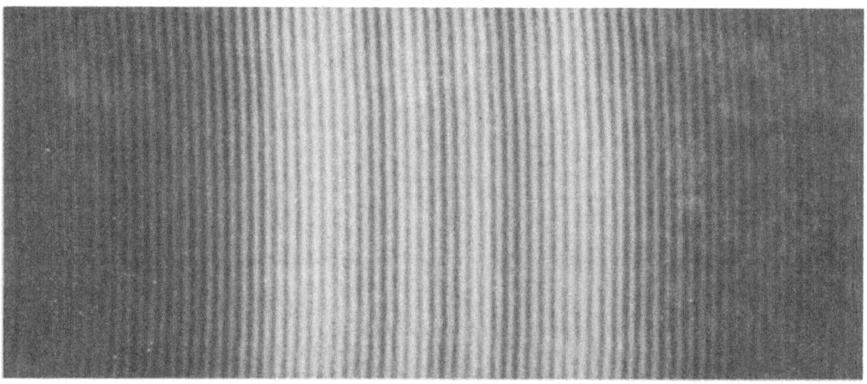

Abb. 404. Elektroneninterferenzen mit dem „Biprisma" nach DÜKER und MÖLLENSTEDT

Elektronen und Ionen zeigen also sowohl Teilchen- wie Welleneigenschaften. In XVIII wird gezeigt, daß diese Aussage keinen inneren Widerspruch darstellt.

# V. Geometrische Optik

## A. Reflexion und Brechung

**1. Geradlinige Ausbreitung des Lichtes.** Ganz analog wie bei Elektronen und Ionen verrät sich die Wellennatur des sichtbaren Lichtes infolge der kleinen Wellenlänge nur in Phänomenen von kleinstem Ausmaß. Bei allen Experimenten großen Stils scheint Licht sich in Gestalt geradliniger Strahlen auszubreiten, eine Tatsache, von der die Geodäsie und Astronomie weitestgehend für sehr genaue Messungen Gebrauch macht. Im Laboratorium demonstriert man die geradlinige Ausbreitung z.B. mittels der *Lochkammer:* Vor einer durchlochten Wand (Lochblende) $B$ befinde sich ein leuchtender Gegenstand, z.B. ein leuchtender Pfeil (Abb. 405). Auf einem dahintergestellten Schirm $S$ erkennt man ein umgekehrtes *Bild,* das um so schärfer erscheint, je enger $B$ ist: Jedem leuchtenden Punkt $P$ des Pfeils entspricht ein kreisförmiger Fleck, die Schnittfläche des Strahlenkegels, der von $P$ ausgeht und durch $B$ begrenzt wird, mit dem Schirm $S$. Dieser Fleck wird aus geometrischen Gründen um so kleiner, je kleiner $B$ ist. Der Versuch, ihn praktisch punktförmig zu machen, indem man $B$ immer weiter verkleinert, scheitert nicht allein aus Intensitätsgründen: Unterhalb einer gewissen Größe von $B$ wird das Bild wieder unschärfer, der Strahlenkegel hinter $B$ verbreitert sich. Diese „Beugung" (s. VI § 10b) des Lichtes ist eine Folge seiner Wellennatur. Wir können daher die Lichtstrahlen nicht als Lichtkegel mit unendlich kleinem Öffnungswinkel definieren. Sie beschreiben den Weg, den die Lichtenergie in Bündeln endlicher Öffnung im Raum zurücklegt, und sind in Medien, in denen die Ausbreitungsgeschwindigkeit des Lichtes nicht von der Richtung abhängt, die Normalen auf den Wellenflächen der Lichtwellen.

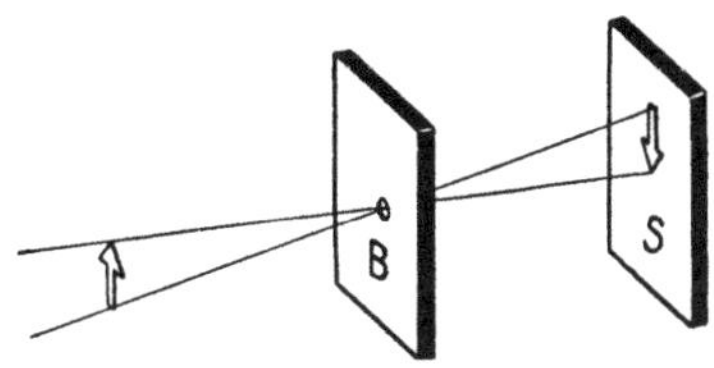

Abb. 405. Lochkammerwirkung

Für viele Zwecke genügt als Beschreibung der Lichtausbreitung die Angabe dieses Strahlenverlaufs, der in hinreichender Entfernung von Blendenrändern in homogenen Medien geradlinig ist. Den Bereich, in dem diese Darstellung zulässig und zweckmäßig ist, bezeichnet man als geometrische oder Strahlenoptik.

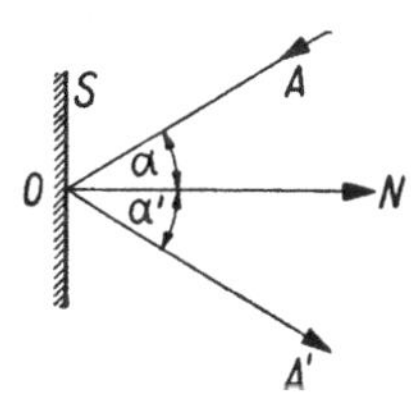

Abb. 406. Reflexion eines Lichtstrahls an einem Spiegel

**2. Das Reflexionsgesetz. Bilderzeugung mit Spiegeln.** Fällt ein Lichtstrahl auf eine ebene Fläche (Abb. 406), die zwei Medien voneinander trennt, so wird er von ihr zum Teil oder auch vollständig reflektiert. Der reflektierte Strahl liegt in der Ebene durch den einfallenden Strahl und das Lot $N$, das auf dem Spiegel $S$ im Auftreffpunkt $O$ des einfallenden Strahls errichtet wird. Der Einfallswinkel $AON = \alpha$ ist gleich dem Reflexionswinkel $NOA' = \alpha'$:

$$\alpha = \alpha' \qquad \textit{(Reflexionsgesetz).} \tag{2.1}$$

Der Winkel $AOA'$ ist also $2\alpha$.

Dreht man den Spiegel (wie in Abb. 407) gegen den einfallenden Lichtstrahl um den Winkel $\beta$, so ändert sich der Einfallswinkel ebenfalls um $\beta$, der Winkel zwischen $A$ und $A'_2$ beträgt nun

$$2(\alpha + \beta) = 2\alpha + 2\beta,$$

d.h. der reflektierte Lichtstrahl hat sich um den doppelten Drehwinkel des Spiegels gegen den einfallenden Lichtstrahl gedreht. Dieses Verhalten reflektierter Strahlen wird zur Messung kleiner Drehwinkel, z.B beim Spiegelgalvanometer, verwendet.

Aus dem Reflexionsgesetz folgt, daß alle Strahlen eines *Lichtbündels*, das von einer punktförmigen Lichtquelle $L$ ausgeht (homozentrisches Bündel), nach der Reflexion so verlaufen, als ob sie von einem Punkte $L'$ hinter dem Spiegel herkämen, der vom Spiegel den gleichen Abstand hat wie $L$ (Abb. 408). Das in das

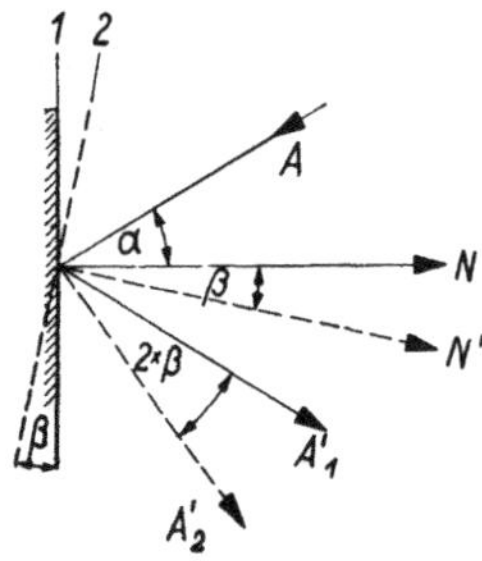


Abb. 407

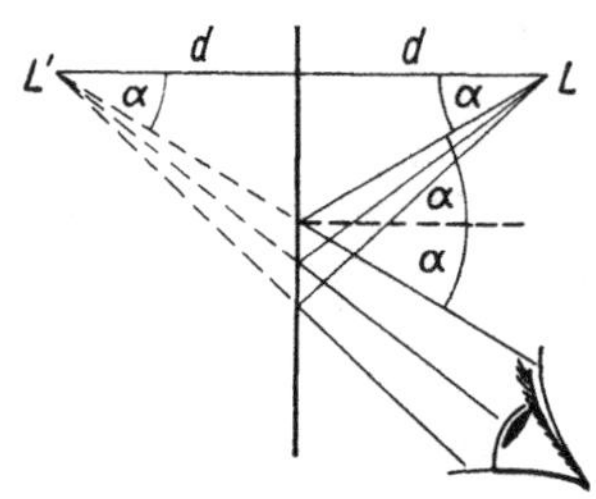


Abb. 408

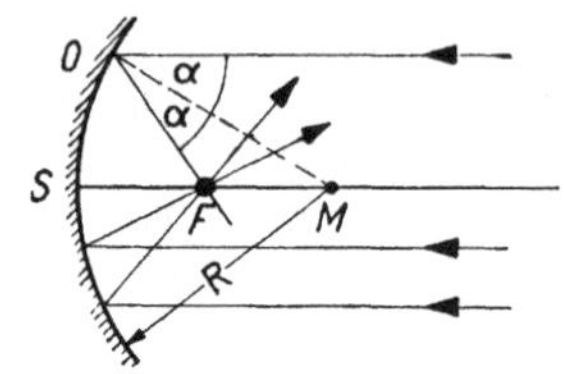


Abb. 409

Abb. 407. Bei Drehung des Spiegels dreht sich der reflektierte Strahl um den doppelten Winkel

Abb. 408. Das vom ebenen Spiegel entworfene virtuelle Bild

Abb. 409. Der Brennpunkt des sphärischen Hohlspiegels (Bild des unendlich entfernten Gegenstandes auf der Achse des Spiegels)

reflektierte, also wiederum homozentrische Bündel gehaltene Auge verlegt den Ursprung der Strahlen in die rückwärtige Verlängerung der reflektierten Strahlen. Der Beobachter sieht das *virtuelle Bild* der Lichtquelle in $L'$. Ohne weitere Hilfsmittel vermag er nicht zu entscheiden, ob $L'$ Gegenstand oder virtuelles Bild ist.

Bei der Reflexion an gekrümmten Flächen wird aus einem homozentrischen Bündel im allgemeinen nur dann wieder ein solches, wenn das einfallende nur wenig weit geöffnet ist. Die wichtigste Anwendung ist der *sphärische* (kugelförmige) *Hohlspiegel* (Abb. 409). $M$ sei sein Krümmungsmittelpunkt; die Mitte $S$ des Spiegels bezeichnet man als *Scheitel*, $MS$ als *Hauptachse*. Parallel zur Hauptachse falle ein paralleles Strahlenbündel auf den Spiegel. Jeder achsennahe Strahl des Bündels wird vom Spiegel so reflektiert, daß er (angenähert) durch den in der Mitte zwischen $S$ und $M$ liegenden Punkt $F$, den *Brennpunkt* oder *Fokus*, hindurchgeht.

Begründung: Der Radius $MO$ ist für den Punkt $O$ das Einfallslot; der Einfallswinkel $\alpha$ ist gleich dem Reflexionswinkel $MOF$ und gleich dem Winkel $OMF$ (als Wechselwinkel an geschnittenen Parallelen). Nach dem Reflexionsgesetz muß $MOF$ also ein gleichschenkliges Dreieck sein. Daraus folgt, daß $\cos\alpha = \dfrac{\frac{1}{2} OM}{FM} = \dfrac{\frac{R}{2}}{FM}$.

$$FM = \frac{R}{2}\,\frac{1}{\cos\alpha} = \frac{R}{2}\,\frac{1}{\sqrt{1-\sin^2\alpha}}.$$

Für kleine Werte von $\alpha$ ist

$$FM = \frac{R}{2}\left(1 + \frac{1}{2}\alpha^2\right),$$

also nur wenig von $\frac{R}{2}$ verschieden. $\left(\text{Für } \alpha \approx 10° \text{ ist die Abweichung von } \frac{R}{2} \text{ nur etwa } 1{,}5\%.\right)$

Den Abstand $SF$ bezeichnet man als *Brennweite* $f$ des Hohlspiegels.

$$f = \frac{R}{2}.$$

Für einen *Konvexspiegel* (Abb. 410) gelten entsprechende Definitionen von Scheitel, Krümmungsmittelpunkt und Brennpunkt. Fallen achsenparallele Strahlen auf den Konvexspiegel, so werden sie reflektiert, als ob sie von dem hinter dem Spiegel, in der Mitte zwischen $M$ und $S$ liegenden Punkt $F$ herkämen. Dieser „Brennpunkt", der von den Strahlen nie erreicht wird, wird als *virtueller Brennpunkt* bezeichnet, die Brennweite $f = \frac{R}{2}$ negativ gewertet.

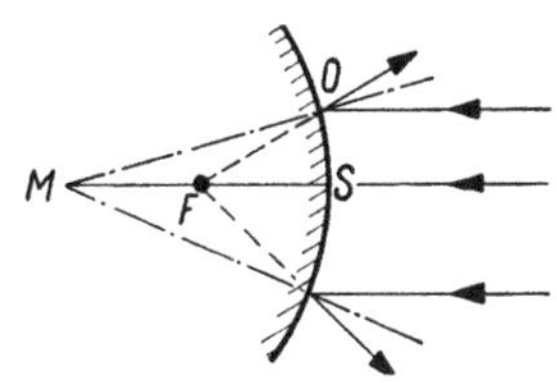


Abb. 410. Der Brennpunkt des sphärischen Konvexspiegels

Parallele Strahlen kommen gewissermaßen von einem unendlich weit entfernten leuchtenden Punkt. Der Brennpunkt ist das Bild dieses Punktes, und zwar beim Konvexspiegel sein virtuelles Bild.

Der Brennpunkt des Konkavspiegels ist das *reelle Bild* des unendlich fernen Punktes. In ihm werden die vom Gegenstand ausgehenden Strahlen wirklich zum Schnitt gebracht; ein Schirm vermag das Bild aufzufangen.

Es gilt: Alle Strahlen, die von einem in der Nähe der Achse liegenden Punkt ausgehen und mit der Achse einen kleinen Winkel bilden, gehen nach der Reflexion am Hohlspiegel annähernd wieder durch einen Punkt, *den Bildpunkt.*

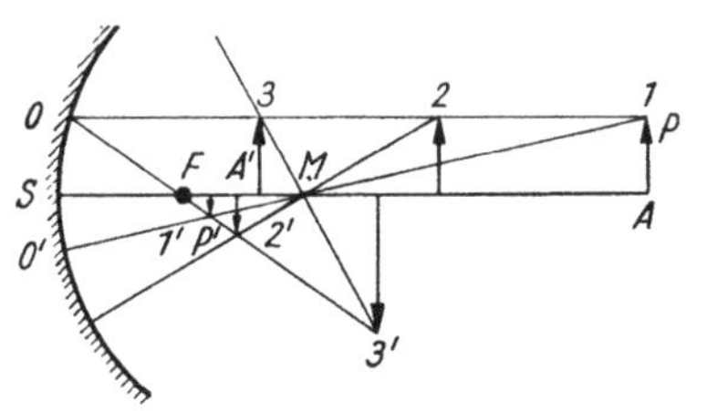


Abb. 411. Die vom Hohlspiegel entworfenen reellen Bilder 1', 2' und 3' der „Gegenstände" 1, 2 und 3

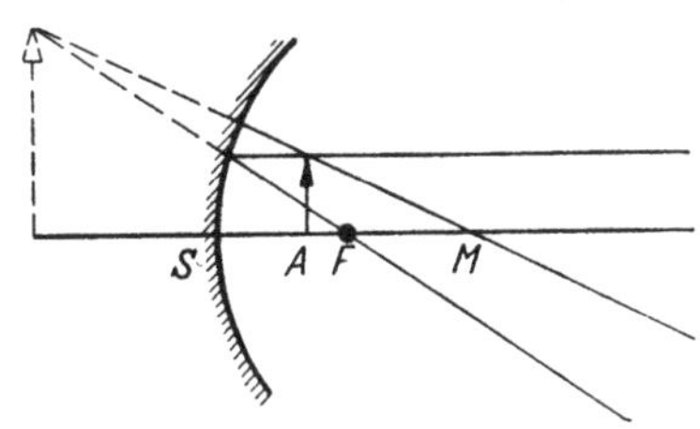


Abb. 412. Das vom Hohlspiegel entworfene virtuelle Bild eines Gegenstandes, der sich zwischen Spiegel und Brennpunkt befindet

*Das Abbildungsgesetz des Hohlspiegels.* Zur Konstruktion des Bildes eines leuchtenden Pfeiles in $A$ zeichnen wir in Abb. 411 zwei von seiner Spitze ausgehende Strahlen: 1. den achsenparallelen Strahl; er muß nach seiner Reflexion in $O$ durch den Brennpunkt $F$ gehen; 2. den durch den Krümmungsmittelpunkt $M$ gehenden Strahl $PM$. Er fällt in Radienrichtung bei $O'$ senkrecht auf den Spiegel (Einfallswinkel gleich Null) und wird daher in sich reflektiert. Der Bildpunkt von $P$ ist also der Schnittpunkt von $OF$ und $O'M$. Eine solche Bildkonstruktion läßt sich für jeden Punkt zwischen $A$ und $P$ durchführen. Wir erhalten in $A'P'$ zwischen Brennpunkt und Krümmungsmittelpunkt das reelle, umgekehrte, verkleinerte Bild von $AP$. Führen wir $AP$ näher an $M$ heran, so wandert auch, wie Abb. 412 zeigt, das Bild näher an den Krümmungsmittelpunkt und wird größer. Liegt der Gegenstand in unendlicher Ferne, so rückt das Bild in den Brennpunkt. Liegt aber der Gegenstand zwischen Scheitel und Brennpunkt, so erhält man, wie aus Abb. 412 hervorgeht, nur noch virtuelle Bilder. Diese erscheinen vergrößert und aufrecht.

Die Beziehung zwischen der Gegenstandsweite (Abstand $AS = a$), der Bildweite ($A'S = b$) und der Brennweite $f$ lautet:

$$\frac{1}{a} + \frac{1}{b} = \frac{1}{f} \quad \textit{(Abbildungsgleichung)}. \tag{2.2}$$

Sie gilt für kleine Öffnungswinkel $\beta$, wir begründen sie wie folgt:
Nach Abb. 413 wird für kleine $\beta$

$$OS \approx OS'; \quad SS' \ll GS = a \quad \text{und} \quad SS' \ll BS = b,$$

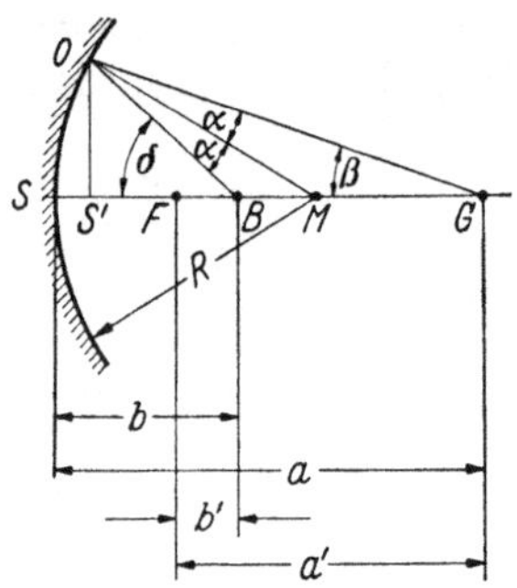


Abb. 413. Zur Ableitung des Abbildungsgesetzes eines Hohlspiegels

also $BS' \approx BS$ und $GS' \approx GS$. Unter diesen Bedingungen ist

$$O\,S' = a \cdot \operatorname{tg} \beta = b \cdot \operatorname{tg} \delta$$

oder, da $\operatorname{tg} \beta \approx \beta$ und $\operatorname{tg} \delta \approx \delta$,

$$a \cdot \beta = b \cdot \delta. \tag{2.3}$$

$\delta$ ist als Außenwinkel am $\triangle BOG$:

$$\delta = 2\alpha + \beta,$$

also nach (2.3)

$$a \cdot \beta = b(2\alpha + \beta)$$

oder

$$\left.\begin{aligned} (a-b)\,\beta &= b \cdot 2\alpha \\ \frac{a-b}{b} &= \frac{2\alpha}{\beta}. \end{aligned}\right\} \tag{2.4}$$

Nach dem Sinussatz folgt für $\triangle MOG$

$$\frac{\sin\alpha}{\sin\beta} = \frac{\alpha}{\beta} = \frac{MG}{MO} = \frac{a-R}{R},$$

also wird aus (2.4)

$$\frac{a-b}{b} = 2\,\frac{a-R}{R}; \quad \frac{a}{b} - 1 = 2\,\frac{a}{R} - 2; \quad \frac{a}{b} + 1 = \frac{a}{\frac{R}{2}}.$$

Nach Division durch $a$ und unter Berücksichtigung von $\frac{R}{2} = f$ erhalten wir die Abbildungsgleichung:

$$\frac{1}{a} + \frac{1}{b} = \frac{1}{f}.$$

Führt man statt der Abstände $a$ und $b$ vom Scheitel die Abstände $a'$ und $b'$ vom Brennpunkt ein *(Brennpunktsweiten)*, setzt also

$$a = a' + f; \quad b = b' + f,$$

so wird

$$\frac{1}{a} + \frac{1}{b} = \frac{a+b}{a \cdot b} = \frac{1}{f} = \frac{a' + b' + 2f}{a'b' + f(a' + b') + f^2}$$

oder

$$a'b' + f(a' + b') + f^2 = f(a' + b') + 2f^2.$$

$$a'b' = f^2 \quad \textit{(Newtonsche Abbildungsgleichung)}. \tag{2.5}$$

Die Aufgabe, das Bild eines Gegenstandspunktes zu entwerfen, löst der Spiegel dadurch, daß er alle von diesem Punkt auf ihn fallenden Strahlen so reflektiert, daß sie sich in einem Punkte, dem Bildpunkte, schneiden. Da das Reflexionsgesetz den Einfallswinkel nicht vom Reflexionswinkel unterscheidet und bei der Ableitung von der Richtung der Lichtausbreitung kein Gebrauch gemacht wird, ist grundsätzlich der Lichtweg umkehrbar. Das bedeutet, daß Gegenstand und Bild vertauschbar sind. Das folgt auch aus der Abbildungsgleichung, da in ihr Gegenstandsweite und Bildweite miteinander vertauscht werden können. Sie zeigt weiter, daß die Bildweite für unendliche Entfernung des Gegenstandes ($a = \infty$) gleich der Brennweite wird. Das Bild eines unendlich weit entfernten Gegenstandes liegt also im Brennpunkt, und daher liegt das Bild eines im Brennpunkt angebrachten Gegenstandes in unendlicher Entfernung. Wenn die Lichtquelle im Brennpunkt liegt, verlassen die Strahlen, die vom Spiegel reflektiert werden, ihn parallel zur Achse.

Der sphärische Hohlspiegel gibt aber nur dann eine punktförmige Abbildung, wenn Strahlen verwendet werden, die so nahe der optischen Achse einfallen, daß der Öffnungswinkel $\beta$ der im Strahlenbündel enthaltenen Strahlen sehr klein ist. Für weiter außen liegende „Randstrahlen" ist die Brennweite kleiner als $\frac{R}{2}$; man erhält bei breitem Bündel weder einen punktförmigen „Brennpunkt", noch als Bild eines in endlicher Entfernung liegenden leuchtenden Punktes einen Punkt. Diesen Abbildungsfehler *(sphärische Aberration)* kann man durch Ausblendung der Randstrahlen beheben.

Der parabolische Hohlspiegel (Abb. 414), der durch Rotation einer Parabel $y^2 = 2px$ entsteht, vereinigt alle achsenparallel auffallenden Strahlen unabhängig von ihrem Achsenabstand in einem Brennpunkt $F$, dessen Scheitelabstand gleich dem halben Halbparameter $\frac{p}{2}$ ist.

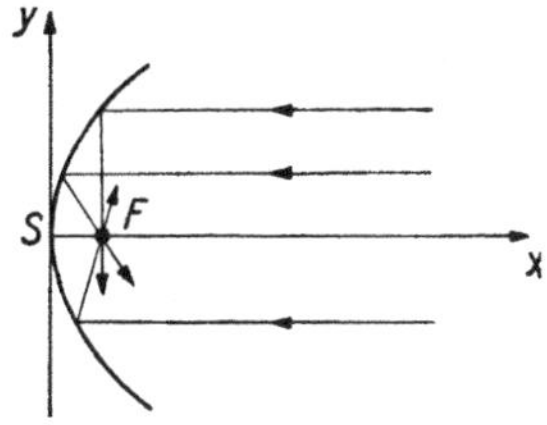

Abb. 414. Der Parabolspiegel

**3. Das Brechungsgesetz.** Fällt Licht aus dem Vakuum, unter dem Winkel $\alpha_1$ gegen das Einfallslot geneigt, auf die ebene Oberfläche eines Mediums, so wird nur ein Bruchteil reflektiert. Der Rest tritt unter Richtungsänderung, *Brechung*, in das Medium ein und breitet sich dort unter dem Winkel $\alpha_2$ (Brechungswinkel) gegen das Einfallslot aus (Abb. 415). Es gilt das *Snelliussche Brechungsgesetz*[1]:

$$\frac{\sin\alpha_1}{\sin\alpha_2} = n. \tag{3.1}$$

*n* heißt der *Brechungsindex* (auch *Brechungsexponent*) des Mediums. Für eine bestimmte Farbe (Wellenlänge) ist er eine Materialkonstante.

Tritt das Licht aus einem Medium 1 mit dem Brechungsindex $n_1$ in ein Medium 2 mit $n_2$, so ist

$$\frac{\sin\alpha_1}{\sin\alpha_2} = \frac{n_2}{n_1} \quad \text{oder} \quad n_1 \cdot \sin\alpha_1 = n_2 \cdot \sin\alpha_2. \tag{3.2}$$

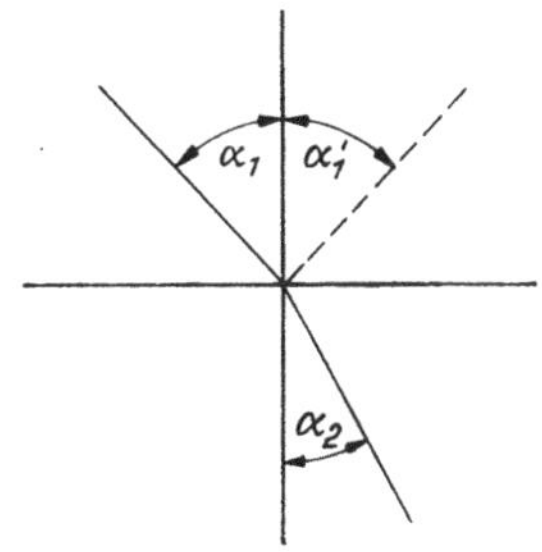

Abb. 415. Brechung eines Lichtstrahls

Der Brechungsindex des Vakuums ist gleich 1.

In I § 90 wurde gezeigt, daß die Brechung durch die verschiedenen Ausbreitungsgeschwindigkeiten $c_1$ und $c_2$ des Lichtes in den beiden Medien verursacht wird:

$$\frac{\sin\alpha_1}{\sin\alpha_2} = \frac{c_1}{c_2}. \tag{3.3}$$

Also bedeutet der Brechungsindex eines Mediums das Verhältnis der Ausbreitungsgeschwindigkeit des Lichtes im Vakuum zu der im Medium.

Tabelle 30. *Brechungsindizes einiger Stoffe bei 20° C für* $\lambda = 5890$ Å

| Substanz | *n* | Substanz | *n* |
|---|---|---|---|
| Luft von 760 Torr . . . . . | 1,000272 | Diamant . . . . . . . . . | 2,417 |
| Wasser . . . . . . . . . | 1,333 | Steinsalz . . . . . . . . . | 1,544 |
| Benzol . . . . . . . . . | 1,501 | Kronglas (BK 1) . . . . . | 1,510 |
| Schwefelkohlenstoff . . . . | 1,628 | Flintglas (F 3) . . . . . . | 1,613 |

In Tabelle 30 sind für einige Substanzen die Brechungsindizes bei 20° C für die Farbe des Natriumlichtes angegeben (Wellenlänge $\lambda = 5890$ Å).

Von zwei Stoffen mit verschiedenen Brechungsindizes bezeichnet man den mit größerem Brechungsindex als *optisch dichter*, den anderen als *optisch dünner*.

[1] So benannt nach W. SNELL VAN ROYEN 1581—1626.

In einem Medium mit räumlich veränderlichem Brechungsindex tritt eine Krümmung der Lichtstrahlen auf (vgl. IV 22.6).

**4. Das Fermatsche Prinzip.** Man kann das Brechungsgesetz auch aus einem Extremalprinzip herleiten: Das Licht legt den Weg zwischen den Punkten $A$ und $B$ in möglichst kurzer Zeit zurück (Abb. 416).

Wir fordern, daß $\frac{AO}{c_1} + \frac{OB}{c_2}$ bzw. $AO + \frac{c_1}{c_2} OB$ ein Minimum sein soll.

$$\frac{AO}{c_1} + \frac{OB}{c_2} = \frac{\sqrt{a^2 + x^2}}{c_1} + \frac{\sqrt{(d-x)^2 + b^2}}{c_2} = f(x)$$

Minimumbedingung

$$\frac{df(x)}{dx} = 0$$

$$\frac{x}{c_1\sqrt{a^2 + x^2}} - \frac{d-x}{c_2\sqrt{(d-x)^2 + b^2}} = \frac{x}{c_1 \cdot AO} - \frac{d-x}{c_2 \cdot OB} = 0$$

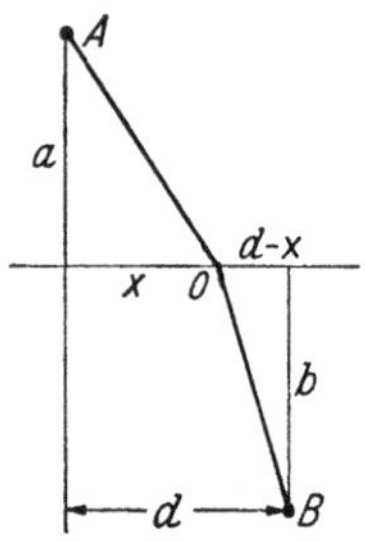


Abb. 416. Zur Ableitung des Snellius-schen Gesetzes aus dem Fermatschen Prinzip

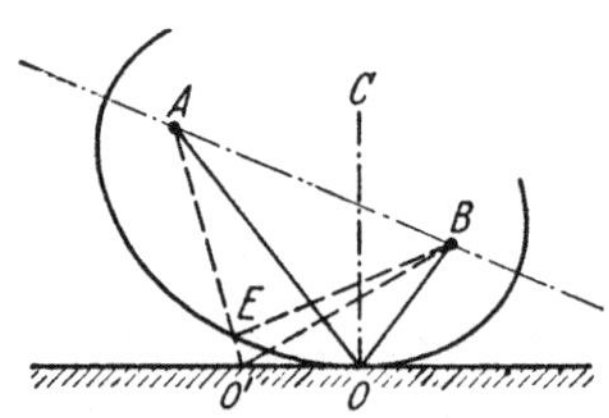


Abb. 417. Fermatsches Prinzip und Reflexionsgesetz

$$\frac{\sin\alpha_1}{c_1} - \frac{\sin\alpha_2}{c_2} = 0$$

oder

$$\frac{\sin\alpha_1}{\sin\alpha_2} = \frac{c_1}{c_2}.$$

Ähnlich überlegt man, daß das Reflexionsgesetz die Forderung erfüllt, daß der Lichtstrahl von $A$ nach $B$ über den Spiegel in kürzester Zeit (und, weil er im gleichen Medium bleibt, auch auf kürzestem Wege) gelangt. Alle Wege, die gleich lang sind, müßten über Punkte der in Abb. 417 gezeichneten Ellipse führen. Aber

$$AO' + O'B > AO + OB = AE + EB.$$

Die Normale $OC$ halbiert aber den Winkel zwischen den Brennstrahlen.

Das Produkt aus dem Wege eines Lichtstrahls und dem Brechungsindex des Mediums, in dem er verläuft, bezeichnet man als *Lichtweg*.

Die beiden eben behandelten Sätze bilden Spezialfälle des Fermatschen Prinzips: Die Ausbreitung des Lichtes zwischen zwei Punkten, die in gleichen oder verschiedenen Medien liegen, erfolgt so, daß der wirklich eingeschlagene Lichtweg gegenüber benachbarten Lichtwegen einen Extremalwert hat. Vom Standpunkt der Wellenoptik bedeutet das Fermatsche Prinzip, daß auf dem vom Licht gewählten Weg die Zahl der Lichtwellenlängen einen Extremalwert (meistens ein Minimum) besitzt.

Bei einer Abbildung, bei der ein Bündel von Lichtstrahlen von einem Punkt ausgeht und nach Reflexionen und Brechungen wieder in einem Punkt (dem Bildpunkt) vereinigt wird, müssen nach dem Fermatschen Prinzip alle Strahlen des Bündels zum Durchlaufen ihres Weges die gleiche Zeit brauchen oder muß die Länge ihres Lichtweges die gleiche sein. Auf jedem Strahl liegt also die gleiche Zahl von Wellenlängen, also besitzen alle Wellen, die im Bilde zusammentreffen, die gleiche Phase.

**5. Totalreflexion.** Tritt Licht von einem optisch dichteren in ein dünneres Medium ($n_2 < n_1$) (s. Abb. 418), so wird es vom Einfallslot fort gebrochen. Es gibt einen Einfallswinkel $\alpha_T$, zu dem ein Brechungswinkel von 90° gehört. Das

Brechungsgesetz fordert, daß
$$\frac{\sin\alpha_T}{\sin 90^\circ} = \frac{n_2}{n_1}$$
oder
$$\sin\alpha_T = \frac{n_2}{n_1}. \tag{5.1}$$
Wenn dieser *Grenzwinkel* $\alpha_T$ überschritten wird, ist ein Übergang in das dünnere Medium nicht mehr möglich; vielmehr wird alles Licht an der Grenzfläche reflektiert *(Totalreflexion)* (vgl. aber hierzu § 6).

Fällt z.B. Licht aus dem Vakuum senkrecht zur Kathetenfläche eines rechtwinkligen, gleichschenkligen Glasprismas auf die Hypotenusenfläche (s. Abb. 419), so beträgt der Einfallswinkel 45°. Der Brechungsindex des Glases sei 1,5. Da $\sin\alpha_T = \frac{1}{1{,}5}$ zum Winkel $\alpha_T = 41^\circ$ gehört, ist der Einfallswinkel größer als der Grenzwinkel der Totalreflexion. Ein Durchgang des Lichtes durch die Hypotenusenfläche ist unmöglich; alles Licht tritt durch die zweite Kathetenfläche aus. Solche „totalreflektierenden Prismen" werden in zahlreichen optischen Geräten verwendet.

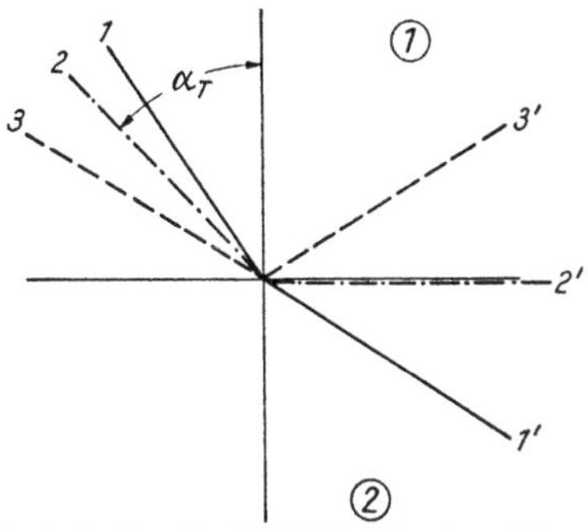

Abb. 418. Totalreflexion. Strahl *2* fällt unter dem Grenzwinkel der Totalreflexion ein

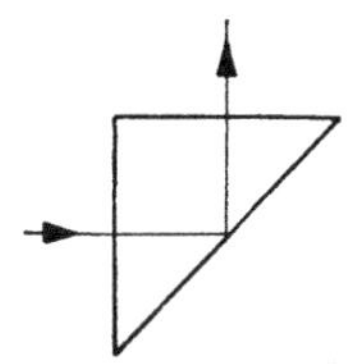
Abb. 419. Gleichseitig rechtwinkliges Glasprisma als totalreflektierendes Prisma

Die Messung des Grenzwinkels der Totalreflexion dient in vielen Apparaten, den *Totalrefraktometern*, zur Bestimmung des Brechungsindex, vorzugsweise von Flüssigkeiten, in die man Licht aus optisch dichteren Gläsern mit bekanntem Brechungsindex eintreten läßt.

**6. Eindringen der Lichtwellen in das total reflektierende Medium.** Bei verfeinerten Beobachtungsmethoden machen sich auch hier die Grenzen der Strahlenoptik bemerkbar: Läßt man Totalreflexion an der Grenzfläche zwischen Glas und einer (optisch dünneren) fluoreszenzfähigen Flüssigkeit eintreten, so bemerkt man Fluoreszenz, d.h. etwas Licht dringt durch die „totalreflektierende" Grenzfläche hindurch. Das ist eine Folge der Wellennatur des Lichtes: In das optisch dünnere Medium tritt ein kleiner Bruchteil der einfallenden Energie ein und kehrt auf gekrümmten Wegen wieder in das dichtere Medium zurück (sofern sie nicht durch die nur zum Nachweis dienende fluoreszierende Flüssigkeit verbraucht wird). Abb. 420a zeigt den Weg, den die Energie nimmt, getragen durch eine Welle, deren Amplitude ins Innere mit einer „Eindringtiefe" von der Größenordnung einer Wellenlänge exponentiell abnimmt.

Diese Überlegungen gelten auch für Schallwellen, die an der Grenzfläche zu einem Medium von größerer Schallgeschwindigkeit reflektiert werden. Hier kann man das Phänomen durch Licht, das an den Schallwellen gebeugt wird (vgl. I, § 94e), sichtbar machen. Das zeigt Abb. 420b: Von links oben trifft eine (Ultra-) Schallwelle auf die horizontale Grenze zwischen dem Medium von kleinerer (oben) und dem von größerer Schallgeschwindigkeit (unten). Die Welle wird nach rechts oben total reflektiert. Ein Teil von ihr nimmt ihren Weg durch das untere Medium und erfüllt dort eine Schicht von der Dicke etwa einer Wellenlänge.

Wenn das optisch dünnere Medium aber nur eine dünne Schicht bildet, die auf der anderen Seite wieder durch ein optisch dichteres begrenzt ist (z.B. ein dünner

Wasserfilm zwischen zwei Glasplatten), so geht wiederum ein Teil der in das dünnere Medium eingedrungenen Intensität in das dritte Medium über. Die Schicht wird also lichtdurchlässig, und zwar um so stärker, je dünner die Schicht ist.

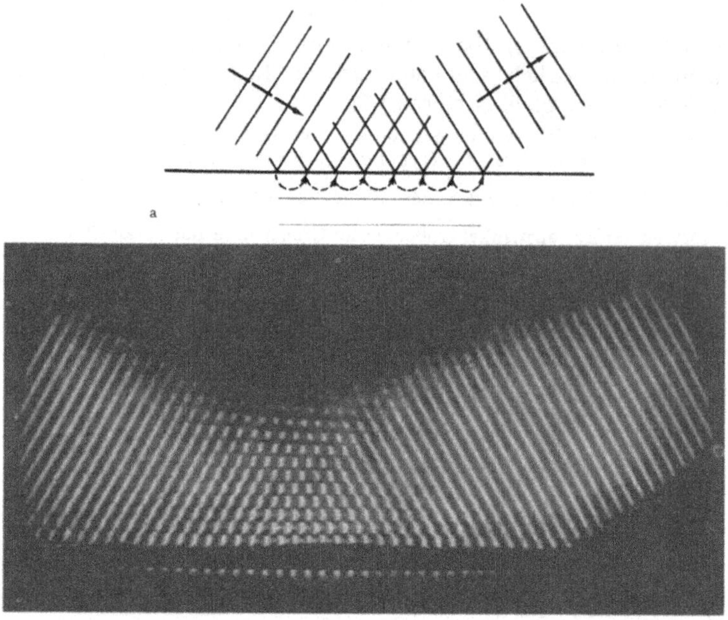

Abb. 420a u. b. Eindringen einer Welle in ein totalreflektierendes Medium; a schematisch; b stroboskopische Aufnahme von Ultraschallwellen; nach RSHEVKIN und MAKAROW, Sowjet Physics Acoustics

**7. Ablenkung des Lichtes durch Prismen. Prismenspektrograph.** Beim Durchgang durch ein dreiseitiges Prisma erfährt der Lichtstrahl eine Ablenkung um den Winkel $\delta$ von der „brechenden Kante" fort. Dieser Ablenkungswinkel ist am kleinsten, wenn der Einfallswinkel so gewählt wird, daß der Lichtstrahl im Inneren des Prismas senkrecht zur Symmetrieebene verläuft.

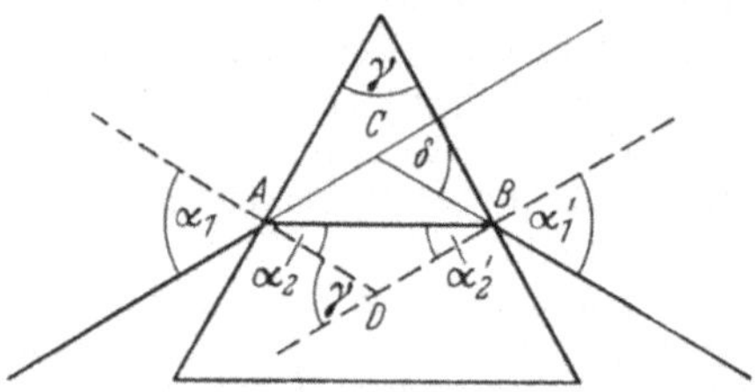


Abb. 421. Ablenkung eines Lichtstrahles durch ein Prisma, symmetrischer Durchgang

Nach Abb. 421 ist $\delta$ als Außenwinkel des Dreiecks $ABC$

$$\delta = (\alpha_1 - \alpha_2) + (\alpha_1' - \alpha_2')$$

und $\gamma$ als Außenwinkel des Dreiecks $ABD$

$$\gamma = \alpha_2 + \alpha_2'.$$

Sind der Winkel $\gamma$ an der brechenden Kante des Prismas und die Einfallswinkel $\alpha_1$ bzw. $\alpha_1'$ sehr klein, dann gilt statt

$$\sin\alpha_1 = n \cdot \sin\alpha_2 \quad \text{und} \quad \sin\alpha_1' = n \cdot \sin\alpha_2':$$

$$\alpha_1 = n \cdot \alpha_2 \quad \text{und} \quad \alpha_1' = n \cdot \alpha_2'$$

$$\alpha_1 - \alpha_2 = (n-1)\,\alpha_2 \quad \text{und} \quad \alpha_1' - \alpha_2' = (n-1)\,\alpha_2'.$$

Daher ist

$$\delta = (n-1)\,(\alpha_2 + \alpha_2') = (n-1)\,\gamma. \tag{7.1}$$

Für größere $\gamma$ gilt bei symmetrischem Durchgang:

$$\sin\frac{\gamma + \delta}{2} = n \cdot \sin\frac{\gamma}{2}. \tag{7.2}$$

Die Gültigkeit von (7.1) ist nicht auf den symmetrischen Durchgang beschränkt.

Die Tatsache, daß $n$ für verschiedenfarbiges Licht verschieden ist, bezeichnet man als *Dispersion des Lichtes*. Da die Ablenkung eines Lichtstrahls durch ein Prisma wesentlich von $n$ abhängt, kann es zur spektralen Zerlegung zusammengesetzten Lichtes benutzt werden:

Das durch die Linse $L$ entworfene Bild eines zunächst mit einfarbigem (monochromatischem) Licht beleuchteten Spaltes $Sp$ befinde sich in $B$ (Abb. 422).

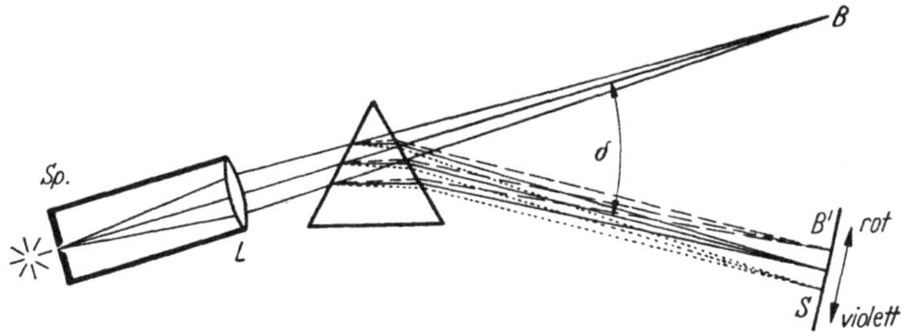


Abb. 422. Spektrale Zerlegung von zusammengesetztem Licht durch ein Prisma

Durch Zwischenschaltung eines Prismas, dessen brechende Kante dem Spalt parallel ist und in dem die Strahlen von der brechenden Kante fortgelenkt werden, entsteht es in $B'$, wo es auf einem Schirm $S$ aufgefangen werden möge. Erfolgt die Ablenkung in der Minimumstellung, dann kann man aus dem Ablenkungswinkel $\delta$ nach (7.2) den Brechungsindex des Prismenmaterials berechnen. Verwendet man nun eine Lichtquelle mit anderer Wellenlänge, so liegt das Bild auf dem Schirm an einem anderen Ort; für rotes Licht ist der Ablenkungswinkel $\delta_r$ kleiner als für blaues Licht ($\delta_{bl}$). Die Gesamtheit der Spaltbilder heißt das *Spektrum* der Lichtquelle, das einzelne Spaltbild *Spektrallinie*.

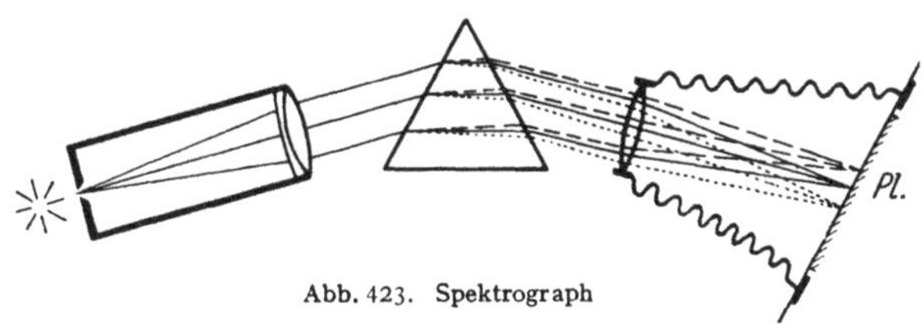


Abb. 423. Spektrograph

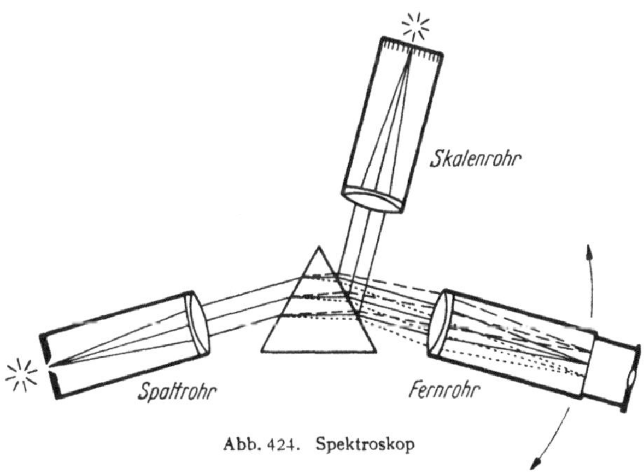


Abb. 424. Spektroskop

Die Anordnung in Abbildung 423 stellt im Prinzip einen *Spektrographen* dar. In ihm befindet sich der Spalt in der Brennebene einer achromatischen Linse, so daß das Licht das Prisma parallel durchsetzt; hinter dem Prisma wird es dann durch eine Linse auf einer den Schirm ersetzenden photographischen Platte vereinigt. Im *Spektroskop* (Abb. 424) tritt das aus dem Prisma austretende Licht in ein auf parallele Strahlen (auf „Unendlich") eingestelltes Fernrohr, in dem man Spektrallinien erblickt. In die Brennebene des Fernrohrobjektivs wird eine Glasskala gebracht (oder das Bild einer Skala mittels Skalenrohr hineinprojiziert, Abb. 424), so daß man jeder Spektrallinie einen Zahlenwert zuordnen kann.

Bei der praktischen Anwendung wird man die Lichtquelle nicht — wie in Abb. 422 bis 424 — unmittelbar vor dem Spalt anordnen, sondern sie mit einer Linse von geeignetem Öffnungsverhältnis auf diesen abbilden.

Ersetzt man in Abb. 423 das Prisma durch ein Beugungsgitter (s. VI § 13), so entsteht auf dem Schirm ebenfalls ein Spektrum. Die Reihenfolge der Farben ist bei diesem „Beugungsspektrum" die umgekehrte, die roten Linien erscheinen unter größeren Ablenkungswinkeln als die blauen. Bei hinreichend großen Gitterkonstanten sind — im Gegensatz zum Prismenspektrum — die Ablenkungen den Wellenlängen proportional; man bezeichnet deshalb das Beugungsspektrum als *normales Spektrum*.

## B. Linsen und optische Instrumente

Lichtdurchlässige Körper, die von zwei Kugelflächen begrenzt werden, bezeichnet man als *Linsen*. Die Verbindungslinie der Mittelpunkte $M_1$ und $M_2$ der Kugelflächen ist die Achse der Linse. Je nachdem die Linse in der Mitte dicker oder dünner ist als am Rande, ist sie eine *Sammellinse* oder *Zerstreuungslinse*. Linsen können ebenso wie Hohlspiegel zur Abbildung dienen. Das heißt, die Lichtstrahlen, welche von einem nahe der Linsenachse gelegenen leuchtenden Punkt ausgehen und mit ihr einen kleinen Winkel bilden, werden nach dem Durchgang durch die Linse wieder annähernd in einem Punkt, dem reellen Bild, vereinigt oder scheinen von einem vor der Linse liegenden Punkt auszugehen. Im letzten Fall spricht man von einem virtuellen Bild.

**8. Abbildung durch dünne Linsen.** Vom Punkt $A$ in Abb. 425 falle ein Lichtstrahl unter dem Winkel $\varphi_1$ gegen die Achse auf die Linse; nach zweimaliger Brechung schneidet er die Achse unter dem Winkel $\varphi_2$ im Punkt $B$. Seine Ablenkung beträgt $\delta = \varphi_1 + \varphi_2$. An die Linsenoberflächen sind in den Durchtrittspunkten dieses Strahls die Tangentenebenen gezeichnet, die sich unter dem

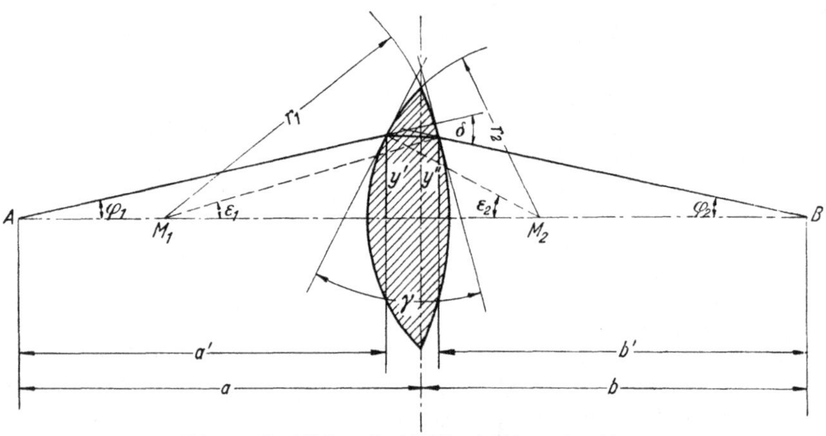


Abb. 425. Zur Ableitung der Abbildungsgleichung einer Linse

Winkel $\gamma$ schneiden. Der Strahlengang ist der gleiche wie der durch ein Prisma mit dem kleinen Winkel $\gamma$ an der brechenden Kante, so daß nach (7.1) $\delta = (n-1)\gamma$ ist. Also ist

$$\varphi_1 + \varphi_2 = (n-1)\gamma .$$

Für *dünne Linsen* ist $y' \approx y'' = y$ und daher $\varphi_1 = \frac{y'}{a'} \approx \frac{y}{a}$ und ebenso $\varphi_2 = \frac{y''}{b'} \approx \frac{y}{b}$; $\gamma = \varepsilon_1 + \varepsilon_2 = \frac{y''}{r_1} + \frac{y'}{r_2} \approx \frac{y}{r_1} + \frac{y}{r_2}$, wenn $y'$ und $y''$ der Abstand der Durchtrittspunkte von der Achse, $r_1$ und $r_2$ die Krümmungsradien der Linsenflächen sind:

$$\frac{y}{a} + \frac{y}{b} = (n-1)\left(\frac{y}{r_1} + \frac{y}{r_2}\right)$$

oder

$$\frac{1}{a} + \frac{1}{b} = (n-1)\left(\frac{1}{r_1} + \frac{1}{r_2}\right). \tag{8.1}$$

Für unendlich große Entfernung des Punktes $A$ von der Linse ($a = \infty$) wird $\frac{1}{b_{a=\infty}} = (n-1)\left(\frac{1}{r_1} + \frac{1}{r_2}\right)$. Die von $A$ auf die Linse auffallenden Strahlen verlaufen dann parallel zur Achse; nach Durchtritt durch die Linse werden sie im Brennpunkt $F$, dem Bild des unendlich fernen Punktes, vereinigt. Die Brennweite $f$ der Linse ist also

$$\frac{1}{f} = (n-1)\left(\frac{1}{r_1} + \frac{1}{r_2}\right). \tag{8.2}$$

Genau wie beim Hohlspiegel (vgl. 2.2) ergibt sich aus (8.1) und (8.2) die „Abbildungsgleichung“:

$$\frac{1}{a} + \frac{1}{b} = \frac{1}{f}. \tag{8.3}$$

Für eine „bikonvexe“ Linse mit Kugelflächen gleicher Krümmung ($r_1 = r_2 = r$) und aus einem Glase, für das $n = 1,5$ ist, gilt also

$$\frac{1}{f} = 0,5\,\frac{2}{r} = \frac{1}{r}.$$

Ihr Brennpunkt fällt in den Krümmungsmittelpunkt.

Ähnlich wie für den Hohlspiegel ergibt sich eine Konstruktionsmöglichkeit für das von einer Sammellinse entworfene Bild, die in Abb. 426 ausgeführt ist. Man

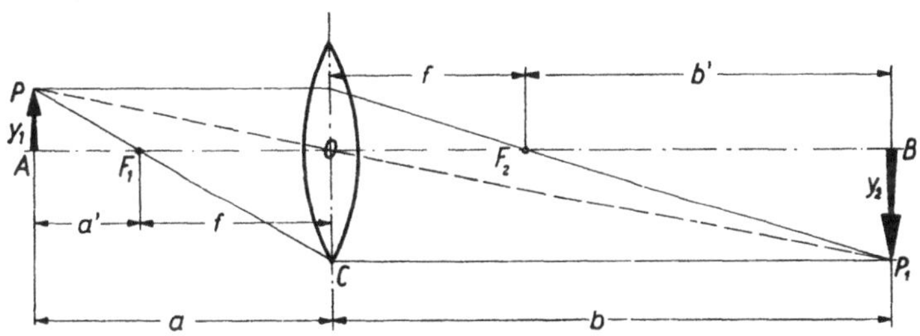


Abb. 426. Konstruktion des von einer Sammellinse entworfenen Bildes

zeichnet vom Punkte $P$ den der Achse parallelen Strahl, der von der Linse durch den Brennpunkt $F_2$ gebrochen wird. Der Strahl, der von $P$ aus durch den vorderen Brennpunkt $F_1$ geht, verläuft nach Durchtritt durch die Linse parallel zur Achse. Beide schneiden sich im Bildpunkt $P_1$. Statt eines dieser Strahlen kann man auch den Strahl $PO$ durch die Linsenmitte $O$ zeichnen, der ohne Brechung die Linse durchdringt.

Aus dieser Konstruktion kann man die Abbildungsgleichung (8.3) verifizieren: Aus den ähnlichen Dreiecken $APF_1$ und $OCF_1$ folgt, wenn die Größen von Gegenstand und Bild mit $y_1$ und $y_2$ bezeichnet werden:

$$\frac{y_1}{a-f} = \frac{y_2}{f};$$

andererseits gilt:

$$\frac{y_1}{y_2} = \frac{a}{b}$$

Eliminiert man aus diesen Gleichungen $\frac{y_1}{y_2}$, so ergibt sich:

$$\frac{1}{a} + \frac{1}{b} = \frac{1}{f}.$$

Liegt der Gegenstand außerhalb der Brennweite, so entwirft die Linse ein reelles Bild (Abb. 427). Dieses ist kleiner als der Gegenstand, wenn die Gegenstandsweite $a$ größer als die doppelte Brennweite ist, ebenso groß (und $b = a$), wenn der Gegenstand in doppelter Brennweite liegt. Es ist größer als der Gegenstand, wenn dieser zwischen einfacher und doppelter Brennweite liegt, und

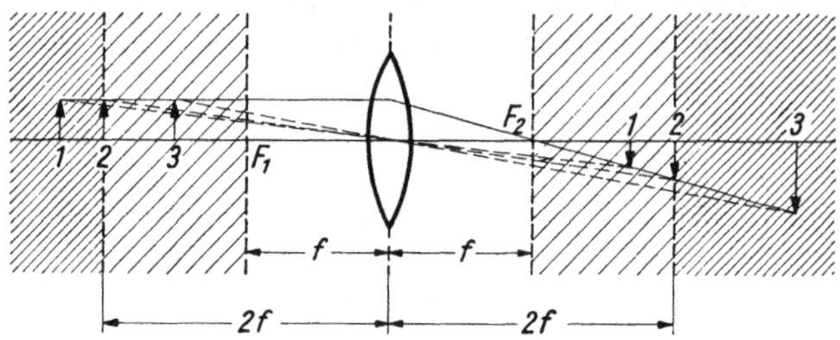


Abb. 427. Zuordnung von Gegenstand und Bild bei einer Sammellinse

befindet sich im „Unendlichen", wenn der Gegenstand in der Brennebene liegt. Umgekehrt liegt das Bild eines unendlich fernen leuchtenden Punktes in der Brennebene, und zwar dort, wo derjenige Strahl aus dem nun parallel einfallenden Bündel, der die Linse (unter dem Winkel $\varphi$) in ihrer Mitte und daher unabgelenkt durchdringt, die Brennebene trifft (Abb. 428). Sein Abstand von der Linsenachse ist $f \cdot \varphi$.

Auf diese Weise erhält man von der Sonne, die der irdische Beobachter unter einem Winkel von 32 Bogenminuten erblickt, in der Brennebene einer Linse ein Bild vom Durchmesser $0{,}0093\, f$.

Liegt aber der Gegenstand zwischen Brennpunkt und Linse, so entsteht kein reelles Bild (Abb. 429). Die Strahlen verlaufen nach Durchtritt durch die Linse

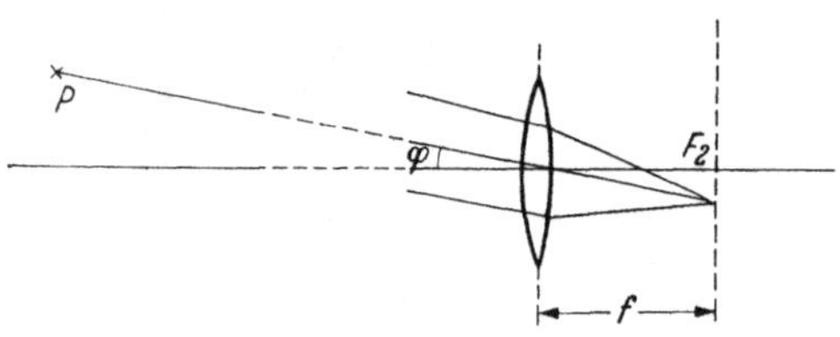


Abb. 428. Abbildung eines unendlich fernen Gegenstandes

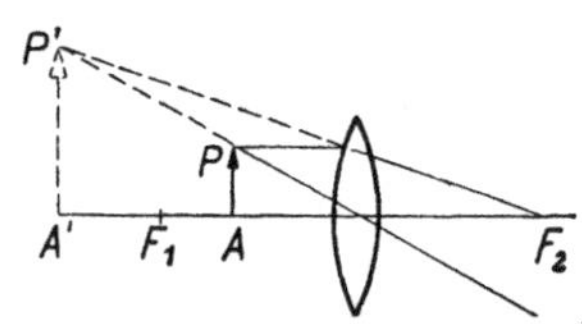


Abb. 429. Das virtuelle Bild eines Gegenstandes, der innerhalb der Brennweite liegt

divergent, ihre rückwärtigen Verlängerungen schneiden sich im virtuellen Bilde. Die Abbildungsgleichung gibt für diesen Fall eine negative Bildweite:

$$\frac{1}{b} = \frac{1}{f} - \frac{1}{a} < 0, \quad \text{wenn} \quad a < f.$$

Die Abbildung durch eine *Zerstreuungslinse* wird ebenfalls durch die Abbildungsgleichung (8.3) beschrieben. Da $F$, der virtuelle Bildpunkt des unendlich fernen Gegenstandspunktes auf der gleichen Seite der Linse liegt wie der Gegenstand selbst, muß $f$ negativ gerechnet werden. $a$ ist stets $> 0$, also $\frac{1}{b} = \frac{1}{f} - \frac{1}{a} < 0$. Die Zerstreuungslinse entwirft also nur virtuelle Bilder.

Den reziproken Wert der Linsenbrennweite bezeichnet man als ihre *Brechkraft*. Mißt man die Brennweite in Metern, so ist die Einheit der Brechkraft die *Dioptrie*. Eine Linse mit der Brennweite 0,25 m hat die Brechkraft $\frac{1}{0{,}25} = 4$ Dioptrien.

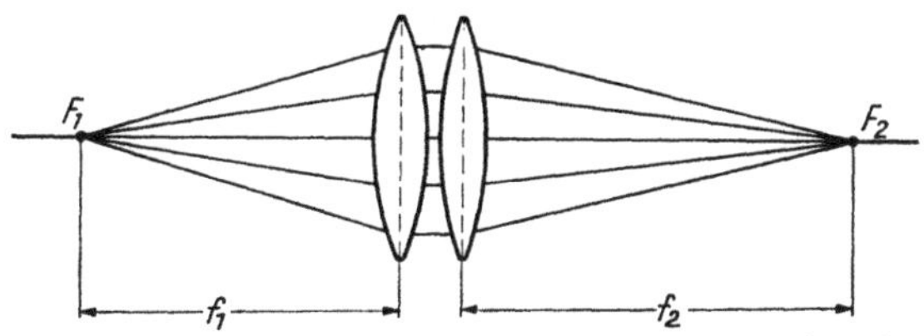


Abb. 430. Die reziproke Brennweite zusammengesetzter Linsen ist gleich der Summe der reziproken Brennweiten der einzelnen Linsen

Dünne zusammengesetzte Linsen wirken wie eine einfache, deren Brechkraft gleich der Summe der Brechkräfte der Einzellinsen ist: Der Gegenstandspunkt $A$ befinde sich im Brennpunkt $F_1$ der Linse I (Abb. 430). Nach Durchtritt durch I sind die von ihm ausgehenden Strahlen parallel und werden von der Linse II in ihrem Brennpunkt $F_2$ vereinigt. $F_2$ ist das Bild $B$, das durch das Linsensystem (I+II) von $A$ entworfen wird. Die Brennweite des Systems heiße $f$. Wendet man auf (I+II) die Abbildungsgleichung (8.3) mit $a = f_1$ und $b = f_2$ an, so folgt

$$\frac{1}{f_1} + \frac{1}{f_2} = \frac{1}{f}. \tag{8.4}$$

(8.4) gilt auch für Linsensysteme, die eine Zerstreuungslinse enthalten. Die Brennweite der Zerstreuungslinse ist dabei negativ zu rechnen.

**9. Brechung durch eine sphärische Fläche** (Abb. 431). Strahlen, die von einem Punkt $A$ durch den Krümmungsmittelpunkt der sphärischen Fläche oder *Knotenpunkt* gehen, bezeichnet man als *Hauptstrahlen*; sie treten infolge ihres

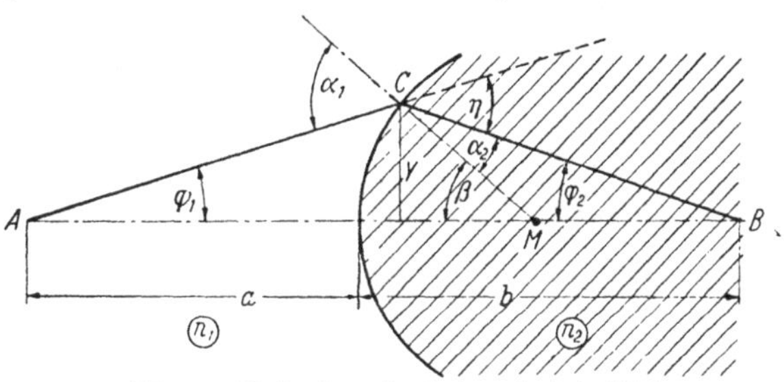


Abb. 431. Die Brechung durch eine sphärische Fläche

senkrechten Auftreffens ungebrochen durch die Grenzfläche. Ein in $C$ auffallender Strahl wird nach $B$ (dem Bilde von $A$) gebrochen. Für kleine Winkel $\varphi_1$ gilt:

$$\frac{y}{a} = \varphi_1 \quad \text{und} \quad \frac{y}{b} = \varphi_2; \quad \frac{y}{r} = \beta.$$

$$\beta = \alpha_2 + \varphi_2; \quad \eta = \alpha_1 - \alpha_2 = \varphi_1 + \varphi_2; \quad \alpha_1 = \frac{n_2}{n_1}\alpha_2$$

$$\eta = \left(\frac{n_2}{n_1} - 1\right)\alpha_2 = \left(\frac{n_2}{n_1} - 1\right)(\beta - \varphi_2) = \varphi_1 + \varphi_2$$

$$\left(\frac{n_2}{n_1} - 1\right)\left(\frac{y}{r} - \frac{y}{b}\right) = \frac{y}{a} + \frac{y}{b}$$

$$\frac{1}{a} + \frac{1}{b} = \left(\frac{n_2}{n_1} - 1\right)\frac{1}{r} - \left(\frac{n_2}{n_1} - 1\right)\frac{1}{b}$$

$$\frac{n_1}{a} + \frac{n_2}{b} = (n_2 - n_1) \cdot \frac{1}{r}. \tag{9.1}$$

Liegt $A$ im Unendlichen, so erscheint das Bild im „hinteren Brennpunkt“. Die „hintere Brennweite“ $f$ ergibt sich aus (9.1) für $a = \infty$:

$$\frac{n_2}{f} = (n_2 - n_1)\frac{1}{r}$$

oder

$$f = \frac{n_2}{n_2 - n_1} \cdot r. \tag{9.2}$$

Ebenso erhält man für die „vordere Brennweite“ $F$ mit $b = \infty$:

$$F = \frac{n_1}{n_2 - n_1} \cdot r. \tag{9.3}$$

Beide Brennweiten sind durch die Gleichung

$$f = \frac{n_2}{n_1} \cdot F$$

miteinander verbunden.

Mit (9.2) und (9.3) wird (9.1)

$$\frac{F}{a} + \frac{f}{b} = 1. \tag{9.4}$$

Beschreibt man wie in (2.5) die Lage von Gegenstand und Bild durch ihren Abstand vom vorderen und hinteren Brennpunkt, so wird aus (9.4):

$$\frac{F}{a' + F} + \frac{f}{b' + f} = 1 \quad \text{oder} \quad a'b' = F \cdot f \quad \text{(Newtonsche Gleichung; vgl. 2.5).}$$

Wir wenden diese Abbildungsgleichung auf die Brechung durch zwei hintereinanderstehende Kugelflächen mit den Krümmungsradien $r_1$ und $r_2$ an, die die Medien mit den Brechungsindizes $n_0$ und $n_1$ und $n_1$ und $n_2$ voneinander trennen und deren Schnittpunkte mit der Achse $D_1D_2$ den Abstand $d$ besitzen (Abb. 432):

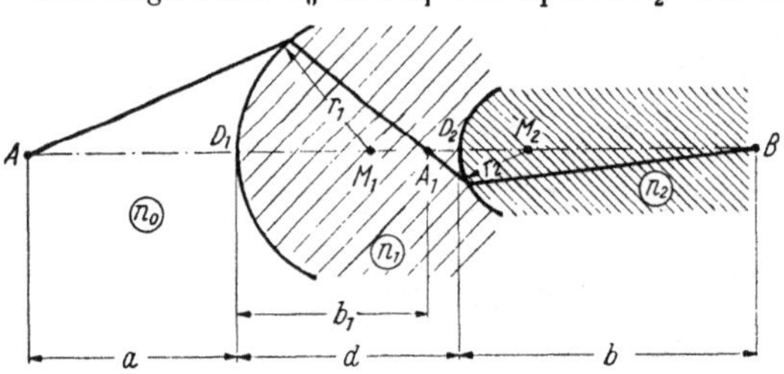


Abb. 432. Brechung durch zwei hintereinanderstehende sphärische Flächen

Für das Bild $A_1$ von $A$ gilt nach (9.1)

$$\frac{n_0}{a} + \frac{n_1}{b_1} = (n_1 - n_0)\frac{1}{r_1}. \tag{9.5}$$

Für das Bild $B$ von $A_1$ mit der Gegenstandsweite $(d - b_1)$ und der Bildweite $b$ gilt:

$$\frac{n_1}{d - b_1} + \frac{n_2}{b} = (n_2 - n_1)\frac{1}{r_2}. \tag{9.6}$$

Durch Elimination von $b_1$ aus (9.5) und (9.6) erhält man

$$\frac{1}{(n_1 - n_0)\frac{1}{r_1} - \frac{n_0}{a}} + \frac{1}{(n_2 - n_1)\frac{1}{r_2} - \frac{n_2}{b}} = \frac{d}{n_1}. \tag{9.7}$$

Für kleine Werte von $d$ $(d \approx 0)$ erhält man hieraus

$$(n_1 - n_0)\frac{1}{r_1} - \frac{n_0}{a} = (n_1 - n_2) \cdot \frac{1}{r_2} + \frac{n_2}{b}$$

oder

$$\frac{n_0}{a} + \frac{n_2}{b} = (n_1 - n_0)\frac{1}{r_1} - (n_1 - n_2)\frac{1}{r_2}. \tag{9.8}$$

Das ist die Abbildungsgleichung, wenn sich hinter der Linse mit dem Brechungsindex $n_1$ ein Medium mit dem von 1 verschiedenen Brechungsindex $n_2$ befindet. Rechnet man $r_2$ negativ, wenn die Linse auch nach rechts konvex ist, so geht sie für $n_0 = n_2 = 1$ in die Abbildungsgleichung (8.1) über.

Läßt man in Gleichung (9.8) $a$ unendlich werden, so wird $b$ die hintere Brennweite $f$ der Linse:

$$\frac{n_2}{f} = \frac{n_1 - n_0}{r_1} + \frac{n_2 - n_1}{r_2} = \frac{\Delta n_1}{r_1} + \frac{\Delta n_2}{r_2}$$

oder

$$\frac{1}{f} = \frac{1}{n_2} \sum_{i=1}^{2} \frac{\Delta n_i}{r_i}. \tag{9.9}$$

Hier bedeuten $\frac{1}{f}$ die Brechkraft der Linse, $n_2$ den Brechungsindex hinter der Linse und $\Delta n_i$ den Sprung der Brechungsexponenten an den brechenden Flächen.

**10. Abbildung durch dicke Linsen.** Bei dicken Linsen darf man parallel zur Achse einfallende Strahlen nicht ungebrochen bis zur Mittelebene durchzeichnen, um sie von dort aus zum Brennpunkt hinzubrechen, wie das bei dünnen Linsen (vgl. § 8) näherungsweise erlaubt ist. Ein bei $A$ (Abb. 433) auftreffender achsenparalleler Strahl wird so gebrochen, daß er auf die hintere Linsenfläche bei $B$ auftrifft. Dort wird er nun zum Brennpunkt $F$ hingebrochen. Will man den Strahlengang durch eine einmalige Brechung beschreiben, dann zeichnet man ihn bis zu einer die optische Achse senkrecht schneidenden Ebene $hh'$ ungebrochen durch und führe ihn vom Auftreffpunkt $C$ geradlinig zum Brennpunkt weiter. Den Abstand des Schnittpunktes $H$ (des *Hauptpunktes*) der *Hauptebene* $hh'$ mit der Achse vom Brennpunkt $F$ bezeichnet man als Brennweite der Linse. Eine dicke Linse hat zwei Hauptebenen.

Die Lage des Hauptpunktes einer bikonvexen dicken Linse mit den Krümmungsradien $r_1 = r_2 = r$ und der Dicke $d$ ergibt sich folgendermaßen:

Wir setzen $HS_2 = \nu \cdot d$ und suchen den Wert von $\nu$. Es gilt:

$$\frac{HF}{B'F} = \frac{HC}{B'B} \quad \text{und} \quad \frac{A'F_1}{B'F_1} = \frac{A'A}{B'B} = \frac{HC}{B'B}$$

und daher

$$\frac{HF}{B'F} = \frac{A'F_1}{B'F_1}.$$

Wenn $r$ groß gegen $d$ ist, schreiben wir, indem wir $S_2F \approx b_\infty$ setzen (vgl. Abb. 433):

$$\frac{A'A}{B'B} = \frac{\nu d + b_\infty}{b_\infty} = \frac{f_1}{f_1 - d}$$

oder

$$\frac{\nu d}{b_\infty} = \frac{d}{f_1 - d}; \quad \nu = \frac{b_\infty}{f_1 - d}. \tag{10.1}$$

Hier bedeutet $f_1$ die hintere Brennweite des einfachen optischen Systems, das durch die vordere Linsenfläche begrenzt wird; sie ist nach (9.2) für $n = n_2 = 1{,}5$ und $n_1 = 1$

$$f_1 = \frac{n}{n-1} \cdot r = 3r.$$

Die Bildweite $b_\infty$ ergibt sich aus (9.7) für $a = \infty$, $r_1 = r$, $r_2 = -r$ und $n_1 = 1{,}5$; $n_0 = n_2 = 1$:

$$b_\infty = 2r\,\frac{3r - d}{6r - d}.$$

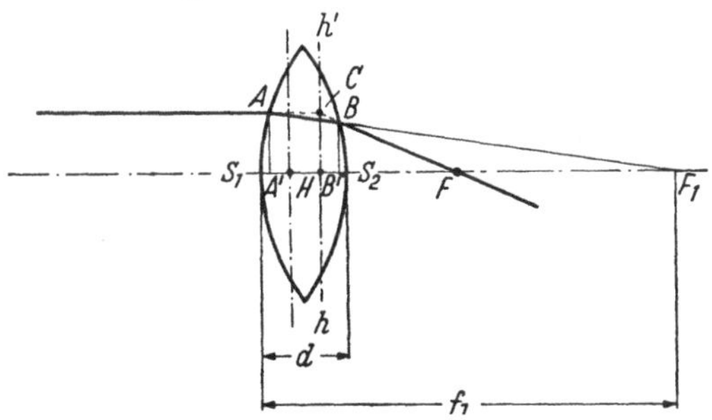

Abb. 433. Dicke Linsen, Hauptebenen und Hauptpunkte

In (10.1) eingesetzt:

$$\nu = \frac{2r(3r - d)}{(6r - d)(3r - d)} = \frac{2r}{6r - d}.$$

Das gibt für $r \gg d$

$$\nu \approx \frac{1}{3}.$$

Der Abstand des Hauptpunktes vom Scheitel ist also etwa gleich dem dritten Teil der Linsendicke. Dasselbe gilt natürlich für den symmetrisch gelegenen vorderen Hauptpunkt. Der Abstand der beiden Hauptpunkte ist also gleich einem Drittel der Linsendicke.

Die Bedeutung der Hauptebenen für die Abbildung ist folgende:

Die Brennweiten der dicken Linsen sind, wie oben schon festgestellt wurde, die Abstände der Brennpunkte von den Hauptpunkten. Gegenstands- und Bildweite werden als Abstände des Gegenstandes bzw. des Bildes von der ihnen zugeordneten Hauptebene gemessen.

Mit Hilfe der Hauptebenen läßt sich nach Abb. 434 das Bild konstruieren: Man zeichnet von $P$ aus den achsenparallelen Strahl bis zur hinteren Hauptebene $h_2 h_2'$, von dort durch den hinteren Brennpunkt $F_2$, ebenso den Strahl durch den vorderen Brennpunkt $F_1$ bis zur vorderen Hauptebene $h_1 h_1'$, von dort achsenparallel. Der Schnittpunkt $P'$ ist das Bild von $P$. Statt des bei dünnen Linsen unabgelenkten Strahls durch 0 kann man hier auch den Strahl zum vorderen Hauptpunkt $H_1$ verwenden, der dann parallel verschoben von $H_2$ fortgesetzt wird (gestrichelt gezeichnet). Für sehr dünne Linsen fallen die Hauptebenen praktisch zusammen und liegen in der Ebene durch den Linsenmittelpunkt; es ergeben sich daher die in Abb. 426 gegebenen Konstruktionsvorschriften für dünne Linsen.

Aus der Abb. 434 leitet man für die eingeführte Definition von $a$, $b$ und $f$ wiederum die Abbildungsgleichung ab:

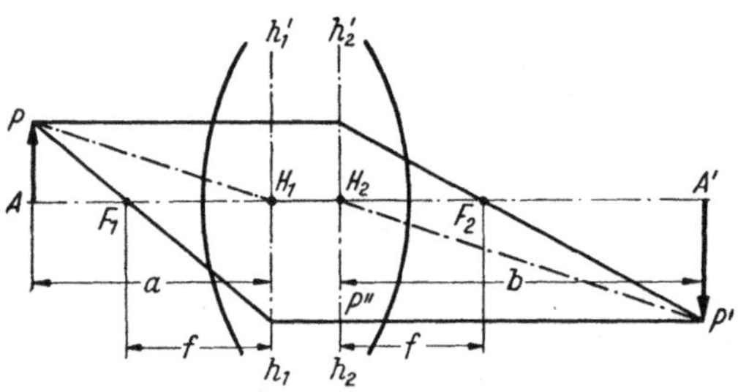


Abb. 434. Bildkonstruktion mit Hilfe der Hauptebenen und Hauptpunkte

$$\frac{AP}{a} = \frac{A'P'}{b}; \quad \frac{AP}{A'P'} = \frac{a}{b};$$

$$\frac{AP}{A'P'} = \frac{a-f}{f},$$

also

$$\frac{a}{b} = \frac{a-f}{f}; \quad \frac{a+b}{b} = \frac{a}{f}$$

oder

$$\frac{1}{a} + \frac{1}{b} = \frac{1}{f}.$$

Auch ein System aus mehreren Linsen mit gemeinsamer Achse besitzt zwei Hauptebenen und zwei Brennpunkte; die Abstände der Brennpunkte von ihren Hauptebenen sind die Brennweiten des Linsensystems.

**11. Linsenfehler.** Eine einfache sphärische Linse bildet nur dann einen Punkt befriedigend in einen Punkt ab, wenn folgende Bedingungen erfüllt sind: Die vom Gegenstandspunkt ausgehenden Strahlen dürfen die Achse nur unter so kleinen Winkeln schneiden und die Einfalls- bzw. Brechungswinkel beim Durchtritt durch die Linsenflächen müssen so klein sein, daß ihr Sinus bzw. Tangens durch den Bogen (arcus) ersetzt werden kann.

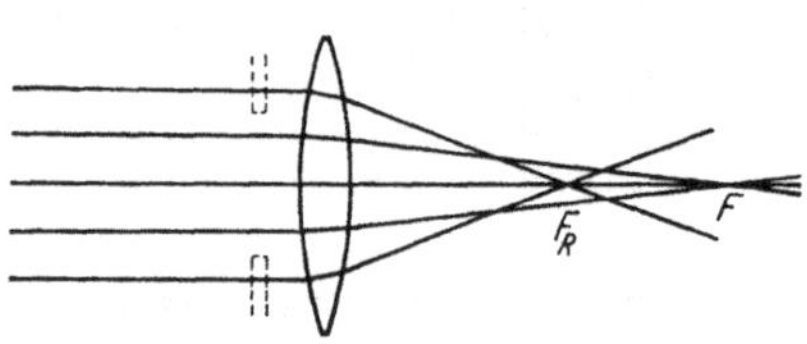


Abb. 435. Sphärische Aberration und ihre Vermeidung durch eine Blende

*Sphärische Aberration.* Abb. 435 zeigt neben achsennahen Strahlen den Verlauf von achsenparallelen Strahlen, die in größerem Achsenabstand auf die Linse fallen (Randstrahlen). Sie schneiden sich im Punkte $F_R$, der näher an der Linse liegt als der Brennpunkt $F$. Je näher die Strahlen an die Achse heranrücken, um so näher rückt auch der Punkt $F_R$ dem Punkte $F$. Man hat also für jede Zone der Linse einen anderen Brennpunkt. $F_R F$ bezeichnet man als *sphärische*

*Aberration.* Diesem Auseinanderrücken der „Brennpunkte" verschiedener Linsenzonen entspricht auch eine Verschiebung der Bilder von Gegenstandspunkten, die in endlicher Entfernung von der Linse liegen. Zur Erzeugung hinreichend scharfer Bilder bedarf es einer Ausblendung des zur Abbildung verwendeten Strahlenbündels (s. Blende in Abb. 435). Auch Konkavlinsen zeigen den Fehler der Aberration.

*Astigmatismus.* Wird eine Linse, statt von einer Kugelfläche von einer Fläche mit verschiedenen Krümmungen je zweier zueinander senkrechten Meridianschnitte (z.B. einer Zylinderfläche) begrenzt, so vereinigt sie nicht alle achsenparallelen Strahlen zu einem Punkt, sondern günstigstenfalls zu einem Strich. Abb. 436 beschreibt den Fall, daß unter Vernachlässigung der sphärischen Aberration alle in der vertikalen Ebene einfallenden, achsenparallelen Strahlen in $F_1$, alle in der horizontalen Ebene in $F_2$ vereinigt werden. (Die Mitwirkung der Strahlen in Ebenen, die gegen diese verdreht sind, gestaltet das Bild noch komplizierter.)

Ein *Astigmatismus schiefer Bündel* kommt auch bei Linsen vor, die von Kugelflächen begrenzt werden. Er tritt bei den Bildern von Punkten auf, die weit außerhalb der Achse liegen, so daß die von ihnen ausgehenden Strahlen unter starker Neigung gegen die Achse auf die Linse fallen. Ihr schärfstes Bild ist günstigstenfalls je ein Strich in zwei verschiedenen Abständen von der Linse. Beide Striche stehen aufeinander senkrecht; der eine von ihnen ist parallel zur Achse, um die der Strahl vom Gegenstand durch die Linsenmitte gegen die Linsenachse verdreht ist.

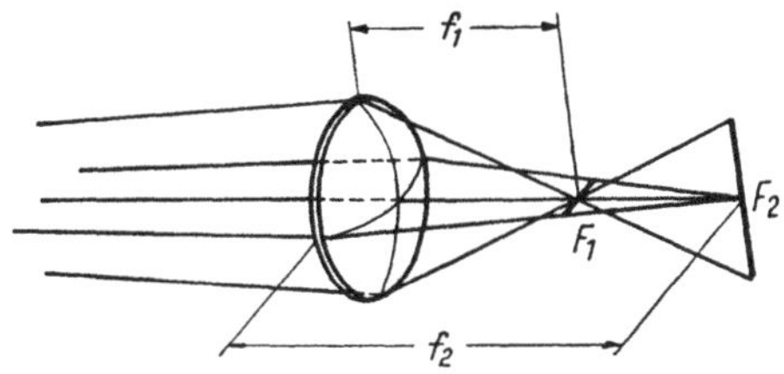


Abb. 436. Bildverzerrung durch eine astigmatische Linse

*Chromatische Aberration.* Infolge der verschiedenen Brechbarkeit von farbigem Licht (s. Disperson, § 7) liegt der Brennpunkt für die stärker gebrochenen blauen Strahlen näher an der Linse als der für rote Strahlen (Abb. 437). Daher entwirft eine einfache, zur Korrektion der sphärischen Aberration ausreichend ausgeblendete Linse bei weißem Licht nur für eine Farbe ein scharfes Bild, welches mit andersfarbigen Rändern um-

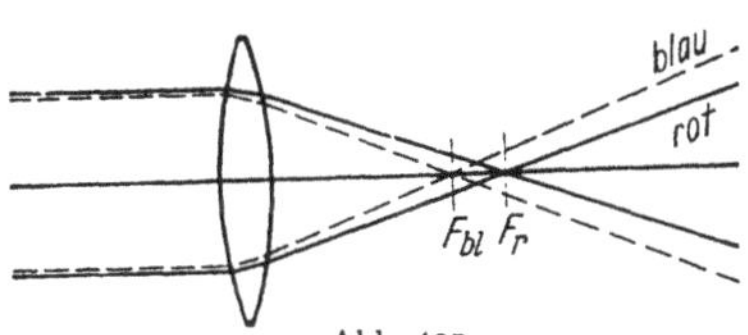


Abb. 437

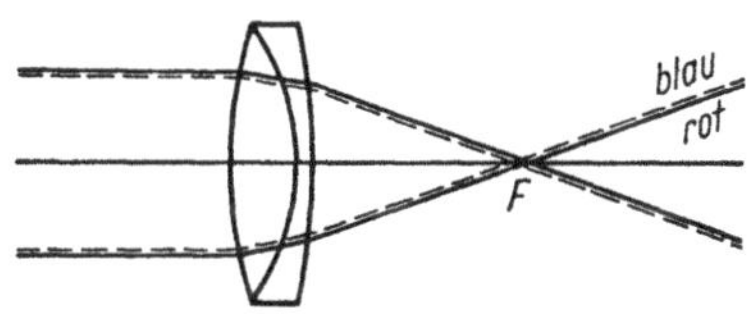


Abb. 438

Abb. 437. Die chromatische Aberration

Abb. 438. Die Beseitigung der chromatischen Aberration durch die Kombination einer Sammel- und einer Zerstreuungslinse aus Gläsern mit verschiedener Dispersion

geben ist. Durch Zusammensetzung mit einer Zerstreuungslinse (Abb. 438) aus einem Glase mit größerer Dispersion läßt sich die Farbzerstreuung wenigstens für zwei Farben, z.B. grün und rot oder blau und violett, durch kompliziertere Linsensysteme aber auch für drei und mehr Farben, aufheben. Solche Linsensysteme heißen *Achromate.* Auch die anderen Linsenfehler lassen sich durch Verwendung mehrerer Linsen wesentlich korrigieren.

**12. Abbildungsmaßstab und Vergrößerung.** Das Verhältnis zwischen der Größe $B$ des reellen Bildes, welches von einer Linse oder einem Linsensystem entworfen wird, und der Größe $G$ des Gegenstandes bezeichnet man als *Abbildungsmaßstab*. Er hängt nur von der Brennweite der Linse und der Gegenstandsweite (oder der Bildweite) ab, ist aber vom Standort des Betrachters des Bildes unabhängig (Abb. 426).

$$\beta = \frac{B}{G} = \frac{y_2}{y_1} = \frac{b}{a} = \frac{f}{a'} = \frac{b'}{f}. \tag{12.1}$$

$a'$ und $b'$ sind die in (2.5) eingeführten Brennpunktsweiten, nämlich die Abstände des Gegenstandes bzw. Bildes von dem im gleichen Raum (vor bzw. hinter der Linse) liegenden Brennpunkt.

Die Größe, unter der ein Gegenstand $G$ einem Betrachter *erscheint*, hängt vom Abstand seines Auges von $G$ ab (Abb. 439). Durch diesen Abstand ist der *Sehwinkel* festgelegt. Das ist der Winkel, den zwei Grenzstrahlen vom Gegenstand zum Auge bilden (genauer zum hinteren Scheitel der Augenlinse). Nach Übereinkunft erklärt man, einen Gegenstand unter der Vergrößerung 1 zu sehen, wenn er sich 25 cm vor dem Auge des Betrachters, in der *deutlichen Sehweite* befindet. Der zugehörige Sehwinkel sei $\varepsilon_0$. Ist der Abstand größer, so sieht man $G$ verkleinert, ist er kleiner, so erscheint $G$ vergrößert. Der Sehwinkel in der gegebenen Entfernung sei $\varepsilon$. Die *Vergrößerung* $v$ ist das Verhältnis dieses Sehwinkels $\varepsilon$ zu dem Sehwinkel $\varepsilon_0$ in 25 cm Abstand.

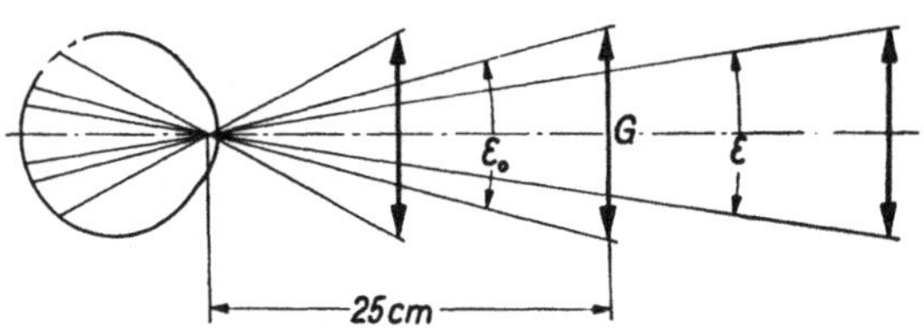

Abb. 439. Zur Definition des Begriffes „Vergrößerung"

$$v = \frac{\varepsilon}{\varepsilon_0}. \tag{12.2}$$

Vom normalen Auge werden zwei Punkte dann noch getrennt wahrgenommen, wenn sie dem Auge des Betrachters unter einem Winkel von einer Bogenminute (1′) erscheinen. (Dann ist der Abstand ihrer Netzhautbilder etwa 5 μ, d.h. ungefähr gleich dem mittleren Abstand zweier Zäpfchen.)

Man sieht den Gegenstand vergrößert, wenn man den Abstand zum Auge kleiner als die „deutliche Sehweite" macht. Innerhalb eines Abstandes von 10 cm *(Nahepunkt)* versagt aber die Akkommodationsfähigkeit des menschlichen Auges. Es bedarf dann zur Vergrößerung des Sehwinkels der Verwendung optischer Instrumente; der Lupe, des Mikroskops oder des Fernrohrs. Für die ersten beiden gilt wie in (12.2):

$$\text{Vergrößerung} = \frac{\text{Sehwinkel mit Instrument}}{\text{Sehwinkel in 25 cm Abstand ohne Instrument}}. \tag{12.3}$$

**13. Die Lupe.** Sie ist eine Sammellinse von kurzer Brennweite. Mit ihrer Hilfe kann man den Gegenstand, der in der Brennebene der Linse liegt, mit nicht akkommodiertem (d.h. völlig entspanntem, also auf unendliche Entfernung eingestelltem) Auge betrachten; sein Bild erscheint im Unendlichen (Abb. 440). Für das dicht hinter der Lupe befindliche Auge erscheint der in der Brennebene liegende Gegenstand unter dem Winkel $\varepsilon = \frac{AB}{f}$; in deutlicher Sehweite $s_0 = 25$ cm ohne Lupe unter dem Winkel $\varepsilon_0 = \frac{AB}{s_0}$. Nach (12.3) ist also die Vergrößerung

$$v_L = \frac{AB}{f} : \frac{AB}{s_0} = \frac{s_0}{f}. \tag{13.1}$$

Rückt man den Gegenstand aus der Brennebene näher an die Linse, so liegt auch das virtuelle Bild im Endlichen. Häufig verwendet man die Lupe so, daß das virtuelle Bild für das akkommodierte Auge in deutlicher Sehweite $s_0$ erscheint. Dann gilt

$$v_L = \frac{\varepsilon}{\varepsilon_0} = \frac{B}{s_0} : \frac{G}{s_0} = \frac{B}{G} = \frac{|b|}{a}.$$

Nach (8.1) und (8.2) ist

$$-\frac{1}{s_0} = \frac{1}{f} - \frac{1}{a},$$

$$\frac{1}{a} = \frac{s_0 + f}{f \cdot s_0},$$

$$\frac{|b|}{a} = \frac{s_0}{a} = \frac{s_0 + f}{f} = \frac{s_0}{f} + 1,$$

also

$$v_L = \frac{s_0}{f} + 1. \quad (13.2)$$

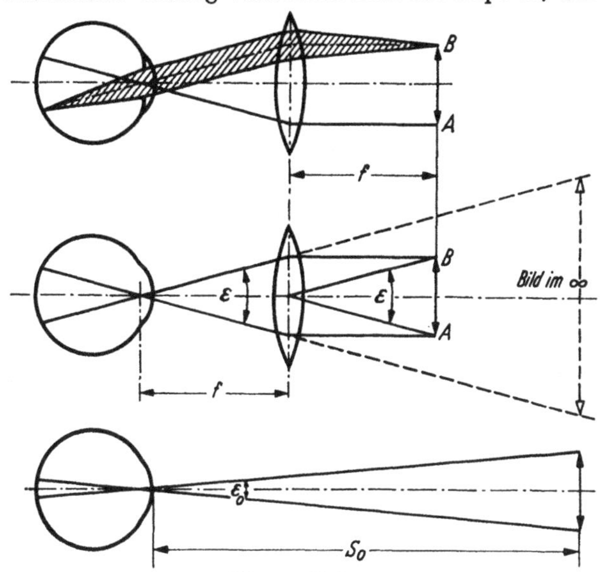


Abb. 440. Die Lupe

Für kurze Brennweiten ist (13.2) von (13.1) nur wenig verschieden. Mit Lupen lassen sich etwa 20—30fache Vergrößerungen erreichen.

**14. Das Mikroskop.** Stärkere Vergrößerungen erzielt man mit dem *Mikroskop* (Abb. 441). Mit einem *Objektiv*, von dem der Gegenstand nur wenig mehr als die Brennweite $f_1$ entfernt ist, wird in einem bestimmten Abstand ein Bild, das *reelle Zwischenbild ZB*, entworfen. Der Abbildungsmaßstab hängt von der Brennweite $f_1$ des Objektivs ab. Nach (12.1) ist

$$\beta = \frac{b'}{f_1} = \frac{t}{f_1}.$$

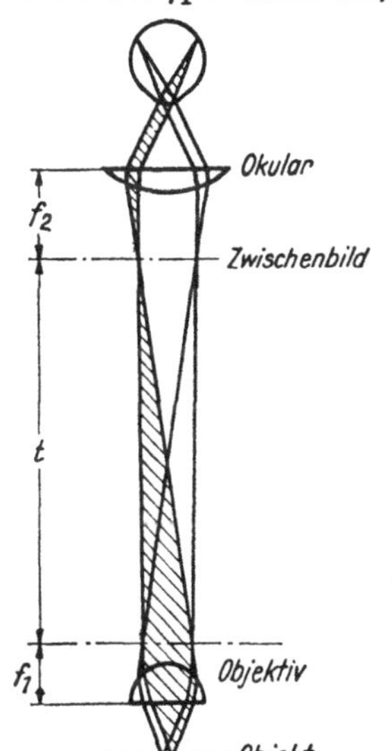


Abb. 441. Der Strahlengang im Mikroskop

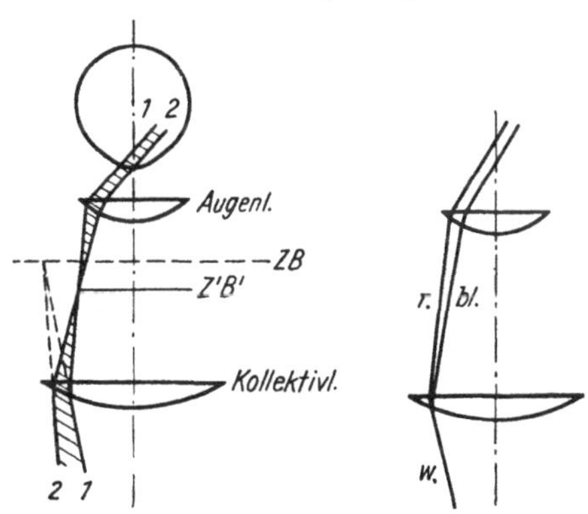


a b

Abb. 442a u. b. Die sphärische Aberration (a) und die chromatische Aberration (b) beim Huygensschen Okular

Man betrachtet das reelle Zwischenbild mit dem *Okular* des Mikroskops als Lupe und erzielt dadurch eine nochmalige Vergrößerung $v_L = \frac{s_0}{f_2}$. Die Gesamtvergrößerung durch das Mikroskop $v_M$ ist also gleich dem Abbildungsmaßstab $\beta$ des Objektivs multipliziert mit der Lupenvergrößerung $v_L$ des Okulars (vgl. 13.1):

$$v_M = \frac{t}{f_1} \cdot \frac{s_0}{f_2}. \tag{14.1}$$

Objektiv und Okular des Mikroskops müssen in bezug auf sphärische und chromatische Aberration korrigiert sein. Da die Okulare, wie aus Abb. 446 hervorgeht, nur von schmalen Bündeln durchstrahlt werden, ist ihre Korrektur nicht so anspruchsvoll.

Man verwendet vielfach das *Huygenssche Okular:* Es besteht aus zwei Linsen, die als *Kollektiv-* oder *Feldlinse* bzw. — etwas irreführend — als *Augenlinse* bezeichnet werden (Abb. 442). Die Kollektivlinse macht die vom Objektiv kommenden Strahlen konvergent, bevor sie sich zum Zwischenbild vereinigen. An Stelle von *ZB* (Abb. 442a) entsteht nunmehr zwischen den beiden einfachen Plankonvexlinsen des Huygensschen Okulars das Zwischenbild *Z'B'*, welches mit der Augenlinse als Lupe betrachtet wird. Die Vorteile dieses Okulars sind folgende:

1. Man erzielt ein größeres Sehfeld.

2. Dadurch, daß der Strahl 2 das Kollektiv weiter außen als 1, die Augenlinse aber der Achse näher als 1 durchsetzt, wird die sphärische Aberration vermieden.

3. Ein Strahl von weißem Licht (*w*) wird infolge der chromatischen Aberration im Kollektiv in verschiedenfarbige Strahlen zerlegt (Abb. 442b), von denen der rote (*r*) weniger abgelenkt wird als der blaue Strahl (*bl*). Da aber (*r*) die Augenlinse näher am Rande durchsetzt, wird er dort stärker zur Achse gebrochen als (*bl*). (*r*) und (*bl*) treten parallel ins Auge des Beobachters, die chromatische Aberration wird also aufgehoben, da das auf $\infty$ eingestellte Auge parallele Strahlen in einem Punkt vereinigt.

In der Ebene *Z'B'* kann auf einer Glasplatte eine Teilung *(Okularskala)* angebracht werden. Da sie durch die Augenlinse mit dem Zwischenbilde gemeinsam betrachtet wird, kann die Teilung zur Ausmessung des Bildes dienen.

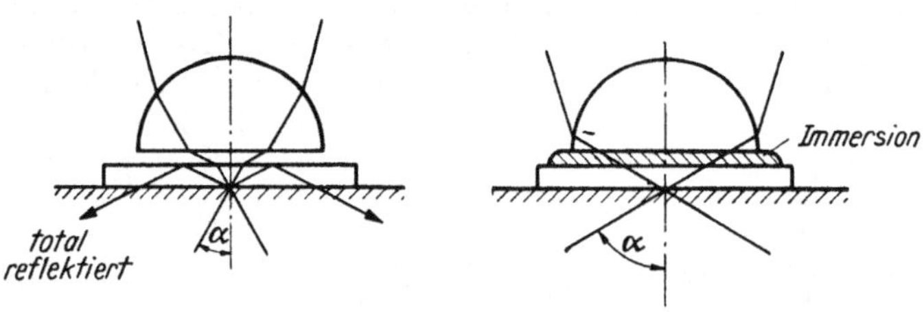


Abb. 443 a u. b. **Das Immersionsobjektiv und die durch die Immersion erzielte Vergrößerung der numerischen Apertur**

Die Korrektur des von einem breiten Bündel durchsetzten Objektivs ist sehr viel schwieriger. Man verwendet Linsensysteme von mehr als 10 Einzellinsen aus verschiedenen Glassorten und einer resultierenden Brennweite bis zu 1 mm herab.

Man unterscheidet bei den Objektiven *Trockensysteme* und *Immersionssysteme.* In Abb. 443 ist der Verlauf von Strahlen gezeichnet, die von dem mit einem Deckgläschen bedeckten mikroskopischen Präparate ausgehen und in die *Frontlinse* des Objektivs a) bei einem Trockensystem, b) bei einem Immersionssystem eintreten. Bei letzterem ist der Raum zwischen Deckgläschen und Frontlinse mit einer Flüssigkeit, z.B. Zedernholzöl ($n = 1{,}5$) ausgefüllt, wodurch Totalreflexion des Lichtes an der oberen Fläche des Deckgläschens vermieden wird. Beim Immersionssystem ist deshalb der Öffnungswinkel, unter dem Licht in die Frontlinse eintritt, und daher auch die Lichtstärke größer. Bezeichnet $\alpha$ den Winkel zwischen der optischen Achse und dem Randstrahl des Lichtkegels, der von einem Punkt des mikroskopischen Objektes in das Objektiv einzutreten vermag, so heißt $n \cdot \sin \alpha$ dessen ***numerische Apertur***. Die Bedeutung der numerischen Apertur für das *Auflösungsvermögen* des Mikroskops wird in VI § 14 behandelt.

**15. Das Fernrohr.** Das astronomische Fernrohr (KEPLER) besteht wie das Mikroskop aus zwei Sammellinsen (Abb. 444). Bei ihm besitzt aber die Objektivlinse eine größere Brennweite. Sie entwirft vom entfernten Gegenstand nahezu in ihrer Brennebene ein reelles Bild, welches mit dem Okular als Lupe betrachtet wird.

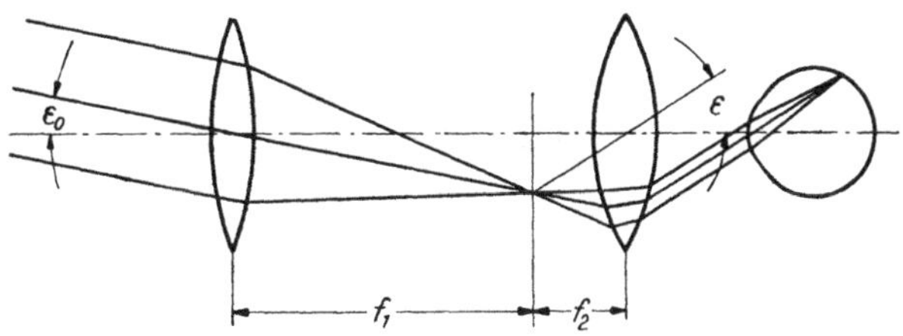

Abb. 444. Der Strahlengang im astronomischen Fernrohr

Unter der Vergrößerung des Fernrohrs verstehen wir in sinngemäßer Abänderung von (12.3) das Verhältnis des Sehwinkels, unter dem wir den Gegenstand, z. B. einen Kirchturm, im Fernrohr erblicken, zu dem Sehwinkel $\varepsilon_0$, unter dem wir den weit entfernten Gegenstand ohne Fernrohr sehen. Die Größe des reellen Bildes von $G$ in der Brennebene des Objektivs ist $B = f_1 \cdot \varepsilon_0$. Durch das Okular betrachtet, erscheint es unter dem Winkel $\varepsilon$, der gleich $\frac{B}{f_2}$ ist. Also ist

$$v = \frac{\varepsilon}{\varepsilon_0} = \frac{B}{f_2 \cdot \varepsilon_0} = \frac{f_1 \cdot \varepsilon_0}{f_2 \cdot \varepsilon_0} = \frac{f_1}{f_2}. \qquad (15.1)$$

In der Praxis besteht fast immer, wie beim Mikroskop, das Okular ebenso aus Feldlinse und Augenlinse.

Für die Beobachtung irdischer Objekte ist es unbequem, daß im astronomischen Fernrohr das Bild umgekehrt erscheint. Man vermeidet dies, indem man entweder Umkehrprismen einschaltet (Prismenfernrohr) oder als Okular eine Zerstreuungslinse verwendet (terrestrisches Fernrohr), die dann innerhalb der Brennweite des Objektivs angeordnet wird.

## C. Die Lichtgeschwindigkeit

**16. Astronomische Methode (OLAF RÖMER).** Auf Grund astronomischer Beobachtungen entdeckte und maß OLAF RÖMER als erster bereits 1676 die Endlichkeit der Lichtgeschwindigkeit.

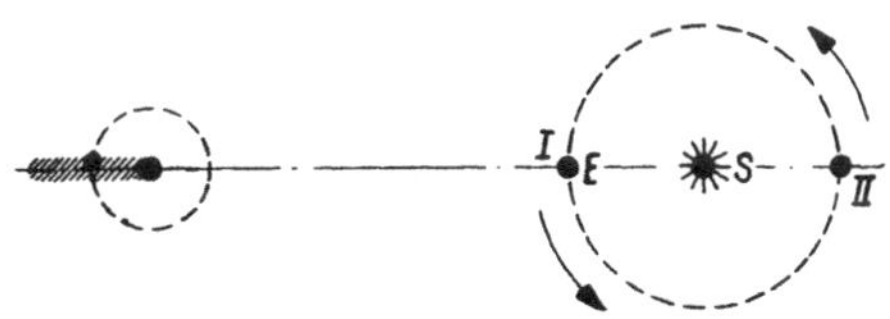

Abb. 445. Astronomische Methode von OLAF RÖMER zur Messung der Lichtgeschwindigkeit

Die Zeit zwischen zwei aufeinanderfolgenden Verfinsterungen eines Jupitermondes, die durch seinen Eintritt in den Schatten des Jupiters verursacht werden (Abb. 445), beträgt, wenn man sie in der Nahestellung der Erde auf ihrer Bahn um die Sonne beobachtet, $T = 42{,}5$ Std. Nach Ablauf eines halben Jahres sind 130 Verfinsterungen einander gefolgt. Man kann vorausberechnen, wann die 131. Verfinsterung eintreten wird. Die beobachtete Verfinsterung tritt 1000 s später ein als berechnet. Inzwischen hat sich nämlich die Erde von I nach II begeben, ist also vom Jupiter um einen Erdbahndurchmesser, das sind etwa $3 \cdot 10^8$ km weiter entfernt. Die Verfinsterung ist um die Zeit verzögert, die das Licht braucht, um diesen Weg zurückzulegen:

$$3 \cdot 10^8 \text{ km} = c \cdot 1000 \text{ s}$$

oder

$$c = 3 \cdot 10^5 \text{ km} \cdot \text{s}^{-1} = 3 \cdot 10^{10} \text{ cm} \cdot \text{s}^{-1}.$$

**17. Zahnradmethode (Fizeau).** Zwischen dem Okular eines Fernrohres und dem Brennpunkt des Objektivs befindet sich eine spiegelnde Glasplatte *Pl*, die unter 45° gegen die Achse geneigt ist (Abb. 446). Eine seitlich aufgestellte Lichtquelle *L* wird durch eine Linse über *Pl* in dem Brennpunkt *F* des Objektivs abgebildet. Von dort fallen die Strahlen auf das Fernrohrobjektiv, welches sie als paralleles Strahlenbündel verlassen. In großer Entfernung (im Originalversuch 8,6 km) fallen sie auf eine Linse, die sie in ihrer Brennebene auf einem (zur Achse senkrechten) Spiegel vereinigt. Von ihm reflektiert, durchlaufen sie den gleichen Weg rückwärts. Ein Bruchteil des Lichtes tritt durch *Pl* und das Okular in das Auge des Beobachters, der dadurch das Bild von *L* wahrnimmt.

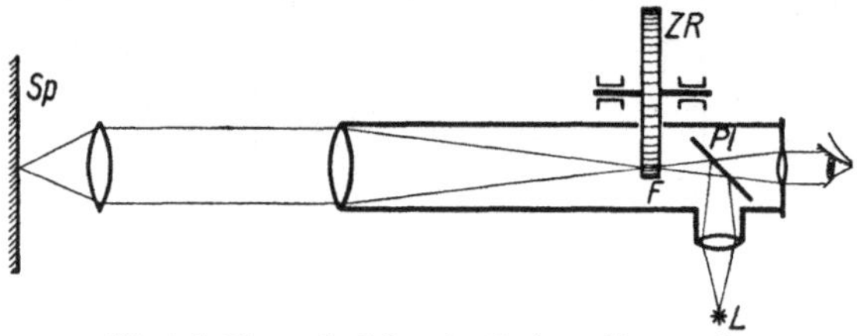

Abb. 446. Fizeausche Zahnradmethode zur Messung der Lichtgeschwindigkeit

Durch einen Schlitz im Fernrohr ist in der Brennebene bei *F* ein Zahnrad eingeführt, welches bei Drehung um seine (der Fernrohrachse parallele) Achse abwechselnd den Strahlengang bei *F* durch einen Zahn verdeckt oder durch eine Lücke freigibt. Wenn die Zeit, die das Licht zur Zurücklegung des Weges *F—Sp* und zurück benötigt, gerade gleich der Zeit ist, in der bei der Rotation des Zahnrades an Stelle einer Lücke der benachbarte Zahn tritt, ist dem Auge das Bild von *L* verdeckt. Bei doppelter Umdrehungsgeschwindigkeit taucht es wieder auf, weil nun die reflektierten Strahlen durch die folgende Lücke hindurchtreten können. Die Zeit, die während dieser Drehung vergangen ist, ist

$$\tau = \frac{1}{\nu \cdot z},$$

wenn $\nu$ die Zahl der Umdrehungen des Rades pro Sekunde und $z$ die Zahl der Lücken ist. Aufhellung muß aber auch bei $2\nu, 3\nu, \ldots, n\nu$ Umdrehungen pro Sekunde auftreten, weil sich dann die 2., 3. bzw. $n$-te Lücke bei Rückkehr des reflektierten Lichtes im Strahlengang befindet. Bezeichnet man den Abstand *F—Sp* mit $s$, so ist die Ausbreitungsgeschwindigkeit des Lichtes (Weg/Zeit)

$$c = \frac{2 \cdot s}{\tau} = 2 \cdot \nu \cdot s \cdot z. \qquad (17.1)$$

Für Präzisionsmessungen wird das Zahnrad durch eine „Kerr-Zelle" ersetzt, die den Lichtstrahl im Takt einer elektrischen Wechselspannung zu unterbrechen erlaubt (vgl. VI § 23). Deren Frequenz kann mit größter Genauigkeit gemessen werden. Die Schwierigkeit besteht dann darin, auch $s$ mit entsprechender Genauigkeit zu messen.

Dem Fizeauschen nachgebildet ist das Radar-Verfahren, bei dem cm- anstatt Lichtwellen verwandt werden, und mit dem gewöhnlich Entfernungen reflektierender Ziele gemessen werden. Bei genau bekannter Entfernung des Reflektors hat man umgekehrt die Laufzeit und somit die Geschwindigkeit der cm-Wellenimpulse sehr genau bestimmen können.

Im Prinzip nach der gleichen Methode kann die Geschwindigkeitsverteilung (vgl. I § 54) in einem Molekular- oder Neutronenstrahl gemessen werden.

**18. Drehspiegelmethode (Foucault).** Ein Strahl der Lichtquelle *L* wird über einen um *A* drehbaren Spiegel *r.Sp.* (seine Entfernung von *L* sei *a*) auf den festen

Spiegel *f.Sp.* gelenkt, der von *r.Sp.* um $b$ entfernt ist (Abb. 447). Dieser reflektiert das Licht so, daß es auf dem gleichen Wege zurückkehrt, wenn *r.Sp.* ruht. Der mit der Winkelgeschwindigkeit $\omega$ rotierende Spiegel hat sich während der Zeit $\Delta\tau$, die das Licht zum Durchlaufen des Weges $2b$ braucht, um den Winkel $\beta = \omega \cdot \Delta\tau$ gedreht:

$$\Delta\tau = \frac{2 \cdot b}{c}; \qquad \beta = \frac{2 \cdot b \cdot \omega}{c}.$$

Dann fällt das Licht auf einen durch $L$ gelegten Schirm um $\Delta s$ verschoben auf, $\Delta s = a \cdot 2\beta$; daraus folgt

$$\beta = \frac{\Delta s}{2a} = \frac{2b\omega}{c}$$

oder

$$c = \frac{2b\omega \cdot 2a}{\Delta s} = \frac{4ab\omega}{\Delta s}. \qquad (18.1)$$

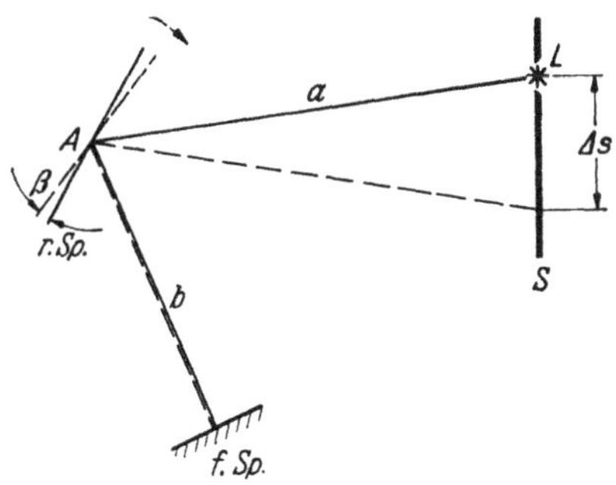

Abb. 447. Foucaultsche Methode des Drehspiegels zur Messung der Lichtgeschwindigkeit

Wenn die Drehzahl des Spiegels $\nu = 1000$ pro Sekunde, die Entfernung zwischen $L$ und *f.Sp.* vom rotierenden Spiegel je 20 m beträgt, wird $\Delta s = 3{,}2$ cm. Eine so kleine Verschiebung läßt sich nicht mit der gewünschten Genauigkeit (besser als $10^{-5}$) messen. Für Präzisionsbestimmungen hat man daher, da $\nu$ nicht wesentlich gesteigert werden kann, Messungen über Entfernungen ($L$) von vielen Kilometern angestellt. Das Hauptproblem ist dann deren Messung und die Ermittlung von Druck und Temperatur auf der Meßstrecke.

Diese Methode läßt sich auch auf die Messung der Lichtgeschwindigkeit in anderen Stoffen anwenden. Man bringt dann zwischen *r.Sp.* und *f.Sp.* ein mit diesem Medium gefülltes, beiderseitig durch planparallele Glasplatten verschlossenes Rohr. Die im Medium gemessene Lichtgeschwindigkeit ist gleich der Lichtgeschwindigkeit im Vakuum geteilt durch den Brechungsindex.

**19. Resonatormethode (Essen).** Die drei beschriebenen Methoden (§ 16 bis 18) beruhen alle auf der Messung von Laufweg und Laufzeit. Außerdem besteht natürlich die Möglichkeit, die Phasengeschwindigkeit als Produkt aus Frequenz und Wellenlänge (vgl. I 82.1) zu ermitteln. Da man aber die Frequenz sichtbaren Lichtes nicht direkt messen kann, ist diese Möglichkeit auf elektromagnetische Wellen beschränkt, die man mit elektrotechnischen Mitteln erzeugen kann, d.h. auf cm- oder längere Wellen.

Mit diesen kann man entweder das Kundtsche Verfahren zur Schallgeschwindigkeitsmessung (vgl. I § 94b) nachbilden, d.h. die Wellenlänge in einem Feld stehender Wellen (vgl. III § 82) abtasten, oder die Resonanzfrequenz eines zylindrischen Hohlraumresonators (vgl. III § 79) ermitteln, wobei sich die zugehörige Wellenlänge aus den Abmessungen des Hohlraums ergibt (in der Größenordnung von dm). Dies Verfahren hat den großen Vorteil, daß man den Resonator evakuieren kann und dann direkt die Vakuumlichtgeschwindigkeit erhält.

In den letzten Jahrzehnten sind mit den drei genannten Präzisionsmethoden (§ 17 bis 19) immer wieder außerordentlich sorgfältige Untersuchungen angestellt und ihre Fehlergrenzen immer weiter zurückgedrängt worden. Daher ist heute die Ausbreitungsgeschwindigkeit elektromagnetischer Wellen im Vakuum die am genauesten bekannte Naturkonstante. Sie beträgt:

$$c_0 = (2{,}99792 \pm 0{,}00003) \cdot 10^{10}\,\mathrm{cm\,s^{-1}}.$$

# VI. Wellenoptik

## A. Interferenz des Lichtes

Bei den in Kapitel V behandelten optischen Erscheinungen läßt sich die Ausbreitung des Lichtes durch „Strahlen“ beschreiben. Seine Welleneigenschaften, die schon lange vor der Entdeckung seiner elektromagnetischen Natur erkannt wurden, werden bei der Darstellung durch Strahlen vernachlässigt. Die Welleneigenschaften treten aber in den Vordergrund, wenn unter geeigneten Versuchsbedingungen (s. unten) sich zwei oder mehrere Wellen überlagern, und an den Begrenzungen von Lichtbündeln. Im ersten Fall spricht man von Interferenz, im zweiten Fall — obwohl es sich im Grunde um die gleichen Erscheinungen handelt — von Beugung.

**1. Kohärente Lichtwellen.** Damit zwei oder mehrere Lichtwellen geordnete und stationäre Interferenzerscheinungen zeigen können, müssen sie *kohärent* sein. Kohärente Wellen gehen von Quellen gleicher Frequenz aus, die in ihren Phasen miteinander übereinstimmen oder mit unveränderlicher Phasendifferenz schwingen. Da das Licht von einzelnen, voneinander unabhängigen Atomen ausgestrahlt wird, können zwei verschiedene Lichtquellen niemals kohärente Wellenzüge ausstrahlen. Es müssen daher die zur Interferenz gebrachten Wellenzüge aus der gleichen Lichtquelle stammen. Durch Spiegelung, Brechung oder Beugung können sie aber, bevor sie sich überlagern, verschiedene Wege zurückgelegt haben, so daß zwischen ihnen *Gangunterschiede* bestehen.

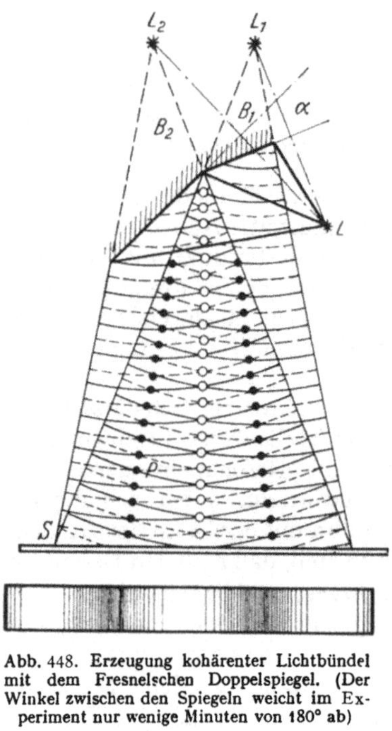

Abb. 448. Erzeugung kohärenter Lichtbündel mit dem Fresnelschen Doppelspiegel. (Der Winkel zwischen den Spiegeln weicht im Experiment nur wenige Minuten von 180° ab)

**2. Interferenzen des Lichtes von zwei kohärenten Lichtquellen.** Bei dem *Fresnelschen Spiegelversuch* dienen als kohärente Lichtquellen die beiden Spiegelbilder $L_1$ und $L_2$, die zwei unter dem kleinen Winkel $\alpha$ gegeneinander geneigte Spiegel von der Lichtquelle $L$ erzeugen (Abb. 448). Von diesen „virtuellen“ kohärenten Lichtquellen gehen die Bündel $B_1$ und $B_2$ aus, die sich zum Teil überdecken und daher interferieren. Ob in einem Punkt $P$ eine Verstärkung oder Auslöschung zustande kommt, hängt davon ab, ob die Differenz der Abstände $PL_1 - PL_2$ ein geradzahlig oder ungeradzahlig Vielfaches von $\frac{\lambda}{2}$ ist. Stellt man in dieses Bündel einen Schirm, so beobachtet man auf ihm abwechselnd Helligkeit und Dunkelheit, sogenannte *Interferenzstreifen*, aus deren Abstand man bei bekanntem Abstand des Doppelspiegels vom Schirm und bekannter Neigung der Spiegel gegeneinander die Wellenlänge des Lichtes berechnen kann.

In Abb. 448 sind um $L_1$ und $L_2$ ausgezogene und gestrichelte Kreise gezeichnet. Die Radien nehmen von Kreis zu Kreis um $\frac{\lambda}{2}$ zu. Sie stellen ein Momentbild der Wellenausbreitung dar, den ausgezogenen sei ein Wellenberg, den gestrichelten ein Wellental zugeordnet.

Gemäß ihrer Definition ist die Hyperbel der geometrische Ort aller Punkte, für die die Differenz der Abstände von zwei festen Punkten (den Brennpunkten) konstant ist; diese Differenz ist gleich der doppelten Hauptachse der Hyperbeln.

In Abb. 449 ist die Schar der konfokalen Hyperbeln gezeichnet, deren doppelte Hauptachsen $0, \lambda, 2\lambda \ldots$ sind. Sie verlaufen durch die Schnittpunkte der ausgezogenen oder der gestrichelten Kreise, deren Radienunterschiede $0, \lambda, 2\lambda \ldots$ sind. Auf allen Punkten dieser Hyperbeln müssen also die kohärent von $L_1$ und $L_2$ ausgehenden Wellen sich zur maximalen Intensität verstärken.

Auch die Verbindungslinien der Schnittpunkte der ausgezogenen Kreise mit den gestrichelten Kreisen geben eine Schar von konfokalen Hyperbeln, sie liegen zwischen den gezeichneten. Auf ihnen müssen wegen des Gangunterschieds $\frac{\lambda}{2}, \frac{3\lambda}{2}, \frac{5\lambda}{2} \cdots$ die von $L_1$ und $L_2$ ausgehenden Wellen sich auslöschen. Gehen von $L_1$ und $L_2$ Kugelwellen aus, so ist die Intensitätsverteilung in allen Ebenen, die durch $L_1$, $L_2$ hindurchgelegt werden können, die gleiche. Die Flächen maximaler Helligkeit bzw. Dunkelheit sind dann zweischalige Rotationshyperboloide. Der ganze von beiden Wellen durchzogene Raum ist also mit einer periodisch schwankenden Lichtintensität erfüllt. Auf einem Schirm, der von beiden Lichtquellen beleuchtet wird, beobachtet man also helle und dunkle Streifen. Den mittleren Streifen $A$ bezeichnet man als den Interferenzstreifen nullter Ordnung. Es folgen nach beiden Seiten die Streifen 1., 2., ..., $n$-ter Ordnung. Die Ordnung des Interferenzstreifens ergibt sich aus der Zahl der Wellenlängen, die im Gangunterschied enthalten sind. Der Streifenabstand $\delta$ zwischen der nullten und 1. Ordnung auf einem Schirm im Abstande $s$ von $L_1 L_2$ ergibt sich aus den geometrischen Eigenschaften der Hyperbel (s. Abb. 449). Der Abstand $L_1 L_2$ sei $d$.

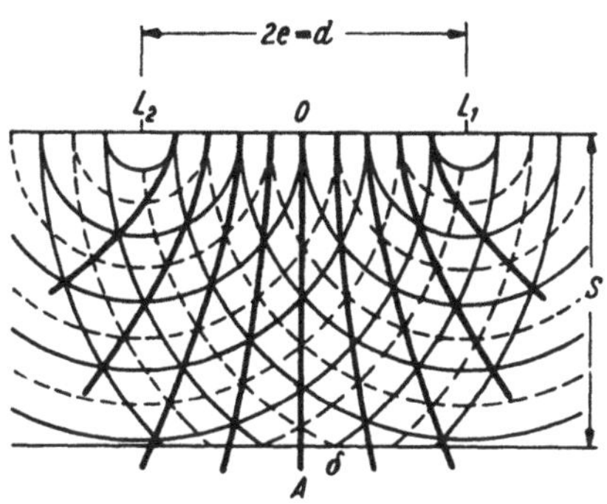

Abb. 449. Konfokale Hyperbeln, auf denen die von $L_1$ und $L_2$ ausgehenden Lichtwellen sich durch Interferenz verstärken

Die Gleichung einer Hyperbel mit den Achsen $a$ und $b$ ist $\frac{x^2}{a^2} - \frac{y^2}{b^2} = 1$. Der halbe Brennpunktabstand, die lineare Exzentrizität $e$, ist $e = \sqrt{a^2 + b^2}$. Für die Hyperbeln 1. Ordnung ist $a = \frac{\lambda}{2}$. $b^2 = \left(\frac{d}{2}\right)^2 - a^2 = \frac{d^2}{4} - \frac{\lambda^2}{4}$; denn die doppelte lineare Exzentrizität ist $2e = L_1 L_2 = d$. Also ist

$$\frac{x^2}{\frac{\lambda^2}{4}} - \frac{y^2}{\frac{d^2}{4} - \frac{\lambda^2}{4}} = 1.$$

Für $y = s$ wird $x = \delta$:

$$\frac{\delta^2}{\lambda^2} - \frac{s^2}{d^2 - \lambda^2} = \frac{1}{4}; \qquad \delta^2 = \lambda^2 \left(\frac{d^2 - \lambda^2 + 4s^2}{4(d^2 - \lambda^2)}\right)$$

Da aber bei der Beobachtung stets $d^2 - \lambda^2 \ll s^2$, wird

$$\delta = \frac{s \cdot \lambda}{\sqrt{d^2 - \lambda^2}}. \tag{2.1}$$

Außerdem wird im allgemeinen $\lambda \ll d$ sein, dann folgt für den Streifenabstand

$$\delta = \frac{s \cdot \lambda}{d}. \tag{2.2}$$

Den Abstand $d$ der virtuellen Lichtquellen $L_1$ und $L_2$ beim Fresnelschen Spiegel bestimmen wir aus Abb. 455. Die Anwendung des Kosinussatzes auf das Dreieck $LL_1L_2$ gibt:

$$d^2 = (L_1L_2)^2 = (2n_1)^2 + (2n_2)^2 - 2(2n_1)(2n_2)\cos\alpha,$$

wo $n_1$ und $n_2$ die Abstände der Lichtquelle von den Spiegeln sind. Da $\alpha$ sehr klein, ist $\cos\alpha \approx 1$, also $d^2 = (2n_1 - 2n_2)^2 = 4(n_1 - n_2)^2$.

Ist $b$ der Abstand der angenähert in der Ebene des Spiegels 1 liegenden Lichtquelle von der Berührungskante $A$ der beiden Spiegel, so ist

$$n_2 - n_1 = b \cdot \alpha, \quad \text{also} \quad d = 2b\alpha.$$

Mit diesem Wert für $d$ und $s = b + s'$, wo $s'$ der Abstand des Schirmes von der Berührungskante der Spiegel ist, wird (2.2):

$$\left.\begin{aligned} \delta &= \frac{(b + s')\,\lambda}{2b\alpha} \\ \text{oder} \quad & \\ \lambda &= \frac{2b\alpha}{b + s'} \cdot \delta. \end{aligned}\right\} \tag{2.3}$$

Diese Gleichung ist zur Berechnung der Wellenlänge des Lichtes geeignet, mit dem die Interferenzstreifen erzeugt werden.

Bei der Ausführung des Experimentes beträgt $\alpha$ einige Bogenminuten (z. B. 10′), $b$ einige Zentimeter (z. B. 10 cm), $b + s'$ sei 200 cm. Man beobachtet dann für gelbes Licht ($D$-Linie) einen Streifenabstand von 2 mm. Daraus folgt für die Wellenlänge:

$$\lambda = \frac{20 \cdot 0{,}0029}{200} \cdot 0{,}2\ \text{cm} = 5{,}8 \cdot 10^{-5}\ \text{cm} = 5800\ \text{Å}.$$

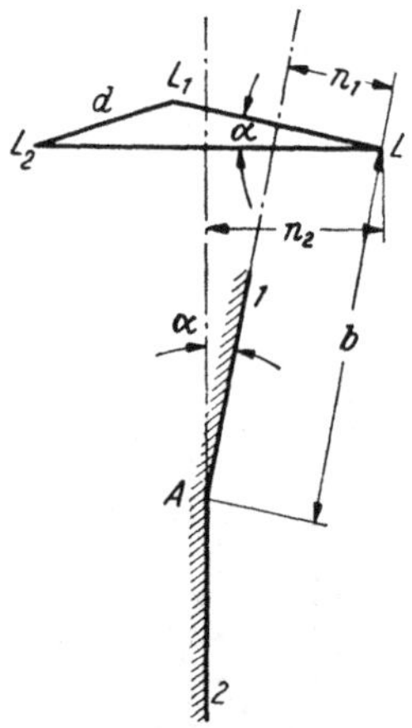


Abb. 450. Zur Berechnung des Abstandes der virtuellen Bilder beim Fresnelschen Spiegel

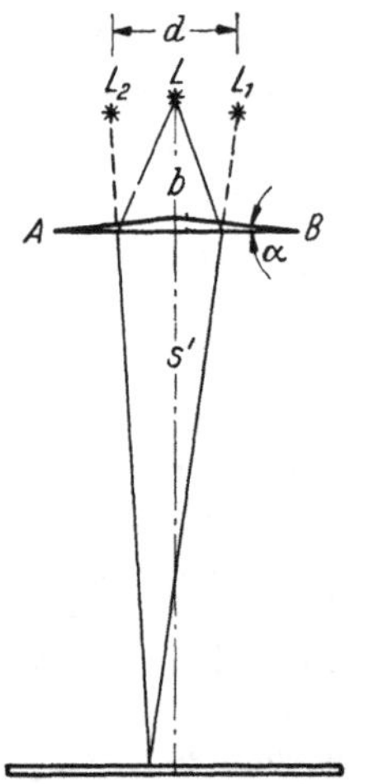


Abb. 451. Die Wirkungsweise des Fresnelschen Biprismas

Die beiden virtuellen Lichtquellen kann man auch mit dem in Abb. 451 dargestellten *Fresnelschen Biprisma* erzeugen, dessen sehr kleine Winkel an den brechenden Kanten $A$ und $B$ gleich $\alpha$ seien. Dann gilt:

$$\lambda = 2(n - 1)\,\alpha \frac{b}{s' + b + \frac{t}{n}} \cdot \delta. \tag{2.4}$$

Hier ist $n$ der Brechungsindex des Doppelprismas, $t$ seine Dicke; $b$ und $s$ entnimmt man der Abbildung.

*Interferenzen im weißen Licht.* Die Streifen der ersten Ordnungen (bis $z \approx 10$) besitzen annähernd den gleichen Abstand. Verwendet man an Stelle von einfarbigem weißes Licht, so erscheint nur der Streifen nullter Ordnung weiß, er wird links und rechts von zwei nahezu schwarzen Streifen begrenzt. Alle Streifen höherer Ordnung sind farbig, auf der der nullten Ordnung zugewandten Seite violett-blau, auf der abgewandten Seite rot begrenzt, und schon bei niedrigen Ordnungen sind auch die dunklen Streifen durch farbige Fransen ersetzt. Das beruht darauf, daß die Maxima höherer Ordnung der kürzeren Wellen (blau) sich in die Minima der längeren Wellen (rot) schieben.

**3. Interferenzen an planparallelen Schichten.** Interferierende kohärente Lichtwellen kann man auch durch Reflexion an zwei parallelen Spiegeln, z.B. an den Grenzflächen einer planparallelen Platte, erzeugen (Abb. 452). Ein Strahl 1 falle unter dem Winkel $\alpha$ auf die Oberfläche einer planparallelen Schicht in $A$ auf und werde hier teils reflektiert, teils nach $C'$ gebrochen. Im Punkte $B$ treffe ein ihm paralleler, kohärenter Strahl 2 ein. Wir betrachten den Teilstrahl, der in die Schicht hinein gebrochen wird, an der anderen Grenzfläche in $C$ auftrifft und nun dort zum Teil aus der Schicht heraustritt, aber auch teilweise nach $A$ reflektiert und dort wiederum sowohl nach $C'$ reflektiert wird, als auch als Strahl 2′ unter nochmaliger Brechung nach oben heraustritt. Dort fällt er mit dem reflektierten Strahl 1′ zusammen. Der Gangunterschied $\Delta$ zwischen 2′ und 1′ ist

$$\Delta = n(BC + CA) - FA = 2n\,BC - FA,$$

denn in der Schicht mit dem Brechungsindex $n$ ist der Lichtweg $n(BC+CA)$.

$$BC = \frac{d}{\cos\beta} = \frac{d}{\sqrt{1-\sin^2\beta}};$$

nach (V 3.1) ist $\sin\beta = \frac{\sin\alpha}{n}$ und daher

$$BC = \frac{n\,d}{\sqrt{n^2-\sin^2\alpha}};$$

$$2n\,BC = \frac{2n^2 d}{\sqrt{n^2-\sin^2\alpha}}.$$

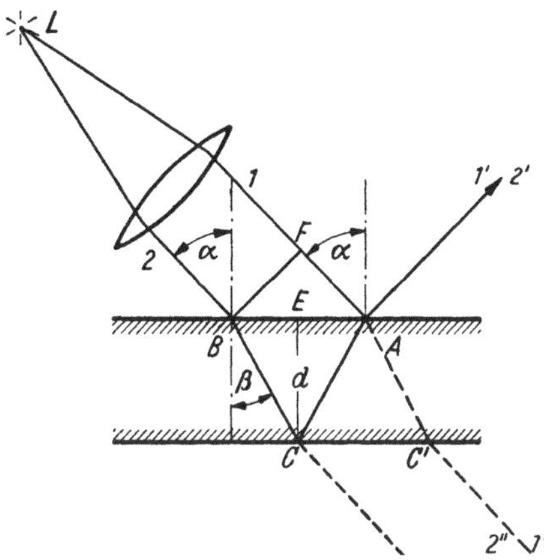


Abb. 452. Interferenzen an planparallelen Platten

$$FA = BA\cdot\sin\alpha; \qquad BA = 2BE = 2BC\cdot\sin\beta; \qquad FA = \frac{2d\cdot\sin^2\alpha}{\sqrt{n^2-\sin^2\alpha}}.$$

Also wird

$$\Delta = \frac{2n^2\cdot d}{\sqrt{n^2-\sin^2\alpha}} - \frac{2d\cdot\sin^2\alpha}{\sqrt{n^2-\sin^2\alpha}} = 2d\sqrt{n^2-\sin^2\alpha}. \tag{3.1}$$

Zu diesem geometrischen Gangunterschied kommt noch ein Gangunterschied von $\frac{\lambda}{2}$ hinzu, der auf den Phasensprung $\pi$ zurückzuführen ist, den die Welle bei der Reflexion am dichteren Medium, also hier an der oberen Grenzfläche, erleidet [s. I § 98 (am Schluß) und VI 18.8]:

$$\Delta = 2d\sqrt{n^2-\sin^2\alpha} + \frac{\lambda}{2}. \tag{3.2}$$

Je nachdem nun $\Delta$ ein geradzahliges oder ungeradzahliges Vielfaches von $\frac{\lambda}{2}$ ist, werden die Wellen sich verstärken oder auslöschen:

Verstärkung tritt ein, wenn

$$\Delta = 2d\sqrt{n^2-\sin^2\alpha} + \frac{\lambda}{2} = z\cdot\lambda.$$

Dann ist

$$\lambda = \frac{4}{2z-1}\cdot d\cdot\sqrt{n^2-\sin^2\alpha}, \qquad \text{für } z = 1, 2, 3, \ldots. \tag{3.3}$$

Auslöschung tritt ein, wenn

$$\Delta = 2d\sqrt{n^2 - \sin^2\alpha} + \frac{\lambda}{2} = (2z+1)\cdot\frac{\lambda}{2}$$

oder

$$\lambda = \frac{2d}{z}\cdot\sqrt{n^2 - \sin^2\alpha} \qquad z = 1, 2, 3, \ldots \tag{3.4}$$

Diese Bedingungen sind bei gegebener Wellenlänge und Schichtdicke immer nur für bestimmte Einfallswinkel erfüllt. Der Gangunterschied ist um so kleiner, je größer der Einfallswinkel $\alpha$ ist. $z$ heißt *Ordnungszahl* der Interferenz.

Für senkrechten Einfall wird aus (3.3) für die 1. Ordnung ($z = 1$)

$$\lambda = 4n\cdot d$$

oder

$$d = \frac{\lambda}{4n}.$$

Die Maxima wiederholen sich bei $d = \frac{3}{4}\frac{\lambda}{n}, \frac{5}{4}\frac{\lambda}{n}, \frac{7}{4}\frac{\lambda}{n}, \ldots$, also mit jedem Zuwachs von $d$ um $\frac{1}{2}\frac{\lambda}{n}$.

Auslöschung findet bei senkrechtem Einfall nach (3.4) für $z = 1$ statt, wenn

$$\lambda = 2nd$$

oder

$$d = \frac{\lambda}{2n};$$

Auslöschung erfolgt aber nach (3.4) auch für $d = 0$. Auch die Auslöschungsdicken unterscheiden sich um $\frac{1}{2}\cdot\frac{\lambda}{n}$. $\frac{\lambda}{n}$ ist die Wellenlänge des Lichtes im Medium mit dem Brechungsindex $n$.

Diese Überlegungen sind von Bedeutung für die Herstellung von reflexvermindernden Schichten (vgl. § 19).

#### 4. Farben dünner Blättchen.

Dünne Schichten (Seifenblasen, Ölschichten auf Wasser, Luftschichten in Sprüngen von Glas usw.) können im reflektierten oder im durchtretenden weißen Licht lebhafte, glänzende Farben zeigen. Das rührt daher, daß die an den Grenzflächen reflektierten Wellen je nach der Größe des Einfallwinkels und der Dicke der Schicht solche Gangunterschiede erleiden, daß einige im weißen Licht enthaltene Farben nach dem Durchtritt bzw. der Reflexion sich auslöschen, andere sich verstärken.

Fällt weißes Licht auf die Schicht, so werden aus dem Spektrum die Farben, deren Wellenlängen diesen Bedingungen genügen, bevorzugt reflektiert bzw. ausgelöscht. Farben, deren Wellenlänge nur wenig von derjenigen verschieden ist, für welche Auslöschung eintritt, werden geschwächt. Die Überlagerung der durch die Interferenz in ihrer Intensität veränderten Wellen gibt dann Mischfarben, welche wir als Farben dünner Blättchen bezeichnen. Man kann aus ihnen mit guter Näherung Schichtdicken von 20 mμ bis zu etwa 1000 mμ schätzen.

Der optische Wegunterschied der durch die Schicht hindurchtretenden Strahlen 2″ und 1″ in Abb. 452, die die Wege 2—$BCAC'$—2″ und 1—$AC'$—1″ zurückgelegt haben, beträgt (wie oben)

$$\Delta = 2d\sqrt{n^2 - \sin^2\alpha}.$$

Da die beiden Reflexionen von 2″ am dünneren Medium erfolgen, erleidet 2″ keinen Phasensprung, die Maxima treten also auf bei

$$z\cdot\lambda = 2d\sqrt{n^2 - \sin^2\alpha}; \qquad z = 0, 1, 2, \ldots;$$

die Minima bei

$$(2z+1)\frac{\lambda}{2} = 2d\sqrt{n^2 - \sin^2\alpha}; \qquad z = 0, 1, 2, 3, \ldots.$$

Auf diese Interferenzen sind auch die Farben dünner Blättchen im durchfallenden Licht zurückzuführen. Sie sind viel weniger leuchtend als die Farben im reflektierten Licht, weil infolge der zweimaligen Reflexion die Intensität des überlagerten Lichtes nur einen sehr kleinen Bruchteil des direkt durchtretenden weißen Lichtes beträgt.

Bei eingehenderer Behandlung muß berücksichtigt werden, daß sowohl bei den Interferenzerscheinungen im reflektierten, als im durchgehenden Licht innerhalb der Schicht nicht nur eine oder zwei, sondern sehr viele Reflexionen stattfinden, die jedesmal mit einem Austritt eines Bruchteils des noch vorhandenen Lichtes verbunden sind.

**5. Interferenzen gleicher Dicke.** Wenn die dünnen Schichten keilförmig sind, so sind die Gangunterschiede von Ort zu Ort verschieden. Aber auch die Strahlen, die von der oberen Grenzfläche ausgehen, sind wegen der Neigung der beiden spiegelnden bzw. brechenden Flächen gegeneinander nicht mehr parallel (Abb. 453). Will man sie zur Interferenz bringen, so muß man die divergierenden Strahlen wieder vereinigen, was entweder auf der Netzhaut geschehen kann, indem man das betrachtende Auge auf die Schicht akkomodiert, oder durch Abbildung der keilförmigen Schicht mit einer Linse auf einen Schirm erreicht werden kann. Dann erhält man ein System von Interferenzstreifen, die als *Interferenzen gleicher Dicke* bezeichnet werden. Denn für alle Stellen gleicher Dicke sind die Interferenzbedingungen die gleichen, tritt also entweder Helligkeit oder Dunkelheit auf.

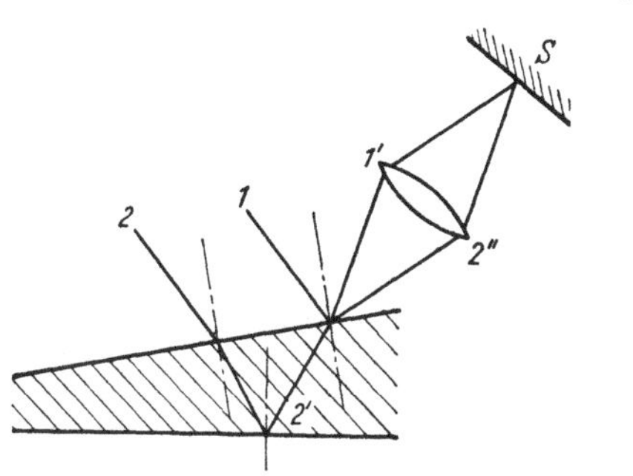


Abb. 453. Interferenzen an keilförmigen Schichten. *1* und *2* sind kohärente Strahlen aus einer Lichtquelle wie in Abb. 457

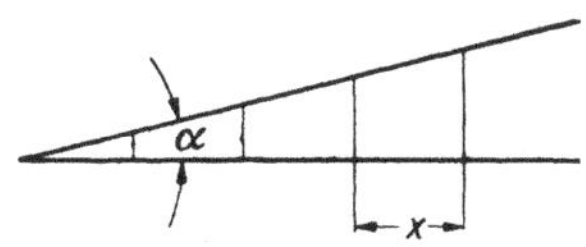


Abb. 454. Breite der Interferenzstreifen an keilförmigen Schichten

Auf eine keilförmige Schicht mit dem Brechungsindex $n$ möge senkrecht von oben einfarbiges Licht mit der Wellenlänge $\lambda$ fallen (Abb. 454). An der Kante zeigt das reflektierte Licht Dunkelheit, da bei der Reflexion an der oberen Fläche ein Gangunterschied $\frac{\lambda}{2}$ sich einschaltet. Weitere Stellen der Dunkelheit liegen dort, wo die doppelte Keildicke $\frac{\lambda}{n}$, $2\frac{\lambda}{n}$, ..., $z\frac{\lambda}{n}$ beträgt. Zwischen den dunklen liegen helle Streifen. Die Streifenbreiten, das sind die Abstände benachbarter Minima in der Schicht, sind $x = \frac{\lambda}{2n\alpha}$, wenn $\alpha$ der Neigungswinkel der Grenzflächen ist.

Erzeugt man die Interferenzstreifen nicht mit monochromatischem Licht, sondern mit zwei sich in $\lambda$ nur wenig unterscheidenden Wellen $(\lambda_2 - \lambda_1 = \Delta\lambda)$, so sind die Streifenbreiten um $\frac{\Delta\lambda}{2n\alpha}$ voneinander verschieden. Zählt man die Streifen von der Keilkante, so fällt der helle Streifen des längerwelligen Lichtes mit der Ordnungszahl $z$ auf den dunklen des kurzwelligen, der dessen helle Streifen mit den Ordnungszahlen $z$ und $z+1$ trennt, wenn

$$z \cdot \frac{\Delta\lambda}{2n\alpha} = \frac{1}{2}\,\frac{\lambda}{2n\alpha} \qquad \text{oder} \qquad z = \frac{\lambda}{2\Delta\lambda} \cdots \tag{5.1}$$

ist. Die Streifen sind dann dort verschwunden, wenn die Intensitäten beider Wellen gleich sind. Für größere $z$ nähern sich wieder die Helligkeitsmaxima. Die

Streifen treten wieder auf und zeigen die stärksten Kontraste, wenn die Anzahl $z$ der Streifen doppelt so groß geworden ist:

$$Z = 2z = \frac{\lambda}{\Delta\lambda} \cdots \tag{5.2}$$

So verschwinden und entstehen die Streifen mit wachsender Entfernung von der Keilkante.

Eine einfache Anordnung zur Erzeugung von Streifen gleicher Dicke bildet eine Plankonvexlinse mit großem Krümmungsradius $R$, die auf eine ebene Glasplatte gelegt ist und von oben beleuchtet wird (Abb. 455). Die im allgemeinen im reflektierten Licht beobachteten Interferenzstreifen bezeichnet man als *Newtonsche Ringe*. Im reflektierten Licht ist wegen des Phasensprungs $\pi$ bei der Reflexion an der Oberfläche der ebenen Platte die Mitte dunkel. Der erste dunkle Ring entsteht dort, wo die Dicke der Luftschicht $\frac{\lambda}{2}$ ist, der zweite, wo $d = 2 \cdot \frac{\lambda}{2}$ ist usw. Aus Abb. 455 folgt, daß die Luftschichtdicke $d$ am Orte mit dem Abstand $r$ vom Berührungspunkt und der Krümmungsradius $R$ der Linse der Gleichung genügen: $r^2 = (2R - d) \cdot d$. (Die Höhe im rechtwinkligen Dreieck ist die mittlere Proportionale zwischen den Kathetenabschnitten.) Da $d \ll 2R$, ist

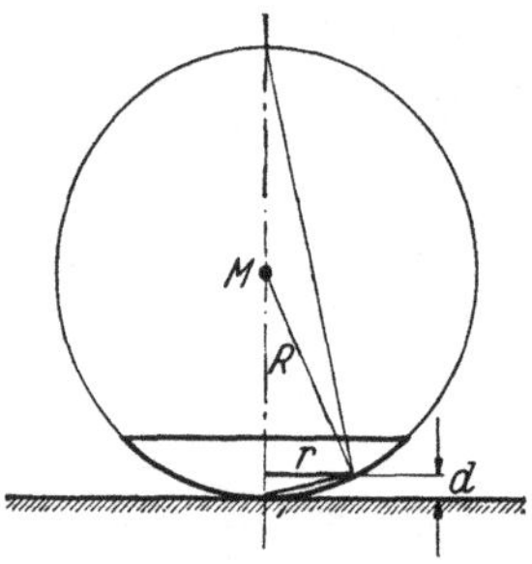

Abb. 455. Zur Entstehung der Newtonschen Ringe

$$d = \frac{r^2}{2R}.$$

Der $z$-te dunkle Ring, der der Bedingung $d = z \cdot \frac{\lambda}{2}$ unterworfen ist, besitzt also denRadius

$$r_z = \sqrt{zR\lambda}. \tag{5.3}$$

Die Wellenlänge des Lichtes ergibt sich aus dem Radius des $z$-ten Ringes:

$$\lambda = \frac{r_z^2}{z \cdot R}. \tag{5.4}$$

Im weißen Licht sieht man in ringförmiger Anordnung die immer matter werdenden Farben dünner Blättchen.

**6. Interferenzen gleicher Neigung** (Abb. 456). Von einer ausgedehnten Lichtquelle fällt Licht über einen halbdurchlässigen Spiegel $Sp\,Sp'$ auf eine planparallele Platte und wird an den Flächen $AB$ und $A'B'$ reflektiert. Von ihnen gelangt es in das hinter dem Spiegel befindliche, auf Unendlich akkomodierte Auge des Beobachters oder in ein auf unendliche Entfernung eingestelltes Fernrohr. Die Dicke der Platte sei so, daß für den Strahl 2 die an $AB$ und $A'B'$ reflektierten Strahlen (einschließlich des bei der Reflexion an $AB$ auftreten den Gangunterschiedes $\frac{\lambda}{2}$) einen Gangunterschied besitzen, der ein ganzzahliges Vielfaches von $\lambda$, nämlich $z \cdot \lambda$ beträgt. Dann besitzen nach (3.2) alle gegen die Normale geneigt einfallenden Strahlen 1, 3 ... nach der Reflexion an $AB$ und $A'B'$ einen kleineren Gangunterschied, der mit größer werdendem Einfallswinkel abnimmt. Die Strahlen 1 und 3 mögen nach ihrer Reflexion gerade den Gangunterschied $(z - 1)\,\lambda$ besitzen (die Brechungen beim Ein- und Austritt aus der Ebene $AB$ sind der Einfachheit halber nicht gezeichnet). Alle zu 1 bzw. 3 parallelen Strahlen, also das ganze in einer Richtung einfallende-Bündel, werden nach Reflexion an $AB$ und $A'B'$ mit dem gleichen Gangunterschied auf der

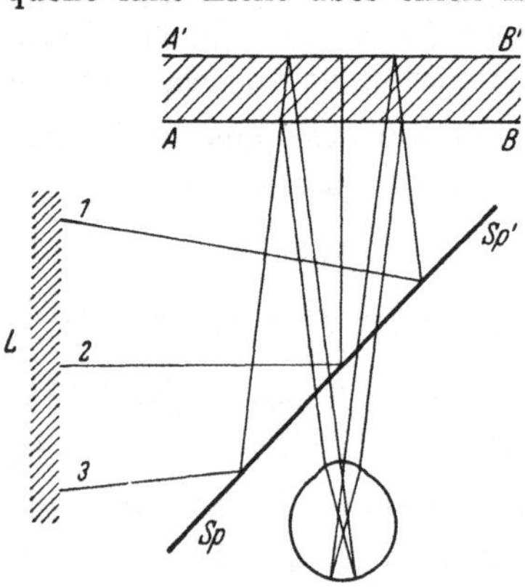

Abb. 456. Zur Entstehung der Interferenzen gleicher Neigung

gleichen Netzhautstelle oder am gleichen Ort der Brennebene des Fernrohrobjektivs vereinigt. Alle gegen die Normale rotationssymmetrisch unter gleichen Winkeln einfallenden *Strahlen gleicher Neigung* erzeugen auf der Netzhaut (oder in der Brennebene des Fernrohrobjektivs) einen hellen kreisförmigen Interferenzstreifen, der vom zentralen Fleck durch einen dunklen Ring getrennt ist. Auf diesen hellen Ring folgen nach außen konzentrische dunkle und helle Ringe abnehmender Ordnungszahl der Interferenz, die sogenannten *Streifen gleicher Neigung oder Haidingerschen Ringe,* die bei genau planparallelen Platten Kreise sind. Abweichungen von der Parallelität um Beträge von weniger als einer Wellenlänge bewirken eine Deformation der Ringe, deren Kreisgestalt also ein scharfes Kriterium für die Planparallelität der Platte ist.

**7. Das Interferometer von Michelson** (Abb. 457). Von $L$ kommend fällt Licht unter 45° auf eine planparallele Platte $P$ und wird zum Teil an der Vorderfläche reflektiert. Es gelangt auf den versilberten ebenen Spiegel $A'B'$, von dem es zurückgeworfen wird, und nach Durchtritt durch $P$ in das Fernrohr $F$. Der Rest des von $L$ kommenden Lichtes tritt durch $P$ hindurch auf den Planspiegel $A''B''$, von dem es zurückgeworfen wird und teilweise von der $L$ zugewendeten Seite von $P$ nach $F$ hin reflektiert wird. Zwischen $P$ und der Brennebene des Fernrohrobjektivs überlagern sich die von $A''B''$ und $A'B'$ reflektierten Teilbündel, und die Gangunterschiede sind so, als ob das von $A''B''$ kommende Licht von der gestrichelten Spiegelebene $AB$ (parallel $A'B'$) herkomme. Damit für beide Bündel die Weglänge in Glas die gleiche ist, stellt man zwischen $P$ und $A'B'$ parallel zu $P$ eine ihr gleiche Platte $P'$. Die beobachteten Streifen gleicher Neigung werden also gewissermaßen an einer planparallelen „Luftplatte" $ABA'B'$ erzeugt. Da hier die Reflexion an gleichen Spiegeln erfolgt, tritt an jeder der Spiegelflächen der Phasensprung $\pi$ auf. Der Spiegel $A'B'$ ist auf einem Schlitten parallel zu sich mit einer Mikrometerschraube verschiebbar. Die Dicke der Luftplatte kann daher von Null an stetig vergrößert werden. Hat man auf Streifen gleicher Neigung einjustiert, so beobachtet man bei Vergrößerung der Plattendicke eine Aufweitung der Ringe. Denn um den gleichen Gangunterschied zu erhalten, muß nun die Neigung der Strahlen größer sein. Die Gangunterschiede nehmen nach (3.1) mit wachsendem Winkel $\alpha$ ab. So quillt dann, wenn die Dicke jeweils um $\frac{\lambda}{2}$ wächst, ein Ring nach dem anderen aus dem Zentrum heraus, und das ganze System verschiebt sich nach außen. (Bei Dickenabnahme ziehen sich die Ringe zusammen und scheinen einer nach dem anderen im Zentrum verschluckt zu werden.)

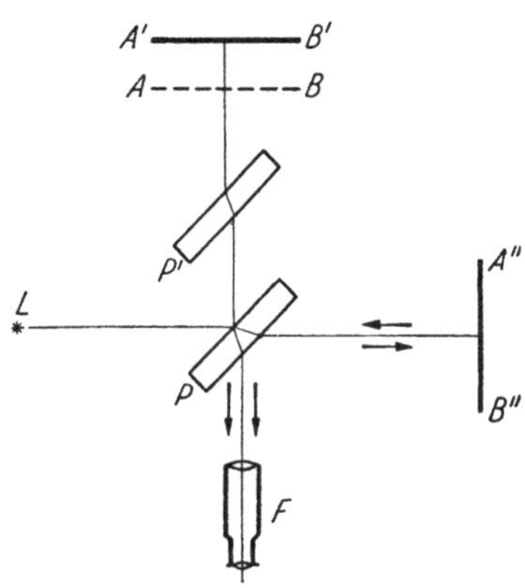


Abb. 457. Das Interferometer von Michelson

Durch Abzählen der Ringe kann man die Verschiebung des Spiegels in halben Wellenlängen des verwendeten Lichtes messen. Auf diesem Verfahren beruhen eine große Anzahl technisch-optischer Geräte, z. B. zur Ausmessung von Endmaßen in Lichtwellenlängen (vgl. I § 3); zur Prüfung polierter Oberflächen u. a. m.

**8. Stehende Lichtwellen.** Die stehenden elektromagnetischen Wellen vor einem Spiegel, auf den die Wellen senkrecht einfallen, welche wir in III § 84 behandelten, kann man nach Wiener auch mit Licht beobachten (Abb. 458).

Eine nur etwa $\frac{1}{30}\lambda$ dicke photographische Schicht wird unter einem sehr kleinen Neigungswinkel $\alpha$ auf einen sehr planen und gut reflektierenden Metallspiegel gelegt, der von oben mit parallelem, monochromatischem Licht beleuchtet wird. Nach der Entwicklung zeigen sich auf der Schicht in Abständen $\frac{\lambda/2}{\sin\alpha}$ geschwärzte Streifen, von denen der dem Spiegel am nächsten gelegene im Abstande $\frac{\lambda}{4}$ vom Spiegel entstanden ist. Da sich in der Spiegelebene ein Knoten des elektrischen Feldes befindet, folgert man aus diesem Experiment, daß die photographische Wirkung nur dem elektrischen Vektor der Lichtwelle zuzuschreiben ist.

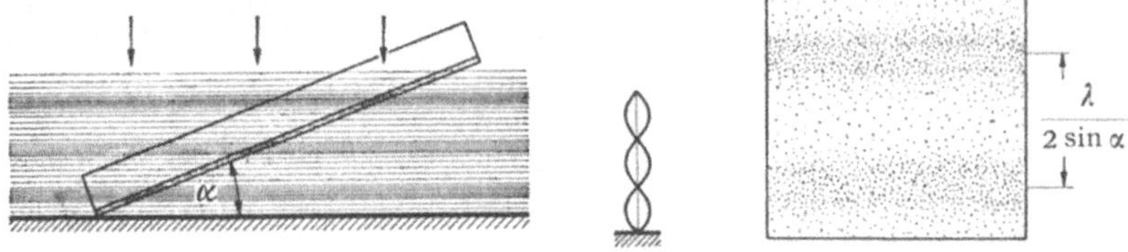


Abb. 458. Die Erzeugung von stehenden Lichtwellen in einer photographischen Schicht nach WIENER. Das rechte Teilbild zeigt die Anordnung der geschwärzten Streifen an der Plattenkante, die den Spiegel berührt

Bei der Reflexion einer elektromagnetischen Welle erleidet die magnetische Welle keinen Phasensprung, wenn die elektrische Welle mit dem Phasensprung $\pi$ reflektiert wird. Tritt bei der Reflexion der elektrischen Welle kein Phasensprung ein, so wird die magnetische Welle mit einem Phasensprung $\pi$ reflektiert. Dies folgt aus der in der Abb. 459 dargestellten Zuordnung von elektrischer und magnetischer Feldstärke zur Fortpflanzungsrichtung der elektromagnetischen Welle. Auch die magnetischen hin- und rücklaufenden Wellen überlagern sich zu einer stehenden Welle, die Bäuche der magnetischen Welle fallen auf die Knoten der elektrischen Welle. Beide stehenden Wellen haben die Phasendifferenz $\frac{\pi}{2}$ (Abb. 459c).

In einer stehenden elektromagnetischen Welle ist daher die Energieströmung in Abständen einer Viertelwellenlänge dauernd Null, dazwischen strömt die Energie mit der Frequenz der Welle hin und her (Abb. 459, unten). In zeitlichen Abständen einer Viertelschwingungsdauer ist also nur elektrische oder nur magnetische Feldenergie vorhanden.

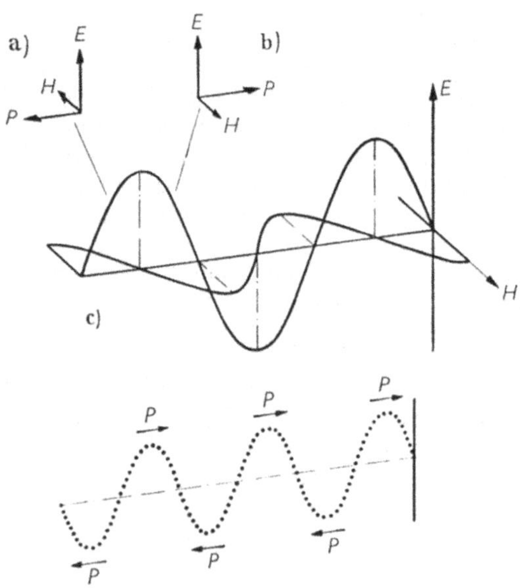


Abb. 459a—c. Knoten und Bäuche der stehenden elektromagnetischen Lichtwelle vor einem Spiegel. b gibt die Zuordnung der elektrischen und magnetischen Feldstärke zur Richtung des Poyntingschen Vektors in der auf den Spiegel einfallenden Welle, a das gleiche in der vom Spiegel reflektierten Welle, c beschreibt eine Phase der Energieströmung im Strahlungsfelde

## B. Beugung des Lichtes

**9. Fresnelsche Beugungserscheinungen. Holographie.** Auf die Beobachtung, daß eine punktförmige Lichtquelle einen Schatten wirft, dessen Gestalt durch die geometrische Projektion des Gegenstandes gegeben ist, gründet sich die geometrische Optik. Tatsächlich entsteht aber hinter einem scharfkantig begrenzten Objekt gar kein scharf begrenzter „geometrischer" Schatten. An der geometrischen Schattengrenze beobachtet man nur etwa 50% der Intensität, die dort ohne den Schatten werfenden Gegenstand vorhanden wäre. Dafür tritt auch in den Schattenbereich Licht ein (Abb. 460).

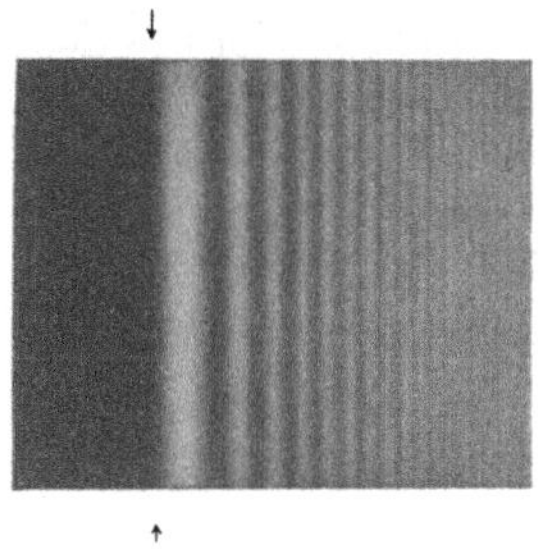

geometr. Schattengrenze

Abb. 460. Die Beugungsstreifen in der Nähe der Schattengrenze eines mit monochromatischem Licht beleuchteten Schirms; links Dunkel-, rechts Hellbereich (aus R. W. POHL, Optik und Atomphysik)

Verwendet man als schattenwerfenden Gegenstand einen dünnen Draht, so greifen die Beugungsstreifen auch in das Innere des geometrischen Schattens hinein, und in seiner Mitte beobachtet man eine Aufhellung. Läßt man das Licht auf einen engen Spalt fallen, dann zeigen sich die Beugungsstreifen sowohl innerhalb als außerhalb der geometrischen Projektion der Spaltkanten. Je enger der Spalt, desto breiter werden die Beugungsstreifen; das zeigt besonders eindrucksvoll die Beugung an einem keilförmigen Spalt.

Das auffälligste Merkmal der Beugungserscheinungen an kleinen kreisförmigen *Schirmen* ist folgendes: Unabhängig von der Größe und dem Abstand des in den Weg des Lichtes gestellten Schirmes ist die Mitte des geometrischen Schattens immer hell. Auf der Achse einer kreisförmigen *Lochblende* beobachtet man dagegen in verschiedenen Abständen hinter der Blende Helligkeit oder Dunkelheit. Desgleichen wechselt bei fest gehaltenem Abstand des Auffangschirmes in der Mitte des geometrischen Schattens Helligkeit und Dunkelheit, wenn man den Durchmesser der Lochblende verändert. Dies ist mit Hilfe einer von FRESNEL stammenden Überlegung zu verstehen:

Man denke sich zwischen Lichtquelle $L$ und Beobachter $B$ (Abb. 461) und senkrecht zu ihrer Verbindungslinie eine Ebene — in die nachher eine Lochblende oder ein kreisrunder Schirm eingesetzt werden soll — in schmale kreisringförmige Zonen eingeteilt, deren gemeinsamer Mittelpunkt auf $LB$ liegt. Alle Lichtwellen, die durch ein und denselben Ring laufen und infolge von Beugung $B$ erreichen, legen also den gleichen Weg zurück und kommen daher mit der gleichen Phase in $B$ an. Die Breite der Zonen werde so gewählt, daß die aus der $n$-ten Zone kommenden Wellen sich in ihrer Phase im Mittel um 180° von derjenigen der beiden Nachbarzonen, der $(n+1)$-ten und der $(n-1)$-ten unterscheiden. Die Zonenbreite hängt somit auch von der Lage des Punktes $B$ ab. Die Beiträge der einzelnen Zonen würden sich also paarweise vernichten, wenn sie in ihren Amplituden übereinstimmten.

Bringt man nun eine *Lochblende* ein, so deckt diese die äußeren Ringe ab, so daß nur eine begrenzte Anzahl zur Intensität in $B$ beiträgt. Wie groß die Anzahl ist, hängt vom Blendendurchmesser und von der Entfernung zwischen Blende und $B$ ab. Je nachdem, ob diese Zahl gerade oder ungerade ist, kommt in $B$ Helligkeit oder Dunkelheit zustande.

Fügt man dagegen einen kreisförmigen *Schirm* ein, so sperrt dieser zwar eine endliche Anzahl der inneren Zonen ab, gibt aber nach außen hin unendlich viele frei. Die Beiträge der einzelnen Zonen zur resultierenden Amplitude nehmen nach außen hin stetig ab; die paarweise Auslöschung ist nicht mehr vollständig. Daher werden alle Punkte der Verbindungslinie des Schirmmittelpunktes mit $B$ belichtet, d.h. im Mittelpunkt des geometrischen Schattens ist immer ein heller Fleck (Poissonscher Fleck), sofern der Abstand von $B$ zum Schirm groß gegen dessen Durchmesser ist.

Ein ähnlicher, noch stärker ausgeprägter Effekt tritt auf, wenn an die Stelle der Blende oder des Schirms eine Glasplatte gebracht wird, auf der die Ringzonen derart aufgetragen sind, daß jede zweite geschwärzt, also lichtundurchlässig gemacht ist (Fresnelsche *Zonenplatte*). Alle durchgelassenen Wellen besitzen dann in bestimmten Abständen Phasendifferenzen von ganzen Vielfachen von 360°, d.h. sie verstärken sich. Eine Zonenplatte leistet also die gleichen Dienste wie eine Linse mit mehreren Brennpunkten. Allerdings hängt die Brennweite stark von der Wellenlänge ab.

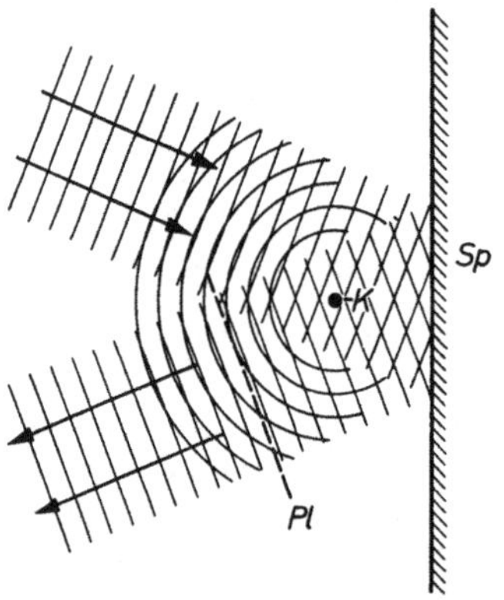


Abb. 461. Konstruktion der Fresnelschen Zonen

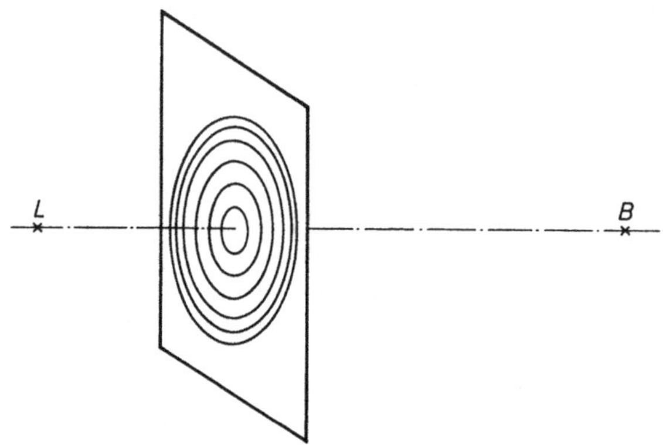


Abb. 462. Zur Berechnung des Flächeninhalts einer Fresnelschen Zone

Im Prinzip bildet sich ein Ringsystem nach Art einer Zonenplatte überall da, wo eine Kugelwelle mit einer kohärenten ebenen Welle überlagert wird; also z.B. bei folgender optischer Anordnung (Abb. 462): Die von links einfallende ebene Welle trifft zunächst einen klein gegen die Wellenlänge anzunehmenden Körper $K$, von dem eine Kugelwelle zurückgestreut wird. Die ebene Welle läuft weiter, wird am ebenen Spiegel $Sp$ reflektiert und überlagert sich der gestreuten Kugelwelle. Beide schwächen oder verstärken sich durch Interferenz in Zonen, die genau die Gestalt der oben beschriebenen Fresnelzonen haben. Eine photographische Platte, die man etwa an die mit $Pl$ bezeichnete Stelle bringt, würde nach dem Entwickeln als Zonenplatte dienen können und daher, wenn man sie wiederum mit parallelem Licht durchstrahlt, zu einer punktförmigen Konzentration der Welle führen, die eine Abbildung des streuenden Körpers darstellt.

Dies Verfahren wird als *Holographie* und das entstandene Interferenzbild als *Hologramm* bezeichnet. Es ist keineswegs auf nahezu punktförmige Streukörper beschränkt. Bei ausgedehnten räumlichen Objekten überlagert sich den primären ebenen Wellen ein äußerst kompliziertes Wellenfeld, und das Hologramm zeigt ein Gewirr von mehr oder weniger geschwärzten Linien, dessen Anblick zunächst keinerlei Schlüsse auf das streuende Objekt zuläßt, jedoch bei Durchstrahlung mit einer ebenen Welle ein frei im Raum schwebendes räumliches Bild entstehen läßt.

Holographische Bilder können praktisch nur mit Hilfe von Laserlicht (vgl. VIII § 14) erzeugt werden. Denn im Gegensatz zu allen bisher beschriebenen Interferenz- und Beugungserscheinungen werden hier Wellen zur Interferenz gebracht, die sehr unterschiedliche Wege zurückgelegt haben. Die Anforderungen an die Kohärenz des Lichtes sind also sehr hoch, werden aber von Laserlicht erfüllt.

**10. Fraunhofersche Beugungserscheinungen.** Sie werden an *parallelem* Licht beobachtet. Aus der Fresnelschen Beugung gehen sie hervor, wenn man sowohl die Lichtquelle als auch den Auffangschirm unendlich weit von dem beugenden Gegenstand entfernt. Im Experiment macht man statt dessen das auffallende Licht durch eine Linse parallel und beobachtet die Beugungserscheinung in der Brennebene einer hinter dem beugenden Hindernis oder der beugenden Öffnung angebrachten Linse.

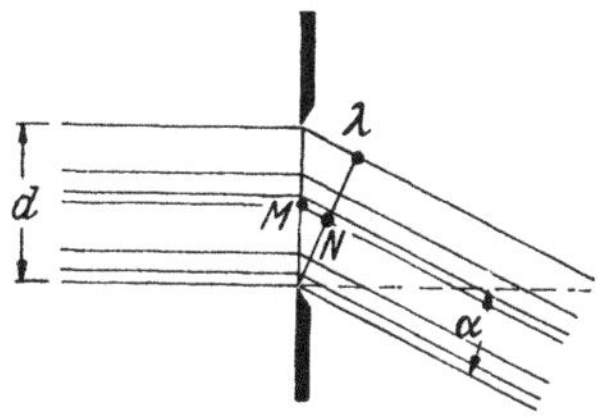


Abb. 463. Fraunhofersche Beugung am Spalt. Bedingung für das Zustandekommen des Minimums zwischen dem Hauptmaximum und dem ersten Nebenmaximum

**a) Beugung am Spalt.** Wir denken uns die Fläche eines Spaltes mit der Breite $d$ in viele gleichbreite, schmale Streifen zerlegt, die den Kanten (Schneiden) des Spaltes parallel verlaufen (Abb. 463). Von ihnen gehen nach dem Huygensschen Prinzip (I § 88) nicht nur in der Vorausrichtung, sondern auch in deren Nachbarschaft Wellenzüge aus. Schließen sie mit der senkrecht angenommenen Einfallsrichtung den Winkel $\alpha$ ein, so ist der Gangunterschied $MN$ eines Randbündels mit dem von der Spaltmitte herkommenden $\frac{d}{2}\cdot\sin\alpha$. Derselbe Gangunterschied ist aber zwischen allen Teilbündeln, die von Streifen herrühren, die um $\frac{d}{2}$ voneinander entfernt sind, also bei $\nu$ Bündeln zwischen dem 1. und $\left(\frac{\nu}{2}+1\right)$-ten, dem 2. und $\left(\frac{\nu}{2}+2\right)$-ten, dem 11. und $\left(\frac{\nu}{2}+11\right)$-ten usw. Beträgt dieser Gangunterschied $\frac{\lambda}{2}$ so müssen sich alle Teilbündel auslöschen, wenn sie durch eine Linse vereinigt werden; Dunkelheit herrscht also, wenn

$$\frac{\lambda}{2}=\frac{d}{2}\cdot\sin\alpha_1, \quad \text{oder} \quad \lambda=d\cdot\sin\alpha_1$$

ist, d.h. aber wenn der Gangunterschied der Randstrahlen $\lambda$ beträgt.

Ebenso findet man Auslöschung, wenn der Gangunterschied zwischen dem 1. und $\left(\frac{\nu}{4}+1\right)$-ten Teilbündel, dessen Abstand vom Rande $\frac{d}{4}$ ist, $\frac{\lambda}{2}$ beträgt. Dann besteht der gleiche Gangunterschied zwischen den vom $\left(\frac{\nu}{4}+1\right)$-ten und $\left(\frac{\nu}{2}+1\right)$-ten Streifen ausgehenden Wellenzügen usw Die Bedingung

$$\frac{\lambda}{2}=\frac{d}{4}\cdot\sin\alpha_2 \quad \text{oder} \quad 2\lambda=d\cdot\sin\alpha_2,$$

führt also ebenfalls zur Auslöschung. Wir verallgemeinern die Bedingung für den Winkel, unter dem die gebeugten Strahlen gegen die einfallenden verlaufen müssen, wenn Auslöschungen eintreten:

$$n\lambda=d\sin\alpha_n \quad (n=1,2,\ldots). \tag{10.1}$$

Die in der Richtung des einfallenden Lichtes hinter dem Spalt verlaufenden Wellenzüge haben keinen Gangunterschied, sie müssen also nach ihrer Vereinigung in der Brennebene ein Maximum der Helligkeit geben. Maxima müssen aber auch zwischen dem 1. und 2., dem $n$-ten und $(n+1)$-ten Minimum liegen. Die Richtungen, unter denen sie auftreten, findet man, wenn man die Spaltbreite in eine ungerade Zahl von Teilen zerlegt: Aus ähnlichen Überlegungen wie oben folgt, daß bei einer Aufteilung in drei gleiche Teile (s. Abb. 464) sich die von zwei Teilen ausgehenden Wellenzüge auslöschen müssen, wenn die Bedingung

$$\frac{\lambda}{2}=\frac{d}{3}\cdot\sin\beta_1 \quad \text{oder} \quad \frac{3}{2}\lambda=d\sin\beta_1$$

erfüllt ist; dann wird aber die vom 3. Teil unter dem Winkel $\beta_1$ ausgehende Intensität auf dem in der Brennebene angebrachten Schirm das 1. Nebenmaximum des Beugungsbildes geben. Die weiteren Maxima gehören zu Richtungen $\beta$, die den Bedingungen genügen:

$$\frac{5}{2}\cdot\lambda = d\sin\beta_2; \quad \frac{7}{2}\cdot\lambda = d\sin\beta_3; \quad \ldots,$$

allgemein

$$\left(z+\frac{1}{2}\right)\lambda = d\sin\beta_z \quad (z = 1, 2, 3, \ldots). \tag{10.2}$$

Ist $\lambda$ gegen die Spaltbreite $d$ sehr klein, so sind auch die Winkel $\alpha_1$ und $\beta_1$ sehr klein, statt des Sinus dürfen dann die im Bogenmaß gemessenen Winkel gesetzt werden. Aus (10.1) und (10.2) werden dann

$$\alpha_n = \frac{n\cdot\lambda}{d} \quad \text{und} \quad \beta_z = \frac{(2z+1)\cdot\frac{\lambda}{2}}{d} \quad \begin{pmatrix} n = 1, 2, 3, \ldots \\ z = 1, 2, 3, \ldots \end{pmatrix}. \tag{10.3}$$

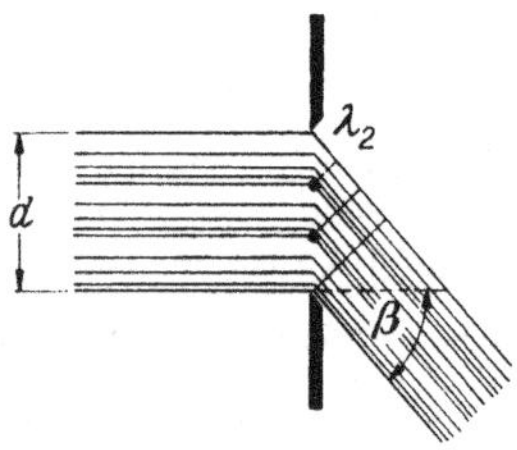


Abb. 464

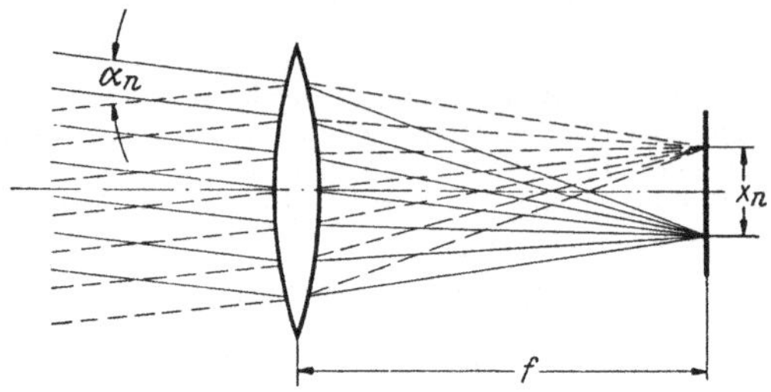


Abb. 465

Abb. 464. Bedingung für das Zustandekommen des ersten Nebenmaximums bei der Fraunhoferschen Beugung am Spalt. Statt $\lambda_2$ lies $\frac{\lambda}{2}$

Abb. 465. Zur Berechnung der Abstände der Beugungsstreifen bei Fraunhoferschen Beugungserscheinungen

Ist $f$ die Brennweite der Sammellinse hinter dem Spalt, dann sind die Abstände der Minima vom Maximum nullter Ordnung, dem Hauptmaximum (Abb. 465):

$$x_n = f\cdot\alpha_n = n\frac{\lambda\cdot f}{d}.$$

Die Abstände benachbarter Minima sind also gleich:

$$x_{n+1} - x_n = \Delta x = \frac{\lambda\cdot f}{d}.$$

Ebenso sind die Abstände benachbarter Maxima:

$$\Delta x = \frac{\lambda\cdot f}{d}.$$

Die Intensitätsverteilung im Beugungsbild des Spaltes läßt sich aus dieser elementaren Behandlung des Problems nicht ableiten. Aus ihr folgt nur, daß die Intensitäten der Maxima mit wachsender Ordnungszahl abnehmen müssen. Die aus der vollständigen Theorie berechnete Intensitätsverteilung ist in Abb. 466 dargestellt.

Verwendet man nicht einfarbiges, sondern weißes Licht, so sind nur die beiden inneren dunklen Streifen schwarz. Wegen der großen Wellenlängenunterschiede im Spektrum des weißen Lichtes fallen Maxima des kurzwelligen Lichtes in Minima des längerwelligen, und man erhält bunte Beugungsstreifen.

**b) Beugung an der kreisförmigen Lochblende.** Aus Symmetriegründen müssen die Beugungsfiguren einer kreisförmigen Lochblende konzentrische Ringe sein. Wenn $\alpha$ den Winkel bezeichnet, unter dem die gebeugten Strahlen sich auslöschen, so erscheinen dunkle Ringe für diejenigen Werte von $\alpha$, die der Gleichung

$$\sin\alpha = \frac{n}{2\pi}\,\frac{\lambda}{r} \tag{10.4}$$

genügen, wo $n$ die Zahlenwerte

$$n = 1{,}22\,\pi; \quad 2{,}23\,\pi; \quad 3{,}24\,\pi; \quad 4{,}24\,\pi; \quad \ldots$$

annimmt. $r$ ist der Radius der Lochblende. Abb. 467 gibt die Intensitätsverteilung längs eines Durchmessers eines Beugungsbildes. Die Intensität der Maxima der hellen Ringe ist im Vergleich zur Helligkeit der mittleren „Beugungsscheibe" noch geringer als die Helligkeit der Beugungsstreifen am Spalt zum mittleren Streifen nullter Ordnung. Wenn der Radius der beugenden Öffnung $r$, die Brennweite der Sammellinse $f$ beträgt, dann ist der Durchmesser des inneren Beugungsscheibchens auf dem Auffangschirm im Abstand $f$ hinter der Linse

$$d = 2f\frac{1{,}22\pi}{2\pi}\,\frac{\lambda}{r} = 1{,}22\,\frac{f\lambda}{r};$$

für $f = 100$ cm, $r = 1$ cm, $\lambda = 5{,}8 \cdot 10^{-5}$ cm wird also $d = 7 \cdot 10^{-3}$ cm.

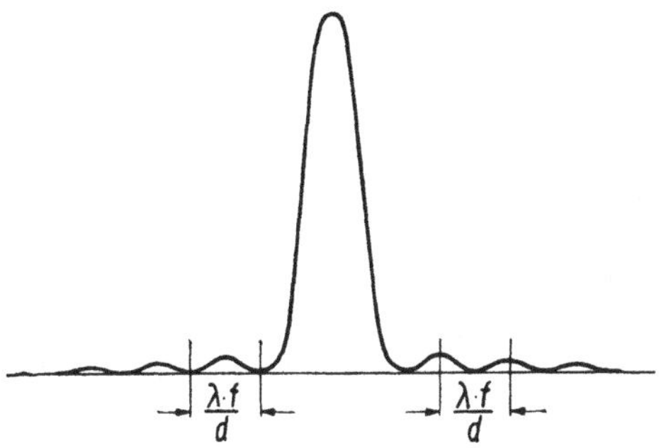


Abb. 466

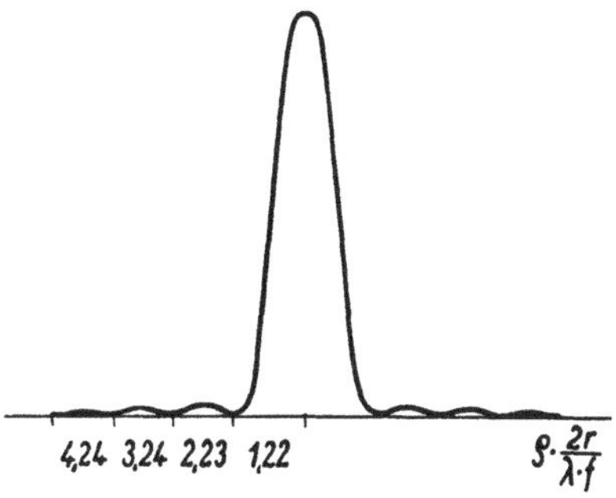


Abb. 467

Abb. 466. Intensitätsverteilung im Fraunhoferschen Beugungsbild eines Spaltes

Abb. 467. Intensitätsverteilung im Fraunhoferschen Beugungsbild einer kreisförmigen Lochblende (die Ringradien in der Beugungsfigur auf dem Schirm sind in der Einheit $\frac{\lambda f}{2r}$ gemessen)

**11. Auflösungsvermögen optischer Geräte.** Die Fassung einer Sammellinse wirkt stets als beugende Öffnung. Daher wird das von ihr entworfene Bild eines unendlich weit entfernten Punktes nicht ein in die Brennebene fallender Punkt sein, sondern eine in der Brennebene liegende Beugungsscheibe, die von dunklen und hellen Ringen umgeben ist. Ein Punkt kann wegen der Beugung überhaupt nicht als Punkt abgebildet werden. Daher ist auch das Bild eines Sternes im astronomischen Fernrohr stets eine Scheibe, die mit dem als Lupe wirkenden Okular betrachtet wird. Die Möglichkeit, zwei nahe beieinanderstehende Sterne voneinander getrennt wahrzunehmen, hängt davon ab, ob ihre Beugungsscheiben in der Brennebene des Objektivs sich überdecken. Das hängt aber nicht nur von dem Winkel ab, den die von beiden Sternen in das Fernrohr einfallenden Strahlen miteinander bilden, sondern auch von der Größe der Beugungsscheiben. Diese sind aber um so kleiner, je größer der Radius $r$ der Linse und je kleiner $f$ und $\lambda$ sind. Man kann erfahrungsgemäß die beiden Bilder voneinander trennen (auflösen), wenn das ringförmige Helligkeitsmaximum des einen Beugungsbildes in den ersten dunklen Ring des anderen fällt. Man vergrößert also das Auflösungsvermögen, d.h. den reziproken Wert des kleinsten Sehwinkels zweier weit entfernter, noch getrennt wahrnehmbarer Punkte, wenn man die Öffnung des Objektivs vergrößert. *Auf den Beugungseffekt ist das begrenzte Auflösungsvermögen aller optischen Apparate zurückzuführen, die zur Vergrößerung dienen* (vgl. V § 14).

Auch an der Pupille des menschlichen Auges findet wie an einer Lochblende von etwa 4 mm Durchmesser eine Beugung statt. Da hinter dieser Blende das Licht ganz in der Augenflüssigkeit mit dem Brechungsindex 1,33 sich ausbreitet, wird die Wellenlänge im Verhältnis $\frac{1}{1{,}33} = \frac{3}{4}$ verkleinert. Der Durchmesser des Beugungsscheibchens auf der Netzhaut ist für

Licht der Wellenlänge $\lambda = 6 \cdot 10^{-5}$ cm, also, da die innere Brennweite des Auges 1,7 cm ist

$$d = 1{,}22 \frac{f \cdot \lambda}{r} = 1{,}7 \cdot 1{,}22 \cdot \frac{6 \cdot 10^{-5} \cdot \frac{3}{4}}{0{,}2} = 4{,}7 \cdot 10^{-4}\,\mathrm{cm}.$$

Der Winkel, den die Randstrahlen der inneren Beugungsscheibe mit der Sehachse einschließen, ist 1,47′. Das heißt, ein Stern erscheint dem Betrachtenden als leuchtende Scheibe unter einem Sehwinkel von der Größenordnung 1′. Das Bild auf der Netzhaut ist etwa 5 μ groß, das ist aber nach V § 12 der mittlere Abstand zweier Zäpfchen. Daraus geht hervor, daß die Unterteilung der Netzhaut gerade so weit getrieben ist, wie es zur vollen Ausnutzung des Auflösungsvermögens des Auges erforderlich ist.

**12. Fraunhofersche Beugung an einem Doppelspalt.** Zwei parallele Spalte mit der Breite $d$ seien durch einen ebenso breiten Steg voneinander getrennt (Abb. 468). Jedes durch eine Öffnung tretende Bündel erfährt dort die in § 10 beschriebene Beugung, die in Abb. 469 durch die gestrichelte Linie dargestellt ist; als Abszisse ist der in Wellenlängen gemessene Gangunterschied der Randstrahlen einer Öffnung eingetragen. Beträgt nun für die gezeichnete Richtung der gebeugten Strahlen der Gangunterschied der Randstrahlen von Öffnung 1 gerade $\frac{\lambda}{4}$, so ist der Gangunterschied zwischen dem oberen Randstrahl von 1 und dem oberen Randstrahl von 2 entsprechend $\frac{\lambda}{2}$. Bei richtiger Zuordnung der Teilbündel muß also das in dieser Richtung gebeugte Licht aus beiden Spalten sich auslöschen. Das gleiche gilt auch für die Strahlenrichtung, bei der der Gangunterschied der Randstrahlen an einem Spalt $\frac{3}{4}\lambda$ beträgt; denn dann sind bei richtiger Zuordnung die Gangunterschiede der Bündel aus den beiden Spalten $3 \cdot \frac{\lambda}{2}$. Gibt also jeder einzelne Spalt für sich eine durch die gestrichelte Kurve in Abb. 469 dargestellte Helligkeitsverteilung für den mittleren Beugungsstreifen, so folgt aus der Zusammenwirkung beider Spalte, daß dieser Streifen von vier dunklen Streifen durchzogen ist.

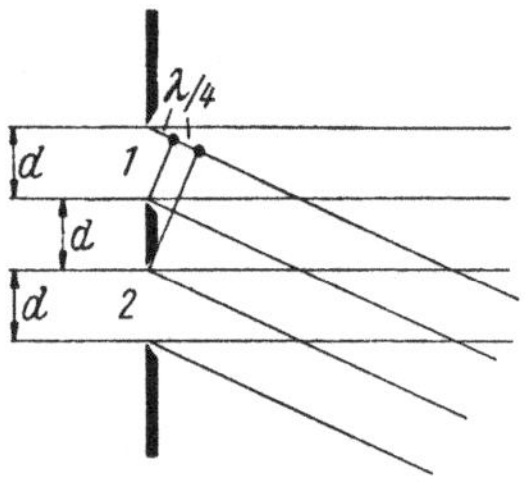


Abb. 468

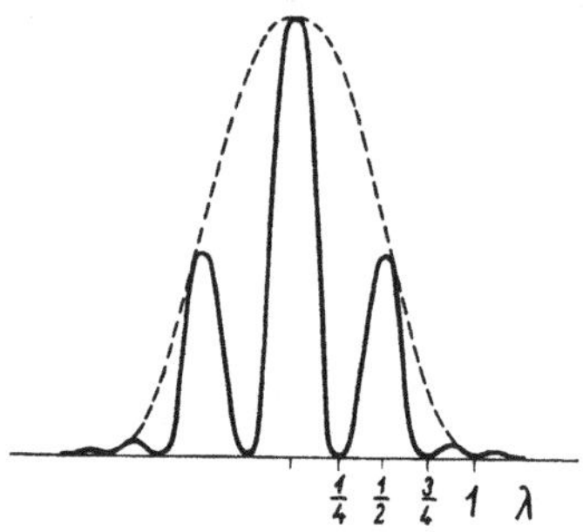


Abb. 469

Abb. 468. Fraunhofersche Beugung am Doppelspalt

Abb. 469. Intensitätsverteilung im Hauptmaximum beim Doppelspalt. Es ist von vier dunklen Streifen durchzogen

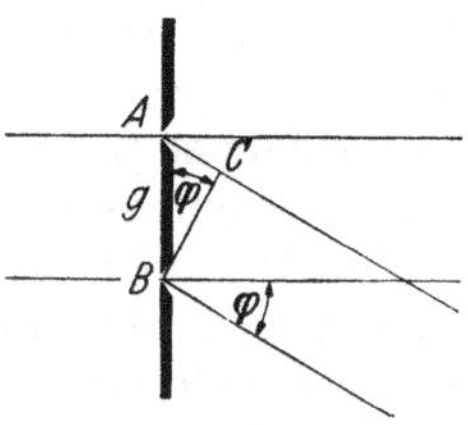


Abb. 470. Zur Berechnung des Gangunterschiedes des durch zwei Spalte hindurchtretenden Lichtes, deren Abstand groß gegen die Spaltbreite ist

Werden die Spalte bei gleichem Abstand der Spaltmitten immer enger, so dehnt sich der mittlere Streifen (gestrichelte Kurve in Abb. 469) immer weiter aus. Er ist nach wie vor von den Maxima und Minima, die vom Doppelspalt herrühren, durchzogen.

Bezeichnen wir den Abstand $AB$ in Abb. 470 mit $g$, den Winkel der gebeugten Strahlen gegen die ohne Ablenkung verlaufenden mit $\varphi$, dann ist ihr Gangunterschied $AC = AB \cdot \sin\varphi = g \cdot \sin\varphi$. Beträgt $AC$ ein ungeradzahliges Vielfaches von $\frac{\lambda}{2}$, so löschen sich die gebeugten Bündel aus. Andererseits tritt die größte Verstärkung gegenüber benachbarten Richtungen auf, wenn $AC$ ein ganzzahliges Vielfaches von $\lambda$ ist:

$$z \cdot \lambda = g \sin \varphi \quad (z = 0, 1, 2, 3, \ldots) \ldots . \tag{12.1}$$

Ist $\lambda$ klein gegen $g$, aber immer noch groß gegen die Spaltbreite, so unterscheiden sich die Seitenmaxima in ihrer Höhe nicht mehr wesentlich vom mittleren. Abb. 471 zeigt das für zwei Wellenlängen (punktiert etwa für rotes, gestrichelt für violettes Licht). Die Überlagerung beider Kurven (stark ausgezogen) gibt die Intensitätsverteilung wieder, wie man sie auf einem Schirm erhält, der sich in der Brennebene einer Sammellinse befindet. Eine Analyse und Messung der beiden Wellenlängen ist so offenbar nicht möglich.

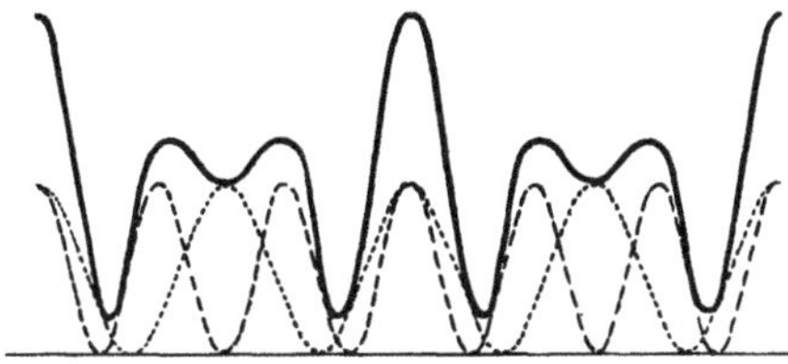

Abb. 471. Das Beugungsbild zweier Spalte ist zur Wellenlängenmessung ungeeignet

Zu einer für die Wellenlängenmessung geeigneten Trennung der Maxima der einzelnen Farben kommt man, wenn man statt zweier schmaler Spalte eine sehr große Anzahl gleich weit voneinander entfernter, paralleler Spalte verwendet.

**13. Das Beugungsgitter.** Auf einer planparallelen Glasplatte werden in gleichen Abständen, die man als *Gitterkonstante* $g$ bezeichnet, mit einer Teilmaschine parallele Furchen geritzt. Die unverletzten Streifen zwischen ihnen wirken als lichtdurchlässige Spalte; die Breite eines Spaltes sei klein gegen die Gitterkonstante. Die Lage der Maxima wird durch (12.1) beschrieben. $\varphi$ in Abb. 472 sei der Winkel, unter dem der Gangunterschied benachbarter Strahlen $\lambda$ beträgt. Die Helligkeit auf dem Schirm zwischen dem Maximum nullter und 1. Ordnung entsteht durch Überlagerung der Strahlen mit einem Gangunterschied zwischen 0 und $\lambda$. Wir betrachten die Richtung $\varphi_{\frac{1}{4}}$, für welche der Gangunterschied benachbarter Strahlen $\frac{\lambda}{4}$ sei. Dann ist der Gangunterschied zwischen einem Strahl und seinem übernächsten Nachbar $\frac{\lambda}{2}$. Alle Strahlen, die aus sämtlichen Spalten des Gitters in diese Richtung austreten, lassen sich so zusammenfassen, daß durch Interferenz die gesamte in diese Richtung gestrahlte Intensität ausgelöscht wird. In dieser Richtung befindet sich also ein dunkler Interferenzstreifen. $\varphi_{\frac{1}{6}}$ bezeichne die Richtung, in der der Gangunterschied benachbarter Strahlen $\frac{\lambda}{6}$ sei. Dann haben alle Strahlenbündel der gleichen Richtung, welche durch Spalte hindurchtreten, die voneinander durch zwei Spalte getrennt, also um 3 g voneinander entfernt sind, auch den Gangunterschied $\frac{\lambda}{2}$. Alle, die so geordnet sich überlagern, löschen sich aus, so daß auch in dieser Richtung ein dunkler Streifen ist usw. Wenn die Zahl der Gitterspalte hinreichend groß ist, wird das Gebiet zwischen den durch (12.1) bestimmten Maxima so dicht mit dunklen Streifen durchsetzt, daß es dunkel erscheint. Die gesamte gebeugte Intensität ist dann in den hellen schmalen Interferenzstreifen vereinigt (Abb. 473), deren Lage sich aus (12.1) ergibt.

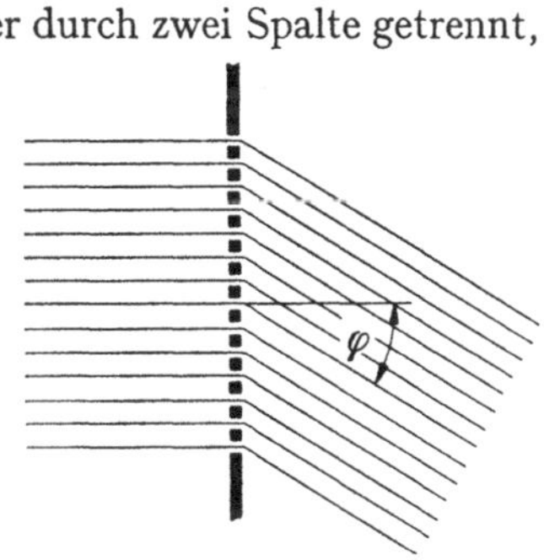


Abb. 472. Das Beugungsgitter

Ein solches Beugungsgitter ist ein vorzügliches Mittel zur Messung der Wellenlänge des Lichtes, da infolge der geringen Breite der *Spektrallinien* die Lage ihres Maximums sich sehr genau — meist viel genauer als mit Prismenspektrographen (V § 7) — ausmessen läßt. Linien mit wenig verschiedenen Wellenlängen erscheinen getrennt, wenn der Abstand der Maxima größer als

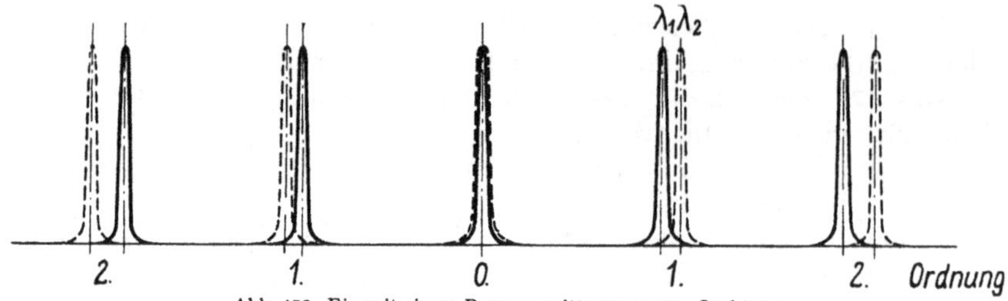


Abb. 473. Ein mit einem Beugungsgitter erzeugtes Spektrum

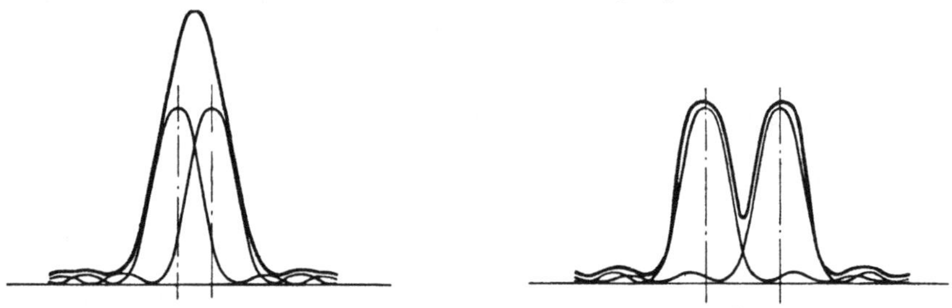


Abb. 474 a u. b. Bedingung für die Trennung von sich überlappenden Spektrallinien: der Abstand der Maxima muß größer sein als die „Halbwertsbreite"

ihre „Halbwertsbreite" ist (Abb. 474a und b). Man definiert als *Auflösungsvermögen* eines Gitters den Quotienten $\frac{\lambda}{\Delta\lambda}$; $\Delta\lambda$ ist die kleinste Wellenlängendifferenz von Spektrallinien, die noch voneinander trennbar sind. Es läßt sich für alle Interferenzspektrometer (s. z.B. § 7) zeigen, daß

$$\frac{\lambda}{\Delta\lambda} = z \cdot n \tag{13.1}$$

ist. Hier bedeutet $z$ die Ordnungszahl der Interferenz (Zahl der im Gangunterschied benachbarter Bündel enthaltenen Wellenlängen) und $n$ die Anzahl der zur Interferenz gelangenden Bündel (hier die gesamte Anzahl der Gitterspalte).

Es gibt Gitter mit mehr als 100000 Strichen; bei Verwendung in der 3. Ordnung ist das Auflösungsvermögen 300000, d.h. daß Wellenlängen um 6000 Å noch getrennt ausgemessen werden können, wenn sich ihre Wellenlängen um nur $\Delta\lambda = \frac{\lambda}{z \cdot n} = \frac{6000}{300000}\,\text{Å} = 2 \cdot 10^{-2}\,\text{Å}$ unterscheiden.

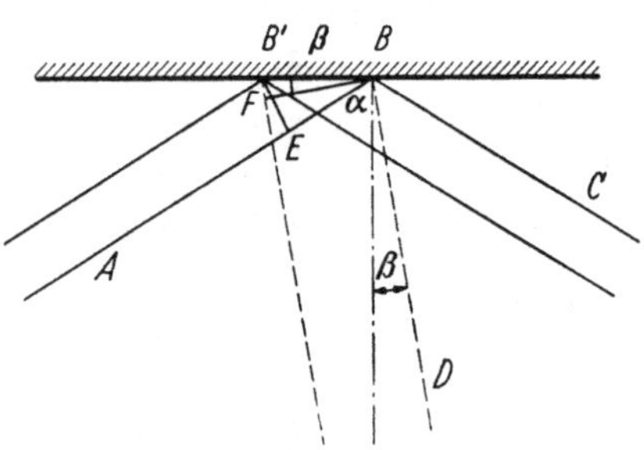


Abb. 475. Das Reflexionsgitter. (Gitterkonstante $g = B'B$)

An Stelle von lichtdurchlässigen Gittern verwendet man häufig Reflexionsgitter (Spiegelgitter), die durch äquidistante Ritzung von spiegelnden Metallflächen erzeugt werden (Abb. 475). $AB$ sei die Richtung der auf das Gitter fallenden Strahlen, die mit der Normalen den Winkel $\alpha$ bilden. $BC$ ist die Richtung der ungebeugten reflektierten Strahlen. Unter dem Winkel $\beta$ gegen die Normale in der Richtung $BD$ gebeugte Strahlen, die von benachbarten Spalten $B$ und $B'$

kommen, haben den Gangunterschied $EB - FB'$:

$$EB - FB' = g \sin\alpha - g \sin\beta .$$

Sie werden sich also verstärken, wenn

$$z\lambda = g(\sin\alpha - \sin\beta); \tag{13.2}$$

oder wenn der einfallende und gebeugte Strahl auf derselben Seite der Normale liegen:

$$z\lambda = g(\sin\alpha + \sin\beta). \tag{13.3}$$

Zur Vermeidung der Absorption des langwelligen infraroten oder sehr kurzwelligen ultravioletten Lichtes in Glas- oder Quarzlinsen, die bei Plangittern zur Abbildung, d.h. zur Erzeugung des Spektrums in ihrer Brennebene dienen, verwendet man *Konkavgitter*. Das sind Gitter, die auf hochglanzpolierte metallische Hohlspiegel geritzt sind. Ihre Aufstellung erfolgt im *Rowland-Kreis* (Abb. 476). Spalt $S$ und Gitter $G$ befinden sich auf einem Kreise, dessen Durchmesser gleich dem Krümmungsradius des Hohlspiegels ist. Man kann zeigen, daß dann die scharfen Beugungsspektren der verschiedenen Ordnungen ebenfalls auf diesem Kreise liegen, auf dem man zur Aufnahme der Spektren photographische Platten (*ph.P.*) anbringt.

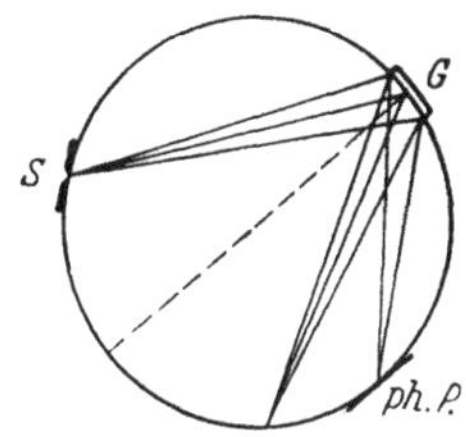

Abb. 476. Aufstellung eines Konkavgitters im „Rowland-Kreis"

**14. Die Abbesche Theorie des Auflösungsvermögens des Mikroskops.** Damit ein Objekt durch ein Mikroskop einwandfrei abgebildet wird, müssen nach ABBE möglichst viele der Beugungsmaxima in das Mikroskop eintreten, die am Objekt durch Beugung des aus dem Kondensor kommenden Lichtes erzeugt werden. Sie sind maßgeblich am Zustandekommen des Bildes beteiligt. Wenn kein gebeugtes Licht, sondern nur das aus dem Kondensor des Mikroskops kommende parallele Licht in das Objektiv eintritt, so erscheint das Gesichtsfeld des Mikroskops ohne irgendeine Struktur gleichmäßig erleuchtet.

Als Objekt diene ein feingeteiltes Gitter (Abb. 477), auf welches senkrecht von unten paralleles Licht auffallen möge. In das Mikroskopobjektiv treten die gebeugten Strahlen, die die Beugungsmaxima nullter und 1. Ordnung $M_1$, $M_0$ und $M_1'$ in der bildseitigen Brennebene des Objektivs erzeugen. Höhere Ordnungen sollen von der Objektivöffnung nicht mehr erfaßt werden.

Die über $M_1$, $M_0$ und $M_1'$ verlängerten Strahlen sind auf die Bildpunkte $B$ und $B'$ des reellen Zwischenbildes gerichtet. Die Bilder in $B$ und $B'$ kommen durch Interferenz der von $M_0$, $M_1$ und $M_1'$ ausgehenden Strahlen zustande. Die Bilder der Gitterspalte sind also als Interferenzstreifen aufzufassen, die um so schärfer werden, je größer die Zahl der mitwirkenden Beugungsmaxima $M$ ist, je mehr Ordnungen also in das Objektiv eintreten können [vgl. (13.1)].

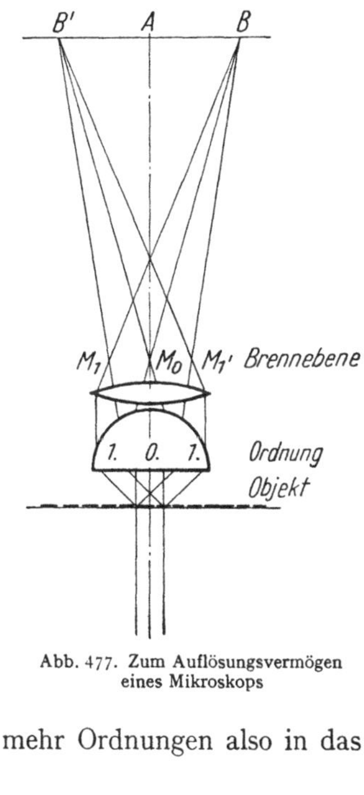

Abb. 477. Zum Auflösungsvermögen eines Mikroskops

Je kleiner die Gitterkonstante $g$ ist, desto größer ist der Winkel $\alpha$, den die gebeugten Strahlen 1. Ordnung mit der Achse einschließen. Damit diese aber noch in das Mikroskopobjektiv eintreten können, darf $\alpha$ nicht größer werden als der Winkel, den die Randstrahlen, die in die Frontlinse des Objektivs eintreten, mit der optischen Achse bilden; $\alpha$ hängt aber mit der Gitterkonstanten und der Wellenlänge nach (12.1) zusammen:

$$g = \frac{\lambda}{\sin\alpha}.$$

Dies ist der kleinste Abstand, den zwei Objekte haben dürfen, damit man sie im Mikroskop noch getrennt erkennen kann. Er läßt sich noch verringern, indem man zwischen Objekt (Deckglas) und Objektiv ein optisch dichteres Mittel mit dem Brechungsindex $n$ bringt (Immersionssystem; vgl. V § 14). In ihm ist die Wellenlänge $\frac{\lambda}{n}$. Dann tritt an die Stelle von $\lambda$ (Wellenlänge in Luft) der Ausdruck $\lambda/n$:

$$g = \frac{\lambda}{n \cdot \sin\alpha}. \tag{14.1}$$

$n \cdot \sin\alpha$ ist die *numerische Apertur* (s. V § 14). $1/g$ = numerische Apertur/Wellenlänge (in Luft) heißt das *Auflösungsvermögen des Mikroskops*. Zwei Punkte des Objektes, deren Abstand $g$ beträgt, erscheinen im Bilde gerade noch voneinander getrennt. Man kann also mit einem Mikroskop keine Strukturen auflösen, die wesentlich kleiner als $\lambda$ sind.

## C. Polarisation des Lichtes

**15. Lineare und elliptische Polarisation.** Daß die Lichtwellen transversale Wellen (s. I § 85) sind, folgt aus ihrer *Polarisierbarkeit:*

Licht, bei dem keine Schwingungsebene bevorzugt ist, heißt *natürliches Licht*. Es wird z.B. von glühenden festen und flüssigen Körpern (Temperaturstrahlern) ausgesandt, da dort die völlig ungeordneten Atome voneinander ganz unabhängig sind. Es wird daher keine Schwingungsebene in einem von der Lichtquelle ausgehenden Lichtbündel bevorzugt.

In dem natürlichen Licht, welches aus vielen voneinander unabhängigen, ungeordneten Wellenzügen besteht, hat jeder einzelne einen bestimmten Polarisationszustand:

1. Schwingt der elektrische Vektor der Lichtwelle in einer Ebene durch die Ausbreitungsrichtung (Strahlrichtung), so ist das Licht *linear polarisiert*. Die zu ihr senkrechte Ebene (in der die magnetische Feldstärke schwingt) wird *Polarisationsebene* genannt.

2. Schwingt die elektrische Feldstärke aber so, daß die Spitze des Feldvektors auf einer Ellipse umläuft, so ist das Licht *elliptisch* polarisiert. Einen wichtigen Sonderfall bildet das *zirkular polarisierte* Licht, bei dem die Feldstärke eine zirkulare Schwingung ausführt (s. I § 18d).

Eine elliptisch bzw. zirkular polarisierte Lichtwelle kann man in zwei zueinander senkrecht schwingende linear polarisierte Wellen zerlegen, welche eine Phasendifferenz $\alpha$ zwischen 0 und $\frac{\pi}{2}$ besitzen. Für eine zirkulare Welle ist die Phasenverschiebung zwischen den Komponenten $\frac{\pi}{2}$, und die Amplituden der Teilwellen sind einander gleich.

**16. Polarisatoren; Polarisationsapparat.** Anordnungen, mit denen man aus natürlichem Licht polarisiertes erzeugen kann, heißen *Polarisatoren*. Zum Nachweis der Polarisation einer Lichtwelle dienende Geräte heißen *Analysatoren*.

Jeden Polarisator kann man auch als Vorrichtung zur Ermittlung der Schwingungsebene von polarisiertem Licht (als *Analysator*) verwenden.

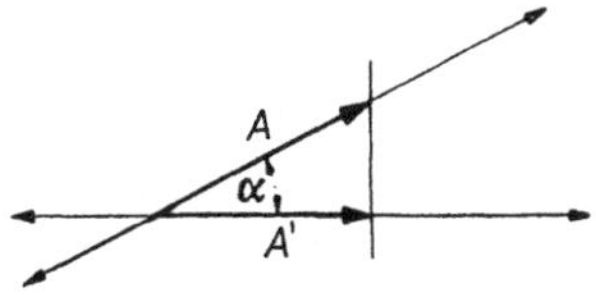


Abb. 478. Zur Bestimmung der Intensität des durch einen „Analysator" hindurchgelassenen polarisierten Lichtes

Läßt man das aus einem Polarisator kommende linear polarisierte Licht auf einen zweiten, d.h. einen Analysator fallen, dessen Schwingungsebene gegen die des ersten um den Winkel $\alpha$ gedreht ist (Abb. 478), so ist die Wellenamplitude $A'$ des durchgelassenen Lichts gleich der Komponente $A'$ von $A$ in der Schwingungsebene von $P$, also

$$A' = A \cdot \cos\alpha. \tag{16.1}$$

$A'$ wird Null für $\alpha = 90°$. Der Analysator löscht also das Licht aus, wenn seine Schwingungsebene auf der des polarisierten Lichtes (oder der Schwingungsebene des Polarisators senkrecht steht.

Im *Polarisationsapparat* (Abb. 479) tritt natürliches Licht in den *Polarisator* **P** ein. Die Schwingungsebene des durch ihn polarisierten Lichtes, die gegebenenfalls beim Durchgang durch in den Strahlengang gebrachte Stoffe verändert werden kann (s. § 20), wird mit Hilfe des Analysators **A** bestimmt, der mit einer Kreisteilung versehen ist und in die „gekreuzte" Stellung gebracht wird.

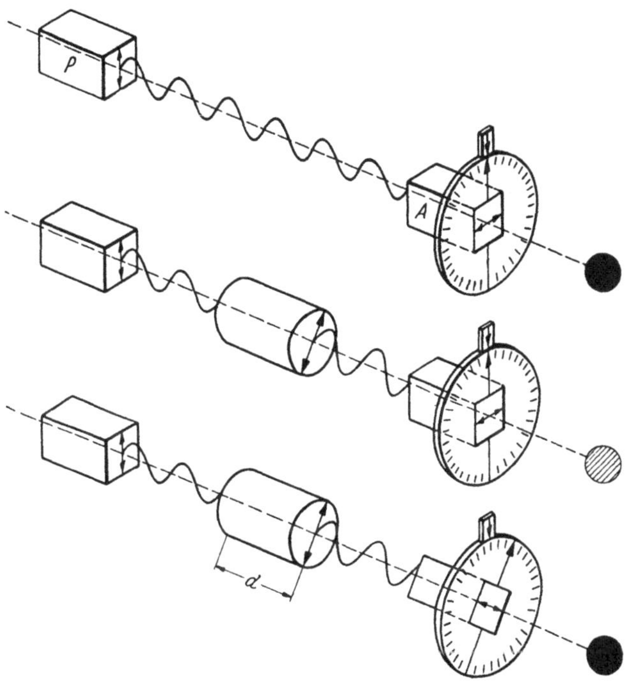


Abb. 479. Der Polarisationsapparat. Oberes Bild: Einstellung auf gekreuzte Nicols. Mittleres Bild: Aufhellung des Gesichtsfeldes durch Einführung einer drehenden Substanz. Unteres Bild: Messung des Drehwinkels durch Drehung des „Analysators" bis zu erneuter Auslöschung

Die gleiche Anordnung kann man auch zur meßbaren Änderung der Intensität des Lichtes verwenden. Da die Intensität von Wellen den Quadraten ihrer Amplituden proportional ist, folgt für das Verhältnis der Intensitäten $I$ und $I'$ des Lichtes, das bei paralleler bzw. um den Winkel $\alpha$ verdrehter Stellung von **A** und **P** hindurchtritt:

$$\frac{I'}{I} = \frac{A'^2}{A^2} = \cos^2\alpha \quad \text{oder} \quad I' = I \cdot \cos^2\alpha \tag{16.2}$$

(vgl. VII § 3).

Als Polarisatoren dienen heute meistens „Polarisationsfilter“; das sind Folien, in die submikroskopische dichroitische (vgl. § 17 Schluß) Kristalle geordnet eingelagert sind.

Physikalisch wichtig sind die nachstehend beschriebenen klassischen Methoden zur Erzeugung polarisierten Lichtes, nämlich

1. mittels doppelt brechender Kristalle,
2. mit Hilfe von Reflexion und Brechung.

**17. Polarisation durch Doppelbrechung.** Die Gültigkeit des Snelliusschen Brechungsgesetzes ist an die Voraussetzung geknüpft, daß das Licht im brechenden Medium nach allen Richtungen die gleiche Ausbreitungsgeschwindigkeit besitzt. Unabhängig von der Richtung ist die Geschwindigkeit bei den Gasen, den meisten homogenen Flüssigkeiten und festen Körpern, wenn sie amorph sind oder dem regulären Kristallsystem angehören und nicht unter der Wirkung elektrischer und magnetischer Felder stehen, nicht elastisch deformiert sind und keinen faserigen oder geschichteten Feinbau besitzen. Solche Körper heißen *optisch isotrop* (z.B. Glas, Steinsalz, Diamant).

Kristalle des hexagonalen Systems, die eine kristallographische Hauptachse besitzen, welche eine 6- oder 3-zählige Symmetrieachse des Kristalls darstellt, sind optisch *anisotrop*. Sie besitzen eine „optische Achse“. In Form von Rhomboedern mit 3-zähliger Symmetrieachse kristallisiert z.B. Kalkspat ($CaCO_3$) (Abb. 480). Fällt ein Bündel aus natürlichem Licht senkrecht auf eine Rhomboederfläche, so wird es in zwei Teilbündel aufgespalten (Abb. 481). Das eine Bündel geht ohne Brechung durch den Kristall hindurch, das andere

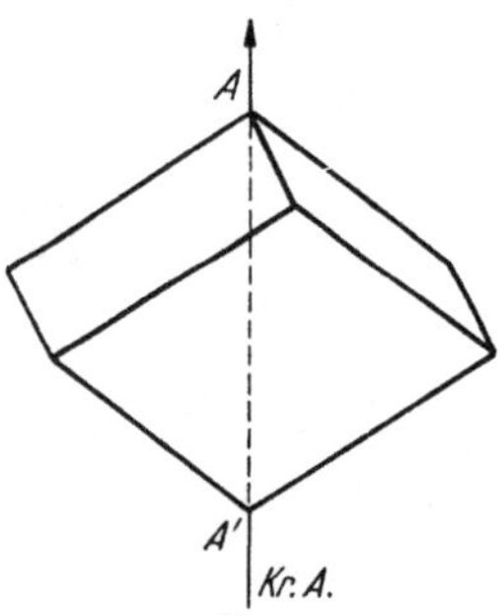

Abb. 480

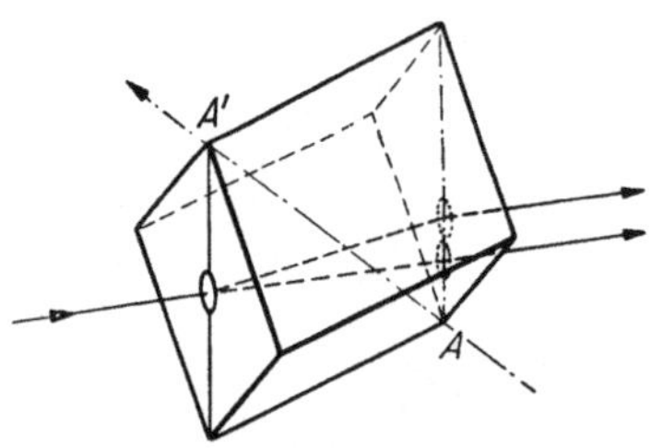

Abb. 481

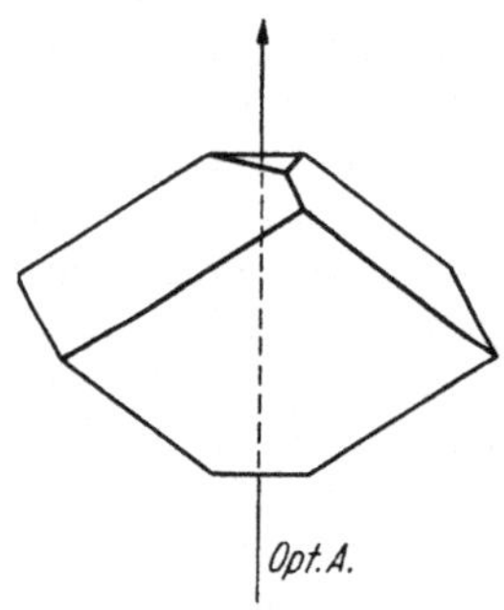

Abb. 482

Abb. 480. Kalkspatrhomboeder

Abb. 481. Doppelbrechung im Kalkspat. Die Ebene durch den einfallenden Strahl und die Achse $AA'$ ist der „Hauptschnitt“ des Strahls

Abb. 482. Zur Definition des optisch einachsigen Kristalls. Die optische und kristallographische Achse fallen zusammen

erfährt trotz senkrechten Einfalls eine Brechung und verläßt den Kristall parallel zur ursprünglichen Richtung verschoben. Seine Brechung erfolgt in einer Ebene, welche durch den einfallenden Strahl und die Hauptachse $AA'$ des Kristalls gelegt werden kann. Diese Ebene heißt *Hauptschnitt* des einfallenden Strahls.

Die Strahlen des ersten Bündels heißen *ordentliche*, die des zweiten *außerordentliche* Strahlen. Fällt das Licht unter einem von Null verschiedenen Einfallswinkel auf, so hat sowohl der ordentliche als auch der außerordentliche Strahl im Kristall eine andere Richtung. Der ordentliche Strahl gehorcht dem Snelliusschen Brechungsgesetz; er verdankt dieser Eigenschaft seinen Namen. Der außerordentliche gehorcht ihm nicht.

Wenn man dem Kalkspatkristall senkrecht zur Achse Flächen anschleift und auf diese senkrecht (also in Richtung der Achse) Licht einstrahlt, so tritt dieses ungebrochen und unpolarisiert, d.h. ohne Aufspaltung in einen ordentlichen und außerordentlichen Strahl hindurch (Abb. 482). Diese ausgezeichnete Richtung, fällt mit der kristallographischen Achse zusammen. Man nennt sie die *optische Achse* des Kristalls. Kristalle, in denen es nur eine optische Achse gibt, die dann immer mit ihrer kristallographischen Achse zusammenfällt, bezeichnet man als *optisch einachsige* Kristalle.

Die Deutung der Doppelbrechung ergibt sich wie folgt: Von einem Erregungszentrum im Innern des einachsigen Kristalls breitet sich die Lichterregung zum Teil als Kugelwelle, zum Teil als elliptische Welle aus. Die Wellenflächen der letzteren sind Rotationsellipsoide, deren Rotationsachse parallel zur kristallographischen Hauptsymmetrieachse des Kristalls ist.

Die Ausbreitungsgeschwindigkeit des ordentlichen Strahls ist von der Richtung unabhängig; der außerordentliche Strahl breitet sich in verschiedenen Richtungen mit verschiedenen Geschwindigkeiten aus. In Richtung der optischen Achse gibt es nur eine Geschwindigkeit (Abb. 483a und b).

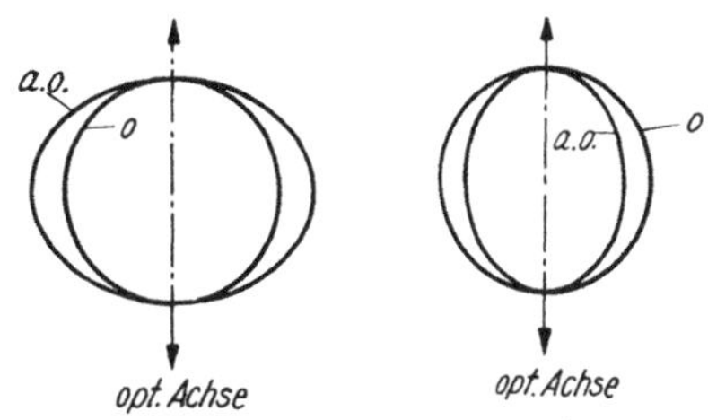


Abb. 483 a u. b. Wellenflächen im einachsig-negativen (a) und einachsig-positiven Kristall (b)

Wenn die Geschwindigkeit des außerordentlichen Strahls $c_{ao}$ in jeder Richtung größer als die des ordentlichen Strahls $c_o$ ist, heißt der Kristall *einachsig negativ*; bei *einachsig-positiven* Kristallen ist $c_{ao} < c_o$.

Bei dem negativ-einachsigen Kalkspat verhält sich $c_o : c_{ao,\max} = 1 : 1{,}1157$. $c_{ao,\max}$, die Lichtgeschwindigkeit des außerordentlichen Strahls in der Richtung senkrecht zur optischen Achse, bezeichnet man ebenso wie $c_o$ als die *Hauptlichtgeschwindigkeit.* $\frac{c}{c_o} = n_o$ ist der Brechungsindex des ordentlichen, $\frac{c}{c_{ao}} = n_{ao}$ der des außerordentlichen Strahls ($c$ = Vakuumlichtgeschwindigkeit). $n_{ao}$ ist ebenso wie $c_{ao}$ richtungsabhängig ($c_{ao}$ ist gleich Normalengeschwindigkeit, s. unten).

Außer den einachsigen Kristallen gibt es doppelbrechende Kristalle, welche zwei Richtungen enthalten, in denen nur eine Ausbreitungsgeschwindigkeit des Lichtes vorkommt. Sie enthalten also zwei optische Achsen, man bezeichnet sie daher als *zweiachsige* Kristalle (zu ihnen gehört z. B. Aragonit, eine andere Kristallform des $CaCO_3$, und Glimmer). Bei den zweiachsigen Kristallen gehorcht keiner der beiden Strahlen dem Snelliusschen Gesetz, d.h. beide Strahlen verhalten sich außerordentlich.

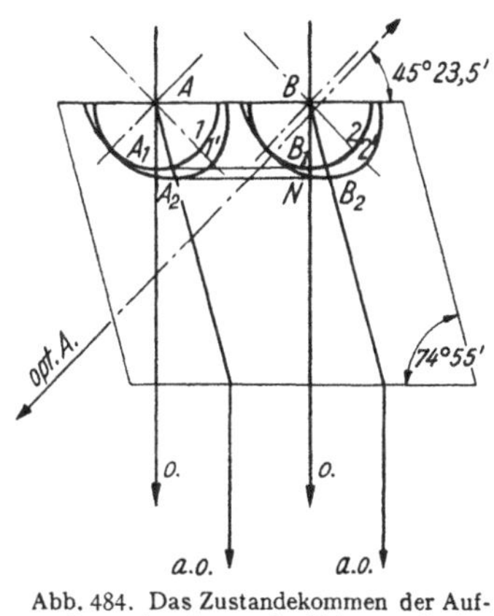


Abb. 484. Das Zustandekommen der Aufspaltung in den ordentlichen und den außerordentlichen Strahl bei senkrechtem Einfall auf eine Rhomboederfläche nach dem Huygensschen Prinzip

Wir behandeln im folgenden nur die Eigenschaften optisch-einachsiger Körper. Aus dem Vorhandensein der beiden verschiedenen Wellenflächen, der kugelförmigen und ellipsoidischen, gibt das Huygenssche Prinzip eine Beschreibung der Lichtbrechung im Kalkspat. Wir betrachten den Fall des senkrechten Auftreffens auf eine Rhomboederfläche.

Von jedem Punkt der auf die Grenzfläche zwischen Vakuum (Luft) und Kristall auftreffenden ebenen Welle gehen Kugel- und Ellipsoidwellen in den Kristall. In Abb. 484 sind nur die von $A$ und $B$ auslaufenden Elementarwellen 1 und 1′ und 2 und 2′ gezeichnet. Nach dem Huygensschen Prinzip sind die Wellenflächen die Tangentialflächen der Elementarwellen. $A_1 B_1$ ist die dem ordentlichen

Licht zuzuordnende Wellenfläche, $A_2 B_2$ die des außerordentlichen Lichtes. Die außerordentlichen Strahlen stehen nicht senkrecht auf den Wellenflächen. Aus der Abb. 484 folgt, daß bei $A$ oder $B$ einfallende Strahlen im Kristall in zwei Strahlen aufspalten müssen. Aus dem Kristall treten sie an der gegenüberliegenden parallelen Rhomboederfläche parallelverschoben aus.

Die Wellenflächen des ordentlichen Lichtes breiten sich mit derselben Geschwindigkeit aus wie die ordentlichen Strahlen. Die Ausbreitungsgeschwindigkeit der Wellenflächen des außerordentlichen Lichtes ist gegeben durch die Geschwindigkeit ihrer Verschiebung in der Normalenrichtung *(Normalengeschwindigkeit)*. Aus Abb. 484 folgt, daß diese sich zur Strahlgeschwindigkeit des außerordentlichen Strahls verhält wie $BN:BB_2$.

Als *Brechungsindex im anisotropen Medium* definiert man:

$$n = \frac{\text{Lichtgeschwindigkeit im Vakuum}}{\text{Normalengeschwindigkeit im Kristall}}.$$

Wenn die Einfallsebene zur optischen Achse senkrecht steht, schneiden die Wellenflächen sowohl des ordentlichen als des außerordentlichen Lichtes die Einfallsebene in Kreisen (Abb. 485). Beide Strahlen folgen dann dem Snelliusschen Gesetz.

Für spätere Anwendungen betrachten wir den senkrechten Durchgang von Licht durch eine planparallele Platte, die parallel zur optischen Achse aus dem Kristall herausgeschnitten ist. Die Schnitte der Elementarwellenflächen des außerordentlichen Lichtes mit der Zeichenebene in Abb. 486 sind hier Ellipsen, deren große Achsen auf der Plattenebene senkrecht stehen. Die Welle des außer-

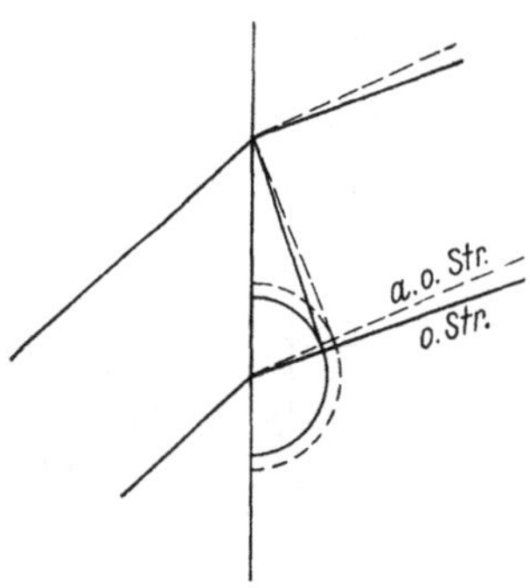


Abb. 485. Gültigkeit des Snelliusschen Gesetzes für den ordentlichen und außerordentlichen Strahl, wenn die Einfallsebene zur optischen Achse senkrecht steht

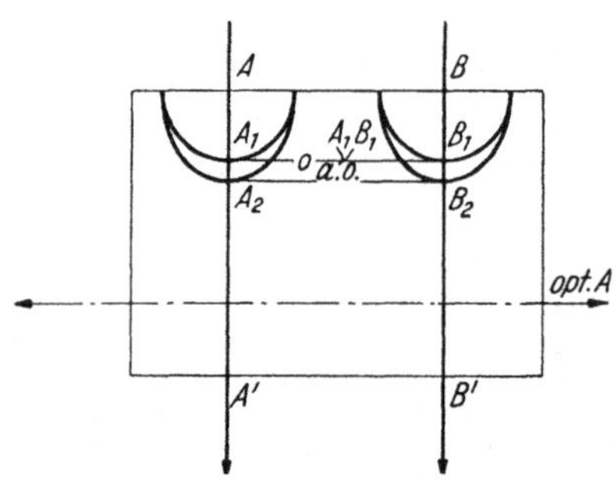


Abb. 486. Die Ausbreitung der Wellenflächen des ordentlichen und des außerordentlichen Lichtes in Platten, die parallel zur optischen Achse geschnitten sind

ordentlichen Lichtes erfährt hier keine Verschiebung, weder die ordentlichen noch die außerordentlichen Strahlen erfahren eine Brechung. Aber die Welle des außerordentlichen Lichtes eilt infolge ihrer größeren Geschwindigkeit der des ordentlichen Lichtes voraus. Nachdem beide die Kristallplatte verlassen haben, besteht zwischen ihnen ein „Gangunterschied", der darauf zurückzuführen ist, daß der Weg $AA'$ mehr Wellenlängen des ordentlichen Strahls als des außerordentlichen enthält. Denn $\lambda_o = \frac{\lambda_{\text{vac}}}{n_o}$ ist kleiner als $\lambda_{ao} = \frac{\lambda_{\text{vac}}}{n_{ao}}$, weil $n_o > n_{ao}$ ist.

Sei $z_o$ die Anzahl der Wellenlängen des ordentlichen Strahls, $z_{ao}$ die des außerordentlichen Strahls in der Platte, dann ist nach Austritt aus der Platte

$$z = z_o - z_{ao} = \frac{d}{\lambda_o} - \frac{d}{\lambda_{ao}} = \frac{d}{\lambda_{\text{vac}}}(n_o - n_{ao}) \tag{17.1}$$

die Anzahl der Wellenlängen, um die der außerordentliche Strahl dem ordentlichen Strahl vorauseilt.

Sowohl der ordentliche als auch der außerordentliche Strahl sind linear polarisiert. Der elektrische Vektor des ordentlichen Lichtes schwingt senkrecht zum Hauptschnitt. Der des außerordentlichen Lichtes schwingt senkrecht zu dem elektrischen Vektor des ordentlichen Lichtes. Beide Strahlen verlassen den Kristall mit diesen Schwingungsrichtungen. Die Intensitäten beider Strahlen sind einander gleich, die jedes einzelnen also gleich der Hälfte der Intensität des eintretenden natürlichen Lichtes.

Um linear polarisiertes Licht außerhalb des Kristalls zu erhalten, muß entweder das ordentliche oder das außerordentliche Licht aus dem Strahlengang entfernt werden. Dies gelingt z.B. mit dem Nicolschen Prisma (kurz „Nicol" genannt) (Abb. 487):

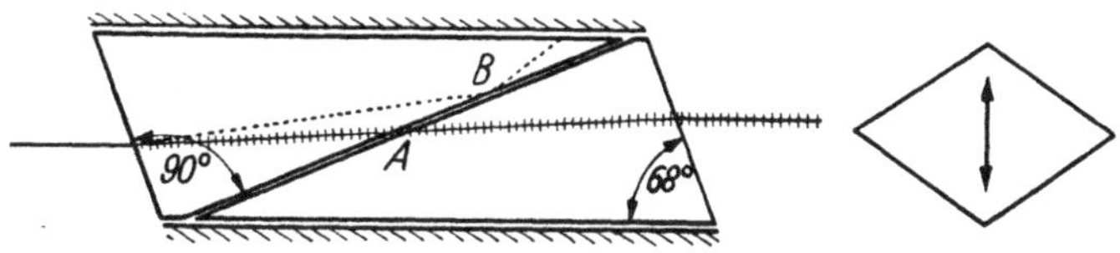


a b

Abb. 487 a u. b. Das Nicolsche Prisma

Ein geeignet an seinen Enden gegen die natürlichen Spaltflächen geschliffenes längliches Kalkspatstück wird durch einen Diagonalschnitt zersägt und dann mit einer dünnen Schicht eines geeigneten Kittes wieder zusammengekittet. Der Brechungsindex des Kittes muß etwas kleiner sein als der des Kalkspats für den ordentlichen Strahl (1,66). Er fällt bei *B* unter einem Winkel auf, der größer ist als der Grenzwinkel der Totalreflexion, wird daher in Richtung auf die geschwärzte Wand reflektiert und dort absorbiert. Infolge seiner geringeren Brechung fällt der außerordentliche Strahl bei *A* unter einem kleineren Einfallswinkel auf die Kittschicht auf. Wählt man diese so, daß ihr Brechungsindex nahezu gleich dem des außerordentlichen Strahls ist, so tritt dieser durch die Schicht fast ohne Reflexionsverluste hindurch. Die Schwingungsebene dieses außerordentlichen Lichtes ist die Zeichenebene der Abb. 487a. In Abb. 487b ist das Prisma in seiner Längsrichtung gesehen dargestellt. Der eingezeichnete Pfeil gibt die Schwingungsrichtung des außerordentlichen Lichtes, also auch die Schwingungsrichtung des aus dem Nicolschen Prisma austretenden polarisierten Lichtes an. Die Ebene durch diese Richtung und die Ausbreitungsrichtung des Lichtes, die Schwingungsebene des polarisierten Lichtes, heißt auch *Schwingungsebene des Prismas.*

*Dichroismus.* Einachsige Kristalle, die das ordentliche und das außerordentliche Licht verschieden stark schwächen, bezeichnet man als *dichroitisch.* Eine parallel zur optischen Achse geschnittene Turmalinplatte absorbiert den ordentlichen Strahl schon in einer Dicke von 1 mm fast vollständig. Sie läßt aber den außerordentlichen Strahl mit nur geringer Schwächung hindurch, so daß sie ohne weiteres als Polarisator verwendet werden kann.

**18. Polarisation durch Reflexion und Brechung.** Von einem ebenen Glasspiegel 1 ($n = 1{,}5$) wird unter einem Winkel von 56,5° [s. (18.5)] einfallendes natürliches Licht reflektiert und fällt auf den parallel zu 1 gestellten Glasspiegel 2 (Abb. 488a). Hier erfährt es eine nochmalige Reflexion und verläßt ihn gegen das auf 1 auffallende parallel verschoben und mit geringerer Intensität, weil bei jeder Reflexion ein Bruchteil des Lichtes in das Innere der Spiegel hineingebrochen wird. Dreht man nun den Spiegel 2 um eine Achse, die dem von 1 reflektierten Licht parallel ist, um 90°, so daß nunmehr die Einfallsebenen bei 1 und 2 aufeinander senkrecht stehen (s. Abb. 488b), so wird überhaupt kein Licht von 2 reflektiert. Bei der Drehung aus der Stellung *a* in die Stellung *b* nimmt die Intensität des Lichtes stetig ab. Dreht man nun den Spiegel 2 weiter, so findet wieder

Reflexion statt und die Intensität des reflektierten Lichtes ist in der antiparallelen Stellung, nach einer Gesamtdrehung von 180°, bei der beide Einfallsebenen wieder zusammenfallen, wieder die gleiche wie in der Stellung *a*. Bei einer Drehung von 270° findet wieder Auslöschung statt.

Die Erscheinung beweist, daß das am Spiegel 1 reflektierte Licht vollständig in der Schwingungsebene polarisiert ist, die auf der Einfallsebene senkrecht steht. (Die Einfallsebene ist also die Polarisationsebene des reflektierten Lichtes.) Dieses polarisierte Licht wird am Spiegel 2 in der Stellung *a* reflektiert, weil die Reflexionsbedingungen wegen der Parallelität der Einfallsebenen die gleichen sind. In der Stellung *b* kann der Spiegel 2 nicht reflektieren, weil das einfallende Licht keine Komponente in seiner Schwingungsebene enthält. Den Einfallswinkel (im beschriebenen Versuch 56,5°), unter dem die Polarisation des reflektierten Lichtes vollständig ist, bezeichnet man als *Polarisationswinkel*. Wählt man nun den Einfallswinkel etwas größer oder kleiner, so nimmt bei einer Drehung des Spiegels aus der Stellung *a* in *b* die Intensität nicht auf Null, wohl aber auf ein Minimum ab. Das von 1 reflektierte Licht enthält dann noch eine Komponente, die in der Einfallsebene von 1 schwingt, und für welche die Reflexion an 2 in der Stellung *b* möglich ist, weil hier die Einfallsebene für diese Komponente die Polarisationsebene ist.

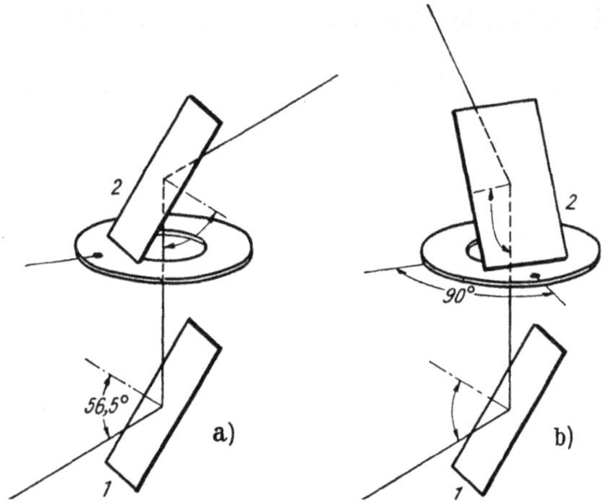

Abb. 488 a u. b. Nachweis der Polarisation des Lichtes durch Reflexion

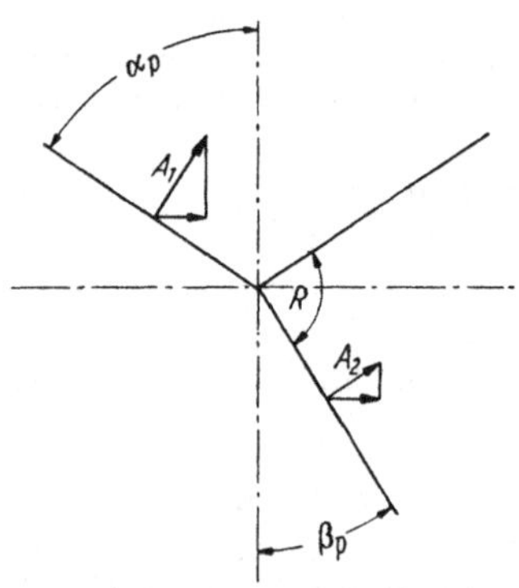

Abb. 489. Bedingung für die Erzeugung von vollständig polarisiertem Licht durch Reflexion (Brewstersches Gesetz)

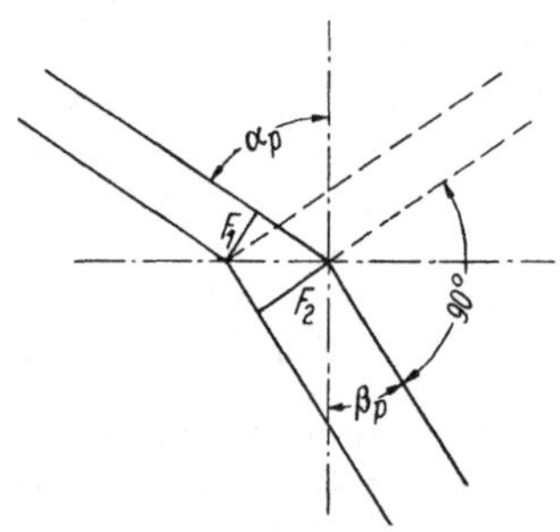

Abb. 490. Benutzung des Energiesatzes zur Berechnung des Polarisationswinkels

Damit eine in der Einfallsebene schwingende vollständig polarisierte Welle nicht reflektiert wird, muß der Einfallswinkel $\alpha_p$ folgende Bedingungen erfüllen (Abb. 489):

1. Die Amplitudenkomponente der elektrischen Feldstärke $E$ der Welle (Tangentialkomponente) muß nach (III 6.8) stetig durch die Grenzfläche hindurchtreten:

$$A_1 \cos\alpha_p = A_2 \cos\beta_p$$

oder

$$E_1 \cdot \cos\alpha_p = E_2 \cdot \cos\beta_p . \tag{18.1}$$

2. Die aus dem Vakuum auf die Grenzfläche auffallende Energie muß ganz in das brechende Medium einströmen. Nach Abb. 490 ist die auf die Fläche 1 der Grenzschicht einströmende Energie $S_1 \cdot F_1$, die von ihr durch $F_2$ abströmende Energie $S_2 \cdot F_2$, wo $S_1$ und $S_2$ die Poyntingschen Vektoren (III § 78) im Vakuum und im brechenden Medium sind:

$$S_1 \cdot F_1 = S_2 \cdot F_2 .$$

Da $F_1 : F_2 = \cos\alpha_p : \cos\beta_p$, gilt auch:

$$S_1 \cdot \cos\alpha_p = S_2 \cdot \cos\beta_p . \tag{18.2}$$

Nun ist

$$\frac{S_1}{S_2} = \frac{|E_1|^2}{n\,|E_2|^2} .$$

Aus (18.1) und (18.2) folgt:

$$\frac{|E_1|^2}{|E_2|^2} = \frac{\cos^2\beta_p}{\cos^2\alpha_p} = \frac{\cos\beta_p}{\cos\alpha_p} \cdot \frac{\cos\beta_p}{\cos\alpha_p} = \frac{\cos\beta_p}{\cos\alpha_p} \cdot \frac{S_1}{S_2} = \frac{\cos\beta_p}{\cos\alpha_p} \cdot \frac{|E_1|^2}{n\,|E_2|^2} \tag{18.3}$$

oder

$$\frac{\cos\alpha_p}{\cos\beta_p} = \frac{1}{n} . \tag{18.4}$$

Um hieraus den Wert von $\alpha_p$ zu berechnen, multiplizieren wir (18.4) mit (V 3.1) und erhalten

$$\frac{\cos\alpha_p \sin\alpha_p}{\cos\beta_p \sin\beta_p} = \frac{1}{n} \cdot n = 1 .$$

Daraus folgt:

$$\frac{\sin 2\alpha_p}{\sin 2\beta_p} = 1 .$$

Dies ist nur möglich für $\beta_p = \alpha_p$ oder $\beta_p = 90° - \alpha_p$, d.h. wenn der reflektierte auf dem gebrochenen Strahl senkrecht steht. Nur diese letzte Lösung hat einen physikalischen Sinn. Mit ihr wird aus (18.4)

$$\operatorname{tg}\alpha_p = n . \tag{18.5}$$

(18.5) ist die Bedingung für den Einfallswinkel einer in der Einfallsebene schwingenden Welle, die vollständig in das brechende Medium eintritt und daher nicht reflektiert wird.

Daraus folgt: Wenn natürliches Licht so auf einen dielektrischen Spiegel fällt, daß der gebrochene Lichtstrahl auf dem reflektierten senkrecht steht, so ist das reflektierte Licht vollständig polarisiert *(Brewstersches Gesetz)*, weil es keine Komponente enthält, die in der Einfallsebene schwingt. Es gilt dann (18.5). $\alpha_p$ heißt *Polarisationswinkel*.

Im folgenden betrachten wir die Reflexion bei senkrechtem Einfall; sie unterliegt folgenden Bedingungen:

1. Die elektrische Feldstärke der Welle muß stetig durch die Grenzfläche treten [vgl. (III 6.8)]: Es sei $E_1$ die Amplitude der einfallenden, $E_1'$ die der reflektierten und $E_2$ die der Welle im zweiten Dielektrikum, dann ist

$$E_1 + E_1' = E_2 . \tag{18.6}$$

2. Die Energie der in das zweite Medium eintretenden Welle ist nach (III 78.2) und (III 84.3) gleich der der auffallenden Welle vermindert um die der reflektierten:

$$\sqrt{\frac{\varepsilon_2\varepsilon_0}{\mu_2\mu_0}}\, E_2^2 = \sqrt{\frac{\varepsilon_1\varepsilon_0}{\mu_1\mu_0}}\,(E_1^2 - E_1'^2) .$$

Ist $\mu_2 \approx \mu_1 \approx 1$, was bei den meisten Dielektrika zutrifft, so wird

$$n_2 E_2^2 = n_1 E_1^2 - n_1 E_1'^2$$

oder

$$n_1(E_1^2 - E_1'^2) = n_1(E_1 + E_1')(E_1 - E_1') = n_2 E_2^2 . \tag{18.7}$$

Aus (18.6) und (18.7) folgt:

$$n_1(E_1 - E_1') = n_2 E_2 = n_2(E_1 + E_1') ,$$

$$E_1' = E_1 \frac{n_1 - n_2}{n_1 + n_2} . \tag{18.8}$$

Ist $n_2 > n_1$, so wird $E_1'$ negativ, ist $n_2 < n_1$, so wird $E_1'$ positiv. Das bedeutet, daß bei der Reflexion am dichteren Medium ($n_2 > n_1$) ein Phasensprung $\pi$ auftritt, bei der Reflexion am dünneren Medium die Phase unverändert bleibt.

Die Intensität des reflektierten Lichtes $I_r$ verhält sich also zu der des einfallenden $I_e$:

$$\frac{I_r}{I_e} = \frac{E_1'^2}{E_1^2} = \left(\frac{n_1 - n_2}{n_1 + n_2}\right)^2. \tag{18.9}$$

Für Vakuum—Glas ist $n_1 = 1$, $n_2 = 1{,}5$, also das *Reflexionsvermögen:*

$$\frac{I_r}{I_e} = \left(\frac{0{,}5}{2{,}5}\right)^2 = \left(\frac{1}{5}\right)^2 = \frac{1}{25}.$$

Bei senkrechtem Einfall auf eine Glasplatte werden also 4% der auffallenden Intensität reflektiert. 96% dringen in die Platte ein; das gilt nicht nur für polarisiertes, sondern auch für natürliches Licht. Denselben Intensitätsverlust durch Reflexion erleidet das Licht beim Übergang Glas—Luft.

Mit etwas größerem rechnerischem Aufwand kann man aus den verallgemeinerten Bedingungen 1. und 2. für jeden beliebigen Einfallswinkel sowohl für die in der Einfallsebene als für die senkrecht zu ihr schwingenden Wellen die Amplituden der reflektierten und gebrochenen Wellen angeben. Man erhält die *Fresnelschen Gleichungen:*

1. Schwingungsebene senkrecht zur Einfallsebene: $R$ Amplitude der reflektierten, $G$ die der gebrochenen Welle:

$$R_s = -E_s \frac{\sin(\alpha - \beta)}{\sin(\alpha + \beta)}; \quad G_s = E_s \frac{2\cos\alpha \sin\beta}{\sin(\alpha + \beta)}. \tag{18.10}$$

2. Schwingungsebene in der Einfallsebene (parallel):

$$R_p = -E_p \frac{\operatorname{tg}(\alpha - \beta)}{\operatorname{tg}(\alpha + \beta)}; \quad G_p = E_p \frac{2\cos\alpha \cdot \sin\beta}{\sin(\alpha + \beta)\cos(\alpha - \beta)}. \tag{18.11}$$

Bei einem vom Polarisationswinkel abweichenden Einfallswinkel ist das reflektierte Licht, wie der in Abb. 488 dargestellte Versuch zeigt, immer nur „partiell" polarisiertes Licht. Je vollständiger die Polarisation, um so mehr wird die Schwingungsebene senkrecht zur Einfallsebene bevorzugt. Aus $\alpha + \beta = 90°$, $\operatorname{tg}(\alpha + \beta) = \infty$, $R_p = 0$ folgt noch einmal das Brewstersche Gesetz.

Die in das Medium eindringende Welle bevorzugt die Einfallsebene als Schwingungsebene, es gibt aber für natürliches Licht keinen Einfallswinkel, bei dem der gebrochene Strahl vollständig polarisiert ist. Da aber bei jeder Brechung die Komponente des Lichtes, welche in der Einfallsebene schwingt, gegenüber der zu ihr senkrechten bevorzugt wird, und zwar unabhängig davon, ob die Brechung beim Eintritt oder beim Austritt aus dem brechenden Medium erfolgt, erhält man bei Durchstrahlung eines ganzen *Satzes paralleler Platten* Licht, das zu über 99% polarisiert sein kann.

**19. Reflexverminderung.** Durch Bedampfen spiegelnder Oberflächen mit einer Schicht der optischen Dicke $\frac{\lambda}{4}$ erreicht man nach § 3 Auslöschung für die an Vorder- und Rückseite reflektierten Wellen, wenn deren Amplituden gleich sind. Weil an beiden Grenzschichten der Übergang vom optisch dünneren ins dichtere Medium erfolgt, tritt in beiden Reflexionen der Phasensprung $\pi$ auf; er macht sich also im Gangunterschied nicht bemerkbar. Aus (18.9) kann man herleiten, daß dazu der Brechungsindex $n_s$ des aufgedampften Materials die Bedingung

$$n_s = \sqrt{n_1 \cdot n_2}$$

erfüllen muß. Hier bedeuten $n_1$ den Brechungsindex des Stoffes vor der Aufdampfschicht (fast immer Luft, also $n_1 = 1$) und $n_2$ den des bedampften Materials (z. B. Glas). Um die Reflexion für weißes Licht zu mindern, werden mehrere

Schichten mit verschiedener Dicke und verschiedenem Brechungsindex aufgedampft.

Die Reflexverminderung oder Vergütung wird bei Linsenoberflächen in zusammengesetzten Systemen bei Photoapparaten, Fernrohren und Mikroskopen in großem Umfang angewandt, um dadurch Lichtverluste und die oft sehr störenden Reflexe zu vermeiden.

## D. Interferenz des polarisierten Lichtes

**20. Interferenzen im parallelen linear polarisierten Licht.** Bei dem senkrechten Durchgang durch eine parallel zur optischen Achse geschnittene Kristallplatte (vgl. Abb. 486) wird natürliches Licht in zwei Strahlen aufgespalten, die zwar beide die gleiche Richtung haben, von denen aber der ordentliche Strahl senkrecht, der außerordentliche parallel zur Achse schwingt. Beide Strahlen zeigen nach Austritt aus der Platte einen Gangunterschied, der nach (17.1) in Wellenlängen gemessen,

$$z = \frac{d}{\lambda_{\text{vac}}}(n_o - n_{ao})$$

beträgt; er hängt also von der Dicke der Platte ab.

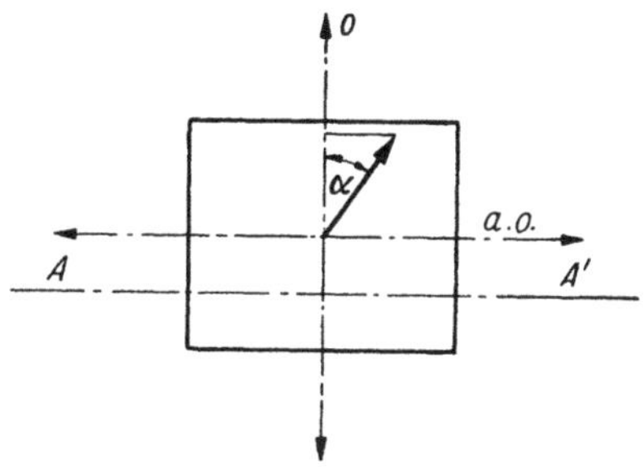


Abb. 491. Senkrechte Durchstrahlung einer doppelbrechenden Platte, die parallel zur optischen Achse geschnitten ist. Strahlrichtung senkrecht zur Zeichenebene

Läßt man statt natürlichen Lichtes linear polarisiertes auffallen, so bleibt dieses (bis auf geringe Reflexionsverluste und eventuelle Absorption) in seiner Intensität und Schwingungsrichtung unverändert, wenn die Schwingungsrichtung mit der *o—o-* oder *ao—ao-*Richtung in der Kristallplatte übereinstimmt *(Normalstellung)*. Bringt man die Platte zwischen gekreuzte Nicols und stellt die Platte in die Normalstellung, so ändert sich nichts an der Auslöschung des durch den Analysator tretenden Lichtes. Dreht man nun aber die Platte um eine zu ihr senkrechte Achse gegen die Schwingungsebene des Polarisators um den Winkel $\alpha$, so enthält das durch die Platte hindurchtretende Licht sowohl ordentliches als außerordentliches Licht. Ist $A$ die Amplitude des einfallenden polarisierten Lichtes, so ist nach Abb. 491 die Amplitude des durchtretenden ordentlichen Lichtes $A \cdot \cos\alpha$, die des außerordentlichen $A \cdot \cos(90° - \alpha) = A \cdot \sin\alpha$. Für $\alpha = 45°$ sind beide Amplituden, also auch beide Intensitäten, einander gleich *(Diagonalstellung)*. Ein Kristallscheibchen, bei dem der Gangunterschied zwischen den beiden senkrecht zueinander schwingenden Wellen $\frac{1}{4}\lambda$ wird *(Viertelwellenplättchen)*, muß nach (17.1) die Dicke

$$d_{\lambda/4} = \frac{\lambda_{\text{vac}}}{4} \cdot \frac{1}{n_o - n_{ao}}$$

haben.

Im Kalkspat ist für Natriumlicht $n_o = 1{,}6584$, $n_{ao} = 1{,}4864$; $n_o - n_{ao} = 0{,}172$ und daher $d_{\lambda/4} = \frac{5{,}89 \cdot 10^{-5}}{4} \cdot \frac{1}{0{,}172} = 0{,}856 \cdot 10^{-4}$ cm. So dünne Schichten sind aber kaum herstellbar. Wegen des viel geringeren Unterschiedes zwischen den Hauptbrechungsindizes bei Gips oder Glimmer, bei denen infolge ihrer Zweiachsigkeit die Zusammenhänge etwas verwickelter sind, verwendet man daher im allgemeinen diese Substanzen als Viertelwellenplättchen. Beim Glimmer braucht man dazu eine Dicke von 0,0030 cm.

Beim Verlassen der $\lambda/4$-Plättchen setzen sich die in ihrer Phase um $\frac{\pi}{2}$ versetzten Wellen zu einer *zirkularen Welle* zusammen, das ist eine Welle, in der an jedem Ort der Lichtvektor im Kreise schwingt (s. I § 18d). Nun vermag der Analysator das Licht in keiner Stellung auszulöschen. In jeder beliebigen Lage läßt er eine linear polarisierte Welle mit gleicher Amplitude durch, die Helligkeit ist von der Analysatorstellung unabhängig. Ändert man die Dicke so, daß die Gangunterschiede $\frac{3}{4}\lambda$, $\frac{5}{4}\lambda, \ldots, \frac{2z+1}{4}\lambda$ betragen, so bleibt die resultierende Welle zirkular polarisiert; es wechselt nur der Umlaufssinn. Bei Gangunterschieden von $\frac{\lambda}{2}$, d.h. Phasenunterschieden $\pi$, die bei Plättchen auftreten, die doppelt so dick wie $\lambda/4$-Plättchen sind, setzen sich die beiden Wellen aber wieder zu linear polarisierten Wellen zusammen. Sie schwingen in einer Ebene, die zur Schwingungsebene des auffallenden Lichtes senkrecht steht. Sie werden also ausgelöscht, wenn die Nicols parallel stehen. Dasselbe geschieht für Gangunterschiede $\frac{\lambda}{2} + \lambda = 3 \cdot \frac{\lambda}{2}$, $5\frac{\lambda}{2}, \ldots$. Ist aber der Gangunterschied $\lambda$, $2\lambda$, $3\lambda$ usw., so bleibt bei Parallelstellung der Nicols das Gesichtsfeld hell; um Auslöschung zu erhalten, müssen die Nicols gekreuzt werden.

Optisch isotrope Körper, die zwischen gekreuzte Nicols gebracht werden, heben die Auslöschung des Lichtes nicht auf, doppelbrechende Körper bewirken aber fast immer eine Aufhellung, welche bei Verwendung von weißem Licht mit einer Färbung verbunden ist. Die Doppelbrechung ist nicht nur eine Eigenschaft kristallisierter Stoffe, sondern tritt an allen Stoffen auf, die einem einseitig gerichteten Zug unterworfen sind oder eine geschichtete oder Faserstruktur besitzen. Auch in strömenden Flüssigkeiten wird sie beobachtet. Diese *Form-* bzw. *Strömungsdoppelbrechung* kommt bei vielen pflanzlichen oder tierischen Stoffen vor. Das Studium der Doppelbrechung im polarisierten Licht ist ein wichtiges Hilfsmittel zur Untersuchung des Spannungszustandes oder zur Ermittlung von Strukturen, für welche das Auflösungsvermögen des Mikroskops nicht ausreicht *(Polarisationsmikroskopie)*.

### 21. Interferenzen im konvergenten polarisierten Licht.

Es werde paralleles oder schwach divergentes polarisiertes Licht durch eine kurzbrennweitige Linse $f \approx 2$ cm zu einem stark konvergenten Bündel zusammengefaßt und in die Brennebene eine senkrecht zur optischen Achse geschnittene, planparallele doppelbrechende Platte gestellt (Abb. 492). Die divergent von der Platte ausgehenden Strahlen werden wieder

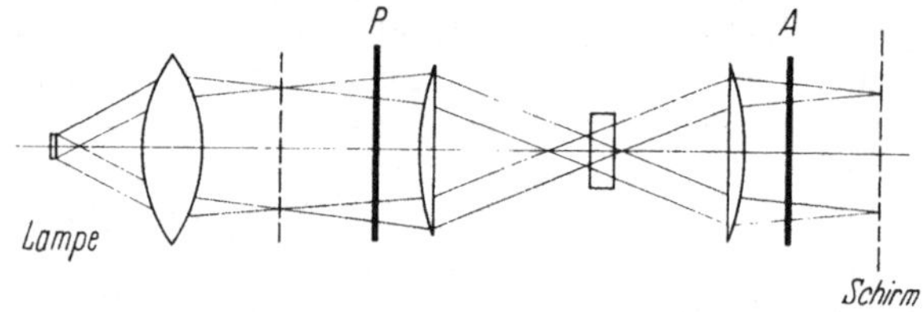


Abb. 492. Anordnung zur Erzeugung von Interferenzen im konvergenten polarisierten Licht

durch eine Linse von kurzer Brennweite konvergent oder parallel gemacht und gelangen unter Zwischenschaltung eines Analysators in das Auge des Beobachters; oder es wird mit einem Objektiv auf einer Projektionsfläche ein Bild der Interferenzfigur entworfen, wie es für Kalkspat, der senkrecht zur Achse geschnitten ist, in Abb. 493 dargestellt ist. Wenn man mit gekreuzten Nicols beobachtet, ist die Mitte des Gesichtsfeldes dunkel. In den Richtungen der Schwingungsebenen der Nicols beobachtet man von der Mitte ausgehend ein dunkles Kreuz, dessen Arme sich nach außen verbreitern. Die dazwischenliegenden Sektoren sind mit konzentrischen hellen und dunklen Ringen erfüllt, welche nach außen hin immer enger aufeinander folgen. In weißem Licht beobachtet man nur wenige, aber farbige Ringe.

Bringt man eine parallel zur optischen Achse geschnittene Kalkspatplatte in Diagonalstellung in das konvergente polarisierte Licht zwischen gekreuzte Nicols, so besteht die Interferenzfigur aus zwei gegeneinander um 90° gedrehten Scharen von Hyperbeln (Abb. 494).

Abb. 493. **Interferenzbild einer senkrecht zur optischen Achse geschnittenen Kalkspatplatte**

Abb. 494. **Interferenzbild einer parallel zur optischen Achse geschnittenen Kalkspatplatte**

**22. Drehung der Polarisationsebene. Optische Aktivität.** Bringt man zwischen die gekreuzten Nicols eines Polarisationsapparates eine planparallele, senkrecht zur optischen Achse geschnittene Quarzplatte, so hellt sich das Gesichtsfeld auf. Bei einfarbigem Licht tritt wieder Dunkelheit ein, wenn man den Analysator um einen bestimmten Winkel dreht. Daraus folgt, daß auch die Polarisationsebene des Lichtes nach dem Austritt aus dem Quarz um den Winkel $\alpha$ (oder um $\alpha + z \cdot 180°$, wo $z = 0, 1, 2, 3, \ldots$ sein kann) gedreht worden ist. Man nennt diese Erscheinung *optische Aktivität*. Das Experiment gibt Proportionalität des Drehwinkels $\alpha$ mit der Dicke des Quarzes:

$$\alpha = (\alpha) \cdot d. \tag{22.1}$$

$(\alpha)$ heißt spezifische Drehung. Für das gelbe Natriumlicht beträgt $(\alpha)$ bei 20° C 21,728 Grad/mm. Die Entscheidung, ob $z = 0, 1, 2, \ldots$ ist, gibt ein Versuch mit verschieden dicken Kristallen, bei denen die beobachteten Drehwinkel den Dicken proportional sein müssen.

Es gibt rechts und links drehende Quarze. Erstere drehen die Polarisationsebene im Uhrzeigersinn, wenn man dem Licht entgegenblickt, die anderen entgegen dem Uhrzeigersinn. Die Drehung ist von der Farbe stark abhängig; sie ist um so größer, je kurzwelliger das Licht ist (*Rotationsdispersion*, vgl. § 25 und Tabelle 31).

Tabelle 31. *Rotationsdispersion des Quarzes*

| $\lambda$ in Å | 2750 | 3730 | 4360 | 5090 | 6560 | 10400 | 17700 | 21400 |
|---|---|---|---|---|---|---|---|---|
| $(\alpha)$ | 121,1° | 58,86° | 41,55° | 29,72° | 17,32° | 6,69° | 2,28° | 1,55° |

Daraus folgt, daß weißes Licht durch keine Stellung des Analysators völlig ausgelöscht werden kann. Auslöschung kann nur für *eine* der im weißen Licht enthaltenen Farben erfolgen; benachbarte Wellenlängen werden geschwächt. Eine Farbe, deren Schwingungsebene mit der des Analysators übereinstimmt, wird ungeschwächt hindurchgelassen. Dreht man den Analysator, so ändert sich der Farbton dauernd. Beim *rechtsdrehenden* Stoff folgen die Farben in der Reihenfolge von rötlichen über gelbliche, grünliche, violette Farbtöne, und es erfolgt ein Farbumschlag vom Violetten zum Rot, wenn man, bei der Blickrichtung dem Licht entgegen, den Analysator im Uhrzeigersinn dreht. Beim linksdrehenden Stoff muß die Drehrichtung dem Uhrzeiger entgegengerichtet sein, um die gleiche Farbenfolge zu erhalten.

Außer dem Quarz drehen noch andere Kristalle, wie Zinnober (etwa 20mal so stark für gelbes Licht), Natriumchlorat usw. Das Drehvermögen ist an die Kristallform gebunden, und es verschwindet im allgemeinen in der Schmelze oder Lösung.

Eine zweite Gruppe von Stoffen dreht nur im flüssigen oder gelösten Zustande. Von besonderer Wichtigkeit ist das Drehvermögen der Kohlenstoffverbindungen, die ein „asymmetrisches" C-Atom enthalten, z. B. der Rohrzucker $C_{12}H_{22}O_{11}$. Der Drehwinkel der Lösung solcher Substanzen ist der Konzentration der Lösung proportional. Die Messung des Drehwinkels mittels des Polarisationsapparates ist ein nützliches Mittel zur Bestimmung der Konzentration, da sie in Gegenwart nichtdrehender Lösungsgenossen durchgeführt werden kann, ohne diese vorher abzutrennen (Bestimmung des Zuckers im Harn!). Man nennt die die Polarisationsebene drehenden Substanzen *optisch aktiv*.

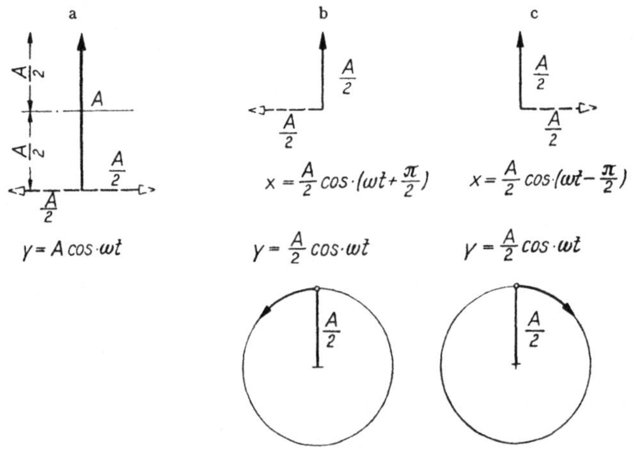


Abb. 495 a—c. Darstellung einer linearen Schwingung durch zwei zirkulare Schwingungen

Das Zustandekommen der Drehung kann man folgendermaßen beschreiben:

Die Überlagerung von zwei entgegengerichteten zirkularen Schwingungen *gleicher Umlaufzeit* gibt eine lineare Schwingung.

Zum Beweis denke man sich, wie in Abb. 501, senkrecht über die lineare Schwingung $y = A\cos\omega t$ zwei Schwingungen $x_1 = \frac{A}{2}\cos\left(\omega t + \frac{\pi}{2}\right)$ und $x_2 = \frac{A}{2}\cos\left(\omega t - \frac{\pi}{2}\right)$ überlagert, die sich wegen der Phasendifferenz $\pi$ gegenseitig aufheben müssen. Gegen die lineare Schwingung $y$ hat aber jede eine Phasenverschiebung $\frac{\pi}{2}$, die eine ($b$): $+\frac{\pi}{2}$, die andere ($c$): $-\frac{\pi}{2}$. Die Schwingung in der $Y$-Richtung können wir uns als Summe von zwei gleichphasigen Schwingungen $y_1$ und $y_2$ denken, von denen jede die Amplitude $\frac{A}{2}$ besitzt: $y = \frac{A}{2}\cos\omega t + \frac{A}{2}\cos\omega t$. Die Überlagerung von $x_1$ und $y_1$ gibt dann eine linkszirkulare Schwingung (Abb. 495b), die von $x_2$ und $y_2$ eine rechtszirkulare Schwingung (Abb. 495c), beide haben die Amplitude $\frac{A}{2}$. Abb. 496 zeigt, wie die Überlagerung dieser beiden zirkularen Schwingungen wieder die lineare Schwingung mit der Amplitude $A$ ergibt.

Umgekehrt kann man sich eine ebene, linear polarisierte Welle in zwei zirkular polarisierte Wellen zerlegt denken, die sich mit der gleichen Phasengeschwindigkeit ausbreiten. Die Drehung der Polarisationsebene läßt sich also beschreiben als Aufspaltung einer linear polarisiert eintretenden Welle in zwei entgegengesetzt zirkular polarisierte Wellen mit gleicher Frequenz, aber verschiedener Phasengeschwindigkeit.

Es möge die rechtsdrehende Welle eine größere Geschwindigkeit haben als die linksdrehende. Wenn der Vektor $A_L$ der linksdrehenden Welle nach mehreren Umläufen wieder

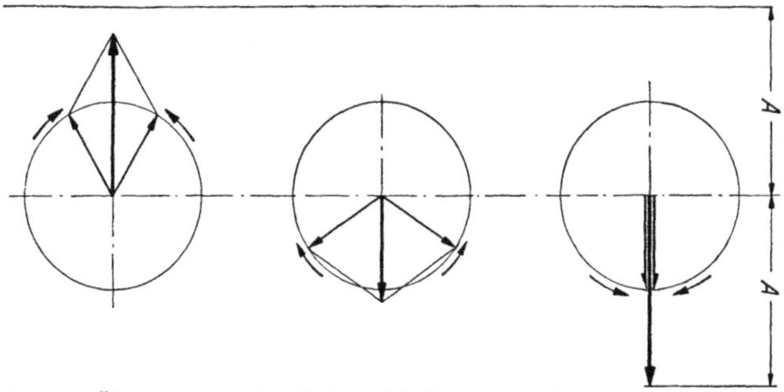


Abb. 496. Überlagerung zweier zirkularer Schwingungen zu einer linearen Schwingung

die Anfangslage erreicht hat, hat sich der Vektor $A_R$ der rechtsdrehenden am gleichen Ort schon darüber hinaus gedreht (Abb. 497). Die Resultierende liegt nun in einer Ebene, die den Winkel zwischen $A_L$ und $A_R$ halbiert. Um diesen Winkel $\frac{\psi}{2}$ hat sich also die Schwingungsrichtung der linear polarisierten Welle gedreht. Wenn nach der gleichen Zahl von Umläufen, also nach der doppelten Zeit, der Vektor der linksdrehenden Welle wieder die Anfangslage erreicht hat, ist der Winkel $\psi$, den der Vektor der rechtsdrehenden mit $A_L$ einschließt, doppelt so groß geworden. Die resultierende lineare Schwingung hat sich nun auch wieder um $\frac{\psi}{2}$ gedreht. So schraubt sich die linear polarisierte Welle auf einer Schraubenfläche durch die drehende Substanz hindurch. Der Winkel wächst mit jeder Schwingung, und daher muß der rehwinkel der Plattendicke proportional sein.

Unter dem Einfluß eines parallel zur Strahlrichtung orientierten Magnetfeldes zeigen manche Substanzen optische Aktivität (Faraday-Effekt; vgl. § 25).

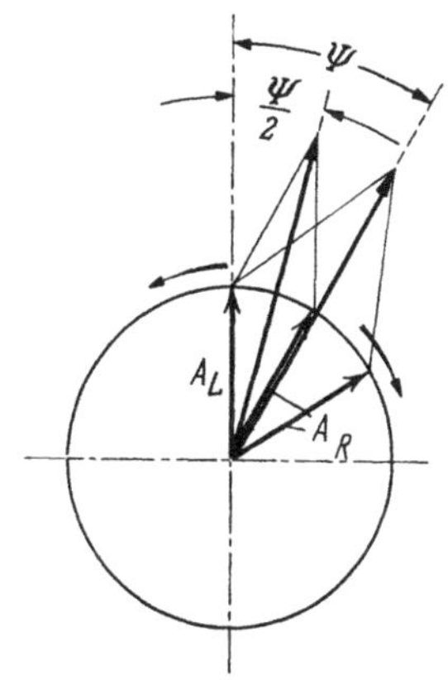


Abb. 497. Drehung der Polarisationsebene einer linear polarisierten Welle als Folge verschiedener Phasengeschwindigkeiten der zirkular polarisierten Wellen, aus denen sie zusammensetzbar ist

**23. Der elektrooptische (Kerr-)Effekt.** Gewisse Gase und Flüssigkeiten (nicht die einatomigen!) werden doppeltbrechend, wenn man senkrecht zur Richtung des Lichtstrahls ein elektrisches Feld anlegt. Für eine Welle, deren Polarisationsrichtung zum äußeren elektrischen Feld parallel liegt, gilt also eine andere Ausbreitungsgeschwindigkeit als für die senkrechte. Die Deutung ist die folgende: Im äußeren elektrischen Feld tritt eine — mindestens teilweise — Orientierung der Moleküle ein; die Wirkung der einfallenden Lichtwelle ist nun verschieden je nachdem, ob ihr elektrischer Vektor parallel oder senkrecht zur Vorzugs-Orientierungs-Richtung liegt. Offenbar ist die Polarisierbarkeit der Moleküle (vgl. III § 13a) nicht in allen Richtungen die gleiche, sondern anisotrop.

Ein mit einer elektrooptisch aktiven Flüssigkeit (z.B. Nitrobenzol) gefülltes Gefäß, durch das man einen Lichtstrahl so hindurchgehen lassen kann, daß er ein elektrisches Feld senkrecht durchsetzt, heißt *Kerr-Zelle.* Zwischen gekreuzten Nicols angeordnet ermöglicht sie, durch Anlegen einer Wechselspannung einen Lichtstrahl periodisch zu unterbrechen (vgl. V § 17).

## E. Dispersion und Streuung des Lichtes

**24. Die Dispersion und ihre Deutung aus der frequenzabhängigen Polarisierbarkeit.** Die Erscheinung, daß verschiedene Farben des sichtbaren Spektrums (oder allgemeiner Wellen mit verschiedener Frequenz bzw. Wellenlänge) verschieden stark gebrochen werden, heißt *Dispersion*. Die Brechungsexponenten für blaues und rotes Licht unterscheiden sich normalerweise nur um weniger als 0,03.

Wenn der Brechungsindex stetig vom roten bis zum violetten Ende des Spektrums ansteigt, spricht man von *normaler Dispersion*.

Stoffe, die in einem Spektralbereich eine starke Absorption zeigen, besitzen in diesem Gebiet auch eine *anomale Dispersion*, die sich darin äußert, daß der Brechungsexponent für kurzwelligeres Licht kleiner als für langwelligeres Licht ist, daß $n$ sogar kleiner als 1 werden kann. Eine solche Substanz ist z.B. festes Fuchsin, bei dem im Wellenlängenbereich von 6000 bis 4500 Å statt des Anstieges ein Abfall des Brechungsindex beobachtet wird.

Wenn man die Untersuchung der Wellenlängenabhängigkeit des Brechungsexponenten auf das nichtsichtbare Licht, das ultrarote bzw. das ultraviolette Licht, ausdehnt, so findet man bei allen Stoffen Gebiete mit Absorption und anomaler Dispersion.

Aus der Änderung des Brechungsexponenten mit der Farbe folgt, daß die Phasengeschwindigkeit der Lichtwellen von ihrer Frequenz abhängig ist. Wenn die Maxwellsche Relation (vgl. III 84.3): $n = c/v = \sqrt{\varepsilon}$ allgemeine Gültigkeit beanspruchen darf, muß auch die Dielektrizitätskonstante $\varepsilon$, die bisher nur für stationäre Felder definiert war, von der Frequenz abhängig sein.

Nach III § 13.8 besteht zwischen der Dielektrizitätskonstante und der durch die elektrische Feldstärke $E$ verursachten Polarisation der Materie der Zusammenhang

$$P = (\varepsilon - 1)\,\varepsilon_0 \cdot E\,.$$

Durch das elektrische Feld $E$ greift an den Ladungen in den Atomen eine Kraft an, und sie werden verschoben, so daß aus jedem Atom ein Dipol wird. Die elektrischen Momente dieser Dipole addieren sich, die Volumeneinheit erhält das Dipolmoment $P$. Wenn nun an den Ladungen der Atome nicht eine stationäre Kraft angreift, sondern wenn sie sich in der periodisch veränderlichen elektrischen Feldstärke $E$ der Lichtwelle befinden, werden die Ladungen zu erzwungenen Schwingungen erregt. Aus der Tatsache, daß in statischen Feldern die Polarisation der Feldstärke $E$ und daher der angreifenden Kraft $e_0 \cdot E$ proportional ist, folgt, daß bei einer Entfernung der Atomelektronen aus ihrer „Gleichgewichtslage" rücktreibende Kräfte quasielastischer Art auftreten, also Kräfte, die der Entfernung proportional sind. Daher vollführen Elektronen, die aus ihrer Gleichgewichtslage entfernt und dann nur den rücktreibenden Kräften unterworfen sind, Schwingungen mit einer Eigenfrequenz, welche von diesen Kräften und von ihrer Masse abhängt. In dem periodisch wechselnden Feld der Lichtwelle müssen die Atomelektronen also erzwungene Schwingungen ausführen, über deren Amplituden und Phasen die allgemeine Behandlung der erzwungenen Schwingungen (I § 77) Auskunft gibt.

Als einfachstes Atommodell denken wir uns Elektronen und positive Ladungen so angeordnet, daß sie im kräftefreien Fall zusammenfallen. Wird nun eine Verschiebung $x$ am Elektron bewirkt, so entsteht dadurch ein Dipol mit dem Moment $e_0 \cdot x$. Nun sind aber, wie (I 77.2) und (I 77.3) lehren, die maximale Verschiebung und die Phase abhängig von der Frequenz der erregenden Schwingung, das ist hier die Frequenz der Lichtwelle, und von der Eigenfrequenz des zur Ausführung von Schwingungen gezwungenen Pendels, hier des quasi elastisch gebundenen Elektrons. Die Verschiebungen sind am stärksten in den Resonanzstellen. Das sind die Bereiche, in denen das Elektron im Atom am meisten Energie aus der Lichtwelle aufnimmt, also die Absorptionsstreifen. In diesen Bereichen findet man aber auch die anomale Dispersion. Nähert man sich ihnen von der Seite niedrigerer Frequenzen, so ist zunächst die Phasenverschiebung des mitschwingenden Elektrons gegen die erregende Lichtschwingung klein, $\varepsilon - 1$ ist größer als Null; $P$ und daher auch $\varepsilon$ wächst mit zunehmender Frequenz. Sobald aber die Frequenz größer als die Eigenfrequenz wird, wird die Phasenverschiebung bei geringer Dämpfung $\pi$ (s. I § 77, Abb. 140), d. h. daß das Elektron dem Felde der Lichtwelle entgegenschwingt, daher also die Polarisation der Feldstärke entgegengerichtet ist; $P$ und $E$ besitzen also entgegengesetztes Vorzeichen. Dann ist aber nach (III 13.12) $\varepsilon - 1 < 0$ oder $\varepsilon < 1$, die Dielektrizitätskonstante und daher auch der Brechungsindex werden kleiner als 1, was z. B. bei der anomalen Dispersion des Fuchsins beobachtet wird. Für Lichtwellenfrequenzen, die sehr groß gegen die Eigenfrequenzen des Atoms sind, folgt aus (I 77.2), daß die Verschiebung des Elektrons gegen Null geht, das Elektron „kommt nicht mehr mit“. Dann aber wird die Polarisation Null, was nach (III 13.12) mit der Forderung $\varepsilon = 1$ zusammenfällt. Tatsächlich erfahren die sehr hochfrequenten Röntgenstrahlen beim Durchgang durch Materie praktisch keine Brechung.

Einfach gestaltet sich die Theorie der Dispersion bei Stoffen sehr geringer Dichte, das sind Gase bei nicht zu hohem Druck. Hier rührt die Polarisation der Moleküle praktisch nur von dem Felde der Lichtwelle her, während die gegenseitige Beeinflussung der polarisierten Moleküle, die das sogenannte „innere Feld“ erzeugen, hier vernachlässigt werden kann. Bei den Ionenkristallen muß auch der Einfluß der Eigenfrequenz der Ionen berücksichtigt werden.

Die Polarisation der Volumeneinheit ist

$$P = N \cdot \sum e_i \cdot x_i,$$

wo $N$ die Atomzahldichte, $e_i x_i$ das durch die Verschiebung der Ladung $e_i$ um $x_i$ aus ihrer Gleichgewichtslage erzeugte Dipolmoment und $\sum e_i x_i$ die Summe aller einzelnen Momente des Atoms, also das gesamte Moment des Atoms ist.

Vernachlässigt man die Dämpfung, so folgt aus (I 77.2):

$$P = N \sum \frac{e_i \cdot e_i E}{\sqrt{m_i^2 (\omega_{i_0}^2 - \omega^2)^2}} = N \sum_i \frac{e_i^2}{m_i (\omega_{i_0}^2 - \omega^2)} \cdot E, \tag{24.1}$$

wo $m_i$ die Masse des $i$-ten Teilchens und $\omega_{i_0}$ seine Eigenfrequenz ist. Faßt man nun die Teilchen gleicher Ladung, Masse und gleicher Eigenfrequenz ($e_\alpha$, $m_\alpha$ und $\omega_\alpha$) in den Atomen in Gruppen zu je $z_\alpha$ Teilchen zusammen (z. B. Elektronen gleicher Frequenz), so kann man statt (24.1) schreiben:

$$P = N \sum_\alpha \frac{e_\alpha^2 \cdot z_\alpha}{m_\alpha (\omega_\alpha^2 - \omega^2)} \cdot E. \tag{24.2}$$

Zusammen mit (III 13.12) erhält man die Dispersionsformel:

$$(\varepsilon - 1)\, \varepsilon_0 = N \sum_\alpha \frac{e_\alpha^2 \cdot z_\alpha}{m_\alpha (\omega_\alpha^2 - \omega^2)}$$

oder, da $n^2 = \varepsilon$ (III 84.3),

$$n^2 = 1 + \frac{1}{\varepsilon_0} N \sum_\alpha \frac{e_\alpha^2 \cdot z_\alpha}{m_\alpha (\omega_\alpha^2 - \omega^2)}. \tag{24.3}$$

Sie wird in vielen wesentlichen Zügen durch die Erfahrung bestätigt.

Die Erfahrung lehrt, daß die Dispersion auch für nicht gasförmige Körper außerhalb der Absorptionsstreifen durch eine zu (24.3) analoge Gleichung

$$n^2 = A_0 + \sum_\alpha \frac{A_\alpha \lambda^2}{\lambda^2 - \lambda_\alpha^2} \tag{24.4}$$

gut beschrieben wird. Hier bedeuten $\lambda_\alpha$ die Wellenlängen der Absorptionsgebiete. Bei durchsichtigen Stoffen kommt man im allgemeinen mit der Annahme von zwei Absorptionsgebieten aus, von denen eines im Ultraroten, das andere im Ultravioletten liegt. Sie entsprechen den Eigenfrequenzen von Ionen und Elektronen. (Vgl. hierzu XVI § 13.)

**25. Die Dispersion im longitudinalen Magnetfeld (Faraday-Effekt).** Nach dem Vorhergehenden ist der Brechungsexponent $n$ und somit die Phasengeschwindigkeit für eine bestimmte Frequenz des Lichtes von der Eigenfrequenz der Dispersionselektronen abhängig. Die Phasengeschwindigkeit ändert sich, wenn sich die Frequenz des Lichtes gegenüber der Eigenfrequenz verändert.

Daß die Phasengeschwindigkeit sich auch ändert, wenn man bei festgehaltener Frequenz des Lichtes die Egenifrequenz ändert, zeigt der nach FARADAY benannte Effekt der magnetischen Drehung der Polarisationsebene. Wenn linear polarisiertes Licht parallel zu den Kraftlinien durch einen lichtdurchlässigen Körper hindurchtritt, der sich in einem magnetischen Feld $B$ befindet, so wird die Polarisationsebene um einen Winkel $\alpha$ gedreht:

$$\alpha = V \cdot B \cdot l, \tag{25.1}$$

wo $V$ (die *Verdetsche „Konstante"*) von $\lambda$ und der Dispersion abhängt:

$$V = \frac{e_0}{m_0} \cdot \frac{\lambda}{2c} \cdot \frac{dn}{d\lambda}. \tag{25.2}$$

Hier ist $\frac{e_0}{m_0}$ die spezifische Ladung der Elektronen und $n$ der Brechungsindex des unmagnetisierten Stoffes für die Wellenlänge $\lambda$. Alle Körper werden also im Magnetfeld optisch aktiv.

Zur Deutung des Effektes denkt man sich die linear polarisierte Welle nach § 22 durch zwei zirkular polarisierte, entgegengesetzt schwingende Wellen ersetzt. Dann muß man aber auch die lineare Schwingung der im Felde der Welle mitschwingenden Dispersionselektronen durch je eine rechts- bzw. linkszirkulare Schwingung ersetzt denken, die beide die gleiche Eigenfrequenz besitzen, so daß die Phasengeschwindigkeit beider Wellen übereinstimmt.

Bei Überlagerung eines Magnetfeldes in Ausbreitungsrichtung der Welle, also senkrecht zur Schwingungsebene der Dispersionselektronen, wird die Frequenz der einen der beiden zirkularen Schwingungen vergrößert, die der anderen verkleinert; und zwar um

$$\Delta\omega = \pm \frac{1}{2} \frac{e_0}{m_0} B.$$

Es gibt Spektrallinien, deren Frequenzänderung im Magnetfeld gerade von dieser Größe ist (normaler Zeeman-Effekt, XII § 11).

Infolge der Änderung der Eigenfrequenz der Dispersionselektronen für rechts- und linkszirkularen Umlauf sind daher auch die Phasengeschwindigkeiten der rechts- und linkszirkularen Wellen verschieden. Nach § 22 äußert sich diese Verschiedenheit in einer Drehung der Polarisationsebene, die nach der vollständig durchgeführten Theorie durch (25.1) gegeben wird.

Bemerkenswert ist, daß sich aus der Messung der Magnetrotation eine von den üblichen Methoden (vgl. IV § 7) unabhängige Möglichkeit der Bestimmung von $\frac{e_0}{m_0}$ ergibt. Für einige Stoffe, z.B. für Wasserstoff und Steinsalz, findet man recht gute Übereinstimmung mit dem dort angegebenen Wert. Man hat damit den Nachweis, daß die die Dispersion bewirkenden Teilchen wirklich Elektronen sind. Es treten aber auch größere Abweichungen auf. Die Emissionslinien der Atome zeigen dann auch den sehr viel häufiger vorkommenden sogenannten anomalen Zeeman-Effekt (s. XII § 11).

**26. Elektronentheoretische Deutung der Dispersion.** Der Dispersionseffekt wurde hier auf der Grundlage einer Theorie behandelt, die einen Kompromiß darstellt zwischen der Maxwellschen *Kontinuumstheorie*, welche die Eigenschaften der Materie durch eine Materialkonstante, nämlich die Dielektrizitätskonstante, beschreibt, und einer atomistischen Theorie, welche diese Dielektrizitätskonstante aus den atomistischen Eigenschaften der Materie herleitet. In einer reinen atomistischen Theorie ist für eine Welle mit einer von der Lichtgeschwindigkeit im Vakuum verschiedenen Ausbreitungsgeschwindigkeit kein Raum. Sie beschreibt die Ausbreitung einer Welle, z. B. in einem Kristall, folgendermaßen: Zwischen zwei *Netzebenen* (s. IX § 4) erfolgt die Ausbreitung der Welle mit der Vakuumlichtgeschwindigkeit $c$, aber an jeder Netzebene tritt ein Phasensprung, eine Phasenverzögerung auf. Es ist also so, als ob an jeder Netzebene die Welle ein Stück ihres zurückgelegten Weges zurückverschoben würde, und daher wird ihre Phasengeschwindigkeit kleiner als im Vakuum.

**27. Streuung des Lichtes. Himmelsblau.** Daß bei Tage der Himmel auch in solchen Richtungen hell erscheint, aus denen keine direkte Strahlung der Sonne in das Auge des Beobachters gelangen kann, beruht auf der Streuung des Sonnenlichtes durch die im elektrischen Felde der Lichtwelle mitschwingenden Elektronen in den Molekülen der Atmosphäre. Die Intensität des von der Sonne kommenden natürlichen Lichtes sei (vgl. III 78.2)

$$S_0 = \sqrt{\frac{\varepsilon\,\varepsilon_0}{\mu\,\mu_0}}\,E^2. \tag{27.1}$$

An einem Punkt $A$ der Atmosphäre (Abb. 498) wird Licht unter dem Winkel $\varphi$ gegen die Richtung der Sonnenstrahlen gestreut. Die Intensität dieses Streulichtes am Orte $B$ sei $S$. Der Abstand $BA$ sei $r$. Das einfallende Sonnenlicht denken wir uns in zwei gleiche Anteile zerlegt, eine Komponente schwinge in der Ebene $SAB$, die die Richtung der Sonnenstrahlen und die Blickrichtung des Beobachters enthält, die andere stehe zu ihr senkrecht.

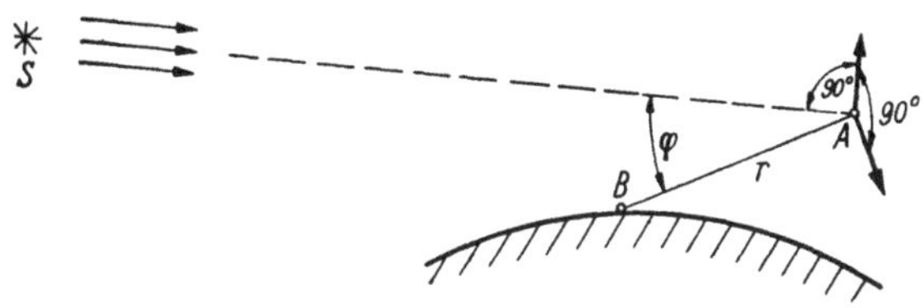


Abb. 498. Zur Deutung des Himmelslichtes als Streulicht. (Lichtbrechung in der Atmosphäre vernachlässigt)

Jede dieser Teilwellen erregt die Elektronen zu erzwungenen harmonischen Schwingungen. Diese Oszillatoren strahlen Wellen aus, deren Intensität in $B$ man nach (III § 81) berechnen kann. Die Ausstrahlung nach $B$ geschieht für die in der Ebene $SAB$ schwingenden Elektronen unter dem Winkel $\vartheta = 90° + \varphi$, für die anderen unter $\vartheta = 90°$. Die Komponente der gestreuten Welle, die senkrecht zu $SAB$ schwingt, wird für alle Blickrichtungen bevorzugt, die nicht auf die Sonne gerichtet sind. Ist $\varphi = 90°$, dann fällt die Ausstrahlung der in $SAB$ schwingenden Elektronen nach $B$ ganz aus. Das bedeutet, daß das in $B$ in dieser Richtung beobachtete Streulicht vollständig polarisiert ist, in anderen Blickrichtungen gegen die Sonnenstrahlen ist das Himmelslicht partiell polarisiert. Die Anwendung von (III § 81) gibt für die Intensität (beide Komponenten) des aus 1 cm³ gestreuten Lichtes in $B$:

$$S = \text{Const}\cdot\nu^4\,\frac{1+\cos^2\varphi}{r^2}\cdot\Sigma p^2,$$

wo $\Sigma p$ das elektrische Moment aller $N$ im cm³ enthaltenen Moleküle ist. Dabei ist angenommen, daß zwar das von den Elektronen der einzelnen Moleküle gestreute Licht kohärent ist, daß aber infolge der unregelmäßigen Dichteschwankungen die von verschiedenen Molekülen gestreuten Wellen inkohärent sind und sich daher ihre Intensitäten addieren. Das elektrische Moment der Volumeneinheit ist aber nach (III 13.12) $(\varepsilon - 1)\,\varepsilon_0\,E$ und demnach wegen $\varepsilon = n^2$

$$\Sigma p = N p = (n^2 - 1)\,\varepsilon_0 E,$$

also

$$p = \frac{n^2-1}{N}\,\varepsilon_0\,E \qquad \text{und} \qquad \Sigma p^2 = N\,\frac{(n^2-1)^2}{N^2}\,\varepsilon_0^2\cdot E^2;$$

daher wird

$$S = \text{Const} \cdot E^2 \frac{1 + \cos^2\varphi}{r^2} \frac{(n^2 - 1)^2}{N} \cdot \nu^4$$

oder mit (27.1)

$$\frac{S}{S_0} = \text{Const} \cdot \frac{1 + \cos^2\varphi}{r^2} \frac{(n^2 - 1)^2}{N} \cdot \nu^4. \tag{27.2}$$

Die Intensität des Streulichtes ist demnach der vierten Potenz der Frequenz proportional. Das kurzwellige blaue Licht wird also viel stärker gestreut als das langwellige rote. Dies ist die Deutung der blauen Farbe des Himmelslichtes.

Bei Sonnenuntergang oder Sonnenaufgang ist der Weg der Sonnenstrahlung in der Atmosphäre besonders lang. Durch Streuung geht vorzugsweise blaues Licht verloren, und daher beobachtet man Abend- bzw. Morgenrot. Der Effekt wird noch durch in der Atmosphäre enthaltenen Staub und Nebelteilchen verstärkt, die ebenfalls das blaue Licht stärker als das rote streuen. Ebenso bewirken einige Tropfen Milch in Wasser, daß diese Suspension kleiner streuender Partikel in der Aufsicht blau und in der Durchsicht rot aussieht.

Ein durch die Suspension hindurchgesandtes Bündel polarisierten Lichtes erscheint von der Seite gesehen blau, und zwar am hellsten in einer Richtung, welche zur Schwingungsebene des polarisierten Lichtes senkrecht ist. Es ist aber fast unsichtbar in der dazu senkrechten Richtung. Dies entspricht der Intensitätsverteilung, wie sie im Strahlungsdiagramm Abb. 349 wiedergegeben ist.

# VII. Strahlungsmessung und Strahlungsgesetze

In diesem Kapitel soll unter Strahlung elektromagnetische Strahlung verstanden werden, und zwar vorzugsweise sichtbare Strahlung, d.h. im Wellenlängenbereich 0,4 bis 0,8 $\mu$. Die Strahlungslehre befaßt sich mit der energetischen Seite der optischen Erscheinungen. Dazu gehört sowohl die Frage, wie sich die Energie einer Lichtquelle im Raum verteilt (Photometrie), als auch die Frage, wie die Energie über das Spektrum verteilt ist. Letztere ist physikalisch besonders wichtig, weil auf diesem Wege tiefgehende Erkenntnisse über die Natur des Lichtes und der Materie gewonnen werden.

## A. Photometrie

**1. Photometrische Grundbegriffe.** Der Definition der Leistung einer Schallquelle in I § 98 entspricht die der *Leistung einer Lichtquelle:* Um sie zu messen, denkt man sich die Lichtquelle von einer Fläche umschlossen und die Summierung der durch jedes Stück dieser Fläche tretenden Lichtintensität durchgeführt.

$$L = \oint I\, dF \cdot \cos(\vec{I}, \overrightarrow{dF}).$$

In den meisten Fällen interessiert aber nicht die gesamte je Zeiteinheit ausgestrahlte Energie, sondern nur die im sichtbaren Spektralbereich ausgestrahlte, physiologisch bewertete und empfundene Lichtmenge je Zeiteinheit, die von der Lichtquelle in den Raumwinkel $\Omega$ gestrahlt wird. Sie wird als *Lichtstrom* $\Phi$ bezeichnet, dessen Einheit das *Lumen* (lm) ist. 1 Lumen ist der Lichtstrom, den eine punktförmige Lichtquelle von der Lichtstärke 1 Candela (s. unten) in den Raumwinkel $\Omega = 1$ sterad (I § 4) strahlt. Die *Lichtmenge* $Q = \Phi t$ wird in Lumenstunden (lmh) gemessen.

Demnach ist die *Lichtstärke* einer Lichtquelle innerhalb eines Raumwinkels $d\Omega$

$$I = \frac{d\Phi}{d\Omega}. \tag{1.1}$$

Ihre Einheit heißt 1 Candela (1 cd). Realisiert wird sie auch heute vielfach noch durch die „*Hefner-Kerze*" [1 HK $\approx$ 0,9 cd], eine offen brennende Flamme unter vorgeschriebenen Betriebsbedingungen (vgl. Abb. 502 links).

Da die Lichtquellen durchweg räumlich ausgedehnt sind und Strahlung von ihrer gesamten Oberfläche ausgeht, beschreibt man ihre Eigenschaften mit dem Begriff der *Leuchtdichte*. Sie ist das Verhältnis der Lichtstärke $dI$ eines Flächenelementes $df$ zu dessen Größe:

$$B = \frac{dI}{df}. \tag{1.2}$$

Die gleiche Definition gilt auch für eine nicht selbstleuchtende, beleuchtete Oberfläche. Man spricht in diesem Falle auch von *Flächenhelle*.

Ihre Einheit heißt 1 Stilb $\left(1\ \text{sb} = \frac{1\ \text{cd}}{\text{cm}^2}\right)$. Sie ist festgesetzt als der 60. Teil der Leuchtdichte der Oberfläche eines schwarzen Körpers bei der Temperatur des erstarrenden Platins (2046,7° K) senkrecht zu seiner Oberfläche (vgl. § 9 und 12). Daraus folgt, daß die Lichtstärke von 1 cm² der Oberfläche des schwarzen Körpers bei dieser Temperatur in der Richtung senkrecht zur Oberfläche 60 cd beträgt. Dies ist die Definition der Candela.

Durch den Lichtstrom, der auf eine Fläche $dF$ auffällt, wird diese beleuchtet. Man definiert die *Beleuchtungsstärke* $E$

$$E = \frac{d\Phi}{dF}. \tag{1.3}$$

Eine Fläche ist mit der Einheit der Beleuchtungsstärke 1 Lux (lx) beleuchtet, wenn 1 Lumen bei gleichmäßiger Verteilung senkrecht auf 1 m² auftrifft.

Eine punktförmige Lichtquelle $P$ möge eine unter dem Winkel $\varphi$ geneigte Fläche $dF$ beleuchten (Abb. 499). Wir schreiben statt (1.3)

$$E = \frac{d\Phi}{d\Omega} \cdot \frac{d\Omega}{dF}.$$

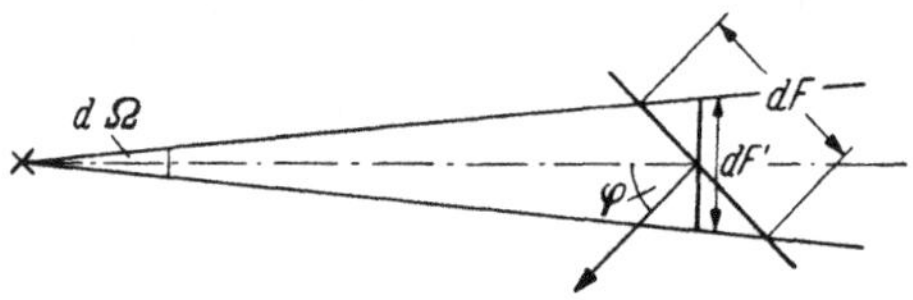


Abb. 499. Beleuchtungsstärke einer zum einfallenden Licht geneigten Fläche. $d\Omega$ bedeutet einen räumlichen Winkel!

Von × aus erscheint $dF$ unter dem Raumwinkel

$$d\Omega = \frac{dF \cos\varphi}{r^2}.$$

Mit (1.1) ist also

$$E = \frac{I}{r^2} \cdot \cos\varphi. \tag{1.4}$$

$I$ in cd, $r$ in m gibt die Beleuchtungsstärke in lx.

Die vorstehend eingeführten photometrischen Einheiten sind in Tabelle 32 nochmals zusammengestellt.

Tabelle 32

| Größe | Einheit | Beziehungsgleichung |
|---|---|---|
| Lichtstrom $\Phi$ . . . . . . | Lumen (lm) | $\Phi = I \cdot \Omega$ |
| Lichtmenge $Q$ . . . . . . | Lumenstunde (lm h) | $Q = \Phi \cdot t$ |
| Lichtstärke $I$ . . . . . . | Candela (cd) | $I = d\Phi/d\Omega$ |
| Beleuchtungsstärke $E$ . . . | Lux (lx = lm/m²) | $E = d\Phi/dF$ |
| Leuchtdichte $B$ . . . . . | Stilb (sb = cd/cm²) | $B = dI/dF$ |

**2. Das Lambertsche Gesetz.** Die Leuchtdichte einer matten weißen Fläche, z.B. einer matt geschliffenen ebenen Gipsplatte, erscheint dem Beobachter unabhängig von der gegen die Flächennormale gemessenen Richtung $\vartheta$, aus der er sie beobachtet (Abb. 500):

$$\frac{dI_\vartheta}{df'} = \frac{dI_\vartheta}{df \cdot \cos\vartheta} = \frac{dI_0}{df} = B_0.$$

Daraus folgt

$$dI_\vartheta = dI_0 \cos\vartheta.$$

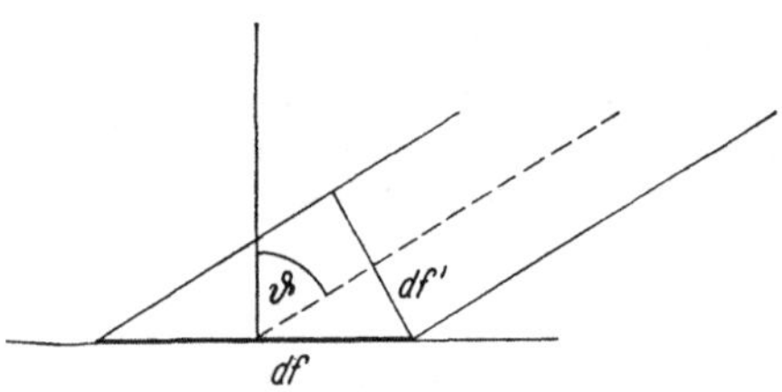


Abb. 500. Unabhängigkeit der Leuchtdichte von der Beobachtungsrichtung

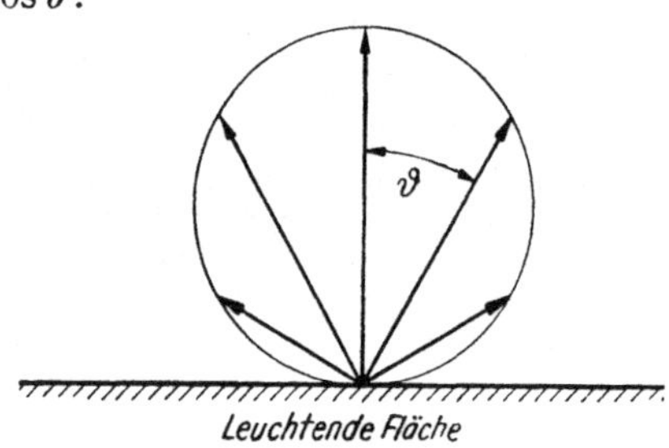


Abb. 501. Ausstrahlung einer Fläche nach dem Lambertschen Kosinusgesetz

Mit (1.1) folgt daraus, daß der Lichtstrom, der in den Raumwinkel $d\Omega$ gestrahlt wird, $\cos\vartheta$ proportional ist *(Lambertsches Gesetz)*. Streng ist das Lambertsche Gesetz nur für die Strahlung aus der Hohlraumöffnung des schwarzen Körpers erfüllt. Es gilt überhaupt nicht für die Röntgenstrahlen emittierende Oberfläche einer Antikathode, weil diese mit verschiedenen Absorptionswegen aus ihrer Tiefe heraustreten.

Die Ausstrahlung der Fläche in der Richtung $\vartheta$ ist also um den Faktor $\cos\vartheta$ kleiner als in der Normalenrichtung. Trägt man die Lichtstärken in den verschiedenen Richtungen als Pfeile auf, deren Länge ihnen gleich gewählt wird, so liegen die Spitzen auf einer Kugel, die die Fläche tangiert (Abb. 501).

**3. Methoden zum Vergleich von Beleuchtungsstärken.** Die Photometrie hat die Aufgabe, die Lichtstärke von Lichtquellen oder den von ihnen ausgehenden Lichtstrom zu messen. Im allgemeinen geschieht das dadurch, daß durch die Lichtquelle eine Fläche beleuchtet wird, deren Beleuchtungsstärke $E$ mit derjenigen verglichen wird, die eine Lichtquelle von bekannter Lichtstärke, z.B. die Hefnerkerze, erzeugt. So wird z.B. beim Bunsenschen „Fettfleckphotometer" auf beiden Seiten eines mit einem Fettfleck versehenen Papiers durch die zu messende Lichtquelle und die Normallichtquelle die gleiche Beleuchtungsstärke erzeugt, was man am Unsichtbarwerden des Fettflecks erkennt. Dann gilt nach Abb. 502:

$$\frac{I}{r_2^2} = \frac{1\,\mathrm{HK}}{r_1^2} \quad \text{oder} \quad I = \frac{r_2^2}{r_1^2}\,\mathrm{HK} = 0{,}9 \cdot \frac{r_2^2}{r_1^2}\,\mathrm{cd}. \tag{3.1}$$

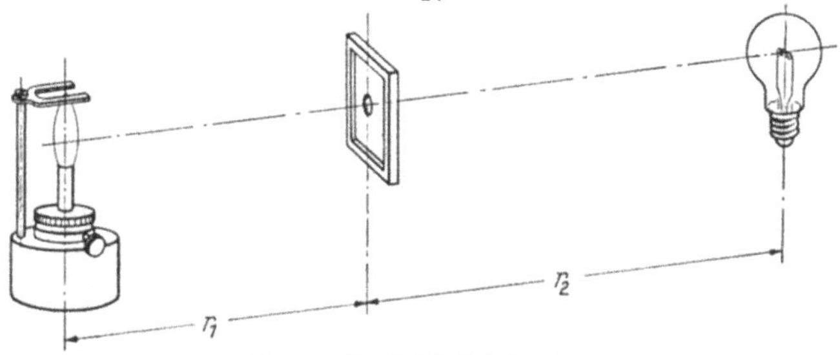


Abb. 502. Das Fettfleckphotometer

*Polarisationsphotometrie.* Bei Verwendung von linear polarisiertem Licht gelingt der Vergleich der Beleuchtungsstärken von zwei nebeneinander angeordneten Feldern, welche von der zu messenden und der Vergleichslichtquelle beleuchtet werden, wie folgt:

$A_1$ sei die Amplitude des Lichtes, welches die Beleuchtungsstärke $E_1$ hervorruft, $A_2$ die des senkrecht dazu polarisierten Lichtes, welches das 2. Feld mit der Stärke $E_2$ beleuchtet (Abb. 503). Beide Felder werden durch einen drehbaren Analysator betrachtet. Steht seine Schwingungsebene parallel zu einer der beiden Schwingungsebenen, z.B. der von $A_2$, so wird das Licht des 1. Feldes ausgelöscht. Dreht man den Analysator um den Winkel $\varphi$, so erscheinen beide Felder gleich hell, wenn

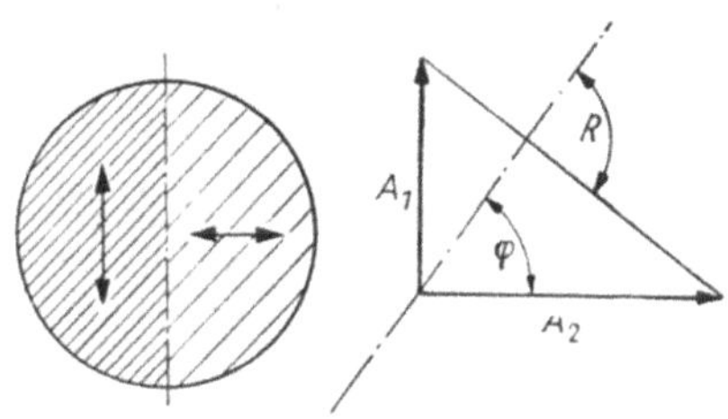


Abb. 503. Zur Polarisationsphotometrie

$$\left.\begin{aligned} A_2\cos\varphi &= A_1\sin\varphi \\ \frac{A_2^2}{A_1^2} &= \frac{E_2}{E_1} = \mathrm{tg}^2\varphi. \end{aligned}\right\} \tag{3.2}$$

Das Verhältnis der Beleuchtungsstärken läßt sich also aus dem Drehwinkel des Analysators berechnen.

**4. Quellen und Meßgeräte für Ultrarotstrahlen.** Als Strahlungsquelle für ultrarotes Licht verwendet man im allgemeinen *Temperaturstrahler*, z. B. den Auerstrumpf, den Nernstbrenner oder den „schwarzen Körper" (s. § 9). Sie geben ein kontinuierliches Spektrum. Der weitaus überwiegende Teil der ausgestrahlten Energie liegt im Wellenlängenbereich $\lambda = 0{,}77\,\mu$ bis $7\,\mu$, dem „kurzwelligen" Ultrarot. Im längerwelligen Gebiet fällt die Intensität mit wachsender Wellenlänge stark ab.

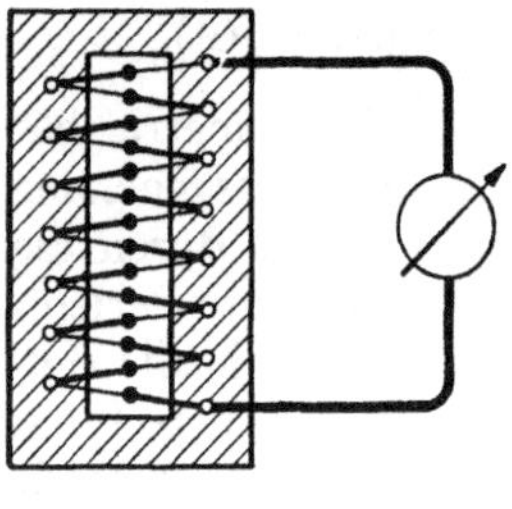

Abb. 504. Thermosäule

Monochromatische Strahlungsquellen existieren nur für das extrem langwellige Gebiet ($\lambda \approx 1$ mm). Sie werden erzeugt durch Vervielfachung von „höchstfrequenten" elektromagnetischen Wellen (vgl. IV § 14).

Zur Intensitätsmessung des ultraroten Lichtes dienen vor allem die *Thermosäule* oder das *Bolometer*. Beide messen die Temperaturerhöhung, die durch die absorbierte Strahlung verursacht wird.

Die Thermosäule (Abb. 504) enthält eine größere Anzahl hintereinander geschalteter Thermoelemente (s. III § 28), die so angeordnet sind, daß von jedem Element eine geschwärzte Lötstelle bestrahlt, die andere vor Bestrahlung geschützt wird. Bolometer sind sehr dünne geschwärzte Drähte oder dünngewalzte Platinbleche. Durch die bei der Bestrahlung zugeführte Energie erwärmen sie sich, und die durch die Temperaturänderung bewirkte Widerstandsänderung wird gemessen. Neuerdings sind auch Kristall-Detektoren bis zu Wellenlängen von etwa 800 $\mu$ verfügbar.

Führt man eine Thermosäule durch das mit einem Glasprisma entworfene kontinuierliche Spektrum eines Temperaturstrahlers (z. B. eines Kohlelichtbogens) vom violetten zum roten Ende, so wächst der Ausschlag des angeschlossenen Galvanometers stetig an und steigt zu noch größeren Werten, wenn die Säule über das rote Ende in den unsichtbaren Teil des Spektrums gebracht wird. Der dann plötzlich einsetzende Rückgang des Galvanometerausschlages ist auf die Absorption des noch längerwelligen Lichtes im Glase zurückzuführen. Ersetzt man Linsen und Prismen durch solche aus Quarz, Steinsalz oder Sylvin, so reicht das meßbare Spektrum wesentlich weiter ins Ultrarote.

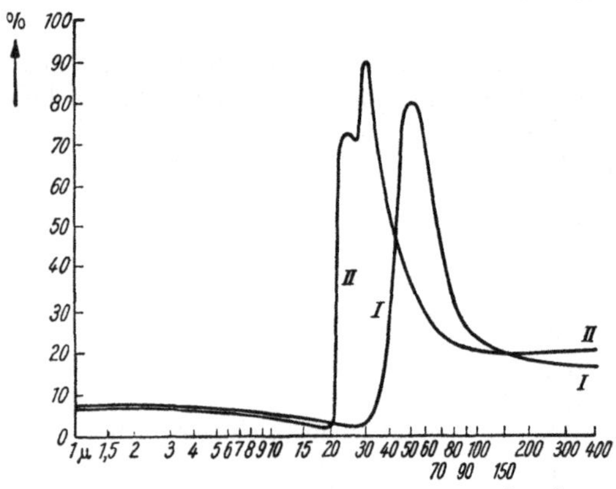


Abb. 505. Das Reflexionsvermögen von Steinsalz (*I*) und Flußspat (*II*) als Funktion der Wellenlänge

**5. Isolierung von Spektralbereichen im Ultrarot.** Während es für den Bereich sichtbarer und ultravioletter Strahlung „Filter" gibt, die nur einen sehr engen Wellenlängenbereich hindurchtreten lassen, oder Prismen aus Materialien von ausreichender Dispersion (vgl. V, 7), ist man im Ultrarot auf kompliziertere Methoden angewiesen:

Eine besonders wichtige Methode zur Isolierung enger Spektralbereiche über 20 $\mu$ ergibt sich aus der Eigenschaft vieler heteropolarer (d. h. aus Ionen aufgebauter) Kristalle, ultrarotes Licht in einem ziemlich eng begrenzten Wellenlängenbereich besonders stark, „metallisch", zu reflektieren. Abb. 505 enthält das Reflexionsvermögen $R$ von Steinsalz (NaCl) und Flußspat ($CaF_2$) als Funktion der Wellenlänge:

$$\text{Reflexionsvermögen } R = \frac{\text{reflektierte Intensität}}{\text{auffallende Intensität}}. \qquad (5.1)$$

Abb. 506 stellt das Schema der Anordnung zur Erzeugung von Reststrahlen dar. Die vom Auerstrumpf *A* ausgehende Strahlung wird nach der Reflexion an vier Kristallplatten 1 bis 4 durch den Hohlspiegel *H.Sp.* auf der Thermosäule *Th.S.* vereinigt. Für Steinsalz ist im Maximum bei $\lambda = 51\,\mu$ das Reflexionsvermögen $R = 0{,}81$; nach vierfacher Reflexion gelangt also noch $(0{,}81)^4 = 0{,}43$ der auf 1 fallenden Intensität auf die Thermosäule. Für $\lambda = 43\,\mu$ und $77\,\mu$ ist

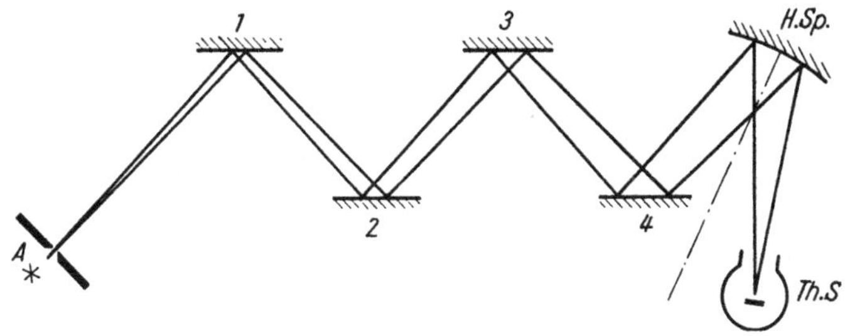


Abb. 506. Anordnung zur Erzeugung von Reststrahlen nach Rubens

$R = 0{,}4$, nach vierfacher Reflexion ist also nur noch $(0{,}4)^4 = 0{,}025$ der auffallenden Intensität erhalten. Nach der vierten Reflexion enthält das Bündel also nur noch einen wenige $\mu$ breiten Spektralbereich von relativ großer Intensität (*Reststrahlen-Methode*; Rubens).

Von den Metallen abgesehen absorbieren fast alle Stoffe im ultraroten Spektrum in für sie charakteristischen Spektralbereichen (vgl. XVI § 5). Quarz, Steinsalz und Sylvin sind bis zu den Wellenlängen 4 $\mu$, 16 $\mu$ und 23 $\mu$ durchlässig.

Wasser absorbiert bereits oberhalb 1,4 $\mu$, Schwefelkohlenstoff ($CS_2$) oberhalb 4 $\mu$. Die Durchlässigkeit des $CS_2$ für kurzwelliges Ultrarot ändert sich nicht wesentlich, wenn man in ihm Jod löst. Diese Lösung ist für sichtbares Licht in dickeren Schichten völlig undurchlässig. Ein Stoff, der für sichtbare Strahlen undurchlässig ist, kann also im Ultrarot wieder durchlässig sein.

**6. Quellen und Nachweismethoden für Ultraviolett.** Neben sehr heißen Temperaturstrahlern, z.B. dem positiven Krater einer Kohlebogenlampe, werden vorzugsweise elektrische Entladungen in Gasen als Quellen für ultraviolette Strahlung verwendet. Besonders gebräuchlich ist ein in einem Quarzrohr mit Quecksilberelektroden in Hg-Dampf brennender Lichtbogen (Quarzlampe, „Höhensonne"). Quecksilberhöchstdrucklampen aus Quarzglas (Hg-Dampfdrucke bis über 100 Atm) geben neben den Hg-Linien ein kontinuierliches Spektrum bis 0,22 $\mu$.

Die meisten Gläser absorbieren bereits im langwelligen Ultraviolett für $\lambda < 0{,}35\,\mu$. Flußspat ist durchlässig bis $\lambda = 0{,}13\,\mu$, Quarz und Steinsalz bis 0,20 $\mu$. Auf der sich weit ins ultraviolette Spektrum hinein erstreckenden Durchlässigkeit von Quarz und Flußspat beruht die Verwendung dieser Materialien für die Linsen und Prismen der Ultraviolettspektrographen. Zur Spektroskopie von UV-Licht, dessen Wellenlänge kleiner als 0,13 $\mu$ ist, können wegen der Absorption in Luft dagegen nur noch Beugungsgitter, Konkavgitter, die im Vakuum aufgestellt sind, verwendet werden (*Vakuumspektrometer*).

Zum Nachweis von UV-Licht verwendet man seine Eigenschaft, Fluoreszenz (s. VIII § 2) zu erregen. Es schwärzt die photographische Platte und löst in der Photozelle (IV § 2) lichtelektrisch Elektronen aus.

Von besonderer Wichtigkeit ist die photochemische und biologische Wirksamkeit. Die UV-Strahlung, die pigmentierend auf die Haut wirkt, liegt hauptsächlich im Wellenlängenbereich 0,295 bis 0,305 $\mu$.

## B. Die Strahlung des schwarzen Körpers

**7. Wärmestrahlung und Temperaturgleichgewicht.** Jeder Körper tauscht mit seiner Umgebung Wärme aus. Dieser Austausch erfolgt auch, wenn er sich in einem evakuierten Raum befindet, so daß gewöhnliche Wärmeleitung (II § 14) ausgeschaltet ist. Die Energieabgabe oder -aufnahme erfolgt hier durch Emission oder Absorption von Strahlung, die je nach der Temperatur des Körpers oder seiner Umgebung ultrarotes, sichtbares und ultraviolettes Licht enthält. Man faßt diese Strahlungen unter dem Namen *Wärmestrahlung* zusammen.

Besteht zwischen dem Körper und seiner Umgebung eine Temperaturdifferenz, so wird durch die Strahlung ein Temperaturausgleich bewirkt. Im *Temperaturgleichgewicht* ist die ausgestrahlte Energie gerade gleich der aus der Umgebung aufgenommenen. Im Gegensatz zur Wärmeleitung besteht also die Wärmestrahlung nicht nur, solange die Temperatur des Strahlers höher als die der Umgebung ist. Sie erfolgt unabhängig von der Umgebungstemperatur. Einem Körper wird auch Wärmestrahlung von solchen Körpern seiner Umgebung zugestrahlt, deren Temperatur tiefer ist.

**8. Emissions- und Absorptionsvermögen.** Die Strahlung hängt von der Temperatur des Strahlers und auch von der Beschaffenheit seiner Oberfläche ab. Dies zeigt folgender Versuch (LESLIE): Ein Würfel aus Blech hat zwei gegenüberliegende Flächen, von denen eine hochglänzend poliert, die andere aufgerauht und zusätzlich mit Lampenruß geschwärzt ist. Er wird mit Wasser von 100° gefüllt, und nun nacheinander die blanke und die schwarze Fläche einer Thermosäule gegenübergestellt. Das angeschlossene Galvanometer gibt bei der Ausstrahlung durch die geschwärzte Würfelfläche einen viel größeren Ausschlag.

Die Ausstrahlung eines Körpers beschreiben wir durch sein *Emissionsvermögen $E$*. $E$ ist die von der Flächeneinheit seiner Oberfläche in den Halbraum pro Zeiteinheit ausgestrahlte Energie. Der beschriebene Versuch zeigt also, daß das Emissionsvermögen der blanken Fläche bei gleicher Temperatur kleiner ist als das der schwarzen.

Das *Absorptionsvermögen $A$* ist das Verhältnis der absorbierten zur auffallenden Strahlung

$$A = \frac{\text{absorbierte Strahlungsenergie}}{\text{auffallende Strahlungsenergie}}. \tag{8.1}$$

Je größer das Absorptionsvermögen eines Körpers, desto größer ist sein Emissionsvermögen. Das Verhältnis des Emissionsvermögens zum Absorptionsvermögen ist konstant; dies zeigt folgender Versuch:

Den beiden strahlenden Flächen des Leslieschen Würfels mögen zwei dünne Bleche in geringem Abstand gegenüberstehen, von denen das eine blank, das andere geschwärzt sei. Beide sollen dasselbe Emissions- und Absorptionsvermögen besitzen wie die entsprechenden Würfelflächen. An sie seien Thermoelemente angeschlossen. Wir unterscheiden zwei Anordnungen:

1. Die blanken (1 und 1′) und die schwarzen (2 und 2′) Flächen stehen einander gegenüber (Abb. 507a). Die Temperatur, welche die Platte 2′ annimmt, ist wesentlich höher als die von 1′. Die von 1′ und 2′ je Zeiteinheit aufgenommenen Wärmemengen seien $W_1'$ und $W_2'$. Es ist

$$W_1' \sim E_1 \cdot A_1'$$
$$W_2' \sim E_2 \cdot A_2'.$$

Da sowohl $E_2 > E_1$ und $A_2' > A_1'$, ist $W_2' > W_1'$.

2. Der Würfel ist um 180° gedreht, so daß sich je eine blanke und schwarze Fläche gegenüberstehen (Abb. 507b). Dann sind die Temperaturerhöhungen von

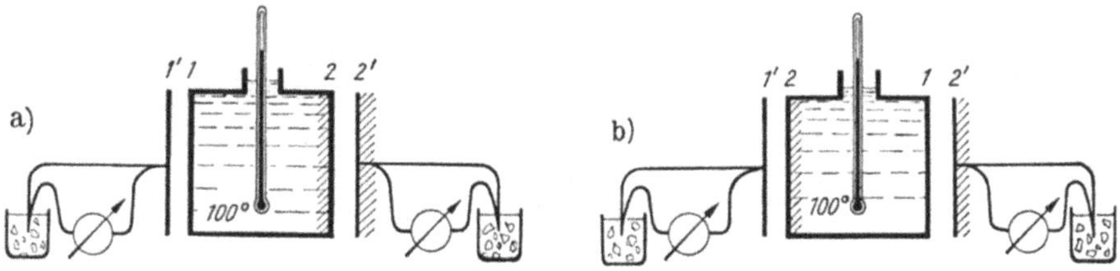


Abb. 507 a u. b. Versuche mit dem Lesliesschen Würfel zum Kirchhoffschen Gesetz

1' und 2' einander gleich. Es muß also die pro Zeiteinheit zugeführte Wärme bei 1' und 2' die gleiche sein. In dieser Anordnung ist aber

$$W_1' \sim E_2 \cdot A_1'$$

$$W_2' \sim E_1 \cdot A_2'$$

und daher

$$E_2 \cdot A_1' = E_1 \cdot A_2'.$$

Unter der Annahme, daß $A_1' \approx A_1$ und $A_2' \approx A_2$, die erfahrungsgemäß bei kleinen Temperaturunterschieden zulässig ist, folgt aus dem Versuch

$$E_2 \cdot A_1 = E_1 \cdot A_2$$

oder

$$\frac{E_1}{A_1} = \frac{E_2}{A_2}. \tag{8.2}$$

Die Verhältnisse des Emissionsvermögens zum Absorptionsvermögen von blanker und schwarzer Fläche sind einander gleich.

**9. Der schwarze Körper.** Körper, die das Absorptionsvermögen 1 besitzen, die also alle auffallende Strahlung absorbieren und vollständig in Wärme verwandeln, bezeichnet man als *absolut schwarze Körper.* Berußte oder mit schwarzem Samt überzogene Körper erfüllen diese Bedingung nur unvollkommen; sehr gut dagegen die (gegen seine Gesamtfläche klein zu haltende) Öffnung eines Hohlkörpers. Man verwendet z.B. einen Hohlzylinder *H* aus feuerfestem Material, der elektrisch geheizt wird und mit einem oder mehreren Luftmänteln zur Wärmeisolation umgeben ist (Abb. 508). Die durch die Öffnung von außen eintretenden Strahlen werden im Inneren des Hohlraumes vielfach reflektiert (oder gestreut) und erleiden bei jeder Reflexion eine Absorption, so daß die Wahrscheinlichkeit, daß ein merklicher Bruchteil wieder zur Öffnung herauskommt, außerordentlich gering ist. Die durch die Öffnung, das Fenster eines solchen Hohlraumes, austretende Strahlung (die nur bei hoher Temperatur des Hohlzylinders dem Auge sichtbar wird) ist mit der Strahlung des absolut schwarzen Körpers identisch. Sie ändert sich mit der Temperatur der Wände des Hohlraumes ebenso, wie die Strah-

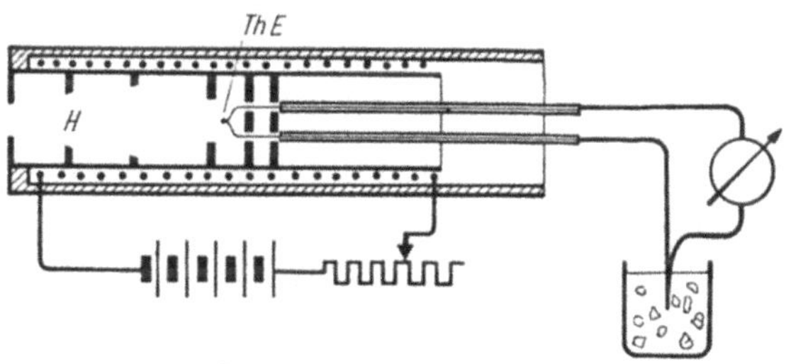


Abb. 508. Der Hohlraumstrahler als „schwarzer Körper“

lung des schwarzen Körpers sich mit der Temperatur ändert; die Temperatur wird mit dem Thermoelement *Th.E.* gemessen. Man bezeichnet daher die schwarze Strahlung auch als *Hohlraumstrahlung*.

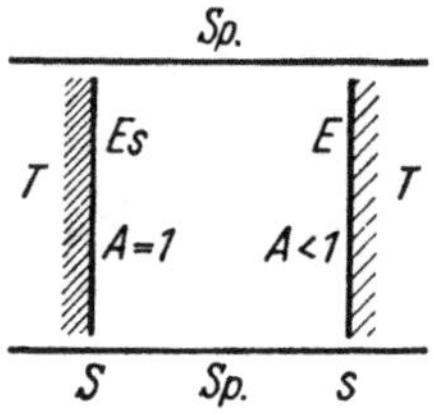

Abb. 509. Zum Kirchhoffschen Strahlungsgesetz

**10. Das Kirchhoffsche Strahlungsgesetz.** Es mögen sich zwei Flächen mit gleicher Temperatur $T$ gegenüberstehen, von denen die eine $S$ absolut schwarz sei, die andere $s$ ein Absorptionsvermögen besitzen möge, das kleiner als 1 ist (Abb. 509). Der Raum zwischen den Platten sei durch ideale Spiegel $Sp$ nach außen abgeschlossen, so daß keine Strahlung entweichen kann. Die ganze Anordnung sei von adiabatischen Wänden eingeschlossen. Emissions- und Absorptionsvermögen von $S$ seien $E_s$ und 1, von $s$ entsprechend $E$ und $A$. Dann werden von der Flächeneinheit je Zeiteinheit die in der Tabelle 33 enthaltenen Energiebeträge emittiert bzw. absorbiert. $E_s(1-A)$ ist der von $s$ nicht absorbierte, also nach $S$ zurückgeworfene Anteil der von $S$ emittierten Strahlung.

Tabelle 33.
*Zum Kirchhoffschen Strahlungsgesetz*

| Fläche | Ausgestrahlt | Absorbiert |
|---|---|---|
| $S$ | $E_s$ | $E+E_s(1-A)$ |
| $s$ | $E$ | $A\cdot E_s$ |

Im Temperaturgleichgewicht muß die Ausstrahlung gleich der absorbierten Energie sein. Wäre dies nicht erfüllt, müßte eine Platte sich abkühlen, die andere sich erwärmen, was im Widerspruch zum II. Hauptsatz der Thermodynamik stehen würde. Also ist:

$$E = A\cdot E_s$$

und

$$E_s = E + E_s - AE_s;$$

aus beiden Gleichungen folgt:

$$\frac{E}{A} = E_s. \tag{10.1}$$

Dieselbe Beziehung folgt aus (8.2) für $A_2=1$. Sie enthält das *Kirchhoffsche Gesetz: Für alle Körper ist bei gegebener Temperatur das Verhältnis von Emissionsvermögen und Absorptionsvermögen konstant und dem Betrage nach gleich dem Emissionsvermögen des schwarzen Körpers bei dieser Temperatur.* Es ist ausschließlich eine Funktion von $T$ und $\lambda$.

$$\frac{E}{A} = f(\lambda, T). \tag{10.2}$$

**11. Das Stefan-Boltzmannsche Gesetz.** Die Gesamtstrahlung des schwarzen Körpers über alle Wellenlängen pro Flächen- und Zeiteinheit ist der 4. Potenz der absoluten Temperatur proportional.

$$S = \sigma T^4. \tag{11.1}$$

Das Experiment gibt $\sigma = 5{,}7\cdot 10^{-12}\,\text{Watt/cm}^2\cdot\text{Grad}^4$ (vgl. hierzu § 12).

Ein Körper möge sich in einer Umgebung mit der konstanten Temperatur $T_0$ befinden. Wenn er die gleiche Temperatur besitzt, so strahlt er je cm² und s die Energie $S_0=\sigma T_0^4$ aus. Da aber Temperaturgleichgewicht bestehen soll, empfängt er pro cm² und s die gleiche Energie durch Zustrahlung von der Umgebung. Wenn nun seine Temperatur eine andere ist — sie betrage $T$ Grad —, so strahlt er $S=\sigma T^4$. Aber an der Einstrahlung ändert sich nichts, solange die Umgebungstemperatur konstant gehalten wird. Die Energieänderung pro cm² und s ist also

$$\Delta S = S - S_0 = \sigma(T^4 - T_0^4). \tag{11.2}$$

Das Stefan-Boltzmannsche Gesetz kann aus der Elektrodynamik und Thermodynamik gefolgert werden (s. VIII § 18). Aber alle Versuche, auch die spektrale Verteilung der Ausstrahlung des schwarzen Körpers als Funktion der Temperatur auf dieser Grundlage theoretisch zu bestimmen, führten zu Ergebnissen, die im krassen Gegensatz zu der von LUMMER und PRINGSHEIM sehr genau gemessenen Energieverteilung im Spektrum der Wärmestrahlung standen.

**12. Das Plancksche Strahlungsgesetz.** Um den Gleichgewichtszustand zu finden, der sich zwischen der Strahlung in einem Hohlraum und den auf gleicher Temperatur befindlichen Wänden einstellt, setzte PLANCK an Stelle der wirklich Strahlung emittierenden und absorbierenden Atome der Wand *harmonische Oszillatoren*, quasi-elastisch gebundene Elektronen. Jeder dieser Oszillatoren besitzt eine bestimmte Eigenfrequenz und wird daher durch Resonanz mit einem Frequenzbereich zwischen $\nu$ und $\nu+d\nu$ der Hohlraumstrahlung in Energieaustausch treten, indem er der Strahlung Energie entzieht, aber auch selbst wieder infolge seiner Schwingungen Energie ausstrahlt. Dadurch muß sich schließlich ein Gleichgewichtszustand einstellen, der mit den Methoden der statistischen Mechanik und der Elektrodynamik berechnet werden kann. Das Ergebnis dieser Rechnung stand aber in striktem Widerspruch zur Erfahrung.

Erst durch die seinerzeit revolutionäre Annahme, daß von den Oszillatoren die Strahlungsenergie nur in ganzen Vielfachen der durch die Frequenz $\nu$ bestimmten Energiequanten

$$\varepsilon = h\nu \tag{12.1}$$

ausgestrahlt oder absorbiert werden könne, gelang PLANCK die Herleitung seiner Strahlungsformel:

$$K_\nu \cdot d\nu = \frac{2h\nu^3}{c^2} \cdot \frac{1}{e^{\frac{\nu h}{kT}} - 1} d\nu, \tag{12.2}$$

welche die Meßresultate in vollkommener Weise wiedergibt. Darin bedeutet $k$ die Boltzmannsche Konstante (s. II § 8), $c$ die Vakuumlichtgeschwindigkeit und $K_\nu d_\nu$ die Energie, welche in der Zeiteinheit von der Flächeneinheit in einen Kegel vom Öffnungswinkel 1 im Frequenzbereich zwischen $\nu$ und $\nu+d\nu$ ausgestrahlt wird (Ableitung in VIII § 10). Man nennt $K_\nu$ *spektrale Strahlungsdichte*.

Die hier erstmalig von PLANCK eingeführte Konstante $h$ hat die Dimension Energie · Zeit = Wirkung (s. I § 26) und heißt daher Plancksches Wirkungsquantum. Sein Zahlenwert ist

$$h = (6{,}6252 \pm 0{,}0005) \cdot 10^{-34}\,\text{Watt} \cdot \text{s}^2.$$

Wegen $\nu = \frac{c}{\lambda}$ ist $d\nu = -\frac{c}{\lambda^2} d\lambda$, und daher ergibt sich aus (12.2) das Emissionsvermögen im Wellenlängenbereich zwischen $\lambda$ und $\lambda + d\lambda$:

$$K_\lambda \cdot d\lambda = \frac{2hc^2}{\lambda^5} \frac{1}{e^{\frac{h \cdot c}{k \cdot \lambda \cdot T}} - 1} d\lambda. \tag{12.3}$$

Abb. 510 zeigt die spektrale Intensitätsverteilung des schwarzen Strahlers für die Temperaturen 1000°, 1500°, 2000° K. Mit zunehmender Temperatur wächst gemäß dem Stefan-Boltzmannschen Gesetz die Gesamtstrahlung, die sich auch durch Integration der Planckschen Formel über den ganzen Wellenlängenbereich mit Hilfe der auf ganz anderen Wegen bestimmten Elementarkonstanten berechnen läßt. So erhält man für die Konstante $\sigma$:

$$\sigma = \frac{2\pi^5 \cdot k^4}{15 c^2 h^3} = (5{,}669 \pm 0{,}003) \cdot 10^{-12} \frac{\text{Watt}}{\text{cm}^2\,\text{Grad}^4}$$

in bester Übereinstimmung mit dem experimentell bestimmten Wert (§ 11).

**13. Das Wiensche Verschiebungsgesetz.** Wie man aus Abb. 510 erkennt, verschiebt sich mit wachsender Temperatur das Maximum der Emission zu kürzeren Wellenlängen. Bezeichnet man die Wellenlänge, die zum Maximum gehört, mit $\lambda_{max}$, so findet man aus (12.3) durch Differenzieren und Nullsetzen der ersten Ableitung

$$\lambda_{max} \cdot T = \text{const} = 0{,}2898\ \text{cm} \cdot \text{Grad}. \qquad (13.1)$$

Dies ist das schon vor der Aufstellung der Planckschen Gleichung angegebene *Wiensche Verschiebungsgesetz.*

Die Intensität der Sonnenstrahlung — ebenso wie die Empfindlichkeit des menschlichen Auges! — hat ein Maximum etwa bei der Wellenlänge 500 m$\mu$. Unter der Annahme, daß die Sonne wie ein schwarzer Strahler strahlt, kann man daraus auf eine Oberflächentemperatur von etwa 6000° K schließen.

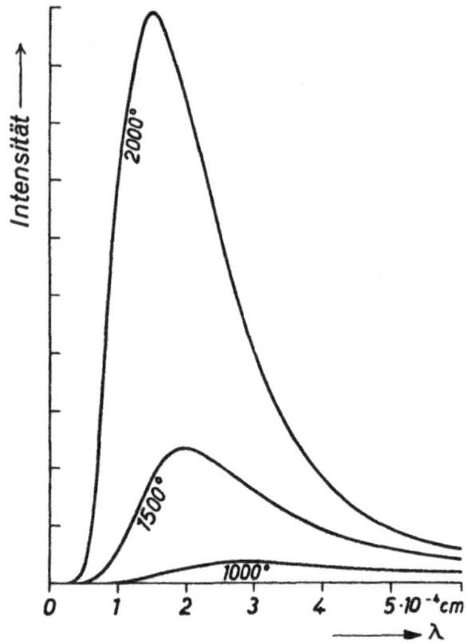


Abb. 510. Spektrale Intensitätsverteilung der schwarzen Strahlung, Planckschesr Strahlungsgesetz; Temperaturangaben in °K

**14. Das Wiensche Strahlungsgesetz.**

Für die Temperaturen der gebräuchlichen Lichtquellen (Hefnerkerze $\approx$ 1700° K, Wolframlampe $\approx$ 2400° K) und die Wellenlängen des sichtbaren Lichtes $\lambda < 0{,}8\ \mu$ ist der Exponentialausdruck in (12.3) $e^{\frac{hc}{kT\lambda}} \gg 1$; denn

$$\frac{hc}{k} = 1{,}43\ \text{Grad} \cdot \text{cm}; \quad T\lambda = 2380 \cdot 6 \cdot 10^{-5}\ \text{Grad} \cdot \text{cm} = 1{,}43 \cdot 10^{-1}\ \text{Grad} \cdot \text{cm}$$

und daher

$$e^{\frac{hc}{kT\lambda}} = e^{10} = 2{,}2 \cdot 10^4.$$

Unter diesen Voraussetzungen wird

$$K_\lambda \cdot d\lambda = \frac{2hc^2}{\lambda^5} \cdot e^{-\frac{hc}{kT\lambda}}\, d\lambda. \qquad (14.1)$$

Dies ist das *Wiensche Strahlungsgesetz,* welches bei solchen Temperaturen im Bereich des sichtbaren Spektrums der Lichtquellen mit guter Näherung gültig ist.

**15. Pyrometrie.** Die Strahlungsgesetze bilden die Grundlage für die Temperaturmessungen mit den *Pyrometern.* Sie messen die Strahlung des Körpers, dessen Temperatur bestimmt werden soll, in einem schmalen Wellenlängenbereich des sichtbaren Spektrums (meistens im Rot) nach einem photometrischen Verfahren (Abb. 511): Durch eine Linse wird die strahlende Fläche $S$ in einer Ebene abgebildet, in der sich der Faden einer Glühlampe befindet, deren Stromstärke durch die Änderung des Widerstandes $R$ so geregelt werden kann, daß das gekrümmte Stück *Kr* des Glühfadens auf dem Bilde der zu photometrierenden Fläche verschwindet, wenn man *Kr* durch das Okular unter Zwischenschaltung des Rotfilters *F* betrachtet. Man eicht das Instrument, indem man die Öffnung eines Hohlraumstrahlers mit bekannter Temperatur in die Ebene von *Kr* abbildet und nun die im Amperemeter *A* gemessenen Ströme den Temperaturen des schwarzen Körpers zuordnet.

*Schwarze Temperatur.* Im allgemeinen sind die glühenden Körper, deren Temperatur mit dem Pyrometer gemessen wird, nicht schwarze Strahler, d.h. ihr Absorptionsvermögen *A* ist kleiner als 1. Dann ist ihr Emissionsvermögen kleiner

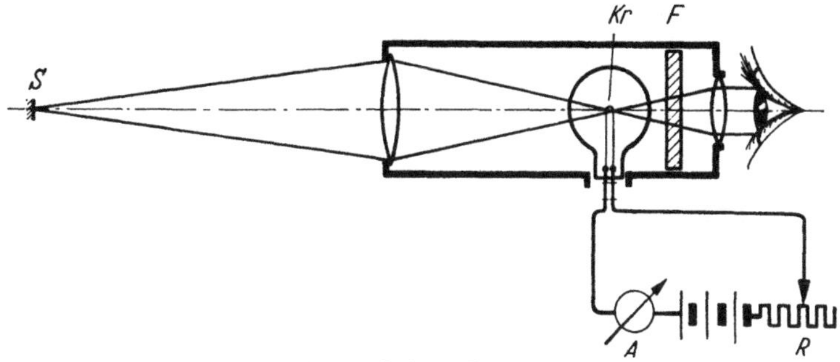

Abb. 511. Optisches Pyrometer

als das des schwarzen Körpers bei gleicher Temperatur. Ihre wahre Temperatur *T* ist also höher als die vom Pyrometer angezeigte, die man als ihre *schwarze Temperatur* *S* bei der Wellenlänge $\lambda$ bezeichnet, deren Emission gemessen wird.

Nach dem Kirchhoffschen Gesetz gilt dann

$$\frac{E}{A} = E_s$$

oder nach (14.1)

$$\frac{h c^2}{\lambda^5} e^{-\frac{hc}{k\lambda S}} = A \frac{h c^2}{\lambda^5} e^{-\frac{hc}{k\lambda T}}$$

Hieraus folgt:

$$\frac{1}{T} - \frac{1}{S} = \frac{k}{hc} \cdot \lambda \cdot \ln A . \qquad (15.1)$$

Für $A = 1$ wird $T = S$, für $A < 1$ wird $\ln A < 0$, also $T > S$.

Die *Farbtemperatur* eines Körpers, der sichtbares Licht ausstrahlt, ist die Temperatur des schwarzen Körpers, bei der dieser die gleiche Farbe hat wie der strahlende Körper. *Graue Strahler* sind solche, deren Absorptionsvermögen *A* von der Wellenlänge unabhängig ist, ihre Farbtemperatur muß mit der wahren Temperatur übereinstimmen.

# VIII. Quantentheorie des Lichtes

## A. Emission und Absorption von Licht

**1. Das Photon (Einstein 1905).** Während die Erscheinungen der Dispersion und Streuung durch die Wechselwirkung der elektromagnetischen Felder der Lichtwellen mit den Elektronen der Materie befriedigend gedeutet werden können, versagt die Wellenvorstellung bei der Deutung der Absorption und Emission des Lichtes. Letztere können nur befriedigend durch die *Quantentheorie* beschrieben werden.

Der in IV § 2 behandelte photoelektrische Effekt genügt der Einsteinschen Gleichung (IV 2.1). Sie sagt aus, daß bei der Auslösung eines Elektrons durch eine auffallende Strahlung mit der Frequenz $\nu$ immer die Energiemenge $h\nu$ absorbiert wird. Das ist der gleiche Betrag, welcher nach Planck (VII 12.1) zwischen den Oszillatoren und der Hohlraumstrahlung ausgetauscht wird. Große und geringe Intensitäten der auffallenden Strahlung unterscheiden sich dadurch, daß viele oder wenige Elektronen ausgelöst werden. Die zeitliche Aufeinanderfolge der ausgelösten Elektronen, die man mit einem Zählrohr nachweisen kann, in dessen Inneres man Licht durch ein Fenster eintreten läßt *(Lichtzählrohr)*, unterscheidet sich nicht von der Folge von $\alpha$- oder $\beta$-Strahlenteilchen, die mit einem Zählrohr beobachtet werden, welches mit einem radioaktiven Präparat bestrahlt wird. Die Emission unterliegt also den gleichen statistischen Schwankungen, denen man bei der Beobachtung von Elementarprozessen stets begegnet. Alle Versuche, den Elektronen einen Wirkungsbereich zuzuordnen, innerhalb dessen sie die in einer Lichtwelle *stetig* einströmende Energie gewissermaßen ansaugen, bis sie so den Vorrat gespeichert haben, den sie zu ihrer Auslösung aus dem Metall brauchen, führen zu unlösbaren Widersprüchen. Allein die Tatsache, daß die Energie des einzelnen ausgelösten Elektrons völlig unabhängig ist von der Entfernung von der Lichtquelle, zwingt zu dem Schluß: Die Energie des von einer Lichtquelle ausgestrahlten Lichtes ist nicht kontinuierlich über die der Raum durchströmende Welle verteilt; vielmehr ist sie in „Lichtkorpuskeln" oder „Photonen" von atomarer Dimension konzentriert. Ein Photon enthält die Energie $h\nu$ und bewegt sich im Vakuum immer mit Lichtgeschwindigkeit. Es besitzt Masse (aber keine Ruhmasse!) und wie jede bewegte Korpuskel auch Impuls (s. § 16). Ohne die Welle, welche durch die Frequenz $\nu$ charakterisiert wird, als eine Beschreibungsmöglichkeit des Lichtes anzuerkennen, ist es müßig, vom Lichtquant zu sprechen; denn seine Energie ist durch die Frequenz der Welle definiert. Die Erfahrungen der Atomphysik haben gelehrt, dem Licht ebenso wie den Elektronen *sowohl* Wellen- *als auch* Quantennatur zuzuschreiben *(Dualität des Lichtes)*.

**2. Fluoreszenz.** In einem hochevakuierten Gefäß befindet sich metallisches Natrium mit seinem Dampf, dessen Druck bei 100° C $10^{-7}$ Torr beträgt (Abb. 512). Schickt man durch das Gefäß ein Bündel gelben „Na-Lichtes" (die $D_1$- und $D_2$-Linien), dann sieht man auch von der Seite die Spur dieses Bündels im gelben Licht des Natriums leuchten. Durchstrahlt man das Gefäß mit weißem Licht (z.B. aus einer Bogenlampe), dann leuchtet die Spur ebenfalls im gelben Licht der $D$-Linien.

Eine spektroskopische Untersuchung des hindurchgegangenen weißen Lichtes zeigt eine Lücke im gelben Teil des kontinuierlichen Spektrums dort, wo im Emissionsspektrum des Natriums die gelbe Doppellinie $D_1$ $D_2$ erscheint. Man bezeichnet dieses Leuchten der Na-Atome als Fluoreszenz. Im Ultravioletten erregt z.B. die Hg-Linie 2537 Å in entsprechender Weise den Quecksilberdampf zur allseitigen Ausstrahlung von Licht gleicher Wellenlänge. Wegen der Ähnlichkeit mit dem Mitklingen einer Stimmgabel in einer akustischen Welle, deren Frequenz mit der Eigenfrequenz der Stimmgabel übereinstimmt (Resonanz), nennt man das Leuchten auch *Resonanzleuchten* oder *Resonanzfluoreszenz.*

Im Sinne der Lichtquantentheorie führen wir das Phänomen auf eine Absorption der Quanten und darauffolgende Wiederausstrahlung durch die „angeregten Atome" nach allen Richtungen zurück. Die $D_1 D_2$-Doppellinie hat die längste Wellenlänge der sogenannten „Hauptserie" (s. § 8). Durchstrahlt man den Na-Dampf mit der Linie 330,3 mμ (der zweiten Linie der Hauptserie), so erscheint auch sie als Resonanzlinie, neben ihr tritt aber auch die $D_1 D_2$-Linie auf, die nun nicht mehr als Resonanzlinie aufgefaßt werden kann.

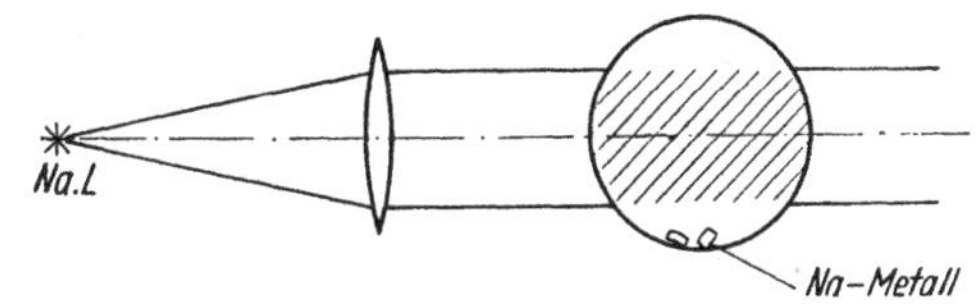

Abb. 512 Resonanzleuchten im Natriumdampf

Im allgemeinen ist das Fluoreszenzlicht langwelliger als das erregende Licht. Bei der Fluoreszenz ist also die Energie der Lichtquanten, welche nach der Absorption wieder ausgestrahlt werden, kleiner als die Energie der absorbierten Quanten. Der Rest kann als Lichtquant ausgestrahlt werden, dessen Frequenz im Ultraroten liegt.

Häufig wird durch Temperatursteigerung die Helligkeit des Fluoreszenzlichtes geschwächt, sogar völlig ausgelöscht, obwohl mit steigender Temperatur die Dichte des Dampfes zunimmt. Das kann geschehen, wenn das durch Absorption des Lichtquantes „angeregte" Atom, bevor es die gespeicherte Energie durch Ausstrahlung wieder hergibt, einen (gaskinetischen) Zusammenstoß erleidet und dabei die aufgenommene Energie, anstatt sie als Licht auszustrahlen, auf die zusammenstoßenden Atome als kinetische Energie überträgt. Dadurch wird also die absorbierte Energie direkt in Wärme verwandelt *(Fluoreszenzlöschung).*

Füllt man das in Abb. 512 dargestellte Gefäß mit einem mehratomigen Gas, z.B. Joddampf, so beobachtet man ein viel komplizierteres Spektrum sowohl im Fluoreszenzlicht wie in Absorption. Offenbar sind hier sehr viele Linien zur Fluoreszenzanregung befähigt. Durchstrahlt man den Joddampf mit nur einer der zahlreichen Absorptionslinien, dann finden sich im Fluoreszenzspektrum neben dieser Linie (Resonanzlinie) wie bei den einatomigen Gasen eine größere Anzahl von längerwelligen Fluoreszenzlinien.

Auch *Flüssigkeiten* und *feste Körper* zeigen bei geeigneter Einstrahlung Fluoreszenz. Sowohl die Absorption des zur Anregung befähigten Lichtes als die Emission erfolgt fast immer in kontinuierlichen Banden. Aber in festen Körpern, die Atome der seltenen Erden enthalten, beobachtet man auch scharfe Fluoreszenzlinien.

Typische Vertreter fluoreszenzfähiger flüssiger Körper, die durch sichtbares Licht angeregt werden, sind Fluoreszein und Eosin in wäßriger Lösung. Praktisch wichtig ist die Fluoreszenz des Uranglases und des Bariumplatinzyanürs, die zum Nachweis von ultraviolettem Licht und von Röntgenstrahlen verwendet wird. Die durch Röntgenstrahlen erregte Fluoreszenz ist dagegen der Einwirkung der von ihnen ausgelösten Sekundärelektronen zuzuschreiben.

**3. Phosphoreszenz.** Viele feste Körper haben die Fähigkeit, nach der Bestrahlung mit kurzwelligem Licht nachzuleuchten. Im Gegensatz zur Fluoreszenz wird die Energie des erregenden Lichtes nicht sofort (innerhalb $10^{-8}$ s) wieder ausgestrahlt. Vielmehr wird die eingestrahlte Energie je nach der Art des *Phosphors* in Sekunden oder gar in Tagen wieder hergegeben. Die Erscheinung ist besonders lichtstark bei den Erdalkali- und Zinksulfidphosphoren (Lenard-Phosphoren). Sie entstehen durch Schmelzen bzw. Sintern von CaS, SrS oder ZnS, aktiviert mit geringen Mengen von Mn, Cu, Ag, Bi oder anderen Schwermetallen unter Beimengung eines Flußmittels ($10^{-4}$ bis $10^{-6}$ g Metall pro g Erdalkalisulfid).

Die Atome des in dem *Grundmaterial* in Spuren vorhandenen Schwermetalls bilden die *Zentren* für die Erregung des Phosphors. Wie bei der Fluoreszenz sind die Emissionsbanden langwelliger als die Erregungsbanden.

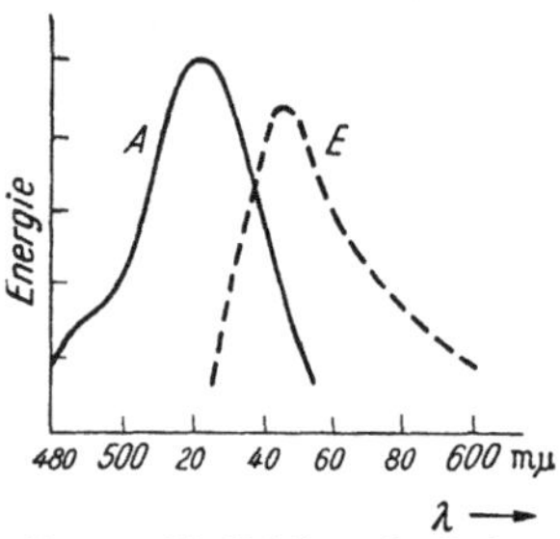

Abb. 513. Die Erfüllung der Stokesschen Regel beim Fluoreszenzlicht einer Eosinlösung. *A* Absorption, *E* Emission

Durch Temperatursteigerung wird die Dauer des Nachleuchtens verkürzt, dabei bleibt aber die Lichtsumme unverändert. Für jeden Phosphor gibt es eine Höchstlichtsumme, die durch Steigerung der Erregung nicht überschritten werden kann. Diese Zahl der Lichtquanten, welche „aufgespeichert" werden kann, ist etwa gleich der Zahl der Zentren, die mit der Anzahl der aktivierenden Schwermetallatome übereinstimmt.

**4. Die Stokessche Regel.** In praktisch allen Fällen, wo ein Körper (fest, flüssig oder gasförmig) durch Einstrahlung und Absorption von Licht zur Emission angeregt wird, zeigt sich, daß die Absorption bei kürzeren Wellenlängen erfolgt als die Emission (Stokessche Regel). Abb. 513 zeigt dies am Beispiel der Fluoreszenz einer Eosinlösung.

Vom Standpunkt der Lichtquantentheorie liegt die Deutung dieser Regel sehr nahe: Bei dem Elementarprozeß der Emission kann das fluoreszierende Teilchen nicht mehr Energie abgeben, als ihm zur Anregung durch Absorption des Lichtquantes $h\nu_0$ gegeben wurde.

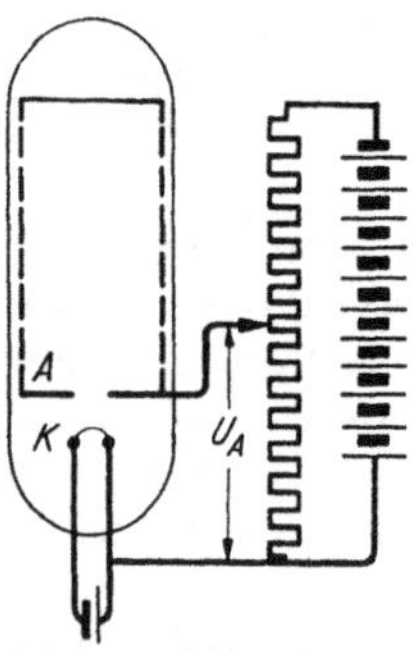

Abb. 514. Lichtanregung von Natriumdampf durch Elektronenstoß

$$h\nu \leqq h\nu_0 .$$

Nur in seltenen Fällen der Fluoreszenz von Molekülgasen (aber auch von Flüssigkeiten und festen Körpern) beobachtet man auch Licht, das ein wenig kurzwelliger als das eingestrahlte Licht ist: *antistokessche Linien.* Sie nehmen mit wachsender Temperatur an Häufigkeit und Intensität zu (vgl. § 13). Die emittierten Lichtquanten erhalten ihren Energieüberschuß aus der Wärmebewegung des Moleküls.

**5. Lichtanregung durch Elektronenstoß (J. Franck und G. Hertz 1913).** In einem evakuierten Gefäß steht eine Glühkathode *K* (Abb. 514) einem mit einer Öffnung versehenen Anodenblech *A* gegenüber. Die durch die Öffnung hindurchtretenden Elektronen haben eine Energie, die durch die Anodenspannung $U_A$ gegeben wird. Wenn sich in dem Gefäß Natriumdampf befindet, so leuchtet dieser im Lichte der *D*-Linien auf, sobald die Energie der Elektronen 2,1 eV überschreitet. Die Energie der *D*-Quanten ist

$$E = h\nu = h \cdot \frac{c}{\lambda} = \frac{3 \cdot 10^{10}}{5{,}89 \cdot 10^{-5}} \cdot 6{,}6 \cdot 10^{-27}\,\text{erg}$$

$$= 3{,}38 \cdot 10^{-12}\,\text{erg} = 2{,}11\,\text{eV}.$$

Das Atom wird also durch Elektronenstoß erst dann zur Ausstrahlung seiner Resonanzlinie angeregt, wenn die Energie des stoßenden Elektrons gerade gleich der Energie des emittierten Lichtquantes ist. Das ist die gleiche Bedingung, die bei der Fluoreszenzanregung (s. § 2) erfüllt werden muß. Von ihr unterscheidet sich aber die Elektronenstoßanregung dadurch, daß die Emission des *D*-Lichtes auch durch Elektronen von höherer Energie angeregt werden kann, während die Resonanzanregung nur dann möglich ist, wenn die Energien der eingestrahlten und emittierten Lichtquanten miteinander übereinstimmen. Sobald die Energie der Elektronen auf 3,7 eV gesteigert wird, beobachtet man zusätzlich zu den *D*-Linien aus dem Na-Dampf die Emission der Linie 330,3 mμ, die auch als Resonanzlinie erhalten werden kann. (Schon bei den Spannungen von 3,15 und 3,55 V treten Linien im Ultraroten auf, die den sogenannten Nebenserien angehören.)

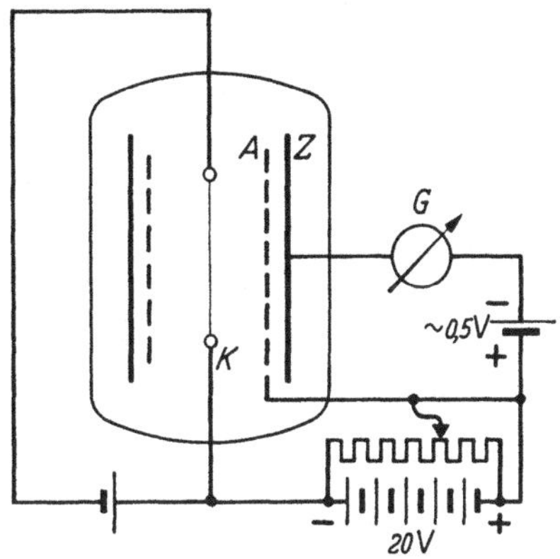


Abb. 515. Franck-Hertzsche Stoßversuche zum Nachweis des quantenhaften Energieverlustes der stoßenden Elektronen

Es besteht also zwischen der Anregung durch Lichtquanten und stoßende Elektronen folgender wichtiger Unterschied: Lichtquanten können nur anregen, wenn ihre Energie ohne Teilung von den angeregten Atomen aufgenommen werden kann. Elektronen vermögen beim Stoß den vom Atom benötigten Energiebetrag abzugeben, den Rest behalten sie als kinetische Energie. Man kann also aus ihren quantenhaften Energieverlusten auf die Anregungsenergie der von ihnen gestoßenen Atome schließen.

Dies zeigten zuerst Versuche von Franck und Hertz (Abb. 515). In einem zylindrischen Rohr $Z$ aus Platin befindet sich in der Achse ein Glühdraht $K$. Dieser ist mit einem zylindrischen Drahtnetz als Anode $A$ umgeben, welche um $U_G$ ($\approx 0{,}5$ V) positiver als $Z$ ist. Das Rohr ist mit Quecksilberdampf gefüllt. Elektronen werden durch das Feld zwischen $K$ und $A$ beschleunigt, ein Teil fliegt durch die Maschen von $A$ hindurch und gelangt auf $Z$, wenn ihre Energie größer als $e_0 \cdot U_G$ ist. Der auf $Z$ fließende Elektronenstrom wird mit dem Galvanometer $G$ gemessen. Er ist als Funktion der zwischen $K$ und $A$ liegenden Anodenspannung in Abb. 516 dargestellt. Er wächst, wie in jedem 2-Elektrodenrohr, zunächst mit der Spannung (s. IV § 11). Sobald die Beschleunigungsspannung 4,9 Volt erreicht hat, geht er fast auf Null zurück, nimmt aber mit steigender Spannung wieder zu, bis sich bei der doppelten Spannung von 9,8 Volt die gleiche Erscheinung wiederholt. Die Resonanzlinie des Quecksilbers ist die Linie $\lambda = 253{,}7$ mμ, das entspricht der Energie $h\nu = 4{,}9$ eV. Sobald die Elektronen diese Energie erreicht haben, regen sie die Hg-Atome zum Leuchten an, verlieren dabei die Energie 4,9 eV und können nun nicht mehr gegen die Gegenspannung $U_G$ anlaufen. Mit wachsendem $U_A$ genügt aber die Differenz $e_0$ ($U_A - 4{,}9$ V) zur Überwindung

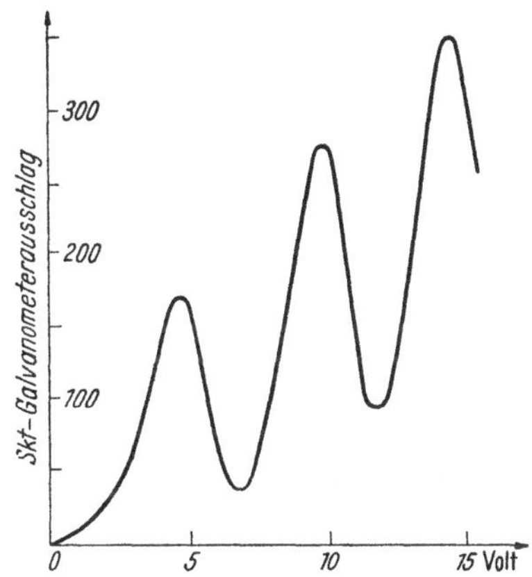


Abb. 516. Der zur Hilfsanode fließende Anodenstrom als Funktion der Anodenspannung im Elektronenstoßversuch von Franck und Hertz (Abb. 549)

des Gegenfeldes, und erst dann, wenn die Spannung $2 \cdot 4{,}9$ V beträgt, geben die Elektronen wieder in zwei aufeinanderfolgenden Anregungsstößen (zwischen denen natürlich sehr viele gaskinetische Stöße liegen) ihre Energie vollständig ab und vermögen nicht mehr auf $Z$ zu gelangen. So folgt mit wachsender Anodenspannung eine zweite, dritte usw. Stufe des Anodenstromes.

## B. Die Energiestufen der Atome und Moleküle und ihre Beziehung zur Strahlung

**6. Die Energiestufen der Atome.** Aus den im vorhergehenden geschilderten Versuchen folgt, daß ein Atom vielerlei Möglichkeiten der Energieaufnahme hat.

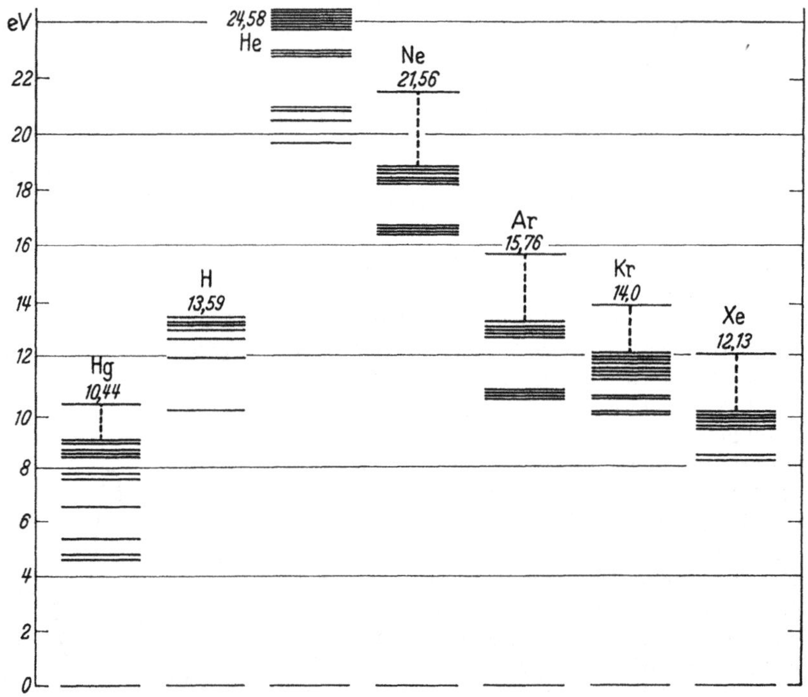


Abb. 517. **Anregungs- und Ionisierungsspannung von Quecksilber, Wasserstoff sowie Helium, Neon, Argon, Krypton und Xenon**

Solange die aufgenommene Energie nicht zur Abspaltung eines Elektrons ausreicht, handelt es sich aber stets um die Aufnahme diskreter Energiebeträge. Die kleinste Energie, die das Atom im nichtangeregten Zustande (dem Normal- oder Grundzustand) besitzt, sei $W_1$. Die Zufuhr der Energie des Lichtquantes $h\nu$ „hebt" das Atom in den Zustand mit der Energie

$$W_2 = W_1 + h\nu \qquad \text{(vgl. hierzu X § 2)}$$

Die Energie $h\nu = W_2 - W_1$ wird im Atom als innere Energie gespeichert. Aus dem Absorptionsspektrum oder den Energieverlusten stoßender Elektronen kann man die möglichen Zustände $W_n$ ermitteln. Aus den absorbierten Frequenzen $\nu_n$ kann man also, wenn man dem Normalzustand den Wert $W_1 = 0$ zuschreibt, eine Skala von möglichen Energiewerten $W_n$ ablesen, die für jede Atomart charakteristisch ist. Ebenso wie die absorbierten Frequenzen zeigen die Energiewerte eine Häufung zu einem oberen Grenzwert. Dieser gibt an, wieviel Energie das Atom aufnehmen kann, ohne „beschädigt“ zu werden, d. h. ein Elektron zu verlieren. Der höchste Energiewert ist also gleich der Ionisierungsenergie. Abb. 517 gibt die Energie-Niveau-Schemata für eine Reihe von einatomigen Gasen wieder. Es zeigt das niedrigste Niveau beim Hg-Atom bei 4,9 eV (vgl. § 15). Es zeigt ferner, daß die Ionisierungs- oder Ablöseenergie des einzigen Elektrons vom H-Atom nur etwa halb so groß ist wie die eines der beiden Elektronen vom He-Atom, aber immer noch größer als diejenige für eines der 54 Elektronen des Xe-Atoms.

Scharf definierte Energiezustände von allerdings sehr viel höheren Energiebeträgen sind auch den Atomkernen zuzuschreiben (vgl. XIII § 4).

**7. Die Bohrsche Frequenzbedingung und das Kombinationsprinzip.** Kehrt das Atom nach vorausgegangener Anregung des $n$-ten Zustandes in den Grundzustand zurück, dann kann die Frequenz $\nu$ ausgestrahlt werden, die der sogenannten *Bohrschen Frequenzbedingung* genügt:

$$h\nu = W_n - W_1. \tag{7.1}$$

Allgemein gilt: Die Atome können nur bestimmte ihnen eigentümliche, scharf definierte Energiebeträge aufnehmen. Sie werden dadurch in angeregte Zustände der Energie $W_n$ gebracht. Ein Übergang zwischen den Energieniveaus $W_n$ und $W_{n'}$ $(n > n')$ führt zur Ausstrahlung eines Lichtquants, dessen Frequenz der Bedingung

$$h\nu = W_n - W_n \tag{7.2}$$

genügen muß.

*Ritzsches Kombinationsprinzip.* Entspricht $\nu_{21}$ einem Übergang von Energieniveau $W_2$ nach $W_1$, $\nu_{31}$ einem von $W_3$ nach $W_1$, $\nu_{32}$ von $W_3$ nach $W_2$, dann ist

$$\left.\begin{aligned} h\nu_{32} &= W_3 - W_2 \\ &= (W_3 - W_1) - (W_2 - W_1) \\ &= h\nu_{31} - h\nu_{21}. \end{aligned}\right\} \tag{7.3}$$

Daraus folgt, daß

$$\nu_{32} = \nu_{31} - \nu_{21}. \tag{7.4}$$

Schon bevor diese Folgerung aus der Bohrschen Frequenzbedingung gezogen werden konnte, stellte Ritz den Satz auf, daß durch additive oder subtraktive Kombination der Frequenzen bekannter Spektrallinien neue Linien gefunden werden können. Freilich sind nicht alle möglichen Kombinationen „erlaubt“. Über die Zulässigkeit entscheiden die Auswahlregeln der Theorie der Spektren.

Frequenzen, die beim Übergang aus höher angeregten Zuständen zu ein und demselben Grund- oder angeregten Zustand ausgestrahlt werden, gehören zu einer *Serie*. Die kurzwellige Grenze entspricht dem Übergang aus den höchsten der möglichen Terme $(n \to \infty)$ in den Grundzustand. Da aber auch deren Energie endlich ist, bleibt diese Grenzfrequenz endlich.

**8. Spektralserien.** Die Möglichkeit, Spektrallinien eines Elements formal zu Serien zusammenzufassen, wurde lange vor der Entdeckung diskreter Energiestufen im Atom von Balmer (1885) für die Linien des Wasserstoffatoms entdeckt. Ihm gelang es, eine Zahlenbeziehung zwischen den damals schon sehr genau vermessenen, überwiegend im sichtbaren Bereich liegenden Wellenlängen des

Wasserstoffspektrums (s. Abb. 518) aufzufinden; sie lautet:

$$\lambda = k \frac{m^2}{m^2 - 2^2},$$

wo für $m$ die Folge der ganzen Zahlen 3, 4, 5, ... zu setzen ist. Da $\nu = \frac{c}{\lambda}$ ist können wir auch schreiben:

$$\nu = \frac{4c}{k} \frac{m^2 - 2^2}{2^2 \cdot m^2} = \frac{4c}{k}\left(\frac{1}{2^2} - \frac{1}{m^2}\right) = R\left(\frac{1}{2^2} - \frac{1}{m^2}\right), \tag{8.1}$$

wo $R$ eine bei der Darstellung vieler Spektren wiederkehrende spektroskopische Konstante vom Betrage $R = 3{,}2899 \cdot 10^{15}\,\mathrm{s}^{-1}$ ist, die als *Rydberg-Frequenz* bezeichnet und in der Bohrschen Theorie des H-Atoms (X § 3) berechnet wird.

Es hat sich dann gezeigt, daß bei einer großen Zahl von Elementen, vorzugsweise in den ersten drei Spalten des periodischen Systems, eine Ordnung der Linien in Serien möglich ist. Für jedes dieser Elemente lassen sich mehrere Serien auffinden. Die Glieder einer Serie ergeben sich als Differenz von zwei Termen, einem festen Term und einem *Laufterm*. Die Terme sind Funktionen von ganzen Zahlen und von Parametern, die für die Atome charakteristisch sind; durchweg haben sie einen komplizierteren Bau als die des Wasserstoffatoms.

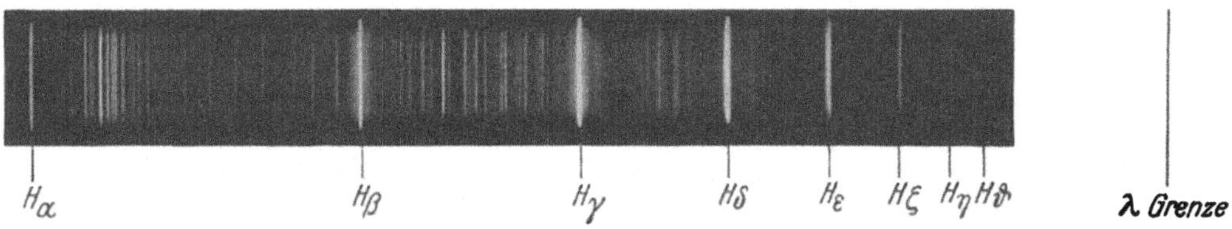


Abb. 518. Balmer-Spektrum aus einer Hochfrequenzentladung in Wasserstoff

Die wichtigsten Serien sind die Hauptserie, die I. oder diffuse, die II. oder scharfe Nebenserie und die Bergmann-Serie oder Fundamentalserie.

Den Laufterm der Hauptserie schreibt man $mp$; $m$ bezeichnet die Laufzahl und $p$ eine für die Termfolge charakteristische Zahl. In entsprechender Bedeutung sind die Laufterme der beiden Nebenserien $md$ und $ms$, der der Bergmann-Serie $mf$. Die festen Terme der vier Serien des Wasserstoffatoms sind in der Reihenfolge, in der die Serien genannt sind, $1s$, $2p$, $2p$ und $3d$.

Dem in Abb. 519 angegebenen Termschema eines Alkaliatoms entnimmt man das Zustandekommen der Serien. Die Verbindungslinien beschreiben die Übergänge zwischen den Termen, die jeweils die Spektrallinien der verschiedenen Serien ergeben. Wir schreiben sie:

| | | |
|---|---|---|
| Hauptserie: | $\nu = 1s - mp$ | $(m = 2, 3, 4, \ldots)$ |
| I. Nebenserie: | $\nu = 2p - md$ | $(m = 3, 4, 5, \ldots)$ |
| II. Nebenserie: | $\nu = 2p - ms$ | $(m = 2, 3, 4, \ldots)$ |
| Bergmann-Serie: | $\nu = 3d - mf$ | $(m = 4, 5, \ldots)$. |

Je höher die Laufterme werden, desto weniger unterscheiden sich die Terme gleicher Laufzahl voneinander und desto ähnlicher werden sie denen des Wasserstoffs. Häufig sind die $p$-, $d$- und $f$-Terme mehrfach, dann sind auch die Serien sogenannte *Multiplettserien*, z.B. die Serien der Alkalimetalle Dublettserien, die Linien also Doppellinien.

Die $s$-Terme des Kaliums lassen sich mit ausreichender Näherung durch $ms = \frac{R}{(m + 0{,}77)^2}$ darstellen. Die $p$-Terme sind doppelt, und zwar gilt

$$mp_1 = \frac{R}{(m + 0{,}235)^2} \quad \text{und} \quad mp_2 = \frac{R}{(m + 0{,}232)^2}.$$

Für die Hauptserie erhält man also

$$\left.\begin{aligned} \nu_1 &= R\left[\frac{1}{(1 + 0{,}77)^2} - \frac{1}{(m + 0{,}235)^2}\right] \\ \nu_2 &= R\left[\frac{1}{(1 + 0{,}77)^2} - \frac{1}{(m + 0{,}232)^2}\right] \end{aligned}\right\} m = 2, 3, 4, \ldots$$

Aus der Seriendarstellung folgen eine Reihe von Gesetzmäßigkeiten, von denen wir zwei besonders wichtige nennen:

1. Die Seriengrenzen der I. und II. Nebenserie fallen zusammen.
2. Die Differenz der Frequenzen der Grenze der Hauptserie und der Grenze der Nebenserien ist gleich der Frequenz des 1. Gliedes der Hauptserie.

**9. Die Energiestufen der Moleküle.** Die Molekülspektren unterscheiden sich von den Atomspektren durch einen viel größeren Linienreichtum. Die Linien häufen sich oft so, daß der Eindruck von kontinuierlichen Emissionsbändern (Banden) entsteht, die nach einer Seite stetig auslaufen, nach der anderen plötzlich abbrechen (Bandenköpfe; vgl. Abb. 520). Mit Spektralapparaten von hohem Auflösungsvermögen zeigt sich dann erst, daß die Banden aus ganz scharfen, regelmäßig angeordneten Linien bestehen (X § 8, Abb. 559). Der Grund für den Linienreichtum besteht darin, daß die Moleküle nicht nur dadurch Energie aufzunehmen vermögen, daß Elektronen ihrer Atome in angeregte Zustände versetzt werden, vielmehr vermögen die Atome um den gemeinsamen Schwerpunkt zu rotieren oder innere Schwingungen auszuführen und beim Wechsel dieser Rotations- und Schwingungszustände Energie aufzunehmen oder abzugeben. Diese Rotationen und zum Teil auch die Schwingungen geben nach II § 10 einen Beitrag zur inneren Energie eines Gases und werden durch Stöße in der Wärmebewegung angeregt. Die Energieniveaus liegen sehr dicht beieinander, die Unterschiede der Rotationszustände können von der Größenordnung 1/1000 eV, die der Schwingungszustände von der Größenordnung 1/100 bis 1/10 eV betragen.

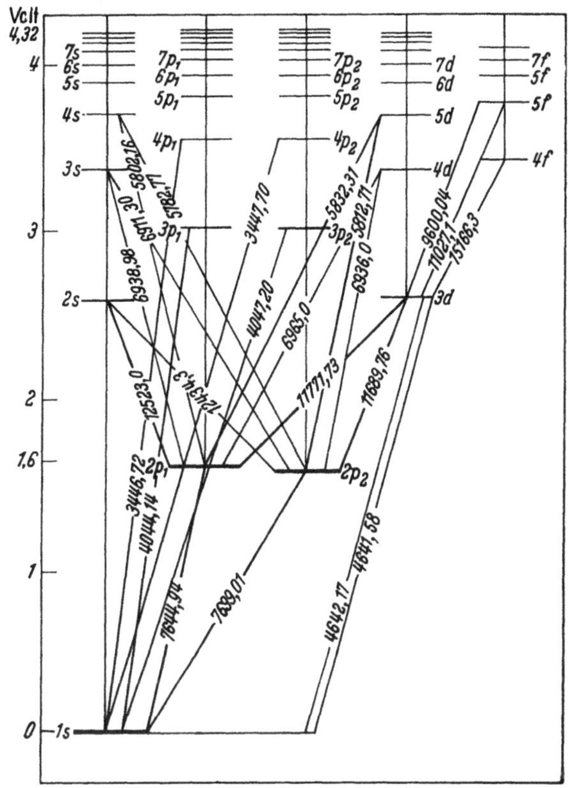


Abb. 519. Vollständiges Termschema des Kaliums. Die in den schrägen Verbindungslinien eingetragenen Zahlenwerte geben die Wellenlängen der entsprechenden Spektrallinien in Å

Die Rotation oder Schwingung gibt nur dann direkt eine Ausstrahlung, wenn die Moleküle polar gebaut sind, die Atome also wie in HCl als Ionen heteropolar gebunden sind. Reine *Rotationsbanden* liegen im Bereich des langwelligen Ultrarot ($\lambda = 50$ bis $500\,\mu$). Gleichzeitiger Wechsel des Rotations- und Schwingungszustandes führt zur Ausstrahlung der *Rotationsschwingungsbanden* im näheren Ultrarot ($\lambda = 1$ bis $10\,\mu$). Das vollständige Bandenspektrum, das sich im Sichtbaren und Ultravioletten findet, entsteht aus der Überlagerung von

Elektronensprung, Rotation und Kernschwingung und wird sowohl von heteropolaren als homöopolaren Molekülen ausgestrahlt.

Für die Frequenz einer Linie im Bandenspektrum gilt wieder die Bohrsche Frequenzbedingung

$$h\nu = \Delta W_e + \Delta W_s + \Delta W_r, \tag{9.1}$$

wo $\Delta W_e$, $\Delta W_s$ und $\Delta W_r$ die Energieänderungen bei der Änderung der Elektronenkonfiguration, des Schwingungszustandes und des Rotationszustandes bedeuten.

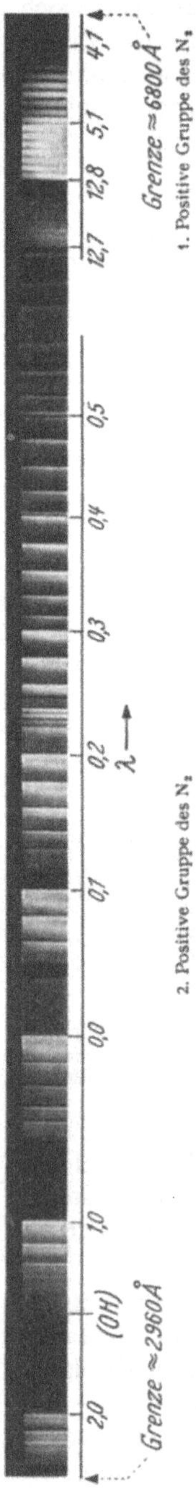


Abb. 520. Bandenspektrum. Spektrum des Lichtes aus der positiven Säule einer Glimmentladung in Stickstoff. (Aufnahme von H. Schüler, Max Planck-Institut, Hechingen)

## 10. Die diskreten Zustände der Atome im thermischen Gleichgewicht mit ihrer Strahlung.

*Zur Begründung der Planckschen Strahlungsformel.* Wir betrachten ein System von $N$ Atomen bzw. Molekülen im thermischen Gleichgewicht mit ihrer Strahlung. Sie sind nach dem vorhergehenden nur zu diskreten Energiezuständen befähigt, und die Wechselwirkung mit der Strahlung kann nur in einer quantenhaften Emission und Absorption bestehen.

Wir betrachten zwei Anregungszustände. Die Zahl der Atome im Zustand 2 ist nach II (12.2)

$$N_2 = D_2 e^{-\frac{W_2}{kT}},$$

im Zustand 1

$$N_1 = D_1 e^{-\frac{W_1}{kT}}.$$

Die Strahlung mit der Frequenz $\nu = \frac{W_2 - W_1}{h}$ und der Intensität $K_\nu$ (spektrale Strahlungsdichte s. VII § 12) bewirkt durch Absorption Übergänge, deren Zahl $dz_{12}$ der eingestrahlten Intensität, sowie $N_1$ und der Zeit $dt$ proportional ist.

$$dz_{12} = K_\nu \alpha_{12} D_1 e^{-\frac{W_1}{kT}} \cdot dt.$$

Der Übergang von 2 nach 1 besteht einerseits in einer spontanen Strahlung, die von $K_\nu$ unabhängig ist:

$$dz'_{21} = \beta_{21} D_2 e^{-\frac{W_2}{kT}} \cdot dt.$$

Aber der Einfluß der Strahlung induziert auch Übergänge von 2 nach 1 (negative Absorption); im klassischen Analogon strahlt ein Oszillator, der unter der Wirkung einer elektromagnetischen Welle steht, deren Frequenz gleich der Eigenfrequenz des Oszillators ist:

$$dz''_{21} = K_\nu \alpha_{21} D_2 e^{-\frac{W_2}{kT}} \cdot dt.$$

Im Gleichgewicht erfolgen je Zeitelement ebenso viel Übergänge von 2 nach 1 wie von 1 nach 2; d.h.

$$dz_{21} = dz'_{21} + dz''_{21} = dz_{12}$$

oder

$$\beta_{21} D_2 e^{-\frac{W_2}{kT}} \cdot dt + K_\nu \alpha_{21} D_2 e^{-\frac{W_2}{kT}} dt = K_\nu \alpha_{12} D_1 e^{-\frac{W_1}{kT}} \cdot dt.$$

Also ist

$$K_\nu = \frac{\frac{\beta_{21}}{\alpha_{21}}}{\frac{\alpha_{12} D_1}{\alpha_{21} D_2} e^{\frac{W_2 - W_1}{kT}} - 1}.$$

Da $K_\nu$ für unendlich hohe Temperatur sicherlich gegen Unendlich wächst, muß die Größe $\frac{\alpha_{12} D_1}{\alpha_{21} D_2}$ den Wert 1 haben. Es folgt

$$K_\nu = \frac{B}{e^{\frac{h \cdot \nu}{kT}} - 1} \quad \text{mit} \quad B = \frac{\beta_{21}}{\alpha_{21}} \tag{10.1}$$

in Übereinstimmung mit (VII 12.2).

Weil $B$ die *Übergangswahrscheinlichkeiten* $\alpha_{ik}$, $\beta_{ik}$ zwischen Energieniveaus enthält, ist $B$ natürlich von der Frequenz abhängig. Mit den Methoden der klassischen statistischen Mechanik und Elektrodynamik leitete RAYLEIGH für die spektrale Strahlungsdichte ab

$$K_\nu = \frac{\nu^2}{c^2} \cdot kT \quad (c = \text{Lichtgeschwindigkeit}). \tag{10.2}$$

Während diese Beziehung für hohe Frequenzen von der Erfahrung völlig abweichende Resultate gibt (Ultraviolettkatastrophe) ist sie im langwelligen Teil des Spektrums gut erfüllt. Für dieses Gebiet (kleine $\nu$, $h\nu \ll kT$) wird aus (10.1)

$$K_\nu = \frac{B}{1 + \frac{h\nu}{kT} - 1} = B\,\frac{kT}{h\nu} \tag{10.3}$$

Der Vergleich mit (10.2) gibt

$$B\,\frac{kT}{h \cdot \nu} = \frac{\nu^2}{c^2}\,kT \quad \text{oder} \quad B = \frac{\nu^3 h}{c^2} \tag{10.4}$$

in Übereinstimmung mit der Planckschen Strahlungsformel für die (polarisierte) Strahlung.

Aus der Definition von $dz''_{21}$, $dz'_{21}$ und $K_\nu$, sowie (VII 12.1) und (VII 12.2) ergibt sich dann:

$$\frac{dz''_{21}}{dz'_{21}} = B^{-1} \cdot K_\nu = \frac{c^2}{\nu^3 h} \cdot K_\nu = \frac{kT}{h\nu}. \tag{10.5}$$

Dieser Ausdruck gibt das Verhältnis der induzierten zu den spontan erfolgenden Übergängen von 2 nach 1 an. Im Bereich des sichtbaren Lichtes ($\nu \approx 10^{15}\,\text{s}^{-1}$) ist es $\ll 1$, weswegen man dort normalerweise nur mit spontaner Emission zu rechnen hat (vgl. aber § 14, Laser).

**11. Die Leuchtdauer der Atome.** *Klassische Strahlungsdämpfung.* Im klassischen Bild erfolgt die Ausstrahlung von Licht durch ein schwingendes elastisch gebundenes Elektron, dessen Energie durch die Ausstrahlung von elektromagnetischer Energie abnimmt *(Strahlungsdämpfung)*. Macht man den naheliegenden Ansatz, daß die Energie des schwingenden Elektrons exponentiell abnimmt, so führt die klassische elektrodynamische Rechnung auf eine Abklingzeit und somit auf eine Leuchtdauer von $10^{-8}$ Sekunden.

Die endliche Leuchtdauer des Atoms hat natürlich eine endliche Länge des ausgestrahlten Wellenzuges zur Folge; setzt man seine „Länge", die sog. *Kohärenzlänge* gleich dem Produkt aus Lichtgeschwindigkeit mal Leuchtdauer, so erhält man für sie

$$c \cdot \Delta t \approx 3 \cdot 10^2\,\text{cm}.$$

Versuche mit dem Michelson-Interferometer (VI § 7) unter Verwendung sehr sorgfältig ausgewählter Lichtquellen ergaben, daß man Interferenzen auch dann noch beobachten kann, wenn man den Abstand $AB$ bis $A'B'$ (Abb. 457) etwa 50 cm, d.h. den Wegunterschied der interferierenden Strahlen etwa 1 m lang macht; d.i. die gleiche Größenordnung, die sich aus der obigen Abschätzung ergibt.

Eine direkte Messung der Leuchtdauer der Atome ist auf folgendem Wege versucht worden (W. WIEN): Nach IV § 21 entstehen durch Umladung neutrale Kanalstrahlteilchen. Sie können, statt wieder durch Rückumladung positive Ionen zu werden, durch Stöße auch zum Leuchten angeregt werden. Wenn man einen sehr kurzen Kathodenkanal verwendet und den Druck hinter der Kathode auf $< 10^{-4}$ Torr hält, so haben die neutralen Atome dort keine Möglichkeit zu nochmaliger Anregung. Wenn die Energie des einzelnen Atoms exponentiall abnimmt, muß auch das Leuchten des ganzen Bündels nach der Beziehung $I = I_0 e^{-\alpha t}$ abklingen. Wenn nun $u$ die Geschwindigkeit der angeregten Atome ist, ist der in der Zeit $t$ zurückgelegte Weg $x = u \cdot t$, also $t = \frac{x}{u}$. Dann wird also die Intensität im Abstand $x$ hinter der Kathode durch

$$I = I_0 e^{-\frac{\alpha}{u} \cdot x}$$

gegeben, sie ist also im Abstand $x = \frac{u}{\alpha}$ auf $\frac{1}{e}$ abgeklungen. In der Tat beobachtet man eine exponentielle Abnahme des Leuchtens im Kanalstrahl hinter der Kathode. Bei Wasserstoffkanalstrahlen (Entladungsspannung $\approx 30$ kV) fällt sie in 1 cm Abstand auf $\frac{1}{e}$ ab. Wenn man für die mittlere Geschwindigkeit der Teilchen $10^8$ cm s$^{-1}$ setzt — was man aus dem Doppler-Effekt der von ihnen ausgestrahlten Linien schließen kann —, so erhält man in guter Übereinstimmung mit der Erwartung für $\alpha$ den Wert $10^8$ s$^{-1}$

Nun ist dieses Experiment kein Beweis für die Annahme, daß die Atome eine gedämpfte Welle ausstrahlen. Nimmt man wie in § 1 an, daß die durch die Anregung erzeugten angeregten Zustände ähnlich wie radioaktive Atome durch Übergang in tiefer angeregte Zustände (oder den Grundzustand) spontan „zerfallen", so ist die Zahl der Übergänge von einem Zustand 2 in einen Zustand 1

$$dn = -\lambda_{21} n \, dt, \tag{11.1}$$

wo $n$ die Zahl der im Zustand 2 vorhandenen und $\lambda_{21}$ die Übergangswahrscheinlichkeit ist.

Demnach ist die Zahl der zur Zeit $t$ noch vorhandenen angeregten Zustände

$$n = n_0 e^{-\lambda_{21} t}.$$

Die Ausstrahlung $\frac{dn}{dt} \cdot h\nu$ ist nach (11.1) $n$ proportional, und so folgt für die Intensität der Lichtemission auch aus der Quantentheorie ein Exponentialgesetz, wobei die Konstante im Exponenten allerdings eine andere Bedeutung hat:

$$I = I_0 e^{-\lambda_{21} t}.$$

**12. Metastabile Zustände und Stöße 2. Art.** Bei der Anregung von Atomen oder Molekülen können Anregungszustände erreicht werden, von denen ein Übergang zum Grundzustand unter Aussendung von Strahlung nicht beobachtet wird. Man bezeichnet solche Übergänge als „verboten" und die Anregungszustände als *metastabil.* Die Lebensdauern können sehr groß sein. Durch Lichtabsorption führt bei der Anregung kein direkter Weg zu solchen Zuständen, wohl aber durch Elektronenstoß oder einen *Stoß 2. Art.*

Die atomaren Vorgänge sind grundsätzlich umkehrbar. Die Umkehrung des Anregungsprozesses durch Elektronenstoß, bei dem das Atom (oder Molekül) vom Elektron Anregungsenergie aufnimmt, ist die Übertragung der Energie eines angeregten Atoms auf ein Elektron, indem das Atom in einen energetisch tieferen Zustand *ohne* Aussendung von Strahlung übergeht und die Energie als zusätzliche kinetische Energie auf das Elektron übertragen wird. So findet häufig die Energieabgabe metastabiler Atome in einem Stoß 2. Art statt, der ihren Übergang in den Grundzustand ermöglicht. Auch an nicht angeregte Atome anderer Art kann Anregungsenergie zur Vermehrung der thermischen Energie unter Auslöschung des Leuchtens durch Stöße 2. Art abgegeben werden. Wenn man die Linie 2537 Å in Hg-Dampf einstrahlt, dem Thalliumdampf beigemischt ist, so treten neben der Quecksilberresonanzlinie (s. § 2) noch längerwellige Thalliumlinien auf. Ihre Anregung erfolgt durch Übertragung der Energie angeregter Hg-Atome in einem Stoß 2. Art auf Tl-Atome. Der Überschuß über die Anregungsenergie des Tl wird den energieaustauschenden Atomen als thermische Energie mitgeteilt. Solche Anregung bezeichnet man als *sensibilisierte Fluoreszenz.*

**13. Die Streuung des Lichtes nach der Quantentheorie, Raman-Effekt.** Die in VI § 27 auf der Grundlage der Elektrodynamik behandelte Lichtstreuung ist mit der Lichtquantentheorie folgendermaßen zu beschreiben: Sie findet statt, wenn die Energie des eingestrahlten Lichtquants *nicht* gleich einer Differenz möglicher Energieniveaus des Atoms (oder Moleküls) ist. Das Lichtquant würde absorbiert werden und das Atom in einen Zustand der Energie $W_\nu$ überführen. Da dieser aber nicht den erlaubten Energieniveaus angehört, wird es gleich wieder ausgestrahlt, wobei die Richtung nicht mit der Einstrahlungsrichtung übereinzustimmen braucht.

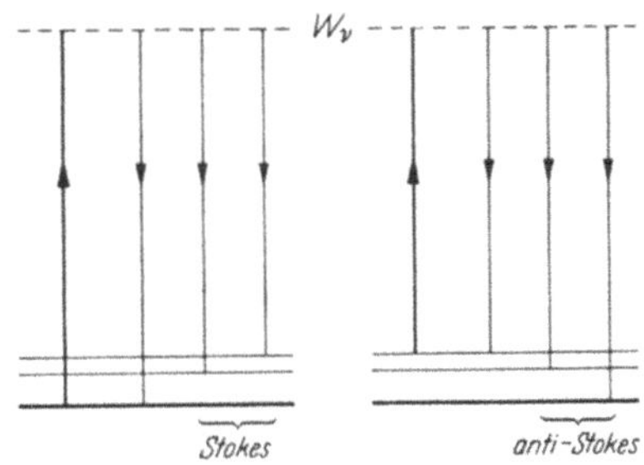

Abb. 521. Termschema zur Deutung der Raman-Linien

Liegen aber dicht über dem Grundniveau einige weitere Energieniveaus, was bei Molekülen der Fall ist, so kann nach der Ausstrahlung zunächst einer von diesen eingenommen werden, wobei eine kleinere als die eingestrahlte Frequenz ausgestrahlt wird (Abb. 521), in Übereinstimmung mit der Stokesschen Regel der Fluoreszenz (vgl. § 4). Im gestreuten Licht findet man dann neben jeder im eingestrahlten Licht enthaltenen Spektrallinie einen (oder mehrere) nach längeren Wellen verschobenen Begleiter (Raman-Effekt). Die Frequenzverschiebung $\Delta\nu$ entspricht genau dem Abstand des überlagerten Niveaus vom Grundniveau des streuenden Moleküls. Direkte Übergänge zwischen beiden können nur zu Ultrarot-Absorption oder -Emission führen.

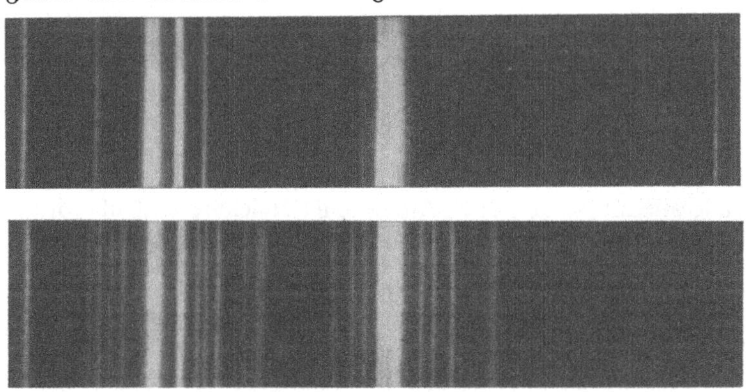
Abb. 522. Raman-Effekt mit Quecksilber-Bogenlicht an Benzol; oben Spektrum des primären Hg-Lichtes, unten Spektrum des Streulichtes

Wenn sich das Molekül bei der Einstrahlung des Lichtquants bereits in einem angeregten Zustand (s. Abb. 521) befindet, so kann die Rückkehr aus $W_\nu$ in einen Zustand tieferer Energie (z.B. in den Grundzustand) erfolgen. Das gestreute Licht hat also eine höhere Frequenz als das eingestrahlte („antistokessche" Streuung); auch hier entspricht $\Delta\nu$ im allgemeinen einem Übergang im Ultraroten.

Abb. 522 zeigt oben das Spektrum einer Quecksilberdampflampe und unten (mit viel längerer Belichtung) das Spektrum des von ihr in Benzol erzeugten Streulichtes. Hier treten neben jeder stärkeren Hg-Linie die gleichen Gruppen von „Raman-Linien" auf; und zwar beiderseits (stokessche und antistokessche Streuung). Ihre Abstände von der Primärlinie können bestimmten Schwingungen des $C_6H_6$-Moleküls zugeordnet werden.

Die Untersuchung der Raman-Spektren, die im bequem photographierbaren Spektralgebiet liegen, gibt eine wertvolle Ergänzung zur Kenntnis des Ultrarotspektrums.

**14. Molekular-Verstärker (Maser und Laser[1]).** Der mit Ausstrahlung einer Lichtwelle verbundene Übergang eines Moleküls oder Atoms aus einem angeregten in den Grundzustand kann sich auf zwei Arten vollziehen (vgl. § 10):

1. „Spontan", d.h. wie beim radioaktiven Zerfall, wobei sich nur die mittlere Verweilzeit im angeregten Zustand für eine große Anzahl von Strahlern angeben läßt.

2. „Induziert" unter dem Einfluß einer eingestrahlten Welle der richtigen Frequenz $\nu = \Delta E/h$; dann steht die ausgestrahlte Welle mit der eingestrahlten in einer festen Phasenbeziehung und kann diese verstärken (negative Absorption).

Durch besondere Maßnahmen (s. unten) kann man erreichen, daß unter vielen Atomen oder Molekülen eine Überzahl sich im angeregten Zustand befindet. Sie enthalten dann einen Energievorrat, der sich im Laufe der Zeit in Strahlung verwandelt. Wenn das überwiegend durch induzierte Emission geschieht (etwa bei sehr tiefen Frequenzen, vgl. 10.4), so kommt die gespeicherte Energie der eingestrahlten Welle zugute und verstärkt diese. In einem Hohlraumresonator (vgl. III § 79), der auf die Übergangsfrequenz abgestimmt ist und diese Atome oder Moleküle enthält, wird dann unter dem Einfluß einer schwachen Anregung bereits eine kräftige elektromagnetische Eigenschwingung angeregt. Das ist der Grundgedanke des „Molekular-Verstärkers" für den Frequenzbereich der Mikrowellen (Maser).

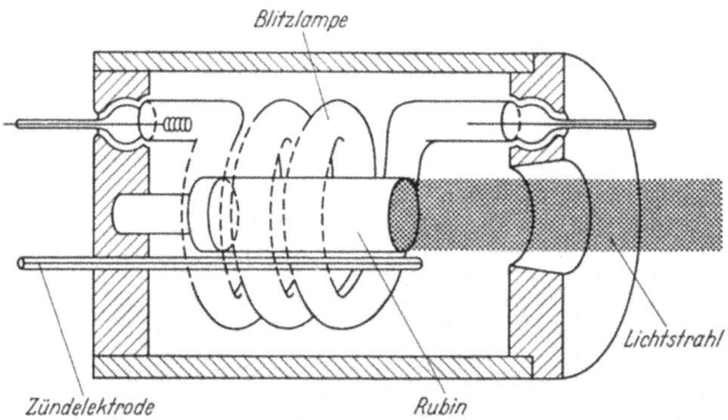

Abb. 523. Laser-Anordnung, schematisch; tatsächlich ist der Lichtstrahl *viel* schärfer gebündelt

Ebenso wie die Elektronenröhre dank ihrer Eignung als Verstärker auch zur Erzeugung ungedämpfter Schwingungen (vgl. IV § 12 und 13) dienen kann, so ist es möglich, mit Hilfe des Molekular-Verstärkers eine andauernde elektromagnetische Schwingung von genau derjenigen Frequenz zu erzeugen, die der benützten Atom- oder Molekülsorte eigentümlich ist. Die gleiche Konstanz und Reproduzierbarkeit wie dieser kommt dann dem so konstruierten Schwingungserzeuger zu (Molekular- oder Atomuhr; vgl. I § 5).

Das gleiche Prinzip läßt sich nicht nur im Frequenzbereich der Mikrowellen ($\approx 10^{10}$ Hz) sondern auch in demjenigen des sichtbaren Lichtes ($\approx 10^{14}$ Hz) realisieren. Dort verwendete man als Resonatoren anfangs[2] vorwiegend Rubin in Gestalt eines zylindrischen Stäbchens (Abb. 523) von einigen cm Länge. Schafft man in ihm eine hinreichende Überbesetzung eines angeregten Zustandes, so kann durch den Übergang eines einzigen Strahlers in den Grundzustand die Gesamtheit zur induzierten Emission mitgerissen werden, und es entsteht insgesamt eine kohärente stehende Lichtwelle, deren Beschaffenheit — wie beim

[1] Die Worte sind gebildet durch Zusammensetzen der Anfangsbuchstaben von Microwave bzw. Light Amplifier by Stimulated Emission of Radiation.

[2] Drei Jahre nach Inbetriebnahme des ersten Lasers (Maiman 1960) verwendete man bereits über 25 verschiedene Festkörper und Gase.

Hohlraumresonator — durch die Gestalt des Stäbchens bestimmt wird. Wenn seine Stirnflächen sehr genau planparallel geschliffen sind, so bildet sich durch Reflexion an diesen eine stehende ebene Welle in Richtung der Zylinderachse aus. Dasselbe kann erreicht werden, indem man die Lasersubstanz zwischen zwei einander gegenüberstehende Plan- oder Hohlspiegel bringt, die dann die Resonatorbegrenzung bilden. Man läßt aus einer von ihnen einen Teil der Welle austreten und erhält so eine Lichtwelle von außerordentlicher Intensität und Kohärenz (Kohärenzlängen bis $10^4$ m; vgl. hierzu § 11), die überdies — wegen ihrer strengen Parallelität — äußerst scharf gebündelt ist (Divergenz von wenigen Bogenminuten). Damit kann man — besonders außerhalb der Erdatmosphäre — über sehr große Entfernungen Einzelsignale und, wenn es gelingt die Lichtwelle zu modulieren, auch Nachrichten übertragen.

In allen Fällen erfordert ein Maser oder Laser, daß ein höher liegendes Energieniveau stärker besetzt ist als das tiefste. Im thermischen Gleichgewicht ist dieser Zustand unmöglich (vgl. II 12.2). Er kann aber durch dauernde Einwirkungen von außen erreicht werden. Zwei bereits bewährte Verfahren seien hier erwähnt:

1. Beim $NH_3$-Maser werden aus einem Molekularstrahl (vgl. I § 55b), in dem sich Moleküle zweier benachbarter Zustände befinden, die des tieferen Zustandes, die sich von den anderen durch ihr elektrisches Moment unterscheiden, mittels eines inhomogenen elektrischen Feldes entfernt. Der restliche Strahl gelangt dann in einen Hohlraumresonator, der auf die richtige Frequenz abgestimmt ist, und hält dort einen Überschuß von Molekülen des höheren Zustandes dauernd aufrecht.

2. Beim Laser, wo es sich um viel höhere Frequenzen und somit höhere Energiedifferenzen handelt, sind im Gleichgewicht die höheren Zustände nur verschwindend gering besetzt. Es existieren aber auch in Festkörpern metastabile Zustände (vgl. § 12), von denen zwar keine spontanen, wohl aber induzierte Übergänge möglich sind. Diese können durch Lichtabsorption auf dem Umweg über einen noch höher gelegenen, nicht-metastabilen Zustand erreicht und aufgefüllt werden (optisches Pumpen). Abb. 523 zeigt eine Ausführungsform der Rubin-Lasers: Durch das spiralförmige Gasentladungsrohr entlädt sich ein elektrischer Kondensator; dadurch wird der Rubinstab während einer „Pumpzeit" von 1 ms sehr stark belichtet und die Anzahl der im metastabilen Zustand befindlichen Moleküle weit über den Gleichgewichtswert erhöht. Dieser Energievorrat setzt sich dann lawinenartig in eine stehende Lichtwelle um.

Mit dem Rubin-Laser hat man Wirkungsgrade bis zu einigen Prozenten erreicht; mit dem Halbleiter-Laser, der auf einem etwas anderen Prinzip beruht, kann man elektrische Energie zu 70—80% in Lichtenergie verwandeln.

Auch Gase, z.B. He-Ne-Gemische können als Lasermaterial dienen, wobei dann eine andauernde kohärente, monochromatische Strahlung erzeugt wird. Im ultraroten Spektralbereich werden Wellenlängen von der Größenordnung $^1/_{10}$ mm erreicht, d.h. Frequenzen von einigen 1000 GHz. Hier begegnen sich bereits die optischen Methoden der Schwingungserzeugung mit den elektrotechnischen (vgl. IV § 15).

Mit den oben beschriebenen Impulslasern erreicht man — natürlich nur für äußerst kurze Zeiten — Lichtleistungen bis $10^5$ kWatt, die sich dank ihrer Kohärenz auf Flächen fokussieren lassen, deren Durchmesser nur wenige Lichtwellenlängen beträgt. Beim Auftreffen eines solchen Laserblitzes verdampft jedes Material momentan.

## C. Impuls und Masse der Lichtquanten

**15. Deutung des Strahlungsdrucks durch Lichtquanten.** Senkrecht auf einen metallischen Spiegel auffallendes Licht übt auf ihn eine in der Richtung der einfallenden Strahlen wirkende Kraft aus. Durch die elektrische Feldstärke $E$ der Lichtwelle wird an der Oberfläche des Spiegels ein Strom mit der Stromdichte $j$ erregt (Abb. 524). Auf diesen wirkt das Magnetfeld der Lichtwelle, welches zur elektrischen Strömung senkrecht steht und daher an ihr mit einer Kraft $K$ angreift, welche senkrecht zu $E$ und $H$ in Richtung des einfallenden Lichtes wirkt (vgl. III § 38). Die Rechnung auf der Grundlage der Maxwellschen Theorie gibt für den Strahlungsdruck $p_s = \frac{\text{Kraft}}{\text{Fläche}}$

$$p_s = \frac{2S}{c}. \tag{15.1}$$

Hier bedeutet $S$ den Poyntingschen Vektor (vgl. III § 78) und $c$ die Lichtgeschwindigkeit. Der Druck auf eine absolut schwarze Fläche ist die Hälfte dieses Wertes.

Die Einstrahlung der Sonne auf die Erdoberfläche beträgt 1,93 cal/min cm² = 1,35 · $10^6$ erg cm$^{-2}$ · s$^{-1}$. Der Druck auf eine schwarze Fläche beträgt also

$$p_s = \frac{1{,}35 \cdot 10^6}{3 \cdot 10^{10}} \text{ dyn/cm}^2 = 0{,}45 \cdot 10^{-4} \text{ dyn/cm}^2.$$

Der experimentelle Nachweis des Lichtdruckes durch LEBEDEW ergab innerhalb der Beobachtungsfehler von 20% eine Übereinstimmung des gemessenen mit dem theoretisch erwarteten Wert.

Nach der Lichtquantenvorstellung ist der Betrag des Poyntingschen Vektors gleich dem Produkt aus der Anzahl $N$ der je Zeiteinheit auf die Flächeneinheit auftreffenden Lichtquanten und der Energie eines Quantes.

$$S = N \cdot h\nu.$$

Wenn $n$ die Zahl der Quanten je Volumeneinheit im einfallenden Licht ist, dann treffen $N = c \cdot n$ Lichtquanten je Zeiteinheit auf die Flächeneinheit auf. Der auf die schwarze Fläche wirkende Strahlungsdruck ist also

$$p_s = \frac{c \cdot n \cdot h\nu}{c} = n \cdot h\nu. \tag{15.2}$$

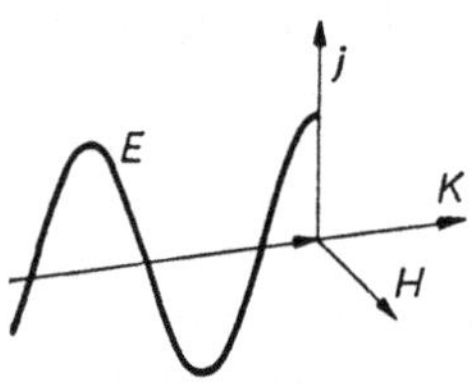

Abb. 524. Der Strahlungsdruck als Folge der Wirkung des Magnetfeldes der Lichtwelle auf die an der Oberfläche des Metallspiegels erregten elektrischen Ströme

Er ist also gleich der Energiedichte der Strahlung (vgl. den Schallstrahlungsdruck, I § 98). Der Druck auf den senkrecht bestrahlten, vollkommen reflektierenden Spiegel ist doppelt so groß:

$$p_s = 2n \cdot h\nu. \tag{15.3}$$

Es liegt nahe, die Kraftwirkung der eingestrahlten Lichtquanten auf einen von ihnen mitgeführten und bei der Reflexion auf den Spiegel übertragenen Impuls zurückzuführen:

Es sei der Impuls eines Lichtquants $J$, nach der Reflexion $-J$, seine Impulsänderung demnach $2J$; der Impuls $2J$ wird also auf den Spiegel übertragen. Die Zahl der bei senkrechter Bestrahlung auffallenden Quanten je Zeit- und Flächeneinheit ist $n \cdot c$. Der Druck auf den Spiegel ist also

$$p_s = n \cdot c \cdot 2J.$$

Durch Vergleich mit (15.3) ergibt sich also:

$$J = \frac{h\nu}{c} = \frac{h}{\lambda}. \tag{15.4}$$

Da Impuls gleich Masse × Geschwindigkeit und die Geschwindigkeit der Lichtquanten gleich $c$ ist, ordnen wir den Lichtquanten eine Masse $m$ zu, die der Bedingung genügt:

$$J = m \cdot c; \qquad m = \frac{J}{c} = \frac{h\nu}{c^2}. \tag{15.5}$$

Dies folgt aber auch direkt aus dem in XVII § 5c abgeleiteten Äquivalenzprinzip von Masse und Energie ($E$):

$$m = \frac{E}{c^2}. \tag{15.6}$$

Einem Quant sichtbaren Lichtes kommt demnach die Masse $\sim 5 \cdot 10^{-33}$ g zu, d.h. etwa der 5millionste Teil der Elektronenmasse.

Die beiden Aussagen über Energie und Impuls der Lichtquanten (§ 1 und 15.4):

$$E = h\nu \quad \text{und} \quad J = \frac{h}{\lambda} \tag{15.7}$$

gelten auch für jedes andere Elementarteilchen und für Phononen! (vgl. XVI § 8). Sie bilden das Fundament der Quantentheorie.

**16. Lichtquanten und Elektronen. Compton-Effekt.** Auch die Wechselwirkung zwischen Licht und freien Elektronen kann als elastischer Zusammenstoß zwischen Lichtquanten und Elektronen behandelt werden, die dabei Energie und Impuls nach den Gesetzen der klassischen Mechanik (vgl. I § 27) austauschen. Wegen der Kleinheit der Photonenmasse im Vergleich zur Elektronenmasse behalten die Photonen dabei ihre Energie und somit ihre Frequenz fast unverändert bei. Erst die etwa 1000mal energie- (und daher masse-) reicheren Photonen der Röntgenstrahlen erleiden beim Zusammenstoß mit Elektronen einen merklichen, als Frequenzänderung nachweisbaren Energieverlust (Compton-Effekt). Der Energieerhaltungssatz verlangt nämlich, daß zwischen der Energie des eingestrahlten und des gestreuten Quants ($h\nu$ bzw. $h\nu'$) die Beziehung besteht:

$$h\nu = h\nu' + (m - m_0)\,c^2, \tag{16.1}$$

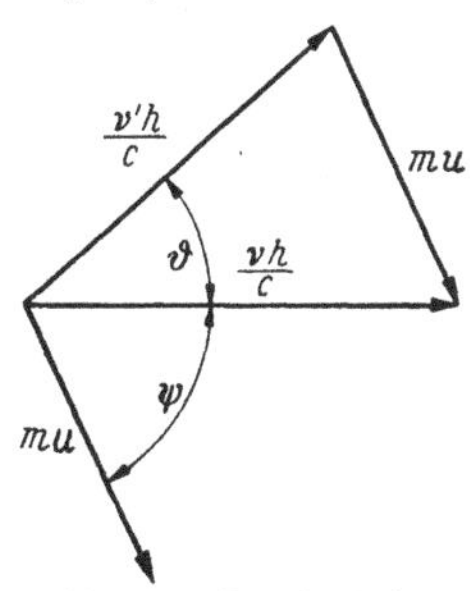


Abb. 525. Impulserhaltung beim Compton-Effekt

wo $(m - m_0)\,c^2$ die Differenz zwischen bewegter und Ruheenergie des Elektrons, also seine kinetische Energie nach dem Stoß ist.

Der Erhaltungssatz für den Impuls des Lichtquants $\frac{\vec{h\nu}}{c}$ (Abb. 525) fordert

$$\frac{\vec{h\nu}}{c} = \frac{\vec{h\nu'}}{c} + m\,u. \tag{16.2}$$

$u$ ist die Geschwindigkeit des gestoßenen Elektrons (des *Rückstoßelektrons*).

Aus Abb. 525 folgt mit dem Kosinussatz und Multiplikation mit $c^2$

$$m^2 u^2 c^2 = (\nu' h)^2 + (\nu h)^2 - 2\nu\nu' h^2 \cos\vartheta, \tag{16.3}$$

(16.1) ergibt quadriert:

$$(m - m_0)^2 c^4 = (\nu' h)^2 + (\nu h)^2 - 2\nu\nu' h^2, \tag{16.4}$$

(16.3) und (16.4) voneinander subtrahiert, ergeben mit $\beta = \frac{u}{c}$:

$$2\nu\nu' h^2 (1 - \cos\vartheta) = m^2 u^2 c^2 - (m - m_0)^2 c^4 = m^2 \beta^2 c^4 - (m - m_0)^2 c^4.$$

Mit $\cos\vartheta = 1 - 2\sin^2\frac{\vartheta}{2}$ und $m^2\beta^2 = \frac{m_0^2\beta^2}{1-\beta^2} = \frac{m_0^2}{1-\beta^2} - m_0^2 = m^2 - m_0^2$:

$$4\nu\nu' h^2 \sin^2\frac{\vartheta}{2} = [m^2 - m_0^2 - (m - m_0)^2]\,c^4 = 2c^4 (m - m_0)\,m_0.$$

Ersetzt man wegen (16.1) $(m - m_0)c^2$ durch $h(\nu - \nu')$ und $\nu$ überall durch $c/\lambda$, so ergibt sich:

$$\frac{c^2}{\lambda\lambda'} \cdot h \cdot 2\sin^2\frac{\vartheta}{2} = c^3\left(\frac{1}{\lambda} - \frac{1}{\lambda'}\right) m_0 = c^3 \frac{\lambda' - \lambda}{\lambda\lambda'} m_0$$

oder

$$\Delta\lambda = \lambda' - \lambda = \frac{2h}{m_0 c}\sin^2\frac{\vartheta}{2} \tag{16.5}$$

Dieses ist die Wellenlängenänderung bei der Streuung des Lichtquants um den Winkel $\vartheta$ Die Energie des gestreuten Elektrons ist

$$E_{\text{kin}} = h\nu - h\nu' = h\nu\frac{\lambda' - \lambda}{\lambda + \Delta\lambda} = h\nu \cdot \frac{2\lambda_c \sin^2\frac{\vartheta}{2}}{\lambda + 2\lambda_c\sin^2\frac{\vartheta}{2}}, \tag{16.6}$$

wo

$$\lambda_c = \frac{h}{m_0 c} = 2{,}426 \cdot 10^{-10}\,\text{cm} \tag{16.7}$$

ist. $\lambda_c$ wird *Compton-Wellenlänge* genannt. Die Energie der zugehörigen Photonen $h \cdot \nu_c = \frac{c}{\lambda_c} \cdot h = \frac{c \cdot h}{\frac{h}{m_0 c}} = m_0 c^2$ ist äquivalent der Masse eines ruhenden Elektrons.

Nach (16.5) hängt die Wellenlängenänderung stark ab vom Streuwinkel $\vartheta$ und ist am größten für rückwärts gestreute Quanten ($\vartheta = \pi$). Aber sie ist unabhängig von der eingestrahlten Frequenz $\nu$ und macht sich daher prozentual um so mehr bemerkbar, je kleiner die Wellenlänge, also je höher die Frequenz ist. Darum ist der Compton-Effekt nur im Gebiet der Röntgenstrahlen (mit ihrer im Vergleich zum sichtbaren Licht etwa 1000mal kleineren Wellenlänge) beobachtbar. (16.5) und (16.6) werden durch das Experiment glänzend bestätigt. Eine Spektraluntersuchung einer monochromatischen Röntgenstrahlung, die an leichten Elementen gestreut wird, zeigt neben der unveränderten Linie eine zu längeren Wellen verschobene, deren Wellenlängendifferenz genau der Gleichung (16.5) entspricht.

Auch die von der Theorie angenommene Gleichzeitigkeit der Emission des gestreuten Lichtquants und des gestoßenen Elektrons konnte von Bothe und Geiger durch *Koinzidenzzählungen* der Quanten und Elektronen nachgewiesen werden.

Wir haben also im Compton-Effekt einen überzeugenden Beweis für die Richtigkeit der Photonenvorstellung und für die Gültigkeit der Erhaltungssätze für Energie und Impuls bei der Wechselwirkung zwischen Materie und Strahlung.

**17. Rückstoß bei der Quantenemission (Mössbauer 1956).** Bei gewissen Prozessen im Inneren eines Atomkerns sendet dieser $\gamma$-Strahlen aus (vgl. XIII § 11). Nach (15.7) kommen diesen Photonen dank der großen Frequenz bzw. kleinen Wellenlänge der $\gamma$-Strahlen sehr große Energie- und Impulsbeträge zu. Bei der Emission muß daher der Kern einen merklichen Rückstoß erfahren. Die Energie, die er dabei aufnimmt, geht der $\gamma$-Strahlung verloren. Sie ist dann nicht mehr fähig, einen anderen Kern der gleichen Art anzuregen; d.h. sie wird von ihm nicht absorbiert.

Nun gelingt es aber den Rückstoß zunichte zu machen, und zwar dadurch, daß man das $\gamma$-strahlende Atom in das Kristallgitter eines festen Körpers einbaut. Dieses besitzt — ganz ähnlich wie ein einzelnes Atom — diskrete Energiezustände, die verschiedenen Typen von Schwingungen im Gitter entsprechen. Das Gitter kann also bestimmte Energiebeträge aufnehmen, andere nicht. Gehört zu den letzteren der Energiebetrag, den der freie Kern bei der Emission nach den Stoßgesetzen als kinetische Energie aufnehmen müßte, so kann diese Energie von den

Nachbaratomen, d.h. von Schwingungen des Gitters nicht aufgenommen werden, sondern nur als kinetische Energie vom ganzen Kristall oder Kristallit. Dessen Masse ist aber im Vergleich zur Masse des Kerns so ungeheuer groß, daß dieser sich so verhält, als sei er vollkommen starr eingebaut. Damit entfallen alle Effekte, die sonst durch die Rückstoß-Energie bewirkt werden, nämlich Linienverschiebung und -verbreiterung, und es wird eine Linie von außerordentlicher Schärfe emittiert, die von einem gleichartigen Kern, wenn auch er in ein Kristallgitter eingebaut ist, mit gleicher Schärfe (oder Selektivität) absorbiert werden kann.

Die Spektrallinien im Bereich der $\gamma$-Strahlung, die man so erhält — in Emission, wie auch in Absorption —, sind schärfer als alle sonst bekannten. Ihre relative Halbwertsbreite $(\Delta\nu/\nu)$ kann kleiner als $10^{-13}$ sein. Bei Linien des sichtbaren Spektralbereiches erreicht man bestenfalls $10^{-10}$

Bewegt man eine solche Strahlenquelle mit einer Geschwindigkeit von nur 3 cm/s ($=10^{-10}$ · Lichtgeschwindigkeit) vom Absorber weg oder auf ihn zu, so ist die Frequenz der Strahlung, wenn sie den Absorber erreicht, durch Doppler-Effekt um $10^{-10}$ verändert, und sie wird nicht mehr absorbiert. Durch Anwendung verschiedener Geschwindigkeiten läßt sich also die Frequenz der emittierten Spektrallinie (oder auch des Absorptionsgebietes) um winzige Beträge meßbar verändern, ohne daß die Linienschärfe verloren geht. Ebenso lassen sich winzige Veränderungen am emittierenden oder am absorbierenden Kern oder am Lichtquant selbst feststellen.

Auf diese Weise ist gemessen worden, daß sich die Frequenz eines $\gamma$-Lichtquants um den Faktor $5 \cdot 10^{-15}$ verringert, wenn es sich im Schwerefeld der Erde um 45 m nach oben bewegt (R. V. Pound und G. A. Rebka 1960). Es verliert dabei also die Energie $h\nu \cdot 5 \cdot 10^{-15}$. Das ist aber gerade diejenige Arbeit, die geleistet werden muß, um die Masse des Quants $\left(\frac{h\nu}{c^2}\right.$, vgl. 15.6$\left.\right)$ im Erdfeld um $H = 45$ m zu heben.

$$\frac{h\nu}{c^2} \cdot g \cdot H = h\nu \cdot \frac{9{,}8 \cdot 45}{(3 \cdot 10^8)^2} = h\nu \cdot 4{,}9 \cdot 10^{-15}.$$

Damit ist experimentell bewiesen, daß die Masse eines Lichtquants der Schwere unterliegt.

**18. Quantentheoretisch-thermodynamische Deutung des Stefan-Boltzmannschen Gesetzes.**

Die räumliche Strahlungsdichte in einem Hohlraum sei $u = \sum_{\nu=0}^{\infty} \Delta n_\nu h\nu$, wo $\Delta n_\nu$ die Zahl der in der Volumeneinheit enthaltenen Quanten mit Frequenzen zwischen $\nu$ und $\nu + \Delta\nu$ ist. $\frac{\Delta n_\nu}{6}$ Quanten bewegen sich senkrecht zu einer Wand auf sie zu, $\frac{\Delta n_\nu}{6} c$ treffen je Flächeneinheit und Zeiteinheit auf (vgl. I § 53) und übertragen den Impuls $\frac{\Delta n_\nu}{6} \cdot c \cdot \frac{2h\nu}{c}$, so daß der gesamte Druck

$$p_s = \tfrac{1}{3} \sum_{\nu=0}^{\infty} \Delta n_\nu h\nu = \tfrac{1}{3} u$$

ist. Es ist gleichgültig, ob die Wand als vollkommen spiegelnd oder als schwarz angenommen wird. Denn im Strahlungsgleichgewicht werden von der Wand ebensoviel Quanten im Frequenzbereich zwischen $\nu$ und $\nu + \Delta\nu$ emittiert wie absorbiert. Bei der Emission erteilen sie aber der Wand einen Rückstoß mit dem Impuls $\frac{h\nu}{c}$, so daß auf jedes einfallende Quant die Impulsübertragung $2\frac{h\nu}{c}$ entfällt, d.h. bei Absorption ebensoviel wie bei Reflexion.

Zur Ableitung des Stefan-Boltzmannschen Strahlungsgesetzes (VII 11.2) denken wir uns folgenden Carnotschen Kreisprozeß: Ein Zylinder, der mit einem Kolben mit schwarzer Oberfläche verschlossen ist, habe das Volumen $V$. Bei der Temperatur $T + dT$ enthält er die Energie $U = u_{T+dT} \cdot V$. Bei dieser Temperatur werde sein Volumen $\Delta V$ um vergrößert. Dabei muß ihm die Wärmemenge $\Delta Q$ zugeführt werden, welche erstens gleich der Zunahme der Strahlungsenergie $\Delta U = u_{T+dT} \cdot \Delta V$ und zweitens gleich der bei der Verschiebung des Kolbens vom Strahlungsdruck zu leistenden Arbeit $p_s \cdot \Delta V$ ist. Durch sehr kleine adiabatische Expansion wird die Temperatur um den kleinen Betrag $dT$ gesenkt, und nun werde das Volumen wieder isotherm um $\Delta V$ verkleinert; eine weitere adiabatische Kompression stelle den Ausgangszustand wieder her. Dann ist der Nutzeffekt nach (II 21.7)

$$\eta = \frac{-\Delta A}{\Delta Q} = \frac{dT}{T}.$$

Sehen wir von der Arbeit auf den beiden adiabatischen Zweigen des Kreisprozesses ab (sie ist von der Größenordnung $dp_s \cdot dV$, wo $dV$ die Volumenänderung bei der adiabatischen Expansion ist, und ist daher bei sehr kleinem $dT$ klein gegen $dp_s \cdot \Delta V$), so gilt:

$$-\Delta A = (p_s + dp_s)\,\Delta V - p_s \Delta V = dp_s \cdot \Delta V$$

$$\Delta Q = u_{T+dT} \cdot \Delta V + \tfrac{1}{3} u_{T+dT} \cdot \Delta V = \tfrac{4}{3} u_{T+dT}\,\Delta V.$$

Für sehr kleines $dT$ ist aber $u_{T+dT} \approx u_T$. Also wird, da $p_s = \frac{1}{3}u$, $dp_s = \frac{1}{3}du$

$$\frac{\frac{1}{3}du}{\frac{4}{3}u} = \frac{dT}{T}; \quad \frac{du}{u} = 4\frac{dT}{T}; \quad \ln u = 4 \ln T + \ln a$$

$$u = a\,T^4.$$

Nun muß im Strahlungsgleichgewicht die Gesamtstrahlung $S$ eines schwarzen Körpers pro Flächen- und Zeiteinheit der Strahlungsdichte $u$ proportional sein. Also ist

$$S = f \cdot a T^4 = \sigma T^4.$$

# IX. Durchdringende Strahlungen

Die konventionellen spektroskopischen Methoden, Prismen- und Gitterspektrographen (vgl. V § 7) gestatten normalerweise Wellenlängenmessungen bis herab zu etwa 100 AE $=10^{-6}$ cm. Strahlungen von kürzerer Wellenlänge erfordern ganz andere Methoden, vorzüglich die Verwendung von Kristallgittern. Bis zur Entwicklung solcher Methoden war von diesen Strahlungen nur bekannt, daß sie ein außerordentliches Durchdringungsvermögen besitzen. Wir behandeln daher diese sehr kurzwelligen Strahlen, wie sie in der Röntgenröhre, im Atomkern und im Kosmos entstehen, gesondert in den folgenden Abschnitten.

## A. Röntgenstrahlen (RÖNTGEN 1895)

**1. Erzeugung und Nachweis.** Röntgenstrahlen entstehen beim Durchgang von Elektronen durch Materie. Abb. 526 zeigt eine Glühkathodenröntgenröhre. Der Glühkathode *Gl* steht in der hochevakuierten Röhre die auch als Anode dienende Antikathode *A* gegenüber, welche je nach dem Verwendungszweck aus einem Metall von hohem Atomgewicht, z.B. Wolfram, oder aus Cu, Mo usw. besteht. Die aus dem Glühdraht austretenden Elektronen werden durch die Hochspannung *U* beschleunigt, die meisten verlieren ihre Energie beim Eindringen in die Antikathode. Sie bewirken also nur eine Erwärmung der Antikathode. Einige aber erfahren beim Durchgang durch ein einzelnes Atom eine Bremsung, die entweder zum Verlust ihrer gesamten Energie oder eines wesentlichen Bruchteils führt. Diese Energie wird unmittelbar in elektromagnetische Strahlung verwandelt *(Bremsstrahlung)*. Die Energie der Kathodenstrahlen kann aber auch als Anregungsenergie der Atome des Antikathodenmaterials verbraucht und von diesen als *charakteristische Strahlung (Eigenstrahlung)* ausgestrahlt werden (§ 7).

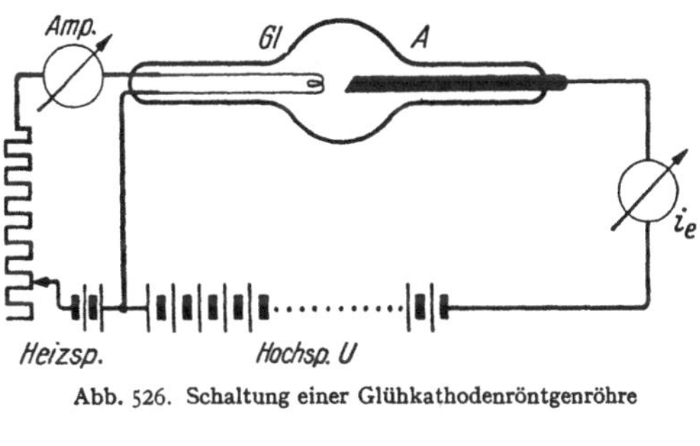

Abb. 526. Schaltung einer Glühkathodenröntgenröhre

Diese Röntgenstrahlung hat die Fähigkeit, alle Materie in erheblicher Dicke zu durchdringen. Ebenso wie das sichtbare Licht kann sie von elektrischen und magnetischen Feldern nicht abgelenkt werden. Sie vermag viele Stoffe zur Fluoreszenz bzw. Phosphoreszenz zu erregen, die photographische Platte zu schwärzen und Gase zu ionisieren.

**2. Wellenlängenmessungen an Röntgenstrahlen.** Erst etwa 30 Jahre nach der Entdeckung der Röntgenstrahlen gelang es, die Wellenlänge der Röntgenstrahlen zu messen, und zwar mit einem Beugungsgitter bei „streifender Inzidenz" ($\alpha \approx 90°$) (Abb. 527). Wenn wir in (VI, 13.2) für die gegen die Normale gemessenen Winkel $\alpha$ und $\beta$ ihre Komplementwinkel $\varphi$ und $\psi$ einführen, erhalten wir

$$z\lambda = g(\cos\varphi - \cos\psi). \qquad (2.1)$$

Fällt eine Welle, deren Wellenlänge $\lambda = 10^{-8}$ cm ist, unter einem Winkel von $\varphi = 10'$ streifend auf ein Gitter mit $g = 5 \cdot 10^{-4}$ cm (200 Striche pro mm), so erscheint das Beugungsmaximum erster Ordnung ($z = 1$) unter dem Winkel $\psi = 22'$.

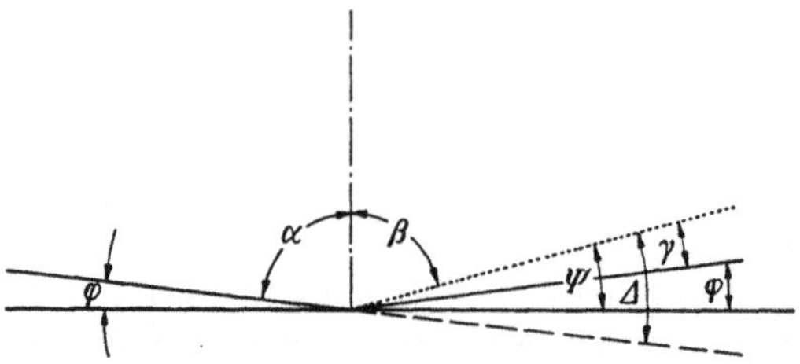


Abb. 527. Absolute Wellenlängenmessung von Röntgenstrahlen mit einem streifend angestrahlten Strichgitter nach COMPTON und DOAN. Der Röntgenstrahl fällt von links unter dem kleinen Winkel $\varphi$ gegen die horizontale Gitterebene ein

Man mißt den Winkel $\Delta$, den der gebeugte Strahl mit der Richtung des einfallenden, und den Winkel $\gamma$, den er mit dem reflektierten Strahl bildet. Denn auf der photographischen Platte, die man in hinreichend weiter Entfernung vom Gitter aufstellt, zeichnen sich die Spuren des reflektierten und gebeugten Strahls und, wenn man das Gitter aus dem Strahlengang entfernt, auch die des einfallenden Strahls ab. Es ist

$$\Delta = \psi + \varphi; \quad \gamma = \psi - \varphi.$$

Statt (2.1) kann man schreiben:

$$z \cdot \lambda = 2g \cdot \sin\frac{\psi + \varphi}{2} \cdot \sin\frac{\psi - \varphi}{2} \cong \frac{g}{2}(\psi + \varphi)(\psi - \varphi)$$

$$z \cdot \lambda \cong \frac{g}{2} \cdot \Delta \cdot \gamma. \tag{2.2}$$

Die Anwendung dieser Methode ist deshalb möglich, weil unter so kleinen Winkeln Totalreflexion der Röntgenstrahlen auftritt. Nach V (5.1) findet Totalreflexion beim Einfall aus dem optisch dichteren auf ein dünneres Medium statt, wenn der Einfallswinkel größer ist als

$$\sin\alpha_T = \frac{n_2}{n_1}.$$

Zur Wellenlänge der Röntgenstrahlen $\lambda = 10^{-8}$ cm gehört die Kreisfrequenz $\omega = 1{,}9 \cdot 10^{19}\,\mathrm{s}^{-1}$. Da sie gegen die Eigenfrequenz der Dispersionselektronen groß ist, kann die Dispersionsformel (VI 24.3) geschrieben werden:

$$n^2 = 1 - \frac{1}{\varepsilon_0} N \frac{e_0^2 \cdot Z}{m_0 \omega^2},$$

wo $Z$ die Anzahl aller im Atom enthaltenen Elektronen mit der Ladung $e_0$ und der Masse $m_0$ bedeutet. Da der Minuend größer als 0 ist, ist $n < 1$. Das Vakuum ist also „optisch dichter" als das Metall oder das Glas, auf dem das Gitter geritzt ist, es ist also Totalreflexion möglich! Zur Abschätzung von $n^2 - 1$ setzen wir $N = \frac{\text{Loschmidt-Zahl}}{\text{Atomvolumen}} = \frac{L \cdot \varrho}{A}$; Ordnungszahl $Z \approx \frac{A}{2}$, also $N \cdot Z = \frac{L \cdot \varrho}{A} \frac{A}{2} = \frac{1}{2} \cdot L\varrho$. Für $\varrho \approx 10\,\mathrm{g\,cm^{-3}}$ wird also

$$1 - n^2 = 4\pi \cdot \frac{1}{2} L\varrho \frac{e_0^2}{m_0 \cdot \omega^2} = \frac{6{,}28 \cdot 6{,}02 \cdot 10^{23} \cdot 10 \cdot 4{,}8^2 \cdot 10^{-20}}{9{,}1 \cdot 10^{-28} \cdot 1{,}9^2 \cdot 10^{38}} = 2{,}6 \cdot 10^{-5}$$

$$n^2 = 1 - 2{,}6 \cdot 10^{-5}; \quad n = 1 - 1{,}3 \cdot 10^{-5}.$$

Nach $\sin\alpha_T = \frac{n_2}{n_1} = \frac{n}{1}$ und $\alpha_T = 90° - \varphi_T$ wird

$$\cos\varphi_T = 1 - 1{,}3 \cdot 10^{-5}.$$

Da $\cos\varphi_T = \sqrt{1 - \sin\varphi_T^2} \approx (1 - \varphi_T^2)^{\frac{1}{2}} = 1 - \frac{1}{2}\varphi_T^2$, ist

$$1 - \frac{\varphi_T^2}{2} = 1 - 1{,}3 \cdot 10^{-5}; \quad \varphi_T^2 = 26 \cdot 10^{-6}.$$

Der Grenzwinkel der Totalreflexion (gegen die Gitterebene gemessen) ist also $\varphi_T = 5{,}1 \cdot 10^{-3} \mathrel{\hat{=}} 17'$. Unter diesem und kleineren Winkeln werden also die Röntgenstrahlen ohne Intensitätsverlust spiegelnd reflektiert!

**3. Kristallinterferenzen (VON LAUE).** Im Jahre 1912, als weder die Natur der Röntgenstrahlen, noch die Struktur der Kristalle sicher bekannt war, gelang es MAX VON LAUE und seinen Mitarbeitern FRIEDRICH und KNIPPING beide Probleme durch *ein* Experiment zu lösen:

Ein eng ausgeblendetes Röntgenstrahlenbündel tritt durch eine Kristallplatte $K$ (Abb. 528). Auf einer hinter $K$ aufgestellten photographischen Platte $P$ bildet sich um den Durchstoßpunkt des direkten Bündels ein System von schwarzen Flecken, die, wenn eine parallel zur Würfelfläche eines NaCl-Kristalls geschnittene Platte durchstrahlt wird, die in Abb. 529 angedeutete vierzählige Symmetrie besitzen.

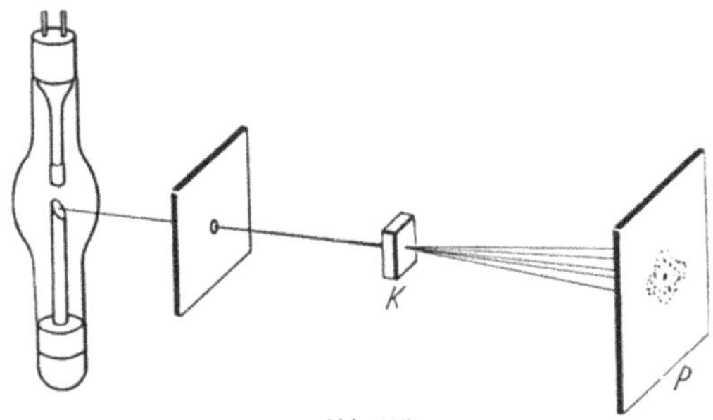


Abb 528

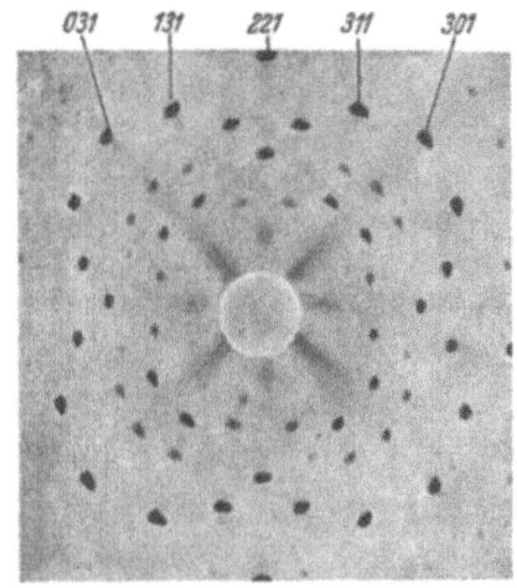


Abb. 529

Abb. 528. Anordnung von v. LAUE, FRIEDRICH und KNIPPING zur Erzeugung von Kristallinterferenzen

Abb. 529. Laue-Interferenzen mit einer parallel zur Würfelfläche gespaltenen NaCl-Kristallplatte. (Aus R. W. POHL, Optik und Atomphysik). Die oben angegebenen Zahlentripel sind die Millerschen Indizes der Netzebenen, an denen ein passender Wellenlängenbereich reflektiert wird

VON LAUE konnte das Ergebnis quantitativ deuten als Interferenzerscheinung einer Wellenstrahlung, die an den räumlich regelmäßig angeordneten Atomen des Kristalls eine kohärente Streustrahlung auslöst. Im einzelnen ist dies folgendermaßen zu verstehen:

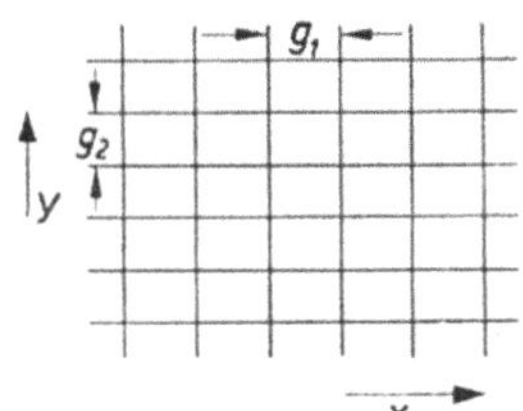


Abb. 530. Schema eines Kreuzgitters

Wenn man zwei Strichgitter (Durchlaßgitter) wie in Abb. 530 senkrecht kreuzt, so unterliegen die Richtungen für die Interferenzmaxima zwei Bedingungen (vgl. VI 13.2):

$$z_1 \lambda = g_1 (\cos\alpha - \cos\alpha_0), \tag{3.1}$$

$$z_2 \lambda = g_2 (\cos\beta - \cos\beta_0), \tag{3.2}$$

wo $\alpha$ und $\alpha_0$ die Winkel des gebeugten und des einfallenden Strahls gegen die $x$-Richtung und $\beta$ und $\beta_0$ die Winkel gegen die $y$-Richtung sind. Die gebeugten Strahlen müssen also sowohl auf einem Kegel um die $x$-Richtung mit dem Öffnungswinkel $2\alpha$, als einem Kegel um die $y$-Richtung mit dem Öffnungswinkel $2\beta$ liegen. Im allgemeinen schneiden sich beide Kegel; in Richtung dieser Schnittgeraden verlaufen also gebeugte Strahlen. Für jedes $\lambda$, welches kleiner als $g_1$ und $g_2$ ist, und jede Einfallsrichtung $\alpha_0$, $\beta_0$ kommt ein Schnitt der zugehörigen Strahlenkegel zustande. Die Beugungsfigur eines Kreuzgitters enthält also alle Wellenlängen, die im auffallenden Licht enthalten sind.

Bringt man aber nun in gleichen Abständen $g_3$ hintereinander lauter parallele Kreuzgitter so an, daß die Kreuzungspunkte in der $z$-Richtung senkrecht übereinanderliegen, so tritt als dritte „Laue-Gleichung" für die Richtung der gebeugten Strahlen zu (3.1) und (3.2) hinzu:

$$z_3 \lambda = g_3 (\cos\gamma - \cos\gamma_0). \tag{3.3}$$

Damit wirklich eine Verstärkung zustande kommt, muß auch der Kegel um die $z$-Achse mit dem Öffnungswinkel $2\gamma$ durch die Schnittlinie der beiden anderen Kegel gehen. Das wird im allgemeinen nicht der Fall sein, sondern bei vorgegebenen Werten von $z_1$, $z_2$ und $z_3$, die kleine ganze Zahlen sind, nur für bestimmte Wellenlängen $\lambda$ erfüllt sein. Nach einem Satz der analytischen Geometrie müssen die Richtungskosinus die Bedingungen erfüllen:

$$\cos^2\alpha + \cos^2\beta + \cos^2\gamma = 1 \qquad \text{und} \qquad \cos^2\alpha_0 + \cos^2\beta_0 + \cos^2\gamma_0 = 1 .$$

Aus (3.1) bis (3.3) folgt:

$$\cos\alpha = \frac{z_1\lambda}{g_1} + \cos\alpha_0$$

$$\cos\beta = \frac{z_2\lambda}{g_2} + \cos\beta_0$$

$$\cos\gamma = \frac{z_3\lambda}{g_3} + \cos\gamma_0 .$$

Quadriert und addiert:

$$1 = \lambda^2\left[\left(\frac{z_1}{g_1}\right)^2 + \left(\frac{z_2}{g_2}\right)^2 + \left(\frac{z_3}{g_3}\right)^2\right] + 2\lambda\left[\frac{z_1}{g_1}\cos\alpha_0 + \frac{z_2}{g_2}\cos\beta_0 + \frac{z_3}{g_3}\cos\gamma_0\right] + 1$$

oder als Bedingung für $\lambda$:

$$\lambda = -2\,\frac{\frac{z_1}{g_1}\cos\alpha_0 + \frac{z_2}{g_2}\cos\beta_0 + \frac{z_3}{g_3}\cos\gamma_0}{\left(\frac{z_1}{g_1}\right)^2 + \left(\frac{z_2}{g_2}\right)^2 + \left(\frac{z_3}{g_3}\right)^2} . \tag{3.4}$$

Für ein kubisches Gitter ($g_1 = g_2 = g_3 = g$) und senkrechten Einfall in Richtung der $z$-Achse, also $\alpha_0 = \beta_0 = 90°$ und $\gamma_0 = 0$, wird

$$\lambda = 2\,\frac{z_3}{z_1^2 + z_2^2 + z_3^2}\cdot g . \tag{3.5}$$

Der Winkel $2\vartheta$, den zwei Strahlen mit den Richtungscosinus $\cos\alpha_0$, $\cos\beta_0$, $\cos\gamma_0$ und $\cos\alpha$, $\cos\beta$, $\cos\gamma$ miteinander bilden, ist

$$\cos 2\vartheta = \cos\alpha\cos\alpha_0 + \cos\beta\cos\beta_0 + \cos\gamma\cos\gamma_0 .$$

Durch Quadrieren und Addieren von (3.1) bis (3.3) folgt für $g_1 = g_2 = g_3 = g$:

$$\begin{aligned}&(\cos\alpha - \cos\alpha_0)^2 + (\cos\beta - \cos\beta_0)^2 + (\cos\gamma - \cos\gamma_0)^2\\ &= 1 - 2\cos\alpha\cos\alpha_0 - 2\cos\beta\cos\beta_0 - 2\cos\gamma\cos\gamma_0 + 1\\ &= 2(1-\cos 2\vartheta) = 4\sin^2\vartheta = (z_1^2 + z_2^2 + z_3^2)\,\frac{\lambda^2}{g^2}\end{aligned}$$

oder

$$\sin\vartheta = \frac{\lambda}{2g}\sqrt{z_1^2 + z_2^2 + z_3^2} . \tag{3.6}$$

Haben die Ordnungszahlen $z_1$, $z_2$, $z_3$ einen größten gemeinsamen Teiler $n$, so daß $z_1 = n z_1^*$, $z_2 = n z_2^*$ und $z_3 = n z_3^*$, so wird aus (3.6)

$$\sin\vartheta = \frac{n\lambda}{2g}\sqrt{z_1^{*2} + z_2^{*2} + z_3^{*2}} . \tag{3.7}$$

Für die Beugung von Röntgenstrahlen stehen als Raumgitter mit geeigneten Gitterkonstanten die Kristalle zur Verfügung. An Stelle der Spalte der optischen Gitter treten hier die regelmäßig angeordneten Atome, an denen eine kohärente Streuung der eingestrahlten Röntgenwelle erfolgt.

Eine Ebene im Kristall, die mit Atomen (Gitterpunkten) besetzt ist, bezeichnet man als *Netzebene*. Ein dreidimensionales Koordinatensystem kann durch die Gitterpunkte stets so gelegt werden, daß die von einer Netzebene gebildeten drei Achsenabschnitte ganzzahlige Vielfache der drei Gitterkonstanten ($g_1$, $g_2$, $g_3$) sind, nämlich $m_1 g_1$, $m_2 g_2$ und $m_3 g_3$. Ein Wertetripel $m_1$, $m_2$, $m_3$ bestimmt eine ganze Schar paralleler Netzebenen, da der Koordinatenursprung im Kristall um beliebige Vielfache der Gitterkonstanten verschoben werden kann. Im Fall eines kubischen Gitters ($g_1 = g_2 = g_3 = g$; rechtwinkliges Koordinatensystem) ist der Abstand zweier benachbarter Netzebenen

$$d = \frac{g}{K} \cdot \frac{1}{\sqrt{\frac{1}{m_1^2} + \frac{1}{m_2^2} + \frac{1}{m_3^2}}}, \qquad (3.8)$$

wobei $K$ das kleinste gemeinschaftliche Vielfache der Zahlen $m_1$, $m_2$, $m_3$ bedeutet. Setzt man beim Vergleich von (3.8) mit (3.7)

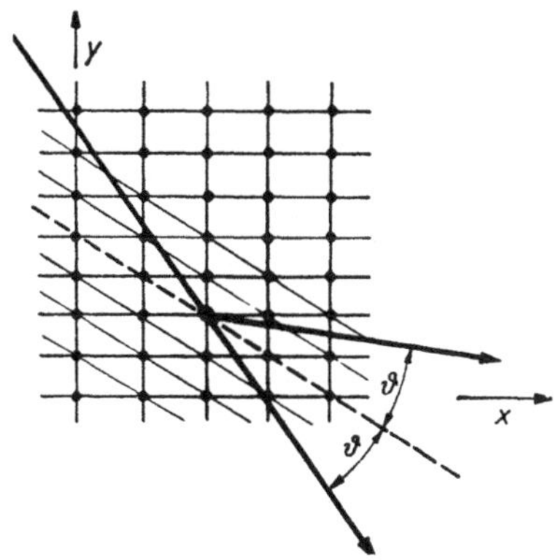


Abb. 531. **Zurückführung der Laue-Interferenzen auf Spiegelung des einfallenden Strahls an geeigneten Netzebenen im Inneren des Kristalls**

$$\frac{K}{m_1} = z_1^*, \quad \frac{K}{m_2} = z_2^*, \quad \frac{K}{m_3} = z_3^*,$$

So ergibt sich aus (3.7):

$$2d \sin\vartheta = n \cdot \lambda \text{ (Braggsche Reflexionsbedingung)} \qquad (3.9)$$

Die Zahlentripel $z_1$, $z_2$, $z_3$ bzw. $z_1^*$, $z_2^*$, $z_3^*$ heißen Laue- bzw. Millersche Indizes der betrachteten Netzbahnenschar; sie bestimmen diese eindeutig.

**4. Reflexion an einer Gitterebenenschar (BRAGG).** In Abb. 532 bedeuten 1, 2, 3, 4, ... parallele Netzebenen eines Kristalls. Der Abstand benachbarter Netzebenen sei $g$; wie in § 3 gezeigt, ist er nicht identisch mit der Gitterkonstan-

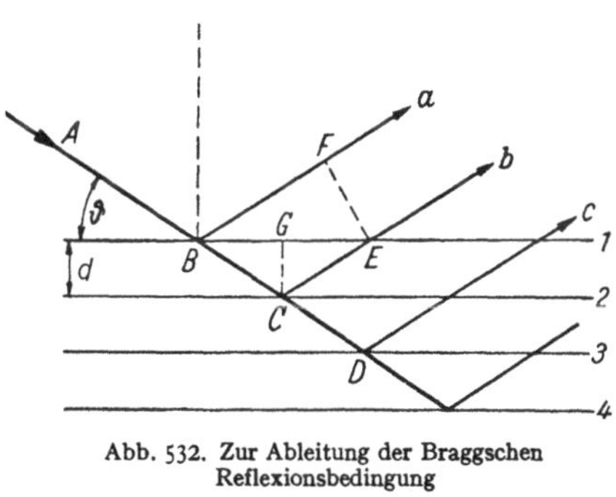


Abb. 532. **Zur Ableitung der Braggschen Reflexionsbedingung**

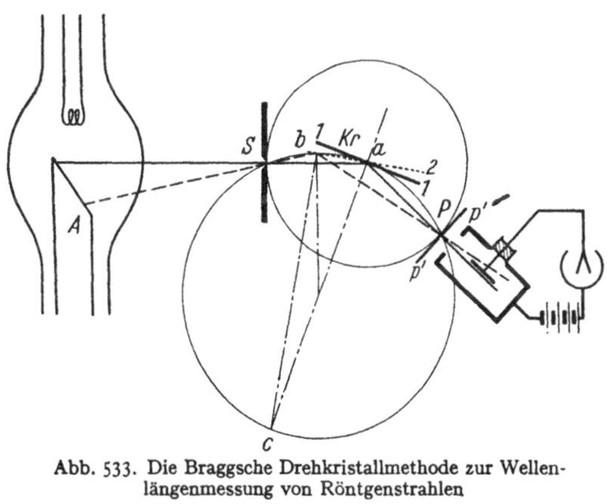


Abb. 533. **Die Braggsche Drehkristallmethode zur Wellenlängenmessung von Röntgenstrahlen**

ten. Der unter dem Winkel $\vartheta$ gegen die Netzebene einfallende Röntgenstrahl, der infolge seiner geringen Absorption sehr viele Ebenen durchdringt, erfährt an jeder eine Reflexion. Damit die reflektierten Strahlen $a$, $b$, $c$, ... sich gegenseitig durch Interferenz verstärken, muß der Gangunterschied $\Delta$ zwischen benachbarten Strahlen $(a, (b), b\ c)$, ... ein ganzzahliges Vielfaches einer Wellenlänge betragen. Mit Hilfe dieser Vorstellung ergibt sich eine einfache Ableitung der Reflexionsbedingung (3.9):

$$\begin{aligned}\Delta &= (BC + CE) - BF = 2BC - BF\\ &= 2\cdot\frac{d}{\sin\delta} - 2BG\cdot\cos\varphi\\ &= 2\frac{d}{\sin\vartheta} - 2\frac{d}{\operatorname{tg}\vartheta}\cdot\cos\vartheta = \frac{2d}{\sin\vartheta}(1-\cos^2\vartheta) = 2d\cdot\sin\vartheta.\end{aligned}$$

Die Reflexion findet also mit merklicher Intensität statt, wenn

$$z\cdot\lambda = 2d\sin\vartheta \qquad \textit{(Braggsche Reflexionsbedingung)}. \tag{4.1}$$

Bei einer gegebenen Gitterkonstanten und einer gegebenen Wellenlänge muß der Kristall so gegen den einfallenden Strahl geneigt sein, daß (4.1) erfüllt ist. Aus einfallendem „weißen" Röntgenlicht wird also monochromatisches Licht reflektiert. Zur Aufnahme eines Spektrums wird der Kristall um eine Achse durch $B$ senkrecht zur Zeichenebene gedreht und das Empfangsgerät so weit geschwenkt, daß es den reflektierten Strahl aufnimmt.

Diese Braggsche „Drehkristallmethode" (Abb. 533) hat die für die Spektroskopie besonders nützliche Eigenschaft, divergente Strahlen gleicher Wellenlänge in einem Punkte der photographischen Platte zu sammeln, wenn der Spalt $S$ und die photographische Platte $p'p'$ von der Drehachse des Kristalls gleich weit entfernt sind. Dann fällt, wie aus Abb. 533 folgt bei Drehung des Kristalls in die Stellung 2 der gestrichelte Strahl in $b$ (dem Schnittpunkt des Kreises durch $S$, $a$ und $P$ mit der Oberfläche des Kristalls) unter einem Winkel auf, der gleich $Sac$ ist ($Sac$ und $Sbc$ sind Peripheriewinkel über dem gleichen Kreisbogen $Sc$). Die Winkel $cbP$ und $caP$ sind als Winkel über dem Bogen $cP$ ebenfalls gleich. Da $caP$ der Reflexionswinkel von $Sa$ ist, ist also $bP$ der reflektierte Strahl von $Sb$. Alle von $S$ ausgehenden Strahlen gleicher Wellenlänge werden also bei Drehung des Kristalls in passender Stellung des Kristalls zum gleichen Punkt der photographischen Platte reflektiert.

**5. Streuung an Kristallpulvern (Debye und Scherrer).** Wenn mit Röntgenstrahlen, die ein Linienspektrum besitzen, ein zylindrisches Stäbchen $Z$ (Abb. 534 oben) durchstrahlt wird, das aus feingepulverten Kristallen gepreßt ist, dann finden die Strahlen unter den vielen ungeordneten Kriställchen immer solche vor, deren Orientierung der Reflexionsbedingung (4.1) genügt. Die gebeugten Strahlen erfüllen dann einen Kegelmantel, dessen Öffnungswinkel man aus den Schwärzungslinien auf einem photographischen Film entnehmen kann, der koaxial um $Z$ gelegt wird. Diese Pulvermethode dient vorzugsweise zur Bestimmung des Gitterbaus des Kristalles. Ein kleiner Ausschnitt aus dem Film um den Durchstoßpunkt des Röntgenstrahlenbündels ist in Abb. 534 unten, ein Diagramm des MgO in Abb. 535 dargestellt.

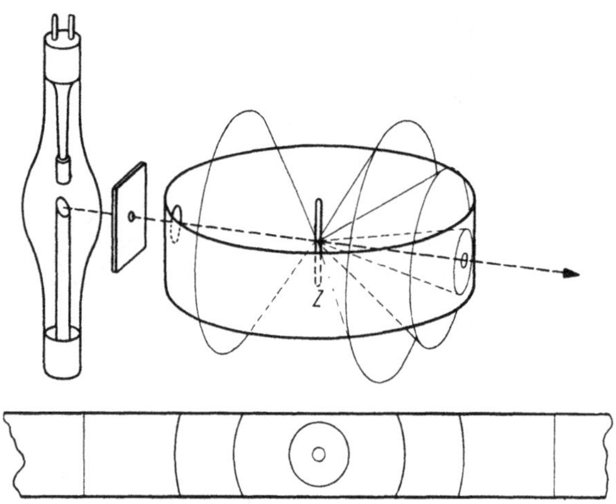


Abb. 534. Oben: Debye-Scherrer-Verfahren zur Bestimmung des Gitterbaues von Kristallen. Unten ist das Beugungsbild auf dem abgewickelten Film dargestellt

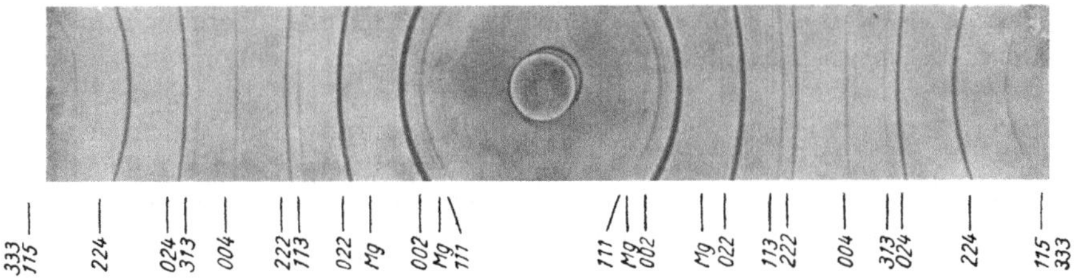


Abb. 535. Debye-Scherrer-Diagramm von MgO mit den zu den Beugungsringen gehörenden Laue-Indizes der „spiegelnden" Netzebenen

**6. Interferenzen aus Gitterquellen (Kossel).** Wenn man ein gut fokussiertes Kathodenstrahlenbündel in einen Einkristall eintreten läßt (Abb. 536), verlegt man die Antikathode, von der die charakteristische Röntgenstrahlung ausgeht, in das Innere des beugenden Kristalls. Weil nun von der ins Innere verlegten Quelle die Ausstrahlung nach jeder Richtung erfolgt, erscheint das Netz der im Gitter möglichen Reflexe vollständig. Die Überlagerung der primären und der sekundären Strahlung ermöglicht, die Phasenbeziehung zwischen ihnen wahrzunehmen (Abb. 537 und 538), während die Laue- und Bragg-Interferenzen nur die Phasenbeziehungen der Sekundärwellen untereinander zu studieren gestatten. Die Deutung der Interferenzen ergibt, daß die Ausbreitung der von der Gitterquelle ausgehenden Wellenbewegung kohärent im ganzen Raumwinkel $4\pi$ erfolgt.

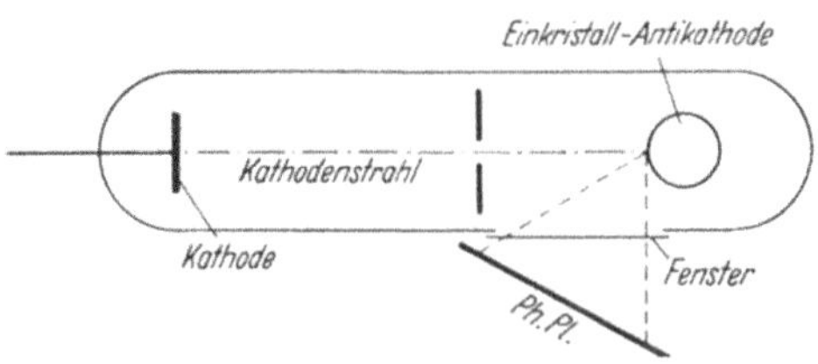


Abb. 536. Erzeugung von Röntgenstrahlinterferenzen aus Gitterquellen bei Kathodenstrahlanregung

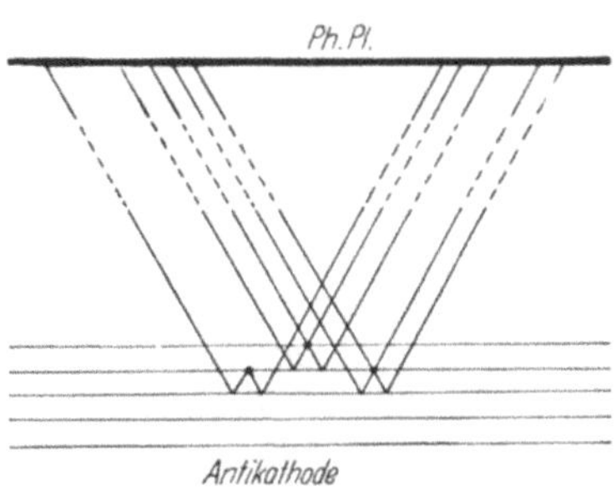


Abb. 537. Zur Entstehung der Interferenzen aus Gitterquellen

Abb. 538. Emission einer Kupfer-Einkristall-Antikathode im Gebiet um den Oktaederpol. (Überlassen von W. Kossel)

**7. Bremsstrahlung und charakteristische Strahlung.** Wenn die Röntgenstrahlung auf einer sehr kurzen Bremsstrecke vom negativ beschleunigten Elektron erzeugt wird, so erwartet man nach der klassischen Elektrodynamik für die Ausstrahlung ein Strahlungsdiagramm wie in Abb. 349, wobei die Richtung der

Beschleunigung mit der dort gezeichneten Dipolrichtung übereinstimmt. Die *beobachtete* Intensitätsverteilung in Abhängigkeit von $\vartheta$ entspricht qualitativ diesem Bilde, nur wird die Intensität etwas in Vorwärtsrichtung gedrängt; um so stärker, je höher die Energie der einfallenden Elektronen (zur Deutung vgl. 7.3).

Auch die aus Abb. 350 (s. III § 81) folgende Polarisation mit dem elektrischen Vektor in der Ebene von $\boldsymbol{b}$ und $\boldsymbol{r}$ wird bei der Bremsstrahlung beobachtet.

Der auf einem Weg von subatomarer Länge erfolgenden Bremsung, also einer nicht periodischen Beschleunigung entspricht (nach dem Fourier-Satz) ein kontinuierliches Spektrum (ebenso wie dem akustischen Knall). Nach der klassischen Elektrodynamik müßte demnach ein bis zu beliebig hohen Frequenzen ausge-

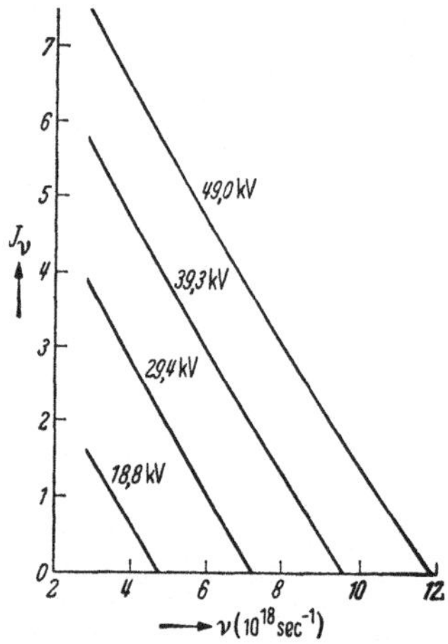


Abb. 539. Spektrale Intensitätsverteilung der Röntgenbremsstrahlung aus dicker Antikathode als Funktion der Frequenz $I_\nu = \dfrac{\text{Intensität im Intervall } \Delta\nu}{\text{Frequenzintervall } \Delta\nu}$ (nach KULENKAMPFF)

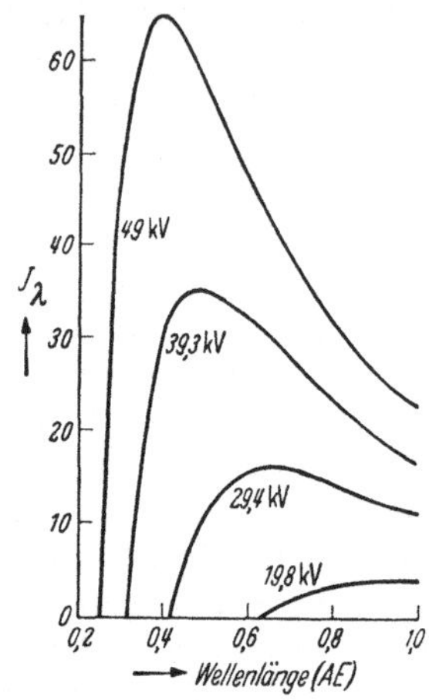


Abb. 540. Spektrale Intensitätsverteilung der Röntgenbremsstrahlung aus dicker Antikathode als Funktion der Wellenlänge $I_\lambda = \dfrac{\text{Intensität im Intervall } \Delta\lambda}{\text{Wellenlängenintervall } \Delta\lambda}$ (nach KULENKAMPFF)

dehntes Spektrum beobachtet werden. Nach der Quantentheorie kann aber ein Elektron der Energie $E_{\mathrm{kin}}$ keine Quanten beliebig hoher Energie erzeugen, sondern nur solche bis zu einer gewissen Grenzfrequenz $\nu_{\mathrm{gr}}$, für die gilt:

$$h\nu_{\mathrm{gr}} = E_{\mathrm{kin}} = e_0 U. \tag{7.1}$$

Hier ist $E_{\mathrm{kin}} = \frac{m}{2}\,u^2$ oder nach XVII § 5 für hohe Spannungen $E_{\mathrm{kin}} = (m - m_0)\,c^2$ die kinetische Energie der Kathodenstrahlen, die die Spannung $U$ zwischen Kathode und Antikathode durchfallen haben. Natürlich können auch energieärmere Photonen entstehen, z.B. wenn die Elektronen vor ihrer Ausstrahlung beim Eindringen ins Material der Antikathode bereits Energie verloren haben, oder bei der Ausstrahlung nur einen Teil ihrer Energie abstrahlen. So muß also auch nach der Quantentheorie ein kontinuierliches Spektrum abgestrahlt werden, das aber bei einer gewissen Frequenz abbricht. Die Grenzwellenlänge ist nach (7.1)

$$\lambda_{\mathrm{gr}} = \frac{c}{\nu_{\mathrm{gr}}} = \frac{c\,h}{e_0 U} = \frac{12{,}34}{U} \cdot 10^{-8}\,\mathrm{cm} \quad (U \text{ in kV}). \tag{7.2}$$

Dies entspricht genau dem experimentellen Befund (Abb. 539 und 540). Andererseits bietet (7.2) die Möglichkeit, durch Messung der Grenzwellenlänge und der Beschleunigungsspannung das Plancksche Wirkungsquantum sehr genau zu bestimmen.

Für Elektronen, die so hoch beschleunigt sind, daß ihre Geschwindigkeit $u$ sich fast nicht mehr von der Lichtgeschwindigkeit $c$ unterscheidet, gilt:

$$E = m c^2 = m c \cdot c \approx m u \cdot c = p \cdot c. \tag{7.3}$$

Sie strahlen ihre energiereichen Photonen in Vorwärtsrichtung. Das fordert der Impulserhaltungssatz, denn der Photonenimpuls $\frac{h\nu}{c} = \frac{E}{c}$ ist dann gleich dem Elektronenimpuls $p$. Röntgenstrahlen, die von 30 MeV-Elektronen erregt werden, bilden daher einen Kegel mit einem Öffnungswinkel von nur etwa 3° gegen die Richtung der einfallenden Elektronen.

Nach der Theorie ist die Wahrscheinlichkeit für die Emission der Strahlung dem Quadrat der Masse des strahlenden Teilchens umgekehrt proportional. Die Intensität der Elektronenbremsstrahlung muß also $1836^2$mal größer sein als die von Protonen gleicher Energie.

Über das Bremsspektrum lagert sich bei hinreichend hoher Geschwindigkeit der Elektronen ein Linienspektrum von sehr einfachem Bau, welches im Gegensatz zum Bremsspektrum für das Antikathodenmaterial *charakteristisch* ist. Es entsteht dadurch, daß die energiereichen Elektronen tief in die Elektronenhüllen der Antikathodenatome eindringen, und gibt daher Aufschluß über deren inneren Aufbau (vgl. X § 10). Dieser ist vom Aggregatzustand weitgehend unabhängig. Daher senden im Gebiet der Röntgenstrahlen — anders als im sichtbaren Bereich — auch feste Körper scharfe Spektrallinien aus.

**8. Absorption.** Röntgenstrahlen werden beim Durchgang durch Materie geschwächt. Für monochromatische Strahlen ist die Intensitätsabnahme $dI$ in kleinen Schichtdicken $dx$ der Intensität $I$ und $dx$ proportional. Der Proportionalitätsfaktor $\mu$ hängt von der Wellenlänge der Strahlen und von der Dichte und dem Atomgewicht bzw. der Ordnungszahl $Z$ des durchstrahlten Stoffes ab:

$$dI = -\mu I \cdot dx; \tag{8.1}$$

$\mu$ heißt *Schwächungskoeffizient.* Über den Weg $x$ integriert, wird

$$I = I_0 e^{-\mu x}. \tag{8.2}$$

$I_0$ ist die auffallende Intensität, $I$ die nach Durchstrahlung der Dicke $x$ noch vorhandene Intensität. (8.2) gilt nur für monochromatische Strahlen.

Die Schwächung von Röntgen- (oder $\gamma$-) Strahlung, deren $h\nu < 10^6$ eV ist, erfolgt auf drei verschiedene Weisen:

1. Durch echte (oder *photoelektrische*) Absorption:

Die Energie des absorbierten Quants dient zur Abspaltung eines Elektrons, welches nach dem Austritt aus dem Atom als freies Elektron eine kinetische Energie besitzt, die durch die Einsteinsche Gleichung (IV 2.1) gegeben wird:

$$E_{\text{kin}} = h\nu - A.$$

Die Energie des Elektrons wird in kleinen Portionen verbraucht und bleibt letzten Endes als Wärme in dem Absorber stecken.

Wenn $h\nu$ hinreichend groß ist, kann jedes Atomelektron, also auch ein festgebundenes inneres Elektron, ausgelöst werden. Die bei der Wiederauffüllung des Platzes des abgespaltenen inneren Elektrons freiwerdende Energie kann als charakteristische Strahlung abgegeben werden (s. § 7). Sie bleibt dann dem Absorber nicht erhalten. Häufig wird sie in einem strahlungslosen Übergang wieder zur Abspaltung von Elektronen aus demselben Atom verwendet (*Auger-Effekt*, s. X § 11).

Der Anteil dieser Prozesse wird durch den *wahren Absorptionskoeffizienten* $\tau$ beschrieben.

2. Durch *klassische* Streuung: Sie entspricht der in VI § 27 behandelten Streuung des Lichtes. Hier handelt es sich also nur um eine Richtungsänderung der primären Welle ohne Energieabgabe an die durchstrahlte Materie. Man beschreibt diese Schwächung durch den *Streukoeffizienten* $\sigma$, der additiv zu $\tau$ hinzutritt: $\mu = \tau + \sigma$.

3. Mit abnehmender Wellenlänge tritt die Schwächung durch klassische Streuung immer mehr hinter der durch den *Compton-Effekt* zurück (vgl. VIII § 16 und Abb. 544). Dabei nimmt die Frequenz der gestreuten Quanten ab, die gestreute Welle erfährt also bei diesem Prozeß eine Wellenlängenzunahme.

Die Zahl der absorbierenden bzw. streuenden Atome im $cm^3$ ist bei gleicher stofflicher Zusammensetzung des Absorbers seiner Dichte proportional. Deshalb ist auch der Absorptionskoeffizient der Dichte proportional. Das gilt auch für nicht zu langwellige Strahlen, wenn ein Element in verschiedenen chemischen Bindungen vorkommt. Daher gibt man für Elemente im allgemeinen den *Massenabsorptionskoeffizienten* $\frac{\mu}{\varrho}$ an, wo $\mu$ der Absorptionskoeffizient ist, der zur Dichte $\varrho$ gehört. $\frac{\mu}{\varrho}$ ist dann der Zahlenwert des Absorptionskoeffizienten des Elementes, wenn es die Dichte 1 hat (vgl. Tabelle 34). Kommt es in einer Verbindung mit der Dichte $\varrho'$ vor, so hat es den Absorptionskoeffizienten $\mu' = \frac{\mu}{\varrho} \cdot \varrho'$. Besteht die Verbindung aus $n$ Bestandteilen, deren Massenabsorptionskoeffizienten $\left(\frac{\mu}{\varrho}\right)_i$ sind, dann ist der Absorptionskoeffizient der Verbindung

$$\mu' = \sum_{i=1}^{n} \left(\frac{\mu}{\varrho}\right)_i \cdot \varrho_i'. \tag{8.3}$$

Der wahre Absorptionskoeffizient $\tau$ nimmt mit abnehmender Wellenlänge ab, wächst aber für bestimmte Wellenlängen (bei den sogenannten Absorptionskanten) sprunghaft an, um dann weiter stetig abzunehmen (Abb. 541).

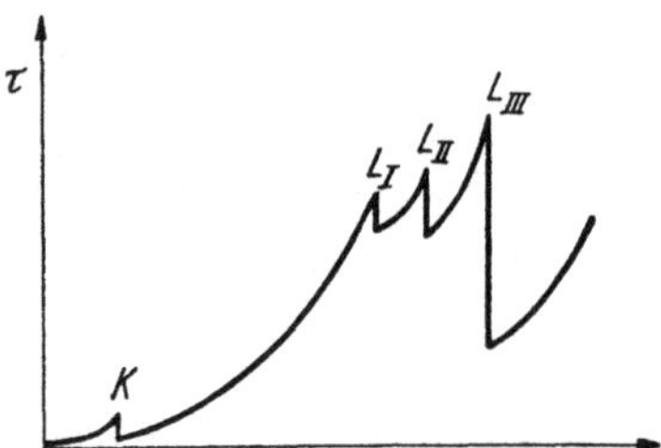

Abb. 541. Abhängigkeit des Absorptionskoeffizienten von der Wellenlänge. Darstellung der Absorptionskanten (schematisch)

Tabelle 34. *Massenabsorptionskoeffizienten einiger Stoffe*

| λ in Å | Luft | Al | Cu | Pb |
|---|---|---|---|---|
| 0,1 | — | 0,16 | 0,33 | 3,8 |
| 0,5 | 0,48 | 2,0 | 19 | 54 |
| 1 | 2,6 | 15 | 131 | 75 |
| 2 | 21 | 102 | 188 | — |

Die Zunahme der Absorption an den Absorptionskanten ist darauf zurückzuführen, daß die Anregung der charakteristischen Strahlung des Absorbermaterials, und zwar die ganze *K*- oder *L*-Serie, möglich wird (s. X § 10). Im Gegensatz zur Absorption des Lichtes treten bei den Röntgenstrahlen keine scharfen Absorptionslinien auf. Die Abhängigkeit des wahren Absorptionskoeffizienten von Wellenlänge und Ordnungszahl des Absorbers läßt sich außerhalb der Kanten darstellen durch

$$\tau \sim \lambda^3 \cdot Z^3 \tag{8.4}$$

Statt vom Durchdringungsvermögen der Röntgenstrahlen spricht man häufig von ihrer *Härte*. Die Härte wächst also mit abnehmender Wellenlänge oder zunehmender Betriebsspannung der Röhre sehr stark an.

**9. Streuung.** Der Massenstreukoeffizient hat unabhängig vom Atomgewicht für mittlere Härten den Wert

$$\frac{\sigma}{\varrho} = 0{,}2\,\mathrm{cm^2\,g^{-1}}. \tag{9.1}$$

Da die Streuung durch die Elektronen bewirkt wird, bedeutet die Unabhängigkeit des Massenabsorptionskoeffizienten vom Atomgewicht, daß alle Elemente in gleichen Volumina gleich viel Elektronen enthalten, wenn sie die gleiche Dichte, z.B. $\varrho = 1\,\mathrm{g\,cm^{-3}}$, besitzen. $n_A$ sei die Atomzahldichte eines Stoffes mit dem Atomgewicht $A$ und der Dichte $1\,\mathrm{g\,cm^{-3}}$, die Masse eines Atoms $\frac{A}{L}$. Dann ist

$$n_A \cdot \frac{A}{L} = 1 \quad \text{oder} \quad n_A = \frac{L}{A}.$$

Ist die Zahl der Elektronen pro Atom $Z_A$, dann enthält 1 cm³ bei der Dichte $1\,\mathrm{g\,cm^{-3}}$ also $Z_A \cdot n_A = \frac{Z_A \cdot L}{A}$ Elektronen. Gleichheit der Elektronenzahlen pro Volumeneinheit und gleiche Dichte für alle Elemente bedeutet also

$$\frac{Z_A \cdot L}{A} = \text{const} \quad \text{oder} \quad Z_A = C \cdot A. \tag{9.2}$$

Die Unabhängigkeit von $\frac{\sigma}{\varrho}$ vom Atomgewicht bedeutet also, daß die Anzahl der Elektronen im Atom dem Atomgewicht proportional ist, was bei den leichten Elementen bekanntlich zutrifft. Den Zahlenwert von $C$ gibt die Theorie der Streuung.

**10. Polarisierbarkeit.** Daß Röntgenstrahlen — ebenso wie Lichtstrahlen — von Transversalwellen gebildet werden und daher polarisierbar sind, wird durch folgendes Experiment bewiesen (Abb. 542): Läßt man senkrecht zur Kathodenstrahlrichtung austretende Röntgenbremsstrahlen auf einen leichten Streustrahler einwirken, so ist die Intensität der Streustrahlung, die man mit einer um ihn herumgeführten Ionisationskammer messen kann, in Richtung (1) größer als in Richtung (2). Bei einer mit dem elektrischen Vektor parallel zu den Kathodenstrahlen schwingenden, vollständig polarisierten primären Röntgenstrahlung erfolgen die erzwungenen Schwingungen der Elektronen des Streustrahlers nur in Richtung 2, sie dürften also in diese Richtung überhaupt nicht strahlen.

Die Bremsstrahlung aus einer dicken Antikathode ist nur partiell polarisiert, was wegen der Streuung der Elektronen (Diffusion) nicht anders erwartet werden kann.

Mit einer anderen Methode läßt sich nachweisen, daß Röntgenstrahlung aus einer sehr dünnen Antikathode unmittelbar an der Grenzfrequenz (§ 7) tatsächlich im erwarteten Sinne vollständig polarisiert ist.

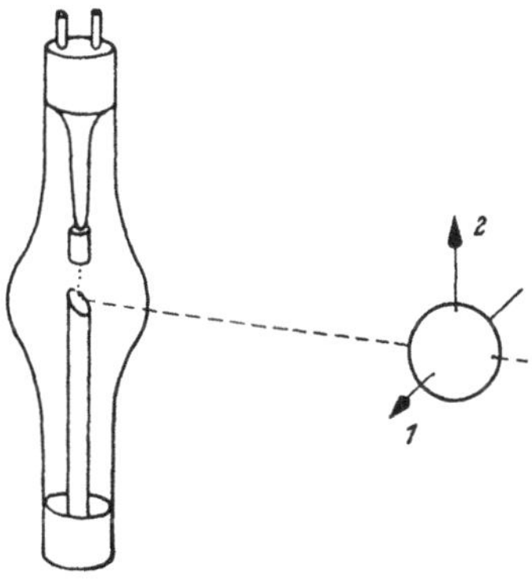


Abb. 542. Zum Nachweis der Polarisation der Röntgenbremsstrahlung

**11. Extrem harte Strahlung. Elektronenpaarbildung.** Sobald die Energie der Photonen mehr als $10^6$ eV beträgt, tritt mit wachsender Energie der Quanten immer häufiger der Prozeß der *Paarbildung* auf: Im Kraftfeld des Atomkerns kann die Energie der Photonen zur Bildung von je einem positiven und negativen Elektron, einem „Zwilling", dienen. Die in Abb. 543 wiedergegebene Nebelkammeraufnahme zeigt diesen Vorgang; der Röntgenstrahl, der keine Spur hinterläßt, ist von unten her eingedrungen; die beiden Elektronenbahnen sind infolge eines außen angebrachten Magnetfeldes gekrümmt, und zwar mit entgegengesetzter Krümmung. Da die zur Bildung *eines* Elektrons nötige Energie $m_0c^2 = 5{,}11 \cdot 10^5$ eV beträgt, kann die Paarbildung erst oberhalb $h\nu = 2m_0c^2 = 1{,}02 \cdot 10^6$ eV $\approx 1$ MeV beginnen. Die überschüssige Energie $h\nu - 2m_0c^2$ kann sich in einem beliebigen Verhältnis als kinetische Energie auf die beiden Elektronen des Paares verteilen.

Der umgekehrte Prozeß findet statt beim Zusammentreffen eines positiven mit einem negativen Elektron von nicht zu hoher kinetischer Energie; dann entstehen $2\gamma$-Quanten (von je etwa 500 keV), die unter 180° und senkrecht zueinander polarisiert emittiert werden.

In Abb. 544 sind die drei Koeffizienten, die die Schwächung in Blei beschreiben, $\tau_{\text{photoelektr.}}$, $\tau_{\text{compt.}}$ und $\tau_{\text{paar}}$ und deren Summe aufgetragen als Funktion der in Einheiten $m_0c^2$ gemessenen Energie der Photonen; am oberen Rand die zugehörige

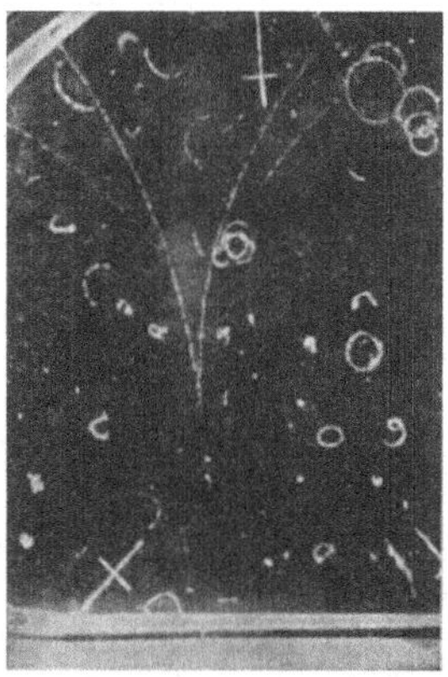

Abb. 543. Elektronenzwilling

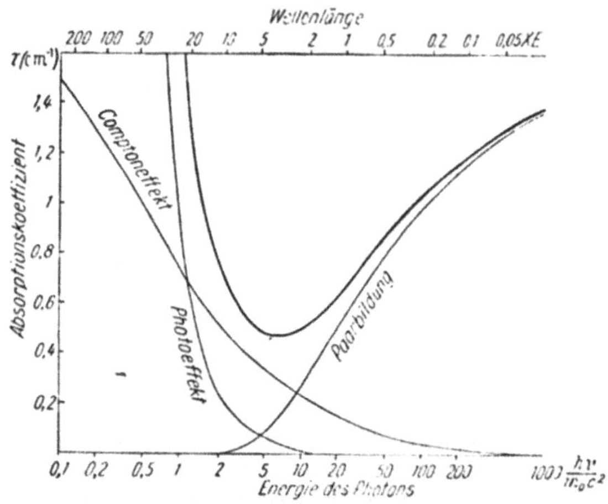


Abb. 544. Die durch Photoeffekt, Compton-Effekt und Paarbildung bewirkte Absorption von Photonen in Blei

Wellenlänge in $X$-Einheiten ($=10^{-9}$ cm). Man erkennt, daß jenseits von $h\nu = 100\,m_0c^2$ die Absorption fast nur noch auf Paarbildung zurückzuführen ist.

Oberhalb $h\nu = 2m_0c^2 \approx 1$ MeV beobachtet man neben der Compton-Streuung noch eine zusätzliche Strahlung der Wellenlänge $2{,}4 \cdot 10^{-10}$ cm, also $\lambda_c$ (Compton-Wellenlänge, vgl. VIII 16.7). Sie ist auf das bei der Absorption erzeugte positive Elektron zurückzuführen. Es vereinigt sich zunächst mit einem negativen Elektron zu einem Positron-Elektron-Atom, dem *Positronium*, das in zwei Zuständen vorkommt und mit einer Lebensdauer von $1{,}4 \cdot 10^{-7}$ bzw. $1{,}2 \cdot 10^{-10}$ s zerfällt. Dabei entstehen zwei Lichtquanten mit einer Energie von je $m_0c^2$, d. h. der Wellenlänge $\lambda_c$.

## B. Die kosmische Strahlung

In noch viel höherem Maße als die Röntgen-Strahlung ist die kosmische Strahlung befähigt, Materie zu durchdringen. Ihren Namen erhielt sie — mit vollem Recht —, nachdem man entdeckt hatte, daß ihre Intensität mit steigendem Abstand von der Erdoberfläche zunimmt (Hess 1910). Ihr Durchdringungsvermögen ist so groß, daß sie sich noch in 4000 m Meerestiefe nachweisen läßt.

In der *kosmischen Strahlung* sind Korpuskeln und Photonen enthalten, die in starker Wechselwirkung miteinander stehen. In ihr kommen Teilchen vor, deren Energie die der im Laboratorium erzeugbaren Strahlen auch heute noch weit überschreitet, so daß ihre Untersuchung ganz neuartige Ergebnisse über die Wechselwirkung von elektromagnetischer Strahlung und Materie ergeben hat; z.B. sind in der kosmischen Strahlung neue Elementarteilchen entdeckt worden.

**12. Nachweis und Ursprung.** Die Gesamtintensität der kosmischen Strahlung ist gering. In Meereshöhe tritt im Mittel durch jeden Quadratzentimeter nur etwa ein „Teilchen" pro Minute. Zu ihrem Nachweis sind daher besonders das Elektronenzählrohr, die Nebelkammer und die photographische Platte geeignet.

Die in Meereshöhe beobachtbare kosmische Strahlung ist eine Sekundärstrahlung, die aus mehreren Komponenten besteht. Die aus dem Weltraum einfallende primäre Strahlung wird in der Atmosphäre bereits oberhalb von 20 km über dem Erdboden vollständig absorbiert. Die Primärteilchen der kosmischen Strahlung sind zu 85% Protonen, zu 14% α-Teilchen (He-Kerne). Der Rest besteht aus schwereren Kernen (Li bis Fe) mit einer Häufigkeitsverteilung, wie sie der Verteilung der Elemente in der kosmischen Materie entsprechen. Nur Li-, Be-, B-Kerne kommen häufiger vor, sie sind aber Bruchstücke schwerer Kerne, die im Kosmos Zusammenstöße erlitten haben (s. § 13). Sie bekommen ihre Energie in ausgedehnten elektrischen Feldern im kosmischen Raum, die ihren Ursprung in sich zeitlich ändernden Magnetfeldern haben.

Geladene Teilchen, die die Erdatmosphäre vom kosmischen Raum erreichen, müssen das ausgedehnte Magnetfeld der Erde durchquert haben, ohne durch dieses in den Raum zurückgelenkt zu werden. Sie müssen daher eine Mindestenergie besitzen, die einerseits von ihrer Masse und andererseits von der Neigung ihrer Bahn gegen die Achse des magnetischen Erdfeldes abhängt. An den erdmagnetischen Polen vermögen in Richtung der Achse Teilchen jeder Energie einzutreten [vgl. (III 42.4)]. Protonen, die in der Ebene des erdmagnetischen Äquators einfallen, müssen mindestens eine Energie von einigen $10^9$ eV besitzen, um das Feld zu durchstoßen. Abb. 545 zeigt die Abhängigkeit der Intensität der kosmischen Strahlung von der geomagnetischen Breite. Sie beweist die elektrische Ladung und damit den überwiegend korpuskularen Charakter der primären Strahlung.

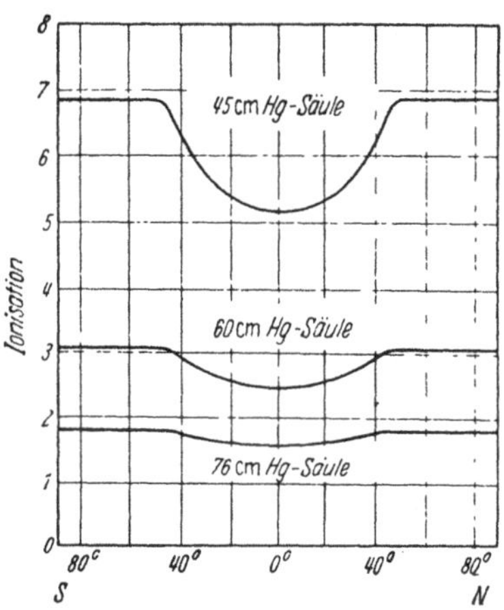

Abb. 545. Die Intensität der kosmischen Strahlung in Abhängigkeit von der geomagnetischen Breite

Von der unterschiedlichen magnetischen Ablenkung positiver und negativer geladener Teilchen hängt es ab, ob aus westlichem oder östlichem Himmel mehr Strahlung einfällt. Der sogenannte *Ost-West-Effekt* besteht in einem geringen Überschuß der Einstrahlung aus westlicher Richtung und beweist die positive Ladung der primären Strahlung.

Das Energiespektrum der primären Strahlung ist durch

$$n(E) = \frac{\text{const}}{E^{\gamma}}$$

darstellbar, wo $n(E)$ die Anzahl der Teilchen ist, deren Energie größer als $E$ ist; $\gamma$ wächst mit zunehmender Energie, im Bereich um $10^{10}$ eV ist $\gamma \approx 1$, um $10^{15}$ eV $\approx 2$. Für $E$ kommen Werte bis zu $10^{16}$ eV vor, der Mittelwert liegt zwischen $10^9$ und $10^{10}$ eV. Dieser Bereich wird heute durch die großen Teilchenbeschleunigungsmaschinen (vgl. XV § 4) gerade erreicht.

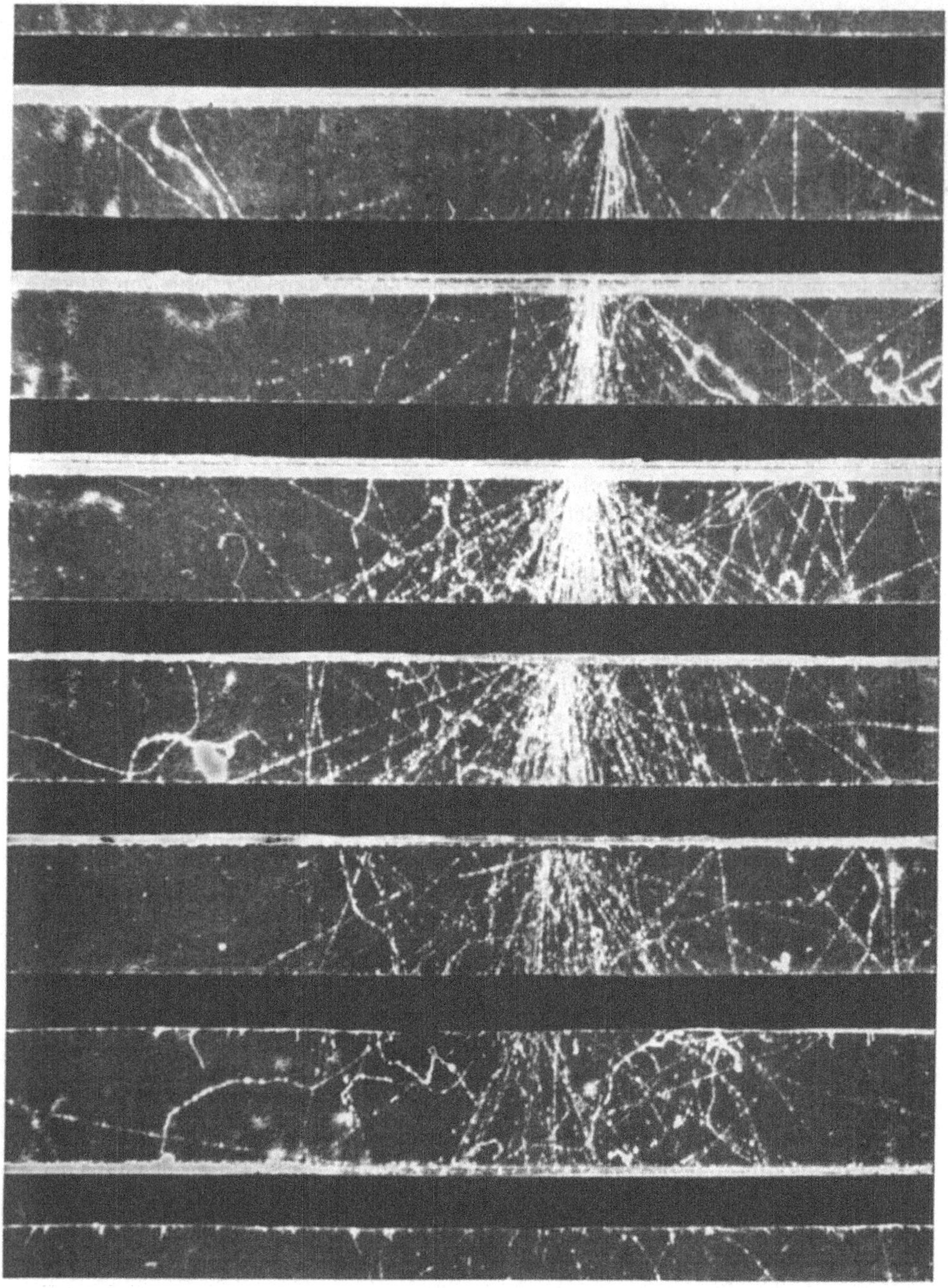

Abb. 546. In Bleiplatten innerhalb einer Nebelkammer ausgelöster Schauer. Dicke der Bleiplatten je 1,3 cm. Der Schauer wird durch ein energiereiches Photon von etwa $4 \cdot 10^9$ eV ausgelöst
(Aufnahme von C. Y. Chao, Cloud Chamber Photographs of the Cosmic Radiation, Pergamon Press LTD, London 1952)

**13. Wechselwirkung mit Materie.** Abb. 546 zeigt eine Aufnahme von Elektronenbahnen in einer Nebelkammer (vgl. XIII § 13), in die mehrere Bleiplatten eingebracht sind. Sie haben den Zweck, den Prozeß, der sich in Luft über viele hundert

Meter ausdehnt, auf den engen Raum der Kammer zusammenzudrängen. Die Gesamtheit der Elektronen bezeichnet man als *Garbe, Kaskade* oder *Schauer*. Die Kaskade wurde von einem von oben einfallenden, sehr energiereichen Photon eingeleitet, welches bei Paarbildung seine Energie auf die entstehenden Elektronen überträgt. Diese setzen ihre Energie fast vollständig wieder in Photonen um. So entsteht eine große Zahl energieärmerer Photonen, die ihre Energie über Compton-Prozesse und Paarbildung umsetzen. Aber die ebenfalls entstehen-

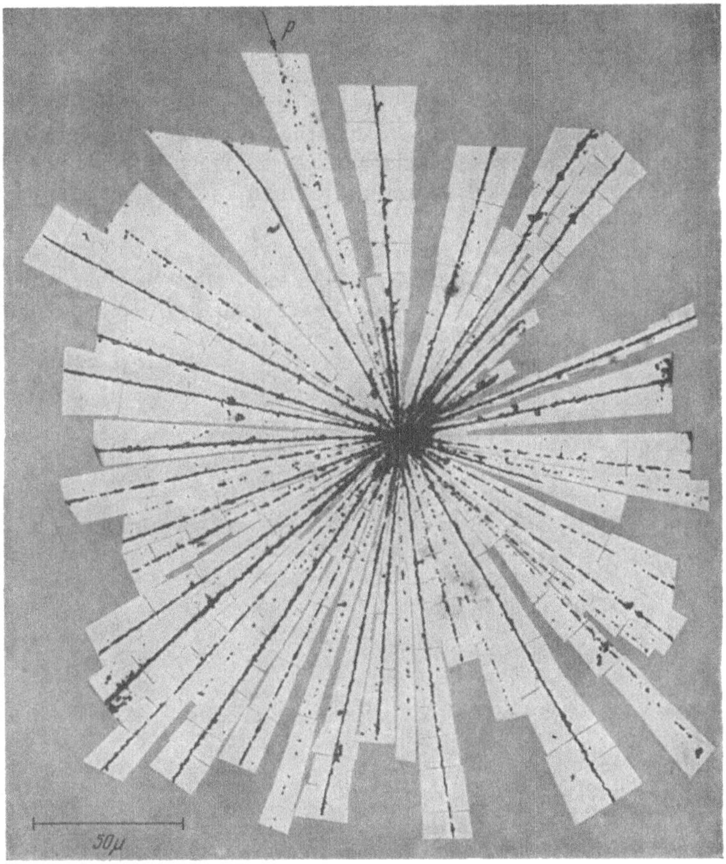


Abb. 547. Kernverdampfung, „Stern" in einer Kernphotoplatte. (Aus HEISENBERG, Kosmische Strahlung)

den harten Photonen wiederholen den Prozeß des Mutterphotons durch Bildung neuer energiereicher Zwillingselektronen. Für die Wahrscheinlichkeit des Eintretens beider Prozesse ist die Strahlungslänge maßgeblich. Da die Höhe der Atmosphäre etwa 25 Strahlungslängen entspricht und bei jeder Generationenfolge zur Bildung der an Zahl stark anwachsenden Elektronen pro Paar $10^6$ eV verbraucht werden, wird die dem Schauer durch das erste Photon oder Elektron mitgegebene Energie im allgemeinen hoch über dem Meeresniveau verzehrt. Die insgesamt in einer Kaskade umgesetzte Energie umfaßt den Bereich von $10^8$ bis $10^{16}$ eV. Man beobachtet an der Erdoberfläche Schauer, die in großen Höhen entstehen und eine räumliche Ausdehnung von mehreren hundert Quadratmetern haben.

Nebelkammer-Aufnahmen im Magnetfeld zeigen durchweg im Mittel die gleiche Zahl von negativen und positiven Elektronen. Das positive Elektron wurde 1932 von ANDERSON als Bestandteil der kosmischen Strahlung entdeckt.

Die kosmische Strahlung enthält ferner eine „harte Komponente", bestehend aus Elementarteilchen mit positiver oder negativer Elementarladung, ihre Masse $m$ ist aber das 207fache der Elektronenmasse (*Myonen* vgl. XV § 1). Deswegen fällt bei ihnen die Möglichkeit der Energieabgabe durch Erregung von Bremsstrahlung aus, die nach § 7 umgekehrt proportional zu $m^2$ ist. Ihr Energieverlust ist auf Ionisation und Anregung der Atome der durchstrahlten Materie beschränkt; darauf ist ihr außerordentlich großes Durchdringungsvermögen zurückzuführen.

*Die Nukleonenkomponente.* Der Zusammenstoß der einfallenden Primären (H ... Ca ...) mit den Kernen von O und N in großer Höhe führt zur Abspaltung kleinerer Bruchstücke (Protonen, Neutronen, α-Teilchen) mit großer Energie unter Erhaltung des Impulses. Solche Prozesse zeichnen ihre Spuren auf photographische Platten (Kernspurplatten), die man mit Ballonen in Höhen von mehr als 30 km sendet (vgl. XIII § 15).

Bei kleineren Energien wird beim Stoß Energie auf *alle* Nukleonen des Kerns übertragen, der Kern wird „aufgeheizt" und es kommt zu einer *Kernverdampfung* wie in Abb. 547. Solche *Sterne* findet man auf Kernspurplatten mit stark abnehmender Häufigkeit auch in geringerer Höhe.

# X. Die Atomhülle

In den vorhergehenden Kapiteln wurde die von Materie ausgehende Strahlung nach ihrer Wellenlänge geordnet behandelt. Dabei ergaben sich bereits qualitative Schlüsse auf die Art ihrer Entstehung: Je kürzer die Wellenlänge, desto tiefer im Atominneren entsteht die Strahlung. Dies zeigt zusammenfassend nochmals Abb. 548. Quantitative Schlüsse auf das Geschehen im Inneren der

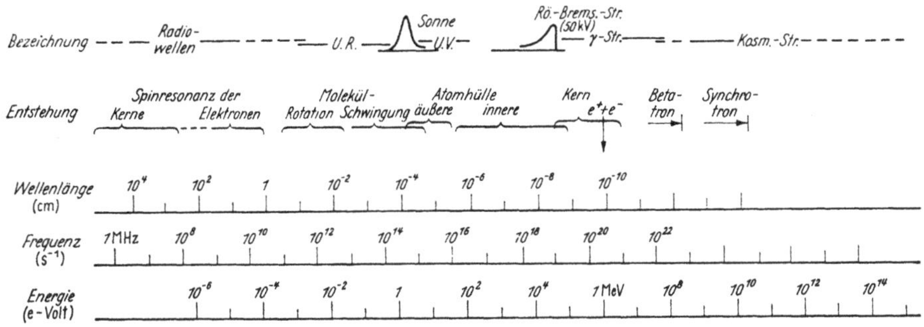


Abb. 548. **Wellenlänge, Frequenz und Energie der von Atomen und Molekülen ausgesandten Strahlungen**

Atome zu ziehen, wozu das außerordentlich reichhaltige und genaue experimentelle Material herausfordert, erweist sich aber auf Grund der Gesetze der klassischen Mechanik und Elektromagnetik als unmöglich.

## A. Das Bohrsche Atommodell

**1. Versagen der klassischen Mechanik und Elektrodynamik bei der Beschreibung von Atombau und Lichtemission.** Aus der Gleichartigkeit des chemischen Verhaltens der Atome eines Elementes und der Gleichheit der Spektren muß man auf einen gleichen Bau aller Atome eines Elementes schließen. Das Rutherford-Bohrsche Atommodell beschreibt das Wasserstoffatom als einen einfach positiv geladenen Kern, den das Elektron auf einer Kreis- oder einer Ellipsenbahn umläuft, welcher ein ganz bestimmter Energiewert zukommt. Wir wollen zunächst von der Ausstrahlung absehen und die Elektronenbahnen als Kreise annehmen. Die klassische Mechanik gibt keinen Hinweis dafür, daß nur eine Bahn mit einem ganz bestimmten Radius und daher einer ganz bestimmten Energie möglich sei. Welcher Radius gerade vorkommt, sollte nach ihrer Auffassung von den zufälligen Anfangsbedingungen bei der Einfangung des Elektrons durch den Kern abhängen. Da eine solche Zufälligkeit aber dem gleichartigen Verhalten der Atome strikt widerspricht, muß man ein der klassischen Mechanik fremdes, zusätzliches Postulat einführen.

Aber auch, wenn ein solches Postulat zunächst die Gleichheit aller Atome in bezug auf ihr mechanisches Verhalten „vorschreiben" würde, so würde die konsequente Anwendung der Elektrodynamik die Stabilität eines solchen Atoms leugnen. Sie fordert, daß jedes beschleunigte, also auch jedes auf einer gekrümmten Bahn umlaufende Elektron strahlt. Die Ausstrahlung bedeutet aber

Energieabgabe, die nur aus dem Energievorrat des Atoms gespeist werden kann. Das den Kern umkreisende Elektron müßte sich dem Kern immer mehr nähern, um aus der dadurch freiwerdenden Energie den Verlust an ausgestrahlter Energie zu decken, da der Erhaltungssatz der Energie gewahrt bleiben soll.

Sehen wir einmal von diesem Energieverlust ab, so dürfte ein auf einem Kreise umlaufendes Elektron nur eine monochromatische Welle ausstrahlen. Läßt man aber außerdem noch die den Kepler-Ellipsen des Planetensystems entsprechenden Ellipsenbahnen der Elektronen zu, die man nach dem Fourier-Prinzip durch eine unendliche Summe von harmonischen Schwingungen darstellen kann, so sollte ein harmonisches Spektrum mit unendlich vielen Linien ausgestrahlt werden, deren Frequenzen sich wie die Folge der ganzen Zahlen 1:2:3:... verhalten. Dies aber widerspricht aller Erfahrung, nach der die Spektrallinien eine kurzwellige Seriengrenze mit endlicher Frequenz besitzen.

Berücksichtigt man nun noch, daß wegen der Ausstrahlung die Bahn nicht stationär sein kann, sondern das umlaufende Elektron bei seiner Annäherung an den Atomkern seine Umlaufsfrequenz steigert, so sollten scharfe Spektrallinien überhaupt nicht möglich sein.

Ohne eine einschneidende Änderung an den Gesetzen der klassischen Mechanik und Elektrodynamik läßt das Rutherfordsche Atommodell eine mit der Erfahrung übereinstimmende Beschreibung von Atombau und Lichtemission nicht zu.

**2. Die Bohrschen Postulate.** Zur Deutung der Lichtemission der Atome führte NIELS BOHR (1913) zwei Postulate ein, die erst 13 Jahre später durch die Quantenmechanik (vgl. XVIII § 4) ihre tiefere Begründung fanden:

I. Für jedes Atom gibt es eine Anzahl von *stationären* Zuständen, in denen das Atom nicht strahlt. Eine Änderung seines Energieinhaltes kann nur durch Übergang von einem stationären Zustand in einen anderen erfolgen.

II. Die Frequenz der bei einem Übergang zwischen zwei stationären Zuständen ausgestrahlten oder absorbierten Wellen genügt der Bedingung

$$h\nu = W_{n'} - W_n, \tag{2.1}$$

wo $W_n$ und $W_{n'}$ die Energien der stationären Zustände sind. (Diese Beziehung haben wir bereits in VIII § 7 als empirische Regel eingeführt.)

Nach BOHR sind nun nur diejenigen Kreisbahnen der umlaufenden Elektronen stationär, bei denen der Drehimpuls $L_n$ gleich einem ganzen Vielfachen von $\hbar$ ist:

$$L_n = n \cdot \frac{h}{2\pi} = n\hbar. \tag{2.2}$$

**3. Die Deutung des Wasserstoff-Spektrums (BOHR)*.** Am Elektron, das in einer Kreisbahn vom Radius $r$ mit der Winkelgeschwindigkeit $\omega$ umläuft, greift infolge der Kernladung $Z e_0$ die Kraft

$$K = \frac{Z e_0 \cdot e_0}{r^2}$$

an. Ihr entgegengesetzt und auf einer stationären Kreisbahn ihr gleich ist die Zentrifugalkraft $m \cdot \omega^2 \cdot r$:

$$m\omega^2 \cdot r = \frac{Z e_0^2}{r^2}$$

* Nur in diesem Kapitel wird, wie allgemein üblich, das elektrostatische Maßsystem (vgl. III § 1) verwandt.

oder

$$m\,\omega^2 \cdot r^3 = Z\,e_0^2. \tag{3.1}$$

Die „Quantelungs"-Vorschrift (2.2) fordert:

$$m\,\omega\,r^2 = n\,\frac{h}{2\pi}. \tag{3.2}$$

Eliminiert man $\omega$ bzw. $r$ aus (3.1) und (3.2), so erhält man:

$$r = \frac{h^2}{4\pi^2 Z\,m\,e_0^2} \cdot n^2, \qquad \omega = \frac{8\pi^3 m\,Z^2 e_0^4}{n^3 \cdot h^3}. \tag{3.3}$$

Für das Wasserstoffatom ($Z=1$) hat danach die kleinste Bahn ($n=1$) den Radius $r_1 = 0{,}529 \cdot 10^{-8}$ cm, was größenordnungsmäßig sehr gut mit dem aus der kinetischen Gastheorie folgenden Durchmesser von Atomen übereinstimmt. Die Geschwindigkeit, mit der das Elektron diese Bahn durchläuft ergibt sich nach (3.3) zu $\omega r = 2{,}2 \cdot 10^8$ cm s$^{-1}$. Die Frequenz $\omega/2\pi$ stimmt mit keiner der als Licht ausgestrahlten Frequenzen überein.

Die Radien der angeregten Zustände verhalten sich wie die Quadrate der ganzen Zahlen (vgl. 3.3). Der des 10. ist also bereits 100mal so groß wie der des Grundzustandes. Daraus erklärt sich, daß hoch angeregte Zustände nur in Gasen bei sehr niedrigem Druck möglich sind.

Um ein an den Kern gebundenes, ruhendes Elektron von diesem abzutrennen, bedarf es einer Arbeit, und zwar vom Betrag $Z e_0^2/r$ (vgl. III § 4). Das Atom besitzt also weniger Energie als der Kern und das Elektron, wenn sie weit voneinander getrennt sind. Diesem Zustand schreibt man sinnvoll die potentielle Energie 0 zu, dem Atom also eine negative potentielle Energie:

$$E_{\text{pot}} = -\frac{Z e_0^2}{r}. \tag{3.4}$$

Für die kinetische Energie ergibt sich mit Hilfe von (3.1):

$$E_{\text{kin}} = \frac{1}{2}\,m r^2 \omega^2 = \frac{1}{2}\,\frac{Z e_0^2}{r}$$

und demnach mittels (3.3) für die Gesamtenergie:

$$W_n = E_{\text{kin}} + E_{\text{pot}} = -\frac{1}{2}\,\frac{Z e_0^2}{r} = -\frac{2\pi^2 m\,Z^2 \cdot e_0^4}{h^2} \cdot \frac{1}{n^2}. \tag{3.5}$$

Nach (2.1) ist also die Frequenz $\nu_{n,n'}$ die beim Übergang vom $n'$-ten zum $n$-ten stationären Zustand ausgestrahlt wird:

$$\nu_{n,n'} = \frac{W_{n'} - W_n}{h} = \frac{2\pi^2 m\,Z^2 \cdot e_0^4}{h^3} \cdot \left(\frac{1}{n^2} - \frac{1}{n'^2}\right). \tag{3.6}$$

Für das Wasserstoffatom ist $Z=1$. Wie BALMER empirisch fand (vgl. VIII § 8), lassen sich alle bekannten Serien der Wasserstoffatome darstellen durch

$$\nu = R\left(\frac{1}{n^2} - \frac{1}{n'^2}\right), \tag{3.7}$$

wo $R$ die sogenannte *Rydberg-Frequenz* ist. Ein Vergleich von (3.6) und (3.7) ergibt also:

$$R = \frac{2\pi^2 \cdot m\,e_0^4}{h^3}. \tag{3.8}$$

$R$ läßt sich aus lauter bekannten Elementarkonstanten berechnen. Setzt man deren Zahlenwerte ein, so erhält man in vollständiger Übereinstimmung mit dem experimentellen Wert $R = 3{,}2899 \cdot 10^{15}\,\mathrm{s}^{-1}$ (vgl. VIII § 8). Dieser überzeugende Erfolg läßt die beiden — der ganzen klassischen Physik widersprechenden — Bohrschen Postulate voll gerechtfertigt erscheinen.

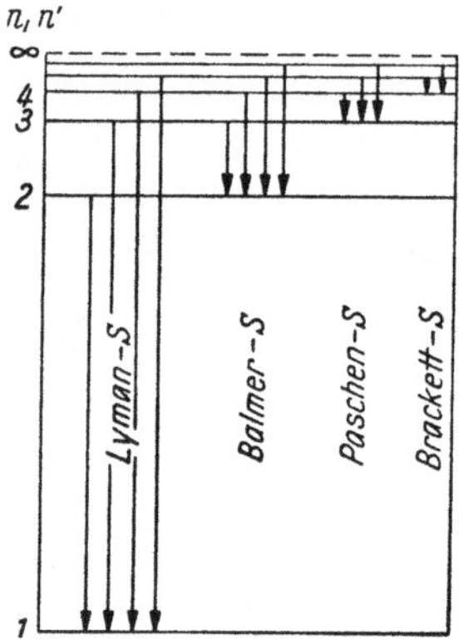

Abb. 549. Der Ursprung der Serien des Wasserstoffspektrums

In Abb. 549 sind die Energiestufen *(Terme)* des Wasserstoffatoms dargestellt, die sich aus (3.5) ergeben. Pfeile, die zum gleichen Term führen, geben durch ihre Länge die Frequenzen einer Spektralserie wieder. Ihre Formeln (3.7) und ihre Seriengrenzen $\left(\nu(n' \to \infty) = R/n^2;\ \lambda_\infty = n^2 \frac{c}{R}\right)$ unterscheiden sich daher nur durch den Wert von $n$. Diese Wasserstoff-Serien werden nach ihren Entdeckern benannt:

Lyman-Serie: $n = 1,\ \nu = R\left(1 - \frac{1}{n'^2}\right),\quad n' = 2, 3, 4 \ldots,\ \lambda_\infty = 927\,\text{Å}$

Balmer-Serie: $n = 2,\ \nu = R\left(\frac{1}{4} - \frac{1}{n'^2}\right),\quad n' = 3, 4, 5 \ldots,\ \lambda_\infty = 3702\,\text{Å}$

Paschen-Serie: $n = 3,\ \nu = R\left(\frac{1}{9} - \frac{1}{n'^2}\right);\quad n' = 4, 5, 6 \ldots,\ \lambda_\infty = 8340\,\text{Å}$

Brackett-Serie: $n = 4,\ \nu = R\left(\frac{1}{16} - \frac{1}{n'^2}\right);\quad n' = 5, 6, 7 \ldots,\ \lambda_\infty = 14870\,\text{Å}.$

Die Übereinstimmung mit den gemessenen $\nu$- bzw. $\lambda$-Werten ist vollkommen. Tabelle 35 zeigt das am Beispiel der Balmer-Serie:

Tabelle 35. *Vergleich der berechneten und der beobachteten Wellenlängen einiger Glieder des Balmer-Spektrums des H-Atoms*

| Bezeichnung der Linie | $n'$ | $\lambda$ beobachtet, Å | $\lambda$ berechnet, Å | Bezeichnung der Linie | $n'$ | $\lambda$ beobachtet, Å | $\lambda$ berechnet, Å |
|---|---|---|---|---|---|---|---|
| $H\alpha$ | 3 | 6562,793 | 6562,78 | $H\vartheta$ | 10 | 3797,900 | 3797,910 |
| $H\beta$ | 4 | 4861,327 | 4861,32 | $H\iota$ | 11 | 3770,633 | 3770,634 |
| $H\gamma$ | 5 | 4340,466 | 4340,45 | $H\varkappa$ | 12 | 3750,154 | 3750,152 |
| $H\delta$ | 6 | 4101,738 | 4101,735 | $H\lambda$ | 13 | 3734,371 | 3734,372 |
| $H\varepsilon$ | 7 | 3970,075 | 3970,074 | $H\mu$ | 14 | 3721,948 | 3721,948 |
| $H\zeta$ | 8 | 3888,052 | 3889,057 | $H\nu$ | 15 | 3711,973 | 3711,980 |
| $H\eta$ | 9 | 3835,387 | 3835,397 | | | | |

Faßt man (3.6) und (3.8) zusammen, so erhält man

$$\nu = R \cdot Z^2 \left(\frac{1}{n^2} - \frac{1}{n'^2}\right). \qquad (3.9)$$

Diese Spektralformel sollte für alle *wasserstoffähnlichen* Atome bzw. Ionen gelten, d. h. für solche mit einem Elektron und $Z$ Kernladungen; also z. B. für $He^+$, $Li^{++}$, $Be^{+++}$. Tatsächlich hatte bereits 1897 PICKERING im Spektrum eines Sterns eine Serie entdeckt, welche für $n = 4$ und $Z = 2$ mit (3.9) übereinstimmt, also eine Serie des Heliums ist. Sie wurde vor Entstehung der Bohrschen Theorie dem Wasserstoff zugeschrieben. Die Glieder mit geradem $n'$ fallen mit den Linien der Balmer-Serie zusammen.

**4. Die azimutale Quantenzahl und die Hauptquantenzahl (SOMMERFELD).** Die Beschränkung auf Kreisbahnen bedeutet eine nicht gerechtfertigte Spezialisierung. Mit gleicher Berechtigung müssen nach SOMMERFELD Ellipsenbahnen zugelassen werden. Dieser Bewegung entsprechen aber zwei Freiheitsgrade. Daher müssen nun auch zwei Quantisierungsvorschriften eingeführt werden, um aus den nach der klassischen Mechanik möglichen Ellipsenbahnen diejenigen zu bestimmen, die die stationären Zustände des H-Atoms ergeben. Beschreibt man die Bewegung durch Polarkoordinaten $r$ und $\varphi$ (Abb. 550), so lauten die Quantenvorschriften

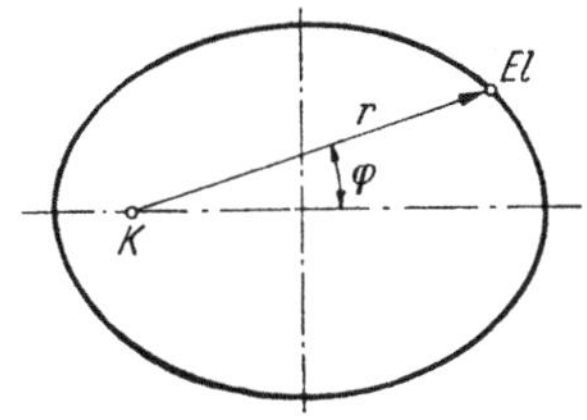


Abb. 550. Ellipsenbahnen im Wasserstoffatommodell nach SOMMERFELD

$$\int L\, d\varphi = n_\varphi h \quad \text{und} \quad \int p\, dr = n_r h, \tag{4.1}$$

wo $L$ der Drehimpuls der Bewegung und $p$ der Impuls ist, und die Integration über einen vollen Umlauf zu erstrecken ist *(Phasenintegral)*. Die erste Vorschrift ist für eine Kreisbahn ($L$ = const) identisch mit (2.2).

Die stationären Zustände werden also durch zwei ganze Quantenzahlen $n_\varphi$ und $n_r$ festgelegt. Die Rechnung ergibt für die Energie

$$W = -\frac{2\pi^2 m Z^2 e_0^4}{h^2} \cdot \frac{1}{(n_r + n_\varphi)^2}. \tag{4.2}$$

Setzen wir $n_r + n_\varphi = n$, so stimmt (4.2) mit (3.5) überein. Die Einführung von Ellipsenbahnen gibt also keine neuen Energieniveaus, solange mit einer konstanten Elektronenmasse gerechnet wird.

$n$ bezeichnet man als *Hauptquantenzahl*, sie bestimmt also die Energie der Elektronenbahn. $n_\varphi$ heißt *azimutale* Quantenzahl. Da $n_r = n - n_\varphi$ ist, beschreiben $n$ und $n_\varphi$ die Elektronenbahn.

Die halbe Hauptachse der Ellipse ergibt sich aus (4.1) zu $a = \frac{h^2}{4\pi^2 m Z e_0^2} n^2$ in Übereinstimmung mit (3.3), beim Kreise ist die halbe Hauptachse gleich dem Radius. Die Energie wird also durch die Hauptachse bestimmt. Die Rechnung ergibt weiter, daß die halbe Nebenachse der Ellipse $b = a \cdot \frac{n_\varphi}{n}$ ist. Daraus folgt, daß die Zahl der Ellipsen, deren Energiewerte miteinander übereinstimmen, gleich der Hauptquantenzahl $n$ ist. Denn $n_\varphi$ kann bei gegebenem $n$ die Werte 1, 2, ..., $n$ annehmen; die azimutale Quantenzahl $n_\varphi = 0$ ist ausgeschlossen, weil dann die Bewegung zu einer linearen Schwingung entarten würde, bei der das Elektron durch den Kern hindurchschwingt. $n_\varphi = n$ ergibt die Kreisbahn. In Abb. 551 sind die Bahnen dargestellt, die zu $n = 4$ gehören.

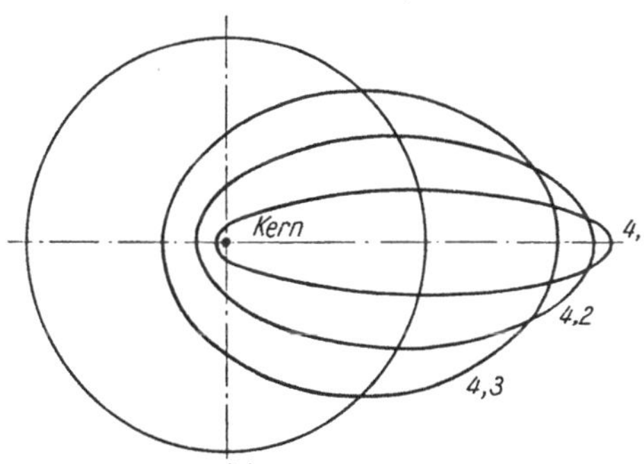


Abb. 551. Die zur Hauptquantenzahl $n = 4$ gehörenden Elektronenbahnen des Wasserstoffatoms

Wenn man die relativistische Massenänderung der auf den Ellipsenbahnen mit wechselnden Geschwindigkeiten umlaufenden Elektronen berücksichtigt, so unterscheiden sich die Energien auch dann, wenn die Bahnen zu gleichen Hauptquantenzahlen gehören, und damit erhalten die azimutalen Quantenzahlen die Aufgabe, die *Feinstruktur* der Terme zu beschreiben.

Die Weiterentwicklung der Quantentheorie zur Quantenmechanik hat gezeigt, daß nicht die Quantenbedingung $L = n_\varphi \cdot \frac{h}{2\pi}$ erfüllt ist, sondern der Drehimpuls gleich $\sqrt{l(l+1)}\,\frac{h}{2\pi}$ ist, wo die *Drehimpuls-Quantenzahl* $l$ (an Stelle von $n_\varphi$) bei der Hauptquantenzahl $n$ die ganzzahligen Werte $0, 1, 2, \ldots, (n-1)$, also insgesamt auch $n$ Werte annehmen kann (vgl. hierzu XI § 1).

**5. Das Korrespondenzprinzip.** Die Frequenz der Seriengrenze der Lyman-Serie ist gleich der Rydberg-Frequenz $3{,}29 \cdot 10^{15}\,\mathrm{s}^{-1}$, die ihrer längsten Linie $\frac{3}{4}R = 2{,}47 \cdot 10^{15}\,\mathrm{s}^{-1}$. Die Umlaufsfrequenz auf der innersten Bahn beträgt nach (3.3)

$$\nu_U = \frac{\omega_U}{2\pi} = \frac{4\pi^2 m e_0^4}{h^3} = 6{,}58 \cdot 10^{15}\,\mathrm{s}^{-1}.$$

Wie aus dem Ansatz zu erwarten war, sind also Umlaufsfrequenz und Frequenz der emittierten Strahlung voneinander ganz verschieden.

Anders ist es bei sehr großen Werten von $n$ und $n'$. Berechnet man z.B. die Umlaufsfrequenz des Elektrons im H-Atom für $n = 60$ nach (3.3) und die beim Übergang von $n' = 61$ auf $n = 60$ emittierte Frequenz nach (3.7), so erhält man übereinstimmend etwa $3 \cdot 10^{10}\,\mathrm{s}^{-1} = 30$ GHz. Erfahrungsgemäß wird ja auch in diesem Frequenzbereich die Ausstrahlung durch die klassische Elektrodynamik richtig beschrieben. Nach ihr muß die Frequenz, mit der die Ladung — z.B. eines Hertzschen Oszillators — schwingt, mit der Frequenz der ausgestrahlten Welle übereinstimmen.

Wenn das Atommodell brauchbar ist, so muß also für hohe Quantenzahlen und Übergänge zwischen benachbarten Bahnen, deren Umlaufsfrequenzen für große Werte von $n$ nach (3.3) nur wenig verschieden sind, diese Forderung der Übereinstimmung von Umlaufsfrequenz und Frequenz der Welle erfüllt sein:

Wir berechnen nach (3.7) die Frequenz bei einem Übergang zwischen zwei benachbarten Zuständen $n+1$ und $n$, wo $n$ eine sehr große Zahl ist:

$$\nu = R\left(\frac{1}{n^2} - \frac{1}{(n+1)^2}\right) = R\,\frac{n^2 + 2n + 1 - n^2}{n^2(n+1)^2} \approx 2R \cdot \frac{1}{n^3}.$$

Dies ist aber nach (3.3) und (3.8) auch die Umlaufsfrequenz, die sich bei großen $n$ für benachbarte Zustände nur sehr wenig unterscheidet:

$$\nu = \frac{\omega}{2\pi} = \frac{4\pi^2 m \cdot e_0^4}{h^3} \cdot \frac{1}{n^3} = 2 \cdot R \cdot \frac{1}{n^3}.$$

In dieser Übereinstimmung sehen wir die Berechtigung für die zunächst scheinbar willkürlich eingeführte Quantelungsvorschrift (2.2).

Übergänge aus dem $(n+i)$-ten in den $n$-ten Zustand geben die Frequenz

$$\nu_{n+i,\,n} \approx 2R\,\frac{i}{n^3}. \tag{5.1}$$

Solange $i$ klein gegen $n$ bleibt, erhält man ein Spektrum, dessen Grund- und Oberschwingungen sich wie die Reihe der ganzen Zahlen verhalten. Es stimmt mit dem überein, welches ein Elektron auf einer Ellipsenbahn (mit der Hauptquantenzahl $n$) klassisch ausstrahlen muß; denn diese Bahn kann man nach einem allgemeingültigen Satz der Schwingungslehre (s. I § 81a) durch eine unendliche Fouriersche Reihe darstellen:

$$x = a_1 \cos \omega t + a_2 \cdot \cos 2\omega t + a_3 \cos 3\omega t + \cdots$$
$$y = b_1 \sin \omega t + b_2 \cdot \sin 2\omega t + b_3 \sin 3\omega t + \cdots.$$

Für hohe Quantenzahlen besteht also eine Übereinstimmung, *Korrespondenz*, zwischen den klassisch erwarteten und quantentheoretisch vorausgesagten Frequenzen.

Trotzdem bleibt ein grundsätzlicher und unüberbrückbarer Unterschied zwischen beiden Darstellungsweisen: Die quantentheoretischen Aussagen betreffen *nur* die Frequenzen, gestatten aber zunächst keinerlei Aussagen über die Intensitäten, mit denen die eine oder die andere Spektrallinie ausgestrahlt wird. Bei der Lichtemission sendet ein Atom nur ein Lichtquant mit einer bestimmten Frequenz $\nu_i$ aus. Will man die Intensität dieser Lichtquantenstrahlung beschreiben, dann muß man die Wahrscheinlichkeit dafür kennen, daß von einer großen Anzahl $N$ je Sekunde ein bestimmter Bruchteil $w_i = \frac{N_i}{N}$ leuchtender Atome die betreffende Frequenz ausstrahlt. Es ist dann

$$I_\nu = N_i h\nu = w_i \cdot N \cdot h\nu. \tag{5.2}$$

Die klassische Auffassung ist aber, daß jedes strahlende Atom eine Welle aussendet, welche neben der Grundfrequenz $\nu$ alle Oberschwingungen $2\nu$, $3\nu$, ... enthält, und daß die Quadrate der Wellenamplituden ihre Intensitäten bestimmen.

Es ist nun sinnvoll anzunehmen, daß eine Korrespondenz nicht nur zwischen den Schwingungszahlen, sondern auch den Intensitäten und der Polarisation der Spektrallinien besteht.

Das Bohrsche Korrespondenzprinzip besagt, daß man die richtige Statistik der Quantenprozesse erhält, wenn man die Amplituden des klassischen Spektrums berechnet. Deren Quadrate verhalten sich dann wie die Wahrscheinlichkeiten der korrespondierenden Quantenübergänge.

Das Korrespondenzprinzip besagt weiter, daß man auch für kleine Quantenzahlen angenähert richtig die Intensitäten und die Polarisation jeder Spektrallinie erhält, wenn man diese Größen für die korrespondierende klassische Schwingung berechnet.

Das Korrespondenzprinzip hat vor der Entstehung der Quantenmechanik (vgl. XVIII § 8) für die Entwicklung der Atomtheorie eine große Bedeutung gehabt. Vor allem begründete es die sogenannten *Auswahlregeln*. Sie geben an, welche Übergänge zwischen stationären Zuständen möglich sind: Verboten sind diejenigen Übergänge, deren korrespondierende Partialschwingungen als Glieder der Fourier-Reihe nicht vorkommen, durch welche die Schwingung dargestellt wird.

## B. Molekülspektren

**6. Das Rotationsspektrum.** Das Bohrsche Quantenpostulat in der von Sommerfeld verallgemeinerten Form (4.1) erlaubt nicht nur, die möglichen Energiewerte der um einen Kern umlaufenden Elektronen zu berechnen, sondern leistet das gleiche auch für Moleküle. Wir beschränken uns hier auf zweiatomige Moleküle, die wir nur aus zwei Massenpunkten, den Kernen bestehend denken, die durch eine elastische Kraft in bestimmten Abstand aneinander gebunden sind.

Zunächst sei diese Verbindung noch als starr, das Trägheitsmoment ($\theta$) um eine zu ihr senkrechte Achse also als konstant angenommen. Dann ergeben sich die Energiewerte des „starren Rotators“ aus dem Quantenpostulat (4.1) folgendermaßen:

$$\oint L\,d\varphi = J\,h \quad \text{oder} \quad L = \frac{J\,h}{2\pi} \quad \text{(Rotationsquantenzahl } J = 0, 1, 2, 3, \ldots).$$

Nach (I 39.2) ist der Drehimpuls $L = \theta\omega$, die Energie nach (I 37.7)

$$W_r = \frac{1}{2}\,\theta\omega^2 = \frac{1}{2}\,\frac{(\theta\omega)^2}{\theta} = \frac{1}{2}\,\frac{L^2}{\theta} = \frac{J^2 h^2}{8\pi^2\theta}. \tag{6.1}$$

Die Quantenmechanik führt auf eine etwas abweichende Beziehung:

$$W_r = \frac{J(J+1)\,h^2}{8\pi^2\theta} = B\,J(J+1)\,h \tag{6.2}$$

mit $B = \frac{h}{8\pi^2\theta}$; $B$ wird als Rotationskonstante bezeichnet. Man erhält damit für die Frequenz beim Übergang von $J+1$ auf $J$ (Auswahlregel $\Delta J = \pm 1$)

$$\nu_r \cdot h = B\,h[(J+1)(J+2) - J(J+1)]$$

oder

$$\nu_r = 2B(J+1). \tag{6.3}$$

Daraus folgt, daß selbst bei den kleinsten vorkommenden Trägheitsmomenten, z. B. bei den Halogen-Wasserstoffen das Rotationsspektrum im fernen Ultrarot liegt, und daß die Frequenzdifferenzen benachbarter Linien gleich sind:

$$\Delta\nu_r = 2B = \frac{h}{4\pi^2\theta}. \tag{6.4}$$

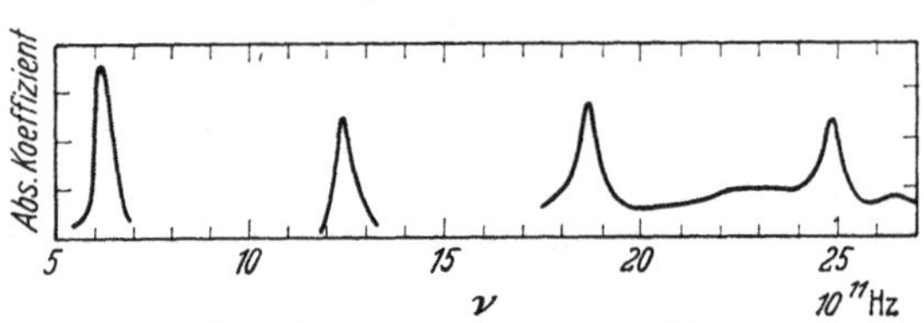

Abb. 552. Rotationsspektrum von HCl

Man kann also aus der Differenz $\Delta\nu_r$ benachbarter Linien im Rotationsspektrum das Trägheitsmoment zweiatomiger polarer Moleküle berechnen:

Aus Abb. 552 entnimmt man für HCl $\Delta\nu_r = 6 \cdot 10^{11}\,\mathrm{s}^{-1}$. Daraus folgt für $\theta_{\mathrm{HCl}} = 2{,}75 \cdot 10^{-40}\,\mathrm{g\,cm}^2$. Bezeichnet man mit $x_1$ und $x_2$ die Abstände von $H^+$ bzw. $Cl^-$ vom Schwerpunkt, so folgt mit $m_{\mathrm{H}} = 1{,}67 \cdot 10^{-24}$ g und $m_{\mathrm{Cl}} = 35\,m_{\mathrm{H}}$ aus den Gleichungen $x_1 : x_2 = 35 : 1$ und $(x_1^2 + 35\,x_2^2) \cdot 1{,}67 \cdot 10^{-24} = 2{,}75 \cdot 10^{-40}\,\mathrm{g\,cm}^2$ für den Abstand von $H^+$ und $Cl^-$ im Molekül

$$r = x_1 + x_2 = 1{,}29 \cdot 10^{-8}\,\mathrm{cm}.$$

**7. Das Rotations-Schwingungs-Spektrum.** Wir sehen zunächst von der Rotation ab, berücksichtigen aber die Bewegung der Kerne entlang ihrer Verbindungslinie, die, da die Bindung elastisch sein soll, nach $x = x_0 \cos 2\pi\nu_0 t$ (vgl. I § 18a) erfolgt. Ihr Impuls ($p_x$) ist also $-m \cdot x_0 \cdot 2\pi\nu_0 \cdot \sin 2\pi\nu_0 t$, und für das „Phasenintegral“, erstreckt über eine ganze Periode ergibt sich:

$$\oint p_x\,dx = \int_0^{1/\nu_0} - m\,x_0\,2\pi\nu_0 \sin 2\pi\nu_0 t \cdot x_0\,2\pi\nu_0 \cdot (-\sin 2\pi\nu_0 t)\,dt$$

$$= m_0\,x_0^2\,4\pi^2\nu_0^2 \int_0^{1/\nu_0} \sin^2 2\pi\nu_0 t\,dt = \frac{1}{2}\,m_0\,x_0^2\,4\pi^2\nu_0 = \frac{W_S}{\nu_0},$$

wobei $W_S = 2m_0 x_0^2 \pi^2 \nu_0^2 = \frac{1}{2}\,m_0 \left(\frac{dx}{dt}\right)^2_{x=0}$ die Gesamtenergie des Schwingungsvorganges bedeutet.

Nach dem Quantenpostulat (4.1) soll das Phasenintegral ein ganzes Vielfaches von $h$ sein; nach der verfeinerten quantenmechanischen Berechnung ein ungerades Vielfaches von $h/2$, also $h(v+\frac{1}{2})$. So ergibt sich:

$$W_S = h\nu_0(v+\tfrac{1}{2})\,; \qquad v = 0, 1, 2, 3, \ldots; \tag{7.1}$$

Aus der Quantenmechanik folgt ferner, daß sich bei Übergängen von einem Quantenzustand in einen anderen die Schwingungsquantenzahl $v$ nur um 1 ändert ($\Delta v = \pm 1$). Das Spektrum des „*harmonischen Oszillators*" besteht also aus einer einzigen Frequenz:

$$\nu_S = \frac{\Delta W_S}{h} = \nu_0, \tag{7.2}$$

d.h. $\nu$ ist wie beim klassischen harmonischen Oszillator unabhängig von der Energie (also auch von der Amplitude, I § 18a). In striktem Gegensatz zur klassischen Mechanik steht aber, daß ein solcher Oszillator nie seine Energie ganz abgeben kann, vielmehr auch im tiefsten Energiezustand ($v=0$) eine *Nullpunktsenergie* $W_S(0) = \frac{1}{2}h\nu_0$ behält.

Bei gleichzeitiger Änderung des Schwingungs- und Rotationszustandes wird also $\Delta W = \Delta W_r + \Delta W_S$ und wegen (6.3), (6.4) und (7.2):

$$\nu = \nu_S \pm \frac{h(J+1)}{4\pi^2\theta}, \tag{7.3}$$

denn der Übergang des Oszillators vom Zustande $v+1$ in $v$ (Abgabe von Schwingungsenergie) kann auch mit einem Übergang des Rotators von $J$ auf $J+1$, also mit Aufnahme von Rotationsenergie verbunden sein, was der Emission einer kleineren Frequenz als $\nu_0$ entspricht. Es erscheinen also neben einer Linie der Frequenz $\nu_S$ Linien höherer und niederer Frequenz.

Wenn gleichzeitig mit den eben behandelten Änderungen noch ein Elektronensprung erfolgt, so wird das Trägheitsmoment (und auch die Grundfrequenz der Oszillation) im allgemeinen im Anfangs- und Endzustand ($\theta_A$ und $\theta_E$) verschieden sein.

$$\Delta W_r = \frac{h^2}{8\pi^2}\left(\frac{J_A(J_A+1)}{\theta_A} - \frac{J(J+1)}{\theta_E}\right)$$

mit $J_A$ für den Anfangszustand und $J$ für den Endzustand.

Nun sind 3 Fälle zu unterscheiden:

1. $J_A = J+1$, die Rotationsquantenzahl nimmt um 1 ab,
2. $J_A = J-1$, die Rotationsquantenzahl nimmt um 1 zu,
3. $J_A = J$, die Rotationsquantenzahl bleibt erhalten.

Auch dieser 3. Fall ist jetzt möglich, weil die Auswahlregel $\Delta J = \pm 1$ nur für die reine Rotation gilt.

Zur Vereinfachung der Rechnung setzen wir $J(J+1) \approx (J+\frac{1}{2})^2$, was um so besser erfüllt ist, je größer $J$ ist.

Nach einfachen Umformungen erhalten wir dann für die Frequenz bei einer Konfigurationsänderung, bei der auch ein Elektronen- und ein Oszillationssprung auftritt:

$$\left.\begin{array}{lll} 1.\ \nu = A + 2B(J+1) + C(J+1)^2 & & (R\text{-Zweig}) \\ 2.\ \nu = A - 2BJ & + CJ^2 & (P\text{-Zweig}) \\ 3.\ \nu = A + CJ & + CJ^2 & (Q\text{-Zweig}) \end{array}\right\} \tag{7.4}$$

mit

$$A = \nu_a + \nu_S + \tfrac{1}{4} C$$

$$2B = \frac{h}{8\pi^2}\left(\frac{1}{\theta_A} + \frac{1}{\theta_E}\right)$$

$$C = \frac{h}{8\pi^2}\left(\frac{1}{\theta_A} - \frac{1}{\theta_E}\right).$$

Die Vielzahl der vorkommenden Zustände der Rotation und ihrer Übergänge gibt also für jeden kombinierten Elektronen- und Oszillationssprung eine Bande.

In Abb. 553 ist $\nu$ als Funktion von $J$ aufgetragen (Fortrat-Diagramm, Abb. 553). Die zu den in 1., 2. und 3. zugelassenen Übergängen gehörenden Frequenzen gehören zu drei *Zweigen*, dem *R*-, *P*- *und Q-Zweig* oder *positiven, negativen und Nullzweig*.

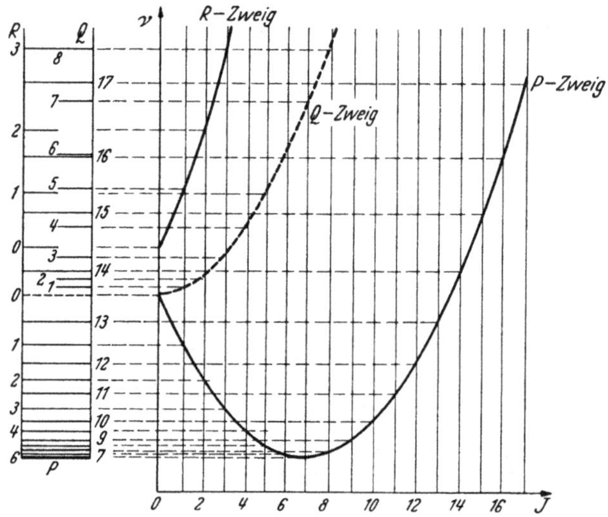


Abb. 553. Fortrat-Diagramm

In dem in Abb. 553 links gezeichneten Spektrum erkennt man den Aufbau und die Entstehung des *Bandenkopfes*, an dem sich die Linien häufen; er hat aber nicht die Bedeutung einer Seriengrenze, an der die Linien unendlich dicht liegen.

Wenn der Kernabstand im oberen Zustand kleiner ist als im unteren, so ist $\theta_A < \theta_E$ und daher $C$ positiv. Dann verhalten sich *R*-Zweig und *P*-Zweig wie in Abb. 553; die Bandkante tritt am *P*-Zweig auf. Die Bande ist nach der kurzwelligen Seite des Spektrums abgeschattet. Hat aber der obere Elektronenzustand ein größeres Trägheitsmoment, so tritt die Kante am *R*-Zweig auf, und die Bande ist nach der langwelligen Seite abschattiert. Dieser Fall findet sich bei der Rotationsstruktur einer Elektronenbande bei der Wellenlänge $\lambda = 4241$ Å für AlH, die in Abb. 554 dargestellt ist.

So lassen sich auf Grund des einen Quantenpostulats, verfeinert durch die Quantenmechanik die Spektren der zweiatomigen Moleküle mit ihrem ungeheuren Linienreichtum analysieren (Abb. 554). Dabei hat sich eine Fülle von präzisen Angaben über den Molekülbau ergeben [Kernabstand, Bindungskraft, Dissoziationsarbeit (vgl. § 8) usw.]. Die Theorie der mehr als zweiatomigen Moleküle ist wesentlich komplizierter und nur zum Teil mit der gleichen Präzision durchführbar.

## 8. Die Potentialkurve.

In nicht polaren zweiatomigen Molekülen, z. B. $N_2$ und CO, wird die Bindung durch gemeinsame Elektronenpaare bewirkt, die von den beiden gebundenen Atomen hergegeben werden *(Austausch)*. Aber auch in diesen Molekülen mit *homöopolarer* Bindung besteht zwischen den Atomen eine quasi-elastische Kraft wie in heteropolaren Molekülen. Für letztere folgt die quasielastische Bindung aus der Überlagerung von Anziehungs- und Abstoßungskraft.

Wenn wir den Abstand der Kerne der beiden Atome mit den Massen $m_1$ und $m_2$ im Gleichgewicht mit $r_0$ bezeichnen, so ist für den Abstand $r$ die wirkende Kraft (vgl. I § 18)

$$K = -D(r - r_0).$$

Infolge dieser quasielastischen Kraft schwingen die Atome bei ruhendem Schwerpunkt $S$ um ihre Gleichgewichtslage. Die Bewegungsgleichung des Atoms mit der Masse $m_1$ ist

$$m_1 \frac{d^2 x_1}{dt^2} = -D(r - r_0). \quad (8.1)$$

Da nach I § 32 $m_1 x_1 = m_2 x_2$, ist $(m_1 + m_2)\, x_1 = m_2 (x_1 + x_2) = m_2 r$, also $x_1 = \frac{m_2}{m_1 + m_2} \cdot r$ und daher kann man statt (8.1) schreiben

$$\frac{m_1 m_2}{m_1 + m_2} \cdot \frac{d^2 r}{dt^2} = -D(r - r_0)$$

oder auch

$$\mu \cdot \frac{d^2 (r - r_0)}{dt^2} = -D(r - r_0), \quad (8.2)$$

wo $\mu = \frac{m_1 m_2}{m_1 + m_2}$ die *reduzierte Masse* ist. Mit $\mu$ ist das Trägheitsmoment des zweiatomigen Moleküls um eine Achse durch den Schwerpunkt senkrecht zur Verbindungslinie der Kerne $\theta = \mu \cdot r^2$. Die Lösung dieser Schwingungsgleichung (wie I § 18a) gibt für die Frequenz

$$\nu = \frac{1}{2\pi} \sqrt{\frac{D}{\mu}}.$$

Nun ist nach (I 23.4) die potentielle Energie des Oszillators bei seiner maximalen Elongation (Amplitude $r_{max} - r_0$)

$$W_{Pot} = W_S = \tfrac{1}{2} D (r_{max} - r_0)^2. \quad (8.3)$$

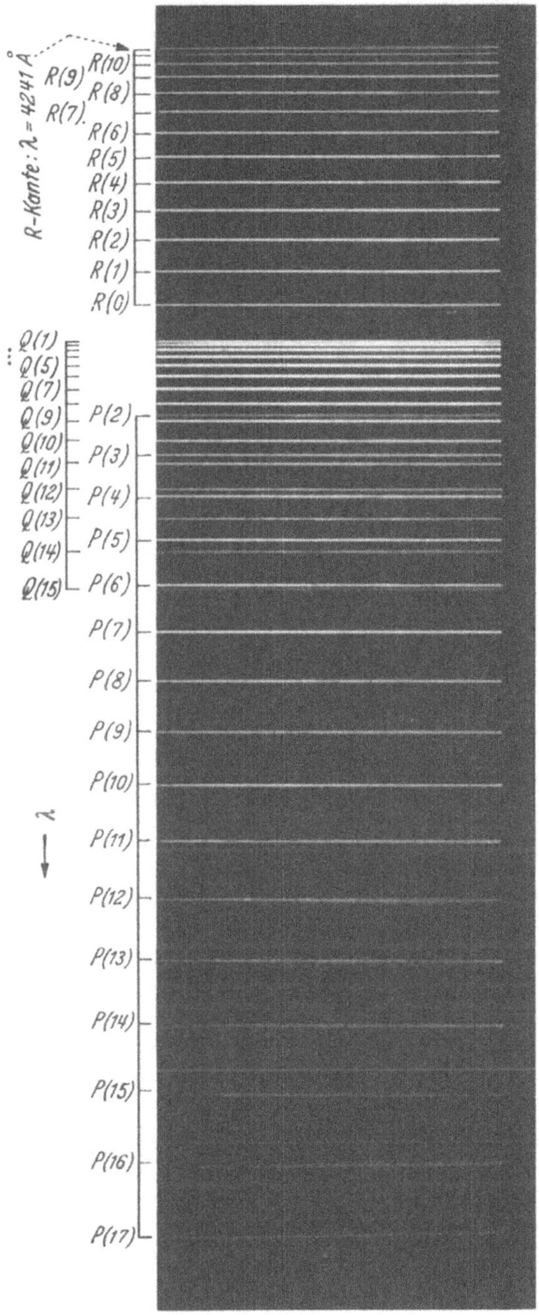


Abb. 554. Eine Elektronenbande des AlH, hoch aufgelöst (Aufnahme von H. Schüler). (Gegenüber Abb. 520 ist diese Abbildung um 180° gedreht)

In Abb. 555 ist die Schwingungsenergie $W_S$ unter Berücksichtigung einer möglicherweise vorhandenen Anregungsenergie eines Elektrons $W_{el}$ als Funktion von $r_{max}$ dargestellt. Wegen $W_{el}$ ist der Scheitelpunkt der Parabel um diesen Betrag über die $r$-Achse gehoben (nicht maßstabsgetreu). Man bezeichnet eine solche Kurve als *Potentialkurve*. Die horizontalen Linien bezeichnen die nach der Quantentheorie erlaubten Niveaus. Beim harmonischen Oszillator (Abb. 555a), wo die Potentialkurve eine Parabel ist (vgl. 8.3), sind die Niveaus wegen (7.1) äquidistant. Für komplizierteren Potentialverlauf wie in Abb. 555b konvergieren sie nach oben.

Der parabelförmige Verlauf der Potentialkurve ist in der Natur nur für kleine Werte von $(r - r_0)$ realisiert. Bei stärkerer Annäherung wächst die Energie wegen der stärker als linear anwachsenden Abstoßungskräfte der Kerne und Elektronenschalen steiler, mit größerer Entfernung der Kerne nimmt die rücktreibende Kraft, die Bindungskraft, schwächer als der Verschiebung proportional ab, bis das Molekül zerreißt, also *Dissoziation* erfolgt. Abb. 555b stellt weit besser als Abb. 555a die Energie des Oszillators als Funktion der Amplitude dar. Wegen der Unsymmetrie ist also die Schwingung nicht harmonisch, und für diesen *anharmonischen* Oszillator gilt die oben eingeführte Auswahlregel $\Delta v = \pm 1$ nicht, sondern Übergänge $\Delta v = \pm 2, \pm 3, \ldots$ sind zulässig, wenn auch mit abnehmender Wahrscheinlichkeit.

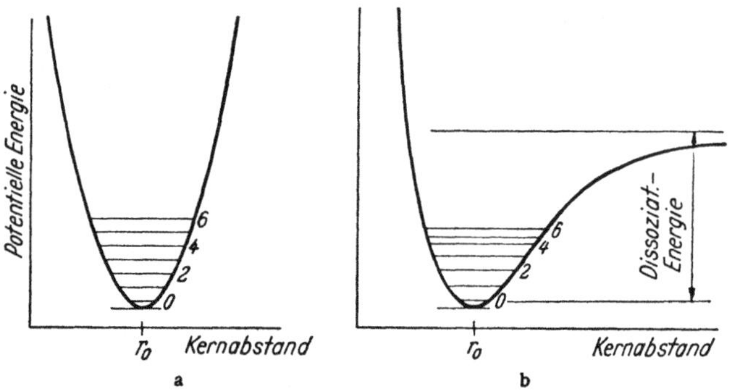


Abb. 555a u. b. Potentialkurve eines zweiatomigen Moleküls

Für einen anderen Elektronenzustand hat im allgemeinen auch die Energiekurve eine andere Form, die Anregung des Elektrons kann auflockernd wirken, oder die für die Frequenz der Schwingung maßgebliche Bindung verfestigen. Daher ändert sich mit dem Elektronenanregungszustand häufig auch der Abstand der Schwingungsniveaus. Und weil mit den Änderungen der Elektronenzustände auch solche des Trägheitsmoments verbunden sind, ist die Struktur der Rotationsschwingungsbanden viel komplizierter als für den Fall des harmonischen Oszillators und starren Rotators.

## C. Röntgenspektrum

**9. Allgemeine Struktur.** Die in IX § 7 erwähnte charakteristische Strahlung kann statt durch stoßende Elektronen auch als Fluoreszenzstrahlung angeregt werden: Wenn Röntgenstrahlen auf eine Metallplatte fallen, so gehen von der bestrahlten Platte Strahlen nach allen Richtungen des Raumes aus, die man mit einer wie in Abb. 556 angeordneten Ionisationskammer nachweisen kann. Ein geringer, im allgemeinen verschwindend kleiner Teil dieser Strahlung ist die in IX § 8 und 9 behandelte klassische Streustrahlung. Diese Sekundärstrahlung ist viel absorbierbarer (weicher) als die Primärstrahlung. Ihr Absorptionskoeffizient ist von der Härte der Primärstrahlung unabhängig. Voraussetzung für ihre Erregung ist nur, daß die Härte der erregenden Primärstrahlung größer sein muß als ihre eigene. Sie verhält sich also sehr ähnlich wie die im sichtbaren Spektrum erregte Fluoreszenzstrahlung; wie diese gehorcht auch sie der Stokesschen Regel (VIII § 4). Die Härte der Fluoreszenzstrahlung von Fe, Co, Ni, Cu, Zn nimmt entsprechend der Reihenfolge im periodischen System der Elemente (vgl. XI A) stetig zu. Daß für die Reihenfolge die Ordnungszahl und nicht das Atomgewicht maßgeblich ist, erkennt man daraus, daß die Absorbierbarkeit der Ni-Strahlung geringer ist als die der Co-Strahlung, obwohl das Atomgewicht des Co größer als das des Ni ist.

Bei Elementen mit höherer Ordnungszahl beobachtet man Gruppen sehr verschiedener Wellenlänge, die als $K$-, $L$-, $M$-, ...-Strahlung bezeichnet werden (Abb. 557). Wenn die Härte der Primärstrahlung ausreicht, z.B. die $L$-Strahlung anzuregen, braucht sie noch nicht die $K$-Strahlung anregen zu können. Erst wenn die Härte der primären Strahlung größer ist als die der $K$-Strahlung, werden alle Gruppen erregt.

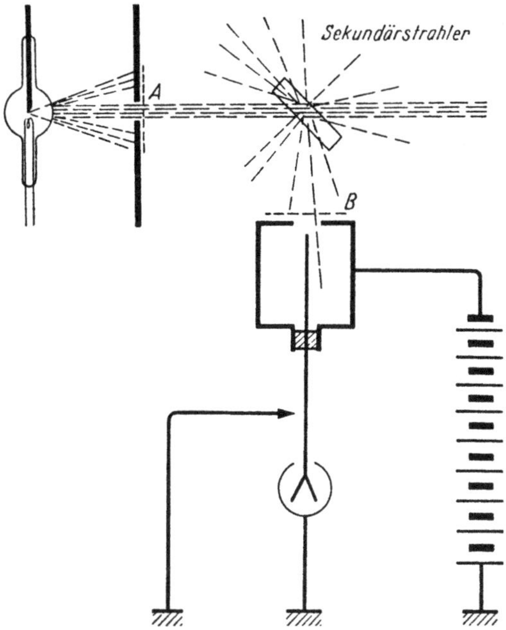


Abb. 556. **Anordnung zur Messung der Härte von Röntgenfluoreszenzstrahlung**

Für die Frequenzen der kurzwelligsten Linie ($K_\alpha$) einer jeden Substanz ergibt sich empirisch ein sehr einfacher Zusammenhang mit ihrer Ordnungszahl ($Z$):

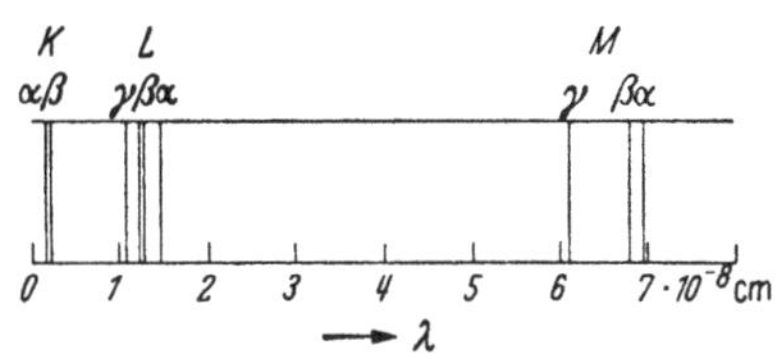


Abb. 557. **Das Spektrum der charakteristischen Röntgenstrahlung des Wolframs**

$$\nu_{K_\alpha} = \frac{3}{4} R(Z-1)^2 = R(Z-1)^2 \cdot \left(\frac{1}{1^2} - \frac{1}{2^2}\right). \tag{9.1}$$

Eine ähnlich einfache Gesetzmäßigkeit, wenn auch nicht so exakt erfüllt, fand Moseley für die $L_\alpha$-Linie der $L$-Serie:

$$\nu_{L_\alpha} = \frac{5}{36} R(Z-7{,}4)^2 = R(Z-7{,}4)^2 \left(\frac{1}{2^2} - \frac{1}{3^2}\right). \tag{9.2}$$

Die Frequenz der Linien wächst also mit der Ordnungszahl, ohne daß die Periodizität der Elemente irgendwie zum Ausdruck kommt.

Die Ähnlichkeit mit der Fluoreszenz im sichtbaren Bereich (vgl. VIII § 2) legt es nahe, die Röntgenfluoreszenz wie diese als Resonanzleuchten zu deuten. Daß dies nicht richtig ist, zeigt folgender Versuch: Man verwende in der in Abb. 556 dargestellten Anordnung als Absorber über der Ionisationskammer eine dünne Fe-Schicht, z.B. ein mit einer Fe-Salzlösung getränktes Filtrierpapier. Untersucht man nun den Absorptionskoeffizienten der aus Mn, Fe, Co, Ni, Cu, Zn erregten Fluoreszenzstrahlung, so erhält man die in Abb. 558 dargestellten Ergebnisse. Die $K$-Strahlung des Fe wird im Fe sogar etwas schwächer als die $K$-Strahlung seiner Nachbarelemente Mn und Co absorbiert. Erst der Absorptionskoeffizient der härteren Ni-Eigenstrahlung im Fe nimmt mit einem starken Sprung zu. Dann fällt der Absorptionskoeffizient der Cu- und Zn-Strahlung gemäß ihrer abnehmenden Wellenlänge wieder ab.

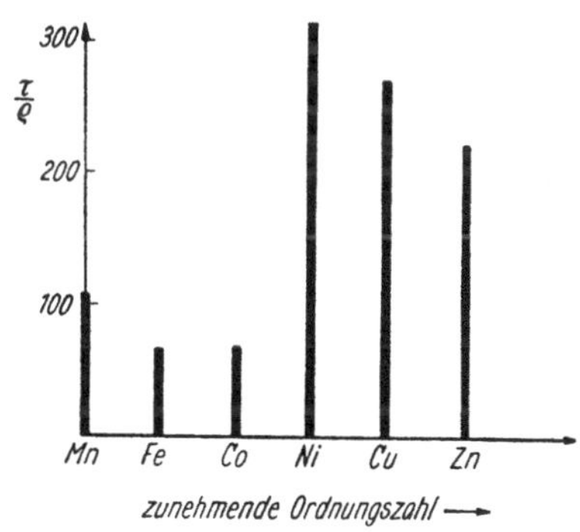


Abb. 558. Absorbierbarkeit der $K$-Strahlung der im periodischen System aufeinanderfolgenden Elemente vom Mangan bis zum Zink in Eisen

Dieses Ergebnis ist für die Deutung des Emissionsmechanismus der charakteristischen Röntgenstrahlen von entscheidender Bedeutung.

**10. Die Deutung des Röntgenspektrums aus dem Bohrschen Atommodell.** Es liegt nahe anzunehmen, daß die Emission der kurzwelligsten (d.h. energiereichsten) Röntgenlinie wie bei den wasserstoffähnlichen Atomen, so auch bei Atomen mit vielen Elektronen, zustande kommt durch einen Übergang von einem Energieniveau mit der Quantenzahl 2 zum Grundzustand, der zur Quantenzahl 1 gehört. Für die wirksame Kernladung schreiben wir zunächst $Z'e_0$. Wir fassen also die $K_\alpha$-Linie als das erste Glied einer „Lyman-Serie" des wasserstoffähnlichen Atoms mit d-r Kernladung $Z'e_0$ auf. Dann ist nach (3.9)

$$\nu_{K_\alpha} = R \cdot Z'^2 \left(\frac{1}{1^2} - \frac{1}{2^2}\right). \tag{10.1}$$

Der Vergleich mit (9.1) gibt Übereinstimmung, wenn $Z' = Z - 1$ ist. Offenbar findet der Übergang vom zweiquantigen zum einquantigen Zustand in einem Feld statt, welches dem Coulombschen Feld eines $(Z-1)$fach geladenen Kernes entspricht. Das ist qualitativ zu erwarten, wenn der Elektronenübergang in einem Gebiet innerhalb der kugelsymmetrisch verteilten Ladung der übrigen Elektronen stattfindet, die die anziehende Wirkung der Kernladung abschwächt. Denn die Feldstärke einer gleichmäßig geladenen Kugelschale ist nach III § 6 in ihrem Inneren gleich Null; Elektronen, die auf weiter außen liegenden Kugelschalen angeordnet sind, geben also zum Felde im Inneren keinen Beitrag.

Damit die Theorie auch die Abhängigkeit der $L_\alpha$-Linie von der Ordnungszahl richtig beschreibt, muß, wie der Vergleich von (9.2) mit (3.9) zeigt, die erheblich größere *Abschirmungszahl* 7,4 angenommen werden. Hier geschehen die Veränderungen also außerhalb von Elektronenschalen, deren Feld sich dem Feld des Kernes überlagert. Sie schwächen das Kernfeld, ohne den Coulombschen Charakter des Feldes vollständig zu ändern. Nach W. KOSSEL kann man sich daher die Elektronen des Atoms auf Schalen um den Atomkern angeordnet denken. Von innen nach außen wächst deren Hauptquantenzahl von 1 über 2, 3, ... an. Den Elektronen der innersten Schale, der sogenannten $K$-Schale, ordnen wir die Hauptquantenzahl $n = 1$ zu; der zweiten, der *L-Schale*, $n = 2$; der dritten, der *M-Schale*, $n = 3$ usw. Die $K$-Schale entspricht der innersten Bahn des H-Atoms, die $L$-, $M$-, $N$-, ...-Schalen den Bahnen der angeregten Zustände mit $n = 2, 3, 4, \ldots$. Während aber beim unangeregten H-Atom sich dessen einziges Elektron auf der innersten Bahn befindet und die Bahnen, die zu den angeregten Zuständen gehören, „unbesetzt" sind, befinden sich beim Atom höherer Ordnungszahl auch im unangeregten Zustand Elektronen auf Bahnen mit höherer Quantenzahl. Wieviele das sind, läßt sich zunächst nicht angeben (vgl. aber XI § 3). Offenbar ist aber in einer Schale nur eine bestimmte Anzahl von Elektronen enthalten. Im nicht angeregten Zustand sind diese Schalen „besetzt". Ein Übergang eines Elektrons unter Ausstrahlung der Energiedifferenz aus der $L$-Schale ($n = 2$) in die $K$-Schale findet deswegen nicht statt, weil die $K$-Schale ein weiteres Elektron nicht aufzunehmen vermag.

Eine bevorzugte „Resonanzabsorption" der Fe-$K_\alpha$-Linie in Fe findet, wie Abb. 558 zeigt, nicht statt. Sie wird nicht stärker absorbiert als die $K_\alpha$-Linie irgend eines anderen Elementes. Dies ist darauf zurückzuführen, daß die $L$-Schale das Elektron aus der $K$-Schale nicht aufnehmen kann, weil sie bereits voll „besetzt" ist. Ein Herausheben eines Elektrons aus der $K$-Schale ist nur möglich, wenn die Energie des absorbierten Quants das Elektron in die äußerste, im allgemeinen nicht vollbesetzte Schale zu heben vermag, oder dieses ganz aus dem Atom entfernen kann. Nach dieser vorausgegangenen Ionisation in der $K$-Schale ist das Atom zur Emission der charakteristischen $K$-Strahlung fähig.

Aus dem Termschema in Abb. 559, in dem die Elektronenenergien in den verschiedenen Schalen zunächst ohne Rücksicht auf feinere Unterteilung der Energieniveaus eingetragen sind, folgt:

Die Emission der $K$-, $L$-, $M$-, ...-Serien kommt durch Übergänge aus weiter außen liegenden Schalen in die $K$-, $L$-, $M$, ...-Schalen zustande. Ist das Atom in der $K$-Schale ionisiert, so kann die Lücke sich durch einen Übergang eines Elektrons aus jeder anderen Schale unter Emission einer $K_\alpha$-, $K_\beta$-, $K_\gamma$-, ...-Linie auffüllen. Aus der großen Zahl der unter gleichen Bedingungen angeregten Atome kommt so die vollständige $K$-Serie zur Ausstrahlung. Die Grenze, gegen die die

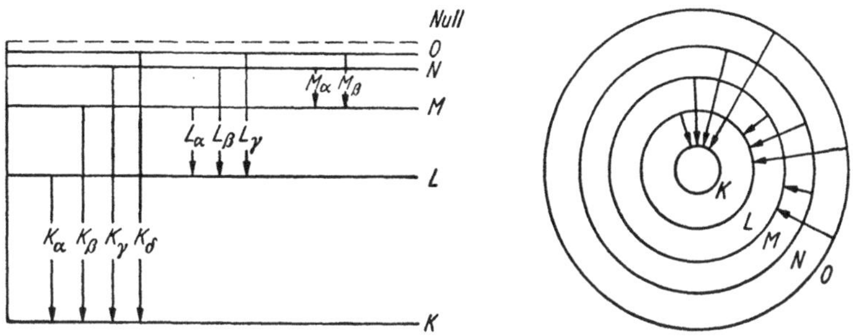


Abb. 559. **Die Deutung der $K$-, $L$-, $M$- ... Serien der charakteristischen Röntgenspektren aus dem Energie-Termschema (links) und dem Schalenmodell des Atoms (rechts); (Schalenradien wachsen in Wahrheit quadratisch)**

$K$-Serie konvergiert, heißt die *$K$-Grenze*. Bezeichnet man die zugehörige Frequenz mit $\nu_{K\text{-}Gr}$, so ist $h \cdot \nu_{K\text{-}Gr}$ die kleinste Energie, die zur Abtrennung eines Elektrons aus der $K$-Schale ausreicht; d.h. die Ionisierungsarbeit der $K$-Schale. Entsprechendes gilt für die $L$-, $M$-, ...-Schalen.

Dadurch aber, daß z.B. bei der Ausstrahlung der $K_\alpha$-Linie ein Elektron aus der $L$-Schale in die $K$-Schale gelangt, ist nunmehr das Atom auch zur Emission irgendeiner Linie aus der $L$-Serie befähigt. Demnach werden sämtliche Serien mit allen Linien angeregt, wenn die anregende Strahlung (Lichtquantenstrahlung oder stoßende Elektronen) ein Elektron der $K$-Schale aus dem Atom zu entfernen vermag. Wenn sie aber nur ein $L$-Elektron abzulösen vermag, so entstehen die $L$-,$M$-, $N$-, ...-Serien usw.

Im Gegensatz zu den optischen Spektren, bei denen eine sukzessive Anregung der Linien einer Serie möglich ist (z.B. VIII § 5), treten alle Linien einer Röntgenserie gleichzeitig auf.

*Die Untergruppen der $L$-, $M$-, $N$-, ...-Elektronen.* Die Kenntnis der Röntgenspektren muß also zu einer Kenntnis der Röntgenterme führen, welche nach Multiplikation mit $h$ die Energie geben, mit der die Elektronen der verschiedenen Schalen an das Atom gebunden sind.

Die Symbole $K$, $L$, $M$ mögen diese Energien, geteilt durch die Plancksche Konstante $h$, bedeuten. Dann ist z.B.

$$\left.\begin{array}{lll} \nu_{K\alpha} = K - L; & \nu_{K\beta} = K - M; & \nu_{K\gamma} = K - N \\ & \nu_{L\beta} = L - M; & \nu_{L\beta} = L - N. \end{array}\right\} \quad (10.2)$$

Es muß also gelten:

$$\nu_{K\beta} - \nu_{L\alpha} = K - L = \nu_{K\alpha}. \quad (10.3)$$

Wenn sich diese Forderung bestätigt, so bedeutet das, daß auch im Gebiet der Röntgenfrequenzen das Ritzsche Kombinationsprinzip Gültigkeit (vgl. VIII § 7) hat. Eine Nachprüfung zeigt, daß die Beziehung (10.3) wohl angenähert, aber nicht streng erfüllt ist. Will man nicht das Kombinationsprinzip aufgeben, welches ja eine Forderung des Energiesatzes erfüllt, dann bleibt als Erklärung nur die Annahme, daß die Niveaus, z. B. das $L$-Niveau oder das $M$-Niveau, unterteilt sind (Abb. 560). Wenn die Emission von $K_\alpha$ beim Übergang von einem anderen $L$-Niveau erfolgt als dem, welches bei der Emission von $L_\alpha$ erreicht wird (was freilich nicht der Fall ist), oder die $M$-Niveau verschieden sind, von denen der Übergang aus $M$ nach $K(\nu_{K_\beta})$ oder aus $M$ nach $L(\nu_{L_\alpha})$ stattfindet, dann darf das Kombinationsprinzip in (10,3) nicht angewendet werden, ohne diese Unterschiede zu berücksichtigen. (In der Tat wirken bei der Emission von $K_\beta$ und $L_\alpha$ verschiedene $M$-Terme mit.)

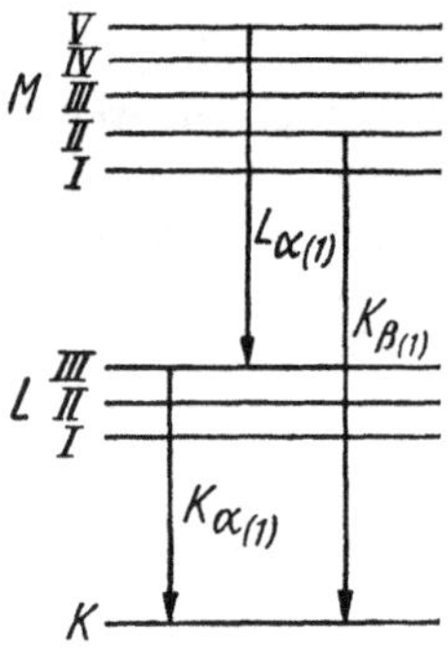

**Abb. 560. Die Untergruppen der *L*- und *M*-Schale**

Daß die Energiestufen der $L$- und $M$-Schale unterteilt sind, folgt unmittelbar aus Absorptionsmessungen. Nach der Kosselschen Theorie muß die Absorption monochromatischer Röntgenstrahlen abrupt ansteigen, sobald die Energie $h\nu$ der Quanten zur photoelektrischen Abspaltung von Elektronen der inneren Atomelektronen ausreicht. Das wird durch den in Abb. 541 dargestellten Befund bestätigt. Die Absorptionskante an der Grenze der $K$-Serie ist immer einfach, dagegen findet man im Bereich der $L$-Strahlung stets drei Absorptionskanten. Man schließt daraus, daß in der $L$-Schale drei Gruppen von Elektronen mit verschiedener Ablösearbeit enthalten sind. Die Anzahl der Untergruppen der $M$-, $N$-, $O$-, $P$-Schalen sind 5, 7, 5, 3.

Aus der experimentell gefundenen Vielfachheit der Röntgenabsorptionskanten folgt, daß zur Charakterisierung der Terme die Hauptquantenzahl $n$ nicht ausreicht. Vielmehr unterscheiden sich bei gleichem Wert von $n$, welcher die Schale bestimmt, die Elektronen einer Schale noch durch die azimutale und die Spinquantenzahl (vgl. hierzu XI § 1).

## 11. Auger-Effekt.

Nicht jedes in der $K$-, $L$-, ...-Schale ionisierte Atom sendet eine Linie der $K$-, $L$-, ...-Serie aus. Die Strahlungsausbeute (Fluoreszenzausbeute)

$$= \frac{\text{Zahl der Röntgenquanten emittierenden Atome}}{\text{Zahl der in } K\text{- (bzw. } L\text{-, ...) Schale ionisierten Atome}}$$

ist stets kleiner als 1, wächst aber mit zunehmender Ordnungszahl stark an. Die strahlungslosen Übergänge sind also bei leichten Atomen wahrscheinlicher.

Die dabei frei werdende Energie wird dazu verwendet, ein Elektron desselben Atoms aus einer weiter außen liegenden Schale durch einen „inneren Photoprozeß" abzuspalten. Erfolgt der Übergang aus $L$ nach $K$ und die Abspaltung aus $L$, so beträgt die kinetische Energie des abgelösten Elektrons, wenn $\nu_{K_\alpha}$ die Frequenz der $K_\alpha$-Linie ist, und $K$ und $L$ die Energieterme bedeuten:

$$E_{\text{kin}} = h \cdot \nu_{K_\alpha} - A_L = (K - L - L) = (K - 2L).$$

Nun ist das Atom in der $L$-Schale zweifach ionisiert. Beim Nachrücken aus der $M$-Schale können wieder durch strahlungslosen Übergang zwei Elektronen aus $M$ ausgelöst werden, deren Energie wegen der kleineren Differenz der Terme $L$ und $M$ viel kleiner ist als die des aus $L$ ausgelösten Elektrons. Nebelkammeraufnahmen zeigen, daß aus dem gleichen Atom mehrere Elektronen abgespalten werden können, aus deren Reichweite auf die Energie geschlossen werden kann. Sie bestätigen die Richtigkeit der Deutung des Effektes, der den Namen *Auger-Effekt* trägt.

# XI. Systematik des Atombaus

## A. Das Periodensystem der Elemente

D. Mendelejew und L. Meyer fanden beim Versuch, sämtliche chemische Elemente nach ihrem Atomgewicht zu ordnen, eine Anordnung, die eine Reihe von Verwandtschaften und Gesetzmäßigkeiten besonders gut erkennen läßt: Das in Tabelle 36 in moderner Form wiedergegebene *Periodensystem*. Es enthält in 7 waagrechten Reihen („Perioden") und 8 senkrechten Reihen („Gruppen")

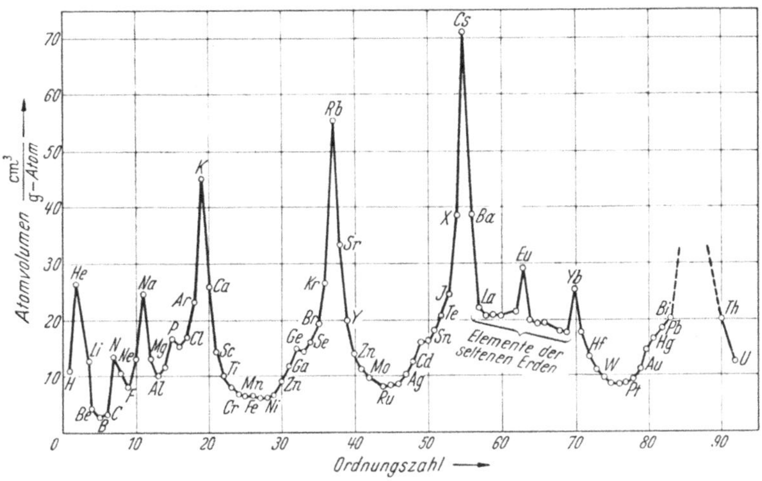


Abb. 561. **Die Periodizität der Atomvolumina**

sämtliche bekannten Elemente. Die durchlaufenden Nummern vor dem Symbol eines jeden Elementes heißen *Ordnungszahlen*.

Die Zahlen unter den Elementsymbolen sind die *Atomgewichte*, richtiger *Massenzahlen*, d.h. diejenigen Zahlen, die angeben, wievielmal größer die Masse des betreffenden Atoms ist als die Masse des Kohlenstoffatoms (C) — genauer gesagt, des überwiegenden Isotops (vgl. VIII § 5) des Kohlenstoffs —, wenn man diesem die Masse 12 (Atomgewichtseinheiten) zuschreibt. Da Kohlenstoff normalerweise nicht ohne Beimengung eines schwereren Isotops (Atomgewicht 14) vorkommt, erscheint unter dem Symbol C eine Zahl, die geringfügig größer als 12 ist. Analoges gilt für fast alle Atomgewichtsangaben (vgl. XIII § 5).

Die chemischen Eigenschaften der Elemente wiederholen sich in jeder Periode, daher sind die in den Gruppen untereinander stehenden Elemente sich chemisch sehr ähnlich, z.B. Fluor, Chlor, Brom usw. in Gruppe VII oder die Edelgase in Gruppe VIII. Innerhalb der Gruppen wird noch weiter unterteilt, wie in Tabelle 36 durch abgerückte Elementsymbole angedeutet ist; diese sog. Haupt- und Nebengruppen sind untereinander jedoch weniger verwandt als untereinanderstehende Elemente.

Tabelle 36. *Periodensystem der Elemente*

| Periode | Gruppe I | II | III | IV | V | VI | VII | VIII | | |
|---|---|---|---|---|---|---|---|---|---|---|
| 1 | **1 H** 1,00797 | | | | | | | | | **2 He** 4,0026 |
| 2 | **3 Li** 6,939 | **4 Be** 9,022 | **5 B** 10,81 | **6 C** 12,01115 | **7 N** 14,0067 | **8 O** 15,9994 | **9 F** 18,9984 | | | **10 Ne** 20,183 |
| 3 | **11 Na** 22,9898 | **12 Mg** 24,312 | **13 Al** 26,9815 | **14 Si** 28,086 | **15 P** 30,9738 | **16 S** 32,064 | **17 Cl** 35,453 | | | **18 Ar** 39,948 |
| 4 | **19 K** 39,102 | **20 Ca** 40,08 | **21 Sc** 44,956 | **22 Ti** 47,90 | **23 V** 50,942 | **24 Cr** 51,996 | **25 Mn** 54,938 | **26 Fe** 55,847 | **27 Co** 58,9332 | **28 Ni** 58,71 |
| | **29 Cu** 63,54 | **30 Zn** 65,37 | **31 Ga** 69,72 | **32 Ge** 72,59 | **33 As** 74,9216 | **34 Se** 78,96 | **35 Br** 79,909 | | | **36 Kr** 83,80 |
| 5 | **37 Rb** 85,47 | **38 Sr** 87,62 | **39 Y** 88,905 | **40 Zr** 91,22 | **41 Nb** 92,906 | **42 Mo** 95,94 | **43 Tc** 99 | **44 Ru** 101,07 | **45 Rh** 102,905 | **46 Pd** 106,4 |
| | **47 Ag** 107,87 | **48 Cd** 112,40 | **49 In** 114,82 | **50 Sn** 118,69 | **51 Sb** 121,75 | **52 Te** 127,60 | **53 J** 126,9044 | | | **54 Xe** 131,3 |
| 6 | **55 Cs** 132,905 | **56 Ba** 137,34 | **57 La*** 138,91 | **72 Hf** 178,49 | **73 Ta** 180,948 | **74 W** 183,85 | **75 Re** 186,2 | **76 Os** 190,2 | **77 Ir** 192,2 | **78 Pt** 195,09 |
| | **79 Au** 196,967 | **80 Hg** 200,59 | **81 Tl** 204,37 | **82 Pb** 207,19 | **83 Bi** 208,98 | **84 Po** 210 | **85 At** 210 | | | **86 Rn** 222 |
| 7 | **87 Fr** 223 | **88 Ra** 226,05 | **89 Ac**** 227 | | | | | | | |

* Hierher gehören noch:

| | | | | | | | | | | | | | |
|---|---|---|---|---|---|---|---|---|---|---|---|---|---|
| **58 Ce** | **59 Pr** | **60 Nd** | **61 Pm** | **62 Sm** | **63 Eu** | **64 Gd** | **65 Tb** | **66 Dy** | **67 Ho** | **68 Er** | **69 Tm** | **70 Yb** | **71 Lu** |
| 140,12 | 140,907 | 144,24 | 145 | 150,35 | 151,96 | 157,25 | 158,924 | 162,50 | 164,93 | 167,26 | 168,934 | 173,04 | 174,97 |

** Hierher gehören noch:

| | | | | | | | | | | | | | |
|---|---|---|---|---|---|---|---|---|---|---|---|---|---|
| **90 Th** | **91 Pa** | **92 U** | **93 Np** | **94 Pu** | **95 Am** | **96 Cm** | **97 Bk** | **98 Cf** | **99 E** | **100 Fm** | **101 Md** | **102 No** | **103 Lw** |
| 232,038 | 231 | 238,03 | 237 | 242 | 243 | 247 | 249 | 251 | | | | | |

Um das System verwandtschaftlicher Beziehungen aufrechtzuerhalten muß man allerdings alle Elemente der Ordnungszahlen 57—71, die Seltenen Erden, auf einen einzigen Platz setzen, ebenso alle Elemente der Ordnungszahlen 89—103, die Aktiniden.

Der chemischen Periodizität folgen zahlreiche andere Eigenschaften, z.B. das Atomvolumen (Abb. 561), die Ionisierungsspannung, die Schmelztemperatur, der Ausdehnungskoeffizient und der Aufbau der optischen Spektren (vgl. § 3). Offenbar bestimmen Anzahl und Anordnung der äußeren Elektronen die Eigenschaften, welche sich als periodisch erweisen, denn die Spektren der charakteristischen Röntgenstrahlung der inneren Elektronen lassen keine Periodizität erkennen: Die Härte der Röntgenstrahlen nimmt mit wachsender Kernladungszahl ständig zu (vgl. X § 10).

Die Anzahl der Elemente in den Perioden läßt sich durch die doppelten Quadrate $2n^2$ der Zahlen $n=1, 2, 3, 4$ darstellen:

$$2=2\cdot 1^2, \quad 8=2\cdot 2^2, \quad 18=2\cdot 3^2 \quad \text{und} \quad 32=2\cdot 4^2.$$

Dies ganze System der Elemente findet bis in alle Einzelheiten eine Deutung durch die Quantentheorie, angewandt auf das Schalenmodell des Atombaus.

## B. Das Schalenmodell des Atoms

**1. Die Quantenzahlen.** Im Bohr-Sommerfeldschen Atommodell bewegt sich ein Elektron auf einer Ellipse; diese und damit den Zustand des Elektrons hatten wir durch zwei Quantenzahlen (vgl. Kapitel X § 4) gekennzeichnet:

*a) Die Hauptquantenzahl n.* Sie ist ein Maß für die große Achse der Bahnellipse und damit für die Energie des Elektrons im elektrischen Kernfeld. Hat ein Elektron die Hauptquantenzahl $n=1, 2, 3, 4, 5, 6, 7$, so sagt man, es befindet sich in der *K-*, *L-*, *M-*, *N-*, *O-*, *P-*, *Q-*Schale des betreffenden Atoms. Unter „Schale" stellt man sich am besten einen bestimmten Energiebereich vor, der dem Elektron offensteht und durch eine verbotene Zone vom nächsten getrennt ist Eine räumliche Aufteilung der Elektronenbewegung in Schalen, ähnlich wie bei der Zwiebel, ist schon in unserem einfachen Modell nicht mehr möglich, da z.B. die Ellipsen für $n=4$ sich mit den Kreisen für $n=2$ schneiden, die Bahnen also nicht nach ihren verschiedenen $n$-Werten säuberlich zu trennen sind (Abb. 551).

*b) Die Nebenquantenzahl oder Drehimpulsquantenzahl (l).* Sie ist ein Maß für die kleine Achse der Bahnellipse und den Drehimpuls (vgl. X § 4 Schluß). Elektronen mit $l=0, 1, 2, 3$ heißen — aus historischen Gründen, ebenso wie die Buchstabenbezeichnungen der Schalen — *s-*, *p-*, *d-*, *f-*Elektronen. Für $l$ sind jeweils die Werte $0, 1, \ldots, n-1$ möglich, also insgesamt $n$-Werte. Die Zustandsbeschreibung ist offensichtlich bisher unvollständig, z.B. fehlt die Angabe der Orientierung der Bahnebene, etwa der Winkel, den ein senkrecht auf der Bahnebene stehender Vektor mit einer durch ein äußeres Feld vorgegebenen Richtung bildet. Diesen Mangel behebt eine dritte Quantenzahl:

*c) Die magnetische Bahnquantenzahl oder Bahn-Orientierungsquantenzahl $m_l$.* Ein umlaufendes Elektron stellt einen Ringstrom dar und besitzt ein senkrecht auf der Bahnebene stehendes magnetisches Moment (vgl. III § 32). Dieses und damit die Bahnebene kann zu einer vorgegebenen Richtung $2l+1$ verschiedene Orientierungen annehmen, die durch die Werte

$$-l, -(l-1), \ldots, -1, 0, +1, \ldots, +(l-1), l$$

der magnetischen Bahnquantenzahl $m_l$ gekennzeichnet sind. Zu einem vorgegebenen $l$ gibt es also $2l+1$ Orientierungen.

Um der Tatsache gerecht zu werden, daß das Elektron auch einen Eigendrehimpuls, einen Spin, hat (vgl. III § 58), muß zur vollständigen Zustandsbeschreibung auch *dessen* Orientierung festgelegt werden, dazu dient eine vierte Quantenzahl:

*d) Die magnetische Spinquantenzahl oder Spin-Orientierungsquantenzahl* $m_s$. Sie hat für ein Elektron nur zwei Werte: $m_s=+\frac{1}{2}$ und $m_s=-\frac{1}{2}$.

Beispiele zur Bedeutung der Orientierungsquantenzahlen finden sich in Kapitel XII.

**2. Bauprinzipien der Elektronenhülle.** Der Aufbau der Elektronenhülle der Atome wird durch zwei Prinzipien geregelt:

*a) Das Pauli-Prinzip.* Dieses sehr allgemeine Symmetrieprinzip ist eine Erfahrungstatsache etwa vom Rang des Energiesatzes. Es besagt in der hier benötigten speziellen Form: Innerhalb eines Atoms dürfen keine Elektronen in allen 4 Quantenzahlen übereinstimmen. Jede mögliche Kombination der 4 Quantenzahlen darf also nur von einem einzigen Elektron beansprucht werden. (Grobe Veranschaulichung: Zwei Personen können nicht gleichzeitig am selben Ort im „Ortsraum" sein, zwei Elektronen nicht gleichzeitig am selben Ort im „Quantenzahlraum".)

*b) Das Bohr-Sommerfeldsche Bausteinprinzip.* Danach entsteht die Elektronenhülle eines Atoms aus derjenigen des in der Ordnungszahl vorangehenden Atoms dadurch, daß ein weiteres Elektron eingefügt wird, ohne die schon vorhandene Ordnung wesentlich zu verändern. Sind mehrere Einbauweisen, d.h. verschiedene Ellipsenbahnen möglich, so wird die energetisch günstigste wahrgenommen. In erster Näherung ist zwar die Energie aller zur gleichen Hauptquantenzahl $n$ gehörenden Bahnen gleich groß (vgl. X § 4). Dies kann sich jedoch aus zwei Gründen ändern: Einmal wegen der relativistischen Massenveränderlichkeit, die sich besonders bei schlanken Ellipsen bemerkbar macht, da dort im Perihel die Geschwindigkeit des Elektrons sehr hoch wird. Zum Zweiten sind bei bereits von einigen Elektronen umgebenen und damit ladungsmäßig teilweise abgeschirmten Kernen für ein neu hinzukommendes Elektron wiederum schlanke Ellipsen, die sog. Tauchbahnen, sehr günstig, da sie durch die Abschirmung hindurch nahe an den Kern heranführen und im Mittel einen Zustand niedrigerer Energie darstellen als eine außerhalb der abschirmenden Elektronen verlaufende Kreisbahn. So ergibt sich folgende Regel: Bahnen mit kleiner Nebenquantenzahl sind energetisch günstiger als solche mit großen.

Diese Veranschaulichungen sind allerdings mit Vorsicht zu verwenden und haben oft mehr den Charakter einer Gedächtnisstütze.

**3. Atomtheoretische Deutung des Periodensystem.** Mit diesen Hilfsmitteln läßt sich nun das Periodensystem Schritt für Schritt deuten. Es ist in Tabelle 37 in Form einer Liste dargestellt, die den Elektronenbauplan sämtlicher bekannter Elemente enthält, gewonnen aus der Anwendung der oben geschilderten Prinzipien und aus experimentellen spektroskopischen Daten.

Die Atome des ersten Elementes, die H-Atome, besitzen ein einziges Elektron, das in der tiefsten Schale, der $K$-Schale mit $n=1$ sitzt und wegen $l\leqq n-1$ nur die Nebenquantenzahl $l=0$ haben kann. Die magnetische Bahnquantenzahl $m_l$ kann daher nach § 1 c auch nur Null sein. Die Spinquantenzahl hat, wie stets, die beiden Möglichkeiten $m_s=\pm\frac{1}{2}$. Der Satz von Quantenzahlen, der zum Wasserstoffelektron gehört, ist also beispielsweise $(1, 0, 0, +\frac{1}{2})$. Beim nächsten Atom,

Tabelle 37. *Elektronenbauplan der Elemente*

| Ordnungszahl | Element | Schale K | L | | M | | | N | | | | O | | | | P | | | Q |
|---|---|---|---|---|---|---|---|---|---|---|---|---|---|---|---|---|---|---|---|
| | | 1s | 2s | 2p | 3s | 3p | 3d | 4s | 4p | 4d | 4f | 5s | 5p | 5d | 5f | 6s | 6p | 6d | 7s |
| 1 | Wasserstoff | 1 | | | | | | | | | | | | | | | | | |
| 2 | Helium | 2 | | | | | | | | | | | | | | | | | |
| 3 | Lithium | 2 | 1 | | | | | | | | | | | | | | | | |
| 4 | Beryllium | 2 | 2 | | | | | | | | | | | | | | | | |
| 5 | Bor | 2 | 2 | 1 | | | | | | | | | | | | | | | |
| 6 | Kohlenstoff | 2 | 2 | 2 | | | | | | | | | | | | | | | |
| 7 | Stickstoff | 2 | 2 | 3 | | | | | | | | | | | | | | | |
| 8 | Sauerstoff | 2 | 2 | 4 | | | | | | | | | | | | | | | |
| 9 | Fluor | 2 | 2 | 5 | | | | | | | | | | | | | | | |
| 10 | Neon | 2 | 2 | 6 | | | | | | | | | | | | | | | |
| 11 | Natrium | 2 | 2 | 6 | 1 | | | | | | | | | | | | | | |
| 12 | Magnesium | 2 | 2 | 6 | 2 | | | | | | | | | | | | | | |
| 13 | Aluminium | 2 | 2 | 6 | 2 | 1 | | | | | | | | | | | | | |
| 14 | Silizium | 2 | 2 | 6 | 2 | 2 | | | | | | | | | | | | | |
| 15 | Phosphor | 2 | 2 | 6 | 2 | 3 | | | | | | | | | | | | | |
| 16 | Schwefel | 2 | 2 | 6 | 2 | 4 | | | | | | | | | | | | | |
| 17 | Chlor | 2 | 2 | 6 | 2 | 5 | | | | | | | | | | | | | |
| 18 | Argon | 2 | 2 | 6 | 2 | 6 | | | | | | | | | | | | | |
| 19 | Kalium | 2 | 2 | 6 | 2 | 6 | | 1 | | | | | | | | | | | |
| 20 | Kalzium | 2 | 2 | 6 | 2 | 6 | | 2 | | | | | | | | | | | |
| 21 | Scandium | 2 | 2 | 6 | 2 | 6 | 1 | 2 | | | | | | | | | | | |
| 22 | Titan | 2 | 2 | 6 | 2 | 6 | 2 | 2 | | | | | | | | | | | |
| 23 | Vanadium | 2 | 2 | 6 | 2 | 6 | 3 | 2 | | | | | | | | | | | |
| 24 | Chrom | 2 | 2 | 6 | 2 | 6 | 5 | 1 | | | | | | | | | | | |
| 25 | Mangan | 2 | 2 | 6 | 2 | 6 | 5 | 2 | | | | | | | | | | | |
| 26 | Eisen | 2 | 2 | 6 | 2 | 6 | 6 | 2 | | | | | | | | | | | |
| 27 | Kobalt | 2 | 2 | 6 | 2 | 6 | 7 | 2 | | | | | | | | | | | |
| 28 | Nickel | 2 | 2 | 6 | 2 | 6 | 8 | 2 | | | | | | | | | | | |
| 29 | Kupfer | 2 | 2 | 6 | 2 | 6 | 10 | 1 | | | | | | | | | | | |
| 30 | Zink | 2 | 2 | 6 | 2 | 6 | 10 | 2 | | | | | | | | | | | |
| 31 | Gallium | 2 | 2 | 6 | 2 | 6 | 10 | 2 | 1 | | | | | | | | | | |
| 32 | Germanium | 2 | 2 | 6 | 2 | 6 | 10 | 2 | 2 | | | | | | | | | | |
| 33 | Arsen | 2 | 2 | 6 | 2 | 6 | 10 | 2 | 3 | | | | | | | | | | |
| 34 | Selen | 2 | 2 | 6 | 2 | 6 | 10 | 2 | 4 | | | | | | | | | | |
| 35 | Brom | 2 | 2 | 6 | 2 | 6 | 10 | 2 | 5 | | | | | | | | | | |
| 36 | Krypton | 2 | 2 | 6 | 2 | 6 | 10 | 2 | 6 | | | | | | | | | | |
| 37 | Rubidium | 2 | 2 | 6 | 2 | 6 | 10 | 2 | 6 | | | 1 | | | | | | | |
| 38 | Strontium | 2 | 2 | 6 | 2 | 6 | 10 | 2 | 6 | | | 2 | | | | | | | |
| 39 | Yttrium | 2 | 2 | 6 | 2 | 6 | 10 | 2 | 6 | 1 | | 2 | | | | | | | |
| 40 | Zirkonium | 2 | 2 | 6 | 2 | 6 | 10 | 2 | 6 | 2 | | 2 | | | | | | | |
| 41 | Niob | 2 | 2 | 6 | 2 | 6 | 10 | 2 | 6 | 4 | | 1 | | | | | | | |
| 42 | Molybdän | 2 | 2 | 6 | 2 | 6 | 10 | 2 | 6 | 5 | | 1 | | | | | | | |
| 43 | Technetium | 2 | 2 | 6 | 2 | 6 | 10 | 2 | 6 | 5 | | 2 | | | | | | | |
| 44 | Ruthenium | 2 | 2 | 6 | 2 | 6 | 10 | 2 | 6 | 7 | | 1 | | | | | | | |
| 45 | Rhodium | 2 | 2 | 6 | 2 | 6 | 10 | 2 | 6 | 8 | | 1 | | | | | | | |
| 46 | Palladium | 2 | 2 | 6 | 2 | 6 | 10 | 2 | 6 | 10 | | | | | | | | | |
| 47 | Silber | 2 | 2 | 6 | 2 | 6 | 10 | 2 | 6 | 10 | | 1 | | | | | | | |
| 48 | Cadmium | 2 | 2 | 6 | 2 | 6 | 10 | 2 | 6 | 10 | | 2 | | | | | | | |
| 49 | Indium | 2 | 2 | 6 | 2 | 6 | 10 | 2 | 6 | 10 | | 2 | 1 | | | | | | |
| 50 | Zinn | 2 | 2 | 6 | 2 | 6 | 10 | 2 | 6 | 10 | | 2 | 2 | | | | | | |
| 51 | Antimon | 2 | 2 | 6 | 2 | 6 | 10 | 2 | 6 | 10 | | 2 | 3 | | | | | | |
| 52 | Tellur | 2 | 2 | 6 | 2 | 6 | 10 | 2 | 6 | 10 | | 2 | 4 | | | | | | |
| 53 | Jod | 2 | 2 | 6 | 2 | 6 | 10 | 2 | 6 | 10 | | 2 | 5 | | | | | | |
| 54 | Xenon | 2 | 2 | 6 | 2 | 6 | 10 | 2 | 6 | 10 | | 2 | 6 | | | | | | |
| 55 | Caesium | 2 | 2 | 6 | 2 | 6 | 10 | 2 | 6 | 10 | | 2 | 6 | | | 1 | | | |
| 56 | Barium | 2 | 2 | 6 | 2 | 6 | 10 | 2 | 6 | 10 | | 2 | 6 | | | 2 | | | |

Tabelle 37 (Fortsetzung)

| Ordnungszahl | Element | Schale K | L | | M | | | N | | | | O | | | | P | | | Q |
|---|---|---|---|---|---|---|---|---|---|---|---|---|---|---|---|---|---|---|---|
| | | 1s | 2s | 2p | 3s | 3p | 3d | 4s | 4p | 4d | 4f | 5s | 5p | 5d | 5f | 6s | 6p | 6d | 7s |
| 57 | Lanthan | 2 | 2 | 6 | 2 | 6 | 10 | 2 | 6 | 10 | | 2 | 6 | 1 | | 2 | | | |
| 58 | Cer | 2 | 2 | 6 | 2 | 6 | 10 | 2 | 6 | 10 | 1 | 2 | 6 | 1 | | 2 | | | |
| 59 | Praseodym | 2 | 2 | 6 | 2 | 6 | 10 | 2 | 6 | 10 | 3 | 2 | 6 | | | 2 | | | |
| 60 | Neodym | 2 | 2 | 6 | 2 | 6 | 10 | 2 | 6 | 10 | 4 | 2 | 6 | | | 2 | | | |
| 61 | Promethium | 2 | 2 | 6 | 2 | 6 | 10 | 2 | 6 | 10 | 5 | 2 | 6 | | | 2? | | | |
| 62 | Samarium | 2 | 2 | 6 | 2 | 6 | 10 | 2 | 6 | 10 | 6 | 2 | 6 | | | 2 | | | |
| 63 | Europium | 2 | 2 | 6 | 2 | 6 | 10 | 2 | 6 | 10 | 7 | 2 | 6 | | | 2 | | | |
| 64 | Gadolinium | 2 | 2 | 6 | 2 | 6 | 10 | 2 | 6 | 10 | 7 | 2 | 6 | 1 | | 2 | | | |
| 65 | Terbium | 2 | 2 | 6 | 2 | 6 | 10 | 2 | 6 | 10 | 9 | 2 | 6 | | | 2 | | | |
| 66 | Dysprosium | 2 | 2 | 6 | 2 | 6 | 10 | 2 | 6 | 10 | 10 | 2 | 6 | | | 2 | | | |
| 67 | Holmium | 2 | 2 | 6 | 2 | 6 | 10 | 2 | 6 | 10 | 11 | 2 | 6 | | | 2 | | | |
| 68 | Erbium | 2 | 2 | 6 | 2 | 6 | 10 | 2 | 6 | 10 | 12 | 2 | 6 | | | 2 | | | |
| 69 | Thulium | 2 | 2 | 6 | 2 | 6 | 10 | 2 | 6 | 10 | 13 | 2 | 6 | | | 2 | | | |
| 70 | Ytterbium | 2 | 2 | 6 | 2 | 6 | 10 | 2 | 6 | 10 | 14 | 2 | 6 | | | 2 | | | |
| 71 | Lutetium | 2 | 2 | 6 | 2 | 6 | 10 | 2 | 6 | 10 | 14 | 2 | 6 | 1 | | 2 | | | |
| 72 | Hafnium | 2 | 2 | 6 | 2 | 6 | 10 | 2 | 6 | 10 | 14 | 2 | 6 | 2 | | 2 | | | |
| 73 | Tantal | 2 | 2 | 6 | 2 | 6 | 10 | 2 | 6 | 10 | 14 | 2 | 6 | 3 | | 2 | | | |
| 74 | Wolfram | 2 | 2 | 6 | 2 | 6 | 10 | 2 | 6 | 10 | 14 | 2 | 6 | 4 | | 2 | | | |
| 75 | Rhenium | 2 | 2 | 6 | 2 | 6 | 10 | 2 | 6 | 10 | 14 | 2 | 6 | 5 | | 2 | | | |
| 76 | Osmium | 2 | 2 | 6 | 2 | 6 | 10 | 2 | 6 | 10 | 14 | 2 | 6 | 6 | | 2 | | | |
| 77 | Iridium | 2 | 2 | 6 | 2 | 6 | 10 | 2 | 6 | 10 | 14 | 2 | 6 | 7 | | 2 | | | |
| 78 | Platin | 2 | 2 | 6 | 2 | 6 | 10 | 2 | 6 | 10 | 14 | 2 | 6 | 9 | | 1? | | | |
| 79 | Gold | 2 | 2 | 6 | 2 | 6 | 10 | 2 | 6 | 10 | 14 | 2 | 6 | 10 | | 1 | | | |
| 80 | Quecksilber | 2 | 2 | 6 | 2 | 6 | 10 | 2 | 6 | 10 | 14 | 2 | 6 | 10 | | 2 | | | |
| 81 | Thallium | 2 | 2 | 6 | 2 | 6 | 10 | 2 | 6 | 10 | 14 | 2 | 6 | 10 | | 2 | 1 | | |
| 82 | Blei | 2 | 2 | 6 | 2 | 6 | 10 | 2 | 6 | 10 | 14 | 2 | 6 | 10 | | 2 | 2 | | |
| 83 | Wismuth | 2 | 2 | 6 | 2 | 6 | 10 | 2 | 6 | 10 | 14 | 2 | 6 | 10 | | 2 | 3 | | |
| 84 | Polonium | 2 | 2 | 6 | 2 | 6 | 10 | 2 | 6 | 10 | 14 | 2 | 6 | 10 | | 2 | 4 | | |
| 85 | Astatin | 2 | 2 | 6 | 2 | 6 | 10 | 2 | 6 | 10 | 14 | 2 | 6 | 10 | | 2 | 5 | | |
| 86 | Radon | 2 | 2 | 6 | 2 | 6 | 10 | 2 | 6 | 10 | 14 | 2 | 6 | 10 | | 2 | 6 | | |
| 87 | Francium | 2 | 2 | 6 | 2 | 6 | 10 | 2 | 6 | 10 | 14 | 2 | 6 | 10 | | 2 | 6 | | 1 |
| 88 | Radium | 2 | 2 | 6 | 2 | 6 | 10 | 2 | 6 | 10 | 14 | 2 | 6 | 10 | | 2 | 6 | | 2 |
| 89 | Aktinium | 2 | 2 | 6 | 2 | 6 | 10 | 2 | 6 | 10 | 14 | 2 | 6 | 10 | | 2 | 6 | 1 | 2? |
| 90 | Thorium | 2 | 2 | 6 | 2 | 6 | 10 | 2 | 6 | 10 | 14 | 2 | 6 | 10 | | 2 | 6 | 2 | 2? |
| 91 | Protaktinium | 2 | 2 | 6 | 2 | 6 | 10 | 2 | 6 | 10 | 14 | 2 | 6 | 10 | 2 | 2 | 6 | 1 | 2? |
| 92 | Uran | 2 | 2 | 6 | 2 | 6 | 10 | 2 | 6 | 10 | 14 | 2 | 6 | 10 | 3 | 2 | 6 | 1 | 2 |
| 93 | Neptunium | 2 | 2 | 6 | 2 | 6 | 10 | 2 | 6 | 10 | 14 | 2 | 6 | 10 | 4 | 2 | 6 | 1 | 2? |
| 94 | Plutonium | 2 | 2 | 6 | 2 | 6 | 10 | 2 | 6 | 10 | 14 | 2 | 6 | 10 | 6 | 2 | 6 | | 2? |
| 95 | Americium | 2 | 2 | 6 | 2 | 6 | 10 | 2 | 6 | 10 | 14 | 2 | 6 | 10 | 7 | 2 | 6 | | 2 |
| 96 | Curium | 2 | 2 | 6 | 2 | 6 | 10 | 2 | 6 | 10 | 14 | 2 | 6 | 10 | 7 | 2 | 6 | 1 | 2? |
| 97 | Berkelium | 2 | 2 | 6 | 2 | 6 | 10 | 2 | 6 | 10 | 14 | 2 | 6 | 10 | 9 | 2 | 6 | | 2? |
| 98 | Californium | 2 | 2 | 6 | 2 | 6 | 10 | 2 | 6 | 10 | 14 | 2 | 6 | 10 | 10 | 2 | 6 | | 2? |
| 99 | Einsteinium | 2 | 2 | 6 | 2 | 6 | 10 | 2 | 6 | 10 | 14 | 2 | 6 | 10 | 11 | 2 | 6 | | 2? |
| 100 | Fermium | 2 | 2 | 6 | 2 | 6 | 10 | 2 | 6 | 10 | 14 | 2 | 6 | 10 | 12 | 2 | 6 | | 2? |
| 101 | Mendelevium | 2 | 2 | 6 | 2 | 6 | 10 | 2 | 6 | 10 | 14 | 2 | 6 | 10 | 13 | 2 | 6 | | 2? |
| 102 | Nobelium | 2 | 2 | 6 | 2 | 6 | 10 | 2 | 6 | 10 | 14 | 2 | 6 | 10 | 14 | 2 | 6 | | 2? |
| 103 | Lawrencium | 2 | 2 | 6 | 2 | 6 | 10 | 2 | 6 | 10 | 14 | 2 | 6 | 10 | 14 | 2 | 6 | 1 | 2? |

dem Helium, wird ein 2. Elektron eingebaut. Nach dem Pauli-Prinzip ist noch ein Platz in der *K*-Schale frei, nämlich der Platz $(1, 0, 0, -\frac{1}{2})$. Nach dem Bausteinprinzip wird dieser als energetisch nächst günstigste Möglichkeit eingenommen. Damit ist die *K*-Schale voll gefüllt. Es muß daher beim Lithium die *L*-Schale mit $n=2$ begonnen werden. Hier werden zunächst, wie besprochen, Elektronen mit den kleinsten $l$-Werten eingebaut, also $s$-Elektronen. Wie man sich wieder leicht mit dem Pauli-Prinzip überlegen kann, gibt es davon zwei, mit den Quantenzahlen

$(2, 0, 0, +\frac{1}{2})$ und $(2, 0, 0, -\frac{1}{2})$. Vom Bor bis zum Neon werden als nächstes folgerichtig $p$-Elektronen eingebaut, insgesamt sechs mit den Quantenzahlen $(2, 1, 0, \pm\frac{1}{2})$, $(2, 1, +1, \pm\frac{1}{2})$ und $(2, 1, -1, \pm\frac{1}{2})$. Damit ist die zweite Periode beendet (vgl. Tabelle 36). Das nächste Elektron paßt nicht mehr in die $L$-Schale, denn dort sind alle erlaubten Plätze besetzt ($d$-Elektronen gibt es hier wegen $l \leq n-1$ nicht!). Daher wird es als $M$-Elektron eingebaut. In leicht verständlicher Abkürzung schreibt man die Elektronenhülle des so entstandenen Natriumatoms — das gilt natürlich auch allgemein — häufig in der Form $1s^2\ 2s^2 p^6\ 3s^1$, wobei die Hochzahlen die Anzahl der betreffenden Elektronen angeben.

Der Aufbau geht nun planmäßig weiter bis zum Argon am Ende der dritten Periode. In der 3. Schale gibt es nun auch $d$-Elektronen, da ja $l$ erstmals auch den Wert 2 annehmen kann. Das erste $d$-Elektron sollte beim Kalium eingebaut werden. Statt dessen wird aber weiter außen in der 4. Schale ein $s$-Elektron eingebaut. Im Bohrschen Bild können wir dies wie folgt verstehen: Eine sehr schlanke Ellipse mit $n=4$ hat wegen ihrer großen Kernnähe im Perihel eine etwas tiefere Energie als die Kreisbahn mit $n=3$. Erst beim Scandium beginnt der Einbau der $3d$-Elektronen. Solche „Unregelmäßigkeiten" kommen öfters vor. Nach den 10 möglichen $3d$-Elektronen werden planmäßig sechs $4p$-Elektronen eingebaut, anschließend — wieder nur zögernd — die $4d$-Elektronen. Im weiteren Verlauf bleiben die $4f$-Elektronenplätze zunächst ganz unbenutzt. Erst vom Lanthan ab ist es energetisch untragbar, noch weiter außen anzubauen: Nun wird die innere, von den $5s$- und $5p$-Elektronen abgeschirmte $4f$-Schale gefüllt. Die Elemente, bei denen dies geschieht, sind die Seltenen Erden, ihre große chemische Ähnlichkeit wird jetzt verständlich, da sie sich hauptsächlich im Aufbau einer inneren Schale unterscheiden, die bei chemischen Reaktionen unbeteiligt bleibt. Beim Aktinium finden sich ähnliche Verhältnisse wie bei den Seltenen Erden. Hier wird die „vergessene" $5f$-Schale aufgefüllt, dies ergibt die Gruppe der chemisch ähnlichen Aktiniden. Um nochmals die Anwendung des Pauli-Prinzips und Bausteinprinzips klarzulegen, sind in Tabelle 38 alle in der 3. Schale möglichen Zustände dargestellt.

Tabelle 38. *Quantenzahlen der Elektronen in der dritten Schale*

| $n$ | $l$ | $m_l$ | $m_s$ | Zahl der Elektronen |
|---|---|---|---|---|
| 3 | 0 | 0 | $\pm\frac{1}{2}$ | zwei $s$-Elektronen |
| 3 | 1 | 0 | $\pm\frac{1}{2}$ | sechs $p$-Elektronen |
| 3 | 1 | $+1$ | $\pm\frac{1}{2}$ | |
| 3 | 1 | $-1$ | $\pm\frac{1}{2}$ | |
| 3 | 2 | 0 | $\pm\frac{1}{2}$ | zehn $d$-Elektronen |
| 3 | 2 | $+1$ | $\pm\frac{1}{2}$ | |
| 3 | 2 | $+2$ | $\pm\frac{1}{2}$ | |
| 3 | 2 | $-1$ | $\pm\frac{1}{2}$ | |
| 3 | 2 | $-2$ | $\pm\frac{1}{2}$ | |

Die Periodizität der in Abschnitt A genannten Eigenschaften findet, wie man nun sieht, ihre Erklärung in der Periodizität der Struktur der äußeren Elektronenschalen. Besonders stabil scheinen Anordnungen von 8 Elektronen (2 $s$-Elektronen und 6 $p$-Elektronen) zu sein; alle Edelgase haben diese Konfiguration. Ein anderes Beispiel für die Periodizität: Die in Tabelle 36 in einer Hauptgruppe übereinanderstehenden Elemente Be, Mg, Ca usw. haben alle je zwei $s$-Elektronen in der äußersten Schale; die entsprechende Nebengruppe (Sc, Y, La, Ac) hat dies ebenfalls, jedoch befindet sich darunter noch jeweils ein $p$-Elektron, dies entspricht der größeren Verwandtschaft untereinander als mit der zugehörigen Hauptgruppe

Wieviel Elektronen kann nun die $n$-te Schale höchstens enthalten? Bei gegebenem $n$ sind $n$-Werte von $l$ möglich, zu jedem $l$-Wert gehören $2l+1$ $m_l$-Werte, und zu jedem $m_l$-Wert gehören zwei $m_s$-Werte. Also kann die $n$-te Schale

$$2\sum_{0}^{n-1}(2l+1)=2n^2$$

Elektronen enthalten. Diese Formel hatte sich bereits empirisch aus dem Periodensystem ergeben (vgl. Abschnitt A).

Man sieht nun auch, daß mit jeder Periode des Periodensystems in der Elektronenhülle eine neue Schale begonnen wird, deren Hauptquantenzahl gleich der Periodennummer ist. Mit den zu Beginn des Kapitels aufgeführten Regeln und Prinzipien kann also der Atombau in seinen wesentlichen Zügen gut verstanden werden. Eine vollständig ausgearbeitete Theorie, welche die Elektronenkonfiguration aller Elemente exakt angeben kann, existiert jedoch noch nicht.

# XII. Atome in elektrischen und magnetischen Feldern

In den vorangehenden Kapiteln X und XI wurde stets das freie Atom oder Molekül betrachtet, das keinen äußeren Kräften ausgesetzt ist. Diese Bedingung ist in einem Gas sehr geringer Dichte weitgehend erfüllt. In Flüssigkeiten und Festkörpern wirken die dichtgepackten Atome dagegen mit komplizierten Kraftfeldern stark aufeinander ein (vgl. Kapitel XVI). Zum Verständnis dieser Wechselwirkungen einerseits, sowie zum tieferen Studium des Atombaus andererseits untersucht man Atome in äußeren elektrischen und magnetischen Feldern von bekanntem Verlauf. Dank ihren elektrischen und magnetischen Eigenschaften reagieren die Atome in charakteristischer Weise auf diese äußeren Felder.

## A. Magnetische und elektrische Eigenschaften der Atome und ihrer Bausteine

**1. Elektrische Ladung, Drehimpuls und magnetisches Moment.** Die elektrische *Ladung* der Atomkerne, Elektronenhüllen und der daraus aufgebauten Atome setzt sich additiv aus den Elementarladungen der Bausteine Elektron und Proton zusammen. Die ebenfalls im Kern enthaltenen Neutronen tragen nicht zur elektrischen Ladung bei.

Der *Drehimpuls* oder *Spin* von Elektron, Neutron und Proton beträgt immer genau $\frac{h}{4\pi} = \frac{1}{2}\hbar$ (vgl. aber § 4!). Der gesamte Drehimpuls von Atomkernen und Atomen setzt sich aus diesen Eigendrehimpulsen und aus solchen der Bahnbewegung z.B. der Elektronen um den Kern zusammen. Die ersteren resultieren aus der Drehung der Teilchen um ihren eigenen Schwerpunkt, die letzteren aus der Rotation um den Schwerpunkt des Systems (Kern oder Atom). Jeder Spin- und jeder Bahndrehimpuls beträgt stets ein ganzzahliges Vielfaches von $\hbar/2$. Ihrem Vektorcharakter entsprechend setzen sie sich aber nicht einfach additiv zusammen.

Alle drei Teilchenarten besitzen außerdem *magnetische Dipolmomente*; dementsprechend auch die Atomkerne, die Elektronenhüllen und das ganze Atom. Atomare magnetische Dipolmomente pflegt man als Vielfache des *Bohrschen Magnetons* $\mu_B$ anzugeben, wobei

$$\mu_B = \tfrac{1}{2}\mu_0 \hbar \cdot \frac{e_0}{m_{el}} = 1{,}16 \cdot 10^{-29}\,\mathrm{V \cdot s \cdot m} \qquad (1.1)$$

($e_0$ Elementarladung, $m_{el}$ Elektronenmasse). Das Bohrsche Magneton ist identisch mit dem magnetischen Moment eines Stromes, den ein auf einer Kreisbahn umlaufendes Elektron darstellt, wenn sein Bahndrehimpuls den Betrag $\hbar$ hat. Man verifiziert dies leicht, wenn man in III 39.3 für $I = e_0\omega/2\pi$ und $F = \pi r^2$ setzt ($\omega$ = Kreisfrequenz und $r$ Bahnradius des umlaufenden Elektrons) und dann für $\omega$ und $r$ die in X 3.3 berechneten Werte (mit $n=1$) einführt.

Die sehr viel kleineren magnetischen Momente der Protonen, Neutronen und Atomkerne gibt man als Vielfache des *Kernmagnetons* $\mu_K$ an:

$$\mu_K = \tfrac{1}{2}\mu_0 \hbar \cdot \frac{e_0}{m_{\mathrm{Prot}}} = \frac{\mu_B}{1836{,}05}\,. \qquad (1.2)$$

Es enthält also anstelle der Elektronenmasse die Protonenmasse.

Tabelle 39 gibt einige Daten für Spindrehimpulse ($S_z$) und magnetische Momente ($M_z$), die in Richtung eines äußeren Magnetfeldes ($H_z$; vgl. Abb. 562) beobachtet werden. Positives Vorzeichen des kernmagnetischen Moments bedeutet, daß es dem Spin parallel, negatives, daß es ihm antiparallel gerichtet ist. Daß auch das Neutron ein magnetisches Moment besitzt, kann man durch gleich große positive und negative Ladungen veranschaulichen, die im Innern des Neutrons ungleichmäßig verteilt sind, so daß sich ihre elektrischen Felder zwar kompensieren, bei Eigenrotation aber einander nicht kompensierende Ringströme bilden.

Die Bildung der magnetischen Momente der Elektronenhüllen ist heute auch theoretisch vollständig geklärt; für das magnetische Moment der Kerne gibt es dagegen noch keine befriedigende Theorie. Kerne mit gerader Protonen- und Neutronenzahl, sog. doppeltgerade oder *gg*-Kerne haben übrigens keinen Eigendrehimpuls und kein magnetisches Moment.

Tabelle 39

| | Spindrehimpuls $S_z$ | Magnetisches Dipolmoment $\mu_z$ |
|---|---|---|
| Elektron | $\frac{1}{2}\hbar$ | $-1{,}00114\ \mu_B$ |
| Proton | $\frac{1}{2}\hbar$ | $+2{,}79\ \mu_K$ |
| Neutron | $\frac{1}{2}\hbar$ | $-1{,}91\ \mu_K$ |
| Deuteron | $1\cdot\hbar$ | $+0{,}86\ \mu_K$ |
| α-Teilchen | 0 | 0 |
| $^7_3$Li-Kern | $\frac{3}{2}\hbar$ | $+3{,}26\ \mu_K$ |
| Silber-Atom | $\frac{1}{2}\hbar$ | $1\ \mu_B$ |
| Dysprosium-Ion $Dy^{3+}$ | $\frac{15}{2}\hbar$ | $9{,}9\ \mu_B$ |
| Sauerstoffmolekül $O_2$ | $1\cdot\hbar$ | $1\ \mu_B$ |

Es fällt auf, daß das magnetische Dipolmoment des Elektrons sehr nahezu, aber nicht genau gleich dem Bohrschen Magneton ist, wie man nach dessen Definition (1.1) erwarten sollte. Diese kleine, aber genau gemessene Abweichung ist eine wichtige Entdeckung; sie wird durch die Quantenelektrodynamik gedeutet (theoretischer Wert 1,0011454). Auch die anderen magnetischen Momente der Tabelle 39 sind auf viele Dezimalen genau gemessen.

**2. Höhere Momente.** Auf indirektem Wege (XVIII § 8) kann man das den Kern umgebende elektrische Feld sehr genau untersuchen. Es zeigt sich, daß dem kugelsymmetrischen Verlauf, wie man ihn von einer punktförmigen Ladung erwartet, ein weiterer überlagert ist, der nicht demjenigen eines Dipols (vgl. III, § 3, Abb. 218) entspricht, sondern demjenigen eines *Quadrupols*, d.h. zweier entgegengesetzt gerichteter elektrischer Dipole. Man kann diesen experimentellen Befund so deuten, daß man dem Atomkern eine ellipsoidische statt einer kugelförmigen Ladungsverteilung zuschreibt. Ein entsprechendes magnetisches *Quadrupolmoment* besitzt der Kern dagegen nicht. Wir erhalten folgende Eigenschaftsreihen:

1. *Elektrisch*: Monopol (Ladung) — kein Dipolmoment — Quadrupolmoment — usw.

2. *Magnetisch*: Keine magnetische Ladung — Dipolmoment — kein Quadrupolmoment — usw.

Die Reihen setzen sich nach rechts zu noch höheren Momenten fort, nach den Quadrupolen sind auch Oktopole experimentell gefunden worden, sie wirken sich jedoch nur wenig aus und bedürfen sehr empfindlicher Nachweismethoden. Die theoretische Begründung der beiden alternierenden Eigenschaften hängt mit speziellen Symmetrieeigenschaften der Kerne zusammen (Parität, vgl. XV § 8).

## B. Wechselwirkung mit äußeren Feldern

**3. Gyromagnetisches Verhältnis und Larmorpräzession.** Der Drehimpulsvektor $\boldsymbol{S}$ und der Vektor $\boldsymbol{\mu}$ des magnetischen Dipolmoments sowohl der Atome wie der Elektronen sind starr miteinander verbunden. Es gilt:

$$\boldsymbol{\mu} = \gamma \boldsymbol{S}. \tag{3.1}$$

$\gamma$ heißt *gyromagnetisches Verhältnis* (magneto-mechanischer Parallelismus) und stellt eine für jede Teilchenart charakteristische Konstante dar.

Bringt man einen solchen magnetischen Kreisel in ein magnetisches Feld der Feldstärke $\boldsymbol{H}$, die mit $\boldsymbol{S}$ den Winkel $\alpha$ bildet, so übt diese darauf ein Drehmoment $D = \mu_0 \cdot \mu \cdot \sin\alpha \cdot H$ aus (vgl. III 52.2 und die Bemerkung am Schluß von III § 39). Eine Magnetnadel würde in die Feldrichtung einschwenken; ein Atomkern aber führt dank seiner Kreiseleigenschaft eine Präzessionsbewegung, die *Larmor-Präzession* um die Feldrichtung aus, und zwar mit der *Larmor-Frequenz* (vgl. I 43.2):

$$\omega_L = \frac{D}{S \cdot \sin\alpha} = \mu_0 \frac{\mu}{S} \cdot H = \gamma \cdot H. \tag{3.2}$$

$\omega_L$ ist demnach unabhängig von der Orientierung des Kerns gegen die Feldrichtung.

**4. Richtungsquantelung.** Ebenso wie für die Elektronenbahnen des Bohrschen Atommodells (vgl. X § 4) gilt für alle Drehimpulse von Atomen und Atomkernen, daß sie nur diskrete Werte annehmen können:

$$S = \sqrt{s(s+1)} \cdot \hbar. \tag{4.1}$$

Die Drehimpulsquantenzahl $s$ kann halb- oder ganzzahlige Werte haben, der Drehimpuls also die Werte $0, \sqrt{\frac{3}{4}}\,\hbar, \sqrt{2}\,\hbar, \sqrt{\frac{15}{4}}\,\hbar \ldots$ annehmen. Dies lehrt die Quantentheorie, der diese Teilchen gehorchen.

Aus der Quantentheorie folgt ferner, daß der Drehimpulsvektor und damit das magnetische Dipolmoment in einem äußeren Feld, z.B. einem Magnetfeld, nur ganz bestimmte Winkel mit dem Feldvektor bilden kann. Diese erlaubten Einstellmöglichkeiten ergeben sich aus folgender Forderung für die Drehimpulskomponente in Feldrichtung (dies sei die $z$-Achse eines rechtwinkligen Koordinatensystems):

$$S_z = m \cdot \hbar. \tag{4.2}$$

Bei gegebenem $s$ nimmt die Orientierungsquantenzahl $m$ die Werte $+s, s-1, s-2, \ldots -s$ an. Es gibt also $2s+1$ Einstellungen. Dies nennt man *Richtungsquantelung*. Die bei günstigster Einstellung maximal mögliche Komponente in Feldrichtung $S_z$ bezeichnet man meist — so auch in Tabelle 39 und in § 1 — schlicht als „Spin" oder „Drehimpuls" des betreffenden Teilchens schlechthin; dasselbe gilt für das damit gekoppelte magnetische Dipolmoment $\mu_z$. Als Beispiel sind die aus (4.1) und den Forderungen der Richtungsquantelung sich eindeutig ergebenden Einstellmöglichkeiten für $s = \frac{1}{2}$ (z.B. Proton) und $s = 1$ (z.B. Deuteron) in Abb. 562 gezeichnet.

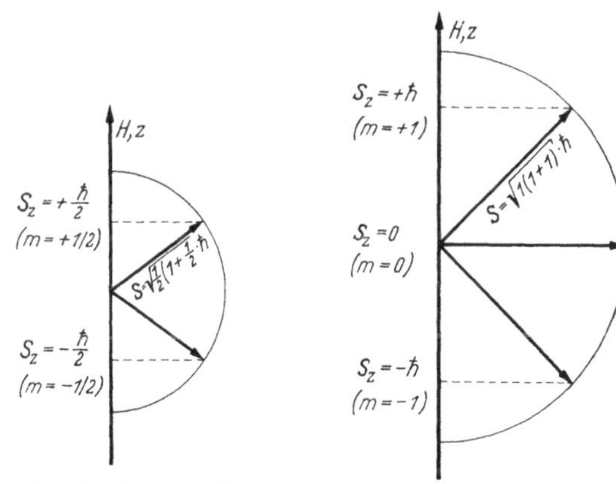


Abb. 562. Einstellmöglichkeiten für den Spin eines Protons ($s = \frac{1}{2}$) und eines Deuterons ($s = 1$) im magnetischen Feld $H$

Bei vielen Experimenten sind nur die $z$-Komponenten der Drehimpulse und der magnetischen Dipolmomente von Bedeutung. Für ein und dasselbe Teilchen sind die Komponenten des Drehimpulses mit denen des magnetischen Dipolmomentes stets durch dieselbe Konstante $\gamma$ verknüpft (vgl. 3.1).

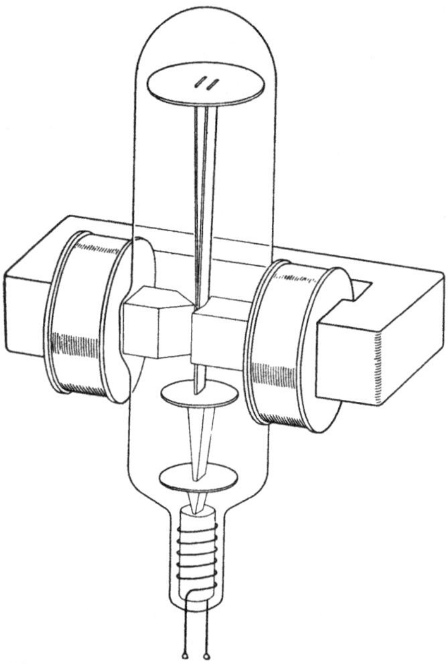

Abb. 563. Apparatur zur Untersuchung der Richtungsquantelung von Atomen im inhomogenen Magnetfeld nach STERN und GERLACH (schematisch)

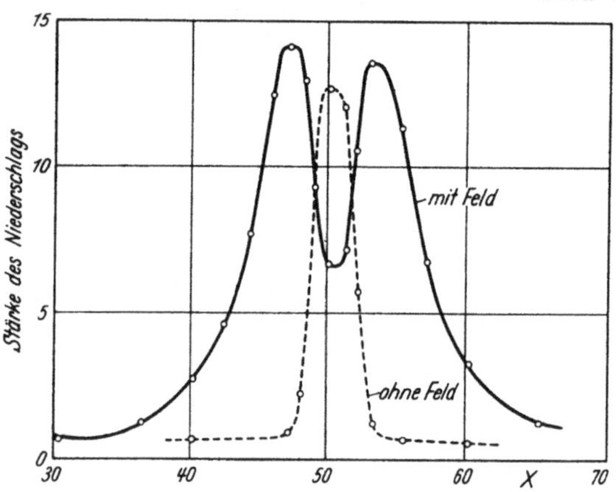


Abb. 564. Niederschlagsdichte auf dem Auffänger beim Stern-Gerlach-Versuch

**5. Der Stern-Gerlach-Versuch.** Ein eindrucksvoller Beweis der Richtungsquantelung gelang 1921 O. STERN und W. GERLACH. Ein Strahl von Silberatomen fliegt durch ein inhomogenes Magnetfeld senkrecht zu dessen Kraftlinien. Dieses wird so erzeugt, daß die Polschuhe des Magneten nicht eben, sondern als Schneide und Rinne ausgebildet sind (Abb. 563). Das Silberatom besitzt nach Tabelle 37 in der äußersten Schale ein $s$-Elektron und daher die Spinquantenzahl $s=\frac{1}{2}$; die inneren Schalen sind abgeschlossen und ergeben keinen Spin und kein magnetisches Dipolmoment. Das Elektron kann sich also nur in zwei Richtungen zum Magnetfeld einstellen, nämlich parallel oder antiparallel. Es wirkt daher nach III § 52 eine Kraft entweder in Richtung der Feldlinien oder entgegengesetzt dazu auf die $s$-Elektronen der Atome und damit auf diese selbst ein. Der Strahl sollte also im Feld in zwei Teilstrahlen auseinandergezogen werden, so daß sich die Atome auf dem Auffangschirm an zwei getrennten Stellen niederschlagen. Abb. 564 zeigt das Ergebnis: Zwei deutlich getrennte Maxima, die allerdings durch Maxwellsche Geschwindigkeitsverteilung (vgl. I § 54) verbreitert sind; denn die Stärke der Ablenkung hängt auch von der Geschwindigkeit der Atome ab.

Der Stern-Gerlach-Versuch beweist die Richtungsquantelung der Elektronenspins. Mit geladenen Teilchen, z. B. mit freien Elektronen, kann er nicht ausgeführt werden, da dann die auf den magnetischen Dipol wirkende Kraft von der Lorenzkraft weit überwogen wird. Der Richtungsquantelung unterliegen aber auch die Kerne mit ihren viel kleineren magnetischen Momenten. Tatsächlich macht sich bei genauen Messungen der Kernspin der untersuchten Atome dadurch bemerkbar, daß jede der beiden Linien in Abb. 564 nochmals in weitere Linien aufspaltet, da zu jeder Einstellung des Elektrons im äußeren Feld der Kern auch jeweils eine seiner möglichen Einstellungen einnehmen kann. Bei diamagnetischen Atomen erhält man dagegen nur Aufspaltungen durch den Kernspin allein. Aus der Zahl der Linien läßt sich der Drehimpuls, aus ihrem Abstand das magnetische Dipolmoment bestimmen.

**6. Energieniveaus im Magnetfeld.** Ein magnetischer Dipol besitzt im Magnetfeld $H$, das wieder in die $z$-Richtung weisen soll, die Orientierungsenergie

$$E = -\boldsymbol{\mu}\cdot\boldsymbol{H} = -\mu\cdot H. \qquad (6.1)$$

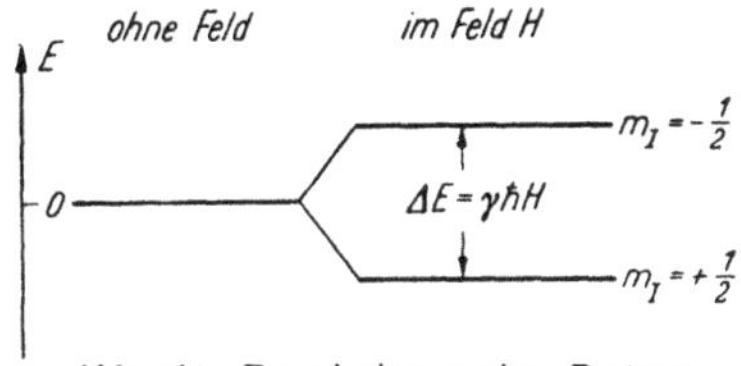


Abb. 565. Energieniveaus eines Protons im Magnetfeld $H$

Stehen $\boldsymbol{\mu}$ und $\boldsymbol{H}$ senkrecht aufeinander, dann wird $\mu_z$ und somit $E$ gleich Null. Dementsprechend wurde in Abb. 565 der Energienullpunkt gewählt. Dies ist erlaubt, da hier nur Energiedifferenzen interessieren. Gl. III (52.4) ist mit (6.1) identisch, nur ist dort die feldparallele Einstellung als Ausgangslage gewählt worden; die Form (6.1) ist in der Atomphysik üblicher. Mit (3.1) und (4.2) wird aus (6.1):

$$E = -\gamma\hbar H\cdot m. \qquad (6.2)$$

Die Energie ist also genauso quantisiert wie der Drehimpuls. Für ein Proton mit den Möglichkeiten $m = \pm\frac{1}{2}$ erhält man die in Abb. 565 eingezeichneten Energieniveaus.

## C. Spinresonanz

**7. Quantenmechanische und klassische Darstellung der Spinresonanz.** Übergänge (Umklappen) eines Protons von einem der in Abb. 565 gezeichneten Energiezustände in den anderen sind mit einer Absorption bzw. Emission von Strahlung verknüpft. Auch hier werden die Bohrschen Postulate von X § 2 unverändert angewandt und ergeben für die Energiedifferenz:

$$\Delta E = h\nu = \gamma\hbar H \qquad (7.1)$$

bzw. für die (Kreis-)Frequenz der emittierten oder absorbierten Strahlung:

$$\omega_0 = \gamma H = \omega_L. \qquad (7.2)$$

Diese ist überraschenderweise gleich der klassischen Larmor-Präzessionsfrequenz, die man dem „Kernkreisel" in (3.2) zuzuschreiben hat, während beim Bohrschen Atommodell (vgl. X § 5) nur bei großen Quantenzahlen die klassische Umlaufsfrequenz des Elektrons und die quantenmechanische Übergangsfrequenz übereinstimmen (Korrespondenzprinzip). Hier ist dies bei allen Quantenzahlen $m$ der Fall. Daher kann man hier mit größerer Berechtigung der quantenmechanischen Betrachtungsweise eine klassische zur Seite stellen: klassisch präzessiert der Kernkreisel mit $\omega_L$; strahlt man diese Frequenz von außen ein, indem man ihn in ein hochfrequentes magnetisches Wechselfeld $H'_\sim$ (Abb. 571) bringt, so gerät er in Resonanz und nimmt dabei Energie aus dem Strahlungsfeld auf, was nach III (52.4) und (6.1) zu einer Vergrößerung seiner Orientierungsenergie und damit des Winkel $\alpha$ gegen das Feld führt. Dies nennt man Spinresonanz. Der klassische Kreisel bewegt sich auf einer Schraubenlinie, wie Abb. 566 zeigt. Im Gegensatz zum quantenmechanischen Bild sind alle $z$-Komponenten des magnetischen Dipolmoments möglich und werden stetig nacheinander durchlaufen. Übrigens gehorcht die Überlagerung des Verhaltens von vielen Einzelspins ($10^{20}$ und mehr), die man stets beobachtet, da man nicht ein einzelnes Atom vermessen kann, trotz des gequantelten Verhaltens der Einzelteilchen wieder den klassischen Gleichungen, welche alle kontinuierlichen Einstellungen zulassen. Dies entspricht dem Bohrschen Korrespondenzprinzip (vgl. X § 5), das man nicht nur für große Quantenzahlen sondern auch für große Teilchenzahlen formulieren kann. Aus den Daten der Tabelle 39 und der Gl. (7.2) lassen sich die Resonanzfrequenzen berechnen. Bei Magnetfeldern von einigen tausend Gauß ($10^4$ Gauß $=1$ Vs/m²) liegen die Resonanzfrequenzen der Atomkerne im MHz-Gebiet, die der elektronen-magnetischen Momente im Gebiet der cm-Wellen (vgl. § 10). Handelt es sich um Spins, die größer als $\frac{1}{2}$ sind, so ist noch eine Auswahlregel zu berücksichtigen: Nur diejenigen Übergänge kommen vor, bei denen die Orientierungsquantenzahl sich um $\pm 1$ ändert.

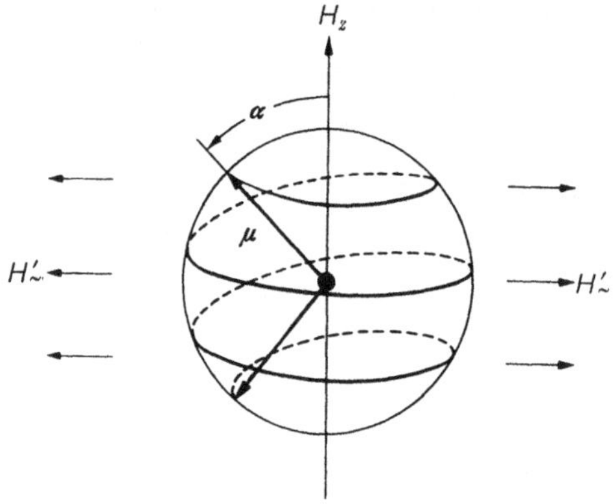


Abb. 566. Bewegung eines magnetischen Kreisels im magnetischen Wechselfeld $H'_\sim$ bei Resonanz

Für höhere Momente und andere Felder (z. B. elektrisches Quadrupolmoment im elektrischen Feld) gelten ganz ähnliche Überlegungen, die auch zu grundsätzlich ähnlichen experimentellen Ergebnissen führen.

**8. Messung des Kernspins an freien Atomen (Rabi).** Während beim Stern-Gerlach-Versuch die Einstellung der Atome in einem zeitlich konstanten Magnetfeld nachgewiesen wird, benützt man zur Messung von Kernspins meist das Umklappen der magnetischen Dipole in Wechselfeldern geeigneter Frequenz.

Ein Strahl von Atomen oder Molekülen, die einen Kernspin besitzen, durchfliegt im Vakuum drei hintereinander angeordnete Magnetfelder (Abb. 567). Die Feldlinien

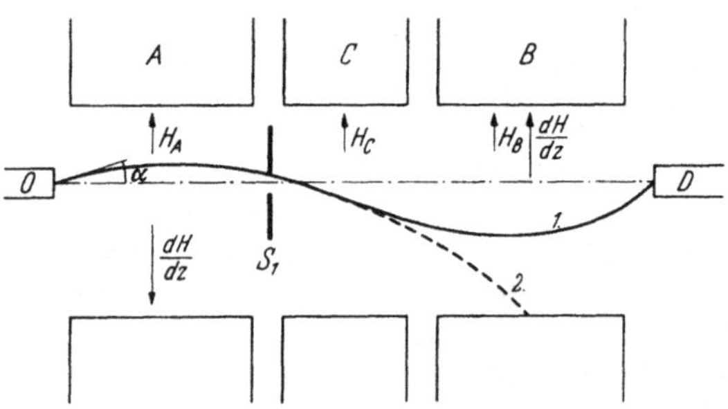


Abb. 567

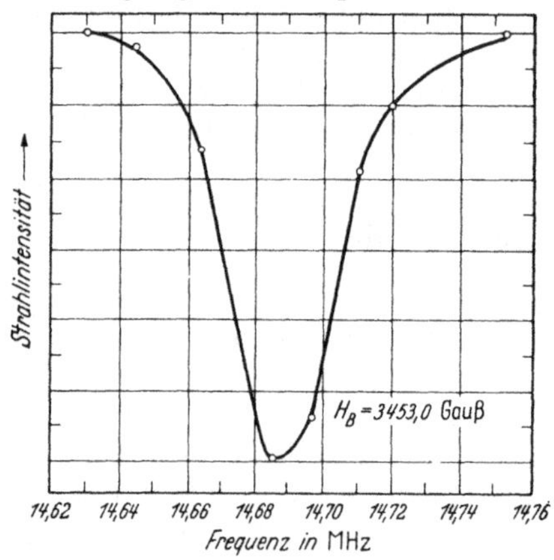


Abb. 568

Abb. 567. Anordnung zur Messung des Kernspins an freien Atomen
Abb. 568. Strahlintensität in Abhängigkeit von der Frequenz des in $C$ wirkenden Wechselfeldes

aller drei Felder haben dieselbe Richtung, das mittlere Feld $H_C$ ist homogen, die äußeren Felder $H_A$ und $H_B$ besitzen starke Gradienten (wie beim Stern-Gerlach-Versuch), die einander entgegengesetzt gerichtet sind. Wenn ein Atom mit dem Kernspin $\frac{1}{2}$ unter dem Winkel $\alpha$ in das erste inhomogene Magnetfeld $H_A$ eintritt und dort diejenige seiner beiden Einstellungen einnimmt, die zu einer Ablenkung nach oben führt, so beschreibt es eine parabelähnliche Kurve und passiert den sehr engen Spalt $S_1$. Das mittlere homogene Feld, das ja keine Kraftwirkung auf einen Dipol ausübt, durchquert es geradlinig, ohne seine Einstellung zu ändern; es erfährt im 3. Feld die umgekehrte Ablenkung und trifft den

Detektor $D$ (Flugweg 1). Überlagert man nun dem homogenen Mittelfeld ein schwaches Wechselfeld von derjenigen Frequenz, die nach (7.1) bzw. (7.2) zum Umklappen der Spins führt, dann werden die Atome im 3. Magnetfeld in der falschen Richtung abgelenkt (Weg 2). Die Intensität am Detektor nimmt also bei Einstrahlung der richtigen Resonanzfrequenz ab. Abb. 573 zeigt, daß das Minimum mit außerordentlicher Schärfe ermittelt werden kann. Aus der zugehörigen Frequenz des Wechselfeldes und der Stärke des Gleichfeldes kann man $\gamma$ und bei bekanntem Spin auch $\mu$ bestimmen.

Die Präzessionsbewegung des Kern- oder Elektronenspins ist übrigens — ähnlich wie bei einem Kreisel in Kardanischer Aufhängung — weitgehend unabhängig von der Schwerpunktsbewegung beim Flug durch die Atomstrahlapparatur.

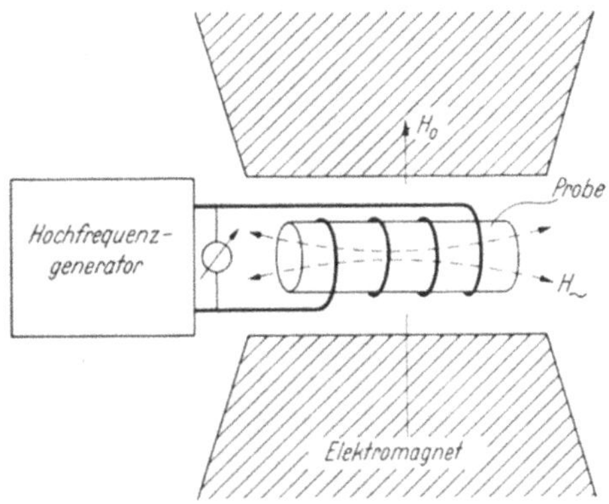

Abb. 569. Anordnung zur Messung der Kerninduktion

**9. Kernspinresonanz in kompakter Materie. Kerninduktion.** Da die Präzessionsbewegung der Kernspins durch den Bindungszustand der Atome oder Moleküle nicht behindert wird, kann die Spinresonanz auch an gebundenen Atomen im festen oder im flüssigen Zustand untersucht werden. Hier stehen sogar besonders einfache Methoden zur Verfügung, da wegen der größeren Dichte der Substanz die Effekte stärker sind.

Eine Probe, welche die gewünschte Kernsorte enthält, wird zwischen den Polen eines Elektromagneten angeordnet (Abb. 569). Dieser erzeugt ein starkes Gleichfeld $H_0$, um dessen Richtung die Kernspins — klassisch betrachtet — präzedieren. Senkrecht dazu wird durch eine Spule, welche die Probe umgibt, ein schwaches Wechselfeld $H$ überlagert. Ist dessen Frequenz gleich der Resonanzfrequenz der Kerne, so entziehen sie dem Wechselfeld Energie. Man erkennt dies an der Rückwirkung auf den Generator: Ist das Kernspinsystem in Resonanz, so muß er am meisten Energie liefern. Bei Frequenzänderung erhält man eine Resonanzkurve.

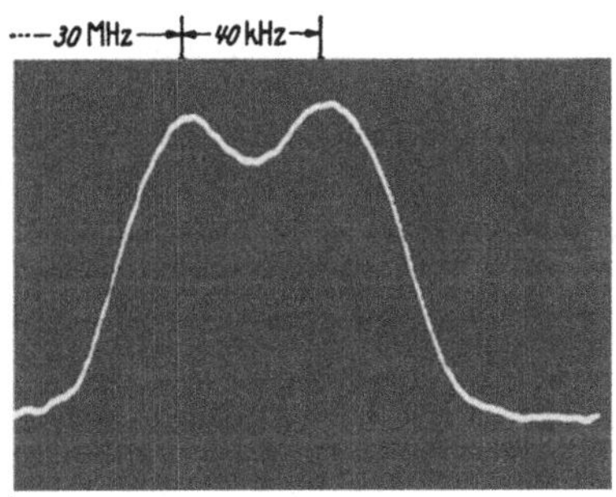

Abb. 570. Resonanzkurve der Protonen in Eis

Mit dieser Methode gelang E. M. PURCELL und mit einer etwas anderen Anordnung gleichzeitig F. BLOCH der erste Nachweis der Kernspinresonanz in kompakter Materie. Abb. 570 zeigt als Beispiel die Resonanzkurve der Protonen von Eis bei einem Magnetfeld von 7000 Gauß, entsprechend einer Resonanzfrequenz von etwa 30 MHz. In diesem Fall erhält man 2 Resonanzlinien, die sich teilweise überdecken. Dies hat folgende Ursache: Das Magnetfeld am Ort eines Protons im $H_2O$-Molekül kann vom außen angelegten Feld $H_0$ geringfügig abweichen, je nachdem ob das zweite Proton im Molekül parallel oder antiparallel zum Feld steht. Letzteres erzeugt nämlich infolge seines magnetischen Dipols am Ort des ersten Protons ein kleines Zusatzfeld, das je nach Einstellung das äußere Feld etwas vergrößert oder verkleinert; man erhält daher bei zwei Frequenzen einen Resonanzeffekt (wegen Spin $\frac{1}{2}$, sonst wären es entsprechend mehr). Dieser Versuch ist ebenso wie der Stern-Gerlach-Versuch ein direkter Beweis der Richtungsquantelung.

Ein anderes Verfahren zum Nachweis der Kernspin-Resonanz ist die sog. Impulsmethode (E. L. HAHN). Man verwendet eine Anordnung ähnlich wie in Abb. 569. Im Magnetfeld $H_0$ bildet sich eine dem Feld proportionale und ihm parallele Magnetisierung [„Kernparamagnetismus"; vgl. auch III (§ 54)]. Strahlt man durch die Spule, welche wieder die Probe enthält, die Resonanzfrequenz ein, so bewegt sich der Magnetisierungsvektor aus seiner feldparallelen Gleichgewichtslage auf einer Schraubenlinie spiralartig heraus (Abb. 566), nach einer gewissen Zeit steht er senkrecht zum Feld $H_0$. In diesem Augenblick schaltet man die Hochfrequenz ab („Hochfrequenzimpuls"). Die Magnetisierung präzediert weiterhin um $H_0$ („freie Präzession"), nun aber mit konstantem Winkel $\alpha = 90°$, da ja

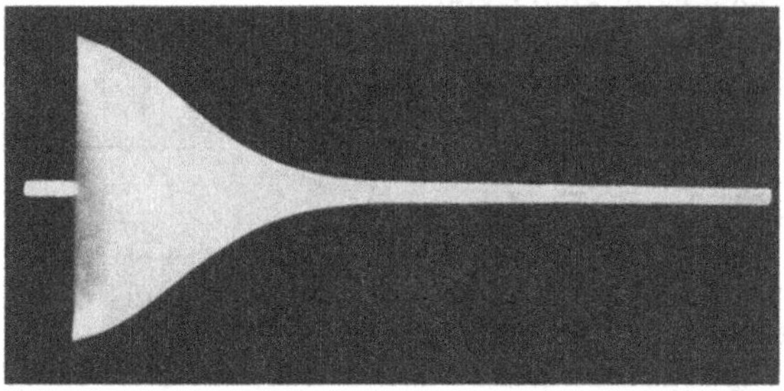

Abb. 571. Abklingen eines Kernsignals nach einem „90°-Hochfrequenz-Impuls". Der Impuls selbst erscheint nicht auf dem Oszillographenbild. Er befindet sich links am Anfang des Kernsignals

keine Energie mehr zugeführt wird. Diese Magnetisierung erzeugt in der Spule einen zeitlich veränderlichen Fluß und induziert damit nach dem Induktionsgesetz eine elektrische Spannung in der Spule; sie ist sinusförmig, hat dieselbe Frequenz wie die Larmor-Präzession und kann leicht Werte von 1 mV erreichen. Das so erzeugte „Kernsignal" klingt nach einiger Zeit ab, da die anfangs zugeführte Energie durch verschiedene Mechanismen wieder verbraucht wird, u. a. durch die in der Spule induzierte Leistung. Abb. 571 zeigt ein typisches Beispiel: Nach einem Hochfrequenzimpuls von 10 $\mu$ sec Länge erhält man eine mit 30 MHz präzedierende Magnetisierung der Protonen in Wasser, die nach etwa 10 msec auf die Hälfte ihres Anfangswertes abgeklungen ist.

Die Kernresonanzexperimente in Flüssigkeiten und Festkörpern liefern vielerlei präzise Daten über Kernspins und magnetische Momente. Darüberhinaus sind sie ein wichtiges Hilfsmittel bei der Erforschung der Bindungsverhältnisse in Molekülen geworden. („Hochauflösende Kernresonanz.")

**10. Elektronenspinresonanz; para- und ferromagnetische Resonanz.** Im Prinzip ebenso wie die Spinresonanz der Kerne wird diejenige der Elektronen in Flüssigkeiten und Festkörpern nachgewiesen; jedoch sind — bei ähnlichen Magnetfeldern — wie bereits in § 7 ausgeführt wesentlich höherfrequente magnetische Wechselfelder erforderlich. Diese können im Hohlraumresonator (vgl. III § 79) erzeugt werden. Man bringt ihn zwischen die Pole eines Elektromagneten (Abb. 572), erregt ihn in einer geeigneten Eigenschwingung und ordnet die Probe in einem Schwingungsbauch des magnetischen Hochfrequenzfeldes an. Da man die Frequenz einer Hohlraumresonator-Anordnung nur in geringem Umfang verändern kann, variiert man das statische Magnetfeld $H$ und damit die Larmorfrequenz der Elektronen. Das Eintreten der Resonanz, wobei ja dem Wechselfeld

Energie entzogen wird, erkennt man an der zunehmenden Dämpfung des Resonators.

In einem gesättigten ferromagnetischen Material, wo praktisch alle Elektronenspins in der ganzen Probe einheitlich ausgerichtet sind (vgl. III § 59), führt das gesamte Spinsystem gemeinsam eine Präzession um die Richtung des Gleichfeldes aus. Man spricht von ferromagnetischer Resonanz, entsprechend gibt es auch eine ferrimagnetische und eine antiferromagnetische Resonanz (vgl. III § 60).

Das ganze Forschungsgebiet der Kern- und Elektronen-Spinresonanzen bezeichnet man als Hochfrequenz-Spektroskopie.

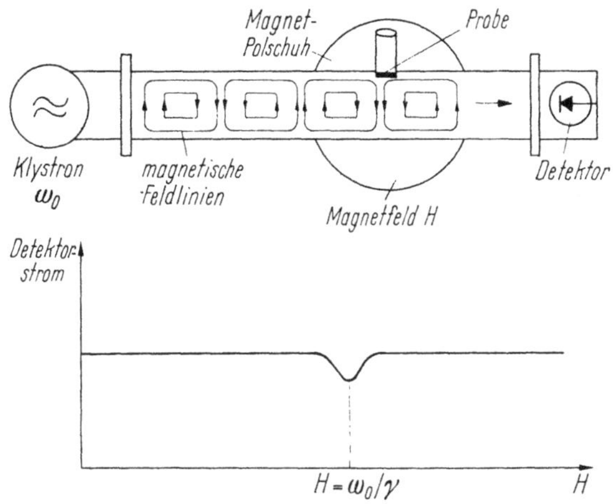


572. Messung der Elektronen-Spinresonanz

**11. Zeeman-Effekt.** Wenn Atome in einem Magnetfeld Licht emittieren, dann erscheint bei spektroskopischer Untersuchung jede Spektrallinie in eine mehr oder minder große Zahl von scharfen Komponenten aufgespalten. Häufig liegt eine dieser Komponenten im Spektrum am Ort der ohne das Feld emittierten Linie. Jede einzelne der Komponenten ist mit einer bestimmten Orientierung zum Magnetfeld entweder linear oder zirkular polarisiert.

Im Sinne der Quantentheorie, welche den Atomen diskrete Energieniveaus zuordnet und die Lichtemission auf Übergänge zwischen diesen Niveaus zurückführt, ist der Zeeman-Effekt auf eine Änderung der Energiewerte der einzelnen Niveaus durch das Magnetfeld zurückzuführen. In § 3 wurde gezeigt, daß die Drehimpulsvektoren und die damit verbundenen magnetischen Momente der Elektronen beim Anlegen eines Magnetfeldes nicht in dessen Richtung einschwenken, sondern mit konstant bleibendem Winkel gegen die Feldrichtung um diese präzedieren. Ihnen kommt dann nach (6.2) eine zusätzliche Energie zu.

$$E = -\gamma \hbar H \cdot m.$$

Die Gesamtenergie beträgt also

$$E = E_0 - \gamma \hbar H \cdot m. \tag{11.1}$$

$m$ ist die Orientierungsquantenzahl des Drehimpulses, $E_0$ die Energie ohne Magnetfeld. Bei einem zur Lichtemission führenden Übergang ändert sich die Energie, es ist

$$h\nu = \hbar\omega = \Delta E = \Delta E_0 - \gamma \hbar H \Delta m. \tag{11.2}$$

$\omega_0 = \frac{\Delta E_0}{\hbar}$ ist die Frequenz des ohne Magnetfeld ausgestrahlten Lichts. Im Magnetfeld gilt die Auswahlregel $\Delta m = 0, \pm 1$. Man erhält also anstatt einer Linie deren drei:

$$\left.\begin{aligned} \omega_1 &= \omega_0 - \gamma H \\ \omega_2 &= \omega_0 \\ \omega_3 &= \omega_0 + \gamma H. \end{aligned}\right\} \qquad (11.3)$$

Mit $\Delta E_0 = 0$ ergeben sich die Frequenzen der einfachen „Spinresonanz", die freilich Anteile der Bahnmomente enthalten kann, oder auch ausschließlich solche; dann fallen die drei Frequenzen in eine einzige zusammen, $\omega_2$ wird Null, $\omega_1$ und $\omega_3$ haben den gleichen Betrag. Es ist also beim Zeeman-Effekt die „Spinresonanz" der Lichtemission (dem Elektronensprung) in ähnlicher Weise zugeordnet wie beim Rotationsschwingungsspektrum der Rotationsübergänge dem Schwingungsübergang.

Eine für jede Spektrallinie gleiche Aufspaltung in ein Triplett bezeichnet man als normalen Zeeman-Effekt. Ihn zeigen aber durchaus nicht alle Spektrallinien, man kennt Aufspaltungen in Quartetts, Quintetts, Sextetts ... Obwohl diese komplizierten Aufspaltungen viel häufiger vorkommen, spricht man hier vom anomalen Zeeman-Effekt.

Vom Standpunkt der klassischen Elektronentheorie ist die Deutung des Zeeman-Effektes folgende: Man kann jede lineare Schwingung eines Elektrons in eine Komponente parallel zum magnetischen Feld und in eine zu ihm senkrechte zerlegen. Die senkrechte denkt man sich wieder durch zwei zirkulare Schwingungen mit entgegengesetztem Umlaufsinn ersetzt. Statt des einen Leuchtelektrons nehmen wir nun drei Ersatzelektronen an, deren Schwingungen mit denen der drei Schwingungskomponenten übereinstimmen. Das parallel zu den Kraftlinien schwingende Ersatzelektron erfährt im Magnetfeld keine Kraft, seine Frequenz und damit auch die Frequenz der von ihm ausgestrahlten Welle wird also durch das Magnetfeld nicht geändert. Gemäß den Strahlungseigenschaften des linearen Oszillators (III § 81) strahlt dieses Elektron nicht in seiner Schwingungsrichtung, also der Richtung des Feldes, aber maximal in der dazu senkrechten Richtung; der elektrische Vektor schwingt parallel zur Richtung des Magnetfeldes. Die Einwirkung des Magnetfeldes auf die beiden zirkular schwingenden Ersatzelektronen besteht je nach dem Umlaufsinn in einer Erhöhung oder Erniedrigung der Kreisfrequenz.

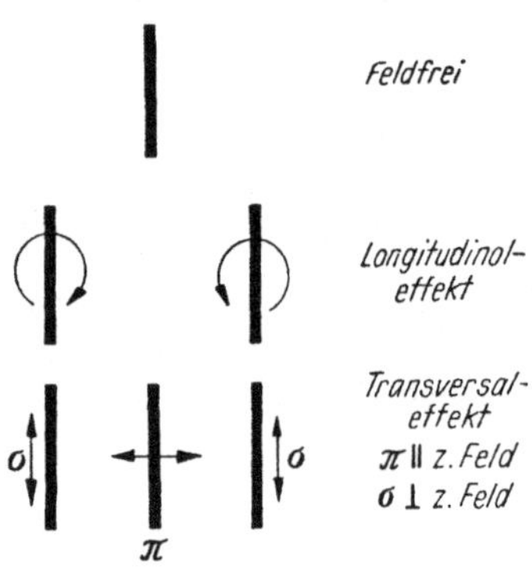

Abb. 573. Das Aufspaltungsbild des normalen Zeeman-Effektes

Sei $\omega_0$ die Kreisfrequenz ohne Feld. Zur Zentrifugalkraft $m_0 r \omega_0^2$ tritt im Feld die Lorentz-Kraft ($e_0 u B = e_0 \omega_0 r B$; vgl. III 42.3) additiv oder subtraktiv hinzu. Um das Gleichgewicht wieder herzustellen muß $\omega_0$ um $\Delta\omega$ zu- oder abnehmen:

$$m_0 r \omega_0^2 \pm e_0 \omega_0 r B \approx m_0 r (\omega_0 \pm \Delta\omega)^2, \qquad (11.4)$$

$$\Delta\omega = \pm \frac{1}{2} \frac{e_0}{m_0} B. \qquad (11.5)$$

Diese Frequenzverschiebungen ergeben mit der unverschobenen Linie zusammen das Zeeman-Triplett. Man überzeugt sich auch leicht, daß für ein magnetisches Bahnmoment von 1 $\mu_B$ (vgl. 1.1) und einen Drehimpuls von $\hbar$ klassische und quantenmechanische Rechnung übereinstimmen. Letztere ist jedoch allgemeiner gültig, nämlich auch für Spinmagnetismus.

In Richtung des Feldes ist die Welle zirkularpolarisiert, in der dazu senkrechten Richtung mit einer Schwingungsrichtung des elektrischen Vektors senkrecht zum Felde polarisiert. In Abb. 573 ist das Aufspaltungsbild für den Längseffekt und den Quereffekt dargestellt, welches sich aus der Ausstrahlung der Ersatzelektronen ergibt.

Auch die im Inneren der Atome von dessen Kern und Elektronen erzeugten Magnetfelder wirken sich auf die Energieniveaus der Elektronen aus und bewirken daher auch in Abwesenheit äußerer Felder Aufspaltung der Spektrallinien.

1. Bei vielen Atomen setzen sich zunächst die Bahnmomente aller Elektronen zu einem resultierenden Moment zusammen, ebenso alle Spinmomente. Die beiden resultierenden Momente bzw. Drehimpulse können verschiedene gequantelte Lagen zueinander einnehmen: sie befinden sich in ihren gegenseitigen Magnetfeldern. Dies bestimmt die sog. Feinstruktur der Spektrallinien (Multipletts), z.B. die Aufspaltung der gelben Na-Linie in ein Dublett.

2. Am Ort des Leuchtelektrons erzeugt der Kernspin je nach seiner Einstellung im Magnetfeld der Elektronen seinerseits ein verschieden großes zusätzliches Magnetfeld. Die dadurch hervorgerufenen, sehr kleinen Linienaufspaltungen werden als Hyperfeinstruktur bezeichnet, die nur mit hochauflösenden Interferenzspektroskopen erfaßt wird.

**12. Stark-Effekt.** Auch im elektrischen Felde werden die Spektrallinien in scharfe Komponenten aufgespalten. Man beobachtet diesen Effekt, wenn man Kanalstrahlen unmittelbar nach Durchtritt durch die Kathode in ein starkes elektrisches Feld eintreten läßt. Bei geeigneter Anordnung kann man hier, ohne daß das Feld durch eine Glimmentladung zusammenbricht, Feldstärken von mehreren hunderttausend Volt pro cm erreichen. Auch beim Stark-Effekt unterscheidet man zwischen einem Längseffekt und einem Quereffekt, je nachdem ob man die Lichtemission in Richtung der elektrischen Kraftlinien oder senkrecht zu ihnen beobachtet. Die Komponenten sind im Längseffekt unpolarisiert. Im Gegensatz zum Zeeman-Effekt ist das Aufspaltungsbild nicht für alle Linien derselben Serie das gleiche; vielmehr wächst die Zahl der Komponenten mit dem Laufterm der Linie. Auch der Stark-Effekt läßt sich mit der Quantentheorie vollständig deuten.

# XIII. Der Atomkern

## A. Der innere Aufbau der Atome

**1. Die Durchlässigkeit der Atome für Elektronenstrahlen (Lenard).** Daß das Innere der Atome und Moleküle keineswegs mit Materie erfüllt, sondern bis auf verschwindend kleine Raumelemente leer sei („wie das Weltall"), bewies Lenard durch folgende Experimente:

In der der Kathode gegenüberliegenden Wand einer Entladungsröhre (Abb. 574) ist eine kleine Öffnung („Fenster" $F$) ausgespart, die mit einer dünnen Aluminiumfolie (3—5 μ) abgeschlossen ist. Die Kathode $K$ wird a eine Spannung von 30—40 kV gegenüber der Anode $A$ gebracht. Die Röhre wird auf etwa $10^{-3}$ Torr evakuiert. Dann gehen von $K$ geradlinig schnelle Elektronen (Kathodenstrahlen) aus, treffen auf das Fenster $F$ und durchdringen dieses. Außerhalb der Röhre erregen sie die atmosphärische Luft innerhalb einer Halbkugel von einigen cm Radius zu schwachem bläulichen Leuchten. Ein Phosphoreszenzschirm (z. B. eine Schicht von ZnS, das Spuren von Cu enthält) leuchtet in diesem Raum hell in grünem Licht auf.

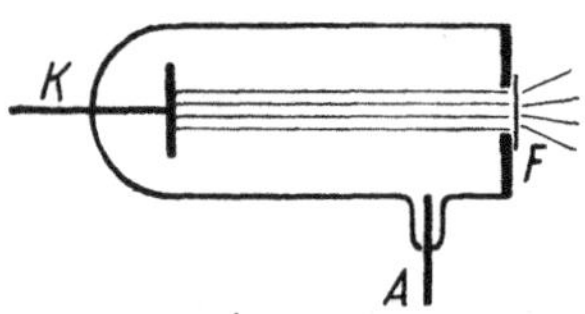

Abb. 574. Kathodenstrahlrohr mit Lenard-Fenster

Die Kathodenstrahlen vermögen also dichte Materie zu durchdringen. In einer $3 \cdot 10^{-4}$ cm dicken Aluminiumfolie liegen etwa 10000 Atomschichten in dichter Packung aufeinander. Es ist ausgeschlossen, daß geradlinig sich bewegende Elektronen bei der Durchstrahlung durch lauter Lücken zwischen den Atomen hindurchschlüpfen können. Die Atome selbst werden vielmehr von den Kathodenstrahlteilchen durchquert und können daher nicht mit irgendwelcher „Materie" ausgefüllte Kugeln sein. Dasselbe gilt auch für die Moleküle der Luft. Wären die Moleküle undurchdringliche Kugeln, so würde die mittlere freie Weglänge $\lambda$ (I § 55) der Elektronen in Luft nur etwa $10^{-5}$ cm betragen; auf diesem Wege sollte also die Zahl der Elektronen, die geradeaus fliegen, bereits auf $\frac{1}{e} = \frac{1}{2{,}7}$ abgenommen haben. Wenn sie trotzdem mehrere cm in die Atmosphäre eindringen, so müssen sie mehr als 100000 Moleküle durchqueren können, d. h. auch $N_2$- und $O_2$-Moleküle sind für die Elektronen durchlässig.

Man kann die Absorbierbarkeit der Elektronen, z. B. in Gasen, messen, indem man sie durch das Fenster statt in die Atmosphäre in einen mit dem betreffenden Gas gefüllten Raum eintreten läßt, in dem sich zur Messung ihrer Intensität ein Auffänger $A$ befindet (Abb. 575). Man ändert nun entweder den Abstand des Auffängers vom Fenster oder den Gasdruck des absorbierenden Gases. Das Resultat der Messung ist dann folgendes: Die Intensität $I$ (Zahl $n$ bzw. Ladung aller in den Auffänger gelangenden Elektronen) nimmt nach einer Exponentialfunktion ab:

$$I = I_0 \cdot e^{-\alpha x}$$

oder

$$n = n_0 \cdot e^{-\alpha x},$$

wo $x$ die Dicke der durchstrahlten Schicht und $\alpha$ der Absorptionskoeffizient ist. Nach I § 55 ist $\alpha = n \cdot q$ die Summe aller in der Volumeneinheit enthaltenen Wirkungsquerschnitte $q$ und daher dem Druck des Gases proportional. Die Abhängigkeit der Intensität vom Druck bei konstanter Absorptionsstrecke ist

$$I = I_0 e^{-\beta p},$$

wo $\beta = \frac{x \cdot q}{kT}$ (denn $p = nkT$; vgl. II 8.3); $x$ ist die Länge des Kathodenstrahlweges im Gase, $k$ die Boltzmannsche Konstante. Das Experiment bestätigt, daß $\alpha$ (bei unverändertem Abstand des Auffängers vom Fenster gemessen) dem Druck des Gases proportional ist, d.h. $\frac{\alpha}{p}$ ist eine Konstante. Außerdem findet man, daß $\alpha$ für verschiedene Gase der Gasdichte und daher dem Molekulargewicht proportional ist. Für die Absorption ist also — unabhängig von der Natur des absorbierenden Gases — der Quotient $\frac{\alpha}{\varrho}$, der sogenannte *Massenabsorptionskoeffizient*, maßgebend. $\frac{\alpha}{\varrho}$ hat in 1. Näherung für alle Stoffe (auch für feste Körper) bei derselben Kathodenstrahlgeschwindigkeit den gleichen Wert. Dieses *Lenardsche Massengesetz* bedeutet, daß Schichten, die auf der Flächeneinheit gleiche Masse tragen, die gleiche Schwächung bewirken. Die Mannigfaltigkeit der physikalischen und chemischen Eigenschaften wird also von dem universellen Begriff der Masse überdeckt.

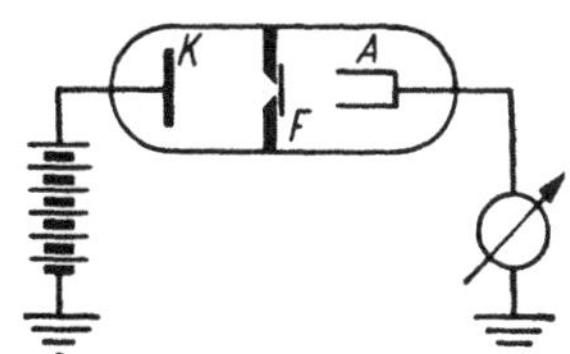


Abb. 575. Anordnung zur Messung des Wirkungsquerschnitts absorbierender Stoffe für Kathodenstrahlen

Für $u = 3 \cdot 10^8$ cm/s ist also der Wirkungsquerschnitt der in 1 cm³ Luft enthaltenen Moleküle $n \cdot q = 2{,}3 \cdot 10^4$ cm²/cm³ und für $u = 2{,}7 \cdot 10^{10}$ cm/s beträgt er $7{,}7 \cdot 10^{-3}$ cm²/cm³ mit $n = 6{,}02 \cdot 10^{23}/22400 = 2{,}7 \cdot 10^{10}$ cm⁻³. (Der Wirkungsquerschnitt $n \cdot q$, der sich nach der kinetischen Gastheorie für $N_2$ ergibt, ist $1{,}4 \cdot 10^4$ cm²/cm³.) Er schrumpft von einem Wert, der gegenüber „langsamen" Elektronen das 1,6fache des gaskinetischen beträgt, bei hohen Geschwindigkeiten auf den $3 \cdot 10^6$.Teil zusammen, das bedeutet, daß nur der $(\sqrt{3} \cdot 10^6)^3 = 5 \cdot 10^9$.Teil des vom Atom eingenommenen Volumens für schnelle Elektronen undurchdringlich ist. Der übrige Raum ist mit Kraftfeldern erfüllt, die um so leichter durchquert werden können, je größer die Wucht der sie durchfliegenden Elektronen ist. Die Felder werden von den im Atom befindlichen Ladungen erzeugt. Die Vorstellung von einer massiven Molekel verliert hier völlig ihre Berechtigung. Wie aber Ladungen und Massen im Atominneren verteilt sind, ergaben erst Versuche mit den sehr viel energiereicheren $\alpha$-Strahlen (§ 2).

**2. Größe der Atomkerne (Rutherford 1911).** Läßt man einen eng ausgeblendeten Strahl von $\alpha$-Teilchen, wie sie von gewissen radioaktiven Stoffen, z.B. ThC′ (vgl. XIV § 2) ausgehen, auf eine dünne Goldfolie fallen, so beobachtet man, daß die überwiegende Zahl der Teilchen nahezu unabgelenkt hindurchtritt. Wenn man aber um die Auftreffstelle auf der Folie ein Zählgerät im Kreis herumführt (Abb. 579), so beobachtet man doch einige $\alpha$-Teilchen, welche die Folie unter größeren Winkeln gegen die Einfallsrichtung verlassen; es kommen sogar Ablenkungen bis zu fast 180° vor. Die Häufigkeit nimmt aber mit wachsendem Ablenkungswinkel außerordentlich stark ab. Wenn z.B. das Zählgerät unter 15° Ablenkung noch 3500 $\alpha$-Teilchen treffen, so fängt es in gleicher Zeit bei gleicher Intensität der einfallenden Teilchen unter 150° nur noch etwa 1 Teilchen auf.

Aus diesen Beobachtungen, insbesondere aus der Tatsache, daß einige, wenn auch nur sehr wenige $\alpha$-Teilchen um mehr als 90° abgelenkt werden, zog Rutherford die folgenden wichtigen Schlüsse: Das Atom besitzt einen schweren *Kern* mit positiver Ladung von subatomarer Größe. Er ist von einem starken elektrischen Feld umgeben, das nach außen (gemäß dem Coulombschen Gesetz) dem

Quadrate des Abstandes umgekehrt proportional abfällt. Die α-Teilchen sind He-Atomkerne, tragen ebenfalls positive Ladung und besitzen eine sehr große kinetische Energie. Beim Durchdringen des Kernfeldes werden sie ähnlich wie Kometen im Gravitationsfeld der Sonne auf Hyperbelbahnen abgelenkt (Abb. 576). Große Ablenkwinkel können nur auftreten, wenn sie die starken elektrischen Felder in großer Kernnähe durchqueren. Da das Gebiet der erforderlichen sehr starken Felder im Vergleich zum ganzen Atomvolumen äußerst klein ist, also die Wahrscheinlichkeit, daß es von α-Teilchen durchflogen wird, sehr gering ist, sind Ablenkungen unter großen Winkeln sehr selten.

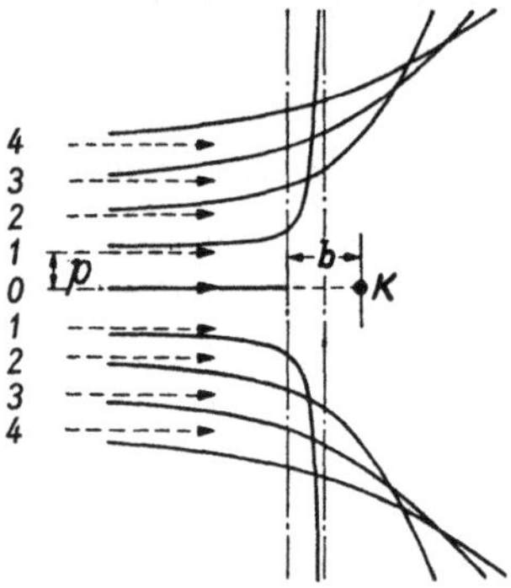


Abb. 576. Hyperbelbahnen von α-Strahlen im Kraftfelde des Atomkerns. Der außerhalb der Atome beobachtete Ablenkungswinkel ist der Winkel zwischen den Asymptoten der Hyperbel

Da die schweren α-Teilchen Ablenkungen bis zu 180° erfahren, ohne merkliche Geschwindigkeitsverluste zu erleiden, muß nach den Stoßgesetzen die Masse des Stoßpartners (also des Atomkerns) sehr viel größer als ihre eigene, die Masse eines He-Atoms, sein. Das rechtfertigt die Annahme, daß der Kern die ganze Atommasse (bis auf die der Elektronen) enthält. Zusammenstöße mit den 7350mal leichteren Elektronen können nur Ablenkungen veranlassen, für die (nach I § 27, Abb. 35) $\sin\varphi \leqq \frac{r}{m_1 u_1 - r} \approx \frac{m_2}{m_1} = \frac{1}{7350}$ ist, oder $\varphi \leqq 28''$. Die Begegnungen mit Atomelektronen tragen zur Streuung von α-Teilchen unter großen Winkeln daher überhaupt nicht bei.

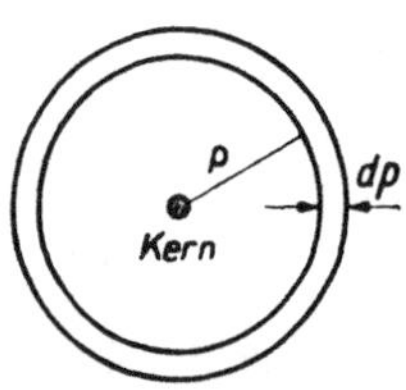


Abb. 577. Zur Berechnung der Wahrscheinlichkeit von Ablenkungen der α-Teilchen im Kernfelde unter einem bestimmten Winkel. Die Flugrichtung der α-Strahlen steht senkrecht auf der Papierebene

Da die Kräfte zwischen elektrischen Punktladungen dem gleichen Abstandsgesetz gehorchen wie die Gravitationskräfte zwischen Massenpunkten, muß ein α-Teilchen, das sich aus dem Unendlichen kommend dem Kern nähert, von diesem ebenso abgelenkt werden, wie ein Komet, der sich der Sonne nähert, nämlich auf einer Hyperbelbahn. Für den Winkel $\varphi$, den deren Asymptoten miteinander bilden, gilt:

$$\operatorname{ctg}\frac{\varphi}{2} = 4\pi\,\varepsilon_0 \cdot \frac{E_{\text{kin}}}{e_1 \cdot e_2} \cdot 2p. \tag{2.1}$$

$E_{\text{kin}}$ ist die kinetische Energie $\frac{m}{2}u^2$ des α-Teilchens, $p$ sein Zielabstand (*Stoßparameter*), $e_1$ die Ladung des α-Teilchens, $e_2$ die des Atomkerns. Am stärksten nähert sich ein α-Teilchen bei zentralem Stoß ($p = 0$), wobei es im Abstand $b$ zum Stehen kommt und auf dem gleichen Wege zurückkehrt. Im Umkehrpunkt ist die gesamte kinetische Energie in potentielle umgesetzt, also:

$$E_{\text{kin}} = \frac{1}{4\pi\,\varepsilon_0}\,\frac{e_1 \cdot e_2}{b}. \tag{2.2}$$

Dies in (2.1) eingesetzt, ergibt

$$\operatorname{ctg}\frac{\varphi}{2} = \frac{2p}{b}. \tag{2.3}$$

α-Teilchen, die ohne Ablenkung einen Atomkern in einem Ring (Abb. 581) zwischen $p$ und $(p + dp)$ passieren würden, erfahren Ablenkungen zwischen $\varphi$ und $(\varphi + d\varphi)$, die sich aus (2.3) bzw. der Differentialform

$$-d\operatorname{ctg}\frac{\varphi}{2} = \frac{1}{2}\,\frac{d\varphi}{\sin^2\frac{\varphi}{2}} = \frac{2}{b}\cdot dp \tag{2.4}$$

ergeben.

Da man die α-Teilchen nicht in einen solchen Ring hineinzielen kann, muß man eine Statistik aufstellen, welche die Häufigkeit solcher Kernbegegnungen enthält. In einer von α-Strahlen durchstrahlten Schicht (Fläche $F$, Dicke $\Delta x$, Teilchendichte $n$) sind $z = n \cdot F \Delta x$ Atomkerne enthalten. Die Wahrscheinlichkeit $w$, an ihnen im Abstand zwischen $p$ und $(p + dp)$

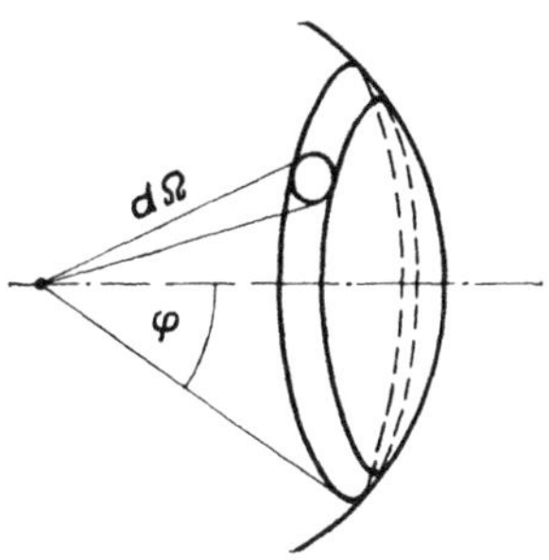


Abb. 578

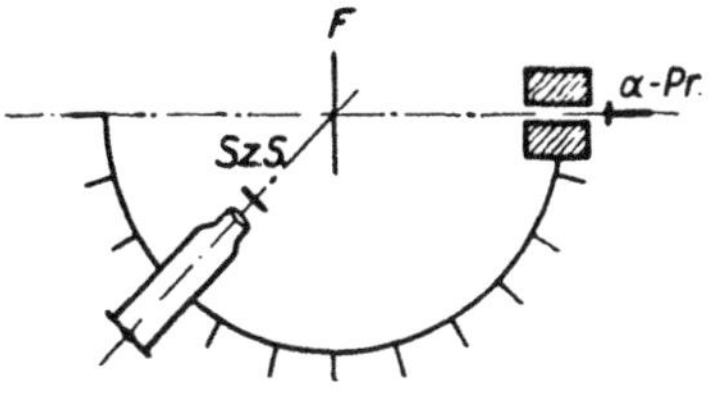


Abb. 579

Abb. 578. Zur Raumwinkeldefinition in der Rutherfordschen Streuformel

Abb. 579. Prinzip der Versuchsanordnung zur Messung der Einzelstreuung von α-Strahlen. Von der Strahlenquelle α-*Pr*, treffen die α-Teilchen auf die Streufolie *F*; der durch ein Mikroskop betrachtete Szintillationsschirm *SzS* kann zwischen 0 und fast 180° um die Streufolie herumgeschwenkt werden

vorbeizuzielen, ist das Verhältnis der Summe aller Ringflächen $z \cdot 2\pi p \cdot dp$ zur Gesamtfläche $F$:

$$w = \frac{n \cdot F \cdot \Delta x \cdot 2\pi p \cdot dp}{F} = 2\pi p\, n \cdot \Delta x \cdot dp. \tag{2.5}$$

Fallen also $N$ α-Teilchen auf, so werden $dN' = w \cdot N$ in den Doppelkegel zwischen $\varphi$ und $\varphi + d\varphi$ hineingestreut. Nach (2.5), (2.3) und (2.4) wird also

$$dN' = N \pi b \cdot \operatorname{ctg}\frac{\varphi}{2} \cdot n \cdot \Delta x \cdot \frac{1}{4} \cdot \frac{b}{\sin^2\frac{\varphi}{2}} \cdot d\varphi$$

$$dN' = N \cdot n \pi \Delta x \cdot \frac{b^2}{4} \cdot \frac{\cos\frac{\varphi}{2}}{\sin^3\frac{\varphi}{2}} \cdot d\varphi. \tag{2.6}$$

Der Raumwinkel dieses Doppelkegels, d.h. die von ihm auf der Einheitskugel ausgeschnittene Fläche, ist $2\pi \sin\varphi \cdot d\varphi$.

Die Zahl $dN$ der α-Teilchen, die in den Raumwinkel $d\Omega$ innerhalb des Doppelkegels gestreut werden (Abb. 582), verhält sich zu $dN'$ wie $d\Omega$ zu $2\pi \sin\varphi \cdot d\varphi$:

$$dN = dN' \frac{d\Omega}{2\pi \sin\varphi \cdot d\varphi} = N \cdot n \cdot \pi \cdot \Delta x \cdot \frac{b^2}{4} \cdot \frac{\cos\frac{\varphi}{2}}{\sin^3\frac{\varphi}{2}} \cdot \frac{d\varphi}{2\pi \sin\varphi \cdot d\varphi}\, d\Omega$$

oder, da $\sin\varphi = 2\sin\frac{\varphi}{2} \cdot \cos\frac{\varphi}{2}$ und wegen (2.2) $b = \frac{1}{E_{\text{kin}}} \cdot \frac{e_1 e_2}{4\pi\varepsilon_0} = \frac{2}{m u^2} \frac{e_1 e_2}{4\pi\varepsilon_0}$ ist:

$$dN = N \cdot \frac{n \cdot \Delta x}{16} \left(\frac{e_1 e_2}{2\pi\varepsilon_0 m u^2}\right)^2 \cdot \frac{1}{\sin^4\frac{\varphi}{2}}\, d\Omega \tag{2.7}$$

*(Rutherfordsche Streuformel)*

Verfeinerte Beobachtungen der *Einzelstreuung* von α-Strahlen durch GEIGER und MARDSEN ergaben für mäßige Streuwinkel eine vollständige Bestätigung der Rutherfordschen Streuformel (2.7) und überzeugte daher von der Richtigkeit des zugrunde gelegten Atombildes. Erst für sehr große Ablenkwinkel und dem entsprechend kleine Werte von $b$ ($< 10^{-12}$ cm) gehorcht die Streuung nicht mehr (2.7). Das α-Teilchen dringt dann offenbar in Bereiche nahe dem Kernzentrum ein, wo das Coulombsche Gesetz, das der Ableitung der Rutherfordschen

Streuformel zugrunde liegt, nicht mehr gültig ist. Es ist sinnvoll, hierin die Grenze des Atomkerns zu sehen. Sein Radius ist demnach kleiner als $10^{-12}$ cm, d.h. 10000mal kleiner als der Atomradius. Zur Veranschaulichung denke man sich den Atomkern auf die Größe eines Kirschkerns vergrößert; dann würde das Atom eine Kugel von etwa 100 m Durchmesser erfüllen!

Derartige Versuche an Folien aus verschiedenen Metallen führten zu der Erkenntnis, daß für die Kernradien ($r$) ziemlich genau gilt:

$$r = 1{,}2 \cdot 10^{-13} \cdot \sqrt[3]{A}\ \text{cm}, \tag{2.8}$$

wobei $A$ das Atomgewicht bedeutet. Demnach ist die Dichte der Kernsubstanz, d.h. der Quodient aus Masse (proportional $A$) und dem Volumen (proportional $r^3$) für alle Kerne nahezu die gleiche. Zahlenmäßig ergibt sich für die Dichte der ungeheuer große Wert etwa $2 \cdot 10^{14}$ g/cm³.

Außerdem gestatten die Versuche, die Ladung des Kerns zu messen, mit dem Ergebnis: Ein Atomkern enthält so viele positive Elementarladungen $e_0$, wie die Ordnungszahl $Z$ des Elementes im Periodensystem (vgl. XI A) angibt: $e_z = Z \cdot e_0$. Die negative Ladung des nach außen neutralen Atoms muß also auch $Z \cdot e_0$ betragen: Das Atom enthält außer dem Kern $Z$ negative Elektronen. Sie bilden die Elektronenhülle.

**3. Kernbausteine und -kräfte.** Die Tatsache, daß die Mehrzahl der Atomgewichte der Elemente nahezu ganzzahlige Vielfache des Atomgewichts des Wasserstoffs sind, legt zunächst die Vermutung nahe, daß die Kerne aus Wasserstoffkernen (Protonen) bestehen, und daß deren elektrostatische Abstoßungskräfte durch die negative Ladung von im Kern enthaltenen Elektronen kompensiert würde, deren Masse ja sehr klein ist im Vergleich mit der Protonenmasse.

Diese Annahme führt aber auf einige unüberbrückbare Schwierigkeiten; unter anderem müßte man den Kernelektronen, damit sie im Kerninneren Platz finden, eine Wellenlänge $10^{-13}$ cm und daher wegen (VIII 15.7) eine so hohe Energie zuschreiben, daß ihre Masse ein Vielfaches der Protonenmasse betragen würde.

Tatsächlich erklärt sich die Ganzzahligkeit der Atomgewichte daraus, daß der Kern aus Protonen und den fast gleich schweren, elektrisch neutralen Neutronen zusammengesetzt ist. Beide zusammen bezeichnet man als Nukleonen.

Zwischen den Nukleonen wirken, wenn sie sich auf Abstände von der Größenordnung $10^{-12}$ cm nähern, sehr starke „Kernkräfte" — nach ihrem Entdecker auch Yukawa-Kräfte genannt —, die die elektrostatischen Abstoßungskräfte bei weitem überwiegen und so den außerordentlich festen Zusammenhalt der Kerne bewirken. Nach außen nehmen diese Kräfte exponentiell, also sehr rasch mit dem Abstand vom Kernzentrum ab. Dann überwiegen die von den Protonen ausgeübten elektrostatischen Kräfte. So kommt es, daß positiv geladene Teilchen, z.B. $\alpha$-Teilchen, von den Kernen mit großer Kraft abgestoßen werden (vgl. § 2), die elektrisch neutralen Neutronen sich aber dem Kern nähern können, bis sie in den Bereich der Kernkräfte gelangen und dann vom Kern „eingefangen" werden.

Die Kernkräfte, die zwischen den Nukleonen wirken, sind die stärksten bekannten Wechselwirkungen. Sie sind weder durch deren elektrische oder magnetische Eigenschaften noch durch ihre Masse bestimmt, und *erscheinen* daher weniger anschaulich als die Gravitations- oder die elektromagnetischen Kräfte. Wie die letzteren sich durch Austausch von Photonen und die Kräfte, die zwischen gleichen Atomen zur „homöopolaren Bindung" führen (vgl. XVIII § 8), durch Austausch von Elektronen veranschaulichen lassen, so die Kernkräfte durch Austausch von Mesonen.

Von besonderer Bedeutung ist, daß die Kernkräfte zwischen 2 Protonen oder 2 Neutronen sowie zwischen Neutron und Proton gleich sind (Ladungsunabhängigkeit der Kernkräfte). Kleine Abweichungen von etwa 1% verursacht jedoch die elektromagnetische Wechselwirkung. Dadurch stoßen 2 Protonen einander ab (Coulomb-Kraft); ihr Abstand wird groß und damit die Bindungsenergie klein bleiben im Vergleich zu einem Proton-Neutron-Paar ($^2_2$He-Kerne existieren nicht, $^2_1$H-Kerne sind stabil).

Allgemein kann man in der Physik vier verschiedene Arten von Kräften oder Wechselwirkungen unterscheiden; nämlich außer den drei erwähnten noch die sog. „schwachen Wechselwirkungen", die zwischen allen Elementarteilchen — nicht nur den Nukleonen — wirken und bei Kernprozessen, an denen Elektronen teilhaben, überwiegend wirksam sind, z.B. beim $\beta$-Zerfall (vgl. XIV § 1).

Eine Systematik ist in Tabelle 39a enthalten.

Tabelle 39a

| Wechselwirkung | Maßgebliche Eigenschaft | Relative Stärke in Kernnähe | Reichweite |
|---|---|---|---|
| Gravitation | schwere Masse | $\sim 10^{-38}$ | groß |
| „schwache" | ? ? | $\sim 10^{-15}$ | klein |
| elektromagnetische | elektrische Ladung | $\sim 10^{-2}$ | groß |
| „starke" | Nukleonen„ladung" | 1 | klein |

Dank ihrer großen Reichweite überwiegt in Abständen von der Größenordnung der Atomdurchmesser die elektromagnetische Wechselwirkung sowohl die „schwachen", wie die „starken" Wechselwirkungen und sorgt für den Zusammenhalt der Atome. Aus dem gleichen Grunde überwiegen in planetarischen Abständen die Gravitationskräfte zwischen den Himmelskörpern (gleichen elektrischen Potentials) alle anderen.

**4. Kernmodelle.** Die große Stärke der Kernkräfte und ihre geringe Reichweite beweisen, daß es zwar einer großen Energie bedarf, um ein Nukleon aus dem Kernverband zu lösen, daß es aber den Kernkräften nicht mehr unterliegt, sobald es sich um einige $10^{-12}$ cm entfernt hat. Dieser Vorgang ähnelt der Ablösung eines Moleküls aus dem Verband einer Flüssigkeit (vgl. I § 56), also der Verdampfung. Auch bei den Nukleonen bedarf es offenbar einer erheblichen Energie, um sie an den Rand des Kernes zu befördern, und man kann diesem daher eine Oberflächenspannung zuschreiben. Da überdies die Kernmaterie bei den Kernen aller Elemente nahezu die gleiche Dichte besitzt (vgl. § 2), so liegt es nahe, die Kerne als Flüssigkeitströpfchen mit einer durch die Massen- und Kernladungszahl bestimmten Oberflächenspannung aufzufassen. Tatsächlich lassen sich manche Erscheinungen, z.B. die Kernspaltung (vgl. § 7) am besten auf Grund dieses „Tröpfchenmodells" verstehen.

Während der Querschnitt der Kerne, den sie den $\alpha$-Strahlen darbieten (vgl. § 2), ziemlich monoton mit der Ordnungszahl ansteigt, zeigt der Einfangquerschnitt für Neutronen sehr starke Schwankungen. Insbesondere zeigen sich scharf ausgeprägte Minima für Rb, Xe und Pb. Diese Kerne verweigern gewissermaßen die Aufnahme eines weiteren Neutrons.

In Analogie zur Periodizität der Atomvolumina (vgl. Abb. 604), die immer dann einen besonders hohen Wert annehmen, wenn die Elektronenhülle eine neue Schale ansetzt, schließt man aus den Schwankungen des Neutronenquerschnitts, daß auch die Nukleonen in Schalen angeordnet sind. Auch andere Kerneigenschaften weisen eine gewisse Periodizität auf und zeigen an, daß immer dann eine Schale im Kerninneren aufgefüllt und abgeschlossen ist, wenn entweder die

Protonen- oder die Neutronenzahl einen der Werte 2, 8, 14, 20, 28, 50, 126 annimmt. Aus der Zeit als die Gesetzmäßigkeiten dieses „Schalenmodells“ noch nicht völlig geklärt waren, stammt der Name „magische Zahlen“.

Daß das Schalenmodell des Atomkerns bei weitem noch nicht so gut erforscht ist wie das der Atomhülle, hat seinen Grund darin, daß die auf engstem Raum zusammengedrängten Nukleonen in viel stärkerer Wechselwirkung miteinander stehen als die Hüllenelektronen. Überhaupt tritt der Teilchen-Charakter der Nukleonen mehr und mehr zurück, und man hat sich den Kern mehr als ein von verschiedenen Systemen kürzester Materiewellen durchflutetes, nahezu kugelförmiges Raumstück vorzustellen.

**5. Isotope und Massenspektroskopie.** Wenn die Kerne sich ausschließlich aus Protonen und Neutronen zusammensetzen, deren Massen sich nur um etwa 1 % unterscheiden (1,6727 bzw. $1{,}6747 \cdot 10^{-24}$ g), so sollte man erwarten, daß die Atomgewichte durchweg sehr nahezu ganzzahlige Vielfache des Atomgewichts des H-Atoms wären. Tatsächlich treten aber sehr erhebliche Abweichungen auf, z. B. bei Cl (Atomgewicht 35,457). Die Ursache ist die, daß Atomgewichtsbestimmungen zwar an chemisch reinen Elementen durchgeführt werden, daß man aber mit physikalischen Methoden feststellen kann, daß diese sich in den meisten Fällen aus verschiedenen Elementen zusammensetzen; so das Chlor aus zwei Komponenten, deren Atomgewichte sich um weniger als 0,7‰ von den ganzen Zahlen 35 und 37 unterscheiden. Aus der chemischen Ununterscheidbarkeit folgt, daß diese beiden „Isotope“ die gleiche Elektronenzahl und -konfiguration und somit die gleiche Ordnungszahl besitzen. Sie können sich also nur in der Neutronenzahl und somit in der Kernmasse unterscheiden.

Das genaueste Verfahren zur Trennung von Isotopen und Bestimmung ihrer Massenzahlen ist der *Massenspektrograph* (Aston). Die zu untersuchenden Atome werden zuerst mittels einer elektrischen Entladung ionisiert und treten als Kanalstrahlen in ein homogenes elektrisches Feld ein (Abb. 580). Dort werden die Ionen je nach ihrer Geschwindigkeit stärker oder schwächer abgelenkt. Dann tritt der aufgefächerte Strahl in ein magnetisches Feld (senkrecht zur Zeichenebene) ein, wo die Ionen wieder je nach ihrer Geschwindigkeit abgelenkt werden, aber in umgekehrter Richtung. Durch geeignete Dimensionierung kann man erreichen, daß alle Ionen gleicher spezifischer Ladung (trotz verschiedener Geschwindigkeit) wieder durch einen Punkt laufen, und daß alle diese Punkte auf einer Geraden liegen. Eine Photoplatte, deren Ebene diese Gerade enthält, zeichnet also eine

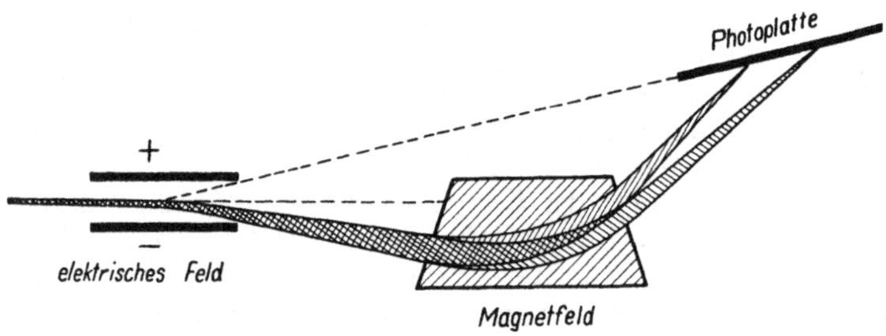


Abb. 580. Prinzip des Astonschen Massenspektrographen

Reihe von Punkten oder — bei spaltförmiger Eingangsblende — von haarscharfen Linien auf, aus deren Lage man die Relativwerte der spezifischen Ladungen mit außerordentlicher Genauigkeit (auf 6 Dezimalen) entnehmen kann. Da die Ladungen der Ionen nur niedrige ganze Vielfache der Elementarladung sein können, sind damit die Teilchenmassen mit der gleichen Genauigkeit gegeben.

Auf diesem Wege hat sich gezeigt: Weniger als ein Drittel aller Elemente sind Reinelemente; die übrigen sind Isotopengemische. Bei allen nicht ganzzahligen Atomgewichten liegt eine Mischung von mehreren, bei Sn z.B. 10 Isotopen mit fast ganzzahligen Atomgewichten vor. Auch Wasserstoff (Ordnungszahl $Z=1$) enthält Isotope, außer der Massenzahl $A=1$ kommen auch $A=2$ und 3 vor. Der Kern des „schweren" Wasserstoffs ($A=2$) heißt Deuteron; das aus zwei Deuteronen und zwei Elektronen gebildete Molekül Deuterium (chemisches Symbol $D_2$).

Um die verschiedenen Isotope zu unterscheiden, erweitert man das chemische Symbol durch Angabe der Ordnungszahl (links unten) und der Massenzahl (links oben), z.B. ${}^{35}_{17}Cl$ und ${}^{37}_{17}Cl$.

**6. Bindungsenergie der Atomkerne.** Die genauesten Bestimmungen von Atommassen führen immer auf Werte, die einige Zehntausendstel kleiner sind als die Summe der Massen der Protonen, Neutronen und Elektronen, aus denen sich das Atom aufbaut. Die Differenz $\Delta m$ bezeichnet man als *Massendefekt.*

Diese Erscheinung erklärt sich aus der Äquivalenz von Masse und Energie: Wenn bei der Bildung des Kerns aus den Nukleonen eine Energie $\Delta E$ frei wird und den Kern (z.B. als $\gamma$-Strahlung) verläßt, so tritt damit auch ein Massenschwund $\Delta m$ ein:

$$\Delta m = \frac{\Delta E}{c^2}. \tag{6.1}$$

Zum Beispiel entsteht durch Vereinigung eines Wasserstoffkerns ${}^1_1H$ mit einem Neutron ${}^1_0n$ ein Deuteron ${}^2_1D$, dessen Masse ($m_0$) geringer ist als die seiner Komponenten. Der Massendefekt ist:

$$\Delta m = m_H + m_n - m_D$$

und beträgt zahlenmäßig $2{,}4 \cdot 10^{-3}$ atomare Masseneinheiten. Das Energieäquivalent von 1 atomarer Masseneinheit beträgt $1{,}5 \cdot 10^{-3}$ erg $= 0{,}94$ GeV. Bei der genannten Reaktion wird also eine Energie von $0{,}94 \cdot 2{,}4 \cdot 10^{-3}$ GeV $= 2{,}25$ MeV frei. In der Tat beobachtet man bei der Absorption der Neutronen in flüssigem Wasserstoff die Ausstrahlung einer harten $\gamma$-Strahlung, deren Energie sich aus ihrer Absorbierbarkeit zu $2{,}2 \cdot 10^6$ eV ergibt (vgl. XV § 2).

Aus den Massendefekten, die heute mit gleicher Genauigkeit mit massenspektroskopischen Methoden wie auch durch Messung der „Energietönungen" von Kernreaktionen bestimmt werden können, ergibt sich die Bindungsenergie (Bildungswärme) der Kerne selbst aus ihren Bausteinen (Protonen und Neutronen). Abgesehen von den Kernen kleiner Massenzahlen, bei denen Unregelmäßigkeiten auftreten, steigen die Bildungswärmen etwas schwächer als proportional zur Massenzahl an und erreichen bei den schwersten Elementen den Betrag von 40 Milliarden Kilokalorien pro Grammatom.

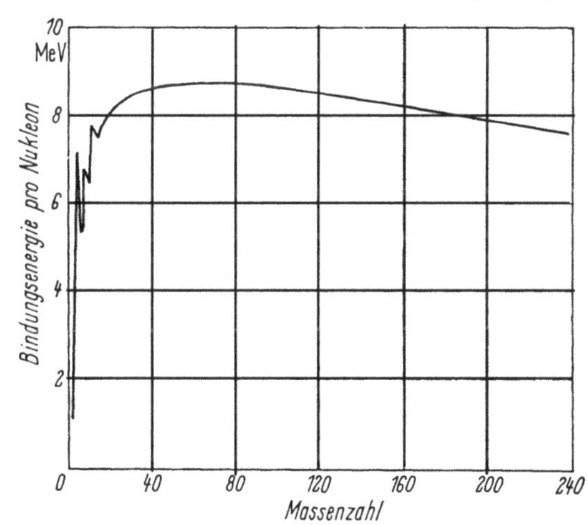

Abb. 581. Bindungsenergie pro Nukleon für Kerne mit verschiedener Massenzahl

Abb. 581 gibt die Größe der Bindungsenergie pro Nukleon (Proton oder Neutron) in MeV an als Funktion der Massenzahl. Diese Bindungsenergie wird bei der Bildung vom Kern abgegeben. Nach starken Schwankungen bei leichten Kernen ändert sie sich oberhalb von $A=20$ von Kern zu Kern nur wenig. Zwischen $A=50$ bis 75 geht sie durch ein flaches Extremum (etwa 8,5 MeV) und steigt dann bis zum Atomgewicht des Urans fast linear auf 7,5 MeV an.

Der Verlauf der Kurve zeigt folgendes: Die Bindungsenergie die beim Zusammenbau eines Urankerns der Masse 235 aus seinen Nukleonen frei werden würde, ist kleiner als diejenige, die man erhält, wenn man aus der gleichen Anzahl von Nukleonen zwei Kerne mittlerer Massenzahl bildete. Wenn es also gelingt, einen $^{235}$U-Kern in zwei etwa gleiche Teile zu *spalten*, so muß dabei Energie frei werden. Ebenso folgt aus Abb. 581: Wenn sich zwei Kerne des schweren Wasserstoff-Isotops $^2_1$D, die zusammen also 2 Protonen und 2 Neutronen enthalten, zu einem $^4_2$He-Kern vereinigen, so wird bei dieser *Fusion* gleichfalls Energie frei und zwar trotz der geringen Massen der Partner etwa 10mal soviel.

**7. Kernspaltung und -fusion; Kernreaktoren.** Im Bild des Tröpfchenmodells kann man sich den Vorgang der Kernspaltung so vorstellen: Nähert sich ein Neutron z.B. einem $^{235}_{92}$U-Kern, so wird es von diesem aufgenommen, wobei das Tröpfchen in so heftige Schwingungen gerät, daß es in zwei Teile aufspaltet, z.B. $^{89}_{36}$Kr und $^{144}_{56}$Ba oder $^{95}_{37}$Rb und $^{138}_{55}$Cs. Von den Nukleonen bleibt also beim Spaltungsprozeß die Protonenzahl (unterer Index) erhalten, die Zahl der Neutronen (oberer minus unterer Index) nimmt ab, d.h. es werden einige Neutronen frei.

Diese Tatsache — entdeckt 1938 von Hahn und Strassmann — hat ungeheure Bedeutung gewonnen: Bei der Kernspaltung, die durch *ein* Neutron ausgelöst wird, entstehen mehrere neue Neutronen, die ihrerseits Kernspaltungen auslösen können. Mittels einer solchen *Kettenreaktion* wird es möglich, den einzelatomaren Prozeß beliebig zu vervielfachen und Kernreaktionen in makroskopischen Substanzmengen in Gang zu setzen.

Bezeichnet man mit $E_A$ die Bindungsenergie eines Nukleons in einem Kern von Atomgewicht $A$, wie sie durch Abb. 581 als Funktion von $A$ dargestellt ist, so besitzt ein $^{235}$U-Kern die Energie $235 \cdot E_{235}$. Wird er z.B. in 2 Bruchstücke mit $A \approx 95$ und $A \approx 140$ gespalten, so besitzen diese zusammen die Energie: $95 \cdot E_{95} + 140 \cdot E_{140}$. Für eine rohe Schätzung kann man, wie Abb. 581 zeigt, $E_{95} \approx E_{140} \approx 1{,}1 \cdot E_{235}$ setzen. Die Differenz zwischen beiden Energiebeträgen, d.h. die bei einem Spaltprozeß freigesetzte Energie, beträgt demnach etwa 200 MeV $\approx 3 \cdot 10^{-4}$ erg $= 3 \cdot 10^{-11}$ Ws (vgl. § 18). Da in 1 g natürlichen Urans $2 \cdot 10^{19}$ spaltbare Atome enthalten sind, kann, wenn die Kettenreaktion völlig abläuft, eine Energiemenge von $6 \cdot 10^8$ Ws $= 180$ kWh freigesetzt werden. Diese nutzbar zu machen, ist die Aufgabe der „Kernreaktoren".

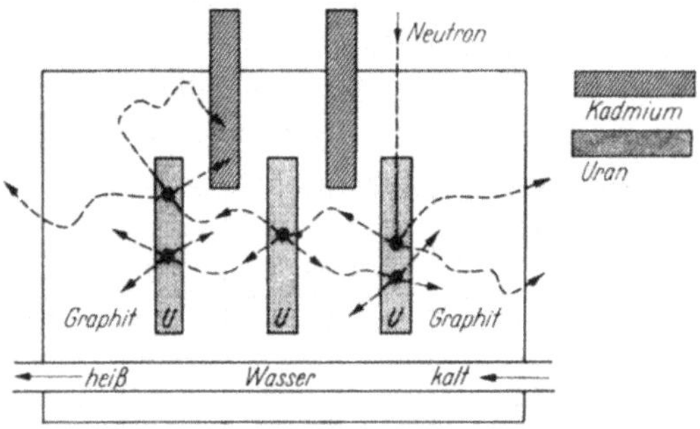

Abb. 582. Anordnung eines Kernreaktors, schematisch

Das Prinzip eines Kernreaktors (der erste wurde 1942 in Chicago unter der Leitung von E. Fermi in Betrieb gesetzt) ist in Abb. 582 angedeutet: Das spaltbare Material (Uran) befindet sich in Stabform in einer Umgebung von Graphit. Wenn durch ein von außen kommendes Neutron die Spaltung in Gang gesetzt wird, entstehen drei weitere Neutronen, die zum Teil entweichen, zum Teil nach Durchsetzen einer Graphitschicht verlangsamt („moderiert") und für weitere Spaltprozesse geeignet gemacht werden, die sie dann wieder in den Uranstäben auslösen. Sobald die Zahl dieser Neutronen diejenige der entweichenden übersteigt, wächst die Zahl der Spaltungen immer weiter, und es wird in steigendem Maße Energie entwickelt und in Wärme umgewandelt, die dann durch geeignete

Kühlflüssigkeiten abgeführt und ausgenützt werden kann. Um den Prozeß zu regeln, sind weitere Stäbe aus einem Material, das die Neutronen unwirksam macht (z.B. Cd), vorgesehen. Durch Einsenken dieser Stäbe wird die Zahl der verloren gehenden Neutronen erhöht und damit die Kettenreaktion unterbrochen. Ob sich eine Kettenreaktion ausbildet, hängt aus dem gleichen Grund von der Größe des spaltbaren Materialstückes ab. Zwei Stücke, deren jedes einzelne dafür zu klein ist, können, wenn sie in räumlichen Kontakt gebracht werden, die kritische Größe überschritten haben, so daß dann die Kettenreaktion plötzlich einsetzt. Das geschieht bei der Zündung einer Atombombe.

Bei der Spaltung können außer den oben beispielsweise genannten Produkten viele andere entstehen, die zum Teil nicht stabil sind und unter Aussendung von Strahlung weiter zerfallen. So kommt es zur Bildung vieler künstlich radioaktiver Substanzen, die die natürlichen an Strahlungsstärke weit übertreffen. Ihre sinnvolle Ausnützung bzw. ihre Unschädlichmachung oder Beseitigung ist eine weitere wesentliche Aufgabe der Kerntechnik.

Eine andere Möglichkeit, Bindungsenergie von Atomkernen nutzbar zu machen, liefert die *Kernfusion*. Aus Abb. 581 ist ersichtlich, daß nur im Bereich kleiner Atomgewichte die Verschmelzung von Atomkernen mit Energiegewinn verbunden ist. Zum Beispiel liefert der Prozeß

$$^{2}\mathrm{D} + {}^{2}\mathrm{D} \rightarrow {}^{3}\mathrm{He} + {}^{1}\mathrm{n} \qquad 3{,}25\ \mathrm{MeV}$$

$$^{7}\mathrm{Li} + {}^{1}\mathrm{H} \rightarrow 2\,{}^{4}\mathrm{He} \qquad 17{,}3\ \mathrm{MeV}.$$

Fusion zweier Kerne tritt aber nur ein, wenn diese sich — trotz der gleichnamigen Ladungen — so stark nähern, daß die sehr starken, aber nur kurzreichweitigen Kernkräfte wirksam werden. Das wird bei sehr hohen Temperaturen ($\sim 10^8$ °K) erreicht. Diese würden natürlich jedes Gefäßmaterial zerstören, können aber wahrscheinlich realisiert werden, indem man die ionisierten Teilchen eines Plasmas (vgl. IV § 21) durch geeignete Magnetfelder von den Gefäßwänden fern hält. Die Kernfusion ähnelt mehr den normalen chemischen Reaktionen, die ja auch durchweg Aufbaureaktionen sind und durch Temperaturerhöhung beschleunigt oder erst in Gang gebracht werden, wie z. B. die Knallgasreaktion. Allerdings ist der Energieumsatz bei der Kernfusion ungeheuer viel größer: Während an den chemischen Reaktionen nur äußere Elektronen der Partner beteiligt sind mit Bindungsenergien von wenigen eVolt (vgl. VIII § 7), werden bei Kernreaktionen die Bindungsenergien von Nukleonen umgesetzt die um 6 Zehnerpotenzen höher liegen (vgl. Abb. 581).

Die Gewinnung von Energie durch stetig und kontrollierbare Kernfusion würde vor derjenigen durch Kernspaltung nicht nur den Vorteil haben, daß das Ausgangsmaterial in praktisch unbegrenzter Menge zur Verfügung steht, sondern vor allem denjenigen, daß bei der Fusion keine radioaktiven Folgeprodukte entstehen.

**8. Die Erforschung des Kerninneren.** RUTHERFORDs grundlegende Versuche hatten ergeben (§ 2), daß $\alpha$-Teilchen hoher Energie (etwa 8 MeV) sich dem Zentrum eines Atoms bis auf sehr kleine Entfernung nähern können (z.B. dem Au-Kern bis auf $2 \cdot 10^{-12}$ cm), daß demnach der Kernradius sicher weniger als $^1/_{10000}$ des Atomradius beträgt.

Als noch wirksamere Sonde erweisen sich Elektronen extrem hoher Energie (HOFSTADTER 1955; 600 MeV-Elektronen; Geschwindigkeit 99,999% der Lichtgeschwindigkeit). Diesen gegenüber sind die Abstoßungskräfte der Atomhülle völlig belanglos. Im Gegensatz zu den schweren Teilchen unterliegen die Elektronen nicht den spezifischen Kernkräften, durch die auch die Nukleonen im Kern zusammengehalten werden, sondern treten nur auf Grund ihrer Ladung mit der Kernladung in Wechselwirkung.

Bei den genannten Versuchen werden aus der Winkelverteilung der an Kernen gestreuten Elektronen Schlüsse auf die Größe, Form und Ladungsverteilung der Kerne gezogen. Nimmt man Kugelgestalt (Radius $r$) an, so ergeben die Messungen in guter Übereinstimmung mit (2.8): $r = 1{,}1 \cdot 10^{-13} \sqrt[3]{A}$ cm, also für Gold ($A = 197$): $R = 6{,}4 \cdot 10^{-13}$ cm, und eine innen konstante mittlere Ladungsdichte $\left(\approx 1{,}1 \cdot 10^{19} \frac{\text{Coul}}{\text{cm}^3}\right)$, die erst auf dem äußeren Drittel des Kernradius auf 0 absinkt.

Die Annahme kugelsymmetrischer Kerne ist sicher nur eine grobe Näherung; denn fast alle Kerne besitzen einen Drehimpuls (Spin) um eine im Kern festliegende Achse und demzufolge ein magnetisches Moment (vgl. III § 58). Es liegt daher nahe, als nächst höhere Näherung für die Gestalt des Atomkerns ein homogen geladenes Rotationsellipsoid anzunehmen. Es ist bisher nicht gelungen, alle Kerne einer Probe — etwa durch äußere magnetische Felder — auszurichten. Jedoch orientieren sich die Kerne in charakteristischer Weise gegenüber dem magnetischen Feld, das die umlaufenden Hüllenelektronen am Ort des Kerns erzeugen. Diese werden umgekehrt von der Kernorientierung beeinflußt, was sich in minutiösen Aufspaltungen der sichtbaren Spektrallinien äußert (Hyperfeinstruktur Kopfermann, Schüler 1931, vgl. XII § 2 und 11). Daraus kann man entnehmen, daß die Abweichungen von der Kugelgestalt gering sind. Nur bei den seltenen Erden und bei den schwersten Kernen stellt man Achsenverhältnisse bis 1,5 fest, meist im Sinn einer Streckung in Richtung der Kernachse.

An Elektronen haben sich keinerlei Anzeichen für Abweichungen von der Kugelsymmetrie ergeben.

**9. Zur Systematik der stabilen Atomkerne.** Kerne mit gerader Protonen- und Neutronenzahl ($Z$ bzw. $N$) nennt man *gg*-Kerne, solche, bei denen $Z$ gerade aber $N$ ungerade *gu*-, $Z$ ungerade und $N$ gerade *ug*-Kerne. Enthalten sie sowohl ein ungepaartes Proton als auch ein ungepaartes Neutron, so heißen sie *uu*-Kerne.

*gg*-Kerne sind besonders stabil und durchweg um mindestens eine Zehnerpotenz häufiger als die stabilen Kerne mit ungerader Massenzahl. Das läßt auf bevorzugte Paarbildung *p*-*p* bzw. *n*-*n* schließen. Hierher gehören die Kerne, deren Masse ein Vielfaches der He-Masse ist: $^4$He, $^{12}$C, $^{16}$O, $^{20}$Ne, $^{24}$Mg, $^{28}$Si, $^{32}$S, $^{40}$Ca, $^{52}$Cr, $^{56}$Fe ... Von den 276 bekannten stabilen Isotopen besitzen 162 *gg*-Kerne. Stabilität und Häufigkeit der *gu*- und *ug*-Kerne sind viel kleiner, *uu*-Kerne mit Ordnungszahlen über 7 sind instabil. Stabile *uu*-Kerne finden sich nur bei kleinen Massenzahlen: $^2_1$D, $^6_3$Li, $^{10}_5$B, $^{14}_7$N.

**10. Kernreaktionen.** Kernspaltung und -fusion (vgl. § 7) kann man in gewissem Sinn mit chemischen Reaktionen vergleichen; exotherm verlaufen erstere bevorzugt bei schweren Kernen, letztere zwischen ganz leichten Kernen. Im allgemeinen versteht man unter „Kernreaktion" den folgenden Vorgang: Ein Teilchen ($\alpha$) trifft auf einen Kern ($A$), bildet einen instabilen Zwischenkern, und dieser verwandelt sich nach äußerst kurzer Zeit unter Aussendung eines oder mehrerer Elementarteilchen oder eines leichten Atomkerns ($\beta$) in einen neuen mehr oder minder stabilen Kern ($B$). Abgekürzt beschreibt man eine solche Kernreaktion durch: $A(\alpha, \beta) B$. Ein durch Nebelkammeraufnahme sichtbar gemachtes Beispiel hierfür ist in XIV § 7 (Abb. 598) gegeben.

Die Umwandlung in einen neuen Kern kann auf verschiedenen Wegen vor sich gehen:

a) Das eingefangene Teilchen (oder ein im Kern vorher enthaltenes gleichartiges Teilchen) wird in einer Richtung wieder ausgestrahlt, welche im allgemeinen von der des einfallenden Teilchens abweicht.

b) Der Zwischenkern geht unter Aussendung einer $\gamma$-Strahlung in einen energieärmeren Zustand über. Das eingefangene Teilchen kann entweder wieder austreten (*unelastische* Streuung) oder bleibt im Kern.

c) Statt des eingefangenen Teilchens tritt aus dem Zwischenkern ein anderes geladenes oder ungeladenes heraus, wobei häufig noch ein Energieüberschuß durch $\gamma$-Strahlenemission abgeführt wird.

Tabelle 40. *Typen von Kernreaktionen*

| Bei der Umwandlung ausgesandte Teilchen | Anregende (eingestrahlte) Teilchen | | | | |
|---|---|---|---|---|---|
| | $p$ | $d$ | $\alpha$ | $n$ | $\gamma$ |
| $p$ | | + | + | + | + |
| $d$ | + | | | | |
| $\alpha$ | + | + | | + | |
| $n$ | + | + | + | | + |
| $2n$ | | + | | Sp | + |
| $\gamma$ | + | | | + | M |

In der Tabelle 40 sind die bei Kernumwandlungen bekannten Reaktionstypen dargestellt, die mit leichten Teilchen beobachtet werden. Die Buchstaben Sp und M weisen auf die Kernspaltung (§ 7) bzw. den Mössbauer-Effekt (vgl. VIII § 17) hin. Unter die „anregenden Teilchen" sind auch die $\gamma$-Quanten aufgenommen. Harte $\gamma$-Strahlung vermag aus vielen Atomkernen Neutronen oder Protonen abzuspalten *(Kernphotoeffekt)*; z.B. spaltet sie Deuterium in Neutronen und Protonen auf.

**11. Instabile Kerne, Kernisomerie, *K*-Einfang.** Man kennt heute über 1500 verschiedene Kerne („Nuklide") mit Ordnungszahlen von 1 bis über 100. Etwa $^3/_4$ von ihnen sind instabil, d.h. sie verwandeln sich nach kürzerer oder längerer „Lebensdauer" spontan in stabile Kerne, was meist bei Erhaltung der Massenzahl unter Aussendung eines Elektrons, eines Neutrinos und eines Quants elektromagnetischer Strahlung ($\gamma$-Strahlung) vor sich geht. Enthält der instabile Kern im Verhältnis zur Protonenzahl zu viele Neutronen, so verwandelt sich ein Neutron in ein Proton. Der Erhaltungssatz der Ladung fordert dann die Erzeugung einer negativen Ladung, es entsteht ein negatives Elektron, welches unter gleichzeitiger Bildung eines Neutrinos (vgl. XV § 2 und 3) mit diesem zusammen als $\beta$-Strahl ausgestrahlt wird. Wenn ein instabiles Isotop in das energieärmere stabile übergeht, wird zwar immer der gleiche Energiebetrag frei; er verteilt sich aber nicht notwendig zu gleichen Teilen auf Elektron und Neutrino. Die Elektronen des $\beta$-Strahles haben daher ein kontinuierliches Spektrum (vgl. XIV § 3) mit einer oberen Energiegrenze. Hat das instabile Atom zu wenig Neutronen, verwandelt sich ein Proton in ein Neutron unter gleichzeitiger Ausstrahlung eines positiven Elektrons *(Positron)* und eines Neutrinos, für deren Gesamtenergie das gleiche gilt, wie beim $\beta^-$-Zerfall. Jeder Strahler besitzt eine für ihn charakteristische Zerfallskonstante bzw. Halbwertszeit.

Es gibt instabile Atomkerne, die, obwohl sie die gleichen Anzahlen von Protonen und Neutronen besitzen, sich in ihrer Zerfallskonstante ganz wesentlich unterscheiden. Man nennt solche Kerne *Isomere*. Sie unterscheiden sich durch eine dritte, im Kapitel XII bereits ausführlich behandelte Eigenschaft, ihren *Drehimpuls*. Sie unterscheiden sich ferner durch ihre Energie; der energiereichere geht dann in den energieärmeren Zustand über, was unter Ausstrahlung von $\gamma$-Strahlen stattfinden kann.

Statt durch Ausstrahlung eines positiven Elektrons kann ein instabiler Kern auch durch Einfangen eines negativen Elektrons aus der Atomhülle, vorzugsweise aus der *K*-Schale, ein Proton in ein Neutron umwandeln. Die ohne $\beta^+$-Strahlung erfolgende Verwandlung hat aber die Emission der charakteristischen

Röntgenstrahlung (vgl. X § 9ff.) des Tochteratoms zur Folge, das im periodischen System der Elemente seinen Platz links neben dem instabilen Atom hat. Man nennt diesen Prozeß *K-Einfang*. Dabei wird stets auch ein Neutrino emittiert.

## B. Meßmethoden der Kernphysik

**12. Allgemeines; Nachweis durch Ionisation.** Nur im Fall der einer Kernspaltung folgenden Kettenreaktion lassen sich Kernprozesse mit „makroskopischen" Methoden verfolgen. In allen übrigen Fällen müssen einzelatomare Prozesse nachgewiesen werden. Das gelingt bei Teilchen, die eine elektrische Ladung tragen und bei $\gamma$-Quanten vermöge ihrer Fähigkeit, umgebende Atome zu ionisieren; allgemeiner gesagt: mit Materie in Wechselwirkung zu treten. Elektrisch neutrale Teilchen, wie Neutronen oder Neutrinos (vgl. XV § 2 und 3) zeigen im allgemeinen so schwache Wechselwirkung mit Materie, daß man sie meist auf indirektem Wege nachweist, nämlich indem man durch sie eine Kernreaktion auslösen läßt, die ihrerseits geladene Teilchen produziert.

Ionisierende Strahlungen können mittels der Ionisationskammer (vgl. IV § 15, Abb. 376) nachgewiesen werden. Jedoch ist selbst bei sehr großen Kammern und sehr energiereichen Strahlen die Anzahl der Ionenpaare, die von *einem* Teilchen oder Quant erzeugt werden und somit die zu messende Elektrizitätsmenge nur mit Verstärkeranordnungen meßbar.

Überwiegend werden daher statt Ionisationskammern Halbleiterkristalle verwendet, in denen der mittlere Energieaufwand zur Erzeugung eines Ladungsträgerpaares um eine Größenordnung kleiner ist als in Luft, so daß primär etwa die 10fache Ladung gebildet wird. Das Energieauflösungsvermögen $E/\Delta E$ kann bis zu 500 betragen. Die Energie von $\gamma$-Quanten wird meist durch die Lichtmenge gemessen, die ein bei der Absorption des $\gamma$-Quants entstehendes Photoelektron in einem NaJ-Kristall erzeugt (Szintillationsspektrometer).

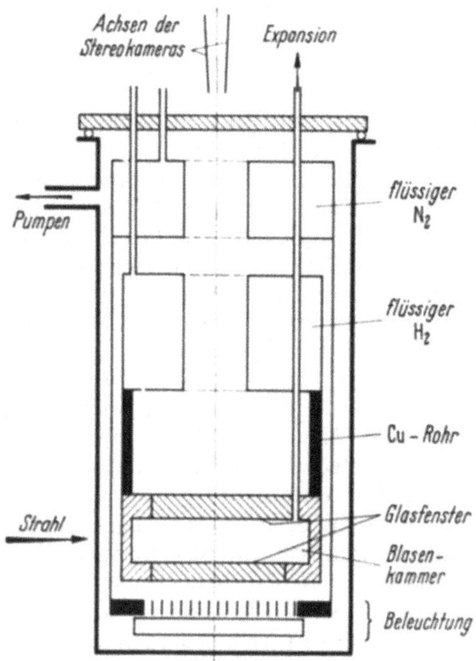


Abb. 583. Wasserstoff-Blasenkammer; schematisch

**13. Nebel- und Blasenkammer.** Die Nebelkammer (Wilson 1912) besteht aus einem zylindrischen Gefäß, das auf der einen Stirnfläche mit einer Glasplatte, auf der anderen mit einem verschiebbaren Kolben verschlossen und mit einem wasserdampfgesättigten Gas (meist Luft) gefüllt ist. Durch Zurückreißen eines Kolbens wird das Gas etwa auf $^4/_3$ seines ursprünglichen Volumens expandiert. Die adiabatische Ausdehnung kühlt das Gas ab, und es ist nun mit Wasserdampf übersättigt. Dieser scheidet sich aber erst dann in Form kleiner Wassertropfen (Nebeltropfen) aus, wenn Kondensationskerne, z. B. kleine Staubteilchen oder auch geladene Gasmoleküle (positive oder negative Ionen) vorhanden sind. Läßt man unmittelbar nach der Expansion in das Kammerinnere Strahlen eintreten, die auf ihrer Bahn Ionen erzeugen, so kondensieren sich Nebeltröpfchen daran, ehe sich die Ionen durch Diffusion merklich verschieben. Beleuchtet man gleichzeitig intensiv von der Seite, so wird das Licht an diesen Tröpfchen gestreut, und man kann die Spur des Teilchens durch die obere Deckplatte der Kammer als helleuchtenden Nebelstreifen auf dem dunklen Untergrund des geschwärzten Kolbens beobachten oder photographieren. Die Nebelkammer hat zahllose, wichtige Erkenntnisse über das Verhalten von Elementarteilchen erbracht. Abb. 594 und 597 geben Nebel- bzw. Blasenkammeraufnahmen wieder.

Schwach ionisierende Teilchen erzeugen im Füllgas wegen dessen geringer Dichte zu wenig Ionen. Man hat daher Kammern entwickelt, die mit einer siedenden Flüssigkeit gefüllt werden, so daß bei plötzlicher Expansion kurzzeitig Überhitzung eintritt. An den Ionen bilden sich dann Dampfbläschen (Blasenkammer, GLASER 1952), die durch geeignete Beleuchtung sichtbar gemacht werden. Als Füllflüssigkeit hat sich flüssiger Wasserstoff (Dichte 0,07 g/cm³) besonders bewährt, der zunächst bei 5 bis 6 atm schwach unterkühlt und völlig blasenfrei ist; dann wird innerhalb weniger ms der Druck auf die Hälfte reduziert. Für wenige weitere ms, nämlich bis das Sieden einsetzt, ist dann die Blasenkammer für Teilchen, die nun durch dünne Metallfenster eintreten, empfindlich. Eine schematische Darstellung einer Wasserstoff-Blasenkammer, die natürlich von einem Vakuummantel umgeben sein muß, zeigt Abb. 583. Man hat Kammern gebaut, die 1000 Liter flüssigen Wasserstoff enthalten. In XV § 4 c ist ein so gewonnenes Bild wiedergegeben.

Nebel- und Blasenkammern werden häufig in einem Magnetfeld angeordnet. Aus der Krümmung der entstehenden Bahn kann man auf Energie und Impuls der auslösenden Teilchen schließen.

**14. Funkenkammer.** Zum Nachweis von Teilchen mit besonders geringer Wechselwirkung mit Materie eignet sich die Funkenkammer. Sie besteht aus einer Reihe von etwa m²-großen und cm-dicken Al-Platten, die parallel zueinander in einer Edelgasatmosphäre angeordnet sind (Abb. 584). Die Platten 1, 3, 5 usw. sind geerdet; an die Platten 2, 4, 6 usw. kann für die Dauer von jeweils etwa 0,2 $\mu$s eine Spannung von 20 kVolt gelegt werden, die gerade noch nicht ausreicht, um einen Funken zwischen zwei benachbarten Platten überspringen zu lassen. Dringt ein geladenes Teilchen ein (*a*), so wird das Gas längs der Teilchenbahn ionisiert, und es bilden sich, wenn gerade das elektrische Feld eingeschaltet ist, zwischen je zwei Platten, dort durch Stoßionisation leuchtende Funken aus, die photographiert werden können.

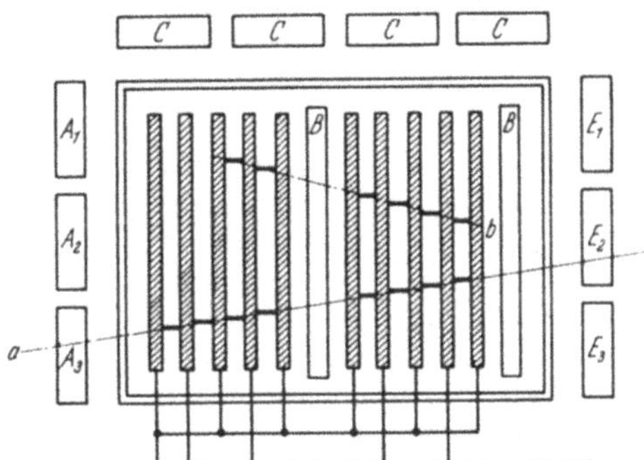


Abb. 584. Anordnung einer Funkenkammer; schematisch

Die Teilchenbahnen sind zwar nicht so scharf gezeichnet wie bei der Blasenkammer. Dafür hat die Funkenkammer den Vorzug, daß sie gesteuert ausgelöst werden kann. Dazu dienen die sie umgebenden Zähler ($A_{1-3}$, $E_{1-3}$, $B$ und $C$), die dafür sorgen, daß der Spannungsstoß nur dann angelegt wird, wenn eines der zu untersuchenden Teilchen in die Kammer eingetreten oder in ihr entstanden ist.

**15. Kernspur-Platten.** Abgesehen von den Neutronen und Neutrinos haben alle einigermaßen energiereichen Strahlenarten die Fähigkeit, photographische

Platten zu schwärzen. Das beruht darauf, daß einzelne Moleküle der in der Gelatine der Emulsion eingebetteten AgBr- oder AgCl-Kriställchen durch Bestrahlung dissoziiert werden, und die frei gewordenen Ag-Atome dann Kristallkeime bilden, die durch den anschließenden Entwicklungsprozeß das ganze Kriställchen in ein Ag-„Korn" umwandeln. Der Verstärkungsprozeß, der in der Nebel- oder Blasenkammer sich fast momentan durch Tröpfchen- bzw. Blasenbildung vollzieht, spielt sich hier also erst nachträglich beim Entwickeln ab. Auf diese Art hinterlassen energiereiche bewegte Teilchen auf der entwickelten Platte Spuren, die aus einer Kette von geschwärzten Körnern bestehen. Korngröße, Korndichte, Ketten- und Lückenlänge und dergleichen werden unter dem Mikroskop ausgemessen und ermöglichen meist, das Teilchen zu identifizieren und seine Energie zu ermitteln. Eine Kernzertrümmerung zeichnet sich als gegabelte Spur, eine Kernexplosion oder „-verdampfung" als ein Sternchen ab (vgl. Abb. 547).

Das Verfahren hat den großen Vorzug, daß es beliebig lange aufnahmebereit ist und demnach schwache Strahlungen akkumuliert. Man benützt es daher zur Untersuchung der Strahlung an schwer zugänglichen Orten, z. B. in den höchsten Atmosphärenschichten. Dazu läßt man Kernspurplatten oder ganze Pakete von Emulsionsschichten mit unbemannten Ballonen 20 bis 30 km hoch aufsteigen und durchmustert sie nach der Entwicklung nach bemerkenswerten „Ereignissen".

**16. Das Zählrohr.** Dies genial einfache, heute auf der ganzen Welt verbreitete Gerät (H. Geiger 1921) besteht meist aus einem Metallrohr von einigen cm Durchmesser, das mit Luft oder Argon von einigen Torr bis zu Atmosphärendruck und etwa 10 Torr Alkoholdampf gefüllt ist (Abb. 585). In der Achse ist ein möglichst dünner Wolfram- oder Stahldraht gespannt, der über einen hohen Widerstand etwa $10^6$ Ohm) zur Erde abgeleitet wird. Die Rohrwand wird mit dem negativen Pol einer Hochspannungsquelle verbunden, deren positiver Pol ebenfalls geerdet ist. Die Spannung reicht noch nicht zu einer andauernden selbständigen Glimmentladung aus. Tritt aber ein ionisierendes Strahlteilchen in das Rohrinnere, so leiten die von ihm erzeugten Ionen einen Entladungsstoß ein, der wesentlich durch die Wirkung der Alkoholmoleküle schnell wieder erlischt. Nach jedem Entladungsstoß bleibt das Zählrohr während des Abwanderns der in der unmittelbaren Umgebung des Drahtes entstandenen positiven Ionen an die Kathode gegen neu eintretende Strahlteilchen unempfindlich. Erst nach Ablauf dieser *Totzeit* und anschließender *Erholungszeit*, die sich zusammen etwa über einige $10^{-4}$ s erstrecken, ist es zum Nachweis eines folgenden Teilchens bereit. Die zum Draht und von dort zur Erde abfließenden negativen Ionen (Elektronen) stauen sich vor dem Widerstand $R$ und betätigen über einen elektronischen Verstärker ein mechanisches Zählwerk. Ein solches *Auslöse-Zählrohr* spricht bereits auf ein einziges freies Elektron an; die Größen der ausgelösten Impulse sind unabhängig von der Menge der Elektronen oder Ionen, die vom registrierten Elementarteilchen erzeugt werden.

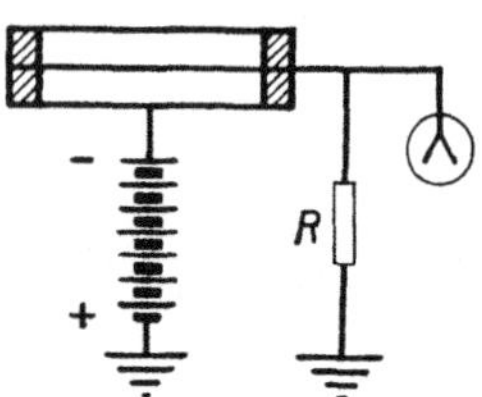

Abb. 585. Zählrohr

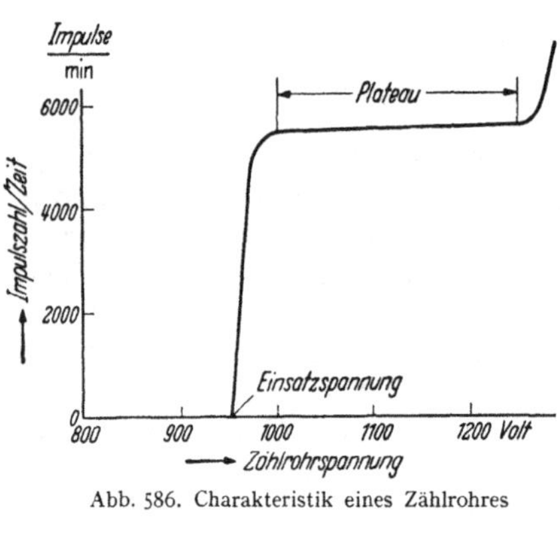

Abb. 586. Charakteristik eines Zählrohres

Abb. 586 zeigt eine „Zählrohrcharakteristik". Nach Überschreiten der „Einsatzspannung" nimmt bei Steigerung der Zählrohrspannung die Impulszahl zu. Etwa 50 Volt darüber kann aber die Zählspannung ohne Zunahme der Impulszahl je Zeiteinheit um mehrere 100 Volt erhöht werden. Dieses Spannungsintervall heißt das „Plateau" des Zählrohres.

Bei einer etwas niedrigeren Spannung am Zählrohr können die durch ein Teilchen erzeugten Ionen nur eine unselbständige Entladung (s. IV § 15 bis 17) unterhalten. Die Menge der in dem hohen Felde am Draht durch Stoßionisation entstehenden Ionen ist dann der Menge der primär erzeugten proportional, so daß man aus der Größe der Impulse am Elektrometer auf die Natur der ionisierenden Strahlteilchen schließen kann. Dieses *Proportionalzählrohr* vermag also z.B. zwischen den stark ionisierenden $\alpha$-Teilchen und schwächer ionisierenden Strahlen zu unterscheiden.

**17. Szintillationszähler.** Die älteste Methode zur Beobachtung einzelner atomistischer Teilchen ist die Szintillationsmethode. Wenn ein solches energiereiches Teilchen in einen ZnS-Kristall eindringt, so wird seine kinetische Energie schrittweise fast vollständig auf die Kristallatome übertragen und von diesen als Licht ausgestrahlt. Auf einer mit ZnS-Kriställchen belegten Glasplatte beobachtet man dann bei gut ausgeruhtem Auge mit einem schwach vergrößernden, aber lichtstarken Mikroskop schwache Lichtblitze. Auf diese Weise wurden die Versuche mit $\alpha$-Teilchen ausgeführt, aus denen RUTHERFORD auf die Existenz der Atomkerne schloß (§2). Heute läßt man das Licht dieser Blitze auf die Photokathode eines Elektronenvervielfachers (vgl. IV § 4) fallen und von ihm ein Zählwerk betätigen.

**18. Cerenkow-Zähler.** Ebenso wie eine Schallquelle, die sich schneller als mit Schallgeschwindigkeit bewegt, einen „Machschen Kegel" hinter sich herzieht (vgl. I § 93), erzeugt auch ein elektrisches geladenes Teilchen eine kegelförmige elektromagnetische Welle, wenn es sich schneller als mit Lichtgeschwindigkeit durch eine Substanz bewegt. Für den Öffnungswinkel ($\alpha$) des Kegels gilt ebenfalls (vgl. I § 93.1)

$$\sin\alpha = \frac{c}{u} = \frac{c_0}{n \cdot u}, \qquad (18.1)$$

wobei $c$ die Lichtgeschwindigkeit in der Substanz, $n$ deren Brechzahl, $c_0$ die Vakuumlichtgeschwindigkeit und $u$ die Teilchengeschwindigkeit ist. Wegen $\sin\alpha \leqq 1$ können nur Teilchen mit $u \geqq \frac{c_0}{n}$ Cerenkow-Strahlung erzeugen.

Beim Cerenkow-Zähler wird ein Zylinder aus einem durchsichtigen, stark brechenden Material (etwa Plexiglas) vor einem Elektronenvervielfacher (vgl. IV § 4) angeordnet, möglichst so, daß nur für einen bestimmten Öffnungswinkel $\alpha$ Licht von diesem aufgenommen wird. Dann zählt das Gerät nur Teilchen, die mit einer bestimmten Geschwindigkeit aus einer Richtung einfallen. Neben der Möglichkeit der Geschwindigkeitsanalyse weist der Cerenkow-Zähler noch den Vorteil eines sehr hohen zeitlichen Auflösungsvermögens auf ($10^{-9}$ s). Teilchen mit $u < \frac{c_0}{n}$, die sonst oft einen schädlichen „Störpegel" bilden, werden überhaupt nicht registriert.

**19. Statistische Schwankungen bei der Beobachtung von Elementarprozessen.** Unter der Intensität einer Korpuskularstrahlung an einem Ort versteht man die Anzahl der je Zeiteinheit auf eine Fläche auffallenden atomaren Teilchen, dividiert durch die Größe der Fläche. Zur Auszählung sind besonders der Szintillationsschirm oder das Zählrohr geeignet.

Man beobachtet, daß die zeitliche Aufeinanderfolge der Impulse bzw. Lichtblitze völlig unregelmäßig und ebenso die Orte des Auftreffens auf den Schirm völlig ungeordnet sind. Zeitliche Aufeinanderfolge und Flugrichtung im Raum unterliegen statistischen Schwankungen, die den Gesetzen der Wahrscheinlichkeitsrechnung gehorchen. Sie haben ihren Ursprung in den atomaren Prozessen selbst.

$\bar{n}$ sei die Zahl der im Zeitintervall $t$ in das Zählrohr eintretenden Teilchen, über hinreichend lange Zeiten gemittelt. Wenn man die Anzahl der Fälle $z$ untersucht, in denen $0, 1, 2, \ldots, n, \ldots$ Teilchen in dem Intervall $t$ wirklich beobachtet werden, so findet man eine Verteilung wie sie in Abb. 587 dargestellt ist. Sie läßt sich durch die Formel

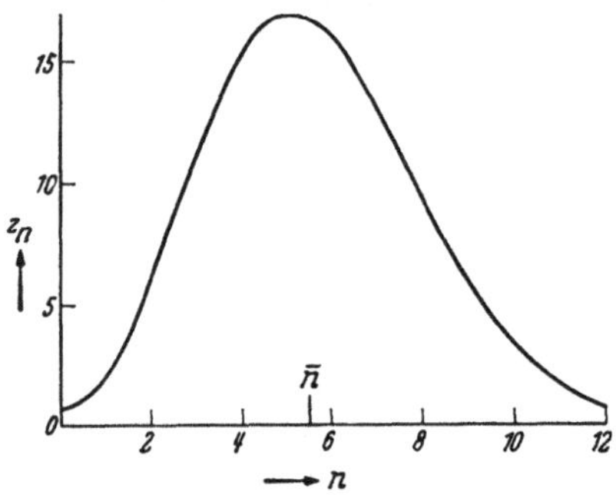


Abb. 587. Beispiel für eine statistische Verteilung, „Poissonsche" Verteilung ($Z \approx 100$)

$$z_n = \frac{(\bar{n})^n}{n!} e^{-\bar{n}} \cdot Z$$

darstellen, wobei $Z$ die Anzahl der Versuche angibt. Diese *Poissonsche Beziehung* folgt aus allgemeinen wahrscheinlichkeitstheoretischen Überlegungen, wenn die Ereignisse voneinander ganz unabhängig, *statistisch verteilt*, eintreten.

Man zählt nun längere Zeit und errechnet dann die „Intensität", indem man die gemessene Anzahl durch die Zeit dividiert. In aufeinanderfolgenden gleichen Zeiten schwanken die Teilchenzahlen. Nach den Gesetzen der Wahrscheinlichkeitsrechnung ist die *mittlere statistische Schwankung* der gezählten Anzahl $N$ gleich $\sqrt{N}$. Die prozentuale Schwankung ist also $\frac{\sqrt{N}}{N} = \frac{1}{\sqrt{N}}$. Sie wird daher um so kleiner, je mehr Teilchen man unter gleichen Bedingungen zählt. Zur Unterschreitung einer Schwankung von 1 Promille $= \frac{1}{1000}$ bedarf es also der Zählung von mindestens einer Million Elementarprozessen. Zählt man nur hinreichend große Zahlen, so liefern die Zählmethoden ebenso sichere Ergebnisse, wie man sie gewinnt, wenn man z. B. die hohe Intensität eines Kathodenstrahls mit Faraday-Becher und Galvanometer mißt.

# XIV. Radioaktivität

**1. Spontane Ausstrahlung und Elementumwandlung.** Außer den bei Kernreaktionen, insbesondere bei der Kernspaltung (XIII 7) entstehenden zahlreichen instabilen Elementen gibt es einige wenige solche, die in der Natur vorkommen. Es sind dies vor allem die schweren Elemente Uran, Aktinium und Thor mit ihren Folgeprodukten; und in viel geringerem Maße die Elemente Kalium, Rubidium, Samarium, Lutetium und andere. Man bezeichnet sie als ***natürlich radioaktiv***. Sie zerfallen im allgemeinen relativ langsam, senden dabei $\alpha$- oder $\beta$-Strahlen, meist begleitet von einer $\gamma$-Strahlung, aus und stellen somit eine dauerhafte Quelle dieser Strahlungen dar. Die natürlich radioaktiven Elemente und ihre Strahlungen waren in der Frühzeit der Kernphysik (Becquerel 1896; Marie und Pierre Curie um 1900) praktisch deren einziges Forschungsobjekt.

Den Charakter eines Elementes bestimmt die Kernladungszahl. Sie ist gleich der Ordnungszahl des Elementes im periodischen System der Elemente (vgl. XI A). Bei $\alpha$-Strahlenemission entsteht aus dem zerfallenden Element ein neues, das eine um 2 geringere Ordnungszahl besitzt, es rückt im periodischen System um zwei Plätze nach links. Beim $\beta^-$-Zerfall erhöht sich die Kernladung um eine Elementarladung, das Tochterelement hat im System seinen Platz rechts neben dem Mutterelement (*radioaktive Verschiebungssätze* von Fajans und Soddy).

**2. $\alpha$- und $\beta$-Strahlen.** Der Nachweis, daß $\alpha$-Strahlen mit zweifach geladenen Helium-„Kanalstrahlen" und $\beta$-Strahlen mit Kathodenstrahlen identisch sind, kann durch Ablenkungen in elektrischen und magnetischen Feldern geführt werden. Für $\alpha$-Strahlen ergibt sich:

$$\left(\frac{e}{m}\right)_\alpha = 48\,260\ \text{Coul/g}.$$

Das ist die Hälfte der spezifischen Ladung der Wasserstoffionen (s. IV § 7).

Dieser Wert ist zu erwarten, wenn die $\alpha$-Teilchen zwei Elementarladungen tragen und die Masse des Heliumatoms gleich der vierfachen Protonenmasse ist:

$$\left(\frac{e}{m}\right)_\alpha = \frac{2e_0}{4m_p} = \frac{1}{2}\left(\frac{e_0}{m}\right)_p.$$

Da aber Wasserstoffmolekülionen und auch die Atomionen des Wasserstoffisotops mit dem Atomgewicht 2 (vgl. XIII § 5) wegen ihrer doppelten Masse auch eine spezifische Ladung besitzen müssen, welche nur halb so groß ist wie die der Protonen, bedarf es noch einer Entscheidung, ob die $\alpha$-Teilchen wirklich zweifach ionisierte Heliumatome sind. Sie wird durch Messung der Ladung erbracht: Die Ladung $Q$, welche mit einem $\alpha$-Strahlenbündel in einen Faraday-Becher gelangt, der mit einem empfindlichen Elektrometer verbunden ist, und die Zahl $n$ der $\alpha$-Teilchen, die in der gleichen Zeit innerhalb dieses Bündels vom Präparat ausgesandt werden und mit einem Zählrohr gemessen werden können, läßt die Ladung $e$ der Teilchen bestimmen:

$$n \cdot e = Q.$$

Man findet

$$e = \frac{Q}{n} = 2e_0.$$

Also beträgt die Masse der α-Teilchen

$$m_\alpha = \frac{2e_0}{\frac{1}{2}\frac{e_0}{m_H}} = 4m_H = m_{He}.$$

Die Ablenkungsmessungen ergeben ferner, daß alle von einem radioaktiven Element ausgesandten α-Teilchen gleiche Geschwindigkeit besitzen oder aus Gruppen von Teilchen gleicher Geschwindigkeit bestehen; d. h. das Geschwindigkeitsspektrum der α-Strahlen ist ein Linienspektrum (Abb. 588). Die Geschwindigkeiten sind für das zerfallende Atom charakteristisch. Die Messung der Energie bzw. Geschwindigkeit der α-Teilchen gibt eine einfache Handhabe zur Identifizierung des radioaktiven Stoffes. Der chemische Nachweis ist im allgemeinen unmöglich, weil der Stoff in zu geringer Menge vorhanden ist.

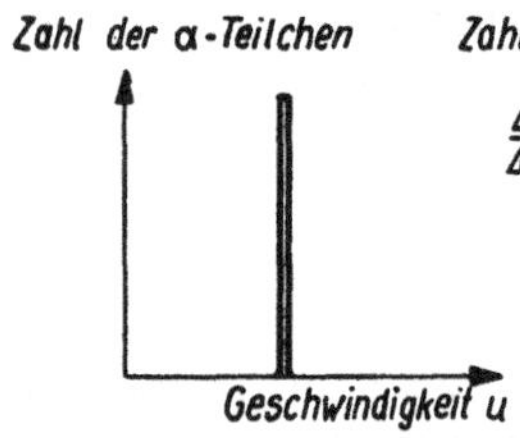


Abb. 588. Geschwindigkeitsspektrum von α-Strahlen

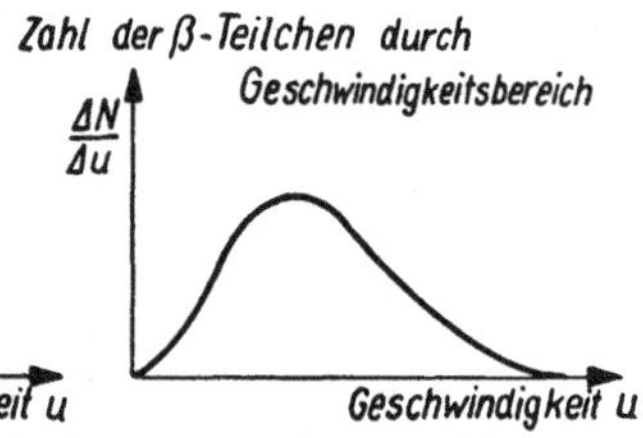


Abb. 589. Geschwindigkeitsspektrum von β-Strahlen

Das Geschwindigkeitsspektrum von β-Strahlen ist im Gegensatz zu dem der α-Strahlen kontinuierlich; die vorkommenden Geschwindigkeiten verteilen sich von Null bis zu einer maximalen Geschwindigkeit, die für das zerfallende Atom charakteristisch ist (Abb. 589).

Daß alle α-strahlenden Atome des gleichen radioaktiven Elementes unter Abgabe der gleichen Energie zerfallen, entspricht einer allgemeinen atomphysikalischen Gesetzmäßigkeit, daß die Abgabe innerer Energie aus „angeregten" Atomen nicht in beliebig verschiedenen Portionen erfolgt, sondern der Übergang zwischen definierten „Quantenzuständen" gleicher Atome immer mit demselben Energieaufwand oder der gleichen Energieabgabe verbunden ist. Der kontinuierliche Charakter des β-Strahlenspektrums scheint aber zur Annahme zu berechtigen, daß für die Übergänge vom Mutter- zum Tochteratom von Fall zu Fall die Energieabgabe verschieden sein darf, falls nur eine Höchstenergie dabei nicht überschritten wird.

Nun entstehen aber in den radioaktiven Zerfallsreihen auch beim β-Zerfall gleiche Töchter, was man daraus erkennt, daß letztere, wenn sie unter α-Strahlung weiter zerfallen, α-Teilchen genau gleicher Energie ausstrahlen. Wenn man den Energieerhaltungssatz für den β-Zerfall aufrecht erhalten will, also jedem Zerfallsprozeß die gleiche Energieabgabe zuordnen will, gelingt dies nur durch Annahme eines dritten Zerfallspartners. Man muß annehmen, daß ein zweites, elektrisch neutrales Elementarteilchen ohne Ruhemasse ausgestrahlt wird, das sich bei jedem Umwandlungsvorgang mit dem β-Elektron in die freiwerdende Energie teilt. Erst in jüngster Zeit ist es gelungen, diese masselosen *Neutrinos* direkt nachzuweisen (vgl. XV § 3).

Wenn ein Zerfallsprozeß mit der Ausstrahlung von Elektronen verbunden ist, die einheitliche Geschwindigkeiten besitzen, so stammen diese nicht aus dem Kern, sondern entstehen durch Übertragung der Energie angeregter Atomkerne auf Elektronen aus der Elektronenhülle des Tochteratoms.

Wegen der Seltenheit von engen Begegnungen von α-Teilchen mit Atomkernen — nur diese führen zu Ablenkungen unter größeren Winkeln — sind ihre Bahnen in leichteren Gasen nahezu geradlinig; der einheitlichen Geschwindigkeit der α-Teilchen entspricht eine einheitliche *Reichweite*. Das ist der Weg, den das α-Teilchen in der durchquerten Materie (z.B. in Luft von 760 Torr) vom zerfallenden Atom an zurückzulegen vermag, bis seine Energie durch Ionisation und Anregung der Stoßpartner aufgezehrt ist. Den Zusammenhang zwischen Reichweite $R$ und Geschwindigkeit $u$ gibt das *Geigersche Reichweitengesetz:*

$$R = a \cdot u^3. \tag{2.1}$$

Die Bahnen der β-Teilchen dagegen verlaufen — bei nicht allzu großer Energie — in Materie nicht geradlinig, sondern sind unregelmäßig gekrümmt, weil die β-Teilchen infolge ihrer kleinen Masse nicht nur an den Atomkernen, sondern auch an den viel zahlreicheren Atomelektronen unter größeren Winkeln gestreut werden können, und die Dauer der Einwirkung bei der Elektronenbegegnung um so größer ist, je kleiner die Geschwindigkeit der stoßenden Elektronen ist. Ihr Durchdringungsvermögen wird durch Angabe einer maximalen Reichweite beschrieben; das ist die Schichtdicke, durch die gerade keine β-Teilchen mehr hindurchtreten. Sie beträgt für die energiereichsten β-Strahlen aus natürlichen radioaktiven Substanzen etwa 2,3 mm Al. Ihr Durchdringungsvermögen ist etwa 50mal größer als das der α-Strahlen.

Die Geschwindigkeitsverluste der β-Strahlen und der Kathodenstrahlen sind wie die der α-Strahlen im wesentlichen auf Anregung und Ionisation der durchquerten Atome zurückzuführen. Diese Einzelprozesse entziehen den schnellen Elektronen nur sehr kleine Energiebeträge, und deshalb erfolgt die Energieabgabe scheinbar stetig.

**3. Das Gesetz des radioaktiven Zerfalls.** Die Emission von α- und β-Teilchen erfolgt zeitlich und räumlich völlig ungeordnet. Die einzige Aussage, die man über den Vorgang machen kann, ist statistischer Art: Die Zahl $dn$ der in der Zeit $dt$ zerfallenden Atome eines radioaktiven Elementes ist der Zahl der vorhandenen Atome $n$ und der Zeit $dt$ proportional:

$$dn = -\lambda \cdot n \cdot dt, \tag{3.1}$$

woraus durch Integration das *Zerfallsgesetz* folgt:

$$n = n_0 \cdot e^{-\lambda t}. \tag{3.2}$$

Dabei ist $n_0$ die Zahl der Atome zur Zeit $t = 0$, $n$ die Zahl der zur Zeit $t$ noch vorhandenen Atome. $\lambda$ heißt die *Zerfallskonstante*. Nach Ablauf der Zeit $\tau = \frac{1}{\lambda}$ hat die Zahl der Atome auf den $e$-ten Teil abgenommen; $\tau$ ist ihre *mittlere Lebensdauer*. Die *Halbwertszeit* $T_H$, nach der die Zahl der anfangs vorhandenen Atome durch Zerfall auf die Hälfte abgenommen hat, ist gegeben durch

$$\frac{n_0}{2} = n_0 \cdot e^{-\lambda \cdot T_H}$$

oder

$$\lambda \cdot T_H = \ln 2 = 0{,}693. \tag{3.3}$$

Die exponentielle Abhängigkeit der Radioaktivität von der Zeit ist so streng erfüllt, daß der radioaktive Zerfall zur Altersbestimmung von Mineralien u.ä. verwendet wird.

Tabelle 41. *Radioaktive Familie des Urans mit den historischen Namen der Elemente und ihre Halbwertszeiten.*

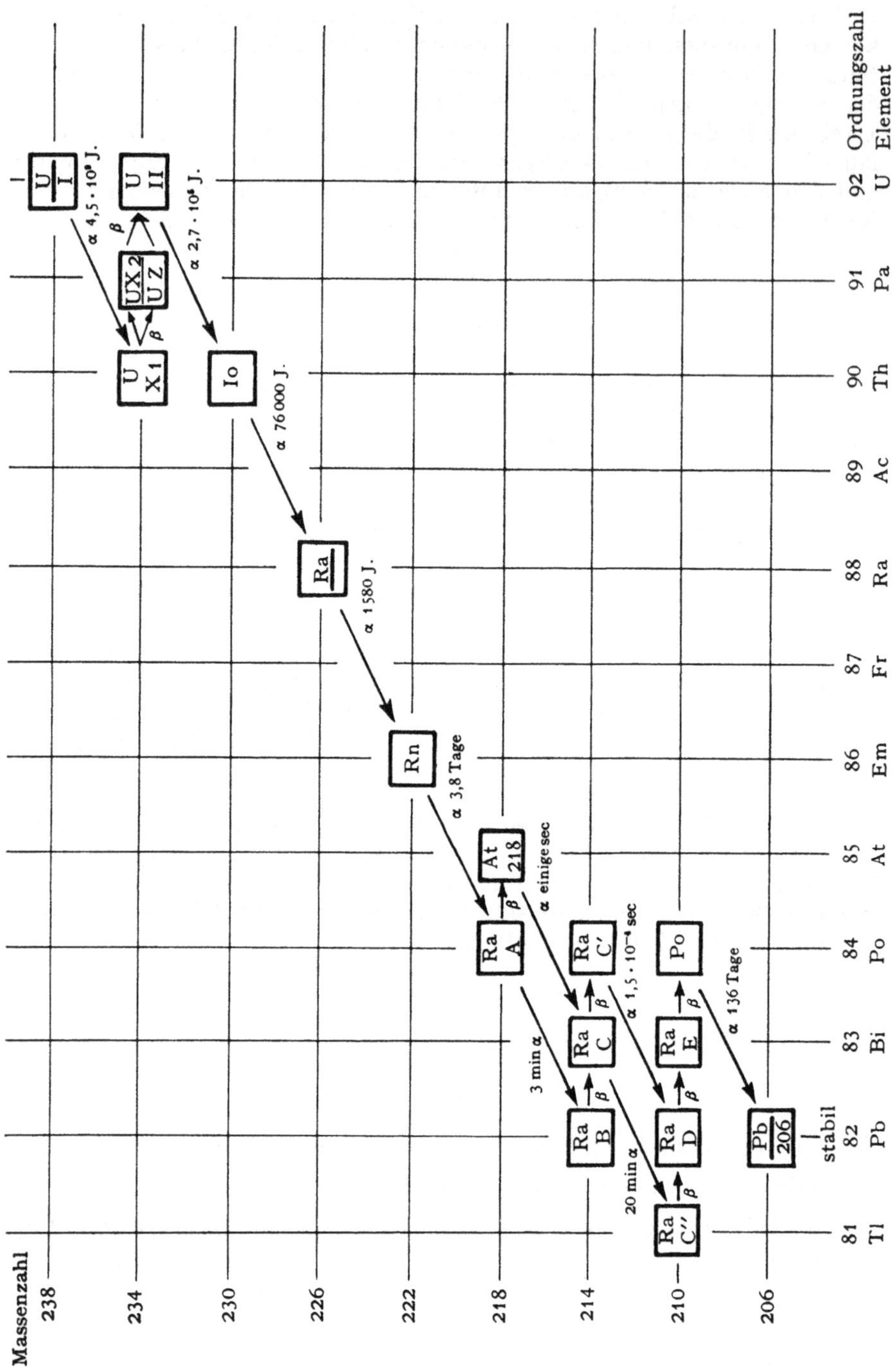


Besonders aufschlußreich hat sich folgendes Verfahren erwiesen: Der atmosphärische Stickstoff wird durch Neutroneneinfall zu einem kleinen Bruchteil in ein Kohlenstoffisotop der Masse 14 verwandelt ($_6C^{14}$). Dieses ist radioaktiv, d.h. es zerfällt unter $\beta$-Strahlung mit einer Halbwertszeit von 5570 Jahren. Vor dem Zerfall wird das $C^{14}$-Atom vom atmosphärischen $O_2$ zu $CO_2$ oxydiert. Organische Substanzen entnehmen diesen zum Aufbau ihrer Kohlenwasserstoffe aus der Atmosphäre und bauen somit auch immer $C^{14}$-Atome ein mit der gleichen Konzentration, mit der er in der Atmosphäre enthalten ist. Vom Zeitpunkt des Absterbens der organischen Substanz, d.h. sobald kein $CO_2$ mehr assimiliert wird, sinkt der Gehalt an $C^{14}$ exponentiell mit der Halbwertszeit 5570a ab. Aus der verbliebenen $\beta$-Aktivität kann man also auf den Zeitpunkt des Absterbens, d.h. auf das Alter des Fundstückes schließen.

Jedes radioaktive Element besitzt eine charakteristische Halbwertszeit bzw. Zerfallskonstante. Ihre Messung kann zur eindeutigen Identifizierung des radioaktiven Elementes dienen.

Tabelle 41 enthält die natürliche radioaktive Familie, die sich vom $^{238}U$ herleitet. Man entnimmt ihr, daß die Halbwertszeiten für die Glieder einer Familie sich um viele Größenordnungen unterscheiden können. Ähnliche Familien entstehen ausgehend von Actinium, von Neptunium und von Thorium. Sie enden sämtlich in Elementen, die chemisch von Blei nicht zu unterscheiden, also Isotope des Bleis sind (vgl. XIII § 5).

Für $\alpha$-strahlende Elemente besteht ein Zusammenhang zwischen Zerfallskonstante und Reichweite $R$, die ein bequemes Maß für die Energie der ausgesandten $\alpha$-Teilchen ist:

$$\log \lambda = A + B \cdot \log R \qquad (3.4)$$

*(Geiger-Nuttallsche Regel).*

$A$ und $B$ sind Konstanten, $B$ hat für alle Zerfallsreihen den gleichen, $A$ für jede Familie einen besonderen Wert (Abb. 590). Man erkennt, daß einer um den Faktor 2 größeren Reichweite — oder wegen (2.1) um den Faktor $2^{2/3} \approx 1{,}6$ größeren Energie — eine um 19 Zehnerpotenzen größere Zerfallskonstante bzw. kleinere Lebensdauer entspricht!

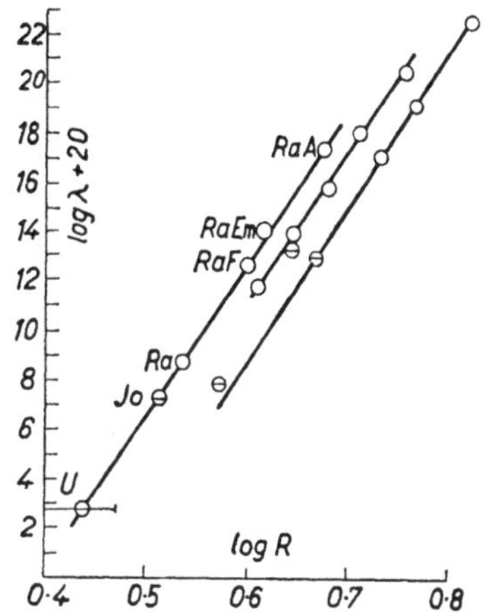


Abb. 590. Die Geiger-Nuttallsche Regel; Bezeichnung der Elemente wie in Tabelle 41

Für $\beta$-Strahler gilt eine ähnliche Beziehung: Je größer die Energie der schnellsten Elektronen des kontinuierlichen Spektrums, desto größer ist auch die Zerfallskonstante des Elementes.

Diese empirisch gefundenen Regeln fanden durch die Quantenmechanik eine vollständige Deutung (vgl. XVIII § 5).

**4. Radioaktives Gleichgewicht.** Man spricht vom radioaktiven Gleichgewicht in einer Zerfallsreihe, wenn alle $\Delta N$ Atome eines Reihengliedes, die während der Zeit $\Delta t$ zerfallen, in der gleichen Zeit durch den Zerfall ihrer Mutteratome wieder ergänzt werden. Unterscheiden wir die Glieder einer Reihe durch die Indizes 1, 2, 3, ..., so muß demnach für das Gleichgewicht gelten:

$$\Delta N_1 = \Delta N_2 = \Delta N_3 = \cdots$$

oder nach (3.1)

$$\lambda_1 \cdot N_1 \cdot \Delta t = \lambda_2 \cdot N_2 \cdot \Delta t = \lambda_3 \cdot N_3 \cdot \Delta t = \cdots$$

und daher

$$\lambda_1 \cdot N_1 = \lambda_2 \cdot N_2 = \lambda_3 \cdot N_3 = \cdots. \qquad (4.1)$$

Da nach (3.3) $\lambda = \frac{0{,}693}{T_H}$, folgt

$$\frac{N_1}{T_{H_1}} = \frac{N_2}{T_{H_2}} = \frac{N_3}{T_{H_3}} = \cdots$$

oder

$$N_1 : N_2 : N_3 : \cdots = T_{H_1} : T_{H_2} : T_{H_3} : \cdots . \tag{4.2}$$

Befindet sich z.B. Uran mit allen Folgeprodukten im Gleichgewicht, was für Uranerze in alten Lagerstätten angenommen werden darf, so folgt für die auf 1 g $^{238}$U entfallende Radiummenge:

$$1 \cdot \frac{1,58 \cdot 10^3 \cdot 226}{4,5 \cdot 10^9 \cdot 238} = 3,34 \cdot 10^{-7}\,\mathrm{g\ Radium}.$$

$\frac{1,58 \cdot 10^3}{4,5 \cdot 10^9}$ ist nämlich nach (4,2) das Verhältnis der Atomzahlen; durch Multiplikation mit den Atomgewichten erhält man das Verhältnis der Massen.

Auf 1 g $^{238}$U kommen im Gleichgewicht aber nur $\frac{1,5 \cdot 10^{-4}}{4,5 \cdot 10^9 \cdot 8,64 \cdot 10^4 \cdot 3,65 \cdot 10^2} \cdot \frac{214}{238} =$ $1,04 \cdot 10^{-21}$ g $^{214}$Po. Die Zahl der je Sekunde von dieser geringen Substanzmenge ausgestrahlten α-Strahlen ist aber genau so groß wie die, welche von 1 g Uran I ausgestrahlt wird. Jede der Zerfallsreihen endet bei einem stabilen Element, welches ein Isotop des Bleis ist (s. XIII § 5). Je länger z.B. ein Uranerz ungestört zerfallen konnte, um so stärker mußte sich das Endprodukt (Pb mit dem Atomgewicht 206) in diesem Material anreichern. Mit den Zerfallkonstanten kann man aus dem $^{206}$Pb-Gehalt von Uranerzen berechnen, daß das Alter der Erde mindestens $2 \cdot 10^9$ Jahre betragen muß.

Sind von einem langlebigen radioaktiven Element mit der Zerfallskonstanten $\Lambda$ (z.B. durch eine chemische Reaktion) alle Folgeprodukte abgespalten, so bildet sich aus ihm die Tochtersubstanz nach folgendem Gesetz:

Die Zahl der aus der Muttersubstanz während $dt$ entstehenden Atome ist $\Lambda \cdot N \cdot dt$; in der gleichen Zeit zerfallen aber von den schon vorhandenen $n$-Atomen der Tochtersubstanz $\lambda \cdot n \cdot dt$, also ist die Änderung von $n$ während $dt$

$$dn = \Lambda \cdot N \cdot dt - \lambda \cdot n \cdot dt$$

$$\frac{dn}{\Lambda N - \lambda n} = dt$$

der, da $N$ wegen der Langlebigkeit praktisch konstant, d.h. $d(\Lambda N) = 0$ ist:

$$\frac{d(\Lambda N - \lambda n)}{(\Lambda N - \lambda n)} = -\lambda dt.$$

Integriert:

$$\ln(\Lambda N - \lambda n) = -\lambda t + C,$$

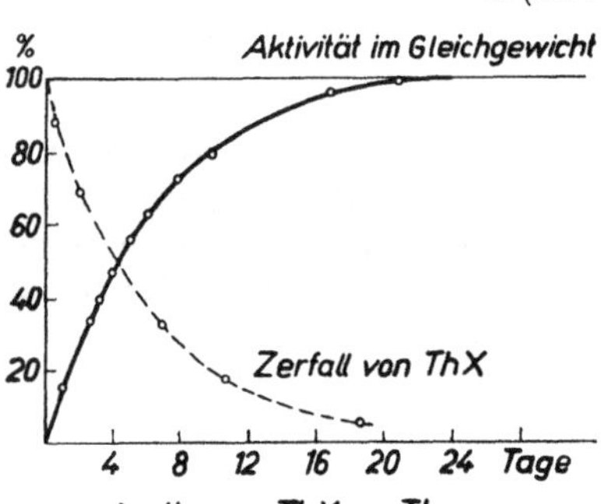


Abb. 591. Anstieg des radioaktiven Elements ThX (= $^{224}$Ra) aus dem langlebigen Mutterelement RdTh (= $^{228}$Th)

wo $n = 0$ für $t = 0$ und daher

$$\ln \Lambda N = C.$$

Also

$$\Lambda N - \lambda n = \Lambda N \cdot e^{-\lambda t}$$

oder

$$n = \frac{\Lambda N}{\lambda}(1 - e^{-\lambda t}). \tag{4.3}$$

Für $t \to \infty$ erhält man die Gleichgewichtsbedingung (4.1)

$$n_\infty = \frac{\Lambda N}{\lambda} \quad \text{oder} \quad \lambda \cdot n_\infty = \Lambda N.$$

In Abb. 591 ist der Anstieg eines radioaktiven Elementes aus einem langlebigen Mutterelement dargestellt: Die gestrichelte Kurve beschreibt den Abfall des Tochterelementes, wenn es mit der Anfangsmenge $n_\infty$ ohne Nachlieferung aus dem Mutteratom zerfällt.

**5. Bestimmung der Menge von radioaktiven Substanzen.** Unter den natürlichen radioaktiven Stoffen sind das Radium und das Radiothor mit ihren Folgeprodukten besonders wichtig. Radium läßt sich in wägbaren Mengen z.B. aus der Uranpechblende chemisch isolieren. Bei praktischen Anwendungen (z.B. in der medizinischen Therapie) wird es in Mengen von 1—100 mg verwendet. Infolge ihrer viel größeren Zerfallskonstanten sind die meisten genannten Stoffe in so kleiner Menge vorhanden, daß sie „unwägbar" sind. Ihre Mengenbestimmung wird aus der Intensität der von ihnen ausgesandten Strahlung (und zwar der $\gamma$-Strahlung) abgeleitet. So versteht man unter 1 mg Radiumäquivalent von RdTh die Menge, deren $\gamma$-Strahlung die gleiche Ionisierungswirkung besitzt wie 1 mg Radium.

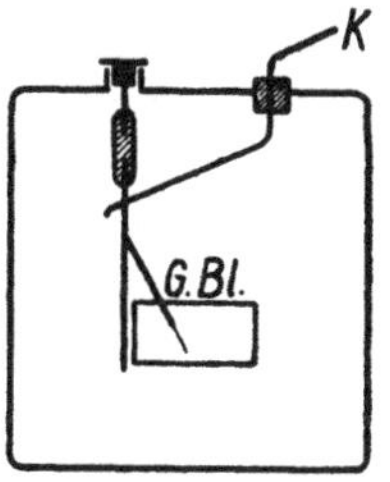

Abb. 592. $\gamma$-Strahlenelektroskop

Solche Vergleiche werden mit dem $\gamma$-Strahlenelektroskop (Abb. 592) durchgeführt. Dies ist ein geerdeter würfelförmiger Bleikasten von 12—15 cm Kantenlänge, dessen Wandstärke mindestens 3 mm beträgt, so daß weder $\alpha$- noch $\beta$-Strahlen die Wand durchdringen können. Im Inneren befindet sich an einem isolierten Blechstreifen ein dünnes Goldblättchen *G.Bl.*, an dessen Ende ein Quarzfaden gekittet ist. Sein Ausschlag wird von außen durch ein Bleiglasfenster auf der Skala des Okularmikrometers eines Ablesemikroskops beobachtet. Die Aufladung des Elektrometers erfolgt von außen durch eine schwenkbare Kurbel *K*. $\gamma$-Strahlen lösen aus der Bleiwand und dem Füllgas Sekundärelektronen aus, welche das Gas ionisieren. Ist das Elektrometersystem negativ geladen, so wird es durch die positiven Ionen entladen. Die Entladungsgeschwindigkeit (oder der reziproke Wert der Entladungszeit) ist der Intensität der $\gamma$-Strahlen proportional. Die Geschwindigkeit der Entladung durch das zu messende Präparat wird mit derjenigen verglichen, die durch ein an den gleichen Ort gebrachtes Radium-Standardpräparat hervorgerufen wird. Diese Standardpräparate sind direkt mit in Wien oder Paris niedergelegten Etalons verglichen worden. Die ionisierende Wirkung eines Präparates ist in größeren Abständen vom Elektrometer dem Quadrate dieses Abstandes umgekehrt proportional.

Von besonderer Wichtigkeit ist das Tochterelement des Radiums, die Radiumemanation oder das Radon Rn. Es entsteht aus dem Radium durch $\alpha$-Zerfall, ist ein Gas vom Charakter eines Edelgases und zerfällt weiter unter $\alpha$-Strahlung. Untersucht man das optische Spektrum der gereinigten Emanation in einer Spektralröhre gleich nach der Füllung und wiederholt den Versuch nach etwa 4 Tagen ($T_{H\,\cdot\,\mathrm{Rn}} = 3{,}825$ Tage), so beobachtet man eine Veränderung, nämlich das Auftreten des Heliumspektrums. Man kann daraus schließen, daß beim Zerfall der Ra-Emanation Heliumatome entstehen; es sind die auf thermische Geschwindigkeit abgebremsten $\alpha$-Teilchen, welche gegen Ende ihrer Reichweite zwei Elektronen eingefangen haben.

1 g Radium strahlt in 1 s $3{,}7 \cdot 10^{10}$ $\alpha$-Teilchen aus. Da die praktische Bedeutung einer radioaktiven Substanz in ihrer Strahlungsfähigkeit besteht, mißt man ihre *Aktivität* durch die Zahl der pro Zeiteinheit emittierten Teilchen., d.h. durch den Quotienten $-dn/dt$ ($= \lambda \cdot n$; vgl. 3.1). Allgemein nennt man die „Menge" einer radioaktiven Substanz, die $3{,}7 \cdot 10^{10}$ Teilchen/s ausstrahlt, 1 *Curie* (abgekürzt 1 Ci), unabhängig davon, ob es sich um einen $\alpha$- oder $\beta$-Strahler handelt.

**6. Rückstoß beim radioaktiven Zerfall.** Ein zerfallendes Atom erfährt bei der Aussendung des $\alpha$-Teilchens einen Rückstoß. Wenn $u_\alpha$ und $m$ Geschwindigkeit und Masse des $\alpha$-Teilchens, $M$ die Masse des aus der Emanation entstehenden RaA ($= {}^{218}$Po)-Kerns ist, so gilt für dessen Geschwindigkeit $u_{\mathrm{RaA}}$ nach dem Zerfall wegen des Impulserhaltungssatzes:

$$u_{\mathrm{RaA}} = \frac{m}{M}\,u_\alpha = \frac{4}{218}\,u_\alpha = \frac{4}{218}\,1{,}7 \cdot 10^9\,\mathrm{cm\,s^{-1}} = 3{,}1 \cdot 10^7\,\mathrm{cm \cdot s^{-1}}.$$

Die Energie dieses *Rückstoßatoms* ist $E = \frac{218 \cdot m_p}{2} u_{\mathrm{RaA}}^2$, wobei $m_p$ die Masse des Protons $= 1{,}67 \cdot 10^{-24}$ g ist. Damit ergibt sich $E = 1{,}75 \cdot 10^{-7}$ erg $= 1{,}09 \cdot 10^5$ eV. Das beim Zerfall der Emanation entstehende Rückstoßatom RaA erhält die gleiche Energie wie ein einfach geladenes RaA-Atom beim Durchfallen einer Spannung von 109000 Volt; das ist etwa das 3000000fache der thermischen Energie.

Was hier für die Emanation und ihr Folgeprodukt ausgeführt wurde, gilt mit entsprechender Berücksichtigung von Massen und Geschwindigkeiten für alle radioaktiven Strahler.

Der Impuls, der beim $\beta$-Zerfall auf das emittierende Atom übertragen wird, ist wegen der sehr viel kleineren Masse der Elektronen sehr klein. Die Energie, die auf den Rückstoßkern z. B. von ThB ($= {}^{212}$Pb) übertragen wird, ist höchstens 10 eV, so daß er noch nicht zur Ionisation befähigt ist. Es gelingt aber, die Geschwindigkeit von Rückstoßkernen von leichteren $\beta$-Strahlern (z. B. dem radioaktiven Phosphor) zu messen, indem man die Zeit mißt, die sie zum Zurücklegen eines bestimmten Weges benötigen. Man kann durch Ablenkung in einem Magnetfeld die Geschwindigkeit und damit den Impuls des gleichzeitig ausgesandten $\beta$-Teilchens bestimmen. Der Impuls des Rückstoßes des Atoms ist durchweg größer als der des $\beta$-Teilchens. Nimmt man aber an, daß der fehlende Impuls auf das gleichzeitig ausgestrahlte Neutrino übertragen wird und setzt man dessen Ruhmasse gleich Null, dann muß die Energie des Neutrinos gerade die Energie des $\beta$-Teilchens zur Grenzenergie des $\beta$-Spektrums ergänzen (s. § 2).

Auch bei der Emission eines $\gamma$-Quantes erhält der emittierende Kern einen Rückstoß und damit kinetische Energie, so daß nicht die ganze freiwerdende Energie als $\gamma$-Strahlung emittiert wird. Nur wenn der emittierende Kern in ein Kristallgitter eingebaut ist, das die Rückstoßenergie nicht aufnehmen kann, bleibt dieser Effekt aus, und es entsteht eine „unverschobene" $\gamma$-Linie von äußerster Schärfe (vgl. VIII § 17; Mössbauer-Effekt).

**7. Atomumwandlung mittels $\alpha$-Strahlen.** Den ersten Nachweis einer Atomumwandlung brachte RUTHERFORD 1919 durch folgenden Versuch. In einem mit reinstem Stickstoff gefüllten Gefäß (Abb. 593) befand sich auf einem Träger *T* der aktive Niederschlag von Ra-Emanation. Ein Fenster *F* in der gegenüberliegenden Wand war mit einer dünnen Silberfolie verschlossen, dahinter ein Szintillationsschirm *ZS* mit Beobachtungsmikroskop angebracht. Die von *T* ausgesandten $\alpha$-Strahlen wurden im Füllgas der Kammer absorbiert (d. h. der Abstand *TF* war größer als ihre Reichweite). Trotzdem wurden Szintillationen beobachtet, die an Leuchtkraft denen ähnlich waren, die von H-Strahlen erregt werden (H-Strahlen sind schnelle Wasserstoffatomkerne, deren Impuls von einem Stoß mit $\alpha$-Strahlen herrührt. Wegen der kleineren Kernladung und der größeren Geschwindigkeit haben die H-Strahlen eine größere Reichweite als die sie erzeugenden $\alpha$-Strahlen).

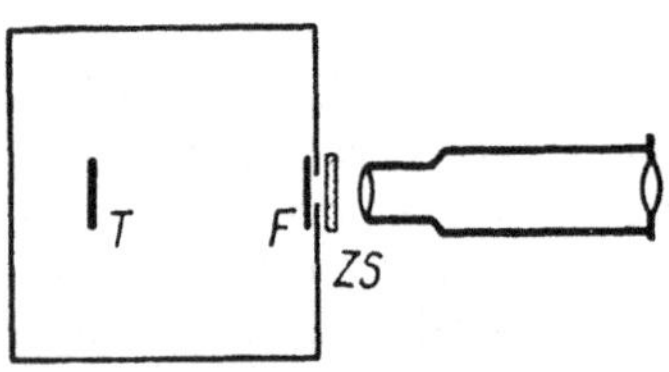


Abb. 593. RUTHERFORDs Anordnung zur Entdeckung der Atomumwandlung

Solche Teilchen waren noch in 40 cm Entfernung zu beobachten, während natürliche, durch ${}^{214}$Po-$\alpha$-Teilchen ausgelöste H-Strahlen höchstens 32 cm zurücklegen.

RUTHERFORD gab seinen Beobachtungen folgende Deutung: Bei sehr engen Kernbegegnungen wird das $\alpha$-(He)Teilchen vom Stickstoffkern eingefangen, dafür ein H-Kern herausgeschleudert. Die Ordnungszahl des Kerns ist also nach der Reaktion um 1 gewachsen; aus dem Stickstoffkern ist ein Sauerstoffkern geworden.

Abb. 594 zeigt eine berühmte Nebelkammer-Aufnahme von einer Stickstoffkernumwandlung durch ein α-Teilchen von $^{212}$Po am Orte des Pfeiles. Die kurze dicke Spur ist durch das entstandene Sauerstoffatom $^{17}_{8}$O erzeugt, die lange dünne Spur zeigt den Weg des Protons, das aus dem sich zunächst bildenden, instabilen Zwischenkern $^{18}_{9}$F herausgestoßen wird.

Die Häufigkeit einer solchen Kernumwandlung ist sehr gering: Für eine einzige Umwandlung braucht man etwa 500000 der energiereichen α-Teilchen von $^{214}$Po.

Abb. 594. Umwandlung eines Stickstoffkerns durch ein energiereiches α-Teilchen (Blackett und Lee)

Die Ausbeute nimmt mit abnehmender Energie sehr steil ab. Der atomare Wirkungsquerschnitt für diese Kernumwandlung, d. h. die Fläche, in der eine Begegnung mit dem umzuwandelnden Atom stattfinden muß beträgt weniger als $10^{-25}$ cm$^2$, ist also kleiner als der Kernquerschnitt (vgl. XIII 2.1). Die α-Teilchen werden daher nur dann von einem Kern eingefangen, wenn sie sehr dicht heranfliegen können. Das ist um so leichter möglich je größer ihre Geschwindigkeit und je kleiner die Kernladung ist.

**8. Strahlenwirkung und Strahlendosis.** Die von radioaktiven Substanzen ausgehenden Strahlungen dringen in Materie ein. Auf ihrem Weg durch die Materie werden die Teilchen oder Quanten teils von ihrer ursprünglichen Richtung abgelenkt (Streuung), teils verlieren sie Energie an die Atome der durchstrahlten Materie (Absorption). Unter Umständen wird die Gesamtzahl beim Eintritt in Materie zunächst größer; z.B. durch Paarbildung, Abspaltung von Elektronen,

Brems- oder Cerenkov-Strahlung. Letztlich wird sich aber jede Strahlung in Materie totlaufen. Tabelle 42 gibt die ungefähre Reichweite verschiedener Strahlenarten in Wasser an; in organischem Gewebe ist die Reichweite nahezu die gleiche, in Luft rund 1000mal größer. Für $\gamma$-Strahlen sind diejenigen Schichtdicken angegeben, nach deren Durchsetzung noch etwa 1% der anfänglichen Quanten vorhanden ist.

Tabelle 42. *Reichweite verschiedener Strahlenarten in Wasser oder organischem Gewebe*

| Strahlenart | Energie | Reichweite |
|---|---|---|
| $\alpha$-Strahlen | 5 MeV | 40 $\mu$ |
| $\beta$-Strahlen | 0,02 MeV | 10 $\mu$ |
| | 1 MeV | 7 mm |
| $\gamma$-Strahlen | 0,02 MeV | 6,4 cm |
| | 1 MeV | 65 cm |
| Schwere Rückstoßkerne | 50 MeV | 1 $\mu$ |
| Neutronenstrahlen | 1 MeV | 20 cm |

Die Entwicklung starker Strahlungsquellen hat zu neuen Anwendungen und Untersuchungsmethoden geführt; z.B. künstliche Erzeugung von Störstellen, Versetzungen und Baufehlern in Kristallen, Änderung der Eigenschaften von Hochpolymeren (Vernetzung), Materialprüfung mit $\gamma$-Strahlen etc. Ein neues Teilgebiet der Chemie, die Strahlenchemie beschäftigt sich mit der Zerlegung und der Erzeugung chemischer Verbindungen unter der Einwirkung energiereicher Strahlung.

Bei der außerordentlichen Verbreitung, welche Kernreaktoren und radioaktive Isotope in den letzten Jahren gefunden haben, erhält die Frage nach dem schädigenden Einfluß von Kernstrahlungen auf den lebenden Organismus besondere Bedeutung. Radioaktive Strahlung ionisiert in einer Körperzelle direkt oder indirekt Atome und Moleküle. Dabei entstehen chemisch sehr aggressive Stoffe (Zellgifte, freie Radikale), die über weitere im einzelnen noch wenig bekannte chemische Reaktionen die für die Zelle lebenswichtige Synthese der Desoxyribonukleinsäure (DNS-Synthese) blockieren, was den Strahlentod der Zelle zur Folge hat. Dabei kann auch eine Veränderung der Chromosomen bzw. der Gene in den Zellkernen eintreten (somatische Mutation), die sich bei der Zellteilung den Tochterzellen mitteilt und unter Umständen erst nach Jahren zu einer erkennbaren Schädigung führt (Spätschäden, z.B. Strahlenkrebs). Tritt letzteres bei den Keimzellen ein, so können Erbschäden bei der Nachkommenschaft auftreten, z.B. Mißbildungen (genetische Mutation).

Tabelle 43. *Strahleneffekte nach kurzzeitiger Ganzkörperbestrahlung des Menschen mit $\gamma$-Strahlung*

| Aufgenommene Dosis | Wirkung |
|---|---|
| unter 50 rem | geringe vorübergehende Blutbildveränderungen |
| 80—120 rem | Übelkeit und Erbrechen in 10% der Fälle |
| 400—500 rem | 50% Todesfälle innerhalb 30 Tagen, Erholung der Überlebenden nach 6 Monaten |
| 550—750 rem | letale Dosis, 100% Todesfälle |
| 5000 rem | schwere Nervenschädigungen, Tod innerhalb einer Woche |

Der Mensch besitzt kein Sinnesorgan, um schädigende Strahlung wahrzunehmen; der Körper reagiert zwar auf Umwegen, jedoch viel zu spät. Tabelle 43 gibt als Beispiel einen Überblick über die Auswirkung der $\gamma$-Strahlung; die Einheit rem wird weiter unten definiert.

Um Begriffe wie „Strahlenbelastung“ und „Strahlenschädigung“ zu präzisieren und sie der Messung zugänglich zu machen, müssen Einheiten und Meßvorschriften angegeben werden. Man hat sich heute im wesentlichen auf drei verschiedene Dosisbegriffe und -einheiten einigen können.

1. Die *Energiedosis* ist die vom Körper absorbierte Strahlungsenergie pro Masseneinheit. Ihre Einheit ist das „rad". 1 rd = 100 erg/g.

Die direkte Messung der Energiedosis ist z.Zt. noch schwierig. Einfacher und genauer kann man die von der Strahlung in Luft hervorgerufene Ionisation bestimmen (vgl. IX § 8). Man definiert daher:

2. Die *Ionendosis* ist die von einer Strahlung in der Masseneinheit des betreffenden Materials (meist Luft) erzeugte Ionisation. Ihre Dimension ist Ladung/Masse. Ihre Einheit ist das „Röntgen" (R); 1 R = $2{,}58 \cdot 10^{-4}$ Coul/kg.

Aus der Anzahl der gebildeten Ionen kann man im einfachsten Fall durch Multiplikation mit der Ionisierungsarbeit die vom Gas absorbierte Energie berechnen. Für $\gamma$- und Röntgenstrahlung gilt unter gleichen Bestrahlungsbedingungen im Muskelgewebe genähert:

$$1\,\mathrm{R} \mathrel{\widehat{=}} 1\,\mathrm{rad}.$$

Ähnlich verfährt man bei anderen Strahlenarten zur Ermittlung der Energiedosis.

Die schädigenden Wirkungen bei einem komplizierten Organismus lassen sich nicht pauschal durch den Begriff der Energie erfassen. Bei gleicher Energiedosis hängt die Schädigung vielmehr stark von der Strahlenart und anderen Faktoren ab. Man definiert daher:

Tabelle 44.
*Qualitätsfaktoren* ($q$)

| Strahlenart | QF |
|---|---|
| Röntgen- und $\gamma$-Strahlung | 1 |
| $\beta$-Strahlen . . . . . . . | 1 |
| Schnelle Neutronen . . . | 10 |
| Langsame Neutronen . . | 5 |
| $\alpha$-Strahlen . . . . . . . | 10 |
| Schwere Rückstoßkerne . | 20 |

3. Das *Dosisäquivalent* ist ein Maß für die schädigende Wirkung einer Strahlung auf den menschlichen Körper. Man erhält es durch Multiplikation der Energiedosis mit einem für jede Strahlenart charakteristischen dimensionslosen „Qualitätsfaktor" QF:

$$\text{Dosisäquivalent [rem]} = \text{QF} \cdot \text{Energiedosis [rad]}.$$

Die Einheit des Dosisäquivalents ist das rem. Tabelle 44 gibt einige Werte des Qualitätsfaktors an.

Beruflich mit Strahlung umgehende Personen sollten höchstens eine Dosis von 5 rem pro Jahr aufnehmen; bei 40 Std Arbeitszeit entspricht dies einer durchschnittlichen *Dosisleistung* von $2{,}5 \cdot 10^{-3}$ rem/h. Diese Dosis stellt einen Kompromiß dar und ist keinesfalls als Schwellwert zu betrachten, unterhalb dessen die Strahlung völlig ungefährlich wäre.

Bei der Bestrahlung von außen werden nach Tabelle 42 $\alpha$-Strahlen bereits in den obersten Hautschichten absorbiert, sie sind also unschädlich. Um so größer ist ihre Wirkung, wenn $\alpha$-Strahler in den Körper gelangen und durch den Blutkreislauf verteilt werden. Besonders gefährlich sind radioaktive Isotope, die vom Körper nicht wieder ausgeschieden werden, sondern sich wegen ihrer chemischen Verwandtschaft zu Ca in den Knochen ablagern (z.B. Ra und Sr, sog. „knochensuchende" Elemente).

# XV. Die Elementarteilchen

**1. Allgemeine Übersicht.** Auf der Suche nach den kleinsten Bausteinen der Materie wurde durch die Versuche von LENARD und RUTHERFORD (XIII, § 1, 2) festgestellt, daß die zunächst als kleinste Teilchen der Materie angesehenen Atome ihrerseits aus Elektronen und Kernen bestehen. Für die Kerne erkannte man später, daß sie aus Nukleonen, den Protonen und Neutronen, aufgebaut sind. Zusammen mit den Quanten des elektromagnetischen Feldes, den Photonen (VIII, § 1) reichen somit 4 „elementare", d. h. nicht aus anderen Bausteinen zusammengesetzte Teilchen aus, um Bau und Eigenschaften der Atome zu beschreiben.

Die Unteilbarkeit der Elementarteilchen bedeutet nicht, daß sie auch zeitlich stabil sein müssen; sie können zerfallen. Aber die entstehendenTeilchen müssen nicht vorher vorhanden gewesen sein, sondern werden erst beim Zerfall gebildet; gerade so wie ein angeregtes Atom nur aus Elektronen und dem Kern besteht, ein Photon aber erst beim Übergang in den Grundzustand erzeugt wird.

Beispielsweise ergibt sich für das Neutron, das mit einer Halbwertszeit von 12 min spontan in Proton, Elektron und Antineutrino zerfällt, aus der Unbestimmtheitsrelation [XVIII, Gl. (7.2)], daß das Elektron nicht schon vor dem Zerfall in ihm enthalten sein kann: Bei einem Durchmesser des Neutrons von $d \approx 10^{-13}$ cm könnten Elektronen (Masse $m_e$) in ihm einen Impuls bis zu $p = \hbar/d$ und damit eine kinetische Energie $E = p^2/2m_e \approx 100$ MeV haben, die weit über der möglichen Bindungsenergie von 0,77 MeV (vgl. § 3) liegt, so daß eine Bindung des Elektrons ausgeschlossen ist.

Durch Untersuchung der kosmischen Strahlung und besonders von Kernreaktionen mit künstlich auf hohe Geschwindigkeit beschleunigten Elektronen oder Atomkernen (§ 2) wurden etwa 200 weitere Elementarteilchen gefunden. Man ordnet sie zu folgenden Gruppen zusammen:

1. Baryonen. Schwere Elementarteilchen mit Ruhemassen oberhalb 1800 Elektronenmassen ($m_e$) und halbzahligem Spin ($n\,\hbar/2$, $n = 1, 2, \ldots$). Zu ihnen gehören die 2 Nukleonen und deren Anregungszustände, die sog. Hyperonen ($\Lambda$, $\Sigma$, $\Xi$, $\Omega$-Teilchen) mit Zerfallszeiten von länger als $10^{-16}$ s und die „Resonanzen", äußerst kurzlebige Zwischenprodukte bei Kernreaktionen. (Lebensdauern $10^{-16}$ bis $10^{-23}$ s, $10^{-23}$ s ist gerade die Zeit, die ein Teilchen zum Durchqueren eines anderen bei Lichtgeschwindigkeit braucht.)

2. Mesonen. Mittelschwere Teilchen (Ruhemassen $> 250 \cdot m_e$) mit geradzahligem Spin ($n\hbar$; $n = 0, 1 \ldots$). Wichtigste Vertreter sind die $\pi$- und $K$-Mesonen.

3. Leptonen. Leichte Teilchen (Ruhemassen $< 250 \cdot m_e$) mit halbzahligem Spin ($\hbar/2$). Hierzu gehören nur die Elektronen, die Neutrinos und die Myonen (manchmal irreführend als $\mu$-Mesonen bezeichnet).

4. Photonen. Keine Ruhemasse, Spin $\hbar$.

Von den in Kerndimensionen wichtigen Kräften (XIII, § 3) wirkt die schwache Wechselwirkung zwischen Leptonen, Mesonen und Baryonen; die elektromagnetische zwischen Teilchen, die eine Ladung oder ein magnetisches Moment tragen; die starke Wechselwirkung nur zwischen Mesonen und Baryonen, weshalb man diese auch zusammenfassend als Hadronen bezeichnet.

Alle Teilchen sind entweder neutral oder tragen *eine* positive oder negative Elementarladung.

Zu jedem der genannten Teilchen existiert noch ein zweites mit derselben Masse, aber entgegengesetzter Ladung, die sog. Antiteilchen (vgl. auch § 7). Beim Zusammentreffen eines Teilchens mit seinen Antiteilchen wird ihre gesamte Ruhemasse direkt in andere Teilchen, vorzugsweise Photonen, verwandelt. So zerstrahlen etwa Elektron und Antielektron (Positron) in 2 Photonen ($e^- + e^+ \rightarrow 2\gamma$), deren jedes die der Ruhemasse $m_E$ eines Elektron entsprechende Energie ($E = m_e \cdot c^2 = 0{,}51$ MeV) besitzt. Umgekehrt ist die Erzeugung von Positron-Elektron-Paaren beim Abbremsen von $\gamma$-Quanten in der Nähe von Atomkernen nachgewiesen $\gamma \rightarrow e^- + e^+$. Beide Reaktionen zeigen, daß Ruhemasse aus Energie und umgekehrt Energie aus Ruhemasse erzeugt werden kann — eine direkte quantitative Bestätigung der Einsteinschen Masse-Energie-Äquivalenzgleichung $E = m_0 \cdot c^2$ (XVII, § 5).

Antiprotonen können durch Beschießen von Protonen mit nahezu auf Lichtgeschwindigkeit beschleunigten Protonen erzeugt werden: $p + p \rightarrow p + p + \tilde{p} + p$. Die Tilde ($\sim$) über dem Buchstabensymbol kennzeichnet das Antiteilchen. Bei Zerstrahlung (Annihilation) eines Proton-Antiproton-Paares treten keine Photonen, sondern Mesonen, manchmal auch schwere Baryonen auf.

Tabelle 45 enthält die bekannten Elementarteilchen, soweit sie eine Lebensdauer von $> 10^{-16}$ s haben, einige werden in den folgenden Abschnitten näher behandelt, der Begriff der Seltsamkeit (4. und letzte Spalte) in § 5.

Tabelle 45. *Zusammenstellung der Elementarteilchen. Stabile (nicht spontan zerfallende) Teilchen sind durch Fettdruck hervorgehoben. Die Werte für die Ruhemasse sind gerundet, Fehler meist unter 1%*

| | Name | Relative Ruhemasse etwa | Spin | Teilchen: Seltsamkeit | Teilchen: Ladung $+e_0$ | Teilchen: Ladung $-e_0$ | Teilchen: Ladung 0 | Antiteilchen: Ladung 0 | Antiteilchen: Ladung $+e_0$ | Antiteilchen: Ladung $-e_0$ | Antiteilchen: Seltsamkeit |
|---|---|---|---|---|---|---|---|---|---|---|---|
| Hadronen – Baryonen – Hyperonen | Omega . . . . | 3284 | $\frac{3}{2}\hbar$ | $-3$ | | $\Omega^-$ | | | $\tilde{\Omega}^-$ | | $+3$ |
| | Xi . . . . . . | 2586 | $\frac{1}{2}\hbar$ | $-2$ | | $\Xi^-$ | $\Xi^0$ | $\tilde{\Xi}^0$ | $\tilde{\Xi}^-$ | | $+2$ |
| | Sigma . . . . | 2335 | $\frac{1}{2}\hbar$ | $-1$ | $\Sigma^+$ | $\Sigma^-$ | $\Sigma^0$ | $\tilde{\Sigma}^0$ | $\tilde{\Sigma}^-$ | $\tilde{\Sigma}^+$ | $+1$ |
| | Lambda . . . | 2182 | $\frac{1}{2}\hbar$ | $-1$ | | | $\Lambda$ | $\tilde{\Lambda}$ | | | $+1$ |
| | Nukleon . . . | 1837 | $\frac{1}{2}\hbar$ | 0 | $\mathbf{p}$ | | $n$ | $\tilde{n}$ | | $\tilde{\mathbf{p}}$ | 0 |
| Hadronen – Mesonen | $K$-Meson . . . | 966 | 0 | $+1$ | $K^+$ | | $K^0$ | $\tilde{K}^0$ | | $K^-$ | $-1$ |
| | $\pi$-Meson . . . | 273 | 0 | 0 | $\pi^+$ | | $\pi^0$ | | | $\pi^-$ | 0 |
| Leptonen | Myon . . . . . | 207 | $\frac{1}{2}\hbar$ | | | $\mu^-$ | | | $\mu^+$ | | |
| | Myon-Neutrino | 0 | $\frac{1}{2}\hbar$ | | | | $\boldsymbol{\nu}_\mu$ | $\tilde{\boldsymbol{\nu}}_\mu$ | | | |
| | Elektron . . . | 1 | $\frac{1}{2}\hbar$ | | | $\mathbf{e}^-$ | | | $\mathbf{e}^+$ | | |
| | Elektron-Neutrino | 0 | $\frac{1}{2}\hbar$ | | | | $\boldsymbol{\nu}_e$ | $\tilde{\boldsymbol{\nu}}_e$ | | | |
| | Photon . . . . | 0 | $\hbar$ | | | | $\boldsymbol{\gamma}$ | | | | |

**2. Künstliche Erzeugung von Elementarteilchen. Beschleunigungsmaschinen.** Einige der in § 1 genannten Teilchen wurden zuerst als Sekundärprodukte der kosmischen Strahlung (vgl. IX § 13) entdeckt. Die ungeheuren Energien (bis $10^{16}$ eVolt!), mit denen die kosmischen Teilchen auf die Erde gelangen, können die Gestalt der verschiedensten Elementarteilchen annehmen. Auf Grund der Äquivalenz von Energie und Masse ist die Erzeugung von Elementarteilchen immer dann möglich, wenn genügend Energie zur Verfügung steht.

Im Laboratorium kann die zur Erzeugung von schweren Teilchen erforderliche Energie aufgebracht werden, indem man verfügbare stabile Teilchen hoch beschleunigt, also in Gestalt von kinetischer Energie. Überdies steigt die Ausbeute — wie bei allen Kernreaktionen — mit der Energie stark an. Daher werden außerordentliche Bemühungen und Kosten aufgewendet, um „Teilchenbeschleunigungs-Maschinen" zu konstruieren.

Hoch beschleunigen, also mit viel kinetischer Energie versehen, kann man nur geladene Teilchen mittels elektrischer Felder. Geeignete Hochspannungsanlagen stellt die Elektrotechnik nur bis zu wenigen Millionen Volt zur Verfügung. Wesentlich weiter kommt man, wenn man ein Teilchen in einem elektrischen Feld mit in sich geschlossenen Kraftlinien mehrfach umlaufen läßt, wie in der Elektronenschleuder (vgl. III § 71). Jedoch ist das Verfahren nur für leichte Teilchen (wegen III 71.4), also Elektronen und wegen der bei den dort üblichen kleinen Radien (~0,5 m) eintretenden Strahlungsverluste nur bis etwa 200 MeV brauchbar. Um einem schweren Teilchen derartige und noch höhere Energien zu erteilen, muß man es mehrfach das gleiche Potentialgefälle durchlaufen lassen. Das geschieht in den nachstehend beschriebenen Maschinen.

**a) Zyklotron.** Nach IV 7.1 ist die Winkelgeschwindigkeit $\omega = u/r$ eines geladenen Teilchens im homogenen Magnetfeld von seinem Krümmungsradius bei nicht zu großen Geschwindigkeiten unabhängig.

$$\frac{u}{r} = \omega = 2\pi\nu = \frac{e_0}{m} B. \tag{2.1}$$

Sie hängt nur von der spezifischen Ladung des Teilchens und der Stärke des Magnetfeldes ab.

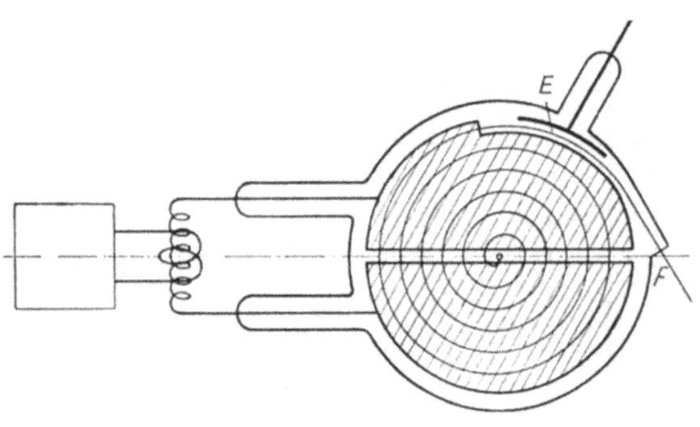

Abb. 595. Zyklotron

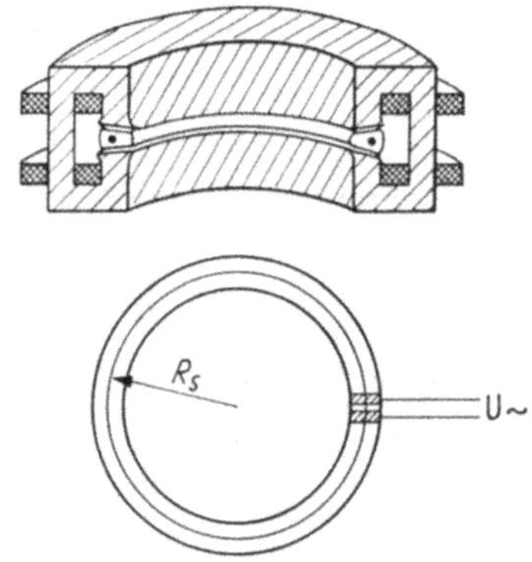

Abb. 596. Ringmagnet des Synchrotrons

In einem evakuierten, zwischen die Polschuhe eines großen Elektromagneten geschobenen Gefäß (Abb. 595) befinden sich zwei dosenförmige Hohlelektroden, die durch einen schmalen Spalt voneinander getrennt sind. Sie sind an einen Hochfrequenzschwingungskreis angeschlossen. In der Mitte befindet sich eine Ionenquelle. Die Frequenz der Schwingung ist so abgepaßt, daß ein Ion, welches während des Scheitelwertes $U_0$ der Spannung durch den Spalt hindurchtrat und dort eine Energievermehrung $e_0 U_0$ erfuhr, auf dem Halbkreis innerhalb der Elektrode gerade den Spalt wieder erreicht, wenn an ihm wieder die maximale Spannung, nun aber mit umgekehrter Feldrichtung, besteht. Dann steigert sich die Energie des Teilchens wiederum um $e_0 U_0$ usw. Halbe Umlaufsdauer (2.1) und halbe Schwingungsdauer der Wechselspannung müssen also miteinander übereinstimmen.

So wird erreicht, daß auf dem kreisförmigen Umlauf im Magnetfelde das Ion immer in den Spalt tritt, wenn es durch die Spannung im richtigen Sinne beschleunigt wird. Die Halbkreise in den Dosenhälften fügen sich zu einer Spirale aneinander, und die Energie nimmt zu, bis das Ion an den Rand der Elektroden gelangt, wo es durch ein elektrisches Feld $E$ abgelenkt wird, um durch das Fenster $F$ auszutreten.

Mit zunehmender Geschwindigkeit wächst die Masse der Teilchen (vgl. IV 8.1). Im gleichen Maße verlängert sich ihre Umlaufszeit. Bei sehr hohen Energien wird dieser Einfluß so stark, daß die Teilchen völlig aus dem Takt kommen und schließlich wieder abgebremst werden. Dem wirkt man entgegen, indem man — im Einklang mit der Massenzunahme — die Frequenz der Wechselspannung zeitlich abnehmen (Synchrozyklotron, vgl. b) und das Magnetfeld zeitlich anwachsen läßt (Synchrotron, vgl. c).

b) **Synchrozyklotron.** Es unterscheidet sich nur im elektrischen Aufbau vom Zyklotron. Die Ionen werden im Impulsbetrieb während einiger µs „eingespritzt", und während ihrer Umlaufzeit wird die Frequenz durch einen rotierenden Kondensator erniedrigt. Die erreichbare Maximalenergie ist nur durch die Stärke und den Durchmesser des Magnetfeldes gegeben. Mit $B = 17000$ Gauß und einem Polschuhdurchmesser von 6 m wurden Protonenenergien von 9 GeV erreicht (in Dubna, UdSSR).

c) **Synchrotron.** Hier verläuft die Teilchenbahn innerhalb eines ringförmigen Magneten (Abb. 600), der nur an einer Stelle unterbrochen sein muß, wo das beschleunigende elektrische Wechselfeld ($U_\sim$) angeordnet ist. Damit die Teilchen trotz wachsender Geschwindigkeit hier immer rechtzeitig eintreffen und auf der Kreisbahn von konstantem Radius ($R_s$) bleiben, muß gleichzeitig mit der Frequenz auch die Feldstärke während der Umlaufszeit erhöht werden, was bei dem relativ kleinen Feldvolumen möglich ist. Man läßt die Teilchen einige 100000mal umlaufen. Kleine Abweichungen vom Sollkreis müssen durch geeignete Formgebung des Magnetfeldes rückgängig gemacht, d.h. die Teilchen müssen stabilisiert werden. Das ist bei einem der größten zur Zeit betriebenen Synchrotron (Conseil Européen pour la Récherche Nucléaire = CERN, Genf) so weit getrieben, daß den Teilchen nur ein Ringkanal vom Querschnitt $15 \times 8$ cm zur Verfügung gestellt zu werden braucht, in dem sie ihren über 100000 km langen Weg zurücklegen ($R_s = 100$ m!). Die höchste erreichbare Protonenenergie beträgt hier 30000 MeV$\equiv$30 GeV, entsprechend einer Masse ($= E/c^2$) von über $50000\, m_0$. Damit wird die Erzeugung auch der schweren Elementarteilchen möglich. Die

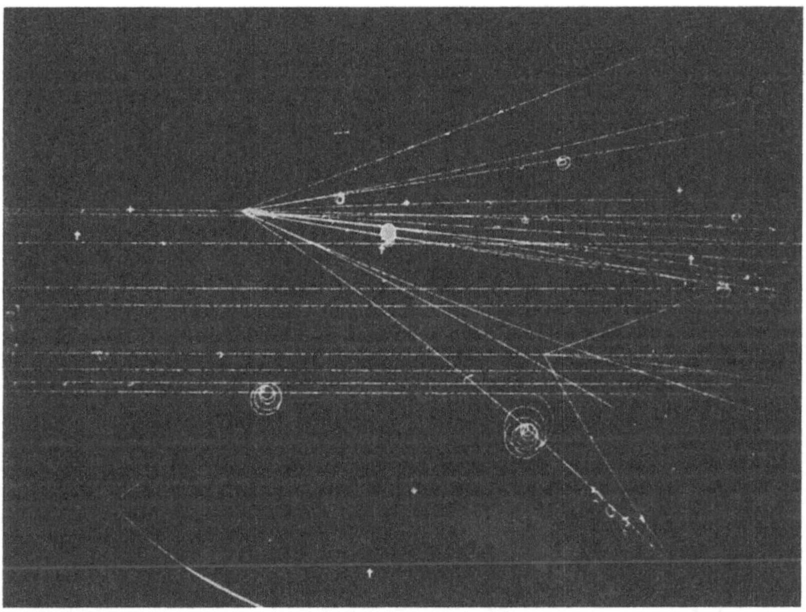

Abb. 597. Erzeugung von 12 schweren Teilchen aus der Energie eines 24 GeV-Protons; Blasenkammeraufnahme

Maschine kann in Abständen von 3 s Stöße von $3 \cdot 10^{11}$ energiereichen Protonen produzieren. Abb. 597 zeigt, wie ein 24 GeV-Proton aus dem von links eintreffenden Strahl beim Zusammenstoß mit einem ruhenden 12 neue Teilchen erzeugt, in der Mehrzahl $\pi$-Mesonen.

d) **Elektronen-Synchrotron.** Das gleiche Prinzip kann zur Erzeugung energiereicher Elektronen angewandt werden. Läßt man hier die Elektronen bereits nahezu mit Lichtgeschwindigkeit in die Kreisbahn eintreten, was man mit Vorbeschleunigern relativ leicht erreichen kann, so ändern sie ihre Geschwindigkeit nicht mehr wesentlich, und die Frequenz von $U_\sim$ kann konstant bleiben. Das Deutsche Elektronen-Synchrotron (DESY, Hamburg) kann auf diese Weise Elektronen der Energie 6 GeV erzeugen.

**e) Linear-Beschleuniger.** Sie enthalten eine große Zahl koaxialer röhrenförmiger Elektroden, deren gegenseitige Spannung durch eine hochfrequente Wechselspannung so gesteuert wird, daß ein geladenes Teilchen zwischen ihnen stets beschleunigt wird. Man kann sagen, daß es mit einer elektromagnetischen Welle mitläuft und so dauernd Energie aufnimmt. Das größte derartige Instrument (Stanford, U.S.A.) soll auf einem 3 km langen Weg den Elektronen eine Endenergie von 40 GeV erteilen.

Wenn die Energie der Teilchen so groß ist, daß ihre Masse ein Vielfaches der Ruhemasse beträgt, so vergrößert sich beim Aufprall auf ein ruhendes Teilchen auch der Anteil der kinetischen Energie der gemeinsamen Schwerpunktsbewegung immer mehr. Der zur Auslösung irgendwelcher Reaktionen verfügbare restliche Anteil wächst schließlich nur noch mit der Wurzel aus der Teilchenenergie. Beim CERN-Synchrotron (vgl. c) liegt die verfügbare Energie zur Zeit bei etwa 2 Protonmassen; um sie zu verdoppeln, müßte man seinen Radius versechsfachen!

**3. Das Neutron.** Freie Neutronen können aus schweren Atomkernen durch Kernumwandlungen erzeugt werden. Fast beliebig starke Neutronenströme entstehen in Kernspaltungsreaktoren (vgl. XIII, § 7). Weitere viel verwendete Reaktionen sind

$$^{9}_{4}\mathrm{Be} + ^{4}_{2}\alpha \rightarrow ^{12}_{6}\mathrm{C} + ^{1}_{0}n$$

oder

$$^{2}_{1}\mathrm{D} + ^{2}_{1}\mathrm{D} \rightarrow ^{1}_{0}n + ^{3}_{2}\mathrm{He}.$$

Bei der letzteren Reaktion werden hochbeschleunigte Deuteronen $^{2}_{1}\mathrm{D}$ auf Eis aus schwerem Wasser ($D_2O$) geschossen.

Als neutrales Teilchen hat das Neutron keine ionisierende Wirkung. Es kann daher nicht unmittelbar (in Nebelkammern oder Geiger-Müller-Zählern) nachgewiesen werden.

*Folgende indirekte Nachweise werden angewendet:*

Neutronen hoher kinetischer Energie übertragen bei elastischen Stößen mit Kernen ähnlicher Massen (etwa Protonen) soviel Energie auf die Stoßpartner, daß diese aus ihrer chemischen Bindung gerissen werden, ihrerseits ionisieren und somit nachgewiesen werden können.

Bei langsamen Neutronen verwendet man die mit großem Wirkungsquerschnitt ablaufende B($n$, $\alpha$)Li-Reaktion: Zählrohr oder Ionisationskammer wird dazu entweder mit gasförmigem Bortrifluorid gefüllt oder die Wand mit einer dünnen Borschicht ausgekleidet. Die bei der Reaktion durch einfallende Neutronen freiwerdenden $\alpha$-Teilchen können als ionisierende Teilchen wiederum nachgewiesen werden. Ihre Zahl ist den in die Kammer eindringenden Neutronen proportional.

Die fehlende Ionisierungsfähigkeit der Neutronen bedingt ihr großes Durchdringungsvermögen. Ein Neutronenstrahl kann daher nur durch Kernreaktionen oder Streuprozesse geschwächt werden. Nach den Stoßgesetzen kann bei elastischen Stößen um so mehr Energie abgegeben werden, je ähnlicher die Massen der Stoßpartner sind. Beim Stoß mit Protonen wird die kinetische Energie des Neutrons wegen den auftretenden nichtzentralen Stößen im Mittel auf $1/e$ verringert. Die Zahl $x$ der Stöße, die im Mittel stattfinden müssen, um ein energiereiches Neutron von 1 MeV auf eine Energie von $3{,}8 \cdot 10^{-2}$ eV abzubremsen, die der mittleren kinetischen Energie von Gasatomen mit Neutronenmasse bei Zimmertemperatur entspricht, berechnet sich also aus $10^6 \cdot (e^{-x}) = 3{,}8 \cdot 10^{-2}$; d.h. es sind nur $x = 18$ Stöße erforderlich.

Die *Masse des Neutrons* läßt sich auf einem Umweg sehr genau bestimmen (CHADWICK und GOLDHABER, 1934): Ein Deuterium-Atom (Masse $m_D$) besteht aus einem Proton ($m_p$), einem Neutron ($m_n$) und einem Elektron ($m_e$). Bestrahlt man Deuterium-Kerne ($m_D$) mit $\gamma$-Strahlung von mindestens 2,21 MeV (ihr Massenäquivalent sei $m_\gamma$), so zerfallen sie in ihre Nukleonen. Also gilt:

$$m_D + m_\gamma = m_p + m_n + m_e.$$

Hier sind alle Größen bekannt bis auf $m_n$, die Masse des Neutrons. Sie ergibt sich zu

$$m_n = 1{,}6747 \cdot 10^{-24}\,\mathrm{g} = 1{,}00135\ m_p.$$

Das ist mehr als die Summe $m_p + m_e$, woraus sich erklärt, daß das Neutron zerfallen kann (vgl. 4.1), wobei die Reaktionspunkte noch die kinetische Energie von 0,77 MeV erhalten.

Innerhalb von Atomkernen ist das Neutron jedoch stabil, sofern durch die bei der Bindung freiwerdenden Energie (vgl. XIII § 6) die Gesamtmasse des Kerns unter der Masse aller möglichen Kombinationen von Zerfallsprodukten liegt. Wegen der Gültigkeit des Energiesatzes muß der Kern in diesem Fall stabil sein.

Weil sich Neutronen den Kernen wegen der fehlenden elektrostatischen Abstoßung bis auf die sehr kleine Reichweite der Kernkräfte nähern können, reagieren sie besonders leicht mit diesen. Sie werden von den meisten Kernen eingefangen, und zwar mit erheblich größeren Wirkungsquerschnitten als $\alpha$-Teilchen oder Protonen. Für das Einfangen langsamer Neutronen kann der Wirkungsquerschnitt besonders groß werden. So ist eine Reaktion langsamer Neutronen mit dem Element Gadolinium bekannt, bei der alle Neutronen, die innerhalb eines Querschnittes von etwa $10^{-19}\,\mathrm{cm}^2$ dem Gd-Kern begegnen, von diesem eingefangen werden und zur Emission von $\gamma$-Strahlen Veranlassung geben. Dieser Einfangquerschnitt ist etwa $10^5$mal so groß wie der mit anderen Methoden (vgl. XIII, § 2) bestimmte Querschnitt des einfangenden Kerns!

**4. Die schwache Wechselwirkung, Leptonen (Neutrinos, Myonen).** Zwischen allen Elementarteilchen besteht eine „schwache Wechselwirkung" (vgl. XIII, § 3). Sie verursacht Reaktionen, die diese Teilchen bis zu den stabilen Leptonen (Elektronen und Neutrinos) zerfallen lassen. Charakteristisch sind dabei der Ladungswechsel der reagierenden Baryonen und die Beteiligung von Neutrinos oder Antineutrinos. Das wichtigste Beispiel ist der $\beta^-$-Zerfall (XIV, § 2), bei dem schwere Atomkerne oder Elementarteilchen unter Aussendung von Leptonenpaaren in leichtere zerfallen. Für das freie Neutron gilt beispielsweise

$$n \to p + e^- + \tilde{\nu}_e. \tag{4.1}$$

Ein weiterer Zerfall des Protons in Leptonen wird nicht beobachtet, das Proton ist also stabil gegen den Angriff der schwachen Wechselwirkung. Man beschreibt diesen Sachverhalt durch den *Erhaltungssatz der Baryonenzahl.* Danach wird allen Baryonen eine Zahl $+1$ zugeteilt, die Summe der Baryonenzahlen vor und nach beliebigen Reaktionen ist dann konstant. Um die Annihilation von Baryonen bei Teilchen-Antiteilchen-Reaktionen miterfassen zu können, erhalten die Antiteilchen der Baryonen die Zahl $-1$.

Ganz entsprechend läßt sich das paarweise Auftreten von Leptonen durch einen Erhaltungssatz einer Leptonenzahl beschreiben. Man legte dazu für das Elektron die Zahl $+1$, für das mit emittierte Teilchen $-1$ fest, weshalb letzteres als Antineutrino bezeichnet wird.

Die Existenz der Neutrinos wurde aus dem Emissionsspektrum von $\beta^-$-Strahlern theoretisch erschlossen (PAULI, 1930; vgl. XIV, § 2).

Der experimentelle Nachweis wurde durch Umkehr der Reaktion des Neutronenzerfalls [Gl. (2.1)] versucht.

$$p + \tilde{\nu}_e \to n + e^+. \tag{4.2}$$

Das Experiment bietet große Schwierigkeiten: Die Neutrinos müssen genügend Energie mitbringen, damit dieser Vorgang nach dem Energiesatz möglich ist. Außerdem hat das Antineutrino einen außerordentlich kleinen Wirkungsquerschnitt ($10^{-44}\,\mathrm{cm}^2$), so daß z. B. beim Durchlaufen des Erdballs von $10^9$ Neutrinos nur ein einziges eine Reaktion erleiden würde.

Mit Hilfe des großen Antineutrinoflusses eines Reaktors, in dem als Folgereaktion der Kernspaltung viele $\beta^-$-Zerfälle unter Aussendung je eines Antineutrinos erfolgen gelang es, die Reaktion nach Gl. (4.2) durch die gleichzeitig auftretenden Reaktionsprodukte (Koinzidenzzähler) nachzuweisen. Der Beweis, daß sich die so gefundenen Antineutrinos von den Neutrinos tatsächlich unterscheiden, erfolgt im Prinzip mit einer Reaktion nach

$$n + \nu_e \rightarrow p + e^-, \tag{4.4}$$

deren Ablauf mit den aus dem Reaktor kommenden Antineutrinos *nicht* nachzuweisen war.

Aus allen Experimenten ergeben sich folgende Eigenschaften des Neutrinos: Verschwindende Ruhemassen, Ausbreitungsgeschwindigkeit gleich der Lichtgeschwindigkeit und Spin $\hbar/2$, der bei Neutrinos der Ausbreitungsrichtung entgegengesetzt (Linksschraube), bei Antineutrinos jedoch parallel dazu ist (Rechtsschraube).

Das in Tabelle 45 aufgeführte Myon wurde als Hauptbestandteil der auf Meereshöhe ankommenden Höhenstrahlung entdeckt. Es zerfällt auf Grund der schwachen Wechselwirkung mit einer Halbwertszeit von $1{,}5 \cdot 10^{-6}$ s nach

$$\mu^- \rightarrow \nu_\mu + e^- + \tilde{\nu}_e.$$

Bemerkenswerterweise tritt hier stets ein Neutrino $\nu_\mu$ auf, das *nicht* mit dem Elektron-Neutrino identisch sein kann, weil sich mit $\nu_\mu$-Neutrinos bei der Reaktion mit Neutronen entsprechend Gl. (4.4) als Reaktionsprodukte stets Myonen, aber keine Elektronen ergeben.

Das Myon hat mit dem Elektron, abgesehen von der erwähnten Instabilität und der um 207mal größeren Masse alle Eigenschaften gemein, ist also als ein schweres Elektron zu bezeichnen. Demzufolge können negative Myonen von Atomkernen eingefangen werden und auf stabilen Bohrschen Bahnen umlaufen. Es entstehen die sog. „mesonischen“ (besser „myonischen“) Atome. Für Myonen in der $K$-Schale kann der Bahnradius wegen der hohen Masse des Myons bei hohen Kernladungszahlen dann sogar kleiner als der Kernradius sein.

Weitere schwere Elektronen sind nicht bekannt. Eine Deutung der Existenz zweier Elektronensorten steht noch aus.

**5. Mesonen.** Ihre Existenz wurde von Yukawa (1936) vorausgesagt, als er für die Kernkraft zwischen zwei Nukleonen zeigte, daß diese durch Austausch von Teilchen ($\pi$-Mesonen) beschreibbar ist, die von den Nukleonen emittiert und wieder eingefangen werden (vgl. XVIII, § 8). Ihre Masse ($273\, m_e$) konnte erst 11 Jahre später experimentell bestimmt werden.

Freie $\pi$-Mesonen werden in der Natur beim Stoß der sehr energiereichen Protonen der primären Höhenstrahlung mit Luftmolekülen in etwa 30 km Höhe über dem Erdboden erzeugt, z.B.

$$p + p \rightarrow p + n + \pi^+$$
$$p + n \rightarrow p + p + \pi^-$$
$$p + n \rightarrow p + n + \pi^\circ;$$

diese Reaktionen lassen sich mit Hilfe von Teilchenbeschleunigern (§ 2) auch künstlich durchführen.

Geladene $\pi$-Mesonen zerfallen nach einer Lebensdauer von $1{,}8 \cdot 10^{-8}$ s in Leptonen z.B. $\pi^+ \rightarrow \mu^+ + \nu_\mu$ oder $\pi^+ \rightarrow e^+ + \nu_e$, das $\pi^\circ$-Meson nach $10^{-16}$ s in zwei $\gamma$-Quanten. $K$-Mesonen, deren Erzeugung in § 6 behandelt wird, zerfallen in $\pi$-Mesonen oder Leptonen.

**6. Hyperonen, K-Mesonen und der Begriff der Seltsamkeit.** Die in Tabelle 45 angeführten angeregten Zustände der Nukleonen, die Hyperonen, entstehen beim Stoß hochenergetischer $\pi$-Mesonen mit Nukleonen stets gemeinsam mit $K$-Mesonen:

$$\pi^- + p \to \Lambda + K^\circ. \tag{6.1}$$

Typische Zerfallsreaktionen sind

$$\begin{aligned} &\Lambda \to p + \pi^- \\ &\Sigma^+ \to p + \pi^\circ \\ &\Sigma^- \to n + \pi^- \\ &\Xi^- \to \Lambda + \pi^- \qquad K^+ \to 2\pi^+ + \pi^-. \end{aligned} \tag{6.2}$$

Auch die Zerfallsprodukte sind demnach stark miteinander wechselwirkende Teilchen, weshalb zunächst außerordentlich kurze Lebensdauern (etwa $10^{-23}$ s) der Hyperonen und $K$-Mesonen erwartet werden. Dieser Schluß hat sich aber als falsch erwiesen: in Wirklichkeit ist ihre Halbwertszeit um 14 Größenordnungen länger ($10^{-8}$ bis $10^{-10}$ s), weswegen sie in Nebel- oder Blasenkammern $10^2$ bis 1 cm zurücklegen und dort noch direkt nachgewiesen werden können. Aus der längeren Halbwertszeit folgt, daß der Zerfall nicht durch die starke, sondern auf Grund der $10^{-14}$mal weniger wirkungsvollen schwachen Wechselwirkung erfolgen muß – obwohl nur $K$-Mesonen manchmal direkte Zerfälle in Leptonen zeigen.

Auf Grund dieser unerwarteten Eigenschaften nennt man $K$-Mesonen und Hyperonen „seltsame Teilchen". Die ebenfalls bemerkenswerte streng gekoppelte Erzeugung von Hyperonen und $K$-Mesonen deutet darauf hin, daß dies formal durch eine neue Erhaltungsgröße zu beschreiben ist. Ordnet man nämlich in Gl. (6.1) dem $K^\circ$-Meson durch Übereinkunft die „Seltsamkeit" (englisch strangeness) genannte Zahl $+1$, dem $\Lambda$-Teilchen aber $-1$ zu, so ist die Summe der Seltsamkeitszahlen vor und nach der Reaktion unverändert (Erhaltungssatz). Ganz entsprechend werden den anderen seltsamen Teilchen auf Grund ihrer Bildungsreaktionen Seltsamkeiten zwischen $-3$ und $+3$ zugewiesen, wobei das Vorzeichen sich bei Teilchen und Antiteilchen wieder unterscheiden muß, um Annihilations- und Paarbildungs-Reaktionen beschreiben zu können wie etwa $p + \tilde{p} \to \Lambda + \tilde{\Lambda}$.

Aus der Kenntnis dieses Erhaltungssatzes der Seltsamkeit $S$ müßte man bei Vernachlässigung der schwachen Wechselwirkung sogar erwarten, daß die seltsamen Teilchen stabil sind: Es gibt nämlich keine energetisch mögliche Reaktion der Hyperonen, die durch die Erzeugung von $K$-Mesonen und Baryonen beim spontanen Zerfall diesen Satz erfüllen kann, weil die $K$-Mesonen ($S = \pm 1$) eine höhere Masse als die Differenz der Masse zweier Baryonen haben, deren Seltsamkeiten sich um $\pm 1$ unterscheiden.

Die Existenz der obigen Zerfallsgleichungen der Hyperonen zeigt, daß der Erhaltungssatz der Seltsamkeit $S$ nicht streng gültig sein kann. Er ist zwar erfüllt für die die Bildung der Hyperonen und $K$-Mesonen nach Gl. (6.1) bestimmende starke (und auch die elektromagnetische) Wechselwirkung, wird aber durch die schwache Wechselwirkung quantitativ verletzt, die alle seltsamen Teilchen über Reaktionen, bei denen sich $S$ um $\pm 1$ ändert, in Teilchen mit der Seltsamkeit 0 überführt. So geht das $\Xi^-$-Hyperon ($S = -2$) nach Gl. (6.2) zunächst in ein $\Lambda$-Teilchen ($S = -1$), und dann in ein Proton ($S = 0$) über.

**7. Multiplettstruktur des Hadronenschemas.** Die in den vorangegangenen Abschnitten aufgezeigten Gesetzmäßigkeiten ermöglichten die übersichtliche Zusammenstellung der Elementarteilchen in Tabelle 45, die auch noch um die fehlenden, sehr kurzlebigen erweitert werden könnte. Die Einteilung nach Teilchen-Antiteilchen sowie den Werten für Masse, Ladung und Seltsamkeit führt dabei zu Gruppen offensichtlich verwandter Teilchen wie Proton-Neutron, $\pi$-Mesonen, die man als Multipletts bezeichnet.

Weil die Multiplettstruktur der Atomspektren durch den Spin der Elektronen und seine Kopplung an ihrem Bahndrehimpuls beruht, hat man ganz formal und ohne physikalisch begründbaren Zusammenhang einen fiktiven *Isospin* $T$ für die Multipletts der Hadronen (vgl. Tabelle 45) verantwortlich gemacht. Er ist für das Proton-Neutron-Paar $T = \frac{1}{2}$ und kann die Einstellwerte (in einer hypothetischen $z$-Richtung) $T_z = +\frac{1}{2}$ (Proton) und $-\frac{1}{2}$ (Neutron) annehmen; bei dem $\pi$-Mesonentriplett etwa ist $T = 1$ mit $T_z = 1{,}0$ und $-1$. Physikalisch ist dieser Formalismus die mathematische Darstellung der in XVIII, § 3 erwähnten Ladungsunabhängigkeit der Kernkräfte.

Mit dem Begriff des Isospins konnte zudem eine Formel aufgestellt werden, die alle Multipletts der Hadronen richtig beschreibt. Für den Zusammenhang Quantenzahlen $Q = 0, \pm 1$ der Ladung, $A = 0, \pm 1$ der Baryonenzahl, $S = 0, 1, 2 \ldots$, der Seltsamkeit und der $z$-Komponente des Isospins $T_z$ gilt

$$Q = T_z + A/2 + S/2,$$

der für vorgegebene Werte von Seltsamkeit und Isospin jeweils ein Multiplett beschreibt; z.B. für $T = \frac{1}{2}$ ($T_z = \pm\frac{1}{2}$) und $S = 0$ gibt es nur Teilchen mit $A = +1$, $Q = 0$ und 1 (Neutron, Proton), sowie für $A = -1$, $Q = 0$ und $-1$ Antineutron und -proton. Antiteilchen unterscheiden sich also nicht nur durch das umgekehrte Vorzeichen ihrer Ladung von den Teilchen (§ 1), sondern auch in den Vorzeichen der Isospinkomponente $T_z$, der Baryonen- und Seltsamkeitszahl.

Die Existenz dieser Multipletts und die große Zahl schwerer Teilchen, die man als angeregte Zustände der Nukleonen ansehen kann, ließ vermuten, daß die Hadronen möglicherweise doch aus noch elementaren Teilchen zusammengesetzt sein könnten, den sog. Quarks (GELL-MANN, 1958), die aber bisher noch nicht experimentell nachgewiesen wurden.

Auch das grundsätzliche Verständnis für die aufgezeigten Gesetzmäßigkeiten — so wie etwa die Atomeigenschaften aus den Elektronenbewegungen im Coulombfeld der Kerne quantitativ zu deuten sind — konnte bisher noch nicht erarbeitet werden.

## 8. Spiegelungssymmetrien bei Kernreaktionen

**a) Parität.** Das Verhalten der Eigenschaften eines physikalischen Systems gegenüber einer Vorzeichenumkehr aller Koordinatenrichtungen (räumliche Spiegelung) wird als Parität bezeichnet.

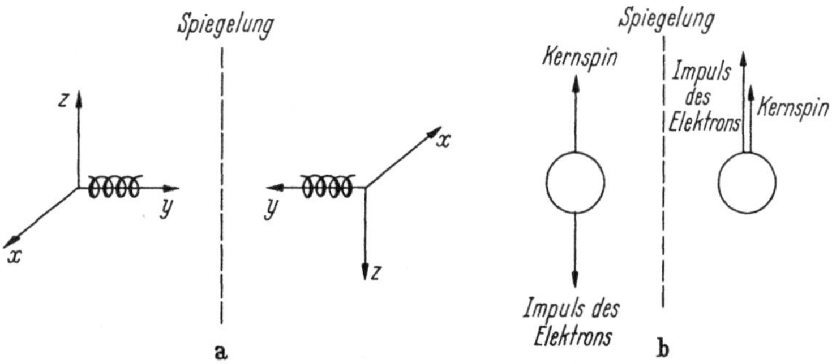


Abb. 598. a Wirkung einer räumlichen Spiegelung auf den Wirkungssinn einer Schraube bzw. b auf die gegenseitige Orientierung von Kernspin und Impuls der emittierten Elektronen beim $\beta$-Zerfall von $^{60}$Co. Die durch die Spiegelung entstehende Parallelität wird experimentell nicht beobachtet

Die Spiegelung ändert das Vorzeichen von skalaren Größen (etwa Masse, elektrischer Ladung) nicht; man sagt, sie haben „gerade Parität". Polare Vektoren (z.B. Impuls, Ortsvektoren) besitzen ungerade Parität (Vorzeichenwechsel), während axiale Vektoren unverändert bleiben (z.B. Drehimpuls $J = m(\vec{r}\times\vec{p}) \equiv m(-\vec{r}\times(-\vec{p}))$, gerade Parität). Als Beispiel für ungerade Parität zeigt Abb. 598a, wie aus einer Rechtsschraube bei räumlicher Spiegelung eine Linksschraube wird.

Bis 1956 nahm man als selbstverständlich an, daß alle physikalischen Vorgänge auch nach einer Raumspiegelung möglich bleiben und nicht im Widerspruch mit den Naturgesetzen stehen. Mit anderen Worten: Sie sollten gegenüber Änderungen der Parität invariant sein. Am Beispiel des $\beta^-$-Zerfalls des Co$^{60}$-Kerns

$$^{60}\mathrm{Co} \rightarrow {}^{60}\mathrm{Ni} + e^- + \tilde{\nu}_e \tag{8.1}$$

wurde aber gezeigt, daß es in der Natur Prozesse gibt, für welche dies nicht zutrifft:

Man bringt die emittierende Substanz ($^{60}$Co) in ein so starkes Magnetfeld, daß fast alle ihre Kernspins (Drehimpulse) in dessen Richtung weisen (vgl. XII, § 4). Dann beobachtet man, daß die Elektronen stets in der entgegengesetzten Richtung emittiert werden. Von den an diesem Prozeß beteiligten Vektorgrößen hat die eine (der Spin) gerade Parität, die andere (der Impuls des Elektrons) ungerade Parität. Bei einer räumlichen Spiegelung müßte die erstere unverändert bleiben, die letztere ihr Vorzeichen umkehren (Abb. 598b). Der „gespiegelte" Prozeß würde also darin bestehen, daß die Elektronen in Richtung der ausgerichteten Spins emittiert werden. Dieser wird aber nicht beobachtet; d.h. von zwei Prozessen, die durch räumliche Spiegelung auseinander hervorgehen, ist nur einer in der Natur realisiert. Der $\beta$-Zerfall ist somit gegenüber einer Änderung der Parität *nicht* invariant.

Dies trifft allerdings nur für Vorgänge zu, die — wie der $\beta$-Zerfall — durch die schwache Wechselwirkung bestimmt sind. Bei anderen Kernreaktionen ist die Invarianz streng erfüllt.

**b) Invarianz gegenüber Ladungsumkehr.** Kehrt man das Vorzeichen aller Teilchen um, so erwartet man für die entstehende Antimaterie die gleichen physikalischen Eigenschaften wie für Materie (§ 1 und 6). Wasserstoff und Antiwasserstoff (bestehend aus Antiproton und Positron) sollten also z.B. das gleiche Atomspektrum liefern.

Diese Gleichheit der Eigenschaften ist im allgemeinen auch gegeben, doch verursacht auch hier die schwache Wechselwirkung Abweichungen. Beispielsweise erwartet man bei bekannter Reaktionsgleichung für den $\pi^+$-Mesonenzerfall $\pi^+ \rightarrow \mu^+ + \nu_\mu$ nach Ladungsumkehr $\pi^- \rightarrow \mu^- + \tilde{\nu}_\mu$. Der Drehimpuls des $\nu_\mu$-Neutrinos ist antiparallel zu seinem Impuls (§ 3); dasselbe müßte für das allein durch die Transformation in Antiteilchen bei konstanten Impuls- und Drehimpulsoperatoren entstandene Antineutrino gelten, was nach § 3 nicht richtig ist. Die oben angegebene Invarianzeigenschaft kann also nicht streng gültig sein.

**c) Weitere Invarianzeigenschaften.** Eine gleichzeitige Ladungs- und Raumspiegelung transformiert obigen $\pi^+$-Mesonenzerfall richtig in die Zerfallsgleichung für $\pi^-$-Mesonen. Aber auch die hiernach vermutete Invarianz der Eigenschaften eines physikalischen Systems gegen diese gekoppelte Transformation wird durch die schwache Wechselwirkung nicht in allen Fällen erfüllt, z.B. beim Zerfall der $K$-Mesonen.

Allgemein konnte jedoch gezeigt werden, daß alle Systemeigenschaften invariant sind gegen eine gleichzeitige Umkehr der Vorzeichen von Ortskoordinaten, Ladung und Zeit. Da die Invarianz gegen Ladungs- und Raumspiegelung allein nicht streng erfüllt ist, müssen demnach auch einige Kernreaktionen nicht zeitlich umkehrbar (reversibel) sein, wie man es bis 1965 für alle Vorgänge bei Beteiligung nur weniger Teilchen annahm. (Die Reversibilität von Systemen mit sehr vielen Teilchen — etwa Atomen — bestimmt der 2. Hauptsatz).

Die eingehende Untersuchung dieser Invarianzeigenschaften und das Studium von Reaktionen, die einige von ihnen verletzen, sind derzeit wichtige Forschungsgebiete der Kernphysik.

**9. Zusammenstellung der Erhaltungssätze.** Die bereits erwähnten Erhaltungssätze werden hier wegen ihrer großen Bedeutung nochmals zusammengestellt. Ihre universelle Gültigkeit steckt den Rahmen ab, in dem physikalische Prozesse überhaupt ablaufen können, deren Einzelheiten unter Umständen aber durch weitere, weniger allgemeine Gesetze zu beschreiben sind. Alle Erhaltungssätze gelten innerhalb „abgeschlossener Systeme“, d.h. innerhalb von Bereichen, in denen sich der Wert der betrachteten Meßgröße, z.B. der elektrischen Ladung, nicht durch unkontrolliert von außen zugeführte oder nach außen abgeführte Ladung verändern kann. Sie sind reine Erfahrungssätze, deren strenge Gültigkeit nur solange anzunehmen ist, als ihnen kein experimenteller Befund widerspricht.

In der Kernphysik ermöglichen sie eine gute Übersicht und das grundsätzliche Verständnis der vielen möglichen Kernreaktionen; für die Auswertung kernphysikalischer Messungen, z.B. Nebel- oder Blasenkammeraufnahmen sind sie unentbehrlich.

Einige Sätze sind als Invarianzeigenschaften des physikalischen Systems gegenüber Transformationen (z.B. Spiegelungen) formuliert. In diesem Fall ist die Erhaltungsgröße unanschaulicher, die — wie sich in der Quantentheorie zeigen läßt — jeder solchen Invarianz im Prinzip zuzuordnen ist.

1. Verallgemeinerter Energie-Masse-Erhaltungssatz.

Die Summe aller Energien unter Einschluß der den Ruhemassen der beteiligten Reaktionspartner entsprechenden Energie bleibt konstant. Dabei ist zu beachten, daß wegen der Gültigkeit der Unschärferelation [XVIII, G. (7.4)] dies streng *nur* für unendlich lange Meßzeiten $\Delta t$ erfüllt ist, wenn die prinzipielle Unsicherheit $\Delta E \leqq \hbar/\Delta t$ verschwindet.

2. Erhaltungssatz des Impulses (I, § 22).

3. Erhaltungssatz des Drehimpulses (I, § 41).

4. Erhaltungssatz der elektrischen Ladung: Die Summe aller positiven und negativen Ladungen ändert sich nicht.

5. Erhaltungssatz der Baryonenzahl.

Wird allen Baryonen die Zahl $+1$, ihren Antiteilchen $-1$ zugeordnet, so ist die Summe dieser Baryonenzahlen bei allen Reaktionen konstant. Damit wird unter anderem beschrieben, daß das Proton stabil ist und nicht durch die schwache Wechselwirkung in Leptonen zerfällt.

6. Erhaltungssatz der Leptonenzahl.

$e^-$ und $\nu_e$ erhalten die Zahl $+1$, ihre Antiteilchen $-1$. Bei allen Kernreaktionen muß dann die Summe dieser Elektronen-Leptonenzahlen erhalten bleiben; ein entsprechendes Gesetz gilt für das Myon mit seinem Neutrino und den zugehörigen Antiteilchen.

7. CPT-Invarianz.

Nimmt man bei einem System — etwa bestehend aus einigen Elementarteilchen — eine räumliche Spiegelung vor (Paritätsoperation $P$), ersetzt gleichzeitig die Teilchen durch ihre Antiteilchen (Umkehr der Ladung = charge $C$) und läßt alle Vorgänge zeitlich umgekehrt verlaufen (Umkehr der Zeit = time $T$), so sind die dann möglichen Reaktionen von dem im Ausgangssystem ablaufenden nicht zu unterscheiden.

Während die obigen Sätze bisher bei allen Experimenten erfüllt waren, werden in der Kernphysik auch Erhaltungssätze beschränkter Gültigkeit formuliert. Dazu gehören:

8. Paritätsinvarianz.

Invarianz der physikalischen Eigenschaften eines Systems gegenüber Vorzeichenumkehr aller Ortskoordinaten. Sie ist bei Kernreaktionen unter dem Einfluß der schwachen Wechselwirkung ungültig.

9. Erhaltungssatz der Seltsamkeitszahl.

Beschreibung der gekoppelten Erzeugung einiger schwerer Elementarteilchen, ungültig für Reaktionen der schwachen Wechselwirkung.

10. Ladungsinvarianz.

Das Ersetzen aller Teilchen durch ihre Antiteilchen (Ladungsumkehr, vgl. auch § 6) führt auf Systeme, deren physikalische Eigenschaften sich — aber nur bei Vernachlässigung der schwachen Wechselwirkung — von denen der Ausgangssysteme nicht unterscheiden.

# XVI. Physik der festen Körper

In einem Gas vom Druck 1 Atm. ist die Anzahl der in 22,4 Liter enthaltenen Moleküle $L = 6{,}02 \cdot 10^{23}$ (vgl. II § 7 und 8); ihr mittlerer Abstand also $\sqrt[3]{\frac{22.4 \cdot 10^3}{6 \cdot 10^{23}}}$ cm $= 33$ Å. Das ist etwa das 10fache des Moleküldurchmessers. Die Moleküle können also praktisch als frei und ungestört betrachtet werden mit Ausnahme des Momentes ihres Zusammenstoßes. Dieser selbst aber vollzieht sich nach den Gesetzen des elastischen Stoßes, wie die glänzenden Erfolge der kinetischen Gastheorie beweisen, welcher dieser Annahme zugrunde liegt. Daher konnte eine Theorie des Gaszustandes entstehen, ohne daß von den Molekülen mehr bekannt war als ihre Masse und ihr Durchmesser; nur daher ist es auch zu verstehen, daß es eine für alle Gase gültige Zustandsgleichung gibt. Im festen und flüssigen Zustand ist die Dichte rund 1000mal so groß, der mittlere Molekülabstand also von der gleichen Größenordnung wie der Durchmesser der Moleküle. Diese sind also dauernd in Kontakt und beeinflussen einander. Die Atomtheorie des festen und des flüssigen Zustandes ist daher im gleichen Maß schwieriger als die des gasförmigen, wie die Theorie des Atomkerns schwieriger ist als die der Atomhülle mit ihren weitgehend voneinander unabhängigen Elektronenbahnen.

Eine gewisse Erleichterung besteht für den festen Zustand darin, daß hier die Atome oder Moleküle im allgemeinen regelmäßig, in genau bekannten Abständen angeordnet sind (Kristallgitter), aus deren Kenntnis allein freilich die wenigsten Eigenschaften abzuleiten sind. Man muß darüber hinaus den Bau der verschiedenen Atome kennen, um zu verstehen, wie sie sich in enger Koppelung miteinander verhalten. Bei Metallen kommt hinzu, daß die Leitungselektronen bereits bei Zimmertemperatur eine Geschwindigkeit von etwa $10^7 \frac{\text{cm}}{\text{s}}$ (vgl. § 16) haben, also $\lambda \approx 60$ Å (vgl. IV E), d.h. ihre de Broglie-Wellenlänge größer ist als die Atomabstände, so daß sie keineswegs mehr als Partikel behandelt werden dürfen.

Obwohl bahnbrechende theoretische Arbeiten zur Physik der festen Körper schon in den dreißiger Jahren entstanden (Bloch, Fermi, Landau, Peierls, Sommerfeld), hat sie erst nach 1945 einen bedeutenden Aufschwung genommen. Das ist vor allem den Fortschritten in experimenteller Richtung zu danken; nämlich auf dem Gebiet der Tieftemperaturphysik, der Mikrowellentechnik und der Darstellung von Substanzen hoher Reinheit.

## A. Die Aggregatzustände

**1. Mechanische und thermische Eigenschaften.** Bereits bei oberflächlicher Beobachtung zeigt sich die Materie in drei deutlich unterschiedenen Zuständen, den sogenannten Aggregatzuständen: dem gasförmigen, dem flüssigen und dem festen. Sie unterscheiden sich offensichtlich dadurch, daß gasförmige Materie jeden ihr gebotenen Raum in Anspruch nimmt, flüssige Materie im Schwerefeld der Erde eine (nahezu) ebene Oberfläche bildet und im kräftefreien Raum Kugelgestalt annimmt, und feste Materie die ihr einmal gegebene Gestalt beibehält, solange sie nicht durch Kräfte zu einer Gestaltsänderung gezwungen wird, und ihre anfängliche Gestalt wieder gewinnt, sobald die Kräfte verschwinden.

Genauere Untersuchung zeigt, daß die so charakterisierten Zustände Idealzustände, d.h. in der Natur nur annähernd verwirklicht sind, und daß zwischen ihnen fließende Übergänge existieren. Überdies ist das flüssige Helium eines besonderen, des „suprafluiden“ Zustandes fähig, den man keinem der drei genannten zuordnen kann. Angenähert quantitativ lassen sich die Zustände wie in Tabelle 46 einordnen und charakterisieren:

Tabelle 46

| Zustand | fest | | flüssig | | gasförmig | | Suprafluid |
|---|---|---|---|---|---|---|---|
| | ideal | real | real | ideal | real | ideal | |
| Beispiel | Diamant | Plexiglas | Glyzerin | Äther | bei tiefer Temperatur und hohem Druck | bei hoher Temperatur und tiefem Druck | He II ($<2{,}18^\circ K$) |
| Dichte $\left[\frac{g}{cm^3}\right]$ | 3,52 | 1,16 ... 1,20 | 1,260 | 0,8 | bis $10^{-1}$ | $\approx 10^{-3}$ | 0,125 |
| Kompressionsmodul $\left[\frac{N}{m^2}\right]$ | $5{,}8 \cdot 10^{11}$ | $\sim 10^{11}$ | $5 \cdot 10^7$ | $10^5$ | bis 0 | $\approx$ Druck | |
| Schubmodul $\left[\frac{N}{m^2}\right]$ | $3{,}5 \cdot 10^{11}$ | $1{,}5 \cdot 10^{10}$ | 0 | 0 | 0 | 0 | |
| Viskosität [Poise] | – | $>10^9$* | 15* | 0,002* | | $\approx 10^{-4}$* | $<10^{-7}$ |
| Oberflächenspannung $\left[\frac{dyn}{cm}\right]$ | – | – | 65,7 gegen Luft | 17 | 0 | 0 | |

* Bei Zimmertemperatur.

Bei der festen Materie hat sich gezeigt, daß sie fast immer im kristallinen Zustand ist (Ausnahmen s. § 26 bis 29), d.h. daß ihre Bausteine überwiegend geometrisch regelmäßig angeordnet sind. Wir werden daher in diesem Kapitel das Wort „Kristall“ häufig an Stelle von „Festkörper“ gebrauchen. Allerdings findet man normalerweise völlig regelmäßigen Bau nur in engbegrenzten Bezirken, den sogenannten Kristalliten.

Es ist heute möglich, von fast allen Metallen und vielen anderen Stoffen Einkristalle zu züchten, d.h. größere Stücke, in denen die Anordnung der Bausteine nur ganz wenig von der Gitterstruktur abweicht (vgl. § 23 bis 25). Bei der Züchtung läßt man einen als Keim dienenden Kristalliten in die Schmelze hinein langsam weiter wachsen.

**2. Elektrische und magnetische Eigenschaften.** Hierin unterscheidet sich der feste Zustand nicht wesentlich vom flüssigen. Elektrisch nichtleitende Festkörper bleiben dies auch im flüssigen (geschmolzenen) Zustand. Bei Metallen nimmt die Leitfähigkeit beim Schmelzen im allgemeinen etwas ab. Im amorphen Zustand — den man in ganz dünnen Schichten aufrechterhalten kann — verschwindet sie ganz. Im gasförmigen Zustand ist die Leitfähigkeit immer gleich Null, solange nicht einige Moleküle ionisiert werden (z.B. in Gasentladungen).

Para- und Diamagnetismus bleiben in allen drei Zuständen qualitativ erhalten. Der Ferromagnetismus — als typisches Koordinationsphänomen; vgl. III § 59 — ist nur dem festen Zustand eigentümlich.

Von den optischen Eigenschaften ist die Doppelbrechung praktisch immer an den kristallinen Zustand gebunden. Die Lichtabsorption ist aber im festen Zustand meist nicht wesentlich anders als im flüssigen.

**3. Schmelzen und Sublimieren** (vgl. II § 29). Beim Schmelzen gehen die Atome oder Moleküle aus dem starr, gitterförmig geordneten Verband in einen lockeren über, in dem aber — wie die Oberflächenspannung beweist (vgl. I § 56) — immer noch dauernd starke Kräfte zwischen ihnen wirken. Beim Sublimieren gehen sie aus dem Gitterverband direkt in den ungebundenen Zustand über. Die dazu erforderliche Energie ist 10- bis 40mal größer. So beträgt z. B. die Sublimationswärme des Eises $13\,\frac{\text{kcal}}{\text{Mol}}$, pro Molekül also $\frac{13}{6{,}02\cdot 10^{23}} = 2{,}2\cdot 10^{-23}\,\text{kcal} \approx 0{,}56\,\text{eV}$; die Schmelzwärme dagegen ist fast um den Faktor 10 kleiner; je Molekül also etwa 0,06 eV. Die Energie 0,56 eV ist demnach erforderlich, um ein Eismolekül völlig aus dem Kristallgitter zu lösen (Gitterenergie). Sie beträgt nur etwa den 10ten Teil der Dissoziationsenergie des Moleküls oder der Ionisierungsarbeit eines Wasserstoffatoms (vgl. VIII § 6).

Die Schmelztemperatur ($T_s$) ist dann erreicht, wenn die thermische Energie der Kristallbausteine, die nach II § 10 proportional der absoluten Temperatur ist, so groß wird, daß sie diese aus dem festen Kristallverband zu lösen vermag. Es besteht also ein Zusammenhang zwischen der molaren Schmelzwärme ($Q_s$) und $T_s$:

$$T_s = \text{Const}\cdot Q_s\,. \tag{3.1}$$

Ob sich ein Stoff bei Zimmertemperatur fest, flüssig oder gasförmig verhält wird allein durch das Verhältnis $\frac{\text{Bindungsenergie}}{\text{mittl. therm. Energie}}$ bestimmt. So kommt es, daß Atome (wie z. B. die Edelgasatome) oder Moleküle (wie z. B. $H_2$, $N_2$ und $O_2$), die in sich stark abgeschlossen sind und keine Neigung zeigen, sich miteinander zu vereinigen, sehr tief liegende Schmelzpunkte besitzen ($<60^\circ$ K). Metalle, die im gasförmigen Zustand ja auch einatomig sind, haben deswegen höhere Schmelzpunkte, weil die Atome nicht als ganze in den Kristallverband eingehen, sondern als Ionen, die durch ein „Elektronengas" zusammengehalten werden (vgl. § 14 und 15).

## B. Atomtheorie des festen Zustandes

**4. Die Potentialkurve des Einzelatoms.** Wir fragen zunächst nach den Kräften ($K$), die auf ein an der Oberfläche eines Kristalls sitzendes Atom wirken. Offenbar wird es am tieferen Eindringen in den Kristall gehindert durch Abstoßungskräfte, die mit Annäherung an das nächste Atom sehr stark anwachsen (wir geben ihnen das positive Vorzeichen), und am Entweichen aus der Oberfläche durch Anziehungskräfte (negatives Vorzeichen), die zunächst mit wachsendem Abstand ($x$) zunehmen, dann aber dem Wert 0 zustreben. Daraus ergibt sich qualitativ der in Abb. 599 punktiert gezeichnete Verlauf.

Dementsprechend nimmt das Potential oder die potentielle Energie, definiert durch $E_{\text{pot}} = -\int K\,dx$ (vgl. I § 25), qualitativ den durch die ausgezogene Kurve angegebenen Verlauf, der mit dem für zweiatomige Moleküle (aus den Bandenspektren) ermittelten (vgl. X § 8, Abb. 555b) im wesentlichen übereinstimmt. $D$ gibt auch hier die Ablösearbeit an ($\approx$ Sublimationswärme pro Atom; vgl. § 3); $x_0$ den Atomabstand im Ruhezustand. Allerdings gilt auch für die Oszillationen der Gitterbausteine eine Nullpunktsenergie, d.h. daß selbst am absoluten Nullpunkt eine Schwingung stattfindet. Wie aus der Analyse der Bandenspektren hervorgeht (vgl. X § 8), hat sie die Energie $\frac{1}{2}h\nu_0$. Daraus kann man die Größenordnung der Amplitude abschätzen zu $10^{-9}$cm; d.i. etwa der 10te Teil von $x_0$.

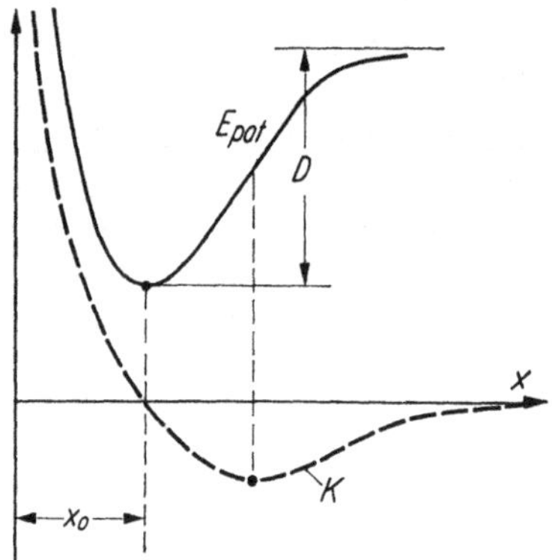


Abb. 599. Kraft und potentielle Energie, die auf ein Oberflächenatom wirken

Durch Vergleich der Potentialkurve mit der thermischen Energie ($E_{th}$) kann man die 3 Aggregatzustände charakterisieren (vgl. Abb. 600): Die mittlere thermische Energie, die ungefähr mit dem am häufigsten vertretenen Energiewert übereinstimmt (vgl. I § 54, Abb. 91), ist bei Gasen größer als $D$, bei Flüssigkeiten etwas kleiner, so daß die Differenz von einigen Atomen überbrückt werden kann (Dampfdruck der Flüssigkeiten; vgl. II § 28), bei Festkörpern weit kleiner. $N$ bedeutet dabei denjenigen Bruchteil aller Atome, deren thermische Energie zwischen $E_{th}$ und $(E_{th} + dE_{th})$ liegt.

**5. Nachweis der Gitterschwingungen.** Die Potentialkurve zeigt, wenn die beteiligten Partner überhaupt eine Bindung eingehen, stets ein Minimum. Das gilt auch für solche, die nicht in einer Grenzfläche sitzen. Innerhalb der Potentialmulde kann die Partikel Schwingungen ausführen, deren Umkehrpunkte immer in gleicher Höhe auf der Potentialkurve liegen. Es sind harmonische Schwingungen und daher frei von „Obertönen", soweit die Potentialkurve in der Nähe des Minimums durch eine Parabel angenähert werden darf.

Zu der gleichen Aussage gelangt die Quantentheorie: Das Schwingungsspektrum ist ein Einlinienspektrum (vgl. X § 7), das allerdings bei den

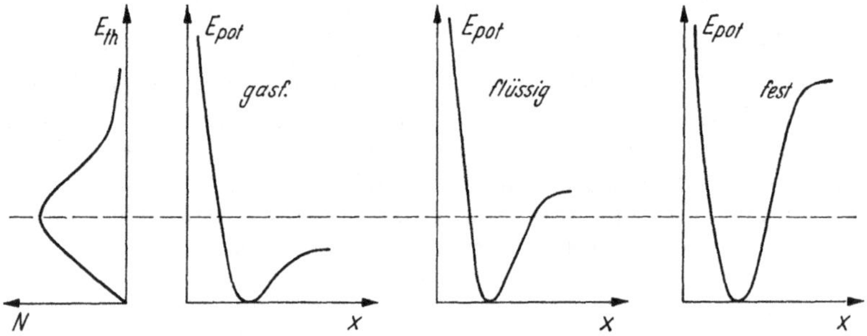


Abb. 600. Potentialkurve und thermische Energie bei verschiedenen Aggregatzuständen

Gasen durch überlagerte Rotationszustände kompliziert ist. Im festen Körper können die Atome oder Atomgruppen nicht rotieren und zeigen daher — soweit die genannten Vereinfachungen zutreffen — nur eine Absorptionslinie, und zwar im ultraroten Spektralbereich. Hier absorbieren sie aber so stark, daß man selbst mit dünnsten Kristallblättchen nicht arbeiten kann. Daher mißt man vorzugsweise das Reflexionsvermögen solcher Kristalle, das ja immer dann besonders stark ist, wenn die Bestandteile des reflektierenden Körpers von der Strahlung zum Mitschwingen angeregt werden.

Tatsächlich zeigt das Reflexionsvermögen einer großen Zahl von Kristallen ein scharf ausgeprägtes Maximum im Ultrarot (vgl. Reststrahlenmethode VII § 5). Wie zu erwarten, nimmt die Frequenz des Maximums mit Zunahme der reduzierten Masse der an der Schwingung beteiligten Partner ab (s. Abb. 601).

Optisch lassen sich die Gitterschwingungen nur an nichtleitenden Kristallen feststellen, da hochfrequente elektromagnetische Wellen in leitende Körper so gut wie gar nicht eindringen. An solchen kann man die Gitterschwingungen mittels Neutronenstreuung nachweisen: Man läßt einen Strahl sehr energiearmer („kalter") Neutronen in den Festkörper eindringen und kann feststellen, daß ein Teil der gestreuten Neutronen eine viel größere Energie, und zwar vorzugsweise die Energie $h\nu_g$, besitzen, wo $\nu_g$ die Frequenz der Gitterschwingung ist.

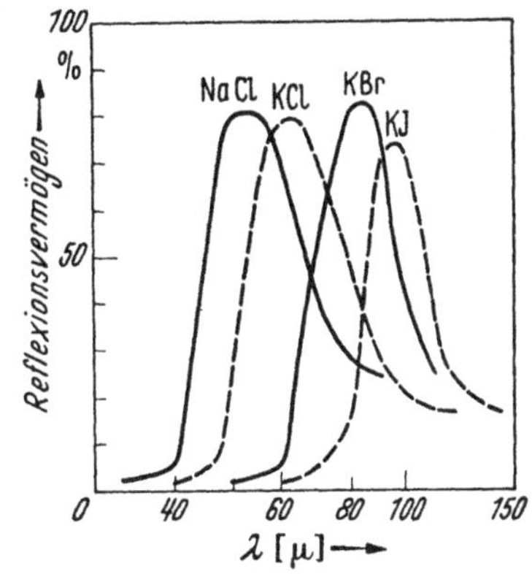


Abb. 601. Reflexionsvermögen einiger Alkalihalogenide im infraroten Spektralbereich

**6. Thermische und elastische Verformung.** Für zwei benachbarte Atome im Inneren des Kristalls gilt natürlich eine veränderte Potentialkurve, die dann nicht notwendig unsymmetrisch sein muß. Wenn die Atome vibrieren, so bleiben im Zeitmittel die zwischen ihnen wirkenden Kräfte gleich Null, solange die Potentialkurve als Parabel, die Bindung also als „harmonisch" angesehen werden kann. Abweichungen hiervon bewirken aber, daß im Zeitmittel Kräfte — im allgemeinen abstoßende — zwischen Nachbaratomen auftreten. Dadurch vergrößert sich bei Temperatursteigerung der Abstand der Schwingungsmittelpunkte, d.h. der Kristall dehnt sich aus. Das ist aber nicht notwendig der Fall: Es gibt eine Anzahl von Kristallen, die sich in einer Kristallrichtung mit steigender Temperatur ausdehnen, und gleichzeitig in einer anderen zusammenziehen. In seltenen Fällen tritt sogar „thermische Zusammenziehung" in jeder Richtung auf (z.B. bei Eiskristallen unterhalb 100° K), so daß auch der kubische Ausdehnungskoeffizient (vgl. II 4.3) negativ wird.

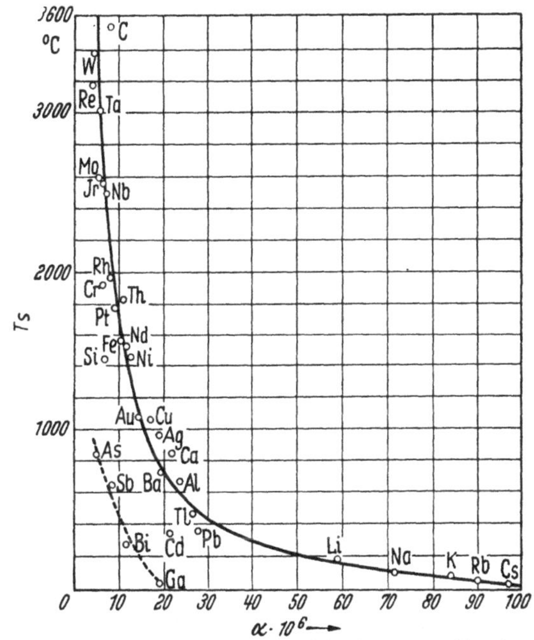


Abb. 602. Zusammenhang zwischen Schmelztemperatur $T_S$ und Ausdehnungskoeffizient

Stets aber handelt es sich — selbst wenn man die Messungen bis zum Schmelzpunkt erstreckt — um geringe Änderungen der linearen Abmessungen und damit der mittleren Atomabstände $r_0$. Von den erwähnten Ausnahmen abgesehen zeigen alle Kristalle zwischen 0° K und ihrem Schmelzpunkt insgesamt eine Volumvergrößerung von nur etwa 7%. Das Auseinanderrücken der Schwingungsmittelpunkte ist also immer kleiner als die Schwingungsamplitude, selbst am absoluten Nullpunkt (vgl. § 4).

Wie nach diesem Bild zu erwarten, ist die bei Zimmertemperatur meist beobachtete Proportionalität der relativen Längenänderung $\frac{\Delta l}{l}$ mit der Temperatur, d.h. die Konstanz des linearen Ausdehnungskoeffizienten $\alpha$ (vgl. II 4.1) über größere Temperaturintervalle keineswegs eingehalten. $\alpha$ geht vielmehr mit Annäherung an den absoluten Nullpunkt gegen den Wert 0.

Ferner wird ein sehr deutlicher Zusammenhang zwischen $\alpha$ und der Schmelztemperatur $T_S$ (vgl. Abb. 602) aus der Potentialkurve verständlich: Wenn $D$ (vgl. Abb. 599) klein ist, die Kurve also schon in geringer Höhe über dem Minimum ihren Wendepunkt hat, wird die Asymmetrie sich bereits nahe beim Minimum bemerkbar machen, d.h. $\alpha$ besonders groß sein. $D$ bestimmt aber $Q_s$ und somit wegen (3.1) die Schmelztemperatur.

Was die *elastischen Eigenschaften* der Kristallgitter anbelangt, so ist die Dehnung eines Kristalls unter der Einwirkung einer Spannung, d.h. der Dehnungsmodul (vgl. I § 68) natürlich ebenfalls durch den Verlauf der Potentialkurve bestimmt; genauer durch $\left.\frac{dK}{dx}\right|_{x=x_0}$.

**7. Theorie der spezifischen Wärme (Einstein, Debye).** Da feste Körper bei Erwärmung ihr Volumen nur sehr wenig ändern (vgl. § 6), spielt die Expansionsarbeit und damit die Unterscheidung zwischen $C_p$ und $C_v$ im allgemeinen keine Rolle. In diesem Abschnitt soll unter $C$ die Atom- bzw. Molwärme bei konstantem Volumen verstanden werden, die aus der experimentell leichter zugänglichen bei konstantem Druck durch Umrechnung gewonnen werden kann.

Während $C$ bei hohen Temperaturen in vorzüglicher Übereinstimmung mit dem klassischen Gleichverteilungssatz (II § 10) stets dem Grenzwert $6 \cdot \frac{R}{2} \approx 6 \cdot \frac{\text{cal}}{\text{Mol} \cdot \text{Grad}}$ zustrebt, ist das Absinken von $C$ nach tiefen Temperaturen im Rahmen der klassischen Physik unverständlich. Einstein hat als erster erkannt, daß diese Erscheinung aus der Quantentheorie zu deuten ist. Ihr zufolge kann ein Oszillator der Frequenz $\nu$ Energie nur in ganzen Quanten $h\nu$ aufnehmen oder abgeben. Im Wärmegleichgewicht mit seiner Umgebung besitzt er dann im Mittel die Energie:

$$\bar{u} = \frac{h\nu}{e^{\frac{h\nu}{kT}} - 1}. \tag{7.1}$$

Dies wird verständlich, wenn man in VIII 10.2 den klassischen Wert für die mittlere Energie eines Oszillators ($\frac{2}{2}kT$) durch $\bar{u}$ ersetzt und mit diesem Ausdruck für $K_\nu$ in (VIII 10.1) eingeht. Für hohe Temperaturen wird $e^{\frac{h\nu}{kT}} \approx 1 + \frac{h\nu}{kT}$ und damit zufolge (7.1) $\bar{u} \approx kT$; für tiefe Temperaturen geht $\bar{u}$ gegen Null.

Man kann diesen Einfluß der Quantisierung auf die durchschnittliche Energie am folgenden Beispiel verständlich machen: Eine Autobuslinie, die bislang für ihre Fahrgäste an jedem gewünschten Punkt ihrer Route anhalten ließ und den Fahrpreis nach der jeweils zurückgelegten Strecke bemaß, führt feste Haltepunkte in größeren Abständen ein. Da die Fahrgäste nicht mehr Fahrgeld als zuvor aufwenden können, wird jeder an der *vor* seinem Ziel gelegenen Haltestelle aussteigen. Der mittlere Aufwand an Fahrgeld, der auf einen Passagier entfällt, wird also abnehmen, und zwar um so stärker, je geringer der Aufwand zuvor war, da ein Teil der Fahrgäste nun die Linie überhaupt nicht mehr wird benützen können.

In (7.1) ist die Nullpunktsenergie, die auf der rechten Seite ein Glied $\frac{1}{2}h\nu$ beisteuern würde (vgl. X 7.1 und anschließende Bemerkungen), fortgelassen, da sie bei der nun folgenden Differentiation ohnehin entfällt.

Die Atomwärme erhält man bei Beachtung, daß ein Gitterpunkt in 3 Richtungen oszillieren kann, aus (7.1):

$$C = \frac{d}{dT}(L \cdot 3\bar{u}) = \frac{d}{dT} 3R \frac{\frac{h\nu}{k}}{e^{\frac{h\nu}{kT}} - 1}$$

(vgl. II § 8). Der Ausdruck $h\nu/k$ hat die Dimension einer Temperatur, gelegentlich Einstein-Temperatur ($\Theta_E$) genannt. Nach Ausführung der Differentiation ergibt sich:

$$C = 3R\left(\frac{\Theta_E}{T}\right)^2 \cdot e^{\frac{\Theta_E}{T}}\left(e^{\frac{\Theta_E}{T}} - 1\right)^{-2} = E\left(\frac{\Theta_E}{T}\right) \text{ (Einstein-Funktion).} \tag{7.2}$$

Durch Wahl eines geeigneten $\Theta_E$-Wertes erhält man eine Kurve, die sich dem gemessenen Verlauf von $C$ in Abhängigkeit von $T$ außer bei den tiefsten Temperaturen recht gut anpaßt (Abb. 603).

Gerade diese Abweichungen bei tiefen Temperaturen weisen aber darauf hin, daß die Annahme von nur einer Schwingungsfrequenz, d.h. einer parabelförmigen Potentialkurve nicht ausreicht. Andererseits ist deren genauer Verlauf nicht bekannt. Debye ersetzte daher das einlinige Oszillatorenspektrum durch ein elastisches Spektrum, dem nur nach hohen Frequenzen eine Grenze ($\nu_{gr}$) gesetzt ist, nämlich bei derjenigen Frequenz, bei der die Wellenlänge einer elastischen oder Schallwelle gleich dem doppelten Abstand ($d$) benachbarter Atome ist. Dem liegt die Überlegung zugrunde, daß es sinnlos ist, zwei benachbarten Oszillatoren eine Phasendifferenz $> \pi$ zuzuschreiben. In einer Kette von Massenpunkten ist also der Abstand zweier Elemente der Phasendifferenz 0 ($= 2\pi$), d.i. die Wellenlänge mindestens gleich dem doppelten Abstand zweier Nachbarn (vgl. I § 80, Abb. 147$b_3$).

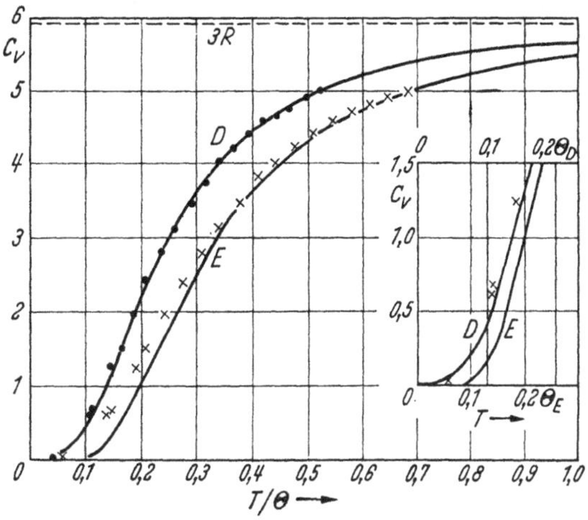


Abb. 603. Atomwärme (Cal/Mol · Grad) von Diamant, angepaßt einer Einstein-Funktion ($E$) und einer Debye-Funktion ($D$) mit verschiedenem $\Theta$ ($\Theta_E = 1320°$ K; $\Theta_D \approx 2000°$ K)

Die Debyesche Grenzfrequenz $\nu_{gr}$ läßt sich aus den Größen $d$ und der Schallgeschwindigkeit ($c_s$) abschätzen.

$$\nu_{gr} \approx \frac{c_s}{2d}. \tag{7.3}$$

Für $\nu_{gr}$ ergeben sich Werte von der Größenordnung $10^{13}$ Hz; also rund 1000mal mehr als die höchsten künstlich erzeugten Schallwellen.

Bei der genaueren Berechnung muß berücksichtigt werden, daß im festen Körper longitudinale und transversale Schallwellen auftreten, die verschiedene Ausbreitungsgeschwindigkeiten haben; in anisotropen Körpern sind diese auch noch richtungsabhängig.

Je Frequenzintervall $\Delta\nu$ sollen im elastischen Spektrum Const $\cdot \nu^2 \cdot \Delta\nu$ Frequenzen liegen (vgl. VIII 10.2); Const wird so angenommen, daß insgesamt $3L$ Frequenzen auftreten, entsprechend den 3 aufeinander senkrechten Richtungen, in denen jedes Atom schwingen kann:

$$\text{Const} \int_0^{\nu_{gr}} \nu^2 \, d\nu = 3L, \tag{7.4}$$

$$\text{Const} = \frac{9L}{\nu_{gr}^3}. \tag{7.5}$$

Schreibt man jeder dieser Schwingungen die durch den Planckschen Ausdruck 7.1) gegebene mittlere Energie $\bar{u}$ zu und verfährt im übrigen wie bei der Einsteinschen Theorie, so erhält man

$$C = 3R\left[12\left(\frac{T}{\Theta}\right)^3 \cdot \int\limits_0^{\Theta/T} \frac{\left(\frac{\Theta}{T}\right)^3 d\left(\frac{\Theta}{T}\right)}{e^{\frac{\Theta}{T}} - 1} - \frac{3\,\frac{\Theta}{T}}{e^{\frac{\Theta}{T}} - 1}\right] = D\left(\frac{\Theta}{T}\right) \tag{7.6}$$

mit

$$\Theta = \frac{h\nu_{gr}}{k}. \tag{7.7}$$

Danach ist die Atomwärme nur Funktion von $\frac{\Theta}{T}$, wobei $\Theta$ eine reine Stoffkonstante ist. Bei geeigneter Wahl von $\Theta$ paßt sich $D\left(\frac{\Theta}{T}\right)$ den über einen weiten Temperaturbereich sehr genau gemessenen Werten von $C$ gut an (vgl Abb. 603), überschreitet deren Fehlergrenzen jedoch immer noch in vielen Fällen.

Der Wert von $\Theta$, den man durch Anpassung der „Debye-Funktion" $D\left(\frac{\Theta}{T}\right)$ an gemessene Kurven erhält, bezeichnet man als *charakteristische* oder *Debye-Temperatur* des Stoffes ($\Theta_D$). Aus ihr läßt sich unabhängig von (7.3) die Grenzfrequenz berechnen. Tabelle 47 gibt einige Zahlenwerte für:

Tabelle 47

| | elastisch $\nu_{gr} \cdot 10^{-12}\,s^{-1}$ berechnet aus (7.3) | thermisch $\nu_{gr} \cdot 10^{-12}\,s^{-1}$ berechnet aus $\Theta_D$ (7.7) | optisch $\nu \cdot 10^{-12}\,s^{-1}$ U-Rot-Abs. vgl. Abb. 622 |
|---|---|---|---|
| NaCl . | 6,66 | 6,42 | 5,77 |
| KCl . | 5,13 | 4,89 | 4,77 |
| Ag . . | 4,50 | 4,69 | — |
| Zn . . | 6,35 | 6,41 | — |

Die Übereinstimmung der drei auf völlig verschiedenen Wegen — elastisch, thermisch und optisch — gewonnenen Zahlen muß als vorzügliche Bestätigung angesehen werden.

Fast die gleiche Temperaturabhängigkeit wie die Atomwärme zeigt der thermische Ausdehnungskoeffizient (entdeckt und theoretisch begründet von GRÜNEISEN). Das wird verständlich, wenn man beachtet, daß nach DEBYES Theorie der Energieinhalt mit steigender Temperatur immer stärker von den hohen Frequenzen bestritten wird. Diesen entsprechen aber hohe Lagen in der Potentialmulde und demnach stark verschobene Schwingungsmittelpunkte.

**8. Wärmewellen und Phononen.** Die Debyesche Theorie erscheint zunächst als ein „Rückfall" in die mechanische Theorie der Wärme insofern, als sie die klassisch-mechanische Formel (7.4) verwendet und mit der quantentheoretischen (7.1) verkoppelt. Dieser Kompromiß wird aber nicht allein durch die experimentellen Ergebnisse gerechtfertigt, sondern er deutet bereits auf den Dualismus hin, der auch den Trägern der thermischen Eigenschaften zugrunde liegt.

Nach der Debyeschen Auffassung kann der Wärmeinhalt des festen Körpers durch ein quasikontinuierliches Spektrum von Schwingungen dargestellt werden, die nicht mehr einem einzelnen Oszillator zugeordnet werden, sondern dem ganzen Kristall. Räumlich ausgedehnte Schwingungszustände sind aber nichts anderes als Wellen, und so ergibt sich die Vorstellung, daß der erwärmte Körper von *Wärmewellen* aller Frequenzen ($\leq \nu_{gr}$) und in allen Richtungen durchzogen ist, ganz analog wie ein erhitzter Hohlraum von elektromagnetischen Wellen aller Frequenzen und Richtungen (vgl. VII § 9 und 12).

Nun zeigt es sich und wird durch die erfolgreiche Einführung des Quantenansatzes (7.1) bestätigt, daß die Verteilung der Energie über das Spektrum nach den Gesetzen der Quantentheorie erfolgt, der die Beziehung $\varepsilon = h\nu$ zugrunde liegt. Der gleiche Schritt wie in der Theorie der Strahlung, nämlich von der Wellentheorie zur Korpuskulartheorie (vgl. VIII § 1) kann daher in der Theorie der Wärme vollzogen werden: Ebenso wie man dort den Strahlungsinhalt des schwarzen (Hohlraum-)Strahlers durch Photonen beschreiben kann, die ihn in allen Richtungen durchziehen, so läßt sich der Wärmeinhalt der festen Körper durch Phononen darstellen, deren Energie durch $\varepsilon = h\nu$ und deren Häufigkeit durch (7.1) mit der Nebenbedingung $\nu \leqq \nu_{gr}$ gegeben ist.

Während sich die Photonen auch im Vakuum und stets mit Lichtgeschwindigkeit ($c_0$) ausbreiten, können Phononen nur in kompakter Materie existieren, und ihre Geschwindigkeit ist höchstens gleich der Schallgeschwindigkeit ($c_s$), d.h. 4 bis 5 Zehnerpotenzen kleiner als $c_0$.

Da die de Broglie-Beziehung (VIII 15.7) offenbar universell und daher auch auf Phononen anwendbar ist, kann man diesen auch einen Impuls ($p$) zuschreiben:

$$p = \frac{h}{\lambda} = \frac{h\nu}{c_s} \leqq \frac{h\nu_{gr}}{c_s} = \frac{h}{2d} \approx 10^{-19}\,\mathrm{g\,cm\,s^{-1}} \tag{8.1}$$

(vgl. 7.3). Ein Photon der gleichen Frequenz, d.h. gleicher Energie hat demnach einen um 4 bis 5 Zehnerpotenzen kleineren Impuls als das entsprechende Phonon.

Der Korpuskel-Aspekt des Lichtes tritt vorzüglich bei Photonen hoher Frequenz zutage: Alle Experimente, die ihre korpuskulare Natur evident machen (lichtelektrischer Effekt, Lichtzählrohr, Compton-Effekt), werden mit sichtbarem und noch kürzerwelligem Licht ($\nu \approx 10^{14}$ bis $10^{17}\,\mathrm{s^{-1}}$) ausgeführt. Phononen existieren aber nur bis zur Frequenz $\nu_{gr} \approx 10^{12}$ bis $10^{13}$ Hz. Daran liegt es, daß es keine ebenso direkten Belege für die Existenz von Phononen gibt. Der Begriff hat sich aber in der Festkörperphysik vorzüglich bewährt. Besonders die Theorie der Wärmeleitung in nichtmetallischen Kristallen wurde durch Einführung des Begriffs Phonon sehr gefördert, indem der Wärmestrom als Strömung von Phononen nach den Gesetzen der Diffusion (vgl. II § 13 bis 17) behandelt wurde (Debye).

Genau wie der Strahlungsdruck mit der Theorie der Lichtquanten (vgl. VIII § 15), so läßt sich auch der Schallstrahlungsdruck mittels der Phononen besonders einfach ableiten: Die in einer Säule vom Querschnitt 1 und der Länge $c_s$ (= Schallweg in der Zeiteinheit) enthaltene Schallenergie ist $2\varrho\pi^2\nu^2\xi_0^2\cdot c_s$ (vgl. I 98.1), entsprechend einer Phononenzahl $N = 2\varrho\pi^2\nu^2\xi_0^2\,c_s/h\nu$. Alle $N$ Phononen geben das Doppelte ihres Impulses $\left(\frac{h\nu}{c_s}\text{; vgl. 7.1}\right)$ je Zeiteinheiten an einen zum Schallstrahl senkrechten Reflektor ab; also ist der Schallstrahlungsdruck $= 2\varrho\pi^2\nu^2\xi_0^2\,c_s/h\nu\cdot 2\,\frac{h\nu}{c_s} = 4\varrho\pi^2\nu^2\xi_0^2$. Das ist aber das Zweifache der Energiedichte und somit gleich dem klassisch berechneten Schallstrahlungsdruck (vgl. I § 98).

## C. Klassifizierung der Kristalle

**9. Kristalltypen.** Eine eindeutige Ordnung aller Kristalle bietet die räumlich-geometrische Anordnung ihrer Bausteine. Damit sind aus mathematischen Gründen 32 Kristallklassen gegeben, die sich in 7 Kristallsysteme zusammenfassen lassen. Welcher dieser Klassen oder Systeme ein Kristall zuzuordnen ist, läßt sich durch Strukturanalyse mittels Röntgen-, Elektronen- oder Neutronenstrahlen fast immer genau feststellen. Dank ihrer Wellennatur werden alle diese Strahlen an dem räumlichen Gitter, das die Kristalle ihnen darbieten, unter bestimmten räumlichen Winkeln von ihrer anfänglichen Richtung abgebeugt oder (wenn man ihre Teilcheneigenschaften bevorzugt) gestreut, und zwar Röntgenstrahlen an der Atomhülle und gemäß der dort vorhandenen Elektronenzahl (vgl. IX 8.4), schnelle Elektronenstrahlen am elektrischen Feld des Atomkerns, Neutronenstrahlen (vgl. XV § 2) durch die Kernkräfte, sowie durch magnetische Wechselwirkung mit den Kernen. Da die Neutronenmasse von der Größenordnung der Massen leichter Atomkerne ist, bilden diese nach den Stoßgesetzen (vgl. I 27 und 29) besonders wirksame Streuzentren, während sie durch Röntgen- oder Elektronenstrahlen praktisch nicht erfaßbar sind. So konnte man z.B. durch Neutronenbeugung feststellen, daß die H-Atome in Eiskristallen fast die gleiche Lage zum O-Atom einnehmen wie im Wasser.

Die Klassifizierung nach Kristallsystemen ist jedoch physikalisch nicht sehr aufschlußreich, da man aus ihr über die sonstigen Eigenschaften der Kristalle wenig aussagen kann.

Tabelle 48

| Bindungstyp | Art der Bindungskräfte | Beispiele | | Merkmale |
|---|---|---|---|---|
| | | Stoff | $E_g\left(\frac{\text{kcal}}{\text{Mol}}\right)$ | |
| Ionenbindung (heteropolar) | Elektrostatisch, da die Atome als ungleichnamige Ionen in das Gitter eingehen | NaCl<br>LiF | 180<br>240 | Starke Lichtabsorption im Ultrarot. Elektrolytische Leitfähigkeit, mit Temperatur zunehmend |
| Valenzbindung (homöopolar) | Gerichtete „Valenzkräfte" d.h. die gleichen, die gleichartige Atome im Molekül zusammenhalten. Durch Valenzstriche darstellbar, quantenmechanisch deutbar. Kristall = Riesenmolekül | Diamant<br>Ge<br>Si | 170 | Große Härte; bei tiefer Temperatur zeigen reine Kristalle keine Leitfähigkeit |
| Dipolbindung | Durch die festen Dipole der molekularen Bausteine oder durch Wasserstoffbrücken relativ schwach zusammengehalten | Eis<br>HF | 12<br>7 | Tendenz zur Bildung größerer Molekülgruppen |
| van der Waals-Bindung (Molekül-Kristalle) | van der Waals-Kräfte, wie sie sich auch im nichtidealen Gas bemerkbar machen | Ar<br>$CH_4$<br>organische Stoffe | 1,8<br>2,4 | Niedrige Schmelz- und Siedetemperatur. Kompressionsmodul und Härte gering |
| Metallische Bindung | Zusammenhalt durch die Elektronen, die sich bei der Kristallbildung der (gleichartigen) Atome abspalten | Na<br>Fe | 26<br>94 | Große elektrische Leitfähigkeit durch Elektronen. Undurchsichtig |

**10. Bindungstypen.** Aufschlußreicher, aber nicht mit der gleichen Schärfe durchführbar ist die Einteilung nach der Art der Kräfte, von denen die Kristallbausteine aneinander gebunden sind. Als charakteristische Größe bietet sich die Bindungs- oder Gitterenergie ($E_g$) an; das ist diejenige Energie, die erforderlich ist, um ein Grammatom bzw. Mol eines Kristalls in seine atomaren Bestandteile zu zerlegen. Falls der Stoff im Gaszustand völlig dissoziiert ist, ist $E_g$ gleich der Sublimationswärme (vgl. § 3). Tabelle 48 gibt die verschiedenen Bindungstypen und ihre Merkmale an.

Die Klassifizierung ist, wie gesagt, nicht völlig eindeutig. So zeigen z.B. Ge und Si ausgesprochene Valenzbindung, aber gleichzeitig reine Elektronenleitfähigkeit, wenn auch viel schwächer als die Metalle (vgl. § 19).

**11. Leiter, Halbleiter, Nichtleiter; das Bändermodell.** Als auffallendes Unterscheidungsmerkmal bietet sich der spezifische Widerstand an. Er variiert stärker als irgendeine andere Stoffkonstante, nämlich über mehr als 20 Zehnerpotenzen (vgl. III § 18, Tabelle 20); wenn man He-Temperaturen mit einbezieht, sogar über 40 Zehnerpotenzen. Eine grobe Einteilung nach der Größe des spezifischen Widerstandes ist durchaus üblich (vgl. Abb. 604, 2. Spalte); jedoch liegen vor allem im mittleren Bereich — elektrolytische und Halbleiter — Stoffe, die sich im übrigen völlig verschiedenartig verhalten. Einen sehr viel tieferen Einblick gewinnt man durch die Diskussion des Niveau- oder Termschemas der Kristalle. Der Begriff ist aus der Theorie des Aufbaus der Einzelatome entnommen gewinnt hier aber eine veränderte, weniger anschauliche Bedeutung.

In Abb. 605 geben die durchlaufenden horizontalen Striche die möglichen Energieniveaus eines (wasserstoffähnlichen) einzelnen Atoms an.

Sie sind in Übereinstimmung mit X § 10, als $K$-, $L$-, $M$- usw. Niveau oder -Schale bezeichnet. Die Ordinate zeigt ihren Energiewert an. Die Buchstaben $s, p, d \ldots$ sollen andeuten, daß von und zu der $M$-Schale optische Übergänge möglich sind; es handelt sich also um ein Element der Ordnungszahl 11 (Na) bis 18 (Ar) (vgl. XI § 3, Tabelle 37).

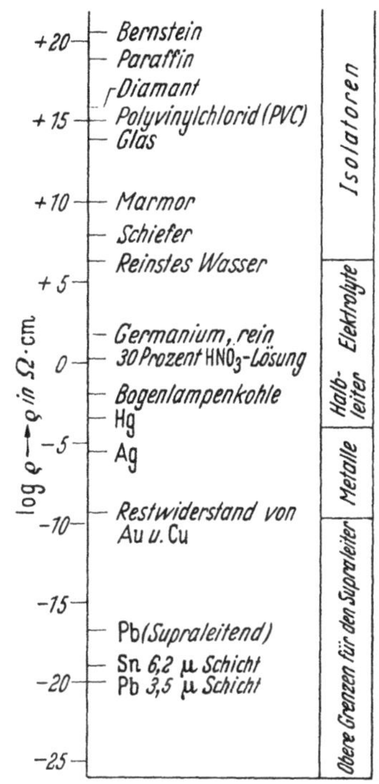


Abb. 604. Einteilung der Stoffe nach dem spezifischen Widerstand

Nun deuten wir die Abszisse, der bisher keine Bedeutung zukam, als Abstand vom Atomkern, dessen Lage durch einen Punkt gekennzeichnet ist. Die potentielle (elektrostatische) Energie, der ein Elektron ausgesetzt ist, verläuft dann etwa hyperbelförmig (vgl. III § 4; Abb. 220), abgesehen vom Einfluß der Hüllenelektronen. Sie ist nach unten aufgetragen, denn das Elektron verliert bei Annäherung an den Kern potentielle Energie. Der Kern ist für das Elektron von einem Potentialtrichter oder -topf umgeben, dessen Boden durch das tiefste ($K$-) Niveau dargestellt wird.

Bei einer äquidistanten Kette von Atomen (Abb. 623 rechts) muß das Potential in der Mitte zwischen je zwei Kernen ein Maximum haben, um beiderseits zu den Kernorten hin abzusinken. In unmittelbarer Kernnähe machen sich die Nachbarn nicht bemerkbar, und auch die Niveaus bleiben für die inneren Elektronen unverändert, wie sich an der Schärfe der Linien des charakteristischen Röntgenspektrums (vgl. X § 9) unabhängig vom Aggregatzustand erweist.

Anders auf den höheren Niveaus, d.h. in den kernferneren Elektronenbahnen. Diese hat man sich quantenmechanisch als stehende Wellen oder Schwingungen vorzustellen, die keineswegs auf geometrische Bahnen beschränkt sind, sondern in deren Umgebung hinausgreifen. Sie werden also vom Potential des Nachbaratoms mitbeeinflußt. Diese Kopplung zweier schwingungsfähiger Systeme wirkt sich qualitativ ebenso aus wie die Kopplung zweier Pendel in der klassischen Mechanik (vgl. I § 81c3): Statt der einen Eigenfrequenz ($\omega_0$)

treten nunmehr zwei nahe benachbarte auf ($\omega_I$ und $\omega_{II}$). In einer Kette von vielen Atomen, also schwingungsfähigen Systemen treten ebenso viele Eigenfrequenzen auf, welche sich aber weniger weit von $\omega_0$ entfernen als $\omega_I$ und $\omega_{II}$, die von den am stärksten angekoppelten nächsten Nachbarn herrühren. So entsteht ein ganzes Band von Eigenfrequenzen. Dem entspricht aber (wegen $E = \hbar \cdot \omega = h\nu$) im Termschema ein ganzes *Band* von Energieniveaus oder Termen.

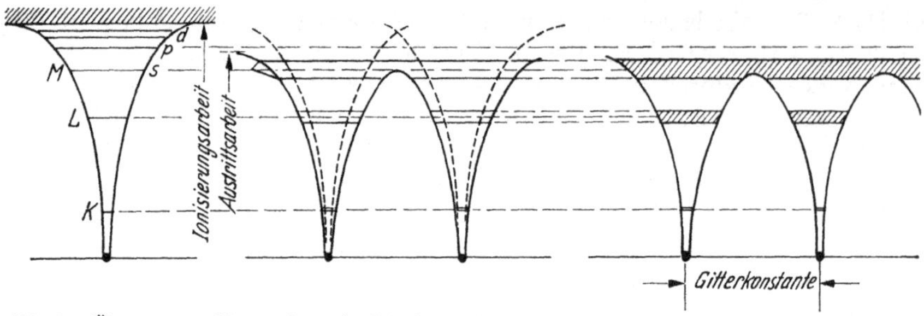


Abb. 605. Übergang vom Niveauschema des Einzelatoms (links) zum Bänderschema des Kristallgitters (rechts)

Während also im Einzelatom den Elektronen unterhalb der Ionisierungsenergie nur ganz scharf definierte Energiewerte „erlaubt" sind, stehen ihnen im Kristall gewisse Energiebereiche oder -bänder zur Verfügung. Umgekehrt sind den Elektronen im Kristall keineswegs alle Energiewerte erlaubt oberhalb der Energie, die zur Ablösung vom Atom erforderlich ist, sondern es gibt auch dort „verbotene" Bereiche oder Bänder.

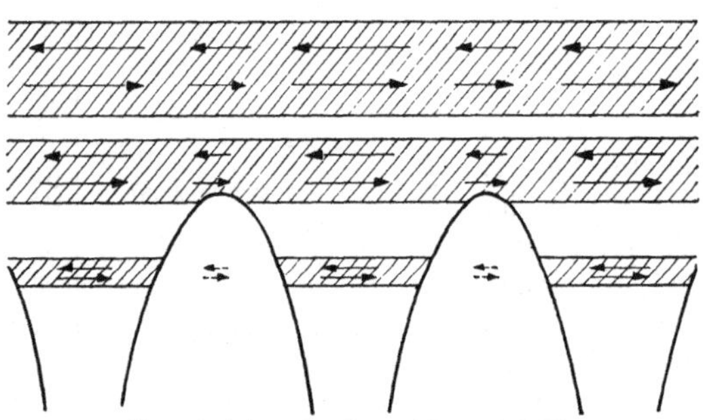

Abb. 606. Leitungsbänder und Potentialgebirge

Besonders diese letzte Aussage ist vom Standpunkt der klassischen Mechanik unverständlich. Denn warum sollte jedes Korpuskel, dessen Energie höher ist als die vorkommenden Potentialberge diese nicht überschreiten können? Eine de Broglie-Welle jedoch, für die die potentielle Energie die Rolle des Brechungsindex' spielt, kann sich in dem Potentialgebirge nur ausbreiten, wenn ihre Wellenlänge in ganz bestimmten Verhältnissen zum Abstand der Potentialberge steht.

Innerhalb der durchlaufenden Bänder wechselt die kinetische Energie (Höhenlage des Bandes über dem Potentialgebirge) der Elektronen und damit — im Korpuskelbild — ihre Geschwindigkeit im Rhythmus der Gitterkonstanten (in Abb. 606 durch die Länge der Pfeile angedeutet). In den unterbrochenen Bändern spielt sich die Elektronenbewegung im wesentlichen innerhalb der Potentialtäler ab. Quantenmechanisch dringen jedoch einige wenige Elektronen durch den Potentialberg hindurch, so daß eine geringe Wahrscheinlichkeit für ein Elektron besteht, von einem Tal ins benachbarte zu gelangen, was nach der klassischen Mechanik unmöglich ist. (Das Eindringen von de Broglie-Wellen in Gebiete negativer kinetischer Energie ist vergleichbar mit dem Eindringen einer Lichtwelle in ein totalreflektierendes Medium (vgl. XVIII § 5).

Die unterbrochenen Bänder sind genauso wie die Niveaus der Einzelatome infolge des Pauli-Prinzips je mit einer ganz bestimmten Zahl ($Z$) von Elektronen besetzt, die sich aus den 4 Quantenzahlen des betreffenden Niveaus (Quantenzustandes) ergibt (vgl. XI § 2). Das gleiche gilt für die durchlaufenden Bänder. Diese aber gehören der ganzen Atomkette, also dem ganzen Kristall an und werden daher von allen Atomen mit Elektronen beliefert. Enthält der ganze Kristall $N$ Atome, so befinden sich in dem durchlaufenden Band $Z \cdot N$ Elektronen. Wenn also die *Besetzungszahl* eines Bandes angegeben wird, so bedeutet das die Anzahl von Elektronen pro Atom, die sich in diesem Band aufhalten.

Die Anzahl der möglichen Quantenzustände (Energieniveaus bzw. -bänder) ist nach oben nicht begrenzt, und ihre zugelassenen Besetzungszahlen steigen nach oben stark an. Die Anzahl der Elektronen pro Atom ist aber nicht größer als dessen Ordnungszahl. So kann es vorkommen, daß die Besetzungszahl eines Bandes von den vorhandenen Atomelektronen nicht voll ausgenützt wird. Nun kann sich ein Elektron eines voll ausgenützten (voll besetzten) Bandes nur dann von einem Atom zum anderen bewegen, wenn gleichzeitig ein anderes die umgekehrte Bewegung ausführt. Ein einseitiger Strom kommt dadurch nicht zustande. *Vollbesetzte Bänder tragen daher nicht zur elektrischen Leitfähigkeit bei.* Umgekehrt kann man aussagen: In Leitern, deren Leitfähigkeit auf der Bewegung von Elektronen beruht, wie bei allen Metallen, muß mindestens ein Band nur unvollständig besetzt sein. Aus energetischen Gründen wird dies im allgemeinen das tiefste sein, das überhaupt noch Elektronen enthält.

Das gesamte physikalische Verhalten eines Kristalls kann im Prinzip abgeleitet werden aus der Lage und der Besetzungszahl der Bänder (H. A. Wilson 1931). Einige Beispiele veranschaulicht Abb. 607. Doppelte Schraffur bedeutet, daß und wie weit ein Band mit Elektronen besetzt ist. Abb. 607a zeigt das Bild für einen typischen Elektronenleiter (Metall); es entspricht etwa einem der Alkali-Metalle, bei denen das oberste Niveau mit nur einem (Leucht-) Elektron besetzt ist, während ein weiteres (mit entgegengesetzter Spin-Richtung) hier noch Platz hätte. Das oberste Band ist daher nur halb angefüllt. Abb. 607b zeigt dieselbe Anordnung, aber mit vollbesetztem Band. Hier kann bei tiefen Temperaturen keine Elektronenleitung stattfinden; bei hohen Temperaturen können einige Elektronen dank ihrer thermischen Energie die schmale Energielücke überspringen und eine wenn auch geringe Leitfähigkeit erzeugen. Es handelt sich also um einen Halbleiter mit *Eigenleitung* (weil die Träger der Leitfähigkeit aus dem eigenen Bestand der Atome entnommen werden, im Gegensatz zu den dotierten Halbleitern (vgl. § 20)). Bei Abb. 607c ist die Energielücke so groß, daß sie bei Temperaturen, die der Kristall aushält, ohne zu schmelzen, von Elektronen praktisch nicht mehr übersprungen wird. Man hat es also mit einem ausgesprochenen Isolator zu tun. Die in § 10 aufgestellten Bindungstypen lassen sich demnach zum Teil durch Typen von Bänderschemata charakterisieren: Der metallischen Bindung entspricht ein Schema wie in Abb. 607a; der Valenzbindung, bei der die Atome als ganze in den Kristallbau eingehen und kein Elektronenaustausch stattfindet, entspricht Abb. 607c.

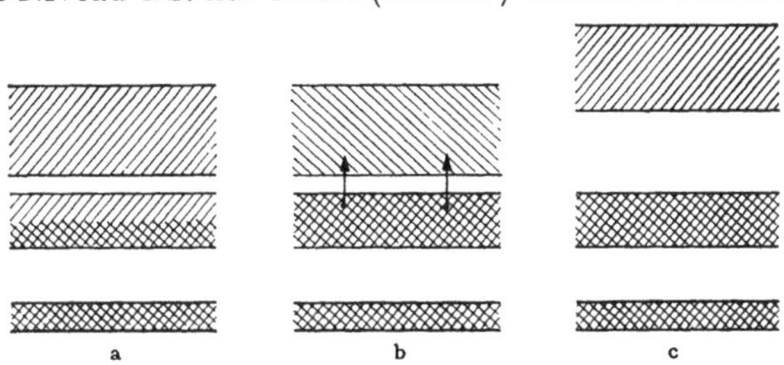

Abb. 607a—c. Bändermodell eines metallischen (a), eines Halb- (b) und eines Nichtleiters (c)

Der Ionenbindung läßt sich sogar ein detaillierteres Schema zuordnen. Dies soll am Beispiel des NaCl erläutert werden: Beim Na-Atom ist die $L$-Schale mit 8 Elektronen voll, die $M$-Schale mit nur 1 Elektron unvollständig besetzt (vgl. XI § 3). Bei Cl-Atomen sind alle Bahnen dank der höheren Kernladung näher an den Kern herangerückt, die Energieniveaus daher tiefer. Die $M$-Schale ist mit 7 Elektronen nicht voll besetzt. Das Leuchtelektron des Na-

Atoms gewinnt also Energie, wenn es von seiner energetisch höheren $M$-Schale auf die $L$-Schale des Cl-Atoms übertritt, was quantenmechanisch möglich ist, selbst wenn der Potentialberg höher wäre als das $M$-Niveau des Na (was in Wirklichkeit nicht der Fall ist, denn die $M$-Schale des Na ist mit einem Elektron nicht voll besetzt, und dieses ist es, das den reinen Na-Kristall zum elektronenleitenden Metall macht). Die Konstellation $Na^+Cl^-$ ist also energetisch günstiger und daher stabil, aber nicht elektronenleitend, denn nun sind die obersten Bänder beider Konstituenten voll besetzt.

## D. Nichtleiter (Isolatoren)

Da alle Atome Elektronen enthalten und diese auch im Festkörper durch irgendwelche Einwirkungen von außen abgerissen werden können, so muß jeder Festkörper unter Umständen elektrisch leitend werden. Der nichtleitende Zustand ist also ein Idealzustand, dem sich aber manche Stoffe, bei denen die Elektronen sehr fest an ihre Atome gebunden sind, sehr weitgehend nähern.

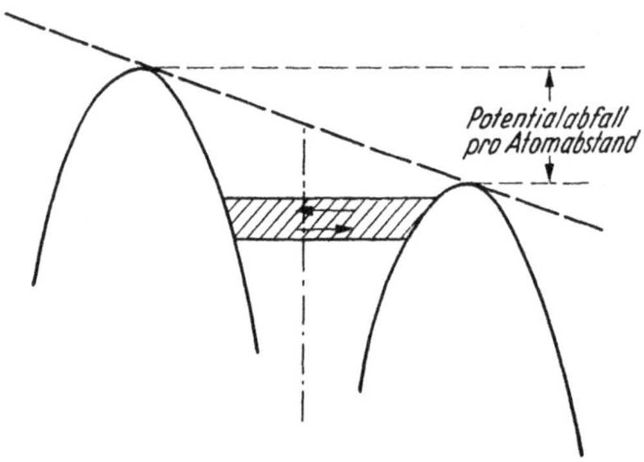


Abb. 608. Deutung der Polarisierbarkeit aus dem Potentialverlauf im Kristall

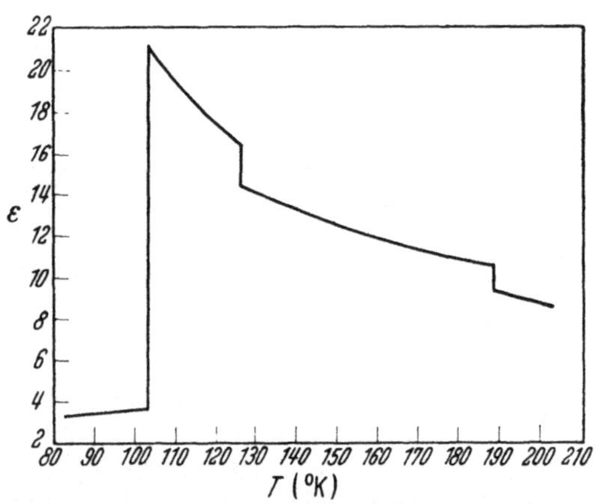


Abb. 609. Dielektrizitätskonstante für festen $H_2S$ bei 5 kHz

In ihren mechanischen Eigenschaften unterscheiden sie sich nicht grundsätzlich von den anderen Festkörpern. Durch das Fehlen der elektrischen Leitfähigkeit bieten sie aber die Möglichkeit, die dielektrischen Eigenschaften der Atome und Moleküle im Gitterverband kennenzulernen.

Ein nichtleitender Körper wird im statischen elektrischen Feld polarisiert (vgl. III § 13). Das äußert sich im Auftreten einer Dielektrizitätskonstanten $\varepsilon \neq 1$. Sie ist bedingt durch die Polarisierbarkeit $\alpha$ des einzelnen Atoms oder Moleküls, d.h. durch das elektrische Moment, das es im Feld 1 annimmt, bzw. durch das elektrische Moment $p$, das viele Moleküle permanent besitzen. Den Zusammenhang zwischen $\varepsilon$, $\alpha$, $p$ und der Temperatur $T$ gibt Gleichung III 13.16 für Gase und Flüssigkeiten befriedigend wieder. Für feste Dielektrika, insbesondere für polare versagt sie. Einige Gründe hierfür werden im § 12 behandelt.

Im elektrischen Wechselfeld verhalten sich induzierte und permanente Dipole völlig verschieden. Das zeigt sich besonders bei Frequenzen oberhalb $10^{11}$ Hz, also in ihren optischen Eigenschaften. Diese werden im § 13 unter die elektromagnetischen Eigenschaften mit einbezogen.

**12. Elektrostatische Eigenschaften.** In einem homogenen elektrischen Feld überlagert sich dem Potentialgebirge ein konstanter Abfall, die Potentialtrichter werden unsymmetrisch gegenüber dem Ort des Kerns (Abb. 608), der Schwerpunkt der Elektronen fällt nicht mehr mit dem Kern zusammen, die Atome erhalten ein elektrisches Moment. Daher zeigen nicht polare Festkörper eine kleine, ziemlich temperaturunabhängige Dielektrizitätskonstante (vgl. III § 13, Tabelle 19).

Ganz anders und meist nicht mehr berechenbar verhalten sich Festkörper, deren Moleküle einen permanenten Dipol tragen (was sich im Potentialverlauf nicht darstellen läßt). Ein Beispiel gibt Abb. 609: In kristallisiertem $H_2S$ zeigt $\varepsilon$ zwar den Anstieg etwa proportional $1/T$, der der von der Wärmebewegung immer weniger gestörten Ausrichtung der permanenten Dipole entspricht; dann aber ein jähes Absinken, das wahrscheinlich auf ein „Einfrieren" der Rotationsbewegung zurückzuführen ist. In anderen Stoffen sind die Erscheinungen noch komplizierter.

**13. Elektromagnetische und optische Eigenschaften.** Hierunter verstehen wir das Verhalten nichtleitender Festkörper in elektrischen Wechselfeldern, die ja stets — wenn auch nicht immer wesentlich — mit magnetischen Feldern verkoppelt sind.

MAXWELLs Theorie des Elektromagnetismus führt für Stoffe, deren relative Permeabilität $\mu \approx 1$ ist (was nahezu immer zutrifft), auf die Beziehung (vgl. III 84.3):

$$n = \sqrt{\varepsilon}, \tag{13.1}$$

wobei $n$ das Verhältnis von $c_0$ zur Geschwindigkeit elektromagnetischer Wellen im Stoff, also seinen Brechungsexponenten bedeutet. Die *Maxwellsche Relation* (13.1) setzt voraus, daß dem Stoff eine frequenzunabhängige Dielektrizitätskonstante zukommt. Man wird daher nur erwarten können, daß sich $n$ mit abnehmender Frequenz dem Wert $\sqrt{\varepsilon}$ nähert, was auch zutrifft.

Bereits die Annahme, daß der Stoff quasielastisch gebundene, d.h. resonanzfähige Elektronen enthält (vgl. VI 24.3), führt zu einer komplizierteren Beziehung für $\varepsilon$, die auch die Frequenz des elektrischen Feldes enthält. $\varepsilon$ durchläuft dann in der Nähe der Resonanzfrequenz ein Maximum und ein Minimum. Die Resonanzfrequenzen liegen für Elektronen im ultravioletten, für quasielastisch gebundene Ionen (vgl. § 5) im ultraroten Spektralbereich.

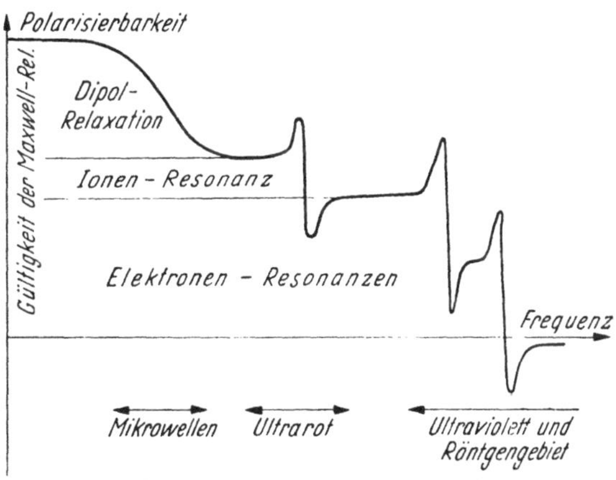

Abb. 610. Polarisierbarkeit als Funktion der Frequenz

Ganz anders wirkt sich die Anwesenheit von festen Dipolen im elektrischen Wechselfeld aus. Im Festkörper besitzen sie meist zwei oder mehrere Orientierungen minimaler Energie, zwischen denen sie infolge der Wärmebewegung hin und her wechseln. Das angelegte elektrische Feld erniedrigt z.B. eine dieser Energien, so daß im neuen Gleichgewicht diese Orientierung bevorzugt wird. Die Einstellung des Gleichgewichts erfordert eine gewisse *Relaxationszeit* $\tau$. Für Frequenzen $f \ll \frac{1}{\tau}$ können die Dipole sich stets in Feldrichtung einstellen und tragen daher zur Polarisation bei; für Frequenzen $f \gg \frac{1}{\tau}$ nicht mehr. Die Polarisierbarkeit des Stoffes und damit $\varepsilon$ muß also im Frequenzbereich $f \approx \frac{1}{\tau}$ — ohne ein Extremum zu durchlaufen — absinken. Die Rechnung zeigt, daß sich dieser „*Relaxationsbereich*" über mindestens eine Zehnerpotenz erstreckt. So ergibt sich für die Frequenzabhängigkeit der Polarisierbarkeit, die nach (III 13.13) mit der Dielektrizitätskonstanten zusammenhängt, qualitativ der in Abb. 610 skizzierte Verlauf. Damit hängt auch das optische Absorptionsspektrum eng zusammen: Im Relaxationsbereich ein breites Absorptionsgebiet, bei den Ionenresonanzen und den Resonanzfrequenzen der äußeren Elektronen, also im Ultrarot bzw. Ultraviolett mehr oder minder scharfe Absorptionslinien, die sich häufen, im Röntgengebiet Absorptionskanten (vgl. IX § 8, Abb. 541).

Sehr aufschlußreich und daher besonders genau untersucht (R. W. Pohl) sind die optischen und elektrischen Eigenschaften der Alkali-Halogenid-Kristalle, der typischen Vertreter der Ionenbindung. (Dipol-Relaxation tritt hier nicht auf.) Abb. 611 (ohne den Beitrag der Leitungselektronen) zeigt den Verlauf des Absorptionsspektrums über 10 Zehnerpotenzen der Frequenz. Als Maß für die Stärke der Absorption ist hier die mittlere Reichweite (nach unten zunehmend) aufgetragen, die diejenige Kristalldicke angibt, innerhalb deren die

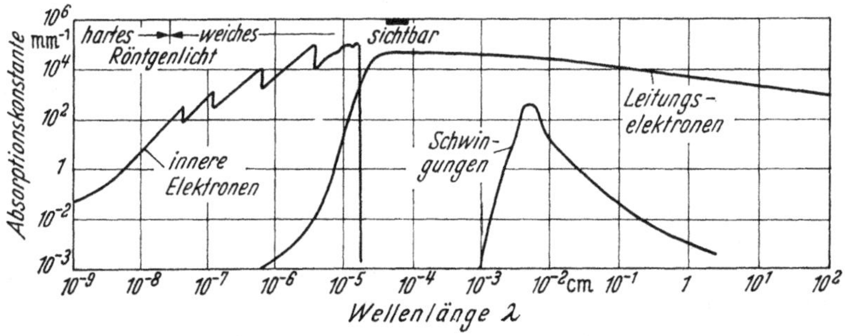


Abb. 611. Beiträge der Gitterschwingungen, der inneren und der Leitungselektronen zur Absorption; qualitativ, nach R. W. Pohl

Intensität der zu absorbierenden Strahlung auf $1/e \approx 37\%$ absinkt. Besonders auffallend ist in dieser Darstellung das rapide Absinken in dem Frequenzbereich zwischen den Schwingungen des Gitters (vgl. § 5) und der Elektronen. Bei den meisten Stoffen fällt in diesen Bereich das sichtbare Spektrum, so daß sie praktisch völlig durchsichtig sind.

Völlig anders verhalten sich die Metalle (vgl. Abb. 611): Im Bereich elektrotechnisch erzeugbarer Frequenzen ($\lambda \approx 10^{-2}$ cm) ist die Eindringtiefe ($d$) proportional zu $\sqrt{\lambda}$ bzw. zu $1/\sqrt{f}$ in Übereinstimmung mit III § 68, wo festgestellt wurde, daß die Amplitude eines Wechselstroms fast nur merklich ist in einer Schicht der Dicke $d = \frac{1}{2\pi}\sqrt{\frac{\varrho}{\mu \cdot f}}$ unter der Oberfläche eines Leiters. Diese Beziehung gilt aber nur solange, als die Materie gegenüber dem Wechselfeld als Kontinuum angesehen werden darf. Im Bereich der ultravioletten und Röntgenfrequenzen werden vom elektrischen Feld die Elektronen der Einzelatome — zuerst die der äußeren, dann die der inneren Schalen — erfaßt, und das Absorptionsspektrum unterscheidet sich nicht mehr qualitativ von demjenigen der Nichtleiter. Im sichtbaren Bereich ist die Eindringtiefe $\approx 10^{-6}$cm, d.h. die Metalle werden erst in Schichten von etwa 10 bis 100 Atomlagen durchsichtig.

Die Undurchsichtigkeit einiger nichtmetallischer Kristalle, z.B. Ge liegt nur daran, daß das Durchlässigkeitsgebiet nach etwas längeren Wellen verschoben ist. Im Ultrarot ist auch Ge völlig „durchsichtig".

## E. Metalle

**14. Die klassische Theorie des Elektronengases (Drude; H. A. Lorentz).** Die Metalle sind physikalisch gekennzeichnet durch ihre besonders große elektrische Leitfähigkeit (vgl. § 11). Die Ursache hierfür ist, daß sich ein Teil der Atomelektronen in einem nicht voll ausgefüllten, durchlaufenden Band befindet und somit nicht mehr einem bestimmten Atom, sondern dem ganzen Kristall angehört und sich in ihm frei bewegen kann, wenn auch natürlich nicht ohne

Wechselwirkung mit dem Gitter. Man bezeichnet diesen Teil der Elektronen als Leitungselektronen und ihre Gesamtheit als Elektronengas.

Angenommen, die Leitungselektronen seien frei beweglich wie die Atome eines idealen Gases. Da sie mit dem Gitter Impuls und Energie austauschen, nehmen sie dessen Temperatur ($T$) an. Ihre mittlere kinetische Energie ist dann zufolge II 8.2:

$$\frac{1}{2} m_0 \bar{u}^2 = \frac{3}{2} k T. \tag{14.1}$$

Nach Anlegen eines elektrischen Feldes $E$ erhalten sie eine Beschleunigung $\dot{u} = \frac{e_0}{m_0} E$, die sich der viel schnelleren ungeordneten Bewegung überlagert und ihnen in der Zeit $\tau$ zwischen zwei Zusammenstößen mit dem Gitter die Geschwindigkeit $u = \tau \frac{e_0}{m_0} E$ verleiht (vgl. I 10.1). Weiter werde angenommen, daß die Elektronen beim Zusammenstoß alle kinetische Energie an das Gitter abgeben (und diesem dadurch die Joulesche Wärme zuführen) und jedesmal von neuem starten müssen. Dadurch wird ihre mittlere Geschwindigkeit

$$\bar{u} = \frac{1}{2} \tau \frac{e_0}{m_0} \cdot |E|. \tag{14.2}$$

Für die elektrische Leitfähigkeit ergibt sich dann in Analogie zu III 23.7 (wenn man $z = 1$, $\bar{v} = 0$ und für die dort mit $\bar{u}$ bezeichnete Beweglichkeit hier sinngemäß $\bar{u}/|E|$ einsetzt):

$$\varkappa = e_0 \cdot n \cdot \frac{\bar{u}}{E} = \frac{1}{2} \tau \frac{e_0^2}{m_0} n, \tag{14.3}$$

wobei $n$ die Anzahl der Elektronen je Volumeneinheit bedeutet.

Für die Wärmeleitfähigkeit $\lambda$ (definiert durch II 14.1) des Elektronengases können wir genau die für ein einatomiges Gas abgeleitete Formel (II 15.1) übernehmen:

$$\lambda = \frac{n}{2} \cdot \bar{u} \cdot \Lambda \cdot k, \tag{14.4}$$

wobei $\Lambda$ die freie Weglänge bedeutet. Ersetzen wir diese hier durch $\bar{u} \cdot \tau$, so wird

$$\frac{\lambda}{\varkappa} = \frac{m_0 k \overline{u^2}}{e_0^2}$$

und wegen (14.1)

$$\frac{\lambda}{\varkappa} = \frac{3k^2}{e_0^2} \cdot T. \tag{14.5}$$

Das ist aber gerade das von Wiedemann und Franz empirisch gefundene Gesetz (vgl. III 18.11).

Diesem großen Erfolg der klassischen Theorie steht aber ein entscheidender Mißerfolg gegenüber: Nach (14.1) sollten die Leitungselektronen zur Atomwärme einen Beitrag

$$C_{\mathrm{El}} = \frac{d}{dT}\left(L \cdot \frac{3}{2} kT\right) = \frac{3}{2} R$$

liefern, während die Messungen bei genügend hohen Temperaturen immer für Leiter ebenso wie für Nichtleiter den Dulong-Petitschen Wert $3R$ (II § 10) oder weniger ergeben. Hier zeigt sich die Unzulänglichkeit der klassischen Theorie, welche in der Anwendung der Maxwell-Boltzmannschen Statistik zu suchen ist, die ja der klassischen ebenso wie der Quantentheorie der Atomwärme zugrunde liegt.

**15. Das entartete Elektronengas.** Die Anzahl der Leitungselektronen, die jedes Atom zur Verfügung stellt, läßt sich mit Hilfe des Hall-Effektes bestimmen (vgl. III § 43). Von Ausnahmen, z. B. Bi abgesehen, liegt sie in der Größenordnung 1. In einem Grammatom Cu (64 g, 7,1 cm³) befinden sich also etwa ebenso viele Elektronen, wie Moleküle in 22400 cm³ eines Gases unter Normalbedingungen (vgl. II § 7). Die Leitungselektronen mit ihren weitreichenden elektrischen Feldern sind auf so kleine mittlere Abstände zusammengedrängt, wie sie bei Atomen nur im festen oder flüssigen Zustand vorkommen.

Die Leitungselektronen können natürlich keine Flüssigkeit und kein Kristallgitter bilden. Aber sie stehen doch in so engem Kontakt, daß sie als eine Gesamtheit anzusehen sind, auf welche das Paulische Ausschließungsprinzip (vgl. XI § 2) angewandt werden muß, ebenso wie auf die Gesamtheit der an den Kern eines isolierten Atoms gebundenen Elektronen. Das hat unter anderem zur Folge, daß bei Energieentzug durch äußere Abkühlung die Leitungselektronen ihre Energie keineswegs unbegrenzt abgeben und in tiefere Energiezustände absinken können, weil diese dann bereits voll besetzt sind. (Ganz ähnlich wie etwa Elektronen der $L$-Schale eines Atoms nicht in die $K$-Schale absinken und dabei Energie loswerden können, weil die letztere bereits besetzt ist.) Die mittlere Energie der Leitungselektronen ist bereits bei 0° K so hoch wie diejenige von Gasmolekülen bei etwa $10^5$ °K *(Gasentartung)*. Sie ändert sich, da die meisten Energiezustände unabänderlich besetzt sind, mit steigender Temperatur auch sehr wenig, d.h. das Elektronengas kann nur einen verschwindend kleinen Beitrag zur Atomwärme liefern (vgl. § 14 Ende).

Die Wahrscheinlichkeit dafür, daß sich ein Teilchen in einem bestimmten Bewegungs- und somit Energiezustand befindet, wird in der Boltzmannschen Statistik allein durch dessen Energie bestimmt (vgl. II 12.2); im Elektronengas ist sie auch noch davon abhängig, wieviel Teilchen sich bereits in ihm befinden. Die Beachtung des Pauli-Prinzips verlangt also eine ganz andere Statistik *(Fermi-Statistik)*. Deren wesentlichstes Resultat ist, daß an die Stelle des Faktors $f_B = e^{-\frac{E}{kT}}$, der in der Boltzmann-Statistik die Zahl der Teilchen im Energieintervall $E$ bis $E+dE$ bestimmt (vgl. II 12.2), in der Fermi-Statistik der Faktor

$$f_F = \left(e^{\frac{E-E_F}{kT}} + 1\right)^{-1} \qquad (15.1)$$

tritt, worin die „Fermi-Energie" $E_F$ durch

$$E_F = \frac{h^2 \cdot n^{\frac{2}{3}}}{8 m_0} \qquad (15.2)$$

definiert ist, mit $n$ = Anzahl der Teilchen pro Volumeneinheit. $E_F$ liegt für die meisten Metalle zwischen 3 und 7 eV, also weit über $\frac{3}{2}kT$ ($\approx 0{,}04$ eV bei Zimmertemperatur). Der Verlauf beider Faktoren ist als Funktion von $E$ in Abb. 612 dargestellt. Die von den Kurven eingeschlossene Fläche ist der zu $T_1$ bzw. $T_2 (< T_1)$ gehörigen Gesamtenergie proportional. Man erkennt, daß sie bei der Fermi-Verteilung fast temperaturunabhängig und daher der Beitrag der Elektronen ($C_{el}$) zur Atomwärme ($C$) verschwindend klein ist.

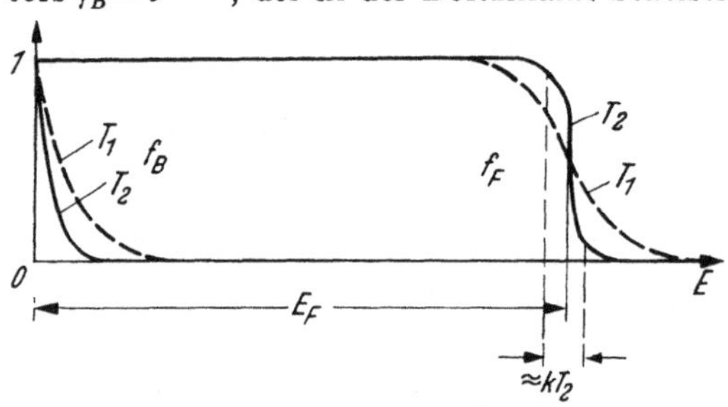

Abb. 612. Fermi- und Boltzmann-Verteilung

Die genaue Rechnung (SOMMERFELD) zeigt, daß

$$C_{el} = \frac{\pi^2}{4} R \frac{kT}{E_F}, \qquad (15.3)$$

also auch nahe beim Schmelzpunkt klein gegen den dort annähernd gültigen Dulong-Petitschen Wert $\left(6 \frac{R}{2}\right)$ ist. In der Nähe von $T = 0°$ K dagegen, wo $C$ zu $T^3$ (vgl. 7.6), $C_{el}$ aber zu $T$ proportional verläuft, überwiegt $C_{el}$ und wird dort experimentell in bester Übereinstimmung mit (15.3) gefunden.

**16. Fermi-Verteilung und Bändermodell.** Die Statistik — die Fermische ebenso wie die Boltzmannsche — nimmt keine Rücksicht auf die individuellen Eigenschaften der verschiedenen Atome. Diese aber weisen den Elektronen nur gewisse Energiebereiche (Energiebänder) als „erlaubt" zu (vgl. § 11).

Außerdem erhebt sich die Frage, wohin der 0-Punkt der Fermi-Energie zu verlegen ist. Sinngemäß geht man hier folgendermaßen vor: Ein weit außerhalb des Kristallgitters befindliches Elektron habe die Energie 0; beim Eintritt in das Elektronengas im Gitter, das die Temperatur 0° K haben möge, gewinnt es Energie in Höhe der Ablöse- oder Austrittsarbeit ($E_A$), die man aus dem glüh- oder lichtelektrischen Effekt bestimmen kann (vgl. IV 1.1 bzw. 2.1). Dann befindet es sich an der Grenze der hier steil abfallenden Fermi-Kurve (Abb. 612), deren 0-Punkt dadurch festgelegt ist.

Die außerordentlich hohe Energie, die man den Elektronen im Metall zuschreiben muß, rührt zum größten Teil von der Bindung an die Ionen des Gitters her, d.h. im Bild des Bohrschen Atoms: Sie besteht überwiegend in Umlaufsenergie um ein Ion. An Translationsenergie besitzt das Elektron eines bestimmten Energiebandes nur soviel, wie sein Energiewert über der Unterkante des Bandes liegt.

Der Fermi-Kurve entnimmt man also, wieviel verschiedene Bewegungszustände einem Elektron im Elektronengas energetisch möglich sind. Ob sie in diesem oder jenem Metall erlaubt sind, bestimmt das individuelle Bänderschema. So ergibt sich für die Besetzungsdichte verschiedener Energiebereiche $\Delta E$ die in Abb. 613 gezeigte eckige Kurve. Wie gut oder schlecht ein Metall elektrisch leitet, entscheidet sich also daran, ob der Grenzbereich der Fermi-Verteilung, der ja nur die Breite $\approx kT$, d.h. einiger Hundertstel eV hat, ganz oder nur mit seinem Ausläufer in ein erlaubtes Band hineinfällt.

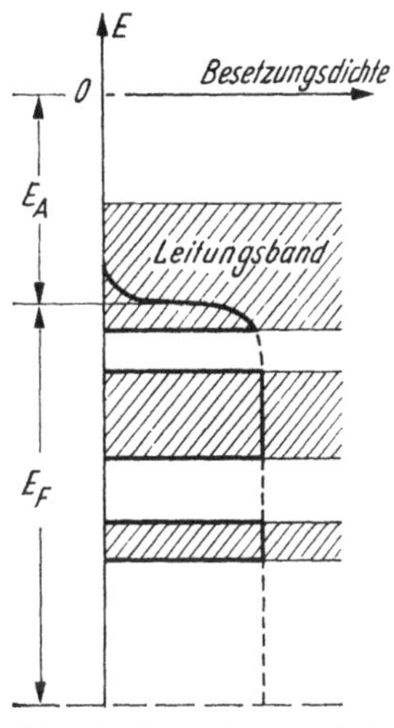

Abb. 613. Bänderschema und Besetzungsdichte

**17. Temperaturabhängigkeit des elektrischen Widerstandes.** Über weite Temperaturbereiche sinkt der Widerstand reiner Metalle etwa proportional zur absoluten Temperatur; bei Zugabe von Fremdatomen, z.B. in Legierungen, erhöht er sich um einen annähernd temperaturunabhängigen Betrag, der in vielen Fällen auch bei Annäherung an den absoluten Nullpunkt erhalten bleibt („Restwiderstand"). Der Vergleich der Widerstände bei gleicher Temperatur bietet also ein bequemes Mittel, die Reinheit von Metallen zu ermitteln. Der Temperaturkoeffizient des Widerstandes (vgl. III §18b) ist vom Reinheitsgrad weitgehend unabhängig (vgl. Abb. 614).

Der Widerstand, den die Leitungselektronen auf ihrem Weg durch das Gitter finden, wird bestimmt durch ihre Anzahl je Volumeinheit ($n$) und durch die Größe $\tau$ (vgl. 14.3). $n$ ist auch bei Berücksichtigung der Entartung praktisch unabhängig von der Temperatur, denn der bei Metallen völlig im Leitungsband verlaufende Ausläufer der Fermi-Kurve verändert mit der Temperatur nur seine Gestalt, nicht aber seinen Flächeninhalt.

Bestimmend wirkt aber die Temperatur auf die Größe $\tau$, welche, laut Definition (§14), angibt, wie oft ein Leitungselektron seine kinetische Energie ans Gitter abgibt. Wellenmechanisch kann sie anders interpretiert werden: Die de Broglie-Wellen gewisser Wellenlängen können sich in einem räumlich streng periodischen Gitter bzw. Potentialfeld ungehindert ausbreiten, werden aber durch jede Abweichung von der Periodizität in ihrer Ausbreitung gestört, wie Lichtwellen, die in einem trüben Medium „gestreut" werden. Abweichungen von der Periodizität entstehen aber, wenn einzelne Gitterpunkte sich von ihrer Ruhelage hinweg bewegen, wie das mit wachsender Temperatur in steigendem Maße geschieht, und wenn Fremdatome in das Gitter eingelagert sind wie in Legierungen. Da der letztere Einfluß unabhängig von der Temperatur ist, sind hiermit die anfangs genannten Befunde qualitativ gedeutet.

Übrigens wirken auch die selbst in Einkristallen unvermeidlichen Fehler des Gitteraufbaus (vgl. § 23 bis 25) widerstanderhöhend; ebenso solche, die durch mechanische Verformung des Materials entstehen. Hierauf beruht die Möglichkeit mittels „Dehnungsmeßstreifen" mechanische Spannungen zu messen.

Unterhalb von etwa 100° K weicht das Verhalten der meisten Metalle von dem hier beschriebenen merklich ab; unterhalb von 10° K bei einigen radikal (s. § 18).

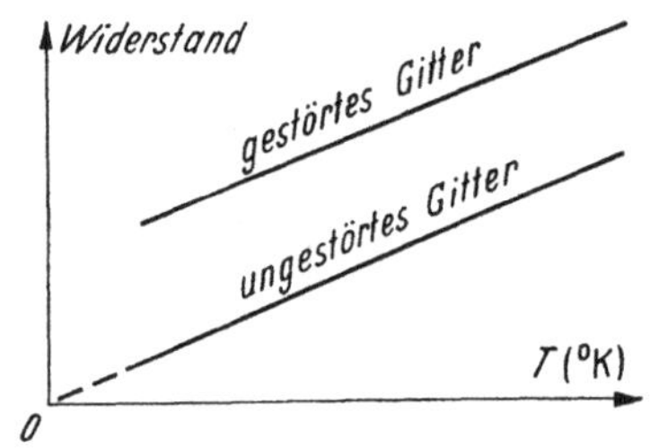


Abb. 614. Einfluß von Gitterstörungen auf den elektrischen Widerstand

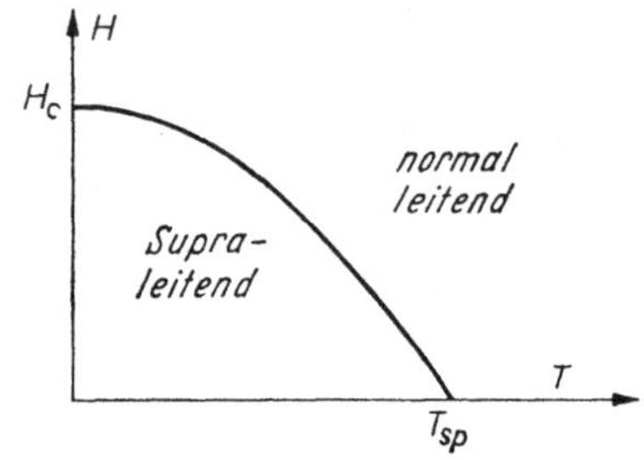


Abb. 615. Zusammenhang zwischen Sprungtemperatur und Magnetfeld.

**18. Supraleitung (Kamerlingh-Onnes 1911).** Bei Abkühlung auf eine bestimmte kritische oder Sprungtemperatur ($T_{sp}$) sinkt der spezifische Widerstand einiger Metalle sprunghaft auf unmeßbar kleine Werte ab. Widerstandssprünge um mehr als 16 Zehnerpotenzen sind beobachtet worden.

Besonders eindrucksvoll wird die Supraleitung durch folgenden Versuch demonstriert: Man wickelt einen in sich geschlossenen Metalldraht um einen Permanentmagneten und kühlt beide unter die Sprungtemperatur ab. Dann entfernt man den Magneten. Die Änderung des Induktionsflusses induziert im Draht eine Spannung, die einen Strom erzeugt. Im Normalleiter erlischt dieser infolge des Energieverlustes durch Joulesche Wärme innerhalb von Millisekunden; im Supraleiter bleibt er so konstant, daß noch nach Tagen keine Abnahme nachgewiesen werden kann.

Im folgenden werden einige der Phänomene beschrieben, die an Supraleitern beobachtet werden:

a) Etwa die Hälfte aller Metalle zeigt bei den heute erreichbaren Tieftemperaturen ($\gtrsim 0{,}01°$ K) Supraleitung. Es sind diejenigen, bei denen die Anzahl der Leitungselektronen pro Volumeinheit ($n$) besonders groß ist, diese also besonders dicht aufeinander gedrängt sind ($E_F$ groß; vgl. 15.2).

b) Auch Legierungen, selbst solche aus nichtsupraleitenden Komponenten werden supraleitend; z.B. $Nb_3Sn$ bereits bei 18,3° K, der höchsten beobachteten Sprungtemperatur. Insgesamt kennt man heute über 1000 Supraleiter.

c) Im Magnetfeld tritt die Supraleitung meist erst bei einer tieferen Temperatur ein; oberhalb einer gewissen kritischen Feldstärke ($H_c$) anscheinend überhaupt nicht mehr (Abb. 615). Das hat zur Folge, daß man einen supraleitenden Draht nicht mit beliebig hohen Strömen belasten kann, da dann das von ihm selbst erzeugte Magnetfeld die Supraleitung zerstört.

d) Ein in einem kompakten Metallkörper vorhandenes Magnetfeld wird bei Eintritt der Supraleitung bis auf eine Oberflächenschicht von etwa $10^{-5}$ cm Dicke aus dem Inneren des Körpers verdrängt (Meissner und Ochsenfeld).

e) Es gibt Metalle, z.B. Bi, die nur im amorphen Zustand, nicht aber im normalen kristallinen, Supraleitung zeigen.

f) Die Wärmeleitfähigkeit sinkt unterhalb $T_{sp}$ stetig ab; aber nur auf etwa die Hälfte ihres oberhalb von $T_{sp}$ gültigen Wertes.

g) Beim Übergang vom normalen in den supraleitenden Zustand wird Wärme frei; ganz ähnlich wie beim Übergang vom gasförmigen in den flüssigen oder vom flüssigen in den festen Zustand, allgemein beim Übergang in einen geordneteren Zustand.

h) Die Gitterkonstante und die elastischen Konstanten bleiben im supraleitenden Zustand fast unverändert, und damit auch die Geschwindigkeit elastischer Wellen (Schallgeschwindigkeit), die ja nur von jenen Größen abhängt (vgl. I § 84). Dagegen fällt die Dämpfung elastischer Wellen (Schallabsorption) unterhalb $T_{sp}$ bis auf $^1/_{10}$ ihres normalen Wertes ab.

i) Beim Vergleich von $T_{sp}$ an verschiedenen Isotopen des gleichen Metalls hat sich in einigen Fällen (z.B. an 8 Isotopen des Hg) ergeben, daß

$$T_{sp} \cdot \sqrt{M} = \text{Const} \tag{18.1}$$

ist, wo $M$ die Atommasse bedeutet. Da ferner die Debyesche Grenzfrequenz sicher umgekehrt proportional zu $\sqrt{M}$ ist (vgl. 7.7), liegt es nahe, die Sprungtemperatur mit der charakteristischen Temperatur zu verknüpfen und im Quotienten $T_{sp}/\Theta_D$ eine charakteristische (dimensionslose) Konstante des Metalls zu sehen.

Die unter e) bis i) beschriebenen Fakten beweisen, daß die Supraleitung keineswegs allein eine Eigenschaft der Träger der elektrischen Leitfähigkeit, nämlich der Leitungselektronen ist, sondern daß die Struktur und die Wärmebewegung des Gitters wesentlich mitbeteiligt sind. Tatsächlich handelt es sich um ein kompliziertes Zusammenwirken von Wärmewellen (Phononen) und de Broglie-Wellen (Elektronen). Der mathematisch sehr anspruchsvollen Theorie (BARDEEN, COOPER und SHRIEFFER) liegt die durch zahlreiche Beobachtungen erhärtete Annahme zugrunde, daß durch Paarung von Elektronen entgegengesetzten Spins ein hochgradig geordneter Zustand des Elektronengases eintritt. Bei Anlegen eines elektrischen Feldes tritt dann nicht nur eine Driftbewegung — wie im Normalzustand (vgl. § 14) — ein, sondern das ganze geordnete „Elektronengitter" setzt sich in Richtung des Feldes in Bewegung und bewirkt einen unvergleichlich höheren Stromtransport.

Gewisse Legierungen, z.B. NbZr, die als „harte" Supraleiter bezeichnet werden, zeigen nicht nur keinen Isotopie-Effekt (vgl. 18.1), sondern auch ein wesentlich abweichendes magnetisches Verhalten gegenüber dem vorstehend beschriebenen.

Bei diesen Substanzen kann durch starke Störung des Gitters (z.B. durch Kaltverformung) erreicht werden, daß das bei Stromdurchgang entstehende Magnetfeld die Supraleitung nicht aufhebt. Aus Drähten von solchem Material gewickelte Spulen erwärmen sich auch bei sehr hoher Strombelastung nicht. Mit diesem Material werden (Gleichstrom-) Elektromagnete ohne Ferromagnetika gebaut, in denen sich mit geringer Leistung Feldstärken bis zu 150 kOe erzeugen lassen.

## F. Halbleiter

Als Halbleiter bezeichnet man heute alle Stoffe, die kristallin aufgebaut sind [also nicht Gläser, Bernstein, „Kunststoffe" (vgl. § 26 bis 29) u. dgl.], aber nicht durch metallische Bindung zusammen gehalten werden und daher viel schlechter leiten als Metalle (vgl. Abb. 604). Die Tatsache, daß die Halbleiter jahrzehntelang von der Forschung vernachlässigt wurden, ist auf die schlechte Reproduzierbarkeit ihrer Eigenschaften zurückzuführen. Heute weiß man genau, weswegen ältere Forschungsarbeiten selten zu übereinstimmenden Ergebnissen gelangten: Die Eigenschaften der Halbleiter, insbesondere ihre Leitfähigkeit ist — abgesehen von ihrer Lichtempfindlichkeit — in hohem Maße durch ihre Reinheit bestimmt. Schon Verunreinigungen der Konzentration $10^{-10}$ können die Leitfähigkeit entscheidend verändern.

Typische und technisch höchst wichtige Vertreter der Halbleiter sind z.B. Si und Ge, beide der 4. Spalte des periodischen Systems angehörig.

**19. Ladungsträger.** In reinen halbleitenden Stoffen findet der Elektrizitätstransport ohne Transport von Materie statt. Er wird im wesentlichen von Elektronen getragen. Der Unterschied zu den Metallen besteht darin, daß deren Atome beim Aufbau des Kristallgitters spontan Leitungselektronen abgeben; die Atome halbleitender Elemente jedoch nicht. Bei diesen sind zwar die „Valenzelektronen" lockerer gebunden als die zum eigentlichen Atomrumpf gehörigen Elektronen. Sie müssen aber erst durch äußere Einflüsse (Erwärmung, Lichteinstrahlung) losgelöst werden. Daraus resultiert bereits, daß die Leitfähigkeit der Halbleiter mit steigender Temperatur zunimmt, und zwar exponentiell; im Gegensatz zu den Metallen.

Die Valenzelektronen kann man sich auf den Verbindungslinien zweier benachbarter Atome angeordnet denken, und zwar jeweils paarweise in sogenannten Elektronenbrücken. Infolge der Temperaturbewegung der Gitteratome sind im thermischen Gleichgewicht ständig einige Elektronenbrücken aufgebrochen, und es stehen daher einige freie Elektronen zum Transport negativer Ladung zur Verfügung ($n$-Leitung). Eine aufgebrochene Elektronenbrücke stellt also ein „Loch" dar, und die benachbarten Elektronen haben die Tendenz, sich dorthin zu begeben und damit ein neues Loch in der Nachbarschaft zu schaffen. Während die Elektronen selbst sich zur Anode hin bewegen, verlagern sich die Löcher in umgekehrter Richtung, verhalten sich also wie positive Ladungen ($p$-Leitung).

Dieser Leitungsmechanismus ist nun außerordentlich empfindlich gegen Störungen im Gitteraufbau, insbesondere durch Fremdatome. Hat ein solches z.B. mehr Valenzelektronen als die Atome des Wirtsgitters, so werden nicht alle seine Elektronen zum Aufbau der Elektronenbrücken benötigt. Überzählige Elektronen sind nur schwach an die Störstelle gebunden und können leicht durch die Temperaturbewegung des Gitters abgerissen werden. Damit wächst die Zahl der frei beweglichen Elektronen. Besitzt die Störstelle dagegen zu wenig Valenzelektronen, so bleiben einige Brücken unvollständig besetzt. Hier können aber Elektronen aus anderen Elektronenbrücken angelagert werden; d.h. die Störstelle gibt Löcher ab, die eine Elektrizitätsleitung ermöglichen.

Während in Metallen die Zahl der — ausschließlich negativen — Ladungsträger nicht erhöht werden kann, ohne den ganzen Körper negativ aufzuladen, was der weiteren Zufuhr sehr rasch eine Grenze setzt, kann die Zahl der Ladungsträger im Halbleiter durch Aufbrechen von Elektronenbrücken sehr erheblich gesteigert werden.

In reinen Halbleitern sind Elektronen und Löcher stets in gleicher Zahl vorhanden (Eigenleitung). Bei Zugabe geeigneter Fremdatome treten entweder die Elektronen oder die Löcher als Elektrizitätsträger in den Vordergrund (Störstellenleitung). Baut man z.B. in das Gitter des (4-wertigen) Si einige P-Atome ein (5-wertig), so wirken diese als Elektronenspender (Donatoren), und es entsteht ein $n$-Leiter; eingebaute B-Atome (3-wertig) dagegen wirken als Elektronenfänger (Akzeptoren), und es entsteht ein $p$-Leiter. Fünfzigprozentige Legierungen aus 3- und 5-wertigen Stoffen (die sog. 3-5-Legierungen; z.B. InSb) stellen wieder Halbleiter mit Eigenleitung dar (WELKER).

**20. Das Bändermodell der Halbleiter.** Beim Halbleiter füllen die äußersten (Valenz-) Elektronen ein Energieband gerade auf, so daß sie, selbst wenn dieses über den Potentialgipfeln (vgl. Abb. 607b) verläuft, nicht zum Elektrizitätstransport befähigt sind. Das nächst höhere Band, das als „Leitungsband" fungieren könnte, liegt so viel höher (etwa um 1 eV), daß nur ganz wenige Elektronen die Energielücke infolge der thermischen Bewegung überspringen können. Immerhin wächst ihre Anzahl mit steigender Temperatur rapide an. Bei sehr großer Energielücke (oder sehr tiefer Temperatur) nähert sich die Leitfähigkeit der Halbleiter immer mehr dem Wert 0; der Halbleiter wird zum Nichtleiter (Isolator).

Sind nun in das Gitter hier und da Fremdatome mit überzähligen, d.h. schwachgebundenen Valenzelektronen eingebaut, so kann man dies im Bändermodell durch nicht durchlaufende Energiebänder darstellen, da ja die Elektronen der Fremdatome (Donatoren) normalerweise an diese gebunden, d.h. ortsfest bleiben. Wenn $E_a$ die Ablösearbeit eines überzähligen Elektrons vom Fremdatom bedeutet, d.h. diejenige Energie, die erforderlich ist, um dieses Elektron frei beweglich zu machen, so muß das — unterbrochene — Energieband des Fremdatoms gerade um $E_a$ unterhalb der Unterkante des Leitungsbandes eingetragen werden, das ja dem frei beweglichen Zustand der Elektronen im Gitter der Wirtssubstanz entspricht (Abb. 616). Nach wie vor ist nun zwar die Schaffung von Leitungselektronen nur auf Kosten der thermischen Energie des Gitters möglich, aber der Zustrom von Elektronen zum Leitungsband ist viel stärker als im reinen Halbleiter, weil die zu überbrückende Energielücke $E_a$ nur von viel kleinerer Größenordnung ist.

Sind aber in das Gitter Fremdatome mit einer geringeren Anzahl von Valenzelektronen eingebaut, also Atome, die schon durch geringen Energieaufwand veranlaßt werden, im Gitter ein weiteres Elektron aufzunehmen, so liegen deren — ortsgebundene — Energiebänder dicht über der Oberkante des voll aufgefüllten Valenzbandes der Wirtssubstanz. Nun genügt schon wenig thermische Energie, um ein Elektron aus dem Valenzband dem Fremdatom anzulagern und im ersteren ein Loch zu schaffen, das sich im elektrischen Feld wie eine positive Ladung verhält, also wandern und Ladung transportieren kann.

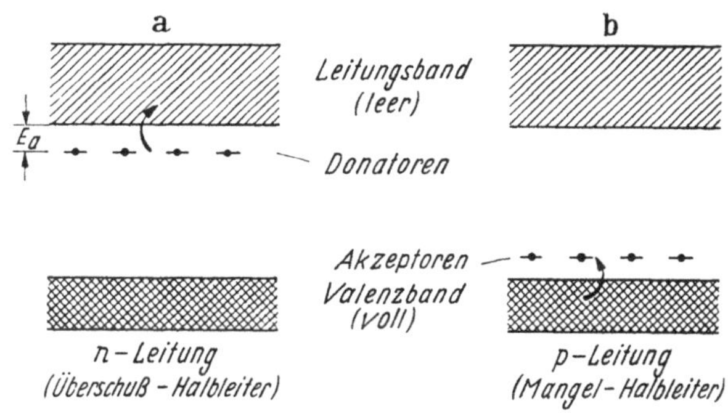

Abb. 616a u. b. Bänderschema eines Halbleiters mit Donatoren bzw. Akzeptoren

Die Elektronen, die aus einem Donatorniveau in das Leitfähigkeitsband gehoben werden, sind nicht so zahlreich und daher räumlich nicht so dicht gedrängt, daß die Fermi-Statistik auf sie angewandt werden muß. Alle Berechnungen können also auf Grund der Boltzmann-Statistik durchgeführt werden; entsprechendes gilt für die Löcherleitung.

**21. Die Beweglichkeit der Ladungsträger.** Die elektrische Leitfähigkeit ($\sigma$) ist nun nicht allein durch die Anzahl ($n$) der Ladungsträger je Volumeneinheit bestimmt, sondern auch durch deren Beweglichkeit ($\mu$):

$$\sigma = n \mu e_0 \tag{21.1}$$

(vgl. III 23.7). $n$ ist in Halbleitern von der Größenordnung $10^{13}$ bis $10^{18}\,\text{cm}^{-3}$, in Metallen aber rund $10^{23}\,\text{cm}^{-3}$ (vgl. § 15). $\mu$ dagegen kann in Halbleitern 10- bis 1000mal so groß sein wie in Metallen, so daß sich zwischen Metall und Halbleiter in der Leitfähigkeit ein Unterschied von 5 bis 10 Zehnerpotenzen ergibt.

Die große Beweglichkeit der Ladungsträger im Halbleiter hat physikalisch und technisch wichtige Konsequenzen. So bewirkt sie z.B. einen besonders starken Hall-Effekt (vgl. III § 43). Große Beweglichkeit bedeutet ja, daß die Ladungsträger im elektrischen Feld eine hohe mittlere Geschwindigkeit erreichen. Die Lorentz-Kraft, die beim Hall-Effekt die Ladungsträger aus ihren Bahnen abdrängt und die Querspannung bewirkt, ist aber um so größer, je schneller sich jene bewegen.

Beim sog. *Hall-Generator* wird die Querspannung (bei konstant gehaltenem Hauptstrom) als Maß der Induktionsflußdichte benützt. So lassen sich noch sehr schwache magnetische Felder nahezu punktförmig ausmessen.

Die große Beweglichkeit der Ladungsträger bewirkt ferner eine wesentlich größere Thermokraft der Halbleiter gegenüber den Metallen (vgl. III § 29).

**22. Transistoren.** Wie in § 19 beschrieben, besitzen Halbleiter zwar eine gewisse Eigenleitfähigkeit; diese ist aber unerheblich gegen die $n$-Leitfähigkeit durch Elektronen, die durch Zugabe von Donatoratomen, bzw. gegen die $p$-Leitfähigkeit durch Defektelektronen oder Löcher, die durch Zugabe von Akzeptoratomen erzeugt wird. Nachdem diese Fremdatome ihre Elektronen bzw. Defektelektronen abgegeben haben, bleiben sie als Ionen zurück und bilden also orts-

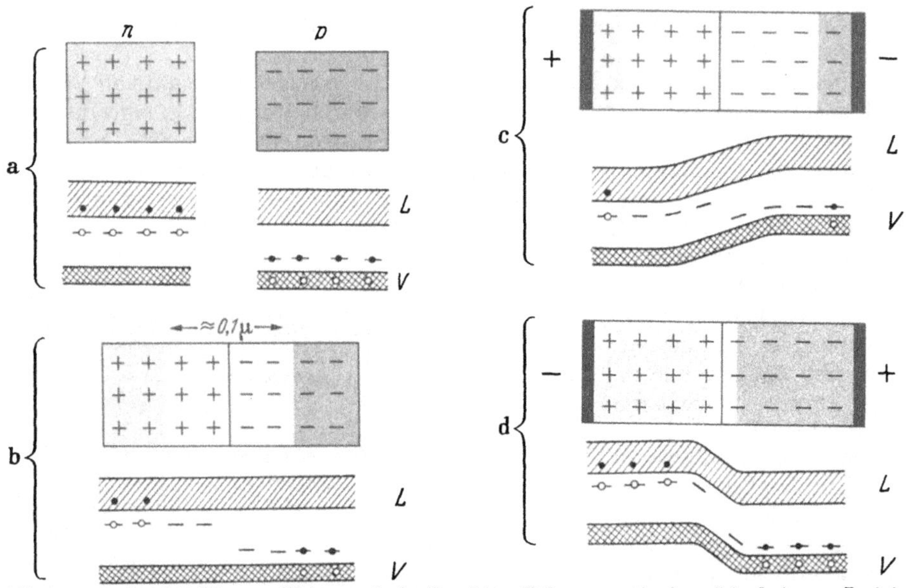


Abb. 617a–d. Grundsätzliches zur Wirkungsweise des Transistors. Hellgrau: negative bewegliche Ladungen. Dunkelgrau: positive bewegliche Ladungen. Darstellung z.T. nach R.W. POHL, ETZ 77, 607 (1956)

gebundene Raumladungen. Solche Raumladungen in Halbleiterkristallen können in ähnlicher Weise zur Gleichrichtung und Steuerung von Strömen dienen, wie die von der Glühkathode einer Elektronenröhre freigesetzten Elektronen im Vakuum (vgl. IV § 11 und 12). Die so entstandenen Schaltelemente heißen *Transistoren* (BARDEEN, BRATTAIN und SHOCKLEY 1948).

Ihre Wirkungsweise werde an Hand der schematischen Abb. 617 erläutert. Die teilweise getönten Rechtecke sollen zwei Stücke des gleichen Kristalls bedeuten, deren eines $n$-leitend gemacht ist (also bewegliche Elektronen im Leitungsband $L$ und ortsfeste positive Raumladungen enthält); das andere sei $p$-leitend gemacht, enthalte also bewegliche Defektelektronen (d.h. Löcher im sonst voll besetzten Valenzband $V$). Bringt man beide in Kontakt (Abb. 617b), so diffundieren die beweglichen Ladungsträger wechselseitig durch die Grenzfläche und verzehren einander. In deren Nachbarschaft bildet sich dadurch eine Schicht aus, die fast nur ortsfeste Ladungen enthält (und zwar links positive, rechts negative) und daher praktisch keinen Ladungstransport zuläßt, wodurch der Weiterbildung der Schicht bereits bei etwa $10^{-5}$ cm eine Grenze gesetzt wird. Legt man nun an die Kombination eine Spannung an derart, daß die verbliebenen beweglichen Ladungen noch weiter von der Grenzfläche abgezogen werden (Abb. 617c), so verbreitert sich die schlechtleitende Mittelschicht, d.h. der Widerstand wird größer; polt man die Spannung um (Abb. 617d), so schrumpft die Schicht, d.h. der Widerstand wird geringer. Die beschriebene Anordnung, eine „*Kristalldiode*" wirkt also als Gleichrichter.

Die Weiterbildung zur Triode zeigt Abb. 618. Hier ist ein $p$-Leiter beiderseits von $n$-Leitern begrenzt. Die angelegten Spannungen — von der überlagerten Wechselspannung $U_\sim$ sei zunächst abgesehen — bewirken an der Grenzfläche 1 einen Strom in Durchflußrichtung wie in Abb. 617d; an 2 nur einen geringen Strom, denn hier entsteht eine breite Zone, die fast keine beweglichen Ladungsträger enthält (Sperrichtung; vgl. Abb. 617c). Nun wird aber die $p$-leitende Schicht so dünn gehalten, daß die Vorgänge an 1 dank der relativ großen Diffusionswege der Defektelektronen auch auf 2 übergreifen. Eine geringe Änderung von $U_1$ — etwa durch die überlagerte Wechselspannung $U_\sim$ — beeinflußt daher den hohen Widerstand der an Ladungsträgern armen Zone sehr stark. Damit wird eine praktisch trägheitslose Steuerung des Stromes 2 im Takt von $U_\sim$ möglich, eine Aufgabe, die sonst nur von Elektronenröhren gelöst wird.

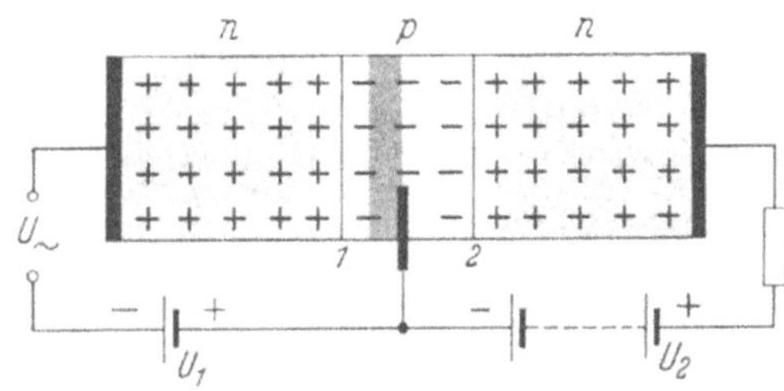

Abb. 618. Kristalltriode (Flächentransistor); Darstellung nach R.W. Pohl, ETZ 77, 607 (1956)

Diesen gegenüber haben die Transistoren den Vorzug großer Unempfindlichkeit und Betriebssicherheit; außerdem benötigen sie keine Heizbatterie und entwickeln somit keine überschüssige Wärme.

## G. Gitterfehler

Der *Idealkristall* ist durch eine streng gesetzmäßige Anordnung (Kristallstruktur) der punktförmig gedachten Atome oder Ionen definiert. Die Eigenschaften der Gitterbausteine und deren Bindungsart (vgl. § 10) sind für die Bindungsfestigkeit einer Struktur verantwortlich.

Der *Realkristall* weicht in vielem vom idealen Kristallbau ab. Sieht man von den thermisch bedingten Bewegungen der Gitterbausteine um ihre Gleichgewichtslagen ab, so hat man es im wesentlichen mit folgenden 3 Arten von „Gitterfehlern" oder Fehlordnungen zu tun.

a) *Thermische Fehlordnung*, bestehend aus Gitterlücken (Leerstellen) und Zwischengitteratomen.

b) *Chemische Fehlordnung* bestehend aus Fremdatomen auf Gitter- oder Zwischengitterplätzen.

c) *Versetzungen*.

Die erstgenannten Gitterfehler werden auch als *Eigenfehlstellen* bezeichnet, weil der Kristall sie durch thermische Aktivierung gewissermaßen aus sich selbst erzeugt; die beiden letztgenannten sind *Kristallbaufehler* im engeren Sinn des

Wortes, weil sie nur durch das Kristallwachstum oder durch starke äußere Einflüsse (plastische Verformung, Bestrahlung) in den Kristall hineinkommen.

Für fast alle makroskopischen Eigenschaften, insbesondere die mechanischen und elektrischen sind die Gitterfehler von entscheidender Bedeutung.

**23. Thermische Fehlordnung.** Sie wird durch das Wechselspiel von Erzeugung und Vernichtung (Annihilation) der Fehlstellen nach folgenden drei Prozessen bestimmt:

1. Wenn ein Gitteratom so viel thermische Energie erhält, daß es seinen Gitterplatz verlassen kann (Frenkelsche Fehlordnung, beide Fehlstellentypen in gleicher Anzahl vorhanden),
2. wenn Kristallbaufehler durch Wärmezufuhr Gitterlücken abspalten (Schottkysche Fehlordnung),
3. wenn Kristallbaufehler Zwischengitteratome abspalten (Anti-Schottkysche Fehlordnung).

Welche Fehlstellentype vorherrscht, hängt von den Aktivierungsenergien ab, die im allgemeinen zwischen 0,5 und 2 eV pro Atom liegen.

Am Beispiel des kubisch flächenzentrierten Gitters soll ein *kinetisches Modell* der besonders wichtigen Schottkyschen Fehlordnung behandelt werden: Die Volumeinheit des Kristalls möge $N$ Gitterplätze enthalten, auf denen $m$ punktförmig gedachte Kristallbaufehler, die als Quellen und Senken von Leerstellen dienen, und $n$ Leerstellen statistisch verteilt seien.

Die Bildungshäufigkeit (Wahrscheinlichkeit der Bildung pro Quelle und Zeiteinheit) einer Leerstelle sei $\gamma_L$ und ihre Sprunghäufigkeit [Wahrscheinlichkeit pro Zeiteinheit, daß eines der 12 einer Leerstelle benachbarten Gitteratome (Abb. 619) seinen Platz mit der Leerstelle tauscht] sei $\Gamma_L$.

Pro Volum- und Zeiteinheit werden demnach $m\gamma_L$ Leerstellen gebildet. Die Vernichtungsrate findet man aus folgender Überlegung: Die Wahrscheinlichkeit, daß eines der 12 Nachbaratome einer Leerstelle eine Senke ist, beträgt nahezu $12\,\frac{m}{N}$. Die Sprunghäufigkeit der betrachteten Leerstelle auf die Senke zu ist $\frac{\Gamma_L}{12}$. Pro Volum- und Zeiteinheit werden also $\frac{n\cdot m}{N}\,\Gamma_L$ Leerstellen annihiliert. Daraus ergibt sich für die Zunahme der Leerstellenzahl

$$\frac{\partial n}{\partial t} = m\gamma_L - \frac{m\cdot n}{N}\,\Gamma_L. \tag{23.1}$$

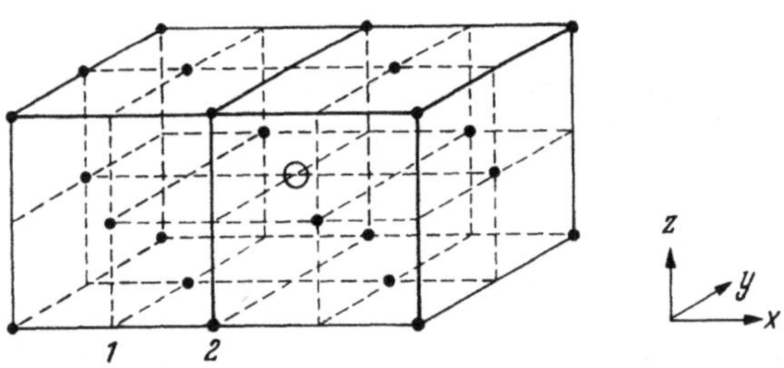


Abb. 619. Kubisch flächenzentriertes Gitter mit einer Leerstelle

Im thermischen Gleichgewicht verschwinden alle zeitlichen Differentialquotienten. Dann gilt

$$n = N\,\frac{\gamma_L}{\Gamma_L} \tag{23.2}$$

unabhängig von der Quellendichte $m$. Wird nun im Zeitpunkt $t=0$ durch äußere Einflüsse eine Abweichung von der Gleichgewichtskonzentration der Leerstellen $\Delta n$ erzeugt, so klingt diese gemäß (23.1) nach

$$\Delta n(t) = \Delta n(0)\, e^{-\frac{t}{\tau}} \tag{23.3}$$

ab. Man bezeichnet $\tau = \frac{N}{m\Gamma_L}$ als Relaxations- oder Erholungszeit.

In Gleichung (23.1) wurde vorausgesetzt, daß $n$ nur von der Zeit abhängt, räumlich aber konstant ist. Nimmt man jetzt an, daß $n = n(t, x)$, d.h. die Konzentration der Leerstellen sich z.B. in $x$-Richtung ändert, dann fließt ein Diffusionsstrom von Leerstellen in Richtung des negativen Konzentrationsgradienten. Um ihren *Diffusionskoeffizienten* $D$ (II § 17) zu bestimmen, betrachten wir die in Abb. 619 bezeichneten Gitterebenen 1, 2, die in $y$- und $z$-Richtung fortgesetzt je zur Flächeneinheit vergrößert gedacht werden sollen. Jede von ihnen enthält nahezu $\frac{a}{2}N$ besetzte Gitterplätze und $\frac{a}{2}n_i$ $(i = 1, 2)$ Leerstellen.

Je Zeiteinheit springen nun $\frac{a}{2} n_1 \cdot \frac{4}{12} \Gamma_L$ Leerstellen aus der Gitterebene 1 nach 2 und $\frac{a}{2} n_2 \frac{4}{12} \Gamma_L$ Leerstellen von 2 nach 1. Die Differenz dieser Sprungzahlen gibt den makroskopischen Diffusionsstrom $j_D = \frac{a}{2} \frac{4}{12} \Gamma_L (n_1 - n_2)$. $n_2 - n_1$ kann man aber darstellen als $\frac{\partial n}{\partial x} \cdot \frac{a}{2}$. Somit wird

$$j_D = -D \frac{\partial n}{\partial x} \quad \text{mit} \quad D = \frac{1}{12} a^2 \Gamma_L. \tag{23.4}$$

$D$ ist der Diffusionskoeffizient der Leerstellen. Im Unterschied dazu kennzeichnet der *Selbstdiffusionskoeffizient* $D_S$ die Diffusion von Gitteratomen über Leerstellen. Zu seiner Bestimmung denkt man sich eine Anzahl $n' \ll N$ von Gitteratomen markiert (z. B. als radioaktive Isotope), die nicht gleichmäßig über die $N$ Gitterplätze verteilt sein sollen. Entsprechend der vorhergehenden Betrachtung enthalte die Gitterebene 1 jetzt $\frac{a}{2} n_1'$, die Ebene 2 $\frac{a}{2}$ jetzt $n_2'$ markierte Atome je Flächeneinheit. Außerdem befinden sich in jeder der beiden Ebenen $\frac{a}{2} n$ Leerstellen und nahezu $\frac{a}{2} N$ unmarkierte Gitteratome. Pro Zeiteinheit springen nun von 1 nach 2 $\frac{a}{2} n_1' \cdot \frac{4}{12} \Gamma_L \cdot \frac{n}{N}$ markierte Atome und von 2 nach 1 $\frac{a}{2} n_2' \cdot \frac{4}{12} \Gamma_L \cdot \frac{n}{N}$; denn die Sprungzahl ist gleich Zahl der markierten Atome einer Ebene mal der Sprunghäufigkeit eines dieser Atome auf einen Gitterplatz der Nachbarebene mal der Wahrscheinlichkeit, daß dieser Platz eine Leerstelle ist.

Der Diffusionsstrom der markierten Atome ist wieder durch die Differenz der Sprungzahlen gegeben: $j_{D_S} = \frac{a}{2} \frac{4}{12} \Gamma_L \frac{n}{N} (n_1' - n_2')$. Setzt man wieder $n_2' - n_1' = \frac{\partial n'}{\partial x} \frac{a}{2}$, so ergibt sich analog zu (23.4)

$$j_{D_S} = -D_S \frac{\partial n'}{\partial x} \quad \text{mit} \quad D_S = \frac{1}{12} a^2 \Gamma_L \frac{n}{N} = \frac{1}{12} a^2 \gamma_L. \tag{23.5}$$

$\frac{N}{n}$ wurde dabei nach (23.2) durch $\frac{\gamma_L}{\Gamma_L}$ ersetzt.

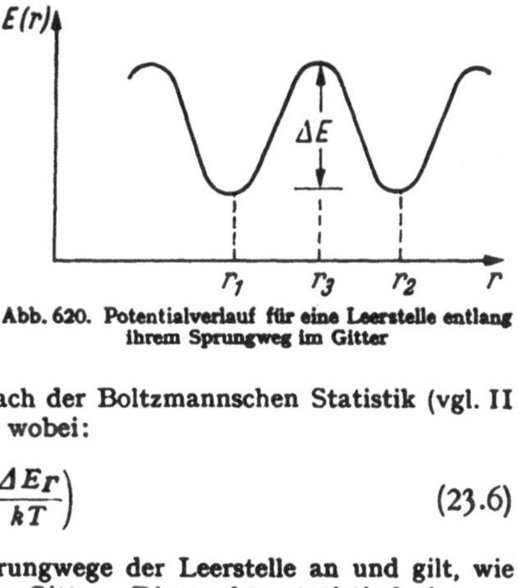

**Abb. 620. Potentialverlauf für eine Leerstelle entlang ihrem Sprungweg im Gitter**

Die potentielle Energie einer Leerstelle ($E_\Gamma(r)$), d.h. die Arbeit, die erforderlich ist, um sie an einen Ort der Koordinate $r$ zu bringen, variiert periodisch entlang dem Laufweg (vgl. Abb. 620). Die Leerstelle wird im allgemeinen um ein Minimum der Kurve, also um $r = r_1$, $= r_2$ usw. mit einer Frequenz $\nu$ oszillieren, die von der Größenordnung der Debyeschen Grenzfrequenz $\nu_{gr}$ (vgl. § 7.3) ist, und nur gelegentlich — um so häufiger, je höher die Temperatur — ein Maximum überspringen. Nach der Boltzmannschen Statistik (vgl. II § 12) wird dies je Zeiteinheit $\Gamma_L$ mal vorkommen, wobei:

$$\Gamma_L = 12 \nu \exp\left(-\frac{\Delta E_\Gamma}{kT}\right) \tag{23.6}$$

Der Faktor 12 gibt die Zahl der äquivalenten Sprungwege der Leerstelle an und gilt, wie oben begründet, für ein kubisch flächenzentriertes Gitter. Die exakte statistisch-thermodynamische Behandlung zeigt übrigens, daß an die Stelle der potentiellen Energie in (23.6) die freie Enthalpie, bezogen auf eine Leerstelle zu setzen ist.

Eine ähnliche Betrachtung kann man auch für die Bildungshäufigkeit $\gamma_L$ einer Gitterlücke anstellen und findet:

$$\gamma_L = 12 \nu_0 \exp\left(-\frac{\Delta E_\gamma}{kT}\right). \tag{23.7}$$

worin $\nu_0$ wieder $\approx \nu_{gr}$ ist und $\Delta E_\gamma$ die Bildungsenergie (richtiger -enthalpie) einer Leerstelle bedeutet. Führt man die Ausdrücke (23.6) bzw. (23.7) in die Gleichungen (23.4) bzw. (23.5) für die Diffusionskoeffizienten $D$ bzw. $D_S$ ein, so erkennt man, daß damit die Temperaturabhängigkeit dieser Koeffizienten gegeben ist.

Ausführliche experimentelle Untersuchungen der thermischen Fehlordnung liegen vor bei Metallen und Ionenkristallen. Als Meßgröße bietet sich vor allem der Selbstdiffusionskoeffizient an, aus dessen Temperaturabhängigkeit man die Bildungsenergie der Fehlstellen bestimmen kann.

Bei Ionenkristallen mißt mn adarüberhinaus die elektrolytische Leitfähigkeit $\sigma$ (Eigenleitung), die als Selbstbiffusion der Gitterionen in einem von außen angelegten Feld anzusehen ist. Überwiegt eine Fehlstellentype (z.B. Leerstellen), dann hängen $\sigma$ und $D_S$ über die *Einsteinsche Beziehung*

$$\frac{\sigma}{D_S} = \frac{N e^2}{kT} \tag{23.8}$$

zusammen.

Zum Verständnis dieser Beziehung betrachten wir z.B. das (kubische flächenzentrierte) Teilgitter des Kations in NaCl, das $n$ statistisch verteilte Leerstellen enthalten soll. In $x$-Richtung (Abb. 619 und 608) sei ein elektrisches Feld $E$ angelegt. Dadurch wird die Sprunghäufigkeit $\Gamma_L^-$ der Leerstellen in $(-x)$-Richtung um den Faktor $\exp\left[\frac{aeE}{2kT}\right] \approx 1 + \frac{aeE}{2kT}$ größer als $\Gamma_L^+$ in $x$-Richtung. Der Kationenstrom in Feldrichtung ergibt sich wieder als Differenz der Sprungzahlen der Leerstellen aus Ebene 2 nach 1 und 1 nach 2 multipliziert mit der Elementarladung $e$ zu:

$$j_e = e\,\frac{a}{2}\,N\,\frac{n}{N}\,\frac{4}{12}\,(\Gamma_L^- - \Gamma_L^+) = \frac{N e^2}{kT}\,D_S\,E = \sigma E, \tag{23.9}$$

woraus unmittelbar Gleichung (23.8) folgt.

Schließlich kann man auch Rückschlüsse auf die thermische Fehlordnung ziehen, wenn man ihren Einfluß auf sonstige Kristalleigenschaften (spezifische Wärme, Elektronenleitfähigkeit u.a.) untersucht. So werden z.B. die Leitfähigkeitselektronen an den Leerstellen und Zwischengitteratomen gestreut, und es resultiert eine Widerstandserhöhung, die im Gegensatz zu der normalen Temperaturabhängigkeit des Widerstandes proportional zu $\exp\left[-\frac{Q}{kT}\right]$ verläuft.

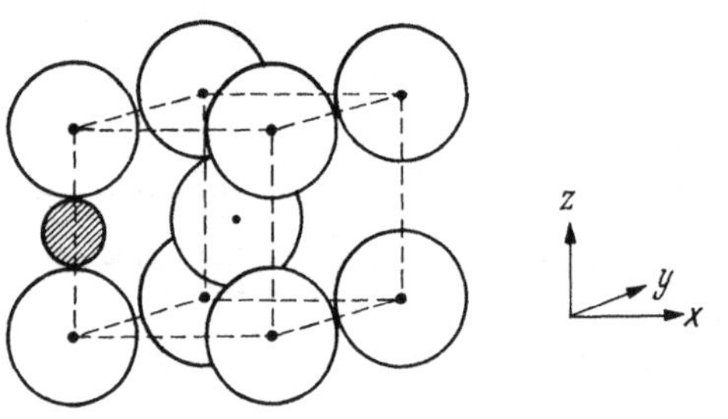


Abb. 621. Kubisch raumzentriertes Gitter mit eingebautem Fremdatom

**24. Chemische Fehlordnung,** die z.B. für die Eigenschaften von Halbleitern (§ 19) von fundamentaler Bedeutung ist, kann hier nur erwähnt werden. Fremdatome können entweder einen regulären Gitterplatz einnehmen (Substitution), oder sie können sich auf einem Zwischengitterplatz aufhalten. Der zweite Fall tritt besonders dann ein, wenn die Fremdatome einen wesentlich kleineren Atomradius als die Wirtsatome besitzen (z.B. H-, C- oder N-Atome in vielen Metallen). Quantitativ beschreibt man ein eingelagertes Fremdatom als Dilatationszentrum oder als eine Anzahl von Kräftedipolen (die zusammen einen Kräftedipoltensor ergeben). Als Hilfsmittel zum Studium der Zwischengittereinlagerungen dienen Messungen der *anelastischen Eigenschaften.*

Zur Erläuterung der anelastischen Erscheinungen soll der sog. Snoek-Effekt diskutiert werden: Das kubischraumzentrierte Fe-Gitter (Abb. 624) besitzt pro Elementarzelle 6 Zwischengitterplätze (3 Kantenmitten und 3 Flächenmitten), auf denen sich z.B. C-Atome aufhalten können. Jedes Fremdatom hat 6 Wirtsatome zu nächsten Nachbarn, von denen die beiden in Richtung einer Würfelkante näher liegen als die anderen 4. Aus diesem Grund gibt es 3 unterscheidbare Lagen für Fremdatome ($x$-, $y$- oder $z$-Lage). Sind keine äußeren Spannungen vorhanden, so werden sich die Fremdatome gleichmäßig auf die 3 Lagen verteilen. Sie erzeugen eine quasiplastische Deformation $\varepsilon_Q$, die eine gleichmäßige Dilatation des Gitters darstellt.

Legt man nun an den Kristall eine Spannung $\sigma$ in $x$-Richtung, so werden einige Fremdatome von den $y$- und $z$-Lagen in die „gedehnte" $x$-Lage übergehen, da diese energetisch bevorzugt ist. Dadurch aber wird eine zusätzliche quasiplastische Deformation $\Delta\varepsilon_Q$ in $x$-Richtung hervorgerufen.

Das Hookesche Gesetz für eine Deformation in $x$-Richtung schreibt man zweckmäßig in der Form $\varepsilon_E = I_\infty \sigma$, wobei $I_\infty$ die elastische Nachgiebigkeit für unendlich schnell verlaufende Prozesse bedeutet. Die kinetische Theorie (ausgeführt an einem Diffusionsmodell ähnlich wie in Abb. 622) liefert für $\Delta\varepsilon_Q$ die Differentialgleichung

$$\frac{\partial \Delta\varepsilon_Q}{\partial t} = -\frac{1}{\tau}\left(\Delta\varepsilon_Q - \overline{\Delta\varepsilon_Q}\right), \tag{24.1}$$

worin $\tau = \frac{2}{3\Gamma}$ die Relaxationszeit und $\Gamma$ die Sprunghäufigkeit der Fremdatome ist. $\overline{\Delta\varepsilon_Q}$ bedeutet den Gleichgewichtswert der quasiplastischen Deformation, der proportional zur Zahl der Fremdatome und proportional zur angelegten Spannung $\sigma$ ist. Wir können daher $\overline{\Delta\varepsilon_Q}$ durch eine zusätzliche Nachgiebigkeit ausdrücken:

$$\overline{\Delta\varepsilon_Q} = \Delta I \cdot \sigma. \tag{24.2}$$

Anelastische Erscheinungen mißt man vor allem in Schwingungsversuchen. Für eine periodische Spannungsänderung ($\sigma$ und $\varepsilon \sim e^{i\omega t}$) läßt sich $\Delta\varepsilon_Q$ als Funktion der Frequenz $\omega$ aus (24.1) und (24.2) ausrechnen:

$$\Delta\varepsilon_Q = \frac{\Delta I}{1+i\omega\tau}\,\sigma = \Delta I\left[\frac{1}{1+\omega^2\tau^2} - i\,\frac{\omega\tau}{1+\omega^2\tau^2}\right]\sigma. \tag{24.3}$$

Die (allein meßbare) Gesamtdeformation $\varepsilon = \varepsilon_E + \Delta\varepsilon_Q$ wird daher

$$\left.\begin{aligned}\varepsilon &= \left[I_\infty + \frac{\Delta I}{1+\omega^2\tau^2} - i\,\Delta I\,\frac{\omega\tau}{1+\omega^2\tau^2}\right]\sigma\\ &= [I' - i\,I'']\,\sigma.\end{aligned}\right\} \tag{24.4}$$

Da der „Relaxationsbetrag" $\Delta I$ praktisch immer $\ll I_\infty$ ist, kann man von (24.2) auf die geläufigere Moduldarstellung übergehen:

$$\sigma = \left[M_\infty - \frac{\Delta M}{1+\omega^2\tau^2} + i\,\Delta M\,\frac{\omega\tau}{1+\omega^2\tau^2}\right]\varepsilon = [M' + i\,M'']\,\varepsilon = |M|\,e^{i\delta}\,\varepsilon \tag{24.5}$$

mit $\Delta M = \frac{\Delta I}{I_\infty^2}$, $M = \frac{1}{I_\infty}$. Das Auftreten eines „komplexen" Moduls bedeutet, daß $\sigma$ und $\varepsilon$ nicht mehr (wie im elastischen Fall) in Phase, sondern um einen Winkel $\delta$ phasenverschoben sind, für welchen gilt: $\operatorname{tg}\delta = \frac{M''}{M'}$. Trägt man $\varepsilon$ als Abszisse und $\sigma$ als Ordinate in ein rechtwinkliges Koordinatensystem, dann durchläuft der Phasenpunkt in jeder Periode einmal die ellipsenförmige Hystereseschleife (Phasenkurve), deren Flächeninhalt nach I § 74 die Energiedissipation pro Zyklus darstellt. Diese — und damit $\operatorname{tg}\delta$ — kann man unmittelbar aus Messungen der mechanischen Dämpfung bestimmen.

**25. Versetzungen.** Unter der *kritischen Schubspannung* ($\tau_0$) versteht man die Spannung, bei der z.B. im Zugversuch eine deutliche plastische Verformung einsetzt. Bei den meisten reinen Metalleinkristallen liegt sie in der Größenordnung $10^6\left[\frac{\mathrm{N}}{\mathrm{m}^2}\right]$. Da aus röntgenographischen Untersuchungen bekannt ist, daß das Kristallgitter trotz plastischer Verformung erhalten bleibt, muß man annehmen, daß während der Verformung einzelne Gitterebenen gegeneinander um Vielfache der Gitterkonstanten verschoben werden. Berechnet man die theoretische Schubfestigkeit $\tau_{\mathrm{th}}$, die nötig wäre, um zwei Gitterebenen durch gleichzeitiges Anheben aller Atome gegeneinander zu verschieben, dann kommt man zu Werten $\tau_{\mathrm{th}} \sim 10^9\left[\frac{\mathrm{N}}{\mathrm{m}^2}\right]$, die viel zu hoch sind, um die experimentell gefundenen Werte für $\tau_0$ zu erklären.

Der Widerspruch wird behoben durch die Annahme der Existenz von zweierlei Gitterfehlern: Den *Stufenversetzungen* (vgl. Abb. 623) und den *Schraubenver-*

*setzungen* (vgl. Abb. 624) (OROWAN, POLANYI und TAYLOR 1934). Die Versetzungen sind Kristallbaufehler und können praktisch nicht durch thermische Aktivierung gebildet werden, weil die unterhalb des Schmelzpunktes verfügbaren thermischen Energien viel zu gering sind.

Der durch eine Stufenversetzung gestörte Kristall (Abb. 623) unterscheidet sich von dem ungestörten (Abb. 622) dadurch, daß eine Gitterebene im Inneren des Kristalls aufhört. Die Randlinie dieser eingeschobenen Netzebene bezeichnet man als *Versetzungslinie*. Man sieht, daß für eine Bewegung der Versetzungslinie nach rechts oder links lediglich eine geringe Verschiebung der ihr unmittelbar benachbarten Atome erforderlich ist. Die Ebene, in der die Versetzung derart leicht wandern *(gleiten)* kann, wird *Gleitebene* genannt. Im Gegensatz dazu versteht man unter *Klettern* einer Stufenversetzung die Bewegung senkrecht zur Gleitebene. Dabei ist — je nach Bewegungsrichtung — der Herantransport oder das Wegschaffen von Atomen erforderlich, was im allgemeinen durch Diffusion von Gitterlücken erfolgt.

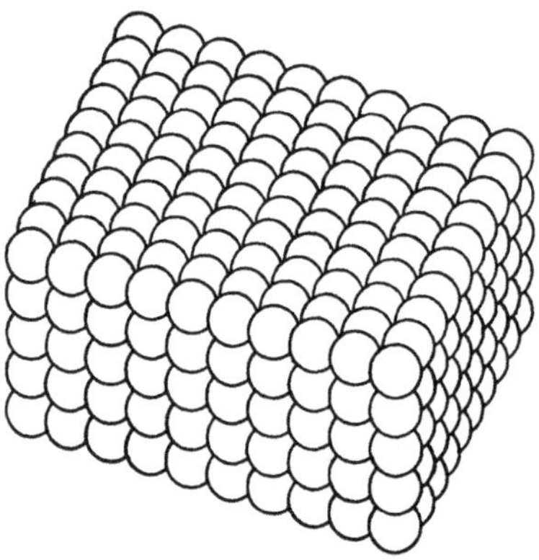

Abb. 622. Ungestörter kubischer Kristall

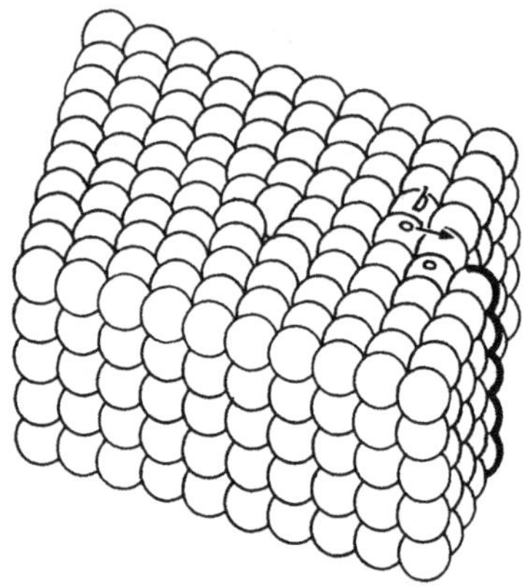


Abb. 623. Durch Stufenversetzung gestörter kubischer Kristall

Da die Diffusionsgeschwindigkeit der Gitterlücken (vgl. § 23) bei tiefen Temperaturen sehr klein ist, können Stufenversetzungen bei tiefen Temperaturen nicht klettern. In Abb. 623 hat sich eine Versetzung von rechts zwischen den beliebig herausgegriffenen, durch ○ markierten Atomen des Kristallgitters hindurchbewegt und diese um einen Vektor $\vec{b}$ (BURGERS 1939) gegeneinander verschoben, der ein Gittervektor ist, da ja die Kristallstruktur

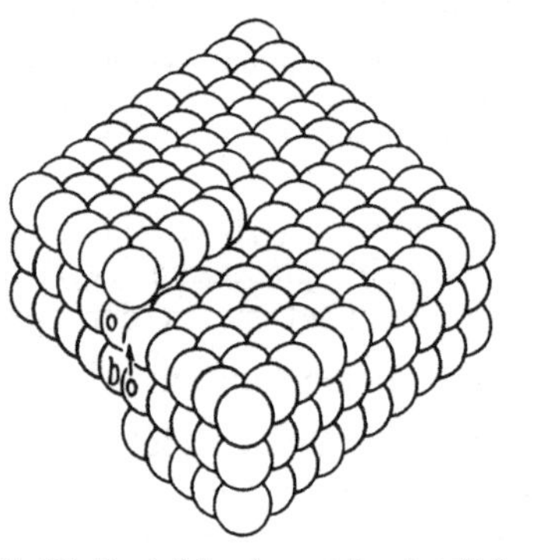


Abb. 624. Durch Schraubenversetzung gestörter kubischer Kristall

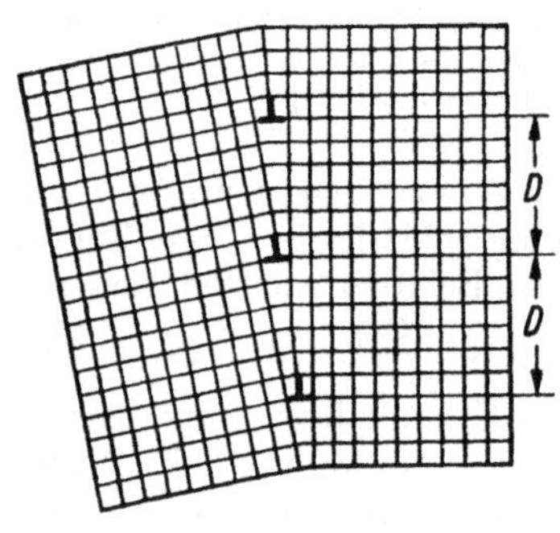


Abb. 625. Kleinwinkelkorngrenze

nach dem Durchwandern der Versetzung wiederhergestellt sein muß. $\vec{b}$ wird als *Burgers-Vektor* bezeichnet. Im Falle der Stufenversetzung (Abb. 623) steht der Burgers-Vektor $\vec{b}$ senkrecht auf der Versetzungslinie und spannt zusammen mit dieser die *Gleitebene* der Versetzung auf. Im Fall der Schraubenversetzung (Abb. 624) liegt $\vec{b}$ parallel zur Versetzungslinie; jede Gitterebene, die die Versetzungslinie enthält, kann Gleitebene sein.

In der Umgebung einer Versetzung ist das Kristallgitter verzerrt. Versetzungen sind also Quellen „innerer Spannungen". Diese haben zur Folge, daß sich die Versetzungen in einem Kristall gegenseitig beeinflussen. Ein Beispiel hierfür ist die *Kleinwinkel-Korngrenze* (Abb. 625). Diese Anordnung einer ganzen Kette von Versetzungen in einer „Versetzungswand" ist energetisch besonders günstig, weil das Kompressionsgebiet der einen Versetzung mit dem Dilatationsgebiet ihrer Nachbarversetzung fast zusammenfällt. Auf diese Weise wird die mit den elastischen Spannungen verbundene Energie klein gehalten. Aus demselben Grunde haben z. B. Fremdatome im Kristall die Tendenz, sich an Versetzungen anzulagern; dadurch werden diese in ihrer Gleitfähigkeit behindert. Überdies spielen Versetzungen — neben ihrer hervorragenden Bedeutung für die plastische Verformung — eine wichtige Rolle beim Kristallwachstum, bei der Rekristallisation, als Quellen und Senken für Gitterlücken und Zwischengitteratome bei Hysterese- und anelastischen Erscheinungen.

## H. Makromolekulare Festkörper

**26. Definition und allgemeine Eigenschaften.** Vom systematischen Standpunkt aus bezeichnet man alle Festkörper, deren Bindung überwiegend Valenzcharakter hat (vgl. § 10; also gerichtete Bindungskräfte im Gegensatz zu den ungerichteten Bindungskräften etwa bei Metallen und Ionenkristallen), als *makromolekulare Festkörper*. Je nach der Zahl der verfügbaren Valenzen der molekularen Bausteingruppe *(Monomer)* bilden sich lineare, flächenhafte oder räumliche Valenzstrukturen *(Hochpolymere)* aus. Diese können entweder vollkristallin sein, d.h. eine röntgenographisch nachweisbare regelmäßige Kristallstruktur aufweisen oder sie können einen unregelmäßigen *(amorphen)* allenfalls in Teilgebieten geordneten *(partiell kristallinen)* Aufbau besitzen.

Beispiele für vollkristalline Hochpolymere sind S, Se, Te, Polyäthylen-Einkristalle $(CH_2)_m$ (Fadenstrukturen); P, As, Sb, Bi, Graphit-Kohlenstoff, BN (Schichtstrukturen); Diamant, Si, Ge, Sn, SiC (Raumnetzstrukturen). Beispiele für amorphe oder partiell kristalline Hochpolymere sind die anorganischen Gläser (unregelmäßige Raumnetzstrukturen) und die organischen Natur- und Kunststoffe.

Die letztgenannte große Gruppe der organischen Natur- und Kunststoffe wird im Hinblick auf die Gestalt der zugrunde liegenden Makromoleküle und die Art der zwischen diesen wirkenden Kohäsionskräfte unterteilt in:

1. amorphe lineare Hochpolymere (z. B. Plexiglas),
2. partiell kristalline Hochpolymere (z. B. Polyäthylen),
3. vernetzte Hochpolymere (z. B. vulkanisierter Kautschuk).

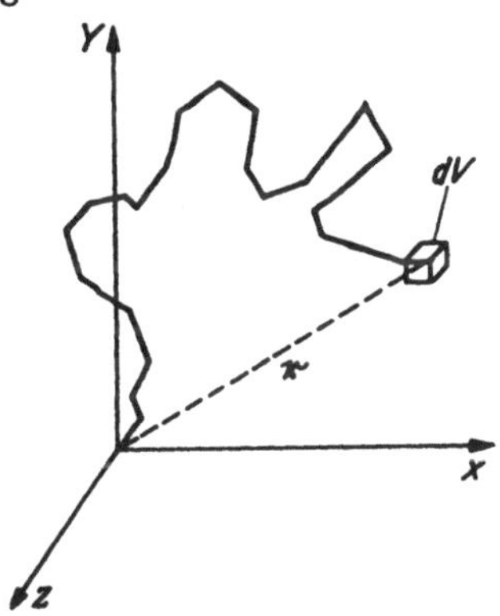

Abb. 626. Makromolekül als statistische Kette

**27. Statistik des linearen Makromoleküls.** Setzt man $n$ ($\gg 1$) geradlinige Segmente der Länge $a$ statistisch derart aneinander, daß alle räumlichen Richtungen der Segmente gleich wahrscheinlich sind, dann erhält man eine *statistische Kette* (Abb. 626). Der Anfangspunkt der statistischen Kette liege im Ursprung eines Koordinatensystems; der Vektor $\boldsymbol{r}$ beschreibe die Lage des Endpunktes. $|\boldsymbol{r}| = r$ wird *Kettenlänge* genannt (im Unterschied zur Länge $R = n \cdot a$ der gestreckten Kette).

Die Wahrscheinlichkeit dafür, daß $\boldsymbol{r}$ in das Volumelement $dV$ fällt, sei $p(\boldsymbol{r})\,dV$. Dann gilt für $r \ll n a$:

$$p(\boldsymbol{r})\,dV = \left(\frac{b}{\sqrt{\pi}}\right)^3 e^{-b^2 r^2}\,dV \quad \text{mit} \quad b^2 = \frac{3}{2 n a^2}. \tag{27.1}$$

Die Zahl $W$ der möglichen Mikrozustände der Kette, die in das Volumelement $dV$ mit Radiusvektor $\boldsymbol{r}$ fallen, ist proportional zu $p(\boldsymbol{r})\,dV$. Mit Hilfe von (II 27.7) kann man auf die Entropie der statistischen Kette schließen:

$$s = k \cdot \ln W = \text{const} - k\,b^2 r^2. \tag{27.2}$$

Aus $p(\boldsymbol{r})\,dV$ findet man durch Integration über eine Kugelschale die Wahrscheinlichkeit $P(r)\,dr$ dafür, daß die Kettenlänge zwischen $r$ und $r + dr$ liegt:

$$P(r)\,dr = \left(\frac{b}{\sqrt{\pi}}\right)^3 e^{-b^2 r^2} \cdot 4\pi r^2\,dr. \tag{27.3}$$

Während (27.1) eine Gauß-Kurve darstellt, ist (27.3) vom Typ der Maxwellschen Geschwindigkeitsverteilung (vgl. I 54.12). Man definiert eine wahrscheinlichste Kettenlänge $r_w$ (Lage des Maximums; Abb. 630) und ein mittleres Kettenlängenquadrat $\overline{r^2} = \int_0^\infty r^2 P(r)\,dr$ und findet dafür:

$$r_w = \frac{1}{b} = \sqrt{\frac{2}{3}}\sqrt{n}\,a; \quad \overline{r^2} = \frac{3}{2b^2} = n\,a^2, \quad \sqrt{\overline{r^2}} = \sqrt{n}\,a. \tag{27.4}$$

$r_w$ und $\sqrt{\overline{r^2}}$ unterscheiden sich um $\sqrt{\frac{2}{3}}$ und sind im übrigen proportional zu $\sqrt{n}$.

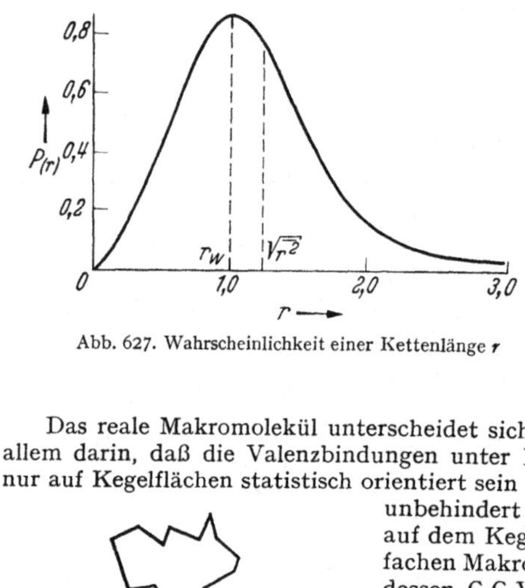


Abb. 627. Wahrscheinlichkeit einer Kettenlänge $r$

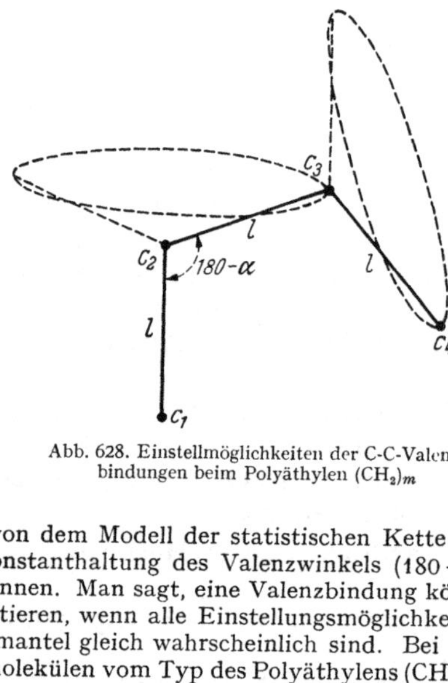


Abb. 628. Einstellmöglichkeiten der C-C-Valenzbindungen beim Polyäthylen $(CH_2)_m$

Das reale Makromolekül unterscheidet sich von dem Modell der statistischen Kette vor allem darin, daß die Valenzbindungen unter Konstanthaltung des Valenzwinkels $(180 - \alpha)$ nur auf Kegelflächen statistisch orientiert sein können. Man sagt, eine Valenzbindung könne unbehindert rotieren, wenn alle Einstellungsmöglichkeiten auf dem Kegelmantel gleich wahrscheinlich sind. Bei einfachen Makromolekülen vom Typ des Polyäthylens $(CH_2)_m$, dessen C-C-Valenzbindungen in Abb. 628 dargestellt sind (C-C-Abstände $= l$), gilt für das mittlere Kettenlängenquadrat $\overline{r_l^2}$:

$$\overline{r_l^2} = m\,l^2\,\frac{1 + \cos\alpha}{1 - \cos\alpha} \tag{27.5}$$

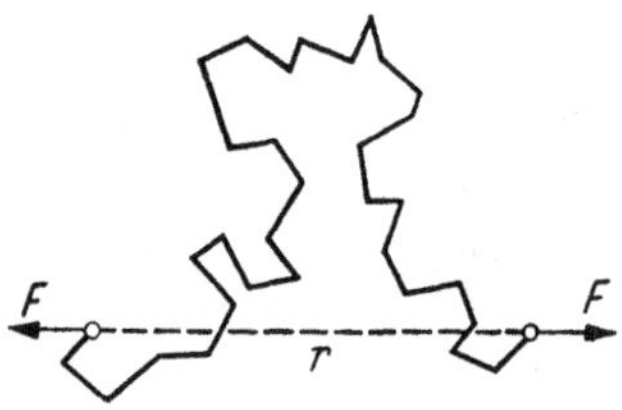


Abb. 629. Verlängerung einer statistischen Kette durch eine Zugkraft

Die Länge des gestreckten Moleküls beträgt dagegen $R = m\,l \cdot \cos\frac{\alpha}{2}$. Setzt man voraus, daß die zu (27.5) gehörige Kettenlängenverteilung vom Typ einer Maxwellschen Geschwindigkeitsverteilung (27.3) ist, dann läßt sich zu dem realen Makromolekül eine äquivalente statistische Kette konstruieren, und zwar unter zwei naheliegenden Bedingungen:

$$\overline{r_l^2} = \overline{r^2} = n\,a^2 \quad \text{und} \quad R_l = R = n\,a. \tag{27.6}$$

Aus den Gleichungen (27.6) können bei bekannten $\overline{r_l^2}$ und $R_l$ die Länge eines Segments und die Anzahl $n$ der Segmente der äquivalenten statistischen Kette berechnet werden (für Polyäthylen mit $\alpha = 70{,}5°$ z. B. ergibt sich: $a = 2{,}45\,l$ und $n = \frac{1}{3}m$). Für alle folgenden Überlegungen genügt es daher, die statistische Kette zugrunde zu legen.

Die Arbeit, die notwendig ist, um die Kettenlänge $r$ einer statistischen Kette mittels einer Zugkraft $F$ um $dr$ zu vergrößern ist $F\,dr$ (Abb. 629). Nach dem zweiten Hauptsatz der Wärmelehre (II § 26) hängt sie mit der Änderung der inneren Energie $du$ und der Entropieänderung $ds$ zusammen:

$$F\,dr = du - T\,ds. \tag{27.7}$$

Macht man nun die Annahme, daß alle Kettenkonfigurationen unabhängig von $r$ die gleiche innere Energie haben, also

$$du = 0 \tag{27.8}$$

ist, dann folgt aus (27.7) und (27.2)

$$F\,dr = -T\,ds = 2k\,T\,b^2 r\,dr$$

oder

$$F = F(r) = 2k\,T\,b^2 r \qquad (r \ll n\,a). \tag{27.9}$$

Gleichung (27.9) läßt sich wie folgt interpretieren: Hält man eine statistische Kette zwischen zwei festen Punkten im Abstand $r$ fest, dann ist dazu eine Zugkraft $F$ notwendig, die der Knäulungstendenz der Kette entgegenwirkt.

**28. Elastische Konstanten; Temperaturabhängigkeit.** Ein räumliches Netzwerk bestehe aus $N$ statistischen Ketten, die räumlich statistisch zueinander orientiert sind und in Vernetzungspunkten enden (Verschlaufungen, freie Kettenenden und in sich geschlossene Ketten sollen vernachlässigt werden). $N$ gibt also den Grad der Vernetzung an. Alle $N$ Ketten sollen die gleiche Anzahl $n$ von Segmenten und damit gleiches $b^2$ und $\overline{r^2}$ besitzen (der allgemeine Fall einer Verteilung der $n$ führt zum gleichen Ergebnis). Endlich soll von der Schwankungsbewegung der Vernetzungspunkte abgesehen werden. Deformiert man das Netzwerk, dann müssen sich die Kettenlängen im gleichen Verhältnis wie die makroskopischen Dimensionen ändern (Affinitätsannahme). Unter diesen Voraussetzungen kann man die elastischen Konstanten des Netzwerks berechnen.

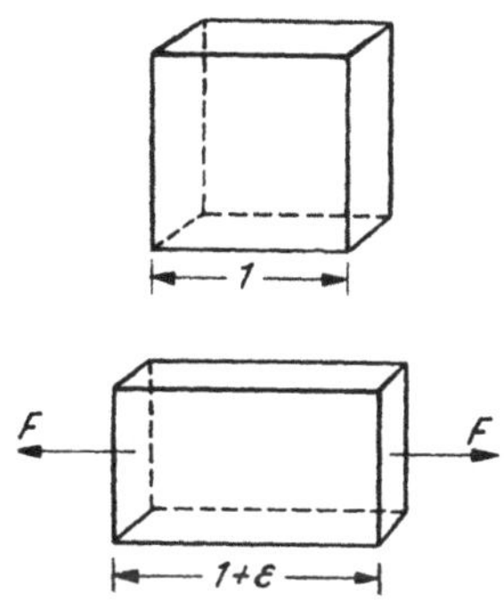

Abb. 630. Einheitswürfel unter dem Einfluß einer Dehnungskraft

Ein Einheitswürfel des Netzwerkes werde in $x$-Richtung durch eine Kraft $F$ um $\varepsilon$ gedehnt (Abb. 630). Da der Kompressionsmodul bei derartigen Substanzen um Größenordnungen höher liegt als die anderen Moduln, bleibt das Volumen bei Dehnung unverändert; also:

$$(1+\varepsilon)(1+\varepsilon_{yy})(1+\varepsilon_{zz}) = 1. \tag{28.1}$$

Daraus und aus der Symmetrieeigenschaft $\varepsilon_{yy} = \varepsilon_{zz}$ folgt

$$(1+\varepsilon_{yy}) = (1+\varepsilon_{zz}) = (1+\varepsilon)^{-\frac{1}{2}}. \tag{28.2}$$

Die Kettenlängen $r_i(x_i, y_i, z_i)$ werden deformiert in $r_i'(x_i', y_i', z_i')$, und zwar wie die makroskopischen Dimensionen:

$$x_i' = (1+\varepsilon)\,x_i, \qquad y_i' = (1+\varepsilon)^{-\frac{1}{2}}\,y_i, \qquad z_i' = (1+\varepsilon)^{-\frac{1}{2}}\,z_i. \tag{28.3}$$

Die Entropie im undeformierten Zustand erhält man aus (27.2) durch Summierung über alle Ketten:

$$S = C - k\,b^2 \sum_i (x_i^2 + y_i^2 + z_i^2). \tag{28.4}$$

Die Entropie im deformierten Zustand wird wegen (28.3):

$$S + \Delta S = C - k\,b^2 \sum_i \left[(1+\varepsilon)^2 x_i^2 + (1+\varepsilon)^{-1} y_i^2 + (1+\varepsilon)^{-1} z_i^2\right]. \tag{28.5}$$

Aus der Gleichverteilung der Kettenrichtungen und (27.4) ergibt sich:

$$\sum x_i^2 = \sum_i y_i^2 = \sum z_i^2 = \frac{1}{3}\sum_i r_i^2 = \frac{N}{3}\overline{r^2} = \frac{N}{2b^2}, \tag{28.6}$$

und man findet aus (28.4) und (28.5) für die Entropieänderung infolge der Deformation

$$\Delta S = -\frac{1}{2} k N \left[(1+\varepsilon)^2 + \frac{2}{1+\varepsilon} - 3\right]. \tag{28.7}$$

Setzt man nun wie in (27.8) die zugehörige Änderung der inneren Energie $\Delta U = 0$, so errechnet sich die für die Deformation aufgewendete mechanische Arbeit $\Delta A$ nach (27.7) zu

$$\Delta A = -T\Delta S = \frac{1}{2} k T N \left[(1+\varepsilon)^2 + \frac{2}{1+\varepsilon} - 3\right]. \tag{28.8}$$

Daraus findet man die Kraft $F(\varepsilon)$ durch Differentiation nach $\varepsilon$

$$F = \frac{\partial \Delta A}{\partial \varepsilon} = k T N \left[1 + \varepsilon - \frac{1}{(1+\varepsilon)^2}\right]. \tag{28.9}$$

Die Zugspannung $\sigma = \frac{F}{q}$ wird mit $q = (1+\varepsilon)^{-1}$

$$\sigma = k T N \left[(1+\varepsilon)^2 - \frac{1}{1+\varepsilon}\right] = 3 k T N \left[\varepsilon + \frac{1}{3}\,\frac{\varepsilon^3}{1+\varepsilon}\right]. \tag{28.10}$$

Für $\varepsilon \ll 1$ stellt dies das Hookesche Gesetz dar; durch Vergleich mit (I 68.2) erhält man für den Dehnungsmodul

$$E = 3 k T N. \tag{28.11}$$

Eine ganz analoge Rechnung liefert für den Schubmodul

$$G = k T N. \tag{28.12}$$

Die Rechnung läßt also erwarten:

1. daß die Moduln mit $N$, d.h. mit dem Vernetzungsgrad ansteigen; dies wird durch Messungen an verschieden stark vernetztem Kautschuk im Bereich höherer Temperaturen (vgl. Abb. 631) vollkommen bestätigt;

2. daß die Moduln proportional zur absoluten Temperatur anwachsen; auch dies ist bei höheren Temperaturen einigermaßen erfüllt; unter konstanter Last zieht ein Stab aus hochpolymerem Material sich mit steigender Temperatur zusammen.

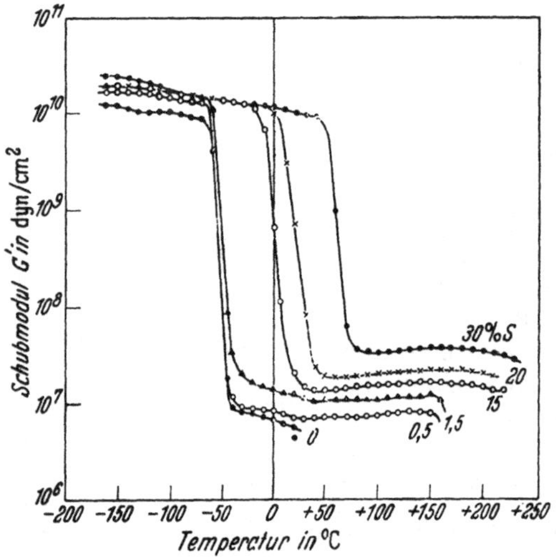


Abb. 631. Schubmodul von verschieden stark mit Schwefel vernetztem (vulkanisiertem) Kautschuk in Abhängigkeit von der Temperatur

An vielen Hochpolymeren kann man wie am Kautschuk (Abb. 631) zwei Bereiche verschiedener elastischer Zustände beobachten: Bei hohen Temperaturen — aber natürlich noch unterhalb des Bereichs völligen Fließens — zeigen die Stoffe so geringe Werte der Moduln ($10^7$ bis $10^8$ dyn/cm²) wie keine andere Stoffklasse. Man bezeichnet den Zustand als *gummielastisch*. Bei Temperaturerniedrigung durchlaufen die Moduln einen Bereich steilen Anstiegs (*„Einfrierbereich"*), oberhalb dessen sie — in den einfacheren Fällen — wieder einigermaßen konstant werden. Ihre Größenordnung ($10^{10}$ bis $10^{11}$ dyn/cm²) ist dann fast die gleiche wie bei Metallen.

**29. Das viskoelastische Verhalten.** Zur Beschreibung der Einfrierbereiche und des Verhaltens bei tiefen Temperaturen muß man eine für die Gummielastizität wesentliche Voraussetzung einschränken; nämlich, daß die Hauptvalenzbindungen der Makromoleküle unbehindert um Nachbarvalenzen rotieren können. In Wirklichkeit bestehen aber neben den Valenzkräften zwischen benachbarten Gruppen desselben oder verschiedener Moleküle Kohäsionskräfte (van der Waals- oder Coulomb-Kräfte), die eine freie Rotation behindern. Nur wenn die mittlere Wärmeenergie der Kettengruppen vergleichbar ist mit dieser Kohäsions- oder *Aktivierungsenergie* ($Q$), kann man unbehinderte Rotation voraussetzen. Ist die mittlere Wärmeenergie wesentlich kleiner als $Q$, dann kann die Rotation der Hauptvalenzbindungen nur vermittels thermischer Schwankungen stattfinden, d.h. die Rotationshäufigkeit ist proportional zum Boltzmann-Faktor $\exp\left(-\frac{Q}{kT}\right)$ (vgl. § 27 und II 12.2). Die gummielastische Deformation $\varepsilon_s$ (der Index $s$ soll an die Konfigurationsentropie erinnern) einer Probe wird sich in diesem Fall nach Anlegen einer äußeren Spannung $\sigma$ erst *mit der Zeit* einstellen, die Moduln also eine Zeit-, bzw. bei periodischer Beanspruchung eine Frequenzabhängigkeit zeigen.

Der einfachste Ansatz, der diese Einstellung beschreibt (vgl. $\Delta\varepsilon_Q$ beim Snoek-Effekt) ist

$$\frac{\partial \varepsilon_s}{\partial t} = -\frac{1}{\tau_\sigma}(\varepsilon_s - \bar{\varepsilon}_s) \quad \text{mit} \quad \tau_\sigma = \tau_{\sigma 0}\, e^{\frac{Q}{kT}} \tag{29.1}$$

$\bar{\varepsilon}_s$ ist der Gleichgewichtswert der gummielastischen Deformation, dem diese bei konstanter Spannung nach genügend langer Zeit beliebig nahe kommt. Bedeutet $M_s$ einen der in (28.11) und (28.12) definierten gummielastischen Moduln, so gilt

$$\bar{\varepsilon}_s = \frac{\sigma}{M_s}. \tag{29.2}$$

Für Schwingungsversuche $(\sigma, \varepsilon \sim \exp[i\omega t])$ wird die Lösung von (29.1)

$$\varepsilon_s = \frac{1}{M_s}\,\frac{1}{1 + i\omega\tau_\sigma}\,\sigma. \tag{29.3}$$

Berücksichtigt man noch, daß eine äußere Spannung $\sigma$ auch eine kleine hochelastische Deformation, z.B. durch Deformation der Valenzwinkel

$$\varepsilon_E = \frac{\sigma}{M_\infty} \tag{29.4}$$

hervorruft, dann wird die (allein meßbare) Gesamtdeformation

$$\varepsilon = \varepsilon_E + \varepsilon_s = \left[\frac{1}{M_\infty} + \frac{1}{M_s}\,\frac{1}{1 + i\omega\tau_\sigma}\right]\sigma. \tag{29.5}$$

Der komplexe Klammerausdruck vertritt die Stelle eines reziproken Moduls im Hookeschen Gesetz und wird als komplexe Nachgiebigkeit bezeichnet. (29.5) wird häufig in folgender Form angegeben:

$$\sigma = \left[M_\infty - \frac{\Delta M}{1 + i\omega\tau_\varepsilon}\right]\varepsilon = \left[M_\infty - \frac{\Delta M}{1 + \omega^2\tau_\varepsilon^2} + i\,\frac{\Delta M\,\omega\,\tau_\varepsilon}{1 + \omega^2\tau_\varepsilon^2}\right]\varepsilon$$

mit

$$M_0 = \frac{M_s M_\infty}{M_s + M_\infty}, \quad \Delta M = M_\infty - M_0, \quad \tau_\varepsilon = \tau_\sigma\,\frac{M_0}{M_\infty}. \tag{29.6}$$

Man bemerkt, daß das viskoelastische Verhalten makromolekularer Festkörper formal ebenso beschrieben wird wie die anelastischen Eigenschaften kristalliner

Festkörper (vgl. 24.5) mit dem einzigen Unterschied, daß der Relaxationsbetrag $\Delta M$ dort nur wenige Prozente von $M_\infty$, hier aber den weitaus größeren Teil von $M_\infty$ ausmacht (vgl. Abb. 634).

Die Bezeichnung „viskoelastisch" rührt davon her, daß man das mechanische Verhalten hochpolymerer Stoffe durch mechanische Modelle nachbilden kann, die sich aus „elastischen" Elementen, z.B. Spiralfedern und „viskosen" Elementen, bei denen die zeitliche Ableitung der Verformung $\varepsilon$ der Spannung proportional ist, zusammensetzen. So läßt sich bei dem in Abb. 632 dargestellten Modell die Spannung $\sigma$ sowohl durch die Deformation ($\varepsilon_1$) des oberen elastischen Elements ausdrücken ($\sigma = M_\infty \varepsilon_1$), wie auch durch die Deformation ($\varepsilon_2$) der beiden parallel geschalteten anderen Elemente $\left(\sigma = M_s \varepsilon_2 + \eta \frac{\partial \varepsilon_2}{\partial t}\right)$. Für die Gesamtdeformation ($\varepsilon$) ergibt sich daher bei periodischer Beanspruchung, d.h. wenn man $\frac{\partial \varepsilon_2}{\partial t}$ durch $i\omega\varepsilon_2$ ersetzen kann:

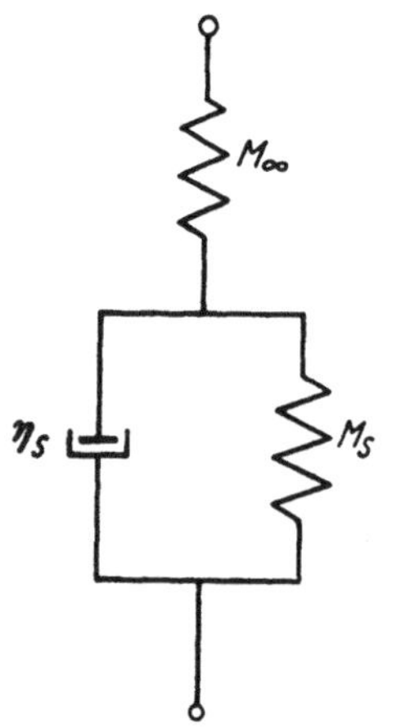


Abb. 632. Mechanisches Modell für das viskoelastische Verhalten eines Stoffes

$$\left.\begin{aligned} \varepsilon = \varepsilon_1 + \varepsilon_2 &= \frac{\sigma}{M_\infty} + \frac{\sigma}{M_s + i\omega\eta} \\ &= \left[\frac{1}{M_\infty} + \frac{1}{M_s}\,\frac{1}{1 + i\omega\eta/M_s}\right]\cdot\sigma. \end{aligned}\right\} \tag{29.7}$$

Der Zusammenhang zwischen $\varepsilon$ und $\sigma$ ist also formal der gleiche wie bei (29.5), wenn man $\eta/M_s$ dem früher definierten $\tau_\sigma$ gleichsetzt *(Maxwell)*.

Ebenso wie durch Schwingungsexperimente können die Eigenschaften viskoelastischer Stoffe durch Relaxationsversuche ($\sigma(t)$ nach einem Deformationssprung) oder durch Retardationsversuche ($\varepsilon(t)$ nach einem Spannungssprung) untersucht werden. Jedoch bieten diese Verfahren besonders bei kleinen Relaxationszeiten $\tau_\sigma$ bzw. $\tau_\varepsilon$ größere experimentelle Schwierigkeiten.

Das Studium der mechanischen Eigenschaften hochpolymerer Stoffe hat sich als besonders wichtig erwiesen einerseits, weil sie Aufschluß geben über Einzelheiten der Molekülstrukturen, andererseits, weil sich in ihnen technisch wichtige Stoffeigenschaften wie die Sprödigkeit oder Verformbarkeit widerspiegeln. Außerdem werden aber die dielektrischen Eigenschaften eingehend untersucht, aus denen Schlüsse auf Orientierungsänderungen polarer Gruppen der Makromoleküle gezogen werden. Kernresonanzuntersuchungen geben Auskunft, insbesondere über die Beweglichkeit der Protonen. Die Ultrarot-Spektroskopie tastet bestimmte charakteristische Schwingungen kleiner Molekülteile ab. Dichtemessungen und Messungen der spezifischen Wärme sind zusammen mit röntgenographischen und optischen Untersuchungen unentbehrlich für das Studium der Kristallisationserscheinungen.

# XVII. Grundgedanken der Relativitätstheorie

**1. Die Bezugsysteme der Physik.** Bei allen physikalischen Aussagen, die sich auf Geschwindigkeiten und Beschleunigungen von Massen, Ladungen oder anderen physikalischen Gegenständen beziehen, ist zunächst die Frage zu klären, gegen welches Koordinaten- oder Bezugssystem diese kinematischen Größen zu bestimmen seien (z.B. Laboratorium oder Fixsternsystem). Der Begriff „Koordinatensystem" muß dabei in einem weiteren Sinne gebraucht werden, da die kinematischen Größen Geschwindigkeit und Beschleunigung nicht nur die Definition eines Ortes, sondern auch eines Zeitmaßstabes voraussetzen. Bei der experimentellen Untersuchung dieser Frage sind prinzipiell zwei Resultate möglich:

1. Man stellt fest, daß die physikalischen Gesetze vom zugrunde gelegten Bezugssystem abhängen. Man wird dann dasjenige unter allen solchen Systemen, in denen man besonders einfache Gesetze findet, als absolutes Raum-Zeit-System der Physik bezeichnen.

2. Man findet bei physikalischen Messungen zwischen einer Vielzahl von Bezugssystemen keinen Unterschied. Dann sind alle diese Bezugssysteme zur Beschreibung der Vorgänge gleichwertig (Relativitätsprinzip, EINSTEIN).

Ein solches Relativitätsprinzip ist in der Mechanik schon von NEWTON gefunden worden: Eine gleichförmige Translationsbewegung eines Bezugssystems kann mit mechanischen Mitteln nicht festgestellt werden; alle so gegeneinander bewegten Systeme sind einander gleichwertig. Dagegen bewirken rotatorische und beschleunigte translatorische Bewegungen eines Bezugssystems Trägheitskräfte und können festgestellt werden. Man wählt daher in der Mechanik Bezugssysteme, in denen ein anfangs ruhender, von äußeren Kräften freier Massenpunkt im Zustand der Ruhe verharrt (Inertialsysteme). Zur Feststellung einer gleichförmigen Translation solcher Inertialsysteme gegen einen etwa vorhandenen absoluten Raum muß nun wegen des Newtonschen Relativitätsprinzips zu nichtmechanischen Mitteln gegriffen werden. Hierbei können zwei durch Bewegung hervorgerufene elektrische und magnetische Erscheinungen herangezogen werden:

1. Bewegte Ladungen erzeugen ein magnetisches Feld.
2. Bewegte Ladungen erfahren in einem Magnetfeld eine Kraft (Lorentz-Kraft), die als elektrische Feldstärke deutbar ist.

Bei beiden Phänomenen ist es zunächst nicht nötig, die Bewegung auf einen absoluten Raum zu beziehen; man kann bei 1. die Geschwindigkeit relativ zum Beobachter, bei 2. relativ zur magnetfelderzeugenden Anordnung messen. Beide Erscheinungen zusammen müßten jedoch an einem geladenen Plattenkondensator, der sich gegen das Bezugssystem der Elektrodynamik — in dem man sich die Feldlinien ruhend vorstellt — bewegt, ein Drehmoment bewirken, was hier nicht genauer abgeleitet werden soll. Dieses Drehmoment wurde nicht gefunden (TROUTON und NOBLE); das negative Resultat gab einen Hinweis darauf, daß ein absolutes Bezugssystem auch mit elektrodynamischen Mitteln nicht festgestellt werden kann. Viel einschneidenderen Einfluß auf diese Frage haben aber Versuche, bei denen keine Bewegungen materieller Körper zur Felderzeugung dienen, sondern das Magnetfeld durch einen Verschiebungsstrom (vgl. III § 75), das elektrische Feld durch eine magnetische Flußänderung hervorgerufen wird, wie dies bei der Ausbreitung elektromagnetischer Wellen der Fall ist. Hier erhebt sich die Frage, in welchem Medium (früher „Äther" genannt) oder wenigstens gegen welches Bezugssystem sich diese elektromagnetischen Wellen ausbreiten.

**2. Ausbreitung von Wellen in bewegten Medien. Der Michelson-Versuch.** Das Problem soll zunächst am Beispiel des Luftschalles erörtert werden, wo das tragende Medium physikalisch gut definiert ist: In ruhender Luft breitet sich der Schall, der von einer ruhenden Schallquelle ausgeht, nach allen Richtungen mit einer konstanten Geschwindigkeit aus. Für den Beobachter, der sich, ebenfalls ruhend, dicht bei der Schallquelle befindet, erscheinen die Wellenflächen als Kugelflächen mit dem Mittelpunkte in der Schallquelle. Nun sollen sich Beobachter und Schallquelle mit der Geschwindigkeit $u$ durch das tragende Medium hindurch bewegen (Abb. 633). Jetzt scheint ihm die Welle sich in der Bewegungsrichtung mit der Geschwindigkeit $c-u$, in entgegengesetzter Richtung mit $c+u$ und senkrecht zur Bewegung mit $c_r = \sqrt{c^2-u^2}$ auszubreiten. Wenn sich ein Spiegel im konstanten Abstand $l$ vor dem Beobachter her bewegt, so ist die Laufzeit $t_{1h}$ der Welle, bis sie den Spiegel erreicht, $t_{1h} = \frac{l}{c-u}$, die Laufzeit der Welle vom Spiegel zum Beobachter zurück $t_{1r} = \frac{l}{c+u}$; also kehrt ein Schallsignal von der bewegten Schallquelle über den Spiegel zu ihr zurück in der Zeit

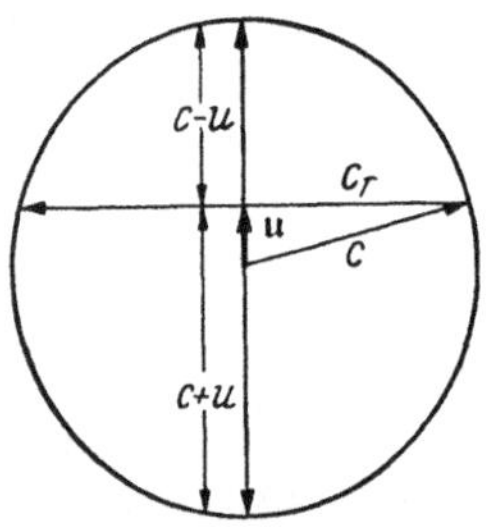


Abb. 633. Ausbreitung des Schalls in bewegten Medien

$$t_1 = t_{1h} + t_{1r} = \frac{l}{c-u} + \frac{l}{c+u} = \frac{l}{c}\left(\frac{1}{1-\frac{u}{c}} + \frac{1}{1+\frac{u}{c}}\right)$$
$$= \frac{l}{c}\left(1 + \frac{u}{c} + \frac{u^2}{c^2} + \cdots + 1 - \frac{u}{c} + \frac{u^2}{c^2} - \cdots\right)$$
$$= \frac{2l}{c}\left(1 + \frac{u^2}{c^2} + \cdots\right).$$

Stellt der Beobachter den Spiegel im gleichen Abstand $l$ senkrecht zur Bewegungsrichtung auf, in der die Relativgeschwindigkeit $\sqrt{c^2-u^2}$ für Hin- und Rücklauf die gleiche ist, so ist die Laufzeit der Welle

$$t_2 = \frac{2l}{\sqrt{c^2-u^2}} = \frac{2l}{c}\,\frac{1}{\left(1-\frac{u^2}{c^2}\right)^{\frac{1}{2}}} = \frac{2l}{c}\left(1 + \frac{1}{2}\frac{u^2}{c^2} + \cdots\right).$$

$t_2$ ist also kleiner als $t_1$. Der Unterschied der Laufzeiten ist, wenn $u \ll c$ ist:

$$\Delta t = t_1 - t_2 \approx \frac{2l}{c} \cdot \frac{1}{2}\,\frac{u^2}{c^2} = \frac{l}{c} \cdot \frac{u^2}{c^2}. \tag{2.1}$$

Diese Überlegungen würden auch für Lichtwellen gelten, wenn als Träger der Lichtwellen ein ruhendes Medium existierte, der sogenannte Lichtäther. Dann sollte dieselbe Laufzeitdifferenz (2.1) beobachtet werden, wenn man den gleichen Versuch mit zwei Spiegeln macht, welche in Richtung und senkrecht zur Richtung einer bewegten Lichtquelle aufgestellt sind.

Michelson benützte das nach ihm benannte Interferometer (vgl. VI § 7) zu einem Versuch, dem folgende Überlegung zugrunde liegt: Wenn die Lichtquelle und das Fernrohr des Beobachters dem „Äther" gegenüber ruhen (Abb. 634a u. b), die Spiegel $Sp_1$ und $Sp_2$ von der Platte $P$ um $l$ gleich weit entfernt sind, so ist die Laufzeit der senkrecht auf die Spiegel treffenden Strahlen gleich; sie treten ohne Gangunterschied ins Beobachtungsfernrohr und müssen sich verstärken.

Tatsächlich bewegt sich aber die Erde und daher auch die Lichtquelle samt dem Beobachter mit der Geschwindigkeit $u = 30\ \mathrm{km\,s^{-1}}$ durch den Raum; mit einem Spiegelabstand $l = 30$ m wird also

$$\Delta t = \frac{3 \cdot 10^3}{3 \cdot 10^{10}} \cdot \left(\frac{3 \cdot 10^6}{3 \cdot 10^{10}}\right)^2 = 10^{-15}\ \mathrm{s}.$$

Die Schwingungsdauer für gelbes Licht ($\lambda = 6 \cdot 10^{-5}$ cm) beträgt $2 \cdot 10^{-15}$ s. Da eine Verzögerung der von $Sp_1$ kommenden Wellen um die Hälfte dieser Zeit erwartet wird, treffen sie um eine halbe Wellenlänge verschoben bei $P$ ein. Anstatt der bei stillstehender Anordnung erwarteten Verstärkung müßte gerade eine Auslöschung beobachtet werden.

Im Interferometer werden mit parallelem Licht, aber etwas gegeneinander geneigten Spiegeln Interferenzstreifen gleicher Dicke beobachtet. Wenn man im Sinne des gekrümmten Pfeiles der Abb. 634a die Apparatur um 90° dreht, so ist nun das Licht, das vom Spiegel $Sp_1$ herkommt, dem Licht von $Sp_2$ um eine halbe

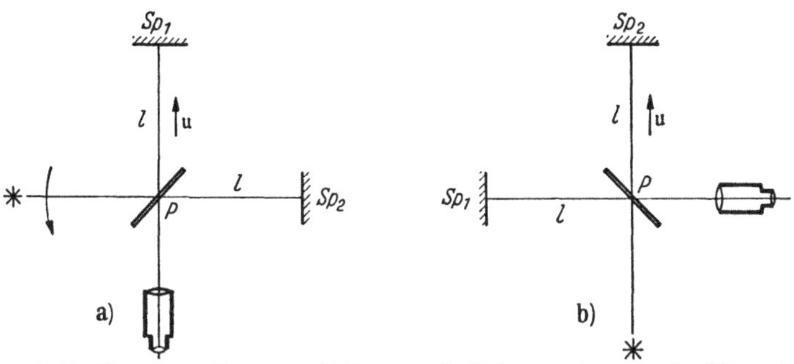


Abb. 634a u. b. Der Versuch von MICHELSON, die Bewegung der Erde gegen einen ruhenden Äther nachzuweisen

Wellenlänge voraus, im Interferenzstreifensystem muß eine Verschiebung um eine Streifenbreite beobachtet werden, bei einer Drehung um 45° eine Verschiebung um eine halbe Streifenbreite.

Die Ausführung des Versuches durch MICHELSON und später durch JOOS, mit dessen Anordnung eine Streifenverschiebung um $\frac{1}{1000}$ Streifenbreite hätte beobachtet werden können, ergab keine Verschiebung. Das bedeutet, daß auf der bewegten Erde die Ausbreitungsgeschwindigkeit des Lichtes in jeder Richtung die gleiche ist. Der Versuch beweist, daß ein ruhender „Äther" nicht nachweisbar ist, es hat daher auch keinen Sinn, ihn als vorhanden anzunehmen.

Das Relativitätsprinzip (§ 1) muß also auch für Lichtwellen und somit auch für die Elektrodynamik als gültig angesehen werden.

**3. Die Lorentz-Transformation als Folge des Prinzips von der Konstanz der Lichtgeschwindigkeit.** Das Ergebnis des Michelson-Versuches besagt, daß auch dem mit der Geschwindigkeit $u$ bewegten Beobachter der Abb. 633 die Wellenfläche als Kugel mit dem Zentrum im Orte des Beobachters und gleichem Radius erscheint. Denn er mißt die gleiche Geschwindigkeit.

Dies steht aber zu den Erfahrungen der klassischen Mechanik in unversöhnlichem Widerspruch. Sie beschreibt die Lage eines Punktes in zwei Koordinatensystemen, welche sich gegeneinander ohne Drehung mit der konstanten Relativgeschwindigkeit $u$ in der $x$-Richtung bewegen, durch die Galilei-Transformation:

$$x' = x - u\,t; \quad y' = y; \quad z' = z; \quad t = t'. \tag{3.1}$$

Gilt also für Lichtwellen im ungestrichenen System (Abb. 635)

$$x^2 + y^2 + z^2 = c^2 t^2 \tag{3.2}$$

als Gleichung der Wellenfläche nach der Zeit $t$, so ist die Gleichung derselben Wellenfläche im gestrichenen System

$$(x' + u\,t)^2 + y'^2 + z'^2 = c^2 \cdot t^2 .$$

Das Ergebnis des Michelsonschen Experiments fordert aber eine Kugel mit dem Zentrum in $O'$, also

$$x'^2 + y'^2 + z'^2 = c^2 \cdot t'^2 . \tag{3.3}$$

Während man in der Galilei-Transformation eine absolute, d.h. vom Beobachtungssystem unabhängige Zeit annimmt, zwingt offenbar das Ergebnis des Michelson-Versuches, die Bewegung im gestrichenen System durch eine Zeit $t'$ zu beschreiben, für deren Zusammenhang mit $t$ eine Transformationsformel aufgefunden werden muß. Legt man die $X'$-Achse in die Richtung der $X$-Achse und $Y', Z'$ parallel zu $Y, Z$ (Abb. 635), so gilt:

$$y' = y \quad \text{und} \quad z' = z . \tag{3.4}$$

Zur Darstellung des Zusammenhangs zwischen $x$, $x'$, $t$ und $t'$ machen wir den Ansatz

$$x' = \gamma\,(x - u\,t) , \tag{3.5}$$

$$x = \gamma\,(x' + u\,t') . \tag{3.6}$$

$x' = 0$ bedeutet $x = ut$, d.h. der Koordinatenanfangspunkt des gestrichenen Systems bewegt sich im ungestrichenen mit der Geschwindigkeit $u$. Ebenso folgt aus $x = 0$ $x' = -ut'$, daß der Koordinatenanfangspunkt des ruhenden Systems im gestrichenen sich mit der entgegengesetzt gleichen Relativgeschwindigkeit bewegt. Weil keines der Systeme vor dem anderen ausgezeichnet ist, darf man den gleichen Faktor $\gamma$ in (3.5) und (3.6) ansetzen.

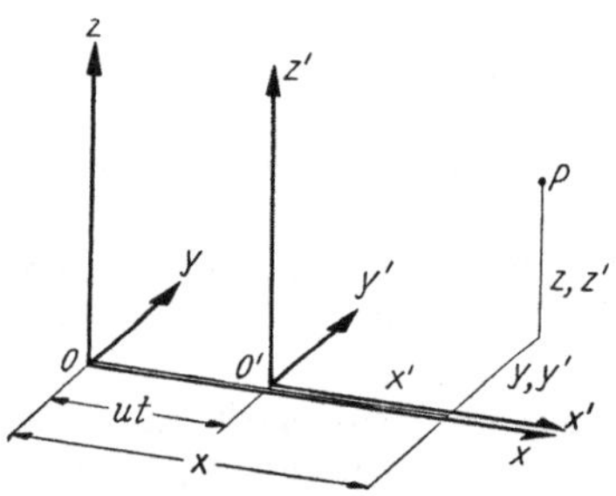


Abb. 635. Die für die LORENTZ-Transformation verwendeten Koordinatensysteme

Aus (3.5) und (3.6) folgt durch Eliminieren von $x'$

$$t' = \gamma \left[ t - \frac{x}{u} \cdot \left( 1 - \frac{1}{\gamma^2} \right) \right] . \tag{3.7}$$

Wegen (3.4) kann man (3.2) und (3.3) zusammenfassen zu:

$$x^2 - c^2 t^2 \equiv x'^2 - c^2 t'^2 = 0 .$$

Hieraus kann man nun durch Einsetzen von (3.5) und (3.7) den Koeffizienten $\gamma$ bestimmen. Da die Identität für alle Werte von $x$ erfüllt sein soll, ist der Wert von $\gamma$ (mit $u/c = \beta$):

$$\gamma = \frac{1}{\sqrt{1 - \beta^2}} .$$

Mit diesem Wert erhält man die nach LORENTZ benannten Transformationsformeln:

$$\left. \begin{aligned} x' &= \frac{x - u\,t}{\sqrt{1 - \beta^2}} & x &= \frac{x' + u\,t'}{\sqrt{1 - \beta^2}} \\ t' &= \frac{t - \dfrac{u}{c^2}\,x}{\sqrt{1 - \beta^2}} & t &= \frac{t' + \dfrac{u}{c^2} \cdot x'}{\sqrt{1 - \beta^2}} . \end{aligned} \right\} \tag{3.8}$$

Zur Relativbewegung senkrechte Koordinaten bleiben unverändert.

Das diesen Gleichungen zugrunde liegende Prinzip von der Konstanz der Lichtgeschwindigkeit erscheint etwas einleuchtender, wenn man schlechthin die Lichtgeschwindigkeit als die größte Geschwindigkeit akzeptiert, mit der sich die durch irgendeine Ursache hervorgerufenen Wirkungen ausbreiten können. Dann erscheint es plausibel, daß diese Geschwindigkeit eine Naturkonstante und in allen Systemen gleich ist. Da die Bewegung eines Körpers stets eine Wirkung vermitteln kann, ist dann die Lichtgeschwindigkeit gleichzeitig die Grenzgeschwindigkeit der Bewegung materieller Körper überhaupt.

**4. Der Einfluß der Lorentz-Transformation auf die Raum-Zeit-Vorstellung.** Sobald bei einem physikalischen Problem Geschwindigkeiten auftreten, die nicht mehr klein sind im Vergleich zur Lichtgeschwindigkeit, oder genauer, sobald nicht mehr $\beta^2 \ll 1$ ist, muß bei der Umrechnung von einem bewegten auf ein ruhendes Koordinatensystem die Lorentz-Transformation (3.8) angewandt werden. Das bedingt eine Revision grundlegender Begriffe, die im Rahmen der auf der Galileitransformation (3.1) beruhenden klassischen Physik ganz unproblematisch erscheinen.

*a) Der Begriff der Gleichzeitigkeit.* Zwei Ereignisse sollen in einem Bezugssystem an zwei verschiedenen Orten $x_1$ und $x_2$ (Abstand $\Delta x$) und zu zwei verschiedenen Zeiten $t_1$ und $t_2$ (Abstand $\Delta t$) stattfinden. Vom Standpunkt der Galilei-Transformation (3.1) aus würde ein zweiter, mit $u$ gegen den ersten bewegter Beobachter die beiden Ereignisse im gleichen zeitlichen Abstand $\Delta t' = \Delta t$, aber an anderen Orten $x_1'$ und $x_2'$ („Abstand" $\Delta x'$) feststellen. Für eine ganz bestimmte Geschwindigkeit $u$ könnte der bewegte Beobachter die beiden Ereignisse mit dem räumlichen Abstand $\Delta x' = 0$, d.h. am selben Ort $x_2' = x_1'$ beobachten, nämlich bei

$$u = \frac{\Delta x}{\Delta t}. \tag{4.1}$$

Diese Bedingung für $\Delta x' = 0$ trifft auch für die Lorentz-Transformation zu. Abgesehen vom Faktor $\frac{1}{\sqrt{1-\beta^2}}$ besteht aber der Unterschied gegenüber der Galilei-Transformation darin, daß sich nun für den zweiten Beobachter nicht nur der räumliche, sondern auch der zeitliche Abstand der beiden Ereignisse ändert. Für eine ganz bestimmte Geschwindigkeit beobachtet der zweite Beobachter die beiden Ereignisse gleichzeitig ($\Delta t' = 0$), nämlich für

$$u = c^2 \Delta t / \Delta x. \tag{4.2}$$

Größere Geschwindigkeiten $u$ kehren sogar die zeitliche Reihenfolge der beiden Ereignisse zwischen den beiden Beobachtern um.

Nun besteht allerdings eine Einschränkung: Die beiden Beobachter können höchstens die Relativgeschwindigkeit $c$ gegeneinander besitzen, daher darf in (4.1) und (4.2) nur $u \leqq c$ gesetzt werden. Dies beschränkt die Möglichkeit, beide Ereignisse am gleichen Ort bzw. zur gleichen Zeit zu beobachten. Für $\Delta t' = 0$ (s. 4.2) muß nämlich $\Delta x / \Delta t > c$ sein. Besteht nun das erste Ereignis im Aussenden eines Lichtblitzes, so muß offenbar das zweite Ereignis im System des ersten Beobachters so weit entfernt sein, daß dort zur Zeit $t_2 = t_1 + \Delta t$ der Lichtblitz noch nicht eingetroffen ist. Zwei Ereignisse sind also nur dann gleichzeitig zu beobachten, wenn sie „nicht durch ein Lichtsignal verbunden werden können", oder, allgemeiner, wenn sie nicht in der Beziehung von Ursache und Wirkung stehen *können*. Ereignisse mit $\Delta x / \Delta t < c$ dagegen finden in allen Bezugssystemen nacheinander statt, ein etwa vorhandener kausaler Zusammenhang wird von der Lorentz-Transformation nicht betroffen. Diese Ereignisse können aber nach (4.1) dann am gleichen Ort beobachtet werden.

*b) Die Lorentz-Kontraktion.* Ein im gestrichenen Bezugssystem ruhender Beobachter soll die Länge $\Delta x$ einer Strecke messen, die in einem ungestrichenen System ruht; die Relativgeschwindigkeit beider Systeme sei wieder $u$.

Selbstverständlich muß der Beobachter die beiden Streckenendpunkte gleichzeitig mit seinen Koordinatenachsen vergleichen; der Zeitabstand $\Delta t'$ zwischen den beiden Messungen (Ereignissen) muß gleich 0 sein. Aus (3.8) ergibt sich daher:

$$\Delta t' \equiv t_2' - t_1' = \frac{t_2 - \frac{u}{c^2} x_2 - \left(t_1 - \frac{u}{c^2} x_1\right)}{\sqrt{1-\beta^2}} = \frac{\Delta t - \frac{u}{c^2} \Delta x}{\sqrt{1-\beta^2}} = 0 \tag{4.3}$$

und somit

$$\Delta t = \frac{u}{c^2} \Delta x. \tag{4.4}$$

Ebenfalls aus (3.8) erhält man dann für die vom bewegten Beobachter gemessene Länge

$$\Delta x' \equiv x_2' - x_1' = \frac{x_2 - u t_2 - (x_1 - u t_1)}{\sqrt{1-\beta^2}} = \frac{\Delta x - u \Delta t}{\sqrt{1-\beta^2}} = \frac{\Delta x - \frac{u^2}{c^2} \Delta x}{\sqrt{1-\beta^2}} = \Delta x \sqrt{1-\beta^2}. \tag{4.5}$$

Dem bewegten Beobachter erscheint also eine parallel zur Bewegungsrichtung liegende Strecke verkürzt (kontrahiert).

*c) Die Zeitdilatation.* Derselbe Beobachter vergleiche nun den Gang einer Uhr, die im ungestrichenen System ruht, mit einer von ihm mitgeführten. Jetzt ist $\Delta x = 0$ und $\Delta t$ gegeben; $\Delta t'$ zu berechnen. Aus (3.8) erhält man auf dem gleichen Weg wie oben:

$$\Delta t' = \frac{\Delta t}{\sqrt{1-\beta^2}}. \tag{4.6}$$

Der Beobachter mißt also eine größere Zeitspanne als die relativ zu ihm bewegte Uhr anzeigt; diese scheint ihm nachzugehen.

Dieser Zusammenhang läßt sich durch Experimente mit $\mu$-Mesonen (vgl. IX § 13 und XIV § 1 verifizieren. Im System, in dem sie selbst ruhen, beträgt ihre Zerfallszeit $2{,}15 \cdot 10^{-6}$ s. Ein Meson der kosmischen Strahlung hat eine Geschwindigkeit, die nur wenig kleiner als die Lichtgeschwindigkeit ist. Ohne Berücksichtigung der Zeitdilatation ergäbe sich für den Weg eines Mesons zwischen Entstehung und Zerfall nur ein mittlerer Weg von $s = 3 \cdot 10^{10} \cdot 2 \cdot 10^{-6} = 6 \cdot 10^4$ cm $= 600$ m. Die Mesonen entstehen aber in der Atmosphäre in etwa 30 km Höhe und dringen als wesentliche Bestandteile der harten Komponente der kosmischen Strahlung bis an die Erdoberfläche vor.

Dieser Widerspruch löst sich, wenn man beachtet, daß die Größe $\sqrt{1 - u^2/c^2}$ in diesem Fall etwa gleich 0,02 ist. Auf der Uhr des Beobachters auf der Erde vergehen nach (4.6) daher nicht $2 \cdot 10^{-6}$ s, sondern $10^{-4}$ s. In dieser Zeit kann ein Teilchen mit annähernder Lichtgeschwindigkeit aber 30 km zurücklegen. Tatsächlich haben neuere Messungen für den mittleren Weg der Mesonen 38 km ergeben. Interessant ist auch die Argumentation vom Standpunkt des $\mu$-Mesons aus: Die Erde bewegt sich annähernd mit Lichtgeschwindigkeit auf das $\mu$-Meson zu. Wegen der kurzen Lebensdauer legt die Erde gegenüber dem $\mu$-Meson nur einen Weg von 600 m zurück. Daß das Meson trotzdem die Erdoberfläche erreicht, liegt an der Lorentz-Kontraktion, die eine mit der Erde verbundene Strecke von 30 km auf 600 m zusammenschrumpfen läßt.

Die Zeitdilatation führt zum bekannten „Uhrenparadoxon". Beide gegeneinander bewegten Beobachter stellen nach (4.6) fest, daß die Uhr des anderen nachgeht. Was wird nun, wenn die beiden Beobachter wieder zusammentreffen? Die Antwort lautet: bei geradliniger gleichförmiger Relativbewegung, die der Lorentz-Transformation zugrunde liegt, treffen sich die beiden Beobachter kein zweites Mal; für einen zweiten Versuch muß mindestens ein Beobachter ein beschleunigtes Bezugssystem bilden. Nähere Untersuchungen zeigen dann, daß seine Uhr gegen die eines nichtbeschleunigten Beobachters zurückgeblieben ist.

*d) Die Addition von Geschwindigkeiten.* Ein Punkt möge sich im ungestrichenen System parallel zur $x$-Achse mit der Geschwindigkeit $v$ bewegen: $\Delta x = v \cdot \Delta t$.

Ein Beobachter, der im gestrichenen System ruht, das sich gegenüber dem ungestrichenen mit der Geschwindigkeit $u$ in $+x$-Richtung bewegt, stellt fest (vgl. 4.5 und 4.6)

$$\Delta x' = \frac{\Delta x - u\Delta t}{\sqrt{1-\beta^2}} = \frac{(v-u)\Delta t}{\sqrt{1-\beta^2}}, \tag{4.7}$$

$$\Delta t' = \frac{\Delta t - \frac{u}{c^2}\Delta x}{\sqrt{1-\beta^2}} = \frac{\left(1-\frac{uv}{c^2}\right)\Delta t}{\sqrt{1-\beta^2}} \tag{4.8}$$

und berechnet daraus die Geschwindigkeit

$$v' = \frac{\Delta x'}{\Delta t'} = \frac{v-u}{1-\frac{uv}{c^2}}. \tag{4.9}$$

Bewegt sich dagegen der Punkt parallel zur $y$- oder $z$-Achse, so transformiert sich nur die Zeit-, nicht die Ortskoordinate:

$$\Delta y' = \Delta y; \quad \Delta t' = \frac{\Delta t}{\sqrt{1-\beta^2}}; \quad v'_y = v_y\sqrt{1-\beta^2}. \tag{4.10}$$

Für den Fall, daß im ungestrichenen System $v$ sowohl eine $x$- wie auch eine $y$-Komponente hat, gilt (4.9) zwischen $v'_x$ und $v_x$; in (4.10) dagegen ist für $\Delta t'$ die Beziehung (4.8) anzuwenden:

$$v'_x = \frac{v_x - u}{1-\frac{uv_x}{c^2}}, \qquad v'_y = \frac{v_y\sqrt{1-\frac{u^2}{c^2}}}{1-\frac{uv_x}{c^2}}. \tag{4.11}$$

Die Additionstheoreme der Geschwindigkeit lassen sich noch in einer Form darstellen, die für weiterführende Überlegungen außerordentlich wichtig ist, da sie den Beziehungen der Lorentz-Transformation für die Koordinaten entspricht. Den Gleichungen (4.11) kann man folgende Gestalt geben:

$$\frac{v'_x}{\sqrt{1-\frac{v'^2_x+v'^2_y+v'^2_z}{c^2}}} = \frac{v_x - u}{\sqrt{1-\frac{v_x^2+v_y^2+v_z^2}{c^2}}} \cdot \frac{1}{\sqrt{1-\frac{u^2}{c^2}}}, \tag{4.12}$$

$$\frac{v'_{y,z}}{\sqrt{1-\frac{v'^2_x+v'^2_y+v'^2_z}{c^2}}} = \frac{v_{y,z}}{\sqrt{1-\frac{v_x^2+v_y^2+v_z^2}{c^2}}}. \tag{4.13}$$

Die Identität der linken und rechten Seite läßt sich durch Einsetzen von (4.11) in (4.12) und (4.13) nachweisen. Diese Gleichungen haben nun die Form von (3.8), wenn man anstelle von $x'$ und $x$ die Größen $v'_x\Big/\sqrt{1-\frac{v'^2}{c^2}}$ und $v_x\Big/\sqrt{1-\frac{v^2}{c^2}}$ $(v^2 = v_x^2+v_y^2+v_z^2)$, anstelle der dort identisch transformierten $y$- und $z$-Koordinate die Größen $v_y\Big/\sqrt{1-\frac{v^2}{c^2}}$, $v_z\Big/\sqrt{1-\frac{v^2}{c^2}}$ und anstelle der Zeit $t$ den Ausdruck $1\Big/\sqrt{1-\frac{v^2}{c^2}}$. Zwischen diesen gilt also ebenfalls eine Lorentz-Transformation.

**5. Die relativistische Mechanik.** Da der Newtonschen Mechanik die Galilei-Transformation zugrunde liegt, diese sich jedoch für große Geschwindigkeiten als unzureichend erwiesen hat, müssen hier auch die Sätze der Mechanik geändert werden, um mit den experimentellen Gegebenheiten in Einklang zu bleiben.

*a) Impuls und Impulsmasse.* Zunächst muß der der Newtonschen Mechanik zugrunde liegende Massenbegriff revidiert werden. Dieser Massenbegriff konnte dort so gewonnen werden, daß man zu den Geschwindigkeiten parallele Impulsvektoren einführte und den skalaren Faktor, der dann als „Masse" bezeichnet wurde, so bestimmte, daß in einem von äußeren Einwirkungen freien System für die Summe der drei Impulskomponenten ein *Erhaltungssatz* (vgl. I § 22) galt. Diese Definition wird auch in der relativistischen Mechanik angewandt; für den skalaren Faktor — jetzt Impulsmasse genannt — ergeben sich aber Abweichungen von der Newtonschen Mechanik, die diese Masse als reine Körpereigenschaft ansieht.

Die Impulserhaltung übersieht man am einfachsten beim Stoß zweier Massenpunkte. Dies soll am folgenden Experiment erläutert werden: In einem ungestrichenen Bezugssystem sollen zwei gleiche Kugeln entgegengesetzt gleiche Geschwindigkeitskomponenten in $x$- und $y$-Richtung besitzen:

$$v_{2x} = -v_{1x}, \qquad v_{2y} = -v_{1y}. \tag{5.1}$$

Nach einem völlig unelastischen Stoß bleiben beide Kugeln im ungestrichenen System in Ruhe. Man hat also die Geschwindigkeiten

$$\bar{v}_{1x} = \bar{v}_{2x} = \bar{v}_{1y} = \bar{v}_{2y} = 0 \tag{5.2}$$

nach dem Stoß. Derselbe Vorgang werde nun von einem Beobachter in einem gestrichenen System verfolgt, das sich mit der Geschwindigkeit $u$ in $+x$-Richtung verschiebt. Zur Berechnung der Geschwindigkeiten im gestrichenen System verwendet man zweckmäßigerweise die Formeln (4.12) und (4.13) und erhält, wenn $v$ bzw. $v'$ den Betrag der Geschwindigkeiten im ungestrichenen bzw. gestrichenen System bedeutet, wegen $v_1 = v_2$ und (5.1):

$$\left.\begin{aligned} v'_{1x} &= \frac{v_{1x} - u}{\sqrt{1 - \frac{u^2}{v^2}}} \cdot \frac{\sqrt{1 - \frac{v_1'^2}{c^2}}}{\sqrt{1 - \frac{v_1^2}{c^2}}}, \qquad v'_{2x} = \frac{-v_{1x} - u}{\sqrt{1 - \frac{u^2}{v^2}}} \cdot \frac{\sqrt{1 - \frac{v_2'^2}{c^2}}}{\sqrt{1 - \frac{v_1^2}{c^2}}} \\ \bar{v}_{1x} &= \bar{v}_{2x} = -u, \end{aligned}\right\} \tag{5.3}$$

$$\left.\begin{aligned} v'_{1y} &= v_{1y} \cdot \frac{\sqrt{1 - \frac{v_1'^2}{c^2}}}{\sqrt{1 - \frac{v_1^2}{c^2}}}, \qquad v'_{2y} = -v_{1y} \cdot \frac{\sqrt{1 - \frac{v_2'^2}{c^2}}}{\sqrt{1 - \frac{v_1^2}{c^2}}} \\ \bar{v}_{1y} &= \bar{v}_{2y} = 0. \end{aligned}\right\} \tag{5.4}$$

Diese Geschwindigkeitskomponenten sind nun mit den im gestrichenen System gültigen Impulsmassen $m'$ zu multiplizieren, dann ist ein Erhaltungssatz zu fordern. Für die $y$-Komponente muß daher gelten:

$$m'_1 v_{1y} \frac{\sqrt{1 - \frac{v_1'^2}{c^2}}}{\sqrt{1 - \frac{v_1^2}{c^2}}} - m'_2 v_{1y} \frac{\sqrt{1 - \frac{v_2'^2}{c^2}}}{\sqrt{1 - \frac{v_1^2}{c^2}}} = 0. \tag{5.5}$$

Wegen der verschiedenen $x$-Komponenten im gestrichenen System [vgl. (5.3)] ist $v_1'^2 \neq v_2'^2$, daher kann (5.5) nur für $m'_1 \neq m'_2$ erfüllt werden. Diese Massenungleichheit zweier „gleicher" Kugeln rührt offenbar davon her, daß sie bezüglich des Beobachters verschiedene Beträge der Geschwindigkeit besitzen. In der relativistischen Mechanik hängt also die Impulsmasse von der Geschwindigkeit des Körpers relativ zum Beobachter ab. Man sieht leicht, daß eine solche Abhängigkeit die Form

$$m' = \frac{\alpha}{\sqrt{1 - \frac{v'^2}{c^2}}} \tag{5.6}$$

haben muß. $\alpha$ ist hierin die Masse, die ein Beobachter feststellt, bezüglich dessen Koordinatensystem der Körper ruht, und wird mit „Ruhmasse" $m_0$ bezeichnet. Es gilt also allgemein für die Impulsmasse:

$$m = \frac{m_0}{\sqrt{1 - \frac{v^2}{c^2}}}. \tag{5.7}$$

Dieselbe Impulsmasse erfüllt auch die Impulserhaltung der $x$-Komponenten; allerdings ist wegen des unelastischen Stoßes eine Komplikation zu beachten (s. § 5c). Für den Impuls eines Körpers der Ruhemasse $m_0$ gilt also

$$\boldsymbol{p} = \frac{m_0}{\sqrt{1 - \frac{v^2}{c^2}}} \boldsymbol{v}. \tag{5.8}$$

Von dieser Beziehung wurde bereits mehrfach (I § 13 und IV § 8) Gebrauch gemacht.

*b) Kraft, transversale und longitudinale Masse.* Als Kraft definiert man wie in der Newtonschen Mechanik die durch sie hervorgerufene Impulsänderung pro Zeiteinheit (vgl. I § 22), also mit Hilfe von (5.8):

$$\boldsymbol{K} = \frac{d}{dt}\left(\frac{m_0}{\sqrt{1 - \frac{v^2}{c^2}}} \boldsymbol{v}\right). \tag{5.9}$$

Ist $\frac{d\boldsymbol{v}}{dt}$ senkrecht zu $\boldsymbol{v}$, so ändert sich $v^2$ nicht; $\frac{m_0}{\sqrt{1 - \frac{v^2}{c^2}}}$ kann vor das Differential gesetzt werden, und die transversale Kraft ist

$$\boldsymbol{K}_T = \frac{m_0}{\sqrt{1 - \frac{v^2}{c^2}}} \cdot \frac{d\boldsymbol{v}}{dt}. \tag{5.10}$$

Anstelle der Größe $m$ des Newtonschen „Aktionsgesetzes" (vgl. I § 15) tritt also die sog. „transversale träge Masse" $\frac{m_0}{\sqrt{1 - \frac{v^2}{c^2}}}$, die mit der Impulsmasse identisch ist. Für Beschleunigungen in Richtung von $\boldsymbol{v}$ dagegen ist auch die Wurzel zu differenzieren:

$$\boldsymbol{K}_L = \frac{m_0}{\left(1 - \frac{v^2}{c^2}\right)^{\frac{3}{2}}} \cdot \frac{d\boldsymbol{v}}{dt}. \tag{5.11}$$

$m_0 \Big/ \left(1 - \frac{v^2}{c^2}\right)^{\frac{3}{2}}$ nennt man die „longitudinale träge Masse". Während also die Impulsmasse nur von der Relativgeschwindigkeit zum Beobachter abhängt, ist die träge Masse außerdem noch von der Richtung der Beschleunigung abhängig.

*c) Der Energiesatz.* Definiert man wie in der Newtonschen Mechanik die kinetische Energie ($E_{\text{kin}}$) einer Masse als die an ihr geleistete Beschleunigungsarbeit, so erhält man mit Hilfe von (5.11)

$$dE_{\text{kin}} = K_L v\, dt = \frac{m_0}{\left(1-\frac{v^2}{c^2}\right)^{\frac{3}{2}}} v\, dv = d\left(\frac{m_0 c^2}{\sqrt{1-\frac{v^2}{c^2}}}\right). \tag{5.12}$$

Wählt man die Integrationskonstante so, daß $E_{\text{kin}}$ für $v=0$ zu 0 wird, so ergibt sich der bereits mehrfach benützte Satz von der Äquivalenz von Masse und Energie [s. (5.7)]:

$$E = \frac{m_0 c^2}{\sqrt{1-\frac{v^2}{c^2}}} = mc^2. \tag{5.13}$$

Die bei einer Beschleunigung geleistete Arbeit schlägt sich also in einer Zunahme der Impulsmasse nieder. Bei kleinen Geschwindigkeiten wird

$$E \approx m_0 c^2\left(1+\frac{v^2}{2c^2}\right) = m_0 c^2 + \frac{1}{2} m_0 v^2. \tag{5.14}$$

Hier tritt neben die Newtonsche kinetische Energie $\frac{1}{2} m_0 v^2$ die mit der Ruhmasse $m_0$ verknüpfte Ruheenergie $m_0 c^2$. Der übrigbleibende Energieanteil heißt wieder kinetische Energie, er wird bei großem $v \neq \frac{1}{2} m_0 v^2$; für ihn gilt vielmehr

$$E_{\text{kin}} = (m - m_0)\, c^2. \tag{5.15}$$

$m_0$ stellt eine — wegen der Größe von $c$ sehr große — Anhäufung von Energie dar. Eine Energiezufuhr, die den Körper nicht beschleunigt, sondern z.B. plastisch deformiert, erhöht die Ruheenergie und damit die Ruhmasse. Daraus folgt, daß für die Ruhmassen kein Erhaltungssatz mehr gilt, wie in der Newtonschen Mechanik. Dafür gilt der Energieerhaltungssatz, der ja wegen (5.13) auch als Erhaltungssatz der Impulsmassen aufgefaßt werden kann, viel allgemeiner, nämlich z.B. auch beim unelastischen Stoß.

Dies zeigt die Berechnung der Impulserhaltung auch für die $x$-Komponenten beim Beispiel in § 5a. Multipliziert man die Geschwindigkeiten $v'_{1x}$ und $v'_{2x}$ in (5.3) mit den durch (5.7) gegebenen Massen bezüglich des gestrichenen Systems, wobei man beachtet, daß die beiden stoßenden Kugeln gleich sind und daher gleiche Ruhmassen $m_0$ besitzen, so erhält man für die $x$-Komponente des Gesamtimpulses vor dem Stoß im gestrichenen Bezugssystem

$$P'_x = \frac{v_{1x}-u}{\sqrt{1-\frac{u^2}{c^2}}} \cdot \frac{m_0}{\sqrt{1-\frac{v_1^2}{c^2}}} - \frac{v_{1x}+u}{\sqrt{1-\frac{u^2}{c^2}}} \cdot \frac{m_0}{\sqrt{1-\frac{v_1^2}{c^2}}} = -\frac{2um_0}{\sqrt{1-\frac{u^2}{c^2}}} \cdot \frac{1}{\sqrt{1-\frac{v_1^2}{c^2}}}. \tag{5.16}$$

Nach dem Stoß hat man, wenn $\overline{m}_0$ die Ruhmasse der beiden plastisch verformten Kugeln bedeutet:

$$\overline{P}'_x = -\frac{\overline{m}_0 u}{\sqrt{1-\frac{u^2}{c^2}}} \tag{5.17}$$

Impulserhaltung bedeutet $P'_x = \overline{P}'_x$, daraus folgt

$$\overline{m}_0 = \frac{2m_0}{\sqrt{1-\frac{v_1^2}{c^2}}} \tag{5.18}$$

Die Ruhmasse der beiden deformierten Kugeln nach dem Stoß ist also größer als die Summe der Ruhmassen beider Kugeln vor dem Stoß ($2m_0$). Die Differenz entspricht gerade der vor dem Stoß vorhandenen kinetischen Energie [vgl. (5.15)]. Es sei hier angemerkt, daß das Prinzip der Äquivalenz von Masse und Energie vom Prinzip der Impulserhaltung nicht unabhängig ist, da es aus diesem hergeleitet werden kann.

Den zum unelastischen Stoß umgekehrten Vorgang stellt das Zerplatzen eines Atomkerns in zwei Bruchstücke dar. Hierbei sind die Ruhmassen der beiden Bruchstücke kleiner als die Ruhmasse des zerfallenen Kerns. Die Differenz — der sog. Massendefekt — ergibt die kinetische Energie der Trümmer, die im Reaktor (vgl. XIII § 7) zur Energieerzeugung verwendet wird.

**6. Das Äquivalenzprinzip.** Das Newtonsche Relativitätsprinzip der klassischen Mechanik gilt für alle Inertialsysteme. Beschleunigte Bezugssysteme werden an den dort auftretenden und mit mechanischen Mitteln feststellbaren Trägheitskräften erkannt.

Diese sind aber im Prinzip *als solche* nicht erkennbar: Ein Beobachter in einem verschlossenen Eisenbahnwagen könnte, wenn dieser anfährt, auf den Gedanken kommen, daß sich ihm ein Gravitationszentrum nähert; denn auch die Gravitationskräfte sind massenproportional. Auch wäre in einem Weltall, in dem sich außer der Erde kein sichtbarer Weltkörper befindet, nicht zu entscheiden, ob die infolge der Erdrotation auftretenden Trägheitskräfte (Zentrifugal- und Corioliskraft) nicht durch die Anwesenheit weiterer gravitierender Weltkörper verursacht werden. Es stellt sich also eine enge Verwandtschaft zwischen Trägheits- und Gravitationskräften heraus, die sich schon in der Gleichheit von träger und schwerer Masse ankündigt und jetzt dazu führt, daß jeder Trägheitskraft eine Gravitationskraft äquivalent sein muß (Äquivalenzprinzip). Dieses Prinzip ist die Grundlage für die Weiterentwicklung zur sog. *allgemeinen Relativitätstheorie* beschleunigter Bezugssysteme, die die Gravitation als eine notwendige Folge einer relativistisch erweiterten Mechanik erscheinen läßt.

**7. Beziehungen zur Elektrodynamik.** An den Gesetzen der klassischen Mechanik sind infolge der Relativitätstheorie offenbar nur dann „Korrekturen" anzubringen. Wenn es sich um Vorgänge handelt, bei denen Geschwindigkeiten auftreten, die gegenüber der Lichtgeschwindigkeit nicht vernachlässigt werden dürfen.

Daß der Relativitätstheorie in Wirklichkeit eine viel tiefer gehende Bedeutung zukommt, zeigt sich bei ihrer Anwendung auf Probleme der Elektrodynamik. Betrachtet man z.B. die Elektronen in einem stromdurchflossenen metallischen Leiter als bewegtes System, so unterliegen ihre gegenseitigen Abstände der Lorentz-Kontraktion (vgl. § 4b), d.h. ihre Dichte erscheint vergrößert; nicht aber diejenige der mit dem Gitter fest verbundenen positiven Ladungen. Dieser Überschuß an elektrischer Ladungsdichte eines Vorzeichens übt auf eine außerhalb des Leiters befindliche bewegte Ladung eine Kraft aus, die — wie die Durchrechnung zeigt — nach Größe und Richtung genau mit der elektrodynamischen Lorentz-Kraft (vgl. III, § 42) übereinstimmt, obwohl die Driftgeschwindigkeit der Leitungselektronen nur Bruchteile von Millimetern je Sekunde beträgt, also ungeheuer klein ist im Vergleich mit der Lichtgeschwindigkeit. Dies wird wettgemacht durch die ungeheuer große Zahl der Ladungsträger (vgl. XVI, § 15).

Es zeigt sich also, daß bei konsequenter Anwendung der Relativitätstheorie die Lorentz-Kraft allein aus elektrischen Kräften hergeleitet werden kann ohne das Konzept einer ihrem Wesen nach andersartigen magnetischen Kraft, mit dessen Hilfe die Zusammenhänge allerdings anschaulicher gemacht werden können.

**8. Verknüpfung mit der Quantentheorie (Louis de Broglie 1923).** Eine Korpuskel (z. B. ein Elektron) befinde sich ruhend im gestrichenen Koordinatensystem (vgl. § 5a), bewege sich also mit der Geschwindigkeit $u$ gegen den Beobachter, der im ungestrichenen System ruht. Sie habe im bewegten System die Masse $m_0$ (Ruhmasse). Der Beobachter im ruhenden System schreibt ihr die Masse

$$m = \frac{m_0}{\sqrt{1-\beta^2}}$$

zu (vgl. 5.7). Der im bewegten System ruhenden Korpuskel sei ein Schwingungsvorgang mit der Frequenz $\nu'$ zugeordnet, der in jedem Punkte $x'$ die gleiche Phase hat.

Nach der Quantentheorie kommt ihm eine Energie $h\nu'$ zu und dieser wegen der Äquivalenz von Energie und Masse ($E = m_0 c^2$) auch eine Masse:

$$h\nu' = m_0 c^2 .$$

Die Schwingung im gestrichenen System wird beschrieben durch

$$\psi = \psi_0 \sin 2\pi \nu' t' .$$

Der Beobachter im ungestrichenen, ruhenden System beschreibt sie wegen (3.8) durch

$$\psi = \psi_0 \sin 2\pi \frac{\nu'}{\sqrt{1-\beta^2}} \left(t - \frac{u}{c^2} x\right).$$

Er beobachtet also an der Welle die veränderte Frequenz

$$\nu = \frac{\nu'}{\sqrt{1-\beta^2}} = \frac{m_0 c^2}{h\sqrt{1-\beta^2}} \tag{8.1}$$

und die Phasengeschwindigkeit, die nach I § 85 gleich dem Faktor von $t$ dividiert durch den Faktor von $x$ ist:

$$c_{\mathrm{Ph}} = \frac{c^2}{u} . \tag{8.2}$$

Die Wellenlänge ist

$$\lambda = \frac{c_{\mathrm{Ph}}}{\nu} = \frac{c^2 \cdot h \cdot \sqrt{1-\beta^2}}{u \cdot m_0 c^2} = \frac{h}{m \cdot u} . \tag{8.3}$$

So wurde de Broglie durch konsequente Verbindung der Relativitäts- und Quantentheorie genau auf diese nach ihm benannte Beziehung (8.3) geführt, die später durch das Experiment so glänzend bestätigt wurde (vgl. IV E und XVIII 1–6).

# XVIII. Grundzüge der Quantenmechanik

**1. Versagen der Mechanik im atomaren Bereich.** Die klassische Mechanik — bei auftretenden hohen Geschwindigkeiten ergänzt durch die Relativitätstheorie — beschreibt die Bewegung freier Elementarteilchen und Ionen weitgehend richtig. Für die Bewegung der Elektronen in der Atomhülle und im Festkörper dagegen versagt die Mechanik, was sich z.B. darin äußert, daß ihr wesensfremde „Postulate" auferlegt werden müssen (vgl. X § 2) oder „verbotene" Energiewerte auftreten. Ursache ist die Wellennatur der Teilchen.

Einer ganz analogen Situation begegneten wir in der Optik: Die geometrische oder Strahlenoptik eignet sich zur Beschreibung der Ausbreitung des Lichtes im Großen. Aber sie versagt und muß durch die Wellenoptik ersetzt werden, wo die Hindernisse oder Öffnungen oder auch die Krümmungsradien der Strahlen klein sind im Vergleich zur Wellenlänge.

Tabelle 49

| Teilchen | Masse g | Geschwindigkeit cm/sec | $\lambda$ cm |
|---|---|---|---|
| 1 Volt-Elektron | $9 \cdot 10^{-28}$ | $5{,}94 \cdot 10^{7}$ | $12{,}2 \cdot 10^{-8}$ |
| 100 Volt-Elektronen | $9 \cdot 10^{-28}$ | $5{,}94 \cdot 10^{8}$ | $1{,}22 \cdot 10^{-8}$ |
| 0,025 Volt- (thermische) Neutronen | $1{,}7 \cdot 10^{-24}$ | $2{,}15 \cdot 10^{5}$ | $1{,}8 \cdot 10^{-8}$ |
| 100 Volt-α-Teilchen | $6{,}6 \cdot 10^{-24}$ | $6{,}94 \cdot 10^{6}$ | $1{,}43 \cdot 10^{-10}$ |
| α-Teilchen des Ra | $6{,}6 \cdot 10^{-24}$ | $1{,}51 \cdot 10^{9}$ | $6{,}56 \cdot 10^{-13}$ |
| Golf-Ball | 45 | 2500 | $6 \cdot 10^{-32}$ |

Tatsächlich sind die Wellenlängen ($\lambda$) von Elementarteilchen bei Massen ($m$) und Geschwindigkeiten ($u$), wie sie bei atomaren Prozessen auftreten, durchaus von der Größenordnung der Atom- und Kerndurchmesser und auch von derjenigen der Krümmungsradien ihrer Bahnen. Daher muß sich ihr Wellencharakter hier einschneidend bemerkbar machen.

Für die Wellenlängen, die hier in Betracht kommen, sind in Tabelle 49 einige Beispiele aufgeführt, berechnet nach der fundamentalen de Broglie-Beziehung (vgl. XVII 8.3):

$$\lambda = \frac{h}{m u}. \tag{1.1}$$

Die letzte Zeile der Tabelle 49 zeigt, daß für makroskopische Körper selbst bei relativ geringer Masse und hoher Geschwindigkeit die Wellenlänge weit unterhalb aller inneratomaren Größenordnungen liegt. Für Elektronen ohne merkliche relativistische Massenänderung ($u^2 \ll c^2$) kann man in (1.1) $u$ durch die beschleunigende Spannung $U$ ausdrücken und erhält:

$$\lambda = \sqrt{\frac{150}{U}}, \quad \lambda \text{ in Å}; \quad U \text{ in Volt}.$$

Die Analogie zum Licht legt nahe, die Energie der bewegten Korpuskeln — zu berechnen nach dem Äquivalenzprinzip von Masse und Energie — mit einer Frequenz $\nu$ zu verknüpfen:

$$h \cdot \nu = m c^2; \quad \nu = \frac{m c^2}{h}. \tag{1.2}$$

Aus Wellenlänge (1.1) und Frequenz (1.2) ergibt sich dann die Phasengeschwindigkeit $c_{\text{ph}}$ der Materiewelle:

$$c_{\text{ph}} = \nu\lambda = \frac{mc^2}{h} \cdot \frac{h}{mu} = \frac{c^2}{u}. \tag{1.3}$$

Da die Geschwindigkeit $u$ einer Korpuskel die Lichtgeschwindigkeit $c$ nicht übersteigen kann ($u < c$), ergibt sich aus (1.3), daß die Phasengeschwindigkeit der Materiewellen stets größer ist als die Lichtgeschwindigkeit!

Diese Beziehung ergibt sich auch aus der Analogie des Brechungsgesetzes für Licht- mit demjenigen für Elektronenstrahlen: In der Lichtoptik ist $\frac{\sin\alpha_1}{\sin\alpha_2} = \frac{n_2}{n_1} = \frac{c_1}{c_2}$, wo $c_1$ bzw. $c_2$ die Phasengeschwindigkeiten in den Medien 1 und 2 bedeuten. Für Elektronenstrahlen gilt nach (IV 22.2) $\frac{\sin\alpha_1}{\sin\alpha_2} = \frac{u_2}{u_1}$. Die Analogie zwischen beiden wird vollständig, wenn man annimmt, daß die Phasengeschwindigkeit der Materiewellen ($c_{ph}$) der Partikelgeschwindigkeit $u$ umgekehrt proportional ist. Gerade dies besagt (1.3).

Der Erweiterung und Vertiefung der Strahlenoptik zur Wellenoptik entspricht die Erweiterung der klassischen (Punkt-)Mechanik zur Wellenmechanik. Nachdem sich aber erwiesen hat, daß die Wellennatur der Materie eine notwendige Folge der Quantentheorie ist, hat sich der Name Quantenmechanik mehr und mehr durchgesetzt.

Die folgenden Abschnitte beschreiben einige Phänomene, die erst durch Berücksichtigung der Wellennatur der Materie, d.h. durch die Quantenmechanik verständlich geworden sind.

**2. Streuung von Elektronen an freien Atomen (Ramsauer).** Nach der in XIII § 1 gegebenen Deutung der Absorption von Kathodenstrahlen beim Durchgang durch Atome sollten diese um so undurchlässiger werden, je geringer die Elektronengeschwindigkeit wird. Daß dies nicht für alle Atome der Fall ist, zeigt folgender, von Ramsauer gefundener Effekt.

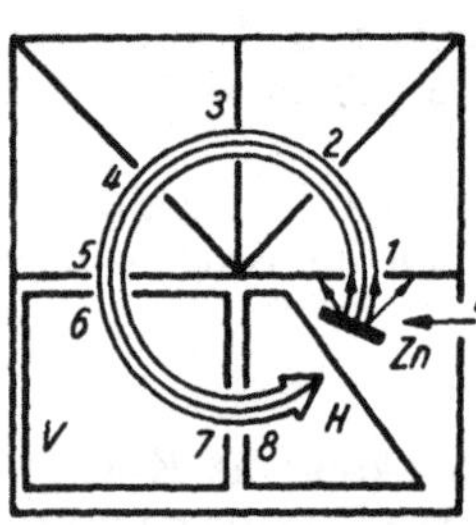


Abb. 636. Apparatur zur Untersuchung des Ramsauer-Effektes

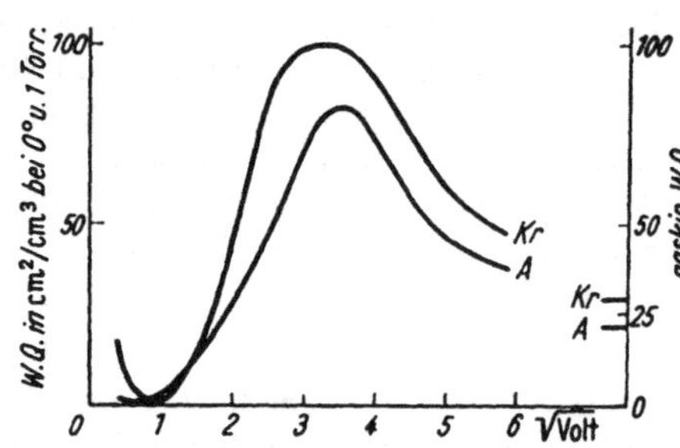


Abb. 637. Wirkungsquerschnitt von Argon und Krypton. Die Abszisse gibt die Wurzel aus der Beschleunigungsspannung der langsamen Elektronen

Aus der metallischen Kathode *Zn* (Abb. 636) werden lichtelektrisch Elektronen ausgelöst und durch eine veränderliche Spannung $U$ gegen die Blende 1 beschleunigt. Ein homogenes, senkrecht zur Zeichenebene gerichtetes Magnetfeld biegt sie zum Kreise, auf welchem sie bei passender Feldstärke durch die Blenden 1 bis 6 in die Kästen $V$ und $H$ gelangen, die jeder für sich oder zusammen mit einem Elektrometer verbunden werden können. Bringt man in die Apparatur ein Gas, z.B. Argon, bei einem Druck von etwa $10^{-3}$ Torr, so scheiden auf dem Wege $s$ von 6 nach 7 Elektronen aus dem Bündel aus. Die Intensität der in $H$ eintretenden

Elektronen sei $I_H$; die Intensität der in $V$ eintretenden $I_{V+H}$; letztere ergibt sich aus der Aufladung von $V$ und $H$. Dann ist nach XIII § 1

$$I_H = I_{V+H}\, e^{-\varkappa s} = I_{V+H}\, e^{-nq\cdot s},$$

wo $n$ die Teilchenzahldichte der absorbierenden (streuenden) Atome ist und $q$ den Wirkungsquerschnitt eines Atoms bedeutet. Die Abhängigkeit vom Druck des Gases ergibt sich aus der Überlegung, daß die Summe der Wirkungsquerschnitte dem Druck proportional ist:

$$\frac{n\cdot q}{N\cdot q} = \frac{p}{1}; \quad nq = pQ,$$

wo $Q = Nq$ die Summe der Wirkungsquerschnitte beim Druck 1 Torr bedeutet ($p$ in Torr). Dann wird

$$I_H = I_{V+H}\, e^{-pQ\cdot s}.$$

Die derart für Argon und Krypton gemessenen Wirkungsquerschnitte $Q$ sind in Abb. 637 als Funktion der Geschwindigkeit $(u \sim \sqrt{U})$ eingetragen. $Q_A$ übertrifft den gaskinetischen Wirkungsquerschnitt des Argons, wie man ihn aus der freien Weglänge berechnet (vgl. I § 55), von 23 cm²/cm³ bei 13,2 eV um das 3,8fache, dann aber nimmt er mit abnehmender Geschwindigkeit ab und erreicht bei 0,37 eV ein Minimum von etwa 2% des gaskinetischen Wertes. Die Argonatome werden also für langsame Elektronen fast völlig durchlässig. Alle Versuche, diesen Effekt mit den Methoden der klassischen Mechanik zu deuten, blieben erfolglos. Er erinnert an die Beugung des Lichtes an kleinen Schirmen, welche bewirkt, daß hinter dem Schirm auf der Achse durch Lichtquelle und Schirmmitte stets Helligkeit herrscht. In der Tat handelt es sich hier um die Beugung von Materiewellen, deren Wellenlänge von der Größenordnung des Atomdurchmessers ist (vgl. § 1, Tabelle 49).

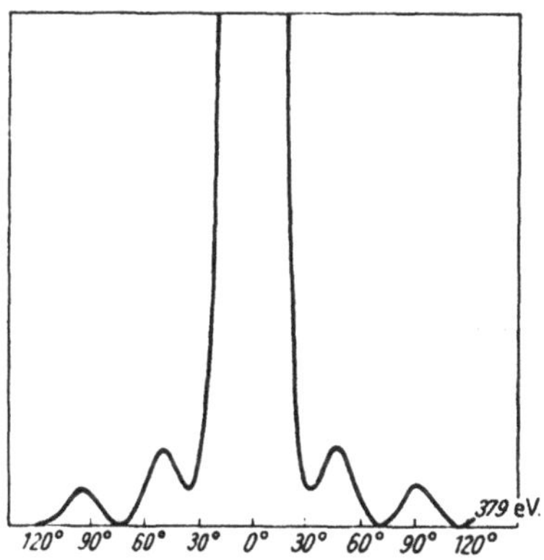

Abb. 638. Streuung von Elektronen an Quecksilberatomen

Abb. 638 zeigt weiterhin die Winkelabhängigkeit der Streuung von Elektronen von 379 eV an Quecksilberatomen im Hg-Dampf. An das unabgelenkte Bündel schließen sich Minima und Maxima an. Die Erscheinung ist wiederum völlig analog zur Beugung von Lichtwellen beim Durchgang von Licht durch eine Suspension kleiner Teilchen, deren Durchmesser von der Größenordnung der Lichtwellenlänge sind.

**3. Interferenz von Materiewellen beim Durchgang durch Kristalle.** Ganz ähnlich wie die Röntgenstrahlen (vgl. IX § 3 ff.) werden Materiewellen geeigneter Wellenlänge an den regelmäßig angeordneten Atomen eines Kristalls gebeugt und bilden charakteristische Interferenzerscheinungen. Besonders einfach sind Elektroneninterferenzen an dünnen Metallschichten, die ja stets aus einzelnen Kristalliten bestehen, herzustellen, wenn sie von einem sehr eng ausgeblendeten Elektronenbündel durchstrahlt werden. Auf einer in großem Abstand hinter der Metallfolie aufgestellten photographischen Platte beobachtet man ein System von konzentrischen Interferenzringen um den Auftreffpunkt des primären Bündels (Abb. 639).

Sie entsprechen den Debye-Scherrer-Ringen der Röntgenstrahlinterferenzen (IX § 5). Ist die Kristallstruktur bekannt, so kann man aus den Ringradien die Wellenlänge der Materiewellen berechnen.

Auch an Einkristallen können mit Elektronenstrahlen Interferenzen erzeugt werden, die denjenigen mit Röntgenstrahlen völlig analog sind. Elektronen- und

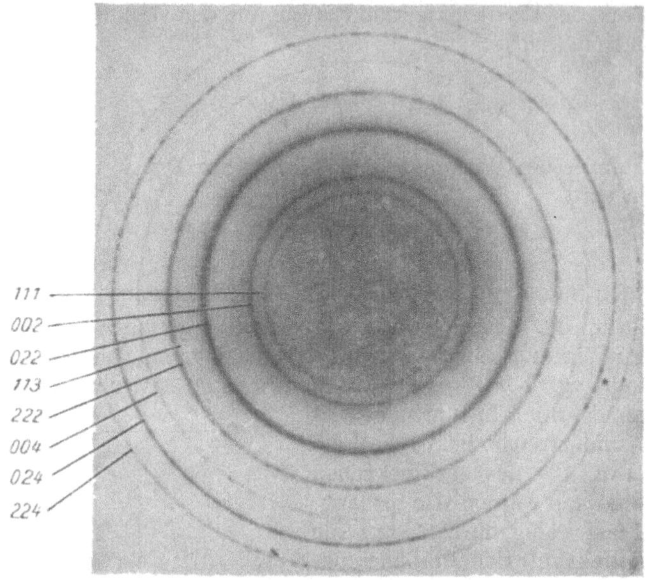


Abb. 639. Elektronenbeugung an MgO (vgl. die Röntgenstrahlenbeugung an MgO, Abb. 535). Energie der Elektronen 80 keV

Röntgenstrahlen werden beide in größtem Umfang für die Analyse von Kristall strukturen angewandt.

Zur Strukturanalyse eignen sich demnach alle „Korpuskular-Strahlen", wenn ihre Wellenlänge nicht zu sehr von der Gitterkonstanten abweicht; z.B. auch thermische Neutronen (vgl. § 1 Tabelle 46).

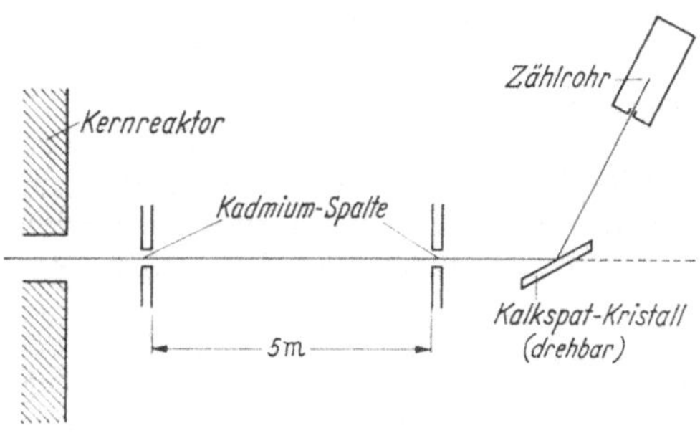


Abb. 640. Neutronenspektrometer

Da man Neutronenstrahlen nicht bündeln, sondern nur durch Ausblenden leidlich parallele Strahlen erzeugen kann, wie man sie für Beugungsexperimente braucht, können Neutronenbeugungsversuche nur in der Nähe von Kernreaktoren ausgeführt werden, wo große Neutronenflußdichten verfügbar sind. Man läßt den Neutronenstrahl dann auf einen drehbar angeordneten Kristall fallen (Abb. 640), an dem er — genau wie Röntgenstrahlen bei der Drehkristallmethode (vgl. IX § 4) — gebeugt wird. Zur Strukturanalyse von Kristallen, die leichte Atome enthalten (z.B. Eis), haben Neutronenstrahlen den Vorzug, daß sie — im Gegensatz zu Röntgen- und Elektronenstrahlen — an leichten Kernen stark gestreut werden.

Ebenso lassen sich mit schweren Teilchen, z.B. $H_2$-Molekularstrahlen oder He-Atomstrahlen bei Verwendung von geeigneten Kristallen (z.B. LiF) Interferenzen beobachten, welche als Kreuzgitterspektren zu deuten sind (vgl. IX § 3). Das hat seinen Grund darin, daß langsame $H_2$- oder He-Atome beim Auftreffen auf den Kristall nicht mehrere Atomschichten zu durchdringen vermögen, sondern schon an der äußersten Netzebene reflektiert werden.

**4. Das Bohrsche Postulat als Folge der Wellennatur der Elektronen.** Die Elektronen der Atomhülle beschreiben in sich geschlossene Bahnen. Dem entsprechen Wellengruppen, die entlang diesen Bahnen kreis- oder ellipsenförmig in sich zurücklaufen. Nun ist aber ihre Wellenlänge von der Größenordnung der Länge der ganzen Bahn; z.B. beim Wasserstoffatom im Grundzustand $3{,}3 \cdot 10^{-8}$ cm (vgl. 1.1 und X 3.3). Die Wellengruppe erstreckt sich also mehrfach um die ganze Bahn herum. Das muß zur völligen Auslöschung durch Interferenz führen, wenn nicht die Länge der Bahn gerade ein Vielfaches der Materiewellenlänge beträgt. Nur dann bildet sich eine in sich geschlossene stehende Welle aus. Für eine Kreisbahn vom Radius $r$ besteht also die Forderung

$$2\pi r = n\lambda = n\frac{h}{mu} \quad (n = \text{ganze Zahl}) \tag{4.1}$$

Nun ist aber $mru$ der Drehimpuls ($p_n$) des umlaufenden Teilchens, und es folgt:

$$p_n = n\hbar.$$

Das ist nichts anderes als das Bohrsche „Postulat" (vgl. X 2.2), das hier als selbstverständliche Folge der Wellennatur der Teilchen erscheint.

**5. Der Tunneleffekt.** Den Satz von der Konstanz der mechanischen Energie (I 25.1) eines Massenpunktes kann man so formulieren

$$E_{\text{kin}} = \tfrac{1}{2} m u^2 = E - U, \tag{5.1}$$

wobei $E$ die gesamte und $U$ die potentielle Energie oder das Potential bedeutet, definiert durch $U = -\int K\,ds$ (vgl. I § 25), z.B. im Schwerefeld $= mgh$ ist ($h$ die Höhe über der Ausgangslage). $U$ ist im allgemeinen nur eine Funktion des Ortes.

Die Phasengeschwindigkeit der Materiewelle, die dem Massenpunkt zugeordnet wird, ist also (nach 1.3):

$$c_{ph} = \frac{c^2}{u} = c^2\sqrt{\frac{m}{2(E-U)}}\,. \tag{5.2}$$

Wenn die Welle von einem Bereich, wo das Potential $U_0$ herrscht, in einen anderen mit dem Potential $U_1$ übertritt, so erfährt sie nach § 1 eine Brechung, die dem Brechungsgesetz gehorcht, wobei für den Brechungsindex $n$ gilt

$$n = \frac{c_{ph_1}}{c_{ph_0}} = \sqrt{\frac{E-U_1}{E-U_0}}\,.$$

Nun kann natürlich der Fall eintreten, daß $U_1 > E$ ist, und somit $n$ imaginär wird. Nach der klassischen Punktmechanik kann ein Massenpunkt in ein Gebiet, wo $U_1 > E$ ist, nicht eindringen; also z.B. ein mit der Energie $E$ vertikal abgefeuertes Geschoß die Höhe $h_1 = E/\text{mg}$ nicht überschreiten. In der Wellenmechanik – ebenso wie in der Wellenoptik – bedeutet das Imaginärwerden des Brechungsindex', daß dort Totalreflexion der Welle stattfindet; auch bei senkrechtem Einfall. Soweit ist die Wellenmechanik mit der Punktmechanik in Einklang. Eine Welle dringt aber mit geringer Intensität auch in das totalreflektierende Medium ein.

Wenn dieses nur eine dünne Schicht bildet, so dringt ein winziger Bruchteil der Intensität hindurch (vgl. V § 5). So kommt es, daß eine Materiewelle ein hinreichend schmales Gebiet, in dem das Potential höher ist als die Gesamtenergie, durchdringen kann (vgl. Abb. 641); im Gegensatz zur Punktmechanik, wo eine derartige Erscheinung eine kurzzeitige Verletzung des Energiesatzes bedeuten würde.

Ein makroskopisches — und daher nur grobes — Bild des Vorganges ist das folgende: Eine Schar von Kugeln, jede mit einer kinetischen Energie $E$, rollt gegen einen Wall der Höhe $h > E/mg$ an. Nach der klassischen Mechanik rollen sie vor Erreichen der vollen Höhe zurück. Nach der Wellenmechanik befindet sich nach Abschluß des Experimentes ein kleiner Bruchteil der Kugeln mit unveränderter Energie $E$ jenseits des Walles, was vom Standpunkt der klassischen Mechanik nur möglich wäre, wenn der Wall von Tunnels in geeigneter Höhe durchbohrt wäre. Deswegen bezeichnet man die Tatsache, daß Teilchen der

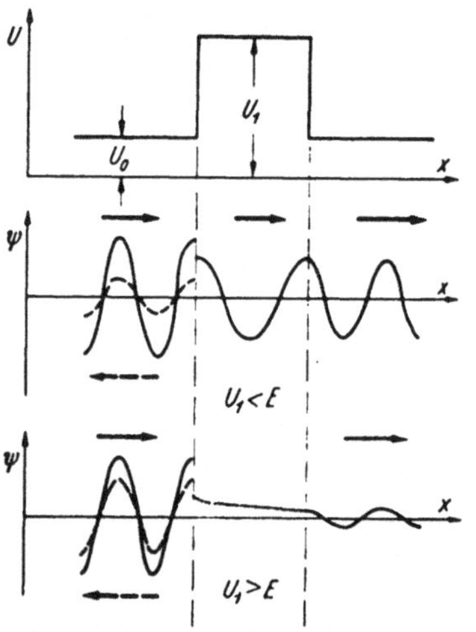

Abb. 641. Durchgang von Materiewellen durch eine Potentialschwelle

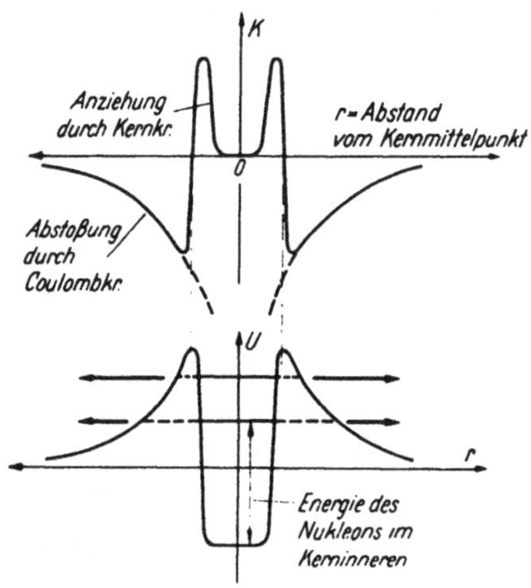

Abb. 642. Deutung der Emission eines Nukleons durch den Tunneleffekt

Energie $E$ eine — nicht zu breite — Zone, in der das Potential $> E$ ist, durchdringen, als Tunneleffekt. Die Frage nach der Existenzform innerhalb jener Zone bleibt dabei offen.

Der Tunneleffekt spielt überall da eine Rolle, wo Potentialschwellen auftreten, deren Breite von der Größenordnung der Materiewellenlänge ist. Das trifft z.B. für ein positiv geladenes Nukleon zu: Im Kerninneren unterliegt es den nach innen wirkenden Kernkräften, im Außenraum den nach außen gerichteten elektrostatischen Abstoßungskräften. Die Randzone bildet also einen hohen Potentialwall (Abb. 642), an dem die dem Nukleon zugeordnete Materiewelle totalreflektiert wird. Ein kleiner Bruchteil aber durchdringt ihn und wird im Außenraum als schwache Korpuskularstrahlung beobachtet; d.h. die Substanz ist radioaktiv mit großer Lebensdauer. Wenn das Nukleon sich im Kerninneren auf einem hohen Energieniveau befand, dann „durchtunnelt" es den Potentialwall an einer Stelle, wo dieser bereits schmal ist, und die Intensität der austretenden Strahlung ist erheblich; d.h. die Substanz zerfällt relativ schnell, hat also eine geringe Lebensdauer. Die hohe Energie, die das Nukleon im Kerninneren besaß, wird durch den Prozeß nicht geschmälert, und es wird als Teilchen hoher Energie, also auch großer Reichweite emittiert. So erklärt sich zwanglos der enge Zusammenhang zwischen der Zerfallskonstanten und der Reichweite bei $\alpha$- und $\beta$-Strahlen (vgl. XIV 3.4; GAMOW 1928).

Auch der Austritt von Elektronen aus Metallen unter dem Einfluß eines äußeren elektrischen Feldes (Feldemission; vgl. IV § 3) läßt sich streng nur als Tunneleffekt verstehen. Hier wird der Potentialwall gebildet einerseits durch die Potentialstufe (Austrittsarbeit), die die Leitungselektronen im Inneren des Metalls zusammenhält; andererseits durch den Potentialabfall, den das von außen angebrachte elektrische Feld bewirkt.

Endlich können Potentialwälle auch im Innern von Halbleitern (durch Verwerfungen in den Leitungsbändern; vgl. XVI § 20) auftreten. Die technische Verwertung dieser recht komplizierten Erscheinung hat zur Entwicklung der sog. Tunneldioden geführt.

**6. Teilchen- und Gruppengeschwindigkeit.** Eine Härte des bisher entworfenen Wellenbildes der Materie liegt in der Zuordnung einer Partikel zu einer streng monochromatischen Welle; denn eine solche hat weder Anfang noch Ende, ist also räumlich nicht begrenzt. Eine Partikel ist jedoch lokalisierbar, also räumlich eng begrenzt.

Eine räumlich begrenzte Welle, d.h. eine Wellengruppe entsteht durch Überlagerung vieler Wellen, deren Wellenlängen sich etwas voneinander unterscheiden. Wenn die Phasengeschwindigkeit von der Wellenlänge abhängt, so pflanzt sich die Gruppe mit einer anderen Geschwindigkeit ($c_{gr}$) fort wie die Phase ($c_{Ph}$) (vgl. I 86.4), und zwar gilt:

$$\frac{1}{c_{gr}} = -\frac{1}{\lambda^2}\cdot\frac{d\lambda}{d\nu} = \frac{d\frac{1}{\lambda}}{d\nu} = \frac{d\left(\frac{\nu}{c_{Ph}}\right)}{d\nu}. \tag{6.1}$$

Nun gilt für eine nichtrelativistische Partikel nach (1.1) und (1.2):

$$\frac{1}{\lambda} = \frac{m_0 u}{h} \qquad \text{und} \qquad \nu = \frac{m c^2}{h} = \frac{1}{h}\left(m_0 c^2 + \frac{1}{2} m_0 u^2\right).$$

Dies in (6.1) eingesetzt ergibt

$$c_{gr} = \frac{d\nu}{d\frac{1}{\lambda}} = \frac{d\left(c^2 + \frac{1}{2}u^2\right)}{du} = u. \tag{6.2}$$

Die Gruppengeschwindigkeit einer Materiewelle erweist sich also, wenn man deren Dispersionsgesetz anwendet, als identisch mit der Geschwindigkeit der Partikel, die durch den Wellenvorgang beschrieben werden soll. Die Partikel wandert mit der ihr zugeordneten Wellengruppe mit.

Eine *exakte* Zuordnung von Welle und Korpuskel ist damit aber nicht gegeben, denn die Wellengruppe ist nur „ungefähr" lokalisierbar, und ihre Zusammensetzung aus vielen Wellenzügen — wenn auch „fast" der gleichen Wellenlänge — besagt, daß ihr wegen $u = \frac{h}{m\lambda}$ (1.1) nur eine „ungefähr" bestimmte Partikelgeschwindigkeit entspricht.

**7. Die Unbestimmtheitsrelationen (HEISENBERG).** Denkt man sich wie in I § 86b vereinfachend die Wellengruppe aus nur zwei Wellen der Wellenlänge $\lambda_1$ und $\lambda_2$ entstanden, denen die Partikelimpulse $mu_1$ und $mu_2$ entsprechen, so gilt für die Breite der Wellengruppe und damit für die Unbestimmtheit ($\Delta x$), mit welcher der Ort der Partikel beschrieben wird nach (I 86.3):

$$\Delta x = \frac{\frac{h}{m u_1}\cdot\frac{h}{m u_2}}{\frac{h}{m u_2} - \frac{h}{m u_1}} = \frac{h}{m}\,\frac{1}{\Delta u} \tag{7.1}$$

$$\Delta(mu)\cdot\Delta x = h.$$

Eine strenge Überlegung führt statt dessen auf die ganz allgemein gültige Ungleichung

$$\Delta(mu)\cdot\Delta x \geqq \hbar\,(\approx 1\cdot 10^{-27}\,\mathrm{cm^2\,g\,s^{-1}}). \tag{7.2}$$

Die erwiesene Wellennatur der atomaren Partikeln führt also zu der fundamental wichtigen Aussage: *Ort und Impuls einer Partikel sind je mit einer Unbestimmtheit behaftet, derart, daß das Produkt beider größer als* $\hbar$ *ist.*

Daß diese Tatsache im Rahmen der makroskopischen Mechanik nicht bemerkt wird, liegt an der Kleinheit der Naturkonstanten $\hbar$. Dies zeigt folgendes Beispiel: Der Ort einer „Partikel" der Masse 1 g möge auf ein hundertstel Lichtwellenlänge genau bestimmt werden ($\Delta x \approx 5\cdot 10^{-4}$ cm), was möglich ist. Dann ist seine Geschwindigkeit mit einer Unbestimmtheit

$$\Delta u \geqq \frac{\hbar}{m\,\Delta x} = \frac{1\cdot 10^{-27}}{1\cdot 5\cdot 10^{-4}} = 2\cdot 10^{-24}\,\mathrm{cm\,s^{-1}}$$

behaftet; das ist eine Größenordnung, die um viele Zehnerpotenzen unter jeder Meßgenauigkeit liegt.

Bei einem Elektron ($m \approx 10^{-27}$ g) hat aber die Angabe, daß es sich auf einem Kreis vom Durchmesser $1\cdot 10^{-8}$ cm bewege, wie beim Grundzustand des H-Atoms (vgl. X 3.3), bereits eine Unbestimmtheit der Geschwindigkeit von

$$\Delta u \geqq \frac{1{,}0\cdot 10^{-27}}{10^{-27}\cdot 10^{-8}}\,\mathrm{cm\,s^{-1}} \approx 10^{8}\,\mathrm{cm\,s^{-1}}\ \text{zur Folge.}$$

Nach der Bohrschen Theorie ist die Geschwindigkeit der Elektronen dort $2{,}2\cdot 10^{8}$ cm s$^{-1}$. Die Unbestimmtheitsrelation ergibt also eine Unbestimmtheit von mehr als $\pm 50\%$ dieses Wertes! Die präzisen Aussagen der Bohrschen Theorie über Ort und Geschwindigkeit des Elektrons (nicht aber diejenigen über seine Energiezustände!) sind mit der Heisenbergschen Relation unvereinbar.

In der Tat kann kein atomphysikalisches Experiment gleichzeitig Lage und Impuls eines Teilchens genauer messen, als durch (7.2) zugelassen wird. Denn eine genaue Messung des Ortes eines Teilchens ändert in unbestimmter Weise seine Geschwindigkeit, die Messung der Geschwindigkeit aber seinen Ort. Gäbe es z. B. eine Möglichkeit, die Lage eines Elektrons mit einem Mikroskop zu messen, so müßte man es mit Licht beleuchten. Bei der Streuung eines Lichtquants an einem freien Elektron wird aber auf dieses ein Impuls übertragen (vgl. VIII § 16), so daß nach Vollzug der Ortsbestimmung die Geschwindigkeit in unbekannter Weise geändert ist. Die Störung ist um so erheblicher, je genauer die Ortsbestimmung ausgeführt wird; denn das Auflösungsvermögen des Mikroskops ist um so besser, je kurzwelliger das zur Beleuchtung verwendete Licht ist. Die Geschwindigkeitsmessung wird man daher nicht durch zwei aufeinanderfolgende Ortsbestimmungen und die Messung der dazwischen liegenden Zeit ausführen können. Wohl aber kann man (im Gedankenexperiment) die Messung der Geschwindigkeit der Elektronen eines Bündels durchführen, indem man sie z. B. durch einen engen Spalt treten läßt und aus der Intensitätsverteilung im Beugungsbild die Wellenlänge und damit den Impuls errechnet. Ein bestimmtes Teilchen wird aber bei der Beugung in eine nicht angebbare Richtung abgelenkt, und diese Unbestimmtheit wird um so größer, je enger man den Spalt wählt.

In der klassischen Physik gilt der Satz, daß zwei Systeme sich völlig gleich verhalten, wenn sie in allen Daten ihrer Anfangszustände miteinander übereinstimmen. Wo eine Wirkung beobachtet wird, muß eine *genau beschreibbare* Ursache vorhanden sein; dies ist das Kausalitätsprinzip der Physik.

Die Unbestimmtheitsrelation besagt nun, daß im Bereich des atomaren Geschehens diese Aussage nicht aufrechterhalten werden kann. Eine genaue Beschreibung der Anfangszustände ist nicht möglich, und dadurch wird auch eine sichere Voraussage über das Verhalten eines individuellen atomaren Systems unmöglich.

An die Stelle der Gesetze, welche in allen Einzelheiten den Ablauf eines Ereignisses beschreiben, treten Gesetze von statistischem Charakter, die nur darüber etwas aussagen, wie eine große Zahl von Prozessen durchschnittlich abläuft.

Aus (7.2) läßt sich eine weitere Unbestimmtheitsrelation ableiten, indem man zunächst mit $u$ erweitert:

$$u\Delta(mu)\cdot\frac{\Delta x}{u}\geqq\hbar.$$

Der erste der beiden Faktoren läßt sich umformen in

$$mu\Delta u=\frac{d}{du}\left(\frac{1}{2}mu^2\right)\cdot\Delta u\approx\Delta E_{\text{kin}};$$

der zweite Faktor bedeutet ein Zeitintervall $\Delta t$. So ergibt sich

$$\Delta E_{\text{kin}}\cdot\Delta t\geqq\hbar \tag{7.3}$$

und auf Grund einer strengeren Überlegung allgemein gültig:

$$\Delta E\cdot\Delta t\geqq\hbar. \tag{7.4}$$

Das besagt: Ein Ereignis, dessen Eintreten zeitlich auf ein Intervall $\Delta t$ eingegrenzt werden kann, ist hinsichtlich seiner Energie mit einer Unschärfe von mindestens $\hbar/\Delta t$ behaftet.

Auch dies läßt sich unmittelbar aus Experimenten belegen: Zum Beispiel beträgt die Leuchtdauer angeregter Atome $\tau=10^{-8}$ s (vgl. VIII § 11). Das bedeutet aber, daß die Energiezustände einer Unschärfe von $\geqq\hbar/\tau$ unterliegen und wegen $E=h\nu$ auch die ausgestrahlten Frequenzen einer Unschärfe von mindestens $\Delta\nu\geqq 1/2\pi\tau$. Für eine Spektrallinie im sichtbaren Bereich ($\nu\approx 10^{15}\,\text{s}^{-1}$) ergibt das eine relative Unschärfe

$$\frac{\Delta\nu}{\nu}\geq\frac{1}{2\pi\tau\nu}\approx 10^{-8}.$$

Tatsächlich findet man auch unter den günstigsten Bedingungen keine schärferen Spektrallinien.

Bei angeregten Atomkernen kommen sehr viel größere Lebensdauern vor. Diese emittieren dann extrem scharfe „Spektrallinien" (vgl. VIII § 17).

Die Äquivalenz der beiden Unbestimmtheitsrelationen (7.2) und (7.4) geht unmittelbar aus dem Fourier-Theorem in Verbindung mit der Planckschen Beziehung $E=h\nu$ und der de Broglie-Beziehung $mu=h/\lambda$ (XVII, 8.3) hervor. Nach dem ersteren besitzt ein Wellenzug, der sich in einer begrenzten Zeit $\Delta t$ und auf einer begrenzten Länge $\Delta l$ abspielt, eine mit der Unschärfe $\Delta\nu$ behaftete Frequenz und eine mit der Unschärfe $\Delta\lambda$ behaftete Wellenlänge, für welche gilt:

$$\Delta t\cdot\Delta\nu\approx 1$$

und

$$\Delta l\cdot\frac{1}{\Delta\lambda}\approx 1.$$

Ersetzt man $\Delta\nu$ durch $\Delta E/h$ und $1/\Delta\lambda$ durch $\Delta\,(mu)/h$, so ergeben sich die Unbestimmtheitsrelationen.

**8. Grundgedanken der Quantenmechanik des Atombaus.** Die Zuordnung einer Wellengruppe zum bewegten Teilchen in der Theorie von DE BROGLIE ermöglicht, wie wir oben gesehen haben, eine ungefähre Beschreibung seiner Lage im Raum. Es befindet sich etwa dort, wo die Amplitude der Materiewelle von Null verschieden ist.

Die Begriffe „Teilchen" und „Bahnen" sind um so weniger adäquat, je mehr sich die Größe des untersuchten Gebildes der Materiewellenlänge $\lambda$ nähert. Die Situation ist genau die gleiche wie beim Übergang von der geometrischen oder Strahlenoptik zur Wellenoptik: Die Ausbreitung elektromagnetischer Wellen des sichtbaren Gebiets ($\lambda \approx 5 \cdot 10^{-5}$ cm) läßt sich meist gut durch Lichtstrahlen dar stellen; das Verhalten von cm-Wellen etwa in einem Hohlraumresonator keineswegs. Hier ist man darauf angewiesen, die aus den Maxwellschen Differentialgleichungen abzuleitende Wellengleichung (vgl. III 82.4 und 84.4) für das jeweilige spezielle Problem zu lösen und daraus den räumlichen und zeitlichen Verlauf der Amplituden zu berechnen.

Die de Brogliesche Theorie sagt nur etwas über die Wellenlänge und Frequenz aus, die man einem mit einer gewissen Geschwindigkeit bewegten Teilchen zuordnen muß. Über den räumlichen und zeitlichen Verlauf der Amplitude bei freien und insbesondere bei gebundenen Teilchen macht diese Theorie keine Aussage.

Den nächsten Schritt in der Entwicklung der Wellenmechanik tat SCHRÖDINGER durch Aufstellung einer Wellengleichung, welche für die Beschreibung des Materiewellenfeldes von ähnlicher Leistungsfähigkeit ist wie die elektromagnetische Wellengleichung. Ihre den speziellen Problemen angepaßten Lösungen beschreiben die Vorgänge auch dort richtig, wo die Krümmungsradien von der Größenordnung der Materie-Wellen werden. Die Atome beschreibt sie als Systeme stehender Wellen, die Quantelung entspricht den diskreten Möglichkeiten stehender Wellen, ähnlich wie Stäbe oder Platten (vgl. I § 80) nur zu ganz bestimmten „Eigenschwingungen" befähigt sind.

Die hieraus entwickelte *Quantenmechanik* hat nicht nur die auf BOHR fußende Quantentheorie des Atombaus tiefer begründet (vgl. § 4) und in Einzelheiten berichtigt, sondern sie hat viele Erscheinungen, denen diese sich nicht gewachsen zeigte zu verstehen gelehrt.

Ein besonders weitreichendes Ergebnis ist die quantenmechanische „Austauschbindung". Danach üben zwei gleiche oder verwandte Teilchen durch den Austausch anderer „Teilchen" anziehende Kräfte aufeinander aus. Diese Erkenntnis ordnet die verschiedensten Phänomene unter einheitlichem Gesichtspunkt:

| Partner | Ausgetauschte Teilchen | Bewirktes Phänomen |
|---|---|---|
| Kerne und Elektronen | Photonen | Elektronenhülle der Atome |
| Nukleonen | Mesonen | Kernbindung |
| Atome | Elektronen | homöopolare Molekülbindung |
| Elektronen | Phononen | Supraleitung |

# Anhang

## Wichtige physikalische Konstanten

(Die eingeklammerten Zahlen verweisen auf die entsprechenden Abschnitte im Text)

| | |
|---|---|
| *Gravitationskonstante* (I § 19): | $\gamma = 6{,}670 \cdot 10^{-8}\ \mathrm{g^{-1}\,cm^3\,s^{-2}}$<br>$= 6{,}670 \cdot 10^{-11}\ \mathrm{N\,m^2\,kg^{-2}}$ |
| *Loschmidtsche Zahl* (II § 8): | $L = 6{,}0252 \cdot 10^{23}\ \mathrm{Mol^{-1}}$ |
| *Molvolumen* (II § 7) *bei Normalbedingungen*: | $V_{\mathrm{mol}} = 22413{,}6\ \mathrm{cm^3\,Mol^{-1}}$ |
| *Gaskonstante* (II § 7): | $R = 8{,}3146_8 \cdot 10^7\ \mathrm{erg\,Grad^{-1}\,Mol^{-1}}$<br>$= 8{,}3166\ \mathrm{Ws\,Grad^{-1}\,Mol^{-1}}$ |
| *Boltzmann-Konstante* (II § 8): | $k = \frac{R}{L} = 1{,}3804 \cdot 10^{-16}\ \mathrm{erg\,Grad^{-1}}$<br>$= 1{,}3804 \cdot 10^{-23}\ \mathrm{Ws\,Grad^{-1}}$<br>$= 8{,}616 \cdot 10^{-5}\ \mathrm{eV\,Grad^{-1}}$ |
| *Faraday-Konstante* (III § 23): | $F = 96\,524\ \mathrm{As \cdot g\text{-}Äquivalent^{-1}}$ |
| *Influenzkonstante* (III § 1): | $\varepsilon_0 = 8{,}854 \cdot 10^{-12}\ \mathrm{As \cdot V^{-1} \cdot m^{-1}}$ |
| *Induktionskonstante* (III § 37 und 49): | $\mu_0 = 1{,}256 \cdot 10^{-6}\ \mathrm{V \cdot s \cdot A^{-1}\,m^{-1}}$ |
| *Elementarladung* (III § 2): | $e_0 = \frac{F}{L} = 1{,}6020 \cdot 10^{-19}\ \mathrm{As}$<br>$= 4{,}803 \cdot 10^{-10}$ el.stat. CGS |
| *Ruhemasse des Protons* (XV § 1): | $m_p = 1{,}6724 \cdot 10^{-24}\ \mathrm{g}$ |
| *Ruhemasse des Neutrons* (XV § 2): | $m_n = 1{,}6747 \cdot 10^{-24}\ \mathrm{g} = 1{,}00135\ m_p$ |
| *Ruhemasse des Elektrons* (III § 2): | $m_0 = 9{,}10814 \cdot 10^{-28}\ \mathrm{g}$ |
| *Ruheenergie des Elektrons* (IX § 11): | $E_0 = m_0 \cdot c^2 = 0{,}51098 \cdot 10^6\ \mathrm{eV}$ |
| *Massenverhältnis Proton-Elektron*: | $\frac{m_p}{m_0} = 1836{,}0_5$ |
| *Spezifische Ladung des Elektrons* (IV § 7): | $\frac{e_0}{m_0} = 1{,}7589 \cdot 10^8\ \frac{\mathrm{As}}{\mathrm{g}}$<br>$= 5{,}273 \cdot 10^{17}$ el.stat. CGS |
| *Lichtgeschwindigkeit im Vakuum* (V § 19): | $c_0 = 2{,}99792 \cdot 10^{10}\ \mathrm{cm\,s^{-1}}$ |
| *Plancksches Wirkungsquantum* (VII § 12): | $h = 6{,}625 \cdot 10^{-27}\ \mathrm{erg\,s}$<br>$= 4{,}13 \cdot 10^{-15}\ \mathrm{e\text{-}Volt \cdot s}$<br>$\hbar = \frac{h}{2\pi} = 1{,}0544 \cdot 10^{-27}\ \mathrm{erg\,s}$ |

*Stefan-Boltzmann-Konstante* (VII § 11): $\sigma = 1{,}355 \cdot 10^{-12}\,\mathrm{cal\,cm^{-2} \cdot s^{-1}\,Grad^{-4}}$
$= 5{,}669 \cdot 10^{-5}\,\mathrm{erg\,cm^{-2}\,s^{-1}\,Grad^{-4}}$

*Bohrscher Radius* (X § 3): $r_1 = 0{,}52916 \cdot 10^{-8}\,\mathrm{cm}$

*Compton-Wellenlänge* (VIII § 17): $\lambda_c = 2{,}4267 \cdot 10^{-10}\,\mathrm{cm}$

*Bohrsches Magneton* (XII § 1): $\mu_B = 1{,}165\,\mathrm{V \cdot s \cdot m}$

# Sachverzeichnis

GPSR Compliance

*The European Union's (EU) General Product Safety Regulation (GPSR) is a set of rules that requires consumer products to be safe and our obligations to ensure this.*

*If you have any concerns about our products, you can contact us on ProductSafety@springernature.com*

In case Publisher is established outside the EU, the EU authorized representative is:

Springer Nature Customer Service Center GmbH
Europaplatz 3
69115 Heidelberg, Germany

**Batch number: 10640288**

Printed by Printforce, the Netherlands